2016 全国勘察设计注册工程师执业资格考试用书

注册岩土工程师执业资格考试
基础考试复习教程

Zhuce Yantu Gongchengshi Zhiye Zige Kaoshi
Jichu Kaoshi Fuxi Jiaocheng

（下册）

注册工程师考试复习用书编委会 | 编
曹纬浚 | 主编

人民交通出版社股份有限公司
China Communications Press Co.,Ltd.

内 容 提 要

本书根据**2009**年最新公布考试大纲及近几年考试真题编写，内容贴合考试实际，是考生复习必备的经典教材。

本书编写人员全部是多年从事注册岩土工程师基础考试培训工作的专家、教授，本书内容吸取了近几年考试培训的经验和考生回馈意见，以现行考试大纲为依据，以最新规范、教材为基础进行编写，指导考生复习，因此力求简明扼要，联系实际，着重于对概念和规范的理解运用，并注意突出重点。教程的每节后均附有习题，每章后附有习题提示及参考答案，同时书后附一套模拟试题，可作为考生检验复习效果和准备考试之用。

本书各个科目均有配套辅导视频，考生可扫描书中二维码或登录"注考网"及微信公众号"注册岩土工程师考试教程"在线学习。

由于本书篇幅较大，分为上、下两册，以便于携带和翻阅。

本书适合参加注册岩土工程师[也称注册土木工程师(岩土)]基础考试的人员使用。

图书在版编目(CIP)数据

2016注册岩土工程师执业资格考试基础考试复习教程/注册工程师考试复习用书编委会编. —北京：人民交通出版社股份有限公司，2016.7

ISBN 978-7-114-12758-8

Ⅰ.①2… Ⅱ.①注… Ⅲ.①岩土工程—工程师—资格考试—自学参考资料 Ⅳ.①TU4

中国版本图书馆CIP数据核字(2016)第011965号

书　　名：**2016注册岩土工程师执业资格考试基础考试复习教程**
著 作 者：注册工程师考试复习用书编委会
责任编辑：张江成　刘彩云
出版发行：人民交通出版社股份有限公司
地　　址：(100011)北京市朝阳区安定门外外馆斜街3号
网　　址：http://www.ccpress.com.cn
销售电话：(010)59757973
总 经 销：人民交通出版社股份有限公司发行部
印　　刷：北京市密东印刷有限公司
开　　本：787×1092　1/16
印　　张：95
字　　数：2190千
版　　次：2016年1月　第1版
印　　次：2016年7月　第4次印刷
书　　号：ISBN 978-7-114-12758-8
定　　价：178.00元(含上、下两册)

目　录

下　册

第十二章　土木工程材料

复 习 指 导

一、考试大纲

10.1　材料科学与物质结构基础知识

材料的组成:化学组成、矿物组成及其对材料性质的影响。

材料的微观结构及其对材料性质的影响:原子结构、离子键、金属键、共价键和范德华力、晶体与无定形体(玻璃体)。

材料的宏观结构及其对材料性质的影响。

建筑材料的基本性质:密度、表观密度与堆积密度、孔隙与孔隙率特征、亲水性与憎水性、吸水性与吸湿性、耐水性、抗渗性、抗冻性、导热性、强度与变形性能、脆性与韧性。

10.2　材料的性能和应用

无机胶凝材料:气硬性胶凝材料、石膏和石灰技术性质与应用。

水硬性胶凝材料:水泥的组成、水化与凝结硬化机理、性能与应用。

混凝土:原材料技术要求、拌和物的和易性及其影响因素、强度性能与变形性能、耐久性(抗渗性、抗冻性)、碱-骨料反应、混凝土外加剂与配合比设计。

沥青及改性沥青:组成、性质和应用。

建筑钢材:组成和组织与性能的关系、加工处理及其对钢材性能的影响、建筑钢材和种类与选用。

木材:组成、性能与应用。

石材和黏土:组成、性能与应用。

二、复习指导

“土木工程材料”考试大纲提供了一个对复习的基本指南与宏观框架,但很多具体、详细的复习内容不可能在考试大纲中给出,必须加以注意。如果仅仅关注大纲的宏观框架,就可能对复习内容的一些细节掉以轻心,复习得不够全面、充分,致使做题的准确率不高,最终影响考试成绩。因此,在这里综合常见的教材、复习资料、练习题资料和考生普遍、常见的问题,对复习内容整理出尽量具体、详细的提示,希望能对考生的自学复习起到良好的指导作用。

总体而言,各节中以混凝土占的篇幅最多,且混凝土在土木工程中往往是用量最大、作用最为重要的一种结构材料,故第四节混凝土应引起特别重视,作为复习的首要重点。水泥本来仅是混凝土的原材料之一,但由于水泥性能与应用的复杂性,必须将水泥单列一节,给出专门详细的讲解,故从第四节混凝土往前延伸,应先行掌握水泥的内容,在掌握好水泥内容的基础上方可掌握好混凝土的内容。因此,第三节水泥也很重要。水泥仅是胶凝材料的一种,石膏、石灰也属于胶凝材料，但石膏、石灰与水泥有何不同之处，必须明确区分，故在第二节中专门给出胶凝材料的定义与划分以及石膏、石灰的具体特点。第一节则在本教材的开始即给出一些基本、普遍的概念与定义，准确掌握这些概念与定义是十分重要的，因为这些概念与定义在后面的各节中经常要用到。沥青及改性沥青、建筑钢材、木材、石材、黏土作为各具特色的具体材料品种，则在各节中分别列出，虽然相对于混凝土这些具体材料的内容较为简短，但也须分别掌握这些材料的特点。

（一）材料科学与物质结构基础知识

土木工程材料按化学组成可划分为无机、有机和有机无机复合的三大类。通常材料的组成包含化学组成与矿物组成两个不同的含义。化学组成指构成材料的基本化合物或单质；而矿物组成则指构成材料尤其是无机材料的人工合成或天然的以一定具体形式存在的基本化合物。例如硬化前的水泥化学组成为 SiO_2、CaO、Al_2O_3 与 Fe_2O_3，但矿物组成则为 C_3S、C_2S、C_3A 和 C_4AF。

在材料的微观结构中，首先应掌握晶体、非晶体的区别。在非晶体中掌握玻璃体与胶体的区别。

三种密度的区别应注意掌握。密度与孔隙率、空隙率无关，反映材料的本质与化学组成特征；表观密度与密度、孔隙率有关；堆积密度与表观密度、空隙率有关。应掌握用密度、表观密度计算孔隙率，用表观密度、堆积密度计算空隙率的公式。应掌握孔隙与空隙的区别。

在与水有关的性质中，应掌握亲水性与憎水性的工程意义，掌握润湿边角或接触角 θ 的含义。应掌握吸水性与吸湿性的区别与联系，掌握计算公式，尤其应注意公式中分母是材料干燥时的质量。在耐水性中，应掌握材料的软化系数 K、分母与分子的确切含义。如 $K \geqslant 0.85$，则材料具有良好的耐水性。应了解其抗渗性和抗冻性的定义、性能表达方式。在导热性中，应了解其定义与工程意义。在以上性质中，应注意掌握其影响因素，尤其是孔隙率、孔隙连通特征和水的存在对其的影响。

在力学性质中，应掌握在不同受力状态下强度表达式含有哪些参数，掌握强度与孔隙率的关系。区别掌握弹性与塑性、脆性与韧性的不同含义，了解其工程意义。

（二）气硬性无机胶凝材料

应掌握胶凝材料、水硬性、气硬性的特征。

在石灰中，应掌握过火石灰的危害与陈伏的作用。在石灰的硬化中，应掌握两个过程结晶与碳化的含义，掌握建筑石灰和石灰硬化产物的化学组成，分别理解石灰硬化速度慢和气硬性的根源所在。了解石灰的应用，如灰土、三合土、灰砂砖、碳化石灰板。

在石膏中，应掌握建筑石膏与石膏硬化产物的化学组成，理解石膏凝结、硬化过程，理解石膏气硬性的根源所在。了解石膏的性能特点与应用。

（三）水泥

总体而言，主要应掌握六大通用水泥（即硅酸盐水泥、普通硅酸盐水泥、矿渣硅酸盐水泥、火山灰质硅酸盐水泥、粉煤灰硅酸盐水泥和复合硅酸盐水泥）。可根据共性特点将六大通用水泥分为两大类，即硅酸盐水泥、普通硅酸盐水泥为一类，矿渣水泥、火山灰水泥、粉煤灰水泥和复合水泥为另一类，分别掌握；具体在矿渣水泥、火山灰水泥、粉煤灰水泥和复合水泥中，还可分别掌握四种水泥的各自特性。这样就便于化繁为简，理解准确而不易混淆、遗忘，牢固掌握水泥的主要内容。

在硅酸盐水泥中，首先应掌握熟料四大矿物的水化速度、放热量、硬化速度。不必死记硬背水化的每一个化学方程式，但应知主要由哪些反应物得到哪些主要产物，可将 C_3S、C_2S 同等看待,然后了解C_3A,C_4AF也可看作与C_3A类似。其中以C_3A较为复杂,石膏即因C_3A而掺入水泥中,故石膏的作用由此而被牢固掌握。应了解水泥硬化产物的组成与结构。应理解水泥细度、凝结(初凝、终凝)时间的实际意义,理解颗粒尺寸与比表面积的关系。掌握体积安定性的含义,牢固掌握引起安定性不良的三种因素及有关检验方法与标准规定。了解易导致水泥石侵蚀的组成与结构方面的原因,了解防侵蚀的措施。

普通硅酸盐水泥是一种掺加了混合材料的水泥,但由于掺量不大,其性能接近于硅酸盐水泥,故凡硅酸盐水泥的特点基本也适用于普通水泥。

应了解活性混合材料与非活性混合材料的区别。在掺混合材料水泥中应掌握矿渣水泥、火山灰水泥、粉煤灰水泥这三种水泥的共性,也应区别掌握三者的特性。注意这里提到的抗冻性主要指早期抗冻性,抗碳化性在混凝土耐久性中将有详细讲述。复合水泥一般不需专门了解,因为其性能特点主要取决于哪一种混合材料掺量较大,共性则仍同于矿渣水泥、火山灰水泥、粉煤灰水泥。

应理解以上主要五种水泥的性能特点与工程选用。

此外简要掌握铝酸盐水泥和硫铝酸盐水泥。注意掌握这些水泥的主要熟料、主要水化产物、凝结硬化的主要特征、水化产物的强度与耐久性、在哪些工程上适用、有哪些使用禁忌。

白水泥与彩色水泥只需简要了解。白水泥含铁少,在白水泥的基础上加入颜料即可得彩色水泥。注意白水泥的四个等级白度与三个产品等级的划分。快硬硅酸盐水泥是在硅酸盐水泥的基础上增加水化快速的矿物如C_3A和C_3S而得到的。膨胀水泥和自应力水泥两者的共同特点均是硬化时整体膨胀,其原理均是利用生成膨胀性的高硫型水化硫铝酸钙(钙矾石)。

(四)混凝土

主要应掌握普通混凝土的组成材料,混凝土性能如和易性、力学性能、耐久性、配合比设计。了解重混凝土与轻混凝土的特点与应用。

在混凝土组成材料中,水泥应在第三节掌握。应理解水泥与水组成水泥浆、砂石构成集料、水泥浆与集料分别所起的作用。在砂石中,结合第一节的空隙率概念,考虑砂或石子堆积形成骨架、填充空隙的效果,从颗粒尺寸—比表面积—水泥消耗量的关系和级配—空隙率—水泥消耗量的关系两个主要角度,理解对砂石细度与级配的技术要求,以满足良好的和易性与降低水泥用量的要求。在以上学习中应重点掌握集料细度与级配两个概念。了解砂石中的有害杂质的种类与影响。掌握石子压碎指标的含义。结合混凝土耐久性的碱-集料反应内容,了解石子的碱-集料反应检测。了解混凝土拌和水的要求。

在混凝土外加剂中,主要应掌握减水剂、引气剂、速凝剂、缓凝剂与早强剂的作用,了解五种减水剂、三乙醇胺早强剂的特点。在混凝土掺和料中,主要了解掺和料与水泥混合材料的同与异。

了解混凝土和易性的含义与测定方法,了解坍落度的范围划分,了解施工中混凝土坍落度选择的原则与要求。理解和易性的影响因素,理解改善和易性的措施。

了解混凝土强度几个主要概念的实际含义。理解强度的影响因素,理解改善强度的措施。牢固掌握混凝土强度公式(即保罗米公式),其中回归系数不必记。

了解混凝土变形中非荷载变形的几种方式、引起变形的原因、变形是否可引起混凝土开裂。了解混凝土变形中受力变形的内容,了解在短期荷载作用下的应力-应变关系与弹性模量测定及其影响因素,了解徐变的影响因素与其对混凝土结构的作用。

了解混凝土耐久性的各分项内容,如抗渗性、抗冻性、碱-集料反应、抗碳化性、抗化学侵蚀性。了解其影响因素、改善措施。化学侵蚀性可与第三节水泥石的侵蚀与防侵蚀内容相联系。

了解氯离子(Cl^-)对钢筋混凝土结构耐久性的影响。

了解混凝土配合比设计的三大步骤,即设计计算、试配与调整、施工配合比换算。在设计计算中,掌握配制强度的计算、水灰比的确定。掌握施工配合比换算公式,可与第一节吸水性与吸湿性计算内容相联系。

(五)沥青及改性沥青

主要掌握石油沥青内容。了解石油沥青的组成特点、组丛的划分及其对沥青性能的影响。掌握沥青主要技术性质如黏性、塑性、温度稳定性、大气稳定性,尤其是前三个的表达方式、与沥青性能的关系。

了解煤沥青的主要优缺点。

了解石油沥青改性的主要方式与效果。

了解沥青的主要应用方式,冷底子油、沥青胶、嵌缝油膏的组成原材料与施工应用特点。了解沥青防水卷材,尤其是石油沥青油毡的标号划分方法、石油沥青卷材与煤沥青卷材的黏结方式特点。

了解合成高分子防水材料相对于沥青防水材料的主要特点,了解三元乙丙橡胶防水卷材的使用温度范围与优缺点。

(六)建筑钢材

了解建筑钢材分别按化学成分与脱氧程度的划分方式。掌握钢材的主要力学性能、工艺性能及指标,注意了解其中低碳钢与硬钢的应力-应变曲线特点、屈服点、$\sigma_{0.2}$、屈强比、伸长率、冷脆性。了解钢材中合金元素与有害元素的划分,掌握各有害元素对钢材性能的影响。掌握钢材的冷加工和冷加工时效两个概念及其对钢材性能的不同影响。

掌握钢材牌号的表达方法与含义,了解常用的Q235号钢特点和沸腾钢的使用限制。了解型钢与钢板的使用。了解各种钢筋和钢丝的特点,尤其注意掌握热轧钢筋Ⅰ、Ⅱ、Ⅲ级的选用特点,了解冷拉热轧钢筋Ⅰ、Ⅱ、Ⅲ、Ⅳ级的选用特点,掌握最为经济、常用的冷拔低碳钢丝的甲级、乙级的选用,了解冷轧扭钢筋的特点,了解预应力用钢丝、钢绞线的材质与适用范围。了解钢材防锈与防火的措施。

(七)木材

掌握木材的分类。掌握纤维饱和点、平衡含水率、窑干含水率的含义与数值范围,掌握大于或小于纤维饱和点的含水率对木材强度与体积膨胀的不同影响。掌握木材在不同方向的胀缩变化特点。掌握木材强度的各向异性,如顺纹抗拉、横纹抗拉、横纹抗压等的数值高低。了解木材的防腐、木材初级产品种类。

(八)石材

掌握花岗岩与大理石的岩石属性、选岩矿物、主要化学成分、酸碱性。掌握花岗岩与大理石的主要优缺点、工程适用范围。

(九)黏土

了解土的组成。了解土粒的大小与土的级配。了解颗粒分析两参数与级配的关系。了解土的液相类型。掌握土的干密度与干重度的含义。了解土的相对密实度。了解黏性土的稠度与三种界限含水率的含义。掌握影响土压实性的因素。

土木工程材料,又称建筑材料,是形成土木工程各种建筑物和构筑物的物质基础。材料的性能与质量直接影响着建筑结构的效能与使用寿命。依据结构的设计与使用要求合理地选用材料,将会产生良好的经济效益与社会效益。因此,无论对于结构设计还是施工,建筑材料的使用与选择均占有重要的地位。要做到这一切，重要的一点是对建筑材料有全面与深入的了解。

本章将简要介绍主要建筑材料的组成及内部结构、基本性质及表征指标，并对建筑结构中常用的建材类型分述其性能与应用。

第一节　材料科学与物质结构基础知识

一、建筑材料的组成、结构及其对材料性能的影响

建筑材料品种繁多，性质各异，在使用上差别很大。对建筑材料要做到深入了解、自如运用及不断开拓，就必须对材料的组成、结构及性能间的关系作本质的、理性的了解，这是材料科学的基本任务。

（一）建筑材料的组成

材料的组成是决定其性能与结构的基础。这里所说的组成主要指化学组成与矿物组成两个方面。

1. 化学组成

建筑材料的化学组成大体上分为有机与无机两大类。前者如沥青中的C—H化合物及其衍生物、建筑涂料中的树脂等；而后者则如钢材中的Fe、C、Si、Mn、S、P等元素，普通水泥则主要由CaO、SiO_2和Al_2O_3等形成的硅酸钙及铝酸钙组成。

化学组成对建筑材料的性能影响极大。众所周知，在一定范围内，钢材的强度随C含量的增加而提高，而塑性却下降。又如石膏、石灰和石灰石的主要化学成分分别为$CaSO_4$、CaO和$CaCO_3$，因而石膏、石灰易溶于水，且耐水性差，而石灰石则有良好的耐水性。石油沥青由C—H化合物及其衍生物组成，从而决定了它易于老化。

由于化学组成对建筑材料起本质的影响，所以，建筑材料的主要分类方法之一是以化学组成作为划分标准。按此标准，建筑材料分为无机材料、有机材料及复合材料三大类，详见表12-1。

建筑材料的分类　　表12-1

分类			实例
无机材料	非金属材料	天然石材	毛石、料石、石板、碎石、卵石、砂
		烧土制品	黏土砖、黏土瓦、陶器、炻器、瓷器
		玻璃及熔融制品	玻璃、玻璃棉、矿棉、铸石
		胶凝材料	石膏、石灰、菱苦土、水玻璃，以及各种水泥
		砂浆及混凝土	砌筑砂浆、抹面砂浆 普通混凝土、轻骨料混凝土
		硅酸盐制品	灰砂砖、硅酸盐砌块
	金属材料	黑色金属	铁、非合金钢、合金钢
		有色金属	铝、铜及其合金
有机材料	植物质材料		木材、竹材
	沥青材料		石油沥青、煤沥青
	合成高分子材料		塑料、合成橡胶、胶黏剂
复合材料	金属—非金属		钢纤混凝土、钢筋混凝土
	无机非金属—有机		玻纤增强塑料、聚合物混凝土、沥青混凝土、人造石
	金属—有机		PVC涂层钢板、轻质金属夹芯板、铝塑板

2. 矿物组成

某些建筑材料，其性质主要取决于矿物组成。例如，天然石材中的花岗岩，其矿物组成主要是石英和长石，因此，它的强度高，抗风化性能好。又如，对于硅酸盐水泥来说，构成熟料的矿物成分中硅酸三钙含量较高，因此，硬化速度快，强度也较高。

（二）材料的微观结构及其对性质的影响

建筑材料的结构按尺度可划分为三个层次：

(1)微观结构：原子-分子尺度。

(2)亚微观（细观）结构：光学显微镜尺度。

(3)宏观结构：目测或放大镜尺度。

建筑材料的许多性质，如强度、硬度、导电性、导热性等，除受其组成影响外，还取决于材料内部的微观结构。观察微观结构的主要工具是电子显微镜等，其分辨程度可达 Å（读“埃”，1Å=10^{-10}m）。建筑材料主要为固态物质，即使是液体材料也必须固化后才能使用。固态物质可划分为晶体与非晶体两种结构。

1. 晶体结构

晶体结构的基本特征在于其内部质点（原子、分子等）按一定的规则排列，形成晶格构造。具体来说，内部质点具有长程有序（即沿特定的长度方向规则排布）以及平移有序（即晶格构形可以周期式平移）。晶体原子排列示例之一见图 12-1a）。

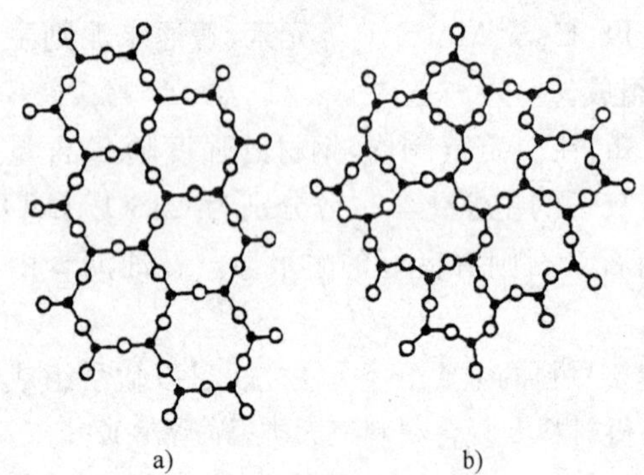

图 12-1　晶体、玻璃体的原子排列示意图
a)晶体；b)玻璃体

晶格构造使晶体具有一定的几何外形及各向异性，但因实际使用的晶体材料通常由众多细小晶粒杂乱排布而成（晶格随机取向），故在宏观上多呈现各向同性。晶体材料受外力可以发生弹性变形，但达到一定值时，则材料会沿内部的滑移面产生塑性变形。另外，晶体具有一定的熔点且多具良好的导电性与导热性，这也是与非晶体的主要差异。

晶体材料种类很多，金属材料、石英矿物、花岗石等石材都是晶体结构材料。

2. 非晶体结构

非晶体物质的主体有玻璃体和胶体两类。玻璃体中原子呈完全无序排列，故又称为无定型体，它由熔融物质经急冷形成。建筑用玻璃是玻璃体的重要代表，此外，火山灰、矿棉、岩棉、粒化高炉矿渣也属玻璃体。玻璃体原子排列的无序性示意图见图 12-1b）。

玻璃体的特点之一是各向同性，如导热性无方向差异。但一般来说，其导热性较晶体材料为低，故有良好的保温隔热性能。玻璃体无固定的熔点，但化学活性较高。

胶体由众多细小固体粒子（粒径约在 1～100μm）分散在连续介质中而成。建材中的固体沥青、固化后的水玻璃、水泥石中的水化硅酸钙等都属胶体。

胶体多具有良好的吸附力和较强的黏结力，这是由于胶体的质点微小，总表面积很大，因而表面能很大的缘故。

（三）材料的亚微观结构及其对性质的影响

材料在亚微观尺度上的结构同样值得重视。例如，金属材料的晶粒粗细及金相组织直接影响其强度、硬度、韧性；又如，木材的纤维状细胞组织对强度、导热性起支配作用。

（四）材料的宏观结构及其对性质的影响

宏观结构一般用肉眼或放大镜可以观察。在建筑材料中多注重观察密实性、多孔性、构造形式（如层状、粒状、纤维状等）。

材料的密实性好是指其结构致密，如钢材、天然石材等。其特点是强度高、硬度大、吸水性小、耐磨、抗渗、抗冻，但隔热性能差。

材料的孔隙特征包括内部孔隙的分布状况和连通状况。多孔材料的例子有加气混凝土、烧结普通砖、石膏制品等。多孔材料绝热性能好，但吸水性大、抗冻性较差，一般说来其强度较低。

建筑材料宏观构造形式与其性能有密切的关系。多层胶合板比单层板的强度、抗翘曲性均好得多。松散的粒状材料，如陶粒、膨胀珍珠岩等则适于作绝热材料；而密实的粒状材料，如砂子、石子则适于作混凝土的集料，承载性能好。

有许多建筑材料其宏观结构具有纹理形式，如大理石、木材、花岗石板材及人造板材等，它们的表面有自然形成或人工形成的各种条纹，因而作为装饰材料在建筑结构中被广泛使用。

由本节的简要综述，可以看出，建筑材料的性质，就根本来说，取决于其内部（或自身）的组成与结构。一旦材料组成已经确定，无论在什么尺度上的结构，都会在不同方面影响其性能；或者说，材料的内部结构是材料性质的内因，是理解与运用材料的基础。在随后各节有关性能指标的学习中，以及各种重要材料的分论中，都要以这个基本观点与方法来作为理解与掌握的基础。

二、建筑材料的基本性质

（一）建筑材料的物理性质

1. 材料的密度、表观密度与堆积密度

（1）密度

密度是指材料在绝对密实状态下，单位体积的质量，可由下式表示

$$\rho=\frac{m}{V} \tag{12-1}$$

式中：ρ——密度（g/cm^3）；

m——材料在干燥状态下的质量（g）；

V——干燥材料在绝对密实状态下的体积（cm^3）。

绝对密实状态下的体积是指不包括孔隙在内的体积。在测量有孔材料的密实体积时，须将材料磨成细粉，干燥后用李氏瓶（排液置换法）测定。

（2）表观密度

表观密度是指材料在自然状态下，单位体积的质量，可由下式表示

$$\rho_0=\frac{m}{V_0} \tag{12-2}$$

式中：ρ_0——表观密度（g/cm^3 或 kg/m^3）；

m——材料的质量（g 或 kg）；

V_0——材料在自然状态下的体积（指包含内部孔隙的体积）（cm^3、m^3）。

材料的表观密度大小与其含水情况有关，应予以注明。通常材料的表观密度是指气干状态下的密度。

（3）堆积密度

堆积密度是粉状或粒状材料的一个指标，指在堆积状态下，单位体积的质量，可由下式表示

$$\rho_0' = \frac{m}{V_0'} \tag{12-3}$$

式中：ρ_0'——堆积密度（kg/m³）；

m——材料的质量（kg）；

V_0'——材料在堆积状态下的体积（m³）。

2. 材料的孔隙率与空隙率

(1)孔隙率

孔隙率是指材料中孔隙体积占总体积的比例，可按下式计算

孔隙率 $$P = \frac{V_{孔}}{V_0} = \frac{V_0 - V}{V_0} = 1 - \frac{V}{V_0} = 1 - \frac{\rho_0}{\rho} \tag{12-4}$$

材料中固体体积占总体积的比例，称为密实度。密实度 $D=1-P$，即材料的密实度＋孔隙率＝1。

材料孔隙率的大小直接反映了材料的致密程度。孔隙率的大小及孔隙本身的特征（孔隙构造与大小）对材料的性质影响较大。

(2)空隙率

空隙率是指散粒材料在堆积体积中，颗粒之间的空隙体积占总体积的比例，可按下式计算

空隙率 $$P' = \frac{V_{空}}{V_0'} = \frac{V_0' - V_0}{V_0'} = 1 - \frac{V_0}{V_0'} = 1 - \frac{\rho_0'}{\rho_0} \tag{12-5}$$

空隙率的大小反映了散粒材料颗粒互相填充的致密程度。在混凝土中，空隙率可作为控制砂石级配及计算混凝土砂率的依据。

3. 材料的亲水性与憎水性

材料表面与水或空气中的水汽接触时，产生不同程度的润湿。材料表面吸附水或水汽而被润湿的性质与材料本身的性质有关。材料能被水润湿的性质称为亲水性，材料不能被水润湿的性质称为憎水性。一般可以按润湿边角的大小将材料分为亲水性材料与憎水性材料两类。润湿边角指在材料、水和空气的交点处，沿水滴表面的切线与水和固体接触面所成的夹角 θ，见图 12-2。

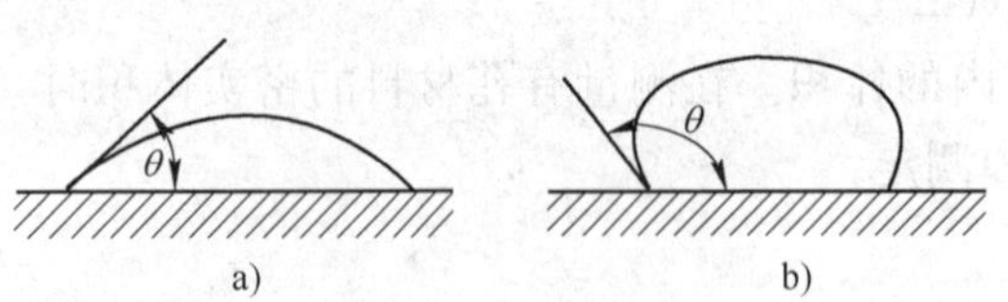

图 12-2　材料润湿示意图

a)亲水性材料；b)憎水性材料

亲水性材料水分子之间的内聚力小于水分子与材料分子间的相互吸引力，$\theta < 90°$，表面易被水润湿，且水能通过毛细管作用而被吸入材料内部。建筑材料大多为亲水性材料，如砖、混凝土、木材等，少数材料如沥青、石蜡等为憎水性材料。憎水性材料的 $\theta \geqslant 90°$，有较好的防水效果。

4. 材料的吸水性与吸湿性

(1)吸水性

材料在水中能吸收水分的性质称为吸水性。吸水性的大小用吸水率表示。吸水率是指材料浸水后在规定时间内吸入水的质量占材料干燥质量或材料体积的百分率。建筑材料一般均采用质量吸水率。

质量吸水率 $$w_m = \frac{m_1 - m}{m} \times 100\% \tag{12-6}$$

式中：m_1——材料吸水饱和状态下的质量(g)；

m——材料干燥状态下的质量(g)。

材料的吸水性与材料的亲水、憎水性有关，还与材料孔隙率的大小、孔隙特征有关。对于细微连通孔隙，孔隙率越大，则吸水率越大。封闭孔隙，水分不能进入，粗大开口孔隙，水分不能存留，吸水率均较小。因此，具有很多微小开口孔隙的亲水性材料，其吸水性特别强。

(2)吸湿性

材料在潮湿空气中吸收水分的性质称为吸湿性，常用含水率表示，可由下式计算

$$含水率\ w=\frac{m_{湿}-m}{m}\times 100\% \quad (12\text{-}7)$$

式中：$m_{湿}$——材料吸收空气中水分后的质量(g)；

m——材料烘干至恒重时的质量(g)。

材料的含水率随空气湿度和环境温度变化而变化，也就是水分可以被吸收，又可向外界扩散，最后与空气湿度达到平衡。与空气湿度达到平衡时的含水率称为材料的平衡含水率。

材料的吸水性与吸湿性均会导致材料其他性质的改变，如材料自重增大，绝热性、强度及耐水性等产生不同程度的下降等。

5. 材料的耐水性

材料长期在饱和水作用下不破坏，其强度也不显著降低的性质称为耐水性。材料的耐水性用软化系数 K 表示

$$K=\frac{材料在吸水饱和状态下的抗压强度}{材料在干燥状态下的抗压强度} \quad (12\text{-}8)$$

软化系数的大小表示材料浸水饱和后强度降低的程度，其范围波动在 0～1 之间。软化系数越小，说明材料吸水饱和后的强度降低越多，耐水性则越差。对于经常处于水中或受潮严重的重要结构物的材料，其软化系数不宜小于 0.85；受潮较轻或次要结构物的材料，其软化系数不宜小于 0.75。

6. 材料的抗渗性

材料抵抗压力水渗透的性质称为抗渗性(或不透水性)。材料的抗渗性常用渗透系 K 数表示。

$$K=\frac{Qd}{AtH} \quad (12\text{-}9)$$

式中：K——材料的渗透系数(cm/h)；

Q——渗水量(cm^3)；

d——试件厚度(cm)；

H——静水压力水头(cm)；

t——渗水时间(h)；

A——渗水面积(cm^2)。

渗透系数越大，表明材料渗透的水量越多，抗渗性则越差。

抗渗性也可用抗渗等级表示。抗渗等级是以规定的试件，在标准试验方法下所能承受的最大水压力来确定的，以符号 Pn 表示，其中 n 为该材料所能承受的最大水压力的 0.1MPa 数。如普通混凝土的抗渗等级为 P6，即表示混凝土能承受 0.6MPa 的压力水而不渗透。

材料抗渗性的好坏，与材料的孔隙率及孔隙特征有关。孔隙率较大且是连通的孔隙材料，其抗渗性较差。

抗渗性是决定材料耐久性的主要指标。对于地下建筑及水工构筑物，因常受到压力水的

作用，所以要求材料具有一定的抗渗性。对于防水材料，则要求具有更高的抗渗性。材料抵抗其他液体渗透的性质，也属抗渗性。

7. 材料的抗冻性

材料在吸水饱和状态下，能经受多次冻融循环（冻结与融化）作用而不破坏，强度也无显著降低的性质，称为材料的抗冻性。

材料受冻融破坏是由于材料孔隙中的水结冰造成的。水结冰时体积增大约 9%，当材料孔隙中充满水时，由于水结冰对孔壁产生很大的压力，而使孔壁开裂。

材料的抗冻性可用抗冻标号 Dn 或抗冻等级 Fn 表示，n 为最大冻融次数，如 D25、D50 等。一般规定材料在经受若干次冻融循环后，质量损失不超过 5%，强度损失不超过 25%时，所承受的冻融循环次数为抗冻标号，质量损失不超过 5%，相对动弹性模量不小于 6%时所承受的循环次数为抗冻等级。对于水工及冬季气温在－15℃的地区施工应考虑材料的抗冻性。

材料抗冻性的高低，取决于材料孔隙中被水充满的程度和材料对因水分结冰体积膨胀所产生压力的抵抗能力。

抗冻性良好的材料，对抵抗大气温度变化、干湿交替等风化作用的综合能力通常也较强，所以抗冻性常作为考察材料耐久性的一项指标。处于温暖地区的建筑物，虽无冰冻作用，但为了抵抗大气作用，确保建筑物的耐久性，有时对材料也提出一定的抗冻性要求。

8. 材料的导热性

在建筑中，除了满足必要的强度及其他性能的要求外，建筑材料还必须具有一定的热工性质，以达到降低建筑物的使用能耗，创造适宜的生活与生产环境。导热性是建筑材料的一项重要热工性质。

导热性是指当材料两侧存在温度差时，热量从温度高的一侧向温度低的一侧传导的性质。材料的导热性通常用导热系数 λ 表示。匀质材料导热系数的计算公式为

$$\lambda=\frac{Qa}{At(T_2-T_1)} \tag{12-10}$$

式中：λ——导热系数（热导率）[W/(m·K)]；

Q——传导热量（J）；

A——热传导面积（m^2）；

t——热传导时间（h）；

a——材料厚度（m）；

T_2-T_1——材料两面温度差（K）。

材料的导热系数越大，材料的导热性越好；导热系数越小，则材料的绝热性能越好。绝大多数建筑材料的导热系数介于 0.023～3.49W/(m·K)之间，通常把导热系数小于 0.23W/(m·K)的材料称为绝热材料。

影响材料导热系数的因素有分子结构、孔隙率及孔隙特征、材料的温度等。由于密闭空气的导热系数很小(0.023)，所以，材料的孔隙率较大时，其导热系数较小。但若孔隙粗大或贯通，由于对流作用的影响，材料的导热系数反而提高。由于水和冰的导热系数比空气的导热系数高很多(分别为 0.58 与 2.20)，材料受潮或受冻后，其导热系数大大提高。因此，绝热材料在储存、使用中必须防水防潮。

（二）建筑材料的力学性质

1. 材料的强度与等级

材料在外力(荷载)作用下,抵抗破坏的能力称为材料的强度。当材料承受外力作用时,内部就产生应力。外力逐渐增加,应力也相应加大,直到质点间作用力不再能够承受时,材料即破坏,此时极限应力值就是材料的强度。

根据外力作用方式的不同(见图 12-3),材料强度有抗压强度、抗拉强度、抗弯强度及抗剪强度等。

材料的抗压强度(f_c)、抗拉强度(f_t)及抗剪强度(f_v)的计算通式如下

$$f=\frac{F}{A} \tag{12-11}$$

式中:f——材料的强度,可分别代表抗压、抗拉及抗剪强度(MPa);

F——材料破坏时最大荷载(N);

A——材料受力截面面积(mm^2)。

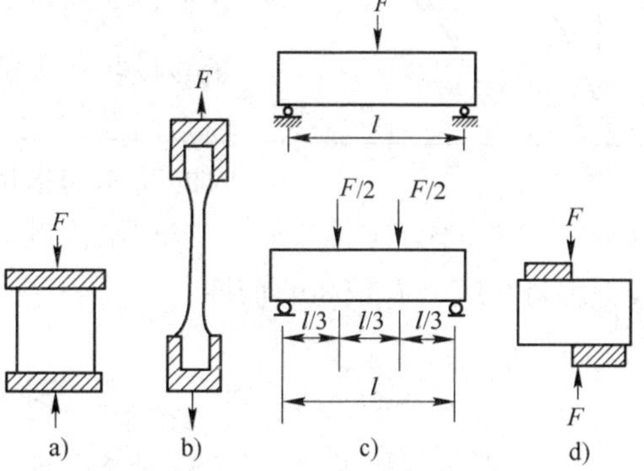

图 12-3 材料受力示意图

a)压力;b)拉力;c)弯曲;d)剪切

材料的抗弯强度与受力情况有关,通常将条形试件放在两支点上,中间作用一集中荷载,称为三点弯曲。抗弯强度计算公式为

$$f_{tm}=\frac{3Fl}{2bh^2} \tag{12-12}$$

在跨度的三分点上作用两个相等集中荷载,称为四点弯曲。其抗弯强度计算公式为

$$f_{tm}=\frac{Fl}{bh^2} \tag{12-13}$$

式中:f_{tm}——抗弯强度(MPa);

F——弯曲破坏时的最大荷载(N);

l——两支点间的跨距(mm);

b、h——分别为试件横截面的宽及高(mm)。

2. 材料的变形性能

(1)弹性与塑性

在外力作用下,材料产生变形,外力取消后变形消失,材料能完全恢复原来形状的性质,称为弹性。这种外力去除后即可恢复的变形称为弹性变形,属可逆变形。其数值大小与外力成正比,其比例系数 E 称为材料的弹性模量。在弹性变形范围内,E 为常数,即

$$E=\frac{\sigma}{\varepsilon} \tag{12-14}$$

式中:σ——材料的应力(MPa);

ε——材料的应变。

弹性模量 E 是衡量材料抵抗变形能力的一个指标,E 越大,材料越不易变形。

材料在外力作用下产生变形,当外力取消后,有一部分变形不能恢复,这种性质称为材料的塑性。这种不能恢复的变形称为塑性变形,属不可逆变形。

实际上,纯弹性材料是没有的,大部分固体材料在受力不大时,表现为弹性变形,当外力达一定值时,则出现塑性变形。有的材料受力后,弹性变形和塑性变形同时发生,当卸荷后,弹性变形恢复,而塑性变形不能消失(如混凝土)。这类材料称为弹-塑性材料,其变形曲线见图12-4。

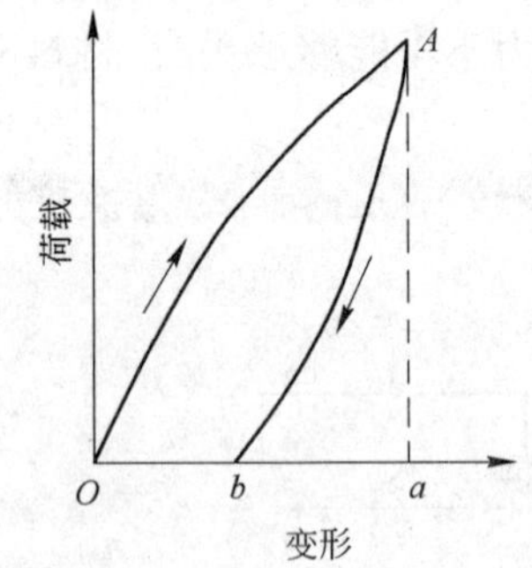

(2)脆性与韧性

当外力达到一定限度后，材料突然破坏，而破坏时并无明显的塑性变形，材料的这种性质称为脆性。具有这种性质的材料称为脆性材料，如混凝土、玻璃、砖、石等。脆性材料的抗压强度远远大于其抗拉强度，拉压比很小，所以脆性材料不能承受振动和冲击荷载，只适于用作承压构件。在冲击、振动荷载作用下，材料能够吸收较大能量，同时还能产生一定的变形而不致破坏的性质称为韧性(冲击韧性)作用。一般以测定其冲击破坏时试件所吸收的功作为指标。建筑钢材(软钢)、木材等属于韧性材料。

图 12-4　弹-塑性材料的变形曲线

在结构设计中，对于承受动荷载(冲击、振动等)作用的结构物，所用材料应具有较高的韧性。

习　题

12-1　颗粒材料的密度 ρ、表观密度 ρ_0 与堆积密度 ρ_0' 之间存在下列关系(　　)。

A. $\rho_0>\rho>\rho_0'$　　B. $\rho>\rho_0>'_0$　　C. $\rho_0'>\rho_0>\rho$　　D. $\rho>\rho_0'>\rho_0$

12-2　脆性材料的特征是(　　)。

A. 破坏前无明显变形　　B. 抗压强度与抗拉强度均较高

C. 抗冲击破坏时吸收能量大　　D. 受力破坏时，外力所做的功大

12-3　材料的耐水性可用软化系数表示，软化系数是(　　)。

A. 吸水后的表观密度与干表观密度之比

B. 饱水状态的抗压强度与干燥状态的抗压强度之比

C. 饱水后的材料质量与干燥质量之比

D. 饱水后的材料体积与干燥体积之比

12-4　含水率为 5%的湿砂 100g，其中所含水的质量为(　　)g。

A. $100\times5\%=5$　　B. $(100-5)\times5\%=4.75$

C. $100-\dfrac{100}{1+0.05}=4.76$　　D. $\dfrac{100}{1-0.05}-100=5.26$

12-5　绝热材料的导热系数与含水率的关系是(　　)。

A. 含水率越大导热系数越小　　B. 导热系数与含水率无关

C. 含水率越小导热系数越小　　D. 含水率越小导热系数越大

12-6　一种材料的孔隙率增大时，以下性质哪些一定下降？(　　)

①密度　②表观密度　③吸水率　④强度　⑤抗冻性

A. ①②　　B. ①③　　C. ②④　　D. ②③

第二节　气硬性无机胶凝材料

胶凝材料能将散粒材料或物体黏结成为整体，并具有所需的强度。胶凝材料按成分分为有机胶凝材料和无机胶凝材料两大类，前者以天然或合成的有机高分子化合物为基本成分，如沥青、树脂等；后者则以无机化合物为主要成分。无机胶凝材料按硬化条件不同，也可分为气

硬性胶凝材料与水硬性胶凝材料两类。气硬性胶凝材料只能在空气中硬化，也只能在空气中继续保持或发展其强度，如建筑石膏、石灰、水玻璃、菱苦土等。水硬性胶凝材料则不仅能在空气中硬化，而且能更好地在水中硬化，保持并发展其强度，如各种水泥。气硬性胶凝材料一般只适用于地上干燥环境，而水硬性胶凝材料则可在地上、地下或水中使用。

一、石灰

石灰包括生石灰（块灰）、磨细生石灰粉与消石灰粉等。生产石灰的原料是以 $CaCO_3$ 为主要成分的石灰石等。石灰石经煅烧分解，即得生石灰（CaO）

$$CaCO_3 \xrightarrow{900 \sim 1\,100℃} CaO + CO_2 \uparrow$$

生石灰按氧化镁含量分为钙质生石灰（MgO≤5%）与镁质生石灰（MgO>5%）两类。

（一）生石灰的熟化（消解）

在使用时，需将生石灰加水消解成熟石灰[$Ca(OH)_2$]

$$CaO + H_2O \longrightarrow Ca(OH)_2$$

该过程特点是放热量大（64.9kJ）与体积急剧膨胀（体积可增大 1～2.5 倍）。过火石灰熟化慢，为消除过火石灰的危害（使抹灰层表面开裂或隆起），因此必须将石灰浆在储存坑中放置两周以上的时间（称为“陈伏”），方可使用。

（二）石灰浆的硬化

石灰浆在空气中逐渐硬化是由以下两个作用过程来完成的。

（1）结晶作用——游离水分蒸发，$Ca(OH)_2$ 逐渐从饱和溶液中结晶；

（2）碳化作用——$Ca(OH)_2$ 与空气中的 CO_2 化合生成 $CaCO_3$ 结晶，释出水分并被蒸发

$$Ca(OH)_2 + CO_2 + nH_2O \longrightarrow CaCO_3 + (n+1)H_2O$$

硬化石灰浆体的强度一般不高，受潮后更低，强度增长慢，硬化过程中体积收缩大，通常需加入砂子、纸筋等，以防止收缩开裂。

（三）石灰的应用

1. 配制石灰砂浆、石灰乳

石灰砂浆可用于砌筑、抹面，石灰乳可用作涂料。

2. 配制石灰土、三合土

石灰土（石灰＋黏土）和三合土（石灰＋黏土＋砂石或矿渣、碎砖等填料），分层夯实，可用作砖基础的垫层等。

3. 生产灰砂砖、碳化石灰板

灰砂砖是将磨细生石灰或消石灰粉与天然砂配合拌匀，加水搅拌，再经陈伏、加压成型和压蒸处理而成。

碳化石灰板是将磨细生石灰粉、纤维状填料（如玻璃纤维）或轻质集料（如矿渣）搅拌成型，然后以 CO_2 进行人工碳化（12～24h）制成的一种轻质板材。

另外，石灰还可用来配制无熟料水泥及生产多种硅酸盐制品等。

二、建筑石膏

生产建筑石膏的主要原料是天然二水石膏（$CaSO_4 \cdot 2H_2O$）（又称软石膏或生石膏）。二水石膏经煅烧、磨细可得 β 型半水石膏，即建筑石膏。

$$CaSO_4 \cdot 2H_2O \xrightarrow{107\sim170℃} CaSO_4 \cdot \frac{1}{2}H_2O + 1\frac{1}{2}H_2O$$

若煅烧温度为 190℃,可得模型石膏,其成品细度与白度均比建筑石膏高。

(一)建筑石膏的水化、凝结、硬化

建筑石膏加水后,溶解、水化生成二水石膏,即$CaSO_4 \cdot \frac{1}{2}H_2O + 1\frac{1}{2}H_2O \longrightarrow CaSO_4 \cdot 2H_2O$。随着浆体中的自由水分因水化和蒸发而逐渐减少,浆体变稠,失去可塑性(凝结);其后,随着二水石膏胶粒凝聚成晶核,并逐渐长大,相互交错和共生,使浆体产生强度,并不断增长,直至完全干燥。

在建筑石膏的凝结硬化过程中,称浆体开始失去流动性为初凝,称完全失去可塑性为终凝。

(二)建筑石膏的性质与应用

1. 性质

(1)凝结硬化快。建筑石膏的凝结,一般初凝时间只有 3～5min,终凝时间只有 20～30min。在室内自然干燥条件下,达到完全硬化的时间约需一周。

(2)硬化后体积微膨胀(约 1%)。因此硬化产物外形饱满,不出现裂纹。

(3)硬化后孔隙率大(可达 50%～60%)。因此其强度较低(与水泥比较),表观密度较小,导热性较低,吸音性较强,吸湿性较强。

(4)耐水性与抗冻性较差。建筑石膏硬化后晶体在水中有一定的溶解度,因此耐水性差,软化系数低。吸水后受冻,将因孔隙中水分结冰而崩裂,因此抗冻性差。

(5)抗火性好。二水石膏在火灾时能放出结晶水,在表面形成水蒸气幕,可阻止火势蔓延。但是石膏制品不可长期用于 65℃以上的高温环境中,故而耐热性差。

2. 应用

由于建筑石膏具有轻质、防火、吸声、保温隔热、调湿、可钉可锯等优良性能,故被大量用于建筑物的内部装饰和生产纸面石膏板、石膏空心条板、石膏砌块等墙体材料。

习　题

12-7　建筑石膏在硬化过程中,体积产生(　　)。

A. 收缩　　B. 膨胀

C. 不收缩也不膨胀　　D. 先膨胀后收缩

12-8　为消除过火石灰的危害,所采取的措施是(　　)。

A. 碳化　　B. 结晶　　C. 煅烧　　D. 陈伏

12-9　下列建筑石膏的哪一项性质是正确的?(　　)

A. 硬化后出现体积收缩　　B. 硬化后吸湿性强,耐水性较差

C. 制品可长期用于 65℃以上高温中　　D. 石膏制品的强度一般比石灰制品低

12-10　三合土垫层是用下列哪三种材料拌和铺设?(　　)

A. 水泥、碎砖碎石、砂子　　B. 消石灰、碎砖碎石、砂或掺少量黏土

C. 生石灰、碎砖碎石、锯木屑　　D. 石灰、砂子、纸筋

12-11　石膏制品抗火性好的原因是(　　)。

A. 制品内部孔隙率大　　B. 含有大量结晶水

C. 吸水性强　　D. 硬化快

第三节　水　　泥

水泥属于水硬性胶凝材料，品种很多，按其用途和性能可分为通用水泥、专用水泥与特种水泥三大类。用于一般建筑工程的水泥为通用水泥，如硅酸盐水泥、矿渣硅酸盐水泥等；适应专门用途的水泥称为专用水泥，如道路水泥、砌筑水泥、大坝水泥等；具有比较突出的某种性能的水泥称为特种水泥，如快硬硅酸盐水泥、膨胀水泥等。按主要水硬性物质名称，水泥又可分为硅酸盐水泥、铝酸盐水泥、硫铝酸盐水泥等。建筑工程常用的主要是各种硅酸盐水泥。

一、硅酸盐水泥

由硅酸盐水泥熟料、0～5％石灰石或粒化高炉矿渣、适量石膏磨细制成的水硬性胶凝材料，称为硅酸盐水泥。硅酸盐水泥分两种类型，不掺加混合材料的称Ⅰ型硅酸盐水泥，其代号为P.Ⅰ；在硅酸盐水泥熟料粉磨时掺加不超过水泥质量5％的石灰石或粒化高炉矿渣混合材料的称Ⅱ型硅酸盐水泥，其代号为P.Ⅱ。在生产水泥时，需加入水泥质量3％左右的石膏($CaSO_4 \cdot 2H_2O$)，其目的是延缓水泥的凝结，便于施工。

(一)硅酸盐水泥熟料的矿物组成

熟料是以适当成分的生料(由石灰质原料与黏土质原料等配成)烧至部分熔融，所得以硅酸钙为主要成分的产物。熟料的主要矿物组成有硅酸三钙、硅酸二钙、铝酸三钙与铁铝酸四钙，其中硅酸钙占绝大部分。各矿物组成的性质见表12-2。若调整熟料中各矿物组成之间的比例，水泥的性质即发生相应的变化。如提高硅酸三钙、铝酸三钙含量，硅酸盐水泥凝结硬化快，早期强度高。

各种熟料矿物单独与水作用时的特性　　表12-2

名　称	硅酸三钙 $3CaO \cdot SiO_2$ (C_3S)	硅酸二钙 $2CaO \cdot SiO_2$ (C_2S)	铝酸三钙 $3CaO \cdot Al_2O_3$ (C_3A)	铁铝酸四钙 $4CaO \cdot Al_2O_3 \cdot Fe_2O_3$ (C_4AF)
凝结硬化速度	快	慢	最快	快
28d水化放热量	多	少	最多	中
强度	高	早期低、后期高	低	低

(二)硅酸盐水泥的水化、凝结、硬化

水泥加水拌和后，成为具有可塑性的水泥浆。水泥颗粒水化，随着水化反应的进行，水泥浆逐渐变稠失去可塑性，但尚未具有强度，这一过程称为“凝结”。随后产生明显的强度并逐渐发展成为坚硬的水泥石，这一过程称为“硬化”。凝结和硬化是人为划分的，而实际上凝结硬化是一个连续的复杂的物理化学变化过程。

1. 硅酸盐水泥的水化

水泥加水后，在水泥颗粒表面的熟料矿物立即水化，形成水化物并放出一定热量。

$$2(3CaO \cdot SiO_2)+6H_2O = \underset{\text{水化硅酸钙}}{3CaO \cdot 2SiO_2 \cdot 3H_2O}+3Ca(OH)_2$$

$$2(2CaO \cdot SiO_2)+4H_2O = 3CaO \cdot 2SiO_2 \cdot 3H_2O+Ca(OH)_2$$

$$3CaO \cdot Al_2O_3+6H_2O = \underset{\text{水化铝酸三钙}}{3CaO \cdot Al_2O_3 \cdot 6H_2O}$$

$$4CaO \cdot Al_2O_3 \cdot Fe_2O_3+7H_2O = 3CaO \cdot Al_2O_3 \cdot 6H_2O+\underset{\text{水化铁酸一钙}}{CaO \cdot Fe_2O_3 \cdot H_2O}$$

水泥中掺入的石膏与铝酸三钙反应生成高硫型水化硫铝酸钙(钙矾石，$3CaO \cdot Al_2O_3 \cdot 3CaSO_4 \cdot 32H_2O$)和单硫型水化硫铝酸钙($3CaO \cdot Al_2O_3 \cdot CaSO_4 \cdot 12H_2O$)，这两种水化物均为难溶于水的针状晶体。

水泥水化后生成的主要水化产物有凝胶与晶体两类。凝胶有水化硅酸钙(CSH)与水化铁酸钙(CFH)；晶体有氢氧化钙[$Ca(OH)_2$]、水化铝酸钙(C_3AH_6)与水化硫铝酸钙($3CaO \cdot Al_2O_3 \cdot 3CaSO_4 \cdot 32H_2O$)等。在完全水化的水泥石中，水化硅酸钙凝胶约占70%，氢氧化钙约占20%，水化硫铝酸钙约占7%。

2.硅酸盐水泥的凝结、硬化

水泥加水生成的胶体状水化产物聚集在颗粒表面形成凝胶薄膜，使水泥反应减慢，并使水泥浆体具有可塑性，由于生成的胶体状水化产物不断增多并在某些点接触，构成疏松的网状结构，使浆体失去流动性及可塑性，这就是水泥的凝结。此后由于生成的水化产物(凝胶、晶体)不断增多，它们相互接触连接，到一定程度，建立起比较紧密的网状结晶结构，并在网状结构内部不断充实水化产物，使水泥具有初步的强度，此后水化产物不断增加，强度不断提高，最后形成有较高强度的水泥石，这就是水泥的硬化。

硬化后的水泥石是由水泥水化产物、未水化完的水泥颗粒、孔隙与水所组成。

水泥的水化、凝结、硬化，除了与水泥矿物组成有关外，还与水泥的细度、拌和水量、温度、湿度、养护时间及石膏掺量等有关。

瞬凝与缓凝。如果硅酸盐水泥中未掺石膏或石膏掺量不足，则水泥凝结中将出现瞬凝(或急凝)。这是一种不正常的凝结现象，其特征是：水泥与水拌和后，水泥浆很快凝结，形成一种很粗糙、非塑性的混合物，并放出大量热量。这主要是由于熟料中C_3A含量高，水泥中未掺石膏或石膏掺量不足引起的。解决瞬凝问题的方法是缓凝，即掺加石膏。石膏能够与水化铝酸钙反应，生成水化硫铝酸钙，该产物阻止C_3A的迅速水化，从而延缓了水泥的凝结，起到了缓凝的作用。

(三)硅酸盐水泥的技术性质

硅酸盐水泥的密度一般为3.05～3.20g/cm^3，堆积密度一般为1 000～1 600kg/m^3。

国家标准《通用硅酸盐水泥》(GB 175—2007)规定，硅酸盐水泥有不溶物、氧化镁、SO_3、烧失量、细度、凝结时间、安定性、强度、碱含量和氯离子含量10项技术要求。其中影响水泥性质的主要指标有细度、凝结时间、安定性与强度四项。

1.细度

水泥的细度是指水泥的粗细程度。水泥颗粒越细，与水起反应的表面积越大，因而水泥颗粒细，水化迅速且完全，早期强度及后期强度均较高，但在空气中的硬化收缩较大，成本也较高。若水泥颗粒过粗，则不利于水泥活性的发挥。国家标准规定，硅酸盐水泥的细度用比表面积表示，应大于300m^2/kg，其他通用水泥的细度用筛析法表示，即0.080mm方孔筛筛余不大于10%。

2.凝结时间

水泥的凝结时间分初凝时间与终凝时间。初凝时间为自加水起至水泥净浆开始失去可塑性所需的时间；终凝时间为自加水起至水泥净浆完全失去可塑性并开始产生强度所需的时间。

水泥的凝结时间以标准稠度的水泥净浆，用标准维卡仪测定。所谓标准稠度的水泥净浆，是指在标准维卡仪上，试杆沉入净浆并距底板6mm±1mm时的水泥净浆。要配制标准稠度的水泥净浆，需测出达到标准稠度时的所需拌和水量，以占水泥质量的百分率表示标准稠度用水量。硅酸盐水泥的标准稠度用水量一般为24%～30%。

国家标准规定，硅酸盐水泥的初凝时间不得早于45min，终凝时间不得迟于6.5h，其他通用水泥的初凝时间不得早于 45min，终凝时间不得迟于 10h。

3. 体积安定性

水泥的体积安定性是反映水泥加水硬化后体积变化均匀性的物理指标。体积安定性不良，是指水泥硬化后，产生不均匀的体积变化。使用体积安定性不良的水泥，会使构件产生膨胀性裂缝，降低建筑物质量，甚至引起严重事故，因此体积安定性不良的水泥，在工程中应严禁使用。

水泥体积安定性不良的主要原因是熟料中所含的游离氧化钙或游离氧化镁过多，或水泥磨细时掺入的石膏过量。

国家标准规定，由熟料中游离氧化钙引起的体积安定性不良可用沸煮法检验。沸煮法分为饼法（观察标准稠度的水泥净浆试饼沸煮后的外形变化）与雷氏夹法（测定标准稠度的水泥净浆在雷氏夹中沸煮后的膨胀值）。由于游离氧化镁在压蒸条件下才加速熟化，石膏的危害则需长期在常温水中才能发现，两者均不便于快速检查。因此，国家标准规定，水泥中游离氧化镁含量不得超过 5.0%，SO_3 含量不得超过 3.5%。

4. 强度

水泥的强度是表征水泥质量的重要指标。国标规定，水泥与标准砂和水以 1∶3∶0.5 的比例混合，按规定的方法制成 40mm×40mm×160mm 的试件，在标准温度（20℃±2℃）的水中养护，分别测定其 3d 与 28d 的抗压强度与抗折强度。根据测定结果，将硅酸盐水泥分为 42.5、42.5R、52.5、52.5R、62.5、62.5R，其中有代号 R 者为早强型水泥。各强度等级硅酸盐水泥的各龄期强度不得低于表 12-3 中的数值。

硅酸盐水泥的强度要求（GB 175—2007）　　表 12-3

强度等级	抗压强度（MPa）		抗折强度（MPa）	
	3d	28d	3d	28d
42.5	17.0	42.5	3.5	6.5
42.5R	22.0	42.5	4.0	6.5
52.5	23.0	52.5	4.0	7.0
52.5R	27.0	52.5	5.0	7.0
62.5	28.0	62.5	5.0	8.0
62.5R	32.0	62.5	5.5	8.0

（四）硅酸盐水泥石的侵蚀与防止

硅酸盐水泥加水硬化而成的水泥石，在通常使用条件下，有较好的耐久性，但在某些侵蚀性液体或气体（统称侵蚀介质）的作用下，水泥石会逐渐遭受侵蚀，引起强度降低，甚至破坏，这种现象称为水泥石的侵蚀。

1. 引起水泥石侵蚀的原因

（1）水泥石本身的一些组分（氢氧化钙、水化铝酸钙）能溶解于水或与其他物质发生化学反应，生成易溶于水或体积膨胀或松软无胶凝力的新物质，使水泥石遭受侵蚀；

（2）水泥石本身不密实，有很多毛细孔通道，侵蚀性介质（淡水、酸、硫酸盐与镁盐溶液等）易进入其内部。

（3）腐蚀与通道相互作用。

2. 防止侵蚀的措施

（1）根据工程所处的环境，选择适当品种的水泥。

（2）提高水泥石的密实度。

(3)表面加做保护层。当侵蚀作用较强时可在构件表面加做耐侵蚀性强且不透水的保护层,如耐酸石料、塑料、沥青等。

二、掺混合材料的硅酸盐水泥

掺混合材料的硅酸盐水泥包括普通硅酸盐水泥、矿渣硅酸盐水泥、火山灰质硅酸盐水泥、粉煤灰硅酸盐水泥等。

在生产水泥时,掺入一定量的混合材料,目的是改善水泥的性能、调节水泥的强度、增加水泥品种、提高产量、节约水泥熟料、降低成本。

混合材料为天然的或人工的矿物材料,按其性能不同,可分为活性混合材料与非活性混合材料两大类。常用的活性混合材料有粒化高炉矿渣、火山质混合材料(如火山灰、浮石、硅藻土、烧黏土、煤矸石灰渣等)及粉煤灰等。非活性混合材料常用的有磨细石英砂、石灰石粉、黏土、磨细的块状高炉矿渣及炉灰等。

(一)普通硅酸盐水泥

普通硅酸盐水泥简称普通水泥,其代号为 P. O,是由硅酸盐水泥熟料、6%~20%混合材料、适量石膏磨细制成的水硬性胶凝材料。

掺活性混合材料时,最大掺量不得超过 20%,其中允许用不超过水泥质量 5%的窑灰或不超过水泥质量 10%的非活性混合材料代替。

普通水泥根据 3d、28d 抗折强度与抗压强度划分强度等级,其强度等级分为 42. 5、42. 5R、52. 5、52. 5R。各强度等级的普通水泥的各龄期强度不得低于表 12-3 中的数值。

普通水泥中混合材料掺量少,因此,其性能与硅酸盐水泥相近。与硅酸盐水泥性能相比,普通水泥硬化稍慢,早期强度稍低,水化热稍小,抗冻性与耐磨性也稍差。在应用范围方面,与硅酸盐水泥也相同,广泛用于各种混凝土或钢筋混凝土工程。由于普通水泥与硅酸盐水泥水化放热量大,且大部分在早期(3~7d)放出,对于大型基础、水坝、桥墩等厚大体积混凝土构筑物,因水化热积聚在内部不易散发,内部温度可达 50~60℃以上,内外温度差所引起的应力,可使混凝土产生裂缝。因此,大体积混凝土工程不宜选用这两种水泥。

(二)三种掺加混合材料较多的硅酸盐水泥

1. 矿渣硅酸盐水泥(简称矿渣水泥)

由硅酸盐水泥熟料和粒化高炉矿渣、适量石膏磨细制成的水硬性胶凝材料称为矿渣硅酸盐水泥,代号为 P. S。水泥中粒化高炉矿渣掺加量按质量百分比计为 20%~70%,并分为 A 型和 B 型。A 型矿渣掺量>20%且≤50%,代号为 P. S. A;B 型矿渣掺量>50%且≤70%,代号为 P. S. B。允许用不超过水泥质量 8%的其他混合材料代替矿渣的一部分。

2. 火山灰质硅酸盐水泥(简称火山灰水泥)

由硅酸盐水泥熟料和火山灰质混合材料、适量石膏磨细制成的水硬性胶凝材料称为火山灰质硅酸盐水泥,代号为 P. P。水泥中火山灰质混合材料掺加量按质量百分比计为 20%~50%。

3. 粉煤灰硅酸盐水泥(简称粉煤灰水泥)

由硅酸盐水泥熟料和粉煤灰、适量石膏磨细制成的水硬性胶凝材料称为粉煤灰硅酸盐水泥,代号为 P. F。水泥中粉煤灰掺加量按质量百分比计为 20%~40%。

以上这三种水泥的技术要求基本与普通水泥相同。按 3d 和 28d 的抗压、抗折强度划分强度等级,其强度等级有 32. 5、32. 5R、42. 5、42. 5R、52. 5、52. 5R。各强度等级水泥的各龄期强度不得低于表 12-4 中的数值。

矿渣水泥、火山灰水泥及粉煤灰水泥的强度要求(GB 175—2007)　　表 12-4

强度等级	抗压强度(MPa)		抗折强度(MPa)	
	3d	28d	3d	28d
32.5	10.0	32.5	2.5	5.5
32.5R	15.0	32.5	3.5	5.5
42.5	15.0	42.5	3.5	6.5
42.5R	19.0	42.5	4.0	6.5
52.5	21.0	52.5	4.0	7.0
52.5R	23.0	52.5	4.5	7.0

这三种水泥的性质与硅酸盐水泥、普通硅酸盐水泥相比,它们的共同特点是:

(1)早期强度较低,后期强度增长较快;

(2)环境温、湿度对水泥凝结硬化的影响较大,故适于采用蒸气养护;

(3)水化热较低,放热速度慢;

(4)抗软水及硫酸盐侵蚀的能力较强;

(5)抗冻性、抗碳化性与耐磨性较差。

以上三种水泥与硅酸盐水泥、普通硅酸盐水泥性质上有差异的原因,在于这三种水泥中活性混合材料的掺加量较大,熟料矿物的含量相对减少的缘故。由于所掺入的主要混合材料的性能不同,这三种水泥又各具特性。例如矿渣水泥的耐热性较强,保水性较差,需水量较大,故抗渗性较差。火山灰水泥保水性好,抗渗性好,硬化干缩更显著。粉煤灰水泥干缩性小,因而抗裂性好。另外,粉煤灰水泥流动性较好,因而配制的混凝土拌和物和易性好。这三种水泥的技术要求基本与普通水泥相同。矿渣水泥中 SO_3 含量不得超过 4.0%。

(三)常用水泥的选用与储运

硅酸盐水泥、普通硅酸盐水泥、火山灰质硅酸盐水泥、粉煤灰硅酸盐水泥及矿渣硅酸盐水泥是建筑工程广泛使用的五种水泥(通用水泥),其主要性能与选用见表 12-5 及表 12-6。

五种通用水泥的主要性能　　表 12-5

项　目	硅酸盐水泥 P.I,P.II	普通水泥 P.O	矿渣水泥 P.S	火山灰水泥 P.P	粉煤灰水泥 P.F
主要成分	以硅酸盐水泥熟料为主,0~5%混合材料	在硅酸盐水泥熟料中允许掺加不超过 20%的混合材料	在硅酸盐水泥熟料中掺入占水泥质量 20%~70%的粒化高炉矿渣	在硅酸盐水泥熟料中掺入占水泥质量 20%~50%的火山灰质混合材料	在硅酸盐水泥熟料中掺入占水泥质量 20%~40%的粉煤灰
特性	1. 硬化快,早期强度高 2. 水化热大 3. 耐冻性好 4. 耐腐蚀与耐软水性差	1. 早期强度较高 2. 水化热较大 3. 耐冻性较好 4. 耐腐蚀与耐软水性较差	1. 早期强度低,后期强度增长快 2. 抗渗性差 3. 耐冻性差 4. 耐硫酸盐侵蚀及耐软水性较好 5. 抗碳化性差 矿渣水泥的独特性能:耐热性、耐磨性均较好	抗渗性较好,耐磨性较差,其他同矿渣水泥 火山灰水泥的独特性能:内表面积大,因而干缩大	干缩较小,抗裂性较好,其他同火山灰水泥 粉煤灰水泥的独特性能:流动性较好

续上表

项　目	硅酸盐水泥 P.I,P.II	普通水泥 P.O	矿渣水泥 P.S	火山灰水泥 P.P	粉煤灰水泥 P.F
密度 (g/cm³)	3.0～3.15	3.0～3.15	2.8～3.1	2.8～3.1	2.8～3.1
堆积密度 (kg/m³)	1 000～1 600	1 000～1 600	1 000～1 200	900～1 000	900～1 000
强度等级和类型	42.5、42.5R 52.5、52.5R 62.5、62.5R	42.5、42.5R 52.5、52.5R	32.5、32.5R、42.5、42.5R、52.5、52.5R		

常用水泥的选用　　表 12-6

用途		混凝土工程特点及所处的环境条件	优先选用	可以选用	不宜选用
普通混凝土	1	在一般气候环境中的混凝土	普通水泥	矿渣水泥 火山灰水泥 粉煤灰水泥	
	2	在干燥环境中的混凝土	普通水泥		火山灰水泥 粉煤灰水泥 矿渣水泥
	3	在高湿度环境中或长期处于水中的混凝土	矿渣水泥 火山灰水泥 粉煤灰水泥	普通水泥	
	4	厚大体积的混凝土	矿渣水泥 火山灰水泥 粉煤灰水泥	普通水泥	硅酸盐水泥
有特殊要求的混凝土	1	要求快硬、高强(>C40)的混凝土	硅酸盐水泥	普通水泥	矿渣水泥 火山灰水泥 粉煤灰水泥 复合水泥
	2	严寒地区的露天混凝土、寒冷地区处于水位升降范围内的混凝土	普通水泥	矿渣水泥(强度等级>32.5)	火山灰水泥 粉煤灰水泥
	3	严寒地区处于水位升降范围内的混凝土	普通水泥(强度等级>42.5)		火山灰水泥 矿渣水泥 粉煤灰水泥 复合水泥
	4	有抗渗要求的混凝土	普通水泥 火山灰水泥 粉煤灰水泥		矿渣水泥
	5	有耐磨性要求的混凝土	硅酸盐水泥 普通水泥	矿渣水泥(强度等级>32.5)	火山灰水泥 粉煤灰水泥
	6	受侵蚀性介质作用的混凝土	矿渣水泥 火山灰水泥* 粉煤灰水泥		硅酸盐水泥 普通水泥

注：* 当水泥中掺有黏土质混合材料时，则不耐硫酸盐腐蚀。复合水泥选用与其他三种掺混合材料水泥基本相同，表中未一一列出。

水泥在运输与保管时，不得受潮和混入杂物，不同品种和强度等级的水泥应分别储存，水泥储存期不宜过长（在正常储存条件下，一般水泥每天强度损失率为 0.2%～0.3%），尽量做到先存先用。

三、铝酸盐水泥（旧称矾土水泥或高铝水泥）

铝酸盐水泥是以铝矾土和石灰石为原料，经煅烧制得的以铝酸钙为主要成分、氧化铝含量约 50%的熟料，经磨细制成的水硬性胶凝材料。

（一）铝酸盐水泥的矿物组成与水化产物

铝酸盐水泥的主要矿物组成为铝酸一钙（$CaO \cdot Al_2O_3$，简式 CA），其含量约占 70%，还有二铝酸一钙（$CaO \cdot 2Al_2O_3$，简式 CA_2）以及少量的硅酸二钙（$2CaO \cdot SiO_2$，简式 C_2S）和其他铝酸盐。

铝酸一钙（CA）具有较高的水硬活性，凝结不快，但硬化迅速，是铝酸盐水泥强度的主要来源。由于 CA 是铝酸盐水泥的主要矿物，因此，铝酸盐水泥的水化过程主要是 CA 的水化过程。一般认为，CA 在不同温度下进行水化时，可得到不同的水化产物，当温度低于 20℃时，主要水化产物为十水铝酸一钙（CAH_{10}）；温度在 20～30℃时，主要水化产物为八水铝酸二钙（C_2AH_8）；当温度大于 30℃时，主要水化产物为六水铝酸三钙（C_3AH_6）。此外，还有氢氧化铝凝胶（$Al_2O_3 \cdot 3H_2O$，简式 AH_3）。

CAH_{10}和 C_2AH_8 为片状或针状晶体，能互相交错搭接成坚固的结晶连生体，形成晶体骨架，析出的氢氧化铝凝胶难溶于水，填充于晶体骨架的空隙中，形成较密实的水泥石结构。水化5～7d后，水化产物数量很少增长，因此，铝酸盐水泥硬化初期强度增长较快，后期强度则增长不显著。

CAH_{10}和 C_2AH_8 都是不稳定的水化产物，会逐渐转变成较稳定的 C_3AH_6。晶体转变的结果使水泥石内析出游离水，增大了孔隙率；同时，又由于 C_3AH_6 本身强度低，所以水泥石强度将明显下降。在湿热条件下，这种转变更为迅速。

（二）铝酸盐水泥的技术性质

铝酸盐水泥常为黄色或褐色，也有呈灰色的，其密度、堆积密度与硅酸盐水泥相近。《铝酸盐水泥》（GB 201—2000）规定：

（1）细度：0.045mm 筛余不大于 20%或比表面积不小于 $300m^2/kg$。

（2）凝结时间：CA-50、CA-70、CA-80 的初凝不得早于 30min，终凝不得迟于 6h；CA-60 的初凝不得早于 60min，终凝不得迟于 18h。

（3）强度值：各龄期强度不得低于表 12-7 中的数值。

铝酸盐水泥各龄期强度值 表 12-7

水泥类型	抗压强度（MPa）				抗折强度（MPa）			
	6h	1d	3d	28d	6h	1d	3d	28d
CA-50	20①	40	50	—	3.0①	5.5	6.5	
CA-60	—	20	45	85	—	2.5	6.5	
CA-70	—	30	40	—	—	5.0	6.0	
CA-80	—	25	30	—	—	4.0	5.0	

注：①当用户需要时，生产厂应提供结果。

（三）铝酸盐水泥的特性与应用

（1）长期强度有降低的趋势。强度降低可能是由于晶体转化造成的，因此，铝酸盐水泥不宜用于长期承重的结构及处在高温高湿环境的工程中。在一般的混凝土工程中应禁止使用。

(2)早期强度增长快,1d强度可达最高强度的80%以上,故宜用于紧急抢修工程及要求早期强度高的特殊工程。

(3)水化热大,且放热速度快,1d内即可放出水化热总量的70%~80%。因此,铝酸盐水泥适用于冬季施工的混凝土工程,但不宜用于大体积混凝土工程。

(4)最适宜的硬化温度为15℃左右,一般不得超过25℃。因此,铝酸盐水泥不适用于高温季节施工,也不适合采用蒸气养护。

(5)耐热性较高,如采用耐火粗细集料(铬铁矿等)可制成使用温度达1 300~1 400℃的耐热混凝土。

(6)抗硫酸盐侵蚀性强,耐酸性好,但抗碱性极差,不得用于接触碱性溶液的工程。

(7)铝酸盐水泥与硅酸盐水泥或石灰相混不但产生闪凝,而且由于生成高碱性的水化铝酸钙,使混凝土开裂,甚至破坏。因此,施工时除不得与石灰和硅酸盐水泥混合外,也不得与尚未硬化的硅酸盐水泥接触使用。

四、其他品种水泥

(一)白色与彩色硅酸盐水泥

1. 白色硅酸盐水泥(简称白色水泥)

白色硅酸盐水泥与硅酸盐水泥的主要区别在于氧化铁含量少,因而色白。生产时原料的铁含量应严加控制,在煅烧、粉磨及运输时均应防止着色物质混入。

白色水泥的技术性质与产品等级如下。国家标准GB/T 2015—2005规定,白色水泥的细度,要求0.08mm方孔筛筛余量应不超过10%;凝结时间初凝时间应不早于45min,终凝时间应不迟于10h;安定性用沸煮法检验必须合格,同时熟料中氧化镁含量宜不超过5.5%,水泥中SO_3含量应不超过3.5%;按3d、28d的抗折强度与抗压强度分为32.5、42.5、52.5三个强度等级,各强度等级水泥各龄期的强度不得低于表12-8中的数值。

白色水泥各龄期强度值 表12-8

强度等级	抗压强度(MPa)		抗折强度(MPa)	
	3d	28d	3d	28d
32.5	12.0	32.5	5	6.0
42.5	17.0	42.5	3.5	6.5
52.5	22.0	52.5	4.0	7.0

2. 彩色硅酸盐水泥(简称彩色水泥)

生产彩色水泥常用方法是将硅酸盐水泥熟料(白色水泥熟料或普通水泥熟料)、适量石膏与碱性矿物颜料共同磨细,也可用颜料与水泥粉直接混合制成,但后一种方法颜料用量大,水泥色泽也不易均匀。所用颜料要求不溶于水,分散性好,耐碱性强,抗大气稳定性好,不影响水泥的水化硬化,着色力强等。

彩色水泥主要用于建筑物内外表面,如地面、墙、台阶等的装饰。

(二)快硬硅酸盐水泥(简称快硬水泥)

凡以适当成分的生料,烧至部分熔融所得的以硅酸钙为主要成分的熟料,加入适量石膏,磨细制成的具有早期强度增进率较快的水硬性胶凝材料,称为快硬硅酸盐水泥。其生产方法与硅酸盐水泥基本相同。提高水泥早期强度增进率的措施有:提高熟料的铝酸三钙与硅酸三钙的含量、适当增加石膏掺量(达 8%)，以及提高水泥的粉磨细度等。

快硬水泥的细度，要求 80μm 方孔筛筛余量不得超过 10%；初凝时间不得早于 45min，终凝时间不得迟于 10h；安定性要求沸煮法合格；按抗折强度、抗压强度分为 32.5、37.5、42.5 三个强度等级，各强度等级各龄期强度不得低于表 12-9 中的数值，其中，28d 的强度为供需双方参考指标。

快硬水泥各龄期强度数值 表 12-9

强度等级	抗压强度(MPa)			抗折强度(MPa)		
	1d	3d	28d	1d	3d	28d
32.5	15.0	32.5	52.5	3.5	5.0	7.2
37.5	17.0	37.5	57.5	4.0	6.0	7.6
42.5	19.0	42.5	62.5	4.5	6.4	8.6

快硬水泥主要用于配制早强混凝土，适用于紧急抢修工程与低温施工工程。

(三)膨胀水泥与自应力水泥

这两种水泥特点是在硬化过程中体积不但不收缩，而且有不同程度的膨胀。在钢筋混凝土中应用膨胀水泥，由于混凝土的膨胀将使钢筋产生一定的拉应力，混凝土则受到相应的压应力，这种压应力能使混凝土免于产生内部微裂缝。当其值较大时，还能抵消一部分因外界因素(例如水泥混凝土管道中输送的压力水或压力气体)所产生的拉应力，从而有效改善混凝土抗拉强度低的缺点。因为这种预先具有的压应力是依靠水泥本身的水化而产生的，所以称为“自应力”，并以自应力值(MPa)表示所产生的压应力大小。自应力值大于或等于 2MPa 的称为自应力水泥，膨胀水泥的自应力值通常为 0.5MPa 左右。

按水泥主要成分，我国常用的膨胀水泥有硅酸盐膨胀水泥、铝酸盐膨胀水泥、硫铝酸盐膨胀水泥及铁铝酸钙膨胀水泥等品种。其膨胀源均来自于水泥硬化初期，生成高硫型水化硫铝酸钙(钙矾石)，导致体积膨胀。

膨胀水泥主要用于配制防水砂浆、防水混凝土，构件的接缝与管道接头，结构的加固与修补等。自应力水泥主要用于制造自应力钢筋(钢丝网)混凝土压力管等。

(四)砌筑水泥

砌筑水泥是以活性混合材料或具有水硬性的工业废料为主要原料，加入少量硅酸盐水泥熟料和石膏，经磨细制成的水硬性胶凝材料。该水泥按强度分为 12.5、17.5、22.5 三个强度等级。其特性为硬化较慢，强度较低，配制的砂浆和易性好，成本低，适用于制备工业与民用建筑的砌筑砂浆及内外墙抹面砂浆；不得用于钢筋混凝土；作其他用途时，须通过试验。

习 题

12-12 大体积混凝土施工应选用(   )。

A. 硅酸盐水泥 B. 铝酸盐水泥 C. 矿渣水泥 D. 膨胀水泥

12-13 生产硅酸盐水泥，在粉磨熟料时，加入适量石膏对水泥起的作用是(   )。

A. 促凝 B. 增强 C. 缓凝 D. 防潮

12-14 蒸气养护效果最好的水泥是(   )。

A. 矿渣水泥 B. 早强型硅酸盐水泥

C. 普通水泥 D. 高铝水泥

12-15 下列混合材料中，哪些属于活性混合材料？(   )

①水淬矿渣；②黏土；③粉煤灰；④浮石；⑤烧黏土；⑥慢冷矿渣；⑦石灰石粉；⑧煤渣

A. ①②③④⑤　B. ②③④⑤⑥　C. ①③④⑤⑧　D. ①③④⑤⑥

12-16　一般，石灰、石膏、水泥三者的胶结强度的关系是(　　)。

A. 石灰>石膏>水泥　B. 石灰<石膏<水泥

C. 石膏<石灰<水泥　D. 石膏>水泥>石灰

12-17　根据水泥石侵蚀的原因，下列(　　)是不正确的硅酸盐水泥防侵蚀措施。

A. 提高水泥强度等级

B. 提高水泥的密实度

C. 根据侵蚀环境特点，选用适当品种的水泥

D. 在混凝土或砂浆表面设置耐侵蚀且不透水的防护层

12-18　有耐磨性要求的混凝土，应优先选用下列哪种水泥？(　　)

A. 硅酸盐水泥　B. 火山灰水泥　C. 粉煤灰水泥　D. 硫铝酸盐水泥

12-19　水泥的凝结与硬化与下列哪个因素无关？(　　)

A. 硬化时间　B. 水泥的细度　C. 拌和水量　D. 水泥的体积和重量

12-20　以下关于水泥与混凝土凝结时间的叙述，正确的是(　　)。

A. 水泥浆凝结的主要原因是水分蒸发

B. 温度越高，水泥凝结得越慢

C. 混凝土的凝结时间与配制该混凝土所用水泥的凝结时间并不一致

D. 水灰比越大，凝结时间越短

第四节　混　凝　土

混凝土是由胶凝材料、粗细集料和水(或不加水)按适当比例配制，再经硬化而成的人工石材。目前使用最多的是以水泥为胶凝材料的混凝土，称为水泥混凝土。按其表观密度，一般可分为重混凝土(干表观密度大于2 800kg/m^3)、普通混凝土(干表观密度为2 000～2 800kg/m^3)和轻混凝土(干表观密度小于1 950kg/m^3)三类。在建筑工程中应用最广泛、用量最大的是普通混凝土。

一、普通混凝土原材料的技术要求

普通混凝土原材料为水泥、水、细集料(砂)及粗集料(石子)，必要时还可加入各种外加剂及矿物掺和料。在混凝土中，砂与石子主要起骨架作用，称为集料，又称骨料，还可起到减小混凝土因水泥硬化产生的收缩作用。水泥与水形成水泥浆，包裹在集料表面并填充在集料空隙中。在硬化前(称为混凝土拌和物)，水泥浆起润滑作用，赋予拌和物一定的流动性，便于施工；水泥浆硬化后，则将集料胶结成一个坚实的整体(胶结作用)。

(一)水泥

选择水泥要考虑品种与强度等级两个方面。

1. 品种

应根据混凝土工程特点、工程所处环境条件及施工条件，进行合理选择。

2. 强度等级

水泥强度等级的选择，应与混凝土的设计强度相适应。一般以水泥强度等级(单位:MPa)

为混凝土强度的 1.5～2.0 倍为宜，对于高强度混凝土，可取 0.9～1.5 倍。

若用高强度等级水泥配制低强度等级的混凝土，只需用少量水泥就可满足混凝土强度要求，但水泥用量偏少，会影响混凝土拌和物的工作性与密实度，可考虑掺入一定数量的掺和料(如粉煤灰)。若用低强度等级水泥配制高强度等级的混凝土，为满足强度要求，需较多的水泥用量，过多的水泥用量不仅不经济，而且还会影响混凝土的其他技术性质(如硬化收缩增大，会引起混凝土开裂)，可掺入减水剂。

(二)细集料

粒径在 0.15～5mm 之间的集料为细集料。

配制混凝土时所采用的细集料，应满足《建设用砂》(GB/T 14687—2011)的要求，其技术要求有下列几方面。

1.有害杂质

凡存在于砂或石子中会降低混凝土性质的成分称为有害杂质。砂中有害杂质包括泥、泥块、云母、轻物质、硫化物与硫酸盐、有机物质及氯化物等。其中泥是指粒径小于 0.08mm 的黏土、淤泥与岩屑；泥块是指水浸后粒径大于 0.63mm 的块状黏土。泥、云母、轻物质等能降低集料与水泥浆的黏结，泥多还会增加混凝土的用水量，从而加大混凝土的收缩，降低混凝土的抗冻性与抗渗性；硫化物与硫酸盐、有机物质等对水泥有侵蚀作用；泥块、轻物质强度较低，会形成混凝土中的薄弱部分。总之，有害杂质会降低混凝土的强度与耐久性。

海砂含氯盐，对钢筋有锈蚀作用。钢筋混凝土中砂的氯离子含量不应大于 0.06%(以干砂质量百分率计)；预应力混凝土不宜用海砂，若必须使用时，则应经淡水冲洗，氯离子含量不得大于 0.02%。

对砂中的无定形二氧化硅含量有怀疑时，应根据结构或构件的使用条件，进行专门试验，测定其碱集料反应的活性，即碱活性检验后，再确定其适用性。

2.砂的粗细程度与颗粒级配

混凝土用砂的选用，主要应从砂对混凝土的和易性与水泥用量(即混凝土的经济性)的影响这两个方面进行考虑。因此，主要考虑砂的粗细程度(细度模数)与级配。

砂的颗粒级配是指砂中不同粒径颗粒的搭配情况。级配良好的砂，具有较小的空隙率，用来配制混凝土，不仅所需水泥浆量较少，而且还可以提高混凝土的流动性、密实度和强度。

砂的粗细程度是指不同粒径的砂粒混合在一起后的平均粗细程度，通常有粗砂、中砂与细砂之分。相同用砂量，粗砂的总表面积越小，包裹砂粒表面所需的水泥浆越少，因此越节省水泥。

砂的颗粒级配与粗细程度，常用筛分析的方法进行测定。该法是用一套规定孔径的标准筛，将 500g 干砂由粗到细依次过筛，计算出各筛上的分计筛余百分率 a_1、a_2、a_3、a_4、a_5、a_6(各筛上的筛余量占砂样质量的百分率)与累计筛余百分率 A_1、A_2、A_3、A_4、A_5、A_6(各个筛与比该筛粗的所有筛的分计筛余百分率之和)。

砂的颗粒级配用级配区表示，见表 12-10。砂的粗细程度用细度模数(M_x)表示，其计算式为

$$M_x = \frac{(A_2 + A_3 + A_4 + A_5 + A_6) - 5A_1}{100 - A_1} \tag{12-15}$$

细度模数越大，表示砂越粗。其中模数 3.7～3.1 为粗砂，3.0～2.3 为中砂，2.2～1.6 为细砂，1.5～0.7 为特细砂。

综上分析，混凝土用砂应优先选用级配良好的中砂。这种砂的空隙率与总表面积均小，不仅水泥用量较少，还保证了混凝土有较高的密实度与强度。

天然砂的颗粒级配区范围　　表 12-10

筛孔尺寸(mm)	累计筛余(%)		
	Ⅰ区	Ⅱ区	Ⅲ区
10.0	0	0	0
4.75	10～0	10～0	10～0
2.36	35～5	25～0	15～0
1.18	65～35	50～10	25～0
0.60	85～71	70～41	40～16
0.30	95～80	92～70	85～55
0.15	100～90	100～90	100～90

(三)粗集料

集料中粒径大于5mm的称为粗集料,混凝土用粗集料有碎石和卵石两种。碎石表面粗糙,具有棱角,与水泥浆黏结较好;而卵石多为圆形,表面光滑,与水泥浆的黏结较差。在水泥用量和水用量相同的情况下,碎石拌制的混凝土强度较高,但流动性较小。

根据《建设用碎石、卵石》(GB/T 14685—2011),混凝土用石子的技术要求有下列几方面。

1.有害杂质

有害杂质包括泥、泥块、硫化物与硫酸盐、有机质等,其含量应符合表12-11中的规定。

石子中有害杂质限量表　　表 12-11

项　目	指　标		
	Ⅰ类	Ⅱ类	Ⅲ类
含泥量(按质量计,%)	<0.5	<1.0	<1.5
泥块含量(按质量计,%)	0	<0.5	<0.7
硫化物及硫酸盐(按 SO_3 质量计,%)	<0.5	<1.0	<1.0
有机质(比色法)	合格	合格	合格

对重要工程的混凝土所使用的石子,应进行碱活性检验。

2.针、片状颗粒含量

石子的形状以接近立方体或球形的为好,不应含有较多的针、片状颗粒。针状颗粒是指颗粒长度大于该颗粒所属粒级平均粒径的2.4倍;片状颗粒是指颗粒厚度小于平均粒径的0.4倍。平均粒径是指该粒级上、下限粒径的平均值。

针、片状颗粒受力易折断,当含量较多时,会增大粗集料空隙率,影响混凝土的工作性及强度,因此其含量应加以限制。

3.强度

碎石的强度用岩石的块体抗压强度或压碎指标表示,卵石的强度就用压碎指标表示。

石子的抗压强度,是在母岩中取样制作边长为50mm的立方体试件(或直径与高度均为50mm的圆柱体试件),在水中浸泡48h测强度,要求岩石的抗压强度与混凝土抗压强度之比不小于1.5;而且,岩浆岩的抗压强度不宜低于80MPa,沉积岩不宜低于45MPa,变质岩不宜低于60MPa。

石子的压碎指标测定,采用一定质量气干状态下10～20mm的石子,装入一标准圆筒内,放于压力机上在3～5min内均匀加荷至200kN,卸荷后称取试样质量 m_0,再用孔径为2.5mm的筛过筛被压碎的细粒,称出筛余量 m_1,则压碎指标 Q_a 为

$$Q_a = \frac{m_0 - m_1}{m_0} \times 100\% \tag{12-16}$$

4. 颗粒级配与最大粒径

石子级配好坏对节约水泥，保证混凝土具有较高密实度、强度与工作性，有很密切的关系。石子的级配也通过筛分试验来确定。普通混凝土用石子的颗粒级配应符合表12-12的规定。

普通混凝土用石子级配范围的规定 表12-12

级配情况	公称粒级(mm)	累计筛余(%)											
		筛孔尺寸(方孔筛)(mm)											
		2.36	4.75	9.5	16.0	19.0	26.5	31.5	37.5	53.0	63.0	75.0	90.0
连续粒级	5～16	95～100	85～100	30～60	0～10	0	—	—	—	—	—	—	—
	5～20	95～100	90～100	40～80	—	0～10	0		—	—	—	—	—
	5～25	95～100	90～100	—	30～70	—	0～5	0	—	—	—	—	—
	5～31.5	95～100	90～100	70～90		15～45		0～5	0	—	—	—	—
	5～40	—	95～100	70～90	—	30～65			0～5	0	—	—	—
单粒级	5～10	95～100	80～100	0～15	0	—	—	—	—	—	—	—	—
	10～16	—	95～100	80～100	0～15	—	—	—	—	—	—	—	—
	10～20	—	95～100	85～100	—	0～15	0	—	—	—	—	—	—
	16～25	—	—	95～100	55～70	25～40	0～10	—	—	—	—	—	—
	16～31.5	—	95～100	—	85～100	—	—	0～10	0	—	—	—	—
	20～40	—	—	95～100	—	85～100	—	—	0～10	0	—	—	—
	40～80	—	—	—	—	95～100	—	—	70～100	—	30～60	0～10	0

单粒级一般不单独使用，可用于组合成具有要求级配的连续粒级，也可与连续粒级的石子混合使用，以改善它们的级配或配成较大粒度的连续粒级。

石子公称粒级的上限，称为石子的最大粒径。随着石子最大粒径的增大，在质量相同时，其总表面积减小，因此，在条件许可时，石子的最大粒径应尽可能选得大一些，以节约水泥。

按《混凝土结构工程施工质量验收规范》(GB 50204—2011)从结构的角度规定，混凝土用石子最大粒径不得超过结构截面最小尺寸的1/4，同时不得超过钢筋间最小净距的3/4。对混凝土实心板，石子的最大粒径不宜超过板厚的1/3，且不得超过40mm。

5. 坚固性

有抗冻要求的混凝土所用石子，要测定其坚固性。即用硫酸钠溶液浸渍法检验，试样经五次循环浸渍后，其质量损失应不超过现行标准的规定。

6. 碱-集料反应

经碱-集料反应试验后，由卵石、碎石制备的试件无裂缝、酥裂、胶体外溢等现象发生，在规定试验龄期的膨胀率应小于0.10%。

（四）水

在拌制和养护混凝土用水中，不得含有影响水泥正常凝结与硬化的有害物质。拌制混凝土用水宜优先采用符合国家标准的饮用水。若采用其他水源时，水质要求符合《混凝土用水标准》(JGJ 63—2006)的规定。

（五）普通混凝土外加剂

外加剂是指在混凝土拌和物中掺入不超过水泥质量的5%，且能使混凝土按要求改变性质的物质，并在混凝土配合比设计时，不考虑对混凝土体积或质量的变化。常用的外加剂有减水剂、早强剂、缓凝剂、速凝剂、引气剂、防水剂、防冻剂、膨胀剂等。

1.减水剂

减水剂是指能保持混凝土在稠度不变的条件下，具有减水增强作用的外加剂。

混凝土中掺入减水剂，可有如下经济技术效果：

(1)提高流动性。在配合比不变的情况下，可增大坍落度100～200mm，且不影响混凝土强度。

(2)提高强度。在保持坍落度不变的情况下，减少用水量可提高混凝土强度，这种办法提高早期强度效果更显著。

(3)节约水泥。在保持混凝土强度不变时，可节约水泥用量。

(4)改善混凝土的某些性能。如减少混凝土拌和物的泌水、离析现象发生，延缓拌和物凝结，减慢水化放热速度，提高抗渗性及抗冻性等。

常用减水剂品种有以下六种。

(1)木质素系减水剂

木质素系减水剂的主要品种是木质素磺酸钙(简称木钙粉，又名M型减水剂，简称M剂)，适宜掺量为水泥用量的0.2%～0.3%，减水率为10%左右，对混凝土有缓凝作用，一般缓凝1～3h，低温下尤甚；对混凝土有引气效果，一般引气量为1%～2%。M剂常用于一般混凝土工程，尤其适用于夏季混凝土施工、滑模施工、大体积混凝土及泵送混凝土等，不宜采用蒸气养护。

(2)萘系减水剂

萘系减水剂的主要成分为β-萘磺酸盐甲醛缩合物。目前我国主要生产品种有NNO、NF、FDN、UNF、MF、建1、SN-II等。萘系减水剂属高效减水剂，掺量为0.5%～1.0%，减水率为10%～25%，缓凝性小，大多为非引气型，适用于所有混凝土工程，更适于配制高强混凝土及流态混凝土。

(3)聚羧酸系减水剂

该减水剂属高效减水剂，坍落度经时损失小，掺量为0.2%～0.3%，减水率为25%～30%，适用于高强高性能混凝土。

(4)树脂系减水剂

我国的树脂系减水剂产品有SM，主要成分为三聚氰胺甲醛缩合物，简称密胺树脂，属早强、非引气型高效减水剂，当掺量为0.5%～2%时，减水率为20%～30%。因价贵，适用于特殊要求的混凝土工程。

(5)糖蜜系减水剂

糖蜜系减水剂为棕色粉状物或糊状物，国内粉剂产品有3FG、TF、ST等，适宜掺量为0.2%～0.3%，减水率为6%～10%，能显著降低水化热，缓凝性强，一般缓凝时间大于3h，低温尤甚。通常多作缓凝剂使用，适用于大体积混凝土工程、夏季混凝土施工、水工混凝土工程等。

(6)复合减水剂

减水剂常与其他外加剂进行复合，组成复合减水剂，以满足不同施工要求及起到降低成本的效果。如MF为引气型减水剂，可与消泡剂GXP-103复合，可弥补混凝土因引气而导致后期强度降低的缺点。

2.早强剂

早强剂是指能提高混凝土早期强度的外加剂，多在冬季或紧急抢修时采用。

常用的早强剂有以下三种。

(1)氯化物系早强剂

如 $CaCl_2$,效果好,除提高混凝土早期强度外,还有促凝、防冻效果,价低,使用方便,一般掺量为 1%～2%,缺点是会使钢筋锈蚀。在钢筋混凝土中,$CaCl_2$ 掺量不得超过水泥用量的 1%,通常与阻锈剂 $NaNO_2$ 复合使用。

(2)硫酸盐系早强剂

如硫酸钠,又名元明粉,为白色粉末,适宜掺量为 0.5%～2%,多为复合使用,如 NC,是硫酸钠、糖钙与青砂混合磨细而成的一种复合早强剂。

(3)三乙醇胺系早强剂

三乙醇胺为无色或淡黄色透明油状液体,易溶于水,一般掺量为 0.02%～0.05%,有缓凝作用,一般不单掺,常与其他早强剂复合使用。

3.缓凝剂

缓凝剂是指能延缓混凝土凝结的外加剂,目前常用的有木质素磺酸钙与糖蜜,适用于高温季节施工、大体积混凝土工程、泵送与滑模方法施工及较长时间停放或远距离运送的商品混凝土。

4.速凝剂

速凝剂是指能使混凝土迅速凝结硬化的外加剂,我国常用的有红星一型、711 型等品种,主要用于隧道与地下工程、引水涵洞等工程锚喷支护时的喷射混凝土。

5.引气剂

引气剂是指在搅拌混凝土过程中能引入大量分布均匀稳定而封闭的微小气泡的外加剂。引气剂产生的气泡直径在 0.05～1.25mm 之间。目前常用的引气剂有松香热聚物、松香皂等,适宜掺量为 0.005%～0.012%。采用引气剂主要是为了提高混凝土的抗渗、抗冻等耐久性,改善拌和物的工作性,多用于水工混凝土。引气剂的使用使得混凝土含气量增大,从而使混凝土的强度较未掺引气剂者有所下降。

外加剂除上述几种外,还有防水剂(如三氯化铁防水剂、硅酸钠类防水剂等)、防冻剂(如亚硝酸钠型防冻剂、硝酸钙型防冻剂、氯盐类防冻剂等)、膨胀剂(如硫铝酸钙类膨胀剂等)、发气剂等。

(六)矿物掺和料

掺和料一般是指混凝土拌和物中掺入量超过水泥质量的 5%,且在配合比设计时,需要考虑体积或质量变化的外加材料。工程中常采用粉煤灰作为混凝土的掺和料,也可用硅灰、磨细矿渣粉等具有一定活性的工业废渣。掺和料不仅可以取代部分水泥,降低成本,而且可以改善混凝土性能,如提高强度、改善和易性、降低水化热等。

二、普通混凝土的主要技术性质

(一)混凝土拌和物的和易性(又称工作性)

1.和易性的概念及指标

混凝土硬化以前称为混凝土拌和物。和易性是指混凝土拌和物易于施工操作(拌和、运输、浇筑、捣实),并能获得质量均匀、密实的混凝土性能。和易性为一项综合的技术性质,包括流动性、黏聚性和保水性三方面的含义。《普通混凝土拌合物性能试验方法》(GB/T 50080—2002)规定,混凝土拌和物的流动性以坍落度(cm)或维勃稠度(s)作为指标。坍落度适用于流动性较大的混凝土拌和物(坍落度值不小于 10mm),维勃稠度适用于干硬的混凝土拌和物。黏聚性与保水性无指标,凭直观经验目测评定。

按坍落度的不同,可将混凝土拌和物分为大流动性混凝土(坍落度>150mm)、流动性混凝土

(坍落度 100～150mm)、塑性混凝土(坍落度 50～90mm)、低塑性混凝土(坍落度 10～40mm)。

2.坍落度的选择

施工中选择混凝土拌和物的坍落度，一般依据构件截面的大小、钢筋疏密和捣实方法来确定。当构件截面尺寸较小或钢筋较密或人工插捣时，坍落度可选择大些。总的原则是，应以保证能顺利施工为前提，坍落度尽量选小些为宜。表 12-13 为塑性混凝土常见的坍落度值。

混凝土浇筑时的坍落度 表 12-13

结构种类	坍落度(mm)
基础或地面等的垫层、无配筋的大体积结构(挡土墙、基础等)或配筋稀疏的结构	10～30
板、梁或大型及中型截面的柱子等	30～50
配筋密列的结构(薄壁、斗仓、筒仓、细柱等)	50～70
配筋特密的结构	70～90

注：本表是指采用机械振捣的坍落度，采用人工捣实时可适当增大。

3.影响和易性的主要因素

(1)水泥浆的数量与稠度

无论是水泥浆数量，还是水泥浆的稀稠，实际上对混凝土拌和物的和易性起决定作用的是用水量的多少。因为无论是提高水灰比或增加水泥浆用量最终都表现为混凝土用水量的增加。当使用确定的材料拌制混凝土时，水泥用量在一定范围内($1m^3$ 混凝土水泥用量增减不超过 50～1 000kg)，为达到一定流动性，所需加水量为一常值。在配制混凝土时，根据集料品种、规程及施工要求的坍落度值，按表 12-14 选择每立方米混凝土的用水量。

塑性和干硬性混凝土的用水量(单位：kg/m^3) 表 12-14

项目	指标	卵石最大粒径(mm)			碎石最大粒径(mm)		
		10	20	40	16	20	40
坍落度(mm)	10～30	190	170	150	200	185	165
	30～50	200	180	160	210	195	175
	50～70	210	190	170	220	205	185
	70～90	215	195	175	230	215	195
维勃稠度(s)	15～20	175	160	145	180	170	155
	10～15	180	165	150	185	175	160
	5～10	185	170	155	190	180	165

注：1.本表用水量为采用中砂时的平均取值，如采用细砂或粗砂，则 $1m^3$ 混凝土用水量应相应增减 5～10kg。

2.掺用各种外加剂或掺和料时，可相应增减用水量。

3.本表不适用于水灰比小于 0.4 或大于 0.8 的混凝土以及采用特殊工艺的混凝土。

(2)砂率

砂率是指混凝土中砂的质量占砂、石总质量的百分率。砂率的变动会使集料的空隙率与总表面积有显著改变，因而对混凝土拌和物的和易性产生显著影响。砂率过大或过小，在水泥浆含量不变的情况下，均会使混凝土拌和物的流动性减小。因此，在配制混凝土时，砂率不能过大，也不能太小，应选用合理砂率值。所谓合理砂率是指在用水量及水泥用量一定的情况下，能使混凝土拌和物获得最大的流动性，且能保持黏聚性及保水性良好时的砂率值，如图12-5a)所示。或者从另一角度考虑，当采用合理砂率时，能使混凝土拌和物获得所要求的流动性及良好的黏聚性与保水性，而水泥用量为最少，如图 12-5b)所示。

确定砂率的方法较多，可参照表 12-15 选用，也可根据砂石的表观密度与堆积密度等数据进行计算确定。

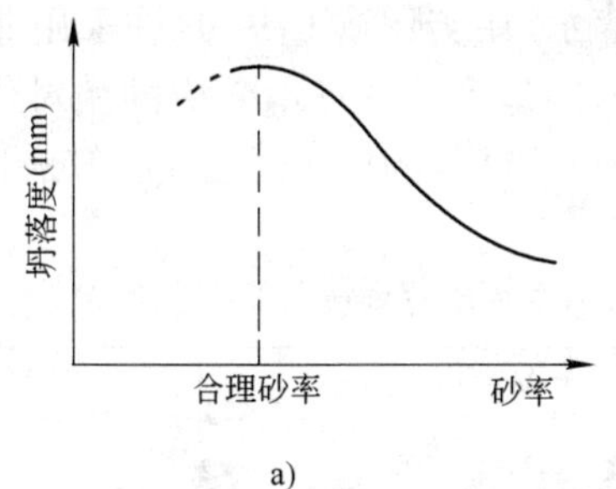

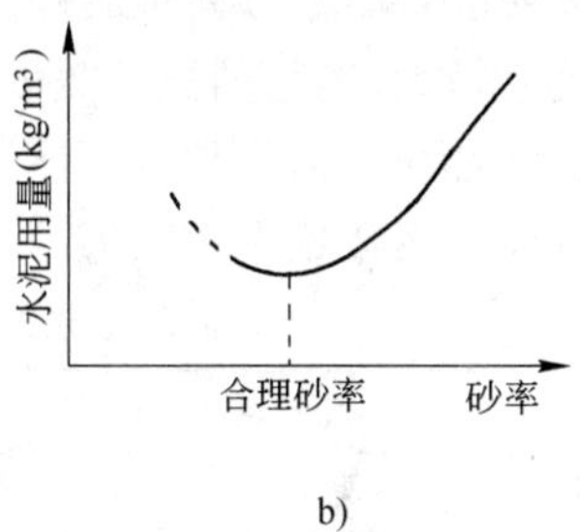

图 12-5　砂率与坍落度和水泥用量的关系

a)坍落度与砂率的关系(水和水泥用量一定);b)水泥用量与砂率的关系(达到相同坍落度)

混凝土砂率选用表(单位:%)　　表 12-15

水灰比(W/C)	卵石最大粒径(mm)			碎石最大粒径(mm)		
	10	20	40	16	20	40
0.40	26～32	25～31	24～30	30～35	29～34	27～32
0.50	30～35	29～34	28～33	33～38	32～37	30～35
0.60	33～38	32～37	31～36	36～41	35～40	33～38
0.70	36～41	35～40	34～39	39～44	38～43	36～41

注:1. 表中数值为中砂的选用砂率,对细砂或粗砂,可相应地减少或增加砂率。

2. 本砂率表适用于坍落度为 10～60mm 的混凝土,坍落度如大于 60mm 或小于 10mm,则应相应地增加或减小砂率,详见 JGJ 55—2011 中的有关条文。

3. 只用一个单粒级粗集料配制混凝土时,砂率值应适当增加。

4. 掺有各种外加剂或掺和料时,其合理砂率值应经试验或参照其他有关规定选用。

(3)水泥品种与集料品种、性质

如用矿渣水泥时,拌和物的坍落度一般较用普通水泥时为少,泌水性则显著增加。一般卵石拌制的混凝土拌和物比碎石拌制的流动性大,级配好的集料拌制的混凝土拌和物的流动性也大。

除以上所述外,影响混凝土拌和物和易性的因素,还有外加剂、时间、环境的温度与湿度等。

在实际工作中,调整拌和物的和易性(需考虑对混凝土强度、耐久性等的影响),可采取以下措施:

(1)尽可能采用合理砂率,以提高混凝土质量和节约水泥。

(2)改善砂、石级配。

(3)尽量采用较粗的砂、石。

(4)当混凝土的配合比初步确定后,如发现拌和物坍落度太小,可保持水灰比不变,增加适量的水泥浆,以提高混凝土坍落度,满足施工要求;当坍落度太大时,可增加适量砂、石,从而减小坍落度,达到施工要求,避免出现离析、泌水等不利现象。

(5)掺用外加剂(减水剂、引气剂)可提高混凝土的流动性。

(二)混凝土的强度

1. 混凝土立方体抗压强度及强度等级

根据国家标准试验方法规定,将混凝土拌和物制成边长为 150mm 的立方体标准试件,在标准条件(温度 20℃±2℃,相对湿度 95%以上)下,养护到 28d 龄期,用标准试验方法测得的抗压强度值，称为混凝土立方体抗压强度，用 f_{cu} 表示。在实际施工中，允许采用非标准尺寸的试件，但试件尺寸越大，测得的抗压强度值越小（原因是大试件环箍效应的相对作用小，另外，存在缺陷的几率增大）。为了具有可比性，非标准尺寸试件的抗压强度应折算成标准尺寸试件的抗压强度值，换算系数见表 12-16。

混凝土立方体试件边长及强度换算系数 表 12-16

试件边长(mm)	抗压强度换算系数	试件边长(mm)	抗压强度换算系数
100	0.95	200	1.05
150	1.00		

《混凝土强度检验评定标准》(GB/T 50107—2010)规定，混凝土的强度等级应按其立方体抗压强度标准值确定。混凝土强度等级采用“C”与立方体抗压强度标准值($f_{cu,k}$)表示。混凝土立方体抗压强度标准值是指按标准方法制作养护的边长为 150mm 的立方体试件在 28d 龄期，用标准试验方法测得的具有 95%保证率的抗压强度，即指混凝土立方体抗压强度测定值的总体分布中，低于该值的百分率不超过 5%。普通混凝土按立方体抗压强度标准值划分为 C10、C15、C20、C25、C30、C35、C40、C45、C50、C55、C60、C65、C70、C75、C80、C85、C90、C95、C100。

2.混凝土轴心抗压强度（又称棱柱抗压强度）

实际工程中，混凝土受压构件大部分是棱柱体或圆柱体，为了与实际情况相符，在混凝土结构设计、计算轴心受压构件（如柱子、桁架的腹杆等）时，应采用轴心抗压强度作为设计依据。根据《普通混凝土力学性能试验方法标准》(GB/T 50081—2002)的规定，轴心抗压强度应采用 150mm×150mm×300mm 的棱柱体作为标准试件。试验表明，轴心抗压强度约为立方体抗压强度的0.7～0.8 倍。在结构设计中，考虑到混凝土强度与试件强度之间的差异，设计采用的轴心抗压强度为立方体抗压强度的 0.67 倍。

3.混凝土抗拉强度

混凝土的抗拉强度很低，只有其抗压强度的 1/10～1/20，且这个比值随着强度等级的提高而降低。混凝土抗拉强度对混凝土的抗裂性有着重要作用，是结构设计中确定混凝土抗裂度的主要指标，有时也用来间接衡量混凝土与钢筋的黏结强度等。一般采用劈裂法来测定混凝土的抗拉强度，简称劈拉强度。

4.影响混凝土抗压强度的因素

(1)水泥强度等级和水灰比

水泥强度等级和水灰比是影响混凝土强度最主要的因素。试验证明，在水泥品种、强度等级相同时，混凝土的强度随着水灰比的增大而有规律地降低。水灰比增大，多余的水多（水泥水化所需的结合水，一般只占水泥质量的 23%左右），当混凝土硬化后，多余的水分就残留在混凝土中形成水泡或蒸发后形成气孔，大大减少了混凝土抵抗荷载的实际有效断面，而且可能在孔隙周围产生应力集中，使混凝土强度降低；反之，水灰比越小，水泥浆硬化后强度越高，与集料表面的黏结力也越强，则混凝土的强度也越高。但若水灰比过小，拌和物过于干稠，难捣密实，混凝土出现较多的蜂窝、空洞，强度也会下降。

瑞士学者保罗米通过大量试验研究，提出下列混凝土强度(f_{cu})与水泥实际强度(f_{ce})、水灰比(W/C)之间的经验公式

$$f_{cu}=\alpha_a f_{ce}\left(\frac{C}{W}-\alpha_b\right) \tag{12-17}$$

式中：α_a、α_b——回归系数，与集料的品种、水泥品种等因素有关，其数值通过试验求得；《普通混凝土配合比设计规程》(JGJ 55—2011)规定，对碎石混凝土，α_a 可取 0.53，α_b 可取 0.20；对卵石混凝土，α_a 可取 0.49，α_b 可取 0.13。

(2)温度和湿度

混凝土所处环境的温度与湿度，对混凝土强度有很大影响。若温度升高，水泥水化速度加快，混凝土强度发展也就加快；反之，当温度降低时，水泥水化速度降低，混凝土强度发展相应迟缓。当温度降至冰点以下时，水泥水化反应停止，混凝土的强度也停止发展，而且还会因混凝土中的水结冰产生体积膨胀导致开裂。所以冬季混凝土施工时，要特别注意保温养护，以免混凝土早期受冻破坏。

周围环境的湿度对混凝土强度也有显著影响。若湿度不够，混凝土会因失水干燥而影响水泥水化作用的正常进行，甚至停止水化。这将严重降低混凝土的强度，且因水化作用不充分，使混凝土结构疏松或形成干缩裂缝，从而影响混凝土的耐久性。

因此，已浇筑完毕的混凝土，必须注意在一定时间内维持周围环境有一定的温度和湿度。混凝土在自然条件下养护，称为自然养护。即在混凝土凝结后(一般在 12h 以内)，表面加以覆盖和浇水，一般硅酸盐水泥、普通水泥与矿渣水泥配制的混凝土，需浇水保温至少 7d，使用火山灰水泥、粉煤灰水泥或掺用缓凝型外加剂，或有抗渗要求的混凝土，不少于 14d。

(3)龄期

混凝土在正常养护下条件，其强度随龄期的增加而增长，最初 7～14d 内，强度增长较快，28d 以后增长缓慢，但只要有一定的温度与湿度，强度仍有所增长。可根据混凝土的早期强度大致估计其 28d 的强度。如用普通水泥配制的混凝土，在标准条件下养护，其强度发展有如下关系式

$$\frac{f_n}{f_{28}} = \frac{\lg n}{\lg 28} \tag{12-18}$$

式中：f_n——nd 混凝土抗压强度(MPa)；

f_{28}——28d 混凝土抗压强度(MPa)；

n——养护龄期(d)，$n \geqslant 3$。

5. 提高混凝土抗压强度的措施

(1)采用高强度等级水泥或早强类水泥

可提高混凝土的 28d 强度或后期强度。

(2)采用低水灰比或水胶比的混凝土

这类混凝土的特点是用水量少、水灰比小，拌和物中游离水分少，从而硬化后留下的孔隙少，混凝土强度高。

(3)采用湿热养护——蒸气养护与蒸压养护

蒸气养护是将混凝土放在低于 100℃的常压蒸气中养护，目的是提高混凝土的早期强度。一般混凝土经 16h 左右蒸气养护后，其强度可达正常条件下养护 28d 强度的 70%～80%。蒸气养护的最适宜温度，用普通水泥或硅酸盐水泥时为 80℃左右，用矿渣水泥及火山灰水泥时则为 90℃左右。

蒸压养护是将混凝土放在温度为 175℃、8 个大气压的蒸压釜中进行养护。在这样的条件下养护，水泥水化析出的氢氧化钙，不仅能与活性氧化硅结合，而且也能与结晶状态的氧化硅结合，生成结晶较好的水化硅酸钙，使水泥水化、硬化加速，可有效提高混凝土的强度。

(4)采用机械搅拌与振捣

可提高混凝土的均匀性、密实度与强度，对用水量少、水灰比小的干硬性混凝土，效果显著。

(5)掺入混凝土外加剂和掺和料

在混凝土中掺入早强剂，可显著提高混凝土的早期强度。掺入减水剂，拌和水量减少，降低水灰比，可提高混凝土强度。在混凝土拌和物中，除掺入高效减水剂、复合外加剂外，还同时掺入硅粉、粉煤灰等矿物掺和料，可配制高强度混凝土。

(三)混凝土的变形性能

1. 化学收缩

混凝土的化学收缩是由于水泥水化引起的。这种收缩是不能恢复的，收缩量随龄期的延长而增加，一般在混凝土成型后 40 多天内增长较快，以后就渐趋稳定。总收缩量一般不大。

2. 干湿变形

干湿变形是指混凝土随周围环境变化而产生的湿胀干缩变形。一般湿胀的变形量很小，无明显破坏作用，而干缩变形则显著且往往引起混凝土开裂。影响混凝土干缩的因素主要有水泥品种、细度与用量，以及水灰比、集料质量及养护条件等。一般来说，水泥用量大、水灰比大、砂石用量少，则干缩值也大(水泥用量不宜大于 $550kg/m^3$)。

在一般工程设计中，通常采用混凝土的线收缩值为 $(15 \sim 20) \times 10^{-5}$，即每 1m 收缩 0.15～0.20mm。

3. 温度变形

温度变形即混凝土热胀冷缩的变形，其线膨胀系数约为 1×10^{-5}，即温度每升高 1℃，每 1m 膨胀 0.01mm。

温度变形对大体积混凝土极为不利。混凝土中因水泥水化放出的热量积聚造成内部温度升高，而外部混凝土温度则随气温升降，有时内外温差高达 50～60℃，导致内胀外缩，在混凝土表面产生很大的拉应力，严重的会产生裂缝。因此，大体积混凝土应采用低热水泥、减少水泥用量、人工降温以及对混凝土表层加强养护等措施。对纵长的钢筋混凝土结构应预留伸缩缝，以及在结构物内配置温度钢筋。

4. 在荷载作用下的变形

(1)在短期荷载作用下的变形

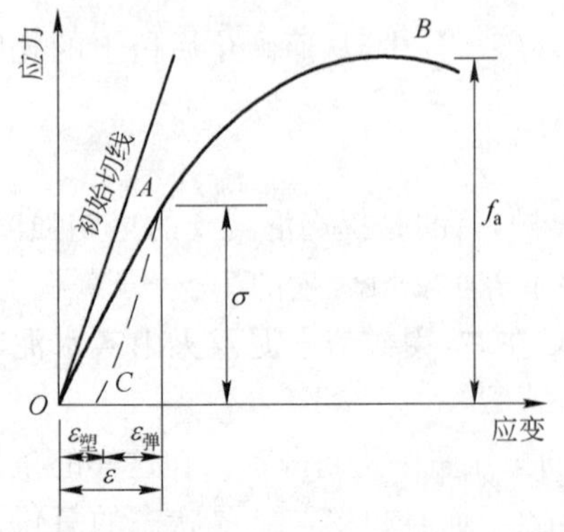

图 12-6 混凝土在压力作用下的应力-应变曲线

混凝土是一种弹塑性体，在外力作用下，既能产生可以恢复的弹性变形，又能产生不可恢复的塑性变形，其应力-应变关系不是直线而是曲线，如图 12-6 所示。

《普通混凝土力学性能试验方法标准》(GB/T 50081—2002)规定，混凝土静力弹性模量(简称弹性模量)的测定，是指应力为 1/3 轴心抗压强度时的割线弹性模量(严格地讲，混凝土的应力与应变的比值称为变形模量)。采用这种方法测定的弹性模量 E_c，可作为混凝土结构设计的依据。当混凝土的强度等级在C10～C60 之间时，其弹性模量值为 1.75×10^4 ～

3.60×10^{4}MPa。混凝土的弹性模量主要取决于集料与水泥石的弹性模量，以及它们之间的体积比和混凝土含气量，所以水灰比较小、水泥用量较少、集料弹性模量较高、养护较好及龄期较长时，混凝土的弹性模量就较大。

(2)徐变

混凝土在长期荷载作用下随时间而增加的变形称为徐变。混凝土的徐变曲线见图12-7。在荷载作用初期，徐变变形增长较快，以后逐渐变慢，一般延续2～3年渐趋于稳定。混凝土的徐变值与水泥品种、水泥用量、水灰比、混凝土的弹性模量、养护条件等因素有关。如水灰比较小或混凝土在水中养护、集料用量较多时，其徐变较小。徐变变形可达(3～15)×10^{-4}，即0.3～1.5mm/m。

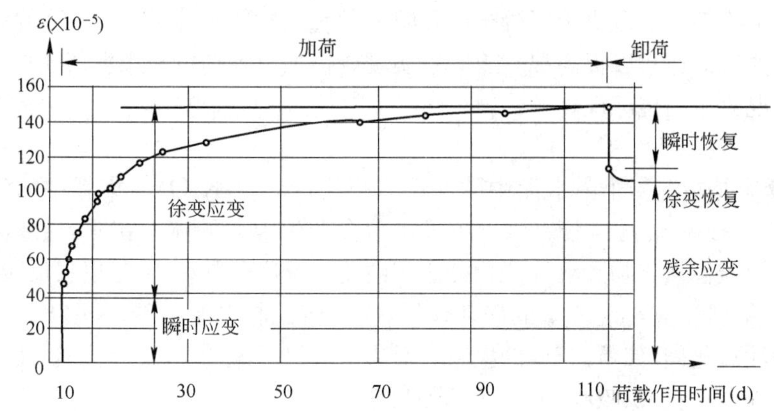

图12-7 混凝土的徐变曲线

混凝土的徐变能消除钢筋混凝土内的应力集中，使应力较均匀地重新分布，也可消除一部分大体积混凝土因温度变形所产生的破坏应力。但会使预应力钢筋混凝土结构中钢筋的预加应力受到损失。

(四)混凝土的耐久性

混凝土不仅应具有适当的强度，能安全地承受荷载作用，还应具有耐久性能，以满足在所处环境及使用条件下的经久耐用要求。耐久性包括抗渗性、抗冻性、抗化学侵蚀性、耐热性、碱-集料反应、抗碳化性等。

1.抗渗性

混凝土的抗渗性是指混凝土抵抗压力水(或油等液体)渗透的性能。抗渗性是混凝土的一个重要性质，直接影响混凝土的抗冻性与抗侵蚀性。抗渗性主要取决于混凝土的密实度及内部孔隙的特征(大小、构造)。

混凝土的抗渗性用抗渗等级来表示。现行《普通混凝土长期性能和耐久性能试验方法标准》(GB/T 50082—2009)规定，抗渗等级是以28d龄期的标准试件，按标准试验方法试验时所能承受的最大水压。混凝土的抗渗等级划分为P4、P6、P8、P10、P12，相应表示混凝土抗渗试验时一组6个试件中4个试件未出现渗水时的最大水压力。通常以提高混凝土密实度的方法提高混凝土的抗渗性。

2.抗冻性

混凝土的抗冻性是指混凝土在水饱和状态下，能经受多次冻融循环作用而不破坏，同时也不严重降低强度的性能。

混凝土的抗冻性一般以抗冻标号或抗冻等级表示。现行《普通混凝土长期性能和耐久性能试验方法标准》(GB/T 50082—2009)规定，混凝土抗冻标号的测定，是以标准养护 28d 龄期的立方体试件，在水饱和后，进行慢冻法冻融循环试验(－20℃，＋20℃)，以同时满足抗压强度损失率不超过 25％，质量损失率不超过 5％时的最大循环次数表示。混凝土抗冻标号有 D25、D50、D100、D150、D200、D250、D300、D300 以上共 8 个等级，分别表示混凝土能承受反复冻融循环次数为 25、50、100、150、200、250、300 和 300 以上。

现行《普通混凝土长期性能和耐久性能试验方法标准》(GB/T 50082—2009)规定，混凝土抗冻等级的测定，以标准养护 28d 龄期的棱柱体试件在水饱和后，进行快冻法冻融循环试验(－18℃，＋5℃)。以同时满足相对动弹性模量损失率不超过 40％，质量损失率不超过 5％时的最大循环次数确定抗冻等级，用符号 F 表示。

混凝土的抗冻性主要取决于混凝土中孔隙的数量、特征、充水程度、环境的温湿度与经历冻融循环的次数等。通常以提高混凝土的密实度或掺加引气剂以减小混凝土内孔隙的连通程度等方法提高混凝土的抗冻性。

3. 碱-集料反应

碱-集料反应是指混凝土内水泥中的碱性氧化物(Na_2O、K_2O)与集料中的活性二氧化硅发生化学反应，生成碱-硅酸凝胶。该凝胶吸水后会产生很大的体积膨胀，导致混凝土膨胀开裂而破坏。这种碱性氧化物和活性氧化硅之间的化学反应通常称为碱-集料反应。

为防止碱-集料反应对混凝土的破坏作用，应严格控制水泥中碱(Na_2O、K_2O)的含量，禁止使用含有活性氧化硅(如蛋白石)的集料。对集料应进行碱-集料反应检验，还可在混凝土配制中加入活性混合材料，以吸收 Na^+、K^+，使反应不集中于集料表面。

4. 抗碳化性

混凝土的抗碳化性是指混凝土抵抗内部的 $Ca(OH)_2$ 与空气中的 CO_2 在有水的条件下反应生成 $CaCO_3$，导致混凝土内部原来的碱性环境变为中性环境的能力，故又可称为抗中性化的能力。抗碳化性的高低主要意味着混凝土抗钢筋锈蚀能力的高低，因为混凝土内部的碱性环境是使钢筋得到保护而免遭锈蚀的环境，中性环境则使钢筋易于锈蚀，从而引起进一步的钢筋混凝土破坏。通常以提高混凝土密实度或增大混凝土内 $Ca(OH)_2$ 数量等方法提高混凝土的抗碳化性。

5. 抗化学侵蚀性

混凝土的抗化学侵蚀性是指混凝土抗各种化学介质侵蚀的能力，主要取决于混凝土中水泥的抗化学侵蚀性。凡提高水泥抗化学侵蚀性的方法均可提高混凝土的抗化学侵蚀性，详见本章第三节“水泥”中的一、(四)“硅酸盐水泥石的侵蚀与防止”内容。

6. 提高混凝土耐久性的措施

(1)选择适当品种的水泥。

(2)严格控制水灰(胶)比与水泥(胶凝材料)用量等材料参数。

对于设计使用年限为 50 年的混凝土结构，《混凝土结构设计规范》(GB 50010—2010)和《普通混凝土配合比设计规程》(JGJ 55—2011)分别规定了与所处环境相应的最大水胶比、最小胶凝材料用量、最低强度等级、最大氯离子含量与最大碱含量，见表 12-17，以满足耐久性要求。

对于设计使用年限为 100 年的混凝土结构，《混凝土结构设计规范》(GB 50010—2010)也给出了相关规定。

(3)选用质量好的集料。

(4)掺入减水剂、引气剂等外加剂。

(5)保证混凝土施工质量。

混凝土材料的耐久性要求 表 12-17

<table>
<tr><th rowspan="2">环境等级</th><th rowspan="2">最大水胶比</th><th colspan="3">最小胶凝材料用量（kg/m³）</th><th rowspan="2">最低强度等级</th><th rowspan="2">最大氯离子含量（%）</th><th rowspan="2">最大碱含量（kg/m³）</th></tr>
<tr><th>素混凝土</th><th>钢筋混凝土</th><th>预应力混凝土</th></tr>
<tr><td>一</td><td>0.60</td><td>250</td><td>280</td><td>300</td><td>C20</td><td>0.30</td><td>不限制</td></tr>
<tr><td>二 a</td><td>0.55</td><td>280</td><td>300</td><td>300</td><td>C25</td><td>0.20</td><td rowspan="4">3.0</td></tr>
<tr><td>二 b</td><td>0.50(0.55)</td><td colspan="3">320</td><td>C30(C25)</td><td>0.15</td></tr>
<tr><td>三 a</td><td>0.45(0.50)</td><td colspan="3" rowspan="2">330</td><td>C35(C30)</td><td>0.15</td></tr>
<tr><td>三 b</td><td>0.40</td><td>C40</td><td>0.10</td></tr>
</table>

注：1.环境等级一、二 a、二 b、三 a、三 b 的具体含义，见《混凝土结构设计规范》(GB 50010—2010)中的规定。

2.氯离子含量为其占胶凝材料总量的百分比。

3.预应力构件混凝土中的最大氯离子含量为 0.06%，其最低混凝土强度等级宜按表中的规定提高两个等级。

4.素混凝土构件的水胶比及最低强度等级的要求可适当放松。

5.有可靠工程经验时，二类环境中的最低混凝土强度等级可降低一个等级。

6.处于严寒和寒冷地区二 a、三 a 环境中的混凝土应采用引气剂，并可采用括号内的有关参数。

7.当使用非碱活性集料时，对混凝土中的碱含量可不作限制。

三、普通混凝土配合比设计

混凝土配合比，是指为配制有一定性能要求的混凝土，单位体积的混凝土中各组成材料的用量或其之间的比例关系。混凝土配合比设计的任务，就是在满足混凝土工作性、强度和耐久性等技术要求的条件下，比较经济合理地确定水泥、水、砂和石子四种材料的用量比例关系。混凝土配合比应根据原材料性能及对混凝土的技术要求进行计算，并经实验室试配试验，再进行调整后确定。

（一）混凝土配合比设计计算

进行配合比设计时，应按下列步骤计算出供试配的混凝土配合比。

1.确定混凝土配制强度($f_{cu,0}$)

一般按下式计算

$$f_{cu,0} = f_{cu,k} + 1.645\sigma \tag{12-19}$$

式中：$f_{cu,0}$——混凝土配制强度(MPa)；

$f_{cu,k}$——混凝土立方体抗压强度标准值(MPa)；

σ——混凝土强度标准差(MPa)，这是施工单位混凝土质量控制水平高低的反映，强度标准差宜根据同类混凝土统计资料计算确定，当无统计资料时，可按《普通混凝土配合比设计规程》(JTJ 55—2011)选用。

2.确定水灰比(W/C)

$$\frac{W}{C} = \frac{\alpha_a f_{ce}}{f_{cu,0} + \alpha_a \alpha_b f_{ce}} \tag{12-20}$$

其中 α_a，α_b 的取值参见公式(12-17)的说明。

计算所得的水灰比值应符合其他标准对满足耐久性要求所规定的最大水灰比值。

3.确定单位用水量(m_{w0})

查表 12-14 选定。

4.确定水泥用量(m_{c0})

$$m_{c0} = \frac{m_{w0}}{\frac{W}{C}} \tag{12-21}$$

5. 确定砂率(β_s)

可通过查表法或计算法确定砂率。查表法即为查表 12-15 选取。计算法在此不作叙述，具体内容详见有关教科书。

6. 确定粗集料用量(m_{g0})和细集料用量(m_{s0})

(1)质量法。按下式计算

$$m_{c0}+m_{g0}+m_{s0}+m_{w0}=m_{cp} \tag{12-22}$$

式中：m_{cp}——1m^3 混凝土拌和物的假定质量(kg)，其值可取 2 400～2 450kg。

$$\beta_s = \frac{m_{s0}}{m_{s0}+m_{g0}} \times 100\% \tag{12-23}$$

(2)体积法。按下式计算

$$\frac{m_{c0}}{\rho_c}+\frac{m_{g0}}{\rho_{0g}}+\frac{m_{s0}}{\rho_{0s}}+\frac{m_{w0}}{\rho_w}+0.01\alpha=1 \tag{12-24}$$

$$\beta_s = \frac{m_{s0}}{m_{s0}+m_{g0}} \times 100\% \tag{12-25}$$

上述式中：ρ_c——水泥密度(kg/m^3)，可取 2 900～3 100kg/m^3；

ρ_{0g}——石子的表观密度(kg/m^3)；

ρ_{0s}——砂子的表观密度(kg/m^3)；

ρ_w——水的密度(kg/m^3)，可取 1 000kg/m^3；

α——混凝土的含气量百分数，在不使用引气型外加剂时，α 可取为 1。

(二)混凝土配合比的试配、调整与确定

前面计算得出的配合比，配成的混凝土不一定与原设计要求完全相符。因此必须检验其和易性，并加以调整，使之符合设计要求，然后实测拌和物的表观密度，计算出调整后的配合比(基准配合比)，再以此配合比复核强度，按《普通混凝土配合比设计规程》(JGJ 55—2011)的规定方法确定混凝土设计配合比(通常称实验室配合比)。

(三)混凝土施工配合比换算

混凝土实验室配合比计算用料是以干燥集料为基准的，实际工地使用的集料常含有一定的水分，因此需根据工地石子和砂的实际含水率进行换算。施工配合比每立方米混凝土中各材料用量应为

$$m'_c = m_c \tag{12-26}$$

$$m'_s = m_s(1+a) \tag{12-27}$$

$$m'_g = m_g(1+b) \tag{12-28}$$

$$m'_w = m_w - m_s \times a - m_g \times b \tag{12-29}$$

式中：a——工地砂子含水率(%)；

b——工地石子含水率(%)。

习　题

12-21　压碎指标是表示(　　)强度的指标。

A. 砂子　　B. 石子　　C. 混凝土　　D. 水泥

12-22　用高强度等级水泥配制低强度混凝土时，为保证工程的技术经济要求，应采用(　　)措施。

A. 掺混合材料　　B. 减少砂率

C. 增大粗集料粒径　　D. 增加砂率

12-23　泵送混凝土施工选用的外加剂是(　　)。

A. 早强剂　　B. 速凝剂　　C. 减水剂　　D. 缓凝剂

12-24　混凝土碱-集料反应是指(　　)。

A. 水泥中碱性氧化物与集料中活性氧化硅之间的反应

B. 水泥中 $Ca(OH)_2$ 与集料中活性氧化硅的反应

C. 水泥中的 C_3S 与集料中 $CaCO_3$ 的反应

D. 水泥中的 C_3S 与集料中活性氧化硅之间的反应

12-25　混凝土配合比计算中，试配强度高于混凝土的设计强度，其提高幅度取决于(　　)。

①混凝土强度保证率要求　②施工和易性要求　③耐久性要求　④施工控制水平　⑤水灰比　⑥集料品种

A. ①②　　B. ①③　　C. ①⑤　　D. ①④

12-26　影响混凝土强度的主要因素有(　　)。

①水泥强度　②水灰比　③水泥用量　④养护温湿度　⑤砂石用量

A. ①②③　　B. ②③④　　C. ①②⑤　　D. ①②④

12-27　分析混凝土开裂原因，正确的是(　　)。

①因水泥水化产生体积膨胀而开裂　②因干缩变形而开裂　③因水化热导致内外温差而开裂　④因水泥安定性不良而开裂　⑤因抵抗温度应力的钢筋配置不足而开裂

A. ①②③④　　B. ②③④⑤　　C. ①②③⑤　　D. ①②④⑤

12-28　进行混凝土配合比设计时，确定水灰比的根据是(　　)。

①强度　②和易性　③耐久性　④坍落度　⑤集料品种

A. ①④　　B. ①⑤　　C. ①③　　D. ④⑤

12-29　配制混凝土，在条件许可时，尽量选用最大粒径大的粗集料，是为了(　　)。

Ⅰ. 节省集料　　Ⅱ. 节省水泥

Ⅲ. 减少混凝土干缩　　Ⅳ. 提高混凝土强度

A. Ⅰ、Ⅱ　　B. Ⅱ、Ⅲ　　C. Ⅲ、Ⅳ　　D. Ⅰ、Ⅳ

12-30　采用特细砂配制混凝土时，以下措施中不可取的是(　　)。

A. 采用较小砂率　　B. 适当增加水泥用量

C. 采用较小的坍落度　　D. 掺减水剂

12-31　影响混凝土拌和物流动性的主要因素是(　　)。

A. 砂率　　B. 水泥浆数量　　C. 集料的级配　　D. 水泥品种

12-32　下列关于混凝土坍落度的叙述中，哪一条是正确的？(　　)

A. 坍落度是表示塑性混凝土拌和物和易性的指标

B. 干硬性混凝土拌和物的坍落度小于 10mm 时须用维勃稠度(s)表示其稠度

C. 泵送混凝土拌和物的坍落度一般不低于 200mm

D. 在浇筑板、梁和大型及中型截面的柱子时，混凝土拌和物的坍落度宜选用

70～90mm

12-33 海水不得用于拌制钢筋混凝土和预应力混凝土，主要是因为海水中含有大量盐，(　　)。

A. 会使混凝土腐蚀　　B. 会导致水泥快速凝结

C. 会导致水泥凝结变慢　　D. 会促使钢筋被腐蚀

第五节　沥青及改性沥青

沥青属有机胶凝材料，是一种由很多高分子化合物组成的复杂混合物，常温下呈固态、半固态或黏稠液态。

按产源，沥青分为地沥青(包括天然沥青和石油沥青)与焦油沥青(包括煤沥青和页岩沥青等)两大类。建筑工程中主要使用石油沥青，煤沥青也有少量应用。

一、石油沥青

(一)石油沥青的组成

石油沥青为石油经提炼和加工后所得的副产品，由很多高分子碳氢化合物及其非金属(氧、氮、硫等)衍生物混合而成，成分复杂且差异较大，因此一般不做化学分析。通常，从使用的角度出发，按其中的化学成分及物理力学成分相近者划分为若干组，这些组称为“组丛”。石油沥青的组丛及其主要特性如下：

(1)油分：淡黄色液体，占总量的40%～60%，赋予沥青以流动性。

(2)树脂(脂胶)：黄色到黑褐色的半固体，占总量15%～30%，赋予沥青以黏性与塑性。

(3)地沥青质：黑色固体，占总量的10%～30%，是决定石油沥青热稳定性与黏性的重要组丛。

此外，还含有一定量的固体石蜡，降低沥青的黏性与塑性，增加其对温度的敏感性。

石油沥青属胶体结构，以地沥青固体颗粒为核心，在其周围吸附树脂与油分的互溶物，形成胶团，无数的胶团分散在油分中，从而形成了胶体结构。由于各组丛间相对比例不同，胶体结构可划分为溶胶型、凝胶型和溶凝胶型三种类型。在建筑工程中使用较多的氧化沥青多属凝胶型胶体结构。

(二)石油沥青的主要技术性质

1. 黏性(稠度)

黏稠沥青的黏性用针入度表示。针入度是指在规定温度(25℃)下，以规定质量(100g)的标准针，在规定时间(5s)内贯入试样中的深度(按0.1mm计)。

2. 塑性

以延度表示沥青的塑性。将“8”字形的标准试件放入延度仪25℃的水中，以5cm/min的速度拉伸至拉断，拉断时的长度(cm)称为延度。延度是石油沥青的重要技术指标之一，延度越大，塑性越好。

3. 温度稳定性

温度稳定性由软化点来表示，一般用环球法测定。将沥青试样置于规定的铜环内，上置一个规定质量的钢球，在水或甘油中逐渐升温，试件受热软化下垂，测得与底板接触时的温度(℃)即为软化点。软化点高表示沥青的耐热性或温度稳定性好。

4. 大气稳定性

在大气因素下，沥青抵抗老化的性能称为大气稳定性(耐久性)，一般用蒸发试验(163℃，5h)测定。其指标为蒸发损失率和蒸发后的针入度比(蒸发后针入度与原针入度之比)。前者小而后者大则表示沥青的大气稳定性好，即老化慢。

主要依据上述指标，已制定了石油沥青的部颁标准及国家标准，见表12-18。黏稠石油沥青分为道路石油沥青、建筑石油沥青和普通石油沥青三个品种，每种又分为若干牌号。牌号主要依据针入度来划分，但延度与软化点等也需符合规定。同一品种中，牌号越小则针入度越小(黏性越大)，延度越小(塑性越差)，软化点越高(温度稳定性越好)。应根据工程性质、气候条件及工作环境来选择沥青的品种与牌号。在满足使用要求的前提下，应尽量选用牌号较大者。

石油沥青技术标准 表12-18

项目 \ 品种 / 牌号	道路石油沥青(SH/T 0522—2010)					建筑石油沥青(GB 494—2010)		
	200	180	140	100	60	40	30	10
针入度(25℃,100g)(0.1mm)	200～300	150～200	110～150	80～110	50～80	36～50	26～35	10～25
延度(25℃)(cm)，不小于	20	100	100	90	70	3.5	2.5	1.5
软化点(℃)	30～45	35～45	38～48	42～52	45～55	≥60	≥75	≥95
溶解度(三氯乙烯、四氯化碳或苯)(%)，不小于	99.0					99.0		
蒸发减量(163℃，5h)(%)，不大于	1	1	1	—	—	1		
蒸发后的针入度比(%)，不小于	50	60	60	—	—	65		
闪点(开口)(℃)，不低于	180	200	230	230	230	260		

建筑石油沥青多用于屋面与地下防水工程，还可用作建筑防腐蚀材料。道路石油沥青多用于路桥工程、车间地坪及地下防水工程等。

还有一种防水防潮石油沥青，牌号分为3号、4号、5号、6号，按针入度指数划分。其针入度与30号建筑沥青相近，但软化点高，质量好，它特别适宜作为油毡的涂敷材料，也可作为屋面及地下防水的黏结材料。

二、煤沥青

煤沥青是煤焦厂或煤气厂的副产品。烟煤干馏时得到煤焦油，煤焦油分馏加工提取各种油类后所剩残渣即为煤沥青。根据蒸馏程度的不同，划分为低温、中温、高温煤沥青三类。建筑工程中多使用低温煤沥青。

与石油沥青相比，煤沥青塑性较差，受力时易开裂；温度稳定性及大气稳定性均较差。但与矿料的表面黏附性较好，防腐性较好。这些优缺点均由其组丛特性决定。

三、改性石油沥青

石油加工厂生产的沥青通常只控制耐热性指标(软化点)，其他性能，如塑性、大气稳定性、低温抗裂性等则很难全面达到要求，从而影响了使用效果。为解决这个问题而采用的方法之一是：在石油沥青中加入某些矿物填充料等改性材料，得到改性石油沥青，或进而生产各种防水制品。

常用的改性材料有橡胶、树脂及矿物填充料等。

在石油沥青中加入矿物填充料(粉状,如滑石粉;纤维状,如石棉绒),可提高沥青的黏性耐热性,减少沥青对温度的敏感性。

橡胶是石油沥青的主要改性材料,常用的有氯丁橡胶、再生橡胶、丁基橡胶及耐热性丁苯橡胶(SBS)等。它们与石油沥青有较好的混溶性,并可使改性沥青具有橡胶的许多优点,如高温变形性小,低温柔性好,耐老化性高等。

树脂作为改性材料可使得到的改性沥青提高耐寒性、耐热性、黏性及不透气性。但由于树脂与石油沥青的相溶性较差,故可用的树脂品种较少,常用的有古马隆树脂、聚乙烯、聚丙烯树脂、酚醛树脂及天然松香等。

由于树脂与橡胶之间有较好的相溶性,故也可同时加入树脂与橡胶来改善石油沥青的性质,使改性沥青兼具树脂与橡胶的优点与特性。

四、沥青的应用

(一)冷底子油

冷底子油是一种沥青涂料,将建筑石油沥青(30%~40%)与汽油或其他有机溶剂(60%~70%)相溶合而成。冷底子油实际上是常温下的沥青溶液。其黏度小,渗透性好。在常温下将冷底子油刷涂或喷到混凝土、砂浆或木材等材料表面后,即逐渐渗入毛细孔中,待溶剂挥发后,便形成一层牢固的沥青膜,使在其上做的防水层与基层得以牢固粘贴。

(二)沥青胶(玛蹄脂)

沥青胶为沥青与矿质填充料的均匀混合物。填充料可为粉状的,如滑石粉、石灰石粉;也可为纤维状的,如石棉屑、木纤维等。

沥青胶分热用与冷用两种。在热用沥青胶中,填充料掺量一般为10%~30%;而冷用沥青胶的配比一般是:沥青40%~50%,绿油25%~30%,矿粉10%~30%,有时还加入不到5%的石棉。

沥青胶可用来粘贴防水卷材,用作接缝材料等。

沥青胶的标号主要按耐热度划分,对柔韧性和黏结力也作了规定。应根据工程性质、屋面坡度和当地历年最高气温来选择标号。

沥青胶的技术性质见表12-19。

沥青胶的技术性质 表12-19

指标 \ 标号 \ 名称	石油沥青胶						焦油沥青胶		
	S-60	S-65	S-70	S-75	S-80	S-85	J-55	J-60	J-65
耐热度	用2mm厚的沥青胶粘合两张油纸,不低于下列温度(℃)时在45°角的坡板上停放5h,沥青胶不应流出,油纸不滑动								
	60	65	70	75	80	85	55	60	65
柔韧性	涂在沥青油毡上的2mm沥青胶层,在18℃±2℃时,围绕下列直径(mm)的圆棒以5s均衡的速度弯曲成半周,沥青胶结材料不应有裂纹								
	10	15	15	20	25	30	25	30	35
黏结力	将两张用沥青胶粘贴在一起的沥青油纸揭开,若被撕开的面积超过粘贴面积的1/2时,则认为黏结力不合格,否则为合格								

（三）建筑防水沥青嵌缝油膏

这是一种冷用膏状材料。它以石油沥青为基料，加入改性材料（如废橡胶粉或硫化鱼油）、稀释剂（如松节油等）及填充剂（石棉绒、滑石粉等）等混合而成，主要用在屋面、墙面、沟槽等处作防水层的嵌缝材料。

嵌缝油膏的标号主要按照耐热度与低温柔性来划分，其标号与技术性能见表 12-20。

油膏的技术性能要求 表 12-20

指标名称		标号					
		701	702	703	801	802	803
耐热度	温度（℃）	70			80		
	下垂值（mm），不大于	4					
黏结性（mm），不小于		15					
保油性	渗油幅度（mm），不大于	5					
	渗油张数（张），不多于	4					
挥发率（%），不大于		2.8					
施工度（mm），不小于		22					
低温柔性	温度（℃）	−10	−20	−30	−10	−20	−30
	黏结状况	合格					
浸水后的黏结性（mm），不小于		15					

施工时，应注意基层表面的清洁与干燥，用冷底子油打底并干燥后，再用油膏嵌缝。油膏表面可加覆盖层（如油毡、塑料等）。

（四）沥青防水卷材

1.常用油毡

常用油毡指用低软化点沥青浸渍原纸，然后以高软化点沥青涂盖两面，再涂刷或撒布隔离材料（粉状或片状）而制成的纸胎防水卷材，分为石油沥青油毡与煤沥青油毡两类。

石油沥青油毡分为 200、350、500 三种标号，它们是按所用原纸每平方米的质量克数（g/m^2）来划分的。各标号油毡的性能应符合《石油沥青纸胎油毡》（GB 326—2007）的规定，见表 12-21。

各种油毡的物理性能 表 12-21

指标名称 \ 等级 \ 标号			200号			350号			500号		
			合格	一等	优等	合格	一等	优等	合格	一等	优等
单位面积浸涂材料总量（g/m^2），不小于			600	700	800	1 000	1 050	1 110	1 400	1 450	1 500
不透水性	压力（MPa），不小于		0.05			0.10			0.15		
	保持时间（min），不小于		15	20	30	30		45	30		
吸水率（真空法）（%），不大于		粉毡	1.0			1.0			1.5		
		片毡	3.0			3.0			3.0		
耐热度（℃）			85±2		90±2	85±2		90±2	85±2		90±2
			受热 2h 涂盖层应无滑动和集中性气泡								

续上表

指标名称 \ 标号 \ 等级	200号			350号			500号		
	合格	一等	优等	合格	一等	优等	合格	一等	优等
拉力(25℃±2℃时纵向)(N),不小于	240	270		340	370		440	470	
柔度(℃)	18±2			18±2	16±2	14±2	18±2	14±2	
	绕 ϕ20 圆棒或弯板无裂纹						绕 ϕ25 圆棒或弯板无裂纹		

需注意的是:在施工时,石油沥青油毡要用石油沥青胶结料黏结,煤沥青油毡则用煤沥青胶黏结。

2.沥青再生胶油毡

这是一种无胎防水卷材,由再生橡胶、10号石油沥青及碳酸钙填充料,经混炼、压延而成。沥青再生胶油毡具有较好的弹性、不透水性与低温柔韧性,以及较高的延伸性、抗拉强度与热稳定性。这些优点使之适用于水工、桥梁、地下建筑物管道等重要防水工程,以及建筑物变形缝的防水处理。

3.SBS改性沥青柔性油毡

SBS改性沥青柔性油毡以聚酯纤维无纺布为胎体,以SBS橡胶改性沥青为面层,以塑料薄膜为隔离层,是一种新型防水卷材。这种油毡表面带有砂粒,具有较高的耐热性、低温柔性、弹性及耐疲劳性等,是目前性能最佳的油毡之一。这种新型油毡施工时可以冷粘贴(氯丁黏合剂),也可以热熔粘贴(使用汽油喷灯等)。

4.铝箔面油毡

这种油毡以玻璃纤维毡为胎基,浸注氧化沥青,在上表面用压纹铝箔贴面,在底面则撒布细颗粒矿物材料,或覆盖以聚氯乙烯蜡。这种防水卷材具有良好的热反射功能及装饰功能,适用于作多层防水工程的面层。

附:其他防水材料

构成新型防水材料及其制品的基础是某些合成高分子材料。这些高分子材料具有多方面的优点,如高弹性、高延伸性,以及良好的耐老化性、耐高温性和耐低温性。因而可以而且已经成为新型防水材料发展的主导方向,其产品主要有橡胶基、树脂基及胶塑共混型的各种防水卷材、防水涂料及嵌缝材料。

一、防水卷材

(一)三元乙丙橡胶防水卷材

这是一种以三元乙丙橡胶为主体制成的无胎卷材,是目前耐老化性最好的一种防水卷材,在−60~120℃的温度范围内使用,寿命可长达20年以上。它具有良好的耐候性、耐臭氧性、耐酸碱腐蚀性、耐热性与耐寒性。它的抗拉强度高达7.5MPa以上,延伸率超过450%。其施工方法主要是用合成橡胶类胶黏剂,如CX-404BN_2等进行黏结,易于操作。因此,这种防水卷材堪称当前最先进、最具发展前途的一个新品种。这种新型防水材料的缺点是遇到机油时将产生溶胀,以及一次支付造价较高(但相对其性能及寿命,总体效益仍然合算)。

(二)聚氯乙烯防水卷材

这是一种树脂基的无胎防水卷材,分为两大类:S型(以煤焦油与PVC,即聚氯乙烯树脂为基料)和P型(以增塑聚氯乙烯树脂为基料)。它的抗拉强度为14～17.5MPa,伸长率可高达300%,且具有良好的尺寸稳定性与耐腐蚀性;其低温柔性与耐老化性也较好,故在建筑防水工程中广泛使用。

(三)氯丁橡胶卷材

这种防水卷材是以氯丁橡胶为主要原料制成的。其性能与三元乙丙橡胶相比,多数指标虽稍逊但相仿,而耐低温性能要差一些。这种防水卷材已广泛用于地下室混凝土结构、屋面、桥面及蓄水池的防水层。

(四)氯化聚乙烯-橡胶共混型防水卷材

这是以氯化聚乙烯塑料和橡胶共混的方式制成的一种高分子防水卷材。这种共混得到的产品扬两种组分之长,避两种组分之短,因此具有良好的物理性能,不仅具有高的抗拉强度与延伸率,而且弹塑性、耐低温性也很好。

二、密封材料

(一)聚氨酯密封膏

这种密封膏以聚氨酯为主要成分,是性能最好的密封材料之一。它不仅具有高的弹性、黏结力与防水性,而且具有良好的耐油性、耐候性、耐久性及耐磨性。它与混凝土的黏结性良好,且不需打底,故可用于屋面、墙面的水平与垂直接缝,公路及机场跑道的外缝、接缝,还可用于玻璃与金属材料的嵌缝。除一般建筑工程外,这种性能很好的密封膏十分适用于游泳池工程,这是由其良好的特性及其易于施工操作决定的。

(二)聚硫橡胶密封膏

聚硫橡胶密封膏以液态聚硫物为主体,加入硫化剂、增塑剂、填充料拌制而成,是一种均匀膏体。它可在-40～80℃的温度范围内工作,黏结力强,低温柔性好,是一种优秀的密封材料,用于高级建筑,还可用于水库、堤坝、游泳池等特殊建筑,效果很好。

(三)聚氯乙烯嵌缝接缝膏和塑料油膏

聚氯乙烯嵌缝接缝膏以煤焦油和聚氯乙烯(PVC)树脂粉为基料,配以增塑剂、稳定剂及填充料在140℃下塑化而成。

塑料油膏则以废旧聚氯乙烯(PVC)塑料代替PVC树脂粉,其余不变来生产聚氯乙烯嵌缝接缝膏,因此成本较低,有较大发展前景。

这两种密封膏均具有良好的黏结性、防水性、弹塑性,还有良好的耐热、耐寒、耐腐蚀和耐老化性。因而适用屋面嵌缝,也可用于输供水系统及大型墙板嵌缝,效果良好。

习　题

12-34　沥青卷材与改性沥青卷材相比较,沥青卷材的缺点有(　　)

①耐热性差　②低温抗裂性差　③断裂延伸率小　④施工及材料成本高　⑤耐久性差

A. ①②③⑤　　B. ①②③④　　C. ②③④⑤　　D. ①②④⑤

12-35　评定石油沥青主要性能的三大指标是(　　)。

①延度　②针入度　③抗压强度　④柔度　⑤软化点　⑥坍落度

A. ①②④　　B. ①⑤⑥　　C. ①②⑤　　D. ③⑤⑥

12-36　冷底子油在施工时对基面的要求是(　　)。

A. 平整、光滑　　B. 洁净、干燥　　C. 坡度合理　　D. 除污去垢

第六节　建筑钢材

建筑钢材指在建筑工程中使用的各种板、管、型材，以及在钢筋混凝土中使用的钢筋、钢丝等。建筑钢材的钢种主要是碳素结构钢和低合金结构钢，绝大多数为轧材。

按化学成分，钢可分为碳素钢与合金钢两大类。根据含碳量又可将碳素钢分为低碳钢（含碳量小于0.25%）、中碳钢（含碳量0.25%～0.60%）与高碳钢（含碳量大于0.6%）。根据合金元素总量又可将合金钢分为低合金钢（合金元素总量小于5%）、中合金钢（5%～10%）与高合金钢（大于10%）。

按钢在冶炼（主要为氧气转炉）过程中脱氧程度可将钢分为沸腾钢(F)、半镇静钢(b)、镇静钢(Z)及特殊镇静钢(TZ)。沸腾钢在冶炼过程中脱氧不完全，组织不够致密，气泡较多，化学偏析严重，故质量较差，但成本较低。

按钢中有害杂质含量，钢可分为普通钢、优质钢和高级优质钢。

按用途，钢可分为结构钢、工具钢和特殊性能钢。

一、建筑钢材的力学性质及其影响因素

（一）建筑钢材主要力学性能及指标

1.屈服点(σ_s)

试件被拉伸进入塑性变形屈服段BC（见图12-8），屈服段的应力上限值对应的点为$C_上$，下限值对应的点为$C_下$，对于低碳钢，一般以$C_下$对应的应力作为屈服点或屈服强度，记作σ_s。钢材受力达到屈服点后，由于变形迅速发展，尽管尚未破坏，但已不能满足使用要求，故设计中一般以屈服点作为强度取值的依据。

但对于屈服现象不明显的钢，如中碳钢或高碳钢（硬钢），其应力-应变曲线则与低碳钢的（图12-8）明显不同，见图12-9。其抗拉强度高，塑性变形小，屈服现象不明显。对这类钢材难以测得屈服点，故规范规定以产生0.2%残余变形时的应力值作为名义屈服点，以$\sigma_{0.2}$表示。

2.抗拉强度(σ_b)

应力-应变图（图12-8）中，曲线最高点D对应的应力σ_b称为抗拉强度。在设计中，屈强比σ_s/σ_b有参考价值。在一定范围内，屈强比小则表明钢材在超过屈服点工作时可靠性较高，较为安全。

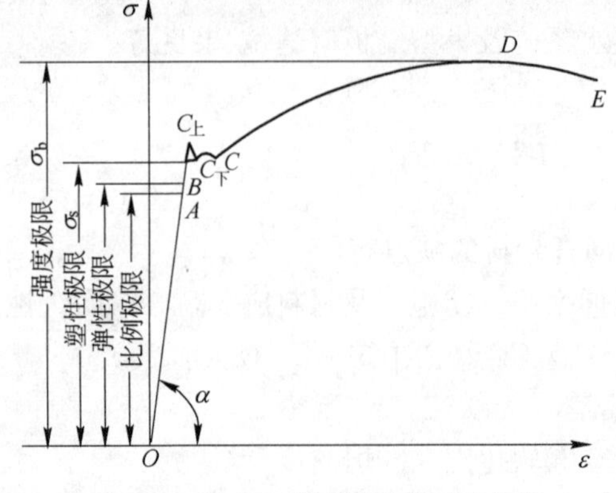

图12-8　低碳钢受拉时的应力-应变曲线

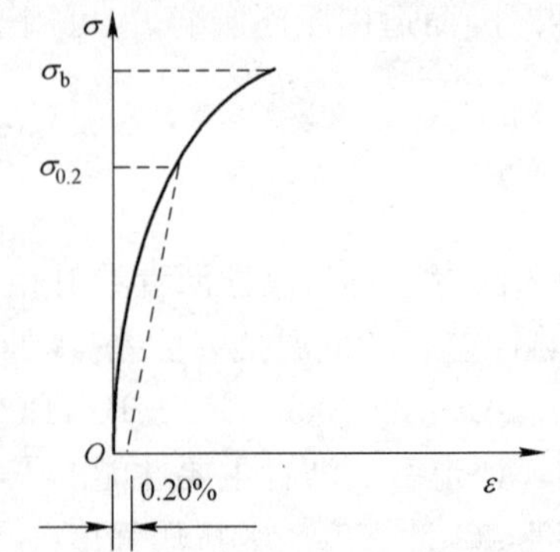

图12-9　中碳钢或高碳钢受拉的应力-应变曲线

3.伸长率

记试件拉断后标距部分的长度L_1，原标距长度为L_0，则伸长率δ规定为

$$\delta = \frac{L_1 - L_0}{L_0} \times 100\% \tag{12-30}$$

δ 表征了钢材的塑性变形能力。δ 值还与试件的 L_1/d_0 值有关（d_0 为试件直径）。常用 $L_0/d_0=5$ 及 $L_0/d_0=10$ 两种试件，相应的 δ 分别记作 δ_5 与 δ_{10}。对同一种钢材，$\delta_5 > \delta_{10}$。

4. 冷弯性能

冷弯性能指钢材在常温下承受弯曲变形的能力，它表征在恶劣变形条件下钢材的塑性，是建筑钢材的一项重要工艺性能。冷弯性能指标以试件被弯曲的角度（90°、180°）及弯心直径 d 与试件厚度（或直径）a 的比值 d/a 来表示。

5. 冲击韧性

冲击韧性指钢材抵抗冲击荷载的能力，按现行《金属材料夏比摆锤冲击试验方法》（GB 229—2007）的规定，将带有 V 形缺口的试件，进行冲击试验。试件在冲击荷载作用下折断时所吸收的功，称为冲击吸收功（或 V 形冲击功）A_{kv}（J）。钢材的化学成分、组成状态、内在缺陷及环境等都是影响冲击韧性的重要因素。A_{kv} 值随试验温度的下降而减小，当温度降低达到某一范围时，A_{kv} 急剧下降而呈现脆性断裂，这种现象称为冷脆性。发生冷脆时的温度称为脆性临界温度，其数值越低，说明钢材的低温冲击韧性越好。因此，对直接承受动荷载而且可能在负温下工作的重要结构，必须进行冲击韧性检验。

6. 硬度

硬度指表面层局部体积抵抗压入产生塑性变形的能力，表征值常用布氏硬度 HB（还有洛氏硬度、维氏硬度），通过专门试验测得。硬度与强度有一定关系，故可在结构上通过测量钢材硬度来推算近似的强度值。

7. 耐疲劳性

材料在交变应力作用下，在远低于抗拉强度时突然发生断裂，称为疲劳破坏。疲劳破坏的危险应力用疲劳极限来表示，其含义是：试件在交变应力作用下工作，在规定的周期基数内不发生断裂的最大应力。

（二）影响建筑钢材力学性质的主要因素

1. 建筑钢材的晶体组织

建筑钢材具有晶体结构，晶格中包含铁原子与碳原子，原子间结合的主要形式是金属键。因此，建筑钢材多具有很高的强度和一定的塑性。钢材的晶格有体心立方与面心立方两种形式。体心立方晶格中原子排列在一个正六面体（正立方体）的中心及 8 个顶点处；而面心立方晶格中的原子则排列在正六面体的中心及六个面（正方形）的中心处。这两种晶格形式与温度有关。例如，碳素钢由液态变为固态晶体结构时，随着温度的降低其晶格发生两次转变（见表 12-22）。

表 12-22

温　度	晶格形式	名　称
>1 390℃	体心立方晶格	δ—Fe
900～1 390℃	面心立方晶格	γ—Fe
910℃以下	体心立方晶格	α—Fe

钢中的铁与碳可以由固溶体（Fe 中固溶着微量的 C）、化合物（Fe_3C）及它们的混合物的形式构成一定形态的聚合体，称为钢的组织，主要有：

(1)铁素体：它是 C 在 α-Fe 中的固溶体；铁素体中含 C 很少（<0.02%），故其塑性、韧性良好而强度与硬度较差；

(2)奥氏体：它是 C 在 γ-Fe 中的固溶体，溶碳能力较强，在 0.8%～2.06%之间，其强度、硬度不高，但塑性好；

(3)渗碳体：它是铁碳化合物 Fe_3C，结构复杂硬脆，强度低，塑性差；

(4)珠光体：它是铁素体与渗碳体的机械混合物，含碳量较低(0.8%)，具有层状结构，故塑性较好，强度与硬度均较高。

建筑钢材含碳量多在 0.8%以下，其基本组织由铁素体和珠光体组成。因而，它们具有较高的强度，同时兼有较好的韧性与塑性。

实践及研究发现，钢材的晶格并非都是完好无缺的规则排列，而是存在着各种缺陷，这些缺陷对钢材的性能产生了很大的影响。缺陷主要有以下三种(见图 12-10)。

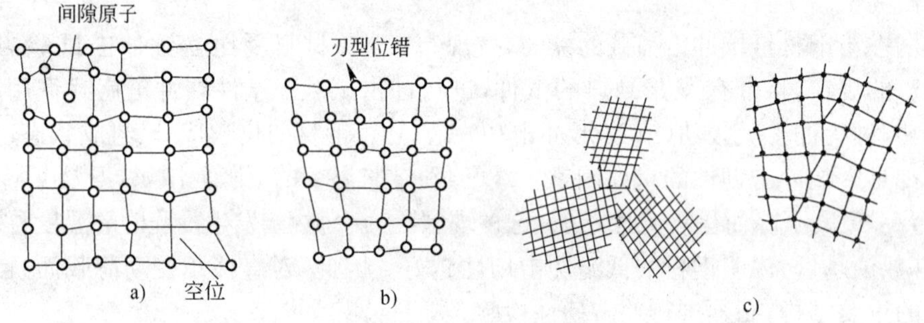

图 12-10　晶格缺陷示意图

a)点缺陷；b)线缺陷；c)面缺陷

(1)点缺陷：空位——减弱了原子间的结合力使强度降低；间隙原子——使强度增高，塑性降低。

(2)线缺陷：刃型位错——使晶格滑移时，由缺陷处开始推移，使实际强度大大降低。

(3)面缺陷：晶界面上的原子排列紊乱，使强度提高，但塑性下降。

晶体内部某些杂质原子的迁移，形成在晶界缺陷处的富集，导致韧性下降。这种迁移与温度有关，钢材冷脆性的根源即在于此。

晶格缺陷并非一概为弊端，在某些情况下人为控制增加某些缺陷可使钢材的某些性能得以改善。例如，通过冷加工，使缺陷增多，可增加晶格间滑移阻力，提高屈服强度；又如，在钢材中加入适当的合金元素作为结晶的生长中心使晶粒细化，增大晶界，使位错阻力增大，也可提高屈服强度。α-Fe 晶体中溶于碳、锰、硅、氮等其他元素形成固溶体也会使晶格产生畸变，因而强度提高，但塑性、韧性降低。利用合金元素形成固溶体以提高钢材强度，称为固溶强化。

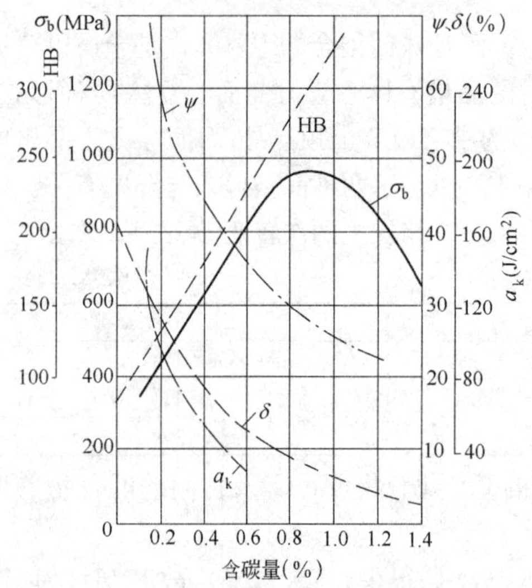

图 12-11　含碳量对碳素钢性能的影响

σ_b-抗拉强度；a_k-冲击韧性；δ-伸长率；ψ-断面收缩率；HB-硬度

2.化学成分

建筑钢材中除铁元素外，还包含碳(C)、硅(Si)、锰(Mn)、磷(P)、硫(S)、氧(O)等元素，在许多情况下还要考虑各种合金元素。它们对钢材会产生有利或不利的影响，分述如下。

(1)碳(C)：建筑钢材中含碳量不大于0.8%，C 含量的增加将提高钢材的抗拉强度与硬度，但使塑性与韧性降低，焊接性能、耐腐蚀性能也随之下降(见图 12-11)。当含碳量大于1.0%时，钢的强度反而下降，其原因在于在珠光体晶界上网状分布的渗碳体使钢变脆。建筑结构用的钢材多为含碳0.25%以下的低碳钢及含碳0.52%以下的低合金钢。

(2)硅(Si)：当含硅量小于1%时，Si含量的增加可以显著提高钢材的强度及硬度，且对塑性及韧性无显著影响。其原因在于，此时大部分Si溶于铁素体中，使铁素体得以强化。正是由于适量的Si可以多方面改善钢的机械性能，所以它是钢材的主加合金元素之一。

(3)锰(Mn)：锰可起脱氧去硫作用，故可有效消减因硫引起的热脆性，还可显著改善耐腐及耐磨性，增强钢材的强度及硬度。锰的这些作用机理在于：锰原子溶于铁素体中使其强化，而且还将珠光体细化，从而提高了强度。所以锰也是主要的合金元素之一。

(4)硫(S)：硫为有害元素。它引发热脆性，使各种机械性能降低，在热加工过程中易断裂。建筑钢材要求含硫量低于0.045%。

(5)磷(P)：磷为有害元素。它能引起冷脆性，造成塑性、韧性显著下降，可焊性、冷弯性也变差。其原因在于：磷在钢中的偏析与富集使铁素体晶格严重畸变。但磷可使钢的耐磨性及耐腐蚀性提高。

其他如氧也是钢中的有害元素；氮对钢材性质的影响与碳、磷相似，在铝、铌、钒等的配合下，氮可作为低合金钢的合金元素。合金元素还有铝、钛、钒、铌等。

3.冶炼过程

钢的冶炼过程对钢材性能有直接影响。钢在冶炼过程中，使化学成分得以严格控制，其中要特别指出的是要进行脱氧。通过加入脱氧剂(铝、锰、硅等)将氧化铁还原。按脱氧程度分为沸腾钢(脱氧不充分，铸锭时大量CO气体逸出，呈沸腾状，故得名)、镇静钢(脱氧充分)，及介于二者之间的为半镇静钢。沸腾钢中S、P、N等有害夹杂偏析严重，氧化夹杂物较多，因而可焊性、冲击韧性等性能均较差；镇静钢与之相反，因而性能良好；半镇静钢则介于两者之间。

4.加工处理

建筑钢材的加工处理亦对其性能产生影响，施工中，利用变形强化原理，通过冷拉、冷拔、冷轧等加工手段提高钢材的屈服强度。其原理为前面所述的增加晶格缺陷，因而加大了晶格间的滑移阻力。冷加工可以提高钢材的屈服点，使塑性、韧性和弹性模量下降，但抗拉强度维持不变。

时效处理是指经过冷加工的钢材，常温下存放15d左右，或加热到100～200℃并保持一定的时间。经这样处理可使屈服点进一步提高，抗拉强度也有增长，塑性、韧性继续下降，还可使冷加工产生的内应力消除，使弹性模量恢复。时效处理效果的内在原因是使钢中C、N原子向缺陷处移动与富集，使钢中缺陷增加，位错阻力增大。钢材的弹性模量在时效处理后基本维持不变。

二、建筑钢材的标准与选用

(一)建筑钢材的主要钢种

1.普通碳素结构钢

普通碳素结构钢包括热轧钢板、钢带、型钢和棒钢等制品。

《碳素结构钢》(GB/T 700—2006)规定，碳素结构钢共有五个牌号，牌号由屈服点字母、屈服点数值、质量等级符号与脱氧方法符号组成。例如Q235-A.F，表示屈服点为235MPa的A级沸腾钢。各牌号钢的力学性质应符合表12-23的规定。

碳素结构钢的力学性质指标(GB/T 700—2006)　　表 12-23

<table>
<tr><td rowspan="5">牌号</td><td rowspan="5">质量等级</td><td colspan="13">拉伸试验</td><td colspan="2">冲击试验</td></tr>
<tr><td colspan="6">屈服点 f_y(N/mm²)</td><td rowspan="4">抗拉强度 f_u(N/mm²)</td><td colspan="6">伸长率 δ_5(%)</td><td rowspan="3">温度(℃)</td><td rowspan="3">V 形冲击功(纵向)(J)</td></tr>
<tr><td colspan="6">钢材厚度(直径)(mm)</td><td colspan="6">钢材厚度(直径)(mm)</td></tr>
<tr><td>≤16</td><td>>16~40</td><td>>40~60</td><td>>60~100</td><td>>100~150</td><td>>150</td><td>≤16</td><td>>16~40</td><td>>40~60</td><td>>60~100</td><td>>100~150</td><td>>150</td></tr>
<tr><td colspan="6">不小于</td><td colspan="6">不小于</td><td colspan="2">不小于</td></tr>
<tr><td>Q195</td><td>—</td><td>(195)</td><td>(185)</td><td>—</td><td>—</td><td>—</td><td>—</td><td>315~390</td><td>33</td><td>32</td><td>—</td><td>—</td><td>—</td><td>—</td><td>—</td><td>—</td></tr>
<tr><td rowspan="2">Q215</td><td>A</td><td rowspan="2">215</td><td rowspan="2">205</td><td rowspan="2">195</td><td rowspan="2">185</td><td rowspan="2">175</td><td rowspan="2">165</td><td rowspan="2">335~410</td><td rowspan="2">31</td><td rowspan="2">30</td><td rowspan="2">29</td><td rowspan="2">28</td><td rowspan="2">27</td><td rowspan="2">26</td><td>—</td><td>—</td></tr>
<tr><td>B</td><td>20</td><td>27</td></tr>
<tr><td rowspan="4">Q235</td><td>A</td><td rowspan="4">235</td><td rowspan="4">225</td><td rowspan="4">215</td><td rowspan="4">205</td><td rowspan="4">195</td><td rowspan="4">185</td><td rowspan="4">375~460</td><td rowspan="4">26</td><td rowspan="4">25</td><td rowspan="4">24</td><td rowspan="4">23</td><td rowspan="4">22</td><td rowspan="4">21</td><td>—</td><td rowspan="4">27</td></tr>
<tr><td>B</td><td>20</td></tr>
<tr><td>C</td><td>0</td></tr>
<tr><td>D</td><td>−20</td></tr>
<tr><td rowspan="2">Q255</td><td>A</td><td rowspan="2">255</td><td rowspan="2">245</td><td rowspan="2">235</td><td rowspan="2">225</td><td rowspan="2">215</td><td rowspan="2">205</td><td rowspan="2">410~510</td><td rowspan="2">24</td><td rowspan="2">23</td><td rowspan="2">22</td><td rowspan="2">21</td><td rowspan="2">20</td><td rowspan="2">19</td><td>—</td><td>—</td></tr>
<tr><td>B</td><td>20</td><td>27</td></tr>
<tr><td>Q275</td><td>—</td><td>275</td><td>265</td><td>255</td><td>245</td><td>235</td><td>225</td><td>490~610</td><td>20</td><td>19</td><td>18</td><td>17</td><td>16</td><td>15</td><td>—</td><td>—</td></tr>
</table>

选用钢材时,应考虑结构与构件的重要性、荷载类型、连接方式及环境温度等条件。一般来说,下列几种情况限制使用沸腾钢:①直接承受动荷载作用的焊接结构;②非焊接结构而计算温度等于或低于−20℃;③受静荷载及间接动荷载作用,而计算温度等于或低于−30℃时的焊接结构。

建筑工程中应用最多的碳素钢是 Q235 号钢。

2. 低合金高强度结构钢

在碳素结构钢的基础上加入总量小于 5%的合金元素(如硅、锰、钒等),即得低合金高强度结构钢。

根据《低合金高强度结构钢》(GB/T 1591—2008)的规定,共分 8 个牌号,每个牌号各分有若干个质量等级。低合金钢强度较高,塑性、韧性及可焊性等均较好,且成本不高,尤其适用于大跨度、承受动荷载和冲击荷载作用的结构。

低合金钢的力学性能规定见表 12-24、表 12-25。

(二)常用建筑钢材

1. 钢结构用钢

钢结构所用钢材主要是型钢和钢板。型钢有热轧及冷成型两种。钢板也有热轧和冷轧两种。按照厚度,热轧钢板可分为厚板(厚度大于 4mm)和薄板(厚度为 0.35~4mm)两种,冷轧钢板只有薄板(厚度为 0.2~4mm)一种。厚板可用于焊接结构;薄板可用于屋面或墙面等围护结构,或作为涂层钢板的原料。

(1)热轧型钢。常用的有角钢(等边和不等边)、工字钢、槽钢、T 型钢、H 型钢、Z 型钢等。我国建筑用热轧型钢主要采用 Q235-A。

表 12-24

低合金高强度结构钢的拉伸性能(GB/T 1591—2008)

牌号	质量等级	拉伸试验①②③ 以下公称厚度(直径,边长)下屈服强度(R_{eL})(MPa) ≤16mm	>16~40mm	>40~63mm	>63~80mm	>80~100mm	>100~150mm	>150~200mm	>200~250mm	>250~400mm	以下公称厚度(直径,边长)抗拉强度(R_m)(MPa) ≤40mm	>40~63mm	>63~80mm	>80~100mm	>100~150mm	>150~250mm	>250~400mm	断后伸长率(A)(%) 公称厚度(直径,边长) ≤40mm	>40~63mm	>63~100mm	>100~150mm	>150~250mm	>250~400mm
Q345	A	≥345	≥335	≥325	≥315	≥305	≥285	≥275	≥265	—	470~630	470~630	470~630	470~630	450~600	450~600	—	≥20	≥19	≥19	≥18	≥17	—
	B	≥345	≥335	≥325	≥315	≥305	≥285	≥275	≥265	—	470~630	470~630	470~630	470~630	450~600	450~600	—	≥20	≥19	≥19	≥18	≥17	—
	C	≥345	≥335	≥325	≥315	≥305	≥285	≥275	≥265	—	470~630	470~630	470~630	470~630	450~600	450~600	—	≥21	≥20	≥20	≥19	≥18	—
	D	≥345	≥335	≥325	≥315	≥305	≥285	≥275	≥265	≥265	470~630	470~630	470~630	470~630	450~600	450~600	450~600	≥21	≥20	≥20	≥19	≥18	≥17
	E	≥345	≥335	≥325	≥315	≥305	≥285	≥275	≥265	≥265	470~630	470~630	470~630	470~630	450~600	450~600	450~600	≥21	≥20	≥20	≥19	≥18	≥17
Q390	A、B、C、D、E	≥390	≥370	350	≥330	≥330	≥310	—	—	—	490~650	490~650	490~650	490~650	470~620	—	—	≥20	≥19	≥19	≥18	—	—
Q420	A、B、C、D、E	≥420	400	≥380	≥360	≥360	≥340	—	—	—	520~680	520~680	520~680	520~680	500~650	—	—	≥19	≥18	≥18	≥18	—	—
Q460	C、D、E	≥460	≥440	≥420	≥400	≥400	≥380	—	—	—	550~720	550~720	550~720	550~720	530~700	—	—	≥17	≥16	≥16	≥16	—	—
Q500	C、D、E	≥500	≥480	≥470	≥450	≥440	—	—	—	—	610~770	600~760	590~750	540~730	—	—	—	≥17	≥17	≥17	—	—	—
Q550	C、D、E	≥550	≥530	≥520	≥500	≥490	—	—	—	—	670~830	620~810	600~790	590~780	—	—	—	≥16	≥16	≥16	—	—	—
Q620	C、D、E	≥620	≥600	≥590	≥570	—	—	—	—	—	710~880	690~880	670~860	—	—	—	—	≥15	≥15	≥15	—	—	—
Q690	C、D、E	≥690	≥670	≥660	≥640	—	—	—	—	—	770~940	750~920	730~900	—	—	—	—	≥14	≥14	≥14	—	—	—

注:①当屈服不明显时,可测量 $R_{p0.2}$ 代替下屈服强度。

②宽度不小于 600mm 的扁平材,拉伸试验取横向试样;宽度小于 600mm 的扁平材、型材及棒材取纵向试样,断后伸长率最小值相应提高 1%(绝对值)。

③厚度大于 250~400mm 的数值适用于扁平材。

低合金高强度结构钢的冲击吸收能量(夏比V形缺口试件)(GB/T 1591—2008) 表12-25

<table>
<tr><th rowspan="3">牌　号</th><th rowspan="3">质量
等级</th><th rowspan="3">试验温度(℃)</th><th colspan="3">冲击吸收能量(KV_2)①(J)</th></tr>
<tr><th colspan="3">公称厚度(直径,边长)</th></tr>
<tr><th>120～150mm</th><th>>150～250mm</th><th>>250～400mm</th></tr>
<tr><td rowspan="4">Q345</td><td>B</td><td>20</td><td rowspan="4">≥34</td><td rowspan="4">≥27</td><td rowspan="2">—</td></tr>
<tr><td>C</td><td>0</td></tr>
<tr><td>D</td><td>−20</td><td rowspan="2">27</td></tr>
<tr><td>E</td><td>−40</td></tr>
<tr><td rowspan="4">Q390</td><td>B</td><td>20</td><td rowspan="4">≥34</td><td rowspan="4">—</td><td rowspan="4">—</td></tr>
<tr><td>C</td><td>0</td></tr>
<tr><td>D</td><td>−20</td></tr>
<tr><td>E</td><td>−40</td></tr>
<tr><td rowspan="4">Q420</td><td>B</td><td>20</td><td rowspan="4">≥34</td><td rowspan="4">—</td><td rowspan="4">—</td></tr>
<tr><td>C</td><td>0</td></tr>
<tr><td>D</td><td>−20</td></tr>
<tr><td>E</td><td>−40</td></tr>
<tr><td rowspan="3">Q460</td><td>C</td><td>0</td><td rowspan="3">≥34</td><td>—</td><td>—</td></tr>
<tr><td>D</td><td>−20</td><td>—</td><td>—</td></tr>
<tr><td>E</td><td>−40</td><td>—</td><td>—</td></tr>
<tr><td rowspan="3">Q500、Q550、
Q620、Q690</td><td>C</td><td>0</td><td>≥55</td><td>—</td><td>—</td></tr>
<tr><td>D</td><td>−20</td><td>≥47</td><td>—</td><td>—</td></tr>
<tr><td>E</td><td>−40</td><td>≥31</td><td>—</td><td>—</td></tr>
</table>

注:冲击试验取纵向试样。

(2)冷弯薄壁型钢。通常是用2～6mm薄钢板冷弯或模压而成,有角钢、槽钢等开口薄壁型钢及方形、矩形等空心薄壁型钢,可用于轻型钢结构。

(3)钢板。用光面轧辊轧制而成的扁平钢材,以平板状态供货的称钢板,以卷状供货的称钢带,主要用碳素结构钢轧制。

(4)压型钢板。薄钢板经冷压或冷轧成波形、双曲形、V形等形状,称为压型钢板。制作压型钢板的板材采用有机涂层钢板(或称彩色钢板)、镀锌钢板、防腐钢板等。压型钢板具有重量轻、强度高、抗震性好、施工快、外形美观等特点,主要用于围护结构、楼板、屋面等。

2. 混凝土结构用钢

(1)热轧钢筋

按力学性能,热轧钢筋可分为四级,见表12-26。

I级钢筋用Q235轧制而成,强度较低,塑性好,容易焊接,主要用作非预应力钢筋。II、III、IV级钢筋均用低合金轧制,II、III级可作预应力或非预应力钢筋,预应力钢筋应优先选用IV级钢筋。

(2)冷拉热轧钢筋与冷拔低碳钢丝

将I～IV级热轧钢筋,在常温下拉伸至超过屈服点(小于抗拉强度)的某一应力,然后卸荷即得冷拉钢筋。冷拉可使屈服点提高17%～27%,但伸长率降低。冷拉后不得有裂纹、起层等现象。冷拉Ⅰ级钢筋适用于钢筋混凝土结构中的受拉钢筋，冷拉Ⅱ、Ⅲ、Ⅳ级钢筋可用作预应力混凝土结构中的预应力筋，但在负温及冲击或重复荷载作用下易脆断。

热轧钢筋的力学性能和工艺性能(GB 1499.1—2008、GB 1499.2—2007)　　表 12-26

表面形状	钢筋级别	强度等级代号	公称直径(mm)	屈服点 σ_s (MPa)	抗拉强度 σ_b (MPa)	伸长率 A (%)	冷弯 d——弯心直径 a——钢筋直径
				不小于			
光圆	Ⅰ	R235	6～22	235	370	25	180°　$d=a$
月牙肋	Ⅱ	HRB335	6～25 28～50	335	490	17	180°　$d=3a$ 180°　$d=4a$
	Ⅲ	HRB400	6～25 28～50	400	570	16	180°　$d=4a$ 180°　$d=5a$
等高肋	Ⅳ	HRB500	6～25 28～50	500	630	15	180°　$d=6a$ 180°　$d=7a$

将直径为 6.6～8mm 的 Q235(或 Q215)热轧盘条，在常温下通过截面小于钢筋截面的拔丝模，经一次或多次拔制即得冷拔低碳钢丝。冷拔可提高屈服强度 40%～60%，材质硬脆，属硬钢类钢丝。甲级为预应力钢丝，乙级为非预应力钢丝。凡伸长率不合格者，不得用于预应力混凝土构件中。

(3)冷轧带肋钢筋

冷轧带肋钢筋是用热轧圆盘条经冷轧拔加工后，在其表面冷轧成三面有肋的钢筋，强度较热轧钢筋明显提高，塑性较好，与混凝土的握裹力较好。LL550 可用于非预应力混凝土的受力主筋，LL650 与 LL800 可用于中、小型预应力混凝土的受力主筋。

(4)热处理钢筋

热处理钢筋是钢厂将热轧带肋钢筋经淬火和回火调质热处理而成，强度显著提高，韧性高，而塑性降低不多，综合性能较好，通常有直径为 6mm、8.2mm、10mm 三种规格。表面常轧有通长的纵筋与均布的横肋，使用时不能用电焊切割，也不能焊接，可用于预应力混凝土工程中。

(5)冷轧扭钢筋

冷轧扭钢筋是采用直径为 6.5～10mm 的低碳热轧盘条(Q235 钢)，经冷轧扁和冷扭转而成的具有一定螺距的钢筋。冷轧扭钢筋屈服强度高，与混凝土的握裹力大，因此无需预应力和弯钩即可用于普通混凝土工程，可节约钢材 30%。

(6)预应力混凝土用钢丝及钢绞线

预应力混凝土用钢丝及钢绞线为钢厂用优质碳素结构钢经冷加工、再回火、冷轧或绞捻等加工而成，又称优质碳素钢丝及钢绞线。若将预应力钢丝经辊压出规律性凹痕，即成刻痕钢丝。钢绞线以一根钢丝为芯，6 根钢丝围绕其周围绞合而成。

钢丝与钢绞线适用于大荷载、大跨度及曲线配筋的预应力混凝土结构。

三、建筑钢材的防锈与防火

(一)钢材防锈

当钢材表面与环境介质发生各种形式的化学作用时，就有可能遭到腐蚀。例如，因与 O_2、SO_2、H_2S 等腐蚀性气体作用而被氧化，当环境潮湿或与含有电解质的溶液接触时，则可能因形成微电池效应而遭电化学腐蚀。

防止钢材锈蚀的常用方法是表面涂刷防锈漆。薄壁钢材则可进行表面镀锌或涂塑处理，但费用较高。

埋于混凝土中的钢筋具有一层碱性保护膜，故在碱性介质中不致锈蚀。但氯等元素的离子可加速锈蚀反应，甚至破坏保护膜，造成锈蚀迅速发展。因此，混凝土配筋的防锈措施应考虑：限制水灰比和水泥用量，限制氯盐外加剂的使用，采取措施保证混凝土的密实性，还可以采用掺加防锈剂（如重铬酸盐等）的方法。

（二）钢材防火

众所周知，钢结构具有良好的机械性能，尤其是很高的强度，但容易忽视的是在高温时，情况会发生很大的变化。裸露的、未作表面防火处理的钢结构，耐火极限仅15min左右，在温升500℃的环境下，强度迅速降低，甚至会垮塌。因此，对于钢结构，尤其是有可能经历高温环境的钢结构，需要作必要的防火处理。

钢结构防火的主要方法是涂敷防火隔热涂层，如STI-A、LG等防火涂料。这些涂料导热系数小，附着力强，无毒，质轻，易于施工，防火效果好。

习　题

12-37　我国热轧钢筋分为四级，其分级依据是（　　）。

①脱氧程度　②屈服极限　③抗拉强度　④冷弯性能　⑤冲击韧性　⑥伸长率

A. ①③④⑥　　B. ②③④⑤　　C. ②③④⑥　　D. ②③⑤⑥

12-38　某碳素钢的化验结果有下列元素：①S；②Mn；③C；④P；⑤O；⑥N；⑦Si；⑧Fe。下列哪一组全是有害元素？（　　）

A. ①②③④　　B. ③④⑤⑥　　C. ①④⑤⑥　　D. ①④⑤⑦

12-39　金属晶体是各向异性的，而金属材料却是各向同性的，其原因是（　　）。

A. 因金属材料的原子排列是完全无序的

B. 因金属材料中的晶粒是随机取向的

C. 因金属材料是玻璃体与晶体的混合物

D. 因金属材料多为金属键结合

12-40　要提高建筑钢材的强度并消除脆性，改善性能，一般应适量加入下列元素中的哪一种？（　　）

A. C　　B. Na　　C. Mn　　D. K

第七节　木　　材

木材用于建筑，历史悠久，过去是重要的结构材料，现在则主要用于装饰与装修。木材的优点为：

（1）强度大，轻质高强；

（2）弹性与韧性好，能抗冲击、抗振动；

（3）保温隔热性能好，导热系数小；

（4）在适当的保存条件下，有较好的耐久性；

(5)外观具有装饰性；

(6)可加工性好；

(7)绝缘、无毒。

但木材也有如下缺点：

(1)构造不均匀，各向异性；

(2)湿胀干缩变形大，易翘曲、开裂；

(3)耐火性差，易燃；

(4)如使用不当，易腐烂。

一、木材的分类与构造

(一)分类

(1)针叶树材：松、杉、柏、银杏。

(2)阔叶树材：柳、樟、榆。

(3)棕榈、竹。

(二)宏观构造

木材由树皮、木质部、髓心组成。木质部位于髓心与树皮之间，是建筑材料使用的主要部分。

(三)微观构造

无数管状细胞紧密结合、纵向排列。细胞由细胞壁与细胞腔组成。树种不同，构造也相应不同。

(四)木材的缺陷

(1)节子：埋藏在树干中的枝条。活节对木材力学性能无不良影响，死节、腐烂节等对木材力学性能影响大。

(2)裂纹：降低木材的完整性、强度与耐久性。

二、木材的物理与力学性能

(一)含水量

木材的含水量以含水率表示。其定义见本章第一节中“二、建筑材料的基本性质”。

1.水的分类

木材中的水可分为吸附水与自由水两部分。

吸附水：水分在木材中首先被吸入细胞壁中而形成，是影响木材强度与胀缩的主要因素。

自由水：水分在木材中构成吸附水并达到饱和状态即木材的纤维饱和点之后，水分开始存于细胞腔与细胞间隙中，构成自由水。它不影响木材强度与胀缩，仅影响其表观密度、抗腐蚀性与可燃性。

2.纤维饱和点

根据如上所述，对于在干燥空气中的湿木材，首先是自由水的蒸发，当自由水恰好蒸发完毕而吸附水尚处于饱和时的状态，即为纤维饱和点。

当含水率大于纤维饱和点含水率时，含水量变化对木材强度与体积无影响。当含水率小于纤维饱和点含水率时，含水量变化对木材强度与体积有影响。因此纤维饱和点是一个临界含水率。

3.平衡含水率

平衡含水率是指木材与环境空气水分交换达到平衡时的含水率。

(二)湿胀与干缩

湿胀与干缩主要发生在含水率小于纤维饱和点含水率的范围内。

干湿变化引起的胀缩变化,弦向最大,径向次之,纵向最小。

(三)强度

木材强度的特点是各向异性,顺纹抗拉最大,顺纹抗弯次之,顺纹抗压再次,其他强度较低。

(四)影响木材强度的因素

1. 含水率:在纤维饱和点以下时,强度随水分的增多而下降。

2. 环境温度:强度随温度的升高而降低,当环境温度高于 50℃时,不应采用木结构。

3. 外力作用时间:木材长期负荷下的强度,一般仅为极限强度的 50%~60%。

4. 缺陷。

三、木材的防护

真菌在木材中存在并引起腐蚀的三个条件:水分 35%~50%,温度 24~30℃,氧气。

防腐防虫措施:

(1)干燥通风;

(2)涂料覆盖,隔水隔气;

(3)化学防腐剂处理。

四、木材的应用

木材初级产品:圆条、原木、锯材。

人造板:胶合板、纤维板、刨花板、细木工板。

习　题

12-41　导致木材物理力学性质发生改变的临界含水率是(　　)。

A. 最大含水率　B. 平衡含水率　C. 纤维饱和点　D. 最小含水率

12-42　木材的力学性质为各向异性,表现为(　　)。

A. 抗拉强度,顺纹方向最大　B. 抗拉强度,横纹方向最大

C. 抗剪强度,横纹方向最小　D. 抗弯强度,横纹与顺纹方向相近

12-43　干燥的木材吸水后,其变形最大的方向是(　　)。

A. 纵向　B. 径向　C. 弦向　D. 不确定

12-44　影响木材强度的因素较多,但下列哪些因素与木材强度无关?(　　)

A. 纤维饱和点以下的含水量变化　B. 纤维饱和点以上的含水量变化

C. 负荷时间　D. 疵病

12-45　木材从干燥到含水会对其使用性能有各种影响,下列表述正确的是(　　)。

A. 木材含水会使其导热性减小,强度降低,体积膨胀

B. 木材含水会使其导热性增大,强度不变,体积膨胀

C. 木材含水会使其导热性增大,强度降低,体积膨胀

D. 木材含水会使其导热性减小,强度提高,体积膨胀

第八节　石　　材

这里主要介绍天然石材，分花岗岩与大理石两大类型，主要用于建筑装饰。

一、花岗岩

花岗岩属深成岩，即地壳内部熔融的岩石浆上升至地壳某一深度处冷凝而成的岩石。

其主要造岩矿物是长石（结晶铝硅酸盐）、石英（结晶 SiO_2）与少量云母（片状含水铝硅酸盐）。其主要化学成分是 SiO_2 与 Al_2O_3，故花岗岩属酸性。

花岗岩有以下性能与应用特点：

(1)耐久性好，孔隙率小，吸水率小，耐风化；

(2)强度高，硬度大，耐磨性好；

(3)耐酸腐蚀性高；

(4)耐火性差，花岗岩中的石英在 573～870℃会发生相变膨胀，导致花岗岩开裂破坏；

(5)用作墙饰面材料与地面材料，既可用于室内，也可用于室外。

二、大理石

大理石属变质岩，即由石灰岩与白云岩变质而成。其造岩矿物是方解石（结晶碳酸钙）与白云石（结晶碳酸钙镁复盐）。其主要化学成分是 $CaCO_3$，岩石属碱性。

大理石有以下性能与应用特点：

(1)硬度中等，耐磨性不及花岗岩；

(2)耐酸腐蚀性差；

(3)耐久性次于花岗岩；

(4)可用作墙饰面材料与地面材料，但主要用于室内，不宜用于室外，因为大气酸雨对大理石有腐蚀作用，生成易溶解的石膏，使大理石表面粗糙多孔。

习　　题

12-46　大理石属于（　　）。

A. 岩浆岩　　B. 变质岩　　C. 沉积岩　　D. 深成岩

12-47　以下关于花岗岩和大理石的叙述，不合理的是（　　）。

A. 一般情况下，花岗岩的耐磨性优于大理石

B. 一般情况下，花岗岩的耐蚀性优于大理石

C. 一般情况下，花岗岩的耐火性优于大理石

D. 一般情况下，花岗岩的耐久性优于大理石

12-48　石材吸水后，其导热系数随之增加，这是因为（　　）。

A. 水的导热系数比密闭空气大

B. 水的比热比密闭空气大

C. 水的密度比密闭空气大

D. 材料吸水后导致其中的裂纹增大

第九节　黏　　土

一、土的组成

土是固体颗粒、水与空气的混合物，即三相系。土的颗粒互相联结形成土的骨架。当土骨架中的孔隙全部被水占领时，这种土称为饱和土；当土骨架中的孔隙仅含空气时，称之为干土；三相并存，则称之为湿土。

(一)土的固相

1. 成土矿物

原生矿物：石英、长石、云母，吸水能力弱、无塑性。

次生矿物：黏土矿物、高岭石、伊利石、蒙脱石、吸水能力强、可胀缩、有塑性。

2. 黏土矿物的晶体结构

硅-氧四面体与铝-氧八面体构成含水铝硅酸盐。

3. 土粒的大小与土的级配

根据土粒的大小将土划分为不同的范围，即粒组。巨粒组：漂石粒、卵石粒；粗粒组：砾粒、砂粒；细粒组：粉粒、黏粒。

土的级配：土中各范围粒组中土粒的相对含量。级配良好的土，压实时能达到较高的密实度，故透水性低、强度高、压缩性低。

4. 颗粒分析试验

土的级配曲线有两种：粒径分布曲线(横坐标为土粒粒径，纵坐标为小于某粒径的土粒含量)、粒组频率曲线(横坐标为某粒组平均粒径，纵坐标为该粒组的土粒含量)。

从粒径分布曲线可得以下两个参数：

不均匀系数
$$C_u=\frac{d_{60}}{d_{10}} \tag{12-31}$$

曲率系数
$$C_c=\frac{(d_{30})^2}{d_{60}d_{10}} \tag{12-32}$$

其中，d_{60}、d_{30}、d_{10}分别表示曲线上纵坐标为60%、30%、10%所对应的横坐标即粒径。

国标规定：对于砾、砂，$C_u \geqslant 5$，且$C_c=1\sim3$，则土的级配良好。

(二)土的液相

土的液相类型及主要作用力见表12-27。

土的液相类型与主要作用力　　表12-27

水的类型		主要作用力
吸着水		物理化学力
自由水	毛细管水	表面张力与重力
	重力水	重力

二、土的物理性质

(一)直接指标

(1)土的密度ρ与重度γ：

$$\gamma=\rho g \tag{12-33}$$

式中：ρ——单位体积土的质量。

(2)土粒比重 G_s：土粒的质量与4℃时同体积纯水的质量之比。

(3)土的含水率 w：土中水的质量与干燥土粒质量之比，百分率。

(二)间接指标

(1)土的孔隙比 e：土中孔隙体积与土粒体积之比，小数。

(2)土的孔隙率 n：土中孔隙体积与土的总体积之比。

(3)土的饱和度 S_r：土中孔隙体积被水填充的百分数。干土的饱和度为0，饱和土的饱和度为100%。

(4)土的干密度 ρ_d 与干重度 γ_d：这是评定土密度程度的指标。两参数越大，则土越密实，反之越疏松。

三、无黏性土的相对密实度、黏性土的稠度与土的压实性

1. 无黏性土的相对密实度 D_r

$$D_r = \frac{e_{max} - e_0}{e_{max} - e_{min}} \tag{12-34}$$

式中：e_{max}、e_0、e_{min}——分别为无黏性土最松状态、天然状态、最密状态的孔隙比。

在工程上，用 D_r 划分土的状态：

$0<D_r\leqslant 1/3$	疏松的
$1/3<D_r\leqslant 2/3$	中密的
$2/3<D_r\leqslant 1$	密实的

2. 黏性土的稠度

稠度是指黏性土的干湿程度，或在某一含水率下抵抗外力作用而变形的能力，是黏性土最主要的物理状态指标。

在黏性土的状态转变过程中，有三种界限含水率或稠度界限：

液限(w_L)——流态→可塑状态转变的界限含水率；

塑限(w_p)——可塑态→半固态转变的界限含水率；

缩限(w_s)——半固态→固态转变的界限含水率。

3. 土的压实性

影响压实性的因素：

(1)含水率：当含水率较小时，土的干密度随含水率增大而提高；当含水率等于最佳含水率时，干密度达到最大值；达到最佳含水率后，干密度随含水率的增加反而降低。

(2)击数。

(3)土类与级配：含水率相同时，黏性土的黏粒含量越高或塑性指标越大，则越难以压实；对同一类土，级配良好，则易于压实，反之则不易压实。

(4)粗粒含量：粗粒含量过大，则表明土的级配不佳，不易压实。

习　题

12-49　以下关于土壤的叙述，合理的是(　　)。

A. 土壤压实时，其含水率越高，压实度越高

B. 土壤压实时，其含水率越高，压实度越低

C. 黏土颗粒越小，液限越低

D. 黏土颗粒越小，其孔隙率越高

12-50 黏土塑限高，说明(　　)。

A. 黏土粒子的水化膜薄，可塑性好　　B. 黏土粒子的水化膜薄，可塑性差

C. 黏土粒子的水化膜厚，可塑性好　　D. 黏土粒子的水化膜厚，可塑性差

习题提示及参考答案

12-1 **提示**：通常，由于孔隙的存在，使表观密度 ρ_0 小于密度 ρ；而由于孔隙和空隙的同时存在，使堆积密度 ρ'_0 小于表观密度 ρ_0。

答案：B

12-2 **提示**：脆性与韧性的区别在于破坏前没有或有明显变形、受力破坏吸收的能量低或高。

答案：A

12-3 **提示**：软化系数是饱水状态的抗压强度与干燥状态的抗压强度之比。

答案：B

12-4 **提示**：含水率＝水重/干砂重，湿砂重＝水重＋干砂重。

答案：C

12-5 **提示**：水的导热能力强，含水率越大则导热系数越大。

答案：C

12-6 **提示**：孔隙率变化，一定引起强度与表观密度的变化，可能引起吸水率和抗冻性的变化，但密度保持不变。

答案：C

12-7 **提示**：建筑石膏硬化后体积微膨胀约 1%。

答案：B

12-8 **提示**：通过陈伏可以消除过火石灰的危害。

答案：D

12-9 **提示**：建筑石膏硬化后体积微膨胀，在略高于 100℃温度下化学分解，强度比石灰高。

答案：B

12-10 **提示**：三合土是由石灰＋黏土＋砂或碎砖、碎石组成的。

答案：B

12-11 **提示**：石膏制品抗火性好的原因主要是含有大量结晶水，其次是孔隙率大、隔热性好。

答案：B

12-12 **提示**：大体积混凝土施工应选用水化热低的水泥，如矿渣水泥等掺混合材料水泥。

答案：C

12-13 **提示**：硅酸盐水泥中加入适量石膏的作用是缓凝。

答案：C

12-14 **提示**：掺混合材料水泥最适合采用蒸汽养护等充分养护方式。

答案：A

12-15　**提示**:普通黏土、慢冷矿渣、石灰石粉不属于活性混合材料。

答案:C

12-16　**提示**:水泥强度最高,石膏强度高于石灰。

答案:B

12-17　**提示**:提高水泥强度等级并不一定就能提高水泥的耐侵蚀性。

答案:A

12-18　**提示**:在六大通用水泥中,硅酸盐水泥的耐磨性最好。硫铝酸盐水泥虽具有快硬早强、微膨胀的特点,但在一般混凝土工程中较少采用。

答案:A

12-19　**提示**:水泥的凝结和硬化与水泥的细度、水灰比(拌和水量)、硬化时间、温湿度均有关。

答案:D

12-20　**提示**:无论是单独的水泥还是混凝土中的水泥,其水化的主要原因是水泥的水化反应,其速度主要取决于水化反应速度的快慢,但也受到温度、水灰比等的影响。尤其应注意的是,混凝土的凝结时间与配制该混凝土所用水泥的凝结时间可能不一致,因为混凝土的水灰比可能不等于水泥凝结时间测试所用的水灰比,且混凝土中可能还掺有影响凝结时间的外加剂。

答案:C

12-21　**提示**:压碎指标是表示粗集料石子强度的指标。

答案:B

12-22　**提示**:在用较高强度等级的水泥配制较低强度的混凝土时,为满足工程的技术经济要求,应采用掺混合材料或掺和料的方法。

答案:A

12-23　**提示**:泵送混凝土施工选用的外加剂应能显著提高拌和物的流动性,故应采用减水剂。

答案:C

12-24　**提示**:混凝土碱-集料反应是指水泥中碱性氧化物,如 Na_2O 或 K_2O 与集料中活性氧化硅之间的反应。

答案:A

12-25　**提示**:试配强度　$f_{cu,0}=f_{cu,k}+t\sigma$

式中:$f_{cu,0}$——配制强度;

$f_{cu,k}$——设计强度;

t——概率(由强度保证率决定);

σ——强度波动幅度(与施工控制水平有关)。

答案:D

12-26　**提示**:由混凝土强度公式可知,影响混凝土强度的主要因素是水泥强度和水灰比。此外,还与养护条件(即温湿度)有关。

答案:D

12-27　**提示**:水泥正常水化产生的膨胀或收缩一般不致引起混凝土开裂。

答案:B

12-28　**提示**:进行混凝土配合比设计时,确定水灰比是采用混凝土强度公式,根据混凝土强度计算而初步确定，然后根据耐久性要求进行耐久性校核，最终确定水灰比的取值。

答案：C

12-29 提示：选用最大粒径的粗集料，主要目的是减少混凝土干缩，其次也可节省水泥。

答案：B

12-30 提示：采用特细砂配制混凝土时，因特细砂的比表面积大，掺减水剂虽然能提高混凝土的流动性，但也使砂料表面的大量水分得以释放，使拌和物的稳定性（黏聚性与保水性）难以维持，易出现泌水、离析，和易性变差等现象。

答案：D

12-31 提示：影响混凝土拌和物流动性的主要因素是水泥浆的数量与流动性，其次为砂率、集料级配、水泥品种等。

答案：B

12-32 提示：这几种叙述似是而非，容易引起判断错误，如：①坍落度是表示塑性混凝土拌和物流动性的指标；②泵送混凝土拌和物的坍落度一般不低于150mm；③在浇筑板、梁和大型及中型截面的柱子时，混凝土拌和物的坍落度宜选用30～50mm。所以，只有干硬性混凝土拌和物的坍落度小于10mm时须用维勃稠度（s）表示其稠度的叙述是正确的。

答案：B

12-33 提示：海水中的盐主要对混凝土中的钢筋有危害，促使其被腐蚀；其次，盐对混凝土中的水泥硬化产物也有腐蚀作用。

答案：D

12-34 提示：相比之下，沥青卷材有多种缺点，但其施工及材料成本低。

答案：A

12-35 提示：评价黏稠石油沥青主要性能的三大指标是延度、针入度、软化点。

答案：C

12-36 提示：冷底子油在施工时对基面的要求是洁净、干燥。

答案：B

12-37 提示：我国热轧钢筋分为四级，其分级依据是强度与变形性能指标，屈服极限与抗拉强度是强度指标，冷弯性能与伸长率是变形性能指标。

答案：C

12-38 提示：S、P、O、N是钢材中的有害元素。

答案：C

12-39 提示：金属材料各向同性的原因是金属材料中的晶粒随机取向，使晶体的各向异性得以抵消。

答案：B

12-40 提示：通常合金元素可改善钢材性能，提高强度，消除脆性。Mn属于合金元素。

答案：C

12-41 提示：导致木材物理力学性质发生改变的临界含水率是纤维饱和点。

答案：C

12-42 提示：木材的抗拉强度顺纹方向最大。

答案:A

12-43 **提示**:木材干湿变形最大的方向是弦向。

答案:C

12-44 **提示**:纤维饱和点以上的含水率变化,不会引起木材强度的变化。

答案:B

12-45 **提示**:在纤维饱和点以下范围内,木材含水使其导热性增大,强度减低,体积膨胀。

答案:C

12-46 **提示**:大理石属于变质岩。

答案:B

12-47 **提示**:在一般情况下,花岗岩的耐火性比大理石差。

答案:C

12-48 **提示**:水的导热系数比密闭空气大。

答案:A

12-49 **提示**:对同一类上,级配良好,则易于压实。如级配不好,多为单一粒径的颗粒,则孔隙率反而高。

答案:D

12-50 **提示**:塑限是黏性土由可塑态向半固态转变的界限含水率。黏土塑限高,说明黏土粒子的水化膜厚,可塑性好。

答案:C

第十三章　工 程 测 量

复 习 指 导

一、考试大纲

11.1　测量基本概念

地球的形状和大小，地面点位的确定，测量工作的基本概念。

11.2　水准测量

水准测量原理，水准仪的构造、使用、检验校正，水准测量方法及成果整理。

11.3　角度测量

经纬仪的构造、使用、检验校正，水平角观测，垂直角观测。

11.4　距离测量

卷尺量距，视距测量，光电测距。

11.5　测量误差基本知识

测量误差分类与特性，评定精度的标准，观测值的精度评定，误差传播定律。

11.6　控制测量

平面控制网的定位与定向，导线测量，交会定点，高程控制测量。

11.7　地形图测绘

地形图基本知识，地物平面图测绘，等高线地形图测绘。

11.8　地形图应用

地形图应用的基本知识，建筑设计中的地形图应用，城市规划中的地形图应用。

11.9　建筑工程测量

建筑工程控制测量，施工放样测量，建筑安装测量，建筑工程变形观测。

二、复习指导(重点和难点提示)

(一)测量基本概念

1.重点及重点概念

重点:测定和测设，大地水准面，独立平面直角坐标系，绝对高程，相对高程，测量工作的原则，确定地面点位的三要素(基本要素)。

重点概念:测量学，测定、测设，水准面、大地水准面，相对高程、绝对高程，高斯平面直角坐标、独立平面直角坐标，测量工作的原则和程序，确定地面点位的三要素。

2.难点

高斯平面直角坐标系，水平面代替水准面的范围。

（二）水准测量

1. 重点及重点概念

重点：水准测量原理、水准仪的构造及使用中涉及的基本概念，外业测量方法及测量数据的记录、成果计算。

重点概念：水准测量，水准点，前视、后视，转点，水准管零点、水准管轴、水准管分划值，圆水准器零点、圆水准器轴、圆水准器分划值，仪器竖轴，视准轴，视差，附合水准路线、闭合水准路线、支水准路线，高差闭和差。

2. 难点

水准仪的检验和校正方法，水准测量误差分析及其消除方法。

（三）角度测量

1. 重点及重点概念

重点：用经纬仪测量水平角、竖直角的基本原理，外业测量方法及测量数据的记录、成果计算，水平角、竖直角测量误差及其消除方法。

重点概念：水平角、竖直角，仪器横轴，经纬仪盘左、盘右位置，竖盘指标差。

2. 难点

经纬仪的检验和校正方法，角度测量误差分析及其消除方法。

（四）距离测量及直线定向

1. 重点及重点概念

重点：钢尺丈量的方法，视距测量的原理，光电测距的原理，直线定向的方法。

重点概念：直线定线，尺长方程式，视距测量，相位法测距，测距仪的标称精度，全站仪。

2. 难点

钢尺精密量距外业成果的改正，坐标方位角的计算。

（五）测量误差的基本知识

1. 重点及重点概念

重点：观测条件的含义，系统误差与偶然误差的含义以及偶然误差的特性，各种精度评定指标的含义与计算方法，误差传播定律的理解与应用。

重点概念：观测误差和观测条件，等精度观测和不等精度观测，系统误差和偶然误差，真误差、中误差、相对误差、极限误差、容许误差，误差传播定律，最或然值，改正数。

2. 难点

中误差的含义与计算方法，误差传播定律的应用，等精度直接观测平差最或然值的计算与精度评定的方法。

（六）控制测量

1. 重点

闭合、附合导线的外业测量工作及内业计算。

2. 难点

闭合、附合导线的内业计算。

（七）地形图测绘

1. 重点及重点概念

重点：比例尺精度及其在测绘工作中的用途，等高线及其特性，经纬仪测绘法，全站仪数字化测图。

重点概念:地形图,地形图的比例尺,比例尺精度,等高线,等高距,等高线平距,坡度。

2.难点

比例尺精度,经纬仪测绘法。

(八)地形图应用

1.重点及重点概念

重点:地形图应用的基本内容,应用地形图求点的平面坐标和高程、求直线的坐标方位角、长度和坡度,量算图上某区域的面积。

重点概念:坡度,纵断面,汇水面积。

2.难点

地形图在工程中的具体应用,按限制坡度在地形图上选最短线路,应用地形图绘制某一方向的纵断面图、确定汇水面积、绘出填挖边界线,以及进行土地平整中的土石方量估算等。

(九)建筑工程测量

1.重点

高程及点的平面位置的测设方法,建筑物的施工控制测量,民用建筑物的施工测量。

2.难点

高程的测设,点的平面位置测设数据计算。

(十)全球定位系统(GPS)简介

重点:卫星定位系统的概念、特点,系统各个组成部分的功能,GPS定位方法的原理与分类。

第一节　测量基本概念

一、测量学及其基本内容

(一)测量学

测量学是研究地球的形状和大小以及确定地面(包括空中、地表、地下和海底)点位的科学。

(二)测量学的基本内容

1.测定

测定是指使用测量仪器和工具,通过测量和计算,得到一系列测量数据,或把地球表面的地形绘成地形图,供经济建设、规划设计、科学研究和国防建设使用。

2.测设

测设是指把图纸上规划设计好的建筑物、构筑物的位置在地面上标定出来,作为施工的依据。

二、地球的形状和大小

(一)基准线和基准面

某点的基准线是该点所受到的地球引力和地球自转的离心力的合力方向线,即重力方向线。地球表面71%是海洋,可以假想静止的海水面延伸穿过陆地包围整个地球,形成一个闭合曲面,称为水准面,特点是水准面上任意一点的铅垂线都垂直于该点上的曲面。与水准面相切的平面称为水平面。位于不同高度的水准面有无穷多个,其中与平均海水面相吻合的水准面称为大地水准面,它就是点位投影和高程计算的基准面。

（二）地球形状和大小

由大地水准面所包围的形体称为大地球体，可看作是地球的实际形状。由于地球内部质量分布不均匀，致使大地水准面成为一个非常复杂而又难于用数学式表达的曲面。为便于计算与制图，测量学中选用一个和大地水准面总体形状非常接近的数学形体即参考椭球体来代表地球形体。数世纪以来，许多学者曾分别测算参考椭球体元素的长半轴 a、短半轴 b，以及扁率 α。我国目前采用的元素值为

$$\left.\begin{aligned} a &= 6\ 378.140\text{km} \\ \alpha &= (a-b)/a = 1/298.257 \end{aligned}\right\} \tag{13-1}$$

由于扁率很小，普通测量学近似地把地球作为半径 $R=(2a+b)/3=6\ 371\text{km}$ 的圆球来看待。

三、地面点位的确定

地面点的空间位置用点的高程 H 和平面坐标 x、y 表示。

（一）高程

地面上任一点到水准面的铅垂距离就是该点的高程。点到大地水准面的铅垂距离称为绝对高程，又称为海拔。长期以来，我国是以 1956 年青岛验潮站所确定的黄海平均海水面作为高程起算的大地水准面，求得青岛水准原点的高程为 72.289m。目前我国采用的是“1985 国家高程基准”，是根据青岛验潮站 1952～1979 年验潮资料计算确定的平均海水面，于 1987 年由国家测绘局颁布作为我国统一的测量高程基准。求得青岛水准原点的高程为72.260m。在引测绝对高程有困难的局部地区，也可以假定一个水准面作为高程起算面。地面点到假定水准面的铅垂距离称为相对高程。两点高程之差称为高差，如图 13-1 所示。A、B 两点的绝对高程为 H_A、H_B，两点的相对高程为 H_A'、H_B'，则 B 点对于 A 点的高差 $h_{AB}=H_B-H_A=H_B'-H_A'$。

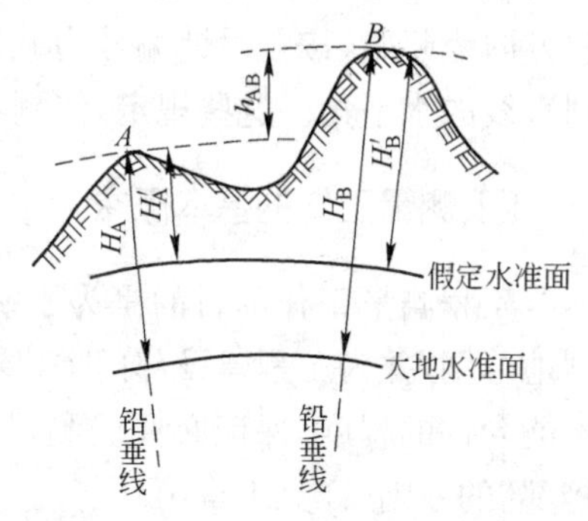

图 13-1

（二）坐标

1. 地理坐标系

地理坐标是以经度和纬度表示点在旋转椭球体面上投影的球面位置，又称为绝对位置。它把整个地球置于一个球面坐标系中，地面上某点的经度 λ 即通过该点的子午面与通过格林尼治天文台的首子午面所夹的二面角，自首子午线以东 0°～180°为东经，以西 0°～180°为西经。某点的纬度 φ 即通过该点的法线同赤道平面的夹角，自赤道向北 0°～90°为北纬，向南0°～90°为南纬。经度和纬度用天文方法测定。例如北京某点的地理坐标为 λ=东经 116°28′，φ=北纬 39°54′。

2. 高斯平面直角坐标系

高斯平面直角坐标系是采用高斯横椭圆柱投影的方法建立的平面直角坐标系，是一种球面坐标与平面坐标相关联的坐标系统。高斯投影是以首子午线起，经差每 6°为一带，将地球自西向东等分为 60 带，带号 N 依次为 1、2、…、60，位于各带边缘的子午线称为分带子午线，位于各带中央的子午线称为中央子午线。第 N 带中央子午线的经度 λ 按下式计算

$$\lambda = 6°N - 3° \tag{13-2}$$

每带均独立进行投影，使地球椭球上某 6°带的中央子午线与椭圆柱面相切，使椭球面与椭圆柱面上的图形保持等角条件下，将整个 6°带投影到椭圆柱面上，再将椭圆柱沿通过南北

极的母线切开并展成平面，即得到 6°带在平面上的影像。中央子午线和赤道投影展开后为互相垂直的直线，分别为 x 轴和 y 轴，交点为原点，则组成高斯平面直角坐标系。我国位于北半球，纵坐标均为正值，而为避免横坐标出现负值，规定纵轴向西平移 500km，并在横坐标值前冠以带号。如 A、B 点位于第 20 带，横坐标的自然值为 $y_A'=56\ 103\text{m}$，$y_B'=-56\ 103\text{m}$；则横坐标的通用值为 $y_A=20\ 556\ 103\text{m}$，$y_B=20\ 443\ 897\text{m}$。

高斯投影中，各带中央子午线投影不变形，离中央子午线越远变形越大且两侧对称。为使投影变形更小，可采用 3°带投影法，从东经 1°30′起，自西向东，经差每 3°为一带，将整个地球划分为 120 带，每带独立投影。第 n 带中央子午线的经度 λ' 按下式计算

$$\lambda' = 3^\circ n \tag{13-3}$$

我国在陕西省泾阳县永乐镇某点建立了中华大地原点，由此而建立起全国统一坐标系，称为"1980 国家大地坐标系"。

3. 独立直角坐标系

当测区面积较小时，可不考虑地球曲率的影响，用水平面代替水准面，将地面点沿铅垂线直接投影到水平面上，由直角坐标值表示点的投影位置。采用的平面直角坐标系，规定南北方向为纵轴 x，向北为正，向南为负；东西方向为横轴 y，向东为正，向西为负。象限以坐标纵轴北方向为起始，按顺时针编号为 I、II、III、IV。方位角则是以坐标纵轴北方向为起始，顺时针量到直线的水平角。这些规定，使测量坐标与数学坐标的计算公式一致。

四、测量工作的基本概念

工程测量工作的目的是为了确定地面点的空间位置，即平面坐标 x、y 和高程 H，以便绘制地形图，并为工程建设部门提供必要的测设数据。为了避免测量误差的传递和积累增大到不能允许的程度，保证必要的测量精度，应遵循"从整体到局部"、"从高级到低级"、"从控制到碎部"的原则（详见本章第六节）。

测量工作的外业是利用测量仪器和工具在野外测定角度、距离和高差；内业是将外业测量资料在室内进行整理、数据处理和绘制成图。水平角度、水平距离和高差是测量工作的基本观测量，也是确定地面点位的基本要素。

习　题

13-1　目前中国采用统一的测量高程系是指（　　）。

A. 渤海高程系　　B. 1956 高程系

C. 1985 国家高程基准　　D. 黄海高程系

13-2　北京某点位于东经 116°28′、北纬 39°54′，则该点所在 6°带的带号及中央子午线的经度分别为（　　）。

A. 20、120°　　B. 20、117°　　C. 19、111°　　D. 19、117°

13-3　已知 M 点所在的 6°带高斯坐标值为 $x_M=366\ 712.48\text{m}$，$y_M=21\ 331\ 229.75\text{m}$，则 M 点位于（　　）。

A. 21 带、在中央子午线以东　　B. 36 带、在中央子午线以东

C. 21 带、在中央子午线以西　　D. 36 带、在中央子午线以西

13-4　测量工作的基本原则是从整体到局部、从高级到低级和(　　)。

A. 从控制到碎部　　B. 从碎部到控制

C. 控制与碎部并行　　D. 测图与放样并行

第二节　水 准 测 量

一、水准测量原理

水准测量是利用水准仪提供的水平视线截取竖立在地面上 M、N 两点处的水准尺高度 a 和 b，以求得两点高差。如果其中一点的高程为已知，则另一点高程即可算出，如图 13-2 所示。

高差法

$$\left.\begin{aligned} h_{MN} &= a - b \\ H_N &= H_M + h_{MN} \end{aligned}\right\} \qquad (13\text{-}4)$$

视线高法

$$\left.\begin{aligned} H_i &= H_M + a \\ H_N &= H_i - b \end{aligned}\right\} \qquad (13\text{-}5)$$

以上两式中：a——已知高程点 M 的水准尺读数，称为后视读数；

b——欲求高程点 N 的水准尺读数，称为前视读数；

h_{MN}——N 点对 M 点的高差；

H_i、H_M、H_N——分别为视线高(程)、已知点高程、欲求点高程。

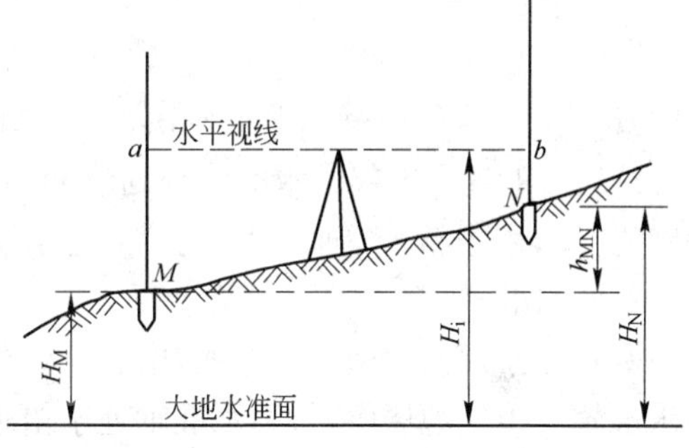

图　13-2

二、水准仪的构造

水准仪有 $DS_{0.5}$、DS_1、DS_3 等多种，数字 0.5、1、3 代表该仪器的精度，即每公里往返测量高差中数的中误差值(以 mm 计)。微倾式水准仪主要由望远镜、水准器和基座三部分组成，各部件名称见图 13-3。

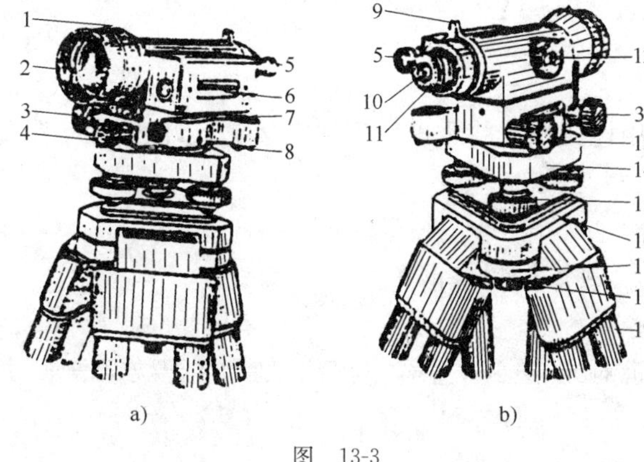

图　13-3

1-准星；2-物镜；3-微动螺旋；4-制动螺旋；5-符合水准器观测镜；6-水准管；7-水准盒；8-校正螺丝；9-照门；10-目镜；11-目镜对光螺旋；12-物镜对光螺旋；13-微倾螺旋；14-基座；15-脚螺旋；16-连接板；17-架头；18-连接螺旋；19-三脚架

(一)望远镜

望远镜由物镜、物镜对光螺旋、目镜、目镜对光螺旋、十字丝分划板等组成。望远镜的主要作用是照准目标并读取水准尺上的读数。

十字丝分划板上刻有互相垂直的十字丝，还刻有两对称的短横丝，称视距丝。十字丝中央交点与物镜光心的连线称为视准轴，即照准目标时的视准线。在使用望远镜观察目标时，眼睛晃动一下，如目标影像与十字丝有相互移动的现象，称为视差现象。这说明目标影像没有落在十字丝平面上。为了消除视差，应在十字丝清晰的情况下继续调整物镜对光螺旋。

（二）水准器

1. 管水准器

管水准器又称水准管，它是用乙醇和乙醚的加热混合液装入玻璃管后封闭冷却形成一真空泡，称为气泡。水准管内壁圆弧中点称为零点，过零点所作圆弧的纵向切线称为水准管轴，以 LL 表示。当气泡的中心与零点重合时，称为气泡居中，此时水准管轴水平。为了提高气泡居中的精度，微倾式水准仪在水准管两端上方安装一组棱镜，组成符合水准系统，可方便地观察到气泡两端的吻合情况。而对于自动安平水准仪，则借助补偿器取代复合水准系统，安置仪器使水准器气泡居中后，借助安平机构和补偿元件、灵敏元件和阻尼元件的作用，使十字丝中央交点能自动得到视线水平状态下的读数。水准管的灵敏度可用水准管分划值 τ 表示，它是从零点向水准管两端每隔 2mm 刻一分划线，相邻两分划线所对圆心角，圆的半径越大，分划值越小，水准管灵敏度越高。即为

$$\tau=\frac{2}{R}\rho'' \tag{13-6}$$

式中：R——水准管内壁圆弧半径，$\rho''=206\ 265''$。

DS_3 型工程水准仪的水准管分划值 $\tau=20''/2mm$，亦即气泡移动 2mm，水准轴相应倾斜的角度为 20″，用于精密整平。

2. 圆水准器

圆水准器顶面内壁为一球面，中心外壁刻一圆，其圆心称为零点，过零点的球面法线称为圆水准轴。当气泡居中时，圆水准轴处于铅垂位置。DS_3 型的圆水准器的 $\tau=8'/2mm$，用于概略整平。

（三）基座

基座由轴座、脚螺旋和连接板组成。仪器上部以竖轴（纵轴、仪器旋转轴）插入轴座，由基座承托，整个仪器用中心连接螺旋与三脚架相连接，调节脚螺旋可使圆气泡居中。

三、水准仪的使用和检验、校正

（一）水准仪的使用

将三脚架调整到高度适当后立于地上，用连接螺旋将水准仪安置在架头上，仪器置于距前后视点大致相等处。

1. 粗平

用脚螺旋使圆气泡居中，以达到竖轴铅直，视准轴粗略水平。

2. 瞄准

用望远镜瞄准标尺，通过目镜对光和物镜对光，达到十字丝、标尺刻划和注记数字清晰，并消除视差。

3. 精平

用微倾螺旋使水准管气泡居中，以达到视准轴精确水平。

4. 读数

读取中央横丝所截标尺高度，依次读出米、分米、厘米和估读毫米，读数后检查水准管气泡

是否仍居中。

(二)微倾水准仪的检验与校正

水准仪的主要轴线如图 13-4 所示，水准管轴 LL、视准轴 CC、圆水准轴 L′L′和仪器竖轴(纵轴、仪器旋转轴)VV。各轴线应满足的几何条件是：L′L′//VV、十字丝中央横丝⊥VV 和 LL//CC。使用前须进行检验与校正。当限于条件不能完善地校正仪器时，则可用一定的操作方法临时处理残差，以削弱仪器残余误差的影响。

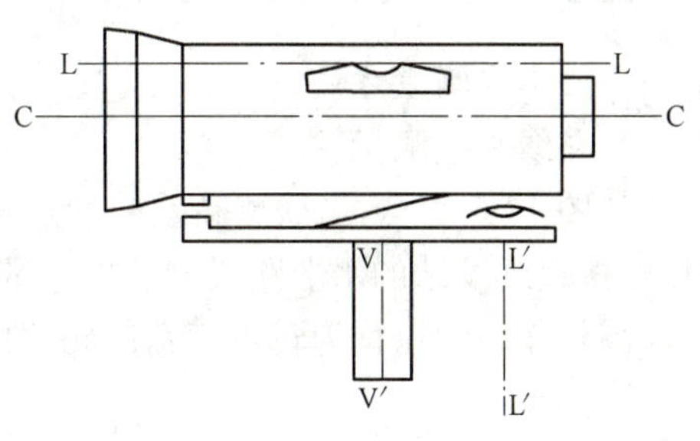

图 13-4

1. L′L′//VV 的检验与校正

检验：安好仪器，调整脚螺旋使圆气泡居中，仪器绕竖轴旋转 180°，如气泡仍居中，则条件满足，否则应校正。

校正：在检验的基础上，用脚螺旋调回气泡偏差的一半，用校正针拨动水准器的校正螺丝调回另一半，使气泡居中。

残差处理：如发现仪器处在相差 180°的两个位置上时，气泡有偏差，则只用脚螺旋调回偏差的一半，达到竖轴的铅垂，这种方法称为等偏定平法。

2. 十字丝中央横丝垂直于竖轴的检验与校正

检验：整平圆水准器，以横丝一端对准远处一点，转动水平微动螺旋，同时观察横丝应始终通过原来的一点，则条件满足，否则应校正。

校正：取下十字丝护盖，松开固定十字丝环的四个平头螺丝，转动十字丝环后，使横丝从一端移动到另一端均不离开一固定目标点，再拧紧固定螺丝。

残差处理：每次均使用十字丝中央交点进行水准尺读数。

3. LL//CC 的检验与校正

这是水准仪应满足的最重要条件。

检验：如图 13-5 所示，在较平坦处选相距 80～100m 的两点 M 和 N；水准仪安置在距 M、N 两点等距的中点处，用水准仪求得正确高差 $h_{MN}=a_1-b_1$；仪器移至一端，如距后视点 M 为 2～3m 处，读 M 尺为 a_2，因距离很小，读数 a_2 所含 LL 与 CC 之夹角的影响可忽略不计，这时可求得应读前视 $b_2=a_2-h_{MN}$；如果在气泡居中时 N 尺上的实际读数为 b'_2，如与 b_2 相等，则 LL//CC，否则应进行校正。

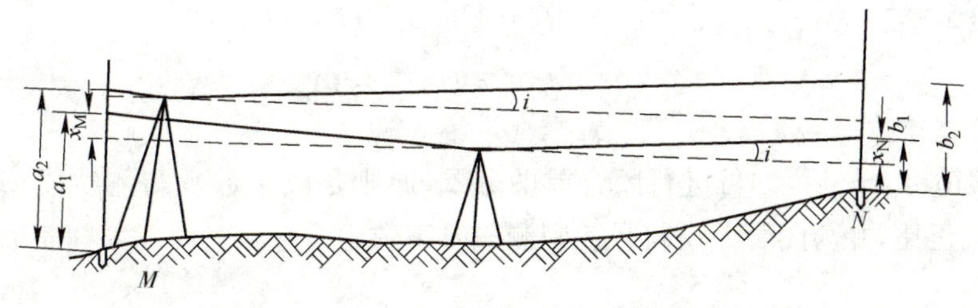

图 13-5

校正：在检验的基础上，转动微倾螺旋，使十字丝交点对准 b_2，这时符合气泡必不居中，用校正针拨动水准管一端的校正螺丝使气泡居中。

残差处理：采用中间法，即在一个测站上的前后视线长大致相等的情况下施测高差。中间法同时还可消除或削弱地球曲率和大气折光的影响。

四、水准测量方法及成果整理

(一)水准测量方法

1. 路线水准测量

如图 13-6 所示,当欲测高差的两点距离较远或高差较大或遇障碍,不能在一个测站完成时,应按连续设站的水准路线进行。水准测量中,已知高程的地面固定点称为水准点;中间起传递高程作用的点称为转点。水准路线的布置形式一般有如下三种。

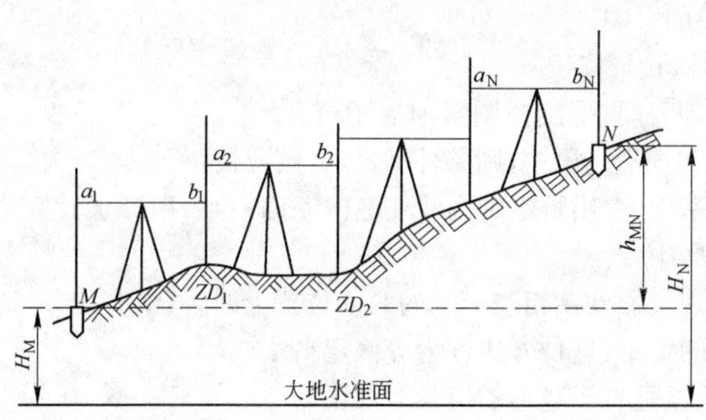

图 13-6

闭合水准路线:从一个水准点出发,沿线测量各待定点,最后又回到原来的水准点上。

附合水准路线:从一个水准点出发,沿线测量各待定点,最后闭合到另一个水准点上。

支水准路线:从一个水准点出发,沿线测量待定点(不得超过两点),应进行往返观测。

2. 水准测量的校核工作

测站校核:有变动仪器高法、双面尺法和双仪器法,两次测出的高差之差不超过规定值,即可取两次高差的平均值。

计算校核
$$\sum h=\sum a-\sum b \tag{13-7}$$

成果校核:亦称路线校核。检核高差闭合差 f_h 是否在规定的允许误差(见规范)范围内。f_h 的计算如下式:

$$\left.\begin{array}{ll}\text{闭合路线} & f_h=\sum h_{测} \\ \text{附合路线} & f_h=\sum h_{测}-(H_{终}-H_{始}) \\ \text{支路线} & f_h=\sum h_{往}+\sum h_{返}\end{array}\right\} \tag{13-8}$$

(二)成果整理

路线校核精度合格后,即可进行闭合差的分配,原则是改正数 v 与测站数 n(或路线长度 l,以 km 计)成正比,并与闭合差反符号。则测段改正数为

$$\left.\begin{array}{ll} & v_i=(-f_h/\sum n)n_i \\ \text{或} & v_i=(-f_h/\sum l)l_i\end{array}\right\} \tag{13-9}$$

将改正数加在相应测段的高差观测值上得到改正后高差,即可从起始水准点高程加上改正后高差逐点推算所求点高程。

（三）水准测量的误差

1. 仪器误差

水准仪的几何条件不满足，水准尺刻划不准或弯曲等。

2. 置平误差

读数时水准管轴未精确水平。

3. 水准尺倾斜

水准尺未竖直，使读数总是偏大，且视线越高误差越大。

4. 水准仪下沉

仪器随安置时间而下沉，使后视读数与前视读数不处于同一水平视线上。

5. 外界环境的影响

大气折光影响，日照和风力影响等。

习　题

13-5　平整场地时，水准仪读得后视读数后，在一个方格的四个角 M、N、O 和 P 点上读得前视读数分别为 1.254m、0.493m、2.021m 和 0.213m，则方格上最高点和最低点分别是（　　）。

A. P、O　　B. O、P　　C. M、N　　D. N、M

13-6　M 点高程 H_M=43.251m，测得后视读数 a=1.000m，前视读数 b=2.283m。则 N 点对 M 点的高差 h_{MN} 和待求点 N 的高程 H_N 分别为（　　）。

A. +1.283m，44.534m　　B. −3.283m，39.968m

C. +3.283m，46.534m　　D. −1.283m，41.968m

13-7　水准仪有 $DS_{0.5}$、DS_1、DS_3 等多种型号，其下标数字 0.5、1、3 等代表水准仪的精度，为水准测量每公里往返高差中数的中误差值，单位为（　　）。

A. km　　B. m　　C. cm　　D. mm

13-8　水准仪置于 A、B 两点中间，A 尺读数 a=1.523m，B 尺读数 b=1.305m，仪器转移至 A 点附近，尺读数分别为 a'=1.701m，b'=1.462m，则（　　）。

A. LL//CC　　B. LL $\not\parallel$ CC　　C. L′L′//VV　　D. L′L′ $\not\parallel$ VV

13-9　公式（　　）用于附合水准路线的成果校核。

A. $f_h=\sum h$　　B. $f_h=\sum h_{测}-(H_{终}-H_{始})$

C. $f_h=\sum h_{往}-\sum h_{返}$　　D. $\sum h=\sum a-\sum b$

第三节　角 度 测 量

一、经纬仪的构造

光学经纬仪有 DJ_1、DJ_2、DJ_6 等多种，数字 1、2、6 代表该仪器所能达到的精度指标，表示水平方向测量一测回的方向观测中误差（以秒计）。经纬仪由照准部、水平度盘和基座三部分组成。各部件名称见图 13-7。

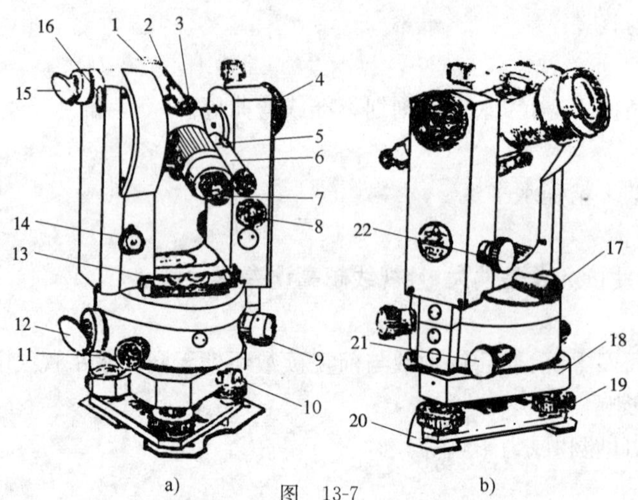

图 13-7

1、7-望远镜物镜、目镜；2-粗瞄器；3-粗瞄器观察目镜；4-测微轮；5-物镜对光螺旋；6-读数显微镜；8-换向手轮；9-换盘手轮；10-锁紧螺丝；11-水平制动螺旋；12、15-反光镜；13-水准管；14-自动归零旋钮；16-调指标差盖板；17-光学对中器；18-轴座；19-脚螺旋；20-连接板；21、22-望远镜微动、制动螺旋

(一)照准部

照准部由望远镜、读数设备、竖直度盘、支架、竖轴(纵轴、仪器旋转轴)和横轴(望远镜旋转轴)等部分组成。

(二)水平度盘

水平度盘由一个玻璃制精密刻度圆盘、水准管和度盘变换装置等组成。

(三)基座

基座由轴座、脚螺旋和连接板等组成。很多仪器装有光学对中器。

二、经纬仪的使用和检验、校正

(一)经纬仪的使用

1. 对中

用垂球或光学对中器使水平度盘中心与测站点位于同一铅垂线上。

2. 整平

先用脚螺旋使圆气泡居中以示粗平，再在互相垂直的两个方向使水准管气泡居中以示精平。此时，仪器竖轴铅直，水平度盘水平。

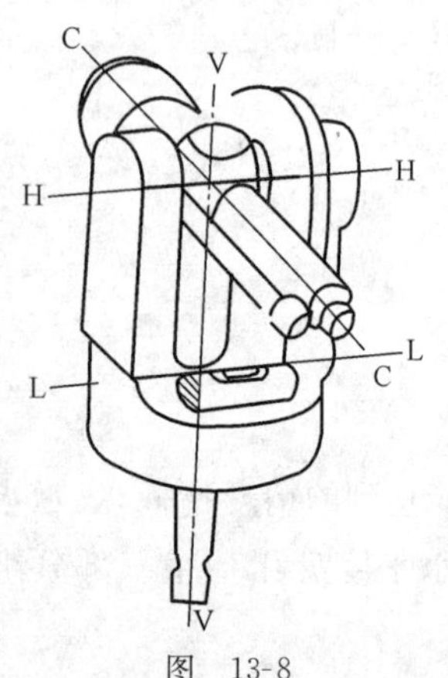

图 13-8

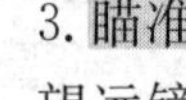

3. 瞄准

望远镜目镜对光、粗瞄目标，物镜对光并消除视差，使十字丝中央交点对准目标。

4. 读数

读取相应目标在水平度盘上的读数。分微尺可直接读数，单平板玻璃测微器应使度盘的一条整分划线夹在指标双线的中央再读数，双平板玻璃测微器应在双向符合后再读数。每次读数应读出度和分，以及与最小分划值相适应的秒数。

(二)经纬仪的检验与校正

光学经纬仪的主要轴线如图 13-8 所示，水准管轴 LL、视准轴

CC、横轴(望远镜旋转轴)HH、竖轴(纵轴、仪器旋转轴)VV。各轴线应满足的几何条件是:LL⊥VV、十字丝竖丝⊥HH、CC⊥HH 和HH⊥VV,使用前须进行检验与校正。当限于条件不能完善地校正仪器时,则可用一定的操作方法临时处理残差,以削弱仪器残余误差的影响。

1. LL⊥VV 的检验与校正

检验:安置经纬仪,使水准管平行任意两个脚螺旋的连线,调节这两个脚螺旋使水准管气泡居中;旋转照准部 180°,若气泡仍居中,说明 LL⊥VV,如偏差超过一格则应进行校正。

校正:在检验的基础上,用脚螺旋使气泡退回偏差的一半;用校正针拨动水准管校正螺丝,使气泡退回偏差的另一半。

残差处理:如发现仪器处在相差 180°的两个位置上时,气泡有偏差,则只用脚螺旋退回偏差的一半,达到竖轴铅直。

2. 十字丝竖丝⊥HH 的检验与校正

检验:仪器精平后,用十字丝一端点精确照准一清晰目标点,轻轻转动望远镜微动螺旋,如十字丝竖丝始终在目标上移动,则说明十字丝竖丝⊥HH,否则应校正。

校正:取下十字丝护盖,松开固定十字丝环的平头螺丝,转动十字丝环后,使竖丝从一端移到另一端均不离开一固定目标点,再拧紧固定螺丝。

残差处理:每次均用十字丝中央交点瞄准目标。

3. CC⊥HH 的检验与校正

视准轴不垂直横轴时,其偏离垂直位置的角值 C 称为视准误差。

检验:在平坦场地相距约 100m 的两点中央 O 处安置经纬仪,一端设一标志 A,另一端横放一根水平尺。盘左时照准 A,纵转望远镜在横尺上照准得一点 B_1;盘右时照准 A,纵转望远镜在横尺上照准得一点 B_2;如 B_2 与 B_1 重合,则 CC⊥HH,否则应校正。

校正:保持盘右位置,在B_2B_1上量取 B_3 点,使$B_2B_3=B_2B_1/4$;取下十字丝护盖,松开十字丝校正螺丝,拨动左右两个校正螺丝,使十字丝交点与 B_3 重合,此时已消除了视准误差 C。

残差处理:盘左、盘右观测取平均值作为结果。

4. HH⊥VV 的检验与校正

检验:在与目标 M(如墙上某点)距离约 30m、仰角约大于 30°处安置经纬仪。盘左照准 M 点,然后将望远镜放水平在墙上标出一点 m_1,盘右同样标出 m_2。如果 m_1 与 m_2 重合,则 HH⊥VV,否则应校正。

校正:取 m_1m_2 的中点 m,保持盘右位置,照准 m 点,仰起望远镜至 M 点附近。调节横轴的校正机构,拨动偏心轴承,调节支架一端的高度使十字丝中心对准 M。

残差处理:盘左、盘右观测取平均值作为结果。

5. 光学对中器的检验与校正

当照准部水准管轴水平时,光学对中器的视线经棱镜折射后成铅垂方向,且与竖轴重合。

检验:整平经纬仪后,用对中器中心在地上标一点 O_1;照准部旋转 180°,再标出 O_2;如 O_1 与 O_2 不重合,则应校正。

校正:调节对中器的校正螺丝,使对中器中心刻划线对准 O_1O_2 连线的中点。

三、水平角观测

工程测量中,水平角是指测站点至两观测目标点分别连线在水平面上投影后的夹角。

(一)测回法

如表13-1所示备注,O为测站,A、B为始目标和终目标。观测$\angle AOB$步骤如下:

(1)在O点安置经纬仪,对中与整平。

(2)盘左位置,照准A,读水平度盘读数$a_{左}$,一般使初始读数略大于0°,顺时针转动照准部照准目标B,读出$b_{左}$。盘右位置,照准B,读出$b_{右}$,逆时针转动照准部照准A,读出$a_{右}$。记录与计算如表13-1所示。

测回法观测手簿 表13-1

测站	竖盘位置	目标	水平盘读数(° ′ ″)	半测回角值(° ′ ″)	一测回角值(° ′ ″)	平均角值(° ′ ″)	备注(略图)
O	左	A	0 00 30	185 51 12	185 51 03		
		B	185 51 42				
	右	A	180 00 54	185 50 54			
		B	5 51 48				

(3)盘左、盘右观测,分别称为上半测回和下半测回,合称为一测回。半测回角值之差不超过40″(DJ_6)或24″(DJ_2),则取平均值作为一测回角值。

$$\left.\begin{aligned}\beta_{左}&=b_{左}-a_{左}\\ \beta_{右}&=b_{右}-a_{右}\\ \beta&=\frac{\beta_{左}+\beta_{右}}{2}\end{aligned}\right\}\tag{13-10}$$

(4)当观测的测回数$n>1$时,为减小度盘刻划误差影响,每测回起始目标读数应增加$180°/n$。

(二)全圆测回法

当一个测站上的观测目标为3个或3个以上时,可采用全圆测回法或称为方向观测法观测。例如,在测站O上观测A、B、C、D四个目标的操作步骤如下。

(1)盘左位置,选一清晰目标A作为起始方向,顺时针依次瞄准A、B、C、D、A,分别读取读数a、b、c、d、a'。a与a'之差为半测回归零差。

(2)盘右位置,逆时针依次瞄准A、D、C、B、A,并分别读取对应读数。

(3)数据整理与计算。

①两倍照准误差$2C$=盘左读数-(盘右读数±180°)。

②各方向平均读数=[盘左读数+(盘右读数±180°)]/2。起始方向A有两个平均读数,应再次平均写在该测回平均读数的最上方,并以圆括号标明。

③归零方向值=各方向平均读数-起始方向平均读数(圆括号内的值)。此时该测回的起始方向值已强制归化为0°00′00″。

④任意两方向间的水平角等于对应的归零方向值之差。

(三)水平角观测的误差

(1)仪器误差:仪器制造时加工不完善、仪器轴系的几何条件未能满足、照准部偏心等。

(2)对中误差:测站偏心误差、瞄准目标偏心误差。

(3)观测误差:照准误差、读数误差。

(4)外界条件的影响。

四、竖直角观测

竖直角是指同一竖直面内的视线方向与水平方向的夹角。当视线水平时，竖直度盘读数为 90°的整数倍。竖直角观测只要照准目标并读取竖盘读数，即可计算出竖直角。步骤如下：

(1)对中整平后，盘左，十字丝交点照准目标。打开自动归零装置，如无此装置，则转动竖盘指标水准管微动螺旋使气泡居中，读取盘左竖盘读数 L。

(2)盘右，同法读取盘右竖盘读数 R。

(3)计算，竖直角计算公式取决于竖盘的刻划形式。在盘左时，将望远镜略水平后向上仰，若竖盘读数减小，则竖直度盘为顺时针注记，反之则为逆时针注记。竖直角计算公式为：

顺时针注记
$$\left.\begin{aligned}\alpha_L&=90°-L\\ \alpha_R&=R-270°\end{aligned}\right\}\tag{13-11}$$

逆时针注记
$$\left.\begin{aligned}\alpha_L&=L-90°\\ \alpha_R&=270°-R\end{aligned}\right\}\tag{13-12}$$

一测回角值
$$\alpha=\frac{\alpha_L+\alpha_R}{2}\tag{13-13}$$

表 13-2 为竖直角观测示例。

当视线水平，指标水准管气泡居中时，竖盘指标偏离正确位置的值 x 称为竖盘指标差。

$$x=-\frac{\alpha_L-\alpha_R}{2}\tag{13-14}$$

竖直角观测手簿　　表 13-2

测站	目标	竖盘位置	竖盘读数 (° ′ ″)	半测回直角 (° ′ ″)	一测回竖角值 (° ′ ″)	备　注
A	P	左	101 15 30	11 15 30	11 15 18	盘左 270 0 180 90
		右	258 44 54	11 15 06		
	Q	左	80 16 12	−9 43 48	−9 43 42	
		右	279 43 36	−9 43 36		

五、电子经纬仪

电子经纬仪是通过在度盘上获取电信号，再根据电信号转换成角度的电子测角仪器。它的读数系统是采用光电扫描度盘自动计数、自动显示系统，实现了读数的自动化与数字化。

习　题

13-10　光学经纬仪有 DJ_1、DJ_2、DJ_6 等多种型号，数字下标 1、2、6 表示(　　)中误差的值，以秒计。

A. 水平角测量一测回角度　　B. 竖直方向测量一测回方向

C. 竖直角测量一测回角度　　D. 水平方向测量一测回方向

13-11 经纬仪观测中，取盘左、盘右平均值是为了消除(　　)的误差影响，而不能消除水准管轴不垂直竖轴的误差影响。

A. 视准轴不垂直横轴　　B. 横轴不垂直竖轴

C. 度盘偏心　　D. A、B和C

13-12 水平角观测中，盘左起始方向 OA 的水平度盘读数为 $358°12'15''$，终了方向 OB 的对应读数为 $154°18'19''$，则 $\angle AOB$ 前半测回角值为(　　)。

A. $156°06'04''$　　B. $-156°06'04''$

C. $203°53'56''$　　D. $-203°53'56''$

13-13 测站点 O 与观测目标 A、B 位置不变，如仪器高度发生变化，则观测结果(　　)。

A. 竖直角改变、水平角不变　　B. 水平角改变、竖直角不变

C. 水平角和竖直角都改变　　D. 水平角和竖直角都不变

13-14 经纬仪盘左时，当视线水平，竖盘读数为 90°；望远镜向上仰起，读数减小。则该竖直度盘为顺时针注记，其盘左和盘右竖直角计算公式分别为(　　)。

A. $90°-L, R-270°$　　B. $L-90°, 270°-R$

C. $L-90°, R-270°$　　D. $90°-L, 270°-R$

第四节　距离测量及直线定向

距离是指两点连线的长度。水平距离是指线段投影在水平面上的长度。

一、钢尺量距

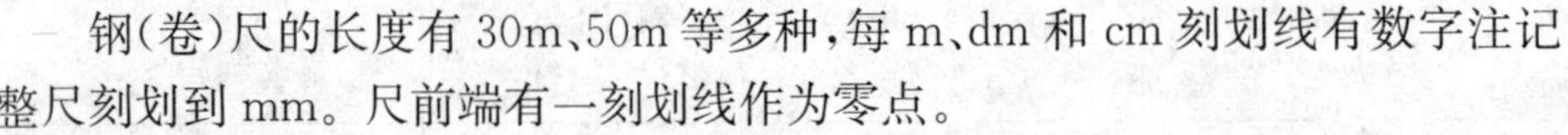

钢(卷)尺的长度有 30m、50m 等多种，每 m、dm 和 cm 刻划线有数字注记，整尺刻划到 mm。尺前端有一刻划线作为零点。

当地面坡度较大或两点间距离超过一个尺长需分段丈量时，在两点间加设一些点以标明直线的位置，这项工作称为直线定线。按要求的不同，可用经纬仪定线或目估定线。钢尺量距要做到“直、平、准、齐”，即定线要直，尺身要水平，拉力、对点、投点和读数要准，配合要齐。为检核并提高量距精度，应进行往返丈量。其量距相对误差用分子为 1 的分数式表示

$$K = \frac{|D_{往} - D_{返}|}{D_{平均}} = \frac{1}{M} \tag{13-15}$$

钢尺一般量距法达到的精度一般不高于 1/5 000。如精度要求更高则应采用钢尺精密量距法检定钢尺。求得钢尺在 t℃时长度 l_t 的表达式，即尺长方程式

$$l_t = l_0 + \Delta l + \alpha(t - t_0)l_0 \tag{13-16}$$

式中：l_0——钢尺名义长度；

Δl——一整尺的尺长改正数；

α——钢尺的线膨胀系数 0.000 012 5/℃，即温度变化 1℃时钢尺单位长度的变化量；

t——丈量时的温度；

t_0——钢尺检定时的温度，称为标准温度，取 20℃。

丈量时，用经纬仪定线定桩，每次稍移动尺的位置即进行三次读数并求得平均长度(注意使用检定过的钢尺，采用标准拉力取 100N)。测温度，测相邻两桩顶的高差。丈量长度经如下

三项改正后得实长。

（一）尺长改正数

$$\Delta l_d = \frac{l' - l_0}{l_0} l = \frac{\Delta l}{l_0} l \tag{13-17}$$

式中：l'——钢尺在标准温度和标准拉力下的实际长度；

l——丈量长度。

（二）温度改正数

$$\Delta l_t = \alpha(t - t_0) l \tag{13-18}$$

式中：α——钢尺的线膨胀系数 0.000 012 5/℃，即温度变化 1℃时钢尺单位长度的变化量；

t——丈量时的温度；

t_0——钢尺检定时的温度，称为标准温度，取 20℃。

（三）倾斜改正数

$$\Delta l_h = -\frac{h^2}{2l} \tag{13-19}$$

式中：h——相邻两桩顶的高差。

（四）改正后的尺段实长

$$D = l + \Delta l_d + \Delta l_t + \Delta l_h \tag{13-20}$$

钢尺量距的误差来源有定线误差、拉力误差、对点与投点误差、尺身不平与垂曲误差，还有尺长、温度和高差引起的误差。

二、视距测量

视距测量是间接测定地面两点水平距离和高差的方法。它是通过量仪器高、观测竖直角，并利用十字丝板的上、中、下三丝所截尺上的读数来计算。由于精度不高，常用于地形测量。

（一）视线水平时的水平距离和高差公式

$$\left.\begin{aligned} D &= kl \\ h &= i - \upsilon \end{aligned}\right\} \tag{13-21}$$

式中：k——100，为视距乘常数；

l——尺间隔，为上、下视距丝读数之差；

i——仪器高；

υ——中丝读数。

（二）视线倾斜时的水平距离和高差公式

$$\left.\begin{aligned} D &= kl\cos^2\alpha \\ h &= D\tan\alpha + i - \upsilon \end{aligned}\right\} \tag{13-22}$$

式中：α——视线在中丝读数为 υ 时的竖直角。

三、电磁波测距

为了改变长距离丈量的繁重劳动，20 世纪 50 年代研制了光电测距仪，60 年代发展了激光技术及电子技术，70 年代采用了 GaAs 发光二极管作光源，其体积小、亮度高、功耗小、寿命长且能连续发光，通过改变注入电流的大小可以改变发光强度，直接发射出调制光，从而使短程测距仪得到广泛应用。光源的发光波长在 0.8～1μm 之间，位于波谱的红外区，所以采用这种光源测距的仪器称为红外测距仪。

（一）测距原理

欲测量 A、B 两点间距离，置测距仪于 A，置反射棱镜于 B，仪器发射的光束经反射镜反射后又返回仪器并接收，则 AB 距离为

$$\left.\begin{aligned} D &= \frac{vt}{2} \\ v &= \frac{c}{n} \end{aligned}\right\} \tag{13-23}$$

式中：v——电磁波在空气中的传播速度；

t——往返传播时间；

c——电磁波在真空中的传播速度，约为 299 792 458m/s；

n——大气折射率，是温度、湿度、压力和波长的函数。

1. 脉冲法测距

直接测定仪器间断发射的脉冲信号在所测距离上往返传播的时间，代入上式计算出距离。这类仪器受脉冲宽度和电子计数器时间分辨率的限制，测距精度较低。

2. 相位法测距

利用测定连续的电磁波在所测距离往返测程上的相位差来计算距离。

$$D = \frac{c}{2f}\left(N + \frac{\Delta\varphi}{2\pi}\right) = \frac{\lambda}{2}(N + \Delta N) \tag{13-24}$$

式中：f——频率，每秒钟光强变化的周期数；

N——整周期数；

ΔN——不足一个周期的比例数；

$\Delta\varphi$——不足一个周期的相位差；

λ——调制光的波长。

（二）测距仪分类与标称精度

测距仪按测程划分为 3km 以下的短程测距仪、3～15km 的中程测距仪、15km 以上的远程测距仪；按结构形式分为组合式、整体式和分离式。图 13-9 为 DCH3 型红外测距仪，组合式结构，测距仪主机安装在 DJ_2 经纬仪上，望远镜和测距主机一起转动，进行距离、竖直角和水平角测量。

电磁波测距仪的标称精度表达式为

$$m_D = \pm(A + B \cdot D) \tag{13-25}$$

式中：A——固定误差（mm）；

B——比例误差系数（mm/km）；

D——所测距离（km）；

m_D——测距中误差；

$B \cdot D$——比例误差，也可写成 $C \cdot$ ppm，表示 1km 比例误差 C(mm)，ppm 即 10^{-6}，如某仪器标称精度为±(3mm+3ppm)，观测距离为 2 500m，则测距中误差 m_D=±(3mm+$3\times10^{-6}\times2\ 500\ 000$mm)=±10.5mm。

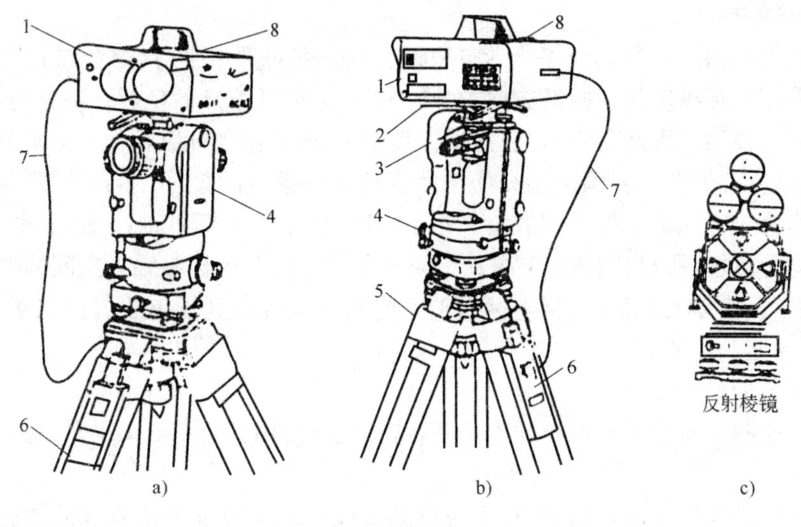

图 13-9

1-测距仪主机;2-夹紧装置;3-连接器;4-光学经纬仪;5-三脚架;6-电池盒;7-电源电缆线;8-橡皮盖

四、全站仪

全站仪的全称是电子全站仪(Electronic Total Station),指能在一个测站上完成几乎全部测量工作的测量仪器设备,它是由电子经纬仪、电磁波测距、微处理器数据处理系统集成一体的光电测量仪器。其基本功能是测量水平角、竖直角和倾斜距离,这三种基本测量数据经仪器内部微处理器计算处理,可以转化为水平距离、高差、被测目标点的三维坐标等,在机载软件的控制下,仪器还可以进行偏心测量、悬高测量、对边测量、导线测量、后方交会等各种测量工作,并将测量数据存储在仪器中。实现观测数据结果的数字化和信息化。全站仪还可以与外接计算进行通信,进行测量成果的内业输出。全站仪的这些特点极大地方便了测量工作,已成为测量工作中日益广泛应用的重要测量设备。

五、直线定向

直线定向是指确定直线和某一参照方向(称标准方向)的关系。

(一)标准方向的种类

1. 真子午线方向

过地球上某点及地球北极和南极的半个大圆为该点的真子午线。通过该点真子午线的切线方向称为该点的真子午线方向,它指出地面上某点的真北和真南方向。真子午线方向是用天文测量方法或用陀螺经纬仪来测定的。由于地球上各点的真子午线都收敛于两极,所以地面上不同经度的两点,其真子午线方向是不平行的。两点真子午线方向间的夹角称为子午线收敛角。

2. 磁子午线方向

自由悬浮的磁针静止时,磁针北极所指的方向即是磁子午线方向,又称磁北方向。磁子午线 方向可用罗盘仪来测定。由于地球南北极与地磁场南北极不重合,故真子午线方向与磁子午线方向也不重合,它们之间的夹角为 δ,称为磁偏角。磁子午线北端在真子午线以东为东偏,其符号为正;以西时为西偏,其符号为负。

3. 坐标纵轴方向

由于地面上任何两点的真子午线方向和磁子午线方向都不平行，这会给直线方向的计算带来不便。采用坐标纵轴作为标准方向，在同一坐标系中任意点的坐标纵轴方向都是平行的，从而极大方便了使用。因此，在平面直角坐标系中，一般采用坐标纵轴作为标准方向。坐标纵轴方向，又称坐标北方向。我国采用高斯平面直角坐标系，在每个 6°带或 3°带内都以该带的中央子午线作为坐标纵轴。如采用假定坐标系，则用假定的坐标纵轴(x 轴)。以过 O 点的真子午线作为坐标纵轴，所以任意点 A 或 B 的真子午线方向与坐标纵轴方向间的夹角就是任意点与点 O 间的子午线收敛角 γ。当坐标纵轴方向的北端偏向真子午线方向以东时，γ 定为正值，偏向西时 γ 定为负值。

(二)直线定向的方法

直线定向是确定直线和标准方向的关系，这一关系常用方位角或象限角来描述。

1. 方位角

从标准方向的北端量起，沿顺时针方向量到直线的水平角称为该直线的方位角。方位角的取值范围为 0°～360°。当标准方向取为真子午线时，称真方位角，用 $A_{真}$ 来表示。当标准方向取为磁子午线时，称磁方位角，用 $A_{磁}$ 来表示。真方位角和磁方位角的关系为

$$A_{真} = A_{磁} + \delta \tag{13-26}$$

在平面直角坐标系中，当标准方向取为坐标纵轴时，称坐标方位角，用 α 来表示。

真方位角和坐标方位角的关系为

$$A_{真} = \alpha + \gamma \tag{13-27}$$

2. 正反方位角

若规定直线一端量得的方位角为正方位角，则直线另一端量得的方位角为反方位角，正反方位角是不相等的。对于真方位角，其正反方位角的关系为

$$A_{12} = A_{21} + \gamma \pm 180° \tag{13-28}$$

对于坐标方位角，由于在同一坐标系内坐标纵轴方向都是平行的，所以正反坐标方位角的关系为

$$\alpha_{12} = \alpha_{21} \pm 180° \tag{13-29}$$

3. 象限角

直线与标准方向所夹的锐角称象限角。象限角由标准方向的指北端或指南端开始向东或向西计量，其取值范围为 0°～90°，以角值前加上直线所指的象限名称来表示，如北东 41°。

4. 象限角与坐标方位角关系(见表 13-3)

表 13-3

象　限	象限角与坐标方位角的关系	象　限	象限角与坐标方位角的关系
象限 I	北东 $R=\alpha$	象限 III	南西 $R=\alpha-180°$
象限 II	南东 $R=180°-\alpha$	象限 IV	北西 $R=360°-\alpha$

5. 真方位角的测定

常用的方法有两种：天文测量法和陀螺经纬仪法。

6. 磁方位角的测定

由于地球磁极的位置不断在变动，以及磁针易受周围环境等的影响，所以磁子午线方向不宜作为精确定向的标准方向。但是由于磁方位角的测定很方便，所以在精度要求不高时可使

用。磁方位角可用罗盘仪测定。

7.坐标方位角的推算

为了使整个测区的坐标系统统一，测量工作中不是直接测定每条边的方向，而是通过与已知方向的联测，推算出各边的坐标方位角。推算坐标方位角的一般公式为

$$\alpha_{前}=\alpha_{后}\mp 180^\circ \pm \beta \tag{13-30}$$

式中，β 为左角时取正号，减 180°；为右角时，取负号，加 180°。

习　题

13-15　某钢尺尺长方程式为 $l_t=50.0044\text{m}+1.25\times10^{-5}\times(t-20)\times50\text{m}$，在温度为 31.4℃和标准拉力下量得均匀坡度两点间的距离为 49.906 2m，高差为－0.705m，则该两点间的实际水平距离为(　　)。

A. 49.904m　　B. 49.913m　　C. 49.923m　　D. 49.906m

13-16　视距测量时，经纬仪置于高程为 162.382m 的 A 点，仪器高为 1.40m，上、中、下三丝读得立于 B 点的尺读数分别为 1.019m、1.400m 和 1.781m，求得竖直角 $\alpha=-3^\circ12'10''$，则 AB 的水平距离和 B 点高程分别为(　　)。

A. 75.962m，158.131m　　B. 75.962m，166.633m

C. 76.081m，158.125m　　D. 76.081m，166.639m

13-17　某电磁波测距仪的标称精度为±(3＋3ppm)mm，用该仪器测得 500m 距离，如不顾及其他因素影响，则产生的测距中误差为(　　)mm。

A. ±18　　B. ±3　　C. ±4.5　　D. ±6

13-18　由标准方向北端起顺时针量到所测直线的水平夹角，该角的名称及其取值范围是(　　)。

A. 象限角、0°～90°　　B. 象限角、0°～±90°

C. 方位角、0°～±180°　　D. 方位角、0°～360°

第五节　测量误差的基本知识

一、误差的分类与特性

(一)误差的定义

观测值与客观存在的真值之差称为测量**真误差**。有时某些量无法得到真值，常采用平均值作为该量的最可靠值，称为**最或是值**，又称似真值。观测值与平均值之差称为**最或是误差**，又称似真误差。

$$\left.\begin{aligned}&真误差=观测值-真值\\&最或是误差=观测值-平均值\end{aligned}\right\} \tag{13-31}$$

测量误差按性质分为**系统误差**与**偶然误差**。产生误差的原因有三种：测量仪器的构造不完善、观测者感觉器官的鉴别能力有限、外界环境与气象条件不稳定等。观测成果的精确程度称为精度，取决于观测时的有关仪器、人和环境所构成的观测条件。具有同样技术的人，用同等精度的仪器，在同样的外界环境下进行观测，即观测条件相同的各次观测称为等精度观测，

观测条件不同的各次观测称为非等精度观测。

(二)系统误差及特性

在相同观测条件下对某量进行多次观测,其误差大小与符号保持不变或按一定规律变化,这种误差称为系统误差。例如钢尺实长与名义长不等引起的距离误差、水准管轴不平行于视准轴引起的水准尺读数误差等。

系统误差的特性是因其符号不变而具有累积性,对观测结果影响较大。在找到系统误差的规律之后,可有针对性地采取一定的措施:对观测值加改正数,严格进行仪器和工具的检验校正,选用适当的观测程序和方法等,使系统误差得到抵消或削减。

(三)偶然误差及特性

在相同观测条件下对某量进行多次观测,其误差大小和符号没有一致的倾向性,表现为偶然性,但从整体看,大量观测误差具有偶然事件的统计规律,这种误差称为偶然误差,亦称随机误差。例如望远镜的照准误差、水准尺上毫米数的估读等。偶然误差应按其规律进行调整以求得最可靠值。

偶然误差的特性:

(1)偶然误差的绝对值不超过一定的界限,即有界性;

(2)绝对值小的误差比绝对值大的误差出现的或然率大,即小误差密集性;

(3)绝对值相等的正、负误差出现的或然率相等,即对称性;

(4)当观测次数趋于无穷大时,偶然误差的算术平均值的极限为零,即抵偿性。

(四)过失误差

观测过程中可能出现粗差,亦称过失误差或错误,不允许存在于观测结果中,也不属测量误差讨论的范畴。应在工作中仔细认真,提高责任心,严格遵守作业规范,避免错误。

二、评定精度的标准

中误差、相对误差和允许误差常作为评定观测成果精度的标准。

(一)中误差

在等精度观测条件下,对某一真值为 X 的物理量观测 n 次,观测值为 $l_i(i=1,2,\cdots,n)$,真误差 $\Delta_i=l_i-X$,则中误差为

$$\left.\begin{aligned} m &= \pm\sqrt{\frac{[\Delta\Delta]}{n}} \\ [\Delta\Delta] &= \Delta_1\Delta_1+\Delta_2\Delta_2+\cdots+\Delta_n\Delta_n \end{aligned}\right\} \tag{13-32}$$

(二)相对误差

观测误差的绝对值与观测值之比并化为分子为 1 的分数形式,称为相对误差。即

$$\left.\begin{aligned} &\text{往返丈量相对误差} \quad K=\frac{|D_{往}-D_{返}|}{D_{平均}}=\frac{1}{M} \\ &\text{相对中误差} \quad K=\frac{|m|}{D}=\frac{1}{M} \end{aligned}\right\} \tag{13-33}$$

相对误差常用于距离丈量的精度评定,而不能用于角度测量和水准测量的精度评定,因后两者的误差大小与观测量(角度、高差)的大小无关。

(三)允许误差

允许误差亦称极限误差。从偶然误差的有界性知道,偶然误差的绝对值不会超过一定界限。绝对值大于 2 倍中误差的偶然误差出现概率为 4.6%,而大于 3 倍中误差者概率为 3‰,

所以，规范中规定取2倍(或3倍)中误差作为允许误差。即

$$\Delta_{允} = 2m \quad 或 \quad \Delta_{允} = 3m \tag{13-34}$$

三、等精度观测的精度评定

在等精度观测条件下，某量的 n 次观测值的算术平均值为 $x=[l]/n$，似真误差为 $v_i=l_i-x(i=1,2,\cdots,n)$，观测值中误差为

$$m=\pm\sqrt{\frac{[vv]}{n-1}} \tag{13-35}$$

算术平均值中误差为

$$M=\frac{m}{\sqrt{n}} \tag{13-36}$$

四、误差传播定律

某些非直接观测量，是由另一些直接观测量按一定的函数关系通过计算间接得到的。阐明观测值中误差与函数值中误差之间关系的函数式称为误差传播定律。

(一)一般函数的中误差

设有一般函数 $Z=F(x_1,x_2,\cdots,x_n)$；x_1、x_2、$\cdots$、x_n 为各自独立的直接观测量，其对应中误差分别为 m_1、m_2、$\cdots$、m_n。则一般函数的中误差为

$$m_Z=\pm\sqrt{(\frac{\partial F}{\partial x_1})^2 m_1^2+(\frac{\partial F}{\partial x_2})^2 m_2^2+\cdots+(\frac{\partial F}{\partial x_n})^2 m_n^2} \tag{13-37}$$

即函数的中误差等于函数对各观测量的偏导数与相应观测值中误差乘积之平方和的平方根。

(二)几种常见函数的中误差

应用误差传播定律可以导出各种函数中误差的表达式。

1. 和差函数的中误差

$$Z=x_1\pm x_2\pm\cdots\pm x_n$$

则

$$m_Z=\pm\sqrt{m_1^2+m_2^2+\cdots+m_n^2} \tag{13-38}$$

即多个独立观测量代数和的中误差等于各对应观测值中误差之平方和的平方根。

2. 倍函数的中误差

$$Z=kx \quad (k\text{ 为常数})$$

则

$$m_Z=km \tag{13-39}$$

即观测量与常数乘积的中误差等于观测值中误差与常数的乘积。

3. 直线函数的中误差

$$Z=k_1x_1\pm k_2x_2\pm\cdots\pm k_nx_n$$

则

$$m_Z=\pm\sqrt{k_1^2m_1^2+k_2^2m_2^2+\cdots+k_n^2m_n^2} \tag{13-40}$$

即直线函数的中误差等于各个常数与相应观测值中误差乘积之平方和的平方根。

(三)误差传播定律的应用

1. 钢尺量距的精度

钢尺丈量的中误差与距离的平方根成正比，即

$$m_D=\mu\sqrt{D} \quad (\mu=m/\sqrt{l}) \tag{13-41}$$

式中：m——丈量一尺段的中误差；

l——一尺段长；

D——量得的距离；

μ——单位长度的量距中误差；

m_D——量得距离的中误差。

2. 水平角观测的精度

$$\left.\begin{array}{ll}\text{一测回角值的中误差} & m_{\beta}=m\sqrt{2} \\ \text{半测回角值的中误差} & m'_{\beta}=m_{\beta}\sqrt{2} \\ \text{盘左盘右角值之差的中误差} & m_{\Delta\beta}=m'_{\beta}\sqrt{2} \\ \text{盘左盘右角值之差的极限误差} & m_{\text{极}}=2m_{\Delta\beta}(\text{或 }3m_{\Delta\beta})\end{array}\right\} \tag{13-42}$$

式中：m——一测回方向观测值中误差。

3. 高差测量的误差

$$\left.\begin{array}{ll}\text{高差中误差} & m_h=m\sqrt{2} \\ \text{两次高差之差的中误差} & m_{\Delta h}=m_h\sqrt{2} \\ \text{两次高差之差的极限误差} & m_{\Delta h\text{极}}=2m_h\sqrt{2}(\text{或 }3m_h\sqrt{2})\end{array}\right\} \tag{13-43}$$

式中：m——前视或后视水准尺上的读数中误差。

4. 路线水准测量的误差

$$\text{高差总和的中误差}\quad \left.\begin{array}{l} m_{\Sigma h}=m_h\sqrt{n}=m_d\sqrt{2n} \\ m_{\Sigma h}=m\sqrt{L}\end{array}\right\} \tag{13-44}$$

式中：m_d——前视或后视尺的读数中误差；

m_h——高差中误差；

n——测站数；

m——水准路线单位长度的高差中误差；

L——水准路线长度(km)。

【例 13-1】 有甲、乙两组各自用相同的条件观测了六个三角形的内角，得三角形的闭合差(即三角形内角和的真误差)分别为：

甲：+3″、+1″、−2″、−1″、0″、−3″；

乙：+6″、−5″、+1″、−4″、−3″、+5″。求其测量精度。

解 有限次观测个数 n 计算出标准差的估值为中误差 m，计算公式为

$$m=\pm\hat{\sigma}=\pm\sqrt{\frac{[\Delta\Delta]}{n}}$$

由中误差公式计算得

$$m_{\text{甲}}=\pm\sqrt{\frac{[\Delta\Delta]}{n}}=\pm\sqrt{\frac{3^2+1^2+(-2)^2+(-1)^2+0^2+(-3)^2}{6}}=\pm 2.0''$$

$$m_{\text{乙}}=\pm\sqrt{\frac{[\Delta\Delta]}{n}}=\pm\sqrt{\frac{6^2+(-5)^2+1^2+(-4)^2+(-3)^2+5^2}{6}}=\pm 4.3''$$

从上述两组结果中可以看出，甲组的中误差较小，所以观测精度高于乙组。在测量工作中，普遍采用中误差来评定测量成果的精度。

【例 13-2】 在比例尺为 1∶500 的地形图上，量得两点的长度 $d=23.4\text{mm}$，其中误差

$m_d=\pm 0.2$mm。求该两点的实际距离 D 及其中误差 m_D。

解 函数关系式为 $D=Md$，属倍数函数，$M=500$ 是地形图比例尺分母。

$$D = Md = 500 \times 23.4 = 11\,700\text{mm} = 11.7\text{m}$$

$$m_D = Mm_d = 500 \times (\pm 0.2) = \pm 100\text{mm} = \pm 0.1\text{m}$$

两点的实际距离结果可写为 11.7m±0.1m。

【例 13-3】 水准测量中，已知后视读数 $a=1.734$m，前视读数 $b=0.476$m，中误差分别为 $m_a=\pm 0.002$m，$m_b=\pm 0.003$m。试求两点的高差及其中误差。

解 函数关系式为 $h=a-b$，属和差函数，得

$$h = a - b = 1.734 - 0.476 = 1.258\text{m}$$

$$m_h = \pm\sqrt{m_a^{\ 2} + m_b^{\ 2}} = \pm\sqrt{0.002^2 + 0.003^2} = \pm 0.004\text{m}$$

两点的高差结果可写为 1.258m±0.004m。

【例 13-4】 在斜坡上丈量距离，其斜距为 $L=247.50$m，中误差 $m_L=\pm 0.05$m，并测得倾斜角 $\alpha=10°34'$，其中误差 $m_\alpha=\pm 3'$。求水平距离 D 及其中误差 m_D。

解 首先列出函数式

$$D = L\cos\alpha$$

水平距离

$$D = 247.50 \times \cos 10°34' = 243.303\text{m}$$

这是一个非线性函数，所以对函数式进行全微分，先求出各偏导值如下

$$\frac{\partial D}{\partial L} = \cos 10°34' = 0.983\,0$$

$$\frac{\partial D}{\partial \alpha} = -L \cdot \sin 10°34' = -247.50 \times \sin 10°34' = -45.386\,4$$

写成中误差形式

$$m_D = \pm\sqrt{\left(\frac{\partial D}{\partial L}\right)^2 m_L^{\ 2} + \left(\frac{\partial D}{\partial \alpha}\right)^2 m_\alpha^{\ 2}}$$

$$= \pm\sqrt{0.983\,0^2 \times 0.05^2 + (-45.386\,4)^2 \times \left(\frac{3'}{343\,8'}\right)^2} = \pm 0.06\text{m}$$

故得 $D=243.30$m±0.06m。

【例 13-5】 图根水准测量中，已知每次读水准尺的中误差为 $m_i=\pm 2$mm，假定视距平均长度为 50m。若以 3 倍中误差为容许误差，试求在测段长度为 L(km)的水准路线上，图根水准测量往返测所得高差闭合差的容许值。

解 已知每站观测高差为

$$h = a - b$$

则每站观测高差的中误差为

$$m_h = \sqrt{2}m_i = \pm 2\sqrt{2}\text{mm}$$

因视距平均长度为 50m，则每公里可观测 10 个测站，L 公里共观测 $10L$ 个测站，L 公里高差之和为

$$\sum h = h_1 + h_2 + \cdots + h_{10L}$$

L 公里高差和的中误差为

$$m_\Sigma = \sqrt{10L}m_h = \pm 4\sqrt{5L}\text{mm}$$

往返高差的较差(即高差闭合差)为

$$f_h = \sum h_{往} + \sum h_{返}$$

高差闭合差的中误差为

$$m_{fh} = \sqrt{2} m_{\Sigma} = \pm 4\sqrt{10L}\,\text{mm}$$

以 3 倍中误差为容许误差，则高差闭合差的容许值为

$$f_{h容} = 3m_{fh} = \pm 12\sqrt{10L} \approx 38\sqrt{L}\,\text{mm}$$

【例 13-6】 对某角等精度观测 6 次，其观测值见表 13-4。试求观测值的最或然值、观测值的中误差以及最或然值的中误差。

解 由本节可知，等精度直接观测值的最或然值是观测值的算术平均值。首先计算各观测值的改正数 v_i，并利用公式进行检核，计算结果列于表 13-4 中。

等精度直接观测平差计算 表 13-4

观 测 值	改正数 $v('')$	$vv('')^2$
$L_1 = 75°\ 32'\ 13''$	2.5	6.25
$L_2 = 75°\ 32'\ 18''$	−2.5	6.25
$L_3 = 75°\ 32'\ 15''$	0.5	0.25
$L_4 = 75°\ 32'\ 17''$	−1.5	2.25
$L_5 = 75°\ 32'\ 16''$	−0.5	0.25
$L_6 = 75°\ 32'\ 14''$	1.5	2.25
$x = [L]/n = 75°\ 32'\ 15.5''$	$[v] = 0$	$[vv] = 17.5$

观测值的中误差为

$$m = \pm\sqrt{\frac{[vv]}{n-1}} = \pm\sqrt{\frac{17.5}{6-1}} = \pm 1.87''$$

最或然值的中误差为

$$M = \frac{m}{\sqrt{n}} = \pm\frac{1.87''}{\sqrt{6}} = \pm 0.76''$$

习 题

13-19 等精度观测是指(　　)的观测。

A. 允许误差相同　B. 系统误差相同　C. 观测条件相同　D. 偶然误差相同

13-20 用钢尺往返丈量 120m 的距离，要求相对误差达到 1/10 000，则往返较差不得大于(　　)m。

A. 0.048　B. 0.012　C. 0.024　D. 0.036

13-21 对某一量进行 n 次观测，则根据公式 $M = \pm\sqrt{\frac{[vv]}{n(n-l)}}$ 求得的结果为(　　)。

A. 算术平均值中误差　B. 观测值中误差

C. 算术平均值真误差　D. 一次观测中误差

13-22 用 DJ_6 经纬仪观测水平角，要使角度平均值中误差不大于 3″，应观测(　　)测回。

A. 2　B. 4　C. 6　D. 8

13-23 在△ABC 中，直接观测了∠A 和∠B，其中误差分别为 $m_{\angle A} = \pm 3''$ 和 $m_{\angle B} = \pm 4''$，则 ∠C 的中误差 $m_{\angle C}$ 为(　　)。

A. ±8″　B. ±7″　C. ±5″　D. ±1″

第六节　控制测量

测量工作中为了扩展测量工作面及防止误差的积累，应遵循的原则是在布局上从整体到局部，在精度上从高级到低级，在工作程序上从控制到碎部。即在测区内选择一些具有全局性控制意义的点，用精确的方法测定它的平面坐标和高程位置，以这些点作为基础，再以低一级的精度测出其他点。这些在布局、精度和程序上具有控制意义的点称为控制点，由控制点组成的几何图形称为控制网，分为平面控制网和高程控制网。测定控制点平面位置和高程位置的工作分别称为平面控制测量和高程控制测量。

一、平面控制网的定位与定向

地面点的平面位置用平面坐标表示，点与点之间可根据其水平距离和方位角计算坐标增量，如果其中一个点的坐标已知，则另一点的坐标即可求出。

确定一直线与标准方向的夹角的工作称为直线定向。标准方向有三种：真子午线方向、磁子午线方向和中央子午线方向(坐标纵轴方向)。真子午线方向与磁子午线方向的夹角称为磁偏角，真子午线方向与中央子午线方向的夹角称为子午线收敛角。由标准方向北端起顺时针量到直线的水平夹角称为方位角，有真方位角、磁方位角和坐标方位角三种。方位角的取值范围为 0°～360°。直线 AB 的坐标方位角 α_{AB} 与直线 BA 的坐标方位角 α_{BA} 互为正反方位角，相差 180°。直线的方向还可用象限角表示，它是由标准方向的北端或南端起依顺时针或逆时针量到直线的锐角。直线的象限角不仅要说明大小，而且还要指出所在象限，如直线 OA 的象限角 R_{OA}＝南东 60°36′(或 S60°36′E)，象限只能用北东(NE)、北西(NW)、南东(SE)和南西(SW)来表示。坐标方位角和象限角可互相换算，如 R_{OA}＝南东 60°36′，则 α_{OA}＝119°24′。

二、导线测量

(一)导线的一般知识

导线是由若干条直线段连成的折线，相邻点的连线称为导线边，用测距仪或钢尺或其他方法测定。相邻边的水平角称为转折角，用经纬仪测定。当给定起始边方位角和起始点坐标，就可推算各导线点坐标。它适用于城市的密集建筑区、隐蔽地区和地下工程，也适用于狭长地带。根据不同情况和要求，导线布置形式有：

闭合导线：起止于同一已知点和已知方位角的导线。

附合导线：起始于一个已知点和一个已知方位角，终止于另一个已知点和另一个已知方位角的导线。

支导线：从一个已知点和一个已知方位角开始延伸出去的导线。

导线网：由若干条导线组成的多边形网状导线或结点形式网状导线。

(二)导线测量的外业

导线测量外业包括踏勘选点与建立标志、边长丈量、转折角测量和连接测量即连接角和连接边的测量。

(三)闭合导线测量的内业计算

导线测量内业计算的目的是根据已知数据，利用外业观测成果和校核条件，正确计算出各导线点的最后坐标。

1. 角度闭合差的计算与调整

n 边闭合多边形的内角和 $\sum\beta_{测}$ 与理论值 $(n-2)180°$ 之差称为闭合多边形角度闭合差。

$$f_{\beta}=\sum\beta_{测}-(n-2)180° \tag{13-45}$$

按表 13-5 的指标检查 f_{β} 是否在 $f_{\beta允}$ 的范围内。如果精度合格，则 f_{β} 的分配原则是：将角度闭合差反符号并平均分配到各观测角上（如不能整除时，余数可分配到短边有关角上），则

$$\left.\begin{aligned} v_{\beta} &= \frac{-f_{\beta}}{n} \\ \beta_{改正后} &= \beta_{测}+v_{\beta} \end{aligned}\right\} \tag{13-46}$$

导线测量的主要技术要求　　表 13-5

等级	导线长度 (km)	平均边长 (km)	测角中误差 (″)	测距中误差 (mm)	测距相对中误差	测回数		方位角闭合差 (″)	相对闭合差
						DJ_2	DJ_6		
一级	4	0.5	±5	±15	≤1/30 000	2	4	$\pm10\sqrt{n}$	≤1/15 000
二级	2.4	0.25	±8	±15	≤1/14 000	1	3	$\pm16\sqrt{n}$	≤1/10 000
三级	1.2	0.1	±12	±15	≤1/7 000	1	2	$\pm24\sqrt{n}$	≤1/5 000
图根	≤1.0M	≤1.5倍测图最大视距	一般 30 首级 20				1	一般 $\pm60\sqrt{n}$ 首级 $\pm40\sqrt{n}$	≤1/2 000

注：n 为测站数，M 为测图比例尺的分母。

2. 用改正后的角值计算各边方位角

当导线点编号为逆时针时，转折角在导线前进方向的左侧，则转折角称为左角；反之称为右角。推算方位角的公式分别如下：

$$\left.\begin{aligned} &\text{左角} \quad \alpha_{前} = \alpha_{后}-180°+\beta_{左} \\ &\text{右角} \quad \alpha_{前} = \alpha_{后}+180°-\beta_{右} \end{aligned}\right\} \tag{13-47}$$

3. 坐标增量闭合差的计算与调整

由边长丈量值和推算的方位角值可求坐标增量。由于量距有误差，改正后的角度有残余误差致使推得的方位角含有误差，因而只能计算出未经改正的坐标增量。

$$\left.\begin{aligned} \Delta x' &= D\cos\alpha \\ \Delta y' &= D\sin\alpha \end{aligned}\right\} \tag{13-48}$$

从理论上讲，闭合导线各边坐标增量总和 $\sum\Delta x_{理}$ 和 $\sum\Delta y_{理}$ 均应为零。但实际上 $\sum\Delta x'$ 与 $\sum\Delta y'$ 并不为零，这个值就称为坐标增量闭合差。

$$\left.\begin{aligned} f_x &= \sum\Delta x' \\ f_y &= \sum\Delta y' \end{aligned}\right\} \tag{13-49}$$

而 $f_D=\sqrt{f_x^2+f_y^2}$ 称为导线全长闭合差。为了评定导线的精度，应求出导线全长相对闭合差。

$$K=\frac{f_D}{\sum D}=\frac{1}{M} \tag{13-50}$$

按表 13-5 的指标检查 K 是否在 $K_{允}$ 的范围内。如果精度合格，则 f_x 和 f_y 的分配原则

是：将增量闭合差反符号并按与边长成正比分配到对应边的增量上，则

$$\left.\begin{aligned} v_x &= \left(\frac{-f_x}{\sum D}\right)D \\ v_y &= \left(\frac{-f_y}{\sum D}\right)D \end{aligned}\right\} \tag{13-51}$$

则改正后坐标增量为

$$\left.\begin{aligned} \Delta x &= \Delta x' + v_x \\ \Delta y &= \Delta y' + v_y \end{aligned}\right\} \tag{13-52}$$

4. 各点坐标计算

根据起始点坐标和改正后的坐标增量，依次计算各导线点的坐标如下式

$$\left.\begin{aligned} x_{i+1} &= x_i + \Delta x_{i(i+1)} \\ y_{i+1} &= y_i + \Delta y_{i(i+1)} \end{aligned}\right\} \tag{13-53}$$

最后推算得起始点坐标应与已知值相等，以此作为计算校核。

5. 闭合导线计算实例

【例 13-7】 见表 13-6。

（四）附合导线测量的内业计算

附合导线计算步骤与闭合导线相同。由于导线的形式不同和原始数据不同，则在角度闭合差和增量闭合差的计算与调整上有所不同。

1. 角度闭合差的计算与调整

$$\left.\begin{aligned} &\text{右角} && \textstyle\sum\beta_{理} = \alpha_{始} - \alpha_{终} + n\times 180^\circ \\ &\text{左角} && \textstyle\sum\beta_{理} = \alpha_{终} - \alpha_{始} + n\times 180^\circ \\ & && f_\beta = \textstyle\sum\beta_{测} - \sum\beta_{理} \\ & && v_\beta = -\frac{f_\beta}{n} \end{aligned}\right\} \tag{13-54}$$

许多书中是采用测算出来的终边方位角 $\alpha'_{终}$ 与已知的终边方位角 $\alpha_{终}$ 之差求 f_β，称为方位角闭合差。

$$\left.\begin{aligned} &\text{右角} && \alpha_{终}' = \alpha_{始} + n\times 180^\circ - \textstyle\sum\beta_{测} \\ &\text{左角} && \alpha_{终}' = \alpha_{始} - n\times 180^\circ + \textstyle\sum\beta_{测} \\ &\text{即} && f_\beta = \alpha_{终}' - \alpha_{终} \\ &\text{右角} && v_\beta = \frac{f_\beta}{n} \\ &\text{左角} && v_\beta = -\frac{f_\beta}{n} \end{aligned}\right\} \tag{13-55}$$

2. 坐标增量闭合差的计算与调整

$$\left.\begin{aligned} \textstyle\sum\Delta x_{理} &= x_{终} - x_{始} \\ \textstyle\sum\Delta y_{理} &= y_{终} - y_{始} \\ f_x &= \textstyle\sum\Delta x_{测} - \sum\Delta x_{理} \\ f_y &= \textstyle\sum\Delta y_{测} - \sum\Delta y_{理} \end{aligned}\right\} \tag{13-56}$$

f_x、f_y 的分配原则同闭合导线式(13-51)。

3. 附合导线计算实例

【例 13-8】 见表 13-7。

闭合导线计算表

表 13-6

点号	水平角 观测值 (° ′ ″)	水平角 改正后角值 (° ′ ″)	方位角 (° ′ ″)	距离 (m)	增量计算值 $\Delta x'$	增量计算值 $\Delta y'$	改正后增量值 Δx	改正后增量值 Δy	坐标 x(m)	坐标 y(m)	点号
A	(左)								1 000.000	2 000.000	A
			125 59 36	140.272	−21 −82.437	+10 +113.492	−82.458	+113.502			
B	+5 107 48 38	107 48 43							917.542	2 113.502	B
			53 48 19	106.881	−16 +63.117	+8 +86.254	+63.101	+86.262			
C	+5 73 00 22	73 00 27							980.643	2 199.764	C
			306 48 46	172.358	−25 +103.277	+13 −137.989	+103.252	−137.976			
D	+5 89 33 56	89 34 01							1 083.895	2 061.788	D
			216 22 47	104.186	−15 −83.880	+8 −61.796	−83.895	−61.788			
A	+6 89 36 43	89 36 49							1 000.000	2 000.000	A
			125 59 36								
B											B
Σ	359 59 39			523.697	+0.077	−0.039	0.000	0.000			

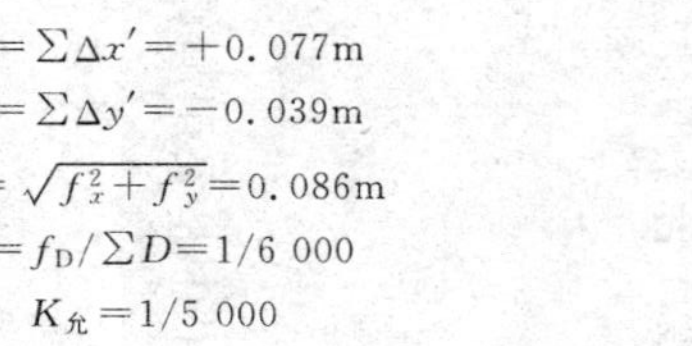

$\sum\beta_{测}=359°59'39''$

$\sum\beta_{理}=(n-2)180°=360°$

$f_\beta=\sum\beta_{测}-\sum\beta_{理}=-21''$

$f_{\beta允}=\pm24''\sqrt{n}=\pm48''$

$v_\beta=-f_\beta/n=+5.2''$

$f_x=\sum\Delta x'=+0.077\text{m}$

$f_y=\sum\Delta y'=-0.039\text{m}$

$f_D=\sqrt{f_x^2+f_y^2}=0.086\text{m}$

$K=f_D/\sum D=1/6\,000$

$K_{允}=1/5\,000$

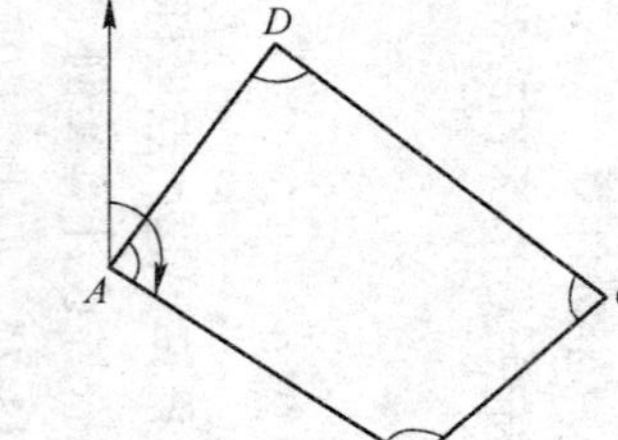

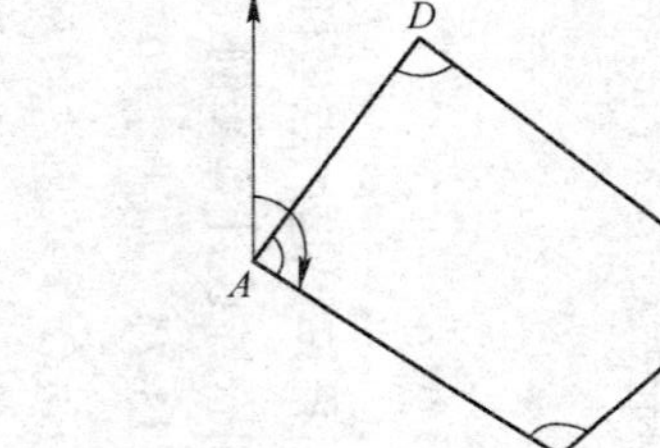

附合导线计算表

表 13-7

点号	水平角 观测值 (° ′ ″)	水平角 改正后角值 (° ′ ″)	方位角 (° ′ ″)	距离 (m)	增量计算值 Δx′	增量计算值 Δy′	改正后增量值 Δx	改正后增量值 Δy	坐标 x(m)	坐标 y(m)	点号
A	(右)										A
			65 32 18								
B	+7 95 17 17	95 17 24							3 800.000	4 500.000	B
			150 14 54	217.624	+13 −188.938	−8 +107.994	−188.925	+107.986			
1	+7 251 36 49	251 36 56							3 611.075	4 607.986	1
			78 37 58	178.718	+11 +35.225	−6 +175.212	+35.236	+175.206			
2	+7 147 25 24	147 25 31							3 646.311	4 783.192	2
			111 12 27	194.129	+12 −70.226	−7 +180.982	−70.214	+180.975			
C	+7 171 16 21	171 16 28							3 576.097	4 964.167	C
			119 55 59								
D											D
Σ	665 35 51	665 36 19		590.471	−223.939	+464.188	−223.903	+464.167			

(右角) $\sum\beta_{理}=\alpha_{始}-\alpha_{终}+n\cdot180°=665°36'19''$

$f_{\beta}=\sum\beta_{测}-\sum\beta_{理}=-28''$，反号平均改正

$v_{\beta}=-f_{\beta}/n=+7''$

或 $\alpha'_{终}=\alpha_{始}-\sum\beta_{右}+n\cdot180°=119°56'27''$

$f_{\beta}=\alpha'_{终}-\alpha_{终}=+28''$，同号平均改正

$v_{\beta}=f_{\beta}/n=+7''$

$f_{\beta允}=\pm16''\sqrt{n}=\pm32''$

$f_x=\sum\Delta x'-(x_{终}-x_{始})=-0.036\text{m}$

$f_y=\sum\Delta y'-(y_{终}-y_{始})=+0.021\text{m}$

$f_D=\sqrt{f_x^2+f_y^2}=0.042\text{m}$

$K=f_D/\sum D=1/14\ 000$

$K_{允}=1/10\ 000$

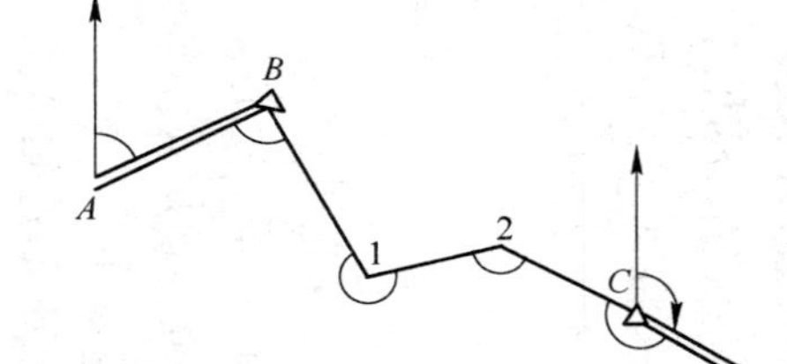
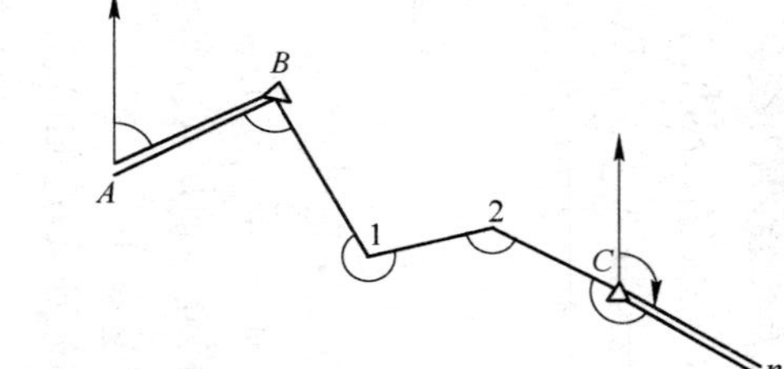

三、交会定点

当测区内解析控制点密度不够时，可以利用两个或两个以上已知点进行测角交会定点、测边交会定点等，以加密控制。

(一)测角交会法

它包括前方交会、侧方交会和后方交会。这里介绍前方交会，如图 13-10 所示。在 A、B 两个已知坐标点上设站分别测得 α、β 角，就可求得待定点 P 的坐标值。

计算方法一：将 A、B、P 三点按逆时针顺序编号，然后应用变形的戎格公式解算。

$$\left.\begin{aligned} x_P &= \frac{x_A\cot\beta + x_B\cot\alpha + (y_B - y_A)}{\cot\alpha + \cot\beta} \\ y_P &= \frac{y_A\cot\beta + y_B\cot\alpha + (x_A - x_B)}{\cot\alpha + \cot\beta} \end{aligned}\right\} \tag{13-57}$$

计算方法二：先计算 AP、BP 边的方位角和边长，公式有 $\alpha_{AP} = \alpha_{AB} - \alpha$，$\alpha_{BP} = \alpha_{BA} + \beta$，$\gamma = 180° - (\alpha + \beta)$，$D_{AP} = D_{AB} \times \sin\beta/\sin\gamma$，$D_{BP} = D_{AB} \times \sin\alpha/\sin\gamma$。然后计算 AP、BP 边的坐标增量，并分别从 A、B 推算 P 点坐标，计算公式参考式(13-48)和式(13-53)。

(二)测边交会法

如图 13-11 所示，已知 A、B 点坐标，用电磁波测距仪测定 D_{AP}、D_{BP}，可以求得待定点 P 的坐标值。当 A、B、P 三点按逆时针顺序编号时，P 点坐标计算公式如下

$$\left.\begin{aligned} r &= \frac{D_{AB}^2 + D_{AP}^2 - D_{BP}^2}{2D_{AB}} \\ h &= \sqrt{D_{AP}^2 - r^2} \\ x_P &= x_A + r\cos\alpha_{AB} + h\sin\alpha_{AB} \\ y_P &= y_A + r\sin\alpha_{AB} - h\cos\alpha_{AB} \end{aligned}\right\} \tag{13-58}$$

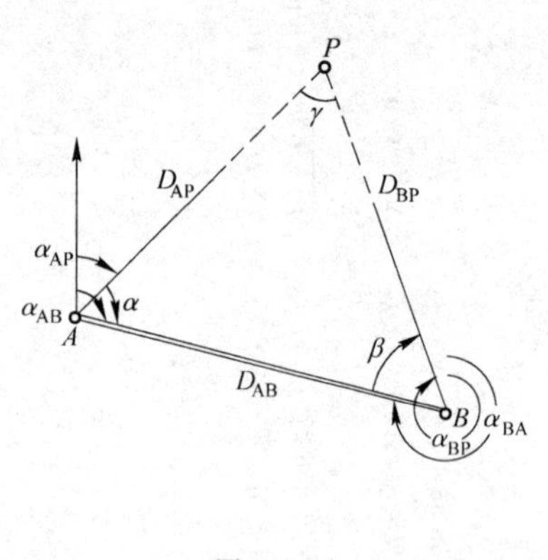

图 13-10

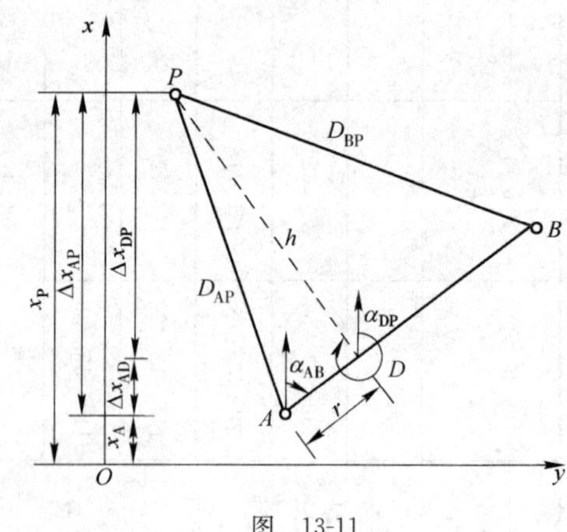

图 13-11

四、高程控制测量

小地区高程控制是以三、四等水准测量为首级高程控制，以满足地形图测绘和工程建设测量的需要。

(一)三、四等水准测量

三、四等水准测量应从国家一、二等水准点引出三、四等水准路线。点位应选择在土质坚实易长期保存处，并埋设标石；观测应在通视良好、成像清晰的条件下进行；观测方法是用红黑双面尺法，也可用变更仪器高法进行。三等水准测量采用双面尺法的观测程序是后黑—前黑—前红—后红，

四等则可为后黑—后红—前黑—前红。后前前后的观测程序可以消除或削弱水准仪下沉误差的影响。往返观测取平均值可以消除或削弱水准尺下沉误差的影响。

（二）图根水准测量

图根水准测量是在测区内为测绘地形图而加密高程控制点所进行的水准测量工作，精度低于测区的首级高程控制。

（三）三角高程测量

测区内需要有一定数量的水准点，但在地形复杂地区，可采用三角高程测量加密高程控制点，常用于测图高程控制。如图 13-12 所示，高差的计算公式为

$$h_{AB}=D_{AB}\tan\alpha+i-\upsilon \tag{13-59}$$

式中：D_{AB}——水平距离，由直接丈量或图解求得，当其大于 400m 时，高差应作地球曲率和大气折光修正；

α——竖直角；

i——仪器高（度）；

υ——觇标高。

电磁波测距为三角高程测量提供了有利条件，并顾及大气折光因素影响后，公式可写为

$$h_{AB}=D'_{AB}\sin\alpha+\frac{1}{2R}(D'_{AB}\cos\alpha)^2+i-\upsilon \tag{13-60}$$

式中：D'_{AB}——测距仪测得的斜距（见图 13-12）；

R——地球半径，取 6 371km；

$\frac{1}{2R}(D'_{AB}\cos\alpha)^2$——大气折光对高差的影响。

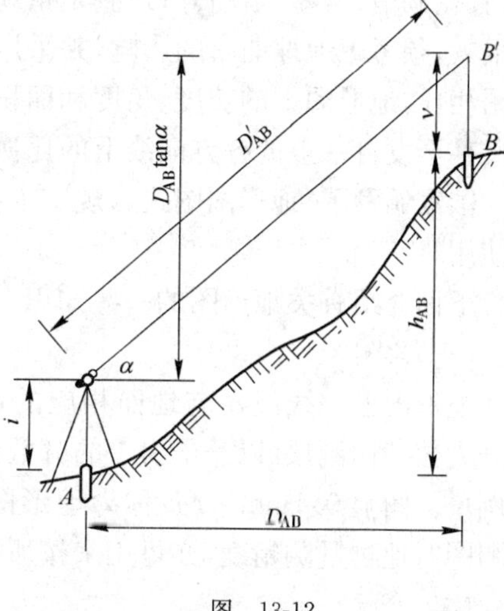

图 13-12

习　题

13-24　已知直线 AB 的方位角 $\alpha_{AB}=87°$，$\beta_{右}=\angle ABC=290°$，则直线 BC 的方位角 α_{BC} 为（　　）。

A. 23°　　B. 157°　　C. 337°　　D. −23°

13-25　导线测量外业包括踏勘选点与埋设标志、边长丈量、转折角测量和（　　）测量。

A. 定向　　B. 连接边和连接角

C. 高差　　D. 定位

13-26　导线坐标增量闭合差调整的方法是将闭合差按与导线长度成（　　）的关系求得改正数，以改正有关的坐标增量。

A. 正比例并同号　　B. 反比例并反号　　C. 正比例并反号　　D. 反比例并同号

13-27　公式（　　）用来计算导线全长闭合差。

A. $f_D=\sqrt{f_x^2+f_y^2}$　　B. $K=f_D/\sum D=1/M$

C. $f_x=\sum\Delta x-(x_{终}-x_{始})$　　D. $f_y=\sum\Delta y-(y_{终}-y_{始})$

13-28 已知边长 D_{MN}=73.469m，方位角 α_{MN}=115°18′12″，则 Δx_{MN} 与 Δy_{MN} 分别为（　　）。

A. +31.401m，+66.420m　　B. +31.401m，+66.420m

C. −31.401m，+66.420m　　D. −66.420m，+31.401m

第七节　地形图测绘

一、地形图基本知识

地形图是按一定比例尺，用规定的符号表示地物、地貌的平面位置和高程的正射投影图。所谓地形是地物和地貌的总称。地物是指地面上有明显轮廓的自然形成或人工构筑的物体，如河流、湖泊、房屋、道路等；地貌是指地面上高低起伏形态，如山岭、谷地、陡崖等。当测区范围很大，须考虑地球曲率的影响，并采用特定的投影方式编辑绘制成图，称为地图。地形图和地图相比，地形图上的长度、角度和面积都不会变形，而地图上则要变形，即地图上各部分的比例尺甚至发自一点的各方向线上的比例尺也是不同的。

国家颁发了《地形图图式》，规定了各种比例尺地形图的格式、符号和注记，供测图和用图时使用。

下面介绍有关地形图的一些知识。

（一）比例尺

地形图上一线段 d 与地面相应的水平线段 D 之比称为地形图比例尺，它可分为数字比例尺（以分子为 1 的分数形式，即 $1/M$ 表示）、图示比例尺和复式比例尺。图上 0.1mm×M，称为地形图比例尺精度。根据比例尺精度可以确定测图时地物量测精度，亦可用来按所需精度选择测图比例尺。

（二）分幅

地形图分幅分为两类：按经纬线分幅的梯形分幅法，又称国际分幅，用于中小比例尺的国家基本图的分幅；按坐标格网分幅的矩形分幅法，用于城市与工程建设大比例尺图的分幅。

（三）图廓

图廓线是图幅四周的框线，一般分为内、外图廓。内图廓是图幅的边线，是测图的实际范围线，用细实线表示；外图廓是图幅最外边的框线，仅起装饰作用，用粗实线表示。

（四）经纬格网和坐标格网

在中小比例尺图中，图廓的四个角点注有经纬度，内外图廓之间绘制经差和纬差均为 1′ 间隔的黑白相间的粗短线称为分度线，其相应端点之连线构成经纬格网。在大比例尺图中，图廓的四个角点注有坐标值，图上间隔为 10cm，绘制平行于图廓的长度为 10mm 的纵横细直线，构成平面直角坐标格网。

（五）图名、图号、接图表

图名以图幅内著名的或重要的地名或厂矿机关等名称来命名。图号是为储存、检索和使用而给予各图的编号，可采用经纬度编号法、行列编号法和自然序数编号法。采用矩形分幅时，大比例尺地形图编号，常用图幅西南角坐标值公里数编号法，如西南角 x=3 052.3km，y=5 230.5km，则其编号为“3052.3—5230.5”。当比例尺为 1∶500 时，坐标值应取至 0.01km。图名和图号均注记在本图图廓的上方中央。接图表反映本图与相邻周边图幅的联系，绘注在图廓左上方。

二、地物平面图测绘

应用地物符号将地物的平面位置描绘成图，称为地物平面图。地物符号分为比例符号、非比例符号、线性符号和地物注记等四种。测定和描绘地物的仪器可用大平板仪或小平板仪，大比例尺图一般用小平板仪。目前，航测成图和数字化成图已较普遍。

（一）测图前的准备工作

测图前应做好测图板的准备工作，包括：图纸准备、绘制坐标格网、展绘控制点。

（二）平板仪测图原理

如图 13-13 所示，A、B 为控制点，展绘在测图纸上为 a、b，图纸固定在图板上。当以 A 为测站，平板仪须经对中（即 a 与 A 在同一铅垂线上）、整平（即图板安置为水平）、定向（即 ab 与 AB 在同一铅垂面内）。为了测定地物点 C 在图上的位置 c，可将 AC 方向线正投影到图纸上得 ac；丈量 AC 水平距离，并按测图比例尺缩绘在 ac 方向上，即定出图上 c 点。其他地物点均可同法测绘。

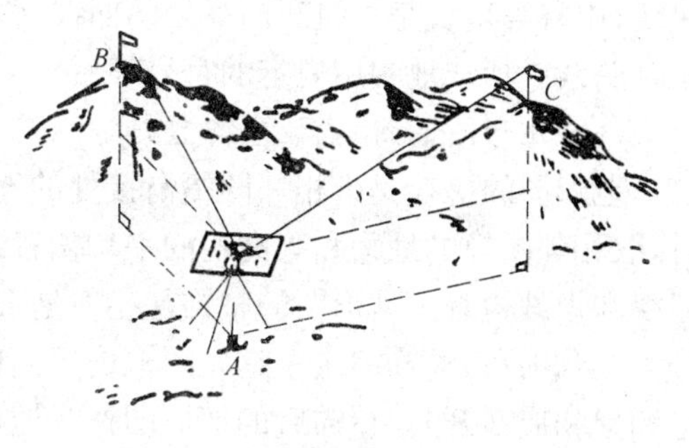

图　13-13

（三）全站仪数字化测图

全站仪与计算机结合，将全站仪数据采集的结果利用全站仪与计算机之间的通信接口，直接输入计算机，由计算机进行绘图、管理和输出。

（四）地物碎部点的选择、地物点测定方法与地物平面图的描绘

地物点应选在地物轮廓线的转折点，称为地物特征点，以及选在非比例符号表示的独立地物的中心等。地物点测定方法有极坐标法、方向交会法、距离交会法、直角坐标法、方向距离交会法。地物描绘应按碎部点相连接而成为与实际地物相似的图形，或按图式规定的符号表示。

三、等高线地形图测绘

地形图是在平面图的基础上增加地貌内容。等高线地形图测绘方法、使用仪器等与，地物平面图测绘相同，常见有四种：经纬仪测绘法、小平板仪与经纬仪联合测绘法、大平板仪测绘法、电磁波测距仪测绘法；在有条件的情况下还有另外两种：航测成图和数字化成图。

（一）地貌碎部点的选择与测定

地貌点应选在地貌特征点上。反映地貌特征的山脊线、山谷线和山脚线称为地性线。地性线上的特征点是坡度变换点和方向变换点，还有山顶、谷底、谷口、鞍部中心点等。此外，在坡度无显著变化处应使碎部点间距不超过图上 2～3cm。地貌点的测定，其平面位置与地物平面图测绘方法相同。其高程可用视距测量法，注记于点位旁。

（二）等高线及分类

地貌符号——等高线是地面上高程相同的相邻点连成的闭合曲线。相邻等高线的高差称为等高距，相邻等高线的水平距离称为等高线平距。对于悬崖、峭壁、土坎、冲沟等无法用等高线表示的地貌则用规定符号表示。等高线的特性有五方面：同一等高线上的各点高程相同；等高线是一条条不能中断的闭合曲线；等高线只有在悬崖或绝壁处才会重合或相交；等高线通过山脊线与山谷线时须改变方向，且与山脊线、山谷线正交；等高距相同时，等高线越密则坡度越

陡，等高线越稀则坡度越缓，等高线间隔相等则坡度均匀。等高线分为四类：首曲线——按测图比例尺规定的等高距（称为基本等高距）测绘的等高线；计曲线——由零等高线起，每5倍等高距加粗并注记的等高线；间曲线——按1/2基本等高距绘制的等高线；助曲线——按1/4基本等高距绘制的等高线。

（三）等高线的勾绘

勾绘等高线时，先根据同一地性线上两相邻点之高差，按等坡度的平距与高差成正比的关系，内插出两点间能通过的各等高线的位置，然后将高程相同的点对照地形变化连成等高线。注意几种典型地貌的等高线的图形：山头和洼地的等高线都是一组闭合曲线，从高程注记和示坡线（垂直于等高线并指向低处的短线）可以区分山头和洼地；山脊等高线是一组凸向低处的曲线；山谷等高线是一组凸向高处的曲线；鞍部等高线是在一组大的闭合曲线内套有两组小的闭合曲线。特殊地貌用规定的符号表示。

（四）地形图的拼接、检查与整饰

地形图的拼接是指相邻图幅衔接处的地物和地貌应完全吻合，当误差符合接边限差要求时，取相邻图幅的地物和等高线的平均位置改正两图即可。地形图的检查包括图面检查、野外巡视和设站检查。地形图的整饰是指对地形图上的所有地物和地貌均应按国家图式的规定符号清绘与书写；整饰的次序是先图框内后图框外，先注记后符号，先地物后地貌（等高线通过注记和地物应断开）。整饰后的地形图作为地形原图加以保存。

习　题

13-29　大比例尺地形图按矩形分幅时常用的编号方法：以图幅的（　　）编号法。

A. 西北角坐标值公里数　　B. 西南角坐标值公里数

C. 西北角坐标值米数　　D. 西南角坐标值米数

13-30　既反映地物的平面位置，又反映地面高低起伏状态的正射投影图称为（　　）。

A. 平面图　　B. 断面图　　C. 影像图　　D. 地形图

13-31　地形图的等高线是地面上高程相等的相邻点连成的（　　）。

A. 闭合曲线　　B. 直线　　C. 闭合折线　　D. 折线

13-32　地形图上0.1mm的长度相应于地面的水平距离称为（　　）。

A. 比例尺　　B. 数字比例尺　　C. 水平比例尺　　D. 比例尺精度

13-33　要求地形图上能表示实地地物最小长度为0.2m，则应选择（　　）测图比例尺为宜。

A. 1/500　　B. 1/1 000　　C. 1/5 000　　D. 1/2 000

第八节　地形图应用

一、地形图应用基本知识

（一）确定图上某点的坐标和高程

地形图上都留有坐标格网的十字交点，根据某点所在格网的西南网点坐标值，再加上该点在此格网中的坐标增量即可求得该点坐标值。地形图上的等高线可用以确定点的高程，当某点恰在等高线上，该点高程即是它所在等高线的高程；当某点在两等高线之间则按比例内插求该点高程。

(二)确定两点间的水平距离和直线的方位角

图上两点距离乘以测图比例尺分母,即得对应地面两点的实际水平距离;也可先求得两点坐标值,再计算坐标增量,即可计算水平距离

$$D = \sqrt{\Delta x^2 + \Delta y^2} \tag{13-61}$$

求直线 AB 的方位角,可用图解法,过 A 点作平行于 X 轴的直线,其与 AB 线的夹角用精密量角器量取,即为方位角 α_{AB};也可用解析法,读取两点坐标计算增量,即可计算两点连线的方位角

$$\alpha = \arctan \frac{\Delta y}{\Delta x} \tag{13-62}$$

(三)确定直线的坡度

直线 AB 的坡度 i_{AB} 是直线两端点的高差 h_{AB} 与水平距离 D_{AB} 之比。当 h_{AB} 为正,则直线 AB 为升坡;当 h_{AB} 为负,则 AB 为降坡。在地形图上可求两点高差和实地水平距离,则

$$i_{AB} = \frac{h_{AB}}{D_{AB}} \tag{13-63}$$

二、地形图在工程设计中的应用

(一)在地形图上绘出已知坡度的最短路线

在铁路、公路、管道等设计中,要求以一定的限制最大坡度选择最短路线。做法是:根据限制坡度 $i_{最大}$、地形图比例尺 $1/M$、等高距 h,先求得跨越一个等高距的实地最短距离 $D_{最短} = h/i_{最大}$,再化为图上距离 $d = D_{最短}/M$。以路线起点(在某一条等高线上)为圆心、d 为半径画弧求得与相邻等高线的交点;再以此交点为圆心,d 为半径画弧求得与另一等高线的交点;依此类推。最后连接相邻交点所成路线即为限制坡度下的最短路线。

(二)利用地形图绘制指定方向的纵断面图

在铁路、公路、隧道、管道等设计中,需要将某一指定方向线上的高低起伏状况绘制成图,称为纵断面图。如指定方向线为 AB,则在地形图上 AB 与各等高线相交,各交点高程即为等高线的高程,相邻交点的平距可在地形图上取得。纵断面图的横坐标代表水平距离,比例尺为 $1/M$;而纵坐标代表高程,比例尺为水平距离比例尺的 10～20 倍。将 AB 方向线与等高线交点的有关高程和水平距离展绘于该直角坐标系中,展绘的各相邻点相连即为纵断面图。

(三)在地形图上确定汇水范围

设计桥梁或涵洞的孔径大小时,需要知道降雨(雪)时,有多大地面范围的水汇集起来通过桥涵排泄出去。汇水范围的边界是将山顶沿着山脊线并通过鞍部连接而成。

(四)利用地形图进行土地平整的设计

土地平整一般采用方格法和断面法。在现状地形图上,根据土地平整设计所要求的条件绘制设计等高线,则可找出有关点的原地面高程与设计高程之差即为该点处的填挖高度,其面积乘以其上各点平均填挖高度即为土(石)方工程量。

(五)利用地形图计算面积

地形图上量测面积的方法有透明方格法、平行线法、求积仪法、划分简单几何图形法、解析法(根据闭合图形各点坐标按公式计算面积)。

三、地形图在城市规划中的应用

(一)地形图在城市用地地形分析中的应用

根据城市各项建设对地形的要求,应进行如下的地形分析:在地形图上标明分水线(山脊线)、集水线(山谷线)和地面流水方向;划分不同坡度的地段;特殊地段包括冲沟、坎地、沼泽地等的调查与分析。

(二)地形图在建筑设计中的应用

充分结合地形确定建筑群体的布置方案;考虑服务半径与服务高差进行服务性建筑的布置;在山地或丘陵地结合风向与地形的关系考虑建筑分区和布置;根据地貌的坡度和坡向,密切结合建筑布置形式和朝向,确定合理的建筑日照间距。

习　题

13-34　1/2 000 地形图与 1/5 000 地形图相比,(　　)。

A. 比例尺大,地物与地貌更详细　　B. 比例尺小,地物与地貌更详细

C. 比例尺小,地物与地貌更粗略　　D. 比例尺大,地物与地貌更粗略

13-35　在 1/2 000 地形图上量得 M、N 两点距离为 $d_{MN}=75\text{mm}$,高程为 $H_M=137.485\text{m}$、$H_N=141.985\text{m}$,则该两点坡度 i_{MN}为(　　)。

A. +3%　　B. −4.5%　　C. −3%　　D. +4.5%

13-36　确定汇水面积就是确定一系列(　　)与指定断面围成的闭合图形面积。

A. 山谷线　　B. 山脊线

C. 某一高程的等高线　　D. 集水线

第九节　建筑工程测量

一、建筑工程控制测量

勘测时期建立的控制网是为了测图的需要,在观测精度、点的密度、点位分布上都未考虑建筑施工的需要,同时由于平整场地时控制点多被破坏,所以在施工开始前,建筑场地应建立新的专门的建筑工程控制网。

(一)建筑工程平面控制网

一般有建筑基线、建筑方格网、导线网和多边形网等多种形式。

建筑场地比较小,采用建筑基线作为平面控制。基线布置根据建筑物分布、场地地形和原有控制点的状况而定。基线点数不得少于 3 个,形式如图 13-14 所示。

在大中型建筑群施工场地上,采用正方形或矩形网,其轴线与场地上建筑物主要轴线相平行,称为建筑方格网,作为施工控制网。其布置应根据建筑设计总平面图上的建筑物、构筑物及各种管线的布置情况并结合地形而定。常分二级布设,首级采用“+”、“□”等形式,然后加密为格网。图 13-15 为先选定建筑方格网中的主轴线,然后再全面布设格网。

(二)建筑工程高程控制网

在建筑施工场地上,水准点的密度要尽可能满足安置一次仪器即可测设出所需的高程点,

而勘测时期的水准点不能满足施工的需求。一般在基线点和方格网点桩面上中心点旁设置一凸起的半球形标志即可作为水准点标志。建筑场地高程控制常用四等水准测量,但对于自流管道、大型连续生产车间采用三等水准测量。此外,为测设方便和减小误差,在建筑物内部或附近专门设置±0 水准点。注意设计中各建筑物的±0 水准点其高程不一定相等。

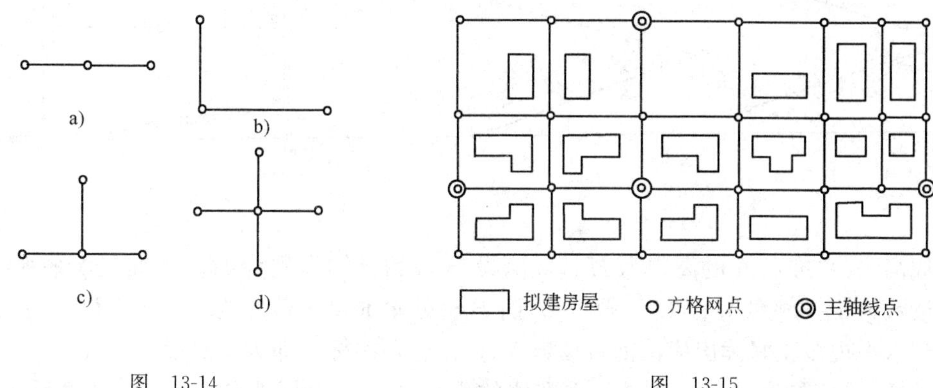

图 13-14　　图 13-15

二、施工放样测量

(一)准备工作

熟悉图纸,核对图纸尺寸;现场踏勘,了解现场地物和地貌情况;平整和清理场地;拟订测设计划,绘制测设草图。

(二)施工测量的基本工作

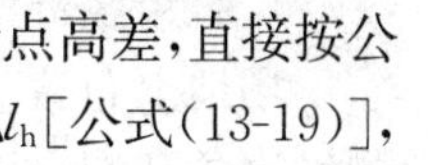

1. 测设已知水平距离

在已知线段起点和方向的情况下,从起点沿线段方向丈量出给定的已知水平距离,将线段的另一点在地面标定出来的工作称为测设已知水平距离。方法如下:欲测设地面已知水平距离 D,根据尺长方程式、测设时的温度、线段两端点高差,直接按公式计算尺长改正 Δl_d[公式(13-17)]、温度改正 Δl_t[公式(13-18)]和倾斜改正 Δl_h[公式(13-19)],则在实地上的应量长度为

$$D' = D - \Delta l_d - \Delta l_t - \Delta l_h \quad (13\text{-}64)$$

另一种方法:从线段起点 A,概量一段距离 AB'(它应与欲测设的已知水平距离 D_{AB} 相近)。仍按前法的公式计算丈量 AB' 的三项改正数和 AB' 经改正后的实际长度 $D_{AB'}$。计算 $\Delta D = D_{AB} - D_{AB'}$,当 ΔD 为正,从 B' 沿 AB' 量 ΔD 得 B 点;当 ΔD 为负,从 B' 沿 $B'A$ 量 ΔD 得 B 点,B 点即为测设已知水平距离在地面标定的点。此法称为端点改正法。

2. 测设已知数值的水平角

地面上已有一条已知方向线,在角顶点上把与该方向线夹角为已知值的另一方向线标定在地面的工作称为测设已知数值的水平角。一般采用测回法测设(又称盘左、盘右分中法),即用经纬仪盘左、盘右分别测设出方向线得 B' 和 B'',取其平均位置 B 即可,如图 13-16 所示。当要求精密时,在测站 O,对上述测设出的角度用多个测回精确测定角值 β',与给定的欲测设角值 β 比较,其差值 $\Delta\beta = \beta - \beta'$。丈量 OB 的水平距离,即可求出垂直改正距离为

$$BB_0 = OB\tan\Delta\beta \quad (13\text{-}65)$$

当 $\Delta\beta$ 为正,则过 B 点向角的外侧改正至 B_0;当 $\Delta\beta$ 为负,则过 B 点向角的内侧改正至 B_0,

B_0 即为所求点。

3. 测设已知高程

根据水准点将已知数值的高程在实地设置标志的工作称为测设已知高程，见图 13-17。

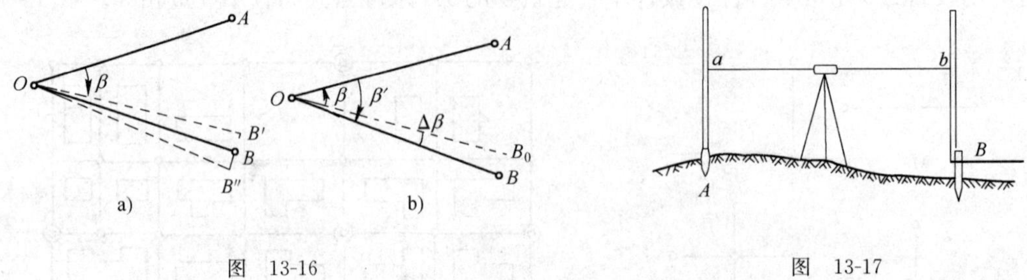

图 13-16

图 13-17

视线高法：水准点 A 的高程为 H_A，欲测设 B 桩的已知高程为 H_B，水准仪水平视线在 A 点尺上读数为 a，则视线高程 $H_i=H_A+a$，而 B 桩处水准尺读数应为 $b=H_i-H_B$。上下移动水准尺当水平视线正好读出应读前视读数 b 时，尺底划线标志即为所测设的 B 点。

高差法：在已知点 A 立一木杆，水准仪的水平视线在木杆上画一点 a。计算反数 $\Delta h=H_B-H_A$，当 Δh 为正，由 a 向下量 Δh，在木杆上画一点 b；当 Δh 为负，由 a 向上量得 b 点。木杆移至 B 桩处，上下移动木杆，当仪器水平视线正好瞄准 b，此时在木杆底画线标志即为 B 点。

悬吊钢尺法：如图 13-18 所示，水准点 BM_0 的高程为 H_0，欲测设 A 桩处的已知高程 H_A，悬吊钢尺零刻划线在下，则 $H_A=H_0+(a_1-b_1)+(a_2-b_2)$，由此可推知 A 桩处的应读前视为

$$b_2=a_2+(a_1-b_1)-(H_A-H_0) \tag{13-66}$$

当坑下水准仪的水平视线正好读出应读前视 b_2 时，尺底划线标志即为所测设的 A 点。

(三)测设点的平面位置的方法

1. 直角坐标法

场地上布置了互相垂直的控制轴线(例如建筑方格网)时，采用直角坐标法测设点位，只需测设直角和测设有关点的坐标增量值即可在地面上标定欲测设点位。

2. 极坐标法

如图 13-19 所示，欲测设给定坐标的点 $M(x_M, y_M)$，利用已知的控制点 $G(x_G, y_G)$ 和已知方位角 α_{GF} 的边作为极点和极轴，计算极角即 GM 与 GF 的夹角 β，极距即 G 与 M 的水平距离 D_{GM}，则通过测设极角 β 和极距 D_{GM} 在地面标定 M 点，这种方法称为极坐标法定点。

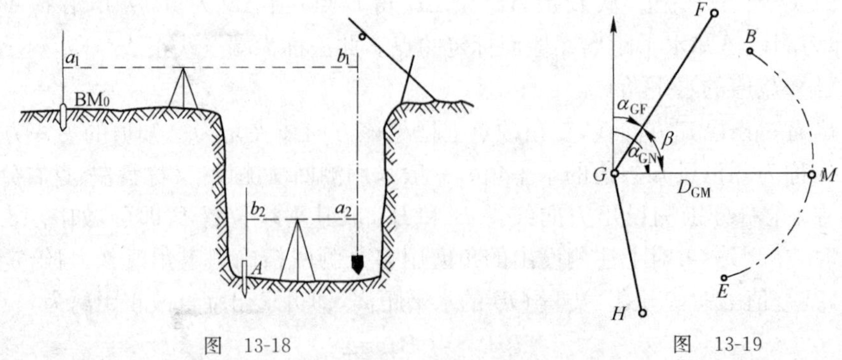

图 13-18

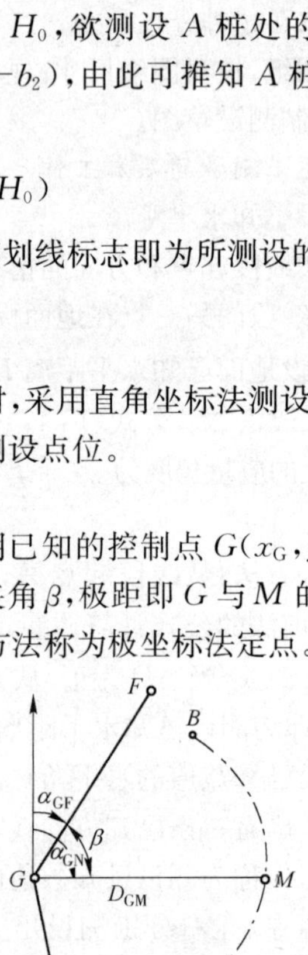

图 13-19

极轴的方位角 α_{GF} 可直接给定，也可利用给定控制点坐标 $G(x_G, y_G)$ 和 $F(x_F, y_F)$ 计算得

到。有关数据的计算公式如下

$$\left.\begin{aligned}
\alpha_{GF} &= \arctan\frac{y_F - y_G}{x_F - x_G} = \arctan\frac{\Delta y_{GF}}{\Delta x_{GF}} \\
\alpha_{GM} &= \arctan\frac{y_M - y_G}{x_M - x_G} = \arctan\frac{\Delta y_{GM}}{\Delta x_{GM}} \\
\beta &= \alpha_{GM} - \alpha_{GF} \\
D_{GM} &= \sqrt{\Delta x_{GM}^2 + \Delta y_{GM}^2}
\end{aligned}\right\} \tag{13-67}$$

3. 距离交会法

通过两个或两个以上的已知水平距离(或利用两点坐标计算两点水平距离)的交会即可在地面标定欲测设的点位。

4. 角度交会法

通过两个或两个以上已知角度的方向线交会即可在地面标定欲测设的点位。交会时,角度值的计算可参考式(13-67)。当三条方向线交会出现误差三角形时,应取其重心。

(四)建筑物的定位

建筑物的定位是根据设计,以一定的精度把建筑物外廓各轴线的交点测设到实地上,然后根据这些点进行细部放样。由于设计条件和现场情况不同,有三种定位依据:依据与原有建筑物的关系定位;依据建筑基线、建筑方格网定位;依据控制点、红线桩定位。

建筑物的详细测设是依据定位主轴线,放样出建筑物各部位的细部轴线和边线。

由于基础开挖时建筑物外廓轴线交点将被挖掉,所以必须将轴线延长到基坑外并作出标志称为轴线控制桩,作为恢复各轴线的依据;或采用龙门板亦可。

(五)基础施工的测量工作

开挖基槽(坑)不得超挖基底,要随时注意挖土的深度,当挖到离槽(坑)底 0.3～0.5m 时,用水准测量在槽(坑)壁上每隔 2～3m 或拐角处钉一水平桩,测设水平桩高程等于某已知高程(例如槽底设计高程加上一整数 0.5m),用作控制挖槽深度和铺设垫层的依据。

当垫层做好后,根据轴线控制桩或龙门板上的轴线钉将轴线投测到垫层上,再用墨线弹出中线和边线称为撂底。完成后经自检合格,交验线部门验线。

(六)高层建筑物轴线投测与高程传递

基础工程完工后,要逐层向上投测轴线。先根据建筑场地平面控制网校测轴线控制桩,再将建筑物外廓各轴线交点和各细部轴线,精确地测设到±0.000 首层平面上并弹线。向上投测时,将经纬仪安置在轴线延长线的固定点上,以盘左盘右照准首层平面上所设的轴线标志,向上投测到每层楼面上,并取盘左盘右投测的中点即得该层上的轴线点。按此方法分别投测纵横轴线点,则纵横轴线交点即是该层楼面的施工控制点,这种方法称为轴线延长法竖向投测。当场地窄小,无法延长轴线时,可采用侧向借线法或正倒镜挑直法投测出施工层上的轴线位置。以上是用经纬仪投测,注意严格检验校正仪器,尤应注意 LL⊥VV,安置仪器时水平度盘水准管气泡严格居中。另外,可用垂准线法作竖向投测,有吊重垂球法、激光准直仪法和光学铅垂仪法。

高层建筑的高程传递,要将高程由下层楼面向上层传递,可利用皮数杆传递高程法、采用钢尺直接丈量传递高程法、沿楼梯用水准测量传递高程法、电磁波测距三角高程法传递高程。另外还可用悬吊钢尺和水准仪传递高程,如图 13-20 所示。将±0.000 的高程传递到施工层

的 A'，则

$$H_{A'} = H_{\pm 0} + a - b + b' - a' \tag{13-68}$$

式中：a、b、a'、b'——尺读数，悬吊钢尺的零刻划线在下。

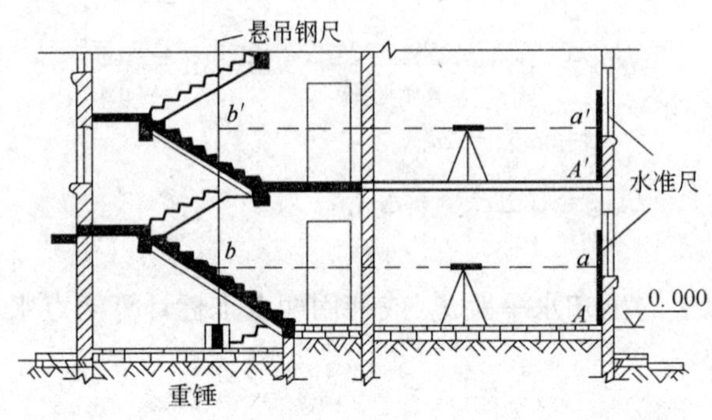

图 13-20

三、结构安装测量

（一）柱子安装测量

柱子起吊前的准备工作有投测柱列轴线、柱身侧面标出中心线、柱长检查与杯底标高测定（杯底抄平）。

吊装时，为使柱子牛腿顶面或柱顶面的高程符合设计高程，应使柱身上的±0 线与杯口内壁标志的±0 线吻合，此时应注意杯底找平。为使柱子的平面位置符合设计位置，应使柱身上的三个侧面中心线与相应杯口上的柱轴线吻合。为使柱身铅直，应用两台经纬仪安置在距离约 1.5 倍柱高的纵横两条轴线附近，同时校正柱身的铅直，先瞄准柱子根部的中心线之后望远镜仰视，再使柱子上部中心线吻合在十字丝交点上为止。

同截面的柱子，可把经纬仪安置在轴线一侧校正几根柱子的铅直；变截面柱子的上下部中心线不在同一铅垂线上，则必须将经纬仪逐一安置在各自的有关纵向或横向柱轴线上校正柱子的铅直。经纬仪应严格校正，安置时应使水平度盘水准管气泡严格居中。

（二）吊车梁安装测量

为使吊车梁顶面高程符合设计高程，用水准点检查柱身的±0 线和牛腿面高程，并在柱子靠牛腿的一面测设出一条梁面高程的水平线，安装时使梁的顶面与该水平线吻合即可。为使吊车梁的平面位置符合设计位置，应在地面上根据柱列轴线标出梁中心线，之后用经纬仪将梁中心线位置向上投测到牛腿面上，安装时使梁顶面所画中心线与投测到牛腿面上的梁中心线吻合即可。

（三）吊车轨道安装测量

在吊车梁上找出吊车轨道中心线。先在地面定出一条与吊车轨道相距 1m（或其他间距）的平行线，称为借线。用经纬仪将该线向上投测，通过在吊车梁上移动横放的木尺还回所借间隔即可在梁面上得到轨道中心线，然后将轨道上的中心线与梁面上的轨道中心线吻合即可。

吊车轨道就位后，利用安置在吊车梁上的水准仪，在轨顶上立尺，检查轨顶高程是否符合设计高程。还应利用钢尺检查两条吊车轨道的跨距是否符合设计间距。

四、建筑工程变形观测

建筑物、构筑物在自重、外力、运营过程中的反复荷载作用下会产生变形，常有沉降、倾斜、水平位移和裂缝等。如果变形超出允许值将危害建筑物的使用和安全，所以变形观测对保证安全施工和正常使用非常重要，并能验证设计理论及对今后合理设计提供重要资料。

（一）沉降观测

沉降观测是测定建筑物在铅垂方向的位移量。对于重要建筑物、20 层以上的高层建筑物、造型复杂的 14 层以上的高层建筑物、对地基变形有特殊要求的建筑物、单桩承受荷载在 4 000kN以上的建筑物，以及工业高炉、水塔、烟囱等均应进行沉降观测。

沉降观测采用几何水准测量或液体静力水准测量。几何水准测量中，为了保证准确性，水准点不得少于 3 个，应埋设在变形区以外的稳固处，冰冻区应埋设在冻土层以下0.5m；为了提高观测精度，水准点和观测点不能相距太远。观测点的数量和位置应能全面反映建筑物的变形情况，一般是均匀设置，但在荷载有变化的部位、平面形状变化处、沉降缝两侧、具有代表性的支柱和基础上，应加设足够的观测点。

沉降观测的任务是周期性地对变形观测点进行多次重复观测，以取得相邻时间间隔的变化量。一般在观测点埋设稳定后即进行第一次观测。高层建筑每增加 1～2 层，电视塔、烟囱等每增高 10～15m 观测一次；基础混凝土浇筑、回填土、结构安装前后、基础周围大量积水等情况，均应进行观测，竣工后如变形速度减缓可 2～3 个月观测一次。

大型、重要的建筑物用精密水准仪 $DS_{0.5}$、DS_1 进行观测，一般精度要求时则可采用 DS_3 水准仪进行。为了保证观测精度，注意前后视距离尽可能相等。

每次观测后将结果列入成果表中，并计算每次的沉降量和累计沉降量，同时绘制沉降量、荷载、时间等关系曲线图。

（二）倾斜观测

建筑物倾斜观测是测定基础和上部结构的倾斜变化，包括倾斜大小、方向和速率。

基础倾斜观测一般采用精密水准测量方法，测量基础两端点的差异沉降量 Δh，再根据两点间的距离 D，则可求得基础的倾斜度 $i=\Delta h/D$。

建筑物上部倾斜观测方法有三种：其一是悬挂垂球法，根据上、下应投影在同一位置的点直接测定倾斜位移量；其二是经纬仪投影法测定倾斜量；其三是差异沉降量推算法，此法同基础倾斜观测，当建筑物高度为 H，则倾斜量 $\Delta=iH=(\Delta h/D)H$。

（三）位移观测

位移观测的目的是为了测定建筑物在平面位置上随时间移动的大小和方向。位移观测可采用盘左、盘右投点法求出位移值，也可采用测角的方法，设第一次仪器在 O 点，瞄准观测点 A 与控制点 M，测得$\angle MOA$ 为 β_1，第二次测得 β_2，两次观测角之差为 $\Delta\beta=\beta_2-\beta_1$，如测站到观测点的距离为 D，则水平位移值为 $\delta=D\Delta\beta''/\rho''$。

（四）裂缝观测

裂缝观测包括裂缝所在位置、走向、长度和宽度等。如在裂缝处可绘制方格网坐标时，可用钢尺量测；必要时，可埋设特制的能测定三维变化的标志，用游标卡尺量测。大面积或不可及的裂缝可用近景摄影测量方法量测。

五、竣工测量和竣工现状总图的编绘

竣工测量成果是验收与评价工程按图施工的基本依据，也是工程交付使用后进行管理、维修、改建和扩建的依据。竣工现状总图是对竣工地区内的地上、地下建（构）筑物的形状、大小、位置与高程等竣工后情况的全面真实反映。一般可在施工图上相应部位加上文字说明，标注有关洽商记录、编号与条款。重要工程应重新绘制竣工图。

习　题

13-37　建筑施工放样测量的主要任务是将图纸上设计的建筑物(构筑物)的(　　)位置测设到实地上。

A. 平面　　B. 相对尺寸　　C. 高程　　D. 平面和高程

13-38　利用高程为 44.926m 的水准点，测设某建筑物室内地坪标高±0(高程为 45.229m)，当后视读数为 1.225m 时，则前视尺读数为(　　)m 时，尺底画线即为 45.229m 的高程标志。

A. 1.225　　B. 0.303　　C. −0.303　　D. 0.922

13-39　两红线桩 A、B 的坐标分别为 $x_A=1\,000.000$m、$y_A=2\,000.000$m，$x_B=1\,060.000$m、$y_B=2\,080.000$m；欲测设建筑物上的一点 M，$x_M=991.000$m、$y_M=2\,090.000$m。则在 A 点以 B 为后视点，用极坐标法测设 M 点的极距 D_{AM} 和极角 $\angle BAM$ 分别为(　　)。

A. 90.449m、42°34′50″　　B. 90.449m、137°25′10″

C. 90.000m、174°17′20″　　D. 90.000m、95°42′38″

13-40　建筑施工测量包括(　　)、建筑施工放样测量、变形观测和竣工测量。

A. 控制测量　　B. 高程测量　　C. 距离测量　　D. 导线测量

第十节　全球定位系统(GPS)简介

GPS(Global Positioning System)是以卫星为基础，以无线电为通信手段，依据天文大地测量学的原理，实行全球连续导航和定位的高新技术系统。这是美国研制的新一代卫星导航定位系统。自 1978 年开始发射实验卫星以来，目前已经具备全球性、全天候、连续的导航及定位功能，此项技术在国际上较发达国家已普遍使用。近些年来，我国引进 GPS 技术用于海岛联测、石油地质勘探、城市规划、铁路和公路勘测、变形测量等，取得了良好的效果。

GPS 由空间部分、控制部分和用户部分组成。空间部分由 21 颗工作卫星和 3 颗备用卫星组成，卫星在全球定位系统中的主要功能是接收、存储由地面控制站输入的信息，依据原子铯钟保持精确的时间，向海洋、陆地、航空等用户发射导航、定位信息，在地面站控制下，用推进器调整卫星状态，微处理机完成局部的数据处理。控制部分由分布在全球的 5 个地面站组成，其主要任务是处理和监测收到的全部信息，纠正偏离轨道的卫星，推算卫星星历和 GPS 的时间系统，并将计算出的星历、钟差、卫星电文遥控指令等输入到相应卫星的存储系统中，监测全部卫星发射的信号和卫星内部部件的功能状况。用户按使用性质分为军用和民用两种，按使用地区分为陆地、海洋、空中和近地轨道等。

GPS 具体运转状态是：24 颗工作卫星分配在六个轨道平面内，每个轨道平面内均匀分布四颗卫星，轨道间隔为 60°，轨道周期为 11 小时 58 分，倾角 63°，使得地球上任何地方、任何时刻，只要在纬度 20°以上就能同时观测到 4～6 颗卫星，以连续完成对海上、空中、地面的三维导航和定位，为用户服务。每颗卫星装有两台原子铯钟，由地面站进行检验。两台钟表面时差和钟速在观测中发射给用户。

GPS 定位原理分为绝对定位和相对定位两种。绝对定位即利用 GPS 确定用户接收机天线在 WGS-84 坐标系中的绝对位置。它广泛应用于导航和大地测量中的单点定位。相对定位的最基本情况是用两台接收机分别安置在基线两端，并同步观测相同的 GPS 卫星，以确定基线端点在世界地球坐标系中的相对位置。它广泛应用于大地测量、精密工程测量和地球动力学的研究。

GPS 测量可应用于控制测量、工程变形监测、海洋测绘、交通运输和军事等方面。

习题提示及参考答案

13-1　**提示**：目前国家采用统一的高程基准为 1985 国家高程基准。

答案：C

13-2　**提示**：带号；$N=\mathrm{Int}(\frac{L+3}{6}+0.5)$，中央子午线的经度 $L=6n-3$。

答案：B

13-3　**提示**：根据高斯-克吕格坐标的轴系定义进行判断。

答案：C

13-4　**提示**：测量工作的基本原则是先控制后碎部。

答案：A

13-5　**提示**：读数越大，点的高程越低。

答案：A

13-6　**提示**：$H_B=H_A+h_{AB}=H_A+(a-b)$。

答案：D

13-7　**提示**：表示水准仪精度指标中误差值的单位为毫米。

答案：D

13-8　**提示**：$h_{ab}=a-b=0.218$；$h'_{ab}=a'-b'=0.239$，$h'_{ab}\neq h_{ab}$，视准轴不平行于水准管轴。

答案：B

13-9　**提示**：参见附合水准路线的检核公式。

答案：B

13-10　**提示**：表示水平方向测量一测回的方向中误差。

答案：D

13-11　**提示**：见盘左、盘右平均值所能消除的误差。

答案：D

13-12　**提示**：$\angle AOB$ 前半测回角值$=OB-OA+360°$。

答案：A

13-13　**提示**：水平角是两竖直面间的二面角。

答案：A

13-14　**提示**：见经纬仪的竖直角观测原理。

答案：A

13-15　**提示**：参见尺长改正计算。

$$\Delta l=0.0044,\Delta l_t=0.0071,\Delta l_h=-0.0050,\text{所以 } l=49.9127$$

答案：B

13-16 提示:AB 的水平距离=斜距×cos(竖直角),$H_B = H_A + h_{AB}$。

答案:A

13-17 提示:$m_D = \pm(A + B \times D)$,ppm 为百万分之一,即 10^{-6}。

答案:C

13-18 提示:参见方位角的定义。

答案:D

13-19 提示:等精度观测是在观测条件相同下的观测。

答案:C

13-20 提示:$K = \frac{|m|}{D}$。

答案:B

13-21 提示:算术平均值中误差$= \frac{m}{\sqrt{n}}$。

答案:A

13-22 提示:$M = \frac{m}{\sqrt{n}}$,$m = 6'' \sqrt{2}$,$M = 3''$。

答案:D

13-23 提示:$\angle C = 180° - \angle A - \angle B$,用误差传播定律计算。

答案:C

13-24 提示:$\alpha_{BC} = \alpha_{AB} - \beta_{右} + 180°(\pm 360°)$。

答案:C

13-25 提示:参见导线测量的外业工作。

答案:B

13-26 提示:参见导线测量的内业计算。

答案:C

13-27 提示:导线全长闭合差的计算公式。

答案:A

13-28 提示:$\Delta x = D\cos\alpha$,$\Delta y = D\sin\alpha$。

答案:C

13-29 提示:大比例尺地形图的图幅划分方法。

答案:B

13-30 提示:参见地形图的定义。

答案:D

13-31 提示:等高线是闭合的曲线。

答案:A

13-32 提示:参见比例尺精度的定义。

答案:D

13-33 提示:根据比例尺精度的定义,应有 $\frac{0.1}{0.2 \times 10^3} = \frac{1}{M} \Rightarrow M = 2\,000$,故测图比例尺应选择 1∶2 000。

答案:D

13-34 **提示:**比例尺越大,地形图所表征的地物与地貌更详细。

答案:A

13-35 **提示:**$\frac{75\times 10^3}{S_{MN}}=\frac{1}{2\ 000}\Rightarrow S_{MN}=150\text{m}, i_{MN}=\frac{H_N-H_M}{S_{MN}}=+3\%$。

答案:A

13-36 **提示:**汇水面积的确定是将一系列的分水线(山脊线)连接而成。

答案:B

13-37 **提示:**它的主要任务是将图纸上设计的平面和高程位置测设到实地上。

答案:D

13-38 **提示:**$\Delta h=45.229-44.926=0.303\text{m}$,而 $\Delta h=h_{后}-h_{前}\Rightarrow h_{前}=h_{后}-\Delta h=1.225-0.303=0.922\text{m}$。

答案:D

13-39 **提示:**$D_{AM}=\sqrt{\Delta x_{AM}{}^2+\Delta y_{AM}{}^2}=90.449\text{m}$

$\alpha_{AB}=\arctan\alpha_{AB}\frac{\Delta y_{AB}}{\Delta x_{AB}}=53°07'48''$,在第一象限

$\alpha_{AM}=\arctan\alpha_{AB}\frac{\Delta y_{AM}}{\Delta x_{AM}}$,在第二象限

故 $\alpha_{AM}=95°42'38''$,则 $\angle BAM=\alpha_{AM}-\alpha_{AB}=42°34'50''$

答案:A

13-40 **提示:**建筑施工测量前应引入控制点。

答案:A

第十四章　土木工程施工与管理

复 习 指 导

一、考试大纲

13.1　土石方工程、桩基础工程

土方工程的准备与辅助工作　机械化施工　爆破工程　预制桩、灌注桩施工　地基加固处理技术

13.2　钢筋混凝土工程与预应力混凝土工程

钢筋工程　模板工程　混凝土工程　钢筋混凝土预制构件制作　混凝土冬、雨季施工　预应力混凝土施工

13.3　结构吊装工程与砌体工程

起重安装机械与液压提升工艺　单层与多层房屋结构吊装　砌体工程与砌块墙的施工

13.4　施工组织设计

施工组织设计分类　施工方案　进度计划　平面图　措施

13.5　流水施工原理

节奏专业流水　非节奏专业流水　一般的搭接施工

13.6　网络计划技术

双代号网络图　单代号网络图　网络计划优化

13.7　施工管理

现场施工管理的内容及组织形式　进度、技术、全面质量管理　竣工验收

二、复习重点与难点

(一)土方工程

土的工程分类、可松性、渗透性，基坑开挖土壁支撑(不支撑的条件和支撑的主要方法)，人工降低地下水位的方法和水井的计算理论的分类，土方机械的种类和应用范围。预制桩与灌注桩的分类和施工方法，影响土方夯实的因素，流沙产生的原因和主要防治方法。

(二)钢筋混凝土与预应力混凝土

钢筋冷拉、冷拔的原理，冷拉应力控制方法，冷拔总压缩率的概念。钢筋的焊接方法，钢筋的机械连接方法，搭接焊缝长度的规定，绑扎钢筋接头位置和搭接长度的规定。模板材料的分类，模板类型的分类及应用(滑升模板的组成，爬模、大模板的应用)，梁模板起拱的要求，模板拆除对混凝土强度的要求。混凝土搅拌机的分类和应用条件；混凝土制备强度的确定和混凝土运输的基本要求；泵送混凝土的概念及其对石子粒径的要求；混凝土捣固的主要方法，内部振荡器插入深度及间距；施工缝概念及其应留设的位置；大体积混凝土浇筑中，防止产生裂缝

的措施；不同水泥拌制的混凝土自然养护的最短时间；混凝土试件强度确定的方法；混凝土冬季施工的概念与原理；混凝土冬季施工临界强度的概念。预应力混凝土的概念；先张法和后张法的概念及施工工艺；超张拉的概念和目的；后张法孔道预留的方法；预留孔道灌浆中，对水泥浆强度的要求。

（三）结构吊装工程和砌体工程

起重机的种类及应用范围，起重机主要技术参数（Q、R、H）及相互关系；单层厂房柱子吊装工艺（柱子的绑扎、起吊方法），屋架的吊装方法；结构吊装方案（$Q \geqslant Q+Q$，$H \geqslant h_1+h_2+h_3+h_4$）；柱子与屋架平面的布置方法；分件吊装法与综合吊装法的区分。

砌筑砂浆石灰熟化时间的要求，砌筑砂浆饱满程度的要求，砌筑砂浆拌制后使用时间的要求，砖与砌块强度的划分及表示方法，砌筑灰缝的要求，砌筑墙体留槎的要求与规定，墙体砌筑的方法，砌筑墙体内构造柱的留设方法及配筋，砌块的种类和砌筑方法。

（四）工程施工组织设计

施工组织设计的分类及应用条件，施工组织设计方案的内容，进度计划的编制，评价工程进度计划的指标，施工平面图的设计及应优先考虑的内容，单位工程施工组织设计的内容与核心。

（五）流水施工

流水施工的概念，流水施工参数（流水节拍、流水步距、流水段数、施工过程数和技术间歇等）的概念及其对工程工期的影响。节奏专业流水、非节奏专业流水和一般搭接流水施工的概念、方法，不同流水施工工期的计算。

（六）网络计划技术

网络计划技术的概念，单代号及双代号网络图的概念和表达方式，网络图的三要素，双代号网络图的绘制规则，双代号网络图的时间参数计算，工期的计算。

（七）施工管理

施工管理的内容（施工准备、项目管理、施工调度、竣工验收、保修），施工管理的形式（部门控制式、工程队式、矩阵式），全面质量管理概念，全面质量管理者的构成、PDCA 的含义，技术管理的主要任务、环节与制度，竣工验收的依据、条件和组织（主持者和参与者）。

三、复习方法与解题分析

（一）复习方法

土木工程施工与管理的内容可分为三大部分，即施工技术、施工组织和施工管理。在复习时，应针对三部分内容的特点和要求进行。

1. 施工技术部分

主要学习各分部分项工程的施工方法（包括施工工艺、施工的基本要求等），不同施工方法的适用范围，以及主要施工机械设备的类型和特点。

此部分题型以记忆类为多，但不宜死记硬背，应通过运用本专业的基础理论和专业知识加深对施工技术问题的理解和掌握。

2. 施工组织部分

重点学习施工组织设计的概念、分类和应用范围。流水施工、网络计划技术的基本概念和计算方法。该部分题型包括记忆类、基本概念类和计算类。

3. 施工管理部分

主要针对大纲中的内容，掌握一些基本概念。

(二)解题分析

(1)记忆类题型：属于技术规范性的题目，主要是背过记住；属于施工工艺性的题目，通过熟悉工艺特点，并加以理解，使记忆更牢靠。

【例 14-1】 桩数为 4～16 根桩基中的桩，其打桩的桩位允许偏差为：

A. 100mm　　B. 1/2 桩径或边长

C. 150mm　　D. 1/3 桩径或边长

提示：依据《建筑地基基础工程施工质量验收规范》(GB 50202—2002)中的第 5.1.3 条表 5.1.3 规定：桩数为 4～16 根桩基中的桩，其打桩的桩位允许偏差为 1/2 桩径或边长。

答案：B

此类题属于技术规范性的题目，应熟悉规范，主要以记忆为主。

【例 14-2】 当基坑降水深度超过 8m 时，比较经济的降水方法是：

A. 轻型井点　　B. 喷射井点

C. 管井井点　　D. 明沟排水法

提示：明沟排水法、一级轻型井点适宜降水深度 6m，再深需要二级轻型井点，不经济。管井井点设备费用大。喷射井点设备轻型，而且降水深度可达 8～20m。

答案：B

该题属于施工工艺性的题目，不同降水设备性能不一样，应用条件和范围也不一样，理解后，就不难记忆。

(2)基本概念类题型：只有基本概念清楚，答题思路才清晰。

【例 14-3】 流水施工中，流水节拍是指：

A. 一个施工过程在各个施工段上的总持续时间

B. 一个施工过程在一个施工段上的持续工作时间

C. 两个相邻施工过程先后进入流水施工段的时间间隔

D. 流水施工的工期

提示：流水节拍的含义是指一个施工过程在一个施工段上的持续工作时间。

答案：B

【例 14-4】 全面质量管理要求下列哪些人员参加质量管理：

A. 所有部门负责人　　B. 生产部门的全体人员

C. 相关部门的全体人员　　D. 企业所有部门和全体人员

提示：全面质量管理的一个基本观点是“全员管理”。上自经理，下至每一个员工，做到人人关心企业，人人管理企业。

答案：D

例 14-3、例 14-4 两题题解中，什么是流水步距？什么叫流水节拍？什么是全面质量管理？只要基本概念清楚，问题就会迎刃而解。

(3)计算类题型：此类题除熟悉计算程序外，还要概念清楚，才能计算无误。

【例 14-5】 某工程按表 14-1 要求组织流水施工，相应流水步距 $B_{A\text{-}B}$ 及 $B_{B\text{-}C}$ 应为：

A. 2 天，2 天　　B. 2 天，3 天

C. 3 天，3 天　　D. 5 天，2 天

提示：该工程组织为非节奏流水施工，相应流水步距 $B_{A\text{-}B}$ 及 $B_{B\text{-}C}$ 应按“累加错位相减取大值”的方法计算。累加系列

A	2,	5,	7,	10	
−B		2,	3,	5,	6
	2	3	4	5	−6

B	2,	3,	5,	6	
−C		2,	5,	7,	8
	2	1	0	−1	−8

表 14-1

施工段 / 施工过程	一	二	三	四
A	2	3	2	3
B	2	1	2	1
C	2	3	2	1

取大值后

$$B_{A\text{-}B}=5 \qquad B_{B\text{-}C}=2$$

答案:D

解此题的关键,一是要清楚非节奏流水施工的概念;二是熟悉"累加错位相减取大值"计算流水步距的程序。

【例 14-6】 某工程双代号网络图如图 14-1 所示,工作 1-3 的局部时差为:

A. 1 天　　B. 2 天　　C. 3 天　　D. 4 天

提示:经计算工作 1-3 的紧后工作 3-4 的最早开始时间是 7 天,工作 1-3 的最早完成时间为 5 天。工作 1-3 的局部时差=紧后工作的最早开始时间−本工作的最早完成时间=7−5=2 天。

答案:B

此题数字计算很简单,关键是明白"局部时差"的含义,以及"局部时差=紧后工作的最早开始时间−本工作的最早完成时间"的计算规则。概念清楚,计算答案才会正确。

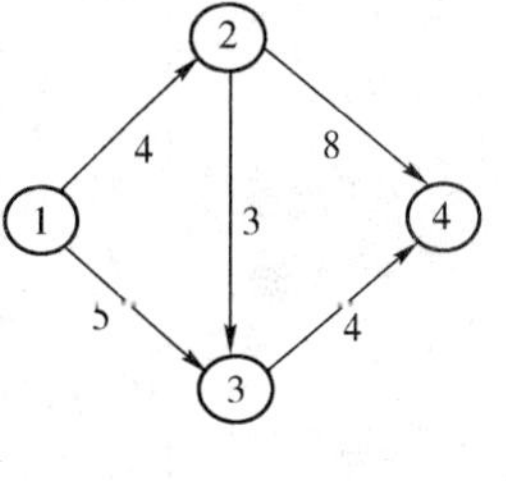

图 14-1

第一节　土石方工程与桩基础工程

建筑工程施工中的土方工程常见的有:场地平整、开挖基坑和沟槽、人防工程及地下建筑物的土方开挖、路基填筑及基坑回填等。

土方工程施工中主要有土壤的开挖、运输、填筑、夯实、平整和弃土等。土方工程施工,要求标高、断面准确,土体有足够的强度和稳定性,土方量少,工期短,费用省。因此,在施工前,先要进行调查研究,了解土壤的种类和工程性质、土方工程的施工工期、质量要求和施工条件,以及施工区的地形、地质、水文气象等资料,以此作为合理拟定施工方案,计算土方工程量,计算土壁边坡和支撑,进行施工排水或降水的设计,选择土方机械和运输工具并计算其需要量,以及选择施工方法和组织施工的依据。此外,还应完成场地清理、地面水的排除和测量放线等工作。施工中,应及时做好施工排水、打设土壁临时支撑,严防流沙及塌方等意外事故的发生。

土方工程的特点是面广量大,劳动繁重,施工条件复杂。为了减轻繁重体力劳动,提高劳动生产率,加快工程进度,降低工程成本,组织施工时应尽可能采用新技术和机械化施工。准确计算土方量,是合理选择施工方案和组织施工的前提;尽可能减少土方量,是降低工程成本的有效措施。

一、土的工程分类与性质

(一)土的分类与现场鉴别方法

在土方工程施工中,根据土的开挖难易程度,将土分为松软土、普通土、坚土、砂砾坚土、软石、次坚石、坚石、特坚石等八类。前四类为一般土,后四类为岩石。正确区分和鉴别土的种类,有助于合理选择施工方法。土的工程分类与现场鉴别方法见表14-2。

土的工程分类与现场鉴别方法 表14-2

土的分类	土的名称	土的可松性系数		现场鉴别方法
		K_s	K_s'	
一类土(松软土)	砂、亚砂土、冲击砂土层、种植土、泥炭(淤泥)	1.08~1.17	1.01~1.03	能用锹、锄头挖掘
二类土(普通土)	亚黏土、潮湿的黄土、夹有碎(卵)石的砂、种植土、填筑土及亚砂土	1.14~1.28	1.02~1.05	用锹、锄头挖掘,少许用镐翻松
三类土(坚土)	软及中等密实土、重亚黏土、粗砾石、干黄土及含碎(卵)石的黄土、亚黏土、压实的填土	1.24~1.30	1.04~1.07	主要用镐,少许用锹、锄头挖掘,部分用撬棍
四类土(砂砾坚土)	重黏土及含碎(卵)石的黏土、粗卵石、密实的黄土、天然级配砂石、软泥灰岩及蛋白石	1.26~1.32	1.06~1.09	整个用镐、撬棍,然后用锹挖掘,部分用楔子及大锤
五类土(软石)	硬石灰及黏土、中等密实的页岩、泥灰岩、白垩土、胶结不紧的砾岩、软的石灰岩	1.30~1.45	1.10~1.20	用镐或撬棍、大锤挖掘,部分使用爆破方法
六类土(次坚石)	泥岩、砂岩、砾岩、坚实的页岩、凝灰岩、密实的石灰岩、风化花岗岩、片麻岩	1.30~1.45	1.10~1.20	用爆破方法开挖,部分用风镐
七类土(坚石)	大理岩、辉绿岩、玢岩、粗(中)粒花岗岩,坚实的白云岩、砂岩、砾岩、片麻岩、石灰岩、有风化痕迹的安山岩、玄武岩	1.30~1.45	1.10~1.20	用爆破方法开挖
八类土(特坚石)	安山岩、玄武岩、花岗片麻岩,坚实的细粒花岗岩、闪长岩、石英岩、辉长岩、辉绿岩、玢岩	1.45~1.50	1.20~1.30	用爆破方法开挖

注:土的工程分类不同,其开挖难易程度也不同,类别越高,开挖难度越大,每立方米土石方的工程造价越高。

(二)土的基本工程性质

1. 土的重度

土在天然状态下单位体积的重力叫土的重度。不同的土,重度不同。重度越大,土越密实,强度越高。土的重度由下式计算

$$\gamma = \frac{W}{V} \tag{14-1}$$

式中：γ——土的重度；

W——土重力；

V——土的体积。

2. 土的含水率

土的含水率即土中水与固体颗粒间的质量比，以百分数表示。

$$w=\frac{m_w}{m_s}\times 100\% \tag{14-2}$$

式中：w——土的含水率；

m_w——土中水的质量；

m_s——土颗粒的质量。

土的含水率对挖土的难易程度、施工时边坡的稳定性、回填土的夯实质量均有影响。在一定含水率条件下，用夯实机具可使回填土达到最大的密实度，此含水率被称为“最佳含水率”。

3. 土的孔隙比和孔隙率

土的孔隙比和孔隙率反映了土的密实程度。孔隙比和孔隙率越小，土就越密实。

孔隙比 e：是土的孔隙体积与固体体积的比值。

$$e=\frac{V_v}{V_s} \tag{14-3}$$

孔隙率 n：是土的孔隙体积与总土体积的比值。

$$n=\frac{V_v}{V}\times 100\% \tag{14-4}$$

上两式中：V_v——自然土体的孔隙体积；

V_s——土的固体体积；

V——总土体体积。

4. 土的可松性

土的可松性是指自然状态下的土，经开挖以后，其体积因松散而增加的性质。土的可松性可用最初可松性系数和最后可松性系数表示。

(1)最初可松性系数 K_s：开挖后松散状态土体积与自然状态土体积的比值。

$$K_s=\frac{V_2}{V_1} \tag{14-5}$$

式中：V_1——土在自然状态下的体积；

V_2——土经开挖后呈松散状态下的体积。

(2)最后可松性系数 K_s'：开挖后的土，经回填压实后的体积与自然状态土体积的比值。

$$K_s'=\frac{V_3}{V_1} \tag{14-6}$$

式中：V_1——土在自然状态下的体积；

V_3——土经回填压实后的体积。

土的可松性对土方的平衡调配、基坑开挖留弃土方量、运输工具数量计算等，均有直接影响。土的最初可松性系数 K_s 是计算车辆装运土方体积及选择挖土机械的主要参数；土的最后可松性系数 K_s'是计算填方所需挖土工程量的主要参数。可松性系数的大小与土的类别和土质有关。

【例 14-7】 某工程开挖 5 000m^3 的基坑，地下室占去体积 3 500m^3。请问基坑回填夯实后，弃松土多少立方米？已知 $K_s=1.20$，$K_s'=1.05$。

解 基坑开挖出的松土体积 $5\ 000m^3 \times K_s = 5\ 000m^3 \times 1.20 = 6\ 000m^3$

基坑回填夯实所需松土体积 $(5\ 000m^3 - 3\ 500m^3)/1.05 \times 1.20 = 1\ 714m^3$

基坑回填后应弃松土体积 $6\ 000m^3 - 1\ 714m^3 = 4\ 286m^3$

5.土的渗透性

土的渗透性是指土体被水透过的性质。土体孔隙中的自由水在重力作用下会发生流动，当基坑(槽)开挖至地下水位以下，地下水会不断流入基坑(槽)。地下水在土中渗流流动中受到土颗粒的阻力，其大小与土的渗透性及地下水渗流的路程长短有关。法国学者达西根据如图 14-2 所示的砂土渗透试验，发现水在土中的渗流速度(v)与水力坡度(I)成正比。即

$$v = K \cdot I \tag{14-7}$$

水力坡度 I 是图 14-2 中 A、B 两点的水位差 h 与渗流路程 L 之比，即 $I=h/L$。显然，渗流速度 v 与 h 成正比，与渗流的路程长度 L 成反比。比例系数 K 称为土的渗透系数(m/d)。不同的土，渗透系数不一样。这与土的颗粒级配、密实程度等有关。渗透系数值，一般由试验确定，表 14-3 的数值可供参考。

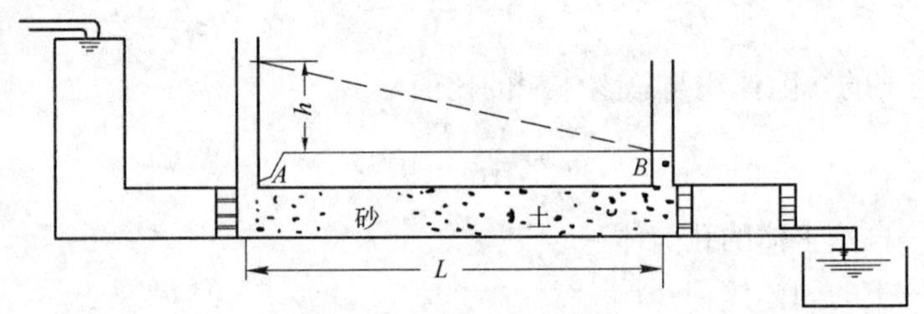

图 14-2 砂土渗透试验

土的渗透系数参考表 表 14-3

土 的 名 称	渗透系数 K(m/d)	土 的 名 称	渗透系数 K(m/d)
黏土	<0.005	中砂	5.0～20.00
亚黏土	0.005～0.10	均质中砂	35～50
轻亚黏土	0.10～0.50	粗砂	20～50
黄土	0.25～0.50	圆砾石	50～100
粉砂	0.50～1.00	卵石	100～500
细砂	1.00～5.00		

土的渗透系数是选择各种人工降低地下水位方法的依据，也是分层填土时，确定相邻两层结合面形式的依据。

6.摩擦系数和黏聚力

这是土的两个重要力学性质，其大小随土的性质、颗粒大小和含水率而定。摩擦力是由于土颗粒间的相互位移而产生的；黏聚力表示土颗粒间的凝聚能力。一般黏土的黏聚力大而摩擦系数小，砂土的摩擦系数大而黏聚力小。在施工时，土坑、沟槽填方等边坡大小，与土的摩擦系数、黏聚力以及土的重度和含水率有直接关系。

二、土方工程的准备与辅助工作

(一)场地平整及施工准备工作

场地平整的施工准备工作包括以下内容:

(1)场地清理:包括拆除房屋、古墓,拆迁或改建通信、电力设备、上下水管道以及其他建筑物,迁移树木,去除耕植土及河塘淤泥等。

(2)排除地面水:场地内低洼地区的积水必须排除,同时应注意雨水的排除,使场地保持干燥,以利土方施工。

(3)修筑好临时道路及供水、供电等临时设施。

小型场地平整且对场地标高无特定要求时,一般可以根据平整前和平整后的土方量相等的原则求得设计标高。计算前先将场地平面划成方格网,并根据地形图将每方格的角点标高标于图上。若平整前和平整后的土方量相等,则

$$H_0=\frac{\sum H_1+2\sum H_2+3\sum H_3+4\sum H_4}{4M} \tag{14-8}$$

式中:H_0——所计算场地的设计标高;

H_1——一个方格仅有的角点标高;

H_2——两个方格共有的角点标高;

H_3——三个方格共有的角点标高;

H_4——四个方格共有的角点标高;

M——场地内的方格数。

当进行大型场地竖向规划设计时,要把天然地面改造成我们所要求的设计平面,就应该满足建筑规划和生产工艺方面的要求,并尽量使填挖方平衡,总的土方量最小。因此正确选择设计标高需考虑以下因素:

(1)与已有建筑物的标高相适应,满足生产工艺和运输的要求;

(2)尽量利用地形,以减少填、挖土方量;

(3)根据具体条件,争取场区内的挖方同填方相互平衡,以降低土方运输费用;

(4)要有一定的泄水坡度,以满足排水要求。

(二)土方边坡与土壁支撑

1. 土方边坡

为了防止塌方,保证施工安全,在挖方或填方的开挖深度或填筑高度超过一定限度时,均应在其边沿做成具有一定坡度的边坡。土方边坡的坡度以其高度 H 与宽度 B 之比表示,即

$$\text{土方边坡坡度}=\frac{H}{B}=\frac{1}{\frac{B}{H}}=1:m \tag{14-9}$$

式中:m——坡度系数,当边坡高度为已知 H 时,其边坡宽度 B 则等于 $m\cdot H$。

根据相关规范的规定,当地下水位低于基底,在湿度正常的土层中开挖基坑或管沟,且敞露时间不长时,可做成直立壁不加支撑,但挖方深度不宜超过下列规定:①砂土和碎石土不大于1m;②轻亚黏土及亚黏土不大于1.25m;③黏土不大于1.5m;④坚硬的黏性土不大于2m。施工过程中应经常检查沟壁的稳定情况。

当土的湿度、土质及其他地质条件较好且地下水位低于基底时,临时性挖方边坡取值,见

表 14-4。

临时性挖方边坡值 表 14-4

土的类别		边坡值(高∶宽)
砂土(不包括细砂、粉砂)		1∶1.25～1∶1.50
一般黏性土	硬	1∶0.75～1∶1.00
	硬、塑	1∶1.00～1∶1.25
	软	1∶1.50 或更缓
碎石类土	充填坚硬、硬塑黏性土	1∶0.50～1∶1.00
	充填砂土	1∶1.00～1∶1.50

注:1.设计有要求时,应符合设计标准。

2.如采用降水或其他加固措施,可不受本表限制,但应计算复核。

3.开挖深度,对软土不应超过 4m,对硬土不应超过 8m。

2.土壁支撑

土壁稳定主要是由土体内摩阻力和黏聚力来保持平衡的。一旦土体失去平衡,土壁就会塌方。造成土壁塌方的原因主要有:①边坡过陡或土质差,基坑开挖深度大;②雨水、地下水渗入基坑,使土泡软,抗剪能力降低;③基坑上边缘有静荷载或动荷载作用。

为了保证土体稳定和施工安全,可采取以下措施:

(1)放足边坡:边坡的留设应符合规范要求,其坡度的大小,应根据土壤的性质、水文地质条件、施工方法、开挖深度、工期长短等因素而定;

(2)设置支撑:为了缩小施工面,减少土方量,或受场地的限制不能放坡时,则应设置土壁支撑。

土壁支撑主要有两种方式。

(1)横撑式支撑

开挖较窄的沟槽,多用横撑式土壁支撑。横撑式土壁支撑根据挡土板的不同,可分为水平挡土板式(见图 14-3a)和垂直挡土板式(见图 14-3b)两类。前者挡土板的布置又分断续式和连续式两种。湿度小的黏性土挖土深度小于 3m 时,可用断续式水平挡土板支撑;对松散、湿度大的土壤可用连续式水平挡土板支撑,挖土深度可达 5m。对松散和湿度很高的土可用垂直挡土板支撑,挖土深度不限。

(2)板桩支撑

板桩为一种支护结构,既挡土又防水。板桩分木板桩、钢筋混凝土板桩、钢筋混凝土护坡桩、钢板桩和钢木混合板桩式支护结构等数种。钢板桩可多次重复使用,钢筋混凝土板桩一般不重复使用。

钢板桩基本上分为平板桩与波浪形板桩两类。平板桩(见图 14-4a)防水和承受轴向力的性能较好,易打入地下,但长轴方向抗弯强度较小。波浪形板桩(见图 14-4b)的防水和抗弯性能均较好,目前常用者为“拉森”型钢板桩。

由于钢板桩费用昂贵,施工单位常采用预制钢筋混凝土板桩或现浇钢筋混凝土灌注桩护坡。前者如同钢板桩要连续打设,但上口常浇筑锁口梁以增加整体刚度;后者间隔浇筑,桩距通过计算确定,桩上口亦需浇筑锁口梁。桩外侧用木板、钢筋混凝土板或钢木组合板挡土。

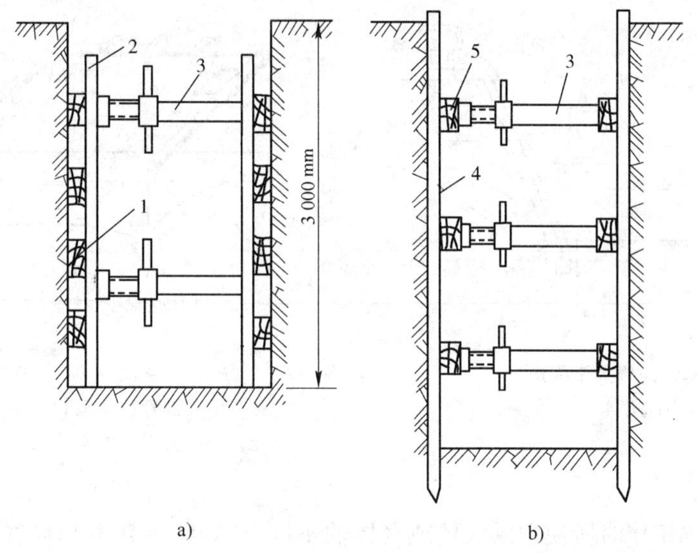

图 14-3　横撑式支撑

a)水平挡土板式；b)垂直挡土板式

1-水平挡土板；2-立柱；3-工具式横撑；4-垂直挡土板；5-横楞木

(三)施工排水

开挖基坑时，流入坑内的地下水和地面水如不及时排走，不但会使施工条件恶化，造成土壁塌方，而且还会影响地基的承载力。因此，在土方施工中，做好施工排水工作，保持土体干燥是十分重要的。

施工排水可分为明沟排水和人工降低地下水位两类。

1.明沟排水

明沟排水是采用截、疏、抽的方法。截：是截住水流；疏：是疏干积水；抽：是在基坑开挖过程中，在坑底设置集水井，并沿坑底的周围或中央开挖排水沟，使水流入集水井中，然后用水泵抽走，此种方法也称为集水井降水(见图 14-5)。

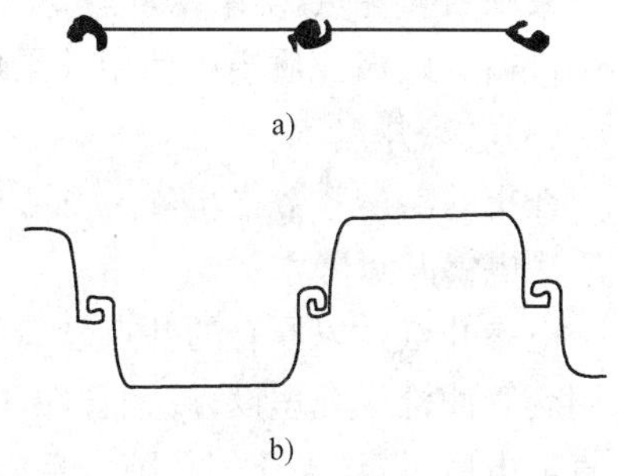

图 14-4　平板桩与波浪形板桩

a)平板桩；b)波浪形板桩

2.人工降低地下水

人工降低地下水就是在基坑开挖前，先在基坑周围埋设一定数量的滤水管(井)，利用抽水设备从中抽水，使地下水位降落到坑底以下，直到施工完毕为止。这样，可使基坑在保持干燥状态下开挖，防止流沙发生，改善了工作条件。但降水前，应考虑在降水影响范围内的已有建筑物和构筑物可能产生的附加沉降位移，应事先采取防护措施。人工降低地下水位的方法有轻型井点、喷射井点、电渗井点、管井井点及深水泵等。

(1)轻型井点

轻型井点(见图 14-6)是沿着基坑四周或一侧每隔一定距离埋入井点管(下端为滤管)至蓄水层内，井点管上端通过弯联管与总管连接，利用抽水设备将地下水从井点管内不断抽出，使原有地下水位降至坑底标高以下的一种降水方法。此方法设备轻便，造价低，被广泛应用。但是由于真空泵效率问题，一般降水深度为 6m 左右。

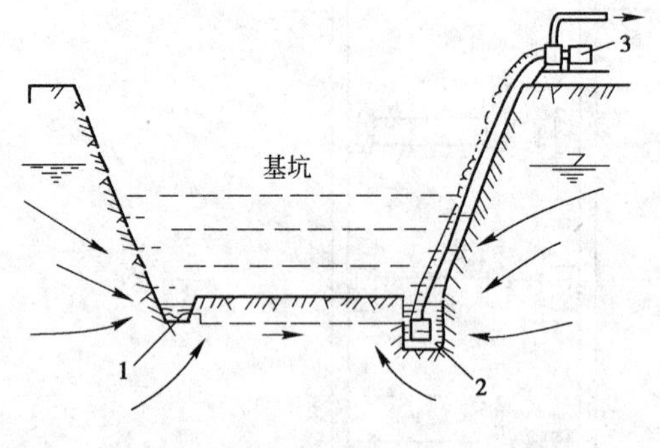

图 14-5　集水井降水

1-排水沟；2-集水井；3-水泵

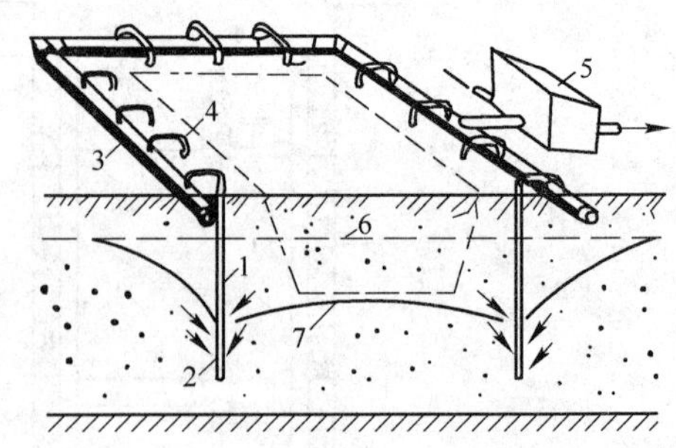

图 14-6　轻型井点

1-井点管；2-滤管；3-总管；4-弯联管；5-水泵房；6-原地下水位线；7 降低后的地下水位线

(2)喷射井点

喷射井点根据工作时所使用的液体或气体的不同，分为喷水井点和喷气井点两种。其设备主要由喷射井管、高压水泵和管路组成。

喷射井管分外管与内管两部分，在内管下端设有喷射器与滤管相连。喷射器由喷嘴、混合室、扩散室等组成。工作时，用高压水泵把压力为0.7～0.8MPa的水经过总管分别压入井点管中，高压水经外管与内管之间的环形空间，并经喷射器侧孔流向喷嘴，由于喷嘴处截面突然缩小，压力水经喷嘴以很高的流速喷入混合室，使该室压力下降，造成一定的真空。此时，地下水被吸入混合室与高压水汇合流经扩散管，沿内管上升经排水总管排出，地下水不断从井点管中抽走，而使地下水位逐渐下降，达到设计要求的降水深度。

采用喷射井点，降水深度可达 8～20m(对于 $K=3\sim50$m/d 的砂土最有效，在 $K=0.1\sim3$m/d 的粉砂、淤泥质土中使用效果也显著)。

(3)电渗井点

在土的渗透系数很小($K<0.1$m/d)，采用轻型井点、喷射井点基坑(槽)降水效果很差时，宜改用电渗井点降水。

电渗井点是以原有的井点管(轻型井点或喷射井点)本身作为阴极，沿基坑(槽)外围布置，采用套管冲枪成孔埋设；以钢管($\phi50\sim\phi75$)或钢筋($\phi25$ 以上)作为阳极，埋在井点管内侧，通入直流电后，带正电荷的孔隙水自阳极向阴极移动(即电渗现象)。在电渗与真空的双重作用下，强制地下水在井点管附近积集，经井点管快速排出，地下水位逐渐下降。

电渗井点适用于在黏土、粉质黏土、淤泥等土质中降水。

(4)管井井点

管井井点就是沿基坑隔一定距离设置一个管井，每个管井单独用一台水泵(潜水泵或离心泵)不断抽水以降低地下水位。井内水位能降低 6～10m,适用于渗透系数较大($K=20\sim200$ m/d)、地下水量大的情况。

(5)深水泵

当降水深度较大，在管井内用一般水泵满足不了要求时，可采用深水泵，即称为深水泵降水法。它适用于渗透系数为 10～80m/d、降水深度大于 16m 的情况。

渗透系数不同，降水深度不同，所采用的降水方法也不同。各类降水井点使用条件见表 14-5。

井点降水类别及适用条件 表 14-5

适用条件 降水类型	渗透系数(cm/s)	可降低水位深度(m)	适用条件 降水类型	渗透系数(cm/s)	可降低水位深度(m)
轻型井点及多层轻型井点	10^{-2}～10^{-5}	3～6 6～12	电渗井点	<10^{-6}	宜配合其他形式降水使用
喷射井点	10^{-3}～10^{-6}	8～20	管井井点	≥10^{-5}	>10

(四)流沙防治

1.流沙现象及其危害

粒径很小、无塑性的土壤,在动水压力推动下,极易失去稳定,而随地下水一起流入坑内,这种现象称为流沙现象。发生流沙现象时,土完全失去承载力,工人难以立足,施工条件恶化;土边挖边冒,难以达到设计深度;引起塌方,使附近建筑物下沉、倾斜,甚至倒塌;拖延工期并增加施工费用。因此,施工前必须对工程地质资料和水文资料进行详细调查研究,采取有效措施防止流沙出现。

2.产生流沙现象的原因

基坑土具备下列性质,就有可能发生流沙现象:

(1)土的颗粒组成中,黏粒含量小于10%,粉粒(颗粒直径为0.005～0.05mm)含量小于75%;

(2)颗粒级配中,土的不均匀系数小于5;

(3)土的天然含水量大于30%。

在上述土层中,当基坑深度超过地下水位线以下0.5m时,就会引起流沙现象。

注:流沙现象产生的根本原因,归为两点:①土的颗粒细小、无黏结;②动水压力大于土颗粒的浮重度,地下水位与基坑底高差越大,动水压力越大,就越容易发生流沙现象。

3.防治流沙的方法

在土方施工中防治流沙的途径有两种:一是减小或平衡动水压力;二是设法使动水压力方向向下。

具体的防治措施:枯水期施工、打板桩、水下挖土、人工降低地下水位、地下连续墙法和抛大石块等。

(五)填土压实

1.对填土的要求

(1)含水量大的黏土、淤泥土、冻土、膨胀性土、有机物含量大于8%的土、硫酸盐含量大于5%的土,均不能用作填土;

(2)应水平分层填土、分层夯实,每层的厚度根据土的种类及压实机械而定;

(3)采用两种透水性不同的土料时,应分别分层填筑,透水性较小的土宜在上层;

(4)各种土不得混杂使用。

2.压实方法

(1)碾压法:利用机械滚轮的压力压实土壤,使之达到所需的密实度,适用于大面积填筑。碾压机械有平足碾和羊足碾。压实时,行驶速度不宜过快,平足碾不大于2km/h,羊足碾不大于3km/h。

(2)夯实法:利用夯锤下落的冲击力来夯实土壤,此法主要用于小面积回填土。常用夯实法有人工夯实法(如木夯、石夯等)和机械夯实法(夯实机械,如夯锤、内燃夯土机、蛙式打夯机等)。

(3)振动压实法：将振动压实机置于土层表面，借助振动机构使压实机械振动，土颗粒发生相对位移而达到紧密状态。此方法用于振实非黏性土效果较好。

3. 影响填土压实质量的因素

(1)压实功的影响：填土压实后的重度与压实机械在其上所施加的功有一定的关系。实际施工中，填土压实后的密实度与压实遍数有关。土在一定含水率下，开始压实时土的密实度急剧增加，接近土的最大干重度后，虽经反复压实，但重度无变化。对于不同的土，以及压实后的密实度要求不同时，各类压实机械的压实遍数也不同。

(2)含水率的影响：干燥的土，由于颗粒之间的摩阻力较大，填土不易被压实；含水率较大的土，由于土颗粒间的孔隙全部被水填充而呈饱和状态，土也不能被压实；最佳含水率的土，土颗粒之间的摩阻力由于水的润滑作用而减小，土易被压实。

(3)铺土厚度的影响：土在压实功作用下，其应力随深度增加而减小，其影响深度与压实机械、土的性质和土的含水率有关。铺土厚度应小于压实机械压土时的作用深度，最优铺土厚度可使土方压实机械的功耗费最小且土被压的更密实。

土方填筑厚度及压实遍数应根据土质、压实系数及所用机具确定。如无试验依据时，可参照表 14-6 的规定。

填土施工时的分层厚度及压实遍数 表 14-6

压实机具	分层厚度(mm)	每层压实遍数
平碾	250～300	6～8
振动压实机	250～350	3～4
柴油打夯机	200～250	3～4
人工打夯	≯200	3～4

三、土方机械化施工

(一)主要土方机械

1. 推土机

推土机是土方工程施工的主要机械之一，可以独立完成铲土、运土及卸土三种作业。它操纵灵活，运转方便，所需工作面较小，转移方便，因此应用范围广。推土机多用于场地的清理和平整，开挖深度不大的基坑，填平沟坑，以及配合铲运机、挖土机工作等。其推运距离宜在 100m 以内，运距在 50m 左右经济效果最好。

2. 铲运机

铲运机是一种能综合完成全部土方施工工序(挖土、运土、卸土和平土)的机械。铲运机管理简单，生产效率高，且运行费用低，常用于大面积场地平整、开挖大型基坑、填筑路基等。自行式铲运机适用于运距为 800～3 500m 的大型土方工程施工，以运距在 800～1 500m 以内生产效率最高；拖式铲运机适用于运距为 80～800m 的土方工程施工，以运距在 200～350m 效率最高。

3. 单斗挖土机

单斗挖土机在土方工程中应用较广，种类很多，按其工作装置可分为正铲、反铲、拉铲和抓斗等不同挖土机，但常用的为正铲和反铲挖土机。正铲挖土机适用于开挖停机面以上的土方，且需与汽车配合完成整个挖运作业。反铲挖土机用以挖掘停机面以下的土方，主要用于开挖基坑、基槽或管沟。

(二)土方机械的选择

(1)当地形起伏不大，坡度在 20°以内，土方开挖的面积较大，土的含水量适当，平均运距在1km以内时，采用铲运机较合适。

（2）地形起伏较大，一般挖土高度在3m以上，运距超过1km，工程量较大且又集中时，一般可根据情况从下述三种方式中进行选择：①正铲挖土机配合自卸汽车进行施工，并在弃土区配备推土机平整土堆；②用推土机将土推入漏斗，用自卸汽车在漏斗下装土并运走；③用推土机预先将土推成一堆，用装载机把土装到汽车上运走。

（3）开挖基坑时，可根据运距长短、挖掘深浅，分别采用推土机、铲运机或挖土机配合自卸汽车进行施工。

注：必须清楚，不同的土方机械具有不同的适应条件和范围。

四、土、石方爆破工程

把炸药埋置于地下深处引爆后，由于原来体积很小的炸药在极短时间内通过化学变化立刻转化为气体状态，体积迅速增加，产生极大的压力、冲击力和很高的温度，使周围的介质（土、石等）受到不同程度的破坏，称之为爆破。

（一）炸药、炸药量的计算及起爆方法

1. 炸药

在外界能量作用下，能由其本身的能量发生爆炸的物质叫炸药。不同种类的炸药，其爆速、爆力、猛度和敏感度及安定性是不同的，在使用时应予以注意。

2. 炸药量的计算

爆破时，用药量应根据岩石的硬度、岩石的缝隙、临空面的多少、估计爆破的土石方量以及施工经验来确定，一般通过理论计算后再通过试爆复核，最后确定实际的用药量。

3. 起爆方法

（1）火花起爆：火花起爆是利用导火索在燃烧时的火花引爆雷管，然后再使炸药发生爆炸。用火花起爆时，同时点燃导火索的根数要受到限制，因此，同时爆破的药包也受到限制。

（2）电力起爆：电力起爆是利用电雷管中的电力引火装置，使雷管中的起爆炸药爆炸，然后使药包爆炸。大规模爆破及同时起爆较多炮眼时，多采用电力起爆。

（3）导爆索起爆：导爆索的外线和导火索相似，但它的药芯由高级烈性炸药组成。皮线绕以红色线条以与导火索区别。导爆索起爆不需雷管，但本身必须用雷管引爆。这种方法成本较高，主要用于深孔爆破和大规模的药室爆破，不宜用于一般的炮眼法爆破。

（二）爆破方法

1. 炮眼法

炮眼法属于小爆破，是在被爆破的岩石内凿直径为25～75mm、深度为1～5m的筒形炮眼，然后装药进行爆破。

2. 拆除爆破

拆除爆破又名控制爆破，它通过一定的技术措施，严格控制爆破能量和爆破规模，使爆破的声响、振动、破坏区以及破碎物的散坍范围，控制在规定限度内的一种爆破技术。它在城市和工厂的发展过程中，对已有房屋和构筑物的改建、拆除提供了安全有效的方法。

五、桩基础工程

桩的作用在于将上部建筑结构的载重传递到深处承载力较大的土层上，或者使软土层挤

实，以提高土壤的承载力和密实度，保证建筑物的稳定和减少其沉降量。当上部结构质量很大，而软弱土层又较厚时，采用桩基施工可省去大量的土方工作量、支撑工作量和排水、降水设施，一般均能获得良好的经济效果。

（一）桩的分类

根据桩在土壤中的工作性质，可分为端承桩、摩擦桩、锚固桩三种。穿过软土层而桩端达到岩层或坚硬土上的桩，称之为端承桩；反之，悬在软土层中靠摩擦力承重的桩，称之为摩擦桩；主要承受抗拔拉力和水平力的桩，称之为锚固桩。

按桩的施工方法不同，分为预制桩和灌注桩两大类。预制桩是在工厂或施工现场制成各种材料和形式的桩，而后用沉桩设备将桩打入、压入、振入或旋入土中；灌注桩是在施工现场的桩位上先成孔，然后在孔内灌注混凝土而成。

（二）预制钢筋混凝土桩施工

1. 预制钢筋混凝土打入桩

1）打桩设备

（1）桩锤

桩锤是对桩施加冲击，把桩打入土中的主要机具。桩锤主要有四种：落锤、柴油锤、蒸汽锤和液压锤。

（2）桩架

桩架是支持桩身和桩锤，在打桩过程中引导桩的方向，并保证桩锤沿着所要求方向冲击打桩的设备。常用的桩架有两种基本形式：一种是沿轨道行驶的多能桩架；另一种是装在履带底盘上的打桩架。

（3）动力设备

动力设备主要是指为蒸汽锤提供蒸汽的设备。

2）预制钢筋混凝土桩的制作、起吊、运输和堆放

较短的桩多在预制厂生产，较长的桩一般在打桩现场附近或打桩现场就近预制。现场预制桩多用叠浇法施工，但不宜超过三层。桩之间要做好隔离层。上层桩或邻桩的浇筑，应在下层桩或邻桩的混凝土达到设计强度的30%以后方可进行。当混凝土桩达到设计强度的100%后，方可起吊和运输。起吊时，起吊点的位置由设计决定。桩堆放时，地面必须平整坚实，垫木的间距应根据吊点位置确定。各层垫木应位于同一垂直线上，预制桩的堆放层数不宜超过四层。不同规格的桩，应分别堆放。

3）打桩

（1）打桩顺序

打桩顺序应根据地形、土质和桩布置的密度确定。由于桩对土体产生挤压，先打入的桩常被后打入的桩推挤而发生水平位移，因此应拟定合理的打桩顺序。

当逐排打桩时，打桩的推进方向应逐排改变，以免土朝一个方向受到挤压，导致土挤压不均匀。并且对同一排桩而言，必要时可采用间隔跳打的方式进行。大面积打桩时，可以先从中间打，逐渐向四周推进；也可采取分段打设，以减少对桩的挤压。

（2）打桩方法

在桩架就位后，即可吊桩。垂直对准桩位中心缓缓放下，插入土中，位置要准确。在桩顶扣好桩帽或桩箍，使桩稳定后，即可除去吊钩，起锤劲压并轻击数锤，随即观察桩身与桩帽、桩锤等是否在同一轴线上，接着可正常施打。在打桩过程中，要经常注意观察，如发现问题应及早纠正。

(3)打桩质量控制

打桩的质量要视打入后的偏差是否在允许范围之内(见表 14-7)、贯入度与沉桩标高是否满足设计要求以及桩顶、桩身是否被打坏而定。

预制桩(钢桩)桩位的允许偏差(单位:mm)　　表 14-7

序　号	项　目	允许偏差
1	盖有基础梁的桩: (1)垂直基础梁的中心线 (2)沿基础梁的中心线	 100+0.01H 150+0.01H
2	桩数为 1～3 根桩基中的桩	100
3	桩数为 4～16 根桩基中的桩	1/2 桩径或边长
4	桩数大于 16 根桩基中的桩: (1)最外边的桩 (2)中间桩	 1/3 桩径或边长 1/2 桩径或边长

注:H 为施工现场地面标高与桩顶设计标高的距离。

当桩顶设计标高与施工场地标高相同时,或桩基施工结束后,应对桩位进行检查。

当桩顶设计标高低于施工场地标高,送桩后,无法对桩位进行检查时,对打入桩可在每根桩的桩顶沉至场地标高时,进行中间验收;待全部桩施工结束,承台或底板开挖到设计标高后,再进行最终验收。

打(压)入桩(预制混凝土方桩、先张法预应力管桩、钢桩)的桩位偏差,必须符合表 14-7 的规定。斜桩倾斜度的偏差不得大于倾斜角正切值的 15%(倾斜角是指桩的纵向中心线与铅垂线间的夹角)。

2. 静力压桩

打入桩噪声大,在城市中施工会带来公害。因此,当条件具备时,可采用静力压桩。

静力压桩(见图 14-7)是利用压桩架自重和配重,通过卷扬机的牵引传至桩顶,将桩逐节压入土中。压桩架用型钢制成,一般高度为 16～20m,静压力为 800～1500kN。桩应分节预制,每节长约 6～10m。当第一节压入土中,其上端距地面 2m 左右时,即将第二节桩接上,然后继续压入。接桩的弯曲矢高不大于 0.1%,其接头方式如图 14-8 所示。

3. 水冲沉桩

水冲沉桩就是利用高压水流冲刷桩尖下面的土壤,以减小桩表面与土壤之间的摩擦力和桩下沉时的阻力,使其在自重或锤击作用下,很快沉入土中。射水停止后,冲松的土壤沉落,又可将桩身压紧。

水冲沉桩适用于砂土、砾石或其他坚硬的土层,特别是对于打较重的钢筋混凝土桩更为有效。施工中常将这种方法与桩锤打入法联合使用,可提高工效 40%～80%。

4. 振动沉桩

其原理是借助于固定在桩头上的振动沉桩体所产生的振动力,以减小桩与土壤颗粒之间的摩擦力,使桩在自重与机械力的作用下沉入土中。振动沉桩机是由电动机、弹簧支承、偏心振动块和桩帽组成。振动机内的偏心振动块,分左右对称两组,其旋转速度相等、方向相反。两组偏心块的离心力的水平分力相抵消,使垂直分力相加在一起形成垂直的振动力,使桩下沉。

振动沉桩法主要适用于砂石、黄土、软土和亚黏土层,在含水砂层中的效果更为显著。

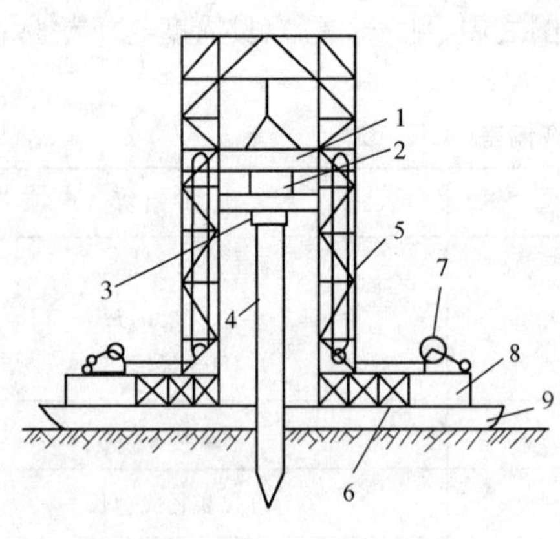

图 14-7 静力压桩

1-活动压梁；2-油压表；3-桩帽；4-桩；5-桩架；6-加重物仓；7-卷扬机；8-底盘；9-轨道

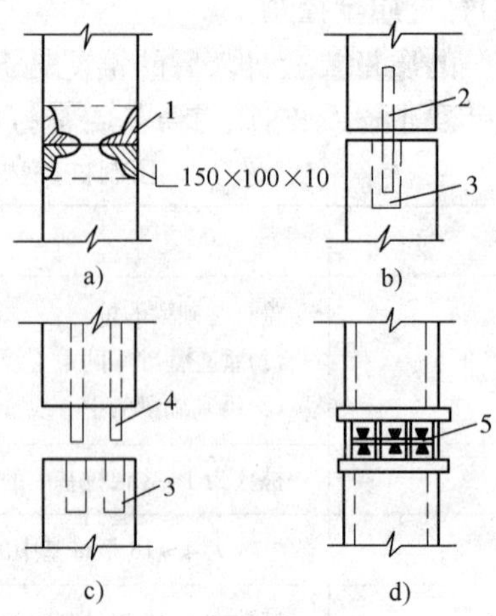

图 14-8 桩的接头形式

a)焊接接合；b)管式接合；c)硫磺砂浆钢筋结合；d)管桩螺栓结合

1-∟150×100×10；2-预埋钢管；3-预留孔洞；4-预埋钢筋；5-法兰螺栓连接

（三）灌注桩施工

灌注桩施工是直接在桩位上成孔，然后利用混凝土就地灌注而成。与预制桩相比，其优点是施工方便，节约材料，可降低成本约 1/3；其缺点是操作要求较严，稍有疏忽，容易发生缩颈、断裂现象，技术间歇时间较长，不能立即承受荷载，冬季施工中困难较多。

1. 钻孔灌注桩

钻孔灌注桩是利用钻孔机钻出桩孔，然后灌注混凝土或钢筋混凝土而成。施工时无振动，不挤土，能在各种土层条件下施工。但这种桩承载能力较低，沉降量也较大。

钻孔灌注桩钢筋骨架主筋的直径不宜小于 16mm，间距不得小于 10cm，箍筋直径宜用 6～8mm，骨架应一次绑扎好，用导向钢筋送入孔内，防止带入泥土杂物。钢筋定位后，应立即灌注混凝土，以防止塌孔。

2. 挖孔灌注桩

随着高层及超高层、重型及超重型工业与民用建筑的发展，小直径单桩和群桩基础在承受大荷载或满足沉降要求等方面已受到一定的限制，因而大直径灌注桩已被许多国家采用。其桩径为 1～3m，桩深为 20～40m，最深可达 80m。

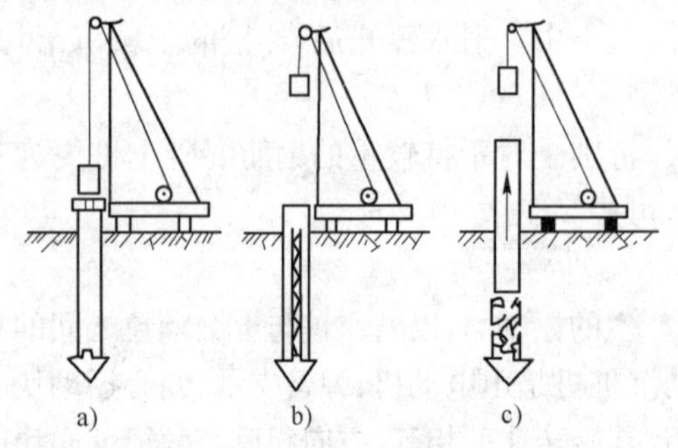

图 14-9 打拔管灌注桩

a)钢管打入土中；b)放入钢筋骨架；c)随灌混凝土随拔出钢管

3. 打拔管灌注桩

打拔管灌注桩，是利用与桩的设计尺寸相适应的一根钢管，在端部套上预制的桩靴，打入土中，然后将钢筋骨架放入钢管内，再灌注混凝土，并随灌随将钢管拔出，利用拔时的振动将混凝土捣实。其施工步骤如图 14-9 所示。打拔管的施工方法根据承载力的要求不同，可分别采用单打法、复打法和翻插法。单打法的桩截面比沉入的钢管扩大 30%，复打法扩大 80%，翻插法扩大 50%左右。因此，这种灌注法还具有用小钢管灌注出大断面桩的效果。

打拔管灌注桩施工，易采用复打法，避免产生缩颈现象。

4.爆扩灌注桩

爆扩桩是用钻孔及爆扩法成孔，孔底放入炸药，再灌入适量的混凝土，然后引爆，使孔底形成扩大头。此时，孔内混凝土落入孔底腔内，再放置钢筋骨架，灌注桩身混凝土，制成灌注桩。

六、地基加固处理技术

当地基的强度不足或土的压缩性较大，不能满足建筑物对地基的要求时，就需要针对不同的情况，对地基进行加固处理。

地基加固处理又可称为土质稳定。其目的：①提高地基土的抗剪强度；②降低软弱土的压缩性，减少基础的沉降和不均匀沉降；③改善土的透水性，起到截水防渗作用；④改善土的动力特性，防止液化作用。

按照其作用机理，地基处理大致可分为：①土质改良：是指用机械（力学）、化学、电、热等手段增加地基土的密度，或使地基土固结，此方法是尽可能利用原有地基；②土的置换：是将软土层换填为良质土；③土的补强：是采用薄膜、绳网、板桩等约束地基土，或者在土中放入抗拉强度高的补强材料形成复合地基以加强和改善地基土的剪切特性。

地基加固处理的方法分为五类，如表 14-8 所示。表中所列各种方法是根据软弱土的特点和所需处理目的而发展起来的。各种方法的具体选用，应从地基条件、处理的指标及范围、工程费用、工作进度、材料来源及当地环境等多方面进行考虑。

地基处理方法分类　　表 14-8

分类	处理方法	原理及作用	适用范围
换土垫层	素土垫层 砂垫层 碎石垫层	挖除浅层软土，用砂、石等强度较高的土料代替，以提高持力层土的承载力，减少部分沉降量；消除或部分消除土的湿陷性、胀缩性；防止土的冻胀作用；改善土的可液化性能	适用于处理浅层软弱土地基、湿陷性黄土地基、膨胀土地基、季节性冻土地基
碾压夯实	机械碾压法 振动压实法 重锤夯实法 强夯法	通过机械碾压或夯击压实土的表层，强夯法则利用强大的夯击能量，迫使深层土液化和动力固结而密实，从而提高地基土的强度，减少部分沉降量，消除或部分消除黄土的湿陷性，改善土的可液化性能	一般适用于砂土、含水量不高的黏性土及回填土地基。强夯法应注意其振动对附近建筑物的影响
排水固结	堆载预压法 砂井堆载预压法 排水纸板法 井点降水预压法	通过改善地基的排水条件和施加预压荷载，加速地基的固结和强度增长，提高地基的强度和稳定性，并使基础沉降提前完成	适用于处理广度较大的饱和软土层，但需要具有预压的荷载和时间，对于厚的泥炭层则要慎重对待
振动挤密	砂桩挤密法 土桩挤密法 灰土桩挤密法 石灰桩挤密法 振冲法	通过挤密或振动使深层密实，并在振动挤压过程中，回填砂、砾石等材料，形成砂桩或碎石桩，与桩周围的土一起组成复合地基，从而提高地基承载力，减少沉降量	适用于处理粉砂土或部分黏土颗粒含量不高的黏性土

续上表

分　类	处理方法	原理及作用	适用范围
化学加固	硅化法 喷法 碱液加固法 水泥灌浆法 深层搅拌法	通过注入化学浆液，将土粒黏结，或通过化学作用、机械拌和等方法，改善土的性质，提高地基承载力	适用于处理砂土、黏性土、湿陷性黄土等地基，特别适用于对已建成的工程地基事故处理

习　题

14-1　根据土的开挖难易程度，土的工程分类可分为(　　)。

A. 三类　　B. 五类　　C. 八类　　D. 六类

14-2　开挖后的土经过回填压实后的体积与自然状态土体积的比值是(　　)。

A. 最后可松性系数　　B. 最初可松性系数

C. 中间可松性系数　　D. 土的压缩性系数

14-3　人工降低地下水位施工中，当土的渗透系数很小($K<0.1$m/d)时，宜采用(　　)方法降水。

A. 轻型井点　　B. 电渗井点

C. 喷射井点　　D. 管井井点

14-4　影响土方夯实的因素与(　　)无关。

A. 每层填土厚度　　B. 压实遍数

C. 土的渗透性　　D. 土的含水率

14-5　一般人工夯填土，分层填土厚度为(　　)mm。

A. 小于200　　B. 250～300　　C. 200～250　　D. 大于250

14-6　在湿度正常的砂土和碎石土中开挖基坑或管沟，可做成直立壁不加支撑的深度规定是(　　)。

A. ≤0.5m　　B. ≤1.0m　　C. ≤1.5m　　D. ≤2.0m

14-7　由于桩对土体产生挤压，因此打桩时应拟定合理的打桩顺序。当逐排打设时，打桩的推进方向应为(　　)。

A. 逐排改变　　B. 各排均向同一方向

C. 从两端向中间　　D. 从中间向两端

14-8　以挖作填以及基坑和管沟的回填，运距在60～100m内时，宜选用(　　)。

A. 挖土机　　B. 铲运机　　C. 推土机　　D. 装载机

第二节　钢筋混凝土工程与预应力混凝土工程

混凝土是由胶结材料、集料、水和外加剂按一定比例拌和而成的混合物，经硬化后所形成的一种人造石。混凝土的抗压强度大，但抗拉强度却很低(约为抗压强度的1/10)，受拉时容易产生断裂现象。为了弥补这一缺陷，则在构件受拉区配上抗拉强度很强的钢筋与混凝土共同工作，各自发挥其受力特性，从而使构件既能受压，也能受拉。这种配有钢筋的混凝土，叫钢筋混凝土。

钢筋混凝土在土木建筑工程中之所以能够得到普遍应用，主要因其具有以下优点：

(1)混凝土所用的大量砂、石可就地取材，水泥产地普遍，钢材用得少，所以造价低；

(2)新拌制的混凝土具有塑性，可浇成适合建筑物各个部位、各种构件所需要的形状和尺寸，对合理选择结构形式提供了有利条件；

(3)混凝土能长期保护钢筋不锈蚀，而混凝土强度在相当长阶段内还随着时间而增长，因此钢筋混凝土结构非常耐久，无需经常维修；

(4)钢筋混凝土结构可浇成整体，刚度大、结构稳固，抗震性好；

(5)钢筋混凝土结构，由于混凝土的热传导性差，即使遇到火灾，钢筋的温度也不会很快上升而失去承载能力，因此耐火性好。

一、钢筋工程

(一)钢筋的种类

钢筋的种类很多，建筑工程中常用的钢筋按化学成分，可分为低碳钢筋和普通低合金钢筋；按轧制外形，可分为光面钢筋、变形钢筋；按加工方法可分为热轧钢筋、冷拉钢筋、冷拔钢丝和热处理钢筋。

混凝土结构的钢筋应按下列规定选用：

(1)纵向受力普通钢筋宜采用 HRB400、HRB500、HRBF400、HRBF500 钢筋，也可采用 HPB300、HRB335、HRBF335、RRB400 钢筋；

(2)梁、柱纵向受力普通钢筋应采用 HRB400、HRB500、HRBF400、HRBF500 钢筋；

(3)箍筋宜采用 HRB400、HRBF400、HPB300、HRB500、HRBF500 钢筋，也可采用 HRB335、HRBF335 钢筋；

(4)预应力筋宜采用预应力钢丝、钢绞线和预应力螺纹钢筋。

钢筋的强度标准值应具有不小于 95%的保证率。

普通钢筋的屈服强度标准值 f_{yk}、极限强度标准值 f_{stk}应按表 14-9 采用；预应力钢丝、钢绞线和预应力螺纹钢筋的屈服强度标准值 f_{pyk}、极限强度标准值 f_{ptk}应按表 14-10 采用。

普通钢筋强度标准值(单位：N/mm²) 表 14-9

牌号	符号	公称直径 d(mm)	屈服强度标准值 f_{yk}	极限强度标准值 f_{stk}
HPB300	Φ	6～22	300	420
HRB335 HRBF335	Φ $Φ^F$	6～50	335	455
HRB400 HRBF400 HRB400	Φ $Φ^F$ $Φ^R$	6～50	400	540
HRB500 HRBF500	Φ $Φ^F$	6～50	500	630

预应力筋强度标准值(单位:N/mm²)　　表 14-10

<table>
<tr><th colspan="2">种　类</th><th>符号</th><th>公称直径
d(mm)</th><th>屈服强度标准值
f_{pyk}</th><th>极限强度标准值
f_{ytk}</th></tr>
<tr><td rowspan="3">中强度预应力钢丝</td><td rowspan="3">光面
螺旋肋</td><td rowspan="3">ϕ^{PM}
ϕ^{HM}</td><td rowspan="3">5、7、9</td><td>620</td><td>800</td></tr>
<tr><td>780</td><td>970</td></tr>
<tr><td>980</td><td>1 270</td></tr>
<tr><td rowspan="3">预应力螺纹
钢筋</td><td rowspan="3">螺纹</td><td rowspan="3">ϕ^{T}</td><td rowspan="3">18、25、32、
40、50</td><td>785</td><td>980</td></tr>
<tr><td>930</td><td>1 080</td></tr>
<tr><td>1 080</td><td>1 230</td></tr>
<tr><td rowspan="5">消除应力
钢丝</td><td rowspan="5">光面
螺旋肋</td><td rowspan="5">ϕ^{P}
ϕ^{H}</td><td rowspan="2">5</td><td>—</td><td>1 570</td></tr>
<tr><td>—</td><td>1 860</td></tr>
<tr><td>7</td><td>—</td><td>1 570</td></tr>
<tr><td rowspan="2">9</td><td>—</td><td>1 470</td></tr>
<tr><td>—</td><td>1 570</td></tr>
<tr><td rowspan="7">钢绞线</td><td rowspan="3">1×3
(三股)</td><td rowspan="7">ϕ^{S}</td><td rowspan="3">8.6、10.8、
12.9</td><td>—</td><td>1 570</td></tr>
<tr><td>—</td><td>1 860</td></tr>
<tr><td>—</td><td>1 960</td></tr>
<tr><td rowspan="4">1×7
(七股)</td><td rowspan="3">9.5、12.7、
15.2、17.8</td><td>—</td><td>1 720</td></tr>
<tr><td>—</td><td>1 860</td></tr>
<tr><td>—</td><td>1 960</td></tr>
<tr><td>21.6</td><td>—</td><td>1 860</td></tr>
</table>

(二)钢筋冷加工

1. 钢筋冷拉

钢筋冷拉是在常温下对钢筋进行强力拉伸,使其拉应力超过钢筋的屈服强度,经时效反应提高强度的一种方法。此方法同时可以达到调直钢筋的目的。时效反应是由于钢筋在冷拉过程中,其内部结晶面滑移,晶格变化,内部组织发生变化,因而强度提高,塑性降低,弹性模量也降低。

钢筋冷拉,常用冷拉应力或冷拉率来进行控制。当采用冷拉调直钢筋时,HRB335 级、HRB400 级和 RRB400 级钢筋的冷拉率不宜大于 1% 。

2. 钢筋冷拔

冷拔是使 $\phi6 \sim \phi8$ 的光面圆钢筋通过钨合金拔丝模进行强力冷拔。钢筋通过拔丝模时,受到拉伸与压缩兼有的作用,使钢筋内部晶格变形而产生塑性变形,因而抗拉强度提高,塑性降低,呈硬钢状态。光圆钢筋经冷拔后称"冷拔低碳钢丝"。影响冷拔低碳钢丝质量的主要因素是原材料的质量和冷拔总压缩率。冷拔低碳钢丝经调直机调直后,抗拉强度约降低 8%～10%,塑性有所改善,使用时应注意。

(三)钢筋焊接与机械连接

1. 钢筋的焊接

(1)闪光对焊

闪光对焊是利用对焊机使两段钢筋接触,通过低电压的强电流,待钢筋被加热到一定温度变软后，进行轴向加压顶锻，形成对焊接头。

(2)电弧焊

电弧焊是利用弧焊机使焊条与焊件之间产生高温电弧，从而使焊条和电弧燃烧范围内的焊件熔化，待其凝固便形成焊缝或接头。

(3)电渣压力焊

电渣压力焊是利用电流，通过渣池产生的电阻热将钢筋端部熔化，待达到一定程度后，施以压力，使钢筋焊接。

(4)电阻点焊

电阻点焊的工作原理是：当钢筋接触连接时，接触点只有一点，接触处接触电阻较大，在接触的瞬间，电流产生的全部热量都集中在一点上，因而使金属加热而熔化，同时在电极加压下使焊点金属得到焊接。

(5)气压焊

气压焊是利用乙炔-氧混合气体燃烧的高温火焰对已有初始压力的两根钢筋端面的结合处加热，使钢筋端部产生塑性变形，并使钢筋端面的金属原子互相扩散，当钢筋加热到1 250～1 350℃时进行加压顶锻，使钢筋内的原子得以再结晶而焊接在一起。

2. 钢筋的机械连接

钢筋机械连接是除焊接外，对接钢筋的新工艺。常用的机械连接方法主要有挤压连接和螺纹连接。

(1)挤压连接

钢筋挤压连接是将两根对接钢筋插入钢套筒内，用挤压连接设备沿着径向或轴向挤压钢套筒，使之产生塑性变形，依靠变形后的钢套筒与被连接钢筋纵、横肋产生的机械咬合作用实现钢筋的连接。其具有操作简单，容易掌握，质量可靠，连接速度快，无明火作业，无着火隐患，不污染环境，可全天候施工等特点。它适用于地震区和非地震区的钢筋混凝土结构的钢筋连接施工。

其主要设备有超高压泵、半挤压机、挤压机、压模、手扳葫芦、划线尺、量规等。

(2)螺纹连接

螺纹连接是将所连钢筋的两端套成锥形或直形丝扣，然后将带内丝的套筒，用扭力扳手按一定力矩值把两根钢筋连接起来，通过钢筋与套筒内丝扣的机械咬合达到连接的目的。

螺纹连接自锁性能好，能承受拉、压轴向力和水平力，在施工现场可连接 HRB335 级、HRB400 级和 RRB400 级同径或异径的竖向、水平或任何倾角的钢筋，适于按一、二级抗震等级设防的一般工业与民用建筑的现浇混凝土结构的梁、柱、板、墙基础的钢筋连接。

螺纹钢筋连接的主要机械设备有钢筋套丝机、量规、扭力扳手、砂轮等。

(四)钢筋的配料和加工

钢筋的配料，就是根据施工图纸，分别计算出各根钢筋切断时的直线长度，然后编制配料单。为了加工方便，根据配料单上的钢筋编号，分别填写配料牌，作为钢筋加工的重要依据。

施工中如供应的钢筋品种和规格与设计图纸要求不符时，可以进行代换。钢筋代换的方法有以下三种：

(1)当结构构件是按强度控制时，可按强度相等的原则代换，称“等强代换”，即

$$A_{g2} \cdot R_{g2} \geqslant A_{g1} \cdot R_{g1} \tag{14-10}$$

式中：A_{g1}、R_{g1}——分别为原设计钢筋的计算面积和设计强度；

A_{g2}、R_{g2}——分别为拟代换钢筋的计算面积和设计强度。

(2)当构件按最小配筋率控制时,可按钢筋面积相等的原则代换,称"等面积代换",即

$$A_{g2} \geqslant A_{g1} \tag{14-11}$$

(3)当结构构件按裂缝宽度或抗裂性要求控制时,钢筋的代换需进行抗裂性验算。

钢筋加工包括调直、除锈、下料剪切、接长、弯曲等工作。

钢筋工程属于隐蔽工程,在浇筑混凝土前应对钢筋及预埋件进行验收,并做好隐蔽工程记录。

二、模板工程

模板是新浇混凝土成型用的模型,要求能保证结构和构件的形状、尺寸的准确;具有足够的强度、刚度和稳定性;拆装方便,能多次周转使用;接缝严密、不漏浆。

(一)木模板

木模板主要由拼板和支撑件组成。拼板由一些板条用拼条钉拼而成,板条厚度一般为25~50mm,宽度不宜超过200mm,以保证干缩时,模板的缝隙均匀,浇水后易于密缝。但梁的底模板板条宽度不限制,以免漏浆。拼板的拼条一般平放,但梁的侧模板拼条则应立放。拼条的间距取决于新浇混凝土的侧压力和板条的厚度,多为400~500mm。

(二)定型组合钢模板

定型组合钢模板是一种工具式模板,它由具有一定模数的小型板块、角模、支撑和连接件组成。用它可以拼出多种尺寸和几何形状,以适应多种类型建筑物的梁、柱、板、墙、基础和设备基础等施工的需要。另外,也可用它拼成大模板、隧道模和台模等。

1. 板块与角模

板块多以2.3mm、2.5mm或2.8mm厚的钢板为面板,55mm高、3mm厚的扁钢为纵横肋;边框与面板一次轧成,高55mm。目前我国应用的钢模板块其长度有1 500mm、1 200mm、900mm、750mm、600mm和450mm,其宽度有300mm、250mm、200mm、150mm、100mm不同尺寸规格,且长与宽可进行不同的组合。进行配板设计时,如出现不足50mm的空隙,则用木方补缺。角模有阴、阳角模和连接角模之分,用来成型混凝土结构的阴阳角,也是两个板块拼装成90°角的连接件。

2. 支承件

支承件包括支承墙模板的支承梁和斜撑,支承梁、板模板的支撑折架和顶撑等。

(三)大模板

大模板是一种大尺寸的工具式模板,其尺寸与墙面尺寸相同。因其质量大,装、拆皆需起重机械吊装,但也因此而提高了机械化程度,减少了用工量和缩短了工期,是目前我国筒体和剪力墙体系的高层建筑施工用得最多的一种模板,已形成一种工业体系。

(四)滑升模板

滑升模板即是在构筑物或建筑物的底部,沿其墙、柱、梁等构件的周边组装高1.2m左右的滑升模板,随着不断地向模板内分层浇筑混凝土,采用液压提升设备而使模板不断地向上滑升,直至需要浇筑的高度为止。

滑升模板由模板系统、操作平台系统和液压滑升系统三部分组成。

滑升模板多用于现场浇筑高耸的构筑物和建筑物,如烟囱、筒仓、电视塔和剪力墙体系及筒体体系的高层建筑等。用滑升模板施工,可大量节约模板和支撑材料,加快施工速度和保证结构的整体性。但一次性投资多,耗钢量大,对建筑的立面造型和构件断面变化有一定的限制。

（五）爬升模板

爬升模板简称爬模，亦称跳模。它由爬升模板、爬架和爬升设备三部分组成，是施工剪力墙体系和筒体体系的钢筋混凝土结构高层建筑的一种有效模板体系。由于模板能借助爬升设备自行爬高，不需起重机械吊起，减少了吊运工作，能避免大模板因大风影响而停止工作的情况发生。由于自爬的模板上悬挂有脚手架，所以还省去了结构施工阶段的外脚手架。但用爬升模板施工时，底层墙由于无法固定爬架仍需用一般的支撑方法进行施工。

三、混凝土工程

混凝土工程包括混凝土的制备、运输、浇筑捣实和养护等施工过程。

（一）混凝土的制备

1. 混凝土施工配制强度的确定

混凝土制备之前按下式确定混凝土的施工配制强度，以达到95%的保证率。

$$f_{cu,o} = f_{cu,k} + 1.645\sigma \tag{14-12}$$

式中：$f_{cu,o}$——混凝土的施工配制强度（MPa）；

$f_{cu,k}$——设计的混凝土强度标准值（MPa）；

σ——施工单位的混凝土强度标准差（MPa）。

当施工单位具有近期混凝土强度的统计资料时，σ 可按下式计算

$$\sigma=\sqrt{\frac{\sum f_{cu,i}^{2}-n\mu_{fcu}^{2}}{n-1}} \tag{14-13}$$

式中：$f_{cu,i}$——第 i 组混凝土试件强度（MPa）；

μ_{fcu}——n 组混凝土试件强度的平均值（MPa）；

n——统计周期内相同混凝土强度等级的试件组数，$n \geqslant 25$。

当混凝土强度等级为C20或C25时，如计算得到的 $\sigma<2.5$MPa，取 $\sigma=2.5$MPa；当混凝土强度等级为C30及其以上时，如计算得到的 $\sigma<3.0$MPa时，取 $\sigma=3.0$MPa。

2. 混凝土的搅拌

（1）混凝土搅拌机的选择

混凝土搅拌机按搅拌原理划分，可分为自落式搅拌机和强制式搅拌机。

自落式搅拌机宜用于搅拌塑性混凝土，强制式搅拌机宜用于搅拌干硬性混凝土和轻集料混凝土。

（2）混凝土搅拌制度的确定

搅拌制度即搅拌时间、投料顺序和进料容量等规章。

搅拌时间是指自原材料全部投入搅拌筒时起，到开始卸料时止所经历的时间。它与搅拌质量密切相关。它随搅拌机类型和混凝土和易性的不同而变化。在一定范围内随搅拌时间的延长而强度有所提高，但过长时间的搅拌既不经济也不合理。因为搅拌时间过长，不坚硬的粗集料，在大容量搅拌机中会因脱角、破碎等而影响混凝土质量。因此，混凝土的搅拌时间应符合现行《混凝土结构工程施工质量验收规范》（GB 50204—2002）（2011年版）的有关规定。

投料顺序常用的有一次投料法和两次投料法。一次投料法是在上料斗中先装石子，再加水泥和砂，然后一次投入到搅拌机内。两次投料法亦称“裹砂石法混凝土搅拌工艺”。它是分两次加水，两次搅拌。用这种工艺搅拌时，先将全部的石子、砂和70%的拌和水倒入搅拌机，

拌和 15s 使集料湿润，再倒入全部水泥进行造壳搅拌 30s 左右，然后再加入 30%的拌和水再进行糊化搅拌 60s 左右即完成。与普通搅拌工艺相比，该工艺可使混凝土强度提高 10%～20%或节约水泥 5%～10%。

进料容量是将搅拌前各种材料的体积积累起来的容量，进料容量 V_i 与搅拌机搅拌筒的几何容量 V_g 有一定的比例关系，一般情况下 $V_i/V_g=0.22\sim0.40$。如任意超载，就会使材料在搅拌筒内无充分的空间进行掺和，影响混凝土拌和物的均匀性。

(二)混凝土的运输

对混凝土拌和物运输的基本要求是：不产生离析现象，保证规定的坍落度和在混凝土初凝之前能有充分时间进行浇筑和捣实。

混凝土运输工作分为地面运输、垂直运输和楼面运输三种情况。混凝土地面运输，如采用商品混凝土，运输距离较远时，多采用混凝土搅拌运输车。混凝土如来自工地搅拌站，则多用载重约 1t 的小型机动翻斗车，近距离亦可用双轮手推车等。混凝土垂直运输，我国多用塔式起重机、混凝土泵、快速提升斗和井架。混凝土楼面运输，我国以双轮手推车为主，亦用机动灵活的小型机动翻斗车。采用泵送混凝土时，则用布料杆布料。

(三)混凝土的浇筑和捣实

1.混凝土浇筑应注意的问题

(1)防止离析：混凝土自高处倾落的自由高度不应超过 2m，否则应沿串筒、斜槽、溜管或振动溜管等下料。

(2)正确留置施工缝：混凝土结构多要求整体浇筑，如因技术或组织上的原因不能连续浇筑时，且停顿时间有可能超过混凝土的初凝时间，则应事先确定在适当位置上留置施工缝。施工缝是结构中的薄弱环节，宜留设在受剪力最小、施工方便的部位。

施工缝的处理：待接槎处强度达到 1.2MPa 后，清理松动石子，冲洗干净，先浇筑与混凝土砂浆成分相同的砂浆一层，方可继续施工新的混凝土。

2.混凝土的浇筑方法

(1)现浇多层钢筋混凝土框架结构的浇筑：浇筑柱子时，一个施工段内的每排柱子应由外向内对称地浇筑，不要由一端向另一端推进，预防柱子模板逐渐受推倾斜而导致误差积累难以纠正。在一般情况下，梁和板同时浇筑，从一端开始向前推进。只有当梁的高度大于 1m 时才允许将梁单独浇筑，此时的施工缝留在楼板板面下 20～30mm 处。为保证捣实质量，混凝土应分层浇筑，每层厚度应符合有关规定。

(2)大体积钢筋混凝土结构浇筑：大体积钢筋混凝土的浇筑方案，一般分为全面分层、分段分层和斜面分层三种。全面分层法要求的混凝土浇筑强度较大。根据结构物的具体尺寸、捣实方法和混凝土的供应能力，可通过计算选择浇筑方案。

(3)水下浇筑混凝土：水下或泥浆中浇筑混凝土，目前多用导管法。

3.混凝土的密实成型

混凝土拌和物浇筑之后，需经密实成型才能赋予混凝土制品或结构一定的外形和内部结构。另外，强度、抗冻性、抗渗性、耐久性等皆与密实成型的好坏有关。在建筑施工中，多借助于机械振动、挤压、离心等方式使混凝土拌和物密实成型。

振动机械按其工作方式分为内部振动器、表面振动器、外部振动器和振动台。

内部振动器又称插入式振动器，其振动棒体在电动机带动下高速转动而产生高频微幅的振动，多用于振实梁、柱、墙、厚板和大体积混凝土结构等。

表面振动器又称平板振动器，它在混凝土表面进行振捣，适用于楼板、地面等薄型构件。

外部振动器又称附着式振动器，它固定在模板的外部，通过模板将振动传给混凝土拌和物，宜于振捣断面小且钢筋密的构件。

振动台是混凝土制品厂中的固定生产设备，用于振实预制构件。

4. 混凝土养护

此处指混凝土的自然养护。自然养护分洒水养护和喷涂薄膜养生液养护两种。洒水养护即用草帘等将混凝土覆盖，经常洒水使其保持湿润，养护时间长短取决于水泥品种。喷涂薄膜养生液养护适用于不易洒水养护的高耸构筑物和大面积混凝土结构。它是将过氯乙烯树脂塑料溶液用喷枪喷涂在混凝土表面上，溶液挥发后在混凝土表面形成一层塑料薄膜，将混凝土与空气隔绝，阻止其中水分的蒸发以保证水化作用的正常进行。

浇筑完的混凝土应及时洒水养护，当日最低温度不能低于5℃。自然养护时间，普通硅酸盐水泥和矿渣水泥不少于7d，抗渗混凝土要求不少于14d。

5. 混凝土质量的检查

为了保证混凝土的质量，在搅拌和浇筑过程中，应检查混凝土组成材料的质量和用量，并在搅拌和浇筑地点检查混凝土坍落度。上述检查在每一工作班内至少两次，如混凝土配合比有变动时，还应及时检查。

对施工完毕的混凝土，应作出最后鉴定。其内容除检查混凝土的外观质量外，主要是检查混凝土抗压强度。对于特殊混凝土，还应按设计要求进行抗冻、抗渗和耐腐蚀等特殊性能的检查。

混凝土的外观检查，主要检查表面有无蜂窝、麻面、裂缝、露筋、脱皮掉角等缺陷和几何尺寸是否正确。

为了确定混凝土是否能达到设计强度等级，确定结构和构件能否拆模、起吊，以及预应力筋张拉和放松的时间等，在浇筑过程中，应该用同样的混凝土制作一批试块，分别在标准条件及与构件相同的条件下进行养护，经过一定时间后进行检验试压。标准条件下养护28d的试块用来评定混凝土是否达到设计强度等级；而用与构件相同条件下养护的试块来确定构件当时的实际强度，以判断能否拆模、张拉、起吊和承受施工荷载。

（四）混凝土的冬期施工

气象资料显示，室外日平均气温连续5d稳定低于5℃时，混凝土就进入冬季施工。混凝土冬季施工的核心是使其达到临界强度之前，不遭受冻害。临界强度是指混凝土遭受冻害，后期强度损失在5%以内的预养护强度值。普通硅酸盐水泥配制的混凝土，其临界强度定为混凝土标准强度的30%，矿渣硅酸盐水泥配制的混凝土为40%。

混凝土的冬季施工方法主要有蓄热法、蒸气加热法、电热法、暖棚法和掺外加剂法。无论采用什么方法，均应保证混凝土在冻结前达到临界强度。

蓄热法是常用的方法，首先要将水和集料加热，或采用热拌混凝土，使混凝土在搅拌、运输和浇筑过程中不致受冻结。应优先采用加热水的方法，只有当水加热至允许的温度而热量尚不能满足时，才考虑对砂石集料加热。水及集料的加热温度应根据热工计算确定，但不得超过表14-11的规定。

拌和水及集料最高温度（单位：℃）　　表14-11

项　目	拌 和 水	集　料
强度等级小于42.5的普通水泥、矿渣水泥	80	60
强度等级等于及大于42.5的普通水泥、矿渣水泥	40	40

配制冬期混凝土，应选用硅酸盐水泥或普通硅酸盐水泥，水泥强度等级不应低于32.5，最小水泥用量每立方米混凝土不少于300kg，水灰比不应大于0.6。混凝土搅拌时间要比常温下规定的时间增加5%，使其传热均匀。

四、钢筋混凝土预制构件制作

尺寸和质量大的构件，可在施工现场就地制作，以避免繁重的运输。定型化的中小型构件，则应发挥工厂化生产的优点在预制厂（场）制作。

施工现场就地制作构件，为节省木模板材料，可用土胎膜或砖胎膜，还可安装活动木底板，用分节脱模法加速模板周转。为节约底模板，或场地狭小，屋架、柱子等大型构件可平卧叠浇，即利用已预制好的构件作底模板，沿构件两侧安装侧模板再浇上层构件混凝土。上层构件的构件模板安装和混凝土浇筑，需待下层构件混凝土强度达到5MPa后方可进行。

现场制作空心构件，为形成孔洞，除用木内模外，还可用胶囊充以压缩空气作内模，待混凝土初凝后，将胶囊放气抽出，便形成圆形等孔洞。胶囊内的气压根据气温、胶囊尺寸和施工外力而定，以保证几何尺寸准确。

预制厂制作构件的工艺方案，根据成型和养护不同，有以下三种方案。

（一）台座法

台座是表面光滑平整的混凝土地坪、胎膜或混凝土槽。构件的成型、养护和脱模等生产过程都在台座上的同一地点进行。构件在整个生产过程中固定在一个地方，而操作工人和生产机具是顺序地从一个构件移至另一个构件，来完成各项生产过程。

用台座法生产构件，设备简单，投资少；但占地面积大，机械化程度较低，生产受气候影响。设法缩短台座的生产周期是提高生产效率的重要手段。

（二）机组流水法

此法在车间内生产，将整个车间根据生产工艺的要求划分为几个工段，每个工段皆配备相应的工人和机具设备，构件成型、养护、脱模等生产过程分别在有关的工段循序完成。生产时，构件随同模板沿着工艺流水线，借助于起重运输设备，从一个工段移至下一个工段，分别完成各有关的生产过程，而操作工人的工作地点是固定的。构件随同模板在各工段停留的时间长短可以不同。此法比台座法效率高，机械化程度较高，占地面积小；但建厂投资较大，生产过程中运输繁忙，宜于生产定型的中小型构件。

（三）传送带流水法

用此法生产，模板在一个呈封闭环形的传送带上移动，生产工艺中的各个生产过程（如清理模板、涂刷隔离剂、排放钢筋、预应力筋张拉、浇筑混凝土等）都是在沿传送带循序分布的各个工作区中进行。生产时，模板沿着传送带有节奏地从一个工作区移至下一个工作区，则各工作区要求在相同的时间内完成各自的有关生产过程，以保证有节奏连续生产。此法是目前最先进的工艺方案，生产效率高，机械自动化程度高；但设备复杂，投资大，宜于大型预制厂大批量生产定型构件。

五、预应力混凝土工程

普通钢筋混凝土构件受力后，由于混凝土抗拉极限应变值只有0.000 1～0.000 15，如果要保证混凝土不开裂，则受拉钢筋的应力只能达到20～30MPa，即使构件允许出现裂缝，当裂缝的宽度限制在0.2～0.3mm时，受拉钢筋的应力也只能达到150～250MPa。为了克服普通钢筋混凝土构件过早出现裂缝这一缺点，创造了对钢筋混凝土施加预应力的方法。即在构件的受拉区域，通过张拉和放松钢筋的原理，对混凝土预先施加压应力，使混凝土产生一定的压缩变形。当构件受力后，受拉区混凝土的拉伸变形首先由压缩变形抵消，然后随着外力的增加混凝土才继续被拉伸，这就延缓了裂缝的出现。通过合理设计和精心施工，能使构件在使用荷载作用下不出现裂缝。这种施加预应力的混凝土，叫预应力混凝土。它比普通钢筋混凝土构件的截面小、质量轻、刚度大、抗裂性和耐久性好，能节约材料、降低造价，并能扩大预制装配程度，因而，在建筑工程中得到了广泛应用。

预应力混凝土的施工工艺有先张法、后张法、后张自锚法和电热法。这里仅讨论先张法和后张法。

(一)先张法

先张法是在浇筑混凝土构件之前，张拉预应力筋，将其临时锚固在台座或钢模上，然后浇筑混凝土构件，待混凝土达到一定强度(一般不低于混凝土强度标准值的75%)并使预应力筋与混凝土之间有足够黏结力时，放松预应力筋，预应力筋弹性回缩，借助混凝土与预应力筋之间的黏结，对混凝土施加了预压应力。

用台座法施工时(见图14-10)，预应力筋的张拉、锚固，混凝土构件的浇筑、养护和预应力筋的放松等工序皆在台座上进行，预应力筋的张拉力由台座承受。

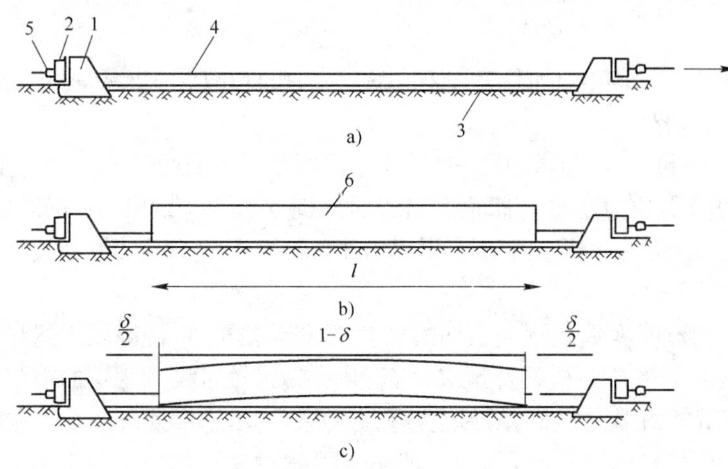

图14-10 先张法生产示意图

a)预应力筋的张拉；b)混凝土的浇筑与养护；c)预应力筋放松

1-台座承力结构；2-横梁；3-台面；4-预应力筋；5-夹具；6-构件

先张法施工工艺有预应力筋的张拉、混凝土的浇筑与养护和预应力筋的放松。

1. 预应力筋的张拉

张拉时的控制应力按设计确定。张拉后实际预应力值的偏差不得大于或小于规定值的5%，张拉程序可按下列程序之一进行：$0 \longrightarrow 105\%\sigma_{con} \xrightarrow{\text{持荷2min}} \sigma_{con}$或$0 \longrightarrow 103\%\sigma_{con}$。其中，$\sigma_{con}$为预应力筋的张拉控制应力。

预应力筋的张拉控制应力，不得超过表14-12的规定。当有下列情况之一时，可比表14-12的规定提高$0.05f_{ptk}$：

(1)为提高构件在施工阶段的抗裂性能而在使用阶段受压区内设置的预应力钢筋；

(2)为部分抵消由于应力松弛、摩擦、钢筋分批张拉，以及预应力筋与张拉台座之间的温差等因素产生的预应力损失。

预应力筋张拉控制应力 σ_{con} 限值 表 14-12

钢筋种类	张拉控制应力 σ_{con} 限值
消除应力钢丝、钢绞线	$0.4f_{ptk} < \sigma_{con} \leqslant 0.80f_{ptk}$
中强度预应力钢丝	$0.4f_{ptk} < \sigma_{con} \leqslant 0.75f_{ptk}$
预应力螺纹钢筋	$0.5f_{pyk} < \sigma_{con} \leqslant 0.90f_{pyk}$

注：f_{ptk} 指预应力筋极限强度标准值；f_{pyk} 指预应力螺纹钢筋屈服强度标准值。

张拉时，为避免台座承受过大的偏心压力，应先张拉靠近台座截面重心处的预应力筋。张拉完毕，预应力筋对设计位置的偏差不得大于5mm，也不得大于构件截面最短边长的4%。

多根钢筋同时张拉，断丝和滑脱的钢丝数量不得大于构件同一截面钢丝总数的5%，且严禁相邻两根钢丝断裂或脱滑。

多根同时张拉的钢丝，应抽查钢丝的应力值，其偏差不得大于或小于按一个构件全部钢丝预应力总值的5%。

2.混凝土的浇筑与养护

确定预应力混凝土的配合比时，应尽量减小混凝土的收缩和徐变。

混凝土振捣密实时，振动器不应碰撞钢丝，混凝土未达到一定强度前，不允许碰撞或踩动钢丝。

当预应力混凝土进行湿热养护时，应采取正确的养护制度以减少由于温差引起的预应力损失。

3.预应力筋的放松

混凝土强度达到设计规定的数值(一般不小于混凝土标准强度的75%)后，才可放松预应力筋。过早放松会由于预应力筋的回缩而引起较大的预应力损失。预应力筋的放松应根据配筋情况和数量，选用正确的方法和顺序，否则会引起构件翘曲、开裂和预应力筋断裂等现象发生。

(二)后张法

构件或块体制作时，在放置预应力筋的部位预先留有孔道，待混凝土达到规定强度后，孔道内穿入预应力筋，用张拉机具夹持预应力筋，并将其张拉至设计规定的控制应力，然后借助锚具，将预应力筋锚固在构件端部，最后进行孔道灌浆(亦有不灌浆者)，这种方法称为后张法。

后张法施工工艺有孔道留设、预应力筋张拉和孔道灌浆三部分。

1.孔道留设

孔道留设是后张法构件制作中的关键工艺之一。孔道直径取决于预应力筋和锚具。孔道留设方法有钢管抽芯法、胶管抽芯法和预埋波纹管法，预埋波纹管法多用于曲线形孔道。

(1)钢管抽芯法：预先将钢管埋设在模板内孔道位置处，在混凝土浇筑过程中和浇筑之后，每间隔一段时间慢慢转动钢管，使之不与混凝土黏结，待混凝土初凝后、终凝前抽出钢管，即形成孔道。

(2)胶管抽芯法：胶管有五层或七层夹布胶管和钢丝网胶管两种。前者质软，用间距不大于0.5m的钢筋井字架固定位置，浇筑混凝土前，先往胶管内充入0.6～0.8MPa的压缩空气或压力水，待浇筑的混凝土初凝后，放出压缩空气或压力水，管径缩小而与混凝土脱离，便于抽出。后者质硬，具有一定弹性，留孔的方法与钢管一样，只是浇筑混凝土后不需转动，由于其具有一定的弹性，抽管时在拉力作用下断面缩小易于拔出。

(3)预埋波纹管法：波纹管为特制的带波纹的金属管，与混凝土有良好的黏结力。波纹管不再抽出，用间距不大于1m的钢筋井字架予以固定。

2. 预应力筋张拉

张拉预应力筋时，构件混凝土的强度应按设计规定，如设计无规定则不宜低于混凝土标准强度的75％。

后张法预应力筋的张拉应注意下列问题：

(1)对配有多根预应力筋的构件，不可同时张拉时，只能分批、对称地进行张拉。

(2)对平卧叠浇的预应力混凝土构件，上层构件的重力产生的水平摩阻力，会影响下层构件在预应力筋张拉时混凝土弹性压缩的自由变形，待上层构件起吊后，由于摩阻力影响消失会增加混凝土弹性压缩的变形，从而引起预应力损失，因此，可采取逐层加大超张拉的办法来弥补该预应力损失。

(3)为减少预应力筋与预留孔孔壁摩擦而引起的损失，对抽芯成形的孔道，曲线形预应力筋和长度大于24m的直线预应力筋，应采用两端张拉；长度不大于24m的直线预应力筋可一端张拉，但张拉端宜分别设置在构件的两端；对预埋波纹管孔道，曲线形预应力筋和长度大于30m的直线预应力筋宜在两端张拉；长度不大于30m的直线预应力筋，可在一端张拉。

3. 孔道灌浆

预应力筋张拉后，应随即进行孔道灌浆。灌浆宜用强度等级不低于32.5的普通硅酸盐水泥调制的水泥浆，其强度不宜低于30MPa，且应有较大的流动性和较小的干缩性、泌水性。水灰比一般为0.40～0.45。

习　题

14-9　在钢筋混凝土柱施工中，主筋的焊接通常采用(　　)。

A. 电弧焊　　B. 电阻点焊　　C. 气压焊　　D. 闪光对焊

14-10　在钢筋混凝土剪力墙施工中，用得最为普遍的模板形式为(　　)。

A. 木模板　　B. 爬升模板　　C. 大模板　　D. 滑升模板

14-11　搅拌干硬性混凝土宜选用(　　)。

A. 双锥式搅拌机　　B. 鼓筒式搅拌机　　C. 自落式搅拌机　　D. 强制式搅拌机

14-12　浇筑多层钢筋混凝土框架结构的柱子时，应(　　)。

A. 一端向另一端推进　　B. 由外向内对称浇筑

C. 由内向外对称浇筑　　D. 任意顺序浇筑

14-13　大体积混凝土的振捣密实，宜选用(　　)。

A. 内部振动器　　B. 表面振动器　　C. 振动台　　D. 外部振动器

14-14　在先张法预应力混凝土施工中，对配有多根钢筋的预应力构件，在放松预应力筋时应(　　)。

A. 同时放松　　B. 从两端向中间逐根放松

C. 从中间向两端逐根放松　　D. 从一端向另一端逐根放松

14-15　为防止混凝土离析，规范规定，混凝土从高处倾落的自由高度不应超过(　　)。

A. 1.0m　　B. 2.0m　　C. 3.0m　　D. 4.0m

14-16　较长距离的商品混凝土的地面运输，宜采用(　　)。

A. 自卸汽车　　B. 混凝土搅拌运输车

C. 小型机动翻斗车　　D. 混凝土泵

第三节 结构吊装工程与砌体工程

一、起重安装机械

结构吊装工程常用的起重安装机械有桅杆式起重机、自行杆式起重机和塔式起重机。

(一)桅杆式起重机

桅杆式起重机包括独脚把杆、人字把杆、悬臂把杆和牵缆式把杆。

(二)自行杆式起重机

自行杆式起重机包括以下几种。

1.履带式起重机

履带式起重机由行走装置、回转机构、机身及起重杆等部分组成,采用链式履带的行走装置,使对地面的平均压力大为减少,装在底盘上的回转机构可使机身回转 360°,机身内部有动力装置、卷扬机及操纵系统。它操作灵活,使用方便,起重杆可分节接长,可在一般平整坚实的场地上行驶和进行吊装作业。目前在单层工业厂房装配式结构吊装中得到了广泛使用,但它的缺点是稳定性较差,不宜超负荷吊装。

2.汽车式起重机

汽车式起重机是把起重机构安装在通用或专用汽车底盘上的全回转起重机。起重杆采用高强度钢板做成筒形结构,吊臂可根据需要自动逐节伸缩,并设有各种限位和报警装置。起重机构所用动力由汽车发动机供给。这种起重机的优点是转移迅速,对路面的破坏性很小;缺点是吊重时必须使用支腿,因而不能负荷行驶,适用于构件运输的装卸工作和结构吊装作业。

3.轮胎起重机

轮胎起重机是把起重机构装在加重型轮胎和轮轴组成的特制底盘上的全回转起重机械,一般吊重时都用四条支腿支撑。轮胎起重机的特点是:①行驶时对路的破坏性较小,行驶速度比汽车起重机慢,但比履带起重机快;②稳定性较好,起重量较大;③吊重时一般需要支腿,否则起重量大大减小。

(三)塔式起重机

塔式起重机具有竖直的塔身,起重臂安装在塔身的顶部,形成“Γ”形的工作空间,具有较高的有效高度和较大的工作半径,起重臂可回转 360°,因此,塔式起重机在多层及高层装配式结构吊装中得到了广泛应用。

1.轨行塔式起重机

这是应用最广泛的一种起重机,常用的有 QT_1-2、QT_1-6 型等。QT_1-6 型塔式起重机是轨道式上旋转塔式起重机,起重量为 2～6t,幅度 8.5～20m,起重高度 40.5～26.5m,轨距3.8m,适用于工业与民用建筑的吊装或材料仓库的装卸等工作。其特点为:起重机借助本身机构能够转弯行驶,起重高度可按需要增减塔身互换节架。

2.爬升式塔式起重机

爬升式塔式起重机是一种安装在建筑物内部(电梯井或特设开间)的结构上,借助爬升机构,随着建筑物的增高而爬升的起重机械。一般每隔 2 层楼便爬升一次。这种起重机主要用于高层建筑施工。

爬升式塔式起重机不需铺设轨道又不占用施工场地,宜用于施工现场狭窄的高层建筑工程。目前使用的主要是 QT_5-4/40 型(40m)和 QT_5-4/60 型(60m)。QT_5-4/40 型爬升式塔式起重机的最大起重量为 4t，幅度为 11～20m，起重高度 110m，一次爬升高度 8.6m，爬升速度 1m/min。QT_5-4/40 型和 QT_5-4 型爬升式塔式起重机借助套架托梁和爬升系统钢丝绳进行爬升。采用液压爬升机构的 80HC 型、120HC 型塔式起重机的内爬升过程如图 14-11 所示。

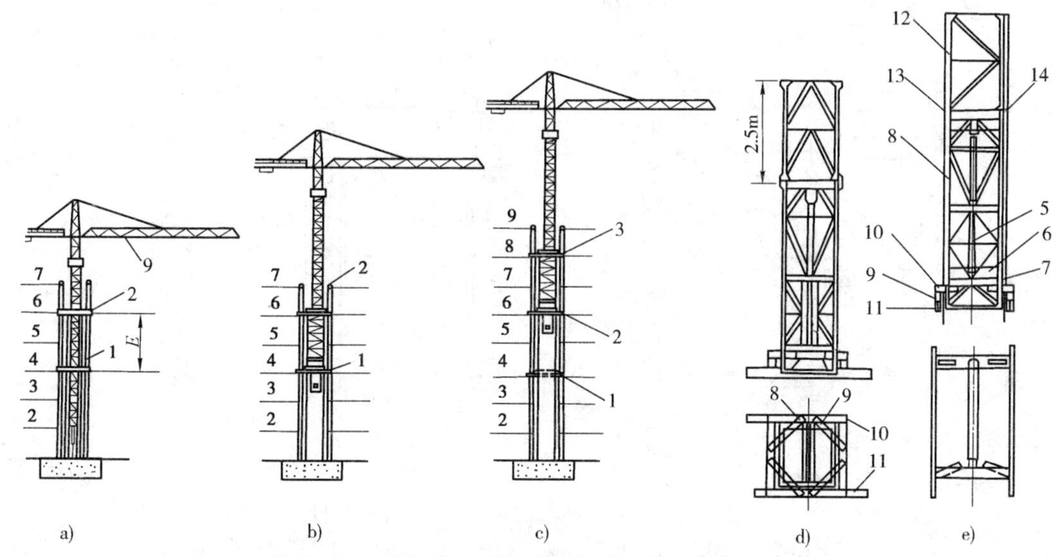

图 14-11 80HC 型、120HC 型塔式起重机的内爬升过程

a)爬升前；b)爬升；c)再锚装一套爬升框架；d)爬升机构示意图；e)支腿在爬梯爬升过程中的示意图

1-下爬升框架；2-上爬升框架；3-爬升框架；4-油缸；5-活塞；6-爬升下横梁；7-支腿；8-爬梯；9-下承重横梁；10-承受垂直力大梁；11-连接建筑结构大梁；12-标准节(2.5m)；13-爬升节；14-爬升上横梁；E-上、下爬升框架最小锚固间距

3. 附着式塔式起重机

附着式塔式起重机是固定在建筑物近旁混凝土基础上的起重机械，它可借助顶升系统随着建筑施工进度而自行向上接高。为了减小塔身的计算长度，规定每隔 20m 左右将塔身与建筑物用锚固装置连接起来。这种塔式起重机适用于高层建筑施工。附着式塔式起重机还可以装在建筑物内作为爬升式塔式起重机使用，或作为轨道式起重机使用。QT-10 型起重机，每顶升一次升高 2.5m，常用的起重臂长 30m，此时最大起重力矩为 160tm，起重量为 5～10t，起重半径为 3～30m，起重高度为 160m。

QT-10 型附着式塔式起重机的液压顶升系统主要包括顶升套架、长行程液压千斤顶、承座、顶升横梁及定位销等。其顶升过程可分为五个步骤，如图 14-12 所示。

二、钢筋混凝土单层工业厂房结构吊装

单层工业厂房的主要承重结构一般由基础、柱、吊车梁、屋架、天窗架、屋面板等组成，除基础在施工现场就地灌筑外，其他多采用装配式钢筋混凝土预制构件。尺寸大、构件重的大型构件一般都在施工现场就地预制，中小型构件都集中在构件预制厂制作，然后运到现场吊装。重型厂房也可采用钢结构。

(一)构件吊装前的准备工作

构件吊装前应做好下列准备工作：

(1)场地清理与道路铺设；

(2)吊装前对所有构件进行全面质量复查；

(3)构件弹线与编号，作为构件吊装、对位和校正的依据；

(4)钢筋混凝土杯形基础的准备工作，包括杯口顶面标线及杯底找平；

(5)组织好构件运输和构件的堆放；

(6)构件吊装时的临时加固。

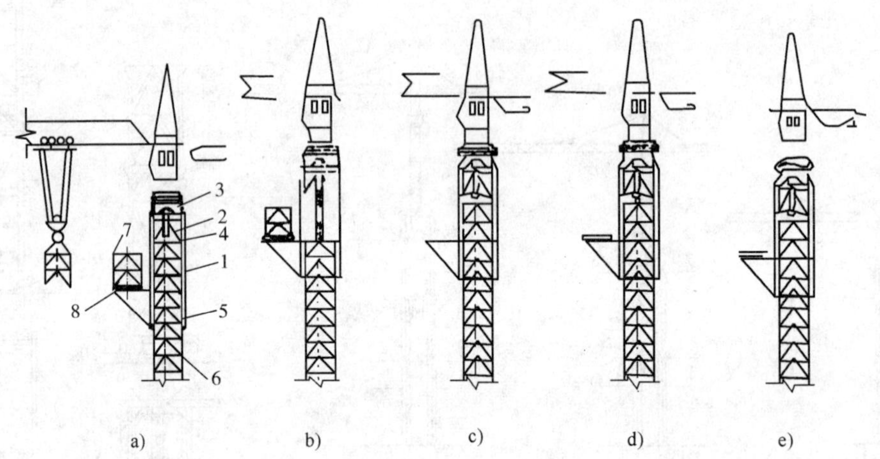

图 14-12 QT-10 型附着式塔式起重机的顶升过程

a)准备状态；b)顶升塔顶；c)推入塔身标准节；d)安装塔身标准节；e)塔顶与塔身连成整体

1-顶升套架；2-液压千斤顶；3-承座；4-顶升横梁；5-定位销；6-过渡节；7-标准节；8-摆渡小车

(二)构件吊装工艺

预制构件吊装过程一般包括绑扎、起吊、对位、临时固定、校正、最后固定等工序。构件吊装时，钢丝绳与水平方向的夹角应大于 45°。

1. 柱的吊装

(1)柱的绑扎：按柱吊起后柱身是否垂直，分为直吊法和斜吊法。相应的绑扎方法有：①斜吊绑扎法，当柱子的宽面抗弯能力满足吊装要求时，可采用斜吊绑扎法；②直吊绑扎法，柱的宽面抗弯能力不足时，吊装前要先将柱翻身，再绑扎起吊，这时就要采用直吊绑扎法。

(2)柱的起吊：用单机吊装时，按柱在吊升过程中柱身运动的特点分为旋转法和滑行法两种吊升方法。①旋转法：这种方法是起重机边起钩、边回转起重杆，使柱子绕柱脚旋转而吊起插入杯口。该法应使柱子的绑扎点、柱脚中心和杯口心三点共圆，该圆的圆心为起重机的回转中心，半径为圆心到绑扎点的距离。柱子堆放时，应尽量使柱脚靠近基础，以提高吊装速度。②滑行法：柱子吊升时，起重机只升吊钩，起重杆不动，使柱脚沿地面滑行逐渐直立，然后插入杯口。采用此法吊升时，柱的绑扎点应布置在杯口附近，并与杯口中心位于起重机同一工作半径的圆弧上，以便移动吊柱就位。

(3)柱的对位和临时固定：柱脚插入杯口后，先进行悬空对位，用八只楔块从柱的四边插入杯口，并用撬棍撬动柱脚使柱子的安装中心线对准杯口的安装中心线，使柱身基本保持直立，即可落钩将柱脚放到杯底，并复查对线；随后，由两人面对面地打紧四周楔子加以临时固定。

(4)柱的校正：校正内容包括平面定位轴线的位置、标高和垂直度的校正。

(5)柱的最后固定：钢筋混凝土柱的底部四周与基础杯口的空隙之间，浇筑细石混凝土，捣固密实，作为最后固定。

2. 吊车梁的吊装

吊车梁绑扎时，吊钩应对准重心，起吊后使构件保持水平。吊车梁就位时应缓慢落下，争取使吊车梁中心线与支承面的中心线能一次对准,并使两端搁置长度相等。吊车梁的校正,应在屋盖结构构件校正和最后固定后进行。

3.屋架的吊装

工业厂房的钢筋混凝土屋架,一般在现场平卧叠浇。吊装的施工顺序是:绑扎,扶直就位,吊升、对位与临时固定,校正、最后固定。

(1)绑扎:屋架的绑扎点,应选在上弦节点处或其附近,对称于屋架的重心,吊点的数目及位置,与屋架的形式和跨度有关,一般由设计确定。

(2)扶直就位:由于屋架在现场平卧预制,吊装前要先翻身扶直。扶直时,屋架部分地改变了构件的受力性质。因此,必要时应采取加固措施。扶直屋架有两种方法:①正向扶直,即起重机位于屋架下弦一边,首先以吊钩对准屋架的上弦中心,收紧吊钩,然后略略起臂使屋架脱模;接着升钩、起臂,使屋架以下弦为轴缓缓转为直立状态;②反向扶直,即起重机位于屋架上弦一边,吊钩对准上弦中心,随着升钩、降臂,使屋架绕下弦转动而直立。

(3)吊升、对位与临时固定:屋架吊至柱顶以上,使屋架的端头轴线与柱顶轴线重合,然后进行临时固定,屋架固定稳妥后起重机才能脱钩。

(4)校正、最后固定:屋架主要校正垂直偏差,使其符合规范规定;校正无误后,立即用电焊焊牢作为最后固定。

(三)结构吊装方案

1.起重机型号的选择

一般钢筋混凝土单层工业厂房的结构吊装,多采用自行式起重机。在无自行式起重机时,也可采用桅杆式起重机等。

起重机型号选择取决于起重机的三个工作参数,即载质量 Q、起重高度 H、起重半径 R。它们均应满足结构吊装的要求。

(1)载质量 Q

起重机的载质量必须大于所吊装构件的质量与索具质量之和,即

$$Q \geqslant Q_1 + Q_2 \tag{14-14}$$

式中:Q——起重机的载质量(t);

Q_1——构件的质量(t);

Q_2——索具的质量(t)。

(2)起重高度 H

起重机的起重高度必须满足所装构件的吊装高度要求,即

$$H \geqslant h_1 + h_2 + h_3 + h_4 \tag{14-15}$$

式中:H——起重机的起重高度(m),从停机面算起至吊钩中心;

h_1——安装支座表面高度(m),从停机面算起;

h_2——安装空隙,一般不小于0.3m;

h_3——绑扎点至所吊构件底面的距离(m);

h_4——索具高度(m),自绑扎点至吊钩中心距离。

(3)起重半径 R

当起重机可以不受限制地开到构件安装位置附近时,可不验算起重半径;但是当起动机受到限制不能靠近安装位置时,则应验算起动机的起动半径为一定值时的起重量、起重高度能否

满足吊装构件的要求。

2.起重机台数的确定

起重机台数，根据厂房的工程量、工期和起重机的台班产量，按下式确定

$$N=\frac{1}{T\cdot C\cdot K}\sum\frac{Q_i}{P_i} \tag{14-16}$$

式中：N——起重机台数；

T——工期；

C——每天工作班数；

K——时间利用系数，一般取0.8～0.9；

Q_i——每种构件的安装工程量(件或t)；

P_i——起重机相应的产量定额(件/台班或t/台班)。

3.结构吊装方法

(1)分件吊装法：起重机每开行一次，仅吊装一种或几种构件，通常分三次开行吊装完全部构件。第一次开行，吊装全部柱，经校正和最后固定；待接头混凝土达到设计强度的70%后，第二次开行，吊装全部吊车梁、连系梁及柱间支撑；第三次开行，依次按节间吊装屋架、天窗架、屋面板及屋面支撑等。

(2)综合吊装法：起重机在厂房内一次开行中就吊装完一个节间内的各种类型构件。即先吊装一个节间柱子，随后吊装这个节间的吊车梁、连系梁、屋架和屋面板等构件；一个节间的全部构件吊装完后，起重机移至下一个节间进行吊装，直至整个厂房结构吊装完毕。

4.现场预制构件的平面布置和吊装前的构件堆放

(1)现场预制构件的平面布置：单层工业厂房在现场预制的构件主要是柱子和屋架，有时还有吊车梁。在预制时，应对它们的预制位置仔细加以规划布置，以便于施工。

①柱子的布置有斜向布置和纵向布置两种。

②屋架的布置有斜向布置，以及正、反斜向布置和正、反纵向布置三种，其中以斜向布置方式采用较多。

③吊车梁可靠近柱子基础顺纵轴线或略作倾斜布置，也可插在柱子之间预制。

(2)吊装前构件的堆放：为配合吊装工艺的要求，各种构件在起吊前应按一定要求进行堆放。

三、多层房屋结构吊装

(一)结构吊装方法与吊装顺序

多层装配式框架结构的吊装方法，按构件吊装顺序不同，有分件吊装法和综合吊装法。

1.分件吊装法

按其流水方式的不同，又分为分层分段流水吊装法和分层大流水吊装法。前者是以一个楼层为一个施工层而每一个施工层又再划分成若干个施工段，以便流水作业，起重机在某一施工段内作数次往返开行，每次开行，吊装该段内的某一种构件，直至吊完该施工段的全部构件，依次转入后续施工段；后者是每个施工层不再划分施工段而按一个楼层组织各工序的流水。

2.综合吊装法

它是以一个节间或若干个节间为一个施工段，以房屋的全高为一个施工层来组织各工序的流水。起重机把一个施工段的构件吊装至房屋的全高，然后转移到下一个施工段。

(二)构件的平面布置与堆放

多层房屋的预制构件，除较重、较长的柱子需在现场就地预制外，其他构件大多数在工厂

集中预制后运入工地吊装。因此，构件的平面布置要着重解决柱子的现场预制布置和预制构件的堆放问题。

(三)结构构件的吊装

1. 框架结构构件的吊装

多层装配式框架结构由柱、主梁、次梁、楼板组成。在吊装过程中，要注意处理好柱子的绑扎和校正以及柱接头和梁、柱接头。

2. 大型墙板结构构件的吊装

装配式大型墙板的吊装方法主要有储存吊装法和直接吊装法两种。储存吊装法，即将构件从生产场地或构件预制厂运入吊装机械工作半径范围内储存。直接吊装法即随运随吊。

四、砌体工程

砌体工程是指烧结普通砖、烧结多孔砖、蒸压灰砂砖、蒸压粉煤灰砖、石材和各种砌块的砌筑。

(一)砖砌体

1. 墙体砌筑的施工工艺

(1)抄平放线：砌墙前，应用水准仪确定标高，在基础面上先用水泥砂浆或C15细石混凝土找平，然后以龙门板上轴线定位钉为标志拉上麻线，沿麻线吊挂垂球将轴线放到基础面上，并据此弹出纵横墙边线，定出门窗洞位置。

(2)摆砖样：按山丁檐跑方式排砖，借助灰缝调整砖的模数，尽可能少砍砖。

(3)立皮数杆：用来控制墙体竖向尺寸及各部位构件的标高，并保证水平灰缝厚度的均匀。

(4)盘角、挂线：盘角是确定墙面横平竖直的主要依据，一般根据皮数杆先砌墙角，然后拉准线砌中间墙身。

(5)砌筑：常用的方法有“三一”砌砖法(即一铲灰，一块砖，一挤揉)和铺浆法。

(6)勾缝：是砌清水墙的最后一道工序。当用砌筑砂浆随砌随勾缝时，称为原浆勾缝；待墙体砌筑完毕后，再用1∶1的水泥砂浆或加色砂浆勾缝时，称为加浆勾缝。

2. 砌筑要求及保证质量措施

砌筑质量的具体要求应符合相关规范的要求。砖墙砌体应横平竖直，砂浆饱满，上下错缝，内外搭砌，接槎牢固。

横平竖直：是要求每一皮砖的灰缝横平竖直，以保证砖砌体的稳定。

砂浆饱满：是要求普通烧结砖砌体水平灰缝的砂浆饱满度不得低于80%，对于小型混凝土空心砖，竖向及水平灰缝砂浆饱满度不得小于90%，以满足砌体抗压强度要求。

上下错缝：是指砖砌体上下两层砖的竖缝应当错开，以避免“通天缝”。

内外搭砌：是使同皮的里外砌体通过相邻上下皮的砖搭砌而组砌牢固。

接槎牢固：是指相邻砌体不能同时砌筑而设置的临时中断。为使接槎牢固，须保证接槎部分的砌体砂浆饱满。

砖砌体的转角处和交接处应同时砌筑，严禁无可靠措施的内外墙分砌施工。在抗震设防烈度为8度及8度以上地区，对不能同时砌筑而又必须留置的临时间断处应砌成斜槎，普通砖砌体斜槎水平投影长度不应小于高度的2/3(见图14-13a)。多孔砖砌体的斜槎长高比不应小于1/2。斜槎高度不得超过一步脚手架的高度。非抗震设防及抗震设防烈度为6度、7度地区的临时间断处，当不能留斜槎时，除转角处外，可留直槎，但直槎必须做成凸槎。留直槎处应加设拉结钢筋，拉结钢筋的数量为每120mm墙厚放置$\phi6$拉结钢筋(120mm厚墙放置$2\phi6$拉结钢筋)，间距沿墙高不应超过500mm；埋入长度从留槎处算起每边均不应小于500mm，对抗震设防烈度为6度、7度的地区,不应小于1 000mm,末端应有90°弯钩(见图14-13b)。

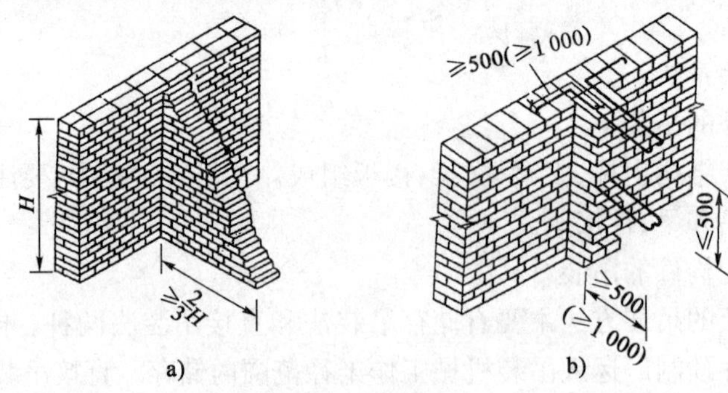

图14-13　砖砌体的交接处留直槎(尺寸单位:mm)

a)斜槎砌筑;b)直槎砌筑

(二)中小型砌块

墙体结构采用砌块具有下述优点:①可基本实现预装配化、施工机械化、建设速度快、劳动效率高;②强度高,用C15混凝土制作的空心砌块,砌体强度可达3.7～4.3MPa,比砖砌体高80%,而质量只有砖墙的40%左右;③造价低,造价比砖砌体的混合结构少11.5%,有效面积增加4%～8%;④生产工艺和施工方法简单,便于推广;⑤节约取土烧砖用地,可就地取材利用工业废料。

1.砌块的种类

砌块的种类有粉煤灰硅酸盐砌块、混凝土空心砌块、煤矸石空心砌块、炉渣空心砌块、页岩陶粒混凝土多排孔砌块和钢渣碳化砌块等。这些砌块用作建筑物墙体,具有足够的强度和刚度;能够满足隔声、隔热、保温等要求;建筑物的耐久性和技术经济效益也较好。

砌块的规格、型号和建筑的层高、开间和进深尺寸有关。砌块的长度、高度和厚度,应满足在建筑平面上能砌各种按统一模数要求的层高,而且对门垛、独立柱、带壁柱等应有良好的适应性。同时,还应考虑门窗的模数化和砌筑宽度为100mm倍数的窗间墙。

2.砌块建筑施工中应注意的问题

(1)砌块的错缝搭接

良好的错缝和搭接施工是保证砌块建筑整体性的重要措施。上、下皮砌块间的错缝搭接长度一般为砌块长度的1/2,最少也不能小于砌块高度的1/3,否则应用钢筋网片搭接补强。钢筋网片是由3根$\phi4$长度为600mm的短钢筋焊接而成。转角及纵横墙交接处均需互相搭接,以保证墙体互相拉结牢固。纵、横墙如不能采用刚性砌合时,则采用柔性拉结,柔性拉结条用$\phi4$或$\phi6$钢筋焊成网片补强,每两皮砌块拉一道。

对于混凝土空心砌块,应注意使其孔洞在转角处和纵、横墙交接处,上下对准贯通并插入$\phi8$～$\phi12$的钢筋,插筋要埋置于基础中,然后在孔内浇筑混凝土或构造小柱,增加建筑物的刚度,以利于抗震。

(2)砌块的排列

排列砌块时应注意以下几个问题:

①应尽量采用主规格砌块,以减少砌块种类,并在图中标明砌块编号及嵌砖和过梁等部位;

②对于混凝土空心砌块,上下皮砌块壁、肋孔均应垂直对齐以提高砌体的强度;

③拼缝应错开,承重墙不得有通缝,非承重部分超过两皮通缝时,应加放联结钢筋网片;

④尽量不嵌砖或少嵌砖,必须嵌砖的地方应尽可能分散对称使墙体受力均匀;

⑤当构件与砌块布置位置有矛盾时，应满足构件布置；

⑥砌块布置应从±0.00开始，并应绘出排列图。

(3)施工工艺(见图14-14)

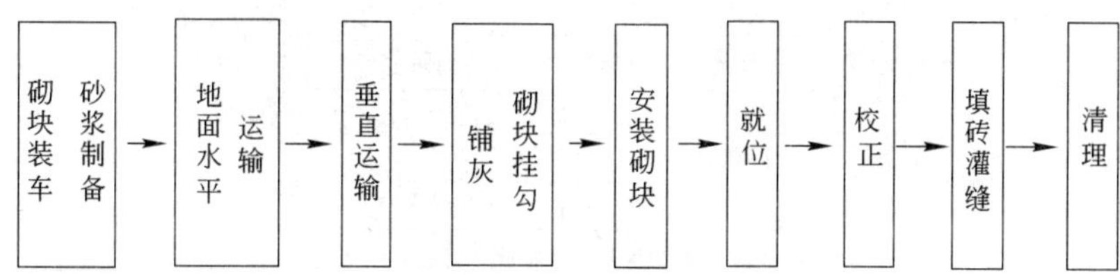

图14-14　砌块施工工艺流程图

习　题

14-17　起重机在厂房内每移动一次就吊装完一个节间内的全部构件，这种吊装方法称为(　　)。

A. 旋转法　　B. 滑行法　　C. 分件吊装法　　D. 综合吊装法

第四节　施工组织设计

施工组织设计是施工单位据以对拟建工程进行施工准备和施工安装的技术经济文件。它的基本任务是根据国家对建设项目的要求，确定经济合理的规划方案，对拟建工程在人力和物力、时间和空间、技术和组织上作出全面而合理的安排，以保证建设项目多快好省地完成。

一、施工组织设计的分类

施工组织设计按编制对象划分，可分为施工组织总设计、单位工程施工组织设计和施工方案三部分。

(一)施工组织总设计

它是以一个建设项目或建筑群为编制对象，用以指导其施工全过程各项活动的技术、经济的综合性文件。它是整体建筑项目施工的战略部署，其范围较广，内容比较概括。它是在初步设计或扩大初步设计批准后，由总承包单位的总工程师负责，会同建设、设计和其他分包单位的工程师共同编制。它也是施工单位编制年施工计划和单位工程施工组织设计的依据。

(二)单位工程施工组织设计

它是以一个建筑物、构筑物或一个交竣工工程系统为编制单位，用以指导其施工全过程各项活动的技术、经济综合文件。它是施工企业年度施工计划和施工组织总设计的具体化，其内容更加详细。它是在施工图完成后，由工程项目主管工程师负责编制，作为施工单位编制季度、月度和分部(分项)工程作业计划的依据。

(三)施工方案

施工方案，又可称为分部(分项)工程作业计划。它是以分部(分项)工程为编制单位，用以指导其各项施工活动的技术经济文件。它结合施工企业的月旬作业计划，把单位工程施工组织设计进一步具体化，是专业工程更具体的施工设计。它是在编制单位工程施工组织设计的同时，由栋号工程技术人员编制的。

二、施工组织设计的编制程序

一般情况下,单位工程施工组织可按如图14-15所示的程序编制。

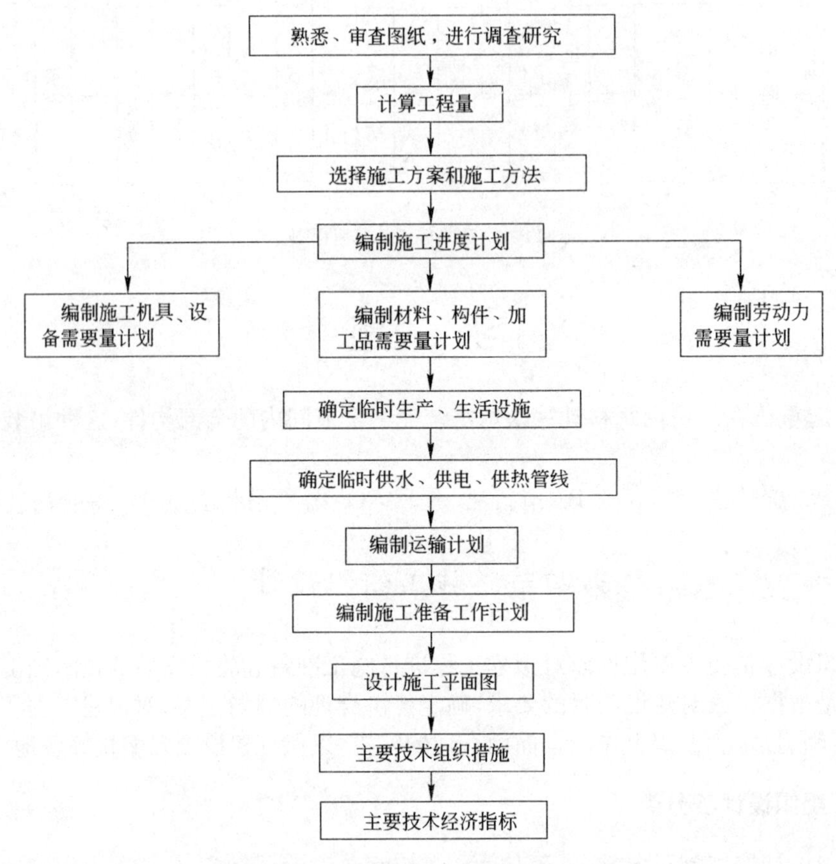

图14-15 施工组织设计编制程序框图

三、施工方案的选择

选择合理的施工方案是单位工程施工组织设计的核心,它包括施工方法和施工机械的选择、施工段的划分、工程开展的顺序和流水施工的安排等。这些都必须在熟悉施工图纸、明确工程特点和施工任务、充分研究施工条件、正确进行技术经济比较的基础上作出决定。施工方案的合理与否直接关系到工程的成本、工期和质量。

(一)确定施工程序

应遵循"先地下、后地上","先土建、后设备","先主体、后围护","先结构、后装修"的一般原则,结合具体工程的建筑结构物特征、施工条件和建设要求,合理确定工程项目的施工程序,包括确定工程项目各楼层、各单元(跨)的施工顺序、施工段的划分,各主要施工过程的流水方向等。

在确定各施工过程的先后顺序时,应考虑:①施工工艺的要求;②施工方法和施工机械的要求;③施工组织的要求;④施工质量的要求;⑤当地的气候条件;⑥安全技术的要求。

(二)选择施工方法和施工机械

施工方法和施工机械的选择是紧密联系的,在技术上它是解决各主要施工过程的施工手段和工艺问题。这些问题的解决,在很大程度上受到结构形式和建筑特征的制约。

在选择施工方法和施工机械时,不仅要拟订进行某一施工过程的操作过程和方法,而且要提出质量要求,以及达到这些质量要求的技术措施,并要预见可能发生的问题和提出预防措施,同时提出必要的安全措施。凡按常规做法和工人熟练的项目,不必详细拟订,只要提出这些项目在本工程上的一些特殊要求即可。

在选择施工方法和施工机械时,应考虑:①施工方法的技术先进性与经济合理性的统一;②施工机械的适用性与多用性的兼顾,尽可能充分发挥施工机械的效率和利用程度;③施工单位的技术特点和施工习惯,以及现有机械可能利用的情况。

(三)施工方案的技术经济比较

在确定施工方案时,对主要工程项目的施工方法应进行方案的技术、经济比较。比较时,务必从实际的施工条件出发,使最终选定的施工方案在技术上是先进的,施工上是合理有效的,所需的设备是可能取得的,在投资费用和成本上是经济的。一般来说,各个施工方案都有其优缺点,在进行方案比较时,应着重分析其在该工程的特定条件下的有利条件,解决主要矛盾。

四、编制进度计划

施工进度计划是以施工方案为基础,根据规定工期和技术物资的供应条件,遵循各施工过程的合理工艺顺序,统筹安排各项施工活动进行编制的。它的任务是为各施工过程指明一个确定的施工日期,并以此为依据确定施工活动所需的劳动力和各种技术物资供应计划。施工进度计划通常采用横道图或网络图的形式来表达。施工进度计划可按下列步骤进行编制:

(1)根据施工方案确定各施工过程的施工顺序;

(2)划分施工项目;

(3)划分流水施工段;

(4)计算各施工项目的工程量;

(5)计算劳动量和机械台班量;

(6)确定各施工项目的作业时间;

(7)按各施工项目的施工顺序和搭接关系,编制初始施工进度计划;

(8)检查调整施工进度计划,直至得到最终的施工进度计划。

五、设计施工平面图

施工平面图是对施工活动在空间上的安排与布置。它要表明工程施工所需的施工机械、加工场地、材料、加工半成品和构件堆放场地及临时运输道路、临时供水、供电、供热管网和其他临时设施等的合理布置。

(一)施工平面图的内容

(1)地上及地下一切建筑物、构筑物和管线;

(2)测量放线标桩、地形等高线、土方取弃场地;

(3)起重机轨道和行驶道路、井架位置等;

(4)材料、加工半成品、构件和机具堆放场;

(5)生产、生活用临时设施并附一览表,一览表中应分别列出名称、规格和数量;

(6)安全、防火设施。

（二）施工平面图设计的步骤

（1）确定垂直运输机械的位置；

（2）确定搅拌站、仓库和材料、加工半成品、构件堆场的位置；

（3）布置运输道路；

（4）布置生产、生活用临时设施；

（5）布置水电管网等。

必须指出的是，工程施工是一个复杂多变的生产过程，各种施工机械、材料、构件等都是随着工程的进展而逐渐进场的，而且又随着工程的进展而逐渐变动、消耗，因此，对大型的、施工期限较长或施工现场较为狭小的工程，就需要按不同施工阶段分别设计不同的施工平面图，以便能把不同施工阶段工地上的合理布置生动具体地反映出来。

注：在施工平面图设计中，应优先确定大型起重机械的位置。

六、拟定技术组织措施

在施工组织设计中，应从具体工程的建筑、结构特征，以及施工条件、技术要求和安全生产的需要出发，拟定技术组织措施。它是进行施工作业交底、明确施工技术要求和质量标准、预防可能发生的工程质量事故和生产安全事故的重要内容。技术组织措施主要有：①保证工程质量措施；②保证施工安全措施；③保证施工进度措施；④冬雨季施工措施；⑤降低工程成本措施；⑥提高劳动生产率措施；⑦节约材料措施；⑧环保措施。

习　题

14-18　施工组织设计按编制的对象不同共有（　　）类。

A. 2　　B. 3　　C. 4　　D. 5

14-19　在设计施工平面图时，首先应（　　）。

A. 布置运输道路　　B. 确定垂直运输机械的位置

C. 布置生产、生活用临时设置　　D. 布置搅拌站、材料堆场的位置

14-20　在安排各施工过程的先后顺序时，可以不考虑（　　）。

A. 施工工艺的要求　　B. 施工组织的要求

C. 施工质量的要求　　D. 施工管理人员的素质

14-21　施工进度计划可用（　　）或（　　）表示，其中（　　）提供的进度信息更为全面、丰富。

A. 横道图，网络图，网络图

B. 网络图，横道图，横道图

C. 单代号网络图，双代号网络图，双代号网络图

D. 双代号网络图，单代号网络图，单代号网络图

第五节　流水施工原理

流水施工是将拟建工程在平面上划分为若干个工程量基本相等的施工段落，并使每个施工过程都由相应的专业工作队依次在同一时间内、不同空间上完成其施工任务，达到有节奏地

均衡施工的目的。流水施工根据使用对象的不同,可分为分项工程、分部工程、单位工程、建筑群体流水施工。

一、流水施工参数

(一)施工过程数 n

在组织流水施工时,用以表达流水施工在工艺上开展层次的有关过程,称为施工过程。施工过程的数目,通常用 n 表示。

(二)施工段数 m

把拟建工程在平面上划分为若干个劳动量大致相等的施工段落,即为施工段。施工段的数目,一般以 m 表示。

每一个施工段在某一段时间内只供一个施工过程的工作队使用。在划分施工段时,应考虑以下几点:

(1)施工段的分界同施工对象的结构界限(如温度缝、沉降缝或单元等)尽量取得一致;

(2)各施工段上所消耗的劳动量尽可能相近;

(3)每个施工段应满足专业工种对工作面的要求;

(4)当房屋有层间关系,分段又分层时,应使各工作队能够连续施工,为此 $m_{\min} \geqslant n$。

(三)流水节拍 t_i

流水节拍是指每个专业工作队在各施工段上完成各自施工所需的持续时间,通常用 t_i 表示。

流水节拍的确定,应考虑劳动力、材料和施工机械供应的可能性,以及劳动组织和工作面使用的合理性。流水节拍可按下式计算

$$t_i = \frac{Q_i}{S_i R_i N} = \frac{P_i}{R_i N} \tag{14-17}$$

式中:t_i——某施工过程在某施工段上的流水节拍;

Q_i——某施工过程在某施工段上的工程量;

S_i——某专业工种或机械的产量定额;

R_i——某专业工作队人数或机械台数;

N——某专业工作队或机械的工作班次;

P_i——某施工过程在某施工段上的劳动量。

(四)流水步距 $K_{j,j+1}$

在流水施工过程中,相邻两个专业工作队先后进入第一施工段开始施工的时间间隔,称为流水步距,通常用 $K_{j,j+1}$ 表示。确定流水步距的基本原则是:

(1)始终保持两施工过程的先后工艺顺序;

(2)保持各施工过程的连续作业;

(3)使相邻专业工作队实现最大限度地、合理地搭接。

(五)技术间歇 S

在流水施工过程中,由于施工工艺要求,某施工过程在某施工段上必须停歇的时间间隔,称为技术间歇,通常用 S 表示。

二、节奏专业流水

根据流水节拍的特征,施工过程可以分为节奏流水施工过程或非节奏流水施工过程两种。

节奏流水施工过程在各施工段上的持续时间相等，而非节奏流水施工过程在各施工段上的持续时间不相等，如图 14-16 所示。

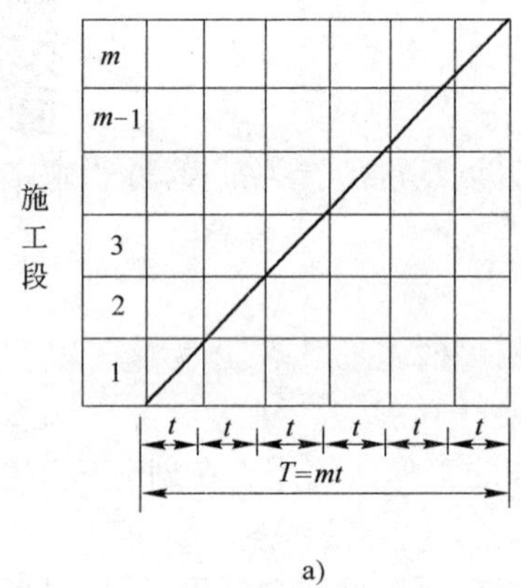

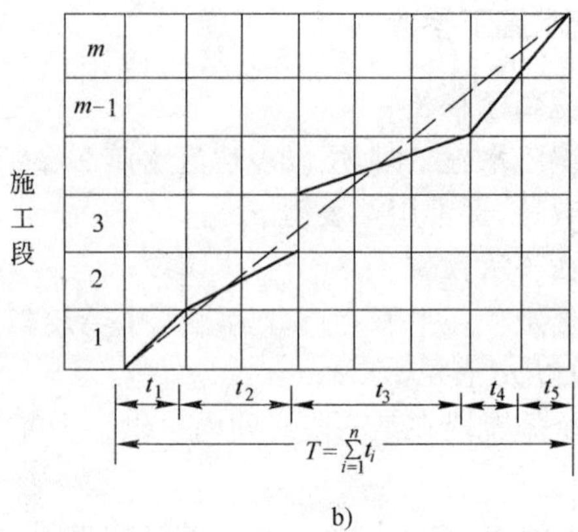

图 14-16　施工过程流水图表

a)节奏流水；b)非节奏流水

若参与流水作业的施工过程都是节奏流水施工过程，就称此流水作业为节奏专业流水，反之则称为非节奏专业流水。

(一)固定节拍专业流水

在节奏专业流水中，若各施工过程的流水节拍是相等的，则称为固定节拍专业流水。此时各施工过程间的流水步距即等于流水节拍。流水施工工期则可按下式计算

$$T=(n-1)k+mt_i=(m+n-1)K=(m+n-1)t_i \tag{14-18}$$

当有技术间歇时，其流水施工工期(见图 14-17)则为

$$T=(m+n-1)t_i+\sum S \tag{14-19}$$

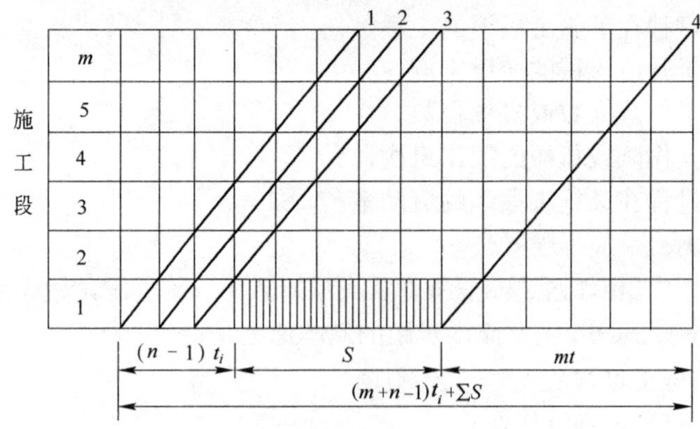

图 14-17　固定节拍专业流水

(二)成倍节拍专业流水

在节奏专业流水中，若各施工过程的流水节拍之间是不相等的，而是互成倍数，则可组织成倍节拍专业流水。这种流水施工方式根据工期的不同要求，又可分为一般成倍节拍流水和加快成倍节拍流水两种。

1. 一般成倍节拍流水

如果工期能满足规定的要求，且各施工过程在工艺上和组织上都是合理的，则可组织一般

成倍节拍流水。此时，各施工过程的流水步距可按下式计算

$$K_{j,j+1}=\begin{cases} t_j & (\text{当 } t_j \leqslant t_{j+1} \text{ 时}) \\ m\ t_j-(m-1)t_{j+1} & (\text{当 } t_j > t_{j+1} \text{ 时}) \end{cases} \tag{14-20}$$

一般成倍节拍流水施工的工期(见图 14-18)为

$$T=\sum_{j=1}^{n-1}K_{j,j+1}+m\cdot t_n+\sum S \tag{14-21}$$

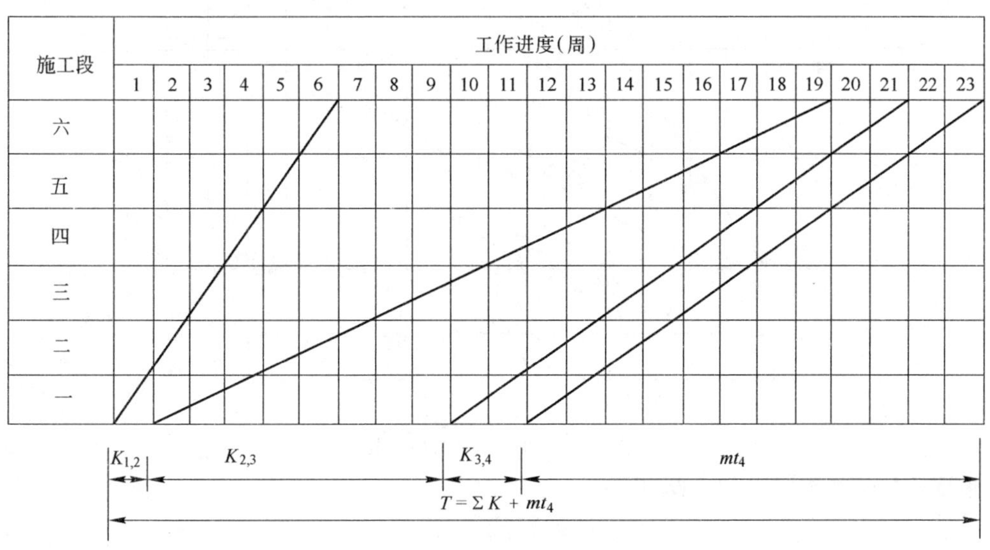

图 14-18　一般成倍节拍流水

2. 加快成倍节拍流水

如果按一般成倍节拍流水安排施工活动不能满足规定工期的要求，则可采取增加施工队数的方式，组织加快成倍节拍流水。此时，每个施工过程所需专业工作队数目可按下式确定

$$b_j=\frac{t_j}{t_{\min}} \tag{14-22}$$

式中：b_j——某施工过程所需专业工作队数目；

t_j——某施工过程的流水节拍；

$t_{\min}$——所有流水节拍的最大公约数。

任何两个相邻专业工作队间的流水步距均等于所有节拍的最大公约数，即

$$K_{j,j+1}=t_{\min} \tag{14-23}$$

加快成倍节拍流水的施工工期(见图 14-19)则可由下式计算

$$T=(m+N-1)\cdot t_{\min}+\sum S \tag{14-24}$$

式中：N——专业工作队总数。

三、非节奏专业流水

若干非节奏流水施工过程所组成的专业流水，称为非节奏专业流水。它的特点是各施工过程的流水节拍随施工段的不同而改变，不同施工过程之间的流水节拍又有很大的差异。

组织非节奏专业流水施工的基本要求，是必须保证每一个施工段上的工艺顺序是合理的，且每一个施工过程在各施工段上的施工是连续的，即工作队一旦投入施工是不间断的，同时各

个施工过程之间的施工时间为最大限度的搭接，能满足流水施工的要求。但必须指出，部分施工段上允许出现暂时的空闲，即暂时没有工作队投入施工的现象。

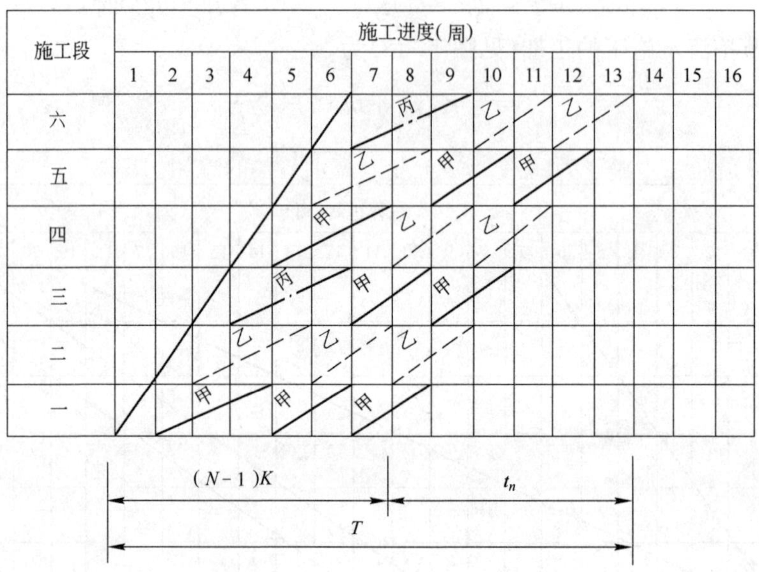

图 14-19 加快成倍节拍流水

非节奏专业流水施工的工期 T

$$T=\sum K_{i\text{-}j}+\sum t_n \tag{14-25}$$

式中：$K_{i\text{-}j}$——相邻两个施工过程间的流水步距；

$\sum t_n$——最后一个施工过程在各施工段上流水节拍的总和。

非节奏专业流水施工的组织方法：先用“累加错位相减取大值”的方法求出各 $K_{i\text{-}j}$，然后利用式(14-25)求出非节奏专业流水施工工期 T 并绘制进度图表。下面举例说明非节奏专业流水施工的组织过程。

【例 14-8】 某工程有三个施工过程，划分四个施工段，各施工过程在各施工段上的流水节拍均不同，见表 14-13。要求对此非节奏流水施工过程组成专业流水，并计算非节奏专业流水施工工期。

各施工过程在各施工段的流水节拍表(单位：d) 表 14-13

施工过程 \ 施工段	①	②	③	④
一	3	3	2	2
二	4	2	3	4
三	2	3	4	3

解 第一步：依次计算每个施工过程在各施工段上流水节拍的累加值系列，即

过程一 3,6,8,10

过程二 4,6,9,13

过程三 2,5,9,12

第二步：用错位相减取大值的方法求出各 $K_{i\text{-}j}$

求 $K_{1\text{-}2}$　　　3，6，8，10

　　　　　　　　—）　4，6，9，13

　　　　　　　　　3　2　2　1　−13　　　　$K_{1\text{-}2}=\max\{3,2,2,1,-13\}=3$

求 $K_{2\text{-}3}$　　　4，6，9 13

　　　　　　　　—）2，5，9，12

　　　　　　　　　4　4　4　4　−12　　　　$K_{2\text{-}3}=\max\{4,4,4,4,-12\}=4$

第三步：求最后一个施工过程在各施工段上流水节拍的总和$\sum t_n$

$$\sum t_3=2+3+4+3=12$$

第四步：求非节奏专业流水施工工期 T

$$T=\sum K_{i\text{-}j}+\sum t_n \qquad \sum K_{i\text{-}j}=K_{1\text{-}2}+K_{2\text{-}3}=3+4=7$$

$$T=7+12=19$$

第五步：绘制非节奏专业流水进度计划图（见图 14-20 和图 14-21）。

施工过程	工作进度																		
	1	2	3	4	5	6	7	8	9	10	11	12	13	14	15	16	17	18	19
一		①			②		③			④									
二		$K_{1\text{-}2}$			①			②			③			④					
三					$K_{2\text{-}3}$				①		②			③				④	

图 14-20　非节奏专业流水进度计划（水平图表）

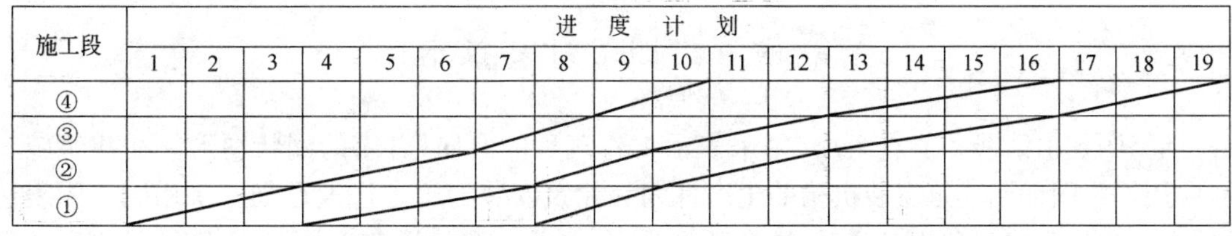

图 14-21　非节奏专业流水进度计划（垂直图表）

四、一般搭接施工

一般搭接施工不同于节奏专业流水和成倍节拍流水及非节奏专业流水。其主要施工过程要求连续，其他施工过程允许间断，施工的特点在于充分利用工作空间，使单位工程的工期缩短。因此搭接施工不需要计算相邻施工过程之间的流水步距，但需要调节好非主导施工过程的间断时间。

常见搭接施工有施工段无层间关系的搭接施工、施工段有层间关系的搭接施工。

施工段无层间关系的搭接施工，每一施工过程在某一施工段的开始时间，取决于前一施工过程在该施工段作业的结束时间，以及本施工过程在前一施工段作业的结束时间。施工段有层间关系的搭接施工，则不仅取决于前一施工过程在该施工段作业的结束时间，还要受楼板层的条件约束。

习　题

14-22　在流水施工过程中，相邻两个专业工作队先后进入第一施工段开始施工的时间间隔称为(　　)。

A. 技术间歇　　B. 流水步距　　C. 流水节拍　　D. 流水间隔

14-23　在加快成倍节拍流水中，任何两个相邻专业工作队间的流水步距等于所有流水节拍的(　　)。

A. 最小值　　B. 最小公倍数　　C. 最大值　　D. 最大公约数

14-24　某二层楼进行固定节拍专业流水施工，每层施工段数为3，施工过程有3个，流水节拍为2天，流水工期为(　　)。

A. 16天　　B. 10天　　C. 12天　　D. 8天

14-25　某工程按题表要求组织流水施工，相应流水步距 $B_{A\text{-}B}$ 及 $B_{B\text{-}C}$ 应为(　　)。

题14-25表

施工段 / 施工过程	一	二	三	四
A	2	3	2	3
B	2	1	2	1
C	2	3	2	1

A. 2天，2天　　B. 2天，3天

C. 3天，3天　　D. 5天，2天

第六节　网络计划技术

网络图是由箭线和节点组成，用来表示工作流程的有向、有序的网状图形。在建筑施工中，应用网络图编制建筑安装机构的生产计划和建筑安装的施工进度计划。采用网络图表达各项工作的先后顺序和相互关系，具有逻辑严密，主要矛盾突出，有利于计划优化、计划调整和电子计算机的应用等优点。网络图有双代号网络图和单代号网络图之分。

一、双代号网络图

(一)网络图的基本概念

1. 工作(活动)

工作是网络图的组成部分，根据计划编制的粗细不同，工作既可以是一项简单的操作工序，也可以是一个复杂的施工过程或一项工程任务。它需要消耗时间和资源，或只消耗时间而不消耗资源，工作用实箭杆"→"表示。

只表示工作之间的逻辑关系，且既不消耗资源也不消耗时间的工作叫虚工作，用虚箭杆"⇢"表示。

2. 事件(节点)

在双代号网络图中，表示工作的开始、结束或连接关系的圆圈称为事件(节点)。箭线出发的事件叫工作的起点事件，箭头指向的事件叫工作的终点事件。

3. 线路

从开始节点出发顺箭线方向行至结束节点所形成的通路称为线路。

4. 逻辑关系

工作之间的先后顺序关系叫逻辑关系。逻辑关系包括工艺关系和组织关系。生产性工作之间由工艺技术决定的，非生产性工作之间由程序决定的先后顺序叫工艺关系。工作之间由于组织安排或资源调配需要而规定的先后顺序关系叫组织关系。

(二)网络图的绘制方法

1. 绘图规则

(1)网络图必须按已定的逻辑关系绘制。

(2)不允许出现闭合回路。

(3)只能有一个开始节点和一个结束节点。

(4)不允许出现无箭头线段或双向箭线。

(5)不允许出现同样编号的事件或工作。

(6)绘制网络图时，宜避免箭线交叉，当交叉不可避免时，可采用如图 14-22 所示的几种表示方法。

(7)节点的编号应由小指向大。

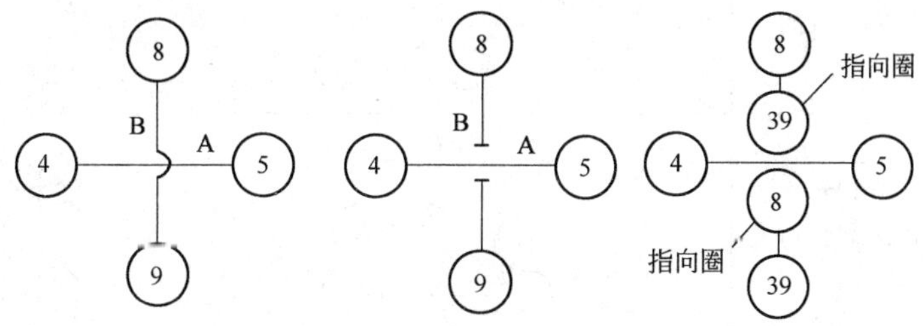

图 14-22 箭线交叉的表示方法

2. 绘图方法

双代号网络图中的逻辑关系表示方法见表 14-14。

几种逻辑关系的表示方法 表 14-14

序号	逻辑关系	双代号表示方法	单代号表示方法
1	A 完成后进行 B B 完成后进行 C	A B C	A B C
2	A 完成后同时进行 B 和 C	A B C	A B C
3	A 和 B 都完成后进行 C	A B C	A B C

续上表

序号	逻辑关系	双代号表示方法	单代号表示方法
4	A 和 B 都完成后进行 C 和 D	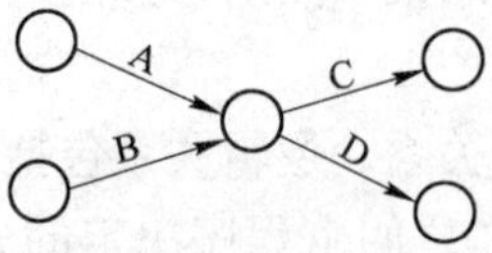	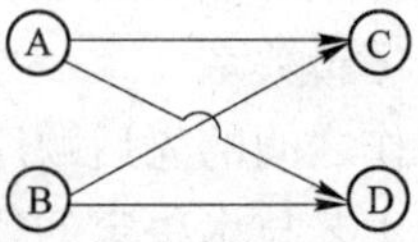
5	A 完成后进行 C B 完成后进行 D、C	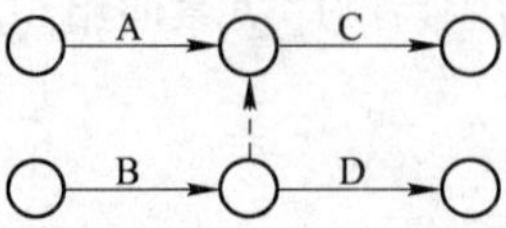	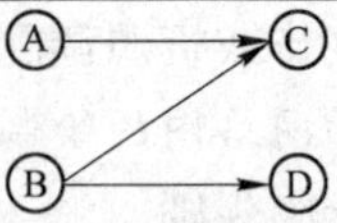
6	A、B 均完成后进行 D A、B、C 均完成后进行 E D、E 均完成后进行 F	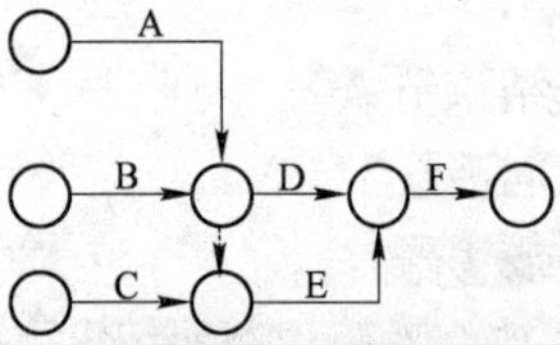	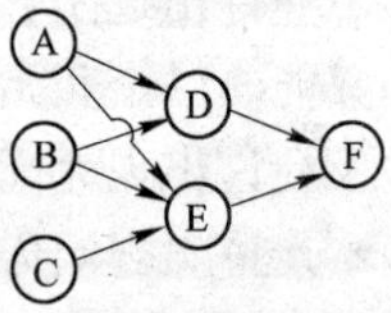
7	A、B 均完成后进行 C B、D 均完成后进行 E	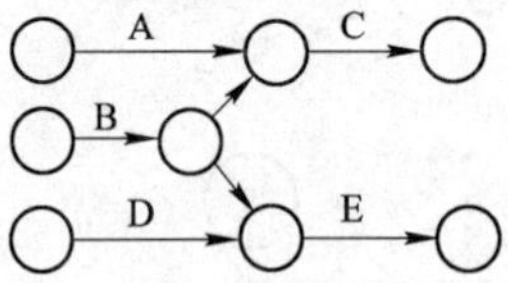	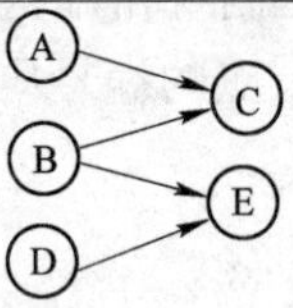
8	A 完成后进行 C A、B 均完成后进行 D B 完成后进行 E	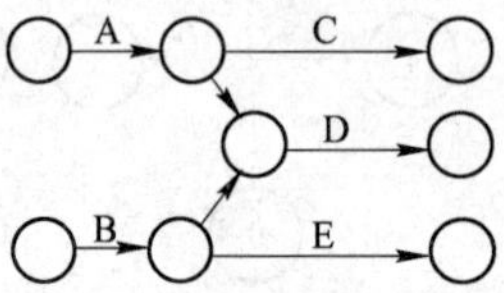	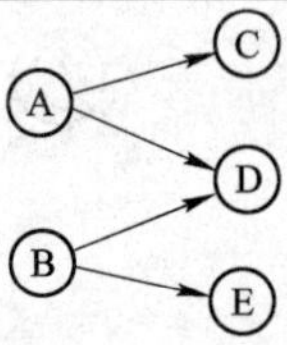
9	A、B 两项先后进行的工作各分为三段进行 A_1 完成后进行 A_2、B_1 A_2 完成后进行 A_3、B_2 B_1 完成后进行 B_2 A_3、B_2 完成后进行 B_3	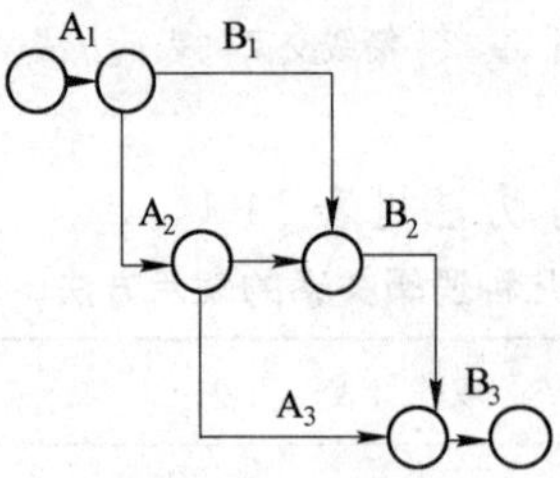	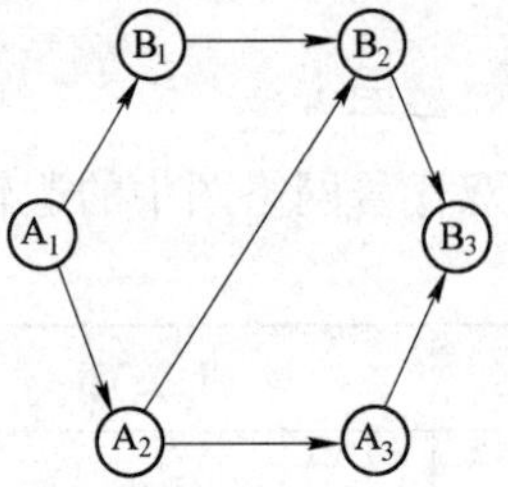

（三）双代号网络图的时间参数计算

网络图时间参数计算的目的在于确定各项工作和各个事件的时间参数，为网络计划的执行、调整和优化提供必要的时间依据。

双代号网络计划时间参数的标注形式有四时标注法和六时标注法两种，见图 14-23。

1. 工作最早开始时间 $T_{i\text{-}j}^{ES}$

以起点节点 i 为箭尾节点的工作 i-j，如未规定其最早开始时间，其值等于零。其他工作 i-j的最早开始时间 $ES_{i\text{-}j}$ 可计算为

$$ES_{i\text{-}j} = \max_{h}\{ES_{h\text{-}i} + D_{h\text{-}i}\} \tag{14-26}$$

式中：$ES_{h\text{-}i}$——工作 i-j 的紧前工作 h-i 的最早开始时间；

$D_{h\text{-}i}$——工作 i-j 的紧前工作 h-i 的持续时间。

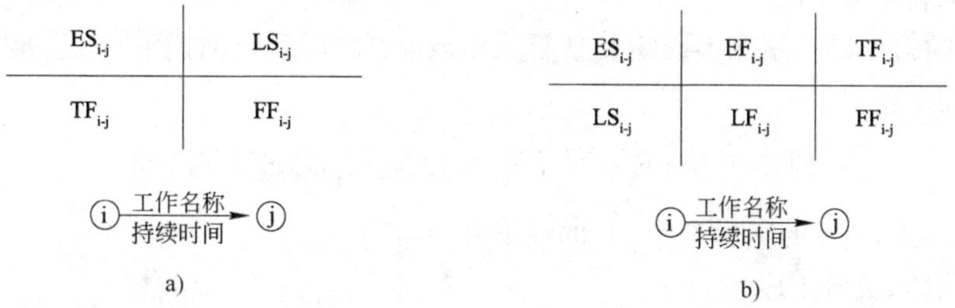

$ES_{i\text{-}j}$	$LS_{i\text{-}j}$
$TF_{i\text{-}j}$	$FF_{i\text{-}j}$

ⓘ 工作名称/持续时间 → ⓙ

a)

$ES_{i\text{-}j}$	$EF_{i\text{-}j}$	$TF_{i\text{-}j}$
$LS_{i\text{-}j}$	$LF_{i\text{-}j}$	$FF_{i\text{-}j}$

ⓘ 工作名称/持续时间 → ⓙ

b)

图 14-23 双代号网络计划时间参数标注形式

a)四时标注法；b)六时标注法

工作 i-j 的最早开始时间 $ES_{i\text{-}j}$应从网络图的起点节点开始，顺着箭线方向依次逐项计算。

2.工作的最早完成时间 $EF_{i\text{-}j}$

工作 i-j 的最早完成时间 $EF_{i\text{-}j}$可计算为

$$EF_{i\text{-}j} = ES_{i\text{-}j} + D_{i\text{-}j} \tag{14-27}$$

3.网络计划的工期

网络计划的计算工期 T_c 可计算为

$$T_c = \max_i \{EF_{i\text{-}j}\} \tag{14-28}$$

式中：$EF_{i\text{-}j}$——以终点节点(j＝n)为箭头节点的工作 i-n 的最早完成时间。

网络计划的计划工期应按下列情况分别确定：

(1)当已规定了要求工期 T_r 时，$T_p \leqslant T_r$；

(2)当未规定要求工期时，$T_p = T_c$。

4.工作的最迟完成时间 $LF_{i\text{-}j}$

以终点节点(j＝n)为箭头节点的工作的最迟完成时间应按网络计划的计划工期 T_p 确定，即

$$LF_{i\text{-}n} = T_p \tag{14-29}$$

其他工作 i-j 的最迟完成时间 $LF_{i\text{-}j}$可计算为

$$LF_{i\text{-}j} = \min_k \{LF_{j\text{-}k} - D_{j\text{-}k}\} \tag{14-30}$$

式中：$LF_{j\text{-}k}$——工作 i-j 的紧后工作 j-k 的最迟完成时间；

$D_{j\text{-}k}$——工作 i-j 的紧后工作 j-k 的持续时间。

工作 i-j 的最迟完成时间 $LF_{i\text{-}j}$应从网络图的终点节点出发，逆着箭线方向依次逐项计算。

5.工作的最迟开始时间 $LS_{i\text{-}j}$

工作 *i-j* 的最迟开始时间 $LS_{i\text{-}j}$可计算为

$$\begin{aligned} LS_{i\text{-}j} &= LF_{i\text{-}j} - D_{i\text{-}j} = \min_k \{LF_{j\text{-}k} - D_{j\text{-}k}\} - D_{i\text{-}j} \\ &= \min_k LS_{j\text{-}k} - D_{i\text{-}j} \end{aligned} \tag{14-31}$$

6.工作的总时差 $TF_{i\text{-}j}$

工作 i-j 的总时差 $TF_{i\text{-}j}$是在不影响工期的前提下，工作所具有的机动时间，其值可计算为

$$TF_{i\text{-}j} = LS_{i\text{-}j} - ES_{i\text{-}j} = LF_{i\text{-}j} - EF_{i\text{-}j} \tag{14-32}$$

7. 工作的自由差 $FF_{i\text{-}j}$

工作 i-j 的自由时差是在不影响其紧后工作最早开始时间的前提下，工作所具有的机动时间，其值可计算为

$$FF_{i\text{-}j} = \min ES_{j\text{-}k} - ES_{i\text{-}j} - D_{i\text{-}j} = \min ES_{j\text{-}k} - EF_{i\text{-}j} \tag{14-33}$$

式中：$ES_{j\text{-}k}$——工作 i-j 的紧后工作 j-k 的最早开始时间。

8. 关键线路、关键工序

$TF_{i\text{-}j} = FF_{i\text{-}j} = 0$ 为关键工序，连接各关键工序所组成的线路为关键线路。

二、单代号网络图

单代号网络图与双代号网络图的最大不同在于：在单代号网络图中，用节点表示工作，用箭线表示事件。单代号网络图具有容易绘制、没有虚箭线、便于修改等优点。

(一)单代号网络图的绘制

在单代号网络图中，节点的表示方法和时间参数的标注形式如图 14-24 所示。

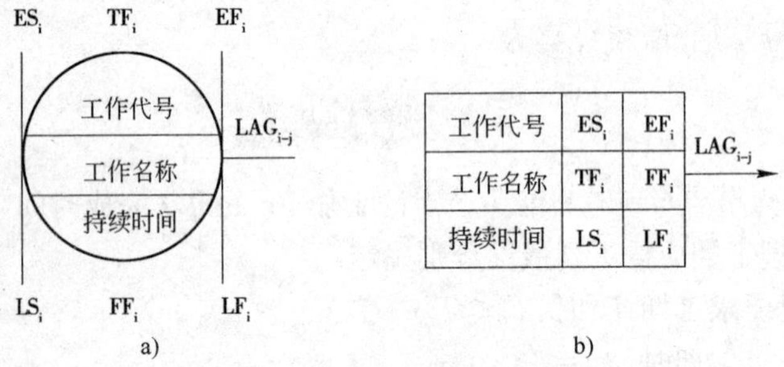

图 14-24 单代号网络图的表示方法

在绘制单代号网络图时，也须遵循如绘制双代号网络图一样的绘制规则。

(二)单代号网络图时间参数的计算

1. 工作的最早开始时间 ES_i

起点节点的最早开始时间 ES_i 如无规定，则可定为零。其他工作 i 的最早开始时间 ES_i 可计算为

$$ES_i = \max_{h}\{ES_h + D_h\} \tag{14-34}$$

式中：ES_h——工作 i 的紧前工作 h 的最早开始时间；

D_h——工作 i 的紧前工作 h 的持续时间。

2. 工作的最早完成时间 EF_i

工作 i 的最早完成时间 EF_i 可计算为

$$EF_i = ES_i + D_i \tag{14-35}$$

3. 网络计划的工期

网络计划的计算工期 T_c 可计算为

$$T_c = EF_n \tag{14-36}$$

式中：EF_n——终点节点 n 的最早完成时间。

网络计划的计划工期 T_p 的确定同双代号网络图。

4. 时间间隔 $LAG_{i\text{-}j}$

相邻两工作 i 和 j 之间的时间间隔 $LAG_{i\text{-}j}$ 可计算为

$$LAG_{i\text{-}j} = ES_j - EF_i \tag{14-37}$$

式中：ES_j——工作 i 的紧后工作 j 的最早开始时间。

5. 工作的最迟完成时间 LF_i

终点节点所代表的工作 n 的最迟完成时间 LF_n 可确定为

$$LF_n = T_p \tag{14-38}$$

其他工作 i 的最迟完成时间 LF_i 可计算为

$$LF_i = \min_j \{LF_j - D_j\} \tag{14-39}$$

式中：LF_j——工作 i 的紧后工作 j 的最迟完成时间；

D_j——工作 i 的紧后工作 j 的持续时间。

工作 i 的最迟完成时间 LF_i 应从网络图的终点节点出发，逆着箭线方向依次逐项计算。

6. 工作的最迟开始时间 LS_i

工作 i 的最迟开始时间 LS_i 可计算为

$$LS_i = LF_i - D_i \tag{14-40}$$

7. 工作的总时差 TF_i

工作 i 的总时差 TF_i 可计算为

$$TF_i = LS_i - ES_i = LF_i - EF_i \tag{14-41}$$

8. 工作的自由时差 FF_i

工作 i 的自由时差 FF_i 可计算为

$$FF_i = \min_i \{LAG_{i\text{-}j}\} \tag{14-42}$$

(三)关键工作和关键线路

在网络图中，总时差为零或最小值的工作称为关键工作。

由关键工作组成的线路称为关键线路。

三、网络计划的优化

网络计划的优化，是在满足既定约束的条件下，按某一目标，通过利用时差不断改进网络计划寻求满意方案。

网络计划的优化目标，应按计划任务的需要和条件选定，包括工期目标、费用目标、资源目标。

(一)工期优化

当计算工期大于要求工期时，可通过压缩关键工作的持续时间满足工期要求。工期优化应按下列步骤进行：

(1)计算并找出网络计划中的关键工作和关键线路；

(2)按要求工期计算应缩短的时间；

(3)确定各关键工作能缩短的持续时间；

(4)选择相应的关键工作，调整其持续时间，并重新计算网络计划的计算工期；

(5)若计算工期仍超过要求，则重复以上步骤，直到满足工期要求或工期已不能再缩短为止；

(6)当所有关键工作的持续时间都已达到其能缩短的极限而工期仍不满足要求时，就对计划的原技术、组织方案进行调整或对要求工期重新审定。

在选择应缩短持续时间的关键工作时，应首先缩短：①持续时间对质量和安全影响不大的工作；②有充足备用资源的工作；③持续时间所需增加的费用最少的工作。

(二)资源优化

1."资源有限，工期最短"优化

"资源有限，工期最短"优化的计划调整，应按下述步骤调整工作的最早开始时间：

(1)计算网络计划每天的资源需用量；

(2)从计划开始日期起，逐日检查每天资源需用量是否超过资源限量，如果在整个工期内每天均能满足资源限量的要求，可行的优化方案就编制完成，否则必须进行计划调整；

(3)从前往后逐一分析超过资源限量的时段，将其中一个工作放在另一个工作完成之后进行，调整时须选择工期延长值 $\Delta D_{m\text{-}n,i\text{-}j}=EF_{m\text{-}n}-LS_{i\text{-}j}$(将 i-j 工作放在 m-n 工作之后)为最小的方案进行；

(4)绘制调整后的网络计划；

(5)重复以上步骤，直到满足资源限量要求。

2."工期固定，资源均衡"优化

"工期固定，资源均衡"优化是用削高峰法(利用时差降低资源高峰值)，获得资源消耗量尽可能均衡的优化方案。优化可按下述步骤进行：

(1)计算网络计划的每天资源需用量；

(2)确定削峰目标，其值等于每天资源需用量的最大值减一个单位量；

(3)找出高峰时段的最后时间 T_h 及有关工作的最早开始时间 $ES_{i\text{-}j}$(或 ES_i)和总时差 $TF_{i\text{-}j}$(或 TF_i)；

(4)按下列公式计算有关工作的时间差值 $\Delta T_{i\text{-}j}$ 或 ΔT_i：

对双代号网络计划

$$\Delta T_{i\text{-}j}=TF_{i\text{-}j}-(T_h-ES_{i\text{-}j}) \tag{14-43}$$

对单代号网络计划

$$\Delta T_i=TF_i-(T_h-ES_i) \tag{14-44}$$

优先以时间差值最大的工作 i-j 或工作 i 作为调整对象，令 $ES_{i\text{-}j}=T_h$ 或 $ES_i=T_h$；

(5)若峰值不能再减少，即求得资源均衡优化方案，否则重复以上步骤。

(三)费用优化

费用优化又叫时间成本优化，是寻求最低成本时的最短工期安排。优化可按下述步骤进行：

(1)计算工程总直接费，其值等于组成该工程的全部工作的直接费总和；

(2)计算各工作直接费的费用率 $\Delta C_{i\text{-}j}^{D}$

$$\Delta C_{i\text{-}j}^{D}=\frac{C_{i\text{-}j}^{C}-C_{i\text{-}j}^{N}}{D_{i\text{-}j}^{N}-D_{i\text{-}j}^{C}} \tag{14-45}$$

式中：$D_{i\text{-}j}^{N}$——工作 i-j 的正常持续时间；

$D_{i\text{-}j}^{C}$——工作 i-j 的最短持续时间；

C_{i-j}^{C}——工作 i-j 的最短时间直接费；

C_{i-j}^{N}——工作 i-j 正常时间直接费。

(3)确定间接费的费用率 ΔC_{i-j}^{I}；

(4)找出网络计划中的关键线路，并计算出计算工期；

(5)在网络计划中找出直接费用率(或组合直接费用率)最低的一项关键工作或一组关键工作作为缩短持续时间的对象；

(6)缩短找出的一项关键工作或一组关键工作的持续时间，其缩短值必须符合不能将关键线路变成非关键线路和缩短后的持续时间不小于最短持续时间的原则；

(7)计算相应的费用增加值；

(8)考虑工期变化带来的间接费及其他损益，在此基础上计算总费用

$$C_t^{T}=C_{t+\Delta T}^{T}+\Delta T\cdot\Delta C_{i-j}^{D}-\Delta T\cdot\Delta C_{i-j}^{I} \tag{14-46}$$

式中：C_t^{T}——将工期缩至 t 时的总费用；

$C_{t+\Delta T}^{T}$——前一次的总费用；

ΔT——工期缩短值。

(9)重复以上(5)、(6)、(7)、(8)步骤直到总费用不再降低为止。

习　题

14-26　如图所示，依据网络图绘制规则，判定(　　)网络图是正确的。

A.

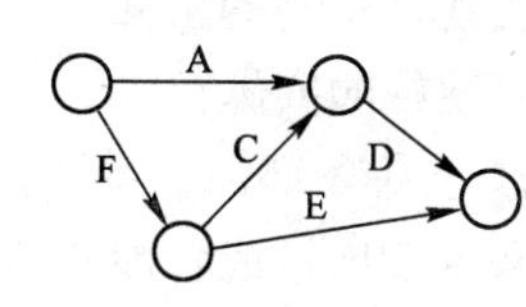

B.

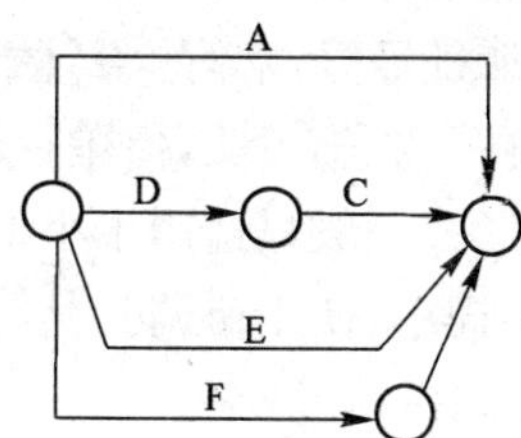

C.

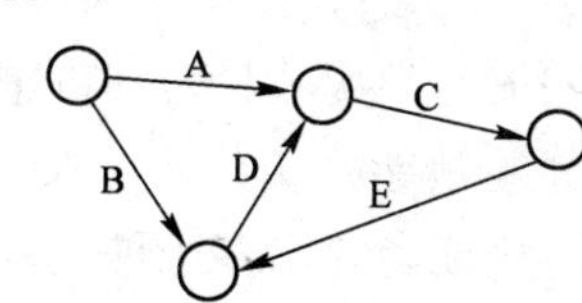

D.

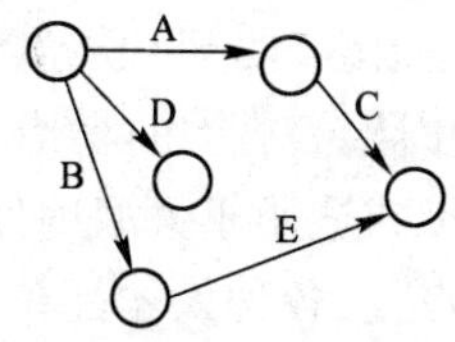

题 14-26 图

14-27　双代号网络图的三要素是(　　)。

A. 时差、最早时间和最迟时间　　B. 总时差、局部时差和计算工期

C. 工作、事件和线路　　D. 工作、事件和关键线路

14-28　双代号网络图中，某非关键工作的拖延时间不超过局部时差，则(　　)。

A. 后序工作最早可能开始时间不变

B. 仅改变后序工作最早可能开始时间

C. 后序工作最迟必须开始时间改变

D. 紧后工作最早可能开始时间改变

14-29 某工程双代号网络图如图所示，工作 1-3 的局部时差为(　　)。

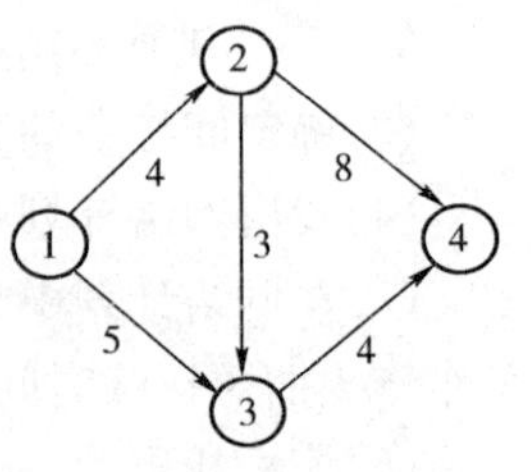

题 14-29 图

A. 1 天　　B. 2 天

C. 3 天　　D. 4 天

14-30 利用工作的自由时差(　　)。

A. 不会影响紧后工作，也不会影响总工期

B. 不会影响紧后工作，但会影响总工期

C. 会影响紧后工作，但不会影响总工期

D. 会影响紧后工作，也会影响总工期

第七节　施 工 管 理

一、现场施工管理的内容及组织形式

施工管理是指建筑产品(项目)施工全过程(从施工准备开始到施工验收、保修回访为止)的组织和管理，即以建筑产品(项目)为对象的管理，其内容包括施工准备、施工组织设计、项目管理、施工调度、竣工验收、保修回访等。

施工管理的组织形式有以下三种。

(一)部门控制式

它是按照职能原则建立的项目组织，是在不打乱企业现行建制的条件下，把项目委托给企业内某一专业部门或施工队，由单一部门的领导负责组织项目的实施。

这种组织形式一般只适用于小型简单的项目，不需涉及众多部门。其优点是：职责明确，职能专一，关系简单，便于协调。其缺点是：不能适应大型复杂项目或者涉及多个部门的项目，因而局限性较大。

(二)工程队式

它是完全按照对象原则组织的项目管理机构，企业职能部门处于服从地位。它是由公司任命项目经理，而由项目经理从其他部门抽调或招聘得力人才组成项目管理班子，然后抽调施工队伍组成工程队。在这里，所有人员都只服从项目经理的领导。

这种组织形式适用于大型项目和工期要求紧迫的项目，或者要求多工种、多部门密切配合的项目。其优点是：各种人才都在现场，解决问题迅速，减少了扯皮和浪费时间的现象发生；权力集中，决策及时，有利于提高工作效率；减少了结合部，易于协调关系。其缺点是：容易造成忙闲不均；同一专业人员由于分散在不同项目上，相互交流困难，专业职能部门的优势无法发挥作用。

(三)矩阵式

它吸收了部门控制式和工程队式的优点，发挥职能部门的纵向优势和项目组织的横向优势，把职能原则和对象原则结合起来，形成了一种纵向职能机构和横向项目机构相交叉的“矩阵”型组织形式。

在矩阵式组织中，企业的专业职能部门和临时性项目组织同时交互作用。纵向职能部门

负责人对所有项目中的本专业人才均负有领导责任，并按项目实施的要求把他们有效地组织协调到一起，为实现项目目标共同配合工作。这种组织形式能充分利用人才，但对项目经济的组织协调工作提出了更高的要求。它适合于在大型综合施工企业或多工种、多部门、多技术配合的项目中采用。

二、施工进度控制

施工进度控制的主要任务：一是准确、及时、全面、系统地收集、整理、分析进度计划执行过程中的有关资料，明确地反映施工进度状况，进行必要的检查和监督；二是通过施工进度计划的执行情况，为计划的调整及如何加强进度控制提供必要的依据。

（一）施工进度计划的动态控制原理

施工进度计划的动态控制原理见图 14-25。

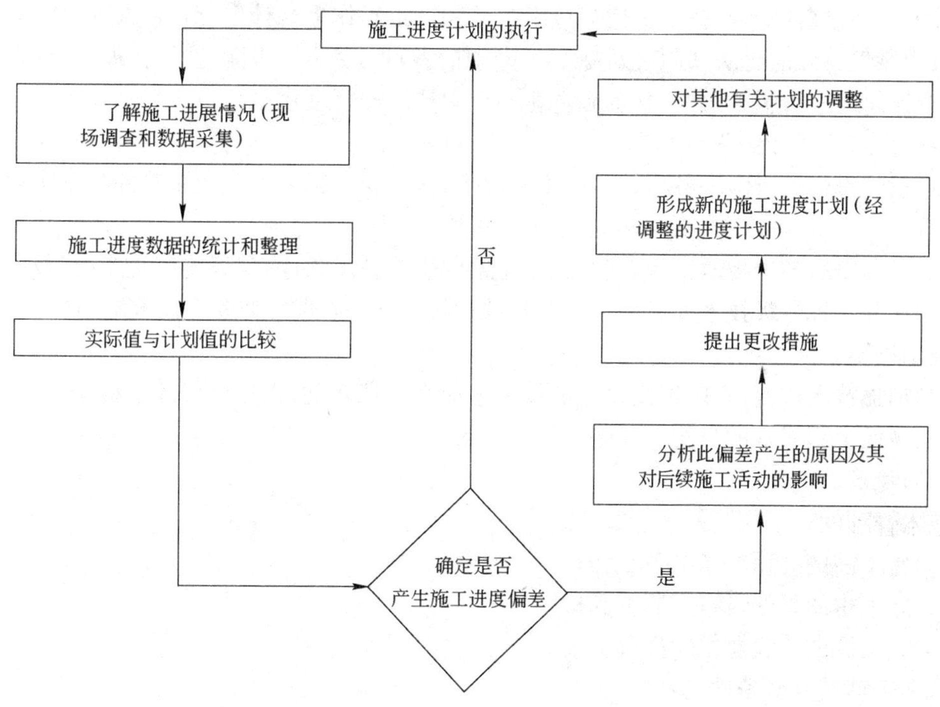

图 14-25　施工进度计划动态控制原理

（二）影响施工进度的因素

(1)相关单位进度的影响；

(2)设计变更因素的影响；

(3)材料物资供应进度的影响；

(4)资金原因；

(5)不利的施工条件；

(6)技术原因；

(7)施工组织不当；

(8)不可预见事件的发生。

（三）进度偏差对进度计划的影响分析

(1)若进度偏差发生在关键线路上，则肯定会影响工期。

(2)若进度偏差发生在非关键线路上：

①若偏差值小于或等于工作的自由时差，则进度计划不会受到影响；

②若偏差值大于工作的自由时差，但小于或等于工作的总时差，则紧后工作的最早开始时间会受到影响，但工期不会受到影响。

(3)偏差值大于工作的总时差，则肯定会影响到工期。

(四)进度计划的调整

若工程的进度计划工期由于某种原因受到影响，则须对原进度计划进行调整。调整的方法是：

(1)改变工作之间的逻辑关系；

(2)缩短关键线路上各关键工作的持续时间。

三、技术管理

技术管理是对施工生产中一系列技术活动和技术工作进行计划、组织、指挥、调节和控制，亦即采用科学有效的方法和制度对施工生产中的各种复杂技术因素进行合理安排，以保证有组织、有计划地进行施工，并不断提高企业的科学技术和管理水平。

(一)技术管理的任务

(1)正确贯彻执行国家各项技术政策和法令，认真执行国家和有关主管部门制定的技术规范和规定。

(2)科学组织各项技术工作，建立企业正常的生产技术秩序，保证施工生产的顺利进行。

(3)充分发挥各级技术人员和工人群众的积极作用，促进企业生产技术不断更新和发展，推进技术进步。

(4)加强技术教育，不断提高企业的技术素质和经济效益，以达到保证工程质量、节约材料和能源、降低工程成本的目的。

(二)技术管理环节、条件

技术管理的三个环节是：

(1)施工前的各项技术准备工作；

(2)施工中的贯彻、执行、监督和检查；

(3)施工后的验收总结和提高。

技术管理的五个条件是：

(1)合格的人员；

(2)先进的技术装备；

(3)严格的技术要求；

(4)科学的管理制度；

(5)科学试验条件。

(三)技术管理制度

(1)施工图纸学习与会审制度；

(2)方案制订和技术交底制度；

(3)材料检验制度；

(4)计量管理制度；

(5)翻样和加工订货制度；

(6)工程质量检查及验收制度；

(7)施工工艺卡的编制和执行；

(8)设计变更和技术核定制度；

(9)工程技术档案制度和技术资料管理制度。

四、全面质量管理

全面质量管理是企业为了保证和提高产品质量，综合运用一套质量管理体系、手段和方法而进行的系统管理活动。它要求企业全体职工和所有部门参加，综合运用现代科学和管理技术成果，控制影响质量全过程的各因素，并以研制、生产和提供用户满意的产品和服务为主要目标。全面质量管理在保证和提高工程质量、提高工效和降低成本方面，比传统的质量管理方法有着显著的成效。

(一)全面质量管理的特点

(1)质量和质量管理的概念是广义的；

(2)预防与检查相结合以预防为主；

(3)实行从计划、勘察设计、施工直到使用过程的全面质量管理；

(4)企业各部门全体人员共同参加质量管理；

(5)采用科学的管理方法，尊重客观实际，用数据说话；

(6)不仅要达到质量标准，还要满足用户的需要；

(7)在管理过程中不断总结提高，实行标准化、制度化；

(二)全面质量管理的实施

(1)要有明确的质量目标和质量计划；

(2)按质量管理工作的 PDCA 循环组织质量管理的全部活动；

(3)要建立专职的质量管理部门；

(4)建立质量责任制；

(5)开展质量管理小组活动；

(6)建立高效率的质量信息反馈系统，实现质量管理业务的标准化等。

五、竣工验收

竣工验收是建设全过程的最后一个程序。它是建设投资成果转入生产或使用的标志，是全面考核基本建设成果、检验设计和施工质量的重要环节，是建设单位会同施工单位、设计单位(国家主管部门代表)汇报建设项目按批准的设计内容建成后的工程质量、造价、形成的生产能力和综合效益等全面情况及交付新增固定资产的过程。竣工验收对促进建设项目及时投入生产，发挥投资效果，总结建设经验，都有着重要作用。

(一)竣工验收的依据

上级主管部门批准的计划任务书、初步设计或扩大初步设计、施工图纸和说明书、设备技术说明书、招标投标文件和经济合同、施工过程中的设计修改签证、现行施工技术验收标准及规范，以及主管部门的有关审批、修改、调整意见等。

(二)竣工验收的条件

(1)生产性工程和辅助公用设施，已按设计建成，能满足生产要求。

(2)主要工艺设备已安装配套，经联动负荷试车合格，安全生产和环境保护符合要求，已形成生产能力，能够生产出设计文件中所规定的产品。

(3)生产性建设项目中的职工宿舍和其他必要的生活福利设施以及生产准备工作，能适应投产初期的需要。

(4)非生产性建设项目，土建工程及房屋建筑附属的给水排水、采暖通风、电气、煤气及电梯已安装完毕，室外的各种管线已施工完毕，可以向用户供水、供电、供暖、供煤气，具备正常的使用条件。

(三)竣工验收的组织

竣工验收的组织要根据建设项目的重要性、规模大小和隶属关系而定。竣工验收的组织形式有验收委员会、验收领导小组或验收小组等。

建设项目的竣工验收，要有建设单位、生产(使用)单位、施工单位、设计单位以及与建设项目有关的建设银行、统计局、物资成套设备部门、环境保护、消防、卫生防疫、劳动保护、工会等单位参加。

习　题

14-31　工程的竣工验收应由(　　)提出申请。

A. 主管部门　B. 建设单位　C. 设计单位　D. 施工单位

14-32　大型综合施工企业宜采用(　　)现场施工管理组织形式。

A. 部门控制式　B. 工程队式　C. 矩阵式　D. 混合制式

14-33　全面质量管理不强调(　　)的质量管理。

A. 全面质量　B. 全过程　C. 全方位　D. 全体人员

14-34　图纸会审工作是属于(　　)方面的工作。

A. 全面质量管理　B. 技术管理　C. 现场施工管理　D. 文档管理

14-35　质量管理需按 PDCA 循环组织质量管理的全部活动，其中的 D 是指(　　)。

A. 计划　B. 实施　C. 检查　D. 行动

习题提示及参考答案

14-1　**提示**:根据土的开挖难易程度，土的工程分类可分为八类，前四类为土，后四类为岩石。

答案:C

14-2　**提示**:松土的体积与自然状态土体积的比值是最初可松性系数，而回填压实后的土体积与自然状态土体积的比值是最后可松性系数。

答案:A

14-3　**提示**:当土的渗透系数很小($K<0.1$m/d)时，地下水流动很慢，需要用电极催流，故宜采用电渗井点。

答案:B

14-4　**提示**:影响土方夯实的因素有土层填上厚度、压实功、土的含水率。

答案:C

14-5　**提示**:一般人工夯填土力量小，分层填土厚度不宜过厚，即小于 200mm。

答案:A

14-6 **提示:**依据规定,开挖基坑或管沟可做成直立壁不加支撑,挖方深度宜为:①砂土和碎石土≤1m;②轻亚黏土及亚黏土≤1.25m;③黏性≤1.5m;④坚硬的黏性≤2m。

答案:B

14-7 **提示:**如采用逐排打设,打桩的推进方向应为逐排改变,避免向一侧挤压土体。

答案: A

14-8 **提示:**运距在 60～100m 内铲运土,最适用的土方机械是推土机,经济合理。

答案:C

14-9 **提示:**电阻点焊适用钢筋网,闪光对焊适用工厂加工,气压焊方便、快捷。

答案:C

14-10 **提示:**剪力墙施工中,用得最为普遍的模板形式为大模板,一道墙两块模板。

答案:C

14-11 **提示:**搅拌干硬性混凝土用自落式搅拌机,不易自重下落、拌匀。强制式搅拌机可解决这个问题。

答案:D

14-12 **提示:**浇筑多层钢筋混凝土框架结构的柱子时,应由外向内对称浇筑,避免由一端向另一端推进造成累积误差。

答案:B

14-13 **提示:**大体积混凝土的振捣密实,宜选用内部振捣器,易插入到任何位置。因混凝土体积大,外部、表面振捣器不易振动均匀,振动台适用工厂。

答案:A

14-14 **提示:**在先张法预应力混凝土施工中,对配有多根钢筋的预应力构件,在放松预应力筋时应同时放松,如果不能同时放松时,可从中间向两端逐根放松,避免构件偏心受力。

答案:A

14-15 **提示:**规范规定,混凝土从高处倾落的自由高度不应超过 2.0m ,避免落差过高使混凝土产生离析现象。

答案:B

14-16 **提示:**较长距离的商品混凝土的地面运输,宜采用混凝土搅拌运输车,它可以边运输,边搅拌,能保证混凝土的坍落度和质量。

答案:B

14-17 **提示:**起重机在厂房内每移动一次就吊装完一个节间内的全部构件,这种吊装方法称为综合吊装法。

答案:D

14-18 **提示:**施工组织设计按编制的对象不同分为施工组织总设计、单位工程施工组织设计、施工方案三类。

答案:B

14-19 **提示:**在设计施工平面图时,首先应确定垂直运输机械的位置,因为搅拌站、材料堆场的位置、运输道路等,都取决于大型机械的位置。

答案:B

14-20 **提示:**各施工过程的先后顺序与施工组织、施工工艺、施工质量有密切关系。

答案:D

14-21 提示:网络图提供的进度信息更为全面、丰富。横道图老方法还可延用。

答案:A

14-22 提示:在流水施工过程中,相邻两个专业工作队先后进入第一施工段开始施工的时间间隔称为流水步距。

答案:B

14-23 提示:在加快成倍节拍流水中,任何两个相邻专业工作队间的流水步距等于所有流水节拍的最大公约数。

答案:D

14-24 提示:固定节拍专业流水工期 $T=(m+n-1)t=(3\times2+3-1)\times2=16$ 天。

答案:A

14-25 提示:利用流水节拍累计相加,错位相减取大值算 B_{A-B} 及 B_{B-C},得出 5 天,2 天。

答案:D

14-26 提示:选项 B 两节点间箭杆不唯一,选项 C 出现箭杆循环现象,选项 D 网络图出现两个结束节点。

答案:A

14-27 提示:双代号网络图的三要素是工作、事件和线路。

答案:C

14-28 提示:局部时差是本工作在不影响任何工作的前提下,所具有的机动时间。

答案:A

14-29 提示:局部时差是指紧后工作最早开始时间减去本工作的最早完成时间,即 7-5=2 天。

答案:B

14-30 提示:利用工作的自由时差,不会影响紧后工作,更不会影响总工期。

答案:A

14-31 提示:工程的竣工验收应由施工单位提出申请,由建设单位组织进行。

答案:D

14-32 提示:大型综合施工企业宜采用矩阵式现场施工管理组织形式。

答案:C

14-33 提示:全面质量管理强调全体人员、全过程、全面质量的质量管理。

答案:C

14-34 提示:图纸会审工作是属于技术管理方面的工作。图纸会审是技术制度。

答案:B

14-35 提示:质量管理需按 PDCA 循环组织质量管理的全部活动,其中的 D 是指实施。

答案:B

第十五章 结构力学

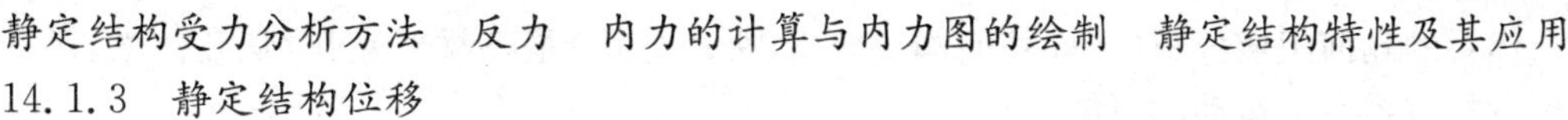

复习指导

一、考试大纲

14.1.1 平面体系的几何组成

几何不变体系的组成规律及其应用

14.1.2 静定结构受力分析与特性

静定结构受力分析方法 反力 内力的计算与内力图的绘制 静定结构特性及其应用

14.1.3 静定结构位移

广义力与广义位移 虚功原理 单位荷载法 荷载下静定结构的位移计算 图乘法 支座位移和温度变化引起的位移 互等定理及其应用

14.1.4 超静定结构受力分析及特性

超静定次数 力法基本体系 力法方程及其意义 等截面直杆刚度方法 位移法基本未知量 基本体系基本方程及其意义 等截面直杆的转动刚度 力矩分配系数与传递系数 单结点的力矩分配 对称性利用 超静定结构位移 超静定结构特性

14.1.5 结构动力特性与动力反应

单自由度体系 自振周期 频率 振幅与最大动内力 阻尼对振动的影响

二、复习指导

(一)平面体系的几何组成分析

要能正确地认知和表述与组成分析有关的名词概念,掌握无多余约束几何不变体系的组成规则,对常见结构能进行几何构造性质的分析,理解结构的几何特性与静力特性的关系。

(二)静定结构的受力分析与特性

静定结构的受力分析与计算非常重要,一定要注意概念,多做练习,力求把基础打好。要注意理解静定结构的基本特征与一般性质,并能灵活运用。静定结构反力、内力计算的关键是恰当选取隔离体和平衡方程,结构受力分析时要与结构的组成分析相联系,从中找出计算的途径,一定要注意通过练习,提高恰当选取隔离体与灵活运用平衡方程的能力。熟练掌握静定梁与静定刚架反力、内力的计算与弯矩图的绘制,掌握静定桁架与组合结构的内力计算方法,理解三铰拱的力学特性与合理拱轴的概念。注意对称性的利用。

(三)结构的位移计算

结构位移计算的理论基础是虚功原理。要理解虚功、广义力、广义位移等概念,理解虚功原理的内容及应用条件,懂得用单位荷载法求位移的过程与方法,重点掌握应用图形相乘法计算互等定理的内容及其应用。

(四)超静定结构的受力分析与特性

要注意理解静定结构的基本特性与一般性质,会判断结构的超静定次数。掌握力法、位移法及力矩分配法,懂得其物理概念及求解过程,对于常见的各种系数如柔度系数、刚度系数(转动刚度系数、侧移刚度系数)、力矩分配系数、传递系数等,要懂得其物理概念并会计算,常用的有关数据要记住。注意对称性的利用,会取对称结构的半结构计算简图。

(五)结构的动力特性与动力反应

结构的动力分析包含动力特性与动力反应两方面内容。研究自由振动就是为了掌握动力特性,注意分析影响动力特性的因素(质量与刚度),会判断振动体系的动力自由度,掌握自振频率的概念及计算。掌握单自由度体系在简谐荷载作用下动力系数的概念及计算,以及动位移、动内力的计算。了解阻尼对振动的影响。

第一节　平面体系的几何组成分析

一、几何组成分析的目的

体系的几何组成分析(又称几何构造分析、机动分析)是将材料刚化,从几何学、运动学的角度分析体系有无运动的可能。

体系(部件+约束)可分为:

{几何不变体系——不计应变,体系的位置和形状都不能改变。
 几何可变体系——不计应变,体系的位置或形状可以改变。

几何瞬变体系是几何可变体系的特殊情况。如果某一几何可变体系发生微量位移后即成为几何不变体系,则称此体系为几何瞬变体系(此时构件有高阶微量的变形,会产生无穷大的内力)。能发生有限量位移的体系称为常变体系。

只有几何不变体系才能用作常规结构。

研究体系几何组成分析的目的是:

(1)判定给定体系是否几何不变,掌握几何不变体系的组成规则及其应用,以确保结构的几何不变性。

(2)了解结构各部分的组成关系,以便于受力分析。

二、几何不变体系的三条组成规则

(1)两刚片规则:两个刚片用不共点的三根链杆连接,组成几何不变体系,且无多余约束。

(2)三刚片规则:三个刚片用不共线的三个铰相互连接,组成几何不变体系,且无多余约束。

(3)二元体规则:增减二元体(不共线两链杆铰结点)不改变原有体系的几何构造性质。

这三条规则实质上就是三角形规则。然而根据连接两个刚片的两杆约束与铰可相互代换,又可演变出多种组成形式,如图 15-1 所示,需注意灵活应用。

在上述规则中都有一定的限制条件,当不满足这些条件时,体系一般为瞬变体系(有时为常变体系),见图 15-2,a)～d)为瞬变,e)、f)为常变。

【例 15-1】 对如图 15-3a)所示体系进行几何组成分析。

解 如图 15-3b)所示刚片 I、II、III 由不共线的三铰 A、B、C 相互连接,再增加上面的二元体即为所给体系。故所给体系为几何不变无多余约束的体系。

【例 15-2】 对如图 15-4a)所示的铰接体系进行几何组成分析。

解 撤去不影响几何构造性质的顶部的二元体及底部的简支支座后，剩下九根杆件，可视为三个刚片，六根链杆，见图 15-4b)。刚片 I、II、III 用虚铰(1,2)、(2,3)、(3,1)相互连接，若三铰共线，则原体系为瞬变体系。

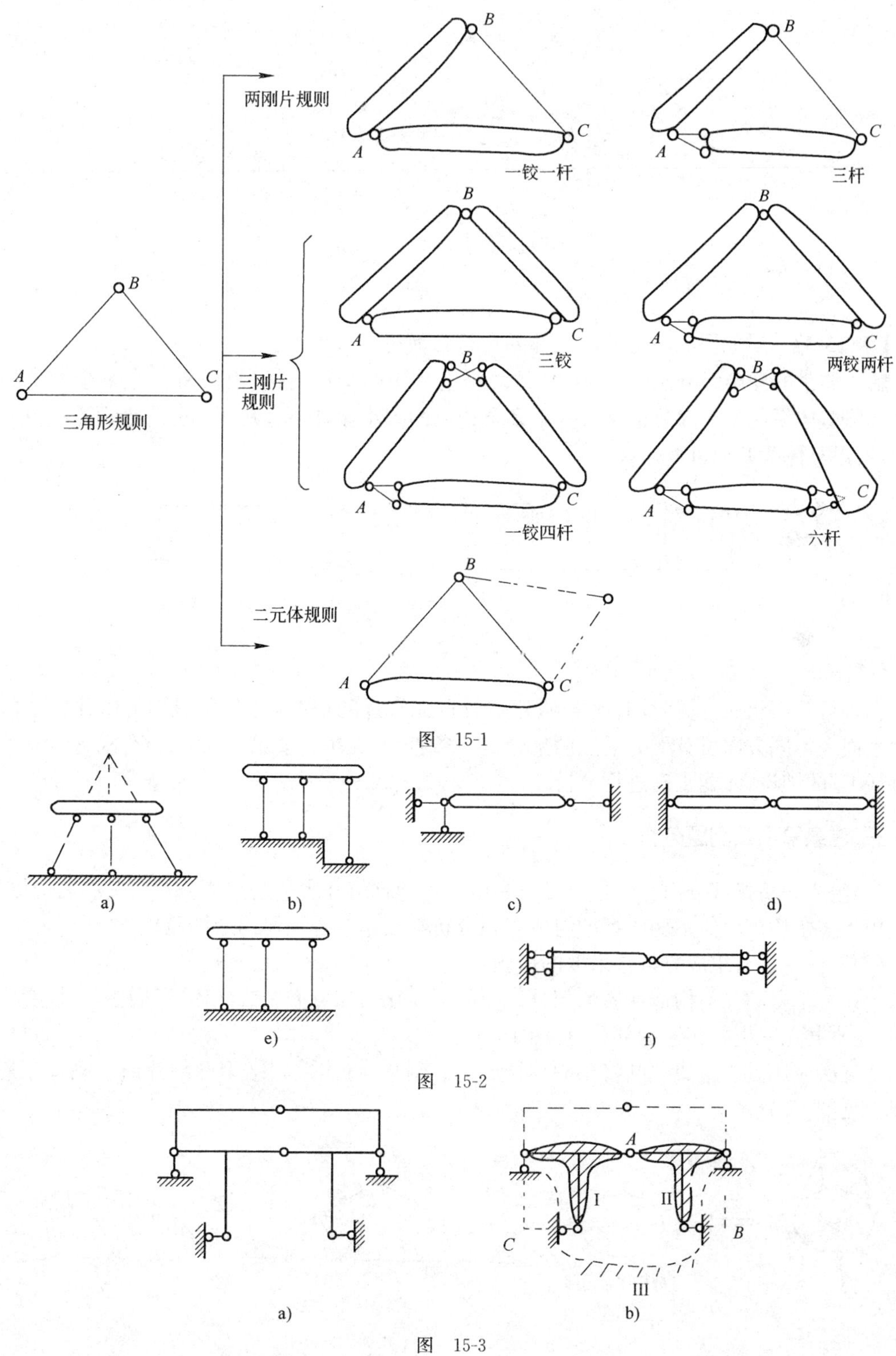

图 15-1

图 15-2

图 15-3

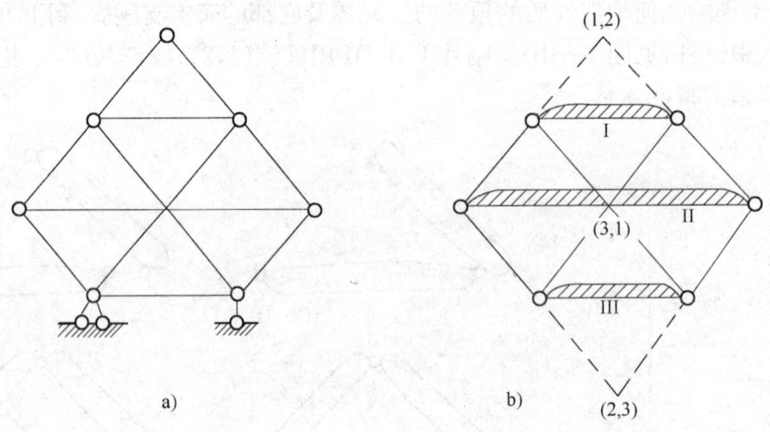

图 15-4

【例 15-3】 对如图 15-5a)所示的体系进行几何组成分析。

解 体系的左半部分见图 15-5b)，是两个刚片用两个铰连接，组成有一个多余约束的大刚片，同理，体系的右半部分也是有一个多余约束的大刚片，但左、右两部分与地面连接少一根链杆，所以整体为几何可变体系。

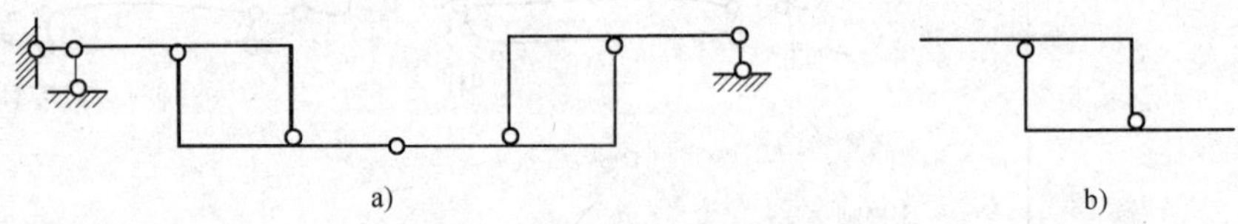

图 15-5

在进行几何组成分析时，有时会遇到虚铰在无穷远的情况，这时需引用射影几何学的定理："平面上不同方向所有无穷远点的集合是一条直线(无穷远直线)，而一切有限远点均不在此直线上"的结论，才能正确进行分析。

三、注意事项及例题分析

(1)组成分析这部分内容的重点要求是能正确地理解和表述与组成分析有关的名词概念，能应用无多余约束几何不变体系的组成规则分析平面体系的几何构造性质。

(2)对体系进行组成分析常采取的措施：

①撤去不影响几何构造性质的部分以使问题简化。如可撤去二元体，可撤去与某刚片(基础)只用不共点三链杆相连的部分，见图 15-6。

②逐次应用基本组成规则将小刚片合成为大刚片，将体系归结为两刚片或三刚片相连的情况。见图 15-7。

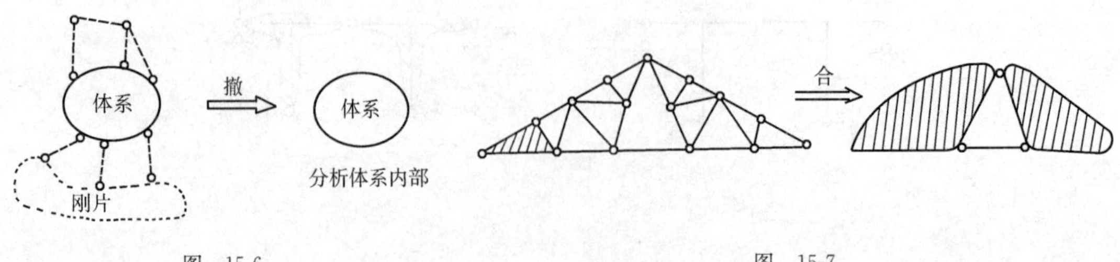

图 15-6　　图 15-7

③根据分析的需要，有时可作等效代换，例如：

连接两个刚片的两根链杆与一个单铰可作等效代换（见图 15-8）。

具有两个连接铰的刚片与一根链杆可作等效代换（见图 15-9）。

具有三个连接铰的刚片与三根链杆可作等效代换（见图 15-10）。

三根链杆汇交的 Y 形结点（见图 15-11），必须有一杆视为刚片。

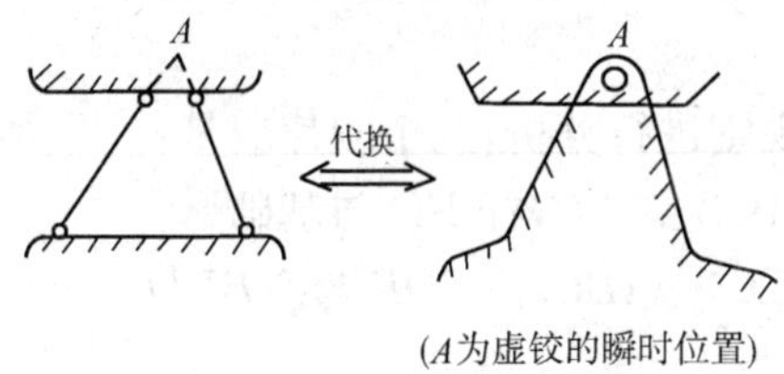

图 15-8

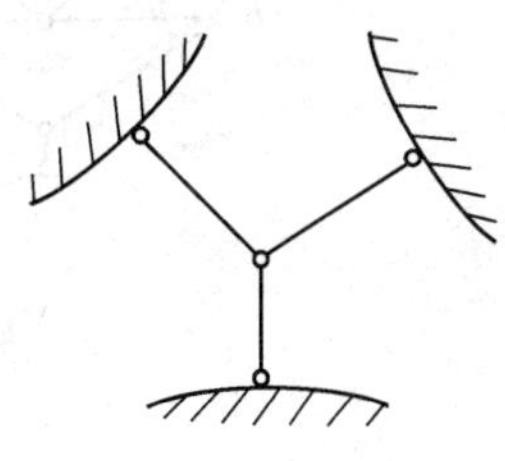

图 15-9

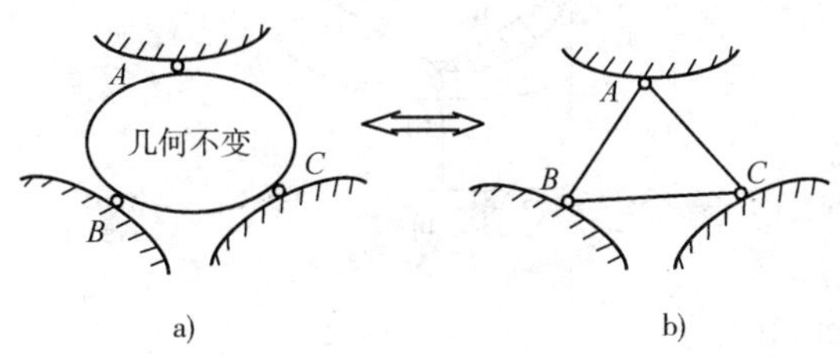

图 15-10

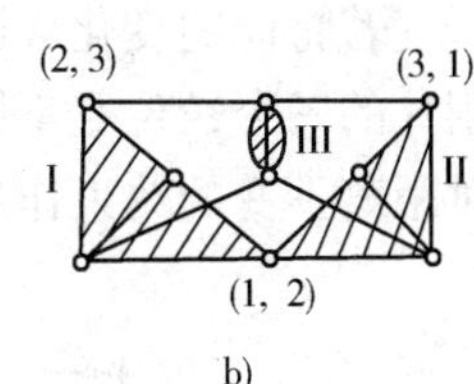

图 15-11

【例 15-4】 如图 15-12a)所示体系为：

A. 几何不变体系，无多余约束　　B. 几何不变体系，有多余约束

C. 几何常变体系　　D. 几何瞬变体系

分析　先撤去上面三个二元体及下面的简支支座，分析图 15-12b)内部，再将三角形合成为大三角形，得刚片 I、II，并将中间竖杆等效代换为刚片 III 可看出，刚片 I、II、III 用不共线的三铰(1,2)、(2,3)、(3,1)相互连接，故体系为几何不变、且无多余约束的体系。

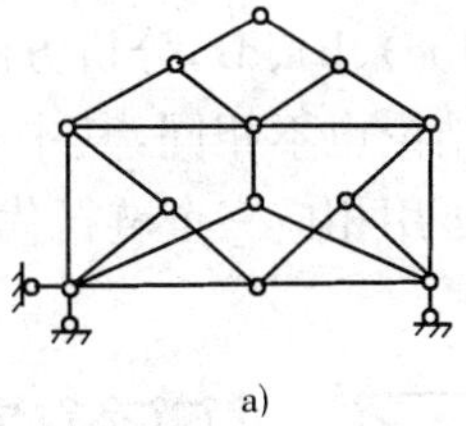

图 15-12

答案：A

【例 15-5】 如图 15-13a)所示体系可用：

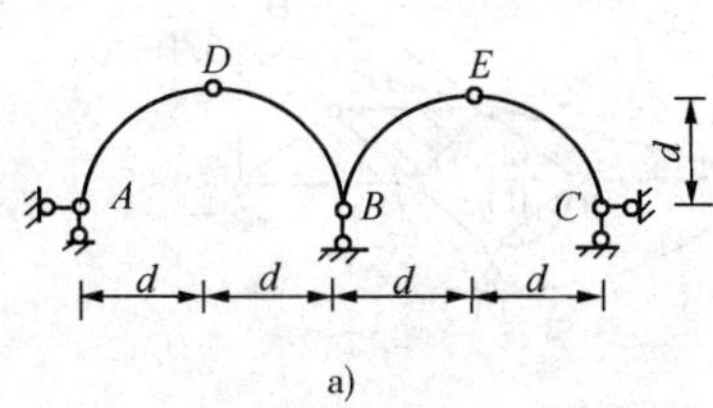

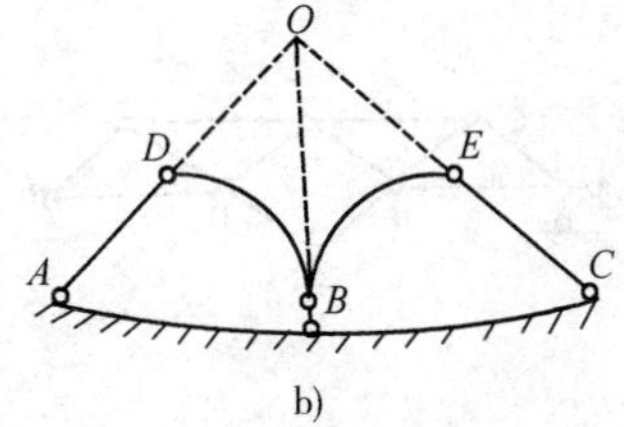

图 15-13

A. 两刚片规则分析为几何不变体系

B. 两刚片规则分析为几何瞬变体系

C. 三刚片规则分析为几何不变体系

D. 三刚片规则分析为几何瞬变体系

分析　将A、C处的支座链杆用铰A、C代替并将看似刚片的曲杆AD、CE用直线链杆代替，如图 b)所示，则刚片DBE与地面用交于O点的三链杆相连，故体系为瞬变体系。

答案：B

【例 15-6】　如图 15-14a)所示体系可用三刚片规则进行分析，三个刚片应是：

A. △ABC,△CDE与基础　　B. △ABC,杆FD与基础

C. △CDE,杆BF与基础　　D. △ABC,△CDE与△BFD

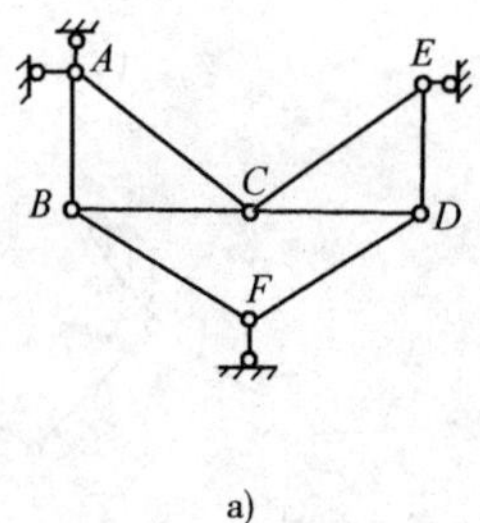

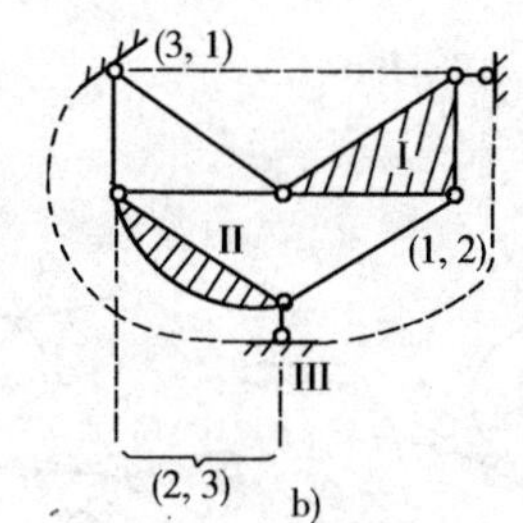

图　15-14

分析　选项 D 不含基础，且△BFD不能构成刚片，显然不对，选项 A，交于F点的三根链杆都看成约束，无法分析，故杆BF、FD之一需视为刚片，而△ABC与△CDE只能其中之一视为刚片，正确分析见图 15-14b)，刚片 I(△CDE)、II(杆BF)及 III(基础)用不共线三铰(1,2)、(2,3)及(3,1)相连，为几何不变体系，且无多余约束，答案应选 C。

答案：C

若将此题变化成图 15-15a)、b)、d)，分析方法相同，分别见图 15-15c)、e)，但由于连接三个刚片的三个铰位置不同，其结论也不相同，其中几何不变部分ABC起着限制A、B、C三点相对距离不变的约束作用，故可用相应三个链杆代替。

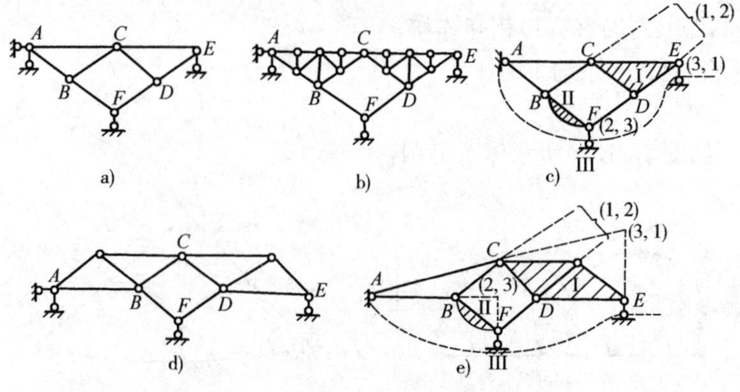

图　15-15

习　题

15-1　三个刚片用三个铰(包括虚铰)两两相互连接而成的体系是(　　)。

A. 几何不变　　　　　　　　B. 几何常变

C. 几何瞬变　　　　　　　　D. 几何不变或几何常变或几何瞬变

15-2　在图示体系中,视为多余联系的三根链杆应是(　　)。

A. 5、6、9　　B. 5、6、7　　C. 3、6、8　　D. 1、6、7

15-3　对图示体系作几何组成分析时,用三刚片组成规则进行分析。则三个刚片应是(　　)。

A. △143,△325,基础　　　　B. △143,△325,△465

C. △143,杆 6-5,基础　　　　D. △352,杆 4-6,基础

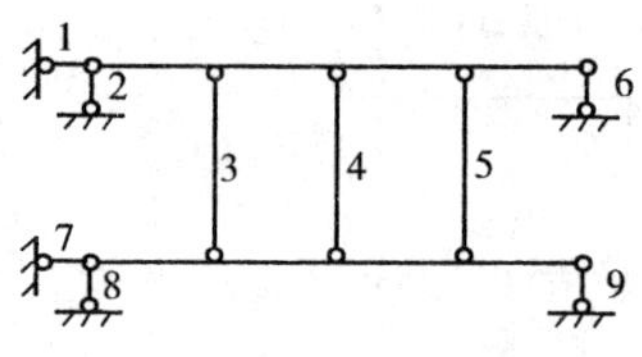

题 15-2 图

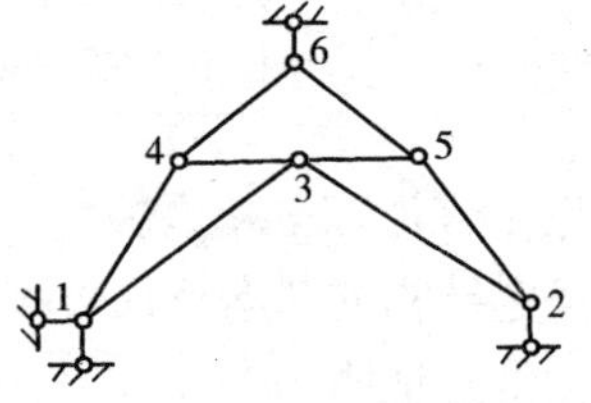

题 15-3 图

15-4　判断下图中各图所示体系为(　　)。

A. 几何不变无多余约束　　　　B. 几何不变有多余约束

C. 几何常变　　　　　　　　　D. 几何瞬变

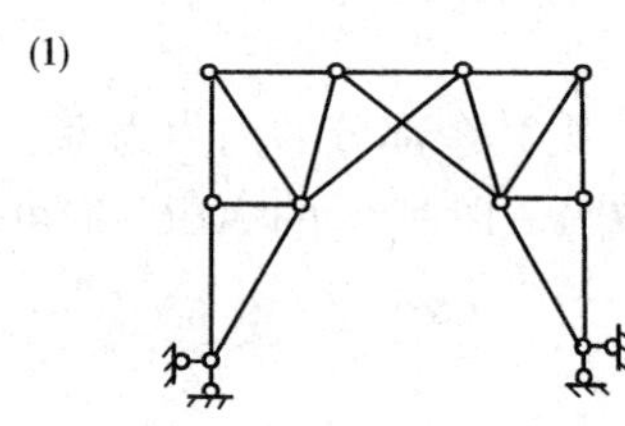

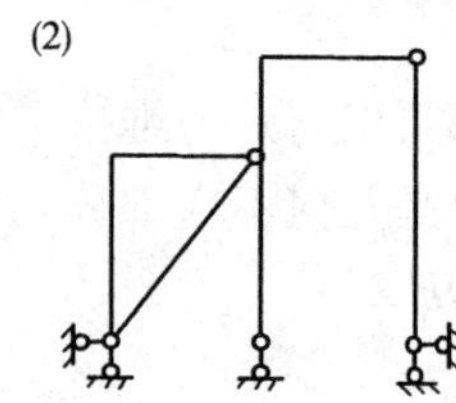

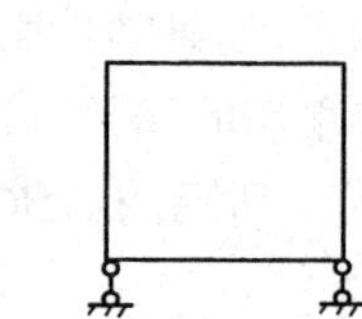

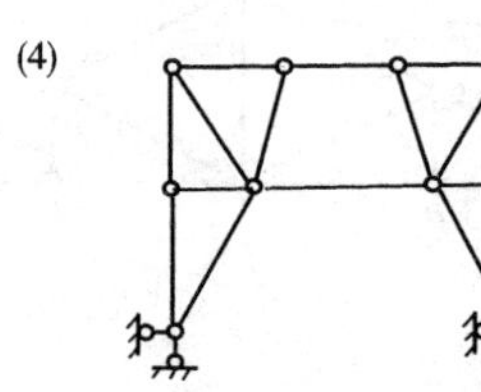

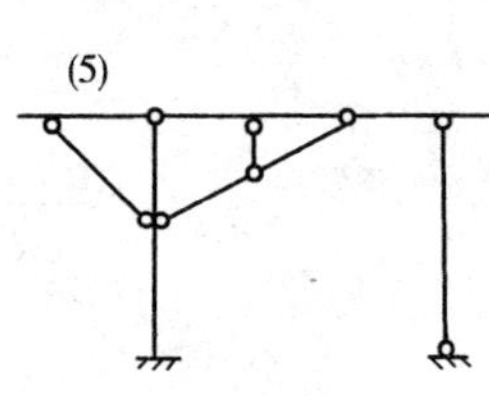

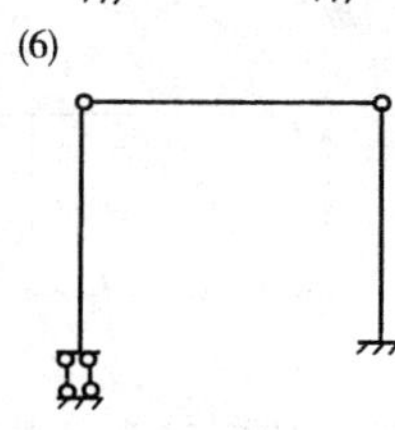

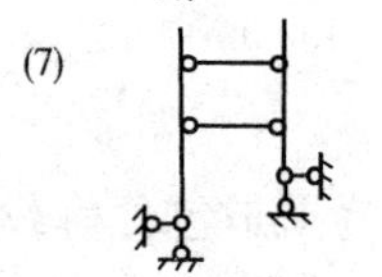

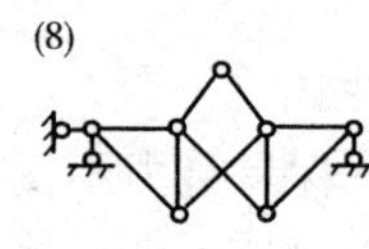

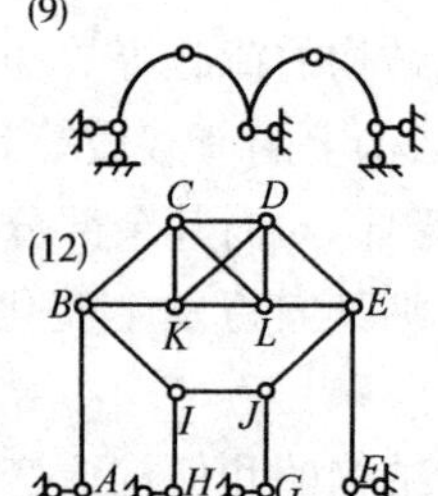

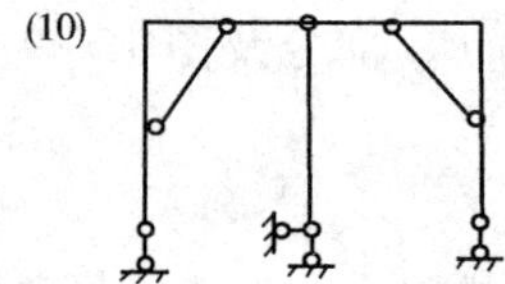

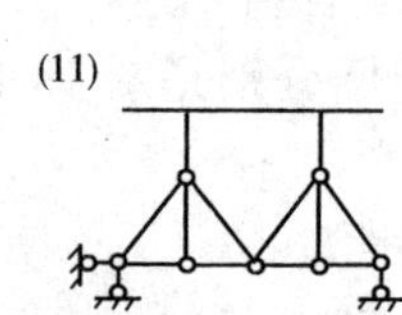

题 15-4 图

第二节　静定结构的受力分析与特性

一、静定结构的一般概念

(一)静定结构的基本特征

几何特征:几何不变且无多余约束

静力特征:未知力数与独立平衡方程式数相等

满足平衡方程的反力、内力解答唯一

静定结构的几何特征与静力特征是相互对应的,每一特征都可作为静定结构的定义。

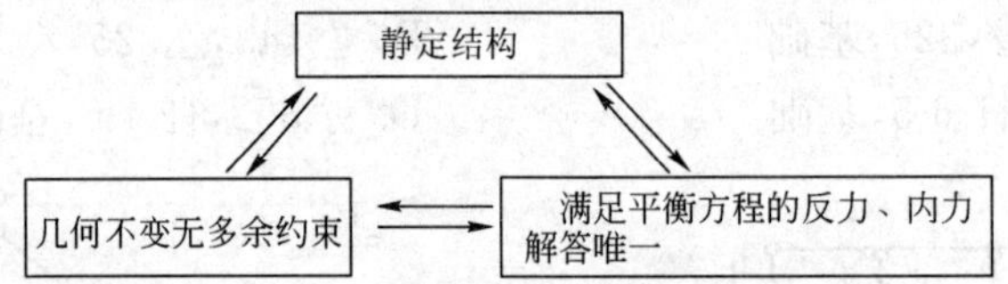

(二)静定结构的一般性质

根据静定结构的基本特征可派生出如下一般性质,它们都可以应用满足平衡方程内力解答的唯一性得到证明。

(1)静定结构由于给定荷载引起的内力与组成结构的材料以及杆件的截面形状尺寸无关,即与截面刚度(EA,EI)无关。

(2)在静定结构中,支座移动、温度改变及制作误差等非荷载因素不会引起内力。亦即只要不受荷载,静定结构就不会产生内力。

(3)静定结构的局部平衡性。

在静定结构中,如果某一局部可以与外力维持平衡,则其余部分的内力为零。

与外力维持平衡的局部,可以是几何不变部分,如图 15-16 所示的 ABC;也可以是几何可变部分,如图 15-17 所示的 $ABCDE$。

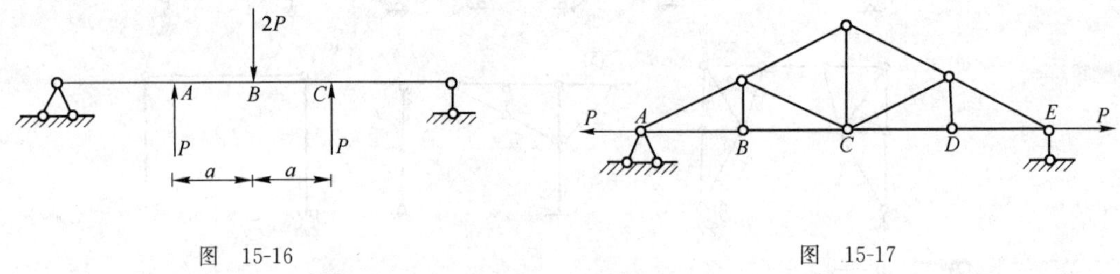

图　15-16　　　　图　15-17

(4)静定结构的荷载等效变换特性。

当静定结构上的荷载做等效变换(保持合力不变)时,其影响范围是包含荷载变化范围的最小几何不变部分,而其余部分的内力保持不变。例如在图 15-18 及图 15-19 中,若用合力代替均布荷载,则其内力发生变化的范围分别是图 15-18 中的 BC 部分及图 15-19 中的 $BCDB$ 部分。

(5)静定结构的几何构造变换特性。

当静定结构的某一局部作几何构造变换时,其影响范围是包含构造变换局部的最小几何不变部分,而其余部分的内力不变。

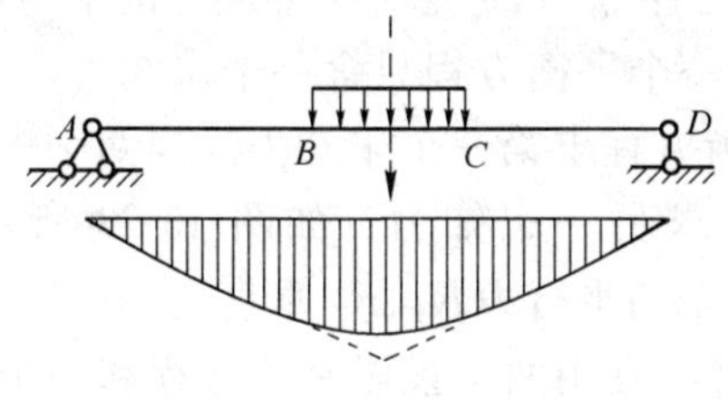

图 15-18

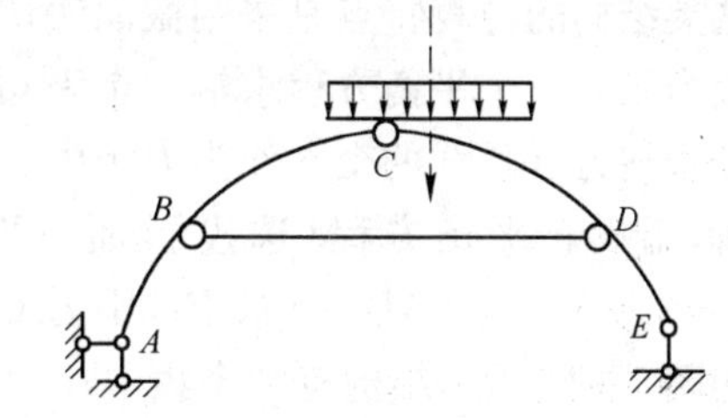

图 15-19

例如，在图 15-20 中若用 BD 杆代替 AC 杆时，内力发生变化的范围仅是 $ABCDA$ 部分。

(6)基本部分上的荷载只使基本部分受力，而附属部分上的荷载使附属部分及基本部分都受力。

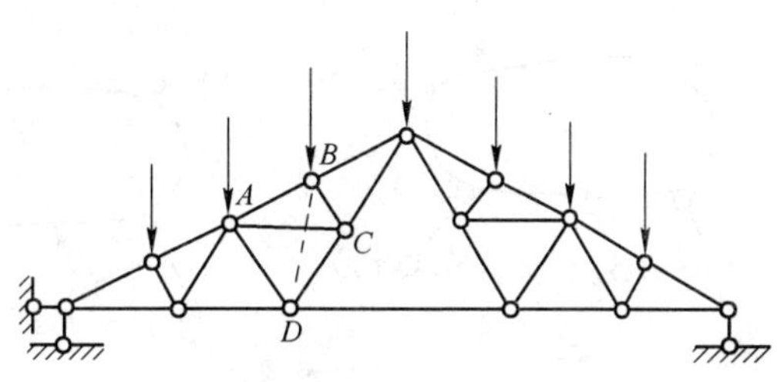

图 15-20

掌握静定结构的上述性质，有时会给内力求解工作带来诸多方便。例如，根据局部平衡特性很容易得到如图 15-21、图 15-22 所示的内力。

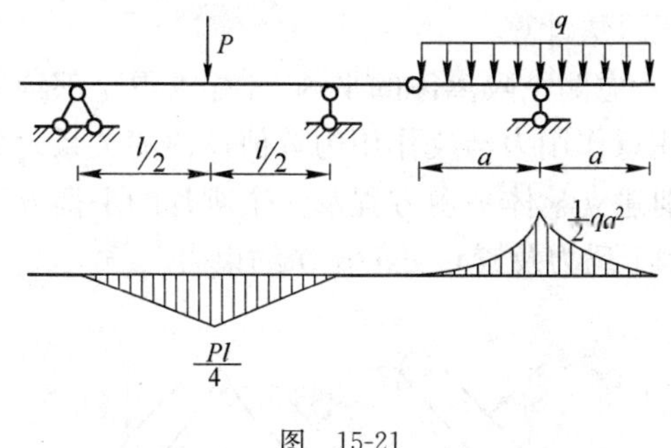

图 15-21

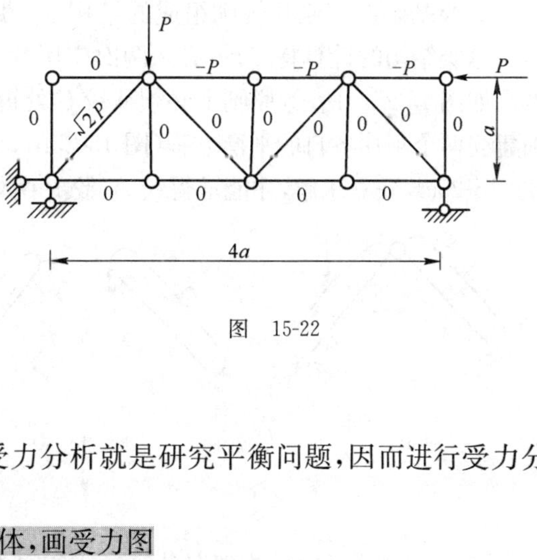

图 15-22

二、静定结构受力分析的基本方法

根据静定结构的基本特征可知静定结构的受力分析就是研究平衡问题，因而进行受力分析的基本原则和方法是：

$$\begin{cases}\text{用截面法截取适当的隔离体，画受力图}\\ \text{针对隔离体受力图，应用平衡方程计算反力及内力}\end{cases}$$

在静定结构的计算中应注意以下两点：

(1)注意把受力分析与几何组成分析联系起来，根据结构的几何组成特点选取合适的计算途径。一般来说，组成分析是“搭”的顺序，而受力分析是“拆”的顺序。

(2)在应用平衡方程时，应注意矩心及投影轴的选取，最好使一个平衡方程只含一个未知力，尽量避免解联立方程，以节省工作量，减少计算错误。

静定结构的计算步骤，一般是先求支座反力，然后求杆件截面内力，再作内力图。

(一)支座反力的计算

根据结构的几何组成特点，可分以下几种情况：

1. 与基础按两刚片规则组成的结构——用截面法计算

这类结构的计算特点是采用截面法切断与基础的三个联系，考虑一个隔离体的平衡，用平面一般力系的三个平衡方程求解三个未知反力。为使一个平衡方程只含一个未知力，一般可选两个未知力延长线的交点作为力矩中心，用力矩平衡方程求第三个未知力。当两个未知力平行时，用投影平衡方程（选投影轴与平行力垂直）求另一未知力。如图 15-23 所示，用 $\sum M_A=0$ 求 R_1，用 $\sum M_B=0$ 求 R_2，用 $\sum X=0$ 求 R_3（x 轴与平行力 R_1、R_2 垂直）。

如图 15-24 所示结构有两个集中反力和一个反力偶，宜用两个投影平衡方程和一个力矩平衡方程求解。

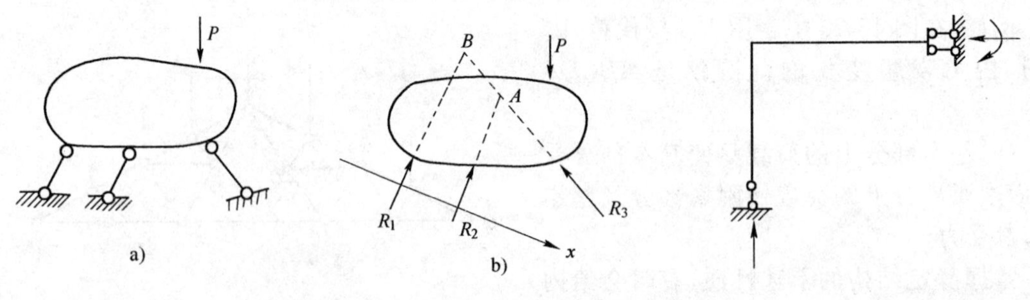

图 15-23　　　　图 15-24

悬臂结构，一般不需求支座反力，由自由端算起即可求得内力。

2. 与基础按三刚片规则组成的结构——用双截面法计算

这类结构的计算特点是：必须两次应用截面法，考虑两个隔离体的平衡，才能求得全部约束力。如图 15-25a）所示，原则上必须从铰 C 处拆开（注意作用力与反作用力等值反向的关系），分别建立两个刚片各自的平衡方程（图 15-25b），或分别建立整体平衡方程及一个刚片的平衡方程（图 15-25c），联立求解，才能求得铰 A、铰 B 两处的四个反力及铰 C 处的两个约束力。

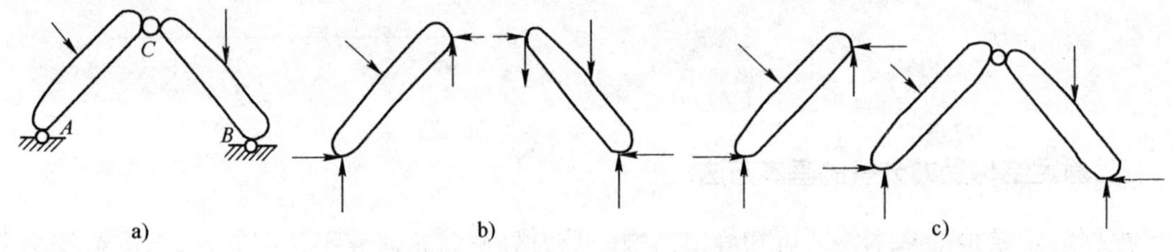

图 15-25

有时针对题目的具体情况计算还可得到简化。

例如图 15-26 所示三铰刚架，可考虑整体平衡，用下面四个平衡方程求得四个支座反力。

$\sum M_B=0$，求 V_A；

$\sum M_A=0$，求 V_B；

$\sum X=0$，建立 H_A 与 H_B 的关系；

$M_C=0$，求 H_A 或 H_B。

其中第四个方程 $M_C=0$（铰 C 处弯矩为零）与从铰 C 处拆开，与根据一侧刚片为隔离体建立的 $\sum M_C=0$ 的实质是一样的。

3. 由基本部分及附属部分组成的结构（主从结构）——拆开从附属部分算起

这类结构只要将附属部分与基本部分拆开，先算附属部分，后算基本部分，就可归结为前两种情况，如图 15-27 所示。

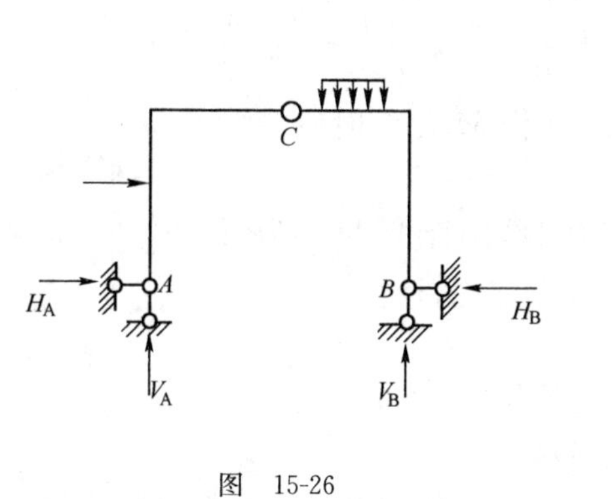

图 15-26

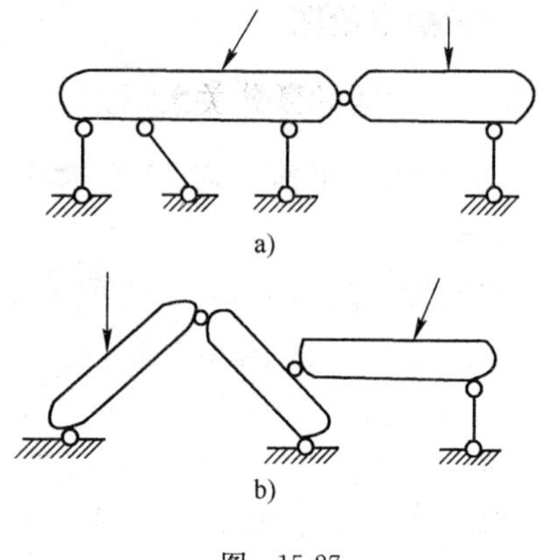

图 15-27

(二)杆件截面内力的计算

求内力的基本方法是截面法。

杆件某截面的内力一般有弯矩 M、剪力 Q 及轴力 N 三个分量，其计算规律及符号规定如下：

$$M=\sum_{\text{截面一侧}}\text{外力对截面形心力矩} \quad M(+)$$

即某截面的弯矩等于该截面一侧隔离体上所有外力对截面形心力矩的代数和。对于弯矩的符号，不作统一硬性规定，弯矩图画在受拉侧，不注符号。。

$$Q=\sum_{\text{截面一侧}}\text{平行于截面外力} \quad Q(+)$$

即某截面的剪力等于该截面一侧隔离体上所有平行于该截面外力分量的代数和。剪力的符号以使微体产生顺时针旋转倾向的错动为正。

$$N=\sum_{\text{截面一侧}}\text{垂直于截面外力} \quad N(+)$$

即某截面的轴力等于该截面一侧隔离体上所有垂直于该截面外力分量的代数和，轴力的符号以拉力为正。

上述三条计算规律，实际上就是截面一侧隔离体的三个平衡方程，如图 15-28 所示，其中 R_x、R_y 及 m_0 分别代表截面左侧隔离体上的外力向截面形心简化所得主向量的分量及主矩，也就是 M、Q、N 三个表达式中的右端项。这三条计算规律是截面内力计算的依据，非常重要，一定要正确理解并熟练掌握其应用。

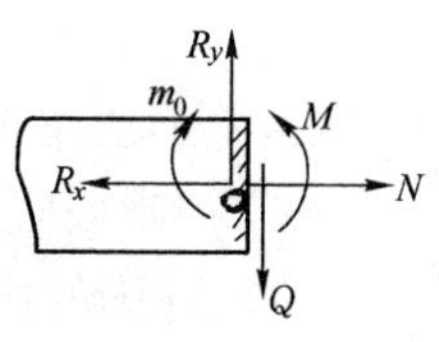

图 15-28

(三)内力图的绘制

对于梁和刚架需绘制其内力图，一般是先作弯矩图，再作剪力图及轴力图。

作内力图的步骤如下：

(1)应用前述截面内力的计算规律，分段求控制截面的内力。荷载不连续处、杆件汇交处需选作为控制截面。

(2)根据荷载与内力间的微分关系，分段判别图线性质。

(3)逐段描点绘图。

荷载与内力间的微分关系(见图 15-29)主要指 $\frac{dM}{dx}=Q$；$\frac{dQ}{dx}=-q$；$\frac{d^2M}{dx^2}=-q$ 。

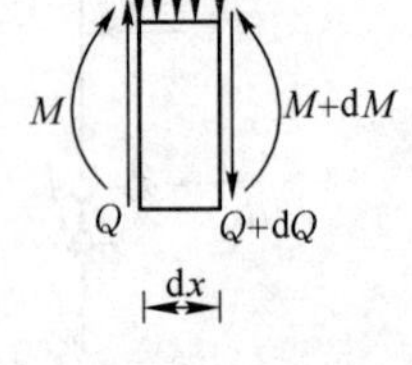

图 15-29

它们是微体的平衡方程，根据这些微分关系，在作 M、Q 图时应注意下面一些特点：

(1)在无载区段，$q=0$，$Q=$常数，Q 图为平行于基线的直线，M 图为斜直线。若 $Q>0$，M 图自左至右向下斜，若 $Q<0$，M 图向上斜；若 $Q=0$，M 图为平行于基线的直线。

(2)在均载区段，$q=$常数，Q 图为斜直线，自左至右斜的方向与 q 的指向一致，M 图为二次抛物线，其凸向与 q 的指向一致。

(3)在集中力作用处，Q 图发生突变，其突变值等于该集中力沿截面方向的分量，M 图发生方向改变，方向转折所形成的尖角与该集中力的指向相同。

(4)在集中力偶作用处，Q 图不变，M 图发生突变，其突变值等于该力偶的力偶矩。

(5)M 图的极值点发生在 $Q=0$ 处。

在作 M 图时，经常使用区段叠加法，它是叠加原理在内力分析中的应用，如图 15-30 所示，其中图 15-30a)是从结构中取出的某区段 AB，其受力情况与如图 15-30b)所示的相应简支梁相同，根据叠加原理可分解为图 15-30c)与图 15-30d)的组合。如图 15-30d)所示为相应简支梁的 M 图，靠下方的图只是将基线放斜了，各截面弯矩竖标都不改变。

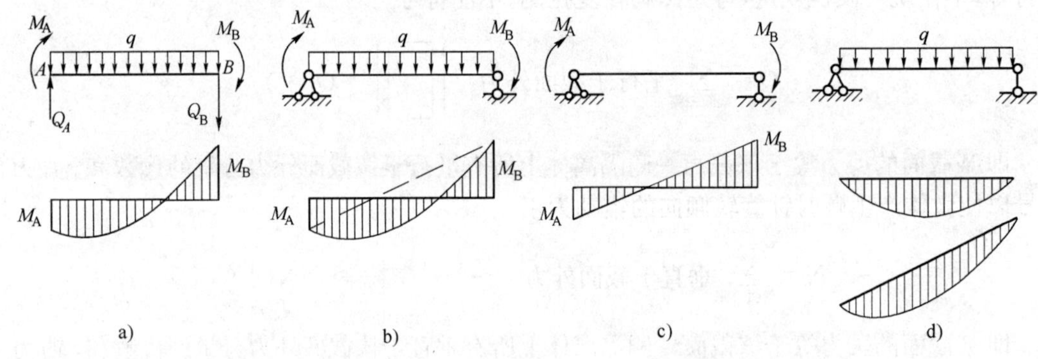

图 15-30

区段叠加法作 M 图的步骤如下：

(1)求控制截面的弯矩，在 M 图上取得相应的控制点。

(2)将 M 图的控制点之间连成直线，并以此为基线叠加相应简支梁的弯矩图。

三、各类静定结构的力学特性及计算

(一)静定梁

梁的力学特性是以受弯为主。单跨梁是计算的基础。多跨静定梁是由几根单跨梁连接而成的主从结构。分析的关键是拆成单跨梁，画出层次受力图，从附属部分算起，将各单跨梁的内力图连接起来，就是多跨静定梁的内力图。

【例 15-7】 作如图 15-31a)所示多跨静定梁的 Q、M 图。

解 先作出层次受力图并求反力(见图 15-31b),进一步再作 Q 图(见图 15-31c)及 M 图(见图 15-31d)。

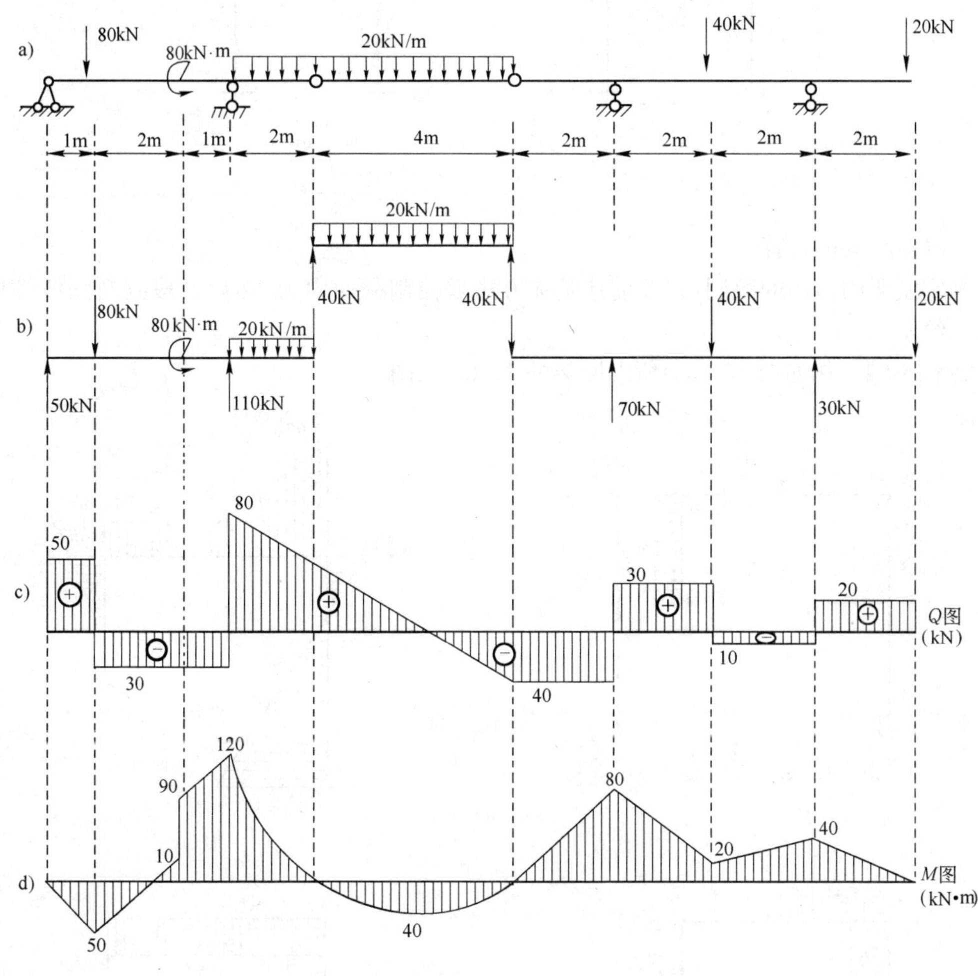

图 15-31

(二)静定刚架

1. 刚架的特点

刚架是用刚性结点将杆件连接起来而组成的几何不变体系。其力学特性也是以受弯为主。

刚架的特点是由刚性结点引起的。刚结点与铰结点不同之处见表 15-1。

表 15-1

结点 特点	铰 结 点	刚 结 点
几何特点	所连各杆端间的夹角可变	所连各杆端间的夹角不变
受力特点	不能传递弯矩,只能传递剪力和轴力	既能传递弯矩也能传递剪力和轴力

由于刚架的几何不变性需要依靠结点的刚性来维持,所以刚架的整体性好,可作大空间,

且受力比较均匀，可减小内力的峰值，如图 15-32 所示。

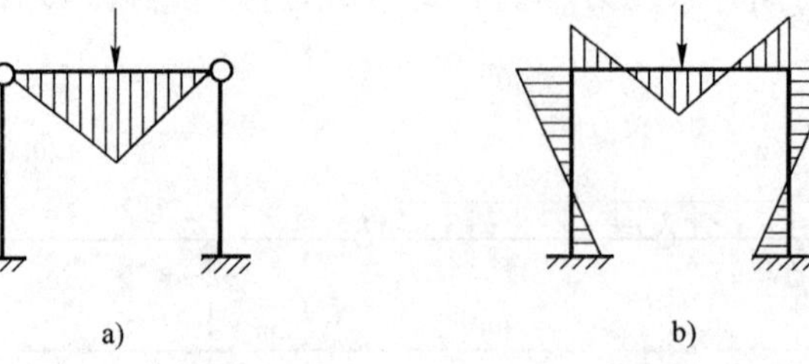

图 15-32

2. 静定刚架的计算

静定刚架内力图的绘制：先按前述基本方法求控制截面内力，然后分段判断图线性质，之后描点绘图。

【例 15-8】 作如图 15-33a)所示刚架的 M、Q、N 图。

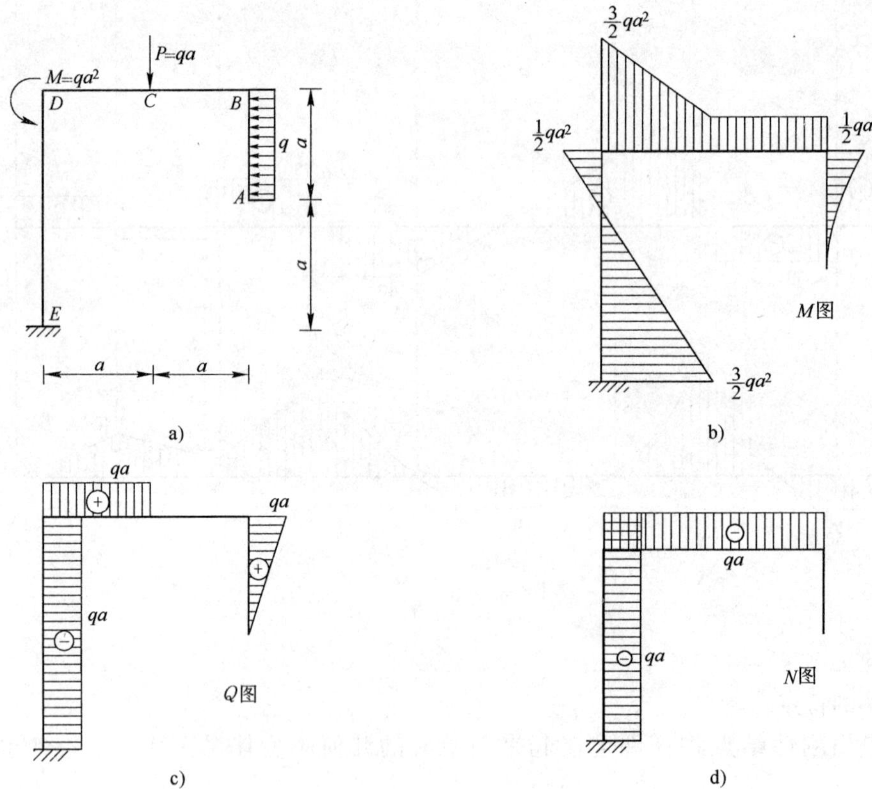

图 15-33

解 作 M 图：AB 段 二次曲线，向左凸

$$M_{AB}=0$$

$$M_{BA}=\frac{1}{2}qa^2\text{（外侧受拉）}$$

BC 段 平直线

$$M_{BC}=\frac{1}{2}qa^2\text{（上侧受拉）}$$

CD 段　斜直线

$$M_{\mathrm{CD}}=\frac{1}{2}qa^2\text{（上侧受拉）}$$

$$M_{\mathrm{DC}}=\frac{3}{2}qa^2\text{（上侧受拉）}$$

DE 段　斜直线

$$M_{\mathrm{DE}}=\frac{1}{2}qa^2\text{（外侧受拉）}$$

$$M_{\mathrm{ED}}=\frac{3}{2}qa^2\text{（内侧受拉）}$$

作 Q 图

$$Q_{\mathrm{AB}}=0$$

$$Q_{\mathrm{BA}}=+qa$$

$$Q_{\mathrm{BC}}=0$$

$$Q_{\mathrm{CD}}=+qa$$

$$Q_{\mathrm{DE}}=-qa$$

作 *N* 图

$$N_{\mathrm{BA}}=0$$

$$N_{\mathrm{BD}}=-qa$$

$$N_{\mathrm{DE}}=-qa$$

校核:结点 *D*

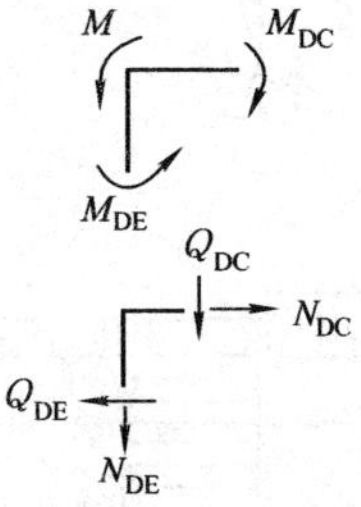

$$M_{\mathrm{DC}}=M_{\mathrm{DE}}+M$$

$$Q_{\mathrm{DE}}=N_{\mathrm{DC}}$$

$$D_{\mathrm{DC}}=-N_{\mathrm{DE}}$$

【例 15-9】 作如图 15-34a)所示刚架的内力图。

解　先求反力,再求控制截面内力,分段作图。

【例 15-10】 作如图 15-35a)所示刚架的内力图。

解　先解左面附属部分,再解右面基本部分。

(三)三铰拱

1. 拱的力学特性

在竖向荷载作用下,不仅能产生竖向反力,而且能产生水平反力(推力)的曲线型结构称为拱。

由于推力的存在，使拱截面上的弯矩较相应简支梁的弯矩大为减小，拱截面上增加了轴向力，使截面上正应力的分布趋于均匀，能较充分地发挥材料的作用，是一种较经济合理的结构形式。

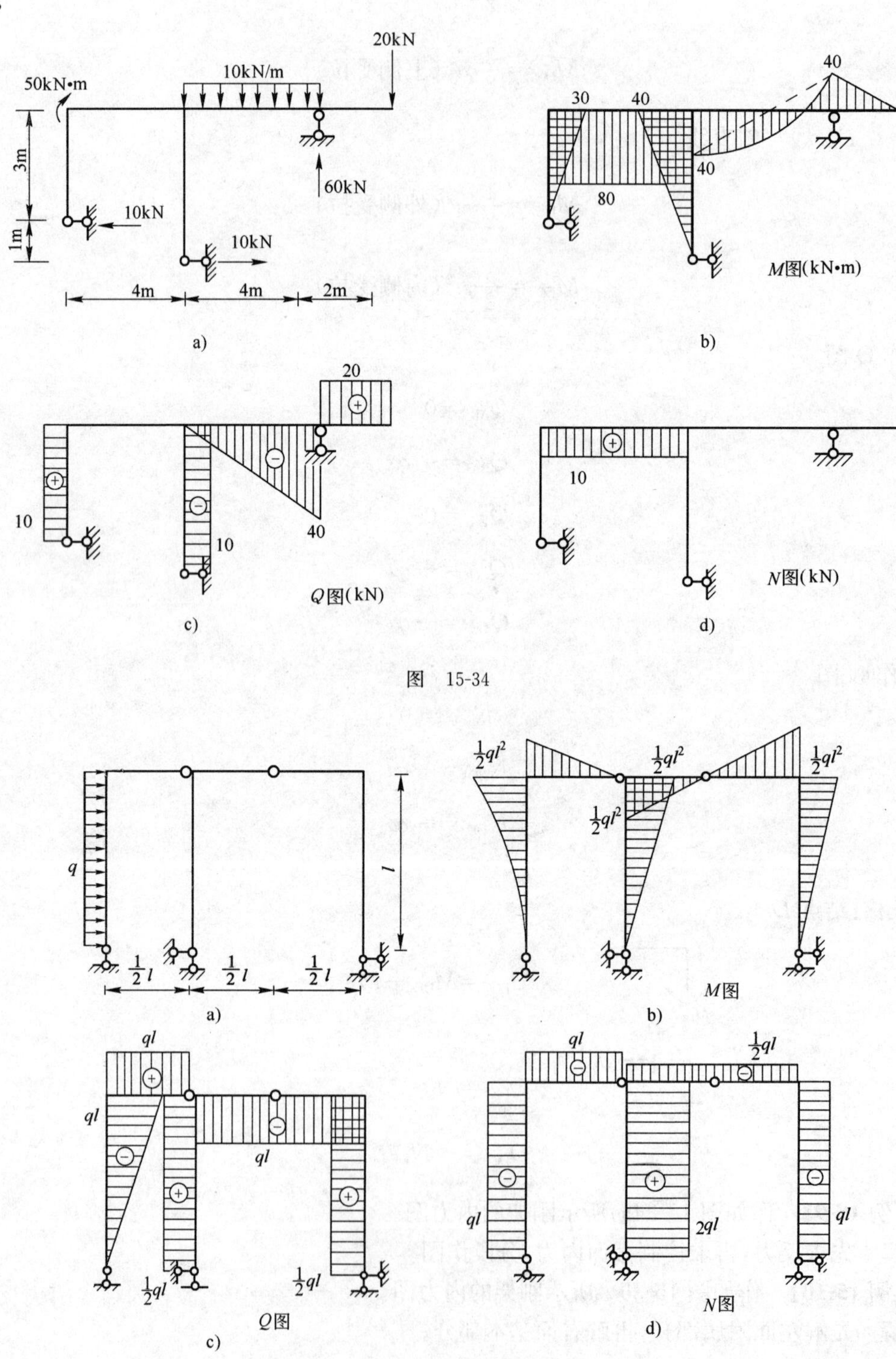

图 15-34

图 15-35

2. 三铰拱的计算(两底铰等高的三铰拱受竖向荷载作用)

(1)支座反力:取决于荷载及三个铰的位置,与拱轴形状无关。如图 15-36 所示。

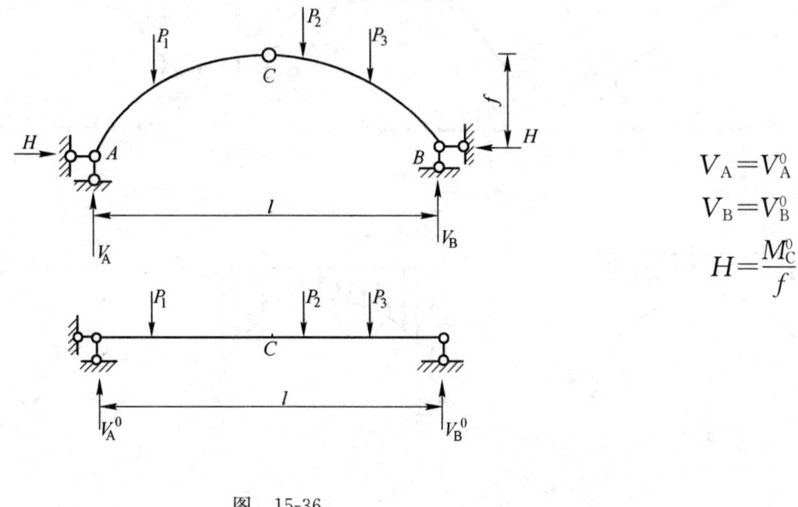

$$V_A = V_A^0$$

$$V_B = V_B^0$$

$$H = \frac{M_C^0}{f}$$

图 15-36

(2)截面内力:取决于荷载、三个铰的位置及拱轴形状。如图 15-37 所示。

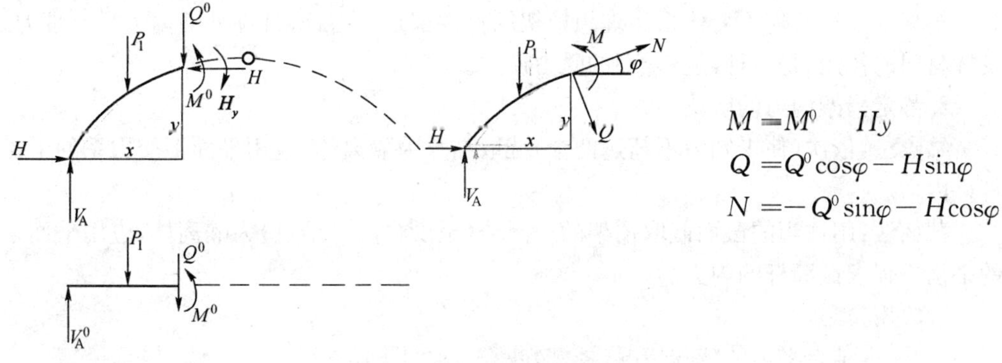

$$M = M^0 - Hy$$

$$Q = Q^0\cos\varphi - H\sin\varphi$$

$$N = -Q^0\sin\varphi - H\cos\varphi$$

图 15-37

3. 合理拱轴的概念

在一定荷载作用下,使拱处于无弯矩状态(各截面弯矩、剪力均为零,只受轴力)的轴线称为拱的合理轴线。

求法

$$y(x) = \frac{M^0(x)}{H}$$

由此式可知,拱的合理轴线的纵坐标与相应简支梁的弯矩成正比,故合理轴线的形状与相应简支梁的弯矩图(倒置)相似。

图 15-38 给出了几种荷载情况下的合理轴线,其中,沿水平线的均布荷载作用下的合理拱轴为二次抛物线(图 15-38d),填土荷载作用下的合理拱轴为悬链线(图 15-38e),均匀内压或外压作用下的合理轴线为圆(图 15-38f)。

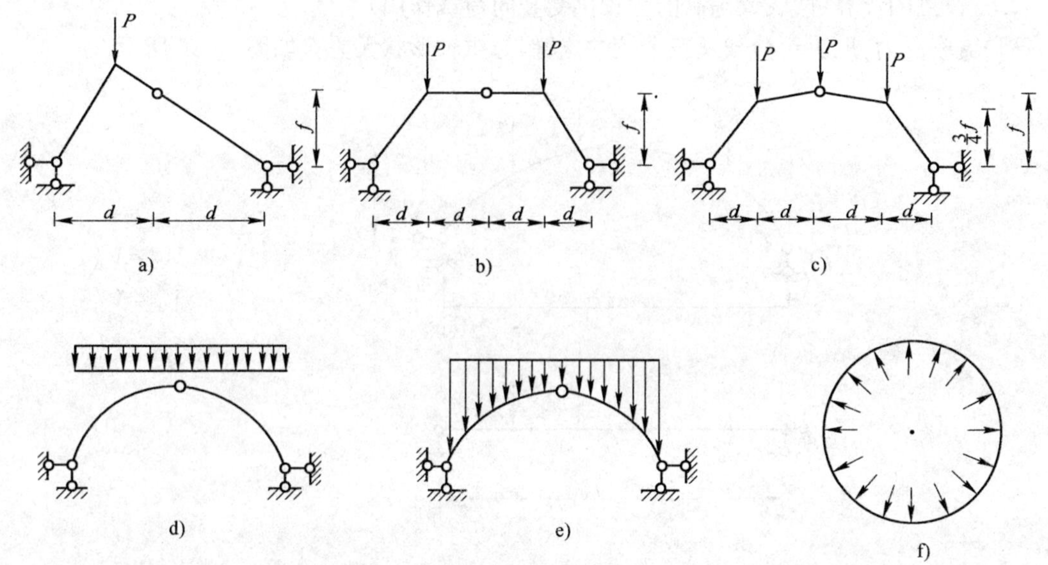

图 15-38

（四）静定桁架

1. 桁架的特点

桁架是铰接几何不变体系。理想桁架的杆件都是二力杆，杆件截面内力只有轴力，能充分发挥材料的作用，是一种经济合理的受力形式。

2. 静定桁架内力的解法

结点法：依次（使未知力不超过两个）截取结点为隔离体，应用平面汇交力系的平衡方程求杆件内力。

截面法：用适当的截面截取桁架的一部分（至少含两个结点）为隔离体，应用平面一般力系的平衡方程求截断杆的内力。

3. 应用技巧

（1）注意结点平衡的特殊情况（零杆判断），参见图 15-39。

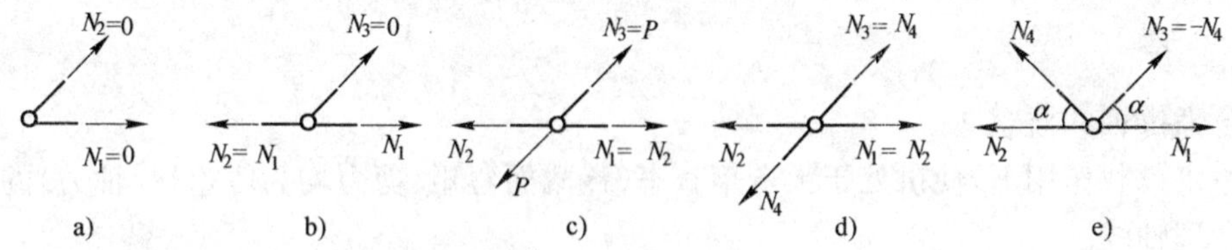

图 15-39

①不共线两杆结点，若不受荷载，则两杆内力为零，如图 15-39a）所示。

②三杆结点，其中两杆共线，若不受荷载，则另一杆（单杆、独杆）内力为零，共线两杆内力相同，见图 15-39b），若外力 P 与单杆共线，则共线的两力相等，如图 15-39c）所示。

③四杆结点，两两共线，若不受荷载，则共线的两杆内力相同，如图 15-39d）所示。

④四杆结点，两杆共线，另两杆在同侧且倾斜角相同（K 形结点），则同侧两杆内力大小相等，受力性质相反，如图 15-39e）所示。

(2)注意应用投影比例关系。由图 15-40 可得

$$\frac{N}{L}=\frac{X}{L_x}=\frac{Y}{L_y}$$

$$N=\frac{L}{L_x}X=\frac{L}{L_y}Y$$

一般可先求出分力 X 或 Y,再求轴力 N。

(3)恰当地选取矩心和投影轴,尽量使一个平衡方程只含一个未知量。

若隔离体上只有三个未知力,一般可选其中两个未知力的交点作为力矩中心,用力矩平衡方程求第三个未知力,并沿其作用线移动到适当的位置分解,以使力臂易求,如图 15-41a)所示,将 N_2 移到 D 点分解,用 $\sum M_A=0$ 求 Y_2,再利用投影关系求 N_2。当两个未知力平行时,用投影平衡方程求第三个未知力,投影轴与平行力垂直,如图 15-41b)所示,用 $\sum Y=0$ 求 Y_2,再求 N_2。

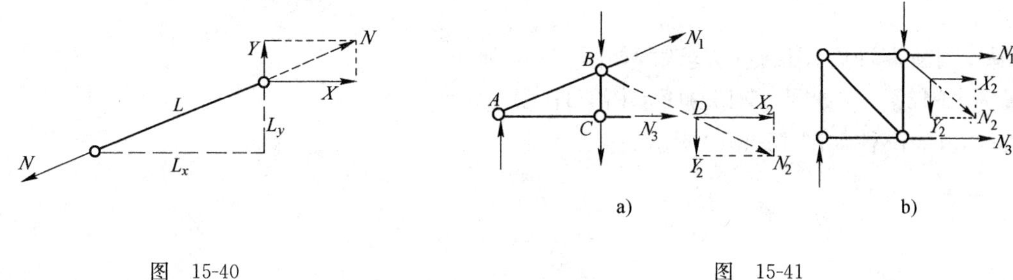

图 15-40

图 15-41

(4)应用截面法时,一个截面截断的杆数一般不宜超过三根,当有特殊条件可以利用时,可超过三根,如图 15-42a)、b)所示。

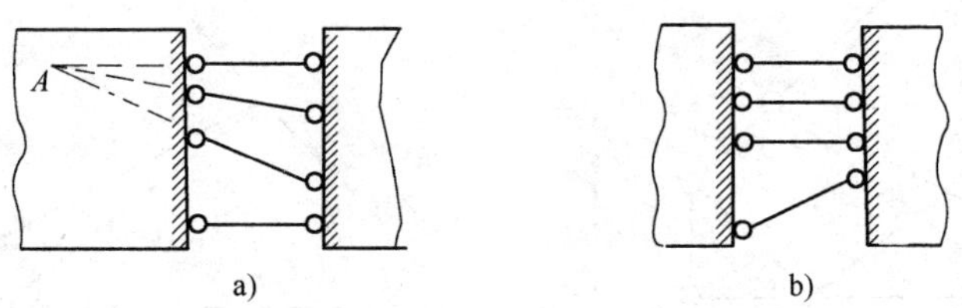

图 15-42

(5)对于联合桁架,宜先用截面法求出联系杆的内力。

(6)利用对称性。

对称桁架在对称荷载作用下,对称杆的内力大小相等、受力性质相同。位于对称轴线上的无载 K 形结点有零杆,如图 15-43a)所示。

对称桁架在反对称荷载作用下,对称杆的内力大小相等、受力性质相反。位于对称轴线上的杆件内力为零,如图 15-43b)所示。

对称桁架在一般荷载作用下,可考虑(如果计算简单)分解为对称荷载与反对称荷载两种情况的组合。

4. 桁架杆件内力的计算

【例 15-11】 求如图 15-44 所示桁架各杆的内力。

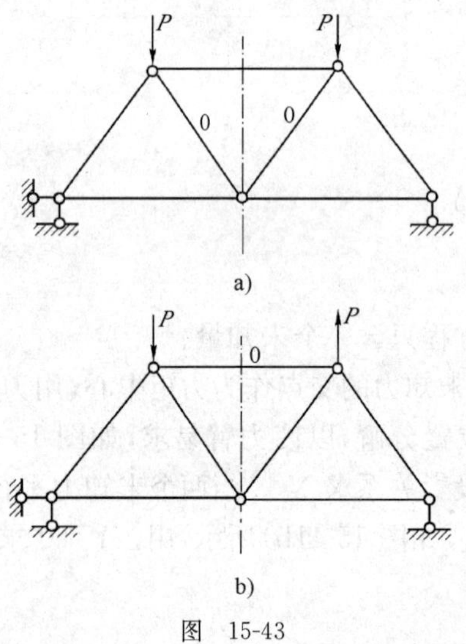

图 15-43

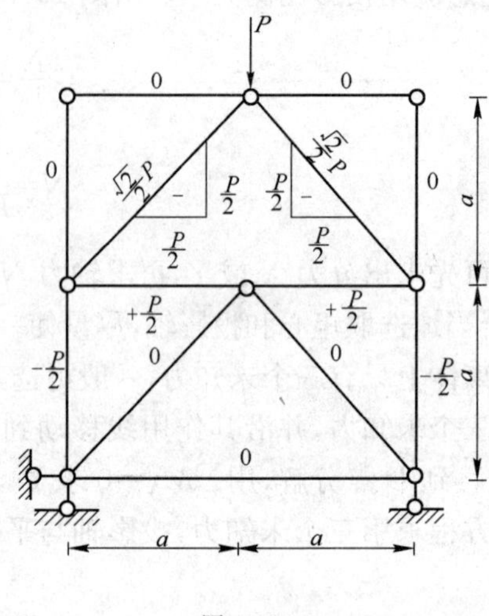

图 15-44

解 判断零杆后，用结点法求解，如图 15-44 所示。

【例 15-12】 求如图 15-45a)所示桁架杆①的内力。

解 取隔离体如图 15-45b)所示。

由$\sum M_C=0$得

$$Y_1=\frac{60\times12-90\times15}{18}=-35\text{kN}$$

$$N_1=-35\sqrt{2}=-49.5\text{kN}(\text{压})$$

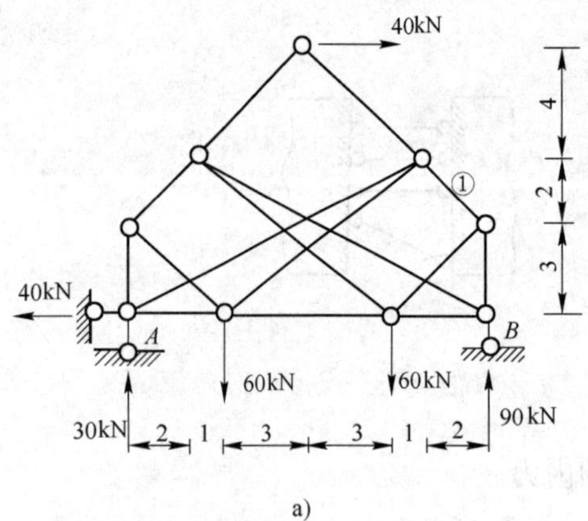

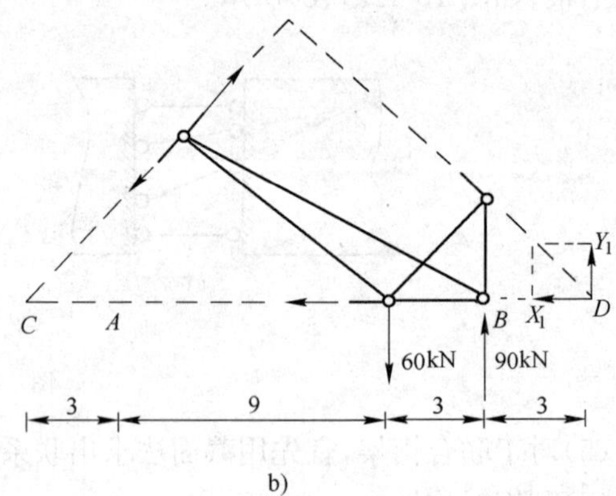

图 15-45

【例 15-13】 求如图 15-46a)所示桁架杆①、杆②的内力。

解 将图 15-46a)分解为图 15-46b)与图 15-46c)的组合，可得

$$N_1=-\sqrt{2}P(\text{压})$$

$$N_2=-\frac{\sqrt{2}}{3}P(\text{压})$$

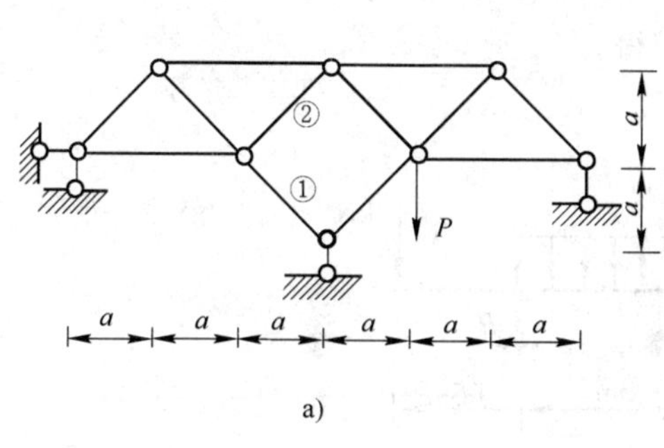

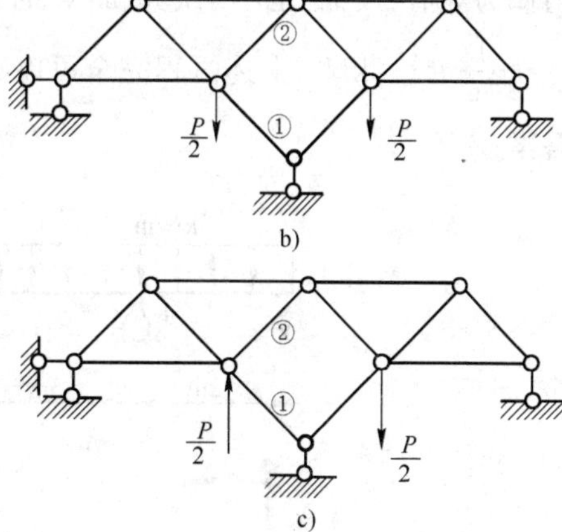

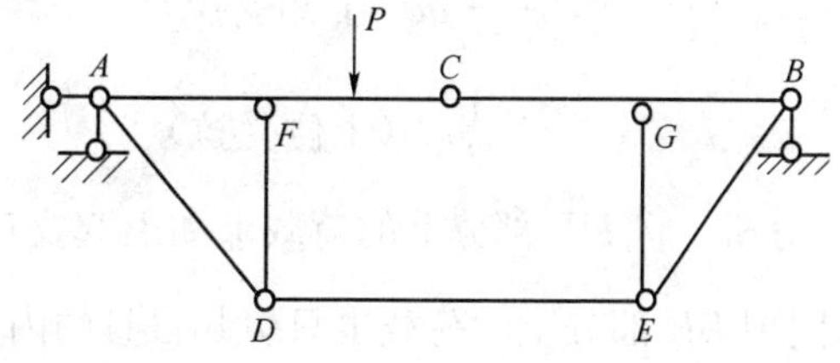

图 15-47

(五)静定组合结构

(1)组合结构的特点:既有只受轴力的二力杆(链杆、桁架杆件),又有受弯的梁式杆,如图 15-47 所示,AC、CB 为梁式杆,其余为链杆。

(2)内力解法:关键是分清杆件的受力性质,将链杆与梁式杆区分清楚,正确地选取隔离体。链杆的截面内力只有轴力,而梁式杆的截面内力有弯矩、剪力和轴力。为了不使隔离体上的未知力过多,在应用截面法时,应尽力避免将梁式杆切断。一般可先求链杆的轴力,再取梁式杆为隔离体作其内力图。

四、注意事项及例题分析

(1)静定结构的学习,要注意理解静定结构的基本特征与一般性质,并注意其在题目分析中的应用。

(2)静定结构受力分析与计算的关键是恰当的选取隔离体和平衡方程。要牢固掌握静定梁、静定刚架指定截面内力的计算,掌握静定桁架杆件内力的计算及静定组合结构的内力计算。对于三铰拱,要着重理解其力学性能及合理拱轴的概念,指定截面的内力也应会算。梁与刚架弯矩图的绘制非常重要,尽管选择型的考题一般不会直接考弯矩图的绘制,但若熟知弯矩图,常会对题目的分析带来不少方便。

(3)静定结构反力、内力的计算,宜先考察结构的几何组成,从中找出求解的途径。

(4)对称结构注意利用对称性简化计算,有的结构仅支座约束不对称,在一定条件下仍处于对称受力状态,内力分析仍可利用对称性(注意,位移常不对称)。

(5)要注意基本概念的灵活应用,针对不同情况使用不同的技巧,常作结点平衡及截面平衡校核,一定要多做练习,熟能生巧,才能在考场上用较短的时间作出准确的判断。

【例 15-14】 如图 15-48 所示梁截面 C 的剪力 Q_C 为:

A. -3kN　　B. -2kN　　C. 0　　D. $+2$kN

分析　此题若直接求反力再计算截面 C 的剪力较费事,若根据题目的特点,使用叠加原理可知,AB 间的均布荷载引起截面 C 的剪力为零,而将两个外伸端上的荷载向支座处简化所得两力偶为等值、反向，也不引起截面 C 的剪力，故只需考虑力偶荷载引起截面 C 的剪力，即知 $Q_C=-\frac{12}{6}=-2\text{kN}$。上述过程完全可以心算求得。

答案：B

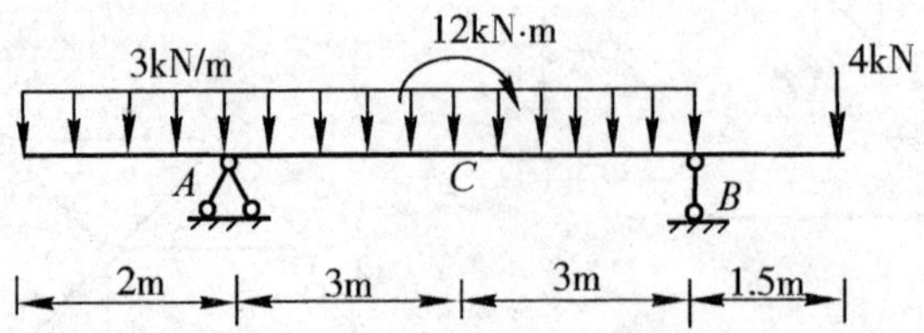

图 15-48

【例 15-15】 如图 15-49 所示梁截面 A 的弯矩 M_A 为：

A. $\frac{3}{2}ql^2$（上侧受拉）　　B. ql^2（上侧受拉）

C. $\frac{1}{2}ql^2$（上侧受拉）　　D. $\frac{1}{2}ql^2$（下侧受拉）

分析　将 DF 部分上的荷载求和引起支座 E 的反力，组成平衡力系，对别处的内力无影响，同理 BD 部分上的荷载也只引起自身的内力，截面 B 的剪力为零，所以 $M_A=\frac{1}{2}ql^2$（上面受拉）。

答案：C

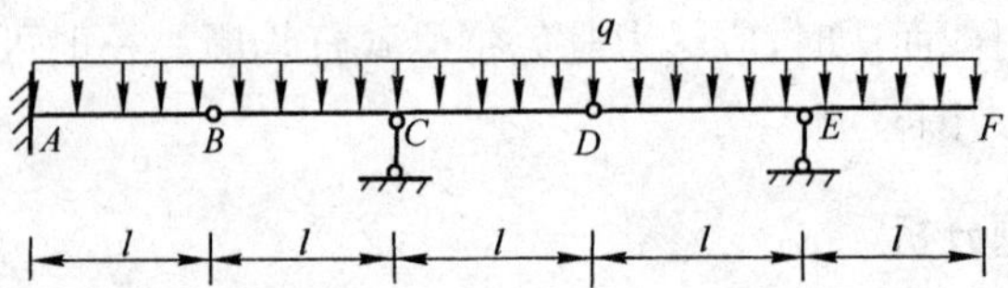

图 15-49

【例 15-16】 如图 15-50 所示梁截面 F 的弯矩（以下侧受拉为正）M_F 为：

A. $-\frac{Pa}{2}$　B. $-\frac{Pa}{4}$　C. $+\frac{Pa}{4}$　D. $+\frac{Pa}{2}$

分析　由 CD 部分简支梁弯矩图向外扩展，GDE 部分为一条直线，EF 部分为一条平线（F 点滑动支座处剪力为零，EF 杆不受剪），所以 $M_F=-\frac{Pa}{2}$。

答案：A

【例 15-17】 如图 15-51 所示梁，截面 A、C 的弯矩（以下侧受拉为正）M_A、M_C 分别为：

A. $-\frac{1}{2}qa^2,-\frac{1}{2}qa^2$　　B. $-\frac{3}{2}qa^2,\ \frac{1}{2}qa^2$

C. $2qa^2,\ 0$　　D. $\frac{1}{2}qa^2,-\frac{3}{2}qa^2$

分析　由 AB 杆段的平衡得截面 B 的剪力 $Q_B=-qa$，进而可得 $M_A=\frac{1}{2}qa^2$，$M_C=-\frac{3}{2}qa^2$。

答案:D

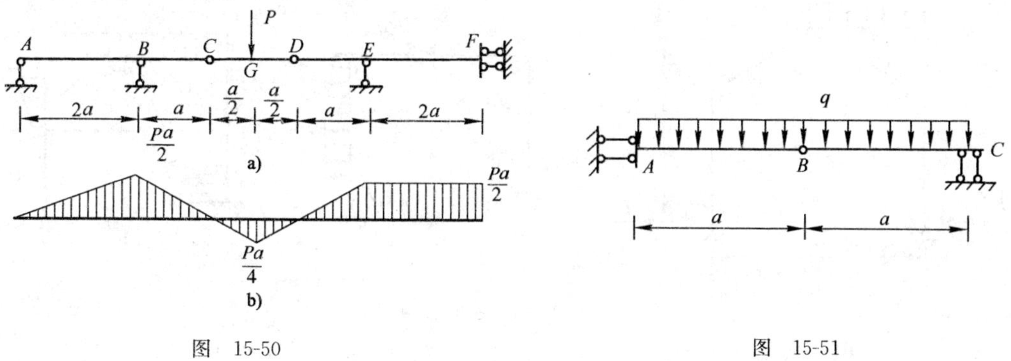

图 15-50 图 15-51

【例 15-18】 如图 15-52a)、b)所示两种斜梁仅右支座链杆方向不同,则两种梁的弯矩 M、剪力 Q 及轴力 N 图形的状况为:

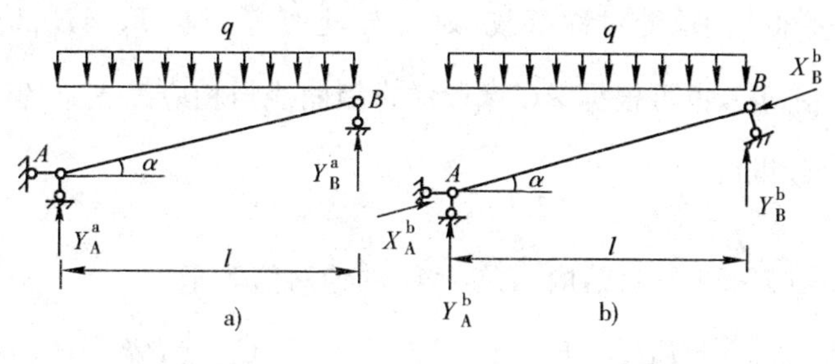

图 15-52

A. M、Q 图相同,N 图不同　　B. Q、N 图相同,M 图不同

C. N、M 图相同,Q 图不同　　D. M、Q、N 图都不相同

分析　若将图 15-52b)的支座反力沿竖向及梁轴方向分解,则竖向力 $Y_A^b = Y_A^a$、$Y_B^b = Y_B^a$ 及均布荷载 q 组成平衡力系,两图完全相同,而梁轴方向的一对平衡力 $X_A^b = X_B^b$ 只影响轴力 N,对梁的弯矩 M、剪力 Q 无影响,所以两斜梁的 M、Q 图相同,而 N 图不同。

答案:A

【例 15-19】 如图 15-53 所示结构,剪力 Q_DA 等于:

A. -3kN　　B. -1.5kN　　C. 0　　D. 1.5kN

分析　此三铰刚架在竖向荷载作用下的竖向反力与相应简支梁的竖向反力相同,均布荷载的合力在跨度的四分点,易知 $V_B = \frac{1}{4} \times 4 \times 3 = 3\text{kN}(\uparrow)$,再由 $M_C = 0$ 得 $H_A = H_B = 1.5\text{kN}$ $(\rightarrow\leftarrow)$,进而可得 $Q_{DA} = -1.5\text{kN}$。

答案:B

【例 15-20】 如图 15-54a)所示结构,截面 A、B 的受拉侧分别为:

A. 外侧、外侧　　B. 内侧、内侧　　C. 外侧、内侧　　D. 内侧、外侧

分析　由于 C 处为滑动连接,则 BD 杆剪力为零,由 CDE 部分平衡可知 E 处反力为零,进而将荷载对 A、B 取矩可判断其受拉侧,或心算弯矩图形状(见图 15-54b),注意均布荷载合力作用线与 AB 线的交点弯矩为零,即可作出判断。

答案:D

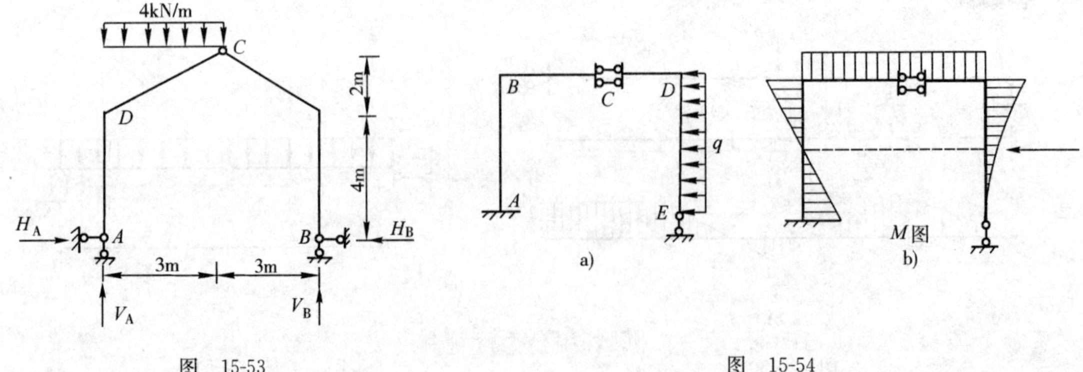

图 15-53

图 15-54

【例 15-21】 如图 15-55 所示结构弯矩 M_{AB}的绝对值等于：

A. 0　　B. $\frac{1}{8}ql^2$　　C. $\frac{1}{2}ql^2$　　D. ql^2

分析　此题为对称结构承受对称荷载，则铰 B 处剪力为零，取 AB 部分为隔离体可得弯矩 $M_{AB}=\frac{1}{2}q(\frac{l}{2})^2=\frac{1}{8}ql^2$，也可根据 AC 区段的弯矩曲线与相应简支梁的弯矩曲线相同，但最低点应通过铰 B 作出判断。

答案:B

【例 15-22】 如图 15-56 所示结构，弯矩 M_{EF}的绝对值等于：

A. $\frac{1}{2}qd^2-Pd$　　B. $M+Pd$　　C. $\frac{1}{2}Pd$　　D. Pd

分析　由附属部分 ABC 的平衡可知，铰 C 处的水平约束力为零，所以荷载 M 及 q 对右边基本部分的弯矩没有影响，故可排除答案 A、B。而基本部分为对称三铰刚架，若将 E 处集中力的一半$\frac{P}{2}$沿其作用线移至 G 处（此变化只影响 EG 段的轴力，而对弯矩没有影响）则为对称结构承受反对称荷载；引起支座 D、H 的反对称水平反力为$\frac{P}{2}$(←)，故可得 $M_{ED}=\frac{P}{2}(2d)=Pd$，再由结点 E 平衡，得 $M_{EF}=Pd$（内侧受拉）。

答案:D

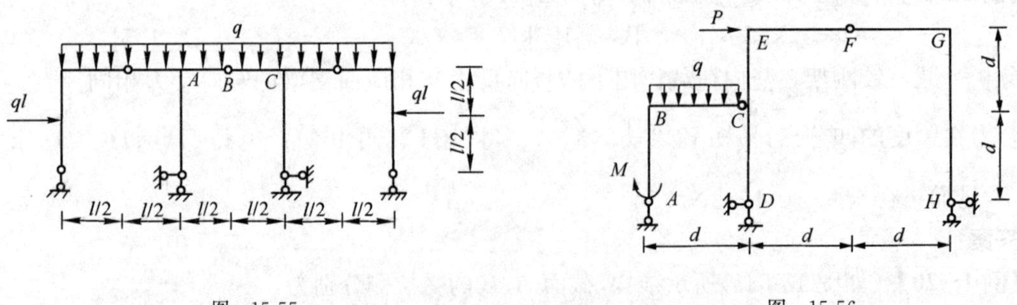

图 15-55

图 15-56

【例 15-23】 如图 15-57a)所示结构，截面 A 的弯矩（以下侧受拉为正）为：

A. $-qa^2$　　B. $-\frac{1}{2}qa^2$　　C. $\frac{1}{2}qa^2$　　D. qa^2

分析　除悬臂部分外，其他杆弯矩图均为直线，注意两根竖杆剪力为零，弯矩为常数，铰处弯矩为零，并注意结点平衡，不难心算求得弯矩图如图 15-57b)所示，可知 $M_A=qa^2$。

答案:D

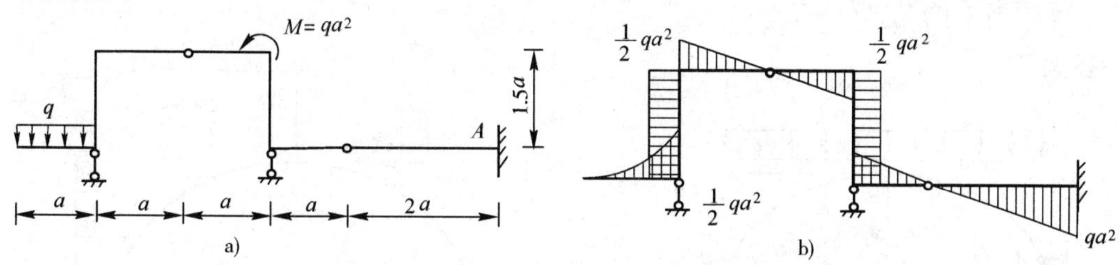

图 15-57

【例 15-24】 如图 15-58 所示三铰拱,若用合力代替其所受的荷载,则其:

A. 竖向反力增大,水平反力不变　　B. 竖向反力减小,水平反力不变

C. 竖向反力不变,水平反力增大　　D. 竖向反力不变,水平反力减小

分析　此三铰的竖向反力可由整体平衡求得,与其相应简支梁的反力相同,据此可排除答案 A、B,用合力代替后,相应简支梁上与顶铰对应截面的弯矩 M_C^0 增大,由 $H=\frac{M_C^0}{f}$ 可知其水平反力增大。

答案:C

【例 15-25】 如图 15-59 所示三铰拱,当拱轴上各点纵坐标 y 增至 ky 时(k 为任意常数),则拱截面 D 的弯矩:

A. 增大　　B. 减小

C. 不变　　D. 不定,当 $k>1$ 时增大,$k<1$ 时,减小

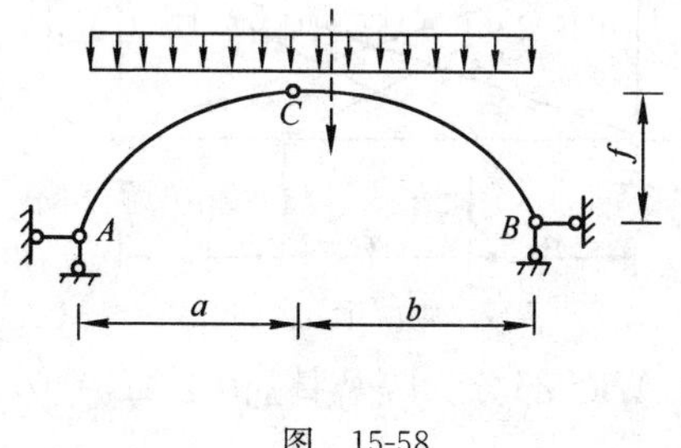

图 15-58

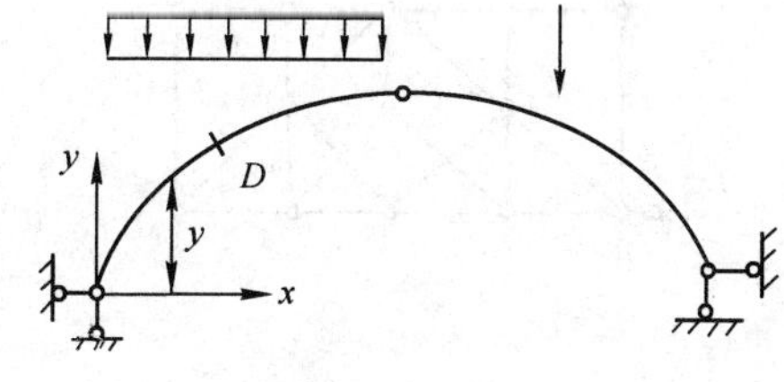

图 15-59

分析　图示三铰拱任一截面的弯矩 $M=M^0-Hy$,当 y 变为 ky 时,M^0 不变,H 变为$\frac{H}{k}$,而乘积$\frac{H}{k}\cdot ky=Hy$ 不变,所以 M 不变。

答案:C

【例 15-26】 已知如图 15-60 所示三铰拱的轴线方程为 $y=px^2$,则截面 K 的弯矩为:

A. 0　　B. $\frac{1}{8}ql^2$　　C. $\frac{1}{4}ql^2$　　D. $\frac{1}{2}ql^2$

分析　所给拱轴为抛物线,是全跨均布荷载所对应的合理拱轴,各截面弯矩为零。

答案:A

【例 15-27】 如图 15-61 所示三铰拱 AB 杆的拉力等于:

A. 18kN　　B. 20.66kN　　C. 23.33kN　　D. 24kN

分析　整体平衡可求得 $V_B=\frac{3}{4}\times20+\frac{1}{2}\times5+\frac{8}{16}=18\text{kN}(\uparrow)$,再由 CB 部分平衡可求得

$N_{AB}=\frac{18\times4}{3}=24\text{kN}$(拉)。

答案:D

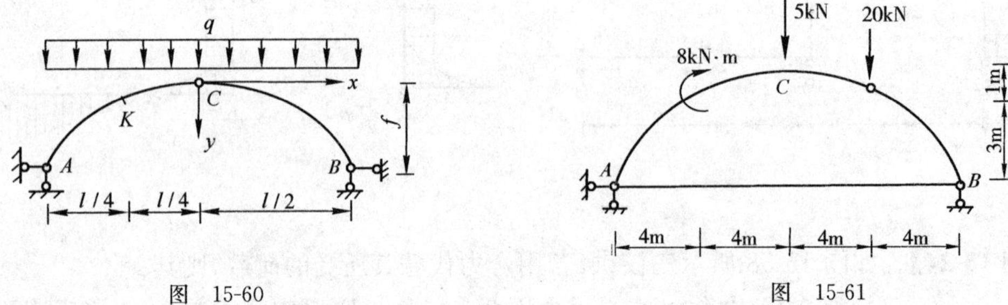

图 15-60　　图 15-61

【例 15-28】 如图 15-62 所示桁架零杆的数目(不计支座链杆)是:

A. 6　　B. 8　　C. 11　　D. 13

分析　由结点 1 可知 12 为零杆。再由结点 2 知 24、27 为零杆。注意到水平反力为零,桁架处于对称受力状态,结点 3 为无载 K 形结点,两斜杆为零杆,继续按结点 4、5、6 的顺序,并注意对称性,可判断零杆总数为 13。

答案:D

【例 15-29】 图 15-63 所示桁架杆①的轴力为:

A. $-\frac{1}{3}P$　　B. $-\frac{2}{3}P$　　C. $\frac{2}{3}P$　　D. P

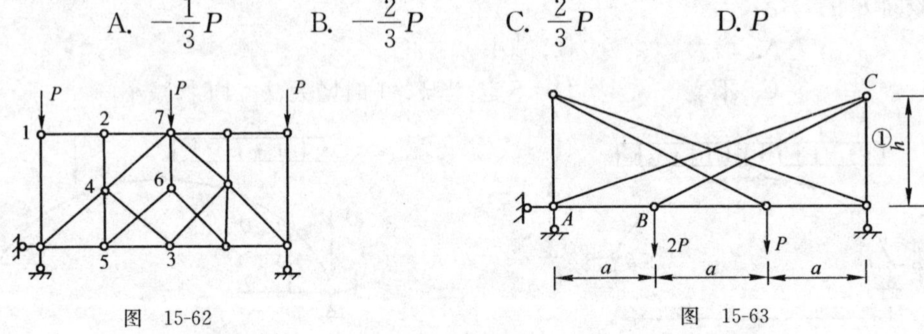

图 15-62　　图 15-63

分析　此桁架为联合桁架,切断三根联系杆,取出 ABC 部分为隔离体,由 $\sum M_A=0$,可得 $N_1=-\frac{2Pa}{3a}=-\frac{2}{3}P$。

答案:B

【例 15-30】 如图 15-64 所示桁架杆①的轴力为:

A. $-10\sqrt{2}$kN　　B. $-15\sqrt{2}$kN　　C. $10\sqrt{2}$kN　　D. $15\sqrt{2}$kN

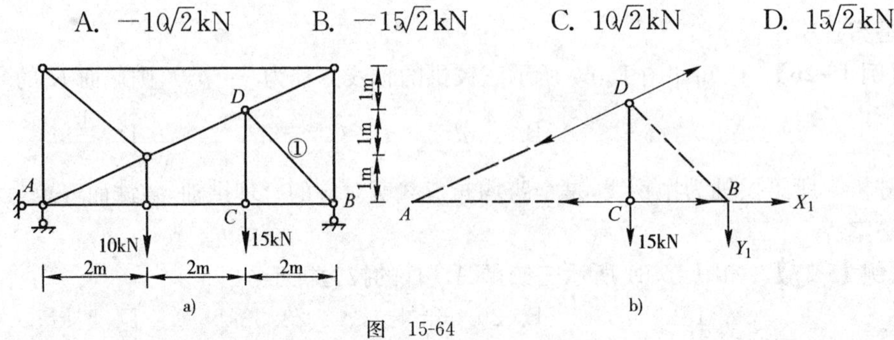

图 15-64

分析　用截面取出包含杆 CD 的隔离体如图 15-64b)所示,由 $\sum M_A=0$,可得

$$N_1 = Y_N\sqrt{2} = -\frac{15(4)}{6}\sqrt{2} = -10\sqrt{2}\,\text{kN}$$

答案：A

【例 15-31】 如图 15-65 所示桁架杆①的轴力为：

A. $-\dfrac{P}{2}$　　B. 0　　C. $\dfrac{P}{2}$　　D. P

分析　支座 A 的水平反力为 $P(\leftarrow)$，若在结点 C 和 B 处各加一对大小为$\dfrac{P}{2}$的反向水平平衡力$\left(\dfrac{P}{2}\leftarrow\circ\rightarrow\dfrac{P}{2}\right)$，则可将结构的受力状态分解为对称受力$\left(\text{此时 } N_1=\dfrac{P}{2}\right)$与反对称受力（此时 $N_1=0$）的组合，所以在图示荷载作用下 $N_1=\dfrac{P}{2}$（拉）。

答案：C

【例 15-32】 如图 15-66 所示结构，杆①的轴力为：

A. $-P$　　B. $-0.5P$　　C. 0　　D. P

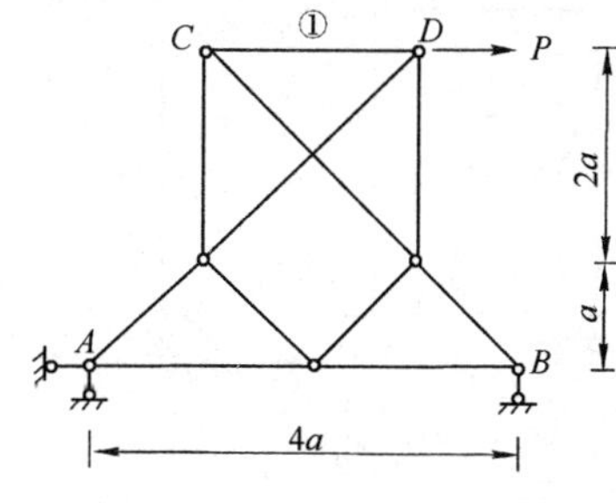

图　15-65

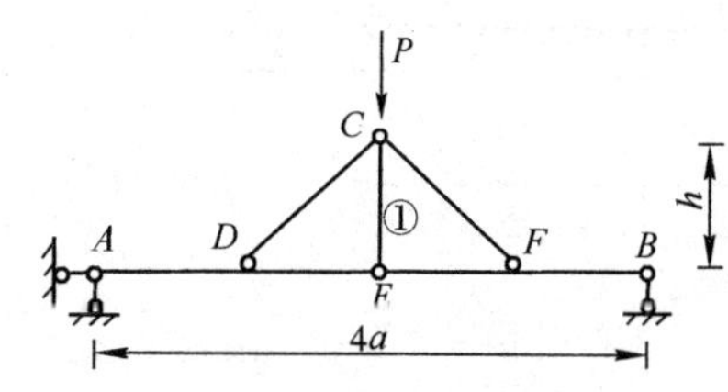

图　15-66

分析　此题为组合结构，需注意区分梁式杆与链杆，支座 A、B 的反力均为$\dfrac{P}{2}$，方向向上，由梁式杆 AE 的平衡可求得链杆 CD 的竖向分力为 $Y_{CD}=-P$（压），同理 $Y_{CF}=-P$（压），再由结点 C 的平衡可得 $N_1=P$（拉）。

答案：D

【例 15-33】 如图 15-67 所示结构弯矩 M_{FC} 等于：

A. $\dfrac{1}{4}qa^2$（左侧受拉）

B. $\dfrac{1}{2}qa^2$（左侧受拉）

C. 0

D. $\dfrac{1}{2}qa^2$（右侧受拉）

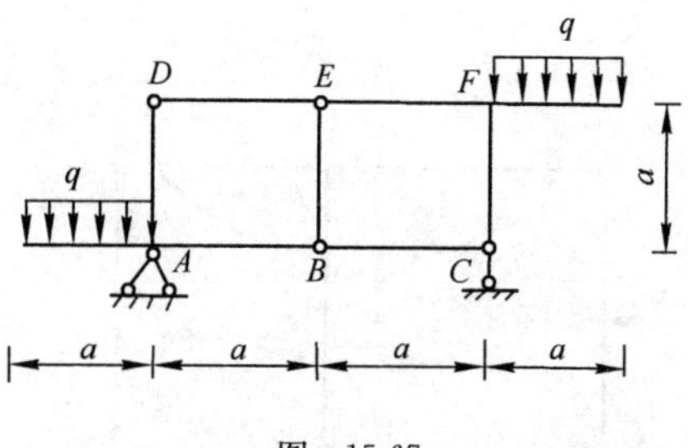

图　15-67

分析　支座 A、C 处的反力均为 qa 向上。过三链杆 DE、EB、BC 作截面，由一侧平衡可得 $N_{EB}=0$，由杆段 EF 平衡可得 $M_{FE}=0$，再由结点 F 的平衡可得 $M_{FC}=\dfrac{1}{2}qa^2$，左侧受拉。也可

由一侧平衡求得 $N_{BC}=-\frac{1}{2}qa$，再由杆段 FC 的平衡求得 $M_{FC}=\frac{1}{2}qa^2$，左侧受拉。

答案：B

习　题

15-5　图示梁中，反力 V_E 和反力 V_B 的值应为（　　）。

A. $V_E=P/4, V_B=0$　　　　B. $V_E=0, V_B=P$

C. $V_E=0, V_B=P/2$　　　　D. $V_E=P/4, V_B=P/2$

15-6　图示一结构受两种荷载作用，对应位置处的支座反力关系为（　　）。

A. 完全相同

B. 完全不同

C. 竖向反力相同，水平反力不同

D. 水平反力相同，竖向反力不同

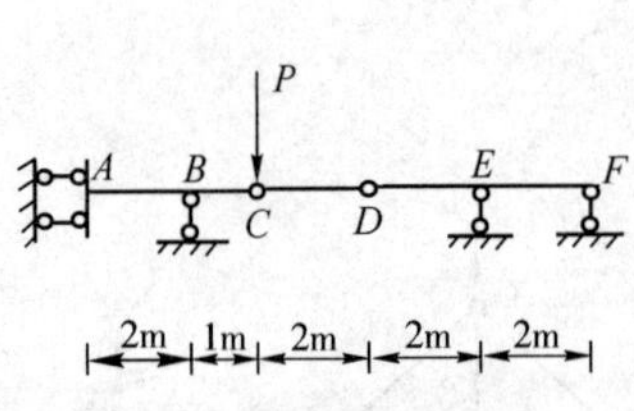

题 15-5 图

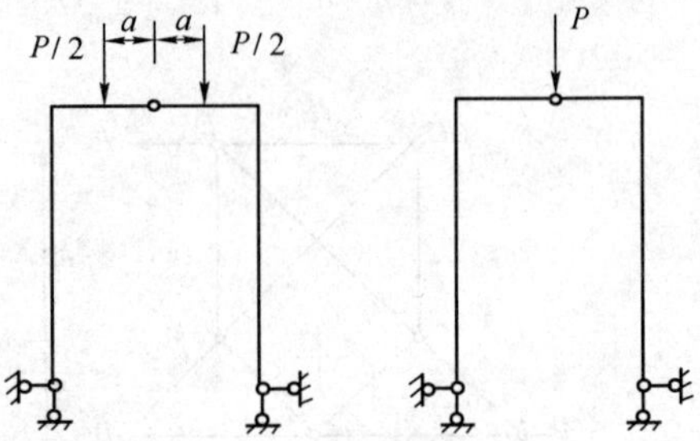

题 15-6 图

15-7　图示结构 K 截面弯矩值为（　　）。

A. 10kN·m（右侧受拉）　　　　B. 10kN·m（左侧受拉）

C. 12kN·m（左侧受拉）　　　　D. 12kN·m（右侧受拉）

15-8　图示结构 K 截面弯矩值为（　　）。

A. 0.5kN·m（上侧受拉）　　　　B. 0.5kN·m（下侧受拉）

C. 1kN·m（上侧受拉）　　　　D. 1kN·m（下侧受拉）

15-9　图示结构 K 截面剪力为（　　）。

A. 0　　　　B. P　　　　C. $-P$　　　　D. $P/2$

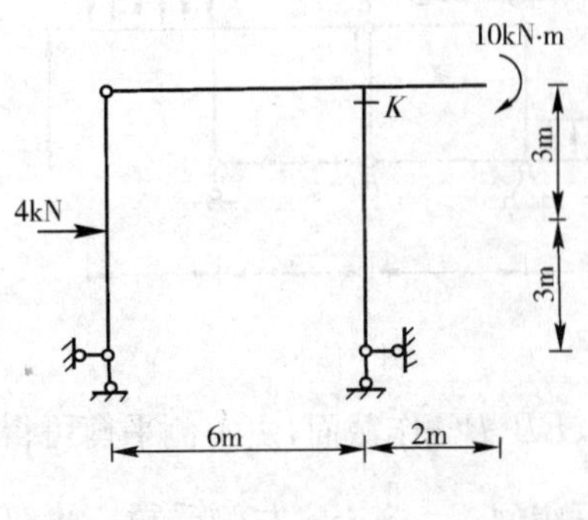

题 15-7 图

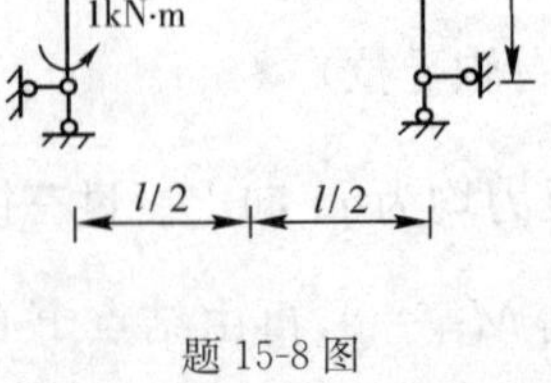

题 15-8 图

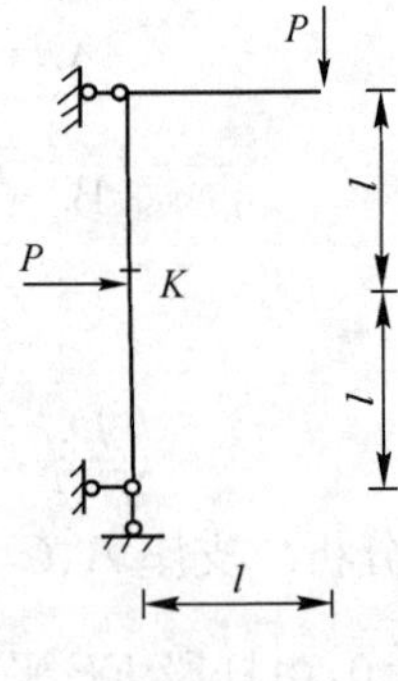

题 15-9 图

15-10　图示结构 A 支座反力偶的力偶矩 M_A 为(　　)(下侧受拉为正)。

A. $-ql^2/2$　　B. $ql^2/2$　　C. ql^2　　D. $2ql^2$

15-11　图示结构 K 截面剪力为(　　)。

A. -1kN　　B. 1kN　　C. -0.5kN　　D. 0.5kN

15-12　图示结构 A 支座反力偶的力偶矩 M_A 为(　　)。

A. 0　　B. 1kN・m(右侧受拉)

C. 2kN・m(右侧受拉)　　D. 1kN・m(左侧受拉)

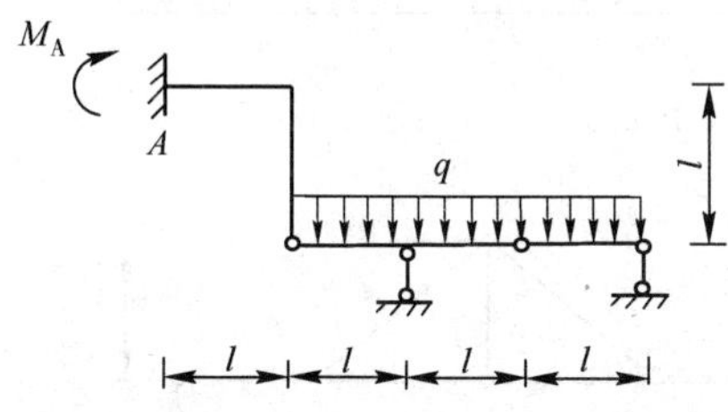

题 15-10 图

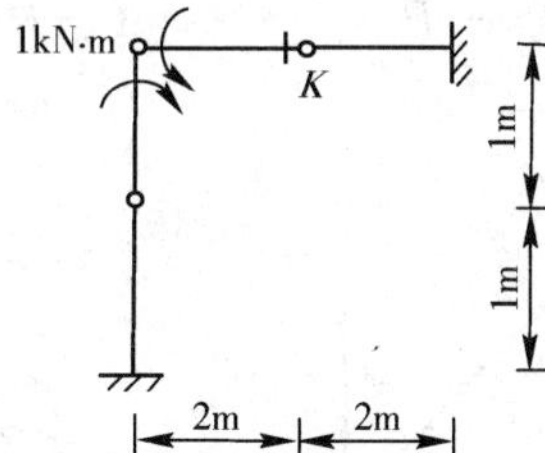

题 15-11 图

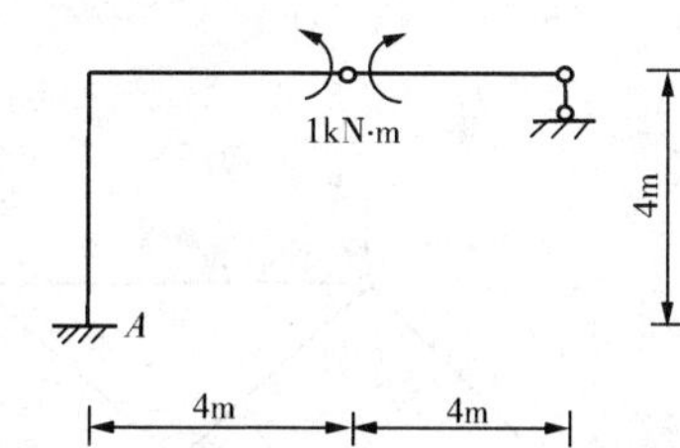

题 15-12 图

15-13　图示三铰拱结构 K 截面弯矩为(　　)。

A. $ql^2/2$　　B. $3ql^2/8$　　C. $7ql^2/8$　　D. $ql^2/8$

15-14　图示桁架结构杆①的轴力为(　　)。

A. $3P/4$　　B. $P/2$　　C. $0.707P$　　D. $1.414P$

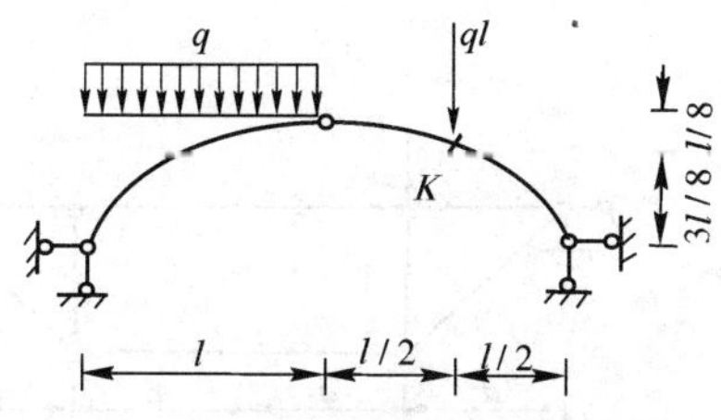

题 15-13 图

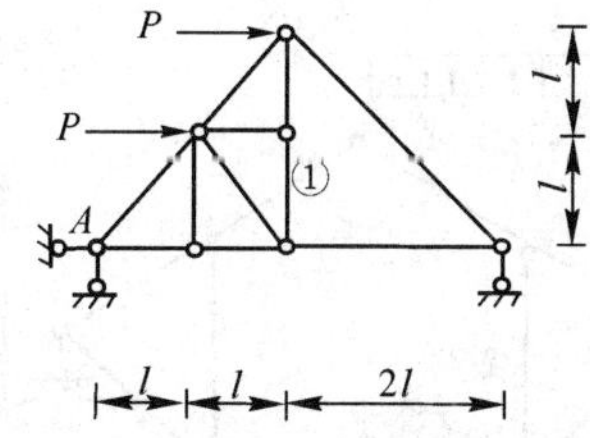

题 15-14 图

15-15　图示桁架结构杆①的轴力为(　　)。

A. $-P/2$　　B. P　　C. $-P$　　D. $-2P$

15-16　图示桁架结构杆①的轴力为(　　)。

A. $-P$　　B. $-2P$　　C. $-P/2$　　D. $-1.414P$

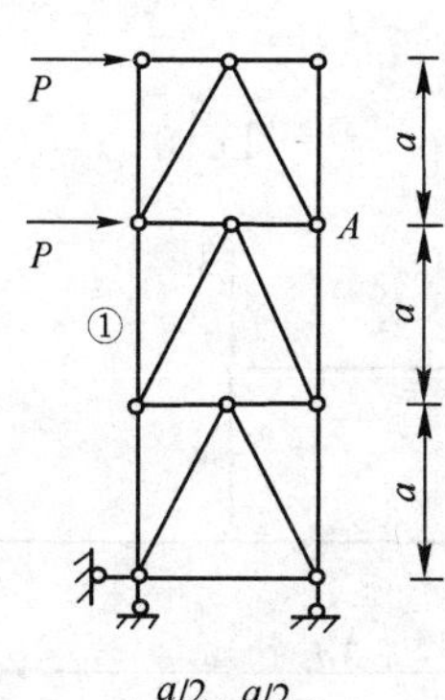

题 15-15 图

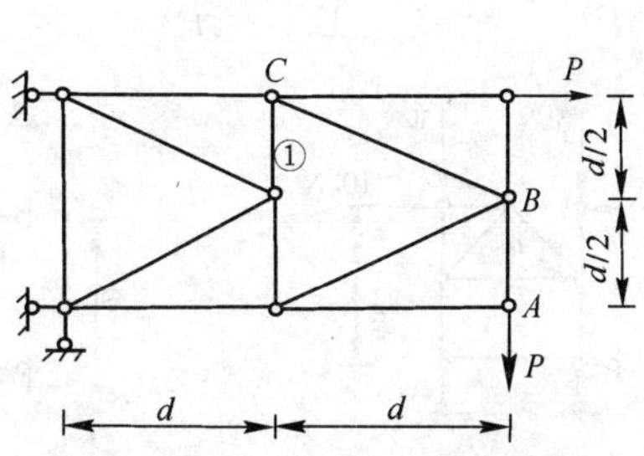

题 15-16 图

15-17　图示结构当高度增加时，杆①的内力（　　）。

A. 增大　　B. 减小　　C. 不确定　　D. 不变

15-18　图示结构杆①的轴力为（　　）。

A. 0　　B. P　　C. $-P$　　D. $1.414P$

15-19　图示结构杆①的轴力为（　　）。

A. 0　　B. $-ql/2$　　C. $-ql$　　D. $-2ql$

15-20　图示结构杆①的轴力为（　　）。

A. 0　　B. $-P$　　C. P　　D. $-P/2$

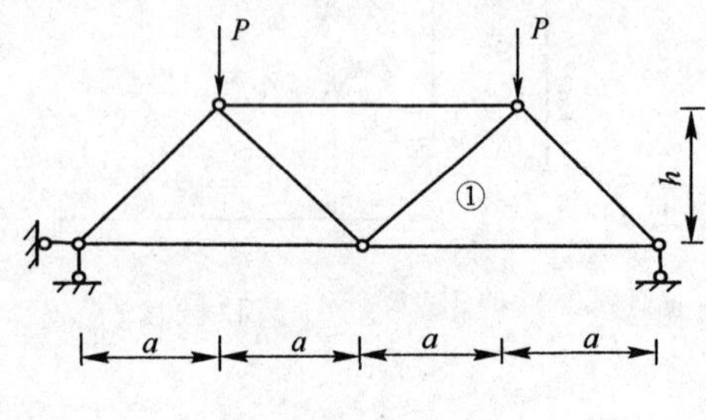

题 15-17 图

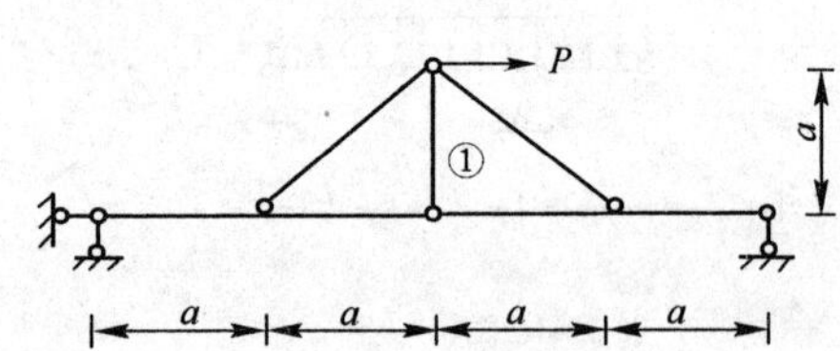

题 15-18 图

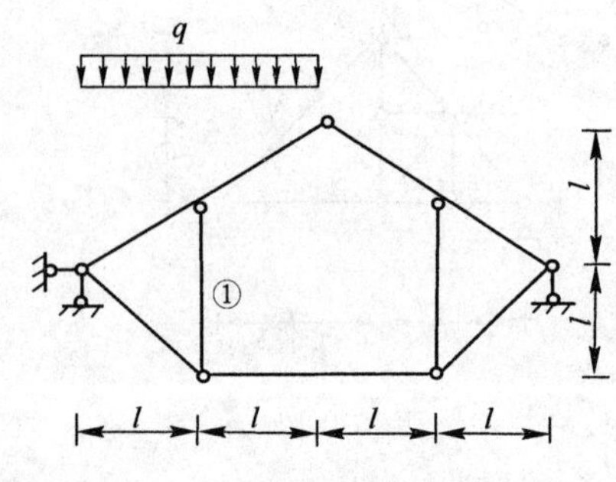

题 15-19 图

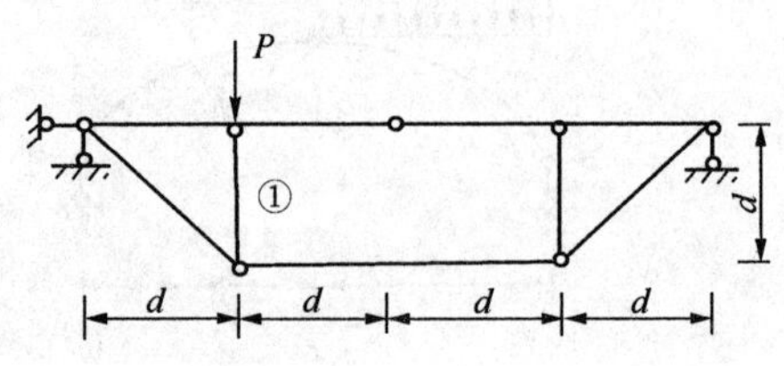

题 15-20 图

15-21　图示结构中，a 杆的轴力 N_a 为（　　）。

A. 0　　B. -10kN　　C. 5kN　　D. -5kN

15-22　图示结构中，a 杆的内力为（　　）。

A. P　　B. $-3P$　　C. $2P$　　D. 0

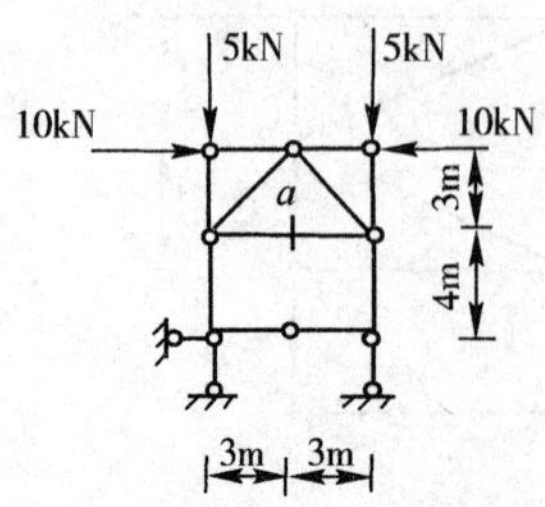

题 15-21 图

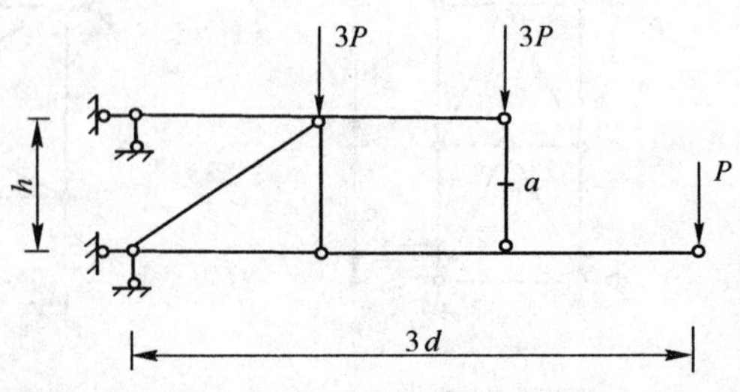

题 15-22 图

15-23　图示桁架中 a 杆的轴力 N_a 为(　　)。

A. $+P$　　B. $-P$　　C. $+\sqrt{2}P$　　D. $-\sqrt{2}P$

15-24　图示半圆弧三铰拱,半径为 r,$\theta=60°$。K 截面的弯矩为(　　)。

A. $(\sqrt{3})Pr/2$　　B. $(-\sqrt{3})Pr/2$　　C. $(1-\sqrt{3})Pr/2$　　D. $(1+\sqrt{3})Pr/2$

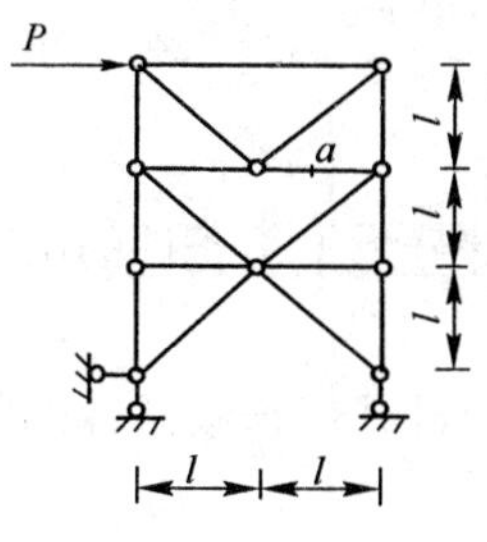

题 15-23 图

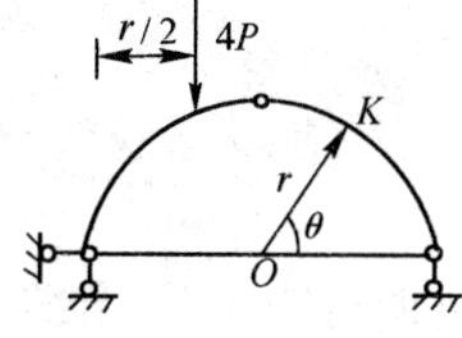

题 15-24 图

15-25　静定结构由于温度改变会产生(　　)。

A. 反力　　B. 内力　　C. 变形　　D. 应力

15-26　图示结构 A 截面的弯矩(以下边受拉为正)M_{AC} 为(　　)。

A. $-Pl$　　B. Pl　　C. $-2Pl$　　D. $2Pl$

15-27　图示结构中,梁式杆上 A 点右截面的内力为(　　)。

A. $M_A=Pd, Q_{A右}=P/2, N_A\neq0$　　B. $M_A=Pd/2, Q_{A右}=P/2, N_A\neq0$

C. $M_A=Pd/2, Q_{A右}=P, N_A\neq0$　　D. $M_A=Pd/2, Q_{A右}=P/2, N_A=0$

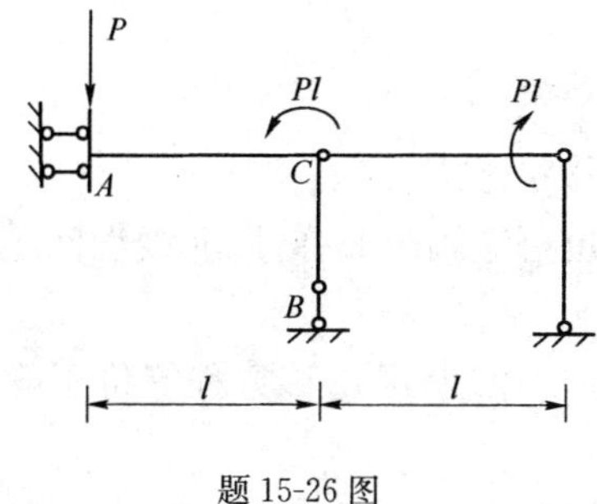

题 15-26 图

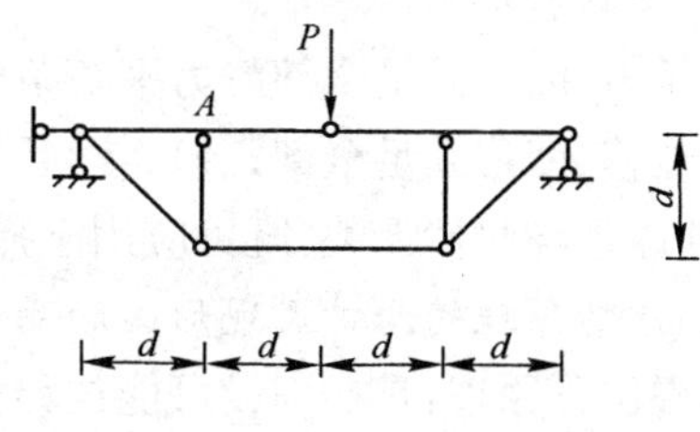

题 15-27 图

第三节　结构的位移计算

结构位移计算的目的:

(1)结构的刚度要求,需控制结构的最大位移在允许的范围之内。

(2)为解超静定结构以及结构动力计算等打下基础。

一、虚功原理

(一)虚功的概念

功的定义　　　　**力的功=力×相应的位移**

相应位移是指力的作用点沿力方向上的位移。

虚功是指做功的力与其所乘的相应位移，两者独立无关，是力与其他原因引起的相应位移的乘积，力与相应位移分别属于两种可能状态。

在功的定义中，力和相应位移都可以是广义的。广义力如集中力偶、一对等值反向共线的集中力、一对等值反向的集中力偶等；相应广义位移是角位移、相对线位移、相对角位移等。还可能有更一般的情况，但要求广义力与相应广义位移的乘积是功。

广义力×相应广义位移⇒功

（二）两种可能状态

(1)静力平衡可能状态：指结构所受的外力、内力满足全部静力平衡条件的状态，简称可能力状态。

(2)位移协调可能状态：指结构所发生的位移、变形满足全部几何连续条件的状态，简称可能位移状态。

两种可能状态分别是单纯从静力平衡的角度（前者）和单纯从变形几何连续的角度（后者）来讨论结构可能存在的状态，它们不一定是结构所处的真实状态。结构所处的真实状态，应该既是可能力状态，同时又是可能位移状态。

（三）变形体虚功原理的内容

可能力状态中的外力在可能位移状态相应位移上所做的虚功（称为外力虚功）等于可能力状态中的内力在可能位移状态相应变形上所做的虚功（称为内力虚功或虚变形功）。

外力虚功＝内力虚功

虚功原理的数学表达式称为虚功方程，它是以功的形式表达的静力平衡方程和几何连续方程的综合形式。

（四）虚功原理的应用条件

(1)外力、内力满足全部静力平衡条件，属于可能力状态。

(2)位移、变形满足全部几何连续条件，属于可能位移状态。

虚功原理与物性无关，既可应用于弹性、线性问题，也可应用于非弹性、非线性问题。

（五）虚功原理的两种表现形式和两种应用

(1)虚位移原理：是在虚设可能位移状态前提下的虚功原理，虚位移方程等价于静力平衡方程，可用于求解平衡问题。

(2)虚力原理：是在虚设可能力状态前提下的虚功原理，虚力方程等价于几何连续方程，可用于结构位移计算问题。

上述各原理之间的关系如图 15-68 所示。

二、结构的位移计算——单位荷载法

（一）结构位移计算的一般公式

应用虚力原理可导出结构位移计算的一般公式。图 15-69a）虚线表示结构在荷载、支座移动及温度变化等实际外因作用下的真实变形，当然是可能位移状态。为求 K 截面沿 K-K 方向的位移分量 Δ，虚设图 15-69b），是在 K 截面沿 K-K 方向施加单位力而引起的某一可能力状态。应用虚力原理可得

$$\Delta=\sum\int\overline{M}\mathrm{d}\theta+\sum\int\overline{Q}\mathrm{d}v+\sum\int\overline{N}\mathrm{d}u-\sum\overline{R}c \tag{15-1}$$

此式既可用于静定结构，也可用于超静定结构由于各种原因引起的位移的计算。

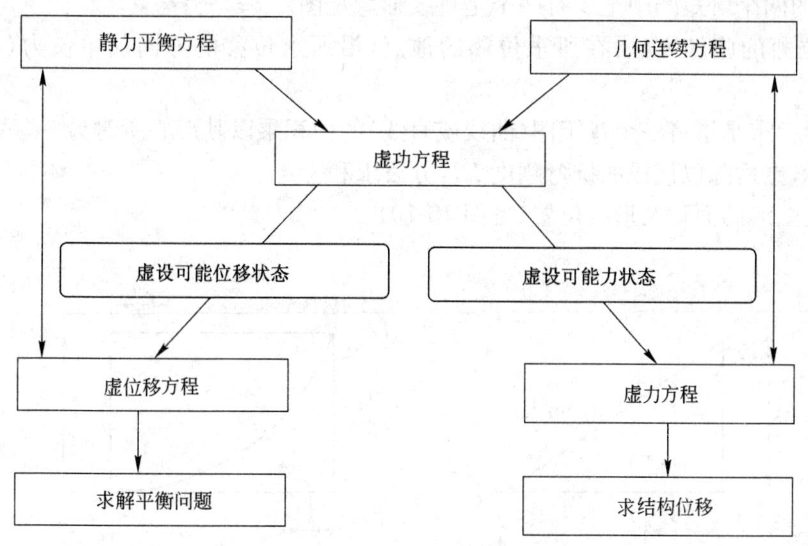

图 15-68

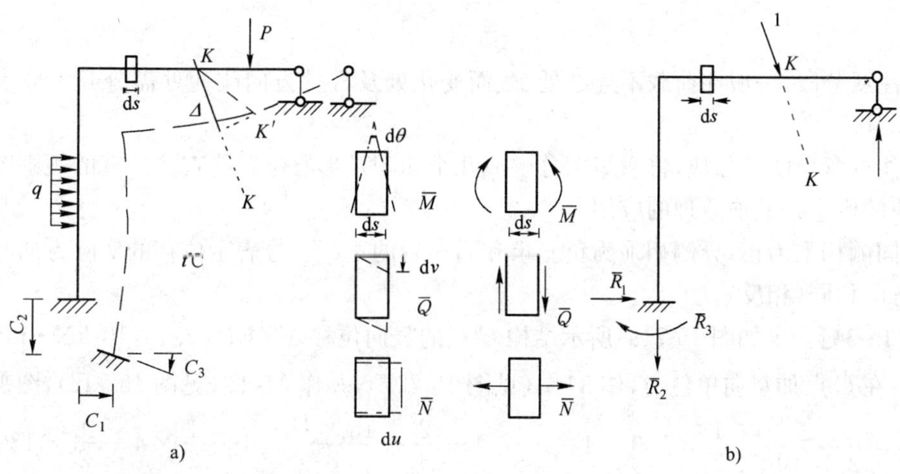

图 15-69

(二)各种结构的位移计算

1. 梁和刚架在荷载作用下的位移

梁和刚架的位移可只考虑弯曲变形的影响，将荷载引起的 $d\theta=\frac{M_P}{EI}ds$ 代入式(15-1)，即得：

位移积分公式

$$\Delta=\sum\int\frac{\overline{M}M_P}{EI}ds \tag{15-2}$$

图形相乘法公式

$$\Delta=\sum\frac{\omega y_0}{EI} \tag{15-3}$$

在应用图乘法求梁和刚架的位移时，要注意下面几点：

(1)图乘法的应用条件：

①直杆；

②分段等截面；

③相乘的两个弯矩图中至少有一个是直线形弯矩图。

(2)单位力的施加方法:在所求位移的地点,沿所求位移的方向加单位力(可以是广义单位力)。

(3)图形相乘是指将一个弯矩图(曲线或直线)的面积乘以其形心所对另一弯矩图(必须是直线)的竖标,然后除以该段的抗弯刚度 EI,分段求和。

(4)常见图形的面积及形心位置(见图 15-70)。

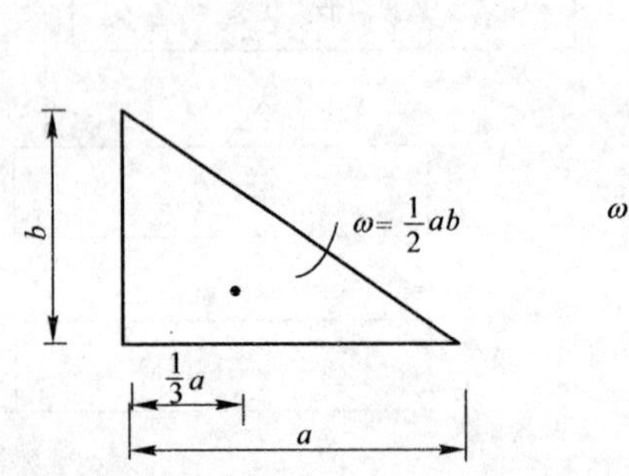

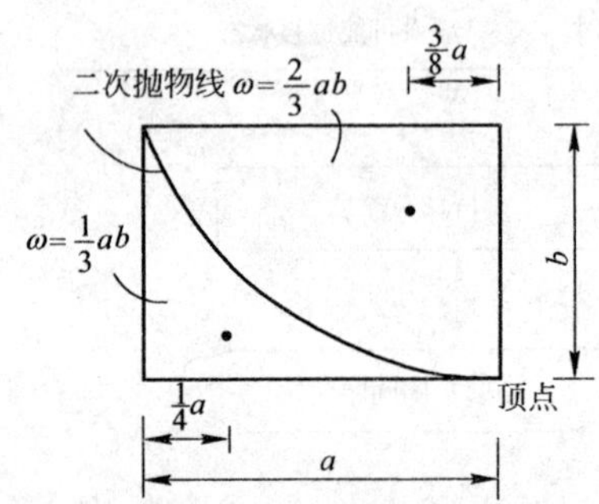

图 15-70

(5)注意分段,一般在荷载不连续处、截面变化处及杆件方向改变处需分开。分段的概念是分段积分。

(6)注意弯矩图的分块,将弯矩图分解成几个面积及形心位置能直接计算的规则图形的组合。分块的概念是叠加原理的应用。

(7)同侧相乘为正,异侧相乘为负。求和后最后的正(负)号表示位移的实际方向与所加单位力的方向相同(相反)。

【例 15-34】 求如图 15-71a)所示结构 C 点的竖向位移 Δ_C^V($EI=2.1\times10^5\text{kN}\cdot\text{m}^2$)。

解 在 C 点加竖向单位力,作 $\overline{M}$ 图(见图 15-71b),并作 M_P 图(见图 15-71c),图乘可得

$$\Delta_C^V=\frac{1}{2.1\times10^5}\left[\frac{1}{2}\times180\times4\times\frac{2}{3}\times4-\frac{2}{3}\times\frac{15\times4^2}{8}\times4\times\frac{1}{2}\times4+\frac{1}{2}\times180\times5\times\left(\frac{2}{3}\times4+\frac{1}{3}\times7\right)+\frac{1}{2}\times405\times5\times\left(\frac{1}{3}\times4+\frac{2}{3}\times7\right)\right]$$

$$=0.0435\text{m}=4.35\text{cm}(\downarrow)$$

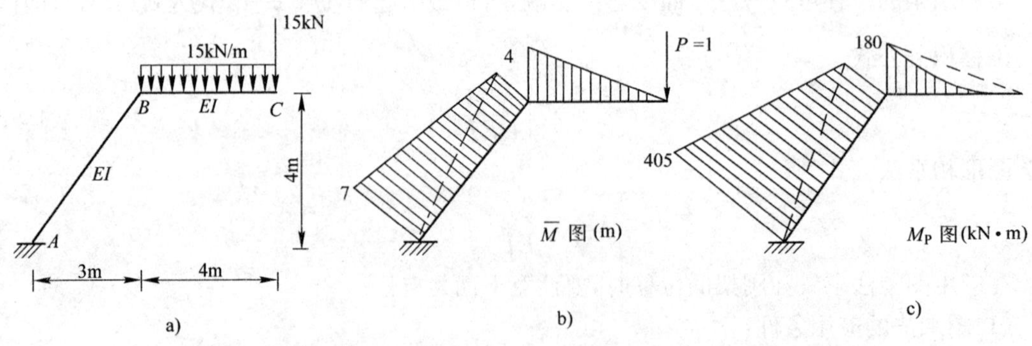

图 15-71

2. 桁架在荷载作用下的位移

桁架杆件仅有轴向变形，将荷载引起的 $\mathrm{d}u=\dfrac{N_P}{EA}\mathrm{d}s$ 代入式(15-1)得

$$\Delta=\sum\frac{\overline{N}N_P l}{EA} \tag{15-4}$$

【例 15-35】 求如图 15-72a)所示桁架结点 C 的竖向位移 Δ_C^V，各杆 EA 相同。

解 求荷载引起的轴力 N_P(见图 15-72a)，在 C 点加竖向单位力求轴力 $\overline{N}$(见图 15-72b)，可得

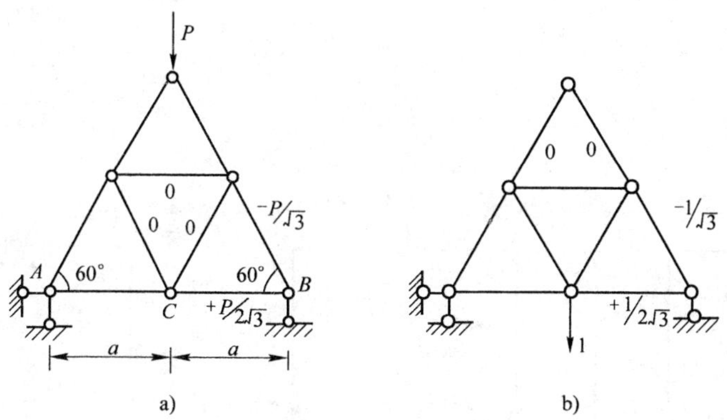

a) b)

图 15-72

$$\Delta_C^V=\frac{2}{EA}\left[\left(-\frac{P}{\sqrt{3}}\right)\left(-\frac{1}{\sqrt{3}}\right)a+\left(\frac{P}{2\sqrt{3}}\right)\left(\frac{1}{2\sqrt{3}}\right)a\right]=\frac{5}{6}\frac{Pa}{EA}(\downarrow)$$

3. 组合结构在荷载作用下的位移

梁式杆只考虑弯曲变形的影响，链杆只有轴向变形的影响，故位移计算公式为

$$\Delta=\sum\int\frac{\overline{M}M_P}{EI}\mathrm{d}s+\sum\frac{\overline{N}N_P l}{EA} \tag{15-5}$$

【例 15-36】 求如图 15-73a)所示组合结构 D 点的水平位移 Δ_D^H。

解 作 M_P 图(见图 15-73b)及 D 点单位水平力引起的 $\overline{M}$ 图(见图 15-73c)，并求链杆轴力 N_P 及 $\overline{N}$，可得

$$\Delta_D^H=\frac{2}{EI}\left(\frac{1}{3}\times\frac{qa^2}{2}a\times\frac{3}{4}a\right)+\frac{1}{EA}(-2\sqrt{2}qa)\times(-2\sqrt{2})\sqrt{2}a=\frac{qa^4}{4EI}+\frac{8\sqrt{2}qa^2}{EA}(\leftarrow)$$

4. 静定结构由于支座移动引起的位移

静定结构由于支座移动不引起内力及变形，只产生刚体位移，将 $\mathrm{d}\theta=\mathrm{d}v=\mathrm{d}u=0$ 代入式(15-1)得

$$\Delta=-\sum\overline{R}C \tag{15-6}$$

【例 15-37】 求如图 15-74a)所示三铰刚架由于图示支座移动引起结点 C 的竖向位移 Δ_C^V 及 C 点左右两侧截面的相对转角 φ_C 左右。

解 在 C 点加竖向单位力，求反力(见图 15-74b)，可得

$$\Delta_C^V=-\left(-\frac{l}{4h}a-\frac{1}{2}b\right)=\frac{l}{4h}a+\frac{1}{2}b(\downarrow)$$

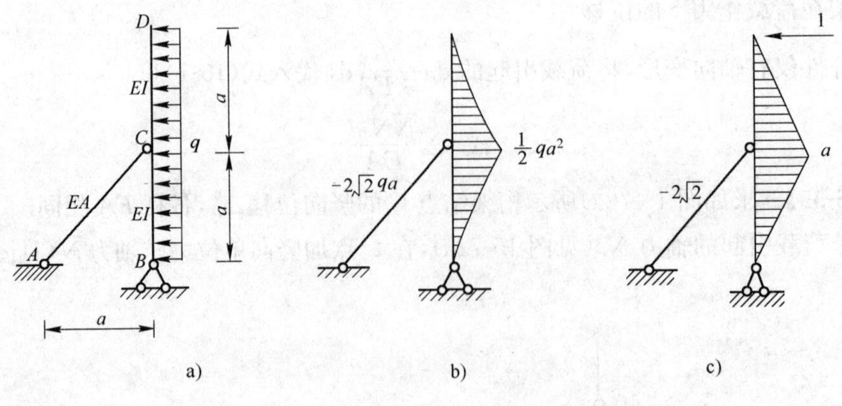

图 15-73

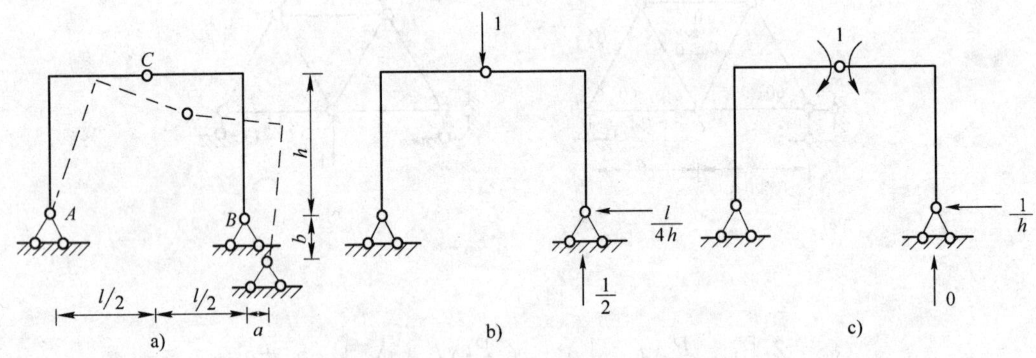

图 15-74

在 C 点两侧加一对反向单位力偶求反力(图 15-74c),可得

$$\varphi_{C左右}=-\left(-\frac{1}{h}a\right)=\frac{1}{h}a$$

5. 静定结构由于温度变化引起的位移

设杆件两侧温度变化分别为 t_1 及 t_2,并沿截面高度呈线性变化,如图 15-75 所示,则轴线温度变化为 $t_0=\frac{t_1h_2+t_2h_1}{h}$,温差 $\Delta t=t_2-t_1$,将 $\mathrm{d}\theta=\alpha\frac{\Delta t}{h}\mathrm{d}s$ 及 $\mathrm{d}u=\alpha t_0\mathrm{d}s$ 代入式(15-1),得

$$\Delta=\sum\int\overline{M}\cdot\alpha\frac{\Delta t}{h}\mathrm{d}s+\sum\int\overline{N}\cdot\alpha t_0\mathrm{d}s$$

$$=\sum\alpha\frac{\Delta t}{h}\omega_{\overline{M}}+\sum\alpha t_0\omega_{\overline{N}} \qquad (15\text{-}7)$$

图 15-75

式中,$\omega_{\overline{M}}$ 及 $\omega_{\overline{N}}$ 分别为 $\overline{M}$ 图及 $\overline{N}$ 图的面积,求和计算需考虑每项的正负号,以 $\overline{M}$、$\overline{N}$ 在温度变形上做正功为正。

【例 15-38】 求如图 15-76a)所示刚架由于图示温度变化引起 C 点的竖向位移 Δ_{Ct}^{V},已知材料的线膨胀系数为 α,各杆截面均为矩形,截面高度为 h。

解 轴线温度变化 $t_0=\frac{-5+15}{2}=5℃$,温差 $\Delta t=15-(-5)=20℃$

在 C 点加竖向单位力，作 $\overline{M}$ 图(图 15-76b)及 $\overline{N}$ 图(图 15-76c)，可得

$$\Delta_{Ct}^{V}=-\alpha\frac{20}{h}\left(\frac{1}{2}l\cdot l+l\cdot l\right)-\alpha\cdot 5\cdot 1\cdot l$$

$$=-\left(30\frac{\alpha l^{2}}{h}+5\alpha l\right)(\uparrow)$$

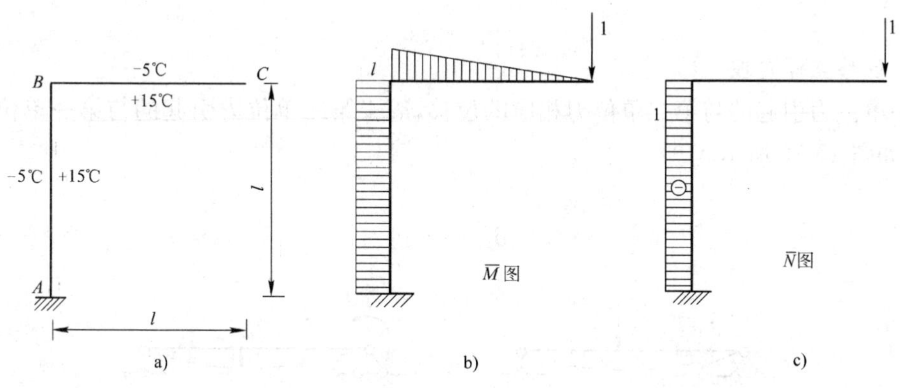

图　15-76

6.静定桁架由于制作误差引起的位移

可将桁架杆件制作误差视为杆件的伸缩变形 Δl，由式(15-1)，得

$$\Delta=\sum\overline{N}\Delta l \tag{15-8}$$

【例 15-39】　欲使如图 15-77a)所示桁架起拱 3cm，求下弦杆各需加长 Δl 的值。

解　在下弦跨中结点加竖向单位力求轴力 $\overline{N}$(图 15-77b)，根据式(15-8)，可得

$$3=4\cdot(-1)\cdot\Delta l$$

$$\Delta l=-\frac{3}{4}=-0.75\text{cm}$$

下弦各杆均需截短 0.75cm。

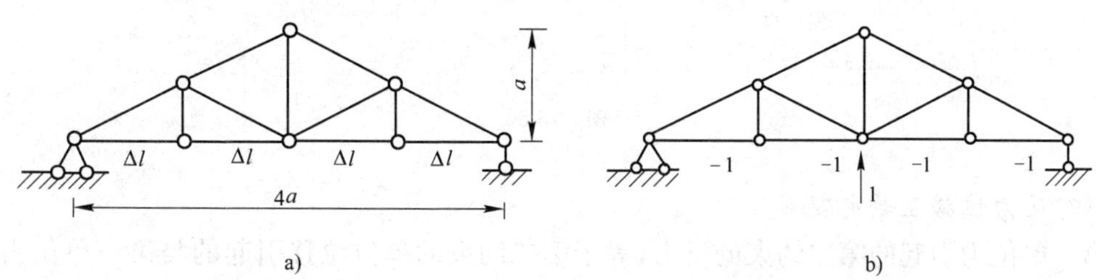

图　15-77

三、线弹性体系的互等定理

根据虚功原理，引用线弹性条件，可推得下面几个互等定理。

(一)功的互等定理

第一状态的外力在第二状态相应位移上所做的虚功，等于第二状态的外力在第一状态相应位移上所做的虚功，如图 15-78 所示。

$$\sum P'\Delta''=\sum P''\Delta' \tag{15-9}$$

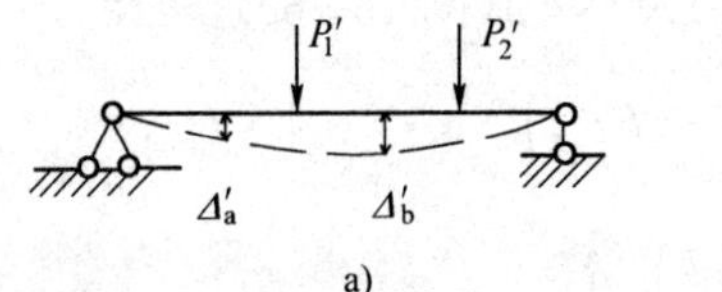

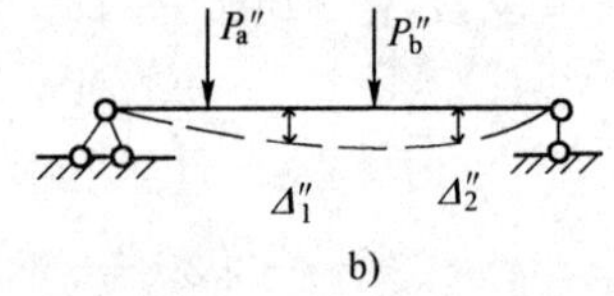

图 15-78

（二）位移互等定理

第一单位力引起的与第二单位力相应的位移，等于第二单位力引起的与第一单位力相应的位移，如图 15-79 所示。

$$\delta_{21} = \delta_{12} \tag{15-10}$$

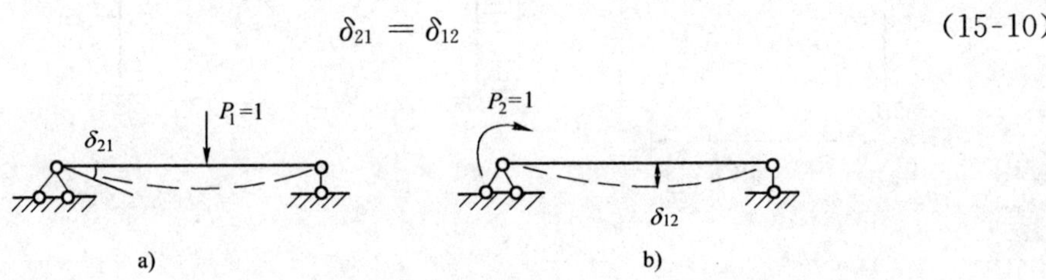

图 15-79

（三）反力互等定理

第一约束的单位位移引起第二约束的反力，等于第二约束的单位位移引起第一约束的反力，如图 15-80 所示。

$$r_{21} = r_{12} \tag{15-11}$$

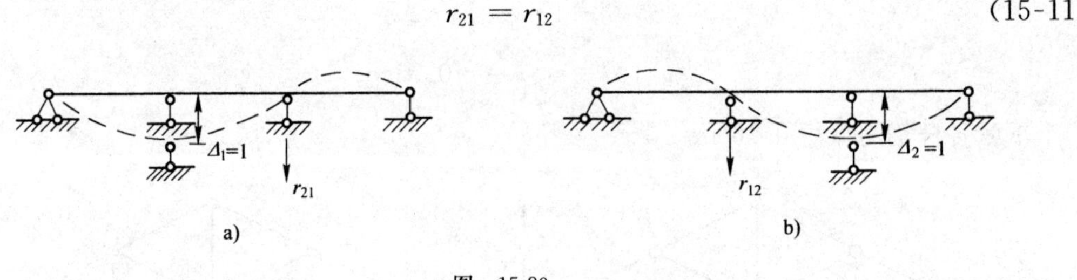

图 15-80

（四）反力位移互等定理

第一单位力引起的第二约束的反力，等于第二约束的单位位移引起的与第一单位力相应位移的负值，如图 15-81 所示。

$$r_{21}' = -\delta_{12}' \tag{15-12}$$

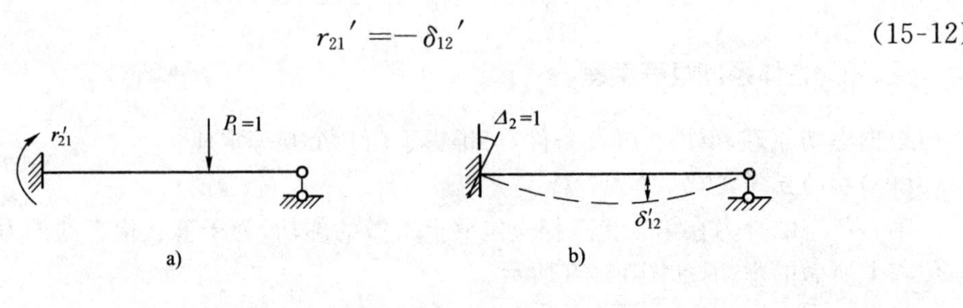

图 15-81

四、注意事项及例题分析

(1)要在虚功及两种可能状态概念的基础上理解变形体虚功原理的内容及其应用条件。知道虚位移原理与平衡条件等价、虚力原理与几何连续条件等价，懂得根据虚力原理求位移的过程，当所求位移没有现成公式可以利用时(如制作误差、材料收缩等局部已知变形引起的位移)，可直接应用虚力原理来求。

(2)位移计算的重点是应用图乘法求静定梁与刚架指定截面的位移，以及简单的桁架及组合结构的位移计算，应很好掌握。要注意虚设的单位力应与所求广义位移相匹配(乘积为功)，位移计算公式中每一项都是虚力在实际位移上所做的虚功。有的题目并不要求计算出具体数值而是要求位移的方向，这就需要根据基本概念及虚功的正负符号来做出判断。静定结构支座移动引起的位移属刚体位移，简单情况可直接根据几何关系思考，也可应用刚体体系虚功原理来求。

(3)如果是对称结构(结构的几何图形、支座及刚度均对称)，应注意利用对称性，特别是零位移的判断:对称结构受对称荷载作用，反对称位移为零:对称结构受反对称荷载作用，对称位移为零。有的结构仅支座不对称，当处于对称受力状态时，其位移状态并不对称，但常与对称位移状态仅差一刚体位移。

(4)互等定理只适用于线弹性(弹性、小变形)结构，需懂得其内容及应用。

【例 15-40】 如图 15-82a)所示梁中点的挠度为:

A. $\frac{1}{12}\frac{Pl^3}{EI}$ B. $\frac{3}{32}\frac{Pl^3}{EI}$ C. $\frac{5}{48}\frac{Pl^3}{EI}$ D. $\frac{1}{8}\frac{Pl^3}{EI}$

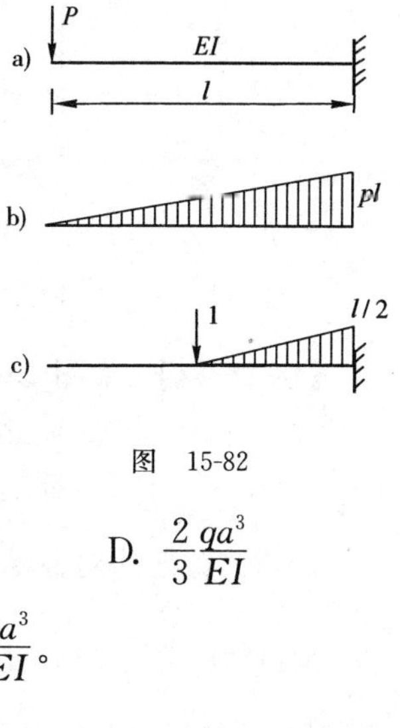

分析 作图 15-82b)、c)，图乘可得中点挠度为$\frac{1}{EI}\times\frac{1}{2}\times\frac{l}{2}\times\frac{5}{6}Pl=\frac{5}{48}\frac{Pl^3}{EI}$(↓)

答案:C

图 15-82

【例 15-41】 如图 15-119a)所示结构截面 A、B 间的相对转角 φ_{AB}为( )。

A. $\frac{1}{6}\frac{qa^3}{EI}$ B. $\frac{1}{3}\frac{qa^3}{EI}$ C. $\frac{1}{2}\frac{qa^3}{EI}$ D. $\frac{2}{3}\frac{qa^3}{EI}$

分析 作图 15-83b)、c)，图乘可得 $\varphi_{AB}=\frac{1}{EI}\times\frac{2}{3}\times\frac{qa^2}{2}\times a=\frac{1}{3}\frac{qa^3}{EI}$。

答案:B

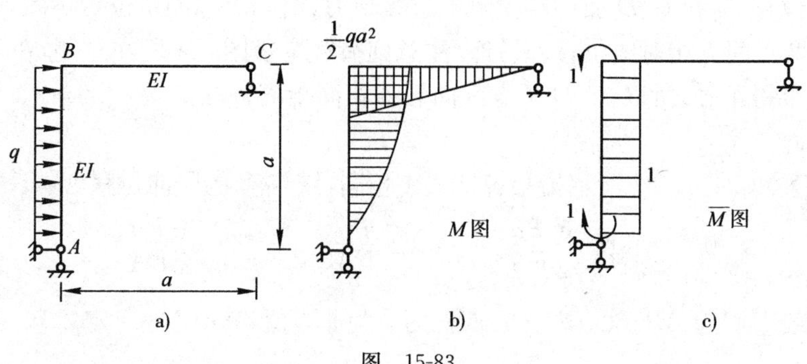

图 15-83

【例 15-42】 如图 15-84 所示结构各杆 EI 相同，结点 D 的竖向位移 Δ_D^V 为：

A. $\frac{5}{192}\frac{ql^4}{EI}+\frac{1}{24}\frac{Pl^3}{EI}$　　B. $\frac{5}{96}\frac{ql^4}{EI}+\frac{1}{12}\frac{Pl^3}{EI}$

C. $\frac{5}{24}\frac{ql^4}{EI}+\frac{1}{6}\frac{Pl^3}{EI}$　　D. $\frac{5}{12}\frac{ql^4}{EI}+\frac{1}{3}\frac{Pl^3}{EI}$

分析　下部杆件 CD、ED、DF 为附属部分，不受力，所以 Δ_D^V 与简支梁 AB 中点 C 的挠度相同 $\Delta_D^V=\Delta_C^V=\frac{5q(2l)^4}{384EI}+\frac{P(2l)^3}{48EI}=\frac{5ql^4}{24EI}+\frac{Pl^3}{6EI}$。

答案：C

【例 15-43】 如图 15-85 所示结构 a、l、h 均大于零，B 点水平位移：

A. 向左　　B. 向右

C. 为零　　D. 不定，需据 a、l、h 的比值而定

分析　荷载 P 引起的弯矩图在水平杆的上侧，竖杆弯矩为零，若在 B 点虚设向左的单位集中力，它引起的单位弯矩图在外侧，图乘为正，所以 B 点水平位移向左。

答案：A

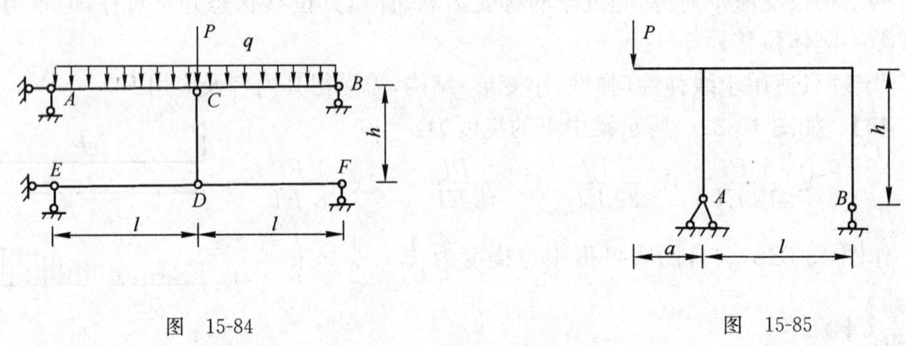

图 15-84　　图 15-85

【例 15-44】 如图 15-86 所示结构，各杆 EI 相同，在荷载 P 作用下，C、D 两点：

A. 间距增大　　B. 间距减小

C. 都向左移相同距离　　D. 都向右移相同距离

分析　此题为对称结构，可将所给荷载分解为对称与反对称两组。对称的两个 $\frac{P}{2}$ 仅使杆 EF、FG 受压，不引起 C、D 两点的位移。反对称的两个 $\frac{P}{2}$ 引起反对称的弯矩图，为求 C、D 两点间的相对线位移，需在 C、D 加一对反向单位集中力，引起对称的单位弯矩图，两者图乘求和为零，故 C、D 两点间无相对线位移。另外，注意到荷载弯矩图 CA 段在左侧，在 C 点加向右的单位力才能图乘得正号，所以，C、D 两点都向右移相同距离。

答案：D

【例 15-45】 如图 15-87 所示桁架各杆 EA 相同，结点 B 的竖向位移 Δ_B^V 等于：

A. 0　　B. $\frac{1}{\sqrt{2}}\frac{Pd}{EA}$　　C. $\frac{Pd}{EA}$　　D. $\sqrt{2}\frac{Pd}{EA}$

分析　荷载 P 引起 AB、BC、CD、DE 四杆内力为非零值，其中 $N_{DE}=-\sqrt{2}P$。在 B 点施加竖直向下单位集中力引起 BD、AD、DE、AE 四杆的内力为非零值，其中 $\overline{N}_{DE}=-\frac{\sqrt{2}}{2}$，可见荷载 P 与

单位力引起的非零内力只有 DE 杆重叠，故 $\Delta_B^V=\sum\frac{\overline{N}N_P l}{EA}=\frac{(-\sqrt{2}P)\times\left(-\frac{\sqrt{2}}{2}\right)\times\sqrt{2}d}{EA}=\sqrt{2}\frac{Pd}{EA}$。

答案：D

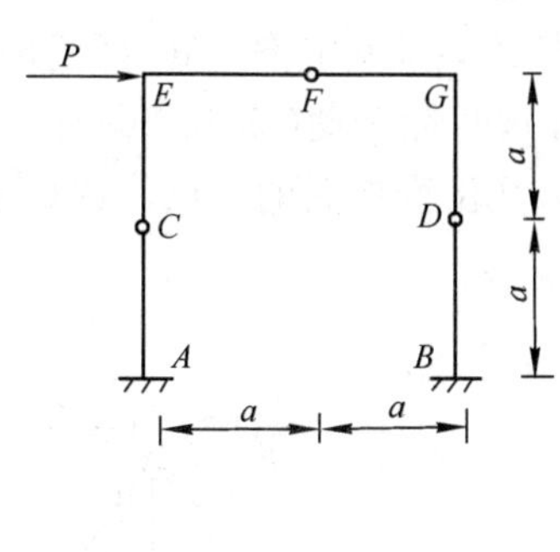

图 15-86

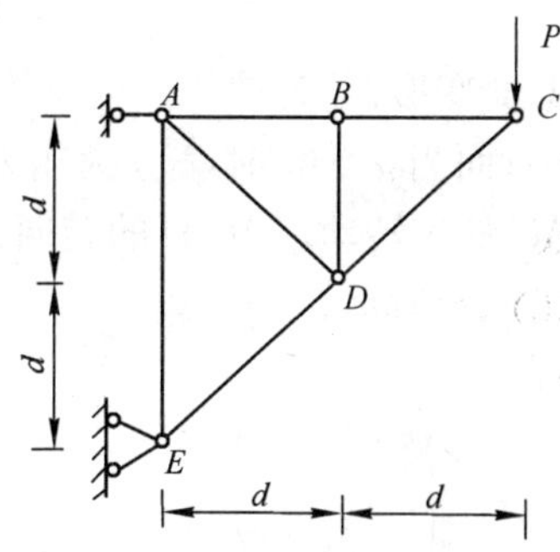

图 15-87

【例 15-46】 如图 15-88 所示桁架，各杆 EA 相同，结点 C 的竖向位移等于：

A. 0　　B. $\sqrt{2}\frac{Pd}{EA}$　　C. $2\frac{Pd}{EA}$　　D. $2\sqrt{2}\frac{Pd}{EA}$

分析　注意到位于此对称桁架对称轴线上的无载 K 形结点 C 两斜杆内力为零，可知荷载 P 仅使斜杆 AD、DB 受力。而当在 C 点施加竖向单位集中力时，交于结点 D 的斜杆 AD、DB 内力为零。可见荷载 P 与单位力引起的非零内力互不重叠，故 $\Delta_C^V=\sum\frac{\overline{N}N_P l}{EA}=0$。

答案：A

【例 15-47】 如图 15-89 所示结构支座 A 左移 a、下沉 b 为已知，则 D 点的竖向位移 Δ_D^V 为：

A. $a+b(\uparrow)$　　B. $b(\uparrow)$　　C. $b(\downarrow)$　　D. $\frac{1}{2}b(\downarrow)$

分析　在 D 点虚设向下的单位集中力，用平衡条件可求得支座 A 的水平反力 $\overline{H}_A=0$，竖向反力 $\overline{V}_A=1(\uparrow)$，或注意到结点平衡，容易作出单位力作用下的弯矩图，求得 $\overline{M}_{BA}=l$（下侧受拉），再由 $\overline{M}_{BA}=\overline{V}_A l$ 反求得 $\overline{V}_A=1(\uparrow)$。应用静定结构由于支座移动的位移公式得

$$\Delta_D^V=-\sum\overline{R}l=-(0\cdot a-1\cdot b)=b(\downarrow)$$

答案：C

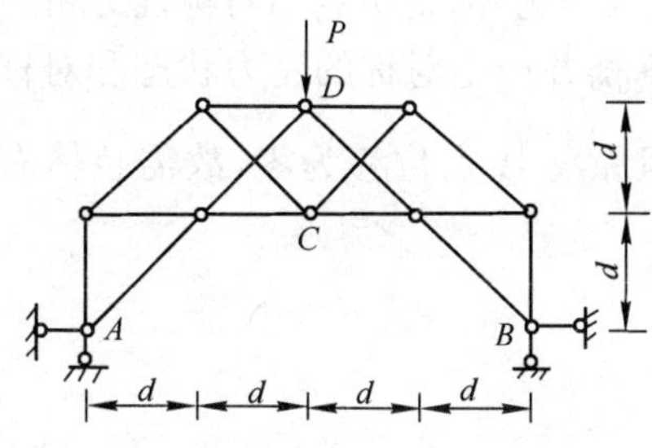

图 15-88

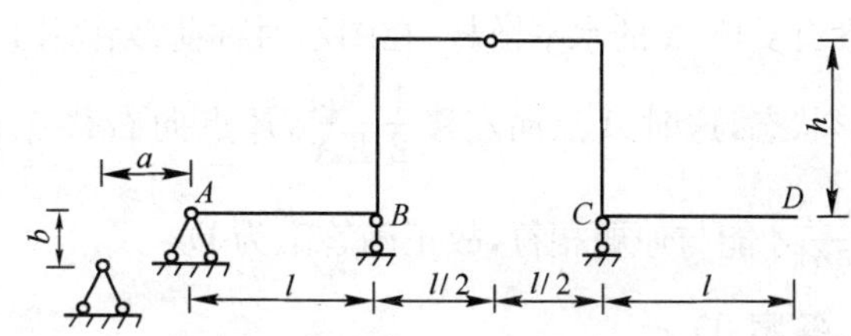

图 15-89

【例 15-48】 如图 15-90a）所示桁架，当 AC 杆因温度升高而伸长时，AC 杆：

A. 作顺时针转动　　B. 作逆时针转动

C. 不转动　　　　　　　D. 转向不定，随 α 值而定

分析　在 AC 杆上虚设反对针转向的单位力偶（化为垂直于杆的结点集中力 $\frac{\cos\alpha}{d}$），由虚力原理可知

$$1 \cdot \varphi_{AC} = \overline{N}_{AC}\lambda_{AC}$$

其中温度变形 λ_{AC} 为伸长。可见当 $\alpha < 45°$ 时，$\overline{N}_{AC}$ 为拉力，φ_{AC} 为正值，AC 杆逆时针转动（图 15-90b）；而当 $\alpha > 45°$ 时，$\overline{N}_{AC}$ 为压力，φ_{AC} 为负值，AC 杆顺时针转动（图 15-90c）；$\alpha = 45°$ 时，$\varphi_{AC} = 0$。AC 杆不转动。AC 杆的转向也可用几何作图的方法由变形后的结点位置 C' 来确定，如图 15-90b)、c) 所示。

答案：D

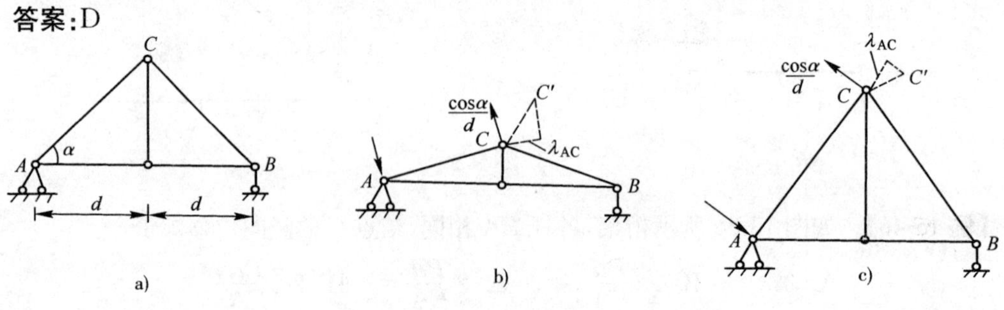

图　15-90

【例 15-49】　如图 15-91 所示组合结构，EI，EA 均为有限值，C、B 两点水平位移 Δ_C^H、Δ_B^H 的关系是：

A. $\Delta_C^H = \Delta_B^H = 0$　　　　B. $\Delta_C^H = 0$ 或 $\Delta_B^H = 0$

C. $\Delta_C^H = \Delta_B^H \neq 0$　　　　D. $\Delta_C^H = \frac{1}{2}\Delta_B^H \neq 0$

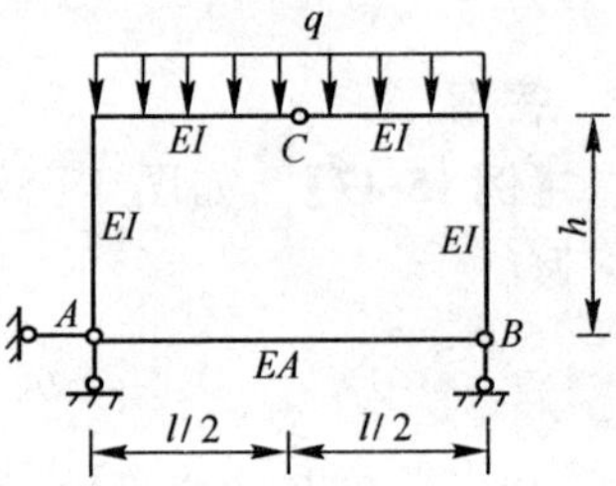

图　15-91

分析　需注意荷载作用时，水平反力为零，引起对称的 M_P 图，杆 AB 产生拉力 N_P，但位移并不对称。若用单位荷载法求位移，当在 C 点加向右的单位力时，引起反对称的 $\overline{M}$ 图，杆 AB 产生拉力 $\overline{N} = \frac{1}{2}$；而当在 B 点加向右单位力时，弯矩全为零，杆 AB 产生拉力 $\overline{N} = 1$。根据组合结构位移计算公式，弯矩图乘求和为零，只有杆 AB 轴向变形的影响，故得 $\Delta_C^H = \frac{N_P l}{2EA}$，$\Delta_B^H = \frac{N_P l}{EA}$。

此题由于支座 A、B 约束不同，不是对称结构，但水平反力为零，仍可利用对称性分析。设想没有支座 A 的水平链杆，在图示对称荷载作用下仍能平衡并产生对称的受力状态和对称的变形状态，这时 A 点向左移 $\frac{1}{2}\frac{N_P l}{EA}$，$B$ 点向右移 $\frac{1}{2}\frac{N_P l}{EA}$，但原题 A 点位移为零，故需整体右移 $\frac{1}{2}\frac{N_P l}{EA}$ 才能与原题相符，故正确答案为 D。

答案：D

习　题

15-28　图示结构杆长为 l，EI = 常数，C 点两侧截面相对转角 φ_C 为（　　）。

A. $\dfrac{3Pl}{2EI}$　　B. $\dfrac{Pl^2}{12EI}$　　C. 0　　D. $\dfrac{Pl^3}{6EI}$

15-29　图示刚架 B 点水平位移 Δ_{BH} 为(　　)。

A. $\dfrac{qa^4}{4EI}(\rightarrow)$　　B. $\dfrac{7qa^4}{12EI}(\rightarrow)$

C. 0　　D. $\dfrac{4qa^4}{12EI}(\rightarrow)$

15-30　图示为刚架在均布荷载作用下的 M 图，曲线为二次抛物线，横梁的抗弯刚度为 $2EI$，竖柱为 EI，支座 A 处截面转角为(　　)。

A. $\dfrac{5qa^3}{12EI}$(顺时针)　　B. $\dfrac{5qa^3}{12EI}$(逆时针)

C. $\dfrac{qa^3}{2EI}$(顺时针)　　D. $\dfrac{qa^3}{2EI}$(逆时针)

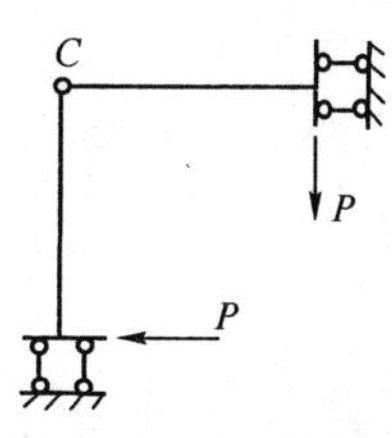

题 15-28 图

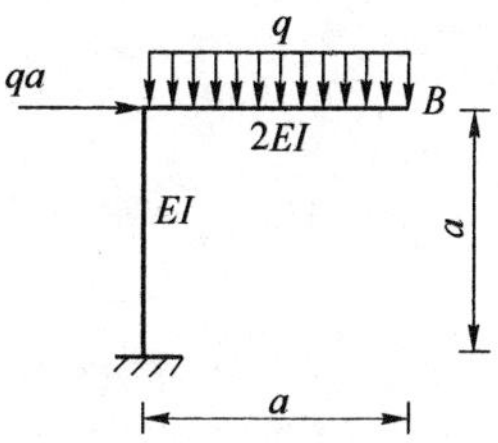

题 15-29 图

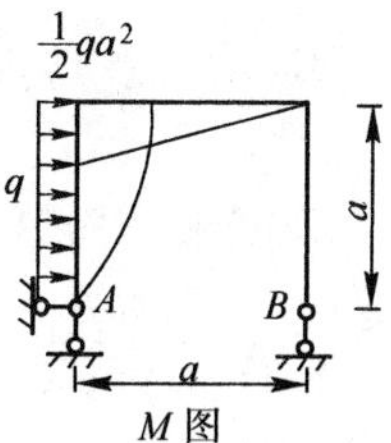

题 15-30 图

15-31　图示梁铰 C 左侧截面转角时，其虚拟的单位力状态应取(　　)。

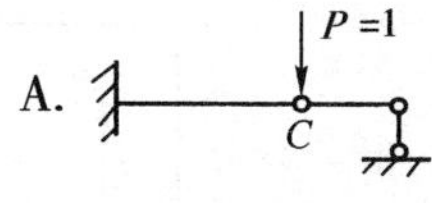

B.

C.

D.

题 15-31 图

15-32　图示结构中 AC 杆的温度升高 t℃，则杆 AC 与 BC 间的夹角变化是(　　)。

A. 增大　　B. 减小　　C. 不变　　D. 不定

15-33　图示结构 EI＝常数，截面 C 的转角是(　　)。

A. $ql^3/(8EI)$(逆时针)　　B. $5ql^3/(24EI)$(逆时针)

C. $ql^3/(24EI)$(逆时针)　　D. $ql^3/(24EI)$(顺时针)

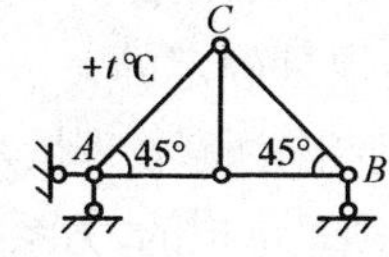

题 15-32 图

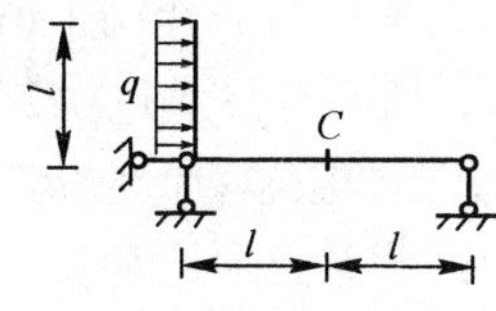

题 15-33 图

15-34　图示梁当 EI＝常数时，B 端的转角是(　　)。

A. $5ql^3/(48EI)$(顺时针)　　B. $5ql^3/(48EI)$(逆时针)

C. $7ql^3/(48EI)$(逆时针)　　D. $9ql^3/(48EI)$(逆时针)

15-35　图示桁架 B 点竖向位移(向下为正)Δ_{BV} 为(　　)。

A. $\dfrac{4+2\sqrt{2}}{EA}Pa$　　B. $\dfrac{-4+2\sqrt{2}}{EA}Pa$

C. $\dfrac{2+2\sqrt{2}}{EA}Pa$　　D. 0

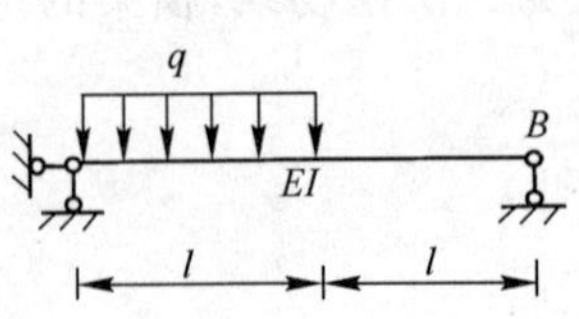

题 15-34 图

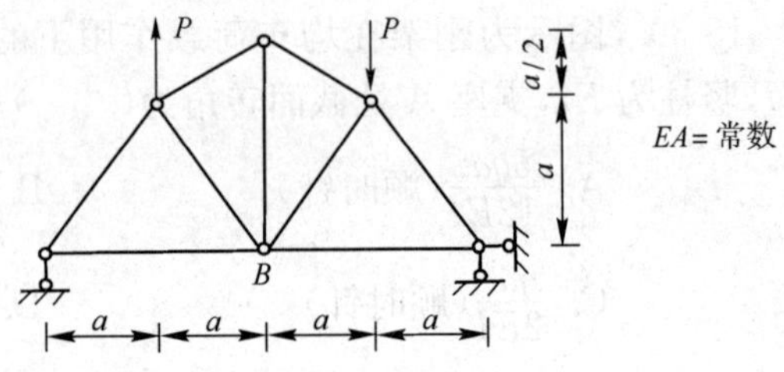

题 15-35 图

15-36　图示结构 A、B 两点相对竖向位移 Δ_{AB} 为(　　)。

A. $\dfrac{2\sqrt{2}Pa}{EA}$　　B. $\dfrac{3Pa}{EA}$　　C. $\dfrac{8Pa}{EA}$　　D. 0

15-37　设 a、b 及 φ 分别为图示结构 A 支座发生的移动及转动，由此引起 B 点的水平位移(向左为正)Δ_{BH} 为(　　)。

A. $h\varphi-a$　　B. $h\varphi+a$　　C. $a-h\varphi$　　D. 0

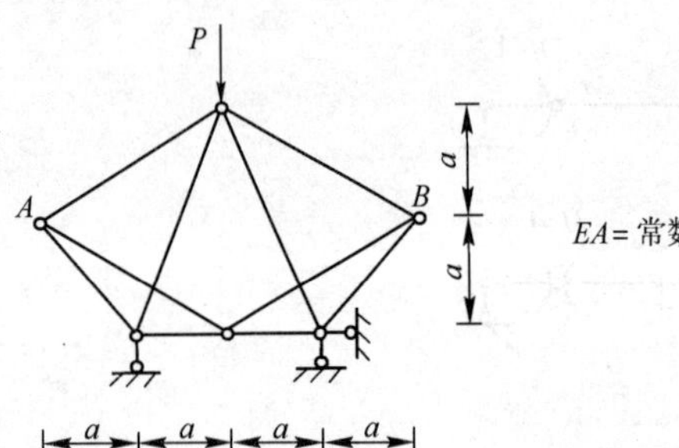

题 15-36 图

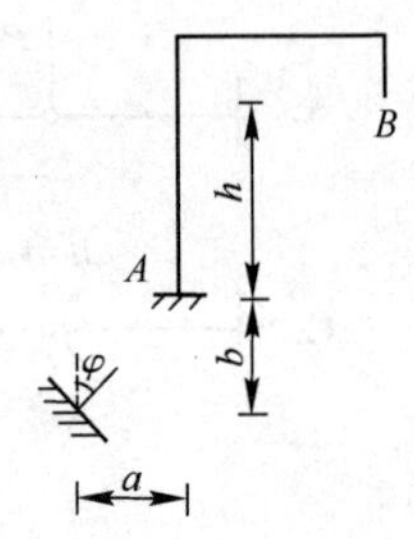

题 15-37 图

15-38　用图乘法求位移的必要应用条件之一是(　　)。

A. 单位荷载作用下的弯矩图为一直线　B. 结构可分为等截面直杆段

C. 所有杆件 EI 为常数且相同　　D. 结构必须是静定的

15-39　变形体虚位移原理的虚功方程中包含了力系与位移(及变形)两套物理量，其中(　　)。

A. 力系必须是虚拟的，位移是实际的　　B. 位移必须是虚拟的，力系是实际的

C. 力系与位移都必须是虚拟的　　D. 力系与位移两者都是实际的

15-40　位移互等及反力互等定理适用的结构是(　　)。

A. 刚体　　B. 任意变形体

C. 线性弹性结构　　D. 非线性结构

15-41　如图 a)、b)所示两种状态中，作用于 A 截面的水平单位集中力 $P=1$ 引起 B 截面的转角为 φ，作用于 B 截面的单位集中力偶 $M=1$ 引起 A 点的水平位移为 δ，则 φ 与 δ 两者(　　)。

A. 大小相等，量纲不同　　B. 大小相等，量纲相同

C. 大小不等，量纲不同　　D. 大小不等，量纲相同

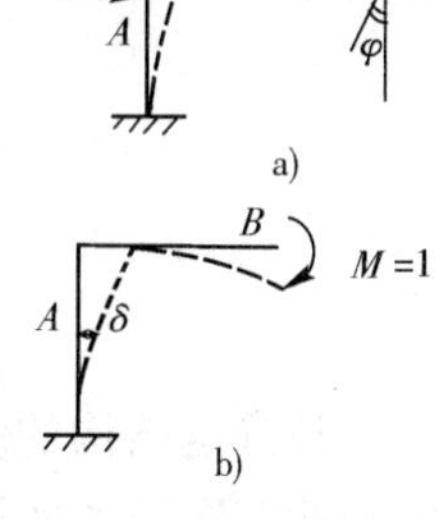

题 15-41 图

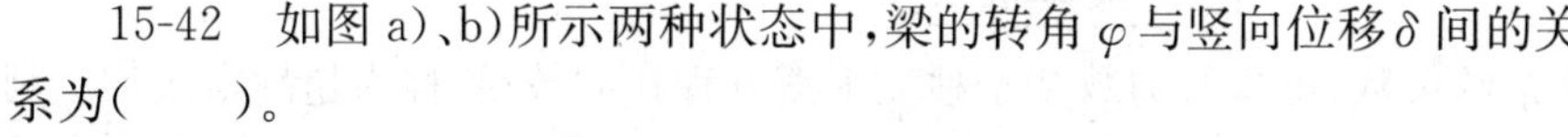

15-42　如图 a)、b)所示两种状态中，梁的转角 φ 与竖向位移 δ 间的关系为(　　)。

A. $\delta=\varphi$

B. δ 与 φ 关系不定，取决于梁的刚度大小

C. $\delta>\varphi$

D. $\delta<\varphi$

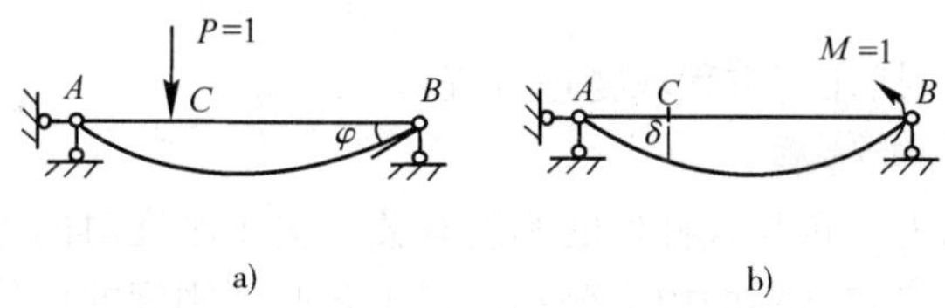

题 15-42 图

15-43　图示结构当 E 点有 $P=1$ 向下作用时，B 截面产生逆时针转角 φ，则当 A 点有图示荷载作用时，E 点产生的竖向位移为(　　)。

A. φ(↑)　　B. φ(↓)　　C. φa(↑)　　D. φa(↓)

15-44　图示结构 EA=常数。C、D 两点的水平相对线位移为(　　)。

A. $2Pa/EA$　　B. Pa/EA　　C. $3Pa/2EA$　　D. $Pa/3EA$

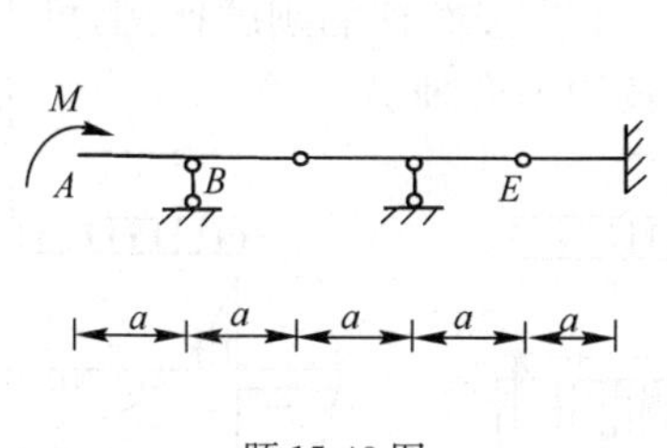

题 15-43 图

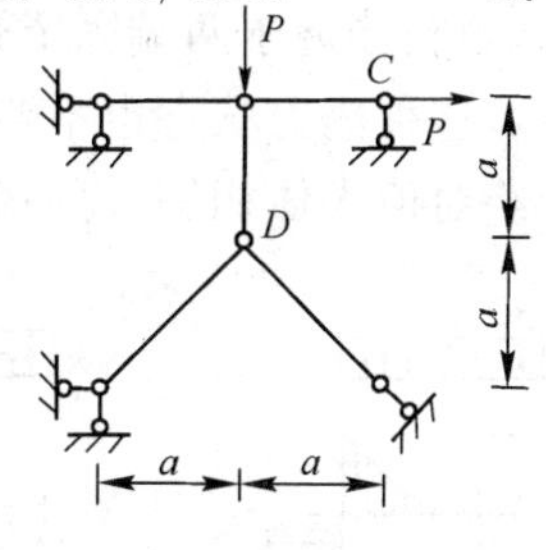

题 15-44 图

第四节　超静定结构的受力分析与特性

一、超静定结构的基本概念

(一)超静定结构的基本特征

(1)几何特征：几何不变，有多余约束。

(2)静力特征：未知力数大于独立平衡方程式数，仅依靠平衡方程不能将全部反力及内力都求出。满足平衡的内力解答不唯一。

几何特征与静力特征相互对应，每一特征都可作为超静定结构的定义，该含义可表示如下：

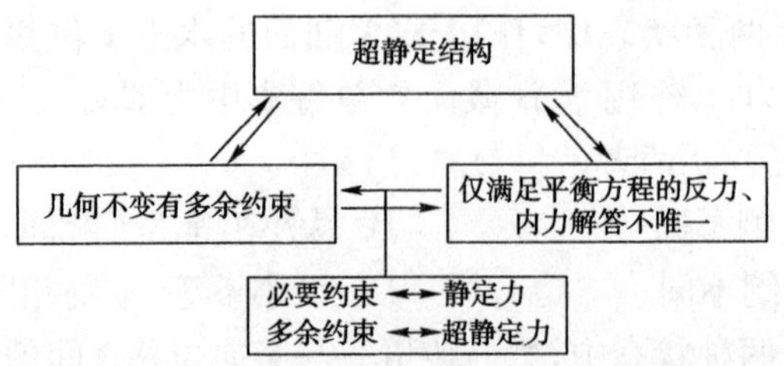

超静定结构的多余约束数，即未知力数多于独立平衡方程式的数目，称为超静定次数。判定超静定次数的实用方法是：将原超静定结构变为几何不变的、静定的结构，所需撤去多余约束的数目，即为超静定次数。

（二）超静定结构内力求解的基本原则

超静定结构的真实内力分布必须同时满足：

(1)平衡方程。

(2)变形协调方程(包括几何方程和物理方程)。

（三）超静定结构的一般性质

(1)超静定结构的内力分布与各杆件的刚度有关。关于刚度对内力分布的影响应注意：

①在荷载作用下，超静定结构的内力分布决定于各杆件刚度的比值，计算时允许使用刚度的相对值。在非荷载因素(如支座移动、温度变化及制作误差等)作用下，超静定结构的内力分布决定于各杆件刚度的绝对值，计算时必须使用刚度的绝对值。

②改变各杆件的刚度，一般都将引起超静定结构内力的重新分布，据此，可通过改变杆件刚度的办法来调整内力分布，使其均匀合理。

例如图 15-92a)所示刚架，若横梁刚度远大于立柱刚度，横梁的弯矩图接近于简支梁的弯矩图，跨中弯矩很大，如图 15-92b)所示，这种内力状态不利。反之，若立柱的刚度远大于横梁的刚度，横梁的弯矩图接近于两端固定梁的弯矩图，横梁端部弯矩值大，立柱顶端弯矩值也大，如图 15-92c)所示，这种内力状态也不够有利。适当调整梁-柱的刚度比例，可以使横梁的跨中弯矩与端部弯矩绝对值大体相等，可使弯矩分布较均匀合理。

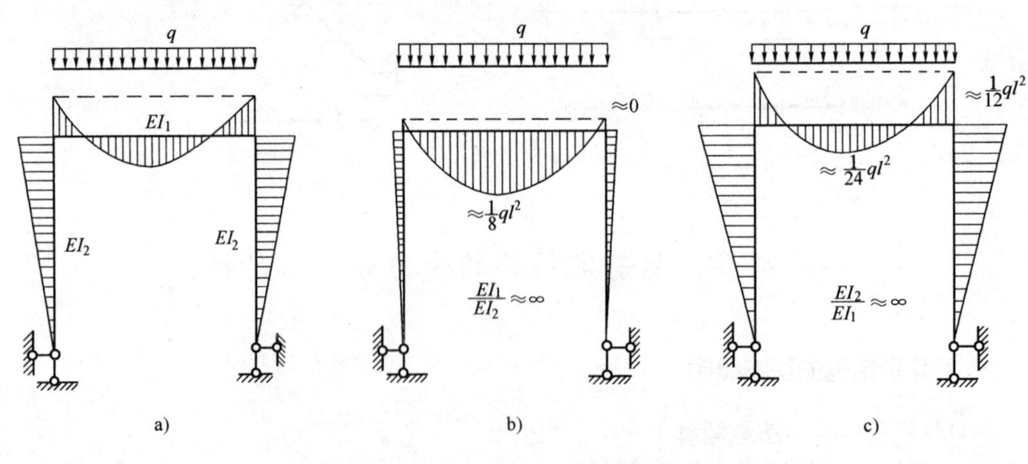

图 15-92

③某些特定结构在某些特定荷载作用下，其内力分布有可能不受截面刚度变化的影响。例如图 15-93 所示，当两杆截面刚度发生变化时并不引起内力的重新分布。

(2)非荷载因素会在超静定结构中引起内力，这种内力称为自内力。关于自内力应注意：

①"没有荷载就没有内力"这句话只适用于静定结构。静定结构不会产生自内力，超静定结构则有产生自内力的可能。支座移动、温度变化、制作误差及材料收缩等因素都会使超静定结构产生内力。

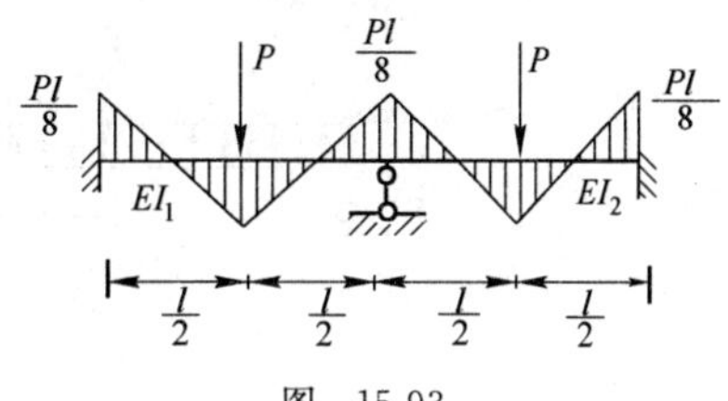

图 15-93

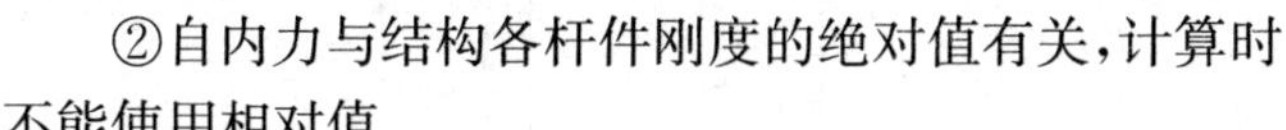

②自内力与结构各杆件刚度的绝对值有关，计算时不能使用相对值。

③自内力一般与结构各杆件刚度的绝对值成正比，增大杆件的刚度，则其自内力也相应增大，故依靠增加刚度来提高结构对非荷载因素的抵抗能力并非有效措施。

④可以主动地利用自内力来调整结构的内力状况，例如预应力结构的应用。

(3)超静定结构的整体性好，刚度大，防护能力强，内力分布比较均匀。

①局部荷载影响范围大，内力分布比较均匀合理。

例如图 15-94 所示，荷载 P 的作用，图 15-94a)只使基本部分受力，而图 15-94b)使全梁受力，影响范围大，受力比较均匀，也减少了内力的峰值，变形也比较均匀。

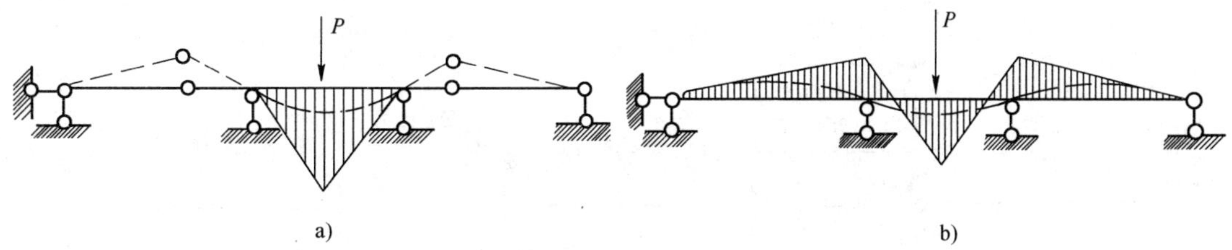

图 15-94

又如图 15-95 所示，荷载等效变化，图 15-95a)只影响局部，而图 15-95b)影响全梁。

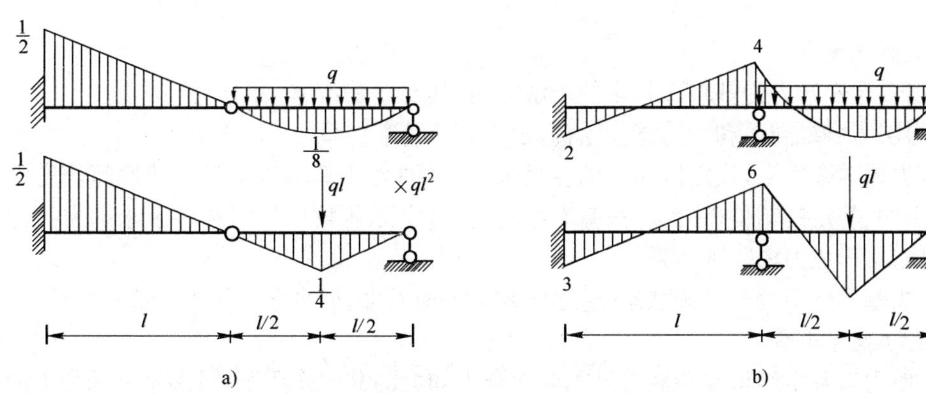

图 15-95

②防护能力强。多余约束遭到破坏仍可维持几何不变，仍有一定承载能力。

③整体性好，刚度大，稳定性好。

例如，如图 15-96 所示，梁的最大挠度，图 15-96b)仅为图 15-96a)的$\frac{1}{5}$。又如图 15-97 所示，柱的临界荷载，图 15-97b)为图 15-97a)的 4 倍。

下面讨论超静定结构内力的解法——力法、位移法、力矩分配法。

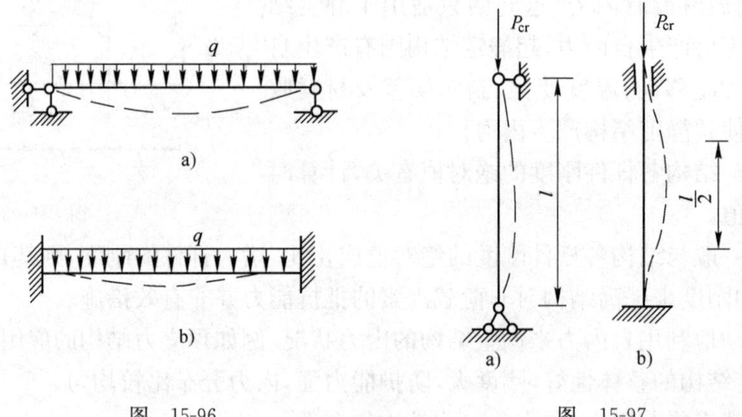

图 15-96　　　　图 15-97

二、力法

(一)力法基本思路(图 15-98)

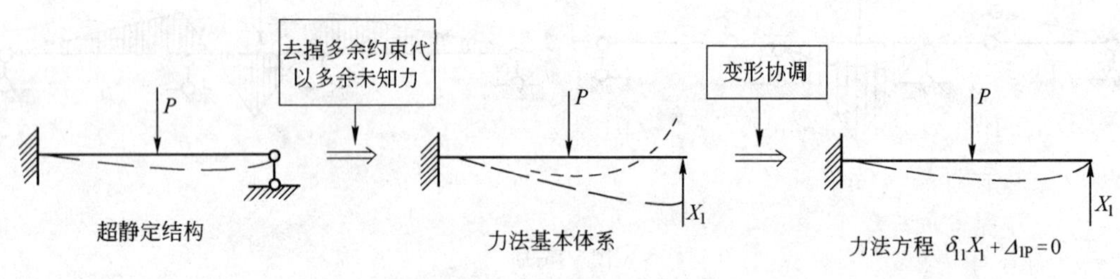

图 15-98

(二)力法原理要点

力法是以多余未知力为基本未知量的求解方法,其要点是:

1.选择力法基本未知量和力法基本结构,建立力法基本体系

原则是:去掉多余约束,代之以相应的多余未知力(即力法基本未知量),使原超静定结构变为几何不变的、静定的结构(称为力法基本结构)。将实际荷载等外因和多余未知力共同作用在基本结构上,形成力法基本体系。

显然,力法基本体系处于平衡状态,它已满足了平衡条件,但多余未知力的值不唯一。

2.建立力法典型方程

原则是:使力法基本结构在荷载等外因和多余未知力的共同作用下,沿多余未知力方向的位移等于原超静定结构的相应给定位移,从而实现与原结构的变形完全一致。

据此建立起的力法方程实际上是变形协调方程。

如图 15-99a)所示为某一高次超静定结构,承受荷载、支座移动及温度变化等外因的作用,其力法基本体系如图 15-99b)所示,力法典型方程的形式为

$$\left.\begin{aligned}\Delta_1=\overline{\Delta}_1,\quad \delta_{11}X_1+\delta_{12}X_2+\delta_{13}X_3+\Delta_{1P}+\Delta_{1C}+\Delta_{1t}=\overline{\Delta}_1\\ \Delta_2=\overline{\Delta}_2,\quad \delta_{21}X_1+\delta_{22}X_2+\delta_{23}X_3+\Delta_{2P}+\Delta_{2C}+\Delta_{2t}=\overline{\Delta}_2\\ \Delta_3=\overline{\Delta}_3,\quad \delta_{31}X_1+\delta_{32}X_2+\delta_{33}X_3+\Delta_{3P}+\Delta_{3C}+\Delta_{3t}=\overline{\Delta}_3\end{aligned}\right\}\tag{15-13}$$

对于 n 次超静定结构,力法典型方程的一般形式可缩写为

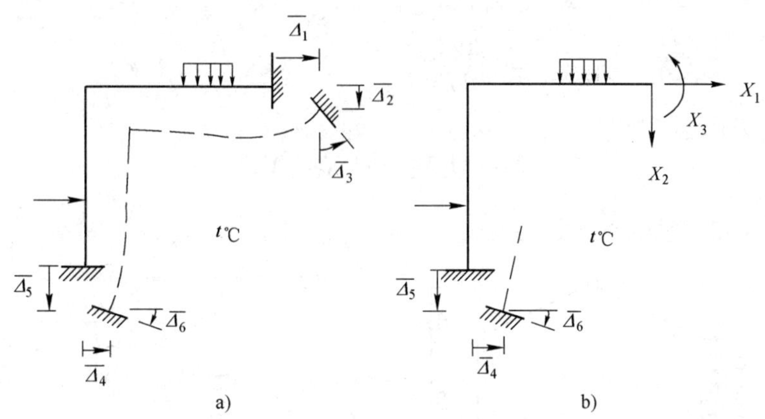

图 15-99

$$\sum_{j=1}^{n}\delta_{ij}X_j+\Delta_{iP}+\Delta_{iC}+\Delta_{it}=\overline{\Delta}_i \qquad (i=1,2,\cdots,n) \tag{15-14}$$

其中，柔度系数 δ_{ij} 表示在基本结构上由于 $X_j=1$ 引起的 X_i 方向上的位移，根据位移互等定理可知 $\delta_{ij}=\delta_{ji}$；自由项 Δ_{iP}、Δ_{iC}、Δ_{it} 分别表示基本结构上由于荷载、支座移动、温度变化引起 X_i 方向上的位移；等式右端的 $\overline{\Delta}_i$ 表示原超静定结构沿 X_i 方向上的给定位移。对于无支座移动的刚性多余约束或结构内部多余约束，其切口处的相对位移 $\overline{\Delta}_i=0$。

力法方程等式左端是基本体系沿多余未知力方向的位移，等式右端是原结构沿同一方向的位移，两者大小相等，变形协调。

由力法方程解出的多余约束力，既满足平衡方程，又满足变形协调方程，即是真解。

（三）用力法计算超静定结构的内力

【例 15-50】 用力法解如图 15-100a）所示刚架，并作弯矩图，EI＝常数。

解 力法基本体系如图 15-100b）所示。

力法方程为

$$\delta_{11}X_1+\delta_{12}X_2+\Delta_{1P}=0$$
$$\delta_{21}X_1+\delta_{22}X_2+\Delta_{2P}=0$$

系数计算

$$\delta_{11}=\frac{2}{EI}\left[\frac{1}{2}\times2\times2\sqrt{5}\times\frac{2}{3}\times2+\frac{1}{2}\times2\times4\times\left(\frac{2}{3}\times2+\frac{1}{3}\times6\right)+\frac{1}{2}\times6\times4\times\left(\frac{1}{3}\times2+\frac{2}{3}\times6\right)\right]=\frac{150.59}{EI}$$

$$\delta_{12}=\delta_{21}=0$$

$$\delta_{22}=\frac{2}{EI}\left[\frac{1}{2}\times4\times2\sqrt{5}\times\frac{2}{3}\times4+4\times4\times4\right]=\frac{175.7}{EI}$$

$$\Delta_{1P}=\frac{1}{EI}\,\frac{1}{3}\times80\times4\times\left(\frac{3}{4}\times6+\frac{1}{4}\times2\right)=\frac{533.33}{EI}$$

$$\Delta_{2P}=\frac{1}{EI}\,\frac{1}{3}\times80\times4\times4=\frac{426.67}{EI}$$

代入力法方程求解

$$X_1=-\frac{\Delta_{1P}}{\delta_{11}}=-\frac{533.33}{150.59}=-3.54\text{kN}\qquad(\leftarrow\rightarrow)$$

$$X_2=-\frac{\Delta_{2P}}{\delta_{22}}=-\frac{426.67}{175.7}=-2.43\text{kN}\qquad(\uparrow\downarrow)$$

作弯矩图,见图 15-100f)。

$$M=\overline{M}_1X_1+\overline{M}_2X_2+M_P$$

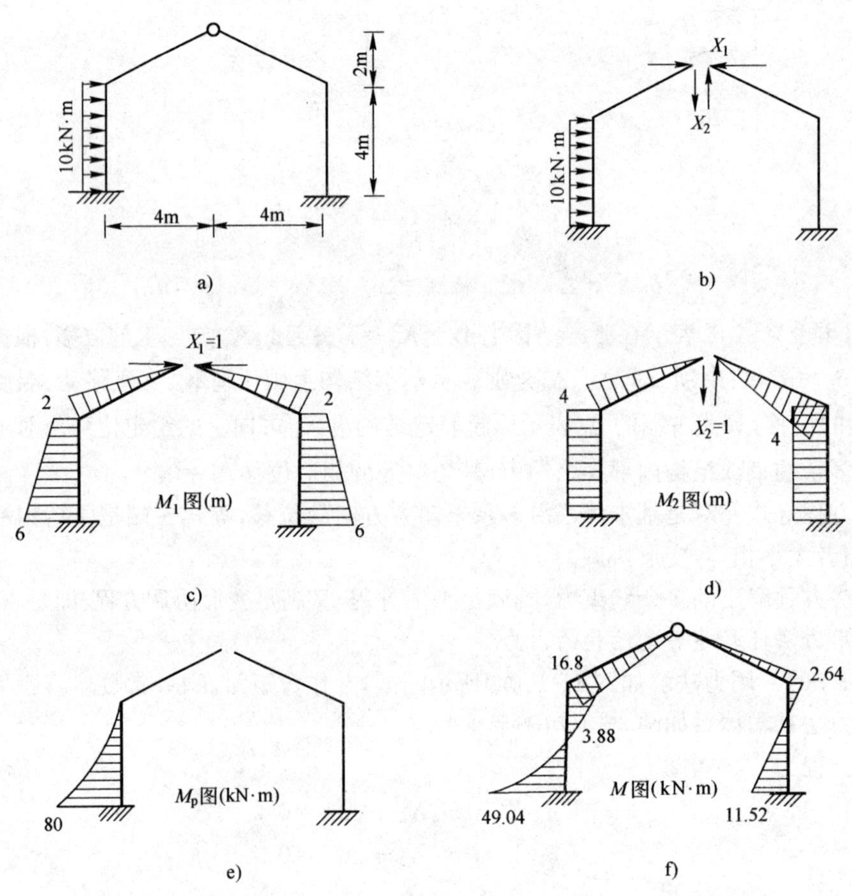

图 15-100

【例 15-51】 求如图 15-101a)所示桁架各杆的内力,各杆 EA 相同。

解 选力法基本体系,见图 15-101b)。

力法方程为

$$\delta_{11}X_1+\Delta_{1P}=0$$

系数计算

$$\delta_{11}=\sum\frac{\overline{N}_1^2l}{EA}=\frac{4}{EA}1^2d+\frac{2}{EA}(-\sqrt{2})^2\sqrt{2}d=(4+4\sqrt{2})\frac{d}{EA}$$

$$\Delta_{1P}=\sum\frac{\overline{N}_1N_Pl}{EA}=\frac{1}{EA}1Pd+\frac{1}{EA}(-\sqrt{2})(-\sqrt{2}P)\sqrt{2}d=(1+2\sqrt{2})\frac{Pd}{EA}$$

代入力法方程得

$$X_1=-\frac{\Delta_{1P}}{\delta_{11}}=-\frac{1+2\sqrt{2}}{4+4\sqrt{2}}P=-0.396P(压)$$

计算各杆内力

$$N=\overline{N}_1X_1+N_P$$

最后结果如图 15-101e)所示。

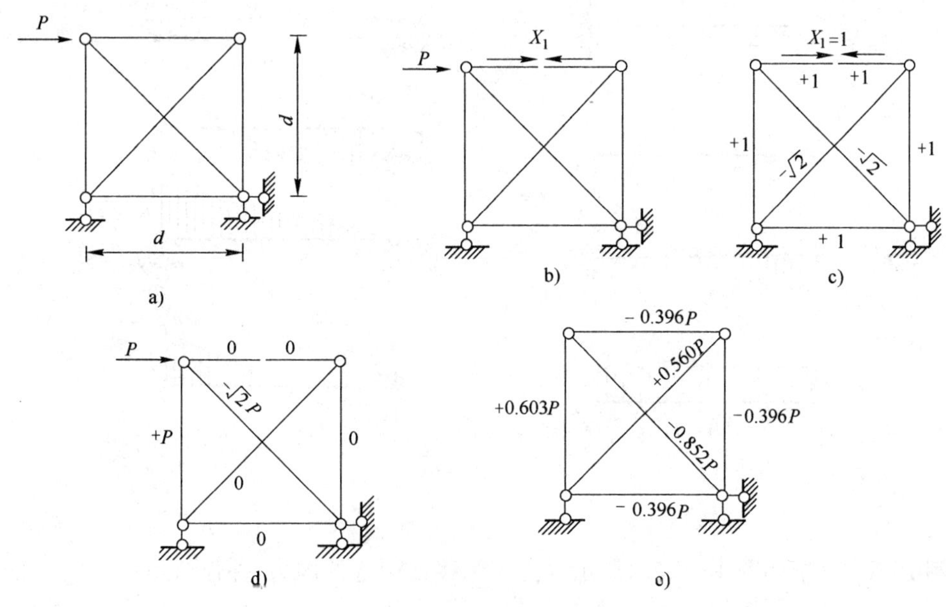

图 15-101

【例 15-52】 求如图 15-102a)所示梁由于转角 θ_A 及 θ_B 引起的内力,并作弯矩图。

解一 选如图 15-102b)所示的力法基本体系,建立力法方程如下

$$\begin{cases}\dfrac{l^3}{3EI}X_1-\dfrac{l^2}{2EI}X_2-\theta_A l=0\\[2ex]-\dfrac{l^2}{2EI}X_1+\dfrac{l}{EI}X_2+\theta_A=\theta_B\end{cases}$$

解得

$$\begin{cases}X_1=6\dfrac{EI}{l^2}(\theta_A+\theta_B)=6\dfrac{i}{l}(\theta_A+\theta_B)\\[2ex]X_2=2\dfrac{EI}{l}(\theta_A+2\theta_B)=2i(\theta_A+2\theta_B)\end{cases}$$

其中线刚度 $i=\dfrac{EI}{l}$。

解二 选如图 15-102e)所示的力法基本体系,相应力法方程为

$$\frac{l}{3EI}X_1-\frac{l}{6EI}X_2=\theta_A$$

$$-\frac{1}{6EI}X_1+\frac{l}{3EI}X_2=\theta_B$$

解得

$$\begin{cases} X_1=2i(2\theta_A+\theta_B) \\ X_2=2i(\theta_A+2\theta_B) \end{cases}$$

最后弯矩图见图 15-102h)。

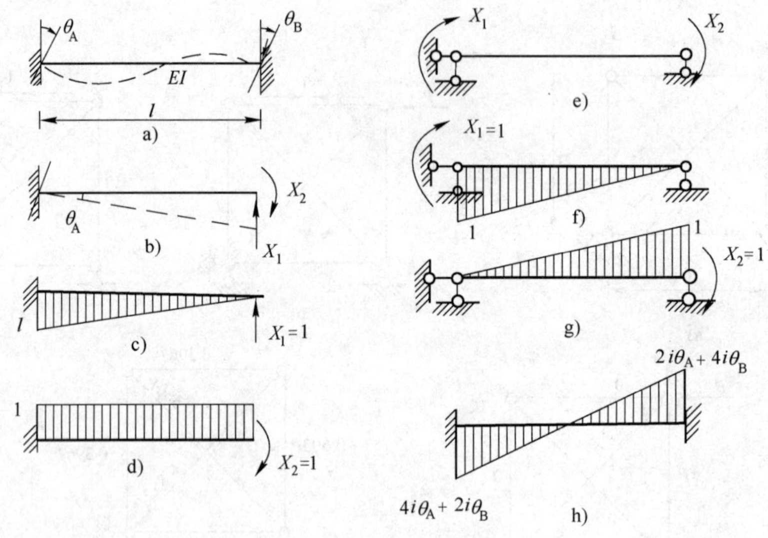

图　15-102

【例 15-53】 求如图 15-103a)所示梁由于侧移Δ引起的内力,并作弯矩图。

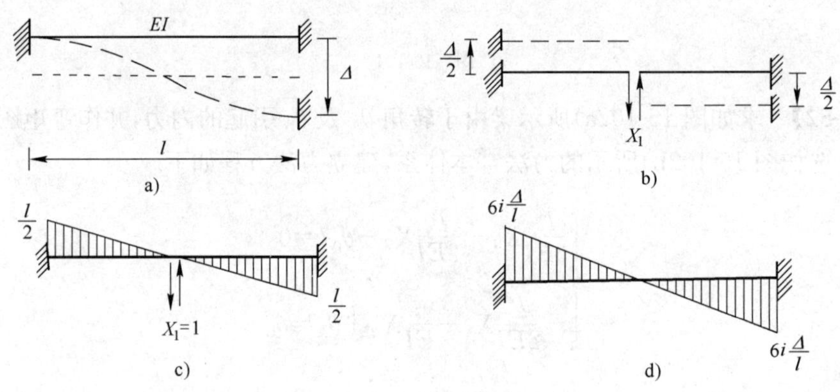

图　15-103

解　将图 15-103a)视为对称结构,承受反对称外因,选如图 15-103b)所示力法基本体系,相应力法方程为

$$\frac{l^3}{12EI}X_1-\Delta=0$$

解得

$$X_1=12\,\frac{EI}{l^3}\Delta=12\,\frac{i}{l^2}\Delta$$

最后弯矩图见图 15-103d)。

【例 15-54】 求如图 15-104a)所示结构由于温度变化引起的内力,并作弯矩图。已知截

面为矩形，高 $h=0.1l$，EI＝常数，线膨胀系数为 α，内外温度分别升高 $t_1=10℃$和 $t_2=30℃$。

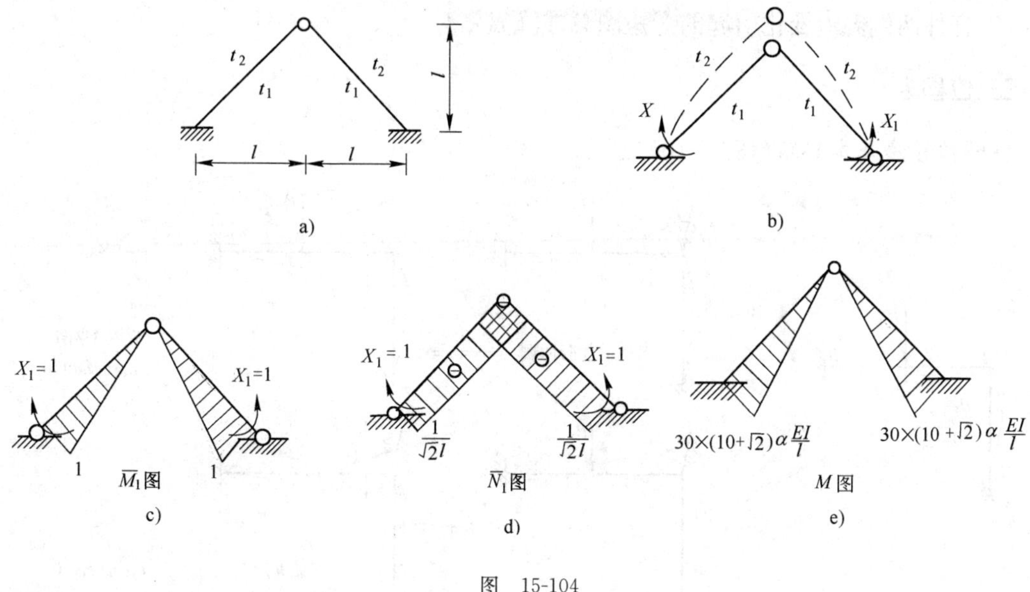

图 15-104

解 轴线平均温度变化

$$t_0=\frac{10+30}{2}=20℃$$

温差

$$\Delta t=30-10=20℃$$

选力法基本体系如图 15-104b)所示，建立相应力法方程为

$$\delta_{11}X_1+\Delta_{1t}=0$$

系数计算

$$\delta_{11}=\frac{2}{EI}\frac{1}{2}\times1\times\sqrt{2}l\,\frac{2}{3}=\frac{2\sqrt{2}l}{3EI}$$

$$\Delta_{1t}=\sum\left(-\alpha\,\frac{\Delta t}{h}\omega_{\overline{M}}-\alpha t_0\omega_{\overline{N}}\right)$$

$$=2\times\left(-\alpha\,\frac{20}{h}\frac{1}{2}\times1\times\sqrt{2}l-\alpha\times20\times\frac{1}{\sqrt{2}l}\sqrt{2}l\right)$$

$$=-2\times\left(10\sqrt{2}\,\frac{l}{h}+20\right)\alpha$$

$$=-2\times(100\sqrt{2}+20)\alpha$$

代入力法方程，解得

$$X_1=-\frac{\Delta_{1t}}{\delta_{11}}=\frac{2\times(100\sqrt{2}+20)\alpha}{2\times\dfrac{\sqrt{2}l}{3EI}}=30\times(10+\sqrt{2})\frac{\alpha EI}{l}$$

最后弯矩图见图 15-104e)。

注意:(1)由温度变化引起的内力计算,必须同时考虑温度变化引起的弯曲变形及轴向变形的影响。

(2)杆件两侧温差变化引起的弯矩图总在降温侧。

三、位移法

(一)位移法基本思路(图 15-105)

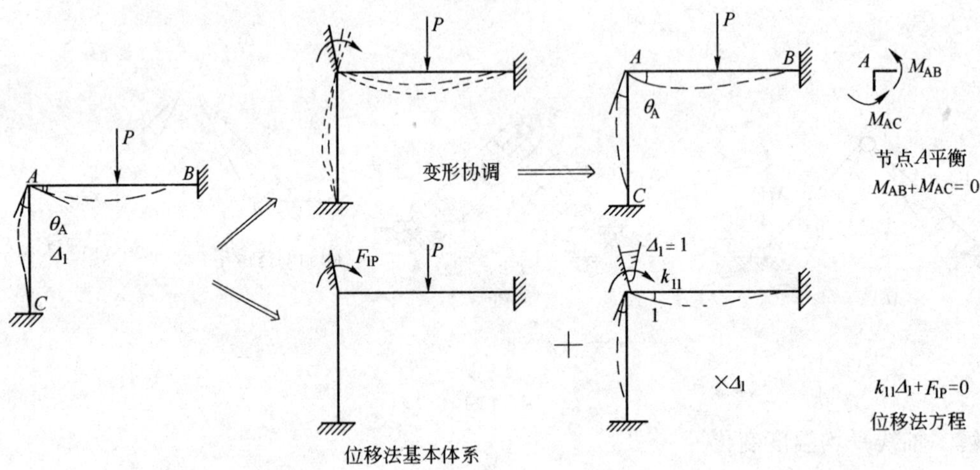

图 15-105

(二)位移法计算的基础——转角位移方程

符号规定:杆端内力及位移以如图 15-106 所示为正。

转角位移方程的基本形式

$$\left.\begin{aligned} M_{AB} &= 4i_{AB}\theta_A + 2i_{AB}\theta_B - 6i_{AB}\frac{\Delta_{AB}}{l_{AB}} + M_{AB}^F \\ M_{BA} &= 2i_{AB}\theta_A + 4i_{AB}\theta_B - 6i_{AB}\frac{\Delta_{AB}}{l_{AB}} + M_{BA}^F \end{aligned}\right\} \tag{15-15}$$

当远端 B 为铰支时

$$\left.\begin{aligned} M_{AB} &= 3i_{AB}\theta_A - 3i_{AB}\frac{\Delta_{AB}}{l_{AB}} + M_{AB}^F \\ M_{BA} &= 0 \end{aligned}\right\} \tag{15-16}$$

当远端 B 为滑动支座时

$$\left.\begin{aligned} M_{AB} &= i_{AB}\theta_A + M_{AB}^F \\ M_{BA} &= - i_{AB}\theta_A + M_{BA}^F \end{aligned}\right\} \tag{15-17}$$

杆端剪力的计算

$$\left.\begin{aligned} Q_{AB} &= -\frac{M_{AB}+M_{BA}}{l_{AB}} + Q_{AB}^0 \\ Q_{BA} &= -\frac{M_{AB}+M_{BA}}{l_{AB}} + Q_{BA}^0 \end{aligned}\right\} \tag{15-18}$$

（三）位移法基本未知量的确定

位移法基本未知量的数目与计算要求的精度有关，经典位移法假定结构处于小变形状态，对于受弯杆忽略轴向变形及剪切变形。

位移法基本未知量数等于独立的节点角位移数与节点线位移数之和。

节点角位移数＝**刚接点数**

节点线位移数＝变刚接（含固定端）为铰接所得体系的自由度数

＝**阻止节点线位移所需增加链杆的最小数目**

位移法基本未知量的选取需同时考虑变形协调条件，且与所用的转角位移方程相适应。例如图15-107所示结构，C、D两处虽有转角θ_C、θ_D，可不作为基本未知量，但杆BC、BD必须使用一端为铰支的转角位移方程[见式(15-16)]。

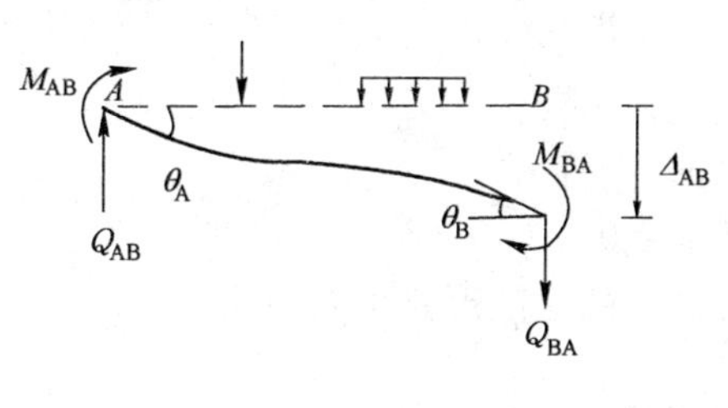

图 15-106

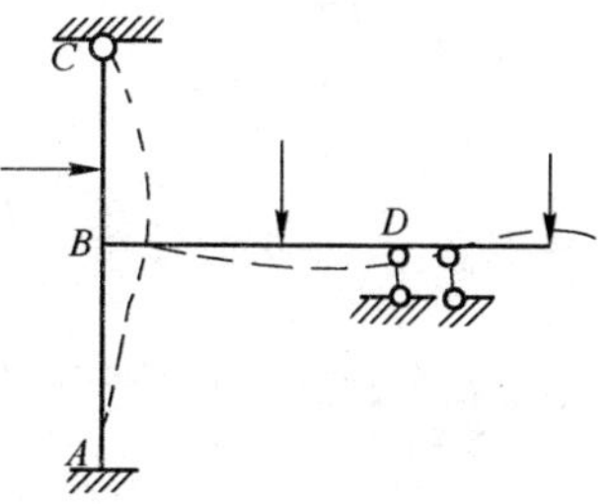

图 15-107

（四）位移法求解的两种途径及其原理要点

位移法是以节点位移为基本未知量的求解方法，它有两种求解途径：

1. 通过平衡条件建立位移法基本方程

(1)选择位移法基本未知量，通过转角位移方程，用基本未知量表达杆端内力。

(2)建立位移法基本方程：针对角位移，建立相应节点隔离体的平衡方程；针对线位移，建立相应截面截取隔离体的平衡方程，如图15-108所示。

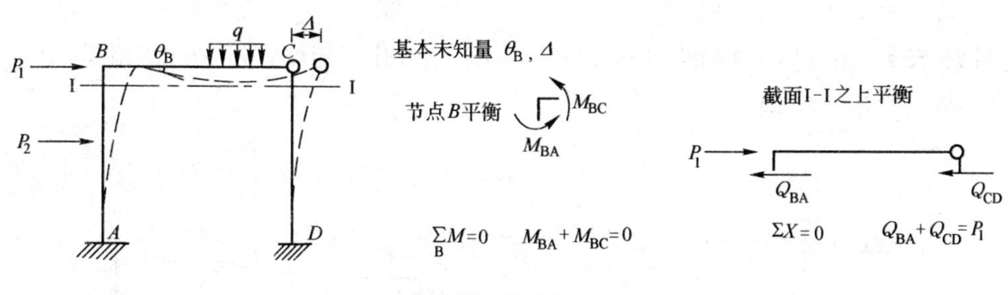

图 15-108

2. 通过基本体系建立位移法典型方程

(1)选择位移法基本未知量和位移法基本结构，建立位移法基本体系。

原则是：针对节点位移（位移法基本未知量），在原结构上人为增加附加约束（位移法基本结构），控制节点位移。针对角位移，增加附加刚臂，控制节点旋转；针对线位移，增加附加支承链杆，控制节点移动。将实际荷载等外因和受控制的节点位移共同作用在基本结构上，形成位移法基本体系。

显然，位移法基本体系已满足变形协调条件，但节点位移的值不唯一。

(2)建立位移法典型方程。

原则是:使位移法基本结构在荷载等外因和结点位移(附加约束位移)共同作用下,附加约束中的总反力为零,从而实现与原结构受力情况完全一致。

据此建立的位移法方程实际上是平衡方程。

例如图 15-109 所示,在节点 B 附加刚臂,在节点 C 附加水平链杆,形成位移法基本体系,相应的位移法典型方程为

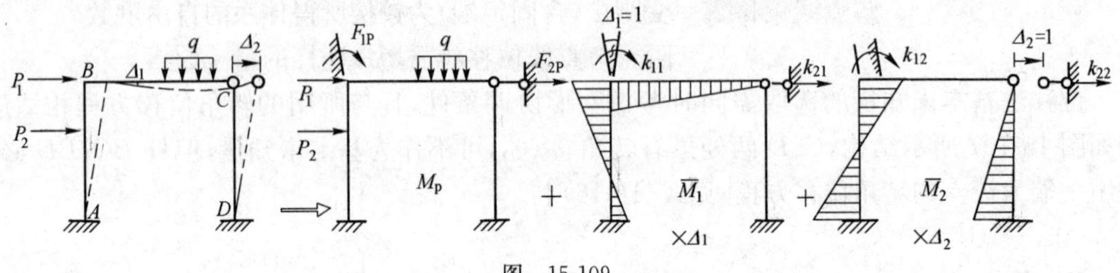

图 15-109

$$\left.\begin{aligned}k_{11}\Delta_1+k_{12}\Delta_2+F_{1P}=0\\k_{21}\Delta_1+k_{22}\Delta_2+F_{2P}=0\end{aligned}\right\}\tag{15-19}$$

对于具有 n 个独立节点位移的结构,位移法典型方程的一般形式可缩写为

$$\sum_{j=1}^{n}k_{ij}\Delta_j+F_{iP}=0\qquad(i=1,2,\cdots,n)\tag{15-20}$$

其中刚度系数 k_{ij} 表示在基本结构上,由于第 j 个附加约束产生单位位移而引起第 i 个附加约束中的反力,根据反力互等定理可知,$k_{ij}=k_{ji}$;自由项 F_{iP} 表示在基本结构上由于荷载作用引起第 i 个附加约束中的反力。

位移法方程等式左端是基本体系上附加约束中的总反力,而原结构并无附加约束,故其值应等于零。此时,体系无附加约束而达平衡状态,与原结构受力完全一致。

由位移法方程解出的节点位移,既满足变形协调条件,与之相应的内力又满足平衡条件,所以是真解。

(五)用位移法计算结构的内力

【例 15-55】 用位移法解如图 15-110a)所示刚架,并作弯矩图,各杆 EI、l 相同。

解 基本未知量 θ_C、Δ。

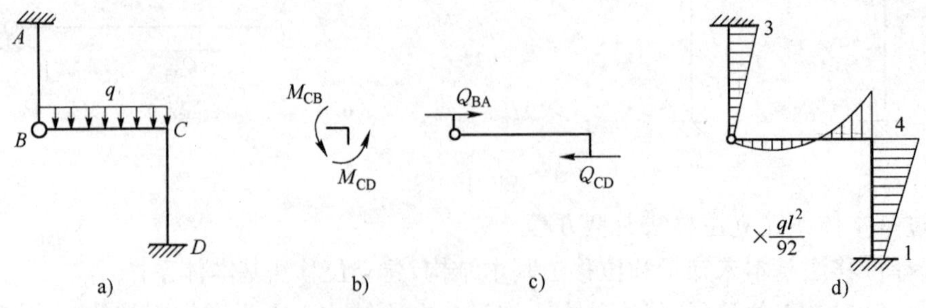

图 15-110

用基本未知量表达杆端内力

$$M_{AB}=-3i\,\frac{(-\Delta)}{l}\qquad\qquad Q_{BA}=-3i\,\frac{\Delta}{l^2}$$

$$M_{CB}=3i\theta_C+\frac{1}{8}ql^2$$

$$M_{CD}=4i\theta_C-6i\frac{\Delta}{l}$$

$$M_{DC}=2i\theta_C-6i\frac{\Delta}{l}\qquad Q_{CD}=-6i\theta_C\frac{1}{l}+12i\frac{\Delta}{l^2}$$

建立节点及截面平衡方程

图 15-110b)

$$\sum_C M=0\qquad 7i\theta_C-6i\frac{\Delta}{l}+\frac{1}{8}ql^2=0\qquad ①$$

图 15-110c)

$$\sum X=0\qquad -6i\frac{1}{l}\theta_C+15i\frac{\Delta}{l^2}=0\qquad ②$$

联立式①、式②解得

$$\theta_C=-\frac{5}{184}\frac{ql^2}{i}(\circlearrowleft)$$

$$\Delta=-\frac{1}{92}\frac{ql^3}{i}(\leftarrow)$$

代回转角位移方程计算杆端弯矩，并作弯矩图，见图 15-110d)。

【例 15-56】 用位移法解如图 15-111a)所示刚架，并作弯矩图。

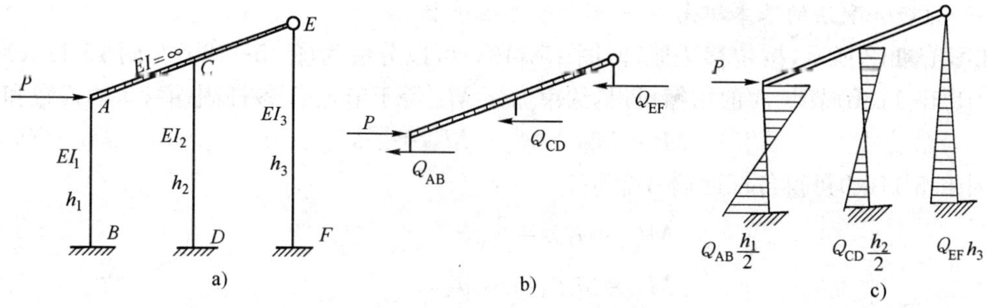

图 15-111

解 基本未知量 Δ。

用基本未知量表达杆端内力如下

$$M_{AB}=M_{BA}=-6\frac{EI_1}{h_1}\frac{\Delta}{h_1}\qquad Q_{AB}=12\frac{EI_1}{h_1^3}\Delta=k_1\Delta$$

$$M_{CD}=M_{DC}=-6\frac{EI_2}{h_2}\frac{\Delta}{h_2}\qquad Q_{CD}=12\frac{EI_2}{h_2^3}\Delta=k_2\Delta$$

$$M_{FE}=-3\frac{EI_3}{h_3}\frac{\Delta}{h_3}\qquad Q_{EF}=3\frac{EI_3}{h_3^3}\Delta=k_3\Delta$$

式中 k_1、k_2、k_3 分别为三个柱子的侧移刚度(或抗剪刚度)系数。

建立截面平衡方程

图 15-111b)

$$\sum X=0 \qquad Q_{AB}+Q_{CD}+Q_{EF}=P$$
$$(k_1+k_2+k_3)\Delta=(\sum k)\Delta=P$$

解得

$$\Delta=\frac{1}{\sum k}P$$

计算杆件的剪力

$$\left.\begin{aligned}Q_{AB}&=\frac{k_1}{\sum k}P\\Q_{CD}&=\frac{k_2}{\sum k}P\\Q_{EF}&=\frac{k_3}{\sum k}P\end{aligned}\right\}$$

可统一写成

$$Q_i=\frac{k_i}{\sum k}P \tag{15-21}$$

可见柱的剪力按各柱的侧移刚度进行分配，这就是剪力分配法。一般用于带有刚性横梁的有侧移结构。

最后弯矩图见图 15-111c)。

四、力矩分配法

(一)力矩分配法的基本概念——单节点力矩分配

如图 15-112 所示，按位移法原理，图 15-112a)可以分解为图 15-112b)与图 15-112c)的组合。由图 15-112b)节点 A 的平衡可得：约束力矩 M_A 等于节点 A 各杆固端弯矩的代数和

$$M_A=M_{A1}^F+M_{A2}^F+M_{A3}^F=\sum M_{Aj}^F \tag{15-22}$$

由图 15-112c)可得各杆近端分配弯矩

$$M_{A1}^\mu=4i_1\theta_A=S_{A1}\theta_A$$
$$M_{A2}^\mu=3i_2\theta_A=S_{A2}\theta_A$$
$$M_{A3}^\mu=i_3\theta_A=S_{A3}\theta_A$$

节点 A 平衡

$$M_{A1}^\mu+M_{A2}^\mu+M_{A3}^\mu=-M_A$$
$$(S_{A1}+S_{A2}+S_{A3})\theta_A=(\sum S_{Aj})\theta_A=-M_A$$

解得

$$\theta_A=\frac{1}{\sum S_{Aj}}(-M_A)$$

从而得

$$M_{A1}^\mu=\frac{S_{A1}}{\sum S_{Aj}}(-M_A)=\mu_{A1}(-M_A)$$
$$M_{A2}^\mu=\frac{S_{A2}}{\sum S_{Aj}}(-M_A)=\mu_{A2}(-M_A)$$
$$M_{A3}^\mu=\frac{S_{A3}}{\sum S_{Aj}}(-M_A)=\mu_{A3}(-M_A)$$

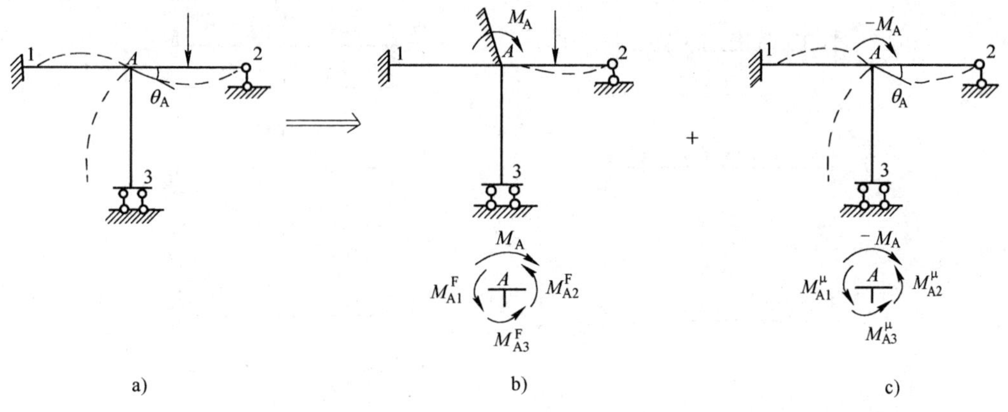

图 15-112

相应远端弯矩(称为传递弯矩)

$$M_{1A}^C = \frac{1}{2} \times 4i_1\theta_A = \frac{1}{2}M_{A1}^\mu = C_{A1}M_{A1}^\mu$$

$$M_{2A}^C = 0 \times 3i_2\theta_A = 0 \times M_{A2}^\mu = C_{A2}M_{A2}^\mu$$

$$M_{3A}^C = -1 \times i_3\theta_A = -1 \times M_{A3}^\mu = C_{A3}M_{A3}^\mu$$

上面各杆端弯矩的计算可统一写成:

分配系数

$$\mu_{Ak} = \frac{S_{Ak}}{\sum S_{Aj}} \tag{15-23}$$

分配弯矩

$$M_{Ak}^\mu = \mu_{Ak}(-M_A) \tag{15-24}$$

传递弯矩

$$M_{kA}^C = C_{Ak} \cdot M_{Ak}^\mu \tag{15-25}$$

C_{Ak}为由 A 端向 k 端的传递系数。

最后杆端弯矩还需叠加各杆的固端弯矩

$$M_{Ak} = M_{Ak}^F + M_{Ak}^\mu$$

$$M_{kA} = M_{kA}^F + M_{kA}^C$$

(二)力矩分配法的三个基本要素

1. 固端弯矩

一般可查表,常见数据应记住,见图 15-113。

2. 分配系数

$$杆件近端的力矩分配系数 = \frac{近端转动刚度}{交于近端各杆端转动刚度之和}$$

近端转动刚度是指:使近端产生单位转角所需要的近端弯矩,它取决于杆件的线刚度及远端的支承形式,见表 15-2。

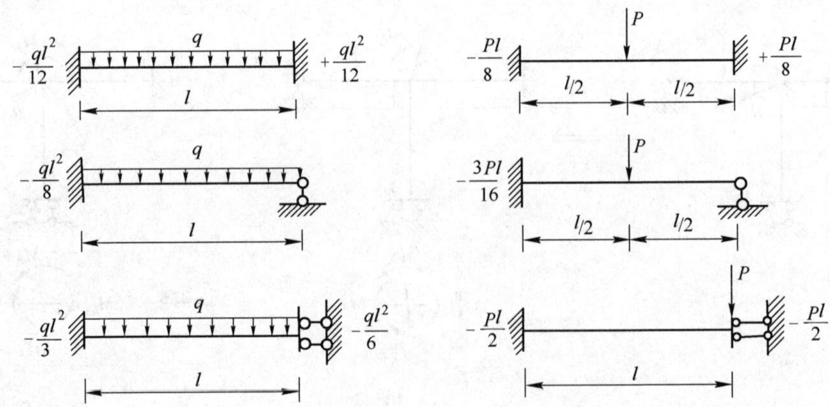

图 15-113

表 15-2

支承形式	远端固定	远端铰支	远端滑动
近端转动刚度 S_{Ak}	$4i_{Ak}$	$3i_{Ak}$	i_{Ak}
传递系数 C_{Ak}	$\frac{1}{2}$	0	−1

$$\text{分配弯矩}=\text{分配系数}\times(-\text{约束力矩})$$

3. 传递系数。杆件由近端传向远端的传递系数是指:当近端产生转角时,远端弯矩与近端弯矩之比。它取决于远端的支承形式,见表 15-2。

$$\text{传递弯矩}=\text{传递系数}\times\text{分配弯矩}$$

(三)多节点力矩分配及力矩分配法的物理概念

力矩分配法可应用于连续梁及无侧移刚架的计算。多结点力矩分配是通过一系列单节点力矩分配来实现的。下面通过例题说明计算过程及物理概念。

【例 15-57】 用力矩分配法计算如图 15-114 所示连续梁。

解 结果如图 15-114 所示。

综上所述可知:

(1)力矩分配法是基于位移法原理的一种渐近解法。

(2)力矩分配法的优点是:物理概念清楚,计算方法可遵循一定的机械步骤循环进行,易于掌握。只要求出固端弯矩、分配系数及传递系数三个要素,以后的计算是循环进行单节点力矩分配,总是将约束力矩改号乘分配系数得分配弯矩,再乘传递系数向远端传递。其物理概念是对变形及内力分布进行局部调整,经若干循环,各节点都达到平衡状态,即可停止计算。

(3)力矩分配法只能适用于无侧移问题,但当侧移为已知时,只要求出相应的固端弯矩,也同样可用力矩分配法计算。

五、几个问题的讨论

(一)对称性的利用

对于对称结构,利用对称性可简化计算。

1. 对称结构的条件

(1)结构的几何图形对称。

(2)结构所受的约束形式对称。

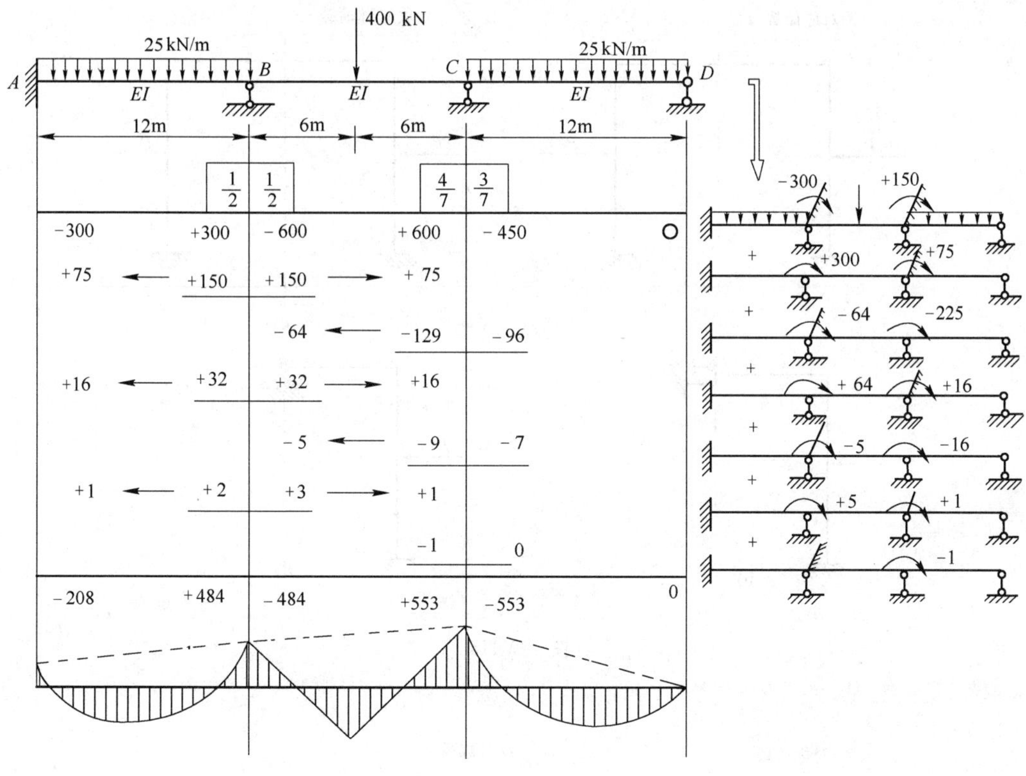

图 15-114

(3)结构杆件的刚度对称。

2.利用对称性简化计算的依据

(1)对称结构在对称荷载作用下,其内力分布及位移分布都是对称的,反对称的内力及位移为零。

(2)对称结构在反对称荷载作用下,其内力分布及位移分布都是反对称的,对称的内力及位移为零。

3.半结构法

利用对称性,用对称轴作截面,截取半边结构进行计算。在截断处需添加适当的支座,以保证与原结构受力情况及位移情况完全一致。半结构的选取方法如下。

1)奇数跨结构(见图 15-115)

2)偶数跨结构(见图 15-116)

取半结构后,可根据具体情况选用较简捷的方法进行计算,另一半结构的内力可利用对称性来确定。

4.一般荷载的分解

对称结构在一般非对称荷载作用下,可考虑(如果计算简单)将一般荷载分解为对称荷载和反对称荷载两种情况,分别选取半结构计算,然后将对称荷载引起的内力与反对称荷载引起的内力叠加,即为最后内力。

(二)刚架无弯矩情况的判定

在计算超静定刚架时,为简化计算,常忽略杆件的轴向变形。这时,某些刚架在结点集中力作用下有时无弯矩、无剪力,只产生轴力。这种情况若能预先判断出来会带来很大的方便。

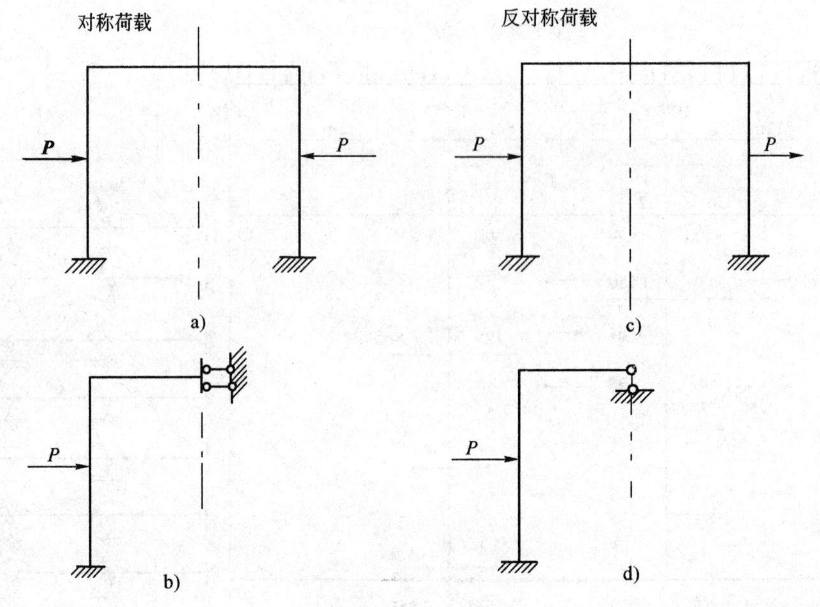

图 15-115

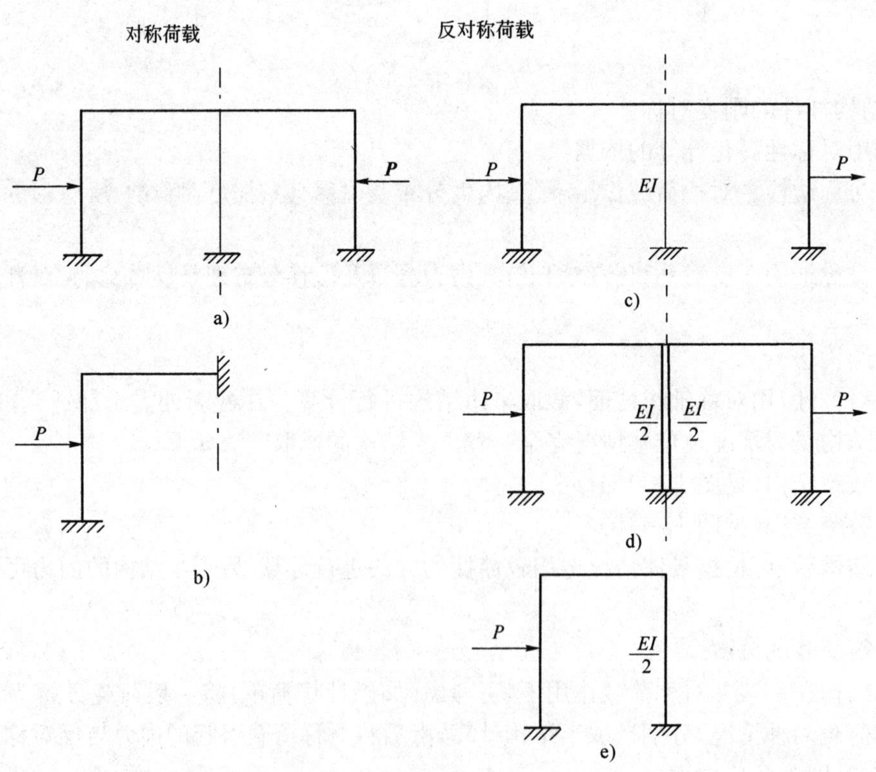

图 15-116

刚架无弯矩情况判定的准则是：忽略杆件轴向变形，当集中力作用在无线位移的结点上时，各杆弯矩为零。

常见无弯矩情况有以下几种：

(1)集中力沿柱子的轴线作用，见图 15-117a)。

(2)一对等值、反向、共线的集中力作用在一直杆的轴线上，见图 15-117b)。

(3)集中力作用在不动结点上，见图 15-117c)。

(4)有时不易立即判断结点是否有线位移，但在结点集中力作用下，若将所有刚接点(含固定端)都变为铰接点所得体系仍能与结点集中力维持平衡，则原刚架弯矩为零，见图 15-117d)、e)。

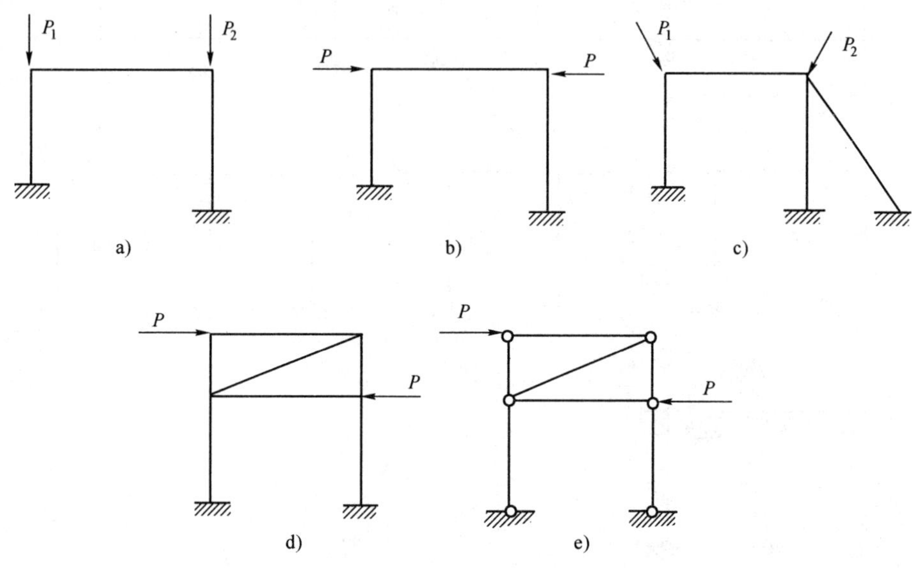

图 15-117

【例 15-58】 作如图 15-118 所示刚架的弯矩图。

解 求解过程见图 15-118。

(三)超静定结构的位移计算

超静定结构位移的计算，仍是采用第三节所讲的单位荷载法。注意需先求出超静定结构由于实际外因引起的内力，并在所求位移地点沿所求位移方向虚设单位力，求其相应内力，代入位移计算公式(对梁和刚架常采用图乘法)进行计算。为简化计算，虚设单位力可加在由原超静定结构变来的任何一个静定结构上。

【例 15-59】 求如图 15-119a)所示梁 D 点的竖向位移。

解 作超静定结构的 M_P 图，如图 15-119b)所示，在静定结构上加单位力，作 $\overline{M}$ 图，如图 15-119c)所示，应用图乘法，得

$$\Delta_D^V=\frac{-1}{EI}\ \frac{1}{2}\ \frac{qa^2}{4}\ \frac{l}{3}\ \frac{2}{3}\ \frac{l}{3}=-\frac{qa^2l^2}{108EI}(\uparrow)$$

六、注意事项及例题分析

(1)要在多余约束概念的基础上，正确理解超静定结构的基本特征及一般性质，并根据题目的具体情况加以灵活应用。要能正确地判定结构的超静定次数。

(2)超静定结构的求解必须同时满足平衡条件和变形协调条件(包括几何条件和物理条

件)要求掌握力法、位移法和力矩分配法,懂得其物理概念及求解过程,会计算有关的系数,如柔度系数、刚度系数、力矩分配系数及传递系数等。注意位移法系统符号规定的特点,对于常见基本杆件的变形常数及荷载常数(转角位移方程)应记清楚。

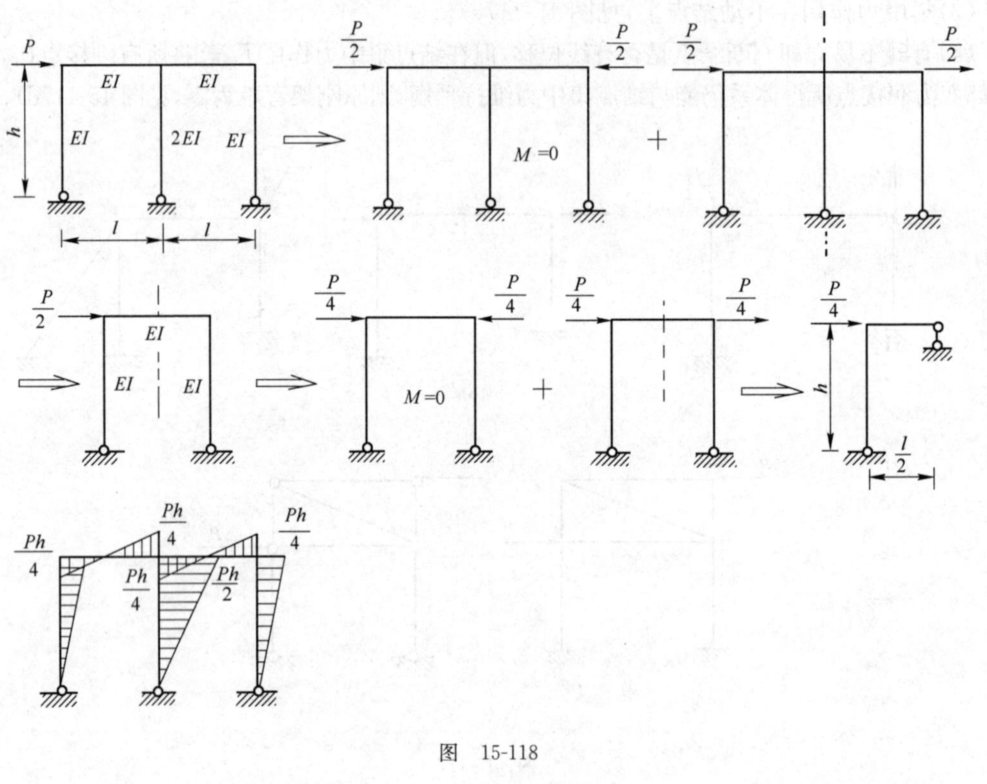

图 15-118

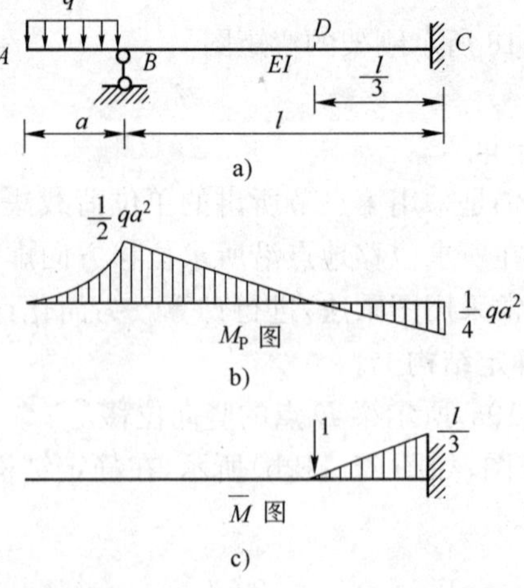

图 15-119

(3)对于对称结构要注意对称性的利用,要能正确地分析受力、位移的对称、反对称状态,熟记对称结构,对称荷载只引起对称的内力及位移,反对称荷载只引起反对称的内力及位移,注意零内力、零位移的判断。

(4)称为超静定的结构中,并不一定所有的内力都超静定,有时超静定结构可能包含局部静定部分(如悬臂端),有时某项内力静定(如某杆剪力或轴力静定),这就需清楚的区分必要约束与多余约束，凡是必要约束所对应的约束力，一定是静定力，可由平衡条件直接解出，而多余约束所对应的约束力是超静定力，需同时应用平衡条件和变形协调条件才能解出。由此可知，如果支座移动、温度变化等非荷载因素作用在必要约束方向，它并不使结构产生内力。

(5)在分析题目时，一定要注意审题，看清楚题目所给条件，根据基本概念进行具体分析判断，注意某些附加条件(如受弯杆忽略轴向变形，设某杆刚度无穷等)带来的影响。

【例 15-60】 如图 15-120 所示结构的超静定次数为：

A. 7　B. 8　C. 9　D. 10

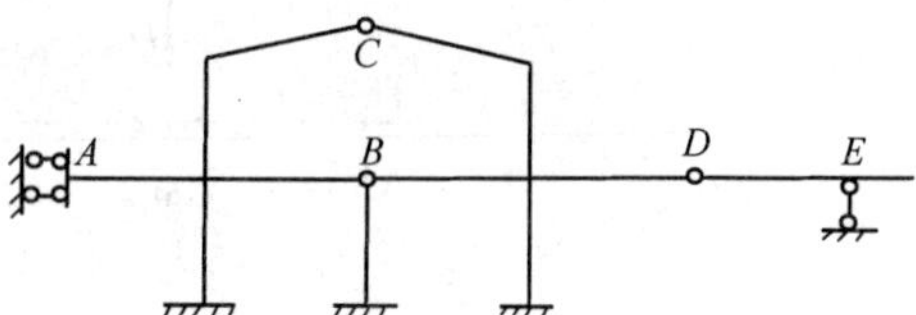

图 15-120

分析　撤去支座 A(2 个约束)、铰 C(2 个约束)及复铰 B(4 个约束)，结构即变为静定，右部 DE 为静定附属部分，所以超静定次数为 8。

答案:B

【例 15-61】 如图 15-121a)所示为二次超静定结构，用力法求解时，不能用作基本结构的是：

A. 图 b)　B. 图 c)　C. 图 d)　D. 图 e)

分析　图 15-121d)为瞬变体系，不能用作力法基本结构。

答案:C

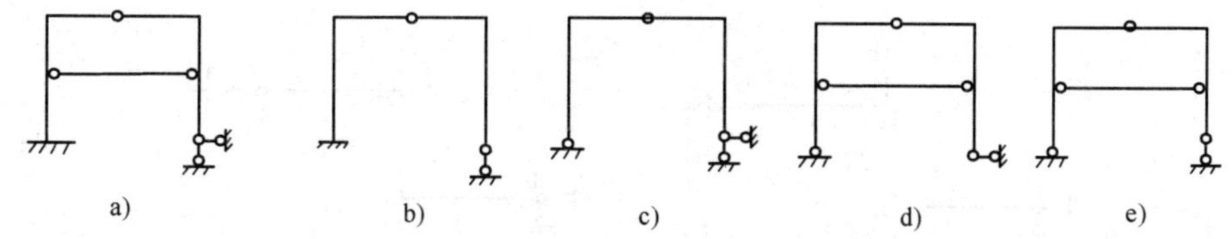

图 15-121

【例 15-62】 如图 15-122a)所示结构，若选用图 b)作为力法基本体系，则力法方程中的荷载项 Δ_{1P}等于：

A. $\dfrac{ql^4}{48EI}$　B. $\dfrac{ql^4}{24EI}$　C. $\dfrac{ql^4}{16EI}$　D. $\dfrac{ql^4}{12EI}$

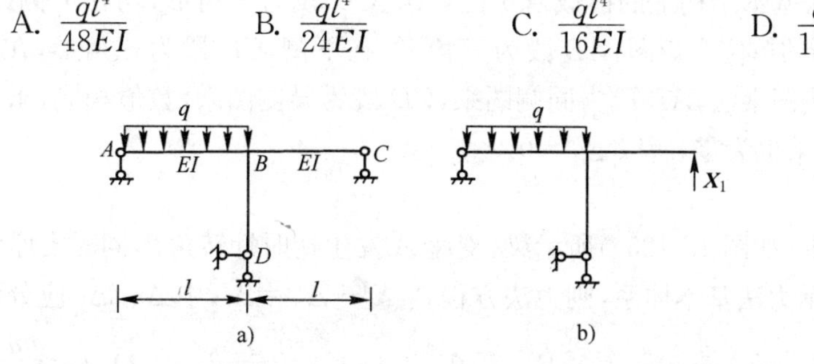

图 15-122

分析　分别作荷载弯矩图(与 AB 简支梁弯矩图相同)与 $X_1=1$ 单位弯矩图(在 ABC 上为三角形弯矩图)，图乘可得 $\Delta_{1P}=\dfrac{1}{EI}\times\dfrac{2}{3}\times\dfrac{ql^2}{8}l\times\dfrac{l}{2}=\dfrac{ql^4}{24EI}$。

答案:B

【例 15-63】 如图 15-123a)所示结构用力法求解时，若选用图 15-123b)为力法基本体系，则相应力法方程的右端项：

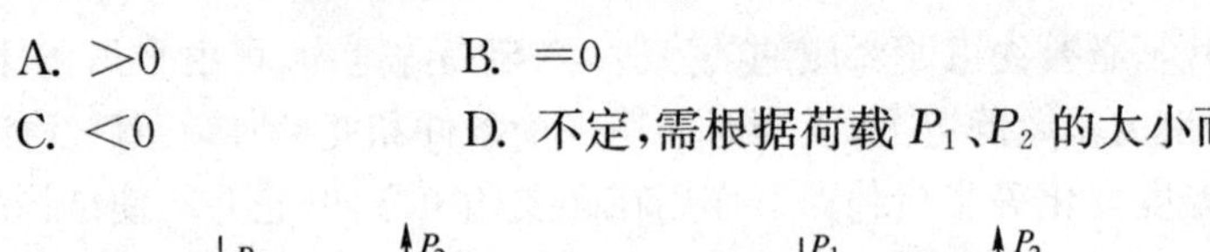

A. >0　　　　B. $=0$

C. <0　　　　D. 不定，需根据荷载 P_1、P_2 的大小而定

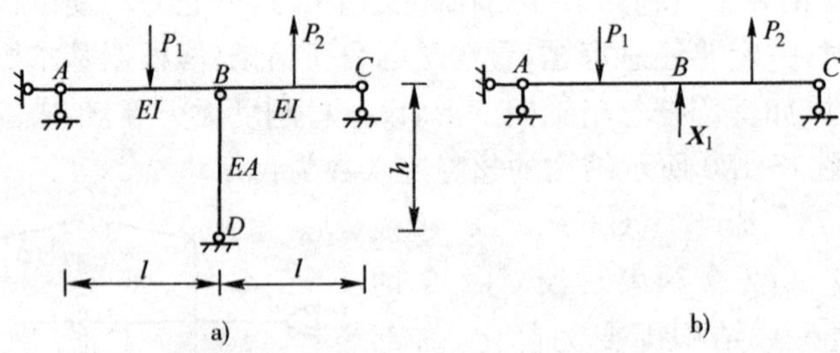

图　15-123

分析　力法方程的右端项是原超静定结构沿基本未知力 X_1 方向的位移，以与 X_1 方向一致为正，现所设 X_1 的方向对应 BD 杆受压，B 点下降，与 X_1 反向，故右端项为负。

答案：C

【例 15-64】　如图 15-124a）所示结构，采用图 15-124b）为力法基本体系，则力法方程中的荷载项 Δ_{1P}：

A. >0　　　　B. $=0$　　　　C. <0　　　　D. 不定，由 I_1、I_2 的比值而定

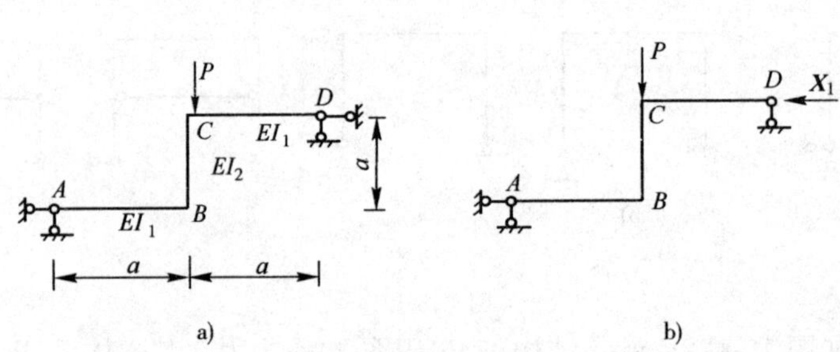

图　15-124

分析　力法基本结构上的荷载弯矩图，AB、CD 段为三角形，均在下侧，BC 段为矩形，在右侧；而 $X_1=1$ 的单位弯矩图，AB 段为三角形，在下侧，CD 段为三角形，在上侧，BC 段为过中点的斜线。按图乘法，AB 段为同侧图乘，CD 段为异侧图乘，数值相同，求和为零，而 BC 段有弯矩零点，图乘也为零，所以 $\Delta_{1P}=0$。

答案：B

【例 15-65】　如图 15-125a）所示梁，支座 A 发生逆时针转角 θ，同时支座 B 下沉 a，选用如图 15-125b）所示力法基本体系，则力法方程 $\delta_{11}X_1+\Delta_{1C}=\bar{\Delta}_1$，中 Δ_{1C}、$\bar{\Delta}_1$ 应分别为：

A. $\frac{a}{l}$，0　　　　B. $\frac{a}{l}$，θ　　　　C. $-\frac{a}{l}$，θ　　　　D. θ，$-\frac{a}{l}$

分析　Δ_{1C}的含义是在基本结构上，由于支座移动引起 X_1 方向的位移应为$-\frac{a}{l}$，$\bar{\Delta}_1$ 的含义是原结构中 X_1 方向的位移应为 θ。

答案：C

【例 15-66】　如图 15-126a）所示结构，由于图示温度变化而产生内力，AB、BC 杆的受拉侧分别是：

A. 外侧、外侧　　　　B. 内侧、内侧　　　　C. 内侧、外侧　　　　D. 外侧、内侧

分析　按力法，若选图 b)作为基本体系，由于图示长度变化作用在基本结构上使 C 点上移，为满足变形协调，C 点反力 X_1 必须向下，从而使 AB、BC 杆均外侧受拉。

答案：A

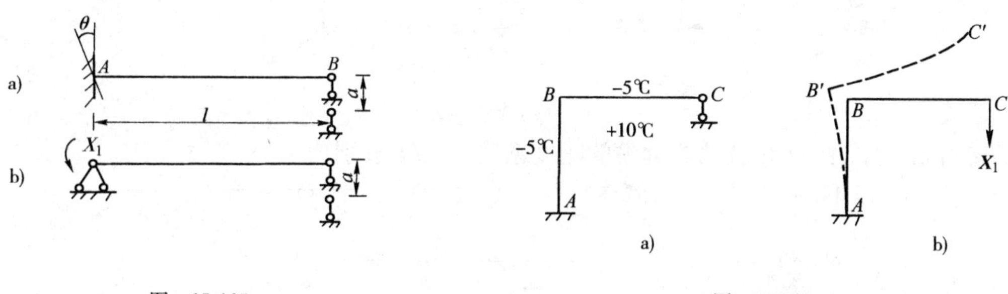

图　15-125　　　　图　15-126

【例 15-67】　如图 15-127 所示结构，在应用位移法求解时，基本未知量的数目是：

A. 4　　B. 5　　C. 6　　D. 7

分析　位移法节点位移基本未知量的选择，注意与三类基本杆件的转角位移方程匹配。此题 E、F、G 刚接点有独立角位移 θ_E、θ_F、θ_G，在忽略轴向变形的前提下，有上、下两个独立线位移 Δ_I、Δ_G，故基本未知量总数为 5。

答案：B

【例 15-68】　如图 15-128a)所示结构用位移法求解时，刚度系数 k_{11} 等于：

A. $7\dfrac{EI}{l}$　　B. $11\dfrac{EI}{l}$　　C. $14\dfrac{EI}{l}$　　D. $16\dfrac{EI}{l}$

分析　位移法基本未知量为节点 B 的转角 Δ_1。相应刚度系数 $k_{11}=4\times\dfrac{EI}{\frac{l}{2}}+3\dfrac{2EI}{l}=14\dfrac{EI}{l}$（见图 15-128b)。

答案：C

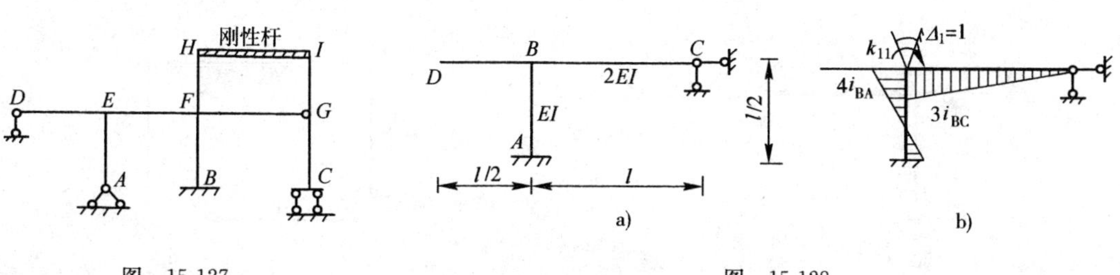

图　15-127　　　　图　15-128

【例 15-69】　如图 15-129a)所示结构，位移法方程的荷载项 F_{1P} 等于：

A. $-\dfrac{3}{8}qh$　　B. $-\dfrac{1}{2}qh$　　C. 0　　D. $\dfrac{5}{8}qh$

分析　位移法基本体系如图 15-129b)所示，由截面 m-m 以上隔离体的平衡可得 $F_{1P}=-\dfrac{1}{2}qh$。

答案：B

【例 15-70】　如图 15-130 所示连续梁各跨线刚度 $i=\dfrac{EI}{l}$ 相同，位移法基本未知量为节点

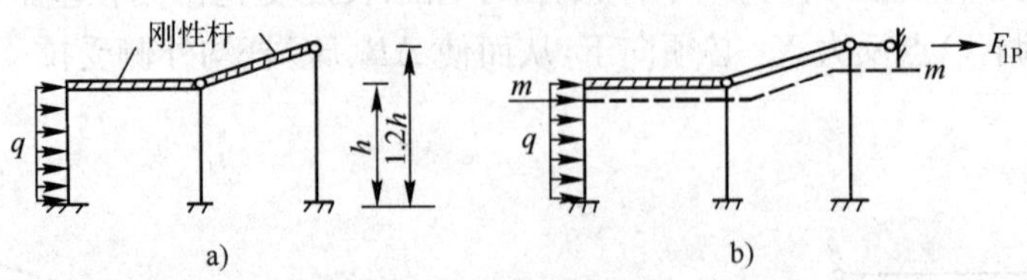

图 15-129

1、2、3 的转角 Δ_1、Δ_2、Δ_3，则位移法方程中的刚度系数 k_{13}、k_{33} 分别为(　　)。

A. $4i,0$　　B. $2i,5i$　　C. $0,7i$　　D. $-2i,8i$

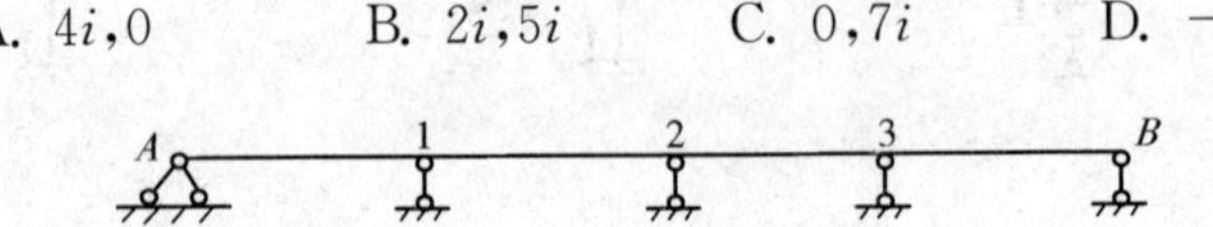

图 15-130

分析　由刚度系数 k_{ij} 的物理概念，考虑节点平衡可得 $k_{13}=0$，$k_{33}=7i$。

答案:C

【例 15-71】　如图 15-131 所示结构 C 点的水平位移 Δ_C^H 等于：

A. $\dfrac{Ph^2}{6EI}$　　B. $\dfrac{Ph^3}{6EI}$　　C. $\dfrac{Ph^2}{12EI}$　　D. $\dfrac{Ph^3}{12EI}$

分析　选项 A、C 量纲不对，可排除。由于杆 BC 刚度无穷，节点 B 无转角，杆 AB 相当于两端固定杆发生侧移，其侧移刚度系数 $k=\dfrac{EI}{12h^3}$，所以 $\Delta_C^H=\dfrac{Ph^3}{12EI}$。

答案:D

【例 15-72】　如图 15-132 所示结构，支座 A 发生已知逆时针转角 $\bar{\theta}$，则弯矩 M_{BC} 等于：

A. $-\dfrac{6EI}{7l}\bar{\theta}$(上侧受拉)　　B. $\dfrac{3}{4}\dfrac{EI}{l}\bar{\theta}$(下侧受拉)

C. $\dfrac{6}{7}\dfrac{EI}{l}\bar{\theta}$(下侧受拉)　　D. $\dfrac{6}{5}\dfrac{EI}{l}\bar{\theta}$(下侧受拉)

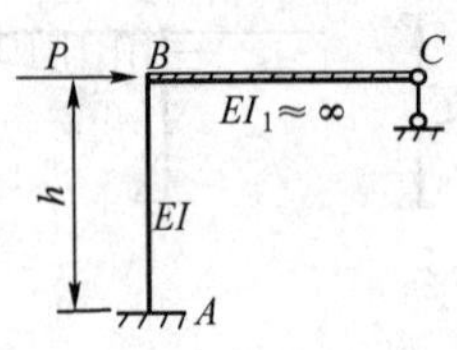

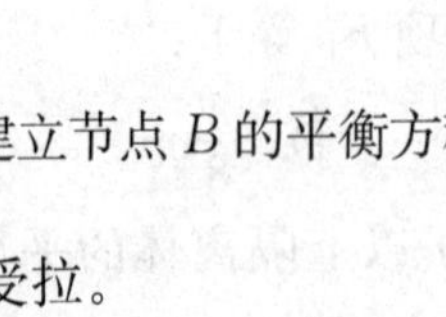

图 15-131

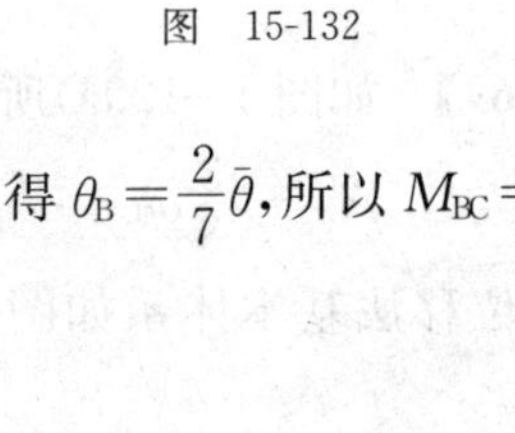

图 15-132

分析　建立节点 B 的平衡方程 $4i\theta_B+2i(-\bar{\theta})+3i\theta_B=0$，得 $\theta_B=\dfrac{2}{7}\bar{\theta}$，所以 $M_{BC}=3i\left(\dfrac{2}{7}\bar{\theta}\right)=\dfrac{6}{7}\dfrac{EI}{l}\bar{\theta}$，下侧受拉。

答案:C

【例 15-73】　如图 15-133 所示结构，为使支座 A 不产生水平反力，则悬臂长 a 的取值应为：

A. $\frac{1}{\sqrt{12}}l$　　B. $\frac{1}{\sqrt{6}}l$　　C. $\frac{1}{4}l$　　D. $\frac{1}{2}l$

分析　A 点水平反力为零时，AB 杆不弯，节点 B 转角为零，相当于固定端，由节点 B 的平衡 $\frac{1}{2}qa^2-\frac{1}{12}ql^2=0$，可得 $a=\frac{1}{\sqrt{6}}l$。

答案：B

【例 15-74】　如图 15-134 所示结构，各杆线刚度 i 相同，$A6$ 杆 A 端的力矩分配系数 μ_{A6} 为：

A. $\frac{1}{18}$　　B. $\frac{1}{15}$　　C. $\frac{2}{9}$　　D. $\frac{4}{15}$

分析　注意当节点 A 转动时，$A6$ 杆的 6 端既无角位移也无线位移，从形式上看属滑动支座，但杆倾斜时滑动不起来（忽略轴向变形时），故其约束性能相当于固定端，2、5、8 处都无线位移，是铰支座，4 处相当于悬臂，所以 $\mu_{A6}=\frac{4i}{4i+3i+i+0+3i+4i+0+3i}=\frac{4}{18}=\frac{2}{9}$。

答案：C

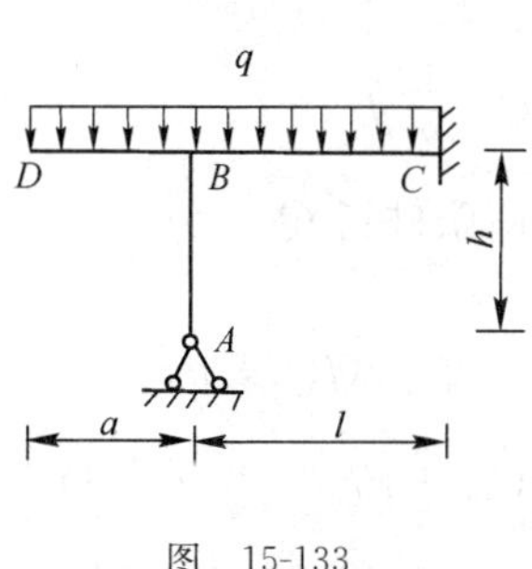

图　15-133

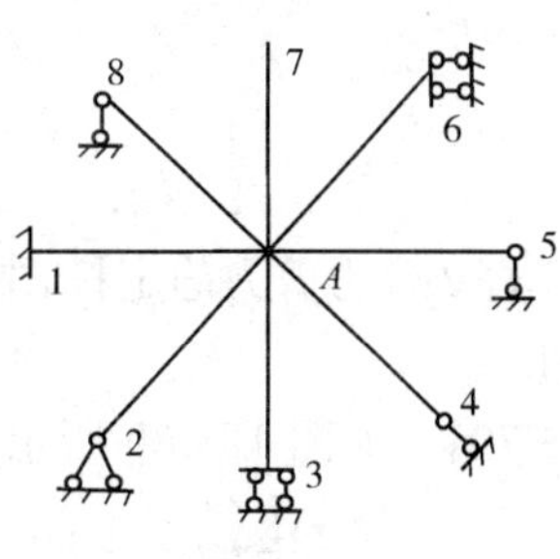

图　15-134

【例 15-75】　如图 15-135 所示结构，弯矩 M_AB 等于：

A. $\frac{1}{8}ql^2$　　B. $\frac{1}{7}ql^2$　　C. $\frac{2}{7}ql^2$　　D. $\frac{1}{4}ql^2$

分析　上部为静定，可将荷载向 B 点简化，相当于在 B 点有一顺时针转向的力偶 $\frac{1}{2}qa^2$，力矩分配系数 $\mu_{BA}=\frac{4}{7}$，传递系数 $C_{BA}=\frac{1}{2}$，故 $M_{AB}=\frac{ql^2}{2}\times\frac{4}{7}\times\frac{1}{2}=\frac{1}{7}ql^2$，下侧受拉。

答案：B

【例 15-76】　如图 15-136 所示结构截面 A 的弯矩 M_{AB} 等于：

A. $\frac{1}{6}Ph$　　B. $\frac{1}{5}Ph$　　C. $\frac{2}{5}Ph$　　D. $\frac{4}{5}Ph$

分析　柱 AB 和 CD 的侧移刚度分别为 $12\frac{EI}{h^3}$ 和 $3\frac{EI}{h^3}$，两柱的剪力按侧移刚度进行分配得 $\frac{4}{5}P$ 和 $\frac{1}{5}P$，柱 AB 的反弯点在柱中点，所以 $M_{AB}=\frac{4}{5}P\times\frac{h}{2}=\frac{2}{5}Ph$。

答案：C

【例 15-77】　已知如图 15-137a）所示结构的弯矩图见图 b），则结点 C 的转角 θ_C（绝对值）等于：

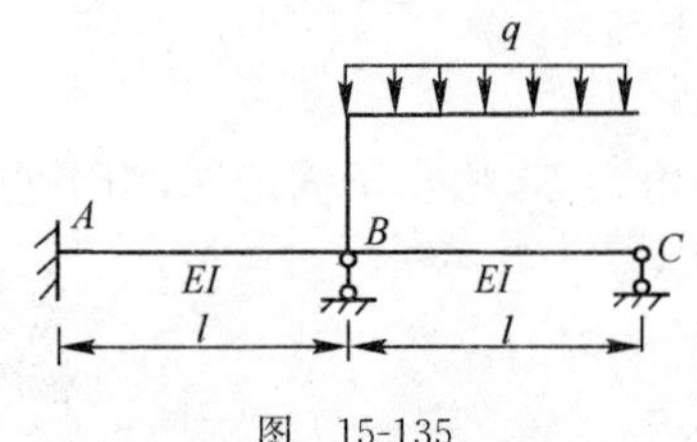

图 15-135

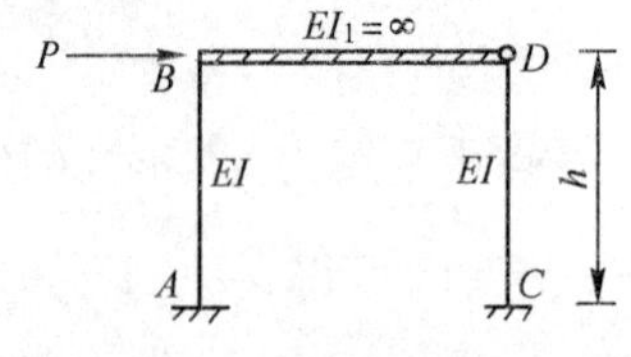

图 15-136

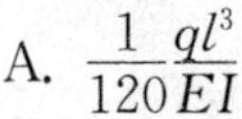

A. $\dfrac{1}{120}\dfrac{ql^3}{EI}$　　B. $\dfrac{1}{90}\dfrac{ql^3}{EI}$　　C. $\dfrac{1}{60}\dfrac{ql^3}{EI}$　　D. $\dfrac{1}{30}\dfrac{ql^3}{EI}$

分析　由于$M_{CD}=3i\theta_c$,所以

$$\theta_C=\frac{M_{CD}}{3i}=\frac{-\dfrac{1}{30}ql^2}{3\dfrac{EI}{l}}=-\frac{1}{90}\frac{ql^3}{EI}\text{(逆时针)}$$

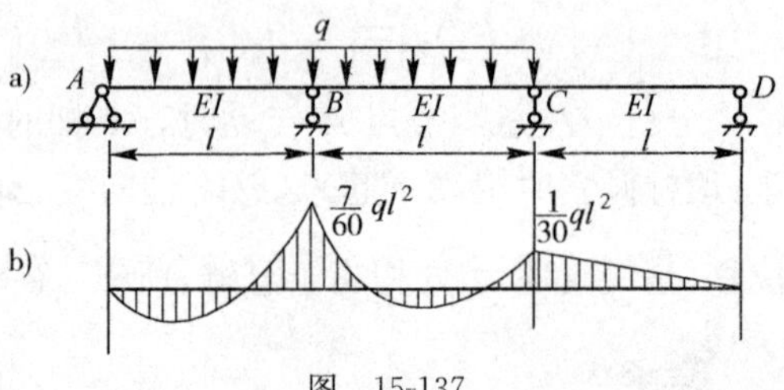

图 15-137

答案:B

【例 15-78】　如图 15-138 所示结构,剪力Q_{BC}等于:

A. $-\dfrac{1}{2}qh$　　B. 0　　C. $\dfrac{1}{2}qh$　　D. qh

分析　杆 BC 为剪力静定杆,取杆 BC 为隔离体,由平衡条件得 $Q_{BC}=qh$。

答案:D

【例 15-79】　如图 15-139 所示对称结构,各杆 EI 相同,弯矩 M_{AB} 等于:

A. $\dfrac{1}{16}Pl+\dfrac{1}{4}Fl$　　B. $\dfrac{1}{12}Pl+\dfrac{1}{8}Fl$　　C. $\dfrac{1}{8}Pl$　　D. $\dfrac{1}{4}Pl$

分析　此题上部为静定附属部分三铰拱,F 引起拱的反力反向后作用在下部不动节点上,不引起弯矩。利用对称性,将作用在 C 点的荷载视为两个$\dfrac{P}{2}$,其中间铰 C 剪力为零,由杆段 BC 的平衡可得 $M_{BC}=\dfrac{P}{2}l$,再在节点 B 力矩分配传递一次,可得 $M_{AB}=\dfrac{1}{2}\times\dfrac{1}{2}\times\dfrac{Pl}{2}=\dfrac{1}{8}Pl$。

答案:C

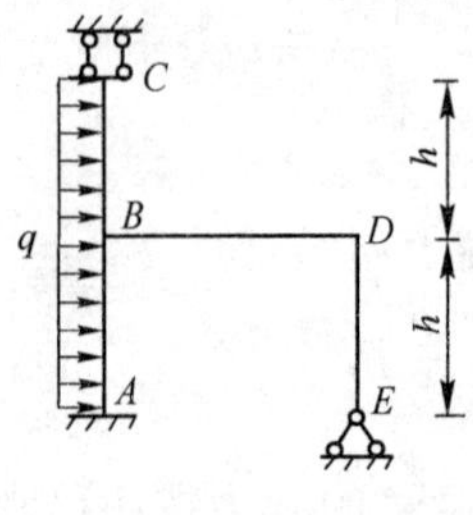

图 15-138

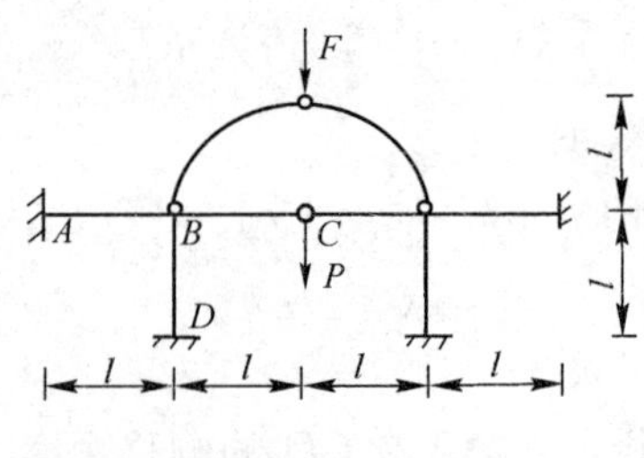

图 15-139

习　题

15-45　图 b)为图 a)结构的力法基本体系,则力法方程中的系数和自由项为(　　)。

A. $\Delta_{1P}>0,\delta_{12}<0$　　B. $\Delta_{1P}<0,\delta_{12}<0$

C. $\Delta_{1P}>0,\delta_{12}>0$　　D. $\Delta_{1P}<0,\delta_{12}>0$

15-46　在力法方程$\sum\delta_{ij}X_j+\Delta_{1C}=\Delta_1$中，肯定有(　　)。

A. $\Delta_1=0$

B. $\Delta_1>0$

C. $\Delta_1<0$

D. 前三种答案都有可能

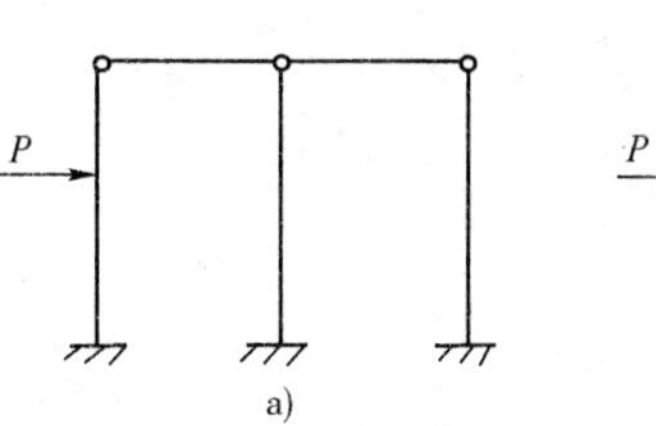

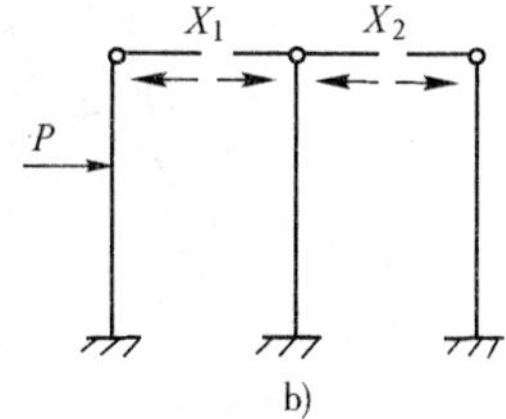

题 15-45 图

15-47　力法方程是沿基本未知量方向的(　　)。

A. 力的平衡方程　　B. 位移为零方程

C. 位移协调方程　　D. 力与位移间的物理方程

15-48　图 a)结构的最后弯矩图为(　　)。

A. 图 b)　　B. 图 c)　　C. 图 d)　　D. 图 e)

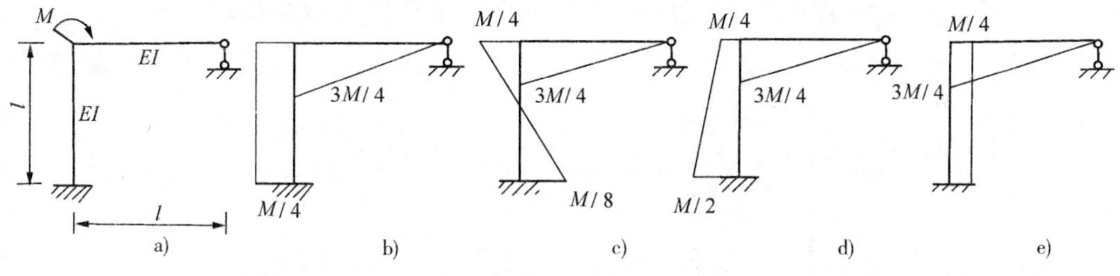

题 15-48 图

15-49　图示结构中，杆 CD 的轴力 N_{CD}为(　　)。

A. 拉力　　B. 零　　C. 压力　　D. 不定，取决于 P_1 与 P_2 的比值

15-50　图示桁架取 B 支座反力为力法的基本未知量 X_1(向左为正)，各杆抗拉刚度 EA，则有(　　)。

A. X_1 随 EA 取值而变　　B. $X_1=0$　　C. $X_1>0$　　D. $X_1<0$

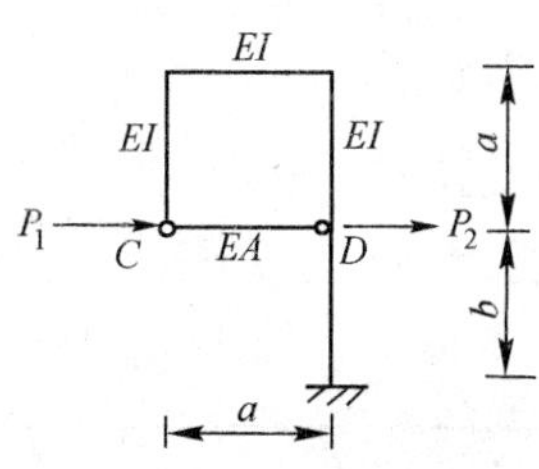

题 15-49 图

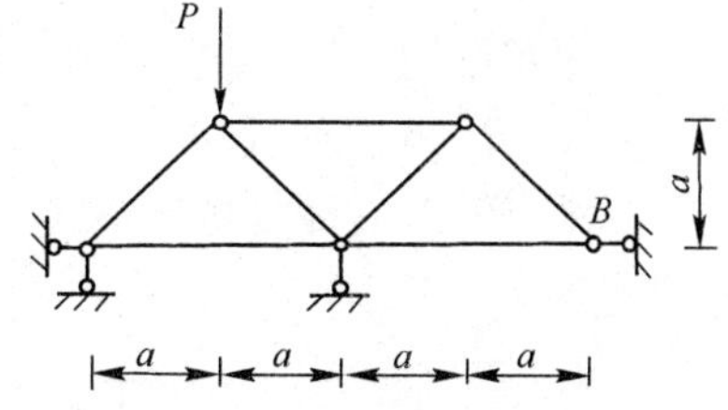

题 15-50 图

15-51　图示桁架取杆 AC 轴力(拉为正)为力法的基本未知量 X_1，则有(　　)。

A. $X_1=0$　　B. $X_1>0$

C. $X_1<0$　　D. X_1 不定，取决于 A_1/A_2 值及 α 值

15-52　图示结构，若取梁 B 截面弯矩为力法的基本未知量 X_1，当 I_2 增大时，则 X_1 绝对值(　　)。

A. 增大　　B. 减小

C. 不变　　　　　　　　　　　　　　　　D. 增大或减小，取决于 I_2/I_1 比值

15-53　在图中取 A 支座反力为力法的基本未知量 X_1，当 I_1 增大时，柔度系数 δ_{11}（　　）。

A. 变大　　　　　　　　　　　　　　　　B. 变小

C. 不变　　　　　　　　　　　　　　　　D. 或变大或变小，取决于 X_1 的方向

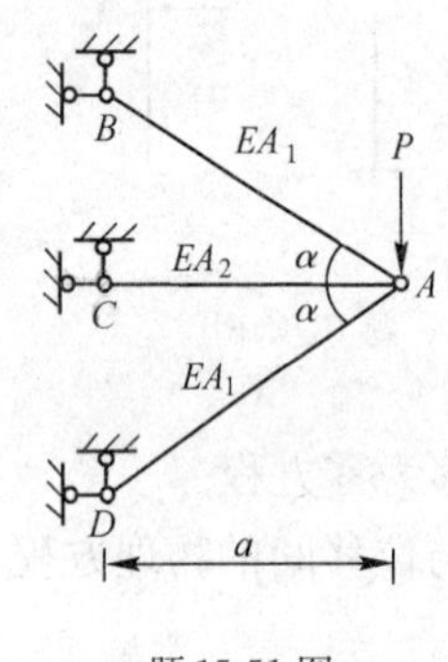

题 15-51 图

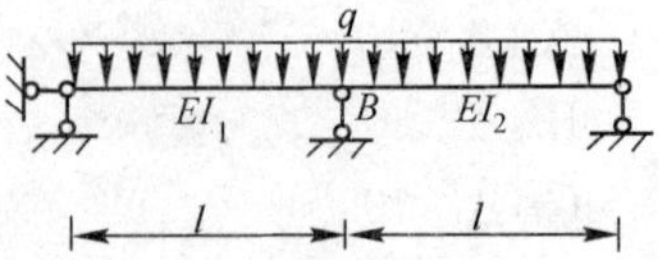

题 15-52 图

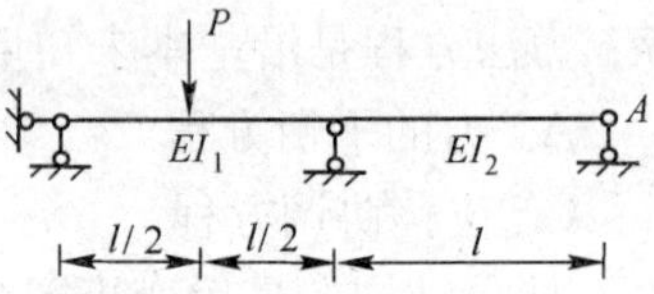

题 15-53 图

15-54　图 a)所示桁架，EA＝常数，取图 b)为力法基本体系，则力法方程系数间的关系为（　　）。

A. $\delta_{22}<\delta_{11}$，$\delta_{12}>0$　　　　　　　　B. $\delta_{22}>\delta_{11}$，$\delta_{12}>0$

C. $\delta_{22}<\delta_{11}$，$\delta_{12}<0$　　　　　　　　D. $\delta_{22}>\delta_{11}$，$\delta_{12}<0$

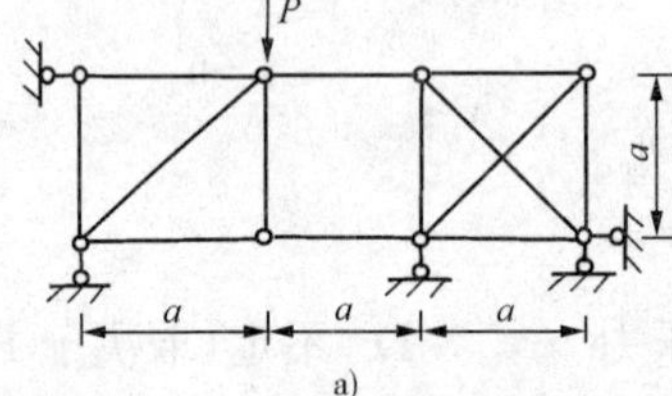

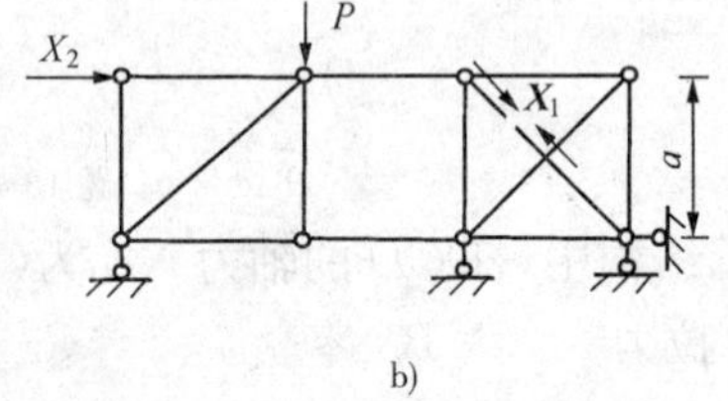

题 15-54 图

15-55　图示结构 EI＝常数，在给定荷载作用下，剪力 Q_{BA} 为（　　）。

A. $P/2$　　　　B. $P/4$　　　　C. $-P/4$　　　　D. 0

15-56　图示结构 EI＝常数，弯矩 M_{CA} 为（　　）。

A. $Pl/2$（左侧受拉）　　　　　　　　B. $Pl/4$（左侧受拉）

C. $Pl/2$（右侧受拉）　　　　　　　　D. $Pl/4$（右侧受拉）

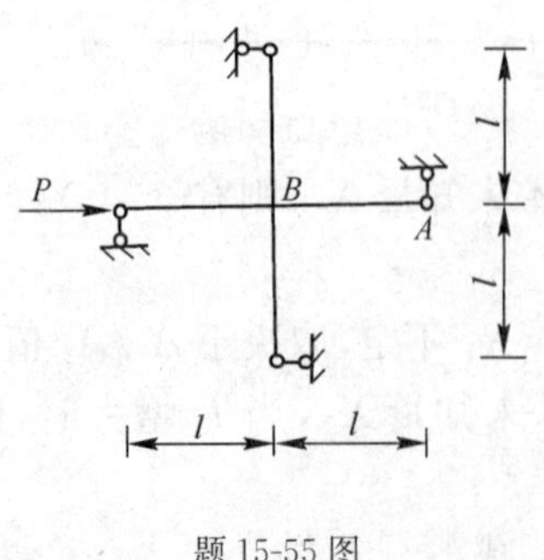

题 15-55 图

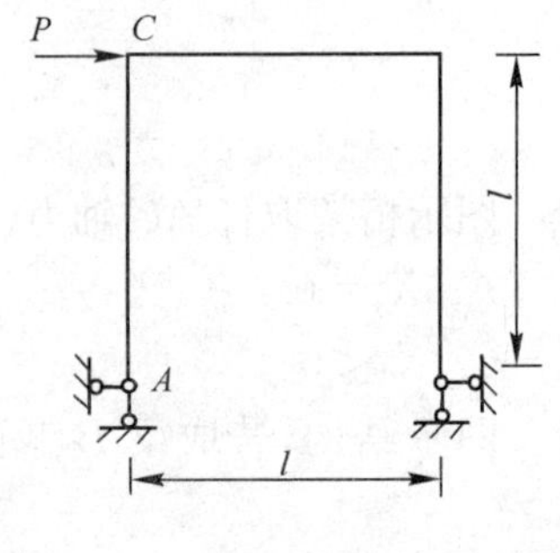

题 15-56 图

15-57　图示结构 EI=常数，在给定荷载作用下，剪力 Q_{AB} 为(　　)。

A. $\frac{1}{\sqrt{2}}P$　　B. $3P/16$　　C. $P/2$　　D. $\sqrt{2}P$

15-58　图示结构(杆件截面为矩形)在图示温度变化($t_1>t_2$)时，其轴力为(　　)。

A. $N_{BC}>0, N_{AB}=N_{CD}=0$　　B. $N_{BC}=0, N_{AB}=N_{CD}>0$

C. $N_{BC}<0, N_{AB}=N_{CD}=0$　　D. $N_{BC}<0, N_{AB}=N_{CD}>0$

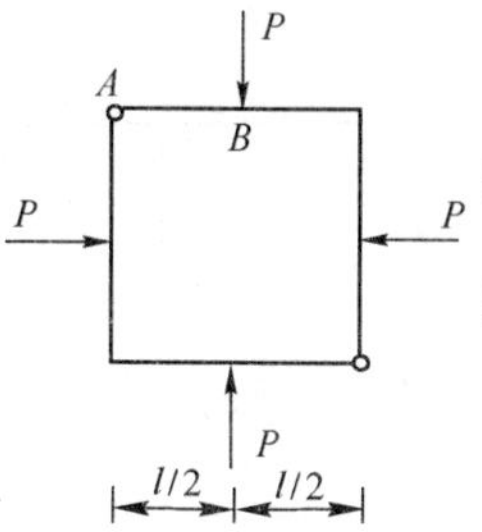

题 15-57 图 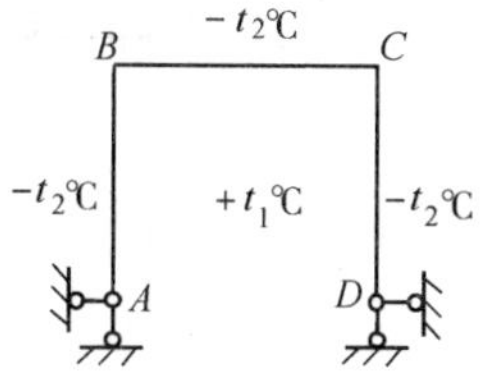　　题 15-58 图

15-59　图示对称结构其半结构计算简图为图(　　)。

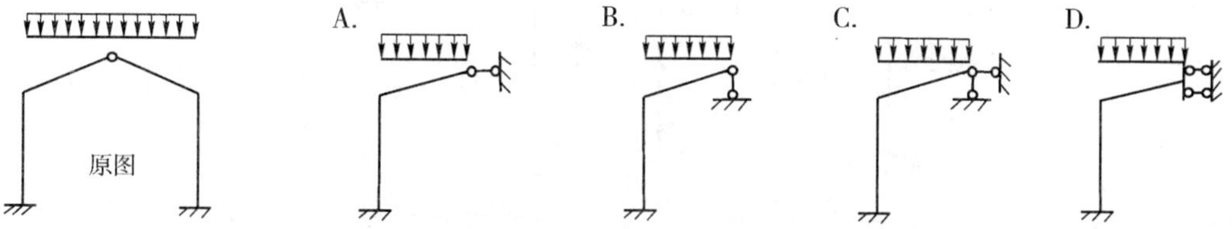

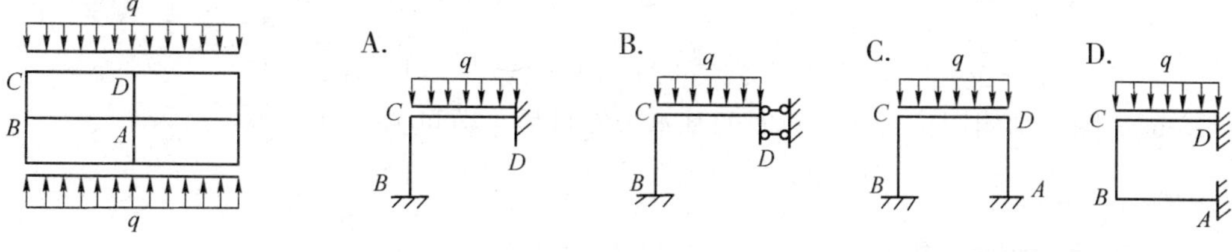

题 15-59 图

15-60　图示对称刚架具有两根对称轴，利用对称性简化后的计算简图为图(　　)。

题 15-60 图

15-61　图示结构的超静定次数为(　　)。

A. 12　　B. 15　　C. 24　　D. 35

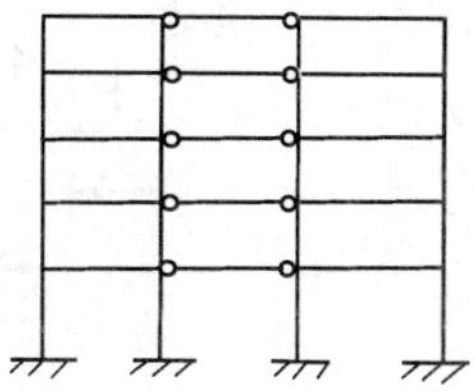

15-62　图示超静定刚架用力法计算时，可选取的基本体系是(　　)。

A. 图 a)、图 b)和图 c)　　B. 图 a)、图 b)和图 d)

C. 图 b)、图 c)和图 d)　　D. 图 a)、图 c)和图 d)

题 15-61 图

15-63　图示两刚架的 EI 均为常数，已知 $EI_a=4EI_b$，则图 a)刚架各截面弯矩为图 b)刚架各相应截面弯矩的(　　)。

A. 2 倍　　B. 1 倍　　C. $\frac{1}{2}$　　D. $\frac{1}{4}$

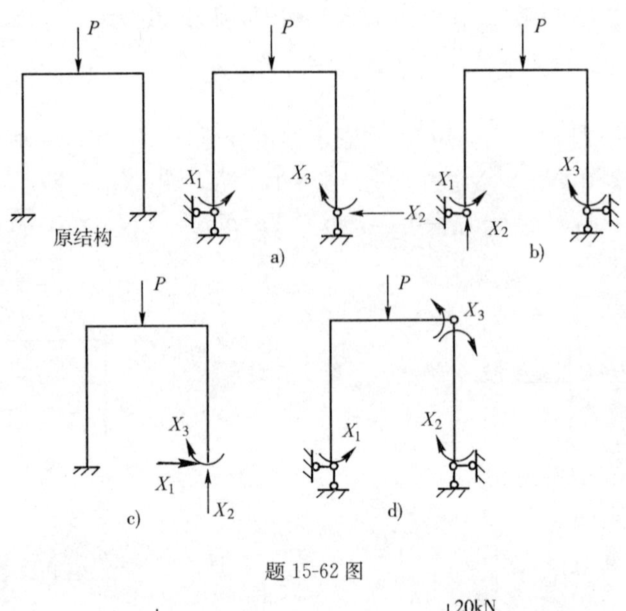

题 15-62 图

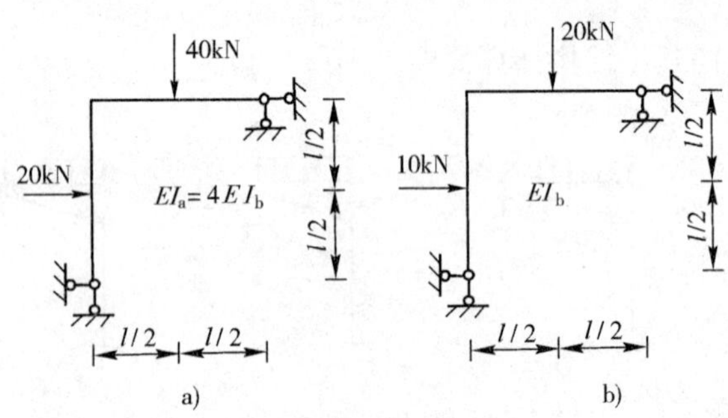

题 15-63 图

15-64　图 a)结构，取图 b)为力法基本体系，相应力法方程为 $\delta_{11}X_1+\Delta_{1C}=0$，其中 Δ_{1C} 为(　　)。

A. $\Delta_1+\Delta_2$　　B. $\Delta_1+\Delta_3$　　C. $\Delta_2-\Delta_3$　　D. $\Delta_1-2\Delta_2$

15-65　图示结构用位移法计算时的基本未知量最小数目为(　　)。

A. 10　　B. 9　　C. 8　　D. 7

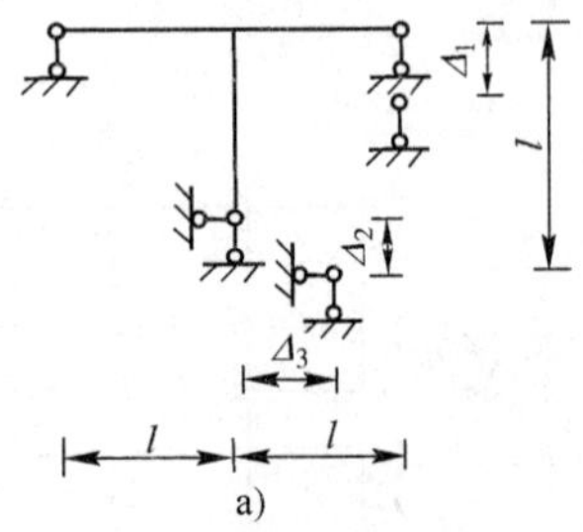

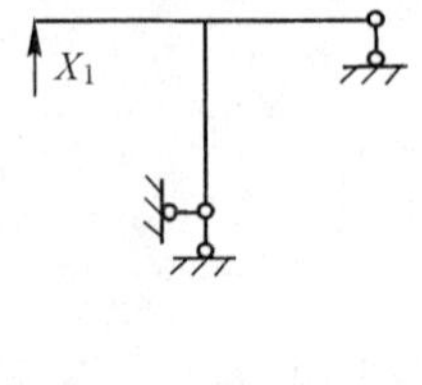

题 15-64 图

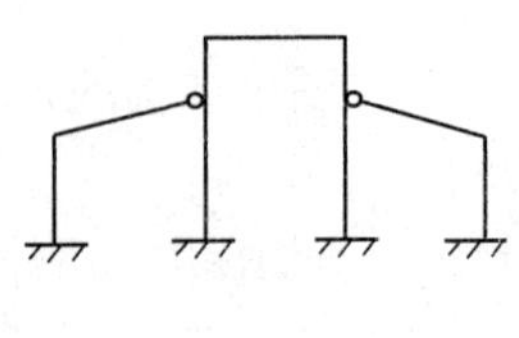

题 15-65 图

15-66　图示结构 EI＝常数，欲使结点 B 的转角为零，比值 P_1/P_2 应为(　　)。

A. 1.5　　B. 2　　C. 2.5　　D. 3

15-67　图示连续梁 EI＝常数，已知支承 B 处梁截面转角为：$-7Pl^2/240EI$（逆时针向），

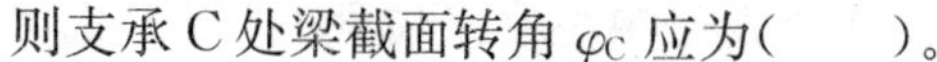

则支承C处梁截面转角 φ_C 应为(　　)。

A. $Pl^2/60EI$　　B. $Pl^2/120EI$　　C. $Pl^2/180EI$　　D. $Pl^2/240EI$

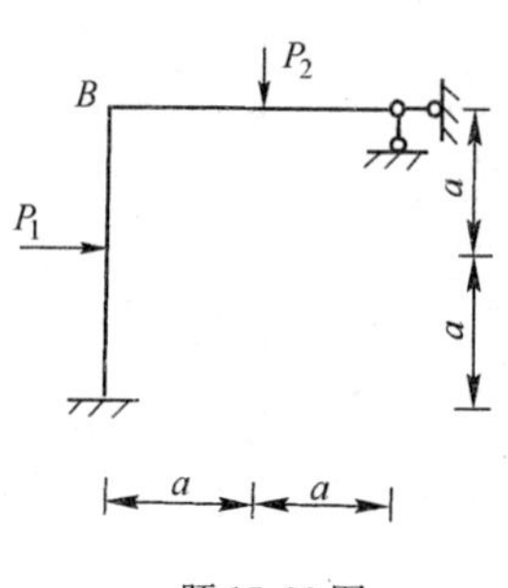

题 15-66 图

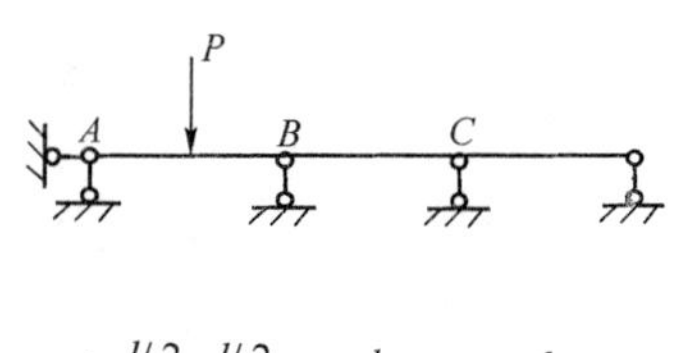

题 15-67 图

15-68　图示结构 EI＝常数，已知结点 C 的水平线位移为 $\Delta_{CH}=7ql^4/184EI(\rightarrow)$，则节点 C 的角位移 φ_C 应为(　　)。

A. $ql^3/46EI$(顺时针向)　　B. $-ql^3/46EI$(逆时针向)

C. $3ql^3/92EI$(顺时针向)　　D. $-3ql^3/92EI$(逆时针向)

15-69　图示刚架各杆线刚度 i 相同，则节点 A 的转角大小为(　　)。

A. $m_0/(9i)$　　B. $m_0/(8i)$　　C. $m_0/(11i)$　　D. $m_0/(4i)$

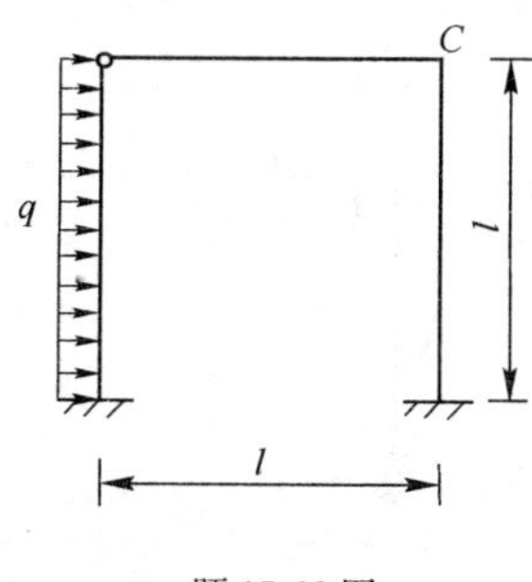

题 15-68 图

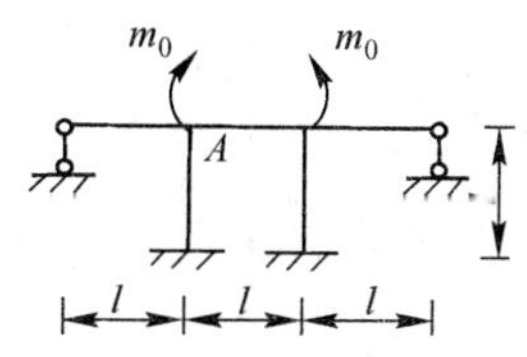

题 15-69 图

15-70　图示排架，已知各单柱柱顶有单位水平力时产生柱顶水平位移为 $\delta_{AB}=\delta_{EF}=h/100D$，$\delta_{CD}=h/200D$，$D$ 为与柱刚度有关的给定常数，则此结构柱顶水平位移为(　　)。

A. $5Ph/(200D)$　　B. $Ph/(100D)$

C. $Ph/(200D)$　　D. $Ph/(400D)$

15-71　图示两结构中，正确的弯矩关系为(　　)。

A. $|M_A|=|M_C|$　　B. $|M_D|=|M_F|$　　C. $|M_A|=|M_D|$　　D. $|M_C|=|M_F|$

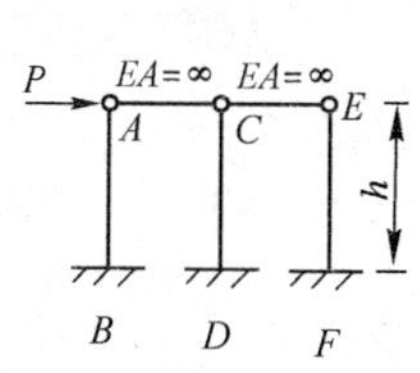

题 15-70 图

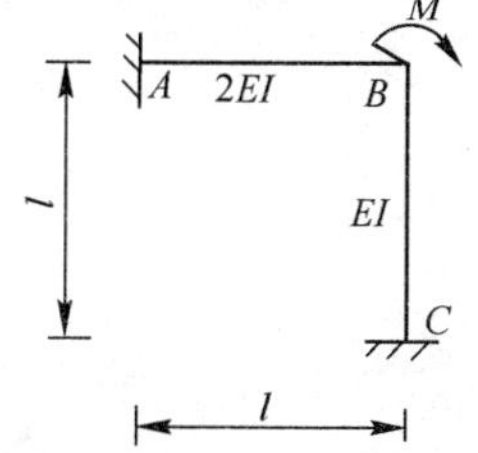

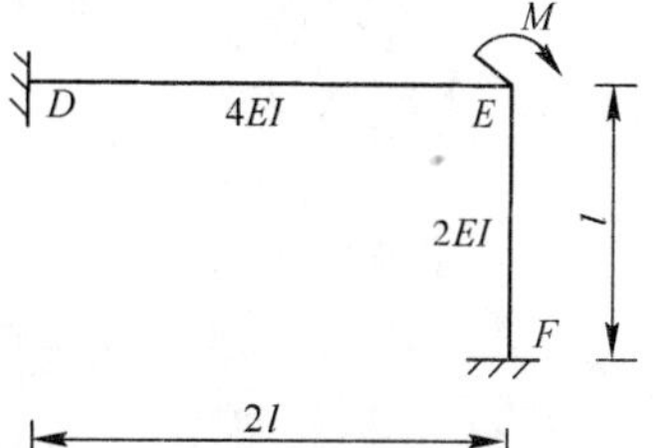

题 15-71 图

15-72　图示铰接排架，如略去杆件的轴向变形，当 A 点发生单位水平位移时，则 P 的大小为(　　)。

A. $6\dfrac{EI}{h^3}$　　B. $12\dfrac{EI}{h^3}$　　C. $24\dfrac{EI}{h^3}$　　D. $48\dfrac{EI}{h^3}$

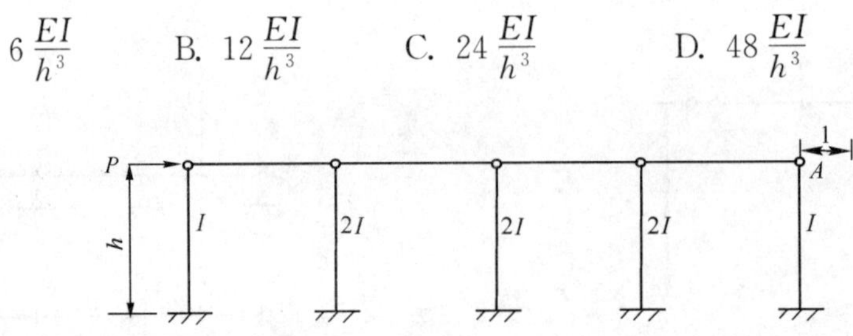

题 15-72 图

15-73　图示结构各杆 EI 常数，截面 C、D 两处的弯矩值 M_C、M_D 分别为(　　)。(单位：kN·m)

A. 1.0,2.0　B. 2.0,1.0　C. −1.0,−2.0　D. −2.0,−1.0

15-74　已知刚架的弯矩图如图所示，AB 杆的抗弯刚度为 EI，BC 杆的为 $2EI$，则节点 B 的角位移等于(　　)。

A. $10/3EI$　B. $20/EI$　C. $20/3EI$　D. 由于荷载未给出，无法求出

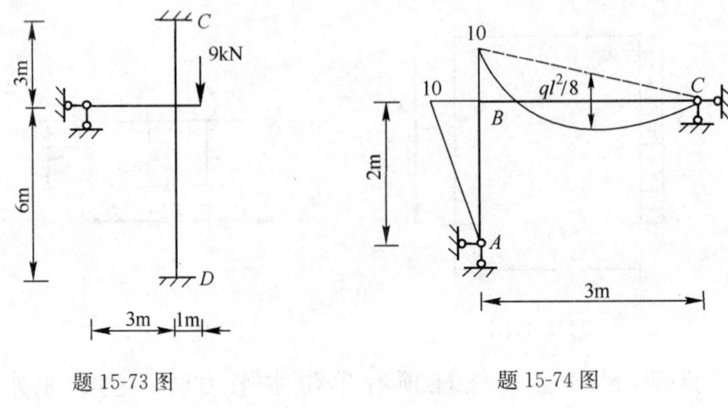

题 15-73 图　　题 15-74 图

15-75　用位移法计算图示刚架时位移法方程的主系数 k_{11} 等于(　　)。

A. $4\dfrac{EI}{l}$　　B. $6\dfrac{EI}{l}$　　C. $10\dfrac{EI}{l}$　　D. $12\dfrac{EI}{l}$

15-76　图示杆件 AB 之 A 端转动刚度(劲度)系数是(　　)。

A. A 端单位角位移引起 B 端的弯矩　B. A 端单位角位移引起 A 端的弯矩

C. B 端单位角位移引起 A 端的弯矩　D. B 端单位角位移引起 B 端的弯矩

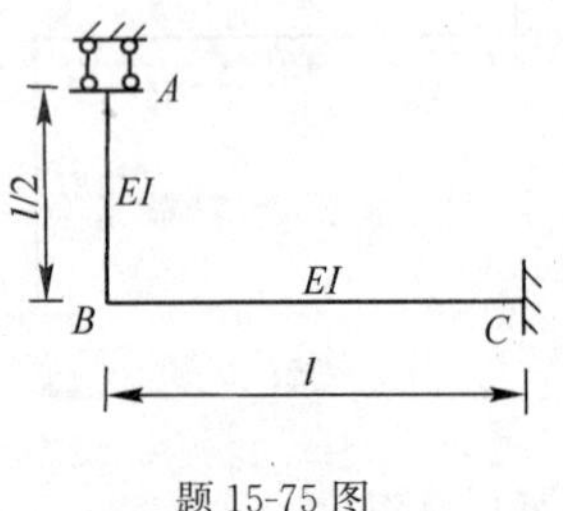

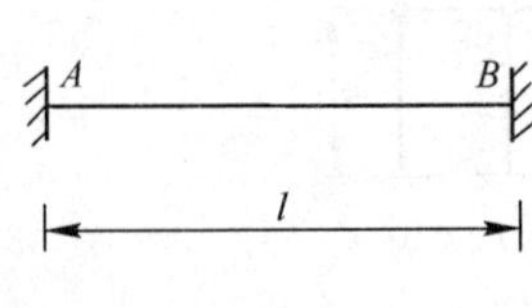

题 15-75 图　　题 15-76 图

15-77　图示各结构中，除特殊注明者外，各杆件 EI＝常数。其中不能直接用力矩分配法计算的结构是(　　)。

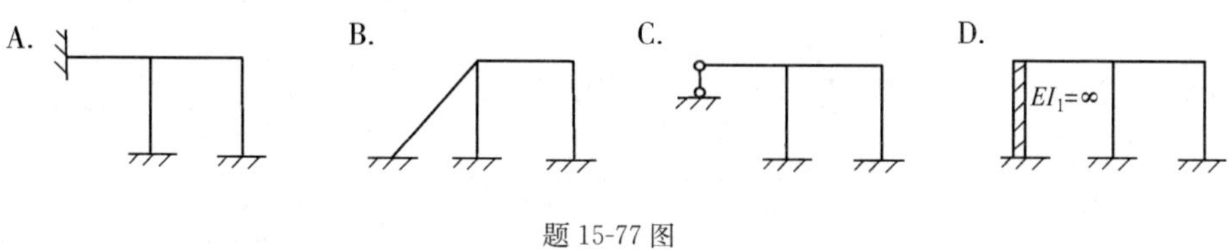

题 15-77 图

15-78　图示对称刚架在节点力偶作用下，弯矩图的正确形状是(　　)。

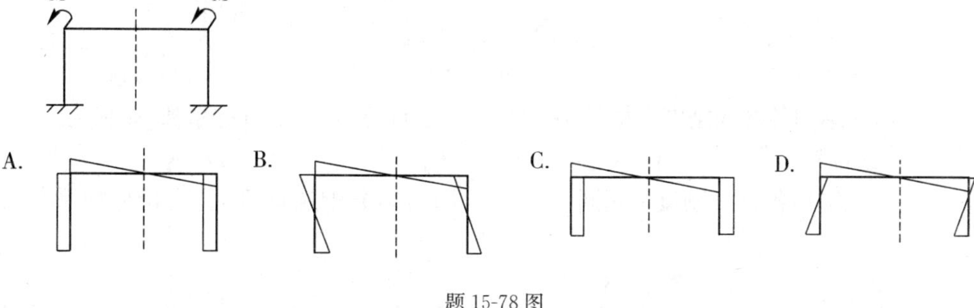

题 15-78 图

15-79　图示结构 EI＝常数，用力矩分配法计算时，分配系数 μ_{A4} 为(　　)。

A. 4/11　　B. 1/2　　C. 1/3　　D. 4/9

15-80　图示结构(EI＝常数)用力矩分配法计算时，分配系数 μ_{BC} 等于(　　)。

A. 0　　B. $\frac{1}{3}$　　C. $\frac{1}{8}$　　D. $\frac{1}{10}$

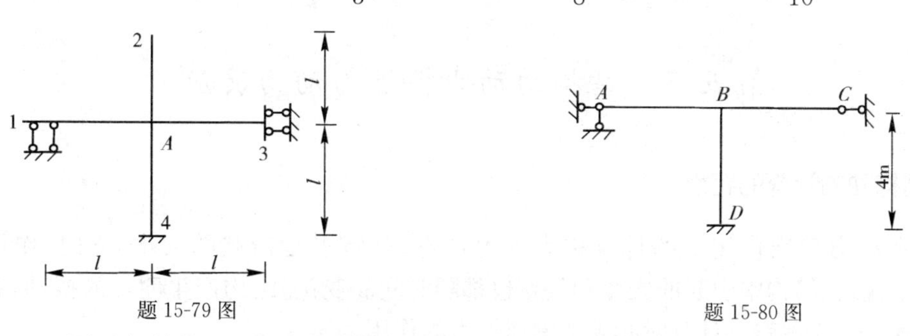

题 15-79 图　　　　题 15-80 图

15-81　图示各结构，可直接用力矩分配法计算的为(　　)。

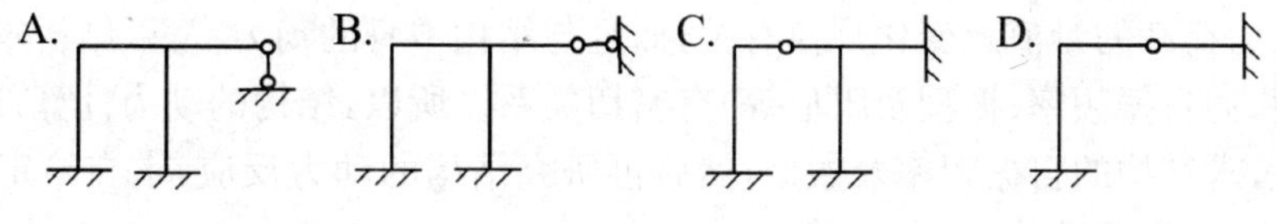

题 15-81 图

15-82　图示结构的最终弯矩 M_{BA} 和 M_{BC} 分别为(　　)。

A. $0.5M, 0.5M$　B. $0.4M, 0.6M$　C. $3/7M, 4/7M$　D. $0.6M, 0.4M$

15-83　图示结构用力矩分配法计算时，分配系数 μ_{BC} 等于(　　)。

A. $\frac{1}{8}$　　B. $\frac{3}{10}$　　C. $\frac{5}{21}$　　D. $\frac{5}{17}$

15-84　图示结构各杆线刚度 i 相同，用力矩分配法计算时，力矩分配系数 μ_{BA} 及传递系数 C_{BC} 分别为（　　）。

A. 1/2，0　　B. 4/7，0　　C. 4/7，$\frac{1}{2}$　　D. 4/5，−1

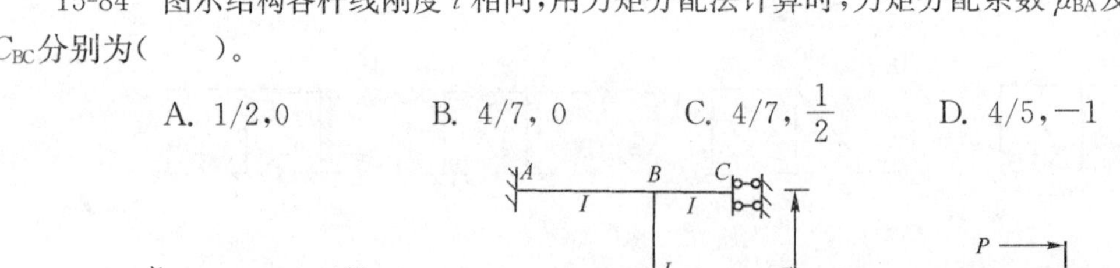

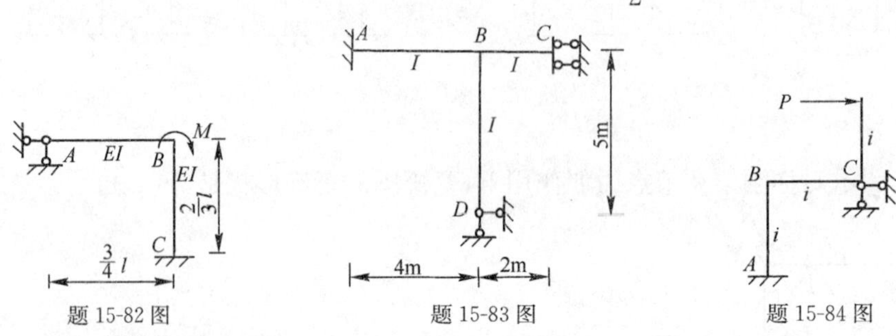

题 15-82 图　　题 15-83 图　　题 15-84 图

15-85　图示结构各杆线刚度 i 相同，用力矩分配法计算时，力矩分配系数 μ_{BA} 应为（　　）。

A. 1/2　　B. 4/7　　C. 4/5　　D. 1

15-86　图示结构各杆线刚度 i 相同，角 $\alpha\neq0$，用力矩分配法计算时，力矩分配系数 μ_{AB} 应为（　　）。

A. $\frac{1}{8}$　　B. $\frac{3}{10}$　　C. $\frac{4}{11}$　　D. $\frac{1}{3}$

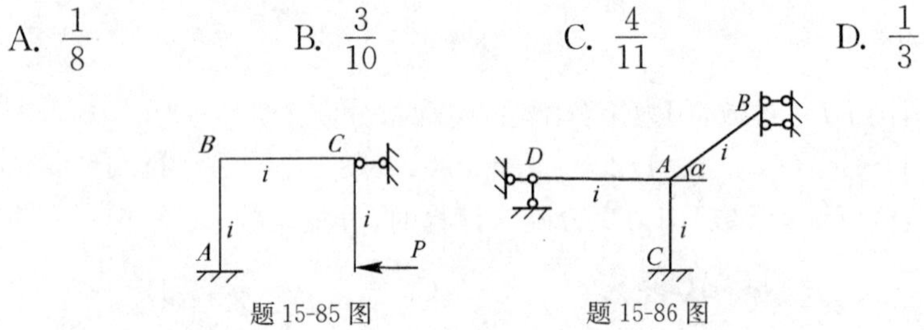

题 15-85 图　　题 15-86 图

第五节　结构的动力特性与动力反应

一、结构动力计算的特点

结构在动力荷载作用下的计算称为动力计算，其特点是荷载的大小、方向、作用位置随时间而变化，在结构中引起的内力和位移也都随时间而变化。结构产生明显的振动，各质点产生的加速度不能忽略。计算时必须考虑惯性力的作用。

结构在动力荷载作用下所产生的动内力和动位移等，通常称为动力反应。结构的动力反应不仅与所受动力荷载的量值及变化规律有关，而且与结构本身的动力特性（结构本身内在因素所决定的特性，如自振频率、振型及阻尼等）有密切关系。所以，结构的动力计算首先要研究结构的动力特性，求结构的自振频率及振型，然后再研究结构的动力反应，求在给定动力荷载作用下所产生的动内力及动位移。

结构动力计算的基本原理与基本方法是应用达朗伯原理，采用动静法，即结构除受实际作用力以外，若设想在各质点加上惯性力的作用，则结构在实际受力及惯性力共同作用下，每一瞬时都处于形式上的平衡状态（动力平衡），从而可以用静力分析的手段解决动力计算问题。

结构的动力计算需首先选取合理的计算模型，确定其动力自由度，为确定运动体系全部质体位置所需独立几何参数的数目称为该体系的动力自由度。它与计算要求的精度有关。如图 15-140 所示集中质量体系，在忽略受弯杆的轴向变形及质量的前提下，图 15-140a)、图 15-140b) 的动力自由度均为 2。

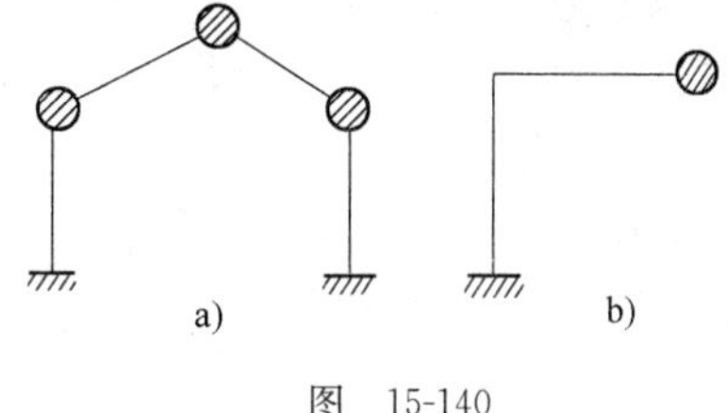

图 15-140

二、单自由度体系的自由振动（无阻尼）

经初始干扰后，体系自身的振动（没有动荷载作用）称为自由振动，研究自由振动是为了掌握体系的动力特性。

图 15-141 代表一单自由度振动体系，取静平衡位置为坐标原点，重力 mg 与相应静弹性恢复力 $S_{静}=-k\Delta_{st}$ 满足静力平衡条件，与动位移 $y(t)$ 相应的惯性力 $I(t)=-m\ddot{y}(t)$ 及弹性恢复力 $S(t)=-ky(t)$ 满足动力平衡条件，见图 15-141c)，则

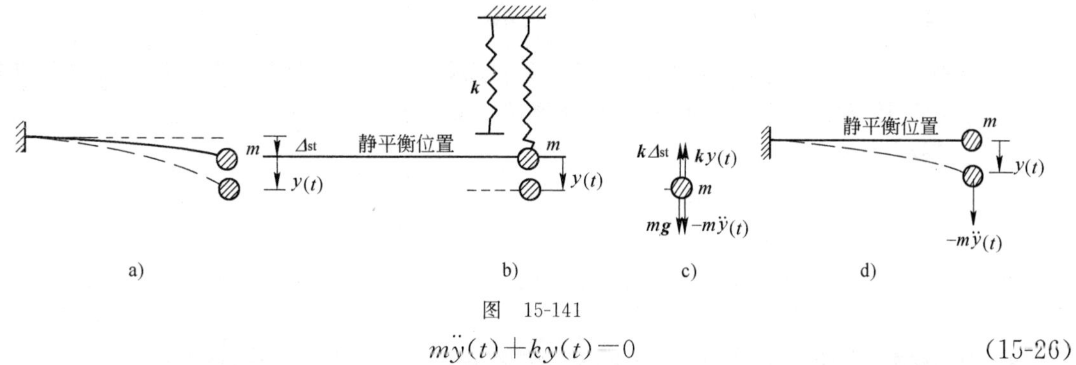

图 15-141

$$m\ddot{y}(t)+ky(t)=0 \tag{15-26}$$

这就是单自由度体系自由振动的振动微分方程。这种利用刚度系数 k 建立动力平衡方程的方法称为刚度法。由于刚度系数 k 与柔度系数 δ 互为倒数，故振动微分方程又可写为

$$y(t)=\delta\cdot[-m\ddot{y}(t)] \tag{15-27}$$

此式的含义是：动位移就是将惯性力当成静荷载所产生的静位移，见图 15-141d)，这种利用柔度系数建立位移方程（写动位移的表达式）的方法称为柔度法。

引入

$$\omega=\sqrt{\frac{k}{m}}=\sqrt{\frac{1}{m\delta}}$$

振动微分方程可写成

$$\ddot{y}(t)+\omega^2 y(t)=0 \tag{15-28}$$

考虑初始条件，用初位移 y_0 及初速度 v_0 确定积分常数后，可得运动方程

$$y(t)=y_0\cos\omega t+\frac{v_0}{\omega}\sin\omega t=A\sin(\omega t+\alpha) \tag{15-29}$$

其中：振幅

$$A=\sqrt{y_0^2+\left(\frac{v_0}{\omega}\right)^2}$$

初相角

$$\alpha=\arctan\left(\frac{y_0\omega}{v_0}\right)$$

由以上分析可知：

(1) 振动微分方程的建立可使用以下两种方法：

①刚度法——建立动力平衡方程；

②柔度法——建立位移方程(动位移的表达式)。

(2)单自由度体系无阻尼自由振动的运动规律是简谐振动，运动状态的描述取决于振幅及初相位角，由初始条件确定。对位移 $y(t)$ 求导可知，加速度及惯性力的值都和位移成正比，三者随时间都按正弦规律变化，并同时达到最大值(幅值)。加速度最大值 $\ddot{y}_{\max}=\omega^2 A$，由振幅位置指向平衡位置；惯性力最大值 $I_{\max}=m\omega^2 A$，由振幅位置背离平衡位置；而速度的最大值 $\dot{y}_{\max}=\omega A$，发生在平衡位置。

(3)体系的动力特性——自振周期 T 和频率 ω。

单自由度体系简谐振动的自振周期为

$$T=\frac{2\pi}{\omega} \tag{15-30}$$

其含义为振动一个循环所用的时间，而

$$\omega=\frac{2\pi}{T}$$

为 2π 秒内振动的次数，称为自振圆频率，简称为自振频率。自振周期 T 及频率 ω 都是反映振动快慢的量，是体系本身固有的性质，而与外界初始条件无关。

自振频率的计算公式为

$$\omega=\sqrt{\frac{k}{m}}=\sqrt{\frac{1}{m\delta}}=\sqrt{\frac{g}{W\delta}}=\sqrt{\frac{g}{\Delta_{\mathrm{st}}}} \tag{15-31}$$

可看出 ω^2 与刚度系数 k 成正比而与质量 m 成反比，增加刚度、减小质量可提高自振频率。

【例 15-80】 求如图 15-142a)所示刚架的自振频率。

解 由图 15-142b)，刚度系数 k 由两立柱的剪力平衡，可得

$$k=\frac{24EI}{h^3}$$

$$\omega=\sqrt{\frac{24EI}{mh^3}}$$

【例 15-81】 求如图 15-143a)所示梁的自振频率，EI=常数。

解 作图 15-143b)自乘，可得

$$\delta=\frac{1}{EI}\left(\frac{1}{2}a\cdot 2a\cdot\frac{2}{3}a+2\cdot\frac{1}{2}\cdot\frac{a}{2}\cdot a\cdot\frac{2}{3}\cdot\frac{a}{2}\right)=\frac{5}{6}\frac{a^3}{EI}$$

$$\omega=\sqrt{\frac{6EI}{5ma^3}}$$

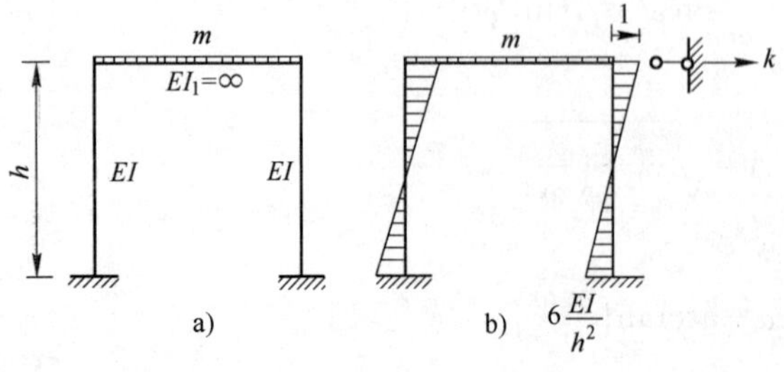

图 15-142

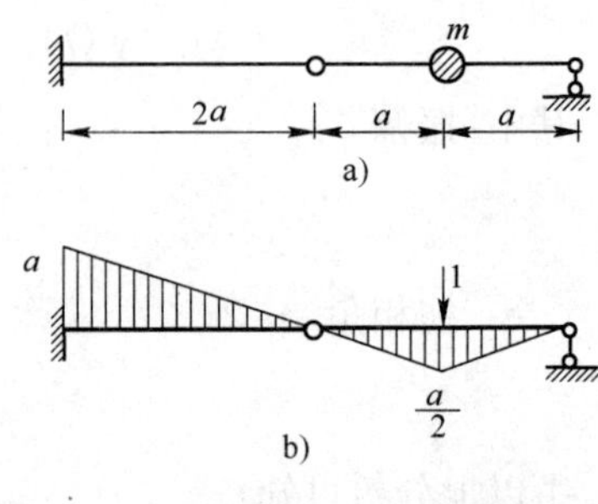

图 15-143

三、单自由度体系的强迫振动(无阻尼)

体系在动力荷载(干扰力)作用下的振动称为强迫振动。研究强迫振动是为了计算动力反应,求干扰力引起的动位移、动内力的变化规律,并计算其最大值。

如图15-144所示的单自由度体系在干扰力 $P(t)$ 作用下产生强迫振动,其动力平衡方程为

$$I(t)+S(t)+P(t)=0 \tag{15-32}$$

当干扰力为简谐荷载 $P(t)=P\sin\theta t$ 时,其振动微分方程为

$$m\ddot{y}(t)+ky(t)=P\sin\theta t \tag{15-33}$$

其稳态强迫振动解为

$$y(t)=A\sin\theta t \tag{15-34}$$

其中

$$A=\beta y_{st}=\beta\frac{P}{m\omega^2}=\beta\cdot\delta\cdot P$$

β 称为动力系数,其含义是最大动位移(振幅)A 与干扰力幅值所生静位移 y_{st} 的比值,故又称放大系数,其计算公式为

$$\beta=\frac{1}{1-\left(\frac{\theta}{\omega}\right)^2} \tag{15-35}$$

由式(15-35)及其图像(见图15-145)可看出:

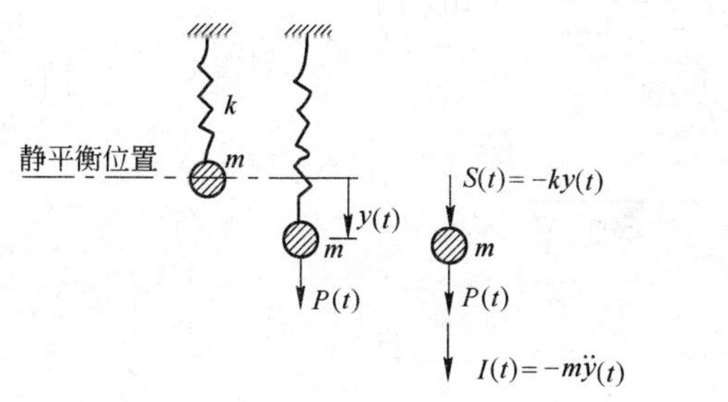

图 15-144

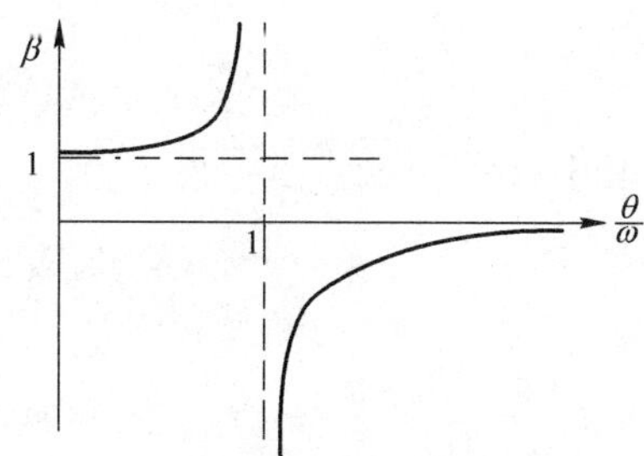

图 15-145

(1)当 $0\leqslant\theta<\omega$ 时,β 为正值,动位移与干扰力同向,且 $\beta\geqslant1$,动位移大于干扰力幅值所产生的静位移,β 随 $\frac{\theta}{\omega}$ 增大而增大。

(2)当 $\theta>\omega$ 时,β 为负值,动位移与干扰力反向,β 的绝对值随 $\frac{\theta}{\omega}$ 增大而减小,如果 $\theta\gg\omega$,$\beta\approx0$,动位移趋于零。

(3)当 $\theta\approx\omega$ 时,$|\beta|\approx\infty$,会引起非常大的位移,这就是共振。一般认为 $\frac{\theta}{\omega}=0.75\sim1.25$ 为共振区,在进行工程结构设计时,应避开共振区。

如果干扰力的频率变化很慢,$\frac{\theta}{\omega}\leqslant\frac{1}{5}$,$\beta\leqslant1.041$ 时,可忽略动力影响。

关于动力反应的计算,只需算出干扰力幅值所产生的静内力、静位移,再乘以动力系数,即得动内力、动位移的最大值,再与静平衡位置的内力、位移叠加,即为总的内力、位移的最大值

（若干扰力不作用在振动质点上，需分别计算位移动力系数及内力动力系数，这时两者不相同）。

干扰力为突加荷载时，动力系数$\beta=2$。

四、阻尼对振动的影响

实际结构都有阻尼，一般采用黏滞阻尼理论，在动力平衡方程中尚需加入阻尼力$R(t)=-c\dot{y}$，c为黏滞阻尼系数。

（一）单自由度体系有阻尼自由振动

振动微分方程为

$$m\ddot{y}(t)+c\dot{y}(t)+ky(t)=0 \tag{15-36}$$

引入

$$\omega^2=\frac{k}{m}\ ,\quad \xi=\frac{c}{2m\omega}$$

式(15-36)可写为

$$\ddot{y}(t)+2\xi\omega\dot{y}(t)+\omega^2 y(t)=0 \tag{15-37}$$

式中：ω——无阻尼的自振频率；

ξ——阻尼比，它是阻尼系数c与临界阻尼系数c_r（$\xi=1$时的阻尼系数$c_r=2m\omega=2\sqrt{mk}$）的比值。

对于小阻尼（$\xi<1$）的情况，上面振动微分方程的解为

$$\begin{aligned} y(t)&=e^{-\xi\omega t}\left(y_0\cos\omega_r t+\frac{v_0+\xi\omega y_0}{\omega_r}\sin\omega_r t\right)\\ &=e^{-\xi\omega t}A\sin(\omega_r t+\alpha) \end{aligned} \tag{15-38}$$

其中

$$A=\sqrt{y_0^2+\left(\frac{v_0+\xi\omega y_0}{\omega_r}\right)^2}$$

$$\tan\alpha=\frac{y_0\omega_r}{v_0+\xi\omega y_0}$$

$$\omega_r=\omega\sqrt{1-\xi^2}$$

由式(15-38)及其图像（见图15-146）可看出阻尼对自由振动的影响是：

有阻尼的自振频率ω_r略小于无阻尼的自振频率ω。但一般建筑结构的ξ值很小，当$\xi<0.2$时，可近似取$\omega_r=\omega$，即忽略阻尼对自振频率的影响。

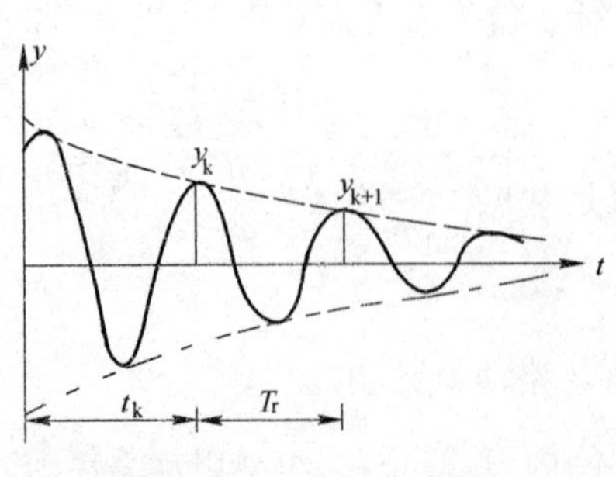

图 15-146

阻尼对振幅的影响较为明显。由于阻尼、振幅随时间逐渐衰减，振动能量逐渐消耗。严格讲，这种运动已不再具有周期性，但仍具有波动性和明显的等时性，习惯上称它为衰减振动。阻尼比ξ越大，振动衰减的速度越快。阻尼比ξ是反映振动体系阻尼情况的基本参数，其值可通过实测相差一个周期$T_r$$\left(T_r=\frac{2\pi}{\omega_r}\approx\frac{2\pi}{\omega}\right)$的两个振幅$y_k$及$y_{k+1}$由下式计算得到

$$\xi = \frac{1}{2\pi}\ln\frac{y_k}{y_{k+1}} \tag{15-39}$$

对于大阻尼($\xi>1$)及临界阻尼($\xi=1$)的情况，振动微分方程的解函数已不再具有波动性，不会出现振动现象。

(二)单自由度体系有阻尼强迫振动

当干扰力为简谐荷载 $P\sin\theta t$ 时，振动微分方程为

$$\ddot{y}(t)+2\xi\omega\dot{y}(t)+\omega^2 y(t)=P\sin\theta t \tag{15-40}$$

式(15-40)的一般解由两部分组成，第一部分是按频率 ω_r 振动求得的齐次解，由于阻尼的存在它将逐渐衰减以致消失；第二部分是按荷载频率 θ 振动求得的特解，它受动荷载的周期影响而不衰减，称为稳态强迫振动，其解为

$$y(t)=A\sin(\theta t-\alpha) \tag{15-41}$$

其中

$$A=\beta y_{st}=\beta\frac{P}{m\omega^2}=\beta\delta P$$

$$\alpha=\arctan\frac{2\xi\left(\frac{\theta}{\omega}\right)}{1-\left(\frac{\theta}{\omega}\right)^2}$$

动力系数

$$\beta=\frac{1}{\sqrt{\left(1-\frac{\theta^2}{\omega^2}\right)^2+4\xi^2\frac{\theta^2}{\omega^2}}} \tag{15-42}$$

可见，动力系数 β 不仅与频率的比值 $\frac{\theta}{\omega}$ 有关，而且与阻尼比 ξ 有关。对于不同的 ξ 值，可画出相应的 β 与 $\frac{\theta}{\omega}$ 之间的关系曲线，如图 15-147 所示。

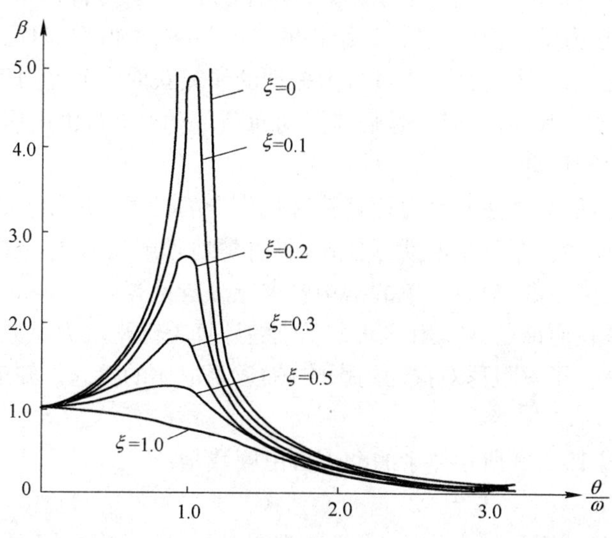

图 15-147

由以上分析可知：

(1)随着阻尼比 ξ 值的增大($0\leqslant\xi\leqslant1$ 范围内)，动力系数 β 的峰值明显下降。

(2)在 $\frac{\theta}{\omega}=1$ 共振时，动力系数为

$$\beta\bigg|_{\frac{\theta}{\omega}=1}=\frac{1}{2\xi} \tag{15-43}$$

如果忽略阻尼，动力系数 β 会趋于无穷大，但实际结构都有阻尼，因而即使共振时，动力系数也是一个有限值，其值随阻尼的增大而下降。在共振区 $0.75\leqslant\frac{\theta}{\omega}\leqslant1.25$ 范围内 ξ 对 β 的影响很大，所以，研究共振时的动力反应应考虑阻尼的影响。而在共振区之外，可忽略阻尼的影响，按无阻尼问题考虑。

(3)由于阻尼的存在，动位移总是滞后于动荷载。位移及受力的特点是：

①当 $\frac{\theta}{\omega}$ 很小时，体系振动很慢，惯性力、阻尼力都很小，这时动荷载主要由弹性恢复力平衡，位移与荷载基本同步；

②当 $\frac{\theta}{\omega}$ 很大时，体系振动很快，惯性很大，而弹性力和阻尼力较小，这时动荷载主要由惯性力平衡，位移与动荷载方向相反；

③当 $\frac{\theta}{\omega}\approx1$ 时，位移与荷载的相位角相差接近于 $90°$，这时惯性力与弹性恢复力平衡而动荷载与阻尼力平衡，而且当荷载值最大时，弹性力和惯性力都很小，平衡动荷载的阻尼力起着重要的作用，所以在共振区内，阻尼的影响不容忽略。

阻尼对自振频率的影响很小，计算自振频率时，可按无阻尼体系计算。

五、注意事项及例题分析

(1)结构动力计算包括动力特性及动力反应两个方面。动力特性指由结构内在因素(质量、刚度等)所确定的动力学方面的性质，如结构的自振频率、主振型、阻尼等，是结构本身固有的性质，与外界因素无关，动力特性需通过自由振动的研究获取。而动力反应是指结构在动荷载作用下所产生的动内力和动位移等，是强迫振动问题。对于单自由度体系，要求能进行动力特性、动力反应两方面的计算。

(2)应用达朗伯原理(动静法)，动力计算就转化为静力计算，所以静力计算仍是重要的基础。要熟记单自由度体系自振频率的计算公式，要清楚地理解公式中的 k、δ 分别是结构沿振动方向的刚度系数、柔度系数，对较简单的结构要求能分析计算。

(3)单自由度体系在简谐荷载作用下动力反应的计算关键是动力系数的计算，要求理解概念，并能进行正确计算。了解阻尼对振动的影响，知道阻尼比的概念。知道突加荷载作用时动力系数为 2。

【例 15-82】 如图 15-148 所示体系的动力自由度数是：

A. 1　　B. 2　　C. 3　　D. 4

分析　在集中质量体系的动力分析中，一般都假设杆件有弹性而无质量，且不计受弯杆件的轴向变形。在此事先约定的前提下，在 A 点加水平链杆即可确定 A、B、C、D 四点位置。所以该体系只有一个动力自由度。

答案:A

【例 15-83】 如图 15-149a)所示结构的自振频率 ω 为:

A. $\sqrt{\dfrac{4EI}{3ml^3}}$　　B. $\sqrt{\dfrac{2EI}{ml^3}}$　　C. $\sqrt{\dfrac{4EI}{ml^3}}$　　D. $\sqrt{\dfrac{6EI}{ml^3}}$

分析　作图 15-149b),图乘得 $\delta=\dfrac{1}{EI}\left(\dfrac{l}{2}\times\dfrac{l}{2}\times\dfrac{l}{2}+\dfrac{1}{2}\times\dfrac{l}{2}\times\dfrac{l}{2}\times\dfrac{2}{3}\times\dfrac{l}{2}\right)=\dfrac{l^3}{6EI}$,所以 $\omega=\sqrt{\dfrac{1}{m\delta}}=\sqrt{\dfrac{6EI}{ml^3}}$。

答案:D

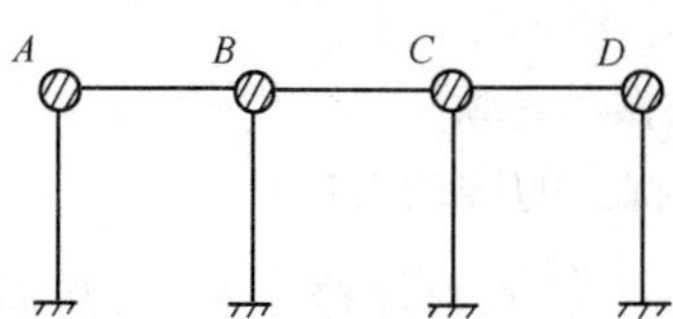

图　15-148

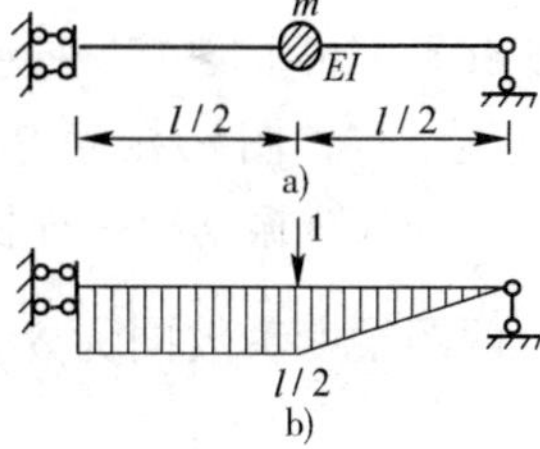

图　15-149

【例 15-84】 如图 15-150a)所示结构的自振周期 T 等于:

A. $2\pi\sqrt{\dfrac{ml^3}{3EI}}$　　B. $4\pi\sqrt{\dfrac{ml^3}{3EI}}$　　C. $2\pi\sqrt{\dfrac{ml^3}{EI}}$　　D. $4\pi\sqrt{\dfrac{ml^3}{EI}}$

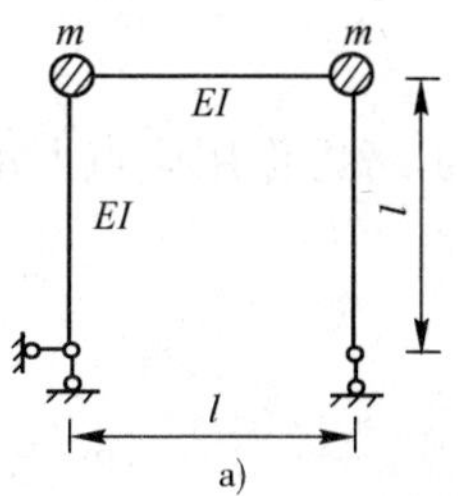

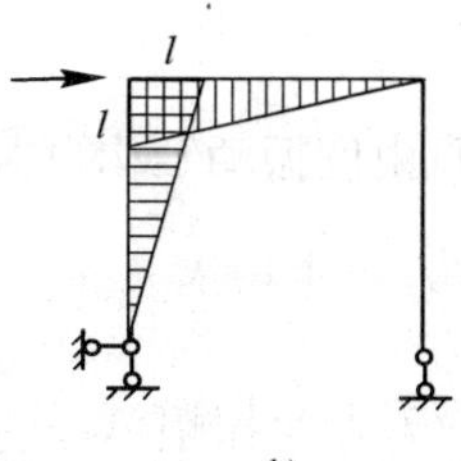

图　15-150

分析　注意振动方向的质量为 $m+m=2m$,作图 15-150b),图乘得

$$\delta=\frac{2}{EI}\left(\frac{1}{2}l\times l\times\frac{2}{3}l\right)=\frac{2l^3}{3EI}$$

所以

$$T=\frac{2\pi}{\omega}=2\pi\sqrt{(m+m)\frac{2l^3}{3EI}}$$

$$=2\pi\sqrt{\frac{4}{3}\times\frac{ml^3}{EI}}=4\pi\sqrt{\frac{ml^3}{3EI}}$$

答案:B

【例 15-85】 如图 15-151 所示两端固定梁的自振频率 ω 为:

A. $\sqrt{\dfrac{48EI}{ml^3}}$　　B. $\sqrt{\dfrac{96EI}{ml^3}}$　　C. $\sqrt{\dfrac{192EI}{ml^3}}$　　D. $\sqrt{\dfrac{384EI}{ml^3}}$

分析　设想在 C 点附加竖向链杆,并令其产生单位竖向位移,则链杆反力即为振动方向的刚度系数 k。由于对称,截面 C 转角为零,杆段 AC、CB 都相当于两端固定杆产生单位侧移,

根据其侧移刚度系数，并考虑C处微段竖向平衡可得

$$k = 2\times\left[12\frac{EI}{\left(\frac{l}{2}\right)^3}\right] = 192\frac{EI}{l^3}$$

所以自振频率

$$\omega = \sqrt{\frac{k}{m}} = \sqrt{\frac{192EI}{ml^3}}$$

此题也可通过图乘法求柔度系数δ来解答。

答案：C

【例 15-86】 如图 15-152 所示两结构仅支承形式不同，经初始干扰后：

A. 图 a)振动得快　　B. 图 b)振动得快

C. 振动得一样快　　D. 受干扰大的振动得快

分析　两图柔度系数同为$\delta=\frac{l^3}{3EI}\left(\text{刚度系数同为 } k=\frac{3EI}{l^3}\right)$，自振频率相同，故两图振动快慢相同。

答案：C

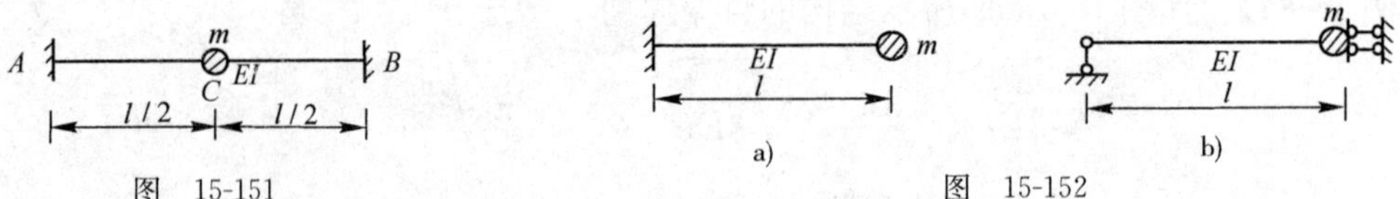

图 15-151　　图 15-152

【例 15-87】 某单自由度振动结构自振频率为ω，考虑作用质点上动荷载的两种情况：

(1)$P_1(t)=P\sin\frac{3\omega}{4}t$，产生振幅$A_1$；

(2)$P_2(t)=2P\sin\frac{\omega}{4}t$，产生振幅$A_2$。

振幅A_1、A_2的关系是：

A. $A_1>A_2$　　B. $A_1<A_2$　　C. $A_1=A_2$　　D. 不能确定

分析　$P_1(t)$作用时　动力系数$\beta_1=\frac{1}{1-\left(\frac{3}{4}\right)^2}=\frac{16}{7}$，振幅$A_1=\frac{16}{7}\delta\cdot P$

$P_2(t)$作用时　$\beta_2=\frac{1}{1-\left(\frac{1}{4}\right)^2}=\frac{16}{15}$，$A_2=\frac{16}{15}\delta(2P)$

比较可知，$A_1>A_2$。

答案：A

习　题

15-87　图示梁自重不计，在集中重量W作用下，C点的竖向位移$\Delta_C=1\text{cm}$，则该体系的自振周期为(　　)。

A. 0.032s　　B. 0.201s　　C. 0.319s　　D. 2.007s

题 15-87 图

15-88 单自由度体系的其他参数不变，只有刚度增大到原来刚度的两倍，则其周期与原周期之比为(　　)。

A. 1/2　　B. $1/\sqrt{2}$　　C. 2　　D. $\sqrt{2}$

15-89 图示结构不计杆件分布质量，当 EI_2 增大时，结构自振频率(　　)。

A. 不变　　B. 增大

C. 减少　　D. 增大减少取决于 EI_2 与 EI_1 的比值

15-90 图示体系不计阻尼的稳态最大动位移 $y_{max}=4Pl^3/9EI$，其最大动力弯矩为(　　)。

A. $7Pl/3$　　B. $4Pl/3$　　C. Pl　　D. $Pl/3$

15-91 设 $\theta=0.5\omega$(ω 为自振频率)，则图示体系的最大动位移为(　　)。

A. $Pl^3/40EI$　　B. $4Pl^3/18EI$　　C. $Pl^3/3EI$　　D. $4Pl^3/36EI$

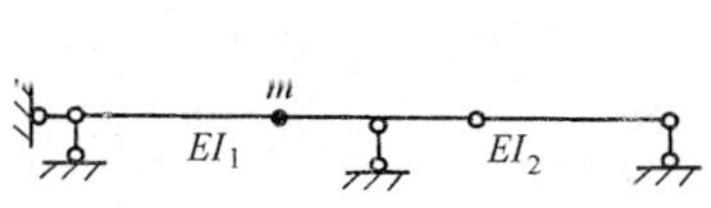

题 15-89 图

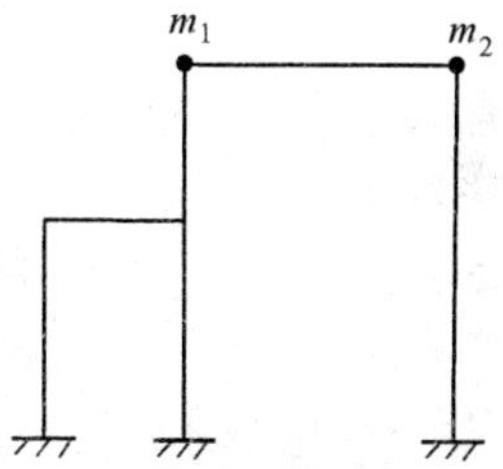

题 15-90 图

15-92 图示无阻尼等截面梁承受一静力荷载 P，设在 $t=0$ 时把这个荷载突然撤除，则质点 m 的位移为(　　)。

A. $y(t)=\frac{11}{EI}\cos\sqrt{\frac{3EI}{4m}}t$　　B. $y(t)=\frac{4mg}{3EI}\cos\sqrt{\frac{3EI}{4m}}t$

C. $y(t)=\frac{11}{EI}\cos\sqrt{\frac{4EI}{3mg}}t$　　D. $y(t)=\frac{4mg}{3EI}\cos\sqrt{\frac{EI}{11}}t$

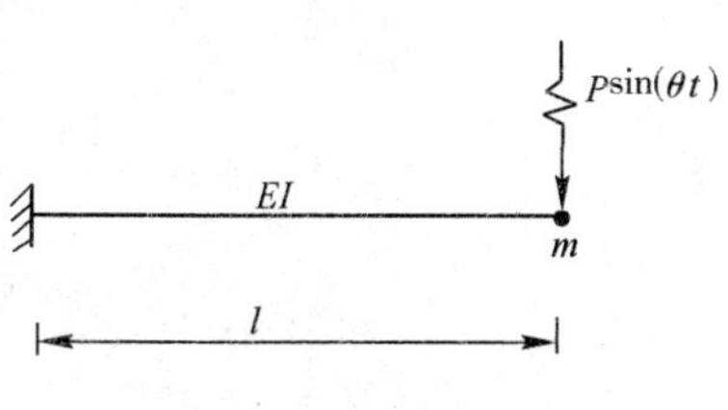

题 15-91 图

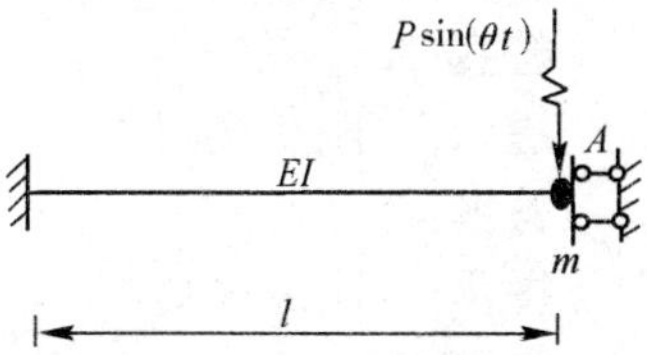

题 15-92 图

15-93　图示三种单自由度动力体系中，质量 m 均在杆件中点，各杆 EI、l 相同。其自振频率的大小排列次序为(　　)。

A. a)>b)>c)　　B. c)>b)>a)

C. b)>a)>c)　　D. a)>c)>b)

15-94　图示结构，各杆 EI、l 相同，质量 m 在杆件中点，其自振频率为(　　)。

A. $2\sqrt{\frac{3EI}{ml^3}}$　　B. $2\sqrt{\frac{6EI}{ml^3}}$　　C. $4\sqrt{\frac{3EI}{ml^3}}$　　D. $4\sqrt{\frac{6EI}{ml^3}}$

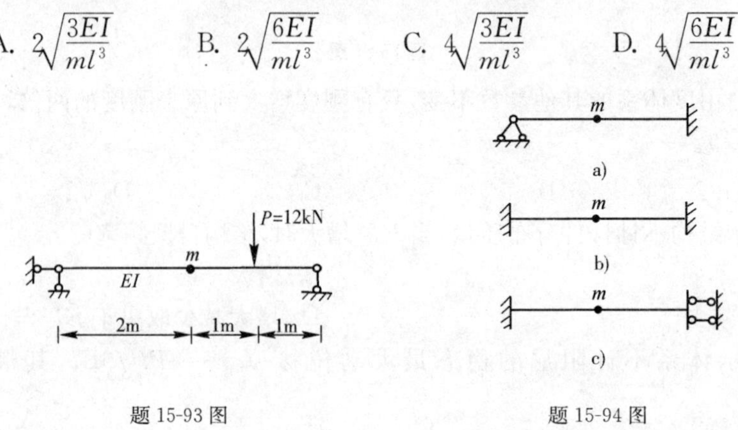

题 15-93 图　　题 15-94 图

习题提示及参考答案

15-1　**提示**：需视三铰是否共线。

答案：D

15-2　**提示**：易知 1、7 为必要联系，可先排除选项 D、B。

答案：C

15-3　**提示**：铰接三角形不一定都视作刚片，但交于点 6 的杆必须有一杆视作刚片。

答案：D

15-4 (1)　**提示**：用三刚片规则，有一多余约束。

答案：B

(2)　**提示**：用二刚片规则，有一多余约束。

答案：B

(3)　**提示**：外部缺少一个约束，内部有三个多余约束。

答案：C

(4)　**提示**：三刚片规则，三铰共线。

答案：D

(5)　**提示**：二刚片规则。

答案：A

(6)　**提示**：二刚片规则。

答案：A

(7)　**提示**：三刚片规则。

答案：A

(8)　**提示**：少一杆。

答案：C

(9) 提示:二刚片规则

答案:A

(10) 提示:一个自由度,两个多余约束。

答案:C

(11) 提示:上部相当于一杆。

答案:A

(12) 提示:上部相当于一杆,有一内部多余约束,用三刚片规则,三铰共线。

答案:D

15-5 提示:分清基本部分、附属部分。

答案:B

15-6 提示:整体隔离体平衡,求竖向反力;铰一侧隔离体平衡,求水平反力。

答案:C

15-7 提示:先由铰处弯矩为零求左支座水平反力,再由整体平衡求右支座水平反力。

答案:D

15-8 提示:先由整体平衡求左支座竖向反力,再利用铰右截面剪力求 K 截面弯矩 。

答案:B

15-9 提示:对上支座处取矩,易知下支座水平反力为零。

答案:C

15-10 提示:利用铰的竖向约束力求 M_A。

答案:B

15-11 提示:视 K 截面所在杆段为简支梁,求剪力。

答案:D

15-12 提示:水平杆弯矩图为一直线,竖直杆为纯弯。

答案:C

15-13 提示:利用右支座反力或顶铰处轴力求 M_K,顶铰处剪力为零。

答案:D

15-14 提示:先判断零杆,再用截面法以 A 为矩心求 N_1。

答案:B

15-15 提示:用截面法,以 A 为矩心求 N_1。

答案:B

15-16 提示:按 A、B、C 顺序结点法求,BC 杆只需求竖向分力。

答案:C

15-17 提示:利用对称性,判断零杆。

答案:D

15-18 提示:化为反对称受力状态,或直接用平衡条件判断。

答案:A

15-19 提示:求右支座反力,用截面法求下弦杆轴力,再用节点法求 N_1。

答案:B

15-20 提示:求右支座支力,用截面法求下弦杆轴力,再用节点法求 N_1。

答案:D

15-21 提示:利用静定结构的局部平衡性判断。

答案:A

15-22 提示:取 P 所在的杆为隔离体,求 N_a。

答案:C

15-23 提示:先判断零杆,再用截面法求 N_a 的大小。

答案:B

15-24 提示:先求右支座竖向反力及拉杆的拉力,再求 M_K。

答案:C

15-25 提示:由静定结构的性质判断。

答案:C

15-26 提示:右边附属部分在刚接点 C 处用铰与左边相连,对 M_{AC} 无影响。

答案:D

15-27 提示:将荷载 P 视为两个$\frac{P}{2}$,利用对称性,可知中间铰处无剪力。

答案:B

15-28 提示:结构对过铰 45°方向的轴线对称;受反对称荷载作用,产生引起的位移是反对称的。

答案:C

15-29 提示:应用图乘法。

答案:B

15-30 提示:应用图乘法。

答案:A

15-31 提示:虚拟单位力乘以所求位移应构成功。

答案:C

15-32 提示:与夹角变化方向一致的虚拟单位力(一对反向单位力偶,化为结点力)应使 AC 杆受拉,或根据几何关系判断。

答案:B

15-33 提示:应用图乘法。

答案:C

15-34 提示:应用图乘法。

答案:C

15-35 提示:去掉水平支杆,为反对称受力状态,相应产生反对称位移状态。水平支杆的作用是限制水平刚体位移。

答案:D

15-36 提示:去掉水平支杆,为对称受力状态,相应产生对称位移状态。水平支杆的作用是限制水平刚体位移。

答案:D

15-37 提示:用 $\Delta=-\sum\overline{R}C$ 计算,或直接根据位移后的几何关系分析。

答案:C

15-38 提示:图乘法的应用条件是:直杆结构、分段等截面、相乘的两个弯矩图中至少有一个为直线型。

答案:B

15-39 答案:B

15-40 提示:需有线弹性条件。

答案:C

15-41 **提示**:位移互等定理。

答案:B

15-42 **提示**:位移互等定理。

答案:A

15-43 **提示**:位移互等定理。

答案:A

15-44 **提示**:竖向力引起对称的内力与变形,D 点无水平位移,水平力仅使水平杆拉伸;或在 C、D 处加一对反向水平单位力,用单位荷载法求解。

答案:A

15-45 **提示**:图乘法求 Δ_{1p}、δ_{12} 时,同侧弯矩图相乘为正,异侧相乘为负。

答案:B

15-46 **提示**:Δ_i 为原超静定结构沿构沿基本未知量 X_i 方向的位移,与 X_i 反向或为零都有可能。

答案:D

15-47 **提示**:力法方程是位移协调方程。

答案:C

15-48 **提示**:注意节点平衡,竖杆剪力为零。

答案:A

15-49 **提示**:取杆 CD 的轴力为力法基本未知量 X_1,其真实受力应使 Δ_{1p} 为负值。

答案:C

15 50 **提示**:Δ_{1p} 为负值。

答案:C

15-51 **提示**:对称结构,受反对称荷载作用,只引起反对称内力。

答案:A

15-52 **提示**:从力法求解角度看,Δ_{1p} 与 δ_{11} 的比值不变;或从力矩分配角度看,B 点约束力矩为零。

答案:C

15-53 **提示**:在 δ_{11} 的表达式中,刚度 EI 在分母上。

答案:B

15-54 **提示**:利用杆的拉压性质判断副系数,通过计算判断主系数。

答案:B

15-55 **提示**:利用对称性判断。或用力法判断支座 A 的反力为零。

答案:D

15-56 **提示**:将荷载分解为对称与反对称两组,先利用对称性求水平反力,再求 M_{CA}。

答案:C

15-57 **提示**:利用对称性。

答案:C

15-58 **提示**:竖向无多余约束,竖杆轴力静定。水平方向有多余约束,轴线温度升高,产生向内的水平反力。

答案:C

15-59 提示:半结构应与原结构相应位置受力及位移情况完全一致。

答案:A

15-60 提示:$\frac{1}{4}$结构应与原结构相应位置受力及位移情况完全一致。

答案:A

15-61 提示:切断一链杆相当于去掉一个约束,受弯杆作一切口相当于去掉三个约束。

答案:D

15-62 提示:必要约束不能撤,需保证基本结构为几何不变。

答案:D

15-63 提示:荷载作用下的内力,取决于杆件的相对刚度,且与荷载值成正比。

答案:A

15-64 提示:用公式 $\Delta=-\sum RC$ 求,或根据几何关系分析。

答案:D

15-65 提示:铰所在部位为复合节点,上下杆刚结,有独立角位移。

答案:B

15-66 提示:B 相当于固定端,两边固端弯矩绝对值相等。

答案:A

15-67 提示:由节点 C 的平衡求。

答案:B

15-68 提示:由节点 C 的平衡求。

答案:C

15-69 提示:利用对称性,并建立节点 A 的平衡方程。

答案:A

15-70 提示:建立截面平衡方程。

答案:D

15-71 提示:利用力矩分配与传递的概念判断。

答案:B

15-72 提示:建立截面平衡方程,各柱侧移刚度求和。

答案:C

15-73 提示:用力矩分配法。

答案:B

15-74 提示:使用 BA 杆的转角位移方程。

答案:C

15-75 提示:节点 B 平衡,两杆转动刚度求和。

答案:B

15-76 提示:转动刚度系数是近端单位角位移引起的近端弯矩。

答案:B

15-77 提示:力矩分配法只能直接用于无未知线位移的结构。

答案:C

15-78 **提示:**利用对称性,注意竖杆无剪力,注意结点平衡。

答案:C

15-79 **提示:**支座 1 相当于固定端。

答案:D

15-80 **提示:**转动刚度 $S_{BC}=0$。

答案:A

15-81 **提示:**力矩分配法可直接用于无未知节点线位移的结构(中间铰也是节点)。

答案:B

15-82 **提示:**计算分配系数。

答案:B

15-83 **提示:**计算分配系数。

答案:C

15-84 **提示:**节点 C 可视为 BC 杆的铰支端。

答案:B

15-85 **提示:**BC 杆弯矩静定,转动刚度系数 $S_{BC}=0$。

答案:D

15-86 **提示:**支座 B 相当于固定端。

答案:C

15-87 **提示:**$T=2\pi\sqrt{\dfrac{\Delta_{st}}{g}}$。

答案:B

15-88 **提示:**$T=2\pi\sqrt{\dfrac{m}{k}}$。

答案:B

15-89 **提示:**质点振动方向的刚度(或柔度)系数与 EI_2 无关。

答案:A

15-90 **提示:**先求动力系数 $\beta=\dfrac{y_{max}}{y_{st}}$。

答案:B

15-91 **提示:**先求动力系数 β 和 $\boldsymbol{P}$ 所产生的最大静位移。

答案:D

15-92 **提示:**余弦前的系数应为初位移 y_0,与 mg 无关,故可排除选项 B、D;根号部分应为自振频率 $\omega=\sqrt{\dfrac{48EI}{m4^3}}$,与 g 无关,可排除选项 C。

答案:A

15-93 **提示:**三图质量 m 相同,沿振动方向刚度系数 k 大,其自振频率 ω 就大。

答案:C

15-94 **提示:**求柔度系数。

答案:C

第十六章　结 构 设 计

复 习 指 导

一、考试大纲

14.2.1　钢筋混凝土结构

材料性能:钢筋　混凝土

基本设计原则:结构功能　极限状态及其设计表达式　可靠度

承载能力极限状态计算:受弯构件　受扭构件　受压构件　受拉构件　冲切　局部承压　疲劳

正常使用极限状态验算:抗裂　裂缝　挠度

预应力混凝土:轴拉构件　受弯构件

单层厂房:组成与布置　柱　基础

多层及高层房屋:结构体系及布置　剪力墙结构　框-剪结构　框-剪结构设计要点

抗震设计要点:一般规定　构造要求

14.2.2　钢结构

钢材性能:基本性能　结构钢种类

构件:轴心受力构件　受弯构件　拉弯和压弯构件的计算和构造

连接:焊缝连接　普通螺栓和高强度螺栓连接　构件间的连接

14.2.3　砌体结构

材料性能:块材　砂浆　砌体

基本设计原则:设计表达式

承载力:抗压　局部承压

混合结构房屋设计:结构布置　静力计算　构造

房屋部件:圈梁　过梁　墙梁　挑梁

抗震设计要点:一般规定　构造要求

二、复习指导

根据考试大纲要求，结构设计一章包括了钢筋混凝土结构、钢结构、砌体结构的全部内容，以及高层混凝土结构、抗震设计的部分内容，主要考查岩土工程师是否掌握结构设计所需的基本理论知识。考生应紧扣大纲内容，全面复习与突出重点相结合，即通过复习教程对基本概念、基本原理和基本知识有一个整体把握，并在此基础上对每节的主要内容重点复习，重点掌握。

根据基础考试命题的特点，复习时不要偏重难度大，过于繁杂的知识，而应注重“基本”知识的理解和记忆，掌握“基本”概念、“基本”假设、“基本”思想及主要结论和应用。

结构设计包括了三类不同的结构，每一类结构基本由三部分组成：①材料性能；②基本计算方法；③构造。不同类型的结构之间，或同一类结构的不同受力构件之间存在着相同点与不同点，应善于分析比较，找出规律性，这样不仅可以加深记忆，也可事半功倍。

在熟练掌握考试大纲要求知识点的基础上，还应做一定数量的配套习题，拾遗补缺，总结适合自己特点的解题技巧。

第一节　钢筋混凝土结构材料性能

钢筋混凝土是由钢筋和混凝土两种材料组成。这两种物理与力学性能不同的材料之所以能有效地结合在一起并共同工作，主要是由于混凝土硬化后钢筋与混凝土之间产生了良好的黏结力，使两者可靠地结合在一起，从而保证在外荷载作用下，钢筋与相邻混凝土能相互作用、协调变形、共同受力。其次，钢筋与混凝土这两种材料的温度线膨胀系数接近(钢筋为1.2×10^{-5}；混凝土为$1.0\times10^{-5}\sim1.5\times10^{-5}$)，当温度变化时，两者之间不会产生较大的相对变形而导致粘结力丧失。

一、钢筋

(一)钢筋的分类

混凝土结构中所用的钢筋有钢筋和钢丝两类，主要包括热轧钢筋、热处理钢筋、消除应力钢丝(光面钢丝、螺旋肋钢丝、刻痕钢丝)和钢绞线。

根据钢筋的力学性能可分为有明显屈服点和明显流幅的软钢、无明显屈服点和无明显流幅的硬钢。其中热轧钢筋属于软钢，热处理钢筋及消除应力钢丝则为硬钢。

(二)钢筋力学性能指标

1.极限抗拉强度

该指标对于硬钢是作为强度标准值取值的依据；对于软钢，虽不作为强度标准值取值的依据，但仍有一个最低限值的要求，如 HPB300 级钢筋不小于 462MPa。

2.屈服强度

该指标对于软钢是作为强度标准值取值的依据，并有最小限值的要求，如 HPB300 级钢筋不小于 300MPa；对于硬钢，因无明显屈服点，为了满足设计理论的需要，一般常取残余应变为 0.2%时所对应的应力值作为假定的屈服强度，称为“条件屈服强度”或“条件屈服点”，用$\sigma_{0.2}$表示。对于热处理钢筋、消除应力钢丝和钢绞线，《混凝土结构设计规范》(GB 50010—2010)(以下简称《混凝土规范》)统一取 0.85 倍极限抗拉强度作为$\sigma_{0.2}$。

3.伸长率

这是衡量钢筋延性性能的一个指标，《混凝土规范》明确提出了对钢筋延性的要求。根据我国钢筋标准，将最大力下总伸长率δ_{gt}作为控制钢筋延性的指标。最大力下总伸长率δ_{gt}不受断口——颈缩区域局部变形的影响，反映了钢筋拉断前达到最大力(极限强度)时的均匀应变，故又称为均匀伸长率，其值为

$$\delta_{gt}=\frac{l'-l}{l}\times100\% \tag{16-1}$$

式中：l——钢筋拉伸试验试件的应变量测标距；

l'——试件经拉断并重新拼合后测得的标距，即产生残余伸长的标距。

对不同品种的钢筋，《混凝土规范》规定了不同的最大拉力下的总伸长率限值，如 HPB300 钢筋要求 $\delta_{gt}\geqslant 10.0\%$。

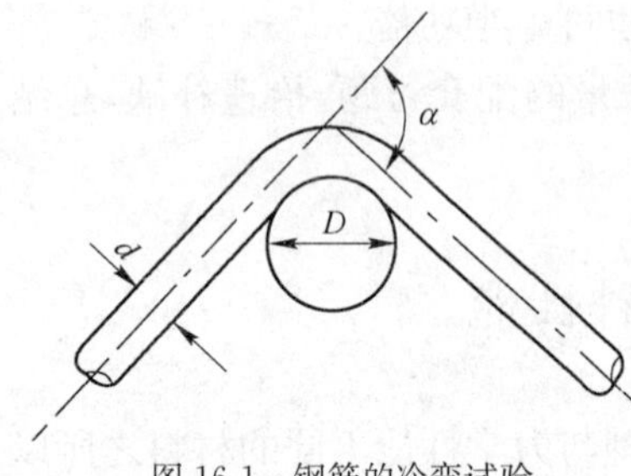

图 16-1　钢筋的冷弯试验

4.冷弯性能

它是检验钢筋塑性性能的另一种方法，并可以检查钢筋的脆性倾向。冷弯试验的两个主要参数是弯心直径 D 和冷弯角度 α（见图 16-1）。对不同强度等级钢筋，对 D 值及 α 值的规定要求不同。在规定的 D 及 α 值下冷弯试验后的钢筋应无裂缝、鳞落或断裂现象。对 HPB300 级和 HRB335 级钢筋 $\alpha=180°$，$D=(1\sim4)d$；对 HRB400 级钢筋 $\alpha=90°$，$D=(3\sim6)d$。

（三）对钢筋的质量要求

对钢筋的质量要求有三个方面，即应满足强度、延性性能及可焊性的规定要求。在工程应用中，对钢筋的机械性能和冷弯性能及可焊性进行检验，应满足相应国家标准规定的要求。

钢筋的强度与延性性能属于钢筋的机械性能，其极限抗拉强度、屈服强度、伸长率、冷弯性能应符合规范要求。钢筋的可焊性由以下几点来衡量：

(1)焊接接头的强度应不低于被焊钢筋的强度。

(2)焊接接头及其附近不应出现焊接裂纹。

(3)焊接接头的塑性不应比被焊钢筋未焊前差。

对于可焊性不同的钢筋，应注意选用适宜的焊接工艺或采用不同的连接方法加以区别对待。

（四）钢筋的选用

钢筋混凝土结构中的纵向受力钢筋和预应力混凝土结构中的非预应力钢筋，宜采用 HRB400、HRB500 钢筋，也可采用 HPB300、HRB335、RRB400 钢筋。

箍筋宜采用 HRB400、HPB300、HRB500 钢筋，也可采用 HRB335 钢筋。

预应力筋宜采用预应力钢丝，钢绞线和预应力螺纹钢筋。

二、混凝土

混凝土是由水泥、砂、石和水按一定配合比，经搅拌、振捣、养护凝固而成，并与时间因素有关，多孔隙非匀质的弹塑性人造石材。

（一）混凝土的强度等级及其选用

《混凝土规范》规定混凝土强度等级是为了在设计、施工及质量检验中便于统一控制与应用。

混凝土强度等级应按立方体抗压强度标准值确定。《混凝土规范》规定的混凝土强度等级有 C15、C20、C25、C30、C35、C40、C45、C50、C55、C60、C65、C70、C75、C80 共十四级。

选用混凝土时应遵循以下原则：

(1)素混凝土结构的混凝土强度等级不应低于 C15；钢筋混凝土结构的混凝土强度等级不应低于 C20；采用强度等级 400MPa 及以上的钢筋时，混凝土强度等级不应低于 C25。承受重复荷载的钢筋混凝土构件，混凝土强度等级不应低于 C30。

(2)预应力混凝土结构的混凝土强度等级不宜低于 C40，且不应低于 C30。

（二）混凝土的力学指标及其相互关系

1.立方体抗压强度标准值 $f_{cu,k}$

立方体抗压强度标准值$f_{cu,k}$是混凝土各种力学指标的基本代表值，它是指按照标准方法制作养护的边长为150mm的立方体试件，在28d龄期用标准试验方法测得的具有95%保证率的抗压强度。

也可采用截面为100mm×100mm×100mm或200mm×200mm×200mm的非标准立方体试块，由于尺寸效应的影响，必须将非标准试块的强度乘以换算系数后换算为边长150mm的标准试块的强度，其换算系数分别为0.95或1.05。

2.轴心抗压强度标准值f_{ck}

轴心抗压强度试件一般采用150mm×150mm×300mm或150mm×150mm×450mm的棱柱体，其制作和试验条件与立方体抗压强度相同。根据试验资料统计的公式为

$$f_{ck} = \alpha_{c1}\alpha_{c2}f_{cu,k} \tag{16-2}$$

式中：α_{c1}——棱柱体强度与立方体强度的比值，对混凝土强度为C50及以下$\alpha_{c1}=0.76$，对C80则$\alpha_{c1}=0.82$，中间值按线性内插；

α_{c2}——混凝土脆性折减系数，对混凝土强度为C40及以下$\alpha_{c2}=1.0$，对C80则$\alpha_{c2}=0.87$，中间值按线性内插。

考虑到结构中混凝土强度与试件混凝土强度之间的差异，根据以往的经验，并结合试验分析，以及参考其他国家的有关规定，《混凝土规范》考虑试件混凝土强度修正系数为0.88，则

$$f_{ck} = 0.88\alpha_{c1}\alpha_{c2}f_{cu,k} \tag{16-3}$$

国外，例如美国、日本和欧洲混凝土协会(CEB)是采用直径150mm，高300mm圆柱体试件的抗压强度作为轴心抗压强度指标，用f_c'表示，$f_c' \approx 0.79f_{cu,k}$。

3.抗拉强度标准值f_{tk}

轴心受拉试件，我国采用100mm×100mm×500mm的棱柱体试件，两端分别对中埋设长度为150mm的ϕ16钢筋。试验机夹紧两端伸出钢筋，使试件受拉，破坏时的平均应力即为混凝土轴心抗拉强度值。通过统计分析给出混凝土抗拉强度标准值的经验公式为

$$f_{tk} = 0.395f_{cu,k}^{0.55}(1-1.645\delta)^{0.45}\alpha_{c2} \tag{16-4}$$

与f_{ck}取值类似，亦考虑到构件与试件差别、尺寸效应及加荷速度等因素，《规范》给出

$$f_{tk} = 0.348f_{cu,k}^{0.55}(1-1.645\delta)^{0.45}\alpha_{c2} \tag{16-5}$$

式中：δ——混凝土立方体抗压强度的变异系数。

混凝土的抗拉强度试验也有采用劈裂试验的方法，其劈拉强度为

$$f_t = \frac{2P}{\pi dl} \tag{16-6}$$

式中：P——所施加的破坏压力；

d——圆柱体直径或立方体边长；

l——圆柱体长度或立方体边长。

混凝土抗拉强度离散性大而且低，并随混凝土强度等级提高而降低，$f_{tk} \approx (0.1 \sim 0.05)f_{cu}$。

(三)复杂应力状态下的混凝土强度

1.双向受力时的强度

(1)混凝土双向受压时其两个方向的抗压强度比单轴受压时有所提高，最大的抗压强度发生在两个方向的压应力比介于0.5～2.0之间时，其中较大的压应力可比单轴时提高27%。双向抗压强度的提高是由于变形受到约束的缘故。

(2)混凝土一个方向抗压,另一个方向受拉时,其抗压或抗拉强度都比单轴抗压或抗拉时的强度低,这是因为异号应力加速变形的发展,较快地达到极限应变值的缘故。

(3)混凝土双向受拉时,其抗拉强度与单轴受拉时无明显差别。

2. 三向受压时的强度

圆柱体在等侧压应力下的三轴受压试验表明,其抗压强度有较大的提高,提高后的抗压强度最低值约为圆柱体单轴受压时的强度值加上 4 倍的侧向压应力值。在实际工程中,对于钢管混凝土柱或配置密排螺旋箍筋的钢筋混凝土柱,由于混凝土受到钢管壁或螺旋箍的约束,使它处于三向受力状态,可以利用这一特性,考虑混凝土抗压强度的提高。

3. 剪应力与单轴正应力共同作用下的强度

试验结果表明,当存在剪应力 τ 时,混凝土的抗压抗拉强度都将有所降低。当压应力 σ 存在时,若 $\sigma \leqslant 0.6f_c$(混凝土轴心抗压强度值)时,其抗剪强度将随 σ 的增大而提高,但当 $\sigma > 0.6f_c$ 时,其抗剪强度将随 σ 的增大而下降,当 σ 值趋近于 f_c 时,其抗剪强度将降至小于纯剪强度。当存在拉应力时,其抗剪强度将降低。

(四)短期荷载作用下混凝土的应力-应变关系

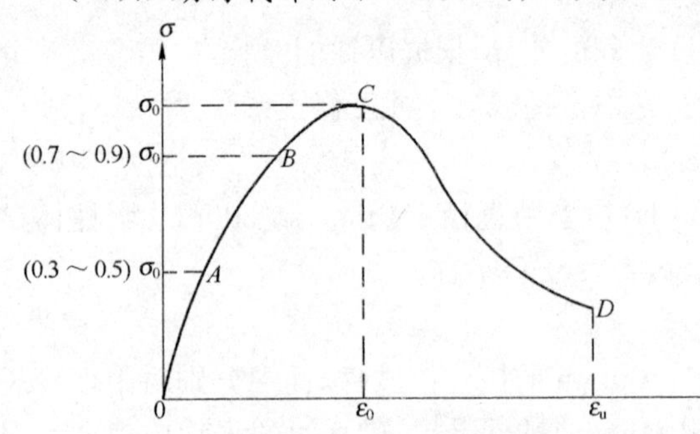

图 16-2 混凝土典型应力应变曲线($\sigma_0 = f_c$)

1. 一次加荷下的应力-应变关系

一次加荷的应力应变 σ-ε 曲线如图16-2所示,以峰值应力为界可分为上升段与下降段。上升段大体又可分为三个阶段,当 $\sigma \leqslant 0.3f_c$ 时,应力应变呈线性关系,变形主要取决于混凝土内部的弹性变形,黏结裂缝没有明显发展。当 $\sigma = (0.3 \sim 0.8)f_c$ 时,由于混凝土内部水泥凝胶体的黏性流动,以及黏结裂缝的稳态发展,使应变的增长比应力的增长快,应力应变曲线发生明显的转折,表现为弹塑性性质。当 $\sigma > 0.8f_c$ 时,水泥石中的裂缝使得黏结裂缝连接起来形成贯通内裂缝,已进入非稳态发展阶断,塑性变形发展很快,曲线斜率明显减小,当 $\sigma = f_c$,σ-ε 曲线达到了峰值。自此之后 σ-ε 曲线进入下降段,由于内裂缝形成破坏面,将混凝土分割成若干小柱体,破坏面上剪切滑移与裂缝的不断延伸扩大,使应变急剧增大,承载力不断下降,直至破坏。其下降段只有当试验机的刚度足够大时才测得出来。

随着混凝土强度等级的提高,曲线峰值曲率增大,而下降段缩短,延性减小。

2. 混凝土的弹性模量与变形模量

混凝土为弹塑性材料,反映应力应变关系的模量值不是常数,因此《混凝土规范》中给出了弹性模量(E_c)值的确定方法:采用棱柱体试件,取应力上限值为 $0.5\sigma_0$,重复加荷 5~10 次,当应力与应变趋于线性关系时,该直线的斜率即为混凝土弹性模量的取值。根据不同等级的混凝土弹性模量试验值统计分析得出 E_c 与 $f_{cu,k}$ 的关系为

$$E_c = \frac{10^5}{2.2 + 34.7/f_{cu,k}} \quad (\text{MPa}) \tag{16-7}$$

应力应变曲线上任一点与原点连线的割线斜率称为混凝土的变形模量 E_c'。

$$E_c' = \frac{\varepsilon_e}{\varepsilon}E_c = \upsilon E_c \tag{16-8}$$

式中:υ——弹性系数,$\upsilon = \varepsilon_e/\varepsilon$;

ε_c——弹性应变；

ε——总应变。

3. 多次重复加荷下的应力-应变关系

多次重复加荷试验表明，只要重复应力上限值 $\sigma=(0.3\sim0.5)f_c$，加荷与卸荷循环多次将形成塑性变形积累，但塑性变形积累是收敛的，即随循环次数的增加，滞回环收敛成一直线，混凝土将处于弹性工作状态。在工程中，利用这一原理测定弹性模量。当重复应力上限值 $\sigma>0.5f_c$ 时，循环一定次数之后，滞回环也收敛成一条直线；但在某一循环之后，又重新开始出现塑性变形，其塑性变形积累为发散，不收敛，且一次比一次大，当累积的变形超过混凝土的极限变形能力时，混凝土将疲劳压坏，破坏时应力的上限值称为疲劳应力。

疲劳应力的大小与循环应力的上限与下限及循环次数有关。通常以使材料破坏所需荷载循环次数 $n\geqslant2\times10^6$ 次时的疲劳应力作为疲劳强度。

（五）荷载长期作用时的变形——徐变

混凝土在不变的应力长期持续作用下，随时间增长的变形称为徐变。

影响徐变的主要因素有持续应力的大小、加荷龄期、混凝土配合比、振捣养护条件、结构所处环境等。

持续应力 σ_c 大小对徐变的影响：当 $\sigma_c\leqslant0.5f_c$ 时，徐变与持续应力呈线性关系，称为线性徐变；当 $\sigma_c=(0.5\sim0.8)f_c$ 时，徐变与持续应力不再呈线性关系，称之为非线性徐变，且徐变是收敛的；但当 $\sigma_c\geqslant0.8f_c$ 时，持续受压，则徐变不收敛，徐变发散将导致混凝土破坏。因此，在长期荷载作用下应注意控制应力大小，使得 $\sigma_c\leqslant0.8f_c$。一般认为线性徐变是混凝土的软质凝胶体产生黏性流动的结果；非线性徐变是微裂缝随时间发展的结果。

加载时的龄期越短，徐变越大；水灰比和水泥用量大、振捣不密实、养护与工作环境湿度小、养护时间短，则徐变大。为了减小徐变，应注意养护与控制水灰比，不要过早地拆模板支柱或施加长期荷载。

徐变能使构件变形增大，使预应力产生损失，使高应力受压构件发生突然性破坏等不利影响；但徐变引起的内力或应力重分布及应力松弛有时对结构亦产生有利作用，如对轴心受压柱，可使钢筋与混凝土的应力都可能达到各自的抗压强度；徐变可使温度应力降低。

（六）混凝土收缩

混凝土在空气中硬结时产生体积变小的现象称为收缩，是一种非受力变形。

收缩包括凝缩与干缩两部分。混凝土中水泥与水起化学作用产生体积变化为凝缩，大部分出现在凝结的早期。干缩是混凝土中自由水蒸发引起的体积缩小。收缩是使混凝土内产生初始微裂缝的主要原因，导致混凝土抗拉强度降低与离散性大。

混凝土收缩主要出现在早期，以后逐渐减慢，第一个月的收缩应变可完成50%左右，两个月可完成75%左右，一年以后逐渐趋于稳定，最终收缩量约为$(2\sim5)\times10^{-4}$。对于一般混凝土可取 3×10^{-4}。

除受力因素之外，凡对徐变产生影响的因素都对收缩产生影响。此外，水泥强度越高，表面积对体积比越大，环境温度越高，都使收缩值加大。

混凝土收缩时对结构与构件的不利影响是产生收缩裂缝与预应力的损失。当混凝土的收缩变形受到内部或外部的约束时，将会产生收缩拉应力或裂缝。通常采用限制水灰比、水泥用量，加强振捣与养护，适量设置构造筋与变形缝及后浇缝等措施以减少收缩以及收缩带来的不利影响。

三、钢筋与混凝土之间的黏结与锚固

钢筋与混凝土之间的黏结与锚固是两者能共同工作的基础。

(一)形成黏结的因素

(1)水泥胶的水化作用,使钢筋与混凝土的接触面上形成胶结力。

(2)混凝土收缩对钢筋产生的握裹力。

(3)混凝土与钢筋之间的机械咬合力。

(二)钢筋与混凝土之间的黏结应力

钢筋与混凝土接触的界面上沿钢筋纵向分布的纵向剪应力称之为黏结力。在下列三种情况下可能产生黏结应力:

(1)当钢筋伸入混凝土支座内并受到拉力或压力时,在钢筋锚固长度的范围内产生与拉力或压力相平衡的纵向剪应力,称之为锚固黏结应力。

(2)当弯矩沿跨度方向变化时,相邻截面的受拉钢筋的应力也发生变化,产生应力差,这使混凝土与钢筋之间产生了黏结应力,称之为弯曲黏结应力。

(3)当弯矩与轴力沿纵向不变,构件一旦开裂,则在两相邻裂缝之间的钢筋应力不均匀,存在应力差,在混凝土与钢筋之间产生黏结应力,称之为局部黏结应力。

(三)钢筋与混凝土之间的黏结强度

钢筋与混凝土之间黏结面上单位面积所能承担的最大黏结应力,称之为黏结强度。

黏结强度的高低对钢筋的锚固长度、搭接长度、裂缝的间距与宽度都有直接的影响。黏结强度越高,则锚固长度、搭接长度及裂缝间距和宽度都将减小。

习 题

16-1 对于有明显屈服点的钢筋,其强度标准值取值的依据(　　)。

A. 极限抗拉强度　　B. 屈服强度

C. 0.85 倍的极限抗拉强度　　D. 钢筋比例极限对应的应力

16-2 《混凝土结构设计规范》中,混凝土各种力学指标的基本代表值是(　　)。

A. 立方体抗压强度标准值　　B. 轴心抗压强度标准值

C. 轴心抗压强度设计值　　D. 轴心抗拉强度设计值

16-3 混凝土双向受力时,何种情况下强度最低(　　)。

A. 两向受拉　　B. 两向受压

C. 一拉一压　　D. 两向受拉,且两向拉应力值相等时

第二节　基本设计原则

根据国家标准《建筑结构可靠度设计统一标准》(GB 50068—2001)(以下简称《结构统一标准》)所确定的原则,结构设计时采用以概率理论为基础的极限状态设计方法,现将基本设计原则简述如下。

一、结构功能要求和设计使用年限

结构设计的目的是要使所设计的结构能够完成全部预定功能要求,并具有足够的可靠性。

结构功能要求概括地说有下列三个方面：

(一)安全性

结构在正常设计、施工和使用条件下，应该能够承受可能出现的各种作用(各种荷载、外加变形、约束变形等)。而且在偶然荷载作用，或偶然事件发生时或发生后，结构应能保持必需的稳定性而不致倒塌。

(二)适用性

结构在正常使用时应能满足预定的使用要求，有良好的工作性能，其变形、裂缝或振动等性能均不超过规定的限值。

(三)耐久性

结构在正常使用和正常维护条件下，在规定的使用期限内应有足够的耐久性，如保护层不能过薄，裂缝不得过宽而引起钢筋锈蚀，不发生混凝土严重风化、腐蚀、老化，而影响结构的预定使用期限。

上述功能要求，即结构在规定的时间内(在设计基准期内)，在规定的条件下(正常设计、正常施工、正常使用和正常维修)完成预定功能的能力，称为结构的可靠性。

结构的设计使用年限见表 16-1。

设计使用年限分类 表 16-1

类　别	设计使用年限(年)	示　例
1	5	临时性结构
2	25	易于替换的结构构件
3	50	普通房屋和构筑物
4	100	纪念性建筑和特别重要的建筑结构

二、结构的极限状态

结构能够满足结构功能要求称之为结构“可靠”或“有效”；反之则称结构为“不可靠”或“失效”。鉴别结构是处于“可靠”或“失效”的某一特定的鉴别标准，称之为结构的极限状态。

我国《结构统一标准》将结构极限状态分为两类：

(一)承载能力极限状态

结构或构件达到了最大承载能力，出现疲劳破坏或者产生了不适于继续承载的过大变形。当结构或结构构件出现了下列状态之一时，即认为超过了承载能力极限状态：

(1)整个结构或结构的一部分作为刚体失去平衡，如烟囱在风力作用下整体倾倒。

(2)结构构件或其连接因超过材料强度而破坏(包括疲劳破坏)，如短的轴心受压构件中混凝土和钢筋分别达到抗压强度而破坏，构件中的钢筋锚固长度不够而被拔出，或构件因过度变形而不适于继续承载。

(3)结构转变为机动体系，如简支梁跨中截面达到抗弯承载力而形成三铰共线的机动体系，丧失承载能力。

(4)结构或构件丧失稳定，如细长柱达到临界荷载后压屈失稳而破坏。

(5)地基丧失承载能力而破坏(如失稳等)。

(二)正常使用极限状态

它是对应于结构或结构构件达到正常使用或耐久性能的某项规定限值。当出现下列状态之一时，即认为超过了正常使用极限状态：

(1)影响正常使用或有碍观瞻的变形,如梁的应变过大影响观瞻或正常使用。

(2)影响正常使用或耐久性的局部损坏,如裂缝过宽影响水池的正常使用或导致钢筋锈蚀。

(3)影响正常使用的振动,如楼盖梁板的振幅过大影响正常使用。

(4)影响正常使用的其他特定状态,如基础相对沉降过大等。

三、结构上的作用、作用效应 S、结构抗力 R,结构的功能函数 Z

(一)结构上的作用

结构上的作用是指施加在结构上的集中或分布荷载(包括永久荷载、可变荷载等)或引起结构外加变形或约束变形因素的总称。

施加在结构上的集中荷载与分布荷载称为直接作用;引起结构外加变形或约束变形的其他作用称为间接作用,如基础沉降、温度变化、混凝土收缩、焊接变形等。

结构上的作用按下列原则分类:

1.按随时间变异分类

(1)永久作用:在设计基准期内其值不随时间变化,或其变化与平均值相比可以忽略不计的作用。如结构自重、建筑层、土压力等。

(2)可变作用:在设计基准期内其值随时间变化,且其变化与平均值相比不可忽略的作用。如楼面活荷载、雪荷载、风荷载、吊车荷载等。

(3)偶然作用:在设计基准内可能出现,也可能不出现。但一旦出现则其值很大且持续时间较短的作用。如爆炸、撞击等作用。

2.按随空间位置的变异分类

(1)固定作用:在结构空间位置上具有固定分布的作用。如结构自重、固定的设备等。

(2)自由作用:在结构空间位置上的一定范围内可以任意布置的作用。如楼面上的活荷载、吊车荷载等。

3.按结构的反应特点分类

(1)静态作用:使结构或结构构件产生的加速度很小可以忽略不计的作用。如楼面的活荷载等。

(2)动态作用:使结构或结构构件产生的加速度不可忽略不计的作用。如吊车荷载、地震、起吊荷载等。

(二)作用效应 S

施加在结构上的直接作用或者间接作用,以及在结构或结构构件内产生的内力和变形(如轴力、弯矩、剪力、扭矩、挠度、转角、裂缝、应力与应变等),总称为作用效应,用“S”表示。由直接作用产生的作用效应称之为荷载效应。

(三)结构抗力 R

结构或结构构件承受内力和变形的能力,总称为结构抗力。如构件的承载能力、刚度,抵抗裂缝的能力等。结构抗力与结构构件的截面形式、尺寸、材料强度等级等因素有关。

(四)结构的功能函数 Z 与极限状态方程

结构或结构构件的工作状态是处于安全可靠,还是处于失效状态,可以由反映作用效应 S 与结构抗力 R 两者之间关系的功能函数 Z 来表达。结构安全可靠的基本条件应符合下式要求

$$Z = g(R, S) = R - S \geqslant 0 \tag{16-9}$$

式(16-9)称之为结构的功能函数，当结构处于极限状态时，则

$$Z = R - S = 0 \tag{16-10}$$

式(16-10)称之为结构的极限状态方程。

功能函数是判别结构失效或可靠的标准

$$\left.\begin{array}{l}\text{当 } Z > 0 \text{ 时，结构处于可靠状态} \\ \text{当 } Z = 0 \text{ 时，结构处于极限状态} \\ \text{当 } Z < 0 \text{ 时，结构处于失效状态}\end{array}\right\} \tag{16-11}$$

四、结构可靠度

结构安全、适用、耐久是结构可靠的标志，总称为结构的可靠性。

(一)结构的可靠度

结构的可靠度是指在规定的设计基准期内(我国为 50 年)，在规定的条件下(正常设计、正常施工、正常使用)，完成预定功能(结构安全性、适用性、耐久性)的概率。结构可靠度就是结构可靠性的概率度量。

(二)结构的可靠概率和失效概率与可靠指标

若结构功能函数 $Z=R-S$ 的概率分布曲线如图 16-3 所示，属于正态分布，则结构的可靠概率 P_s、失效概率 P_f，结构的可靠指标 β 之间存在下列关系。

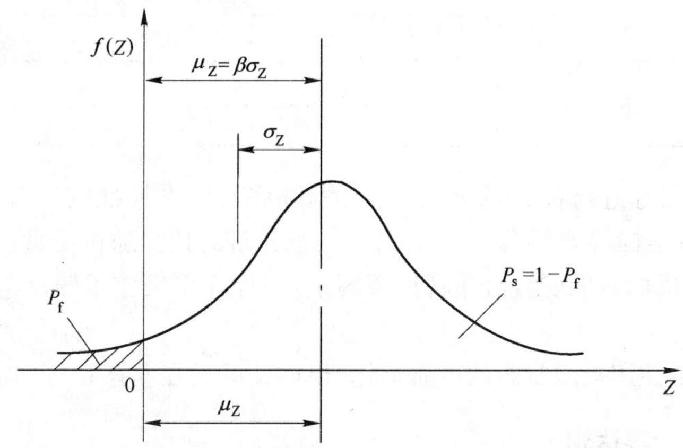

图 16-3 正态分布图上可靠概率、失效概率和可靠指标的表示方法

(1)结构可靠概率是指结构能够完成预定功能 $Z=R-S>0$ 的概率，即

$$P_s = \int_0^{\infty} f(Z)\mathrm{d}Z \tag{16-12}$$

(2)结构失效概率是指结构不能完成预定功能的概率，即

$$P_f = \int_{-\infty}^{0} f(Z)\mathrm{d}Z \tag{16-13}$$

(3)结构的可靠概率与失效概率的关系是

$$P_s + P_f = 1 \tag{16-14}$$

或

$$P_s = 1 - P_f \tag{16-15}$$

(4)结构的可靠指标 β 为结构功能函数 Z 的平均值 μ_Z 与其标准差 σ_Z 的比值为

$$\beta = \frac{\mu_Z}{\sigma_Z} \tag{16-16}$$

或

$$\mu_Z = \beta\sigma_Z \tag{16-17}$$

$$\mu_Z = \mu_R - \mu_S \tag{16-18}$$

$$\sigma_Z = \sqrt{\sigma_R^2 + \sigma_S^2} \tag{16-19}$$

式中：μ_R、σ_R——分别为结构抗力 R 正态分布随机变量平均值与标准差；

μ_S、σ_S——分别为作用效应 S 正态分布随机变量平均值与标准差。

用失效概率 P_f 来度量结构的可靠性有明确的物理意义，能较好地反映问题的实质。但结构功能函数包含多种因素影响，而且每一种因素不一定完全服从正态分布，需要对它们进行当量正态化处理，计算失效概率一般要进行多维积分，数学上复杂。由于可靠指标 β 与失效概率 P_f 在数量上有一一对应关系（见图 16-3），β 越大，P_f 越小；反之，β 越小，P_f 则越大。若用 β 来度量结构可靠度，可使问题简化。

（5）《结构统一标准》根据建筑结构的破坏后果，即危及人的生命、造成经济损失、产生社会影响等的严重程度，将结构安全等级分为三级：①破坏后果很严重的重要建筑物，安全等级为一级；②破坏后果严重的一般工业与民用建筑为二级；③破坏后果不严重的次要建筑为三级。并且规定各类结构构件按承载力极限状态设计时采用的可靠指标[β]值（见表16-2）。

规定的可靠指标[β]值 表 16-2

破坏类型	安全等级		
	一级	二级	三级
延性破坏	3.7	3.2	2.7
脆性破坏	4.2	3.7	3.2

按表 16-2 可靠指标进行设计的准则，称之为可靠指标设计准则。由于确定可靠指标 β 时，将作用效应 S 与结构抗力 R 作为两个服从正态分布的独立随机变量，只考虑平均值和标准差的影响，没有考虑两者的联合分布特征等因素，在计算中又作了假定与简化，所以称之为近似概率准则。

结构构件在正常使用极限状态的可靠指标，根据其可逆程度宜取 0～1.5。

五、极限状态设计表达式

对于一般结构构件，若根据规定可靠指标[β]去进行结构设计，则必须利用荷载、材料、构件尺寸等的概率分布规律、统计参数，计算时复杂。因此，我国标准建议采用结构构件实用设计表达式。

（一）荷载的代表值

1. 荷载标准值

荷载标准值是在结构设计基准期内，正常情况下可能出现的最大荷载值，也是极限状态设计时采用的荷载代表值。

永久荷载标准值 G_k 是按构件的设计尺寸和材料容重的标准值确定的值。

可变荷载标准值 Q_k 是统一由设计基准期最大荷载概率分布的某一分位数确定，一般取具有 95%保证率的上分位值，即取平均值加 1.645 标准差。但对不少尚缺少研究的可变荷载，一般还沿用传统习惯的经验数值。

2. 荷载组合值

荷载组合值为可变荷载标准值乘以荷载组合值系数。这是考虑到两种或两种以上的可变荷载同时达到最大值的可能性较小，在设计中所采用的荷载组合值。

3. 荷载频遇值

荷载频遇值为可变荷载标准值乘以荷载频遇值系数。它是指在设计基准期内被超越的总时间仅为设计基准期一小部分的荷载值；或在设计基准期内其超越概率为某一给定频率的荷载值。主要用于当一个极限状态被超越时将产生局部损害、较大变形或短暂振动等情况。

4. 荷载准永久值

荷载准永久值为可变荷载标准值乘以荷载准永久值系数。它是指在设计基准期内被超越的总时间为设计基准期一半的荷载值。其主要用在当长期效应是决定因素时的一些情况。

（二）荷载分项系数与荷载设计值

1. 荷载分项系数

它是设计计算中反映荷载不定性关系与结构可靠度相关联的分项系数，其值为：

(1)永久荷载分项系数 γ_G：当其效应对结构不利时，对由可变荷载控制的组合，取 1.2；对由永久荷载控制的组合，取 1.35。当其效应对结构有利时，一般情况下取 1.0；对结构的倾覆、滑移或漂浮验算，应取 0.9。

(2)可变荷载分项系数 γ_Q：一般情况下取 1.4，对标准值大于 $4kN/m^2$ 的工业房屋楼面结构的活荷载应取 1.3。

对于某些特殊情况，可按建筑结构有关设计规范的规定确定。

2. 荷载设计值

荷载设计值为荷载代表值乘以荷载分项系数后的值。只有按承载力极限状态计算荷载效应时才需考虑荷载分项系数与荷载设计值。

（三）材料强度指标取值

1. 强度标准值

强度标准值是结构设计时采用的材料性能基本代表值。材料强度的概率分布宜采用正态分布或对数正态分布。材料强度的标准值可取其概率分布的 0.05 分位值确定，即 $\mu_R - 1.645\sigma_R$ 值，它具有 95%的保证率。当试验数据不足时，可根据经验分析确定（其值详见有关设计规范）。

2. 材料分项系数

材料分项系数是在按承载力极限状态设计时，按规定的可靠度指标$[\beta]$值在计算模式中所采用的系数值，我国规范根据$[\beta]$值及材料、几何参数、荷载基本参量，求出了各种结构用的材料分项系数，例如：

混凝土材料的分项系数 $\gamma_c = 1.4$；

HPB300、HRB335、HRB400 和 RRB400 级钢筋 $\gamma_s = 1.1$；

HRB500 级钢筋的分项系数 $\gamma_s = 1.15$；

预应力用钢丝、钢绞线和热处理钢筋 $\gamma_s = 1.2$。

3. 材料强度设计值

材料强度设计值是指材料强度的标准值 f_k 除以材料分项系数后的值（其值详见有关设计规范）。在承载力极限状态设计中采用材料强度设计值。

（四）极限状态设计实用表达式

1. 按承载力极限状态设计表达式

我国《混凝土规范》采用以概率理论为基础的极限状态设计法，结构构件的承载力设计应根据荷载效应的基本组合和偶然组合进行，其一般公式为

$$\gamma_0 S \leqslant R \tag{16-20}$$

1）结构构件重要性系数

对安全等级不同的结构，结构构件重要性系数取值如下：

安全等级为一级　　$\gamma_0=1.1$

安全等级为二级　　$\gamma_0=1.0$

安全等级为三级　　$\gamma_0=0.9$

建筑物中各类结构构件的安全等级，宜与整个结构的安全等级相同，对其中部分结构构件的安全等级可根据其重要程度适当调整，但不得低于三级。对有特殊要求的建筑物，其安全等级应根据具体情况另行确定。

2）荷载效应的组合设计值 S

(1)荷载效应基本组合。对于基本组合，荷载效应组合的设计值 S 应从下列组合值中取最不利值确定：

①由可变荷载效应控制的组合

$$S=\gamma_G S_{Gk}+\gamma_{Q1} S_{Q1k}+\sum_{i=2}^{n}\gamma_{Qi}\psi_{ci}S_{Qik} \tag{16-21}$$

式中：γ_G——永久荷载的分项系数；

γ_{Qi}——第 i 个可变荷载的分项系数，其中 γ_{Q1} 为可变荷载 Q_1 的分项系数；

S_{Gk}——按永久荷载标准值 G_k 计算的荷载效应值；

S_{Qik}——按可变荷载标准值 Q_{ik} 计算的荷载效应值，其中 S_{Q1k} 为诸可变荷载效应中起控制作用者；

ψ_{ci}——可变荷载 Q_i 组合值系数，应根据不同可变荷载按《建筑结构荷载规范》(GB 50009—2012)(以下简称《荷载规范》)取用；

n——参与组合的可变荷载数。

②由永久荷载效应控制的组合

$$S=\gamma_G S_{Gk}+\sum_{i=1}^{n}\gamma_{Qi}\psi_{ci}S_{Qik} \tag{16-22}$$

基本组合中的设计值仅适用于荷载与荷载效应为线性的情况。

对于一般排架、框架结构可采用以下简化式。

由可变荷载效应控制的组合

$$S=\gamma_G S_{GK}+\gamma_{Q1} S_{Q1k}$$

$$S=\gamma_G S_{Gk}+0.9\sum_{i=1}^{n}\gamma_{Qi}\psi_{ci}S_{Qik} \tag{16-23}$$

由永久荷载效应控制的组合仍按公式(16-22)采用。

(2)偶然组合。荷载效应组合的设计值宜按下列规定确定：偶然荷载的代表值不乘分项系数，与偶然荷载同时出现的其他荷载可根据观测资料和工程经验采用适当的代表值。各种情况下荷载效应的设计值公式，可参照有关规范执行。

(3)结构构件承载力设计值 R。结构构件承载力设计值取决于截面几何尺寸、截面材料种类、强度等级、截面形式等因素。对钢筋混凝土构件,可表达为

$$R = R(f_c, f_s, a_k, \cdots)/\gamma_{Rd} \tag{16-24}$$

式中:f_c、f_s——分别为混凝土、钢筋的强度设计值;

a_k——几何参数的标准值,当几何参数的变异性对结构性能有明显的不利影响时,应增减一个附加值;

γ_{Rd}——结构构件的抗力模型不定性系数,静力设计取 1.0,对不确定性较大的结构构件,根据具体情况取大于 1.0 的数值,抗震设计应用承载力抗震调整系数 γ_{RE} 代替 γ_{Rd}。

2.正常使用极限状态表达式

正常使用极限状态应根据不同的设计要求,采用荷载的标准组合、频遇组合、准永久组合或标准组合并考虑长期作用影响,采用下列极限状态设计表达式

$$S \leqslant C \tag{16-25}$$

式中:C——结构或结构构件达到正常使用要求的规定限值,例如变形、裂缝、振幅、加速度、应力等限值。

(1)标准组合。荷载效应组合的设计值 S 应按下式采用

$$S = S_{Gk} + S_{Q1k} + \sum_{i=2}^{n} \psi_{ci} S_{Qik} \tag{16-26}$$

(2)频遇组合。荷载效应组合的设计值 S 应按下式采用

$$S = S_{Gk} + \psi_{f1} S_{Q1k} + \sum_{i=2}^{n} \psi_{qi} S_{Qik} \tag{16-27}$$

式中:ψ_{f1}——可变荷载 Q_1 的频遇值系数;

ψ_{qi}——可变荷载 Q_i 的准永久值系数。

(3)准永久组合。荷载效应组合的设计值 S 应按下式采用

$$S = S_{Gk} + \sum_{i=1}^{n} \psi_{qi} S_{Qik} \tag{16-28}$$

以上组合中的设计值仅适用于荷载与荷载效应为线性的情况。

3.挠度验算

钢筋混凝土受弯构件的最大挠度 f_{max} 应按荷载的准永久组合,预应力混凝土受弯构件的最大挠度应按荷载的标准组合,并均应考虑荷载长期作用的影响进行计算,其计算值不应超过《混凝土规范》规定的挠度限值 f_{lim},即

$$f_{max} \leqslant f_{lim} \tag{16-29}$$

4.裂缝验算

根据正常使用阶段对结构构件裂缝的不同要求,将结构构件正截面的裂缝控制等级分为三级:

一级——严格要求不出现裂缝的构件,在荷载标准组合计算时,构件受拉边缘混凝土不应产生拉应力。

二级——一般要求不出现裂缝的构件,在荷载标准组合计算时,构件受拉边缘混凝土拉应

力不应大于混凝土抗拉强度标准值。

三级——允许出现裂缝的构件，对钢筋混凝土构件，按荷载准永久组合并考虑长期作用影响计算时，构件的最大裂缝宽度 w_{max} 不应超过《混凝土规范》规定的最大裂缝宽度限值 w_{lim}。对预应力混凝土构件，按荷载标准组合并考虑长期作用影响计算时，构件的最大裂缝宽度 w_{max} 不应超过《混凝土规范》规定的最大裂缝宽度限值 w_{lim}，即

$$w_{max} \leqslant w_{lim} \tag{16-30}$$

对二 a 类环境的预应力混凝土构件，尚应按荷载准永久组合计算，且构件受拉边缘混凝土的拉应力不应大于混凝土的抗拉强度标准值。

5.耐久性规定

混凝土结构应根据设计使用年限和环境类别进行耐久性设计。混凝土结构暴露的环境类别应按表 16-3 的要求划分；设计使用年限为 50 年的混凝土结构，其混凝土材料宜符合表 16-4 的规定。

混凝土结构的环境类别 表 16-3

环境类别	条　件
一	室内干燥环境； 无侵蚀性静水浸没环境
二 a	室内潮湿环境； 非严寒和非寒冷地区的露天环境； 非严寒和非寒冷地区与无侵蚀性的水或土壤直接接触的环境； 严寒和寒冷地区的冰冻线以下与无侵蚀性的水或土壤直接接触的环境
二 b	干湿交替环境； 水位频繁变动环境； 严寒和寒冷地区的露天环境； 严寒和寒冷地区冰冻线以上与无侵蚀性的水或土壤直接接触的环境
三 a	严寒和寒冷地区冬季水位变动区环境； 受除冰盐影响环境； 海风环境
三 b	盐渍土环境； 受除冰盐作用环境； 海岸环境
四	海水环境
五	受人为或自然的侵蚀性物质影响的环境

注：1.室内潮湿环境是指构件表面经常处于结露或湿润状态的环境。

2.严寒和寒冷地区的划分应符合现行国家标准《民用建筑热工设计规范》(GB 50176)的有关规定。

3.海岸环境和海风环境宜根据当地情况，考虑主导风向及结构所处迎风、背风部位等因素的影响，由调查研究和工程经验确定。

4.受除冰盐影响环境是指受到除冰盐盐雾影响的环境，受除冰盐作用环境是指被除冰盐溶液溅射的环境以及使用除冰盐地区的洗车房、停车楼等建筑。

5.暴露的环境是指混凝土结构表面所处的环境。

结构混凝土材料的耐久性基本要求 表 16-4

<table>
<tr><th>环 境 等 级</th><th>最大水胶比</th><th>最低强度等级</th><th>最大氯离子含量（%）</th><th>最大碱含量（kg/m³）</th></tr>
<tr><td>一</td><td>0.60</td><td>C20</td><td>0.30</td><td>不限值</td></tr>
<tr><td>二 a</td><td>0.55</td><td>C25</td><td>0.20</td><td rowspan="4">3.0</td></tr>
<tr><td>二 b</td><td>0.50(0.55)</td><td>C30(C25)</td><td>0.15</td></tr>
<tr><td>三 a</td><td>0.45(0.50)</td><td>C35(C30)</td><td>0.15</td></tr>
<tr><td>三 b</td><td>0.40</td><td>C40</td><td>0.10</td></tr>
</table>

注：1. 氯离子含量系指其占胶凝材料总量的百分比。

2. 预应力构件混凝土中的最大氯离子含量为 0.06%；其最低混凝土强度等级宜按表中的规定提高两个等级。

3. 素混凝土构件的水胶比及最低强度等级的要求可适当放松。

4. 有可靠工程经验时，二类环境中的最低混凝土强度等级可降低一个等级。

5. 处于严寒和寒冷地区二 b、三 a 类环境中的混凝土应使用引气剂，并可采用括号中的有关参数。

6. 当使用非碱活性骨料时，对混凝土中的碱含量可不作限制。

习 题

16-4 安全等级为二级的延性结构构件的可靠性指标为（ ）。

A. 4.2 B. 3.7 C. 3.2 D. 2.7

16-5 我国规范度量结构构件可靠度的方法是（ ）。

A. 用可靠性指标 β，不计失效概率 P_f

B. 用荷载、材料的分项系数及结构的重要性系数，不计 P_f

C. 用 β 表示 P_f，并在形式上采用分项系数和结构构件的重要性系数

D. 用荷载及材料的分项系数，不计 P_f

16-6 可变荷载在设计基准期内被超越的总时间为（ ）的那部分荷载值，称为该可变荷载的准永久值。

A. 10 年 B. 15 年 C. 20 年 D. 25 年

16-7 一计算跨度为 4m 简支梁，梁上作用有恒载标准值（包括自重）15kN/m，活荷载标准值 5kN/m，其跨中最大弯矩设计值为（ ）。

A. 50kN·m B. 50.3kN·m C. 100kN·m D. 100.6kN·m

16-8 结构在设计使用年限超过设计基准期后，结构将发生（ ）。

A. 立即丧失其功能 B. 可靠度降低

C. 不失效则可靠度不变 D. 可靠度降低，但可靠指标不变

第三节 钢筋混凝土构件承载能力极限状态计算

一、钢筋混凝土受弯构件

（一）正截面抗弯承载力

1. 受弯构件沿正截面可能发生的三种破坏形态

（1）少筋破坏：当构件受拉配筋率 $\rho=A_s/(bh_0)<\rho_{min}$（最小配筋率）时，构件一旦开裂即丧

失承载能力，呈脆性破坏，无明显预兆，材料不能充分利用，在设计中应加以避免。

(2)适筋破坏：当正截面混凝土受压区的高度 $x \leqslant \xi_b h_0$（ξ_b 为相对界限受压区高度），$\rho = A_s/(bh_0) \geqslant \rho_{min}$ 时，构件纵向受拉筋先达到屈服，然后受压区混凝土被压坏，呈塑性破坏，有明显的塑性变形和裂缝预兆，在设计中应设计成这种梁。

(3)超筋破坏：当正截面混凝土受压区高度 $x > \xi_b h_0$ 时，由于受压区混凝土先压碎，而受拉钢筋尚未达到屈服。破坏前有一定的变形与裂缝预兆，但不如适筋梁明显，属脆性破坏，材料不能充分利用，在设计中应加以避免。

2.适筋梁的三个应力阶段

(1)I 阶段：截面开裂前的阶段为 I 阶段。当受拉区边缘的混凝土拉应变达到极限拉应变，即 $\varepsilon_t = \varepsilon_{tu}$ 时，拉区即将开裂时称之为 I_a 阶段，即为第 I 阶段末。将 I_a 阶段应力状态作为抗裂验算的依据。

(2)II 阶段：从截面受拉区开裂开始至纵向受拉钢筋刚达到屈服时止为 II 阶段。钢筋刚达到屈服时称为 II_a 阶段。II 阶段应力状态是正常使用极限状态的刚度与裂缝宽度验算的依据。

(3)III 阶段：从受拉钢筋屈服后至压区混凝土压坏为止为 III 阶段。当压区混凝土压坏时称为 III_a 阶段。III_a 的应力状态是正截面抗弯承载力计算的依据。

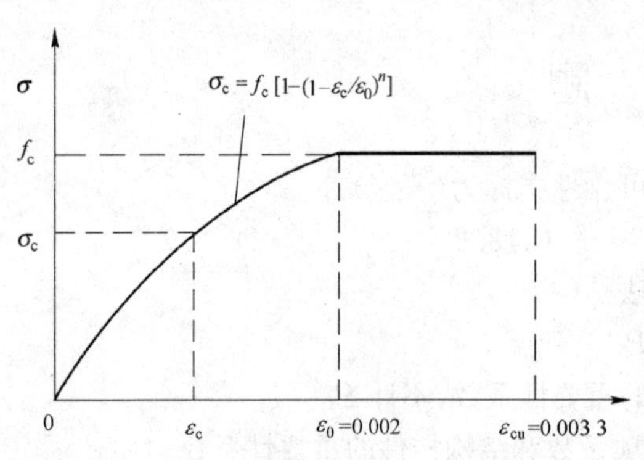

图 16-4 混凝土应力-应变曲线图

3.受弯构件正截面承载力计算的基本假定

(1)截面平均应变符合平截面假定。

(2)不考虑受拉区混凝土的抗拉强度。

(3)受压区混凝土的应力-应变曲线见图 16-4：

当 $\varepsilon_c \leqslant \varepsilon_0$ 时

$$\sigma_c = f_c[1-(1-\varepsilon_c/\varepsilon_0)^n] \tag{16-31}$$

当 $\varepsilon_0 < \varepsilon_c \leqslant \varepsilon_{cu}$ 时

$$\sigma_c = f_c \tag{16-32}$$

$$n = 2-(f_{cu,k}-50)/60, n \leqslant 2.0 \tag{16-33}$$

$$\varepsilon_0 = 0.002+0.5(f_{cu,k}-50)\times 10^{-5} \tag{16-34}$$

$$\varepsilon_{cu} = 0.0033-(f_{cu,k}-50)\times 10^{-5} \tag{16-35}$$

式中：σ_c——混凝土压应变为 ε_c 时的混凝土压应力；

f_c——混凝土轴心抗压强度设计值；

ε_0——混凝土压应力刚达到 f_c 时的混凝土压应变，$\varepsilon_0 \geqslant 0.002$；

ε_{cu}——正截面混凝土的极限压应变，当处于非均匀受压时，按式(16-35)计算，且 $\varepsilon_{cu} \leqslant 0.0033$，当处于轴心受压时，$\varepsilon_{cu} = \varepsilon_0$。

设计计算时，如图 16-4 所示的受压区混凝土应力图形可简化为等效的矩形应力图。

(4)纵向钢筋的应力取等于钢筋应变与其弹性模量的乘积，但其绝对值不应大于其相应的强度设计值。纵向受拉钢筋的极限拉应变取为 0.01。

4.矩形截面或翼缘位于受拉区的倒 T 形截面受弯构件，其正截面抗弯承载力计算及适用条件

$$
\left.\begin{aligned}
&M \leqslant \alpha_1 f_c bx(h_0 - x/2) + f_y{}' A_s{}'(h_0 - a_s{}') \\
\text{或}\quad &M \leqslant \alpha_s \alpha_1 f_c bx h_0^2 + f_y{}' A_s{}'(h_0 - a_s{}') \\
&\alpha_s = \xi(1-\xi/2)
\end{aligned}\right\}\tag{16-36}
$$

式中：α_1——系数，对 C50 及以下混凝土，$\alpha_1=1.0$；对 C80，$\alpha_1=0.94$；中间按线性内插。

混凝土受压区高度 x 按下式确定

$$
\left.\begin{aligned}
&\alpha_1 f_c bx = f_y A_s - f_y{}' A_s{}' \\
\text{或}\quad &\xi = (f_y A_s - f_y{}' A_s{}')/\alpha_1 f_c b h_0
\end{aligned}\right\}\tag{16-37}
$$

公式(16-36)和公式(16-37)的适用条件为

$$x \leqslant \xi_b h_0 \tag{16-38}$$

$$x \geqslant 2a_s{}' \tag{16-39}$$

式(16-38)是为了防止超筋破坏，保证受拉钢筋 A_s 达到屈强度，$\sigma_s=f_y$；式(16-39)是为了保证能充分利用受压钢筋 $A_s{}'$ 的强度，$\sigma_s{}'=f_y{}'$；同时，为了防止少筋破坏，尚应满足 $\rho=A_s/(bh)_0\geqslant\rho_{min}$（最小配筋率）（主要对于 $A_s{}'=0$ 时的单筋梁易出现这种情况）。

5. 翼缘位于受压区的 T 形截面受弯构件

其正截面抗弯承载力计算及适用条件如下。

(1)当符合下列条件时

$$f_y A_s \leqslant \alpha_1 f_c b_f{}' h_f{}' + f_y' A_s{}' \tag{16-40}$$

则混凝土受压区高度 $x\leqslant h_f{}'$，按宽度为 $b_f{}'$ 的矩形截面计算。

(2)当不符合式(16-40)的条件时，则受压区高度 $x>h_f{}'$，计算中应考虑截面中腹板受压的作用，其正截面抗弯承载力按下列公式计算

$$
\left.\begin{aligned}
&M\leqslant \alpha_1 f_c bx\left(h_0-\frac{x}{2}\right)+\alpha_1 f_c(b_f{}'-b)h_f{}'\left(h_0-\frac{h_f{}'}{2}\right)+ \\
&\qquad f_y{}'A_s{}'(h_0-a_s{}') \\
\text{或}\quad &M\leqslant \alpha_s\alpha_1 f_c bh_0^2+\alpha_1 f_c(b_f{}'-b)h_f{}'\left(h_0-\frac{h_f{}'}{2}\right)+ \\
&\qquad f_y{}'A_s{}'(h_0-a_s{}') \\
&\qquad \alpha_s=\xi\left(1-\frac{\xi}{2}\right)
\end{aligned}\right\}\tag{16-41}
$$

混凝土受压区高度按下列公式确定

$$
\left.\begin{aligned}
&\alpha_1 f_c[bx+(b_f{}'-b)h_f{}'] = f_y A_s - f_y{}' A_s{}' \\
\text{或}\quad &\xi = \frac{A_s f_y - f_y{}' A_s{}' - \alpha_1 f_c (b_f{}'-b)h_f{}'}{bh_0\alpha_1 f_c}
\end{aligned}\right\}\tag{16-42}
$$

应用公式(16-41)与公式(16-42)时，为了防止出现超筋破坏，且保证 A_s 的 $\sigma_s=f_y$ 及 $A_s{}'$ 的 $\sigma_s{}'=f_y{}'$，也应满足下式要求

$$x \leqslant \xi_b h_0$$

$$x \geqslant 2a_s'$$

而且 $b_f{}'$ 的取值应符合《混凝土规范》表 6.2.12 的规定。

6. 相对界限受压区高度 ξ_b 值计算公式

当受拉钢筋刚达到屈服应变 $\varepsilon_y = f_y/E_s$ 时，受压区外边缘混凝土达到受弯的极限压应变 ε_{cu} 时的相对界限受压区计算高度，可以根据平截面假定的比例关系确定。

(1)对于有屈服点钢筋

$$\xi_b = \frac{\beta_1}{1 + f_y/(E_s \varepsilon_{cu})} \tag{16-43}$$

(2)对于无屈服点钢筋

$$\xi_b = \frac{\beta_1}{1 + 0.002/\varepsilon_{cu} + f_y/(E_s \varepsilon_{cu})} \tag{16-44}$$

式中：f_y——纵向钢筋抗拉强度设计值；

E_s——钢筋弹性模量；

ε_{cu}——非均匀受压时的混凝土极限压应变，按公式(16-35)计算；

β_1——系数，对 C50 及以下，$\beta_1 = 0.8$，对 C80，$\beta_1 = 0.74$，中间按线性内插。

7. 纵向受压钢筋 A_s 的作用

(1)可提高截面极限抗弯承载力。当 $x > x_b$ 时，可以增加 A_s'，使 $x \leqslant x_b$。

(2)可承受变号弯矩。

(3)可减小混凝土徐变，提高构件长期刚度。

(4)可作架立筋用。

(5)可提高构件延性，改善抗震性能。

(二)斜截面承载力

1. 影响斜截面破坏特征的两个主要因素及破坏形态

除混凝土强度等级与截面尺寸外，影响其破坏形态的两个主要因素有：

(1)剪跨比 λ

对于集中荷载的简支梁剪跨比 λ 为

$$\lambda = \frac{M}{Vh_0} = \frac{a}{h_0} \tag{16-45}$$

式中：M——集中力作用截面处的弯矩设计值；

V——支座截面的剪力设计值；

a——第一个集中力(计算截面)至剪力较大一侧支座截面的距离，称为剪跨。

(2)配箍率 ρ_{sv}

$$\rho_{sv} = \frac{nA_{sv1}}{bs} \tag{16-46}$$

式中：A_{sv1}——单肢箍筋截面积；

n——同一截面内箍筋的肢数；

b——梁(肋)宽度；

s——箍筋间距。

(3)破坏形态

随着 λ 及 ρ_{sv} 的变化，斜截面可能发生以下三种破坏形态：

①当 $\rho_{sv} < \rho_{sv,min}$(最小配箍率)，$\lambda > 3$ 时，斜裂缝一出现，箍筋马上屈服并进入强化阶段，立即丧失斜截面的承载力，产生斜拉破坏。这种破坏预兆性很差，承载力低，不能充分利用材料，设计中应当避免。

②当 $\rho_{sv,max} \geqslant \rho_{sv} \geqslant \rho_{sv,min}$ 或者虽然 $\rho_{sv} < \rho_{sv,min}$，但 $1 \leqslant \lambda \leqslant 3$ 时，当临界斜裂缝形成后，箍筋先屈

服，然后斜裂缝顶端剪压区混凝土达到了复合受力的极限强度，丧失了斜截面抗剪压的承载力，称为剪压破坏。这种破坏事前有一定的预兆，其承载力随ρ_{sv}加大而提高，远大于斜拉破坏承载力。

③当$\rho_{sv}>\rho_{sv,max}$或虽然$\rho_{sv}<\rho_{sv,max}$，但$\lambda<1$时，使梁的腹板上发生多条近似平行的斜向裂缝，腹板的混凝土发生斜向压坏，称之为斜压破坏。这种破坏是由于主压应力达到混凝土的抗压强度而引起的，承载力很高，但破坏预兆性差，箍筋达不到屈服，箍筋强度不能充分利用，在设计中也应加以避免。

2. 矩形、T形和I形截面的受弯构件抗剪承载力计算

(1)为了防止构件发生斜压破坏，配置箍筋过多，达不到屈服，不能充分利用材料，其抗剪截面应符合下列条件

当$\frac{h_w}{b}\leqslant 4$时

$$V\leqslant 0.25\beta_c f_c bh_0 \tag{16-47}$$

当$\frac{h_w}{b}\geqslant 6$时

$$V\leqslant 0.2\beta_c f_c bh_0 \tag{16-48}$$

当$4<\frac{h_w}{b}<6$时，按直线内插法取用。

式中：V——剪力设计值；

b——矩形截面宽度，T形与I形截面的腹板宽度；

h_w——截面的腹板高度；矩形截面取有效高度，T形截面取有效高度减去翼缘高度，I形截面取腹板净高；

β_c——混凝土强度影响系数，对C50及以下，$\beta_c=1.0$；对C80，$\beta_c=0.8$，中间按线性内插。

(2)计算抗剪承载力时的计算位置应按下列规定采用：

①剪力最大的支座边缘截面；

②受拉区弯起钢筋弯起点处截面，因此处的抗剪承载力中，其弯筋抗剪承载力值$V_b=0.8A_{sb}f_y\sin\alpha_s$已全部不起作用，截面的抗剪承载力突然降低；

③箍筋截面面积或间距改变处的截面，因该截面的箍筋抗剪承载力突然降低；

④腹板宽度改变处，当腹板宽度突然变小时，混凝土抗剪承载力将降低。

(3)矩形、T形和I形截面抗剪承载力计算

对于一般受弯构件

$$V\leqslant 0.7f_t bh_0+f_{yv}\frac{A_{sv}}{s}h_0+0.8f_y A_{sb}\sin\alpha_s \tag{16-49}$$

对于集中荷载作用下的矩形截面独立梁（包括作用有多种荷载，且其中集中荷载对支座截面或节点边缘所产生的剪力值占总剪力值75%以上的情况），则

$$V\leqslant \frac{1.75}{\lambda+1}f_t bh_0+f_{yv}\frac{A_{sv}}{s}h_0+0.8f_y A_{sb}\sin\alpha_s \tag{16-50}$$

式中：λ——计算截面的剪跨比，可取$\lambda=a/h_0$，a为计算截面至支座截面或节点边缘的距离，计算截面取集中荷载作用点处的截面，当$\lambda<1.5$时，取$\lambda=1.5$，当$\lambda=3$时，取$\lambda=3$，计算截面至支座之间的箍筋，应均匀配置；

f_t——混凝土轴心抗拉强度设计值。

(4)为防止发生斜拉破坏，由公式(16-49)及公式(16-50)求出的配箍率及选用的箍筋间距

s 和直径 d_{sv} 尚应满足下列要求：

①$\rho_{sv} \geqslant \rho_{sv,min} = 0.24 f_t / f_{yv}$；

②$s \leqslant s_{max}$（s_{max} 见表 16-5）；

③当截面高度 $h > 800$mm 时，箍筋直径 $d_{sv} \geqslant 8$mm；当 $h \leqslant 800$mm 时，$d_{sv} \geqslant 6$mm；当梁中配有计算需要的纵向受压钢筋时，箍筋直径 $d_{sv} \geqslant 0.25d$（d 为受压钢筋最大直径）。

梁中箍筋最大间距 s_{max}（单位：mm）　　表 16-5

梁高 h(mm)	$V > 0.7 f_t b h_0$	$V \leqslant 0.7 f_t b h_0$	梁高 h(mm)	$V > 0.7 f_t b h_0$	$V \leqslant 0.7 f_t b h_0$
$150 < h \leqslant 300$	150	200	$500 < h \leqslant 800$	250	350
$300 < h \leqslant 500$	200	300	$h > 800$	300	500

（三）受弯构件的构造要求

受弯构件承载力除满足正截面抗弯承载力与斜截面抗剪承载力之外，尚应满足构造要求，以防止出现支座钢筋锚固破坏或因钢筋弯起过早与切断过早而引起的斜截面受弯破坏，应注意下列方面的构造规定：

1. 纵向受力钢筋

纵向受力钢筋的经济配筋率，板为 0.4%～0.8%，梁为 0.6%～1.5%。纵向受力钢筋在支座处的锚固不应小于《混凝土规范》规定的锚固长度（见《混凝土规范》第 9.3 条），并注意伸入支座的最少根数与最小面积。

2. 钢筋的搭接长度

对受拉钢筋不应小于 $1.2l_a$（l_a 为受拉钢筋的锚固长度），且不小于 300mm；对受压钢筋不应小于受拉钢筋搭接长度的 7/10，且不小于 200mm。在搭接长度范围内，箍筋的直径不应小于搭接钢筋较大直径的 1/4。当钢筋受拉时，箍筋间距不应大于 $5d$（d 为纵筋最小直径）与 100mm；当钢筋受压时，箍筋间距不应大于 $10d$ 与 200mm。当受压钢筋直径 $d > 25$mm 时，尚应在搭接接头两个端面外 100mm 范围内设置两个箍筋。

3. 纵筋的弯起

(1)为了保证正截面与斜截面的抗弯承载力，应使抵抗弯矩图 M_u 包住设计弯矩图 M，受拉区钢筋应在离该钢筋充分利用点截面 $h_0/2$ 以后才能弯起。

(2)为了保证斜截面抗剪承载力，抗剪承载力图 V_u 应包住剪力设计值图 V，前一道弯起钢筋的下弯点至下一道弯起钢筋的上弯点之间的距离应不大于 s_{max}（箍筋允许的最大间距）。

4. 钢筋的切断

(1)为了保证理论断点处出现裂缝，钢筋强度仍能充分被利用，纵筋实际截断点应延伸至理论断点以外 $20d$ 处。

(2)为了保证钢筋强度能充分发挥，自充分利用点至钢筋截断点的距离 l_a，当 $V \leqslant 0.7 f_t b h_0$ 时为 $1.2l_a$；当 $V > 0.7 f_t b h_0$ 时为 $1.2l_a + h_0$。

应取(1)与(2)两者中的较大值作为钢筋的实际断点位置。

5. 架立筋与梁侧构造钢筋

当梁的跨度 $l < 4$m 时，架立筋直径不宜小于 8mm；当 $l = 4$～6m 时，不宜小于 10mm；当 $l > 6$m时，不宜小于 12mm。当梁的腹板高度 $h_w \geqslant 450$mm 时，在梁的两侧应沿高度配置纵向构造钢筋，每侧构造钢筋的截面面积不应小于腹板截面面积 bh_w 的0.1%，且其间距不宜大于 200mm。

6. 箍筋

当梁中配有按计算需要的纵向受压钢筋时，箍筋应做成封闭式；此时，箍筋的间距不应大于 $15d$（d 为纵向受压钢筋的最小直径）与 400mm；当一层内的纵向受压钢筋多于 5 根且直径大于 18mm 时，箍筋间距不应大于 $10d$；当梁的宽度大于 400mm 且一层内的纵向受压钢筋多于 3 根时，或当梁的宽度不大于 400mm 但一层内的纵向受压钢筋多于 4 根时，应设置复合箍筋。

7. 其他构造（详见《混凝土规范》）

二、受扭构件

（一）影响钢筋混凝土纯扭构件破坏特征的主要因素

除混凝土强度等级及截面尺寸之外，影响其破坏特征的还有以下三个主要因素：

（1）受扭纵向配筋率 $\rho_{t1}=\dfrac{A_{stl}}{bh}$，其中 A_{stl} 为取对称布置的全部受扭纵筋截面积，b、h 为受扭构件截面短边和长边尺寸。

（2）受扭箍筋配筋率 $\rho_{sv}=\dfrac{2A_{svl}}{bs}$，其中 A_{svl} 为沿构件截面周边所配箍筋的单肢截面面积，s 为受扭箍筋间距。

（3）受扭构件纵向钢筋与箍筋的配筋强度比值 ζ，即沿截面核心周长单位长度上受扭纵筋的强度与沿构件轴线单位长度上受扭箍筋的强度之比，可按下式计算

$$\zeta=\frac{f_y A_{stl}/u_{cor}}{f_{yv}A_{svl}/s}=\frac{f_y A_{stl}s}{f_{yv}A_{svl}u_{cor}} \tag{16-51}$$

式中：u_{cor}——截面核心部分的周长，$u_{cor}=2(b_{cor}+h_{cor})$，$b_{cor}$、$h_{cor}$ 分别为截面核心的短边和长边尺寸。

（二）钢筋混凝土纯扭构件的破坏形态

1. 受扭少筋破坏

当 ρ_{t1} 与 ρ_{sv} 均很小，一旦出现受扭裂缝，即出现类似素混凝土的纯扭脆性断裂，破坏无预兆，材料不能充分利用，设计中应当避免。

2. 受扭适筋破坏

当 ρ_{t1}、ρ_{sv}、ζ 值均适当且配筋满足构造要求时，在出现多条螺旋状裂缝之后，到破坏时与斜裂缝相交的纵筋与箍筋都达到了屈服，然后受压区混凝土达到极限压应变值，发生三面受拉，一面受压的空间扭曲截面破坏。破坏前有预兆，可充分利用材料，设计中应采用这种构件。

3. 受扭部分超筋破坏

当 ρ_{t1} 与 ρ_{sv} 之中的一个值太大，ζ 值过大或过小，受压面混凝土压坏时，与斜裂缝相交的纵筋或箍筋中的一种尚达不到屈服。破坏也有一定预兆，但部分材料强度不能充分利用，在设计中也可采用。

4. 受扭超筋破坏

当 ρ_{t1}、ρ_{sv} 均太大，受压面混凝土被压坏时，与斜裂缝相交的纵筋和箍筋应力均达不到屈服，构件破坏预兆不明显，材料不能充分利用，在设计中应加以避免。

（三）矩形截面纯扭构件的抗扭承载力计算

1. 为了防止受扭超筋破坏，材料不能充分利用，其截面应符合下列公式要求

当 $h_0/b\leqslant 4$ 时

$$T \leqslant 0.20\beta_c f_c W_t \tag{16-52}$$

当 $h_0/b=6$ 时

$$T \leqslant 0.16\beta_c f_c W_t \tag{16-53}$$

当 $4<h_0/b<6$ 时，按线性内插确定。

式中：T——扭矩设计值；

W_t——受扭构件的截面受扭塑性抵抗矩，按式(16-54)计算；

b、h_0——分别为矩形截面的宽度和有效高度。

矩形截面的受扭塑性抵抗矩按下式计算

$$W_t = \frac{b^2}{6}(3h-b) \tag{16-54}$$

根据变角空间桁架理论可得到矩形截面抗扭承载力计算公式为

$$T_u = 2\sqrt{\zeta}\,\frac{f_{yv}A_{stl}}{s}A_{cor} \tag{16-55}$$

试验结果指出，式(16-55)计算结果对于低配筋纯扭构件偏保守，对高配筋纯扭构件偏不安全，《混凝土规范》建议按下式计算

$$T \leqslant 0.35 f_t W_t + 1.2\sqrt{\zeta} f_{yv}\frac{A_{stl}A_{cor}}{s} \tag{16-56}$$

式中：f_t——混凝土抗拉强度设计值；

ζ——受扭构件纵向钢筋与箍筋的配筋强度比，为避免出现受扭超筋破坏，材料不能充分发挥作用，ζ 值应符合 $0.6\leqslant\zeta\leqslant1.7$ 的要求，一般取 $\zeta=1\sim1.2$ 为佳，当 $\zeta>1.7$ 时，取 $\zeta=1.7$。

2. 为了防止出现少筋破坏构件，当符合

$$V \leqslant 0.7 f_t W_t \tag{16-57}$$

时，要求 $\rho_{sv}=\dfrac{2A_{svl}}{bs}$ 不应小于 $\rho_{sv,min}$ 值，即

$$\rho_{sv} \geqslant \rho_{sv,min} = 0.28 f_t/f_{yv} \tag{16-58}$$

而且箍筋的间距应符合不超过表 16-5 的要求。

其纵向钢筋的配筋率 $\rho_{tl}=A_{stl}/(bh)$ 不应小于 $\rho_{tl,min}$ 值，即

$$\rho_{tl} = \frac{A_{stl}}{bh} \geqslant \rho_{tl,min} = 0.85 f_t/f_y \tag{16-59}$$

而且纵筋的间距不应大于 200mm 与构件短边边长。

（四）矩形截面剪扭构件的抗剪扭承载力计算。

(1)为了防止设计成剪扭超筋构件，当 $h_w/b<6$ 时，其截面应符合下列公式的要求。

当 $h_0/b\leqslant4$ 时

$$\frac{V}{bh_0}+\frac{T}{0.8W_t}\leqslant 0.25\beta_c f_c \tag{16-60}$$

当 $h_0/b=6$ 时

$$\frac{V}{bh_0}+\frac{T}{0.8W_t}\leqslant 0.20\beta_c f_c \tag{16-61}$$

当 $4<h_0/b<6$ 时，按线性内插确定。

(2)在剪力与扭矩共同作用下的矩形截面钢筋混凝土一般剪扭构件，考虑剪扭承载力降低

的相关性，其抗剪扭承载力应按下式计算。

①受剪扭构件的抗剪承载力

$$V \leqslant 0.7 f_t b h_0 (1.5 - \beta_t) + f_{yv} \frac{A_{sv}}{s} h_0 \tag{16-62}$$

②受剪扭构件的抗扭承载力

$$T \leqslant 0.35 \beta_t f_t W_t + 1.2\sqrt{\zeta} f_{yv} \frac{A_{stl} A_{cor}}{s} \tag{16-63}$$

式中：β_t——剪扭构件混凝土抗扭承载力降低系数，应按式(16-64)计算。

一般构件

$$\beta_t = \frac{1.5}{1 + 0.5 \frac{V W_t}{T b h_0}} \tag{16-64}$$

当 $\beta_t < 0.5$ 时，取 $\beta_t = 0.5$；当 $\beta_t > 1$ 时，取 $\beta_t = 1$。

对集中荷载作用下的矩形截面钢筋混凝土剪扭构件(包括作用有多种荷载，且其中集中荷载对支座截面或节点边缘所产生的剪力值占总剪力值的75%以上的情况)，式(16-62)改为

$$V \leqslant \frac{1.75}{\lambda + 1} f_t b h_0 (1.5 - \beta_t) + f_{yv} \frac{A_{sv}}{s} h_0 \tag{16-65}$$

而且式(16-63)及式(16-65)中的 β_t 值应按下式计算

$$\beta_t = \frac{1.5}{1 + 0.2(\lambda + 1.0) \frac{V W_t}{T b h_0}} \tag{16-66}$$

式中：λ——计算截面剪跨比，同抗剪承载力计算时的取值。

按式(16-62)或式(16-65)算出 $\frac{A_{svl}}{s}$ 和按式(16-63)算出 $\frac{A_{stl}}{s}$ 之后，剪扭构件总配箍量可按下式计算

$$\frac{A_{svtl}}{s} = \frac{A_{svl}}{s} + \frac{A_{stl}}{s} \tag{16-67}$$

(3)为了避免设计成受扭少筋构件，剪扭构件的箍筋配筋率和纵筋配筋率应符合下列规定：

①箍筋的配筋率

$$\rho_{sv} \geqslant \rho_{sv,\min} = 0.28 \frac{f_t}{f_{yv}} \tag{16-68}$$

②受扭纵向受力筋配筋率 ρ_{tl}

$$\rho_{tl} = \frac{A_{stl}}{bh} \geqslant \rho_{tl,\min} = 0.6 \sqrt{\frac{T}{Vb}} \frac{f_t}{f_y} \tag{16-69}$$

当 $T/(Vb) > 2.0$ 时，取 $T/(Vb) = 2.0$。

(五)弯剪扭构件承载力计算

(1)为了防止出现剪扭超筋破坏，其截面尺寸应符合式(16-60)和式(16-61)的要求。

(2)弯剪扭构件的抗剪与抗扭承载力仍按式(16-62)～式(16-67)计算。即考虑剪扭之间的相关性，但弯矩不考虑它们之间的相关性，仅按叠加原理进行计算。并应注意由抗弯承载力计算的 A_s 应配置在截面受拉区，而按抗扭承载力计算的 A_{stl} 应沿截面核心周边均匀布置。

(3)为了防止出现剪扭少筋构件与受弯扭少筋构件，其箍筋配箍率与纵筋配筋率应满足下列条件：

箍筋配箍率 $\rho_{sv} \geqslant$ 式(16-68)确定的 $\rho_{sv,\min}$ 值

$$纵向配筋率\ \rho \geqslant \rho_{min} + \rho_{tl,min}$$

式中：ρ_{min}——受弯构件受拉最小配筋率；

$\rho_{tl,min}$——受剪扭构件最小纵向配筋率，按式(16-69)计算。

（六）弯剪扭构件构造要求

1.箍筋

(1)直径：同受弯构件对箍筋直径的要求。

(2)间距：$s \leqslant s_{max}$，s_{max}同受弯构件箍筋的最大间距(见表16-5)。

(3)形式：必须封闭式，当采用绑扎骨架时，箍筋末端应做不小于135°弯钩，弯钩端头平直段长度不应小于$10d$(d为箍筋直径)。

2.纵向钢筋

(1)直径：$d > 10$mm。

(2)布置：受扭纵筋沿截面周边布置，在四角必须设置；受弯部分钢筋应设置在受拉边区域内。

(3)间距：$s \leqslant 200$mm 和梁宽b。

(4)锚固：伸入支座或节点内的长度不应小于受拉钢筋强度充分利用的最小锚固长度l_a。

（七）T形和I形截面纯扭构件抗扭承载力

对T形和I形截面构件，可将其截面划分为几个矩形截面，分别按矩形截面进行受扭计算。

1.每个矩形的截面扭矩设计值

(1)腹板

$$T_w = \frac{W_{tw}}{W_t} T \qquad (16\text{-}70)$$

(2)受拉翼缘

$$T_f = \frac{W_{tf}}{W_t} T \qquad (16\text{-}71)$$

(3)受压翼缘

$$T_f' = \frac{W_{tf}'}{W_t} T \qquad (16\text{-}72)$$

2.截面受扭塑性抵抗矩

(1)矩形截面

$$W_t = \frac{b^2}{6}(3h - b) \qquad (16\text{-}73)$$

(2)T形和I形截面

①全截面

$$W_t = W_{tw} + W_{tf}' + W_{tf} \qquad (16\text{-}74)$$

②腹板

$$W_{tw} = \frac{b^2}{6}(3h - b) \qquad (16\text{-}75)$$

③受压翼缘

$$W_{tf}' = \frac{h_f'^2}{2}(b_f' - b) \qquad (16\text{-}76)$$

④受拉翼缘

$$W_{tf} = \frac{h_f^2}{2}(b_f - b) \tag{16-77}$$

式中：b——腹板宽度；

h_f'、b_f'——分别为截面受压区翼缘的高度与宽度；

h_f、b_f——分别为截面受拉区翼缘的高度与宽度。

且应符合 $b'_f \leqslant b + 6h'_f$ 及 $b_f \leqslant b + 6h_f$ 的规定。

（八）简化计算规定

（1）当$\frac{V}{bh_0}+\frac{T}{W_t}\leqslant 0.7f_t$ 时，可按构造要求配置箍筋，不需计算。

（2）当 $V\leqslant 0.035f_tbh_0$ 或 $V\leqslant 0.875f_tbh_0/(1+\lambda)$时，可按弯扭构件计算，不考虑剪力作用的影响。

（3）当 $T\leqslant 0.175f_tW_t$ 时，可按受弯构件计算，不考虑扭矩的影响。

三、受压构件

（一）普通箍筋轴心受压构件

其破坏特征与承载力如下：

（1）当长细比 $l_0/b\leqslant 8$ 时，将发生短柱破坏，构件出现纵向裂缝，混凝土被压碎，纵筋压屈外鼓呈灯笼状。其正截面抗压承载力为

$$N \leqslant 0.9(f_cA + f_y'A_s') \tag{16-78}$$

式中：N——轴向力设计值；

A——构件截面面积，当纵向钢筋配筋率大于 3%时，式中 A 改为混凝土净截面积 A_n，$A_n = A - A_s'$；

A_s'、f_y'——分别为受压钢筋全部截面积及受压钢筋抗压强度设计值；

f_c——混凝土轴心抗压强度设计值。

（2）当长细比 $l_0/b>8$ 时，将发生长柱破坏，其一侧出现纵向裂缝，混凝土被压碎，纵筋压屈外鼓；而另一侧出现横向裂缝，钢筋应力可能达不到屈服强度，其正截面抗压承载力为

$$N \leqslant 0.9\varphi(f_cA + f_y'A_s') \tag{16-79}$$

式中：φ——钢筋混凝土构件轴心受压的稳定系数，随构件长细比（$l_0/b, l_0/d, l_0/i$）的增加而降低（详见《混凝土规范》表 6.2.15），对于短柱取 $\varphi=1$。

在实际工程中，不存在理想的轴心受压构件，对于长细比较小的构件，混凝土将承受大部分的轴向压力，在施工中控制混凝土质量特别重要。

（二）配有螺旋箍筋的轴心受压构件

对于符合适用条件的螺旋式或焊接环式间接钢箍时，可以考虑螺旋箍对柱核心混凝土约束的间接作用，考虑混凝土为三向受压，其正截面的抗压承载力为

$$N \leqslant 0.9(f_cA_{cor} + f_y'A_s' + 2\alpha f_{yv}A_{ss0}) \tag{16-80}$$

式中：A_{cor}——构件的核心截面面积；

f_{yv}——间接钢筋的抗拉强度设计值；

A_{ss0}——螺旋式或焊接环式间接钢筋的换算截面面积 $A_{ss0}=\frac{\pi d_{cor}A_{ss1}}{s}$；

d_{cor}——构件的核心直径；

A_{ss1}——螺旋式或焊接环式单根间接钢筋的截面面积；

s——沿构件轴线方向间接钢筋的间距；

α——间接钢筋对混凝土约束的折减系数，C50及以下时取1.0，C80时取0.85，中间按线性内插。

应当注意，按式(16-80)设计时应考虑下列应用条件：

(1)式(16-80)算得的设计值不应大于由式(16-79)算得的设计值的1.5倍，这是为了保证在使用荷载作用下不发生保护层剥落。

(2)式(16-80)不适用于下列情况：

①当$l_0/d>12$时，因为这种柱由于侧向挠度引起的附加偏心矩过大，使承载力降低过多，螺旋箍作用不能充分发挥。

②当间接钢筋的换算截面面积小于纵向钢筋全部截面积A_s'的1/4，或者螺旋箍筋的间距$s>d_{cor}/5$或80mm时，螺旋箍筋的约束作用小，不能充分约束混凝土。

③当按式(16-80)计算的设计承载力小于按式(16-79)计算的设计承载力时，与实际情况不符合。

④螺旋箍的间距过小，将不便于施工，为了施工方便，$s\geqslant 40$mm。

(三)影响偏心受压构件破坏形态的主要因素与偏心受压构件的破坏形态

1.影响偏心受压构件破坏形态的主要因素除构件截面尺寸、形式及材料强度等级之外，还有构件的长细比(计算长度l_0与偏心方向截面高度h之比l_0/h，或l_0/i，i为弯矩作用平面内的回转半径)、相对偏心距($e_0/h_0=M/Nh_0$)、纵向钢筋的配筋率(靠近轴力一侧的受压配筋率ρ'与远离轴向力一侧的配筋率ρ)。

2.偏心受压短柱随e_0/h_0、ρ、ρ'变化发生的破坏形态

(1)大偏心受压破坏(拉坏)

①当相对偏心距e_0/h_0较大，但受拉钢筋的配筋率$\rho<\rho_{min}$时，将发生少筋破坏。这种破坏，构件的材料不能充分发挥作用，预兆性差，设计中应避免。

②当e_0/h_0较大，且ρ适当时，发生大偏心受压破坏，或称拉坏。这种破坏始于受拉区，其特点是远离轴向力一侧受拉区混凝土出现多条横向裂缝，最终有一条是主裂缝，在主裂缝处纵筋先受拉屈服，以后随着主裂缝的发展，受压区缩小，导致受压区混凝土压碎，受压钢筋达到抗压强度设计值(可以屈服或不屈服)。

(2)小偏心受压破坏(压坏)

①当e_0/h_0较小或很小，或虽然e_0/h_0较大，但ρ也很大时，将发生小偏心受压破坏。其破坏始于靠近荷载一侧的受压区，受压区的钢筋先达到抗压强度设计值(一般能达到屈服)，混凝土出现纵向裂缝并且先压碎。而远离轴向力一侧不出现横向裂缝或者存在一些小的横向裂缝，但不存在主横向裂缝，其钢筋一般达不到屈服强度(可能受拉或受压)。

②当e_0/h_0较小，但$\rho'\gg\rho$，截面几何重心与物理重心相差较多，轴向力N位于这两者之间时，构件将首先发生远离轴向力一侧混凝土压碎，钢筋A_s达到受压屈服，而A'_s却达不到屈服。对于这种小偏心破坏，材料利用不合理，在设计中应加以避免。

3.长细比对偏心受压构件破坏形态的影响

随着长细比的加大，偏心受压柱将发生短柱破坏、长柱破坏、细长柱破坏三种形式。现以矩形截面柱加以说明：

(1)当 $l_0/h \leqslant 8$ 时为短柱，发生材料破坏。设计时可以忽略纵向弯曲二阶效应的作用，不考虑偏心距增大系数 η 的影响。

(2)当 $8 < l_0/h \leqslant 30$ 时(一般工程中常取 $l_0/h \leqslant 15$)为长柱。虽然也发生材料破坏，但在设计中纵向弯曲的二阶效应不能忽略，应考虑初始偏心距增大系数 η 的影响。

(3)当 $l_0/h > 30$ 时为细长柱，将发生失稳破坏。材料强度不能充分发挥作用，设计中应避免。

(四)考虑二阶效应后控制截面的弯矩设计值 M

(1)弯矩作用平面内截面对称的偏心受压构件，当同一主轴方向的杆端弯矩比 M_1/M_2 不大于 0.9 且轴压比不大于 0.9 时，若构件的长细比满足公式(16-81)的要求，可不考虑轴向压力在该方向挠曲杆件中产生的附加弯矩影响，即不考虑二阶效应。

$$l_c/i \leqslant 34 - 12(M_1/M_2) \tag{16-81}$$

式中：M_1、M_2——分别为已考虑侧移影响的偏心受压构件两端截面按结构弹性分析确定的对同一主轴的组合弯矩设计值，绝对值较大端为 M_2，绝对值较小端为 M_1，当构件按单曲率弯曲时，M_1/M_2 取正值，否则取负值；

l_c——构件的计算长度，可近似取偏心受压构件相应主轴方向上下支撑点之间的距离；

i——偏心方向的截面回转半径。

(2)当不满足公式(16-81)的要求时，除排架结构柱外，其他偏心受压构件考虑轴向压力在挠曲杆件中产生的二阶效应后控制截面的弯矩设计值，应按下列公式计算：

$$M = C_m \eta_{ns} M_2 \tag{16-82a}$$

$$C_m = 0.7 + 0.3M_1/M_2 \tag{16-82b}$$

$$\eta_{ns} = 1 + \frac{1}{1\,300(M_2/N + e_a)/h_0}\left(\frac{l_c}{h}\right)^2 \zeta_c \tag{16-83}$$

$$\zeta_c = 0.5 f_c A/N \tag{16-84}$$

当 $C_m \eta_{ns} < 1.0$ 时取 1.0；对剪力墙及核心筒墙，可取 $C_m \eta_{ns} = 1.0$。

式中：C_m——构件端截面偏心距调节系数，当小于 0.7 时取 0.7；

η_{ns}——弯矩增大系数；

N——与弯矩设计值 M_2 相应的轴向压力设计值；

e_a——附加偏心距，应取 20mm 和偏心方向截面最大尺寸的 1/30 两者中的较大值；

ζ_c——截面曲率修正系数，当计算值大于 1.0 时取 1.0；

h——截面高度，对环形截面取外径，对圆形截面取直径；

h_0——截面有效高度，对环形截面取 $h_0 = r_2 + r_s$，对圆形截面取 $h_0 = r + r_s$，其中，r_2 为环形截面的外径，r_s 为纵向钢筋重心所在圆周的半径，r 为圆形截面的半径；

A——构件截面面积。

式(16-82)是以截面界限破坏曲率为基础，并考虑相对偏心距 e_i/h_0 及长细比 l_0/h 的影响及混凝土徐变的作用推导出来的。ξ_1 为考虑 e_i/h_0 影响对曲率的修正系数。当 $\xi_1 > 1$ 时，取 $\xi_1 = 1$。ξ_2 为考虑构件长细比 l_0/h 对截面曲率影响的修正系数。当 $l_0/h < 15$ 时，取 $\xi_2 = 1.0$。对于 $l_0/h \leqslant 8$ 的短柱，$\eta = 1$。

(五)矩形截面偏心受压构件正截面抗压承载力计算

1. 非对称配筋矩形截面的计算公式

$$N \leqslant \alpha_1 f_c bx + f_y{}' A_s{}' - \sigma_s A_s \tag{16-85}$$

$$Ne \leqslant \alpha_1 f_c bx\left(h_0 - \frac{x}{2}\right) + f_y{}' A_s{}'(h_0 - a_s{}') \tag{16-86}$$

$$e = e_i + \frac{h}{2} - a \tag{16-87}$$

$$e_i = e_0 + e_a \tag{16-88}$$

式中：e——轴向压力作用点至纵向受拉钢筋合力点的距离；

σ_s——受拉边或受压较小边的纵向钢筋应力；

e_i——初始偏心距；

a——纵向受拉钢筋合力点至截面近边缘的距离；

e_0——轴向压力对截面重心的偏心距，取为 M/N，当需要考虑二阶效应时，M 为按式(16-82)计算的弯矩设计值。

在应用式(16-85)时，应考虑下列具体情况：

(1)当 $\xi = x/h_0 \leqslant \xi_b$(界限相对受压区高度)，为大偏心受压，取 $\sigma_s = f_y$；

(2)当 $\xi > \xi_b$ 时，为小偏心受压。而且应注意：

①σ_s 可能受拉或受压，其值应按下式确定

$$\sigma_s = \frac{f_y(\xi - \beta_1)}{\xi_b - \beta_1} \tag{16-89}$$

而且由式(16-89)计算的值，应满足 $f_y{}' \leqslant \sigma_s \leqslant f_y$。

②当 $\xi > h/h_0$ 时，应取 $\xi = x/h_0 = h/h_0$ 代入式(16-85)和式(16-86)进行计算。

(3)为了确保式(16-86)中 $A_s{}'$ 的 $\sigma_s{}' = f_y{}'$，应满足 $x \geqslant 2a_s{}'$。当 $x < 2a_s{}'$ 时，其正截面抗压承载力应按下列方法确定。

①近似取 $x = 2a_s{}'$

$$Ne' = f_y A_s(h_0 - a_s{}') \tag{16-90}$$

$$e' = e_i - \frac{h}{2} + a_s{}' \tag{16-91}$$

②不考虑 $A_s{}'$ 的作用，用式(16-85)和式(16-86)求出承载力值。

③取按①及②各自所算承载力中的大值为其承载力值。

(4)对于小偏心受压构件，为了避免远离轴向力一侧混凝土压坏，尚应按下式验算

$$Ne' \leqslant \alpha_1 f_c bh\left(h_0{}' - \frac{h}{2}\right) + f_y{}' A_s(h_0{}' - a) \tag{16-92}$$

式中：e'——轴向力作用点至受压区钢筋合力点之间的距离值，初始偏心距取 $e_i{}' = e_0 - e_a$，$e' = \frac{h}{2} - a_s{}' - (e_0 - e_a)$。

2. 对称配筋矩形截面受压构件正截面抗压承载力计算

(1)大小偏心受压的判别条件

由式(16-85)，当对称配筋，且 $\xi < \xi_b$ 时，$A_s f_y = A_s{}' f_y$，可得其相对受压区高度 ξ 值为

$$\xi = \frac{N}{\alpha_1 f_c b h_0} \tag{16-93}$$

①当 $\xi \leqslant \xi_b$ 时，为大偏心受压；

②当 $\xi > \xi_b$ 时，为小偏心受压。

(2)大偏心受压构件($\xi \leqslant \xi_b$)承载力计算

①当 $2a_s'/h_0 \leqslant \xi \leqslant \xi_b$ 时

$$N \leqslant \alpha_1 f_c bx$$

$$Ne \leqslant \alpha_1 f_c bx\left(h_0 - \frac{x}{2}\right) + f_y' A_s'(h_0 - a_s')$$

$$e = e_i + \frac{h}{2} - a$$

②当 $\xi < 2a_s'/h_0$ 时,$Ne' = A_s f_y(h_0 - a_s')$

$$e' = e_i' - \frac{h}{2} + a_s'$$

(3)小偏心受压构件($\xi > \xi_b$)承载力计算

$$N \leqslant \alpha_1 f_c bx + f_y' A_s' - \sigma_s A_s$$

$$Ne \leqslant \alpha_1 f_c bx\left(h_0 - \frac{x}{2}\right) + f_y' A_s'(h_0 - a_s')$$

$$\sigma_s = \frac{f_y(\xi - \beta_1)}{\xi_b - \beta_1}$$

$$e = e_i + \frac{h}{2} - a$$

也可以用以下简化法求 ξ 值

$$\xi = \frac{N - \xi_b \alpha_1 f_c bh_0}{\dfrac{Ne - 0.43\alpha_1 f_c bh_0^2}{(\beta_1 - \xi_b)(h_0 - a_s')} + \alpha_1 f_c bh_0} + \xi_b \tag{16-94}$$

由式(16-94)求出 ξ 值,直接代入式(16-86),即可以求出承载力或配筋。

3.偏心受压构件除应计算弯矩作用平面的抗压承载力外,尚应按轴心受压构件验算垂直于弯矩作用平面的抗压承载力,此时,可不计入弯矩的作用,但应考虑稳定系数 φ 的影响。

(六)M-N 承载力相关曲线

偏心受压构件实际上是弯矩 M 和轴心压力 N 共同作用的构件,偏心距 $e_0 = M/N$。因此,弯矩和轴心压力的不同组合使偏心距不同,将对给定材料、截面尺寸、配筋的偏心受压构件的承载力产生不同的影响,即在达到承载力极限状态时,截面承受的轴力 N 与弯矩 M 具有相关性,构件可以在不同 N 和 M 的组合下达到承载能力、极限状态。

试验表明,在“受压破坏”的情况下,随着轴力的增加,构件的抗弯能力随之减小;但在“受拉破坏”的情况下,轴力的存在反而使构件的抗弯能力提高。在界限状态时,构件的抗弯能力达到最大值,见图 16-5。

由图 16-5 所示偏心受压构件的 M-N 相关曲线可以得出以下结论:

(1)当 $N > N_b$($\xi > \xi_b$)时,为小偏心受压,随着 N 的加大,截面能够承担的 M 将减小;反之亦然。或者说,对称配筋时,随着 N 或 M 的加大,$A_s' = A_s$ 将增加。

(2)当 $N < N_b$($\xi \leqslant \xi_b$),为大偏心受压,当 N 加大时,截面能够承担的 M 加大。或者说,随

着 N 的加大，对称配筋时，$A'_s=A_s$ 将减小。

(3)当 $N=N_b(\xi=\xi_b)$，为界限破坏，达到了最大的抗弯承载力 M_{max}。

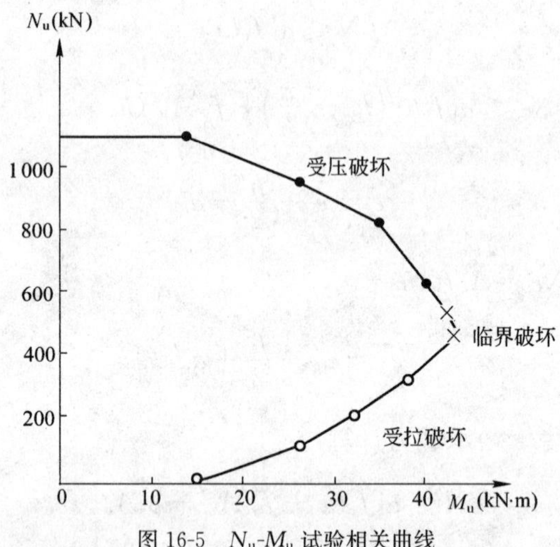

图 16-5　N_u-M_u 试验相关曲线

(七)偏心受压构件斜截面抗剪承载力计算

试验结果表明，当轴向力 N 产生的轴压比 $N/f_cA\leqslant 0.3$ 时，随着轴压比的增大，轴力将使构件的抗剪承载力提高，近似可取线性关系；但当 $N/f_cA>0.5$ 之后，由于内部微裂缝的发展，将使构件的抗剪承载力降低，因此《混凝土规范》中偏于安全地取为

$$V\leqslant\frac{1.75}{\lambda+1}f_tbh_0+f_{yv}\frac{A_{sv}}{s}h_0+0.07N \tag{16-95}$$

式中：λ——偏心受压构件计算截面的剪跨比，对框架柱，可取 $\lambda=H_n/2h_0$，当 $\lambda<1$ 时，取 $\lambda=1$，当 $\lambda>3$ 时，取 $\lambda=3$，H_n 为柱净高，对承受均布荷载的其他偏心受压构件，取 $\lambda=1.5$；

N——与剪力设计值 V 相对应的轴向压力设计值，当 $N>0.3f_cA$ 时，取 $N=0.3f_cA$；

A——构件的截面积，矩形柱 $A=bh$。

为了防止出现斜拉破坏，偏心受压构件的受剪截面应符合公式(16-47)和公式(16-48)的规定。当符合下列公式要求时

$$V\leqslant\frac{1.75}{\lambda+1}f_tbh_0+0.07N \tag{16-96}$$

可不进行斜截面抗剪承载力计算，仅需按构造要求配置箍筋。

(八)受压构件的基本构造要求

1. 材料

混凝土强度等级应大于等于 C20，且以等级高为宜；钢筋以 $f_y\leqslant 0.002E_s$ 为宜，一般为热轧钢筋。

2. 截面

轴压以方形、圆形为宜，偏压以矩形(现浇柱)、I 形(预制柱)为宜，最小截面尺寸为 250mm×250mm。

3. 纵筋

直径 $d\geqslant$12mm；配筋率(按全部受压钢筋计算)，$\rho_{min}=0.6\%$，$\rho_{max}=5\%$；净距 $s_n\geqslant$50mm(竖直浇筑混凝土)，$s_n\geqslant$30mm 及 $1.5d$(水平浇筑混凝土)；中距 $s\leqslant$300mm(轴压)；偏心受压

柱中，垂直弯矩作用平面的纵向受力钢筋，$s \leqslant 300\text{mm}$，当截面高度 $h \geqslant 600\text{mm}$ 时，在侧面应设置直径为 10～16mm 的纵向构造钢筋，并相应地设置复合箍筋或拉筋。

4. 箍筋

(1)箍筋应做成封闭式，末端应做成 135°弯钩，弯钩末端平直段长度不应小于箍筋直径的 5 倍。

(2)间距不应大于 400mm 及构件截面短边尺寸，且不应大于 $15d$，d 为纵筋的最小直径。

(3)直径不应小于 $d/4$，且不应小于 6mm，d 为纵筋的最大直径。

(4)当全部纵向受力钢筋的配筋的率大于 3%时，箍筋直径不应小于 8mm，间距不应大于 $10d$(d 为最小受力钢筋直径)，且不应大于 200mm；箍筋末端应做成 135°弯钩且弯钩末端平直段长度不应小于箍筋直径的 10 倍；箍筋也可焊成封闭环式。

(5)当柱截面短边尺寸大于 400mm 且各边纵向钢筋多于 3 根时，或当柱截面短边尺寸不大于 400mm，但各边纵向钢筋多于 4 根时，应设置复合箍筋。

(6)在纵筋搭接长度范围内箍筋的间距，当搭接钢筋为受拉时，不应大于 $5d$，且不应大于 100mm；当搭接钢筋为受压时，不应大于 $10d$，且不应大于 200mm，d 为搭接钢筋的最小直径。

(九)双向偏心受压构件的计算

对截面具有两个互相垂直的对称轴的钢筋混凝土双向偏心受压构件(见图 16-6)，其正截面抗压承载力可按下列公式计算

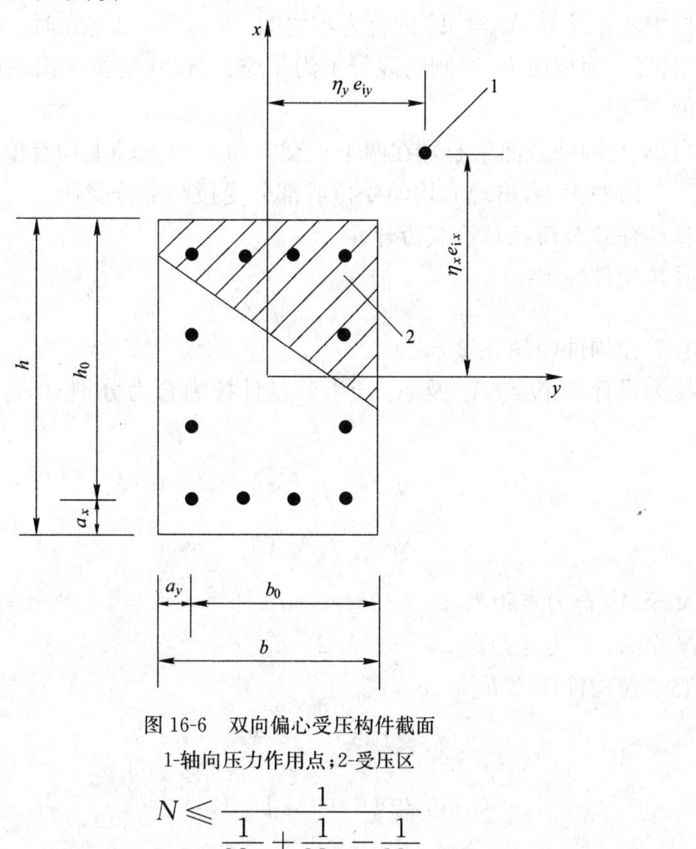

图 16-6　双向偏心受压构件截面

1-轴向压力作用点；2-受压区

$$N \leqslant \frac{1}{\dfrac{1}{N_{ux}} + \dfrac{1}{N_{uy}} - \dfrac{1}{N_{u0}}} \tag{16-97}$$

式中：N_{u0}——构件的截面轴心抗压承载力设计值，$N_{u0} = f_c A + f_y{}' A_s{}'$；

N_{ux}——轴向压力作用于 x 轴并考虑相应的计算偏心 $\eta_x e_{ix}$ 后，按全部纵向钢筋计算的构

件偏心抗压承载力设计值，η_x 按公式(16-82)计算；

N_{uy}——轴向压力作用于 y 轴并考虑相应的计算偏心 $\eta_y e_{iy}$ 后，按全部纵向钢筋计算的构件偏心抗压承载力设计值，η_y 按公式(16-82)计算。

构件偏心抗压承载力设计值 N_{ux}、N_{uy} 的计算方法与前面单向偏心受压构件的计算方法相同，但应取等号，并将 N 以 N_{ux}、N_{uy} 代替。

四、受拉构件

(一)受拉构件的受力特点及其分类

根据轴向拉力作用位置与偏心距的不同，其受力特点不同，可分为四类：

1. 轴心受拉

当轴向拉力沿截面重心轴线作用(偏心距 $e_0=0$)，则截面均匀受拉，破坏时，将出现横向贯穿全截面的裂缝，拉力全部由钢筋承担，并达到屈服强度。

2. 小偏心受拉

当轴向拉力作用在 A_s(离轴向力近侧钢筋)与 A_s'(离轴向力远侧钢筋)的合力点之间，即 $e_0 \leqslant h/2-a_s$ 时，构件应力为全截面非均匀受拉，破坏时也出现贯穿全截面的横向裂缝，但靠近 A_s 一侧宽，靠近 A_s' 一侧窄。

3. 大偏心受拉

当轴向拉力不作用在 A_s 与 A_s' 的合力点之间，即 $e_0>h/2-a_s$ 时，构件截面应力为靠近拉力 N 近侧的混凝土为拉应力，远侧的混凝土为压应力，仅在受拉区出现横向裂缝。

4. 双向偏心受拉

轴向拉力 N 对构件截面重心轴在两个正交方向 x 与 y 轴上均有偏心距 e_{0x}、e_{0y}，截面上的应力将随 e_{0x}、e_{0y} 值的大小，出现非均匀受拉或部分受拉与部分受压。

(二)受拉构件正截面抗拉承载力计算

1. 轴心受拉构件($e_0=0$)

$$N \leqslant f_y A_s \tag{16-98}$$

2. 小偏心受拉构件($e_0 \leqslant h/2-a_s$)

将轴向拉力设计值 N 与 A_s 及 A_s' 产生的设计拉力合力分别对 A_s 或 A_s' 重心取力矩，即可得

$$Ne' \leqslant f_y A_s (h_0' - a_s) \tag{16-99}$$

$$Ne \leqslant f_y A_s' (h_0 - a_s') \tag{16-100}$$

式中：e——N 至 A_s 合力点距离，$e=h/2-e_0-a_s$；

e'——N 至 A_s' 合力点距离 $e'=e_0+h/2-a_s'$。

3. 大偏心受拉构件($e_0>h/2-a_s$)

$$N \leqslant f_y A_s - f_y' A_s' - \alpha_1 f_c bx \tag{16-101}$$

$$Ne \leqslant \alpha_1 f_c bx \left(h_0 - \frac{x}{2}\right) + f_y' A_s' (h_0 - a_s') \tag{16-102}$$

适用条件：(1) $x \leqslant \xi_b h_0$，防止超筋破坏，保证 A_s 的 $\sigma_s = f_y$；

(2) $x \geqslant 2a_s'$，保证 A_s' 的应力 $\sigma_s' = f_y'$。

当 $x<2a_s'$ 时，可取 $x=2a_s'$，所有外拉力及内力对 A_s' 合力作用点取力矩可得

$$Ne' \leqslant f_y A_s (h_0' - a_s)$$

4. 对称配筋的矩形截面偏心受拉构件

不论大、小偏心受拉，均可按上式计算。显然，按对称配筋计算的用钢量较非对称配筋的用钢量大。

（三）偏心受拉构件斜截面抗剪承载力计算

根据试验研究结果，截面上存在拉应力时将使抗剪承载力降低，《混凝土规范》偏于安全地给出下列抗剪承载力计算公式

$$V \leqslant \frac{1.75}{\lambda+1} f_t b h_0 + f_{yv} \frac{A_{sv}}{s} h_0 - 0.2N \tag{16-103}$$

式中：N——与剪力设计值 V 相应的轴向拉力设计值；

λ——计算截面的剪跨比，取 $\lambda = a/h_0$，a 为集中荷载至支座或节点边缘的距离，当 $\lambda <$ 1.5 时，取 $\lambda = 1.5$，当 $\lambda > 3$ 时，取 $\lambda = 3$。

应当注意，当式(16-103)的右边计算值小于 $f_{yv} \frac{A_{sv}}{s} h_0$ 时，应取 $f_{yv} \frac{A_{sv}}{s} h_0$，且 $f_{yv} \frac{A_{sv}}{s} h_0$ 值不应小于 $0.3 f_t b h_0$。这里为了确保安全，设计剪力全部由箍筋承担，并且规定了最小的配箍条件。

五、抗冲切承载力计算

（一）钢筋混凝土板冲切计算

(1)冲切破坏面取局部荷载或集中反力作用面积周边以 45°角倾斜的锥体斜面，见图 16-7。

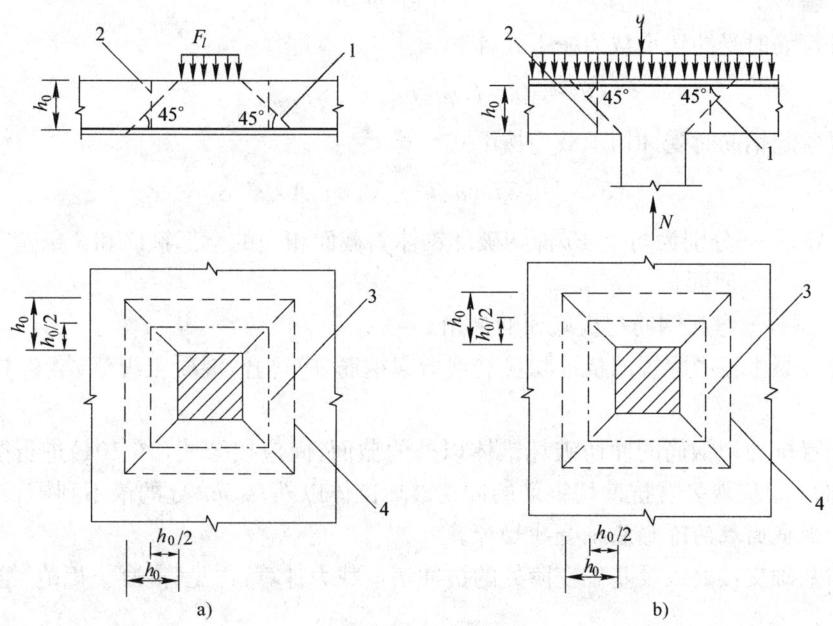

图 16-7 板受冲切破坏面

a)局部荷载作用下；b)集中反力作用下

1-冲切破坏锥体的斜截面；2-计算截面；3-计算截面的周长；4-冲切破坏锥体的底面线

(2)不配箍筋或弯起钢筋的混凝土板，其受冲切承载力按下列公式计算

$$F_l \leqslant 0.7\beta_h f_t \eta u_m h_0 \tag{16-104}$$

公式中的系数 η 应按下列两个公式计算，并取其中的较小值

$$\eta_1 = 0.4 + 1.2/\beta_s \tag{16-105}$$

$$\eta_2 = 0.5 + \alpha_s h_0 / 4u_m \tag{16-106}$$

式中：F_l——局部荷载设计值或集中反力设计值，对板柱结构的节点，取柱所承受的轴向压力设计值的层间差值减去冲切破坏锥体范围内板所承受的荷载设计值；

β_h——截面高度影响系数，当 $h \leqslant 800$mm 时，取 $\beta_h = 1.0$，当 $h \geqslant 2\,000$mm 时，取 $\beta_h = 0.9$，中间值按线性内插；

u_m——计算截面的周长，为距离局部荷载或集中反力作用面积周边 $h_0/2$ 处板垂直截面的最不利周长；

h_0——截面有效高度，取两个配筋方向的截面有效高度的平均值；

η_1——局部荷载或集中反力作用面积形状的影响系数；

η_2——计算截面周长与板截面有效高度之比的影响系数；

β_s——局部荷载或集中反力作用面积为矩形时的长边与短边尺寸的比值，β_s 不宜大于4，当 $\beta_s < 2$ 时，取 $\beta_s = 2$，对圆形冲切面，取 $\beta_s = 2$；

α_s——柱位置影响系数，对中柱，取 $\alpha_s = 40$，对边柱，取 $\alpha_s = 30$，对角柱，取 $\alpha_s = 20$。

(3)当公式(16-104)不能满足，且板厚受到限制不能再增高时，可配置箍筋或弯起钢筋以提高其抗冲切承载力。此时，受冲切截面应符合下列条件(为了控制板厚不致过小，抗冲切钢筋不致过多)

$$F_l \leqslant 1.2 f_t \eta u_m h_0 \tag{16-107}$$

①配置箍筋时受冲切承载力按下式计算

$$F_l \leqslant 0.5 f_t \eta u_m h_0 + 0.8 f_{yv} A_{svu} \tag{16-108}$$

②配置弯起钢筋时受冲切承载力按下式计算

$$F_l \leqslant 0.5 f_t \eta u_m h_0 + 0.8 f_y A_{sbu} \sin\alpha \tag{16-109}$$

式中：A_{svu}、A_{sbu}——分别为与呈 45°冲切破坏锥体斜截面相交的全部箍筋和全部弯起钢筋的截面面积；

α——弯起钢筋与板底面的夹角。

③钢筋混凝土板中配置的抗冲切箍筋或弯起钢筋，应符合《混凝土规范》第 9.1.11 条的构造规定。

④对配置抗冲切钢筋的冲切破坏锥体以外的截面，尚应按公式(16-104)进行受冲切承载力计算，此时，u_m 应取配置抗冲切钢筋的冲切破坏锥体以外 $0.5h_0$ 处的最不利周长。

(二)矩形截面柱的阶形基础受冲切计算

在柱与基础交接处以及基础变阶处的抗冲切承载力计算，详见《混凝土规范》第 6.6.5 条。

六、局部抗压承载力计算

(1)配置间接钢筋的混凝土构件，其局部受压区的截面尺寸应符合下列要求

$$F_l \leqslant 1.35\beta_c \beta_l f_c A_{ln} \tag{16-110}$$

$$\beta_l = \sqrt{A_b / A_l} \tag{16-111}$$

式中：F_l——局部受压面上作用的局部荷载或局部压力设计值，对后张法预应力混凝土构件中的锚头局压区的压力设计值，应取 1.2 倍张拉控制力；

β_l——混凝土局部受压时的强度提高系数；

A_l——混凝土局部受压面积；

A_{ln}——混凝土局部受压净面积；

A_b——局部受压的计算底面积。

局部受压的计算底面积 A_b，可由局部受压面积与计算底面积按同心、对称的原则确定；对常用情况，可按图 16-8 取用。

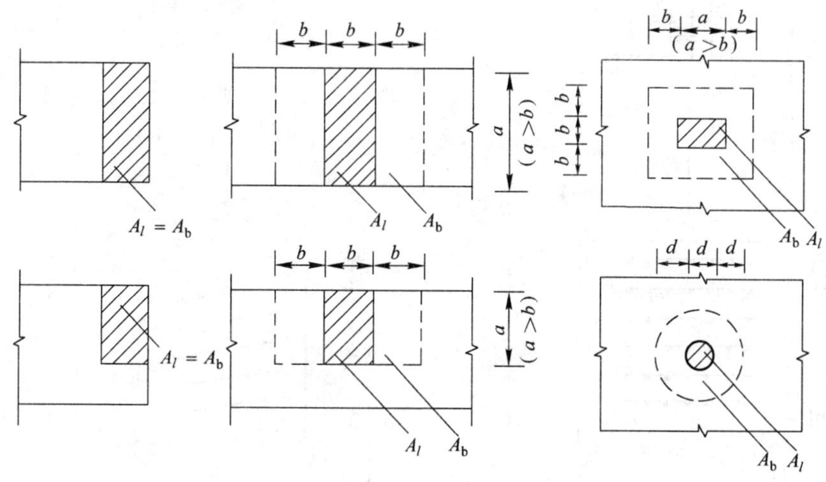

图 16-8　局部受压的计算底面积

(2)对配置方格网式或螺旋式间接钢筋，且其核芯面积 $A_{cor} \geqslant A_l$ 时，局部抗压承载力按下式计算

$$F_l \leqslant 0.9(\beta_c \beta_l f_c + 2\alpha\rho_v \beta_{cor} f_{yv}) A_{ln} \tag{16-112}$$

其中体积配筋率 ρ_v 按下列公式计算：

对方格网式配筋(图 16-9a)

$$\rho_v = \frac{n_1 A_{s1} l_1 + n_2 A_{s2} l_2}{A_{cor} s} \tag{16-113}$$

对螺旋式配筋(图 16-9b)

$$\rho_v = \frac{4A_{ssl}}{d_{cor} s} \tag{16-114}$$

式中：β_{cor}——配置间接钢筋的局部抗压承载力提高系数，按公式(16-111)计算，但 A_b 用 A_{cor} 代替，当 $A_{cor} > A_b$，应取 $A_{cor} = A_b$；

α——间接钢筋对混凝土约束的折减系数，混凝土强度等级 C50 及以下时取 1.0，C80 时取 0.85，中间按线性内插；

f_{yv}——间接钢筋的抗拉强度设计值；

A_{cor}——混凝土的核芯面积，其重心应与 A_l 的重心重合；

n_1、A_{s1}——分别为方格网沿 l_1 方向的钢筋根数、单根钢筋的截面面积；

n_2、A_{s2}——分别为方格网沿 l_2 方向的钢筋根数、单根钢筋的截面面积；

A_{ssl}——单根螺旋式间接钢筋的截面面积；

d_{cor}——螺旋式间接钢筋内表面范围内的混凝土截面直径；

s——方格网式或螺旋式间接钢筋的间距，宜取 30～80mm。

(3)间接钢筋应配置在图 16-9 所规定的高度 h 范围内，对方格网，不应少于 4 片；对螺旋式钢筋，不应少于 4 圈。对柱接头，h 尚不应小于 $15d$，d 为柱的纵向钢筋直径。

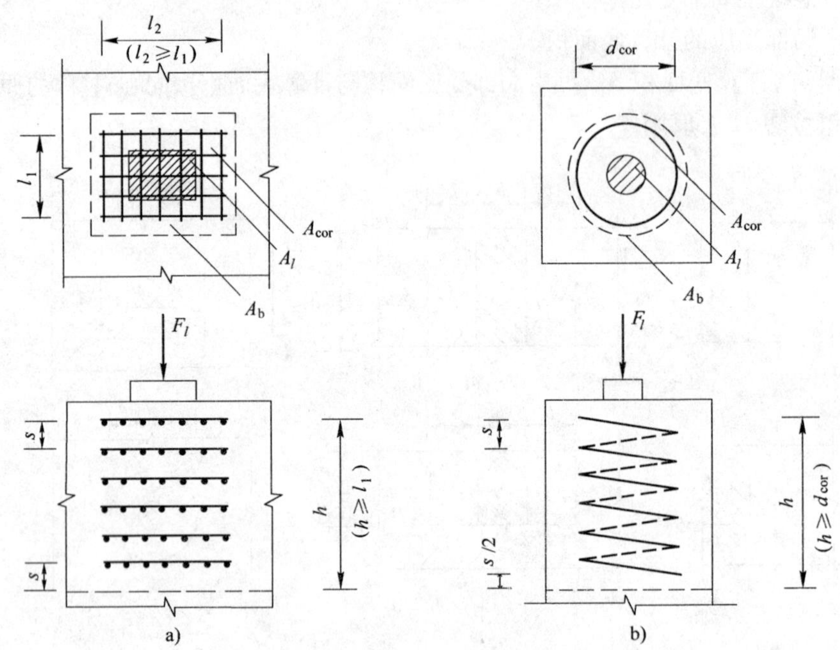

图 16-9　局部受压区的间接钢筋

a)方格网式配筋；b)螺旋式配筋

七、疲劳验算

(1)需作疲劳验算的混凝土受弯构件，其正截面疲劳应力应按以下基本假定进行计算：

①截面应变保持平面。

②受压区混凝土的法向应力图形取为三角形。

③对钢筋混凝土构件，不考虑受拉区混凝土的抗拉强度，拉力全部由纵向钢筋承受；对要求不出现裂缝的预应力混凝土构件，受拉区混凝土的法向应力图形取为三角形。

④采用换算截面计算。

(2)在疲劳验算中，荷载应采用标准值。对吊车荷载应乘以动力系数，对悬挂吊车(包括电动葫芦)及工作级别 A1～A5 的软钩吊车，动力系数可取 1.05；对工作级别为 A6～A8 的软钩吊车、硬钩吊车和其他特种吊车，动力系数可取 1.1。

(3)钢筋混凝土受弯构件疲劳验算时，应计算下列部位的应力：

①正截面受压区边缘纤维的混凝土应力和纵向受拉钢筋的应力幅；

②截面中和轴处混凝土的剪应力和箍筋的应力幅。

纵向受压钢筋可不进行疲劳验算。

(4)钢筋混凝土受弯构件正截面的疲劳应力采用下列公式验算

$$\sigma^{f}_{cc,max} \leqslant f^{f}_{c} \tag{16-115}$$

$$\Delta\sigma_{si}^{f} \leqslant \Delta f_{y}^{f} \tag{16-116}$$

式中：$\sigma_{cc,max}^{f}$——截面受压区边缘纤维混凝土的压应力，按《混凝土规范》第 6.7.5 条计算；

$\Delta\sigma_{si}^{f}$——截面受拉区第 i 层纵向钢筋的应力幅，按《混凝土规范》第 6.7.5 条计算，当纵向受拉钢筋为同一钢种时，可仅验算最外层钢筋的应力幅；

f_{c}^{f}——混凝土轴心受压疲劳强度设计值；

Δf_{y}^{f}——钢筋的疲劳应力幅限值，见《混凝土规范》表 4.2.5-1。

(5)钢筋混凝土受弯构件斜截面的疲劳验算应符合下列规定：

①截面中和轴处的剪应力，当符合公式(16-117)的条件时，该区段的剪力全部由混凝土承受，箍筋可按构造要求配置

$$\tau^{f} \leqslant 0.6 f_{t}^{f} \tag{16-117}$$

式中：τ^{f}——截面中和轴处的剪应力。

②截面中和轴处的剪应力不符合公式(16-117)的区段，其剪力应由箍筋和混凝土共同承受，箍筋的应力幅应符合下列规定

$$\Delta\sigma_{sv}^{f} \leqslant \Delta f_{yv}^{f} \tag{16-118}$$

式中：$\Delta\sigma_{sv}^{f}$——箍筋的应力幅；

Δf_{yv}^{f}——箍筋的疲劳应力幅限值，见《混凝土规范》表 4.2.5-1。

(6)对需作疲劳验算的钢筋混凝土梁，应在下部 1/2 梁高的腹板内沿两侧配置直径 8～14mm、间距 100～150mm 的纵向构造钢筋，并应按下密上疏的方法布置。在上部 1/2 梁高的腹板内，可按普通混凝土梁配置纵向构造钢筋。

其他有关疲劳验算的规定详见《混凝土规范》第 6.7 节。

习　题

16-9　当构件截面尺寸和材料强度等相同时，钢筋混凝土受弯构件正截面承载力 M_u 与纵向受拉钢筋配筋率 ρ 的关系是(　　)。

A. ρ 越大，M_u 亦越大

B. ρ 越大，M_u 按线性关系增大越大

C. 当 $\rho_{min} \leqslant \rho \leqslant \rho_{max}$ 时，M_u 随 ρ 增大按线性关系增大

D. 当 $\rho_{min} \leqslant \rho \leqslant \rho_{max}$ 时，M_u 随 ρ 增大按非线性关系增大

16-10　一矩形截面梁，$b \times h = 200\text{mm} \times 500\text{mm}$，混凝土强度等级 C20($f_c = 9.6\text{N/mm}^2$)，受拉区配有 4Φ20($A_s = 1\,256\text{mm}^2$)的 HRB335 级钢筋($f_y = 300\text{N/mm}^2$)，该梁沿正截面的破坏为(　　)。

A. 少筋破坏　　B. 超筋破坏　　C. 适筋破坏　　D. 界限破坏

16-11　适筋梁，当受拉钢筋刚达到屈服时，其状态是(　　)。

A. 达到极限承载能力

B. 受压边缘混凝土的压应变 $\varepsilon_c = \varepsilon_u$($\varepsilon_u$ 混凝土的极限压应变)

C. 受压边缘混凝土的压应变 $\varepsilon_c \leqslant \varepsilon_u$

D. 受压边缘混凝土的压应变 $\varepsilon_c = 0.002$

16-12　设计双筋矩形截面梁，当 A_s 和 A_s' 均未知时，使用钢量接近最少的方法是(　　)。

A. 取 $\xi=\xi_b$　　B. 取 $A_s=A'_s$

C. 使 $x=2a'_s$　　D. 取 $\rho=0.8\%\sim1.5\%$

16-13 无腹筋钢筋混凝土梁沿斜截面的抗剪承载力与剪跨比的关系是(　　)。

A. 随剪跨比的增加而提高

B. 随剪跨比的增加而降低

C. 在一定范围内随剪跨比的增加而提高

D. 在一定范围内随剪跨比的增加而降低

16-14 在钢筋混凝土纯扭构件中,当受扭纵筋与受扭箍筋的强度比 $\zeta=0.6\sim1.7$ 时,则受扭构件的受力状态为(　　)。

A. 纵筋与箍筋的应力均达到了各自的屈服强度

B. 只有纵筋与箍筋配得不过多或过少时,才能使两者都达到屈服强度

C. 构件将会发生超筋破坏

D. 构件将会发生少筋破坏

16-15 钢筋混凝土偏心受压构件,其大小偏心受压的根本区别是(　　)。

A. 截面破坏时,远离轴向力一侧的钢筋是否受拉屈服

B. 截面破坏时,受压钢筋是否屈服

C. 偏心距的大小

D. 受压一侧的混凝土是否达到极限压应变

16-16 在钢筋混凝土双筋梁、大偏心受压和大偏心受拉构件的正截面承载力计算中,要求受压区高度 $x\geqslant2a'_s$ 是为了(　　)。

A. 保证受压钢筋在构件破坏时能达到其抗压强度设计值

B. 防止受压钢筋压屈

C. 避免保护层剥落

D. 保证受压钢筋在构件破坏时能达到其极限抗压强度

16-17 矩形截面对称配筋的偏心受压构件,发生界限破坏时的 N_b 值为(　　)。

A. 将随配筋率 ρ 值的增大而增大

B. 将随配筋率 ρ 值的增大而减小

C. N_b 与 ρ 值无关

D. N_b 与 ρ 值无关,但与配箍率有关

16-18 某矩形截面柱,截面尺寸为 400mm×400mm,混凝土强度等级为 C20($f_c=9.6\text{N/mm}^2$),钢筋采用 HRB335 级,对称配筋,在下列四组内力组合中,以(　　)为最不利组合。

A. $M=30\text{kN}\cdot\text{m}, N=200\text{kN}$

B. $M=50\text{kN}\cdot\text{m}, N=300\text{kN}$

C. $M=30\text{kN}\cdot\text{m}, N=205\text{kN}$

D. $M=50\text{kN}\cdot\text{m}, N=305\text{kN}$

16-19 轴向压力 N 对构件抗剪承载力 V_u 的影响是(　　)。

A. 不论 N 的大小,均可提高构件的抗剪承载力 V_u

B. 不论 N 的大小,均会降低构件的 V_u

C. N 适当时提高构件的 V_u

D. N 大时提高构件的 V_u,N 小时降低构件的 V_u

第四节　正常使用极限状态验算

一、结构构件的裂缝控制要求

（一）产生裂缝的原因

引起构件产生裂缝的原因很多，但可归结为两大类：一类为荷载效应引起，其裂缝宽度与裂缝处的钢筋应力 σ_{sk} 近似地成正比，裂缝发生在受拉区内，称为受力裂缝；另一类是由外加变形或约束变形引起，如基础不均匀沉降、收缩、温度变化，以及混凝土碳化引起的钢筋锈蚀的膨胀，其出现在结构的某些部位，这类裂缝与结构设计及施工条件有密切关系，称为变形裂缝。实际工程中结构构件的裂缝绝大部分是变形因素引起的，由荷载效应引起的裂缝为少数。对受力裂缝主要通过构件抗裂度计算及构造加以控制，对于变形裂缝主要通过结构设计、构造措施及施工方法解决，如设伸缩缝、沉降缝，加强保温措施及加强混凝土养护，改进施工条件，减小混凝土的收缩等。

（二）裂缝的控制及裂缝控制等级

（1）裂缝控制的目的及荷载裂缝控制等级详见本章第二节的二、（二）、2 及五、（四）、4. 部分的有关阐述。

（2）对于由收缩及温度引起的裂缝，应控制钢筋混凝土结构伸缩缝的最大间距 L 满足《混凝土规范》的规定，即

$$L \leqslant [L] \tag{16-119}$$

式中：$[L]$——《混凝土规范》规定的钢筋混凝土结构伸缩缝间距(m)，见《混凝土规范》表8.1.1。

（3）对于混凝土碳化引起的沿钢筋方向的裂缝，主要是控制保护层厚度 C 满足《混凝土规范》最小保护层厚度的要求

$$c \geqslant [c] \tag{16-120}$$

式中：$[c]$——《混凝土规范》规定的混凝土保护层最小厚度(mm)，见《混凝土规范》表 8.2.1。

（4）对地基不均匀沉降引起的裂缝，主要通过正确的选用地基处理及正确的基础方案、正确的基础设计解决。

二、影响受力裂缝的主要因素及最大裂缝宽度计算

（一）影响受力裂缝宽度的主要因素

试验结果表明，受力裂缝宽度与下列因素有关：

（1）混凝土保护层厚度 c，当 $c \geqslant 20$mm 时，裂缝间距及宽度将随 c 值增大而增大。

（2）钢筋直径 d，在其他条件相同的条件下选择细一点的钢筋，则裂缝间距及宽度将有所减小。

（3）钢筋拉应力 σ_{sk}，σ_{sk} 越大，裂缝宽度越大。

（4）有效受拉区配筋率 ρ_{te}，ρ_{te} 值越大，裂缝间距及宽度越小。

（5）选用变形钢筋的裂缝比光圆钢筋的裂缝宽度小。

（二）最大裂缝宽度的计算

1. 荷载标准组合下的平均裂缝间距

受弯构件

$$l_m = (1.9c_s + 0.08d_{eq}/\rho_{te}) \tag{16-121a}$$

受拉构件

$$l_m = 1.1(1.9c_s + 0.08d_{eq}/\rho_{te}) \tag{16-121b}$$

2. 荷载标准组合下的平均裂缝宽度

平均裂缝宽度取决于平均裂缝之间的钢筋伸长与混凝土伸长的伸长差，即

$$
\begin{aligned}
w_{\mathrm{m}} &= (\bar{\varepsilon}_{\mathrm{s}}-\bar{\varepsilon}_{\mathrm{c}})l_{\mathrm{m}}=\bar{\varepsilon}_{\mathrm{s}}\left(1-\frac{\bar{\varepsilon}_{\mathrm{c}}}{\bar{\varepsilon}_{\mathrm{s}}}\right)l_{\mathrm{m}} \\
&=\psi\varepsilon_{\mathrm{s}}\left(1-\frac{\bar{\varepsilon}_{\mathrm{c}}}{\bar{\varepsilon}_{\mathrm{s}}}\right)l_{\mathrm{m}} \\
&=\psi\frac{\sigma_{\mathrm{sk}}}{E_{\mathrm{s}}}\left(1-\frac{\bar{\varepsilon}_{\mathrm{c}}}{\bar{\varepsilon}_{\mathrm{s}}}\right)l_{\mathrm{m}} \\
&=0.85\psi\frac{\sigma_{\mathrm{sk}}}{E_{\mathrm{s}}}l_{\mathrm{m}}
\end{aligned}
\tag{16-122}
$$

公式(16-122)中，根据试验结果取平均裂缝间距 l_{m} 之内的混凝土与钢筋平均应变的比值 $\bar{\varepsilon}_{\mathrm{c}}/\bar{\varepsilon}_{\mathrm{s}}=0.15$；$\sigma_{\mathrm{sk}}$ 为在荷载标准组合下钢筋混凝土构件纵向受拉钢筋的应力；$\psi=\bar{\varepsilon}_{\mathrm{s}}/\varepsilon_{\mathrm{s}}$ 为平均裂缝间距 l_{m} 之内钢筋的平均应变与裂缝截面处钢筋应变的比值。

1)σ_{sk}的计算

轴心受拉：$\sigma_{\mathrm{sk}}=N_{\mathrm{k}}/A_{\mathrm{s}}$；偏心受拉：$\sigma_{\mathrm{sk}}=N_{\mathrm{k}}e'/A_{\mathrm{s}}(h_0-a_{\mathrm{s}}')$；受弯：$\sigma_{\mathrm{sk}}=M_{\mathrm{k}}/0.87h_0A_{\mathrm{s}}$；偏心受压：$\sigma_{\mathrm{sk}}=N_{\mathrm{k}}(e-z)/A_{\mathrm{s}}z$。其符号与意义见《混凝土规范》第 7.1.4 条。

2)裂缝间纵向受拉钢筋应变不均匀系数 ψ

$$\psi=\bar{\varepsilon}_{\mathrm{s}}/\varepsilon_{\mathrm{s}}=1.1-0.65f_{\mathrm{tk}}/\rho_{\mathrm{te}}\sigma_{\mathrm{sk}} \tag{16-123}$$

当 $\psi<0.2$ 时，取 $\psi=0.2$；当 $\psi>1$ 时，取 $\psi=1$；对直接承受重复荷载的构件，取 $\psi=1$。

3. 荷载标准组合下的最大裂缝宽度 w_{kmax}

受弯构件

$$w_{\mathrm{kmax}}=1.66w_{\mathrm{m}}$$

轴心受拉构件

$$w_{\mathrm{kmax}}=1.9w_{\mathrm{m}}$$

其中，系数 1.66 和 1.9 为考虑超越概率为 5%的裂缝宽度分位值与平均裂缝宽度的比值。

4. 考虑荷载长期作用影响的最大裂缝宽度 $w_{\max}$

$$w_{\max}=1.5w_{\mathrm{kmax}}$$

其中，1.5 是考虑荷载长期作用影响的裂缝宽度扩大系数。

5. 按荷载标准组合并考虑长期作用影响的最大裂缝宽度

其计算公式可统一表示为

$$w_{\max}=\alpha_{\mathrm{cr}}\psi\frac{\sigma_{\mathrm{sk}}}{E_{\mathrm{s}}}\left(1.9c_{\mathrm{s}}+0.08\frac{d_{\mathrm{eq}}}{\rho_{\mathrm{te}}}\right) \tag{16-124}$$

式中：α_{cr}——构件受力特征系数，对受弯、偏心受压构件，$\alpha_{\mathrm{cr}}=1.9$，对偏心受拉构件，$\alpha_{\mathrm{cr}}=2.4$，对轴心受拉构件，$\alpha_{\mathrm{cr}}=2.7$；

c_{s}——混凝土保护层厚度，当 $c<20$ 时，取 $c=20$，当 $c>65$ 时，取 $c=65$；

ρ_{te}——按有效受拉混凝土截面面积计算的纵向受拉钢筋配筋率，$\rho_{\mathrm{te}}=A_{\mathrm{s}}/A_{\mathrm{te}}$，当 $\rho_{\mathrm{te}}<0.01$ 时，取 $\rho_{\mathrm{te}}=0.01$；

A_{te}——有效受拉混凝土截面面积，对轴心受拉构件，取构件截面面积，对受弯、偏心受压

和偏心受拉构件，取 $A_{te}=0.5bh+(b_f-b)h_f$，b_f、h_f 分别为受拉翼缘的宽度、高度；

d_{eq}——受拉区纵向钢筋的等效直径(mm)，$d_{eq}=\sum n_i d_i^2/\sum n_i \upsilon_i d_i$；

d_i、n_i——分别为受拉区第 i 种纵向钢筋的公称直径(mm)和根数；

υ_i——受拉区第 i 种纵向钢筋的相对黏结特征系数，详见《混凝土规范》表 7.1.2-2。

6. 对承受吊车荷载但不需作疲劳验算的受弯构件

可将计算求得的最大裂缝宽度乘以系数 0.85。对 $e_0/h_0\leqslant0.55$ 的偏心受压构件，可不进行裂缝宽度验算。

三、受弯构件的挠度验算

(一)短期刚度计算的基本假定与短期刚度

1. 平截面假定

采用裂缝之间截面受拉区与受压区的平均应变符合平截面假定，即平均应变沿截面高为线性分布。由此假定可得平均曲率为

$$\varphi=\frac{1}{\gamma_m}=\frac{\varepsilon_{cm}+\varepsilon_{sm}}{h_0} \tag{16-125}$$

式中：ε_{cm}、ε_{sm}——分别为受压边缘混凝土的平均应变与受拉钢筋的平均应变；

h_0——截面有效高度。

由弯矩与曲率的关系可得短期刚度 B_s 为

$$B_s=\frac{M_k}{\varphi}=\frac{M_k h_0}{\varepsilon_{cm}+\varepsilon_{sm}}=\frac{E_s A_s h_0^2}{1.15\psi+0.2+\dfrac{6\alpha_E\rho}{1+3.5\gamma_f'}} \tag{16-126}$$

式中：ψ——裂缝间纵向受拉钢筋应变不均匀系数，按《混凝土规范》第 8.1.2 条确定；

α_E——钢筋弹性模量与混凝土弹性模量的比值，$\alpha_E=E_s/E_c$；

ρ——纵向受拉钢筋配筋率，对钢筋混凝土受弯构件，取 $\rho=A_s/(bh_0)$，对预应力混凝土受弯构件，取 $\rho=(A_p+A_s)/(bh_0)$；

γ_f'——受压翼缘截面面积与腹板有效截面面积的比值。

2. 最小刚度的假定

即在等截面钢筋混凝土受弯构件中的同号弯矩区段内，假定其刚度为常数，而且取该区段弯矩绝对值最大处的截面刚度，即最小刚度作为该区段的刚度。这一假定偏于安全，使计算大为简化。但对变截面梁应考虑采用分段总和法进行计算。

(二)受弯构件考虑荷载长期作用影响的刚度 B(简称“长期刚度”)与挠度验算

1. 长期刚度 B

按荷载短期效应组合并考虑荷载长期作用影响的“长期刚度”B 主要是考虑了压区混凝土徐变的影响，以及拉区钢筋与混凝土黏结滑移徐变和混凝土收缩的影响，并利用挠度增大系数 θ 来反映，$f=\theta f_s$。对于矩形、T 形、倒 T 形和 I 形截面受弯构件的“长期刚度”为

$$B=\frac{M_k}{M_q(\theta-1)+M_k}B_s \tag{16-127}$$

式中：M_k——按荷载效应的标准组合计算的弯矩，取计算区段内的最大弯矩；

M_q——按荷载效应的准永久组合计算的弯矩，取计算区段内的最大弯矩；

θ——考虑荷载长期作用对挠度增大的影响系数，当 $\rho'=\rho$ 时，取 $\theta=1.6$，当 $\rho'=0$ 时，取 $\theta=2.0$，当 ρ' 为中间值时，θ 按线性内插，此处，$\rho'=A_s'/(bh_0)$，$\rho=A_s/(bh_0)$，对

翼缘位于受拉区的倒 T 形截面，θ 应增加 20%。

2. 受弯构件挠度验算

1)受弯构件挠度计算公式

其挠度值 f 可以根据 B 利用结构力学求挠度的方法计算，对于均布荷载作用下的简支梁为

$$f = \frac{5M_k l_0^2}{48B} \tag{16-128}$$

一般公式为

$$f = S\frac{M_k l_0^2}{B} \tag{16-129}$$

式中：S——与荷载形式及支座条件有关的系数。

2)挠度验算

由式(16-128)和式(16-129)计算的 f 值不应超过《混凝土规范》规定的挠度限值 f_{lim}，即

$$f \leqslant f_{lim} \tag{16-130}$$

3. 提高刚度与减小挠度的方法

(1)B_s 与梁宽 b 成正比，与梁有效高度 h_0 的三次方成正比。

(2)当 $\rho = A_s/(bh_0) = 0.01 \sim 0.02$ 时，提高混凝土强度对 B_s 增大不多；当 $\rho \leqslant 0.005$ 时，效果大为提高。

(3)B_s 将随 $\alpha_E\rho$ 的增大近似线性增大。

在设计中可以综合考虑上述影响因素。

习　题

16-20　受弯构件减小受力裂缝宽度最有效的措施之一是(　　)。

A. 增加截面尺寸

B. 提高混凝土的强度等级

C. 增加受拉钢筋截面面积，减小裂缝截面的钢筋应力

D. 增加钢筋的直径

16-21　进行简支梁挠度计算时，用梁的最小刚度 B_{min} 代替材料力学公式中的 EI，B_{min} 值是指(　　)。

A. 沿梁长的平均刚度

B. 沿梁长挠度最大处截面的刚度

C. 沿梁长内最大弯矩处截面的刚度

D. 梁跨度中央处截面的刚度

第五节　预应力混凝土

混凝土结构构件在承受作用(荷载)以前，利用张拉钢筋回弹挤压混凝土使混凝土截面受到预压应力，而被张拉的钢筋中存在预拉应力，称之为预应力混凝土结构。它与钢筋混凝土结构的受力差别是截面上的混凝土增加了预压应力，增加了预应力钢筋的预拉应力，因而提高了

构件的抗裂度与刚度，从而可以而且必须选用高强度的材料。

一、一般规定

(一)预应力混凝土构件的计算内容

1. 承载力极限状态计算

根据使用条件进行正截面抗弯承载力与斜剪面抗剪承载力计算，必要时包括疲劳验算。

2. 正常使用极限状态验算

根据使用条件进行变形、抗裂、裂缝宽度和应力验算。

3. 施工阶段验算

按具体情况对制作、运输、吊装等施工阶段进行验算。

(二)适用范围、材料及施加预应力方法

1. 适用范围

1)先张法预应力混凝土

宜用于预制厂大批制作的中、小型构件。设计和施工条件许可时，也可用于生产非常用的构件。

2)后张法预应力混凝土

宜用于大型构件及现浇构件。应根据具体情况，如施工条件、构件类型、受力特点、工作环境等可以选用有黏结预应力或无黏结预应力混凝土。

2. 预应力混凝土材料

(1)预应力筋：宜采用预应力钢丝、钢绞线和预应力螺纹钢筋。

(2)非预应力钢筋，宜采用 HRB400、HRB500 钢筋，也可采用 HPB300、HRB335、RRB400 钢筋。

(3)混凝土：混凝土强度等级不宜低于 C40，且不应低于 C30。

(4)锚具：必须采用由持有生产许可证的制造厂生产，并有合格证书及使用说明书的锚具。

3. 施加预应力方法(表 16-6)

施加预应力方法　　表 16-6

类别	工　序	原　理	特　点
先张法	1. 在台座或钢模上张拉钢筋 2. 支模绑扎其他钢筋，浇注混凝土 3. 混凝土达到一定强度后，切断或放松钢筋、挤压混凝土	预应力钢筋张拉时截面缩小；混凝土硬化后切断端部预应力筋，回缩受阻；通过端部黏结应力传递预应力使混凝土预压	1. 工艺较简单，无需锚具 2. 需要台座或钢模 3. 张拉钢筋一般为直线 4. 适合于中小型工厂化生产
后张法	1. 浇注混凝土构件，预留孔洞 2. 混凝土达到一定强度后，穿预应力钢筋，并张拉钢筋，预压混凝土，锚固钢筋保持预压应力 3. 孔道灌浆或不灌浆	利用构件本身作为支点张拉钢筋预压混凝土，利用端部锚具固定预应力钢筋以保持混凝土预压状态	1. 工艺较复杂，需要锚具 2. 无需台座与钢模张拉 3. 可以采用直线或曲线 4. 可现场制作大、中型构件或整体结构 5. 是结构或构件重要的拼装手段

（三）预应力钢筋张拉控制应力、预应力损失及预应力损失组合

1. 预应力钢筋张拉控制应力 σ_{con}

预应力钢筋张拉控制应力 σ_{con} 是张拉钢筋时施加给预应力筋从制造到使用阶段经受的最大应力。σ_{con} 值越高可以充分利用预应力筋对混凝土建立较高的预应力，节约材料。但若过高，使 σ_{con} 值很接近 f_{puk} 值，则构件出现裂缝时的荷载接近极限荷载，破坏前预兆性差；而且进行超张拉时可能使个别钢筋超过屈服强度，产生永久变形或脆断；同时使钢筋松弛损失加大。但若 σ_{con} 过低，经过预应力损失之后，建立预压应力的效果差，不经济，而且有丧失预应力的危险，因此预应力筋的张拉控制应力 σ_{con} 应符合表 16-7 的规定。消除应力钢丝、钢绞线、中强度预应力钢丝的张拉控制应力值不应小于 $0.4f_{ptk}$；预应力螺纹钢筋的张拉应力控制值不宜小于 $0.5f_{ptk}$。

张拉控制应力限值　　表 16-7

消除应力钢丝、钢绞线	$\sigma_{con} \leqslant 0.75f_{ptk}$
中强度预应力钢丝	$\sigma_{con} \leqslant 0.70f_{ptk}$
预应力螺纹钢筋	$\sigma_{con} \leqslant 0.85f_{ptk}$

2. 预应力损失

预应力损失包括：张拉端锚具变形和钢筋内缩引起的损失 σ_{l1}，预应力钢筋的摩擦损失 σ_{l2}，混凝土加热养护时受张拉的钢筋与承拉设备之间的温差引起的损失 σ_{l3}，预应力钢筋的应力松弛引起的损失 σ_{l4}，混凝土的收缩和徐变引起的损失 σ_{l5}，以及采用螺旋式预应力钢筋配筋的环形构件，当直径 $d \leqslant 3$m 时，由于混凝土的局部挤压引起的损失 σ_{l6}。各项预应力损失值的计算见《混凝土规范》第 10.2 条。为了保证安全，《混凝土规范》给出了预应力总损失的最小值，即当计算的预应力总损失 σ_l 小于下列值时，应按下列数值取用：

先张法构件　　100MPa

后张法构件　　80MPa

3. 预应力混凝土构件的施工、运输、吊装及使用阶段的预应力损失值宜按表 16-8 的规定进行组合。

各阶段预应力损失值的组合　　表 16-8

预应力损失值的组合	先张法构件	后张法构件
混凝土预压前（第一批）的损失	$\sigma_{l1}+\sigma_{l2}+\sigma_{l3}+\sigma_{l4}$	$\sigma_{l1}+\sigma_{l2}$
混凝土预压后（第二批）的损失	σ_{l5}	$\sigma_{l4}+\sigma_{l5}+\sigma_{l6}$

（四）预应力及预应力合力

1. 预加应力产生的混凝土法向应力及相应阶段预应力钢筋的应力计算

1）先张法构件

由预加应力产生的混凝土法向应力

$$\sigma_{pc} = \frac{N_{p0}}{A_0} \pm \frac{N_{p0}e_{p0}}{I_0}y_0 \tag{16-131}$$

相应阶段预应力钢筋的有效预应力

$$\sigma_{pe} = \sigma_{con} - \sigma_l - \alpha_E \sigma_{pc} \tag{16-132}$$

预应力钢筋合力点处混凝土法向应力等于零时的预应力钢筋应力

$$\sigma_{p0} = \sigma_{con} - \sigma_l \tag{16-133}$$

2)后张法构件

由预加应力产生的混凝土法向应力

$$\sigma_{pc} = \frac{N_p}{A_n} \pm \frac{N_p e_{pn}}{I_n} y_n \tag{16-134}$$

相应阶段预应力钢筋的有效预应力

$$\sigma_{pe} = \sigma_{con} - \sigma_l \tag{16-135}$$

预应力钢筋合力点处混凝土法向应力等于零时的预应力钢筋应力

$$\sigma_{p0} = \sigma_{con} - \sigma_l + \alpha_E \sigma_{pc} \tag{16-136}$$

式中：A_0、A_n——分别为换算截面面积(包括扣除孔道、凹槽等削弱部分以外的混凝土全部截面面积以及全部纵向预应力钢筋和非预应力钢筋截面面积换算成混凝土截面面积，对于不同混凝土强度等级组成的截面，应根据混凝土弹性模量比值折换算成同一混凝土强度等级的截面面积)、净截面面积(换算截面面积减去全部纵向预应力钢筋截面面积换算成混凝土的截面面积)；

I_0、I_n——分别为换算截面惯性矩、净截面惯性矩；

e_{p0}、e_{pn}——分别为换算截面重心、净截面重心至预应力钢筋及非预应力钢筋合力点的距离，按式(16-138)和式(16-140)计算；

y_0、y_n——分别为换算截面重心、净截面重心至所计算纤维处的距离；

σ_l——相应阶段的预应力损失；

α_E——钢筋弹性模量与混凝土弹性模量的比值，$\alpha_E = E_s/E_c$；

N_{p0}、N_p——分别为先张法构件、后张法构件的预应力及非预应力钢筋的合力，按式(16-137)、式(16-139)计算。

2.预应力钢筋及非预应力钢筋的合力及合力点的偏心距(见图16-10)

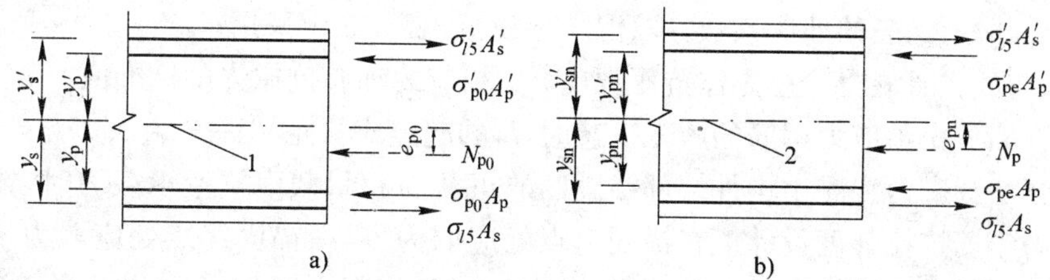

图16-10 预应力钢筋及非预应力钢筋的合力位置

a)先张法构件；b)后张法构件

1-换算截面重心轴；2-净截面重心轴

可按下列公式计算：

1)先张法构件

$$N_{p0} = \sigma_{p0} A_p + \sigma_{p0}{}' A_p{}' - \sigma_{l5} A_s - \sigma_{l5}{}' A_s{}' \tag{16-137}$$

$$e_{p0}=\frac{\sigma_{p0}A_py_p-\sigma_{p0}'A_p'y_p'-\sigma_{l5}A_sy_s+\sigma_{l5}'A_s'y_s'}{\sigma_{p0}A_p+\sigma_{p0}'A_p'-\sigma_{l5}A_s-\sigma_{l5}'A_s'} \tag{16-138}$$

2)后张法构件

$$N_p=\sigma_{pe}A_p+\sigma_{pe}'A_p'-\sigma_{l5}A_s-\sigma_{l5}'A_s' \tag{16-139}$$

$$e_{pn}=\frac{\sigma_{pe}A_py_{pn}-\sigma_{pe}'A_p'y_{pn}'-\sigma_{l5}A_sy_{sn}+\sigma_{l5}'A_s'y_{sn}'}{\sigma_{pe}A_p+\sigma_{pe}'A_p'-\sigma_{l5}A_s-\sigma_{l5}'A_s'} \tag{16-140}$$

式中：σ_{p0}、σ_{p0}'——分别为受拉区、受压区的预应力钢筋合力点处混凝土法向应力等于零时的预应力钢筋应力；

σ_{pe}、σ_{pe}'——分别为受拉区、受压区预应力钢筋的有效预应力；

A_s、A_s'——分别为受拉区、受压区的非预应力钢筋的截面面积；

A_p、A_p'——分别为受拉区、受压区的预应力钢筋截面面积；

y_p、y_p'——分别为受拉区、受压区的预应力合力点至换算截面重心的距离；

y_s、y_s'——分别为受拉区、受压区的非预应力钢筋重心至换算截面重心的距离；

σ_{l5}、σ_{l5}'——分别为受拉区、受压区的预应力钢筋在各自合力点处混凝土收缩和徐变引起的预应力损失值；

y_{pn}、y_{pn}'——分别为受拉区、受压区预应力合力点至净截面重心的距离；

y_{sn}、y_{sn}'——分别为受拉区、受压区的非预应力钢筋重心至净截面重心的距离。

当式(16-137)～式(16-140)中的$A_p'=0$时，可取$\sigma_{l5}'=0$。

3. 混凝土法向应力为零时的N_{p0}及e_{p0}值

对先张法和后张法预应力混凝土构件，在承载力和裂缝宽度验算中，所有的混凝土法向应力为零时的预应力钢筋及非预应力钢筋合力N_{p0}及相应偏心距e_{p0}，均应按式(16-137)及式(16-138)计算，但式中预应力钢筋的应力σ_{p0}及σ_{p0}'则应分别按先张法式(16-133)及后张法式(16-136)计算。

(五)先张法构件预应力钢筋的预应力传递长度l_{tr}计算

计算公式如下

$$l_{tr}=\alpha\frac{\sigma_{pe}}{f_{tk}'}d \tag{16-141}$$

式中：σ_{pe}——放张时预应力钢筋的有效预应力；

d——预应力钢筋的公称直径；

α——预应力钢筋的外形系数，按《混凝土规范》表8.3.1采用；

f_{tk}'——与放张时混凝土立方体抗压强度f_{cu}'相应的轴心抗拉强度标准值。

当采用骤然放松预应力钢筋的施工工艺时，l_{tr}的起点应从距构件末端$0.25l_{tr}$处开始计算。

计算先张法预应力混凝土构件端部锚固区的正截面和斜截面抗弯承载力时，锚固长度范围内的预应力钢筋抗拉强度设计值在锚固起点处应取为零，在锚固终点处应取为f_{py}，两点之间可按线性内插确定。预应力钢筋的锚固长度l_a应按《混凝土规范》第8.3.1条确定。

(六)施工阶段的验算要求

1. 施加预应力时混凝土的强度

施加预应力时，所需的混凝土立方体抗压强度应经计算确定，但不宜低于设计混凝土强度值的75%。

2. 施工阶段验算时，截面法向应力应满足的要求

对制作、运输及安装等施工阶段预拉区允许出现拉应力的构件或预压时全截面受压的构

件，在预加应力、自重及施工荷载作用下(必要时应考虑动力系数)截面边缘的混凝土法向应力宜符合下列规定(见图 16-11)

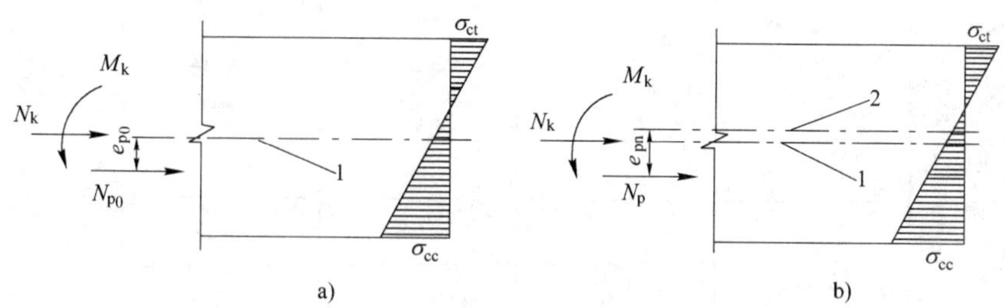

图 16-11　预应力混凝土构件施工阶段验算

a)先张法构件；b)后张法构件

1-换算截面重心轴；2-净截面重心轴

$$\sigma_{ct} \leqslant f_{tk}' \tag{16-142}$$

$$\sigma_{cc} \leqslant 0.8 f_{ck}' \tag{16-143}$$

截面边缘的混凝土法向应力可按下列公式计算

$$\sigma_{cc}(\text{或}\ \sigma_{ct}) = \sigma_{pc} + \frac{N_k}{A_0} \pm \frac{M_k}{W_0} \tag{16-144}$$

式中：σ_{cc}、σ_{ct}——分别为相应施工阶段计算截面边缘纤维的混凝土压应力、拉应力；

f_{tk}'、f_{ck}'——分别为与各施工阶段混凝土立方体抗压强度 f_{cu}' 相应的抗拉强度标准值、抗压强度标准值；

N_k、M_k——分别为构件自重及施工荷载的标准组合在计算截面产生的轴向力值、弯矩值；

W_0——验算边缘的换算截面弹性抵抗矩。

当 σ_{pc} 为压应力时，取正值；当 σ_{pc} 为拉应力时，取负值。当 N_k 为轴向压力时，取正值；当 N_k 为轴向拉力时，取负值。由 M_k 产生的边缘纤维应力，压应力取正号，拉应力取负号。

当有可靠工程经验时，叠合式受弯构件预拉区的混凝土法向拉应力可按 σ_{ct} 不大于 $2f'_{tk}$ 控制。

3. 预应力混凝土构件预拉区的纵向钢筋

施工阶段预拉区允许出现拉应力的构件，预拉区纵向钢筋的配筋率 $(A'_s + A'_p)/A$ 不宜小于 0.15%，对后张法构件不应计入 A'_p，其中 A 为构件截面面积。预拉区纵向普通钢筋的直径不宜大于 14mm，并应沿构件预拉区的外边缘均匀布置。

二、轴心受拉构件

(一)轴心受拉构件截面应力状态及计算公式(见表 16-9)

(二)先张法及与后张法的应力分析小结

1. 施工阶段

两者的应力计算公式是不同的：先张法预应力钢筋应力(σ_p)比后张法减少 $\alpha_E\sigma_{pcI}$ 或 $\alpha_E\sigma_{pc}$；在计算混凝土预压应力公式中，先张法用 A_0，后张法用 A_n。

2. 使用阶段

施加外荷载以后，用 σ_{p0} 及 N_{p0} 表达不同状态轴力的计算公式，两者形式完全相同，但 σ_{p0} 公式对先张法与后张法不同。

表 16-9

轴心受拉构件截面应力计算公式表

受力阶段		预应力钢筋应力 σ_p(拉)		非预应力钢筋应力 σ_s		混凝土应力 σ_c		N 计算公式
		先张法	后张法	先张法	后张法	先张法	后张法	
施工阶段	完成第一批预应力损失 σ_{l1}	放张预应力钢筋时 $\sigma_{pI}=\sigma_{con}-\sigma_{l1}-\alpha_E\sigma_{pcI}$ $\sigma_{p01}=\sigma_{con}-\sigma_{l1}$	终拉终止时 $\sigma_{pI}=\sigma_{con}-\sigma_{l1}$	放松预应力筋时 $\sigma_{sI}=-\alpha_E\sigma_{pcI}$	张拉终止时 $\sigma_{sI}=-\alpha_E\sigma_{pcI}$	$\sigma_{p01}=\dfrac{(\sigma_{con}-\sigma_{l1})A_p}{A_0}$ $A_0=A_c+\alpha_E A_s+\alpha_E A_p$	$\sigma_{p01}=\dfrac{(\sigma_{con}-\sigma_{l1})A_p}{A_n}$ $A_n=A_c+\alpha_E A_s$	
	完成第二批预应力损失时的 σ_l	$\sigma_{pII}=\sigma_{con}-\sigma_l-\alpha_E\sigma_{pcII}$	$\sigma_{pII}=\sigma_{con}-\sigma_l$	$\sigma_s=-\alpha_E\sigma_{pcII}-\sigma_{l5}$	$\sigma_s=-\alpha_E\sigma_{pcII}-\sigma_{l5}$	$\sigma_{pc}=$ $\dfrac{(\sigma_{con}-\sigma_l)A_p-\sigma_{l5}A_s}{A_0}$	$\sigma_{pc}=$ $\dfrac{(\sigma_{con}-\sigma_l)A_p-\sigma_{l5}A_s}{A_n}$	
使用阶段	N_{p0} 作用下的消压状态	$\sigma_{p0}=\sigma_{con}-\sigma_l$	$\sigma_{p0}=\sigma_{con}-$ $\sigma_l-\alpha_E\sigma_{pc}$	$\sigma_{s0}=-\sigma_{l5}$	$\sigma_{s0}=-\sigma_{l5}$	0	0	$N_{p0}=\sigma_{pc}A_0=\sigma_{p0}A_p-\sigma_{l5}$
	N_{cr} 作用下开裂前瞬间	$\sigma_{pcr}=\sigma_{con}-\sigma_l+\alpha_E f_{tk}$	$\sigma_{pcr}=\sigma_{con}-\sigma_l-$ $\alpha_E\sigma_{pcII}+\alpha_E f_{tk}$	$\sigma_{ccr}=-\sigma_{l5}+\alpha_E f_{tk}$	$\sigma_{ccr}=-\sigma_{l5}+\alpha_E f_{tk}$	$\sigma_c=f_{tk}$	$\sigma_c=f_{tk}$	$N_{cr}=(\sigma_{pcII}+f_{tk})A_0$ $=N_{p0}+f_{tk}A_0$
	N_0 作用下的破坏阶段	$\sigma_{pu}=f_{py}$	$\sigma_{su}=f_y$	$\sigma_{su}=f_y$	$\sigma_{su}=f_y$	0		$N_u=f_{py}A_p+f_yA_s$

3. 引入 σ_{p0} 及 N_{p0} 的目的

(1)将先张与后张法的 N 公式统一起来。

(2)把预应力与非预应力钢筋混凝土轴心受拉构件承载力计算公式统一起来。当 $N>N_{cr}$ 以后取 σ_{pc},$N_{p0}=0$ 时,即变为普通钢筋混凝土计算公式。由此引出 $\sigma_p-\sigma_{pc}$ 值相当于钢筋混凝土拉杆开裂后的钢筋应力 σ_s,即在验算预应力混凝土的裂缝宽度计算公式中取 $\sigma_s=\sigma_p-\sigma_{p0}=\dfrac{N-N_{p0}}{A_p+A_s}$。

(三)使用阶段正截面承载力计算

正截面抗拉承载力按下式计算

$$N\leqslant f_{py}A_p+f_yA_s \tag{16-145}$$

式中:f_{py}——预应力钢筋抗拉强度设计值。

(四)使用阶段裂缝控制验算

(1)一级裂缝控制等级构件,在荷载标准组合下,受拉边缘应力应符合下列规定

$$\sigma_{ck}-\sigma_{pc}\leqslant 0 \tag{16-146}$$

(2)二级裂缝控制等级构件,在荷载标准组合下,受拉边缘应力应符合下列规定

$$\sigma_{ck}-\sigma_{pc}\leqslant f_{tk} \tag{16-147}$$

(3)三级裂缝控制等级时,预应力混凝土构件的最大裂缝宽度可按荷载标准组合并考虑长期作用影响的效应计算。最大裂缝宽度应符合下列规定:

$$w_{max}\leqslant w_{lin}$$

对二 a 类环境的预应力混凝土构件,在荷载准永久组合下,受拉边缘应力尚应符合下列规定:

$$\sigma_{cq}-\sigma_{pc}\leqslant f_{tk} \tag{16-148}$$

预应力混凝土轴心受拉构件的最大裂缝宽度可按公式(16-124)计算,其中构件受力特征系数 $\alpha_{cr}=2.2$;纵向受拉钢筋的有效配筋率 $\rho_{te}=(A_p+A_s)/A_{te}$;受拉区纵向钢筋的等效应力 σ_{sk} 按下式计算

$$\sigma_{sk}=\frac{N_k-N_{p0}}{A_p+A_s} \tag{16-149}$$

(五)施工阶段验算

1. 先张法张拉钢筋或后张法张拉钢筋时混凝土的预压应力应满足下式要求

$$\sigma_{cc}\leqslant 0.8f_{ck}'$$

2. 后张法构件端部锚固区局部抗压承载力计算

详见本章第三节"六、局部抗压承载力计算"。

三、受弯构件

(一)应力计算公式及说明

表 16-10 及表 16-11 分别为先张法和后张法预应力混凝土受弯构件在施工阶段和使用阶段的应力计算公式,其中:

σ_{peI}、σ_{pe}、σ_{p0}、σ_{pcr}、σ_{pu} 与 σ_{peI}'、σ_{pe}'、σ_{p0}'、σ_{pcr}'、σ_{pu}' 分别为受拉区与受压区预应力钢筋在完成第一、二批预应力损失,以及在 M_0、M_{cr}、M_u 作用下的应力。

先张法预应力混凝土受弯构件截面应力计算公式　　表 16-10

受力阶段		预应力筋的应力		非预应力筋的应力		混凝土的应力	
		A_p 的应力	A_p'的应力	A_s 的应力	A_s'的应力	截面上任一点的应力	截面下缘的应力
施工阶段	完成第一批预应力损失	$\sigma_{pel}=\sigma_{con}-\sigma_{l1}-\alpha_E\sigma_{pel}$	$\sigma_{pel}'=\sigma_{con}'-\sigma_{l1}'-\alpha_E\sigma'_{pel}$	$\sigma_{sl}=-\alpha_E\sigma_{pcls}$	$\sigma_{sl}'=-\alpha_E\sigma'_{pcls}$	$\sigma_{pel}=\frac{N_{p01}}{A_0}\pm\frac{N_{p01}e_{p01}}{I_0}y_0$	$\sigma_{pcl}=\frac{N_{p01}}{A_0}+\frac{N_{p01}e_{p01}}{I_0}y_{0max}$
	完成第二批预应力损失	$\sigma_{pe}=\sigma_{con}-\sigma_l-\alpha_E\sigma_{pc}$	$\sigma_{pe}'=\sigma_{con}'-\sigma_l'-\alpha_E\sigma'_{pc}$	$\sigma_s=-\alpha_E\sigma_{pcs}-\sigma_{l5}$	$\sigma_s'=-\alpha_E\sigma_{pcs}'-\sigma_{l5}'$	$\sigma_{pc}=\frac{N_{p0}}{A_0}\pm\frac{N_{p0}e_{p0}}{I_0}y_0$	$\sigma_{pc}=\frac{N_{p0}}{A_0}+\frac{N_{pc}e_{p0}}{I_0}y_{0max}$
使用阶段	M_0 作用下	$\sigma_{p0}=\sigma_{con}-\sigma_l$	$\sigma'_{p0}=\sigma_{con}'-\sigma_l'$	$\sigma_{s0}=\sigma_s+\alpha_E\sigma_{cos}$	$\sigma'_{s0}=\sigma_s'+\alpha_E\sigma_{cos}'$	$\sigma_{c0}=\sigma_{pc}\pm\frac{M_0}{I_0}y_0$	0
	M_{cr} 作用下	$\sigma_{pcr}=\sigma_{p0}+2\sigma_E f_{tk}$	$\sigma_{pcr}'=\sigma_{p0}'+2\sigma_E f_{tk}$	$\sigma_{scr}=\sigma_{s0}+2\sigma_E f_{tk}$	$\sigma'_{scr}=\sigma_{s0}'+2\sigma_E f_{tk}$	$\sigma_c=\sigma_{pc}\pm\frac{M_{cr}}{I_0}y_0$	f_{tk}
	M_u 作用	$\sigma_{pu}=f_{py}$	$\sigma_{pu}'=\sigma_{p0}'-f_{py}'$	$\sigma_{su}=f_y$	$\sigma_{su}=f_y'$	拉区混凝土 $\sigma_c=0$ 压区混凝土 $\sigma_c=f_{cm}$	0

后张法预应力混凝土受弯构件截面应力计算公式　　表 16-11

受力阶段		预应力筋的应力		非预应力筋的应力		混凝土的应力	
		A_p 的应力	A_p'的应力	A_s 的应力	A'_s 的应力	截面上任一点的应力	截面下缘的应力
施工阶段	完成第一批预应力损失	$\sigma_{pel}=\sigma_{con}-\sigma_{lI}$	$\sigma'_{pel}=\sigma_{con}'-\sigma_{lI}$	$\sigma_{sl}=-\alpha_E\sigma_{pcls}$	$\sigma'_{sl}=-\alpha_E\sigma'_{pcls}$	$\sigma_{pel}=\frac{N_{pI}}{A_n}\pm\frac{N_{pI}e_{pn}}{I_0}y_0$	$\sigma_{pcI}=\frac{N_{pI}}{A_n}+\frac{N_{pnI}e_{pnI}}{I_n}y_{nmax}$
	完成第二批预应力损失	$\sigma_{pe}=\sigma_{con}-\sigma_l$	$\sigma_{pe}'=\sigma_{con}'-\sigma_l'$	$\sigma_s=-\alpha_E\sigma_{pcs}-\sigma_{l5}$	$\sigma_s'=-\alpha_E\sigma'_{pcls}-\sigma_{l5}'$	$\sigma_{pc}=\frac{N_p}{A_n}\pm\frac{N_pe_{pn}}{I_n}y_0$	$\sigma_{pc}=\frac{N_p}{A_n}+\frac{N_pe_{p0}}{I_n}y_{nmax}$
使用阶段	M_0 作用下	$\sigma_{p0}=\sigma_{con}-\sigma_l+\alpha_E\sigma_{pc}$	$\sigma_{p0}'=\sigma_{con}'-\alpha_l'+\alpha_E\sigma_{pc}'$	$\sigma_{s0}=\sigma_s+\alpha_E\delta_{cos}$	$\sigma_{s0}'=\sigma_s'+\sigma_{con}'$	$\sigma_{c0}=\sigma_{pc}\pm\frac{M}{I_0}y_0$	0
	M_{cr} 作用下	$\sigma_{pcr}=\sigma_{p0}+2\alpha_E f_{tk}$	$\sigma_{pcr}'=\sigma_{p0}'-2\alpha_E f_{tk}$	$\sigma_{scr}=\sigma_{s0}+2\alpha_E f_{tk}$	$\sigma_{scr}'=\sigma_{s0}'-2\alpha_E f_{tk}$	$\sigma_c=\sigma_{pc}\pm\frac{M}{I_0}y_0$	f_{tk}
	M_u 作用下	$\sigma_{pu}=f_{py}$	$\sigma_{pu}'=\sigma_{p0}'-f_{py}'$	$\sigma_{su}=f_y$	$\sigma_{su}=f_y'$	拉区混凝土 $\sigma_c=0$ 压区混凝土 $\sigma_c=f_{cm}$	0

σ_{sI}、σ_s、σ_{s0}、σ_{scr}、σ_{su}与σ_{sI}'、σ_s'、σ_{s0}'、σ_{scr}'、σ_{su}'分别为受拉区与受压区的非预应力钢筋在完成第一、二批预应力损失，以及在M_0、M_{cr}、M_u作用下的应力。

σ_{pcI}、σ_{pc}分别为预应力钢筋完成第一批及全部预应力损失后产生的混凝土法向应力。

σ_{pcIs}、σ_{pcs}与σ'_{pcIs}、σ'_{pcs}分别为预应力钢筋完成第一批及全部预应力损失后，在A_s重心与A'_s重心处产生的混凝土法向应力。

M_0、M_{cr}、M_u分别为受弯构件在消压状态(截面下边缘的$\sigma_{pc}=0$)，裂缝即将出现时以及达到承载力极限状态时截面所承担的弯矩。

(二)使用阶段正截面抗弯承载计算

(1)矩形截面或翼缘位于受拉边的T形截面受弯构件，其正截面抗弯承载力应按下式计算(图16-12)

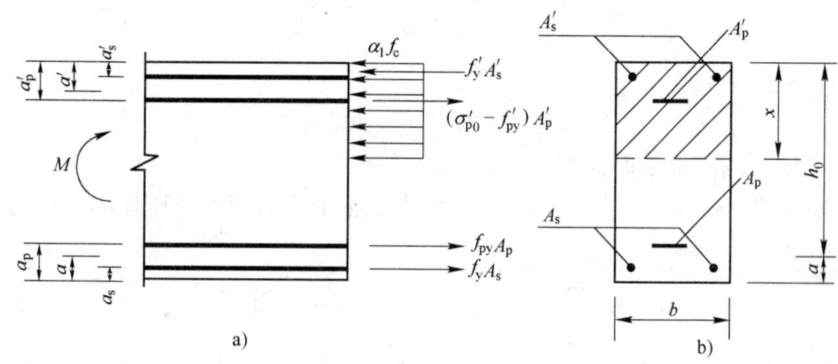

图16-12　矩形截面受弯构件正截面抗弯承载力计算

$$M\leqslant \alpha_1 f_c bx\left(h_0-\frac{x}{2}\right)+f_y{}'A_s{}'(h_0-a_s{}')-(\sigma_{p0}{}'-f'_{py})A_p{}'(h_0-a_p{}') \tag{16-150}$$

混凝土的受压区高度按下式计算

$$\alpha_1 f_c bx=f_y A_s-f_y{}'A_s{}'+f_{py}A_p+(\sigma_{p0}{}'-f_{py})A_p{}' \tag{16-151}$$

混凝土受压区高度应符合下列要求：

为了避免出现超筋梁，则

$$x\leqslant \xi_b h_0 \tag{16-152}$$

为了使$A_s{}'$达到$f_y{}'$值，则

$$x\geqslant 2a' \tag{16-153}$$

式中：a'——纵向受压钢筋合力点至受压区边缘的距离，当受压区未配置纵向预应力钢筋或受压区纵向预应力钢筋的应力($\sigma_{p0}{}'-\sigma_{py}{}'$)为拉应力时，式(16-153)中的$a'$应用$a_s{}'$代替；

ξ_b——相对界限受压区高度，按下式计算

$$\xi_b=\frac{\beta_1}{1+0.002/\varepsilon_{cu}+(f_{py}-\sigma_{p0})/(E_s\varepsilon_{cu})} \tag{16-154}$$

式中：σ_{p0}——受拉区纵向预应力钢筋合力点处混凝土法向应力等于零时的预应力钢筋应力。

(2)翼缘位于受压区的T形截面受弯构件(图16-13),其正截面抗弯承载力应按下列情况计算

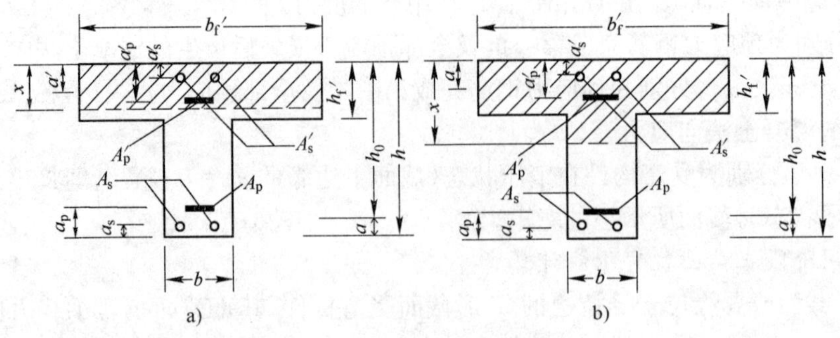

图16-13 T形截面受弯构件受压区高度位置

a)$x \leqslant h_f'$;b)$x > h_f'$

①当符合下式条件时

$$f_y A_s + f_{py} A_p \leqslant \alpha_1 f_c b_f' h_f' + f_y' A_s' - (\sigma_{p0}' - f_{py}') A_p' \tag{16-155}$$

则按宽度为b_f'的矩形截面计算。

②当不符合式(16-155)的条件时,计算中应考虑截面中腹板的受压作用,其正截面抗弯承载力按下式计算

$$M \leqslant \alpha_1 f_c bx\left(h_0 - \frac{x}{2}\right) + \alpha_1 f_c (b_f' - b) h_f'\left(h_0 - \frac{h_f'}{2}\right) + f_y' A_s' (h_0 - a_s') - (\sigma_{p0}' - f_{py}') A_p' (h_0 - a_p') \tag{16-156}$$

其混凝土受压区高度按下式确定

$$\alpha_1 f_c [bx + (b_f' - b) h_f] = f_y A_s - f_y' A_s + f_{py} A_p + (\sigma_{p0}' - f_{py}') A_p \tag{16-157}$$

式中:h_f'——T形截面受压区翼缘高度;

b_f'——T形截面受压区翼缘计算宽度,应按《混凝土规范》表5.2.4中所列各项中的最小值取用。

应用式(16-156)和式(16-157)时,混凝土受压区高度尚应符合式(16-152)和式(16-153)的要求。

③在计算中考虑普通受压钢筋A_s',若不符合$x \geqslant 2a'$的条件时,正截面抗弯承载力可按下列公式计算

$$M \leqslant f_{py} A_p (h - a_p - a_s') + f_y A_s (h - a_s - a_s') + (\sigma_{p0}' - f_{py}') A_p' (\alpha_p' - a_s') \tag{16-158}$$

(三)使用阶段斜截面承载力计算

(1)矩形、T形及I形截面的预应力混凝土受弯构件,其受剪截面应符合的条件同普通钢筋混凝土梁,即按式(16-47)和式(16-48)的条件。

(2)在计算预应力混凝土受弯构件斜截面的抗剪承载力时,其计算位置同普通钢筋混凝土梁的规定,即:

①支座边缘处的截面;

②受拉区弯起钢筋弯起点处的截面;

③箍筋截面面积或间距改变处的截面;

④腹板宽度改变处的截面。

(3)矩形、T形和I形截面的预应力混凝土受弯构件，当配有箍筋与弯起钢筋时，其斜截面抗剪承载力应按下列公式计算

$$V \leqslant V_{cs} + V_p + 0.8 f_y A_{sb} \sin\alpha_s + 0.8 f_{py} A_{pb} \sin\alpha_p \tag{16-159}$$

式中：V——构件斜截面上最大剪力设计值；

V_{cs}——构件斜截面上混凝土和箍筋的抗剪承载力值，按式(16-160)和式(16-163)计算；

式(16-161)中 λ 为计算截面的剪跨比，取值同式(16-50)中的数值。

V_p——由预应力所提高的构件抗剪承载力设计值，其值为

$$V_p = 0.05 N_{p0} \tag{16-160}$$

应注意，当 N_{p0} 产生的弯矩 M_p 与荷载产生的弯矩 M 同向时，应取 $V_p = 0$。

N_{p0}——计算截面上混凝土法向预应力等于零时的预应力钢筋和非预应力钢筋的合力，按式(16-137)计算，当 $N_{p0} > 0.3 f_c A_0$ 时取 $N_{p0} = 0.3 f_c A_c$，而且计算 N_{p0} 时不考虑预应力弯起钢筋的作用，应注意：当 N_{p0} 引起的截面弯矩与荷载引起的弯矩相同时，以及预应力混凝土连续梁和允许出现裂缝的预应力简支梁，均取 $V_p = 0$，对先张法预应力混凝土构件，在计算合力 N_{p0} 时，应考虑预应力钢筋传递长度的影响；

f_{py}——预应力钢筋抗拉强度设计值；

A_{sb}——同一弯起平面内的预应力弯起钢筋的截面面积；

α_p——斜截面上预应力弯起钢筋的切线与构件纵向轴线的夹角。

其余符号意义同钢筋混凝土受弯构件。

一般受弯梁

$$V_{cs} = 0.7 f_t b h_0 + f_{yv} \frac{A_{sv}}{s} h_0 \tag{16-161}$$

集中荷载作用下的矩形独立梁

$$V_{cs} = \frac{1.75}{\lambda + 1} f_t b h_0 + f_{yv} \frac{A_{sv}}{s} h_0 \tag{16-162}$$

(4)矩形、T形和I形截面的预应力混凝土受弯构件，当符合下列公式(16-163)和(16-164)要求时，则均可不进行斜截面抗剪承载力计算，而仅需按构造要求配置箍筋。

一般受弯构件

$$V_{cs} \leqslant 0.7 f_t b h_0 + 0.05 N_{p0} \tag{16-163}$$

集中荷载作用下的矩形截面独立梁

$$V_{cs} \leqslant \frac{1.75}{\lambda + 1} f_t b h_0 + 0.05 N_{p0} \tag{16-164}$$

(四)使用阶段正截面裂缝的控制验算

(1)对裂缝控制等级为一级、二级的预应力混凝土受弯构件，同轴心受拉构件，应符合公式(16-146)～公式(16-147)的规定。但公式中的 $\sigma_{ck} = M_k / W_0$，$\sigma_{cq} = M_q / W_0$。

(2)对裂缝控制等级为三级——允许出现裂缝的构件，按荷载效应的标准组合并考虑长期作用影响的最大裂缝宽度应符合 $w_{max} \leqslant w_{lim}$。预应力混凝土受弯构件的最大裂缝宽度可按公式(16-124)计算，其中构件受力特征系数 $\alpha_{cr} = 1.5$；纵向受拉钢筋的有效配筋率 $\rho_{te} = (A_p + A_s)/A_{te}$；受拉区纵向钢筋的等效应力 σ_{sk} 按下式计算

$$\sigma_{sk} = \frac{M_k - N_{p0}(z - e_p)}{(A_p + A_s)z} \tag{16-165}$$

$$z = [0.87 - 0.12(1 - \gamma_f{}')(h_0/e)^2]h_0 \tag{16-166}$$

$$e = e_p + M_k/N_{p0} \tag{16-167}$$

$$\gamma_f{}' = (b_f{}' - b)h_f{}'/bh_0$$

$$\text{当 } h_f{}' > 0.2h_0 \text{ 时,取 } h_f{}' = 0.2h_0 \tag{16-168}$$

式中:z——受拉区纵向非预应力钢筋和预应力钢筋合力点至截面受压区合力点的距离;

e_p——混凝土法向预应力等于零时全部纵向预应力和非预应力钢筋的合力 N_{p0} 的作用点至受拉区纵向预应力和非预应力钢筋合力点的距离。

(五)使用阶段斜截面裂缝控制验算

预应力混凝土受弯构件斜截面裂缝的控制验算,主要是验算截面的混凝土主拉应力与主压应力应符合下列规定:

(1)混凝土的主拉应力 σ_{tp}

对严格要求不出现裂缝的构件

$$\sigma_{tp} \leqslant 0.85 f_{tk} \tag{16-169}$$

对一般要求不出现裂缝的构件

$$\sigma_{tp} \leqslant 0.95 f_{tk} \tag{16-170}$$

(2)混凝土的主压应力 σ_{cp}

对严格要求和一般要求不出现裂缝的构件

$$\sigma_{cp} \leqslant 0.6 f_{ck} \tag{16-171}$$

应当注意,应选择跨度内不利位置的截面,对该截面的换算截面重心处和截面宽度剧烈改变处进行验算。对允许出现裂缝的吊车梁,在静力计算中应符合式(16-170)及式(16-171)的规定。

混凝土主拉应力和主压应力应按《混凝土规范》第 7.1.7 条规定计算。

对先张法预应力混凝土构件端部进行斜截面抗剪承载力计算及正截面、斜截面抗裂验算时,应考虑预应力钢筋在预应力传递长度 l_{tr} 范围内实际应力值的变化。

应验算抗裂的部位:

(1)在构件长度方向,应根据剪力及弯矩图形变化的特点和构件外形及截面变化情况选择最危险区段:①支座边缘截面;②腹板宽度削弱;③弯起预应力钢筋在跨中的锚固终点处截面。

(2)沿截面高度方向,一般应验算截面的重心轴线处及截面腹板厚度有显著变化的部位,即翼缘与腹板相交处。

(3)吊车梁斜截面抗裂验算部位,需考虑两种荷载位置,即轮压作用在宽度显著变化的截面上及轮压作用在离该截面 0.6h 处(向跨中方向)。

(六)使用阶段的变形验算

预应力混凝土受弯构件的挠度由两部分组成,一部分是由荷载作用产生的挠度 f_1,另一部分是由预应力作用产生的反拱 f_2。

1. 荷载作用下的挠度值 f_1

(1)荷载效应标准组合作用下的短期刚度 B_s

使用阶段要求不出裂缝的构件

$$B_s = 0.85 E_c I_0 \tag{16-172}$$

使用阶段允许出现裂缝的构件

$$B_s = \frac{0.85E_c I_0}{\kappa_{cr} + (1 - \kappa_{cr})\omega} \tag{16-173}$$

$$\kappa_{cr} = M_{cr}/M_k \tag{16-174}$$

$$\omega = (1.0 + 0.21/\alpha_E\rho)(1 + 0.45\gamma_f) - 0.7 \tag{16-175}$$

$$M_{cr} = (\sigma_{pc} + \gamma \cdot f_{tk})W_0 \tag{16-176}$$

$$\gamma = (0.7 - 120/h)\gamma_m \tag{16-177}$$

式中：κ_{cr}——预应力混凝土受弯构件正截面的开裂弯矩 M_{cr} 与弯矩 M_k 的比值，当 $\kappa_{cr}>1.0$ 时，取 $\kappa_{cr}=1.0$；

α_E——钢筋弹性模量与混凝土弹性模量的比值，$\alpha_E=E_s/E_c$；

σ_{pc}——扣除全部预应力损失后，由预应力在抗裂验算截面边缘产生的混凝土预压应力；

γ_f——受拉翼缘截面面积与腹板有效截面面积的比值，$\gamma_f=(b_f-b)h_f/(bh_0)$；

I_0——换算截面惯性矩；

γ_m——混凝土构件的截面抵抗矩塑性影响系数基本值，见《混凝土规范》表 8.2.4。

对预压时预拉区出现裂缝的构件，B_s 应降低 10%。

(2)预应力混凝土受弯构件考虑荷载长期作用影响的刚度 B(简称“长期刚度”)可按式(16-127)计算，公式中的影响系数 θ 取为 2.0。

(3)正常使用下由荷载作用产生的挠度 f_1，根据式(16-127)求出的 B，即可按结构力学的方法计算。在等截面构件中，可假定各同号弯矩区段内的刚度为常数，并取该区段弯矩绝对值最大处的截面刚度(最小刚度)。

2. 预应力产生的反拱值 f_2

在偏心压力作用下预应力构件产生的反拱值 f_2 可按两端作用有弯矩为 N_pe_p 的简支梁的挠度计算。

(1)施工阶段刚预压时产生的短期反拱值 f_{2s}

$$f_{2s} = \frac{N_{p0\mathrm{I}}e_{p0\mathrm{I}}}{8E_c I_0} \tag{16-178}$$

在计算 $N_{p0\mathrm{I}}$、$e_{p0\mathrm{I}}$ 时，预应力钢筋的应力应扣除混凝土预压前的第一批损失 $\sigma_{l\mathrm{I}}$。

(2)使用阶段预应力产生的反拱值 f_2 应考虑混凝土的徐变作用，其值为

$$f_2 = \frac{2N_{p0}e_{p0}}{8E_c I_0} = \frac{N_{p0}e_{p0}}{4E_c I_0} \tag{16-179}$$

在计算 N_{p0}、e_{p0} 时，预应力钢筋的应力应扣除全部预应力损失 $\sigma_l=\sigma_{l\mathrm{I}}+\sigma_{l\mathrm{II}}$。

(3)使用阶段的挠度值

$$f_{max} = f_1 - f_2 \leqslant f_{lim} \tag{16-180}$$

(七)施工阶段验算

1. 施工阶段验算的要求

详见本节一、(六)。

2. 预拉区不允许出现裂缝的构件

(1)使用荷载作用下受拉区允许出现裂缝的构件，为了避免上下裂缝贯通，预拉区不应再有裂缝。

(2)经受重复荷载作用需作疲劳计算的吊车梁，为了避免使用阶段抗裂度降低和影响构件工作性能，预拉区应按不允许出现裂缝的条件设计。

(3)预拉区有较大翼缘的构件，由于翼缘部分混凝土的抗裂弯矩所占比重较大，一旦开裂、

钢筋应力将有较大增长，因裂缝开展宽度过大、不易控制，预拉区应按不允许出现裂缝条件设计。

习 题

16-22 先张法和后张法预应力混凝土构件传递预应力方法的区别是(　　)。

A. 先张法是靠钢筋与混凝土之间的黏结力来传递预应力，后张法是靠锚具来保持预应力

B. 先张法是靠锚具来保持预应力，后张法是靠钢筋与混凝土之间的黏结力来传递预应力

C. 先张法是靠传力架来保持预应力，后张法是靠千斤顶来保持预应力

D. 先张法和后张法均是靠锚具来保持预应力，只是张拉顺序不同

16-23 条件相同的先、后张法预应力混凝土轴心受拉构件，如果 σ_{con} 及 σ_l 相同时，预应力钢筋中的应力 σ_{peII} 是(　　)。

A. 两者相等　　B. 后张法大于先张法

C. 后张法小于先张法　　D. 谁大谁小不能确定

16-24 后张法预应力混凝土轴心受拉构件完成全部预应力损失后，预应力筋的总预拉应力 $N_{pII}=50kN$，若加荷至混凝土应力为零时，外荷载 N_0 为(　　)。

A. $N_0=50kN$

B. $N_0>50kN$

C. $N_0<50kN$

D. $N_0=50kN$ 或 $N_0>50kN$，应看 σ_l 的大小

第六节 构造要求

关于钢筋混凝土和预应力混凝土结构的构造规定及结构构件的规定详见《混凝土规范》第8章及第9章。

第七节 单层厂房

一、组成与布置

(一)组成

1.屋盖结构

(1)有檩屋盖体系：由压型钢板或小型屋面板、檩条、屋架及支撑系统组成。

(2)无檩屋盖体系：由大型屋面板、天沟板、屋架或屋面梁及屋盖支撑系统组成。

(3)为采光及通风设有天窗时，由天窗架、挡风板、支撑组成。

(4)对于有抽柱的厂房，在抽柱部位设有托架。

2.横向排架

(1)中部横向排架：由屋面梁或屋架，横向柱列和基础组成。

(2)端部横向排架:除具有中部横向排架的组成外,一般还设有抗风柱、抗风梁、基础梁。

3.纵向排架

由纵向柱列、连系梁、吊车梁、柱间支撑、基础梁、基础组成。

4.围护结构

由纵墙、山墙(横墙)、墙梁、抗风柱(有时设有抗风梁或抗风桁架)、基础梁、基础等组成。

由上述四部分组成空间受力与围护结构。

(二)结构布置

1.厂房平面布置

柱网布置首先满足生产工艺要求,并应符合统一模数,厂房跨度可选 9m、12m、15m、18m、21m、24m、27m、30m、33m、36m 等。柱间距可选用 6m、9m 和 12m。厂房应按《混凝土规范》要求设置变形缝。除有要求外,一般可不设沉降缝。在地震区应按防震缝要求做伸缩缝。变形缝处应设双排架。

2.厂房剖面布置

柱高按生产工艺要求确定,应满足吊车轨顶标高及吊车安全运行的要求,并应符合模数。

3.屋盖结构布置

应优先采用自重较轻的压型钢板、轻质大型屋面板等。有檩屋盖中,常用冷弯薄壁型钢、轻型 H 型钢檩条,檩条应布置在屋架节点上。

天窗架应从两端的第二柱间开始布置,对于抗震设防烈度为 8 度及 8 度以上的地区,则应从第三柱间开始布置。有抽柱时,应沿纵向布置托架。

4.支撑系统布置

支撑系统主要是用于加强厂房的整体刚度和稳定,并传递风荷载及吊车水平荷载,可分为屋盖支撑和柱间支撑两大类。屋盖支撑包括上弦横向水平支撑、下弦横向水平支撑、纵向水平支撑、竖向支撑及纵向水平系杆,天窗架支撑等。柱间支撑又分为上柱支撑和下柱支撑。

横向水平支撑布置在温度区段的两端。上、下弦横向水平支撑最好布置在同一柱间内。

纵向水平支撑一般是由交叉角钢等杆件和屋架下弦第一节间组成水平桁架。

竖向支撑一般是由角钢杆件与屋架中的直腹杆或天窗架中的立柱组成垂直桁架。一般布置在厂房温度区段两端第一或第二柱间,并在下弦柱高处布置通长水平受拉系杆。

系杆一般通长设置,一端最终连接于竖向支撑或上、下弦横向水平支撑节点上。

关于各种支撑的设置原则,详见有关结构设计手册。

柱间支撑的上柱柱间支撑一般设在温度区段两侧与屋盖横向水平支撑相对应的柱间,以及温度区段中央柱间;下柱柱间支撑设置在温度区段中部与上柱柱间支撑相应的位置。

5.围护结构布置

厂房檐口处的柱高小于等于 8m、跨度小于等于 12m 时,抗风柱可用砖壁柱,一般采用钢筋混凝土抗风柱。对圈梁、过梁、连系梁和基础梁应综合考虑,尽可能一梁多用。

二、柱

柱子分为排架柱与抗风柱。排架柱设计计算应考虑下列要点:

1.截面形式和尺寸

(1)厂房柱常用截面形式

应根据厂房跨度、高度和吊车起重量确定,一般可参照柱截面高度 h 大小选型。当 $h\leqslant$

500mm 时，矩形截面；h=600～800mm 时，矩形或工字形；h=900～1 200mm 时，工字形截面；h=1 300～1 500mm 时，工字形或双肢柱；h>1 600mm 时，双肢柱。

(2)柱截面尺寸

由计算确定，且应符合最小截面的构造规定，其目的是保证必要的横向刚度。一般可不必验算横向水平位移。

2. 截面配筋计算要点

(1)柱的计算长度可按《混凝土规范》第 6.2.20 条取用。

(2)已知柱子计算长度 l_0，截面尺寸，控制截面内力 M、N、V，及选定截面材料后即可按偏心受压构件进行截面配筋计算。

(3)运输及吊装验算　构件平卧浇制时，采用平吊较为方便，应按平吊验算；当平吊验算不够时，可采用翻身起吊验算。

3. 柱的构造要求(见《混凝土规范》第 9.3 条)

三、基础(详见本书第十七章土力学与基础工程有关章节)

第八节　钢筋混凝土多层及高层房屋

一、结构体系及布置

多层及高层房屋的层数与高度的划分是一个相对的概念，国内外还没有一个统一的划分标准，但我国《高层建筑混凝土结构技术规程》(JGJ 3—2010)(以下简称《高层混凝土规程》)中将10 层及 10 层以上或房屋高度超过 28m 的住宅建筑和房屋高度大于 24m 的其他民用建筑划分为高层建筑。

(一)结构体系选择

随着建筑物高度的增加，水平荷载(风荷载或地震作用)对结构起的作用越来越大，除内力增加之外，结构的侧向位移增加得更大。结构的轴力 N 与建筑的高度 H 为线性增长，弯矩与建筑高度为 2 次方增长，而侧向位移则随 H 为 4 次方增长。因此抗侧力成为高层建筑结构的主要问题。在地震区，地震对高层建筑的危害比多层建筑要大。因此，在选择结构体系时，除考虑使用要求、施工条件、经济等因素外，还应特别重视各结构体系的应用范围和条件。

1. 框架体系

由梁、柱构件通过节点连接构成的承受各种竖向和水平作用的结构称为框架体系。框架结构的优点是建筑平面布置灵活、立面也可变化，容易满足各种工业与民用建筑的使用要求，其缺点是抗侧向刚度较小，因梁柱截面不能太大，其使用高度受到限制，一般宜控制在 15 层以下，高度不超过 70m。在高层建筑中梁柱必须做成刚节点。

2. 剪力墙结构

它是由纵横方向的竖向墙体组成的承重与抗侧力体系。墙体同时又作为分隔房间和维护构件。剪力墙结构的侧向刚度比框架结构大很多，侧移小，抵御地震作用的能力强，但结构自重大，建筑平面布置局限性大，难以满足建筑内部大空间要求。在 10～50 层范围内都适用，但从经济上看，30 层左右较适宜。为了满足首层大空间及中间各层一些大空间的需要，可采用底层部分框支剪力墙与部分剪力墙落地的底层大空间剪力墙结构以及跳层剪力墙结构。

3.框架-剪力墙结构及框架-筒体结构

在框架结构中的适当部位布置剪力墙或筒体结构，即成为框架-剪力墙或框架-筒体结构。这两种结构集框架与剪力墙及筒体的优点于一身，既具有框架建筑布置灵活，又具有剪力墙与筒体抗侧移刚度大的优点，对于框-剪结构可用于10～20层，对于框-筒结构可建造30～40层。

4.筒体结构

(1)框筒结构：由建筑外围周边间距很密的柱与截面很高的窗裙梁组成的筒体结构。

(2)筒中筒结构：由外面框筒和内部剪力墙围成的薄壁实筒组成的结构。

(3)多筒结构：在平面内将多个筒体组合在一起形成多筒结构体系，或者是将几个单筒体并联成为整体刚度很大的筒体。

筒体结构抗侧力刚度大，一般宜用于40层以上。

(二)结构布置原则

在多层、高层建筑中，除根据使用要求与建筑高度等选择合理的结构体系之外，还要合理选择与布置建筑物的平面、剖面和立面，应当正确地理解与运用下列布置原则：

1.结构的最大适用高度及结构适用的最大高宽比

为避免建筑结构侧移过大及可能发生倾覆，对建筑结构的最大高度及高宽比 B/H 应加以控制。钢筋混凝土高层建筑结构的最大适用高度和高宽比分为A级和B级。B级高度建筑结构的最大适用高度和高宽比可较A级适当放宽，但其结构抗震等级、有关的计算和构造措施应相应加严，并应符合《高层混凝土规程》有关条文的规定。钢筋混凝土高层建筑结构的最大适用高度及适用的最大高宽比分别见表16-12～表16-14。

A级高度钢筋混凝土高层建筑的最大适用高度(单位:m)　　表16-12

<table>
<tr><th colspan="2" rowspan="3">结构体系</th><th rowspan="3">非抗震设计</th><th colspan="5">抗震设防烈度</th></tr>
<tr><th rowspan="2">6度</th><th rowspan="2">7度</th><th colspan="2">8度</th><th rowspan="2">9度</th></tr>
<tr><th>0.20g</th><th>0.30g</th></tr>
<tr><td colspan="2">框架</td><td>70</td><td>60</td><td>50</td><td>40</td><td>35</td><td>—</td></tr>
<tr><td colspan="2">框架-剪力墙</td><td>150</td><td>130</td><td>120</td><td>100</td><td>80</td><td>50</td></tr>
<tr><td rowspan="2">剪力墙</td><td>全部落地剪力墙</td><td>150</td><td>140</td><td>120</td><td>100</td><td>80</td><td>60</td></tr>
<tr><td>部分框支剪力墙</td><td>130</td><td>120</td><td>100</td><td>80</td><td>50</td><td>不应采用</td></tr>
<tr><td rowspan="2">筒体</td><td>框架-核心筒</td><td>160</td><td>150</td><td>130</td><td>100</td><td>90</td><td>70</td></tr>
<tr><td>筒中筒</td><td>200</td><td>180</td><td>150</td><td>120</td><td>100</td><td>80</td></tr>
<tr><td colspan="2">板柱-剪力墙</td><td>110</td><td>80</td><td>70</td><td>55</td><td>40</td><td>不应采用</td></tr>
</table>

注：1.表中框架不含异形柱框架。

2.部分框支剪力墙结构指地面以上有部分框支剪力墙的剪力墙结构。

3.甲类建筑，6、7、8度时宜按本地区抗震设防烈度提高一度后符合本表的要求，9度时应专门研究。

4.框架结构、板柱-剪力墙结构以及9度抗震设防的表列其他结构，当房屋高度超过本表数值时，结构设计应有可靠依据，并采取有效的加强措施。

B级高度钢筋混凝土高层建筑的最大适用高度(单位:m) 表16-13

结构体系		非抗震设计	抗震设防烈度			
			6度	7度	8度	
					0.20g	0.30g
框架-剪力墙		170	160	140	120	100
剪力墙	全部落地剪力墙	180	170	150	130	110
	部分框支剪力墙	150	140	120	100	80
筒体	框架-核心筒	220	210	180	140	120
	筒中筒	300	280	230	170	150

注:1.部分框支剪力墙结构指地面以上有部分框支剪力墙的剪力墙结构。

2.甲类建筑,6、7度时宜按本地区设防烈度提高一度后符合本表的要求,8度时应专门研究。

3.当房屋高度超过表中数值时,结构设计应有可靠依据,并采取有效的加强措施。

钢筋混凝土高层建筑结构适用的最大高宽比 表16-14

结构体系	非抗震设计	抗震设防烈度		
		6度、7度	8度	9度
框架	5	4	3	—
板柱-剪力墙	6	5	4	—
框架-剪力墙、剪力墙	7	6	5	4
框架-核心筒	8	7	6	4
筒中筒	8	8	7	5

2.结构平面与竖向布置要求

结构平面与竖向体型应力求简单、规则、对称、质量和刚度变化均匀、减少扭转的影响。对抗震要求应从严掌握。高层建筑的开间、进深尺寸和选用的构件类型应减少规格,以利建筑工业化。

1)平面布置

在高层建筑的一个独立结构单元内,结构平面形状宜简单、规则,质量、刚度和承载力分布宜均匀。不应采用严重不规则的平面布置。高层建筑宜选用风作用效应较小的平面形状。

抗震设计的混凝土高层建筑,其平面宜简单、规则、对称,减少偏心;平面长度不宜过长(图16-14),L/B宜符合表16-15的要求;平面凸出部分的长度l不宜过大,宽度b不宜过小,l/B_{max}、l/b宜符合表16-15的要求;建筑平面不宜采用角部重叠或细腰形平面布置。

平面尺寸及凸出部位尺寸的比值限值 表16-15

抗震设防烈度	L/B	l/B_{max}	l/b
6度、7度	≤6.0	≤0.35	≤2.0
8度、9度	≤5.0	≤0.30	≤1.5

抗震设计时,B级高度钢筋混凝土高层建筑、混合结构高层建筑以及复杂高层建筑结构,其平面布置应简单、规则,减少偏心。

当楼板平面比较狭长,有较大的凹入或开洞时,应在设计中考虑其对结构产生的不利影响。有效楼板宽度不宜小于该层楼面宽度的50%;楼板开洞总面积不宜超过楼面面积的30%;在扣除凹入或开洞后,楼板在任一方向的最小净宽度不宜小于5m,且开洞后每一边的楼板净宽度不应小于2m。

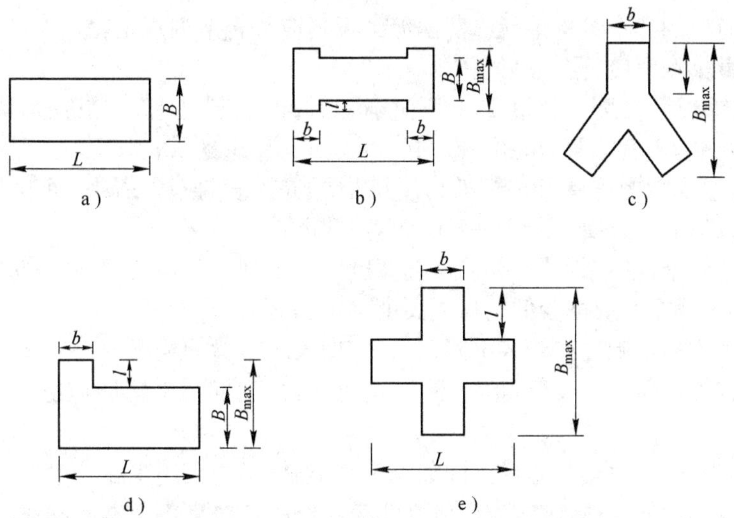

图 16-14　建筑平面

2)竖向布置

(1)高层建筑的竖向体形宜规则、均匀,避免有过大的外挑和内收。结构的侧向刚度宜下大上小,均匀变化,不应采用竖向布置严重不规则的结构。

(2)A 级高度建筑的楼层层间抗侧力结构的抗剪承载力不宜小于其上一层抗剪承载力的 80%,不应小于其上一层抗剪承载力的 65%;B 级高度建筑的楼层层间抗侧力结构的抗剪承载力不应小于其上一层抗剪承载力的 75%。

(3)抗震设计的建筑,其楼层侧向刚度不宜小于相邻上部楼层侧向刚度的 70%或其上相邻三层侧向刚度平均值的 80%。

(4)抗震设计时,当结构上部楼层收进部位到室外地面的高度 H_1 与房屋高度 H 之比大于 0.2 时,上部楼层收进后的水平尺寸 B_1 不宜小于下部楼层水平尺寸 B 的 3/4,见图 16-15a)、b);当上部结构楼层相对于下部楼层外挑时,下部楼层的水平尺寸 B 不宜小于上部楼层水平尺寸 B_1 的 9/10,且水平外挑尺寸 a 不宜大于 4m,见图 16-15c)、d)。

(5)结构顶层取消部分墙、柱形成空旷房间时,应进行弹性动力时程分析计算并采取有效构造措施。

(6)高层建筑宜设地下室。

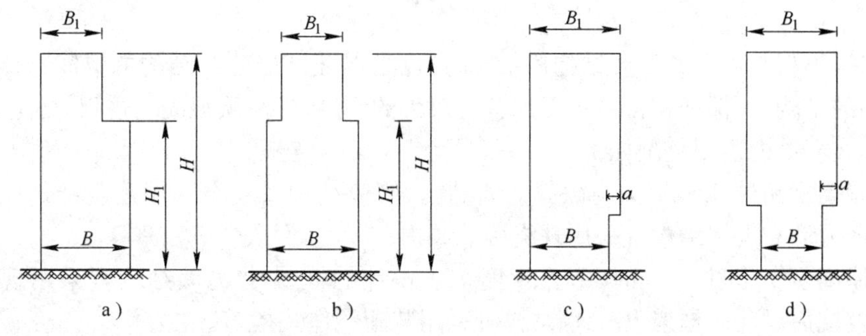

图 16-15　结构竖向收进和外挑示意

3. 防震缝、伸缩缝和沉降缝的设置

(1)抗震设计时,建筑宜调整平面形状和结构布置,避免结构不规则,不设防震缝。当建筑平面形状复杂而又无法调整其平面形状和结构布置使之成为较规则的结构时,宜设置防震缝将其划分为较简单的几个结构单元。防震缝的设置应符合下列规定：

①防震缝最小宽度应符合下列要求：

a. 框架结构房屋，高度不超过15m不应小于100mm；超过15m的部分，抗震设防烈度为6度、7度、8度和9度相应每增加高度5m、4m、3m、2m，宜加宽20mm。

b. 框架-剪力墙结构房屋可按框架房屋结构规定数值的70%采用，剪力墙结构房屋可按框架结构规定数值的50%采用，但均不宜小于100mm。

②防震缝两侧结构体系不同时，防震缝宽度应按不利的结构类型确定；防震缝两侧的房屋高度不同时，防震缝宽度应按较低的房屋高度确定。

③当相邻结构的基础存在较大沉降差时，宜增大防震缝的宽度。

④防震缝宜沿房屋全高设置；地下室、基础可不设，但在与上部防震缝对应处应加强构造和连接。

⑤结构单元之间或主楼与裙房之间如无可靠措施，不应采用牛腿托梁设置防震缝。

(2)抗震设计时，伸缩缝、沉降缝的宽度均应符合防震缝最小宽度的要求。

(3)高层建筑结构伸缩缝的最大间距宜符合表16-16的规定。

伸缩缝的最大间距　　　　表16-16

结构体系	施工方法	最大间距(m)
框架结构	现浇	55
剪力墙结构	现浇	45

注：1. 框架-剪力墙的伸缩缝间距可根据结构的具体布置情况取表中框架结构与剪力墙结构之间的数值。

2. 当屋面无保温或隔热措施、混凝土的收缩较大或室内结构因施工外露时间较长时，伸缩缝间距应适当减小。

3. 位于气候干燥地区、夏季炎热且暴雨频繁地区的结构，伸缩缝间距宜适当减小。

当采用下列构造措施和施工措施减少温度和混凝土收缩对结构的影响时，可适当放宽伸缩缝的间距。

①顶层、底层、山墙和纵墙开间等温度变化影响较大的部位提高配筋率；

②顶层加强保温隔热措施，外墙设置外保温层；

③每30～40m间距留出施工后浇带，带宽800～1 000mm，钢筋采用搭接接头，后浇带混凝土宜在45d后浇灌；

④采用收缩小的水泥、减少水泥用量、在混凝土中加入适宜的外加剂；

⑤提高每层楼板的构造配筋率或采用部分预应力结构。

4. 楼盖结构体系选择

楼盖结构不仅是承重的重要结构体系，而且也是保证高层建筑结构的空间整体性和水平力有效传递的结构，应保证在自身平面内有足够大的刚度。《高层混凝土规程》规定，现浇楼盖和装配整体式楼盖的适用范围如下：

(1)房屋高度超过50m时，框架-剪力墙结构、筒体结构及复杂高层建筑结构应采用现浇楼盖结构，剪力墙和框架结构宜采用现浇楼盖结构。

(2)房屋高度不超过50m时，8度、9度抗震设计的框架-剪力墙结构宜采用现浇楼盖结构；6度、7度抗震设计的框架-剪力墙结构可采用装配整体式楼盖。

(3)房屋的顶层、结构转换层、大底盘多塔楼结构的底盘顶层、平面复杂或开洞过大的楼层、作为上部结构嵌固部位的地下室楼层应采用现浇楼盖结构。一般楼层现浇板厚度不应小于80mm，当板内预埋暗管时不宜小于100mm；顶层楼板厚度不宜小于120mm，宜双层双向配筋；普通地下室顶板厚度不宜小于160mm；作为上部结构嵌固部位的地下室楼层的顶楼盖应采用梁板结构，楼板厚度不宜小于 180mm，应采用双层双向配筋，且每层每个方向的配筋率不宜小于 0.25%。

二、剪力墙结构

剪力墙结构是利用建筑的纵向与横向墙体作为竖向承重和抵抗侧力的结构，其墙体同时又作为维护与分隔房间的构件。

（一）剪力墙结构布置的基本要求

剪力墙宜沿主轴方向或其他方向双向布置，抗震设计的剪力墙结构，应避免仅单向有墙的结构布置形式。剪力墙墙肢截面宜简单、规则。剪力墙结构的侧向刚度不宜过大。

剪力墙的门窗洞口宜上下对齐、成列布置，形成明确的墙肢和连梁。宜避免使墙肢刚度相差悬殊的洞口设置。抗震设计时，一、二、三级抗震等级剪力墙的底部加强部位不宜采用错洞墙；一、二、三级抗震等级的剪力墙均不宜采用叠合错洞墙。

较长的剪力墙宜开设洞口，将其分成长度较为均匀的若干墙段，墙段之间宜采用弱连梁连接，每个独立墙段的总高度与其截面高度之比不应小于 2。墙肢截面高度不宜大于 8m。

剪力墙宜自下到上连续布置，避免刚度突变。

抗震设计时，短肢剪力墙的抗震等级应比《高层混凝土规程》规定的剪力墙的抗震等级提高一级采用。各层短肢剪力墙在重力荷载代表值作用下产生的轴力设计值的轴压比，抗震等级为一、二、三时分别不宜大于 0.5、0.6、0.7；对于无翼缘或端柱的一字形短肢剪力墙，其轴压比限值相应降低 0.1。

（二）剪力墙的截面与混凝土强度等级

1. 剪力墙截面尺寸

剪力墙的厚度，抗震等级一、二级不应小于 160mm 且不宜小于层高或无支长度的 1/20，三、四级不应小于 140mm 且不宜小于层高或无支长度的 1/25。无端柱或翼墙时，一、二级不宜小于层高或无支长度的 1/16，二、四级不宜小于层高或无支长度的 1/20。

底部加强部位的墙厚，抗震等级一、二级不应小于 200mm 且不宜小于层高或无支长度的 1/16；二、四级不应小于 160mm 且不宜小于层高或无支长度的 1/20。无端柱或翼墙时，一、二级不宜小于层高或无支长度的 1/12，二、四级不宜小于层高或无支长度的 1/16。

非抗震设计的剪力墙厚度不宜小于 160mm。

剪力墙井筒中，分隔电梯井或管道井的墙肢截面厚度可适当减小，但不宜小于 160mm。

为了防止剪力墙配筋过多、斜裂缝过大以及发生斜压破坏，其抗剪截面尚应符合下列要求：

(1)无地震作用组合时

$$V_w \leqslant 0.25\beta_c f_c b_w h_{w0} \tag{16-181}$$

(2)有地震作用组合时

剪跨比 $\lambda > 2.5$ 时

$$V_w \leqslant \frac{1}{\gamma_{RE}}(0.20\beta_c f_c b_w h_{w0}) \tag{16-182}$$

剪跨比 $\lambda \leqslant 2.5$ 时

$$V_w \leqslant \frac{1}{\gamma_{RE}}(0.15\beta_c f_c b_w h_{w0}) \tag{16-183}$$

式中：V_{w}——剪力墙截面剪力设计值；

h_{w0}——剪力墙截面有效高度；

β_{c}——混凝土强度影响系数。

2. 混凝土强度等级

剪力墙结构混凝土强度等级不应低于C20，带有筒体的剪力墙结构的混凝土强度等级不宜低于C25。

（三）剪力墙结构的计算要点

1. 剪力墙结构分析

布置较复杂的剪力墙宜按薄壁杆件系统进行三维空间分析，对一般布置较规则的剪力墙可以简化为沿纵向与横向分别按平面结构进行内力与位移分析，但可以考虑纵横墙的协同工作。纵墙的一部分可作为横墙的有效翼缘，横墙的一部分也可作为纵墙的有效翼缘。每侧有效翼缘宽度可取翼缘厚度的6倍、墙间距的一半和总高度的1/20三者中的最小值，且不大于至洞口边缘的距离。

2. 剪力墙的类型及判别方法

采用简化计算时，可以把剪力墙分为下列各类，分别采用不同的方法计算。

1）整体悬臂墙

当剪力墙孔洞面积与墙面面积之比不大于0.16，且孔洞净距及孔洞边至墙边距离大于孔洞长边尺寸时，可作为整体截面悬臂构件计算，按平截面假定计算截面应力分布。其等效刚度为

$$E_{c}I_{eq}=\frac{E_{c}I_{w}}{1+\dfrac{9\mu I_{w}}{A_{w}H^{2}}} \tag{16-184}$$

式中：$E_{c}I_{eq}$——等效刚度；

E_{c}——混凝土的弹性模量；

I_{w}——剪力墙惯性矩，小洞口整体截面墙取组合截面惯性矩，整体小开口墙取组合截面惯性矩的80%；

A_{w}——无洞口剪力墙的截面积、小洞口整体截面墙取折算截面面积，$A_{w}=\left(1-2.5\sqrt{\dfrac{A_{op}}{A_{f}}}\right)A$，整体小开口墙取墙肢截面面积之和$A_{w}=\sum\limits_{i=1}^{m}A_{i}$；

A——墙截面毛面积；

A_{op}——墙面洞口面积；

A_{f}——墙面总面积；

A_{i}——第i墙肢截面面积；

H——剪力墙总高度；

μ——截面形状系数，矩形截面$\mu=1.2$。

剪力墙的惯性矩按下式计算

$$I_{w}=\frac{\sum I_{i}h_{i}}{\sum h_{i}} \tag{16-185}$$

式中：I_{i}——剪力墙有洞截面及无洞截面的惯性矩；

h_{i}——相应各段的高度。

2）整体小开口墙

当剪力墙开洞不符合整体悬臂墙条件，但符合下列条件时，可按整体小开口墙计算。

(1)整体系数

$$\alpha \geqslant 10 \tag{16-186}$$

(2)扣除墙肢惯性矩后剪力墙的惯性矩对剪力墙组合截面惯性矩之比

$$\frac{I_n}{I} \leqslant \zeta \tag{16-187}$$

$$\alpha=\begin{cases} H\sqrt{\dfrac{12I_b a^2}{h(I_1+I_2)l^3}-\dfrac{I}{I_n}} & \text{（双肢墙）} \\ H\sqrt{\dfrac{12}{\tau h\sum\limits_{i=1}^{m+1}I_j}-\sum\limits_{j=1}^{m}\dfrac{I_{bj}a_j^2}{l_{bj}^3}} & \text{（多肢墙）} \end{cases} \tag{16-188}$$

式中：τ——系数，当墙肢为 3～4 肢时取 0.8，5～7 肢时取 0.85，8 肢以上取 0.9；

I——剪力墙对组合截面形心的惯性矩；

I_n——扣除墙肢惯性矩后剪力墙的惯性矩，$I_n=I-\sum\limits_{j=1}^{m+1}I_j$；

I_{bj}——第 j 列连梁的折算惯性矩，$I_{bj}=\dfrac{I_{bj0}}{1+\dfrac{30\mu I_{bj0}}{A_{bj}l_{bj}^2}}$；

I_1、I_2——分别为墙肢 1、2 的截面惯性矩；

m——洞口列数；

h——层高；

H——剪力墙总高度；

a_j——第 j 列洞口两侧墙肢轴线距离，

l_{bj}——第 j 列连梁计算跨度，取洞口宽度加梁高的一半；

I_j——第 j 墙肢的截面惯性矩；

ζ——系数，由 a 及层数按表 16-17 取用。

系数 ζ 的数值 表 16-17

a \ 层数 n	8	10	12	16	20	≥30
10	0.886	0.948	0.975	1.000	1.000	1.000
12	0.866	0.924	0.950	0.994	1.000	1.000
14	0.353	0.908	0.934	0.978	1.000	1.000
10	0.844	0.896	0.923	0.964	0.988	1.000
18	0.836	0.888	0.914	0.952	0.978	1.000
20	0.831	0.880	0.906	0.945	0.970	1.000
22	0.327	0.875	0.901	0.940	0.965	1.000
24	0.824	0.871	0.897	0.936	0.960	0.989
26	0.822	0.867	0.894	0.932	0.955	0.986
28	0.320	0.864	0.890	0.929	0.952	0.982
≥30	0.818	0.861	0.887	0.926	0.950	0.979

(3)联肢剪力墙

当满足公式(16-189)时，可作为联肢墙

$$\alpha < 10; I_n/I \leqslant \zeta \tag{16-189}$$

此时连梁刚度小，整体性差，而且连梁的反弯点在跨中。

(4)壁式框架

当满足公式(16-190)时，可按壁式框架计算

$$\alpha \geqslant 10; I_n/I > \zeta \tag{16-190}$$

此时结构整体性虽然较好，但墙肢上均有反弯点，受力性能为带刚域的框架。

3.剪力墙结构的内力及位移计算

1)整体小开口墙

整体小开口墙的内力为组合截面的整体作用内力与各墙肢的局部作用内力之和，可按下列方法计算：

$$\left.\begin{aligned} &\text{墙肢弯矩} && M_j = 0.85M\frac{I_j}{I} + 0.15M\frac{I_j}{\sum I_j} \\ &\text{墙肢轴力} && N_j = 0.85M\frac{A_j y_j}{I} \\ &\text{墙肢剪力} && V_j = \frac{V}{2}\left(\frac{A_j}{\sum A_j} + \frac{I_j}{\sum I_j}\right) \end{aligned}\right\} \tag{16-191}$$

式中：M、V——分别为计算所得的弯矩和剪力；

I_j、A_j——分别为第 j 墙肢的截面惯性矩和截面面积；

y_j——第 j 墙肢截面形心至组合截面形心的距离；

I——组合截面惯性矩。

连梁的剪力可由上、下墙肢的轴力差计算。

剪力墙多数墙肢基本均匀，又符合整体小开口墙的条件，当有个别细小墙肢时，仍可按整体小开口墙计算内力，但小墙肢端部宜按下式计算附加局部弯曲的影响

$$\begin{aligned} M_j &= M_{j0} + \Delta M_j \\ \Delta M_j &= V_j\frac{h_0}{2} \end{aligned} \tag{16-192}$$

式中：M_{j0}——按整体小开口墙计算的墙肢弯矩；

ΔM_j——由于小墙肢局部弯曲增加的弯矩；

V_j——第 j 墙肢剪力；

h_0——洞口高度。

整体小开口墙的顶点位移可按下式计算

$$u = \begin{cases} 1.2\times\dfrac{qH^4}{8EI}\left(1+\dfrac{4\mu EI}{GAH^2}\right) & \text{(均布荷载)} \\ 1.2\times\dfrac{11q_{\max}H^4}{120EI}-\left(1+\dfrac{3.67\mu EI}{GAH^2}\right) & \text{(倒三角形分布荷载)} \\ 1.2\times\dfrac{PH^3}{3EI}\left(1+\dfrac{3\mu EI}{GAH^2}\right) & \text{(顶点集中荷载)} \end{cases} \tag{16-193}$$

式中：A——截面总面积，$A=\sum_{j=1}^{m+1}A_{j0}$；

I——剪力墙组合截面的惯性矩。

2)联肢墙

联肢墙内力与位移在下列假定下,简化为按连续连杆法计算:

(1)连梁的反弯点在跨中,连梁的作用可以用沿高度均匀分布的连续弹性薄片代替。

(2)各墙肢的变形曲线相似。

(3)连梁和墙肢考虑弯曲和剪切变形,墙肢还应考虑轴向变形的影响。

联肢墙的内力与位移计算公式及计算用图表可参阅有关高层建筑结构设计计算参考书。

3)壁式框架

壁式框架内力与位移的计算类同一般框架的计算方法,只需将壁式框架带刚域的梁、柱分别等效为等截面的梁、柱,即对带刚域的梁、柱进行刚度修正,即可采用 D 值法进行简化计算。

壁式框架梁柱轴线由剪力墙连梁和墙肢的形心轴线决定,梁柱相交的节点区中,梁柱的弯曲刚度为无限大而形成刚域(图 16-16),刚域的长度可按下式计算

$$\left.\begin{aligned} l_{b1} &= a_1 - 0.25h_b \\ l_{b2} &= a_2 - 0.25h_b \\ l_{c1} &= c_1 - 0.25b_c \\ l_{c2} &= c_2 - 0.25b_c \end{aligned}\right\} \tag{16-194}$$

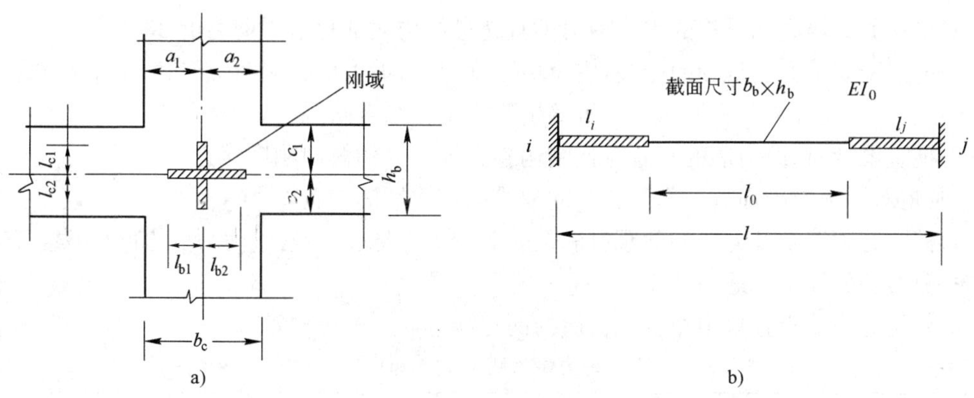

图 16-16 刚域及带刚域杆件

a)刚域;b)带刚域杆件

当计算的刚域长度小于零时,可不考虑刚域的影响。

带刚域杆件的等效刚度可按下式计算

$$EI = EI_0 \eta_v \left(\frac{l}{l_0}\right)^3 \tag{16-195}$$

式中:EI_0——杆件中段截面刚度;

η_v——考虑剪切变形的刚度折减系数,按表 16-18 取用;

l_0——杆件中段的长度。

η_v 值 表 16-18

h_b/l_0	0.0	0.1	0.2	0.3	0.4	0.5	0.6	0.7	0.8	0.9	1.0
η_v	1.00	0.97	0.89	0.79	0.68	0.57	0.48	0.41	0.34	0.29	0.25

h_b 为杆件中段截面高度。

（四）剪力墙结构的截面设计

剪力墙结构的截面设计详见《高层混凝土规程》第7章。

三、框架-剪力墙结构

（一）框架-剪力墙结构布置

框架-剪力墙结构应设计成双向抗侧力体系。抗震设计时，结构在两主轴方向均应布置剪力墙。

主体结构构件之间除个别节点外不应采用铰接，梁与柱或柱与剪力墙的中线宜重合；框架梁、柱中线之间有偏离时，其偏心距，9度抗震设计时不应大于柱截面在该方向宽度的1/4；非抗震设计和6～8度抗震设计时不宜大于柱截面在该方向宽度的1/4，如偏心距大于该方向柱宽的1/4时，可采取增设梁的水平加腋等措施。

1.框架-剪力墙结构中剪力墙的布置

（1）剪力墙宜均匀布置在建筑物的周边附近、楼梯间、电梯间、平面形状变化及恒载较大的部位，剪力墙间距不宜过大。

（2）平面形状凹凸较大时，宜在凸出部分的端部附近布置剪力墙。

（3）纵、横剪力墙宜组成L形、T形和[形等形式。

（4）单片剪力墙底部承担的水平剪力不宜超过结构底部总水平剪力的30％。

（5）剪力墙宜贯通建筑物的全高，宜避免刚度突变；剪力墙开洞时，洞口宜上下对齐。

（6）楼、电梯间等竖井宜尽量与靠近的抗侧力结构结合布置。

（7）抗震设计时，剪力墙的布置宜使结构各主轴方向的侧向刚度接近。

2.长矩形平面或平面有一部分较长的建筑中剪力墙的布置

（1）横向剪力墙沿长方向的间距宜满足表16-19的要求，当这些剪力墙之间的楼盖有较大开洞时，剪力墙的间距应适当减小。

（2）纵向剪力墙不宜集中布置在房屋的两尽端。

剪力墙间距（单位：m） 表16-19

楼盖形式	非抗震设计（取较小值）	抗震设防烈度		
		6度、7度（取较小值）	8度（取较小值）	9度（取较小值）
现浇	5.0B,60	4.0B,50	3.0B,40	2.0B,30
装配整体	3.5B,50	3.0B,40	2.5B,30	—

注：1.表中B为剪力墙之间的楼盖宽度（m）。

2.装配整体式楼盖的现浇层应符合《高层混凝土规程》第3.6.2条的有关规定。

3.现浇层厚度大于60mm的叠合楼板可作为现浇板考虑。

4.当房层端部未布置剪力墙时，第一片剪力墙与房层端部的距离，不宜大于表中剪力墙间距的1/2。

（二）框架-剪力墙结构计算

1.计算的基本原则

框架与剪力墙是通过刚性楼板连接，将两者联系成相互作用、共同工作的结构，在水平荷载作用下，其侧向变形曲线既不同于框架的剪切型曲线，也不同于剪力墙的弯曲型曲线，而是两者的协调变形，其下部主要呈弯曲型，而上部主要呈剪切型。因此，框架-剪力墙结构应按协同工作条件进行内力、位移分析，不宜将楼层剪力简单地按某一比例在框架和剪力墙之间分配。

框架结构中设置了电梯井、楼梯井或其他剪力墙型的抗侧力结构后，应按框架剪力墙结构计算。

2. 框架-剪力墙结构的计算方法(要点)

对于体型和平面复杂的框架-剪力墙结构，当采用计算机进行计算时，可采用协同工作程序或空间三维分析程序计算。但对于一般框架-剪力墙结构均可按下列简化方法计算。框架-剪力墙结构采用简化方法计算时，作了如下假定：

(1)在整个高度上，框架和剪力墙的几何和力学特性不变，总框架(包括总连梁)作为竖向悬臂剪切构件，总剪力墙作为竖向悬臂弯曲构件，它在同一楼层上水平位移相等。

(2)结构单元内所有框架合并为总框架，所有连梁合并为总连梁，所有剪力墙合并为总剪力墙。总框架、总连梁和总剪力墙的刚度分别为各单个结构刚度之和。

(3)风荷载及水平地震作用由总框架(包括总连梁)和总剪力墙共同分担。

在上述假定下，把框架与剪力墙的连梁作为多余未知力并加以连续化，建立满足变形协调与力平衡的微分方程，通过解微分方程并利用剪力墙底端与顶端的边界条件求出剪力墙(也是框架)的侧移曲线计算公式，进而利用材料力学的基本公式，可以求出总剪力墙和总框架的内力及荷载，然后按各榀框架的等效抗推刚度对总框架的剪力进行分配。同样，按各片剪力墙的等效抗弯刚度将总剪力墙的弯矩与剪力分配到每片剪力墙上 。最后分别对每榀框架和每片剪力墙进行设计计算。

设计计算时用的具体计算公式与图表可查阅有关高层建筑结构设计计算参考书。

3. 框架剪力的调整

在地震作用下，结构已进入弹塑性状态，剪力墙与框架之间的内力将会出现重分布，框架承受的地震力将增加。因此，抗震设计时，框架-剪力墙结构计算所得的框架各层总剪力 V_f(即各框架柱剪力之和)，应按下列方法调整：

(1)规则建筑中的楼层按下列方法调整框架总剪力：

①$V_f \geq 0.2V_0$ 的楼层不必调整，V_f 可按计算值采用；

②$V_f < 0.2V_0$ 的楼层，设计时 V_f 取 $1.5V_{max,f}$ 和 $0.2V_0$ 两者中的较小值，其中，V_0 为地震作用产生的结构底部总剪力，$V_{max,f}$ 为各层框架部分所承担总剪力中的最大值。

(2)当屋面突出部分也采用框架-剪力墙结构时，突出部分框架的总剪力取本层框架部分计算值的 1.5 倍。

(3)按振型分解反应谱法计算时，调整在振型组合之后进行。

(4)各层框架总剪力调整后，按调整前后的比例调整各柱和梁的剪力和端部弯矩，柱轴向力不调整。

(三)框架-剪力墙结构设计和构造要求

框架-剪力墙结构设计和构造要求详见《高层混凝土规程》第 8 章。

四、高层建筑基础

(1)高层建筑的基础设计，应综合考虑建筑场地的工程地质和水文地质状况、上部结构的类型和房屋高度、施工技术和经济条件等因素，使建筑物不致发生过量沉降或倾斜，满足建筑物正常使用要求；还应了解邻近地下构筑物及各项地下设施的位置和标高等，减少与相邻建筑的相互影响。

(2)在地震区，高层建筑宜避开对抗震不利的地段；当条件不允许避开不利地段时，应采取可靠措施，使建筑物在地震时不致由于地基失效而破坏，或者产生过量下沉或倾斜。

(3)基础设计宜采用当地成熟可靠的技术，宜考虑基础与上部结构相互作用的影响。施工期间需要降低地下水位的，应采取避免影响邻近建筑物、构筑物、地下设施等安全和正常使用的有效措施；同时还应注意施工降水的时间要求，避免停止降水后水位过早上升而引起建筑物上浮等问题。

(4)高层建筑应采用整体性好、能满足地基承载力和建筑物容许变形要求并能调节不均匀沉降的基础形式；宜采用筏形基础或带桩基的筏形基础，必要时可采用箱形基础。当地质条件好且能满足地基承载力和变形要求时，也可采用交叉梁式基础或其他形式基础；当地基承载力或变形不满足设计要求时，可采用桩基或复合地基。

(5)高层建筑主体结构基础底面形心宜与永久作用重力荷载重心重合；当采用桩基础时，桩基的竖向刚度中心宜与高层建筑主体结构永久重力荷载重心重合。

(6)在重力荷载与水平荷载标准值或重力荷载代表值与多遇水平地震标准值共同作用下，高宽比大于 4 的高层建筑，基础底面不宜出现零应力区；高宽比不大于 4 的高层建筑，基础底面与地基之间零应力区面积不应超过基础底面面积的 15%。质量偏心较大的裙楼与主楼可分别计算基底应力。

(7)基础应有一定的埋置深度。在确定埋置深度时，应综合考虑建筑物的高度、体型、地基土质、抗震设防烈度等因素。基础埋置深度可从室外地坪算至基础底面，并宜符合下列规定：

①天然地基或复合地基，可取房屋高度的 1/15；

②桩基础，不计桩长，可取房屋高度的 1/18。

当建筑物采用岩石地基或采取有效措施时，在满足地基承载力、稳定性要求及第(6)条规定的前提下，基础埋深可比本条第①、②两款的规定适当放松。

当地基可能产生滑移时，应采取有效的抗滑移措施。

(8)高层建筑的基础和与其相连的裙房的基础，设置沉降缝时，应考虑高层主楼基础有可靠的侧向约束及有效埋深；不设沉降缝时，应采取有效措施减少差异沉降及其影响。

(9)高层建筑基础的混凝土强度等级不宜低于 C25。当有防水要求时，混凝土抗渗等级应根据基础埋置深度按表 16-20 采用，必要时可设置架空排水层。

基础防水混凝土的抗渗等级 表 16-20

基础埋置深度 H(m)	抗渗等级	基础埋置深度 H(m)	抗渗等级
$H<10$	P6	$20\leqslant H<30$	P10
$10\leqslant H<20$	P8	$H\geqslant 30$	P12

习　题

16-25　单层工业厂房设计中，若需将伸缩缝、沉降缝、抗震缝合成一体时，其设计构造做法是(　　)。

A. 在缝处从基础底至屋顶把结构分成相互独立的两部分，其缝宽应满足三种缝中的最大缝宽要求

B. 在缝处只需从基础顶以上至屋顶将结构分成两部分，缝宽取三者中的最大值

C. 在缝处从基础底至屋顶把结构分成两部分，其缝宽取三者的平均值

D. 在缝处从基础底至屋顶把结构分成两部分，其缝宽按抗震缝要求设置

16-26 已经按框架计算完毕的框架结构，后来再加上一些剪力墙，结构将变得（　　）。

A. 更加安全

B. 不安全

C. 框架的下部某些楼层可能不安全

D. 框架的顶部楼层可能不安全

第九节　抗震设计要点

一、一般规定

（一）设防依据

(1)设防依据为“抗震设防烈度”。

(2)抗震设防烈度必须按国家规定的权限审批、颁布的文件确定。一般情况下，抗震设防烈度可采用中国地震动参数区别图的地震基本烈度[《建筑抗震设计规范》(GB 50011—2010)（以下简称《抗震规范》）设计基本地震加速度值对应的烈度值]。

（二）设防范围

《抗震规范》适用于抗震设防烈度为6度、7度、8和9度地区建筑工程的抗震设计及隔震、消能减震设计。设防烈度大于9度地区的建筑和行业有特殊要求的工业建筑，其抗震设计应按有关专门规定执行。

（三）设防分类

1. 建筑抗震设防类别划分

应根据下列因素的综合分析确定：

(1)建筑破坏造成的人员伤亡、直接和间接经济损失及社会影响的大小。

(2)城镇的大小、行业的特点、工矿企业的规模。

(3)建筑使用功能失效后，对全局的影响范围大小、抗震救灾影响及恢复的难易程度。

(4)建筑各区段的重要性有显著不同时，可按区段划分抗震设防类别。下部区段的类别不应低于上部区段。

(5)不同行业的相同建筑，当所处地位及地震破坏所产生的后果和影响不同时，其抗震设防类别可不相同。

注：区段指由防震缝分开的结构单元、平面内使用功能不同的部分或上下使用功能不同的部分。

2. 建筑工程四个抗震设防类别

(1)特殊设防类，指使用上有特殊设施，涉及国家公共安全的重大建筑工程和地震时可能发生严重次生灾害等特别重大灾害后果，需要进行特殊设防的建筑，简称甲类。

(2)重点设防类，指地震时使用功能不能中断或需尽快恢复的生命线相关建筑，以及地震时可能导致大量人员伤亡等重大灾害后果，需要提高设防标准的建筑，简称乙类。

(3)标准设防类，指大量的除(1)、(2)、(4)款以外按标准要求进行设防的建筑，简称丙类。

(4)适度设防类，指使用上人员稀少且震损不致产生次生灾害，允许在一定条件下适度降

低要求的建筑，简称丁类。

3.各抗震设防类别建筑的抗震设防标准

(1)标准设防类，应按本地区抗震设防烈度确定其抗震措施和地震作用，达到在遭遇高于当地抗震设防烈度的预估罕遇地震影响时不致倒塌或发生危及生命安全的严重破坏的抗震设防目标。

(2)重点设防类，应按高于本地区抗震设防烈度1度的要求加强其抗震措施；但抗震设防烈度为9度时，应按比9度更高的要求采取抗震措施；地基基础的抗震措施，应符合有关规定。同时，应按本地区抗震设防烈度确定其地震作用。

(3)特殊设防类，应按高于本地区抗震设防烈度提高1度的要求加强其抗震措施；但抗震设防烈度为9度时，应按比9度更高的要求采取抗震措施。同时，应按批准的地震安全性评价的结果且高于本地区抗震设防烈度的要求确定其地震作用。

(4)适度设防类，允许比本地区抗震设防烈度的要求适当降低其抗震措施，但抗震设防烈度为6度时不应降低。一般情况下，仍应按本地区抗震设防烈度确定其地震作用。

4.设防水准及其概率水平(见表16-21)

设防水准及其概率水平 表16-21

水准	涵义	要求	设计基准期内的超越概率
第一水准	小震不坏	当遭受低于本地区抗震设防烈度的多遇地震影响时，立体结构不受损坏或不需修理可继续使用	多遇地震对应的(众值)烈度63.2%
第二水准	中震可修	当遭受相当于本地区抗震设防烈度的地震影响时，可能损坏，经过一般修理仍可继续使用	基本(设防)烈度10%
第三水准	大震不倒	当遭受高于本地区抗震设防烈度的罕遇地震影响时，不致倒塌或发生危及生命的严重破坏	罕遇地震对应的烈度2%～3%

注：1.根据规范组研究，我国地震强度概率分布符合极值III型；多遇地震对应的烈度为位于地震烈度概率密度曲线的峰点，在设计基准期内平均重现一次的地震烈度，又称众值烈度，其超越概率为63.2%。

2.按小震不坏、大震不倒的要求进行抗震设计，又称为二阶段设计。

(四)地震影响

建筑所在地区遭受的地震影响，应采用相应于抗震设防烈度的设计基本地震加速度和特征周期表征。

抗震设防烈度和设计基本地震加速度取值的对应关系应符合表16-22的规定。设计地震加速度为0.15g和0.30g地区内的建筑，除抗震规范另有规定外，应分别按抗震设防烈度为7度和8度的要求进行抗震设计。

抗震设防烈度和设计基本地震加速度值的对应关系 表16-22

抗震设防烈度	6	7	8	9
设计基本地震加速度值	0.05g	0.10(0.15)g	0.20(0.30)g	0.40g

注：g为重力加速度。

地震影响的特征周期应根据建筑所在地的设计地震分组和场地类别确定。《抗震规范》的设计地震共分为三组。

我国主要城镇(县级及县级以上城镇)中心地区的抗震设防烈度、设计基本加速度值和所属的设计地震分组,可按《抗震规范》附录A采用。

(五)抗震设计概念和基本要求

1.场地和地基

(1)选择建筑场地时,应根据工程需要和地震活动情况、工程地质和地震地质的有关资料,对地震有利、一般、不利和危险地段作出综合评价。对不利地段,应提出避开要求;当无法避开时应采取有效措施;对危险地段,严禁建造甲、乙类建筑,不应建造丙类建筑。

(2)建筑场地为I类时,甲、乙类建筑应允许仍按本地区抗震设防烈度的要求采取抗震构造措施;丙类建筑应允许按本地区抗震设防烈度降低一度的要求采取抗震构造措施,但抗震设防烈度为6度时仍应按本地区抗震设防烈度的要求采取抗震构造措施。

(3)建筑场地为III、IV类时,对设计基本地震加速度为$0.15g$和$0.30g$的地区,除《抗震规范》另有规定外,宜分别按抗震设防烈度为8度($0.20g$)和9度($0.40g$)时各类建筑的要求采取抗震构造措施。

(4)地基和基础设计应符合下列要求:

①同一结构单元的基础不宜设置在性质截然不同的地基上;

②同一结构单元不宜部分采用天然地基,部分采用桩基;

③地基为软弱黏性土、液化土、新近填土或严重不均匀土时,应根据地震时地基不均匀沉降和其他不利影响,并采取相应的措施。

2.建筑形体及其构件布置的规则性和防震缝

1)建筑形体及其构件布置的规则性

建筑设计应根据抗震概念设计的要求明确建筑形体的规则性。不规则的建筑应按规定采取加强措施;特别不规则的建筑应进行专门研究和论证,采取特别的加强措施;严重不规则的建筑不应采用。(形体指建筑平面形状和立面、竖向剖面的变化)

建筑设计应重视其平面、立面和竖向剖面的规则性对抗震性能及经济合理性的影响,宜择优选用规则的形体,其抗侧力构件的平面布置宜规则对称,侧向刚度沿竖向宜均匀变化,竖向抗侧力构件的截面尺寸和材料强度宜自下而上逐渐减小,避免侧向刚度和承载力突变。

平面不规则类型和竖向不规则类型分别见表16-23和表16-24。

平面不规则的类型 表16-23

不规则类型	定义和参数指标
扭转不规则	在规定的水平力作用下,楼层的最大弹性水平位移(或层间位移),大于该楼层两端弹性水平位移(或层间位移)平均值的1.2倍
凹凸不规则	平面凹进的尺寸,大于相应投影方向总尺寸的30%
楼板局部不连续	楼板的尺寸和平面刚度急剧变化,例如,有效楼板宽度小于该层楼板典型宽度的50%,或开洞面积大于该层楼面面积的30%,或较大的楼层错层

竖向不规则的类型

表 16-24

不规则类型	定义和参数指标
侧向不规则	该层的侧向刚度小于相邻上一层的 70%，或小于其上相邻三个楼层侧向刚度平均值的 80%；除顶层或出屋面小建筑外，局部收进的水平向尺寸大于相邻下一层的 25%
竖向抗侧力构件不连续	竖向抗侧力构件(柱、抗震墙、抗震支撑)的内力由水平转换构件(梁、桁架等)向下传递
楼层承载力突变	抗侧力结构的层间抗剪承载力小于相邻上一楼层的 80%

2)防震缝

体形复杂、平立面不规则的建筑，应根据不规则程度、地基基础条件和技术经济等因素的比较分析，确定是否设置防震缝，并分别符合下列要求：

(1)当不设置防震缝时，应采用符合实际的设计模型，分析判明其应力集中、变形集中或地震扭转效应等导致的易损部位，采取相应的加强措施。

(2)当在适当部位设置防震缝时，宜形成多个较规则的抗侧力结构单元。防震缝应根据抗震设防烈度、结构材料种类、结构类型、结构单元的高度和高差以及可能的地震扭转效应的情况，留有足够的宽度，其两侧的上部结构应完全分开。

(3)当设置伸缩缝和沉降缝时，其宽度应符合防震缝的要求。

3. 抗震等级

钢筋混凝土房屋应根据设防类别、烈度、结构类型和房屋高度采用不同的抗震等级，并应符合相应的计算和构造措施要求。丙类建筑的抗震等级应按表 16-25 确定。

4. 对抗震结构的要求

抗震结构体系应根据建筑的抗震设防类别、抗震设防烈度、建筑高度、场地条件、地基、结构材料和施工等因素，经技术、经济和使用条件综合比较确定。

现浇钢筋混凝土房屋的抗震等级

表 16-25

<table>
<tr><th colspan="3" rowspan="2">结构类型</th><th colspan="10">设防烈度</th></tr>
<tr><th colspan="2">6</th><th colspan="3">7</th><th colspan="3">8</th><th colspan="2">9</th></tr>
<tr><td rowspan="3">框架结构</td><td colspan="2">高度(m)</td><td>≤24</td><td>>24</td><td colspan="2">≤24</td><td>>24</td><td colspan="2">≤24</td><td>>24</td><td colspan="2">≤24</td></tr>
<tr><td colspan="2">框架</td><td>四</td><td>三</td><td colspan="2">三</td><td>二</td><td colspan="2">二</td><td>一</td><td colspan="2">一</td></tr>
<tr><td colspan="2">大跨度框架</td><td colspan="2">三</td><td colspan="3">二</td><td colspan="3">一</td><td colspan="2">一</td></tr>
<tr><td rowspan="3">框架-抗震墙结构</td><td colspan="2">高度</td><td>≤60</td><td>>60</td><td>≤24</td><td>25～60</td><td>>60</td><td>≤24</td><td>25～60</td><td>>60</td><td>≤24</td><td>25～50</td></tr>
<tr><td colspan="2">框架</td><td>四</td><td>三</td><td>四</td><td>三</td><td>二</td><td>三</td><td>二</td><td>一</td><td>二</td><td>一</td></tr>
<tr><td colspan="2">抗震墙</td><td colspan="2">三</td><td>三</td><td colspan="2">二</td><td>二</td><td colspan="2">一</td><td colspan="2">一</td></tr>
<tr><td rowspan="2">抗震墙结构</td><td colspan="2">高度(m)</td><td>≤80</td><td>>80</td><td>≤24</td><td>25～80</td><td>>80</td><td>≤24</td><td>25～80</td><td>>80</td><td>≤24</td><td>25～60</td></tr>
<tr><td colspan="2">剪力墙</td><td>四</td><td>三</td><td>四</td><td>三</td><td>二</td><td>三</td><td>二</td><td>一</td><td>二</td><td>一</td></tr>
<tr><td rowspan="4">部分框支抗震墙结构</td><td colspan="2">高度(m)</td><td>≤80</td><td>>80</td><td>≤24</td><td>25～80</td><td>>80</td><td>≤24</td><td>25～80</td><td rowspan="4"></td><td colspan="2" rowspan="4"></td></tr>
<tr><td rowspan="2">抗震墙</td><td>一般部位</td><td>四</td><td>三</td><td>四</td><td>三</td><td>二</td><td>三</td><td>二</td></tr>
<tr><td>加强部位</td><td>三</td><td>二</td><td>三</td><td>二</td><td>一</td><td>二</td><td>一</td></tr>
<tr><td colspan="2">框支层框架</td><td colspan="2">二</td><td colspan="2">二</td><td>一</td><td colspan="2">一</td></tr>
</table>

续上表

<table>
<tr><th colspan="2" rowspan="2">结构类型</th><th colspan="7">设防烈度</th></tr>
<tr><th colspan="2">6</th><th colspan="2">7</th><th colspan="2">8</th><th>9</th></tr>
<tr><td rowspan="2">框架-核心筒结构</td><td>框架</td><td colspan="2">三</td><td colspan="2">二</td><td colspan="2">一</td><td>一</td></tr>
<tr><td>核心筒</td><td colspan="2">二</td><td colspan="2">二</td><td colspan="2">一</td><td>一</td></tr>
<tr><td rowspan="2">筒中筒结构</td><td>外筒</td><td colspan="2">三</td><td colspan="2">二</td><td colspan="2">一</td><td>一</td></tr>
<tr><td>内筒</td><td colspan="2">三</td><td colspan="2">二</td><td colspan="2">一</td><td>一</td></tr>
<tr><td rowspan="3">板柱-抗震墙结构</td><td>高度(m)</td><td>≤35</td><td>>35</td><td>≤35</td><td>>35</td><td>≤35</td><td>>35</td><td rowspan="3"></td></tr>
<tr><td>框架、板柱的柱</td><td>三</td><td>二</td><td>二</td><td>二</td><td colspan="2">一</td></tr>
<tr><td>抗震墙</td><td>二</td><td>二</td><td>二</td><td>一</td><td>二</td><td>一</td></tr>
</table>

注：1. 建筑场地为I类时，除6度外应允许按表内降低一度所对应的抗震等级采取抗震构造措施，但相应的计算要求不应降低。

2. 接近或等于高度分界时，应允许结合房屋不规则程度及场地、地基条件确定抗震等级。

3. 大跨度框架指跨度不小于18m的框架。

4. 高度不超过60m的框架-核心筒结构按框架-抗震墙的要求设计时，应按表中框架-抗震墙结构的规定确定其抗震等级。

1)抗震结构体系

(1)应具有明确的计算简图和合理的地震作用传递途径；

(2)应避免因部分结构或构件破坏而导致整个结构丧失抗震能力或对重力荷载的承载能力；

(3)应具备必要的抗震承载力、良好的变形能力和消耗地震能量的能力；

(4)对可能出现的薄弱部位，应采取措施提高其抗震能力；

(5)宜有多道抗震防线；

(6)宜具有合理的刚度和承载力分布，避免因局部削弱或突变形成薄弱部位，产生过大的应力集中或塑性变形集中；

(7)结构在两个主轴方向的动力特性宜相近。

2)结构构件

抗震结构的构件，应力求避免出现脆性破坏，并应符合下列要求，以改善其变形能力：

(1)砌体结构应按规定设置钢筋混凝土圈梁和构造柱、芯柱，或采用约束砌体、配筋砌体等。

(2)混凝土结构构件应控制截面尺寸和纵向受力钢筋、箍筋的设置，防止剪切破坏先于弯曲破坏、混凝土的压溃先于钢筋的屈服、钢筋的锚固黏结破坏先于钢筋破坏。

(3)预应力混凝土构件，应配有足够的非预应力钢筋。

(4)钢结构构件的尺寸应合理控制，避免局部失稳或整个构件失稳。

(5)多、高层的混凝土楼、屋盖宜优先采用现浇混凝土板。当采用混凝土预制装配式楼、屋盖时，应从楼盖体系和构造上采取措施确保各预制板之间连接的整体性。

3)构件连接

各构件之间的连接，应符合下列要求：

(1)构件节点的破坏，不应先于其连接的构件。

(2)预埋件的锚固破坏，不应先于连接件。

(3)装配式结构构件的连接,应能保证结构的整体性。

(4)预应力混凝土构件的预应力钢筋,宜在节点核心区以外锚固。

装配式单层厂房的各种抗震支撑系统,应保证地震时厂房的整体性和稳定性。

5. 对非结构构件的要求

非结构构件,包括建筑非结构构件和建筑附属机电设备、自身及其与结构主体的连接,应进行抗震设计。非结构构件的抗震设计,应由相关专业人员分别负责进行。

1)附属结构构件

附着于楼、屋面结构上的非结构构件,以及楼梯间的非承重墙体,应与主体结构有可靠的连接和锚固,避免地震时倒塌伤人或砸坏重要设备。

2)框架结构围护墙和隔墙

应考虑其设置对结构抗震的不利影响,避免不合理设置而导致主体结构的破坏。

3)室外装饰物

幕墙、装饰贴面与主体结构应有可靠连接,避免地震时脱落伤人。

4)附属设备

安装在建筑上的附属机械、电气设备系统的支座和连接,应符合地震时使用功能的要求,且不应导致相关部件的损坏。

6. 隔震和消能减震

隔震和消能减震设计,可用于对抗震安全性和使用功能有较高要求或专门要求的建筑。采用隔震或消能减震设计的建筑,当遭遇到本地区的多遇地震影响、设防地震影响和罕遇地震影响时,可按高于《抗震规范》第 1.0.1 条的基本设防目标进行设计。

7. 结构材料与施工

抗震结构对材料和施工质量的特别要求,应在设计文件中注明。

1)砌体结构材料

(1)普通砖和多孔砖的强度等级不应低于 MU10,其砌筑砂浆强度等级不应低于 M5;

(2)混凝土小型空心砌块的强度等级不应低于 MU7.5,其砌筑砂浆强度等级不应低于Mb7.5。

2)混凝土结构材料

混凝土的强度等级,框支梁、框支柱及抗震等级为一级的框架梁、柱、节点核心区,不应低于 C30;构造柱、芯柱、圈梁及其他各类构件不应低于 C20。

混凝土的强度等级,抗震墙不宜超过 C60;其他构件,9 度时不宜超过 C60,8 度时不宜超过 C70。

3)钢筋

普通钢筋宜优先采用延性、韧性和焊接性较好的钢筋;普通钢筋的强度等级,纵向受力钢筋宜选用符合抗震性能指标的不低于 HRB400 级热轧钢筋,也可采用符合抗震性能指标的 HRB335 级热轧钢筋;箍筋宜选用符合抗震性能指标的不低于 HRB335 级热轧钢筋,也可选用 HPB300 级热轧钢筋。

抗震等级为一级、二级的框架结构,其纵向受力钢筋采用普通钢筋时,钢筋的抗拉强度实测值与屈服强度实测值的比值不应小于 1.25,且钢筋的屈服强度实测值与强度标准值的比值不应大于 1.3,且钢筋在最大拉力下的总伸长率实测值不应小于 9%。

在施工中,当需要以强度等级较高的钢筋替代原设计中的纵向受力钢筋时,应按照钢筋抗拉承载力设计值相等的原则换算。并应满足最小配筋率要求。

4)钢结构的材料

(1)钢材的屈服强度实测值与抗拉强度实测值的比值不应大于0.85。

(2)钢材应有明显的屈服台阶,且伸长率应大于20%。

(3)钢材应有良好的焊接性和合格的冲击韧性。

(4)钢材宜采用Q235等级B、C、D的碳素结构钢及Q345等级B、C、D、E的低合金高强度结构钢;当有可靠依据时,尚可采用其他钢种和钢号。

(5)采用焊接连接的钢结构,当接头的焊接拘束度较大、钢板厚度不小于40mm且承受沿板厚方向的拉力时,钢板厚度方向截面收缩率,不应小于国家标准《厚度方向性能钢板》(GB 50313)关于Z15级规定的容许值。

钢筋混凝土构造柱和底部框架-抗震墙房屋中的砌体抗震墙,其施工应先砌墙后浇构造柱和框架梁柱。

二、构造要求

结构抗震设计包括概念设计、抗震验算与构造要求三部分。构造要求是解决在前两部分的抗震设计与验算中尚未包括到的重要与关键部分,从构造要求上加以补充,以提高结构与结构构件及节点的延性和耗能能力。具体的构造要求很多,可参阅有关规范及结构设计计算手册,下面仅提供应注意的要点。

(一)框架结构的构造措施

1.梁的截面尺寸

(1)截面宽度不宜小于200mm。

(2)截面高宽比不宜大于4。

(3)净跨与截面高度之比不宜小于4。

其中第(1)条是为了使梁柱节点能具有较好的约束条件,以利改善抗震性能;第(2)条是由于高宽比大于4后,不仅抗剪承载力下降,且易导致腹板破坏,抗震性能降低;第(3)条是由于梁净跨与截面高度之比小于4后,已属于短深梁,若沿用《抗震规范》框架梁的抗震设计方法设计,则易导致剪切破坏,延性差,难以达到抗震设计要求。

2.对梁配筋要求

1)纵向筋

梁的延性与耗能能力将随梁端截面纵向受拉配筋率及混凝土相对受压区高度的加大而降低,而且还与梁端截面底面与顶面配筋比等有关,因此梁的纵向配筋应符合下列要求:

(1)梁端纵向受拉钢筋的配筋率不宜大于2.5%,且计入受压钢筋的梁端混凝土受压区高度和有效高度之比,抗震等级为一级时不应大于0.25,二、三级不应大于0.35。

(2)梁端截面的底面和顶面纵向钢筋配筋量的比值,除按计算确定外,一级不应小于0.5,二、三级不应小于0.3。

(3)沿梁全长顶面和底面的配筋,一、二级不应少于$2\phi14$,且分别不应少于梁两端顶面和底面纵向配筋中较大截面面积的1/4,三、四级不应少于$2\phi12$。

(4)一、二、三级框架梁内贯通中柱的每根纵向钢筋直径,对矩形截面柱,不宜大于柱在该方向截面尺寸的1/20;对圆形截面柱,不宜大于纵向钢筋所在位置柱截面弦长的1/20。

2)箍筋

在框架梁的两端为塑性铰区，加强与加密箍筋，对提高梁端抗震性能有利，因此梁端加密区的箍筋应符合下列要求：

(1)加密区的长度、箍筋最大间距和最小直径应按表16-26采用，当梁端纵向受拉钢筋配筋率大于2%时，表中箍筋最小直径数值应增大2mm；

(2)加密区的箍筋肢距，一级不宜大于200mm和20倍箍筋直径的较大值，二、三级不宜大于250mm和20倍箍筋直径的较大值，四级不宜大于300mm。

梁加密区的长度、箍筋最大间距和最小直径 表16-26

抗震等级	加密区长度（采用较大值）(mm)	箍筋最大间距（采用最小值）(mm)	箍筋最小直径(mm)
一	$2h_b$,500	$h_b/4,6d,100$	10
二	$1.5h_b$,500	$h_b/4,8d,100$	8
三	$1.5h_b$,500	$h_b/4,8d,150$	8
四	$1.5h_b$,500	$h_b/4,8d,150$	6

注：d为纵向钢筋直径，h_b为梁截面高度。

3. 柱的截面尺寸

(1)柱的截面宽度和高度均不宜小于300mm，圆柱直径不宜小于350mm。

(2)剪跨比宜大于2。

(3)截面长边与短边的边长比不宜大于3。

(4)柱轴压比不宜超过表16-27的规定，建造于Ⅳ类场地且较高的高层建筑，柱轴压比限值应适当减小。

4. 柱的配筋要求

1)纵向钢筋

柱纵向钢筋的最小总配筋率应按表16-28采用，同时每一侧配筋率不应小于0.2%；对建造于Ⅳ类场地且较高的高层建筑，表中的数值应增加0.1%。

柱轴压比限值 表16-27

结构类型	抗震等级			
	一	二	三	四
框架结构	0.65	0.75	0.85	0.90
框架-抗震墙、板柱-抗震墙、框架-核心筒及筒中筒	0.75	0.85	0.90	0.95
部分框支抗震墙	0.6	0.7	—	

注：1. 轴压比指柱组合的轴压力设计值与柱的全截面面积和混凝土轴心抗压强度设计值乘积之比值；可不进行地震作用计算的结构，取无地震作用组合的轴力设计值。

2. 表内限值适用于剪跨比大于2、混凝土强度等级不高于C60的柱；剪跨比不大于2的柱轴压比限值应降低0.05；剪跨比小于1.5的柱，轴压比限值应专门研究并采取特殊构造措施。

3. 沿柱全高采用井字复合箍且箍筋肢距不大于200mm、间距不大于100mm、直径不小于12mm，或沿柱全高采用连续复合螺旋箍、螺旋箍筋净距不大于100mm、箍筋肢距不大于200mm、直径不小于12mm，或沿柱全高采用连续复合矩形螺旋箍、螺旋箍筋净距不大于80mm、箍筋肢距不大于200mm、直径不小于10mm，轴压比限值均可增加0.10；上述三种箍筋的配箍特征值均应按增大的轴压比由表16-29确定。

4. 在柱的截面中部附加芯柱，其中另加的纵向钢筋的总面积不少于柱截面面积的0.8%，轴压比限值可增加0.05；此项措施与注3的措施共同采用时，轴压比限值可增加0.15，但箍筋的配箍特征值仍可按增加0.10的要求确定。

5. 柱轴压比不应大于1.05。

柱截面纵向钢筋的最小总配筋率(单位:%) 表 16-28

类　别	抗震等级			
	一	二	三	四
可柱和边柱	0.9(1.0)	0.7(0.8)	0.6(0.7)	0.5(0.6)
角柱、框支柱	1.1	0.9	0.8	0.7

注:1. 表中括号内数值用于框架结构的柱。
2. 钢筋强度标准值小于 400MPa 时,表中数值应增加 0.1,钢筋强度标准值为 400MPa 时,表中数值应增加 0.05。
3. 混凝土强度等级高于 C60 时,上述数值应相应增加 0.1。

柱的纵向钢筋配置,尚应符合下列要求:

(1)宜对称布置;

(2)截面尺寸大于 400mm 的柱,纵向钢筋间距不宜大于 200mm;

(3)柱的总配筋率不应大于 5%;

(4)一级且剪跨比不大于 2 的柱,每侧纵向钢筋配筋率不宜大于 1.2%;

(5)边柱、角柱及抗震墙端柱小偏心受拉时,柱内纵向钢筋总截面面积应比计算值增加 25%;

(6)柱纵向钢筋的绑扎接头应避开柱端的箍筋加密区。

2)箍筋加密压

(1)柱箍筋加密范围,应按下列规定采用:

①柱端,取截面高度(圆柱直径)、柱净高的 1/6 和 500mm 三者中的最大值;

②底层柱的柱根不小于柱净高的 1/3,当有刚性地面时,除柱端外尚应取刚性地面上下各 500mm;

③剪跨比不人于 2 的柱和因设置填充墙等形成的柱净高与柱截面高度之比不大于 4 的柱,取全高;

④框支柱,取全高;

⑤一级及二级框架的角柱,取全高。

(2)柱箍筋加密区的箍筋间距和直径,应符合下列要求:

①一般情况下,箍筋的最大间距和最小直径,应按表 16-29 采用。

柱箍筋加密区的箍筋最大间距和最小直径 表 16-29

抗震等级	箍筋最大间距(采用较小值,mm)	箍筋最小直径(mm)
一	$6d$,100	10
二	$8d$,100	8
三	$8d$,150(柱根 100)	8
四	$8d$,100(柱根 100)	6(柱根 8)

②二级框架柱的箍筋直径不小于 10mm 且箍筋肢距不大于 200mm 时,除柱根外最大间距应允许采用 150mm;三级框架柱的截面尺寸不大于 400mm 时,箍筋最小直径应允许采用 6mm;四级框架柱剪跨比不大于 2 时,箍筋直径不应小于 8mm。

③框支柱和剪跨比不大于 2 的柱,箍筋间距不应大于 100mm。

(3)柱箍筋加密区箍筋肢距，一级不宜大于200mm，二、三级不宜大于250mm，四级不宜大于300mm。至少每隔一根纵向钢筋宜在两个方向有箍筋或拉筋约束；采用拉筋复合箍时，拉筋宜紧靠纵向钢筋并钩住箍筋。

(4)柱箍筋加密区的体积配筋率，应按下列规定采用：

①柱箍筋加密区的体积配箍率应符合下列要求：

$$\rho_v \geqslant \lambda_v f_c / f_{yv} \tag{16-196}$$

式中：ρ_v——柱箍筋加密区的体积配箍率，一级不应小于0.8%，二级不应小于0.6%，三、四级不应小于0.4%，计算复合箍的体积配箍率时，其非螺旋箍的体积应乘以换算系数0.8；

f_c——混凝土轴心抗压强度设计值，强度等级低于C35时，应按C35计算；

f_{yv}——箍筋或拉筋抗拉强度设计值；

λ_v——最小配箍特征值，宜按表16-30采用。

柱箍筋加密区的箍筋最小特征值 表16-30

抗震等级	箍筋形式	柱轴压比								
		≤0.3	0.4	0.5	0.6	0.7	0.8	0.9	1.0	1.05
一	普通箍、复合箍	0.10	0.11	0.13	0.15	0.17	0.20	0.23		
	螺旋箍、复合或连续复合矩形螺旋箍	0.08	0.09	0.11	0.13	0.15	0.18	0.21		
二	普通箍、复合箍	0.08	0.09	0.11	0.13	0.15	0.17	0.19	0.22	0.24
	螺旋箍、复合或连续复合矩形螺旋箍	0.06	0.07	0.09	0.11	0.13	0.15	0.17	0.20	0.22
三	普通箍、复合箍	0.06	0.07	0.09	0.11	0.13	0.15	0.17	0.20	0.22
	螺旋箍、复合或连续复合矩形螺旋箍	0.05	0.06	0.07	0.09	0.11	0.13	0.15	0.18	0.20

注：普通箍指单个矩形箍或单个圆形箍，复合箍指由矩形、多边形、圆形箍或拉筋组成的箍筋，复合螺旋箍指由螺旋箍与矩形、多边形、圆形箍或拉筋组成的箍筋，连续复合矩形螺旋箍指全部为同一根钢筋加工而成的箍筋。

②框支柱宜采用复合螺旋箍或井字复合箍，其最小配箍特征值应比表内数值增加0.02，且体积配箍率不应小于1.5%。

③剪跨比不大于2的柱宜采用复合螺旋箍或井字复合箍，其体积配箍率不应小于1.2%，9度一级时不应小于1.5%。

3)箍筋非加密压

(1)柱箍筋非加密区的体积配箍率不宜小于加密区的50%；箍筋间距，一、二级框架柱不应大于10倍的纵向钢筋直径，三、四级框架柱不应大于15倍的纵向钢筋直径。

(2)框架节点核心区箍筋的最大间距和最小直径宜按表16-25采用，一、二、三级框架节点核心区配箍特征值分别不宜小于0.12、0.10和0.08，且体积配箍率分别不宜小于0.6%、0.5%和0.4%。柱剪跨比不大于2的框架节点核芯区配箍率不宜小于核芯区上、下柱端的较大配箍率。

5.砌体填充墙

钢筋混凝土结构中的砌体填充墙，宜与柱脱开或采用柔性连接，并应符合下列要求：

(1)填充墙的平面和竖向的布置，宜均匀对称，宜避免形成薄弱层或短柱。

(2)砌体的砂浆强度等级不应低于 M5；实心块体的强度等级不宜低于 MU2.5，空心块体的强度等级不宜低于 MU3.5；墙顶应与框架梁密切结合。

(3)填充墙应沿框架全高每隔 500～600mm 设 2ϕ6 拉筋，拉筋伸入墙内的长度，抗震设防烈度为 6 度、7 度时，宜沿墙全长贯通；8 度、9 度时，应沿墙全长贯通。

(4)墙长大于 5m 时，墙顶与梁宜有拉结；墙长超过 8m 或层高 2 倍时，宜设置钢筋混凝土构造柱；墙高超过 4m 时，墙体半高宜设置与柱连接且沿墙全长贯通的钢筋混凝土水平系梁。

(二)抗震墙结构的构造措施

(1)抗震墙的厚度，一、二级不应小于 160mm 且不宜小于层高或无支长度的 1/20，三、四级不应小于 140mm 且不宜小于层高或无支长度的 1/25；无端柱或翼墙时，一、二级不宜小于层高或无支长度的 1/16，三、四级不宜小于层高或无支长度的 1/20。

底部加强部位的墙厚，一、二级不应小于 200mm 且不宜小于层高或无支长度的 1/16，三、四级不应小于 160mm 且不宜小于层高或无支长度的 1/20；无端柱或翼墙时，一、二级不宜小于层高或无支长度的 1/12，三、四级不宜小于层高或无支长度的 1/16。

(2)一、二、三级抗震墙在重力荷载代表值作用下墙肢的轴压比，一级时，9 度不宜大于 0.4，7、8 度不宜大于 0.5；二、三级时不宜大于 0.6。

注：墙肢轴压比指墙的轴压力设计值与墙的全截面面积和混凝土轴心抗压强度设计值乘积之比值。

(3)抗震墙竖向、横向分布钢筋的配筋，应符合下列要求：

①一、二、三级抗震墙的竖向和横向分布钢筋最小配筋率均不应小于 0.25%，四级抗震墙分布钢筋最小配筋率不应小于 0.20%。

注：高度小于 24m 且剪压比很小的四级抗震墙，其竖向分布筋的最小配筋率应允许按0.15%采用。

②部分框支抗震墙结构的落地抗震墙底部加强部位，竖向和横向分布钢筋配筋率均不应小于 0.3%。

(4)抗震墙竖向和横向分布钢筋的配置，尚应符合下列规定：

①抗震墙的竖向和横向分布钢筋的间距不宜大于 300mm，部分框支抗震墙结构的落地抗震墙底部加强部位，竖向和横向分布钢筋的间距不宜大于 200mm。

②抗震墙厚度大于 140mm 时，其竖向和横向分布钢筋应双排布置，双排分布钢筋间拉筋的间距不宜大于 600mm，直径不应小于 6mm。

③抗震墙竖向和横向分布钢筋的直径，均不宜大于墙厚的 1/10 且不应小于 8mm；竖向钢筋直径不宜小于 10mm。

(5)抗震墙两端和洞口两侧应设置边缘构件。边缘构件包括暗柱、端柱和翼墙，并应符合下列要求：

①对于抗震墙结构，底层墙肢底截面的轴压比不大于表 16-31 规定的一、二、三级抗震墙级抗震墙，墙肢两端可设置构造边缘构件。构造边缘构件的范围可按图 16-17 采用。构造边缘构件的配筋除应满足受弯承载力要求外，并宜符合表 16-32 的要求。

抗震墙设置构造边缘构件的最大轴压比 表 16-31

抗震等级或烈度	一级(9 度)	一级(7、8 度)	二、三级
轴压比	0.1	0.2	0.3

抗震墙构造边缘构件的配筋要求 表 16-32

抗震等级	底部加强部位			其他部位		
	纵向钢筋最小量（取较大值）	箍筋		纵向钢筋最小量（取较大值）	拉筋	
		最小直径（mm）	沿竖向最大间距（mm）		最小直径（mm）	沿竖向最大间距（mm）
一	$0.010A_c$,6ϕ16	8	100	$0.008A_c$,6ϕ14	8	150
二	$0.008A_c$,6ϕ14	8	150	$0.006A_c$,6ϕ12	8	200
三	$0.006A_c$,6ϕ12	6	150	$0.005A_c$,4ϕ12	6	200
四	$0.005A_c$,4ϕ12	6	200	$0.004A_c$,4ϕ12	6	250

注：1. A_c 为边缘构件的截面面积。

2. 其他部位的拉筋，水平间距不应大于纵筋间距的 2 倍；转角处宜采用箍筋。

3. 当端柱承受集中荷载时，其纵向钢筋、箍筋直径和间距应满足柱的相应要求。

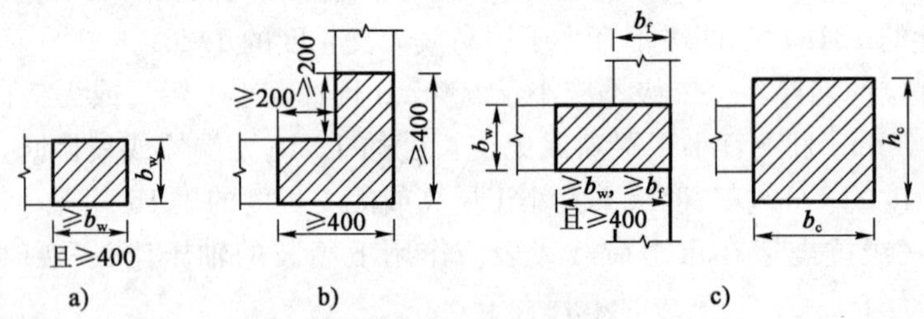

图 16-17 抗震墙的构造边缘构件范围（尺寸单位：mm）

a）暗柱；b）翼柱；c）端柱

②底层墙肢底截面的轴压比大于表 16-31 规定的一、二、三级抗震墙，以及部分框支抗震墙结构的抗震墙，应在底部加强部位及相邻的上一层设置约束边缘构件，在以上的其他部位可设置构造边缘构件。约束边缘构件沿墙肢的长度、配箍特征值、箍筋和纵向钢筋宜符合表 16-33的要求（见图 16-18）。

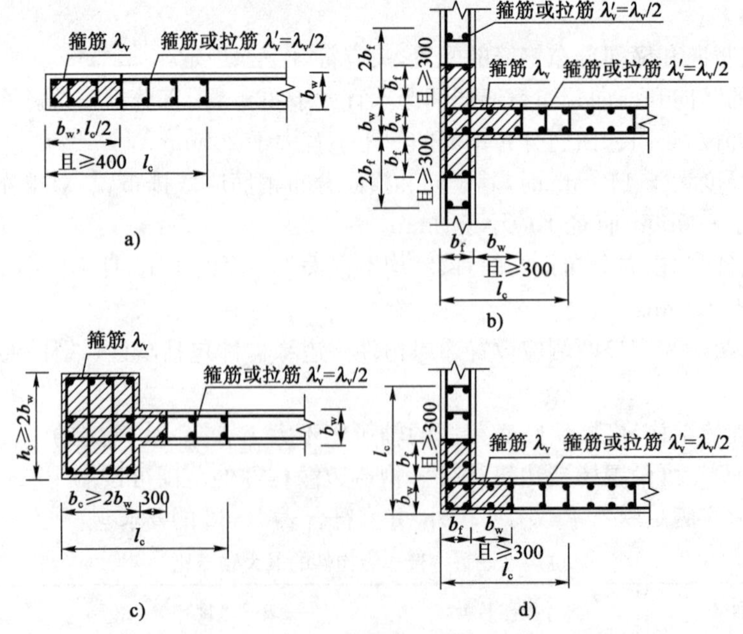

图 16-18 坑震墙的约束边缘构件（尺寸单位：mm）

a）暗柱；b）有翼墙；c）有端柱；d）转角墙（L 形墙）

(6)抗震墙的墙肢长度不大于墙厚的3倍时，应按柱的有关要求进行设计；矩形墙肢的厚度不大于300mm时，尚宜全高加密箍筋。

抗震墙约束边缘构件的范围及配筋要求　　表16-33

项目	一级(9度)		一级(8度)		二、三级	
	$\lambda \leqslant 0.2$	$\lambda > 0.2$	$\lambda \leqslant 0.3$	$\lambda > 0.3$	$\lambda \leqslant 0.4$	$\lambda > 0.4$
l_c(暗柱)	$0.20h_w$	$0.25h_w$	$0.15h_w$	$0.20h_w$	$0.15h_w$	$0.20h_w$
l_c(翼墙或端柱)	$0.15h_w$	$0.20h_w$	$0.10h_w$	$0.15h_w$	$0.10h_w$	$0.15h_w$
λ_v	0.12	0.20	0.12	0.20	0.12	0.20
纵向钢筋(取较大值)	$0.012A_c$，8ϕ16		$0.012A_c$，8ϕ16		$0.010A_c$，6ϕ16 (三级6ϕ14)	
箍筋或拉筋沿竖向间距	100mm		100mm		150mm	

注：1.抗震墙的翼墙长度小于其3倍厚度或端柱截面边长小于2倍墙厚时，按无翼墙、无端柱查表。

2. l_c为约束边缘构件沿墙肢长度，且不小于墙厚和400mm；有翼墙或端柱时，不应小于翼墙厚度或端柱沿墙肢方向截面高度加300mm。

3. λ_v为约束边缘构件的配箍特征值，体积配箍率可按式(16-198)计算，并可适当计入满足构造要求且在墙端有可靠锚固的水平分布钢筋的截面面积。

4. h_w为抗震墙墙肢长度。

5. λ为墙肢轴压比。

6. A_c为图16-18中约束边缘构件阴影部分的截面面积。

(7)跨高比较小的高连梁，可设水平缝形成双连梁、多连梁或采取其他加强受剪承载力的构造。顶层连梁的纵向钢筋伸入墙体的锚固长度范围内，应设置箍筋。

(三)框架-抗震墙结构的构造措施

(1)框架-抗震墙结构的抗震墙厚度和边框设置，应符合下列要求：

①抗震墙的厚度不应小于160mm且不宜小于层高或无支长度的1/20，底部加强部位的抗震墙厚度不应小于200mm且不宜小于层高或无支长度的1/16。

②有端柱时，墙体在楼盖处宜设置暗梁，暗梁的截面高度不宜小于墙厚和400mm的较大值；端柱截面宜与同层框架柱相同，并应满足本规范第6.3节对框架柱的要求；抗震墙底部加强部位的端柱和紧靠抗震墙洞口的端柱，宜按柱箍筋加密区的要求沿全高加密箍筋。

(2)抗震墙的竖向和横向分布钢筋，配筋率均不应小于0.25%，钢筋直径不宜小于10mm，间距不宜大于300mm，并应双排布置，双排分布钢筋间应设置拉筋。

(3)楼面梁与抗震墙平面外连接时，不宜支承在洞口连梁上；沿梁轴线方向宜设置与梁连接的抗震墙，梁的纵筋应锚固在墙内；也可在支承梁的位置设置扶壁柱或暗柱，并应按计算确定其截面尺寸和配筋。

(4)框架-抗震墙结构的其他抗震构造措施，应符合本节框架及抗震墙的有关要求。

三、其他一些补充规定

其他一些补充规定详见《高层混凝土规程》的有关章节。

习　题

16-27　三水准抗震设防标准中的"小震"是指(　　)。

A. 6度以下的地震

B. 设计基准期内，超越概率大于63.2%的地震

C. 设计基准期内，超越概率大于10%的地震

D. 6度和7度的地震

16-28 设计计算时，地震作用的大小与下列（　　）因素有关。

①建筑物的质量　②场地烈度　③建筑物本身的动力特性　④地震的持续时间

A. ①③④　B. ①②④　C. ①②③　D. ①②③④

16-29 《建筑抗震设计规范》中规定框架-抗震墙结构抗震墙的厚度不应小于（　　）。

A. 100mm　B. 120mm　C. 140mm　D. 160mm

16-30 抗震等级为二级的框架结构，一般情况下柱的轴压比限值为（　　）。

A. 0.65　B. 0.9　C. 0.75　D. 0.85

第十节　钢结构钢材性能

一、基本性能

（一）钢材的两种破坏形式

当钢材的应力超过其屈服应力，发生很大塑性变形后的破坏，称之为塑性破坏；钢材在没有明显塑性变形情况下发生的破坏，称之为脆性破坏。钢材虽然有较好的塑性，但在某一特定的使用条件下，也可能发生脆性破坏。在设计、施工和使用中，应注意防止钢材发生脆性破坏。

（二）钢材的主要机械性能

钢材的主要机械性能指标有抗拉强度、屈服强度、伸长率、冷弯性能和冲击韧性五项。前三项指标由标准拉伸试验确定，后两项指标分别由冷弯试验与冲击试验确定。钢材的机械性能指标详见有关钢结构参考用书。

抗拉强度是钢材断裂前的最大强度，表示钢材屈服后安全储备的大小。屈服强度是确定钢材强度标准值的依据。伸长率与冷弯性能是反映钢材塑性变形大小及冷加工时对出现裂缝的抵抗能力。冲击韧性是反映钢材对冲击荷载和三轴应力下抵抗脆性破坏的能力。

二、结构钢种类

在钢结构设计文件中，应注明采用的钢材牌号（包括质量等级、脱氧方法、供货条件等），连接材料的型号（或钢号）和对钢材所要求的力学性能、化学成分及其他的附加保证项目。

（1）普通碳素钢按规定应保证的条件分为甲类钢、乙类钢、特类钢三类，建筑结构常用甲类钢材。

甲类钢——按机械性能供应的钢。

乙类钢——按化学成分供应的钢。

特类钢——按机械性能与化学成分供应的钢。

（2）普通碳素钢，按炼钢炉种类分为平炉钢、氧气转炉钢、空气转炉钢。

（3）普通碳素钢，按脱氧程度分为沸腾钢、镇静钢、半静钢。

（4）低合金高强度钢是适量加入硅、锰、钒等元素，使钢材的力学性能提高。常用的钢号有Q345、Q390和Q420。

三、钢材的选用

为保证承重结构的承载能力和防止在一定条件下出现脆性破坏，应根据结构的重要性、荷

载特征、结构形式、应力状态、连接方法、钢材厚度和工作环境等因素综合考虑，选用合适的钢材牌号和材性。

承重结构钢材宜采用Q235钢、Q345钢、Q390钢和Q420钢，其质量应分别符合国家标准《碳素结构钢》(GB/T 700)和《低合金高强度结构钢》(GB/T 1591)的规定。

承重结构的钢材应具有抗拉强度、伸长率、屈服强度和硫、磷含量的合格保证，对焊接结构尚应具有碳含量的合格保证。焊接承重结构以及重要的非焊接承重结构的钢材还应具有冷弯试验的合格保证。对于需要验算疲劳的焊接结构钢材，应具有常温冲击韧性的合格保证。

四、钢材强度设计值的折减

计算下列情况的结构构件或连接时，强度设计值应乘以相应的折减系数。

(一)单面连接的单角钢	
(1)按轴心受力计算强度和连接	0.85
(2)按轴心受压计算稳定性	
等边角钢	$0.6+0.0015\lambda$，但不大于1.0
短边相连的不等边角钢	$0.6+0.0025\lambda$，但不大于1.0
长边相连的不等边角钢	0.70

λ为长细比，对中间无联系的单角钢压杆，应按最小回转半径计算，当$\lambda<20$时，取$\lambda=20$。

(二)无垫板的单面施焊对接焊缝	0.85
(三)施工条件较差的高空安装焊缝和铆钉连接	0.90
(四)沉头和半沉头铆钉连接	0.80

注：当几种情况同时存在时，其折减系数应连乘。

习　题

16-31　钢结构一般不会因偶然超载或局部超载而突然断裂，这是由于钢材具有(　　)。

A. 良好的塑性　　B. 良好的韧性

C. 均匀的内部组织　　D. 良好的弹性

16-32　钢结构在计算疲劳和正常使用极限状态的变形时，荷载的取值为(　　)。

A. 均采用设计值

B. 疲劳计算采用设计值，变形验算采用标准值

C. 疲劳计算采用标准值，变形验算采用标准值并考虑长期作用的影响

D. 均采用标准值

第十一节　钢结构基本构件

一、轴心受力构件

(一)轴心受拉构件

1.强度计算

轴心受拉构件的强度(除摩擦型高强度螺栓连接处外)应按下式计算

$$\sigma = \frac{N}{A_n} \leqslant f \tag{16-197}$$

式中：N——轴心拉力设计值；

A_n——构件的净截面面积；

f——钢材抗拉强度设计值。

2. 刚度验算

为防止制作、运输安装和使用中出现刚度不足现象，对于桁架、支撑等受拉构件应按下式验算其长细比

$$\lambda_{max} = \left(\frac{l_0}{i}\right)_{max} \leqslant [\lambda] \tag{16-198}$$

式中：λ_{max}——两个主轴方向长细比的较大值，但对于截面为单轴对称的构件，绕对称轴应取计及扭转效应的换算长细比；

$[\lambda]$——构件的容许长细比，规范规定的受压、受拉构件的容许长细比见表16-34和表16-35。

受压构件的容许长细比 表16-34

项 次	构 件 名 称	容许长细比
1	柱、桁架和天窗架中的杆件	150
	柱的缀条、吊车梁或吊车桁架以下的柱间支撑	
2	支撑（吊车梁或吊车桁架以下的柱间支撑除外）	200
	用以减少受压构件长细比的杆件	

注：1. 桁架（包括空间桁架）的受压腹杆，当其受力等于或小于其承载力的50%时，容许长细比值可取为200。

2. 计算单角钢受压构件的长细比时，应采用角钢的最小回转半径，但在计算交叉杆件平面外的长细比时，可采用与角钢肢边平行轴的回转半径。

3. 跨度等于或大于60m的桁架，其受压弦杆和端压杆的容许长细比宜取为150（承受静力荷载）或120（承受动力荷载）。

受拉构件的容许长细比 表16-35

项次	构 件 名 称	承受静力荷载或间接承受动力荷载作用的结构		有直接承受动力荷载作用的结构
		一般建筑结构	有重级工作制吊车的厂房	
1	桁架的杆件	350	250	250
2	吊车梁或吊车桁架以下的柱间支撑	300	200	—
3	其他拉杆、支撑、系杆等（张紧的圆钢除外）	400	350	—

注：1. 承受静力荷载作用的结构，可仅计算受拉构件在竖向平面内的长细比。

2. 直接或间接承受动力荷载作用的结构，计算单角钢受压构件的长细比时，应采用角钢的最小回转半径，但在计算交叉杆件平面外的长细比时，可采用与角钢肢边平行轴的回转半径。

3. 中、重级工作制吊车桁架下弦杆的长细比不宜超过200。

4. 在设有夹钳吊车或刚性料耙吊车的厂房中，支撑（表中第2项除外）的长细比不宜超过300。

5. 受拉构件在永久荷载与风荷载组合作用下受压时，其长细比不宜超过250。

6. 跨度等于或大于60m的桁架，其受压弦杆和端压杆的容许长细比宜取为300（承受静力荷载）或250（承受动力荷载）。

（二）轴心受压构件

1. 实腹式

1）强度计算

实腹式轴心受压构件的强度（除摩擦型高强度螺栓连接处外）应按下式计算

$$\sigma = \frac{N}{A_{\mathrm{n}}} \leqslant f \tag{16-199}$$

2）稳定性计算

轴心受压构件尚应按下式计算其稳定性

$$\sigma = \frac{N}{\varphi A} \leqslant f \tag{16-200}$$

式中：N——轴心压力设计值；

A——构件的毛截面面积；

φ——轴心受压构件的稳定系数（取截面两主轴稳定系数的较小者），应根据构件的长细比、钢材屈服强度和截面分类（截面分为 a、b、c 和 d 类），按《钢结构设计规范》（GB 50017—2003）（以下简称《钢结构规范》）附录 C 采用。

3）抗剪计算

轴心受压构件所承受的剪力由下式计算

$$V \leqslant \frac{Af}{85}\sqrt{f_{\mathrm{y}}/235} \tag{16-201}$$

并认为剪力设计值沿构件全长不变。对实腹式轴心受压构件一般可不进行抗剪验算。对格构式轴心受压构件，剪力 V 应由承受该剪力的缀材面（包括整体连接板的面）分担。

4）局部稳定验算

板件的局部失稳不能先于构件的整体失稳。要保证构件的局部稳定性，必须控制板件的宽厚比，为此《钢结构规范》规定，在轴心受压构件中，翼缘板自由外伸宽度 b 与其厚度 t 之比，应符合下列要求

$$\frac{b}{t} \leqslant (10 + 0.1\lambda)\sqrt{235/f_{\mathrm{y}}} \tag{16-202}$$

在工字形及 H 形截面的轴心受压构件中，腹板计算高度 h_0 与其厚度 t_{w} 之比，应符合下列要求

$$\frac{h_0}{t_{\mathrm{w}}} \leqslant (25 + 0.5\lambda)\sqrt{235/f_{\mathrm{y}}} \tag{16-203}$$

式中：λ——构件两个方向长细比的较大值，当 $\lambda < 30$ 时，取 $\lambda = 30$；当 $\lambda > 100$ 时，取 $\lambda = 100$。

2. 格构式轴心受压构件

1）格构式构件分类

格构式构件分为缀板式构件和缀条式构件。

2）格构式构件与实腹式构件在设计上的主要区别

（1）格构式构件绕虚轴的整体稳定性必须考虑剪切变形的影响（应满足换算长细比限值）。

（2）除验算整体稳定性外，还应验算格构式构件的分肢的稳定性（应满足分肢长细比限值）。

（3）对格构式构件的缀材应进行计算。

二、受弯构件(梁)

(一)型钢梁

1.强度计算

1)抗弯强度

在主平面内受弯的实腹构件,其抗弯强度应按下式计算

$$\frac{M_x}{\gamma_x W_{nx}}+\frac{M_y}{\gamma_y W_{ny}}\leqslant f \tag{16-204}$$

式中:M_x、M_y——分别为同一截面处绕 x 轴和 y 轴的弯矩(对工字形截面,x 轴为强轴,y 轴为弱轴);

W_{nx}、W_{ny}——分别为对 x 轴和 y 轴的净截面模量;

γ_x、γ_y——分别为沿 x 轴、y 轴的截面塑性发展系数,对工字形截面,$\gamma_x=1.05$,$\gamma_y=1.20$,对箱形截面 $\gamma_x=\gamma_y=1.05$,对其他截面,可按《钢结构规范》中表 5.2.1 采用。

2)抗剪强度

$$\tau=\frac{VS}{It_w}\leqslant f_v \tag{16-205}$$

式中:V——计算截面沿腹板平面作用的剪力;

S——计算剪应力处以上毛截面对中和轴的面积矩;

I——毛截面惯性矩;

t_w——腹板厚度;

f_v——钢材的抗剪强度设计值。

3)局部抗压强度

当梁上翼缘作用有沿腹板平面的集中荷载,且该荷载又未设置支承加劲肋时,腹板计算高度上边缘的局部抗压强度按下式计算

$$\sigma_c=\frac{\psi F}{t_w l_z}\leqslant f \tag{16-206}$$

式中:F——集中荷载,对动力荷载应考虑动力系数;

ψ——集中荷载增大系数,对重级工作制吊车梁,$\psi=1.35$,对其他梁,$\psi=1.0$;

l_z——集中荷载按 45°扩散在腹板计算高度上边缘的假定分布长度,其值应根据支座具体尺寸确定。

2.整体稳定计算

当符合下列情况之一时,可不计算梁的整体稳定性。

(1)有铺板(各种钢筋混凝土板和钢板)密铺在梁的受压翼缘上并与其牢固相连,能阻止梁受压翼缘的侧向位移时。

(2)H 型钢截面或工字形截面简支梁受压翼缘的自由长度 l_1 与其宽度 b_1 之比不超过表 16-36 所规定的数值时。

H 型钢或工字形截面简支梁不需计算整体稳定性的最大 l_1/b_1 值 表 16-36

钢 号	跨中无侧向支承点的梁		跨中受压翼缘有侧向支承点的梁（不论荷载作用于何处）
	荷载作用在上翼缘	荷载作用在下翼缘	
Q235	13.0	20.0	16.0
Q345	10.5	16.5	13.0
Q390	10.0	15.5	12.5
Q420	9.5	15.0	12.0

注：其他钢号的梁不需计算整体稳定性的最大 l_1/b_1 值，应取 Q235 钢的数值乘以 $\sqrt{235/f_y}$。

对跨中无侧向支承点的梁，l_1 为其跨度；对跨中有侧向支承点的梁，l_1 为受压翼缘侧向支承点间的距离（梁的支座处视为有侧向支承）。

（3）不满足第（1）项的箱形截面简支梁，当其截面尺寸满足 $h/b_0 \leqslant 6$，$l_1/b_0 \leqslant 95\sqrt{235/f_y}$ 时，亦可不计算梁的整体稳定性；其中 h 为梁高，b_0 为两腹板间的距离。

当不满足以上情况时，在最大刚度主平面内受弯的构件，其整体稳定性应按下式计算

$$\frac{M_x}{\varphi_b W_x} \leqslant f \tag{16-207}$$

在两个主平面内受弯的 H 型钢截面或工字形截面构件，其整体稳定性应按下式计算

$$\frac{M_x}{\varphi_b W_x} + \frac{M_y}{\gamma_y W_y} \leqslant f \tag{16-208}$$

式中：M_x、M_y——分别为绕强轴（x 轴）、弱轴（y 轴）作用的最大弯矩；

W_x、W_y——分别为按受压纤维确定的对 x 轴、y 轴的毛截面模量；

φ_b——绕强轴弯曲所确定的梁整体稳定系数（$\varphi_b>0.6$ 时应修正）。

3. 挠度验算

$$f_{max} \leqslant [f] \tag{16-209}$$

式中：f_{max}——按全部荷载标准值计算的梁最大挠度值；

$[f]$——受弯构件挠度允许值，按《钢结构规范》采用。

（二）组合梁

组合梁的强度、刚度及整体稳定性计算公式与型钢梁相同，但应注意翼缘与腹板的局部稳定。根据翼缘失稳不先于构件破坏的原则，按弹性设计时（$\gamma_x=1.0$），梁受压翼缘自由外伸宽度 b 与其厚度 t 之比，应符合下式要求

$$\frac{b}{t} \leqslant 15\sqrt{\frac{235}{f_y}} \tag{16-210}$$

当考虑截面部分塑性发展时，为保证局部稳定，翼缘宽厚比限值应减小，即须满足

$$\frac{b}{t} \leqslant 13\sqrt{\frac{235}{f_y}} \tag{16-211}$$

为了提高腹板的局部稳定性，可增加腹板的厚度或配置合适的加劲肋，后一措施比增加腹板的厚度更经济。防止梁的腹板剪切失稳、弯曲失稳和在局部压应力作用下失稳的有效措施分别是配置横向加劲肋、纵向加劲肋和短加劲肋。根据板的稳定理论，可以确定腹板不失稳时的高厚比要求。当 $h_0/t_w \leqslant 80\sqrt{235/f_y}$ 时，腹板不会发生剪切失稳，一般不配置加劲肋；当

$80\sqrt{235/f_y}<h_0/t_w\leqslant 170\sqrt{235/f_y}$时，腹板会发生剪切失稳但不会发生弯曲失稳，应配置横向加劲肋；当$h_0/t_w>170\sqrt{235/f_y}$时，腹板会发生剪切失稳和弯曲失稳，应配置横向加劲肋和在受压区配置纵向加劲肋，必要时尚应在受压区配置短加劲肋。加劲肋的间距和截面尺寸应按《钢结构规范》的规定计算确定。

三、拉弯和压弯构件

（一）拉弯构件

1.强度计算

弯矩作用在主平面内的拉弯构件，其强度应按下式计算

$$\frac{N}{A_n}\pm\frac{M_x}{\gamma_x W_{nx}}\pm\frac{M_y}{\gamma_y W_{ny}}\leqslant f \tag{16-212}$$

需要验算疲劳的拉弯构件，宜取$\gamma_x=\gamma_y=1.0$。

2.刚度验算

当M_x很大时，同受弯构件应验算挠度；当M_x不很大时，可按公式(16-198)控制其最大长细比。

3.对型钢截面不必验算局部稳定性，但对组合截面的受压翼缘，则应按式(16-210)和式(16-211)控制宽厚比。

（二）实腹式压弯构件

1.强度计算和刚度验算

与拉弯构件相同，按式(16-212)计算强度，但当受压翼缘的自由外伸宽度与其厚度之比大于$13\sqrt{235/f_y}$而不超过$15\sqrt{235/f_y}$时，应取$\gamma_x=1.0$。需要验算疲劳的压弯构件，宜取$\gamma_x=\gamma_y=1.0$。

刚度验算与轴心受压构件相同，即控制长细比。

2.整体稳定性计算

1)弯矩作用平面内的稳定性

$$\frac{N}{\varphi_x A}+\frac{\beta_{mx}M_x}{\gamma_x W_{1x}\left(1-0.8\frac{N}{N_{Ex}'}\right)}\leqslant f \tag{16-213}$$

对于单轴对称截面，当弯矩作用在对称平面内且使较大翼缘受压时，可能在较小翼缘一侧发生受拉破坏。此时，除应按上式计算外，尚应按下式计算

$$\left|\frac{N}{A}-\frac{\beta_{mx}M_x}{\gamma_x W_{2x}\left(1-1.25\frac{N}{N_{Ex}'}\right)}\right|\leqslant f \tag{16-214}$$

2)弯矩作用平面外的稳定性

$$\frac{N}{\varphi_y A}+\eta\frac{\beta_{tx}M_x}{\varphi_b W_{1x}}\leqslant f \tag{16-215}$$

式中：N、M_x——分别为所计算构件范围内的轴心压力和最大弯矩；

N_{Ex}'——参数，$N_{Ex}'=\pi^2 EA/(1.1\lambda_x^2)$；

φ_x、φ_y——分别为弯矩作用平面内和平面外的轴心受压稳定系数；

φ_b——均匀弯曲受弯构件的整体稳定系数；

W_{1x}——在弯矩作用平面内对较大受压纤维的毛截面模量；

W_{2x}——对无翼缘端的毛截面模量；

β_{mx}、β_{tx}——等效弯矩系数，按《钢结构规范》规定采用；

η——截面影响系数，对闭口截面，$\eta=0.7$，对其他截面，$\eta=1.0$。

3.局部稳定性验算

对压弯构件的翼缘和腹板均采用控制宽(或高)厚比的方法来保证其局部稳定性。

压弯构件翼缘板的自由外伸宽度 b 与其厚度 t 之比，应符合式(16-210)和式(16-211)的要求。

在工字形及H形截面的压弯构件中，腹板计算高度 h_0 与其厚度 t_w 之比，应符合下列要求：

当 $0\leqslant\alpha_0\leqslant1.6$ 时

$$h_0/t_w\leqslant(16\alpha_0+0.5\lambda+25)\sqrt{235/f_y} \tag{16-216}$$

当 $1.6<\alpha_0\leqslant2.0$ 时

$$h_0/t_w\leqslant(48\alpha_0+0.5\lambda-26.2)\sqrt{235/f_y} \tag{16-217}$$

式中：α_0——应力梯度系数，$\alpha_0=(\sigma_{max}-\sigma_{min})/\sigma_{max}$；

σ_{max}——腹板计算高度边缘的最大压应力，计算时不考虑构件的稳定系数和截面塑性发展系数；

σ_{min}——腹板计算高度另一边缘的相应应力，压应力取正值，拉应力取负值；

λ——构件在弯矩作用平面内的长细比，当 $\lambda<30$ 时，取 $\lambda=30$；当 $\lambda>100$ 时，取 $\lambda=100$。

(三)格构式压弯构件(要点)

(1)强度计算、刚度验算与实腹式压弯构件相同，但对虚轴计算时要采用换算长细比。

(2)整体稳定性计算：

①绕实轴(y 轴)弯曲时，与实腹式压弯构件相同，弯矩作用平面内及平面外的整体稳定性分别按式(16-213)和式(16-215)计算。但应注意到此时弯矩作用平面为 x 轴所在平面，故应将公式中各符号的下标 x 换成 y，y 换成 x，式(16-213)中绕虚轴(x 轴)的轴心受压稳定系数 φ_x 应由换算长细比 λ_{0x} 查表而得，φ_b 取1.0。

②绕虚轴(x 轴)弯曲时，《钢结构规范》采用边缘屈服准则计算弯矩作用平面内的稳定性，即按下式计算

$$\frac{N}{\varphi_x A}+\frac{\beta_{mx}M_x}{W_{1x}\left(1-\frac{\varphi_x N}{N_{Ex}'}\right)}\leqslant f \tag{16-218}$$

其中

$$W_{1x}=\frac{I_x}{y_0}$$

式中：I_x——对 x 轴的毛截面惯性矩；

y_0——由 x 轴到压力较大分肢的轴线距离或到压力较大分肢腹板外边缘的距离，二者取较大值，φ_x、N_{Ex}' 由换算长细比确定。

绕虚轴弯曲时，还应计算分肢的稳定性。可把分肢视作平行弦桁架的弦杆来计算每个分肢的轴力，然后按轴心受压构件计算分肢的整体稳定性。若能保证分肢的整体稳定性，则整个构件在弯矩作用平面外的稳定性也能保证。当分肢为组合截面时，尚需验算分肢的局部稳定性。

(3)缀材计算。计算格构式压弯构件的缀材时，应取构件的实际剪力和按公式(16-201)计算的剪力两者中的较大值进行计算。

四、构造

基本构件的构造要求详见《钢结构规范》的有关规定。

习　题

16-33　钢结构轴心受拉构件按强度计算的极限状态是(　　)。

A. 净截面的平均应力达到钢材的抗拉强度

B. 毛截面的平均应力达到钢材的抗拉强度

C. 净截面的平均应力达到钢材的屈服强度

D. 毛截面的平均应力达到钢材的屈服强度

16-34　钢结构轴心受压构件的整体稳定性系数 φ 与下列(　　)因素有关。

A. 构件的截面类别和构件两端的支承情况

B. 构件的截面类别、长细比及构件两个方向的长度

C. 构件的截面类别、长细比和钢材的钢号

D. 构件的截面类别和构件计算长度系数

16-35　承受动力荷载作用的焊接工字形截面简支梁,在验算翼缘局部稳定性时,要求受压翼缘自由外伸宽度 b 与其厚度 t 的比满足(　　)。

A. $b/t \leqslant 13\sqrt{235/f_y}$　　B. $b/t \leqslant 18\sqrt{235/f_y}$

C. $b/t \leqslant 40\sqrt{235/f_y}$　　D. $b/t \leqslant 15\sqrt{235/f_y}$

16-36　配置加劲肋是提高焊接组合梁腹板局部稳定性的有效措施,当 $h_0/t_w > 170\sqrt{235/f_y}$ 时,(　　)。

A. 可能发生剪切失稳,应配置横向加劲肋

B. 可能发生弯曲失稳,应配置纵向加劲肋

C. 剪切失稳与弯曲失稳均可能发生,应同时配置横向加劲肋和纵向加劲肋

D. 可能发生剪切失稳,应配置纵向加劲肋

第十二节　钢结构的连接设计计算

钢结构的连接方法有焊缝连接、铆钉连接、普通螺栓连接和高强度螺栓连接。焊接是钢结构的最主要连接方法。

一、焊缝连接

焊接方法有电弧焊、气焊、电渣焊和电阻焊等。焊接的形式有平接、搭接、T 形连接和角接四种。焊缝形式主要有对接焊缝和角焊缝。焊缝质量检验一般可用外观检查及无损检验。焊缝质量检验和质量标准分为三级:一级焊缝的检验项目除外观检查与超声波检验外,还需进行 X 射线检验;二级焊缝的检验项目是外观检查与超声波检验;三级焊缝的检验项目是对全部焊缝作外观检查。钢结构中一般采用三级焊缝,但对较大拉应力的对接焊缝、直接承受动力荷载构件的较重要焊缝以及对动力和疲劳性能要求较高的焊缝,应采用不低于

二级的焊缝。

（一）对接焊缝

对接焊缝通常有五种截面形式：不剖口的矩形，剖口的V形、X形、U形和K形。这种焊缝的优点是：用料经济、传力均匀，没有显著的应力集中，对于承受动力荷载作用的结构采用对接焊缝最为有利。

1.强度计算

（1）在对接接头和T形接头中，垂直于轴心拉力或压力的对接焊缝，其强度按下式计算

$$\sigma = N/l_w t \leqslant f_t^w (f_c^w) \tag{16-219}$$

（2）在对接接头和T形接头中，承受弯矩和剪力共同作用的对接焊缝，其正应力和剪应力应按式（16-220）和式（16-221）分别进行计算。但在同时受有较大正应力和剪应力处（例如梁腹板横向对接焊缝的端部），应按式（16-222）计算折算应力

$$\sigma = M/W_f \leqslant f_t^w \tag{16-220}$$

$$\tau = VS_f/I_f t \leqslant f_v^w \tag{16-221}$$

$$\sqrt{\sigma^2 + 3\tau^2} \leqslant 1.1 f_t^w \tag{16-222}$$

上述式中：N——轴心拉力或压力设计值；

M——弯矩设计值；

V——剪力设计值；

l_w——焊缝计算长度，当焊缝无法采用引弧板或引出板施焊时，计算中应将每条焊缝的长度减去$2t$；

t——在对接接头中为连接板件的较小厚度，在T形接头中为腹板的厚度；

W_f——焊缝的截面模量；

I_f——焊缝截面惯性矩；

S_f——焊缝截面面积矩；

f_t^w、f_c^w、f_v^w——分别为对接焊缝抗拉、受压和抗剪强度设计值。

（3）当承受轴心力作用的板件用斜焊缝对接，焊缝与作用力间的夹角θ符合$\tan\theta \leqslant 1.5$时，其强度可不计算。

2.构造要求

（1）对接焊缝的坡口形式，宜根据板厚和施工条件按有关现行国家标准的要求选用。

（2）在对接焊缝的拼接处，当焊件的宽度不同或厚度在一侧相差4mm以上时，应分别在宽度方向或厚度方向从一侧或两侧做成坡度不大于1∶2.5的斜角；直接承受动力荷载作用且需要进行疲劳验算的结构，斜角坡度不应大于1∶4。当厚度不同时，焊缝坡口形式应根据较薄焊件厚度要求确定。

（3）当采用部分焊接的对接焊缝时，应在设计图中注明坡口的形式和尺寸，其计算厚度h_e(mm)不得小于$1.5\sqrt{t}$，t为焊件的较大厚度(mm)。在直接承受动力荷载作用的结构中，垂直于受力方向的焊缝不宜采用部分焊透的对接焊缝。

（二）角焊缝

1.强度计算

（1）在通过焊缝形心的拉力、压力或剪力作用下：

正面角焊缝(作用力垂直于焊缝长度方向)

$$\sigma_f = N/h_e l_w \leqslant \beta_f f_f^w \tag{16-223}$$

侧面角焊缝(作用力平行于焊缝长度方向)

$$\tau_f = N/h_e l_w \leqslant f_f^w \tag{16-224}$$

(2)在其他力或各种力综合作用下,σ_f 和 τ_f 共同作用处

$$\sqrt{(\sigma_f/\beta_f)^2 + \tau_f^2} \leqslant f_f^w \tag{16-225}$$

上述式中:σ_f——按焊缝有效截面($h_e l_w$)计算,垂直于焊缝长度方向的应力;

τ_f——按焊缝有效截面计算,沿焊缝长度方向的剪应力;

h_e——角焊缝的计算厚度,对直角角焊缝 $h_e=0.7h_f$,h_f 为焊脚尺寸;

l_w——角焊缝的计算长度,对每条焊缝取其实际长度减去 $2h_f$;

f_f^w——角焊缝的强度设计值;

β_f——正面角焊缝的强度设计值增大系数,对承受静力荷载和间接承受动力荷载作用的结构,$\beta_f=1.22$;对直接承受动力荷载作用的结构,$\beta_f=1.0$。

2.构造要求

(1)角焊缝的焊脚尺寸 h_f(mm)不得小于 $1.5\sqrt{t}$,t 为较厚焊件厚度(mm),但对埋弧自动焊,最小焊脚尺寸可减小 1mm;对 T 形连接的单面角焊缝,应增加 1mm。当焊件厚度小于或等于 4mm 时,则最小焊脚尺寸应与焊件厚度相同。

(2)角焊缝的焊脚尺寸不宜大于较薄焊件厚度的 1.2 倍(钢管结构除外),但板件(厚度为 t)边缘的角焊缝最大焊脚尺寸,尚应符合下列要求:

①当 $t\leqslant 6$mm,$h_f\leqslant t$;

②当 $t>6$mm,$h_f\leqslant t-(1\sim 2)$mm。

(3)侧面角焊缝或正面角焊缝的计算长度不得小于 $8h_f$ 或 40mm。

(4)侧面角焊缝的计算长度不宜大于 $60h_f$,当大于上述数值时,其超出部分在计算中不予考虑。若内力沿侧面角焊缝全长分布,其计算长度不受此限。

二、普通螺栓连接

普通螺栓根据加工精度分为 A、B 和 C 三级。A、B 两级螺栓(精制螺栓)连接因制造和安装复杂很少采用;C 级螺栓(粗制螺栓)连接的抗剪性能较差,主要用于受拉安装连接、次要结构或可拆卸结构的抗剪连接以及安装时的临时定位连接。

(一)普通螺栓连接计算

普通螺栓连接可分为受剪螺栓连接、受拉螺栓连接。受剪螺栓连接依靠螺杆受剪和孔壁承压传力,可能发生以下五种破坏形式:螺杆剪断、孔壁挤压破坏、连接板净截面被拉或压破坏、连接板端部剪坏和螺杆受弯破坏。前三种破坏可通过计算避免,后两种可通过构造措施避免。

在受拉连接中考虑到可能存在撬力而产生附加拉力,而将螺栓的抗拉强度设计值 f_t^b 取为 80%的钢材抗拉强度设计值 f,即 $f_t^b=0.8f$。

受剪或受拉螺栓连接的计算步骤,是先按式(16-226)~式(16-228)计算单个螺栓的承载

力设计值，然后对螺栓连接进行内力分析，并使最不利螺栓的内力不大于单个螺栓的承载力设计值。

1.受剪连接

在普通螺栓的受剪连接中，每个螺栓的承载力设计值应取抗剪和抗压承载力设计值中的较小者：

抗剪承载力设计值

$$N_v^b = n_v \frac{\pi d^2}{4} f_v^b \tag{16-226}$$

抗压承载力设计值

$$N_c^b = d f_c^b \sum t \tag{16-227}$$

式中：n_v——受剪面数目；

d——螺栓杆直径；

$\sum t$——在不同受力方向中一个受力方向承压构件总厚度的较小值；

f_v^b、f_c^b——分别为螺栓的抗剪和抗压强度设计值。

2.受拉连接

在普通螺栓的受拉连接中，每个螺栓的承载力设计值应按下式计算

$$N_t^b = \frac{\pi {d_e}^2}{4} f_t^b \tag{16-228}$$

式中：d_e——螺栓在螺纹处的有效直径；

f_t^b——螺栓的抗拉强度设计值。

（二）构造要求

（1）A级螺栓用于$d \leqslant 24$mm和$l \leqslant 10d$或$l \leqslant 150$mm（按较小值）的螺栓，B级螺栓用于$d > 24$mm和$l > 10d$或$l > 150$mm（按较小值）。d为公称直径，l为螺杆公称长度。

（2）A、B级螺栓孔的精度和孔壁表面粗糙度，C级螺栓孔的允许偏差和孔壁表面粗糙度，均应符合现行国家标准《钢结构工程施工质量验收规范》（GB 50205）的要求。

（3）每一杆件在节点上以及拼接接头的一端，永久性螺栓数目不宜少于两个。对组合构件的缀条，其端部连接可采用一个螺栓。

（4）C级螺栓宜用于沿其杆轴线方向受拉的连接，在下列情况下可用于抗剪连接：

①承受静力荷载或间接承受动力荷载作用的结构中的次要连接。

②承受静力荷载作用的可拆卸结构的连接。

③临时固定构件用的安装连接。

（5）对直接承受动力荷载作用的普通螺栓受拉连接，应采用双螺帽或其他防止螺帽松动的有效措施。

（6）沿杆轴方向受拉的螺栓连接中的端板（法兰板），应适当增强其刚度（如加设加劲肋），以减少撬力对螺栓抗拉承载力的不利影响。

三、高强度螺栓连接

高强度螺栓的连接可分为摩擦型高强度螺栓连接和承压型高强度螺栓连接，前者只靠被连接板件的摩擦力传力，以摩擦力被克服作为承载能力的极限状态；后者起初靠摩擦力传力，摩擦被克服后依靠栓杆抗剪和承压传力，以栓杆剪切或孔壁承压破坏作为抗剪的极限状态，并

要求在正常使用状态下(取荷载标准值计算)被连接板间不发生滑移。这两种形式的螺栓在受拉时没有区别,在材料、螺栓预拉力和构件摩擦面处理等施工操作技术要求上也完全相同。但承压型高强度螺栓连接的承载能力比摩擦型的高,可节约螺栓,但其连接的剪切变形较大,《钢结构规范》规定,高强度螺栓承压型连接不应用于直接承受动力荷载作用的结构。

(一)高强度螺栓连接计算

1.摩擦型高强度螺栓

(1)在抗剪连接中,每个高强度螺栓的承载力设计值应按下式计算

$$N_v^b = 0.9 n_f \mu P \tag{16-229}$$

式中:n_f——传力摩擦面数目;

μ——摩擦面的抗滑移系数,应按《钢结构规范》表7.2.2-1采用;

P——一个高强度螺栓的预拉力,应按《钢结构规范》表7.2.2-2采用。

(2)在螺栓杆轴方向的受拉连接中,每个高强度螺栓的承载力设计值取

$$N_t^b = 0.8P \tag{16-230}$$

(3)当高强度螺栓同时承受摩擦面间的剪力和螺栓杆轴方向的外拉力时,其承载力应按下式计算

$$\frac{N_v}{N_v^b} + \frac{N_t}{N_t^b} \leqslant 1 \tag{16-231}$$

式中:N_v、N_t——分别为某个高强度螺栓所承受的剪力和拉力;

N_t^b、N_v^b——分别为一个高强度螺栓的抗拉、抗剪承载力设计值。

2.承压型高强度螺栓

(1)在抗剪连接中,每个承压型连接的高强度螺栓的承载力设计值的计算方法与普通螺栓相同,但当剪切面在螺纹处时,其抗剪承载力设计值应按螺纹处的有效面积计算。

(2)在杆轴方向的受拉连接中,每个承压型高强度螺栓的承载力设计值的计算方法与普通螺栓相同。

(3)同时承受剪力和杆轴方向拉力的承压型高强度螺栓,应符合下列公式的要求

$$\sqrt{\left(\frac{N_v}{N_v^b}\right)^2 + \left(\frac{N_t}{N_t^b}\right)^2} \leqslant 1 \tag{16-232}$$

$$N_v \leqslant \frac{N_c^b}{1.2} \tag{16-233}$$

式中:N_c^b——一个高强度螺栓的抗压承载力设计值。

(二)构造要求

(1)承压型连接的高强度螺栓的预拉力 P 应与摩擦型连接高强度螺栓相同。连接处构件接触面应清除油污及浮锈。

(2)高强度螺栓孔应采用钻成孔。摩擦型连接的高强度的孔径比螺栓公称直径 d 大1.5~2.0mm,承压型连接的高强度螺栓的孔径比螺栓公称直径 d 大1.0~1.5mm。

(3)在高强度螺栓的连接范围内,构件接触面的处理方法应在施工图中说明。

四、构件间的连接

构件间的连接可以采用焊缝连接、螺栓连接或者栓焊混合连接。连接构造设计的原则是:传力明确简捷、安全可靠、构造简单、便于制造与施工。下面仅介绍其连接构造形式,其详细的设计计算详见有关钢结构设计计算教材。

(一)次梁与主梁的连接

次梁和主梁的连接一般设计成铰接,次梁为简支梁,即主梁只承受次梁的反力而不承受端弯矩。次梁可以叠接于主梁之上(见图 16-19)或侧接于主梁的侧面(见图 16-20)。当次梁按连续梁设计时,则应有保证连续梁在主梁位置处传递弯矩的构造措施。

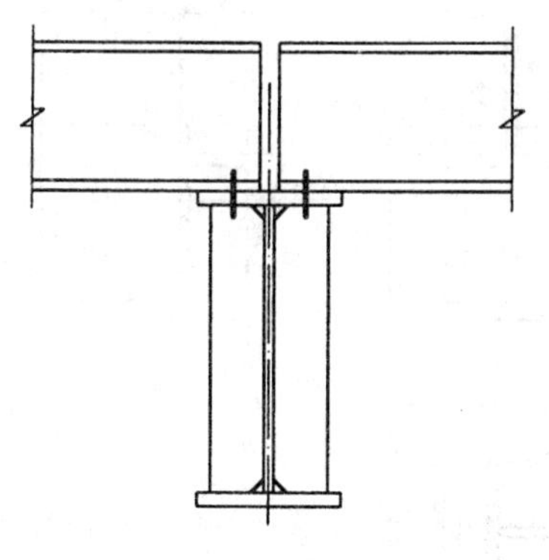

图 16-19　次梁叠接于主梁

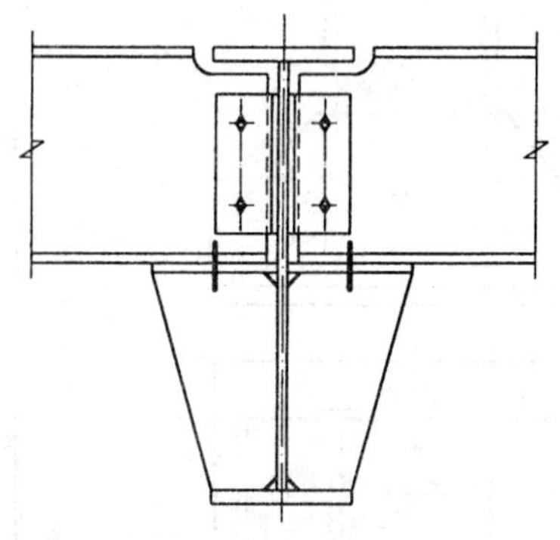

图 16-20　次梁侧接于主梁

(二)梁与柱的连接

梁与柱的顶部连接部分称为柱头。梁与轴心受压柱的连接应为铰接,常采用顶接(见图 16-21)和侧接(见图 16-22)。框架结构的梁柱节点,多数做成刚性连接,其构造要保证将梁端的弯矩和剪力可靠地传递给柱,如图 16-23 所示。

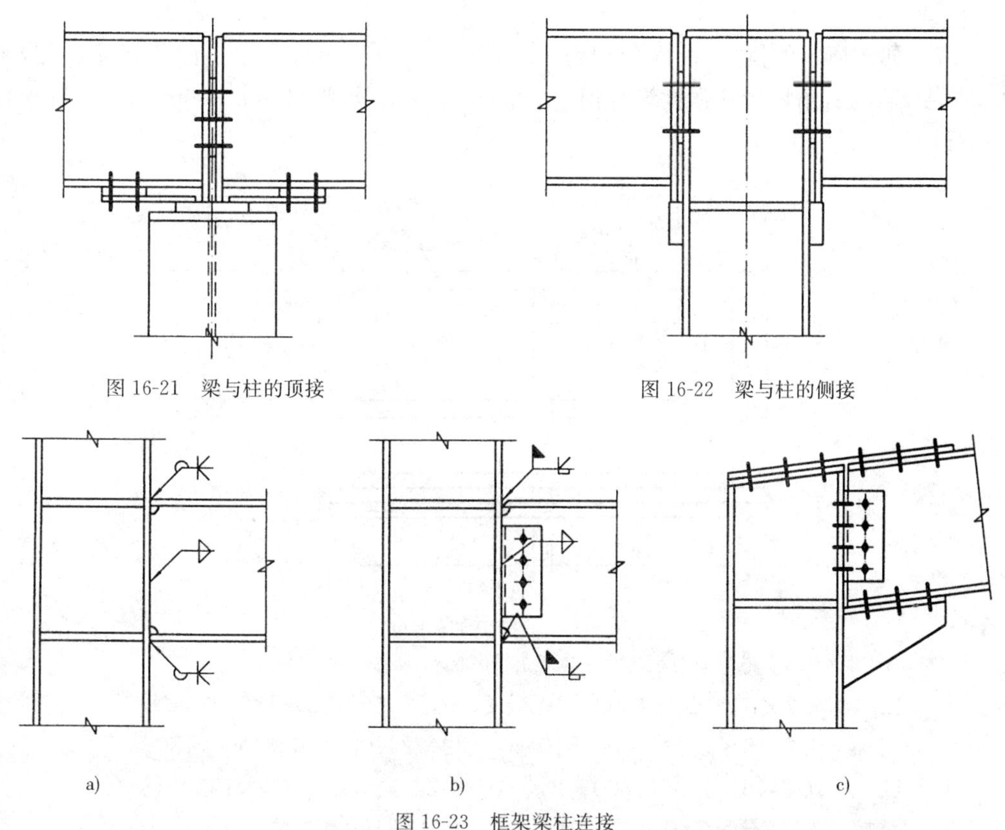

图 16-21　梁与柱的顶接

图 16-22　梁与柱的侧接

a)　b)　c)

图 16-23　框架梁柱连接

（三）柱脚

柱脚是柱下端与基础相连的部分，分铰接和刚接两种类型。对轴心受压柱多采用铰接柱脚（见图 16-24），框架柱多采用刚接柱脚（见图 16-25）。对于肢间距离很大的格构柱，可在每个肢的下端设置独立柱脚，组成分离式柱脚。

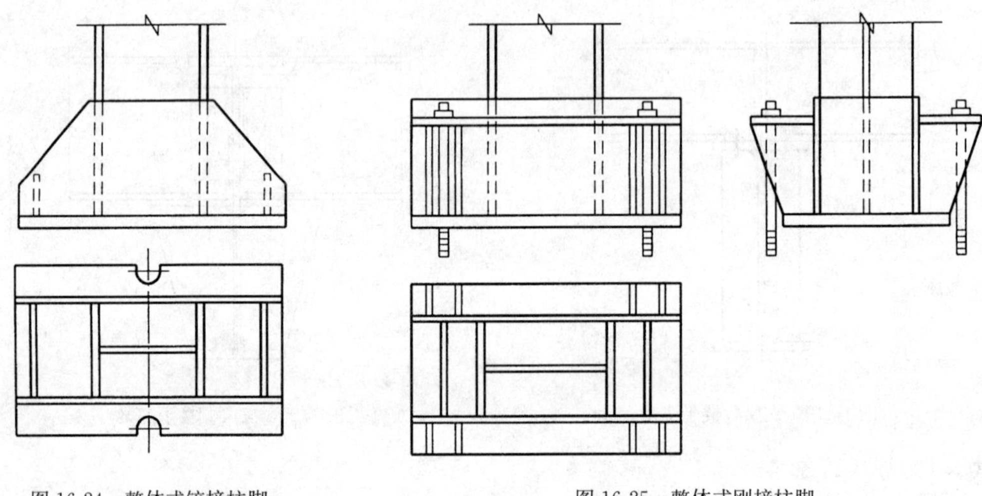

图 16-24 整体式铰接柱脚　　　　图 16-25 整体式刚接柱脚

习　题

16-37 如图所示的拼接，板件分别为—240×8 和—180×8，采用三面角焊缝连接，钢材 Q235，焊条 E43 型，角焊缝的强度设计值 $f_t^w=160\text{N/mm}^2$，焊脚尺寸 $h_f=6\text{mm}$，此焊缝连接可承担的静载拉力设计值为（　　）。

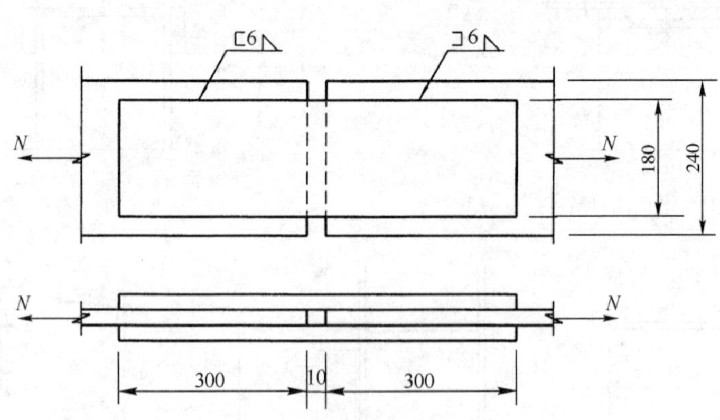

题 16-37 图（尺寸单位：mm）

A. 4×0.7×6×160×300+2×0.7×6×160×180

B. 4×0.7×6×160×(300−10)+2×0.7×6×160×180

C. 4×0.7×6×160×(300−10)+1.22×2×0.7×6×160×180

D. 4×0.7×6×160×(300−2×6)+1.22×2×0.7×6×160×180

16-38 摩擦型与承压型高强度螺栓连接的主要区别是（　　）。

A. 高强度螺栓的材料不同

B. 摩擦面的处理方法不同

C. 施加的预加拉力不同

D. 抗剪的承载力不同

16-39 在螺栓杆轴方向受拉的连接中，采用摩擦型高强度螺栓或承压型高强度螺栓，二者承载力设计值大小的区别是(　　)。

A. 是后者大于前者　　B. 是前者大于后者

C. 相等　　D. 不一定相等

第十三节　砌体结构材料性能

砌体结构是以砌体(砖、石、砌块)为主要材料建造的结构。砌体的胶结材料主要为砂浆(水泥石灰混合砂浆、石灰砂浆、水泥砂浆)。

一、块材

常用的砌体有砖、砌块和石材，其强度等级是根据块体的标准试件，在标准试验条件下测得的抗压强度划分，用“MU”表示。

(一)砖

烧结普通砖、烧结多孔砖的强度等级分为MU30、MU25、MU20、MU15和MU10；蒸压灰砂普通砖、蒸压粉煤灰普通砖的强度等级分为MU25、MU20和MU15。

烧结普通砖由黏土、贝岩、煤矸石或粉煤灰为主要原料，经过焙烧而成的实心或孔洞率不大于规定值且外形尺寸符合规定的砖。分烧结黏土砖、烧结贝岩砖、烧结煤矸石砖、烧结粉煤灰砖。

烧结多孔砖的主要原料与烧结普通砖相同，经过焙烧而成，孔洞率不小于25%，孔的尺寸小而数量多，主要用于承重部位的砖，简称多孔砖。目前多孔砖分为P型砖和M型砖。

蒸压灰砂普通砖以石灰和砂为主要原料，经坯料制备、压制成型、蒸压养护而成的实心砖，简称灰砂砖。

蒸压粉煤灰普通砖以粉煤灰、石灰为主要原料，掺加适量石膏和集料，经坯料制备、压制成型、高压蒸汽养护而成的实心砖，简称粉煤灰砖。

(二)砖块

砌块的强度等级分为MU20、MU15、MU10、MU7.5和MU5。

砌块由普通混凝土或轻骨料混凝土制成，主要规格尺寸为390mm×190mm×190mm、空心率在25%～50%之间的空心砌块。有单排孔、双排孔和多排孔砌块。

(三)石材

石材的强度等级分为MU100、MU80、MU60、MU50、MU40、MU30和MU20。

石材一般由重质岩石或轻质岩石制成，按其加工后的外形规则程度可分为料石和毛石，料石又可分为细料石、半细料石、粗料石和毛料石。石材的强度等级，可用边长为70mm的立方体试块的抗压强度表示。

二、砂浆

砌体中常用的砂浆有水泥石灰混合砂浆、石灰砂浆和水泥砂浆(纯水泥砂浆)。石灰砂浆强度低，但砌筑方便。水泥砂浆适用于潮湿环境的砌体，但施工中保水性和流动性差，和易性不好。砂浆的强度等级分为 M15、M10、M7.5、M5 和 M2.5，其强度等级是由边长 70.7mm 的立方体试块的抗压强度表示。采用同强度等级的水泥砂浆及混合砂浆砌筑的砌体，前者的砌体强度设计值低于后者。施工阶段砂浆尚未硬化的新砌砌体，或经检测砂浆未硬化的已建砌体，均可按砂浆强度为零确定其砌体强度。

在施工中很容易产生砂浆强度低于设计强度的现象，应特别注意砂浆配合比和使用水泥的质量，通过试配确定配合比。

三、砌体

（一）砌体抗压强度

砌体是由块体用砂浆垫平黏结而成，因而它的受压工作与匀质的整体结构构件有很大差别。由于灰缝厚度和密实性的不均匀，以及块体和砂浆交互作用等原因，使块体的抗压强度不能充分发挥，即砌体的抗压强度将低于块体的抗压强度。

砌体能承受的最大压应力，称为砌体抗压强度，它是确定砌体及其构件受压破坏能力的一个重要指标。

各类砌体轴心抗压强度平均值按下式计算

$$f_m = k_1 f_1 a(1 + 0.07f_2)k_2 \qquad (16\text{-}234)$$

式中：f_1——块体（砖、石、砌块）的抗压强度等级值（MPa）；

f_2——砂浆抗压强度平均值（MPa）；

k_1、a、k_2——系数，见表 16-37。

各类砌体轴心抗压强度平均值的计算系数 表 16-37

砌体类别	k_1	a	k_2
烧结普通砖、烧结多孔砖、蒸压灰砂普通砖、蒸压粉煤灰普通砖、混凝土普通砖、混凝土多孔砖	0.78	0.5	当 $f_2<1$ 时，$k_2=0.6+0.4f_2$
混凝土砌块、轻集料混凝土砌块	0.46	0.9	当 $f_2=0$ 时，$k_2=0.8$
毛料石	0.79	0.5	当 $f_2<1$ 时，$k_2=0.6+0.4f_2$
毛石	0.22	0.5	当 $f_2<2.5$ 时，$k_2=0.6+0.24f_2$

注：1. k_2 在表列条件以外时均取等于 1。

2. 混凝土砌块砌体的轴心抗压强度平均值，当 $f_2>10$MPa 时，应乘以系数 $1.1-0.01f_2$，MU20 的砌体应乘以系数 0.95，且满足 $f_1 \geqslant f_2$，$f_1 \leqslant 10$MPa。

（二）砌体轴心抗拉强度

砌体轴心受拉时，视拉力作用于砌体的方向，有三种破坏形态。当轴心拉力与砌体水平灰缝平行时，砌体可能发生沿齿缝灰缝截面发生受拉破坏，而对于烧结普通砖砌体也可能发生沿砖块体截面的拉坏。当轴心拉力与砌体水平灰缝垂直时，砌体可能沿通缝截面发生受拉破坏，由于沿通缝截面轴心抗拉强度很低，所以在设计时应予以避免。

各类砌体轴心抗拉强度平均值按下式计算

$$f_{t,m} = k_3\sqrt{f_2} \qquad (16\text{-}235)$$

式中：k_3——系数，见表 16-38。

各类砌体轴心抗拉、弯曲抗拉和抗剪强度平均值的计算系数　表 16-38

砌体类别	k_3	k_4		k_5
		沿齿缝	沿通缝	
烧结普通砖、烧结多孔砖、混凝土普通砖、混凝土多孔砖	0.141	0.250	0.125	0.125
蒸压灰砂普通砖、蒸压粉煤灰普通砖	0.09	0.180	0.090	0.090
混凝土砌块	0.069	0.081	0.056	0.069
毛石	0.075	0.113	—	0.188

（三）砌体弯曲抗拉强度

砌体弯曲时可能出现三种破坏形态，当弯矩平行于砌体通缝的平面方向作用时，则可能发生沿齿缝截面或沿块体截面的破坏；当弯矩沿垂直于砌体通缝截面作用时，则发生沿通缝截面的破坏。

各类砌体弯曲抗拉强度平均值按下式计算

$$f_{t,m} = k_4\sqrt{f_2} \tag{16-236}$$

式中：k_4——系数，见表 16-38。

（四）砌体抗剪强度

砌体抗剪强度是指砌体能承受的最大剪应力。砌体抗剪后，其强度实质上取决于砂浆与块体间的黏结强度，因此砌体的抗剪强度主要由砂浆强度决定。

各类砌体抗剪强度平均值按下式计算

$$f_{v,m} = k_5\sqrt{f_2} \tag{16-237}$$

式中：k_5——系数，见表 16-38。

（五）砌体强度标准值

砌体强度标准值是结构设计时采用的强度基本代表值，由概率分布的 0.05 分位数确定，即

$$f_k = f_m - 1.645\sigma_f = (1 - 1.645\delta_f)f_m \tag{16-238}$$

式中：σ_f——砌体强度的标准差；

δ_f——砌体强度的变异系数。

（六）砌体强度设计值

砌体强度设计值是采用可靠度分析方法或工程经验校准法确定，直接用于结构或构件的承载力计算。龄期为 28d 的以毛截面计算的各类砌体强度设计值，按下式计算

$$f = f_k/\gamma_f \tag{16-239}$$

式中：γ_f——砌体结构的材料性能分项系数，一般情况下，宜按施工控制等级为 B 级考虑，取 $\gamma_f=1.6$；当为 C 级时，取 $\gamma_f=1.8$；当为 A 级时，取 γ_f 为 1.5。

（七）砌体强度设计值的调整

在某些情况下砌体强度有可能降低，为保证结构构件的安全度，在设计计算时需考虑强度设计值的调整。《砌体结构设计规范》（GB 50003—2011）（以下简称《砌体规范》）规定，在下列情况下的各类砌体，其砌体强度设计值应乘以调整系数 γ_a：

(1)对无筋砌体构件，其截面面积 A 小于 0.3m² 时，$\gamma_a=0.7+A$；对配筋砌体构件，当其中砌体截面面积 A 小于 0.2m² 时，$\gamma_a=0.8+A$；构件截面面积 A 以 m² 计。

(2)当砌体用水泥砂浆砌筑，且强度等级小于 M5.0 时，对各类砌体的抗压强度设计值，$\gamma_a=0.9$；对沿砌体灰缝截面破坏时砌体的轴心抗拉、弯曲抗拉和抗剪强度设计值，$\gamma_a=0.8$。

(3)当施工质量控制等级为 C 级时，$\gamma_a=0.89$。

(4)当验算施工中房屋的构件时，$\gamma_a=1.1$。

习　题

16-40　下面关于砌体抗压强度正确的说法是(　　)。

A. 砌体的抗压强度随砂浆和块体的强度等级的提高按一定比例增加

B. 块体的外形越规则、平整，则砌体的抗压强度越高

C. 砌体中灰缝越厚，则砌体的抗压强度越高

D. 砂浆的变形性能越大，越容易砌筑，砌体的抗压强度越高

第十四节　砌体结构设计基本原则

砌体结构的基本设计原则与钢筋混凝土结构相同。按承载能力极限状态设计时，应考虑可变荷载控制和永久荷载控制的两种组合，按下列公式中的最不利组合进行计算

$$\gamma_0(1.2S_{Gk}+1.4\gamma_L S_{Q1k}+\gamma_L\sum_{i=2}^{n}\gamma_{Qi}\psi_{ci}S_{Qik})\leqslant R(f,a_k,\cdots)\tag{16-240}$$

$$\gamma_0(1.35S_{Gk}+1.4\gamma_L\sum_{i=1}^{n}\psi_{ci}S_{Qik})\leqslant R(f,a_k,\cdots)\tag{16-241}$$

式中：γ_0——结构重要性系数；

γ_L——结构构件的抗力模型不定性系数；对静力设计，考虑结构设计使用年限的荷载调整系数，设计使用年限为 50 年，取 1.0；设计使用年限为 100 年，取 1.1；

S_{Gk}——永久荷载标准值的效应；

S_{Q1k}——在基本组合中起控制作用的一个可变荷载标准值的效应；

S_{Qik}——第 i 个可变荷载标准值的效应；

$R(f,a_k,\cdots)$——结构构件的抗力函数；

γ_{Qi}——第 i 个可变荷载的分项系数；

ψ_{ci}——第 i 个可变荷载的组合系数，一般情况下应取 0.7；

f——砌体的强度设计值；

a_k——几何参数标准值。

当砌体结构作为一个刚体，需验算整体稳定性时，例如倾覆、滑移、漂浮等，应按下式验算

$$\gamma_0=(1.2S_{G2k}+1.4\gamma_L S_{Q1k}+\gamma_L\sum_{i=2}^{n}S_{Qik})\leqslant 0.8S_{G1k}\tag{16-242}$$

$$\gamma_0(1.35S_{G2k}+1.4\gamma_L\sum_{i=1}^{n}\psi_{ci}S_{Qik})\leqslant 0.8S_{G1k}\tag{16-243}$$

式中：S_{G1k}——起有利作用的永久荷载标准值的效应；

S_{G2k}——起不利作用的永久荷载标准值的效应。

第十五节　砌体墙、柱的承载力计算

一、抗压承载力

（一）无筋砌体墙、柱的承载力计算

对无筋砌体墙、柱的承载力应按下式计算

$$N \leqslant \varphi f A \tag{16-244}$$

式中：N——轴向力设计值；

φ——高厚比 β 和轴向力的偏心距 e 对受压构件承载的影响系数，可按《砌体规范》附录D的规定采用；

A——截面面积，对各类砌体均应按毛截面计算，对带壁柱墙，其翼缘宽度可按《砌体规范》采用；

f——砌体的抗压强度设计值。

对矩形截面构件，当轴向力偏心方向的截面边长大于另一方向的边长时，除按偏心受压计算外，还应对较小边长方向，按轴心受压进行验算。

（二）构件高厚比

构件高厚比 β 应按下列公式确定：

对矩形截面

$$\beta = \gamma_{\beta}\frac{H_0}{h} \tag{16-245}$$

对T形截面

$$\beta = \gamma_{\beta}\frac{H_0}{h_T} \tag{16-246}$$

式中：γ_{β}——不同砌体材料的高厚比修正系数，按表16-39采用；

H_0——受压构件的计算高度，按表16-40确定；

h——矩形截面轴向力偏心方向的边长，当轴心受压时为截面较小边长；

h_T——T形截面的折算厚度；可近似按3.5i计算；

i——截面回转半径。

高厚比修正系数 γ_{β}　　表16-39

砌体材料类别	γ_{β}	砌体材料类别	γ_{β}
烧结普通砖、烧结多孔砖	1.0	蒸压灰砂普通砖、蒸压粉煤灰普通砖、细料石	1.2
混凝土普通砖、混凝土多孔砖、混凝土及轻集料混凝土砌块	1.1	粗料石、毛石	1.5

注：对灌孔混凝土砌块，γ_{β}取1.0。

受压构件的计算高度 H_0 表 16-40

<table>
<tr><th colspan="3" rowspan="2">房屋类别</th><th colspan="2">柱</th><th colspan="3">带壁柱墙或周边拉结的墙</th></tr>
<tr><th>排架方向</th><th>垂直排架方向</th><th>$2H<s$</th><th>$H\leqslant s\leqslant 2H$</th><th>$s<H$</th></tr>
<tr><td rowspan="3">有吊车的单层房屋</td><td rowspan="2">变截面柱上段</td><td>弹性方案</td><td>$2.5H_u$</td><td>$1.25H_u$</td><td colspan="3">$2.5H_u$</td></tr>
<tr><td>刚性、刚弹性方案</td><td>$2.0H_u$</td><td>$1.25H_u$</td><td colspan="3">$2.0H_u$</td></tr>
<tr><td colspan="2">变截面柱下段</td><td>$1.0H_l$</td><td>$0.8H_l$</td><td colspan="3">$1.0H_u$</td></tr>
<tr><td rowspan="5">无吊车的单层和多层房屋</td><td rowspan="2">单跨</td><td>弹性方案</td><td>$1.5H$</td><td>$1.0H$</td><td colspan="3">$1.5H_u$</td></tr>
<tr><td>刚弹性方案</td><td>$1.2H$</td><td>$1.0H$</td><td colspan="3">$1.2H_u$</td></tr>
<tr><td rowspan="2">多跨</td><td>弹性方案</td><td>$1.25H$</td><td>$1.0H$</td><td colspan="3">$1.25H_u$</td></tr>
<tr><td>刚弹性方案</td><td>$1.1H$</td><td>$1.0H$</td><td colspan="3">$1.1H_u$</td></tr>
<tr><td colspan="2">刚性方案</td><td>$1.0H$</td><td>$1.0H$</td><td>$1.0H$</td><td>$0.4s+0.2H$</td><td>$0.6s$</td></tr>
</table>

注：1. 表中 H_u 为变截面柱的上段高度，H_l 为变截面柱的下段高度。

2. 对于上端为自由端的构件，$H_0=2H$。

3. 独立砖柱，当无柱间支撑时，柱在垂直排架方向的 H_0 应按表中数值乘以 1.25 后采用。

4. s 为房屋横墙间距。

5. 自承重墙的计算高度应根据周边支承或拉结条件确定。

(三)矩形截面单向偏心受压构件承载力影响系数的确定

矩形截面单向偏心受压构件承载力影响系数可按下列公式计算：

当 $\beta\leqslant 3$ 时

$$\varphi=\frac{1}{1+12\left(\frac{e}{h}\right)^2} \tag{16-247}$$

当 $\beta>3$ 时

$$\varphi=\frac{1}{1+12\left[\frac{e}{h}+\sqrt{\frac{1}{12}\left(\frac{1}{\varphi_0}-1\right)}\right]^2} \tag{16-248}$$

$$\varphi_0=\frac{1}{1+\alpha\beta^2} \tag{16-249}$$

式中：e——轴心力的偏心距；

h——矩形截面的轴向力偏心方向的边长；

φ_0——轴心受压构件的稳定系数；

α——与砂浆强度等级有关的系数，当砂浆强度等级大于或等于 M5 时，$\alpha=0.0015$，当砂浆强度等级等于 M2.5 时，$\alpha=0.002$，当砂浆强度等级等于 0 时，$\alpha=0.009$；

β——构件的高厚比。

计算 T 形截面受压构件的 φ 时，应以折算厚度 h_T 代替公式(16-247)中的 h。

（四）轴心受压短柱的承载力计算

由以上公式可知，对于轴心受压短柱，即 $e=0$、$\beta\leqslant 3$，此时承载力影响系数 $\varphi=1.0$，其抗压承载力可按下式计算

$$N\leqslant fA \tag{16-250}$$

对于轴心受压长柱，即 $e=0$、$\beta>3$，此时承载力影响系数 $\varphi=\varphi_0$，其抗压承载力可按下式计算

$$N\leqslant \varphi_0 fA \tag{16-251}$$

（五）轴心力偏心距限值

轴向力的偏心距 e 按内力设计值计算，并不应超过 $0.6y$，y 为截面重心到轴向力所在偏心方向截面边缘的距离。

二、局部抗压承载力

荷载作用于砌体部分截面上的受压，称为砌体局部受压。如梁端下面的砌体或柱下面的基础接触部分均属于砌体局部受压。砌体的局部受压，视局部压应力分布是否均匀可分为：均匀局部受压和不均匀局部受压，后者常指梁端支承处砌体的局部受压。砌体局部受压的特点是其抗压强度有所提高，但局部受压面积一般都很小，设计时应加以校核，明确是否需要采取构造措施。

（一）砌体截面局部均匀受压的承载力计算

（1）砌体截面中受局部均匀压力作用时的承载力应按下式计算

$$N_l\leqslant \gamma\cdot f\cdot A_l \tag{16-252}$$

式中：N_l——局部受压面积上的轴向力设计值；

γ——砌体局部抗压强度提高系数；

f——砌体的抗压强度设计值，局部受压面积小于 0.3m^2，可不考虑强度调整系数 γ_a 的影响；

A_l——局部受压面积。

（2）砌体局部抗压强度提高系数 γ 可按下式计算

$$\gamma=1+0.35\sqrt{\frac{A_0}{A_l}-1} \tag{16-253}$$

式中：A_0——影响砌体局部抗压强度的计算面积。

由公式（16-253）计算的 γ 值，尚应符合下列规定：

①在图 16-26a）的情况下，$\gamma\leqslant 2.5$；

②在图 16-26b）的情况下，$\gamma\leqslant 2.0$；

③在图 16-26c）的情况下，$\gamma\leqslant 1.5$；

④在图 16-26d）的情况下，$\gamma\leqslant 1.25$；

⑤要求灌孔的砌块砌体，在（1）、（2）款的情况下，尚应符合 $\gamma\leqslant 1.5$；未灌孔的混凝土砌块砌体，$\gamma=1.0$。

（3）影响砌体局部抗压强度的计算面积可按下列规定采用：

①在图 16-26a）的情况下，$A_0=(a+c+h)h$；

②在图 16-26b)的情况下，$A_0=(b+2h)h$；

③在图 16-26c)的情况下，$A_0=(a+h)h+(b+h_1-h)h_1$；

④在图 16-26d)的情况下，$A_0=(a+h)h$；

式中：a、b——矩形局部受压面积 A_l 的边长；

h、h_1——墙厚或柱的较小边长、墙厚；

c——矩形局部受压面积的外边缘至构件边缘的较小距离，当大于 h 时，应取 h。

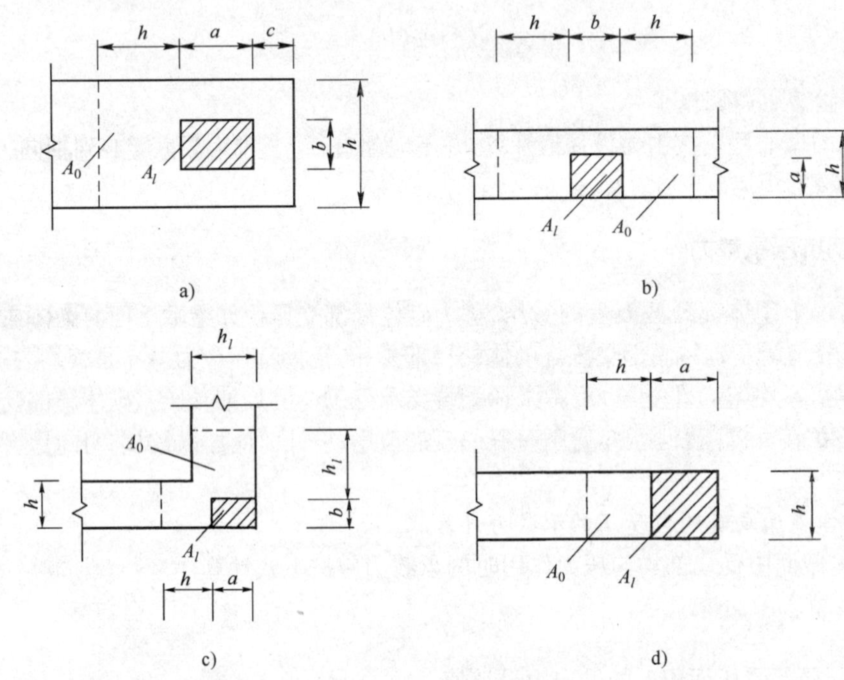

图 16-26　影响局部抗压强度的面积 A_0

(二)梁端支承处砌体的局部抗压承载力

当梁直接支承在砌体上(见图 16-27)，其局部抗压承载力应按下列公式计算

$$\psi N_0+N_l\leqslant\eta\cdot\gamma\cdot f\cdot A_l \tag{16-254}$$

$$\psi=1.5-0.5A_0/A_l \tag{16-255}$$

$$N_0=\sigma_0 A_l \tag{16-256}$$

$$A_l=a_0 b \tag{16-257}$$

$$a_0=10\sqrt{h_c/f} \tag{16-258}$$

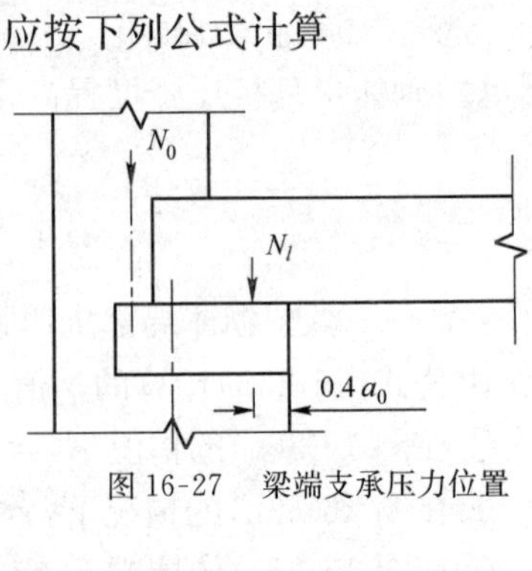

图 16-27　梁端支承压力位置

式中：ψ——上部荷载的折减系数，当 $A_0/A_l\geqslant 3$ 时，$\psi=0$；

N_0——局部受压面积内上部轴向力设计值(N)；

N_l——梁端支承压力设计值(N)；

σ_0——上部平均压应力设计值(MPa)；

η——梁端底面压应力图形的完整系数，应取 0.7，对于过梁和墙梁应取 1.0；

a_0——梁端有效支承长度(mm)，当 $a_0>a$ 时，应取 $a_0=a$；

a——梁端实际支承长度(mm)；

b、h_c——分别为梁的截面宽度和高度(mm)；

f——砌体的抗压强度设计值(MPa)。

式(16-254)中采用上部荷载的折减系数 ψ，是由于上部荷载通过砌体传至梁端支承处局部受压面积上时，产生了一定的内拱卸载作用。由式(16-255)可知，随 A_0/A_l 的增大，上述内拱卸载作用增大，当 $A_0/A_l \geqslant 3$ 时，$\psi=0$，即完全不考虑上部荷载 N_0 的作用。

(三)梁端设有刚性垫块的砌体局部抗压承载力

如果梁端支承处砌体局部抗压承载力不足时，可以在梁端下面设置预制垫块或与梁现浇成整体的垫块，以增大局部受压面积，提高砌体局部抗压承载力。

(1)设置刚性垫块下的砌体局部抗压承载力应按下列公式计算

$$N_0 + N_l \leqslant \varphi\gamma_1 f A_b \tag{16-259}$$

$$N_0 = \sigma_0 A_b \tag{16-260}$$

$$A_b = a_b b_b \tag{16-261}$$

式中：N_0——垫块面积 A_b 内上部轴向力设计值(N)；

φ——垫块上 N_0 及 N_l 合力的影响系数，应采用 $\beta \leqslant 3$ 时的 φ 值；

γ_1——垫块外砌体面积的有利影响系数，γ_1 应为 0.8γ，但不小于 1.0，γ 为砌体局部抗压强度提高系数，按式(16-253)以 A_b 代替 A_l 计算；

A_b——垫块面积(mm^2)；

a_b——垫块伸入墙内的长度(mm)；

b_b——垫块的宽度(mm)。

(2)刚性垫块应符合下列构造要求：

①刚性垫块的高度不宜小于 180mm，自梁边算起的垫块挑出长度不宜大于垫块高度 t_b；

②在带壁柱墙的壁柱内设刚性垫块时(见图 16-28)，其计算面积应取壁柱范围内的面积，而不计算翼缘部分，同时壁柱上垫块伸入翼墙内的长度不应小于 120mm；

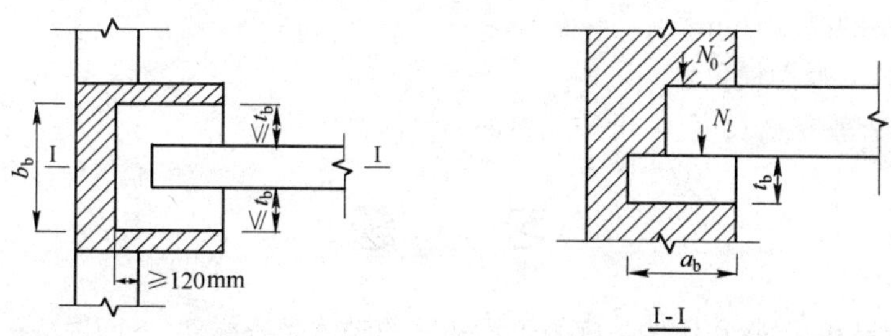

图 16-28 壁柱上设有垫块时梁端局部受压

③当现浇垫块与梁端整体浇筑时，垫块可在梁高范围内设置。

(3)梁端设有刚性垫块时，梁端有效支承长度 a_0 应按下式确定

$$a_0 = \delta_1\sqrt{h/f} \tag{16-262}$$

式中：δ_1——刚性垫块的影响系数，按表 16-41 采用。

垫块上 N_l 作用点的位置可取 $0.4a_0$ 处。

系数 δ_1 值 表 16-41

σ_0/f	0	0.2	0.4	0.6	0.8
δ_1	5.4	5.7	6.0	6.9	7.8

注:表中其间的数值可采用插入法求得。

(四)梁下设有垫梁的砌体局部抗压承载力

梁下设有长度大于 πh_0 垫梁的砌体局部抗压承载力应按下列公式计算(见图 16-29)

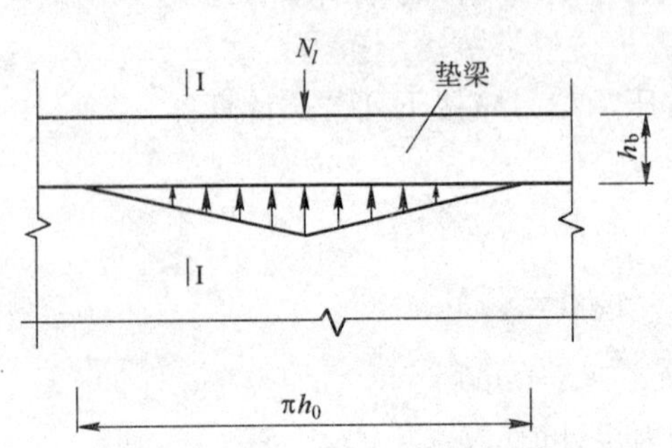

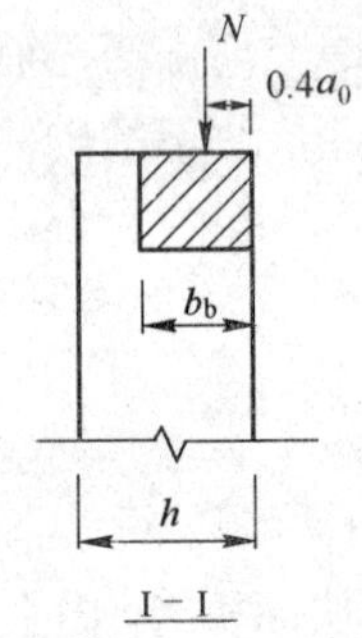

图 16-29 垫梁局部受压

$$N_0 + N_l \leqslant 2.4\delta_2 f b_b h_0 \quad (16\text{-}263)$$

$$N_0 = \pi b_b h_0 \sigma_0 / 2 \quad (16\text{-}264)$$

$$h_0 = 2\sqrt[3]{\frac{E_b I_b}{E h_b}} \quad (16\text{-}265)$$

式中:N_0——垫梁上部轴向力设计值(N);

b_b——垫梁在墙厚方向的宽度(mm);

δ_2——系数,当荷载沿墙厚方向均匀分布时 δ_2 取 1.0,不均匀时可取 0.8;

h_0——垫梁折算高度(mm);

E_b、I_b——分别为垫梁的混凝土弹性模量和截面惯性矩;

h_b——垫梁的高度(mm);

E——砌体的弹性模量。

垫梁上梁端有效支承长度 a_0 可按式(16-262)计算。

习 题

16-41 截面尺寸,砂浆和块体强度等级均相同的砌体受压构件,下面说法正确的是( )。

①承载力随高厚比的增大而减小

②承载力随偏心距的增大而减小

③承载力与砂浆的强度等级无关

④承载力随相邻横墙间距的增加而增大

A. ①② B. ①②③ C. ①②③④ D. ①③④

16-42 截面尺寸为 240mm×370mm 的砖砌短柱,轴向压力的偏心距如图所示,其抗压承载力的大小顺序是( )。

A. ①>②>③>④　　B. ③>①>②>④
C. ④>②>③>①　　D. ①>③>④>②

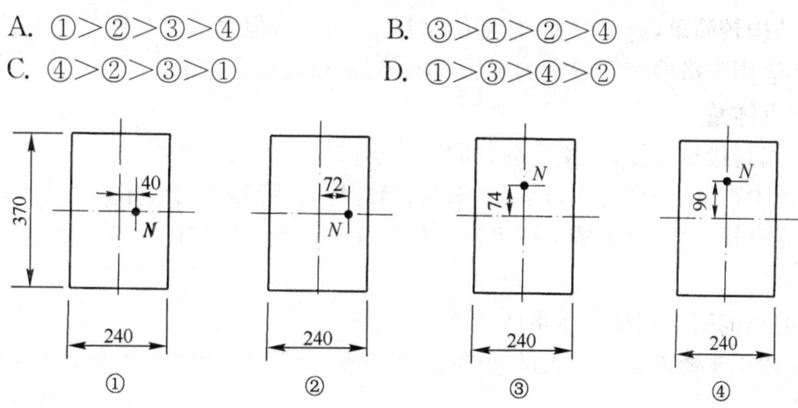

题 16-42 图(尺寸单位:mm)

16-43　如图所示,截面尺寸为 240mm×250mm 的钢筋混凝土柱,支承在 490mm 厚的砖墙上,墙采用 MU10 砌块、M2.5 混合砂浆砌筑,可能最先发生局部受压破坏的是(　　)。

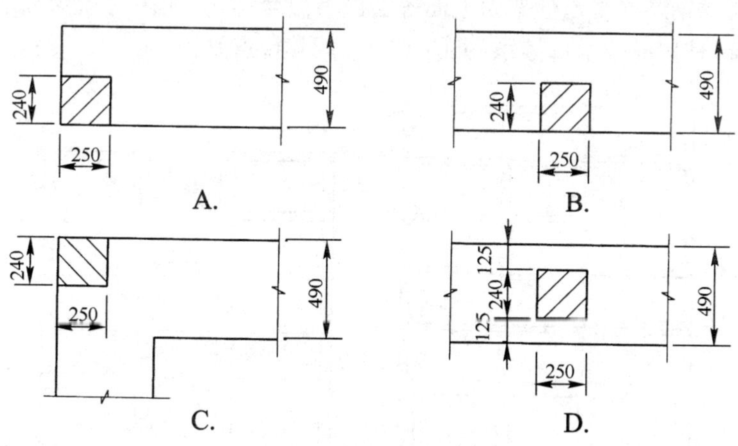

题 16-43 图(尺寸单位:mm)

第十六节　混合结构房屋设计

混合结构房屋通常是指屋盖、楼盖等水平构件采用钢筋混凝土材料或木材,而墙、柱、基础等竖向构件采用砌体材料的房屋。混合结构房屋设计包括结构布置,房屋静力计算,墙、柱设计及构造设计。

一、结构布置

(一)结构布置方案

按结构的承重体系与荷载的传递路线,房屋的结构布置方案可分为下列四种类型:

1. 横墙承重体系

它是由横墙直接承受屋盖、楼盖荷载的结构承重体系。其特点是:

(1)房屋横向刚度较大,整体性好。外纵墙不承重,便于设置洞口大的门窗,外墙面的装饰也容易处理。

(2)楼盖结构较简单，施工方便，楼盖的材料用量较少，但墙体材料用量较多。

这种体系适用于横墙间距较密的多层住宅、宿舍和旅馆等建筑。

2.纵墙承重体系

它是由纵墙直接承受屋盖、楼盖荷载的结构承重体系。其特点是：

(1)横墙较少，楼盖跨度较大，建筑平面布置较灵活。但楼盖材料用量较多，纵墙承受的荷载较大，往往要设扶壁柱，且纵墙上门窗洞口尺寸和位置受到一定的限制。其墙体材料用量较横墙承重体系少。

(2)房屋的横向刚度较横向承重体系差。

这种体系适用于要求空间较大的教学楼、办公楼、实验楼、影剧院和仓库等建筑。

3.纵横墙承重体系

它是由纵墙和横墙混合承受屋盖、楼盖荷载的结构承重体系，兼有上述两种承重体系的优点。在多层房屋中一般采用这种承重体系。

4.底层框架或多层内框架承重体系

它是指底层为钢筋混凝土框架而上面各层仍为混合结构，或由房屋内部的钢筋混凝土框架和外部砌体墙、柱构成的承重体系(见图16-30)。其特点是：

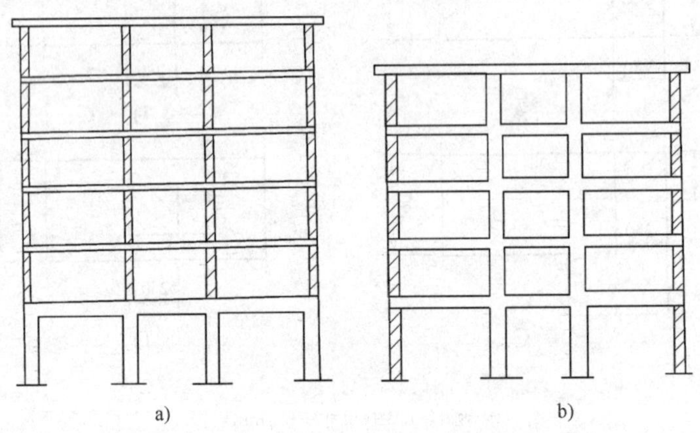

图16-30　底层框架和多层内框架房屋

a)底层框架房屋；b)内框架房屋

(1)房屋或房屋底层开间大，平面布置较为灵活，但横墙或房屋底层的横墙较少，房屋刚度或底层刚度较差。

(2)多层内框架房屋由钢筋混凝土和砌体两种性能不同的材料组成，在荷载作用下墙、柱将产生不同的压缩变形，从而在结构中引起较大的附加内力，抵抗地基不均匀沉降和抗震能力较弱。对于底层为框架上层为混合结构的房屋，其抗震性能也较差。因此，在抗震设防地区选用这种承重体系时，应注意限制层数、总高度及抗震墙的最大间距。

(3)与钢筋混凝土框架结构承重的房屋相比，可节省材料。

(二)结构布置主要规定

与钢筋混凝土结构相比，砌体结构的抗震性能较差，其震害随砌体房屋的高度增加而加剧，特别是高烈度区尤为严重。因此，对抗震设计的砌体房屋，应符合《抗震规范》中关于房屋层数和总高度、房屋的最大高宽比、抗震横墙最大间距的规定，见表16-42～表16-44，以及其他构造规定。

房屋的层数和总高度限值(单位:m) 表 16-42

房屋类别		最小抗震墙厚度(mm)	烈度和设计基本地震加速度											
			6		7				8				9	
			0.05g		0.10g		0.15g		0.20g		0.30g		0.40g	
			高度	层数	高度	层数	高度	层数	高度	层数	高度	层数	高度	层数
多层砌体房屋	普通砖	240	21	7	21	7	21	7	18	6	15	5	12	4
	多孔砖	240	21	7	21	7	18	6	18	6	15	5	9	3
	多孔砖	190	21	7	18	6	15	5	15	5	12	4	—	—
	混凝土砌块	190	21	7	21	7	18	6	18	6	15	5	9	3
底部框架-抗震墙砌体房屋	普通砖 多孔砖	240	22	7	22	7	19	6	16	5	—	—	—	—
	多孔砖	190	22	7	19	6	16	5	13	4	—	—	—	—
	混凝土砌块	190	22	7	22	7	19	6	16	5	—	—	—	—

注:1. 房屋的总高度指室外地面到主要屋面板板顶或檐口的高度,半地下室从地下室室内地面算起,全地下室和嵌固条件的半地下室应允许从室外地面算起,对带阁楼的坡屋面应算到山尖墙的 1/2 高度处。

2. 室内外高差大于 0.6m 时,房屋总高度应允许比表中的数据适当增加,但增加量应少于 1.0m。

3. 乙类的多层砌体房屋仍按本地区设防烈度查表,其层数应减少一层且总高度应降低 3m;不应采用底部框架-抗震墙砌体房屋。

房屋最大高宽比 表 16-43

抗震设防烈度	6	7	8	9
最大高宽比	2.5	2.5	2.0	1.5

注:1. 单面走廊房屋的总宽度不包括走廊宽度。

2. 建筑平面接近正方形时,其高宽比宜适当减小。

房屋抗震横墙的间距(单位:m) 表 16-44

房屋类别		烈度			
		6	7	8	9
多层砌体房屋	现浇或装配整体式钢筋混凝土楼、屋盖	15	15	11	7
	装配式钢筋混凝土楼、屋盖	11	11	9	4
	木屋盖	9	9	4	—
底部框架-抗震墙砌体房屋	上部各层	同多层砌体房屋			—
	底层或底部两层	18	15	11	—

注:1. 多层砌体房屋的顶层,除木屋盖外的最大横墙间距应允许适当放宽,但应采取相应加强措施。

2. 多孔砖抗震横墙厚度为 190mm 时,最大横墙间距应比表中数值减少 3m。

二、房屋的静力计算

(一)划分房屋静力计算方案的依据

划分房屋静力计算方案的目的是为了选用与其相适应的内力计算方法。影响房屋空间工作性能的因素较多,但主要是屋、楼盖的刚度及横墙的刚度与间距。对于不同屋盖或楼盖的房屋,当横墙间距 s 符合表 16-45 的规定,即可把房屋划分为三种静力计算方案:刚性方案、刚弹性方案、弹性方案。

房屋的静力计算方案　表 16-45

屋盖或楼盖类别	刚性方案	刚弹性方案	弹性方案
整体式、装配整体式和装配式无檩体系钢筋混凝土屋盖或钢筋混凝土楼盖	$s<32m$	$32m\leqslant s\leqslant 72m$	$s>72m$
装配式有檩体系钢筋混凝土屋盖、轻钢屋盖和有密铺望板的木屋盖或木楼盖	$s<20m$	$20m\leqslant s\leqslant 48m$	$s>48m$
瓦材屋面的木屋盖和轻钢屋盖	$s<16m$	$16m\leqslant s\leqslant 36m$	$s>36m$

注：对无山墙或伸缩缝处无横墙的房屋，应按弹性方案考虑。

对于刚性和刚弹性方案房屋的横墙，应符合下列规定：

(1)横墙中开有洞口时，洞口的水平截面面积不应超过横墙截面面积的 50%。

(2)横墙的厚度不宜小于 180mm。

(3)单层房屋的横墙长度不宜小于其高度，多层房屋的横墙长度不宜小于横墙总高度的 1/2。

(4)当横墙不能同时符合上述要求时，应对横墙的刚度进行验算。如其最大水平位移 $u_{max}\leqslant H/4\,000$($H$ 为横墙总高度)时，仍可视作刚性或刚弹性方案房屋的横墙。

(5)凡符合上述第(4)项刚度要求的一段横墙或其他结构构件(如框架等)，也可视作刚性或刚弹性方案房屋的横墙。

(二)计算单元划分

对承重纵墙一般选取一段有代表性的，宽度等于一个开间的竖条墙、柱为计算单元，受荷宽度为相邻两开间宽度之和的一半。当计算截面有窗洞时，取窗间墙宽度内的截面面积；无窗洞时，取一个开间宽度内的墙截面面积。

对承重横墙，一般可沿横墙取宽度为 1m 的墙作为计算单元，受荷范围为计算单元 1m 内的两侧各二分之一开间内的所有荷载。计算截面取每层墙顶的大梁底面及墙底截面。

(三)刚性方案墙、柱内力分析

刚性方案的房屋在屋盖与楼层处认为无侧移。在进行内力计算时，作下列简化与规定：

(1)对于单层房屋，在荷载作用下，墙、柱可视为上端以不动铰支承于屋盖，下端则嵌固于基础的竖向构件，见图 16-31。

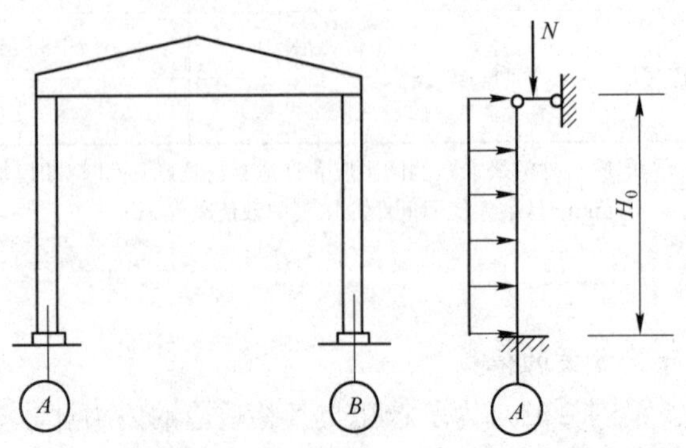

图 16-31　单层房屋刚性方案计算简图

(2)对于多层房屋(见图 16-32)：

①在竖向荷载作用下，墙、柱在每层高度范围内为两端铰支的竖向构件，见图 16-32c)、d)。

②在水平荷载作用下，墙、柱为竖向连续梁，见图 16-32e)、f)。

多层房屋在风荷载作用下，当外墙中洞口水平截面面积小于全截面面积的 2/3；房屋的层高和总高不超过表 16-46 的规定，且房屋自重不小于 0.8kN/m² 时，在静力计算中可不考虑风荷载的影响。如果必须考虑风荷载的影响时，由风荷载设计值 w 引起的弯矩 $M=wH_i^2/12$。

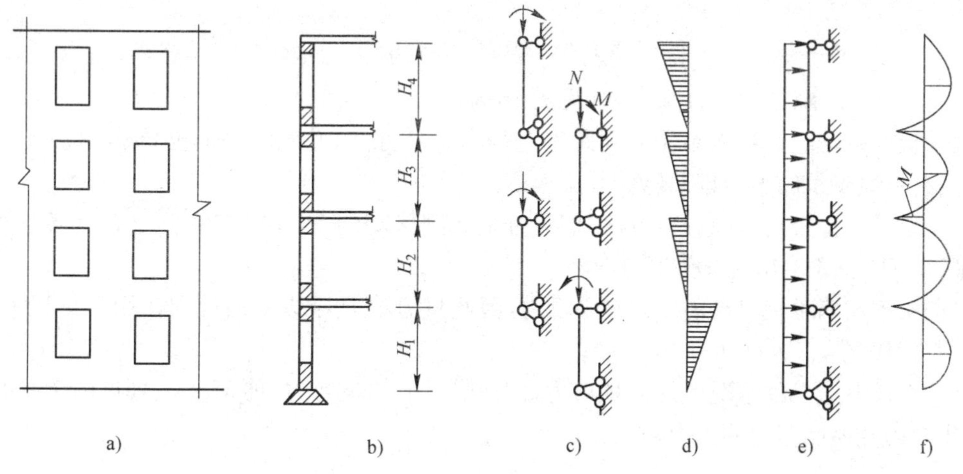

图 16-32　多层房屋刚性方案内力分析

外墙不考虑风荷载影响时的最大高度　　表 16-46

基本风压值 (kN/m²)	层高 (m)	总高 (m)	基本风压值 (kN/m²)	层高 (m)	总高 (m)
0.4	4.0	28	0.6	4.0	18
0.5	4.0	24	0.7	3.5	18

注：对于多层混凝土砌块房屋，当外墙厚度不小于 190mm、层高不大于 2.8m、总高不大于 19.6m、基本风压不大于 0.7 kN/m² 时，可不考虑风荷载的影响。

(3)墙、柱截面上的轴向力和作用位置，应考虑竖向荷载对墙、柱的偏心影响，其中梁端支承压力 N_l 至墙内边缘的距离取梁端有效支承长度 a_0 的 2/5(见图 16-27)；由上面楼层传来的压力 N_u 作用于上一楼层墙、柱的截面重心处。按本条假定，在计算某层墙、柱时，上面楼层传来的荷载在该层墙体顶端支承面处的弯矩为零；本层竖向荷载在其顶端支承截面处产生弯矩 $M_l=N_le_l$(e_l 为 N_l 对截面重心处的偏心距)，该弯矩在本层内按三角形分布，见图 16-32d)。

(四)弹性方案房屋墙、柱的内力分析

弹性方案房屋墙、柱的内力，可按屋架或大梁与墙、柱为铰接的，不考虑空间工作的平面排架或框架，采用结构力学的方法计算。以单层单跨房屋为例，在风荷载作用下的计算方法如图 16-33 所示。

(五)刚弹性方案房屋墙、柱的内力分析

刚弹性方案房屋墙、柱内力分析可按屋架或大梁与墙、柱为铰接，并考虑房屋空间工作性能影响的平面排架(单层)或框架(多层)计算。其计算方法与弹性方案房屋类似，只是把屋架或大梁支承点的水平方向看成弹性支座，考虑房屋空间工作性能影响系数 η 的影响。

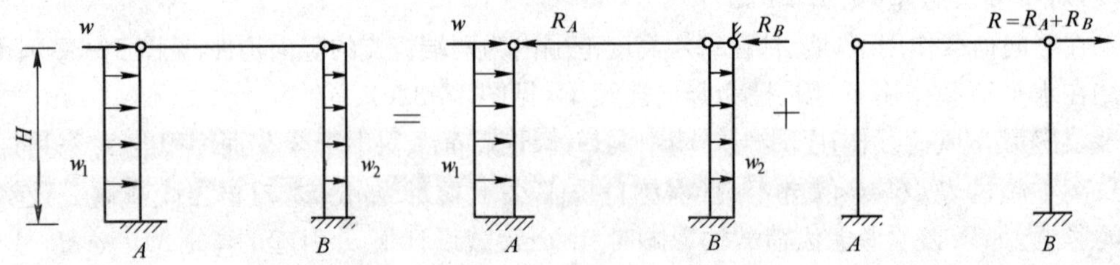

图 16-33 弹性方案房屋内力分析

1. 单层房屋墙、柱内力计算方法(见图 16-34)

(1)根据屋盖类别和横墙最大间距确定静力计算方案,并确定空间性能影响系数 η,形成柱顶具有弹性支承的平面排架(见图 16-34a)。

(2)按平面排架的一般分析方法,假设排架无侧移,求出不动铰支承反力 R 和各柱顶剪力(如 V_{A1})(见图 16-34b)。

(3)由于横墙承担$(1-\eta)R$ 的水平反力,因此只需将 R 乘以 η 后反向作用于排架上,求出柱顶剪力(如 V_{A2}、V_{B2})(见图 16-34c)。

(4)叠加上述二种情况下的柱顶剪力,即得最后的柱顶剪力(如 V_A、V_B)(见图 16-34d),然后算出柱内各控制截面的内力。

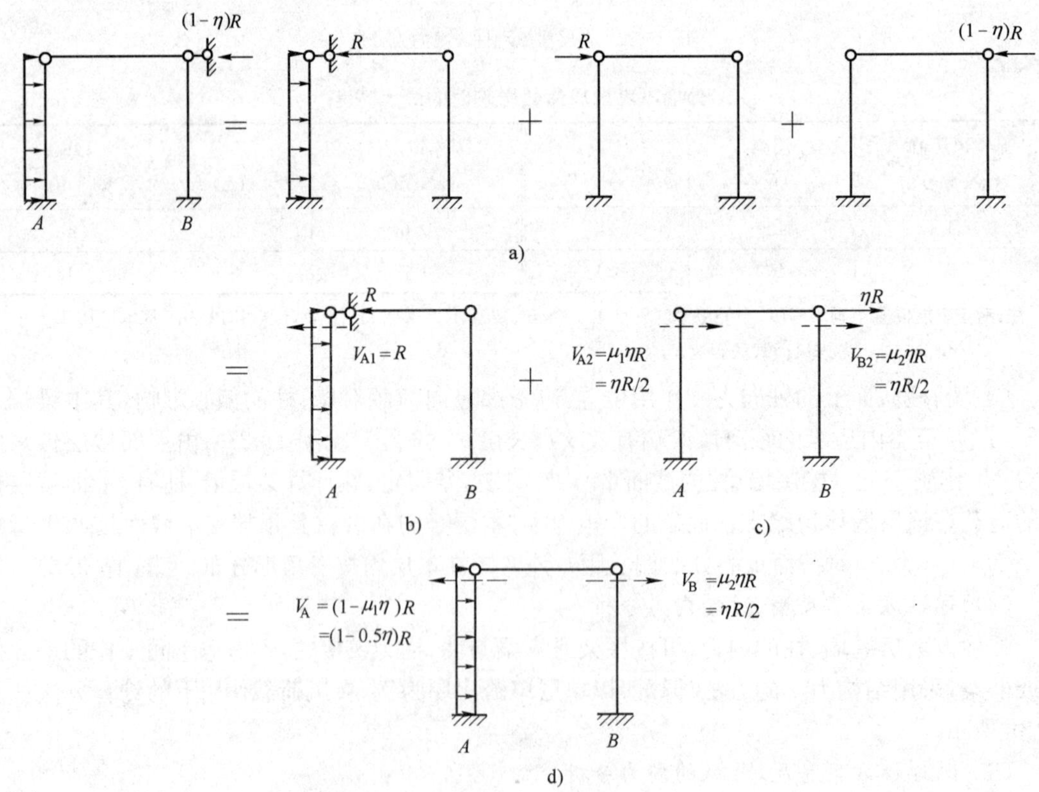

图 16-34 刚弹性方案房屋内力分析

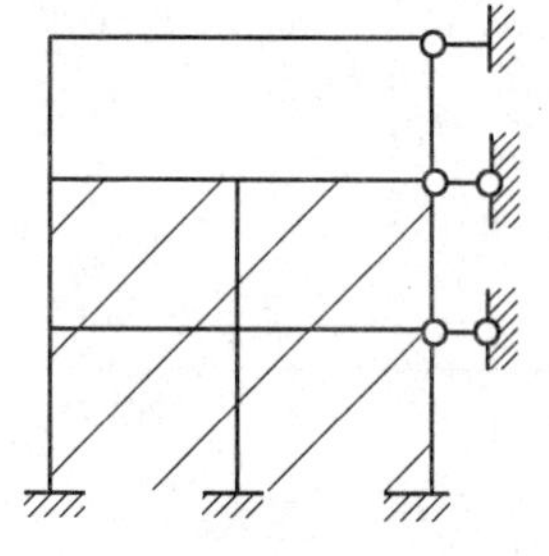

图 16-35　上柔下刚多层房屋

2. 多层房屋墙、柱内力计算方法

多层刚弹性方案房屋墙、柱内力分析步骤与上述单层的内力分析步骤没有原则上的区别，只是首先需根据相应层的楼盖（或屋盖）类别和横墙最大间距确定房屋各层的空间性能影响系数 η_i。对于上柔下刚方案或上刚下柔方案的多层房屋，可采用下述近似分析方法。

1）上柔下刚方案多层房屋

如顶层为会议室而底层为办公室的房屋，有可能属上柔下刚方案，其顶层按单层房屋（空间性能影响系数为 η）进行内力计算，下面各层按刚性方案计算内力（见图 16-35）。

2）上刚下柔方案多层房屋

如底层为商场，而上面各层为办公室或住宅的房屋，有可能属上刚下柔方案。其内力计算步骤如图 16-36 所示。

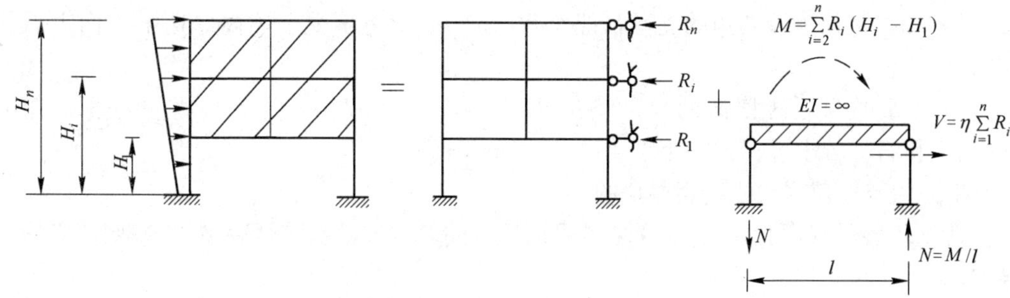

图 16-36　上刚下柔多层房屋内力分析

三、构造

砌体结构设计时，为了保证房屋的耐久性，提高房屋的空间刚度和整体性能，墙、柱应满足高厚比及其他构造要求。

（一）墙、柱的计算高度

在墙、柱截面抗压承载力计算以及高厚比验算时，应采用计算高度，其值与墙、柱的实际高度不一定相等。砌体墙、柱的计算高度 H_0 应根据房屋类别和构件支承条件等按表 16-40 采用。表中的构件高度 H 应按下列规定采用：

（1）在房屋底层，为楼板顶面到构件下端支点的距离；下端支点的位置，可取在基础顶面；当埋置较深且有刚性地坪时，可取室外地面下 500mm 处。

（2）在房屋其他层，为楼板或其他水平支点间的距离。

（3）对于无壁柱的山墙，可取层高加山墙尖高度的 1/2；对于带壁柱的山墙，可取壁柱处的山墙高度。

（二）墙、柱的允许高厚比

1. 墙、柱高厚比验算

矩形截面墙、柱的高厚比应按下式验算

$$\beta=\frac{H_0}{h}\leqslant\mu_1\mu_2[\beta] \tag{16-266}$$

式中：H_0——墙、柱的计算高度，应按表 16-40 采用；

h——墙厚或矩形柱与 H_0 相对应的边长；

μ_1——自承重墙允许高厚比的修正系数；

μ_2——有门窗洞口墙允许高厚比的修正系数；

$[\beta]$——墙、柱的允许高厚比，按表 16-47 采用。

墙、柱的允许高厚比$[\beta]$　　表 16-47

砂浆强度等级	墙	柱	砂浆强度等级	墙	柱
M2.5	22	15	≥M7.5	26	17
M5.0	24	16			

注：1. 毛石墙、柱允许高厚比应按表中数值降低 20%。

2. 组合砖砌体构件的允许高厚比，可按表中数值提高 20%，但不得大于 28。

3. 验算施工阶段砂浆尚未硬化的新砌砌体高厚比时，允许高厚比对墙取 14，对柱取 11。

由式(16-266)可知，当墙、柱的厚度一定时，其最大计算高度 $H_0=\mu_1\mu_2[\beta]h$；而当墙、柱的计算高度 H_0 一定时，其最小厚度 $h=H_0/\mu_1\mu_2[\beta]$。如果与墙连接的相邻两横墙间的距离 $s\leqslant\mu_1\mu_2[\beta]h$时，可认为墙两边的支承情况牢靠，墙的高度可不受上述高厚比限制而由承载力计算确定。

此外，承重的独立砖柱截面尺寸不应小于 240mm×370mm。毛石墙的厚度不宜小于 350mm，毛料石柱较小边长不宜小于 400mm。

2. 带壁柱墙和带构造柱墙高厚比验算

包括整片墙的高厚比验算和壁柱间或构造柱间墙的局部稳定性高厚比验算，两者均应符合要求。

1)整片墙的高厚比验算

(1)带壁柱墙的高厚比按公式(16-266)验算，此时公式中的 h 应改用带壁柱墙截面的折算厚度 h_T。按表 16-46 确定带壁柱墙的计算高度 H_0 时，s 应取相邻横墙间的距离。

(2)当构造柱截面宽度不小于墙厚时，可按公式(16-266)验算带构造柱墙的高厚比，此时公式中的 h 取墙厚；当确定墙的计算高度 H_0 时，s 应取相邻横墙间的距离。墙的允许高厚比 $[\beta]$可乘以提高系数 μ_c

$$\mu_c=1+\gamma\frac{b_c}{l} \tag{16-267}$$

式中：γ——系数，对细料石砌体，$\gamma=0$，对混凝土砌块、混凝土多孔砖粗料石、毛料石及毛石砌体，$\gamma=1.0$，其他砌体，$\gamma=1.5$；

b_c——构造柱沿墙长方向的宽度；

l——构造柱的间距。

当 $b_c/l>0.25$ 时，取 $b_c/l=0.25$；当 $b_c/l<0.05$ 时，取 $b_c/l=0$。

2)壁柱间或构造柱间墙的高厚比验算

该墙以壁柱或构造柱作为支承，按矩形截面采用公式(16-266)验算高厚比，此时，s 应取相邻壁柱间或相邻构造柱间的距离。设有钢筋混凝土圈梁的带壁柱墙或带构造柱墙，当 $b/s\geqslant1/30$ 时，圈梁可视作壁柱间墙或构造柱间墙的不动铰支点(b 为圈梁的宽度)。如不允许增加圈梁宽度，可按墙体平面外等刚度原则墙加圈梁高度，以满足壁柱间墙或构造柱间墙不动铰支点的要求。

3. 厚度 $h\leqslant240$mm 的自承重墙，允许高厚比修正系数 μ_1

$h=240mm$ $\mu_1=1.2$

$h=90mm$ $\mu_1=1.5$

$90mm<h<240mm$ μ_1 可按插入法取值

上端为自由端墙的允许高厚比，除按上述规定提高外，尚可提高30%。对厚度小于90mm的墙，当双面采用不低于M10的水泥砂浆抹面，包括抹面层的墙厚不小于90mm时，可按墙厚等于90mm验算高厚比。

4. 对有门窗洞口的墙，允许高厚比修正系数 μ_2

$$\mu_2 = 1 - 0.4\frac{b_s}{s} \tag{16-268}$$

式中：b_s——在宽度 s 范围内的门窗洞口总宽度；

s——相邻窗间墙或壁柱之间的距离。

当按式(16-268)算得的 $\mu_2<0.7$ 时，取 $\mu_2=0.7$。当洞口高度等于或小于墙高的1/5时，取 $\mu_2=1.0$。

（三）耐久性规定

设计使用年限为50年时，砌体材料的耐久性应符合下列规定：

(1)地面以下或防潮层以下的砌体、潮湿房间的墙，所用材料的最低强度等级应符合表16-48的规定。

地面以下或防潮层以下的砌体、潮湿房间的墙所用材料的最低强度等级 表16-48

潮湿程度	烧结普通砖	混凝土普通砖、蒸压普通砖	混凝土砌块	石材	水泥砂浆
稍潮湿的	MU15	MU20	MU7.5	MU30	MU5
很潮湿的	MU20	MU20	MU10	MU30	MU7.5
含饱和水的	MU20	MU25	MU15	MU40	MU10

注：1. 在冻胀地区，地面以下或防漏层以下的砌体，不宜采用多孔砖；如采用时，孔洞应用不低于M10的水泥砂浆预洗灌实。当采用混凝土空心砌块时，其孔洞应采用强度等级不低于Cb20的混凝土预先灌实。

2. 对安全等级为一级或设计使用年限大于50年的房屋，表中材料强度等级应至少提高一级。

(2)处于有侵蚀性介质的砌体材料应符合下列规定：

①不应采用蒸压灰砂普通砖、蒸压粉煤灰普通砖；

②应采用实心砖，砖的强度等级不应低于MU20，水泥砂浆的强度等级不应低于M10；

③混凝土砌块的强度等级不应低于MU15；灌孔混凝土的强度等级不应低于Cb30，砂浆的强度等级不应低于Mb10。

（四）一般构造要求

为了保证房屋的空间刚度和良好的整体性，墙、柱除应进行高厚比验算外，还应满足以下构造要求。

1. 沉降缝设置

(1)为防止因地基不均匀沉降而出现裂缝，在房屋下列部位宜设置沉降缝：

①建筑平面有转折的部位；

②建筑物高度差异或荷载差异较大的分界处；

③房屋的长度超过规定的温度缝间距时，在房屋中部适当部位；

④地基土的压缩性有显著差异处；

⑤在不同建筑结构形式或不同基础类型的分界处；

⑥在分期建筑房屋的交界处。

(2)沉降缝的构造是缝两侧的结构从基础至屋顶全部分开，可以各自自由沉降而不发生碰撞。

(3)对于建筑在软弱地基或不均匀地基上的砌体房屋，宜采用下列措施增强整体刚度和强度，以减小房屋的沉降和不均匀沉降：

①对于三层和三层以上的房屋，其长高比 L/H_f 宜小于或等于 2.5；当房屋的长高比 $2.5<L/H_f\leqslant3.0$ 时，宜做到纵墙不转折或少转折，并应控制其内横墙间距或增强基础刚度和强度。当房屋的预估最大沉降量小于或等于 120mm 时，其长高比可不受此限制。

②墙体内宜设置钢筋混凝土圈梁或钢筋砖圈梁。

③在墙体上开洞时，宜在开洞部位配筋或采用构造柱及圈梁加强。

2.圈梁设置

为增强房屋的整体刚度，防止由于地基不均匀沉降或较大振动荷载等对房屋引起的不利影响，需在墙中设置现浇钢筋混凝土圈梁。

1)单层房屋

车间、仓库、食堂等空旷的单层房屋应按下列规定设置圈梁：

(1)砖砌体房屋，檐口标高为 5～8m 时，应在檐口标高处设置圈梁一道，檐口标高大于 8m 时，应增加设置数量。

(2)砌体及料石砌体房屋，檐口标高为 4～5m 时，应在檐口标高处设置圈梁一道，檐口标高大于 5m 时，应增加设置数量。

(3)对有吊车或较大振动设备的单层工业房屋，除在檐口或窗顶标高处设置现浇钢筋混凝土圈梁外，尚应增加设置数量。

2)多层房屋

(1)宿舍、办公楼等多层砌体民用房屋，且层数为 3～4 层时，应在檐口标高处设置圈梁一道。当层数超过 4 层时，应在所有纵横墙上隔层设置。

(2)多层砌体工业房屋，应每层设置现浇钢筋混凝土圈梁。

(3)设置墙梁的多层砌体房屋应在托梁、墙梁顶面和檐口标高处设置现浇钢筋混凝土圈梁，其他楼层处应在所有纵横墙上每层设置。

(4)采用现浇钢筋混凝土楼(屋)盖的多层砌体结构房屋，当层数超过 5 层时，除在檐口标高处设置一道圈梁外，可隔层设置圈梁，并与楼(屋)面板一起整浇。未设置圈梁的楼面板嵌入墙内的长度不应小于 120mm，并沿墙长配置不少于 $2\phi10$ 的纵向钢筋。

3)建筑在软弱地基或不均匀地基上的砌体房屋

(1)在多层房屋的基础和顶层宜各设置一道，其他各层可隔层设置，必要时也可每层设置。单层工业房屋、仓库可结合基础梁、连系梁、过梁等酌情设置。

(2)圈梁应设置在外墙、内纵墙和主要内横墙上，并宜在平面内连成封闭系统。

4)圈梁构造要求

(1)圈梁宜连续设在同一水平面上，并形成封闭状；当圈梁被门窗洞口截断时，应在洞口上部增设相同截面的附加圈梁。附加圈梁与圈梁的搭接长度不应小于两者中到中垂直距离的两倍，且不得小于 1m。

(2)纵横墙交接处的圈梁应有可靠的连接。刚弹性和弹性方案房屋，圈梁应与屋架、大梁等构件可靠连接。

（3）钢筋混凝土圈梁的宽度宜与墙厚相同，当墙厚 $h \geqslant 240$mm 时，其宽度不宜小于 $2h/3$。圈梁高度不应小于 120mm。纵向钢筋不应少于 4ϕ10，绑扎接头的搭接长度按受拉钢筋考虑，箍筋间距不应大于 300mm。

（4）圈梁兼作过梁时，过梁部分的钢筋应按计算用量另行增配。

3. 垫块设置

跨度大于 6m 的屋架和跨度大于下列数值的梁，应在支承处的砌体上设置混凝土或钢筋混凝土垫块；当墙中设有圈梁时，垫块与圈梁宜浇成整体。

（1）对砖砌体为 4.8m。

（2）对砌块和料石砌体为 4.2m。

（3）对毛石砌体为 3.9m。

4. 壁柱设置

当梁跨度大于或等于下列数值时，在其支承处宜加设壁柱，或采取其他加强措施：

（1）对 240mm 厚的砖墙为 6m，对 180mm 厚的砖墙为 4.8m。

（2）对砌块、料石墙为 4.8m。

5. 支承长度要求

预制钢筋混凝土板在混凝土圈梁上的支承长度不应小于 80mm，板端伸出的钢筋应与圈梁可靠连接，且同时浇筑。预制钢筋混凝土板在墙上的支承长度不应小于 100mm。

6. 连接锚固要求

（1）支承在墙、柱上的吊车梁、屋架及跨度大于或等于下列数值的预制梁端部，应采用锚固件与墙、柱上的垫块锚固。

①对砖砌体为 9m；

②对砌块和料石砌体为 7.2m。

（2）填充墙、隔墙应分别采取措施与周边主体结构构件可靠连接。

（3）山墙处的壁柱或构造柱宜砌至山墙顶部，屋面构件应与山墙可靠连接。

7. 墙体与钢筋混凝土柱的连接要求

墙体与钢筋混凝土柱应有可靠拉结，如图 16-37 所示，柱内预埋钢筋应砌入墙体灰缝中。

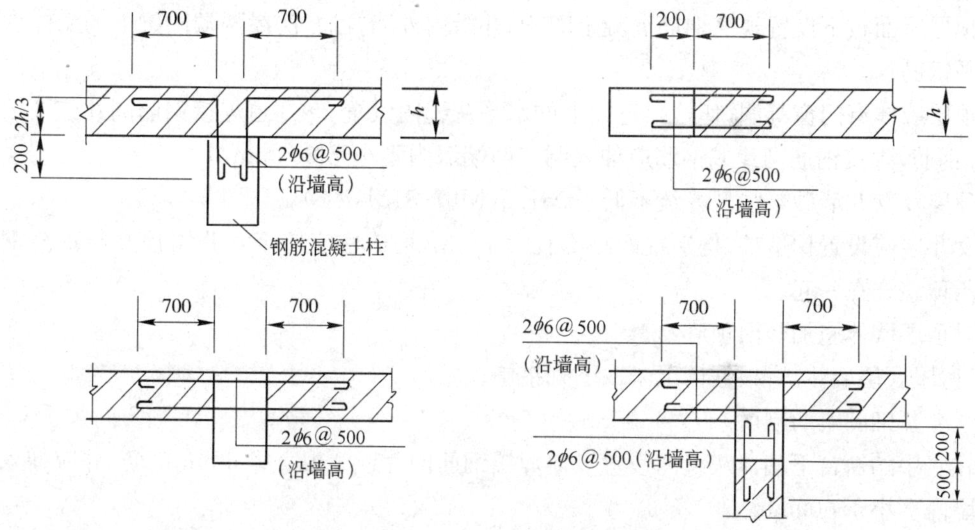

图 16-37　墙体与混凝土柱的连接（尺寸单位：mm）

（五）防止或减轻墙体开裂的主要措施

（1）为了防止或减轻房屋在正常使用条件下，由温差和砌体干缩引起的墙体竖向裂缝，应在墙体中设置伸缩缝。伸缩缝应设在因温度和收缩变形引起应力集中、砌体产生裂缝可能性最大的地方。伸缩缝的间距可按表16-49采用。

砌体房屋伸缩缝的最大间距（单位：m） 表16-49

屋盖或楼盖类别		间　距
整体式或装配整体式钢筋混凝土结构	有保温层或隔热层的屋盖、楼盖	50
	无保温层或隔热层的屋盖	40
装配式无檩体系钢筋混凝土结构	有保温层或隔热层的屋盖、楼盖	60
	无保温层或隔热层的屋盖	50
装配式有檩体系钢筋混凝土结构	有保温层或隔热层的屋盖	75
	无保温层或隔热层的屋盖	60
瓦材屋盖、木屋盖或楼盖、轻钢屋盖		100

注：1. 对烧结普通砖、烧结多孔砖、配筋砌块砌体房屋，取表中数值；对石砌体、蒸压灰砂普通砖、蒸压粉煤灰普通砖、混凝土砌块、混凝土普通砖和混凝土多孔砖房屋，取表中数值乘以0.8的系数。当墙体有可靠外保温措施时，其间距可取表中数值。

2. 在钢筋混凝土屋面上挂瓦的屋盖应按钢筋混凝土屋盖采用。

3. 层高大于5m的烧结普通砖、烧结多孔砖、配筋砌块砌体结构单层房屋，其伸缩缝间距可按表中数值乘以1.3。

4. 温差较大且变化频繁地区和严寒地区不采暖的房屋及构筑物墙体的伸缩缝的最大间距，应按表中数值予以适当减小。

5. 墙体的伸缩缝应与结构的其他变形缝相重合，缝宽度应满足各种变形缝的变形要求；在进行立面处理时，必须保证缝隙的变形作用。

（2）房屋顶层墙体，宜根据情况采取下列措施。

①屋面应设置保温、隔热层。

②屋面保温（隔热）层或屋面刚性面层及砂浆找平层应设置分隔缝，分隔缝间距不宜大于6m，其缝宽不小于30mm。并与女儿墙隔开。

③采用装配式有檩体系钢筋混凝土屋盖和瓦材屋盖。

④顶层屋面板下设置现浇钢筋混凝土圈梁，并沿内外墙拉通，房屋两端圈梁下的墙体内宜设置水平钢筋。

⑤顶层墙体有门窗等洞口时，在过梁上的水平灰缝内设置2～3道焊接钢筋网片或2根直径6mm钢筋，焊接钢筋网片或钢筋应伸入洞口两端墙内不小于600mm。

⑥顶层及女儿墙砂浆强度等级不低于M7.5（Mb7.5、Ms7.5）。

⑦女儿墙应设置构造柱，构造柱间距不宜大于4m，构造柱应伸至女儿墙顶并与现浇钢筋混凝土压顶整浇在一起。

⑧对顶层墙体施加竖向预应力。

（3）房屋底层墙体，宜根据情况采取下列措施。

①增大基础圈梁的刚度。

②在底层的窗台下墙体灰缝内设置3道焊接钢筋网片或2根直径6mm钢筋，并应伸入两边窗间墙内不小于600mm。

（4）在每层门、窗过梁上方的水平灰缝内及窗台下第一和第二道水平灰缝内，宜设置焊接钢筋网片或2根直径6mm钢筋，焊接钢筋网片或钢筋应伸入两边窗间墙内不小于600mm。当墙长大于5m时，宜在每层墙高度中部设置2～3道焊接钢筋网片或3根6mm的通长水平钢筋，竖向间距宜为500mm。

(5)房屋两端底层第一、第二开间门窗洞处，可采取下列措施。

①在门窗洞口两边墙体的水平灰缝中，设置长度不小于900mm、竖向间距为400mm的2根4mm的焊接钢筋网片。

②在顶层和底层设置通长钢筋混凝土窗台梁，窗台梁高宜为块材高度的模数，梁内纵筋不少于4根，直径不小于10mm，箍筋直径不小于6mm，间距不大于200mm，混凝土强度等级不低于C20。

③在混凝土砌块房屋门窗洞口两侧不少于一个孔洞中设置直径不小于12mm的竖向钢筋，竖向钢筋应在楼层圈梁或基础内锚固，孔洞用不低于Cb20混凝土灌实。

(6)填充墙砌体与梁、柱或混凝土墙体结合的界面处(包括内、外墙)，宜在粉刷前设置钢丝网片，网片宽度可取40mm，并沿界面缝两侧各延伸200mm，或采取其他有效的防裂、盖缝措施。

(7)当房屋刚度较大时，可在窗台下或窗台角处墙体内、在墙体高度或厚度突然变化处设置竖向控制缝。竖向控制缝宽度不宜小于25mm，缝内填以压缩性能好的填充材料，且外部用密封材料密封，并采用不吸水的、闭孔发泡聚乙烯实习圆棒(背衬)作为密封膏的隔离物(见图16-38)。

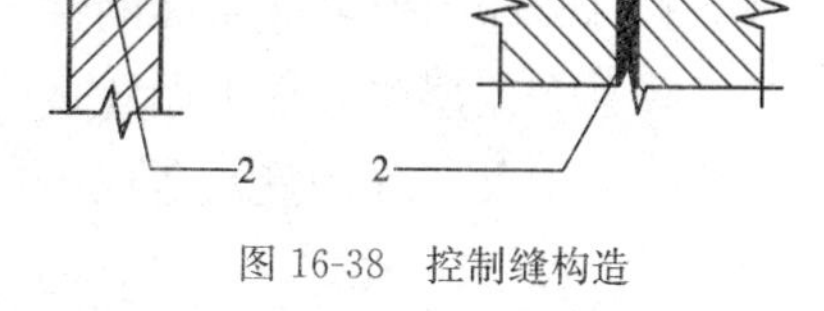

图16-38　控制缝构造

1-不吸水的、闭孔发泡聚乙烯实心圆棒；2-柔软、可压缩的填充物

(8)夹心复合墙的外叶墙宜在建筑墙体适当部位设置控制缝，其间距宜为6～8m。

习　　题

16-44　《砌体结构设计规范》判定砌体结构为刚性方案、刚弹性方案或弹性方案的判别因素是(　　)。

A. 砌体的材料和强度

B. 砌体的高厚比

C. 屋盖、楼盖的类别与横墙的刚度及间距

D. 屋盖、楼盖的类别与横墙的间距，而与横墙本身条件无关

16-45　影响砌体结构房屋空间工作性能的主要因素是(　　)。

A. 砌体所用块材和砂浆的强度等级

B. 外纵墙的高厚比和门窗开洞数量

C. 屋盖、楼盖的类别及横墙的间距

D. 圈梁和构造柱的设置是否符合要求

16-46　对厚度240mm的砖墙，当梁跨度大于或等于(　　)时，其支承处宜加设壁柱或采取其他加强措施。

A. 4.8m　　B. 6.0m　　C. 7.5m　　D. 4.5m

16-47 经验算某砌体房屋墙体的高厚比不满足要求，可采取下列(   )措施。

①提高块体的强度等级

②提高砂浆的强度等级

③增加墙的厚度

④减小洞口面积

A. ①③　　B. ①②③　　C. ②③④　　D. ①③④

16-48 关于圈梁作用，正确的是(   )。

①提高楼盖的水平刚度

②增强纵、横墙的连接，提高房屋的整体性

③减轻地基不均匀沉降对房屋的影响

④承担竖向荷载，减小墙体厚度

⑤减小墙体的自由长度，提高墙体的稳定性

A. ①②③　　B. ①②③⑤　　C. ①②③④　　D. ①③⑤

16-49 防止或减轻砌体房屋顶层墙体的裂缝，可采取的措施是(   )。

①屋面设置保温、隔热层

②屋面保温或屋面刚性面层设置分隔缝

③顶层屋面板下设置现浇钢筋混凝土圈梁

④女儿墙设置构造柱

A. ①②③　　B. ①②③④　　C. ①②④　　D. ①③④

第十七节　砌体结构房屋部件

一、圈梁

在房屋的檐口、窗顶、楼层、吊车梁顶或基础顶面标高处，沿砌体墙水平方向设置封闭状的按构造配筋的混凝土梁式构件，称为圈梁。位于屋顶屋面梁、板下的圈梁称为檐口圈梁；在±0.00以下基础中的圈梁，称为基础圈梁。

圈梁的作用是增加砌体结构房屋的空间整体性和刚度，提高墙体的稳定性；可抑制由于地基不均匀沉降引起的墙体开裂，并有效消除或减弱较大振动荷载对墙体产生的不利影响。跨越门窗洞口的圈梁经过设计可兼作过梁。

圈梁的布置和构造见本章第十六节。

二、过梁

(一)过梁的分类和应用

过梁是砌体结构中用于门、窗洞上承受洞口顶面以上砌体的自重及上层楼面梁、板可能传下来的均布荷载或集中荷载。

过梁有砖砌过梁和钢筋混凝土过梁。砖砌过梁又可分为砖砌平拱、砖砌弧拱、钢筋砖过梁。砖砌平拱是将砖以竖立和侧立形式跨越洞口的过梁，一般用于净跨不大于1.2m，且非抗震或无动载的洞口。砖砌弧拱是将砖以竖立或侧立形式砌成弧形拱式过梁，当弧拱矢高

$a=(1/8\sim1/2)l_n$ 时，$l_n=2.5\sim3$m；当 $a=(1/5\sim1/6)l_n$ 时，$l_n=3.0\sim4.0$m。这种过梁建筑美观，但施工复杂，抗震与抗振动性差，一般用于非抗震设计的建筑。钢筋砖过梁是在砖砌过梁底部放置不少于 $\phi5\sim\phi8$@120 的纵向受力钢筋而形成的过梁。钢筋在支座内的锚固长度每端不少于 240mm，过梁计算高度内的砂浆强度等级不低于 M5，且应与两端墙体同时砌筑。梁底用厚 30mm 的 1∶3 水泥砂浆抹平。一般净跨不应超过 1.5m。

(二)过梁的荷载

1.梁、板荷载

对砖和砌块砌体，当梁、板下的墙体高度 $h_w<l_n$ 时（l_n 为过梁的净跨），应计入梁、板传来的荷载。当梁、板下的墙体高度 $h_w\geqslant l_n$ 时，可不考虑梁、板荷载。

2.墙体荷载

(1)对砖砌体，当过梁上的墙体高度 $h_w<l_n/3$ 时，应按墙体的均布自重采用；当墙体高度 $h_w\geqslant l_n/3$ 时，应按高度为 $l_n/3$ 墙体的均布自重采用。

(2)对砌块砌体，当过梁上的墙体高度 $h_w<l_n/2$ 时，应按墙体的均布自重采用；当墙体高度 $h_w\geqslant l_n/2$ 时，应按高度为 $l_n/2$ 墙体的均布自重采用。

(三)砌体过梁计算

1.砖砌平拱

跨中按正截面抗弯承载力验算，并采用沿齿缝截面的弯曲抗拉强度设计值。支座边截面按抗剪承载力计算，但一般均能满足，可不计算。

2.钢筋砖过梁

抗弯承载力可按下式计算

$$M\leqslant 0.85h_0f_yA_s \qquad (16\text{-}269)$$

式中：M——按简支梁计算的跨中弯矩设计值；

f_y——钢筋的抗拉强度设计值；

A_s——受拉钢筋的截面面积；

h_0——过梁截面的有效高度，$h_0=h-a_s$；

a_s——受拉钢筋重心至截面下边缘的距离；

h——过梁的截面计算高度，取过梁底面以上的墙体高度，但不大于 $l_n/3$，当考虑梁、板传来的荷载时，则按梁、板下的高度采用。

三、墙梁

由钢筋混凝土托梁和托梁以上计算高度范围内的墙体组成的组合构件称为墙梁。墙梁包括简支墙梁、连续墙梁和框支墙梁。可分为承重墙梁和自承重墙梁。

(一)墙梁的适用条件

采用烧结普通砖和烧结多孔砖砌体和配筋砌体的墙梁设计应符合表 16-50 的规定。墙梁计算高度范围内每跨允许设置一个洞口；洞口边至支座中心的距离 a_i，距边支座不应小于 $0.15l_{0i}$，距中支座不应小于 $0.07l_{0i}$。对多层房屋的墙梁，各层洞口宜设置在相同位置处，并宜上、下对齐。

墙梁的一般规定 表 16-50

墙梁类别	墙体总高度（m）	跨度（m）	墙高 h_w/l_{0i}	托梁高 h_b/l_{0i}	洞宽 b_h/l_{0i}	洞高 h_h
承重墙梁	≤18	≤9	≥0.4	≥1/10	≤0.3	$\leqslant 5h_w/6$ 且 $h_w-h_h\geqslant 0.4$m
自承重墙梁	≤18	≤12	≥1/3	≥1/15	≤0.8	

注：1. 采用混凝土小型砌块砌体的墙梁可参照使用。

2. 墙体总高度指托梁顶面到檐口的高度，带阁楼的坡屋面应算到山尖墙 1/2 高度处。

3. 对自承重墙梁，洞口至边支座中心的距离不宜小于 $0.1l_{0i}$，门窗洞顶至墙顶的距离不应小于 0.5m。

4. h_w 指墙体计算高度，按《砌体规范》7.3.3 条采用；h_b 指托梁截面高度；l_{0i} 指墙梁计算跨度，按《砌体规范》7.3.3 条采用；h_h 指洞口高度，对窗洞取洞顶至托梁顶面距离。

（二）墙梁的计算简图

墙梁的计算简图应按图 16-39 采用。各计算参数应按下列规定取用：

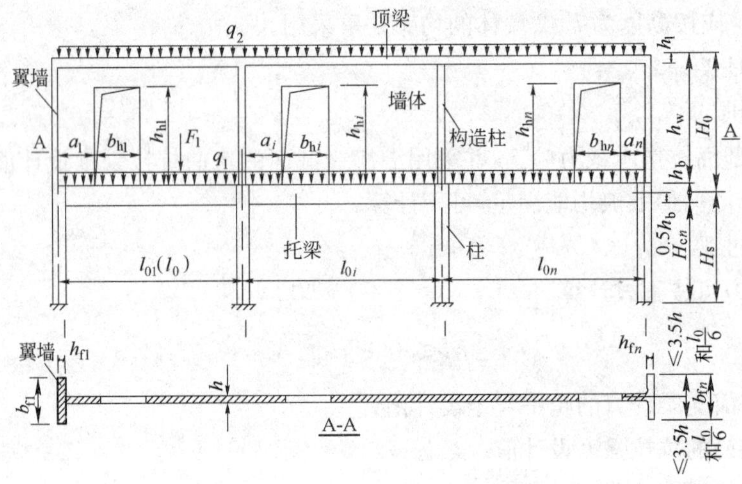

图 16-39 墙梁的计算简图

(1)墙梁计算跨度 $l_0(l_{0i})$，对简支墙梁和连续墙梁取 $1.1l_n(1.1l_{ni})$ 或 $l_c(l_{ci})$ 两者中的较小值；$l_n(l_{ni})$ 为净跨，$l_c(l_{ci})$ 为支座中心线距离。对框支墙梁，取框架柱中心线间的距离 $l_c(l_{ci})$。

(2)墙体计算高度 h_w，取托梁顶面上一层墙体高度，当 $h_w>l_0$ 时，取 $h_w=l_0$（对连续墙梁和多跨框支墙梁，l_0 取各跨的平均值）。

(3)墙梁跨中截面计算高度 H_0，取 $H_0=h_w+0.5h_b$。

(4)翼墙计算宽度 b_f，取窗间墙宽度或横墙间距的 2/3，且每边不大于 $3.5h$（h 为墙体厚度）和 $l_0/6$。

(5)框架柱计算高度 H_c，取 $H_c=H_{cn}+0.5h_b$；H_{cn} 为框架柱的净高，取基础顶面至托梁底面的距离。

（三）墙梁的荷载

墙梁上的荷载由作用于墙梁顶面的荷载和作用于托梁顶面的荷载两部分组成，上述荷载对墙梁使用阶段和施工阶段的影响有所不同。墙梁的计算荷载，应按下列规定采用：

1. 使用阶段墙梁上的荷载

1)承重墙梁

(1)承重墙梁的托梁顶面的荷载设计值,取托梁自重及本层楼盖的永久荷载和可变荷载。

(2)承重墙梁的墙梁顶面的荷载设计值,取托梁以上各层墙体自重,以及墙梁顶面以上各层楼(屋)盖的恒荷载和活荷载;集中荷载可沿作用的跨度近似化为均布荷载。

2)自承重墙梁

承重样果的墙梁顶面的荷载设计值,取托梁自重及托梁以上墙体自重。

2. 施工阶段托梁上的荷载

(1)托梁自重及本层楼盖的恒荷载。

(2)本层楼盖的施工荷载。

(3)墙体自重,可取高度为$\frac{l_{0max}}{3}$的墙体自重,开洞时尚应按洞顶以下实际分布的墙体自重复核,l_{0max}为各计算跨度的最大值。

(四)墙梁的承载力计算

墙梁应分别进行托梁使用阶段正截面抗弯承载力和斜截面抗剪承载力计算、墙体抗剪承载力和托梁支座上部砌体局部抗压承载力计算,以及施工阶段托梁承载力验算。自承重墙梁可不验算墙体抗剪承载力和砌体局部抗压承载力。

1. 使用阶段托梁正截面承载力计算

(1)托梁跨中截面应按钢筋混凝土偏心受拉构件计算,第 i 跨跨中最大弯矩设计值 M_{bi} 及轴心拉力设计值 N_{bti} 可按下列公式计算

$$M_{bi} = M_{1i} + \alpha_M M_{2i} \tag{16-270}$$

$$N_{bti} = \eta_N \frac{M_{2i}}{H_0} \tag{16-271}$$

对简支墙梁

$$\alpha_M = \psi_M \left(1.7 \frac{h_b}{l_0} - 0.03\right) \tag{16-272}$$

$$\psi_M = 4.5 - 10 \frac{a}{l_0} \tag{16-273}$$

$$\eta_N = 0.44 + 2.1 \frac{h_w}{l_0} \tag{16-274}$$

对连续墙梁和框支墙梁

$$\alpha_M = \psi_M \left(2.7 \frac{h_b}{l_{0i}} - 0.08\right) \tag{16-275}$$

$$\psi_M = 3.8 - 8 \frac{a_i}{l_{0i}} \tag{16-276}$$

$$\eta_N = 0.8 + 2.6 \frac{h_w}{l_{0i}} \tag{16-277}$$

上述式中:M_{1i}——荷载设计值 q_1、F_1 作用下的简支梁跨中弯矩按连续梁、框架分析的托梁第 i 跨跨中最大弯矩;

M_{2i}——荷载设计值 q_2 作用下的简支梁跨中弯矩或按连续梁、框架分析的托梁第 i 跨跨中最大弯矩;

α_M——考虑墙梁组合作用的托梁跨中弯矩系数,可按公式(16-272)或公式(16-275)计算,但对自承重简支墙梁应乘以 0.8,当公式(16-272)中的 $h_b/l_0 > 1/6$ 时,

取 $h_b/l_0=1/6$，当式(16-275)中的 $h_b/l_{0i}>1/7$ 时，取 $h_b/l_{0i}=1/7$；当 $\alpha_M>1.0$时，取 $\alpha_M=1.0$；

η_N——考虑墙梁组合作用的托梁跨中轴力系数，可按公式(16-274)或(16-277)计算，但对自承重简支墙梁应乘以 0.8，式中，当 $h_w/l_{0i}>1$ 时，取 $h_w/l_{0i}=1$；

ψ_M——洞口对托梁弯矩的影响系数，对无洞口墙梁取 1.0，对有洞口墙梁可按公式(16-273)或公式(16-276)计算；

a_i——洞口边缘至墙梁最近支座中心的距离，当 $a_i>0.35l_{0i}$时，取 $a_i=0.35l_{0i}$。

(2)托梁支座截面应按钢筋混凝土受弯构件计算，第 j 支座的弯矩设计值 M_{bj} 可按下列公式计算

$$M_{bj}=M_{1j}+\alpha_M M_{2j} \tag{16-278}$$

$$\alpha_M=0.75-\frac{a_i}{l_{0i}} \tag{16-279}$$

上述式中：M_{1j}——荷载设计值 Q_1、F_1 作用下按连续梁或框架分析的托梁第 j 支座截面的弯矩设计值；

M_{2j}——荷载设计值 Q_2 作用下按连续梁或框架分析的托梁第 j 支座截面的弯矩设计值；

α_M——考虑墙梁组合作用的托梁支座截面弯矩系数，无洞口墙梁取 0.4，有洞口墙梁可按公式(16-279)计算。

2. 使用阶段托梁斜截面承载力计算

(1)墙梁的托梁斜截面抗剪承载力应按钢筋混凝土受弯构件计算，第 j 支座边缘截面的剪力设计值 V_{bj} 可按下式计算

$$V_{bj}=V_{1j}+\beta_V V_{2j} \tag{16-280}$$

式中：V_{1j}——荷载设计值 Q_1、F_1 作用下按简支梁.连续梁或框架分析的托梁第 i 支座边缘截面剪力设计值；

V_{2j}——荷载设计值 Q_2 作用下按简支梁.连续梁或框架分析的托梁第 i 支座边缘截面剪力设计值；

β_V——考虑墙梁组合作用的托梁剪力系数，无洞口墙梁边支座截面取 0.6，中间支座截面取 0.7，有洞口墙梁边支座截面取 0.7，中间支座截面取 0.8，对自承重墙梁，无洞口时取 0.45，有洞口时取 0.5。

(2)墙梁的墙体抗剪承载力，应按下式验算

$$V_2\leqslant\xi_1\xi_2\left(0.2+\frac{h_b}{l_{0i}}+\frac{h_t}{l_{0i}}\right)fhh_w \tag{16-281}$$

式中：V_2——在荷载设计值 q_2 作用下墙梁支座边缘截面剪力的最大值；

ξ_1——翼墙影响系数，对单层墙梁取 1.0，对多层墙梁，当 $b_f/h=3$ 时取 1.3，当 $b_f/h=7$ 或设置构造柱时取 1.5，当 $3<b_f/h<7$ 时，按线性插入取值；

ξ_2——洞口影响系数，无洞口墙梁取 1.0，多层有洞口墙梁取 0.9，单层有洞口墙梁取 0.6；

h_t——墙梁顶面圈梁截面高度。

3. 使用阶段托梁支座上部砌体局部抗压承载力计算

托梁支座上部砌体局部抗压承载力应按下列公式验算

$$q_2\leqslant\zeta fh \tag{16-282}$$

$$\zeta = 0.25 + 0.08\frac{b_f}{h} \tag{16-283}$$

式中：ζ——局部抗压系数。

当 $b_f/h \geqslant 5$ 或墙梁支座处设置上、下贯通的落地构造柱，且其截面不小于 240mm×240mm 时，可不验算托梁上部砌体局部抗压承载力。

4. 施工阶段托梁承载力验算

由施工阶段作用在托梁上的荷载设计值产生的最大弯矩和剪力，按钢筋混凝土受弯构件验算其抗弯和抗剪承载力。

（五）墙梁的构造要求

墙梁除需满足表 16-50 的适用条件及承载力计算之外，尚需满足下列要求：

1. 材料

(1)托梁和框支柱的混凝土强度等级不应低于 C30；

(2)承重墙梁的块体强度等级不应低于 MU10，计算高度范围内墙体的砂浆强度等级不应低于 M10(Mb10)。

2. 墙体

(1)框支墙梁的上部砌体房屋，以及设有承重的简支墙梁或连续墙梁的房屋，应满足刚性方案房屋的要求。

(2)墙梁的计算高度范围内的墙体厚度，对砖砌体不应小于 240mm，对混凝土砌块砌体不应小于 190mm。

(3)墙梁洞口上方应设置混凝土过梁，其支承长度不应小于 240mm；洞口范围内不应施加集中荷载。

(4)承重墙梁的支座处应设置落地翼墙，翼墙厚度，对砖砌体不应小于 240mm，对混凝土砌块砌体不应小于 190mm，翼墙宽度不应小于墙梁墙体厚度的 3 倍，并与墙梁墙体同时砌筑。当不能设置翼墙时，应设置落地且上、下贯通的混凝土构造柱。

(5)当墙梁墙体在靠近支座 1/3 跨度范围内开洞时，支座处应设置落地且上、下贯通的混凝土构造柱，并应与每层圈梁连接。

(6)墙梁计算高度范围内的墙体，每天可砌高度不应超过 1.5m；否则，应加设临时支撑。

3. 托梁

(1)托梁两侧各两个开间的楼盖应采用现浇混凝土楼盖，楼板厚度不宜小于 120mm，当楼板厚度大于 150mm 时，宜采用双层双向钢筋网，楼板上应少开洞，洞口尺寸大于 800mm 时应设洞口边梁。

(2)托梁每跨底部的纵向受力钢筋应通长设置，不得在跨中段弯起或截断。钢筋接长应采用机械连接或焊接。

(3)托梁跨中截面纵向受力钢筋总配筋率不应小于 0.6%。

(4)托梁上部通长布置的纵向钢筋面积与跨中下部纵向钢筋面积的比值不应小于 0.4。连续墙梁或多跨框支墙梁的托梁支座上部附加纵向钢筋从支座边算起每边延伸不少于 $l_0/4$。

(5)承重墙梁的托梁在砌体墙、柱上的支承长度不应小于 350mm，纵向受力钢筋伸入支座的长度应符合受拉钢筋的锚固要求。

(6)当托梁截面高度 $h_b \geqslant 450$mm 时，应沿梁截面高度设置通长水平腰筋，直径不应小于 12mm，间距不应大于 200mm。

(7)对洞口偏置的墙梁，其托梁的箍筋加密区范围应延到洞口外，距洞边的距离大于等于托梁截面高度 h_b；箍筋直径不应小于 8mm，间距不应大于 100mm(见图 16-40)。

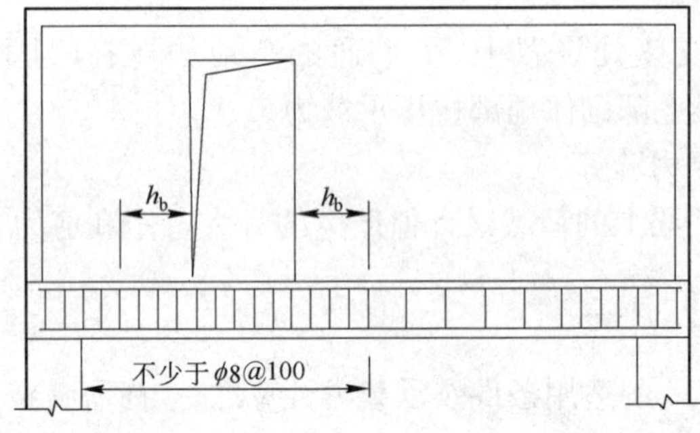

图 16-40　偏开洞时托梁箍筋加密区

四、挑梁

挑梁的特点是挑梁的一端嵌入砌体墙内，另一端悬挑在外，且墙体与钢筋混凝土梁形成整体作用，而且必须重视抗倾覆问题。

(一)挑梁的抗倾覆验算

1. 砌体墙中钢筋混凝土挑梁的抗倾覆验算

$$M_{0v} \leqslant M_r \tag{16-284}$$

式中：M_{0v}——挑梁的荷载设计值对计算倾覆点产生的倾覆力矩；

M_r——挑梁的抗倾覆力矩设计值。

2. 挑梁计算倾覆点至墙外边缘的距离

(1)当 $l_1 \geqslant 2.2h_b$ 时

$$x_0 = 0.3h_b \tag{16-285}$$

且不应大于 $0.13l_1$。

(2)当 $l_1 < 2.2h_b$ 时

$$x_0 = 0.13l_1 \tag{16-286}$$

式中：l_1——挑梁埋入砌体墙中的长度(mm)；

x_0——计算倾覆点至墙外边缘的距离(mm)；

h_b——挑梁的截面高度(mm)。

注：当挑梁下有混凝土构造柱或垫梁时，计算倾覆点至墙外边缘的距离可取 $0.5x_0$。

3. 挑梁的抗倾覆力矩设计值

$$M_r = 0.8G_r(l_2 - x_0) \tag{16-287}$$

式中：G_r——挑梁的抗倾覆荷载，为挑梁尾端上部 45°扩展角的阴影范围(其水平长度为 l_3)内本层的砌体与楼面恒荷载标准值之和(见图 16-41)；

l_2——G_r 作用点至墙外边缘的距离。

(二)挑梁下砌体局部抗压承载力验算

挑梁下砌体的局部抗压承载力，可按下式验算(见图 16-42)

$$N_l \leqslant \eta\gamma fA_l \tag{16-288}$$

式中：N_l——挑梁下的支承压力，可取 $N_l = 2R$，R 为挑梁的倾覆荷载设计值；

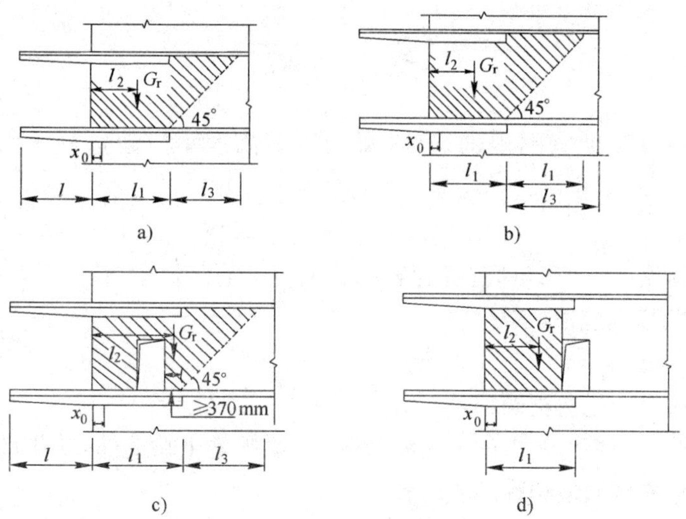

图 16-41 挑梁的抗倾覆荷载(尺寸单位:mm)

a)$l_3 \leqslant l_1$ 时;b)$l_3 > l_1$ 时;c)洞在 l_1 之内;d)洞在 l_1 之外

η——梁端底面压应力图形的完整系数,可取 0.7;

γ——砌体局部抗压强度提高系数,对图 16-42a)可取 1.25,对图 16-42b)可取 1.5;

A_l——挑梁下砌体局部受压面积,可取 $A_l = 1.2bh_b$,b 为挑梁的截面宽度,h_b 为挑梁的截面高度。

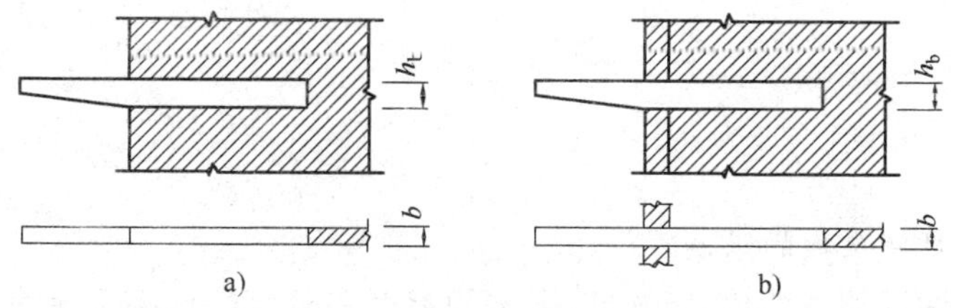

图 16-42 挑梁下砌体局部受压

a)挑梁支承在一字墙上;b)挑梁支承在丁字墙上

(三)挑梁正截面和斜截面承载力计算

挑梁的最大弯矩设计值 M_{max} 与最大剪力设计值 V_{max},可按下列公式计算

$$M_{max} = M_{0v} \tag{16-289}$$

$$V_{max} = V_0 \tag{16-290}$$

式中:V_0——挑梁的荷载设计值在挑梁墙外边缘处截面产生的剪力。

其余同钢筋混凝土梁承载力计算。

(四)挑梁的构造要求

(1)纵向受力钢筋至少应有 1/2 的钢筋面积伸入梁尾端,且不少于 $2\phi12$。其余钢筋伸入支座的长度不应小于 $2l_1/3$。

(2)挑梁埋入砌体长度 l_1 与挑出长度 l 之比宜大于 1.2;当挑梁上无砌体时,l_1 与 l 之比宜大于 2。

习　题

16-50　墙梁计算高度范围内的墙体，每天砌筑高度不应超过(　　)，否则应加设临时支撑。

A. 1.2m　　B. 1.5m　　C. 2m　　D. $l_0/3$(l_0 为墙梁计算跨度)

16-51　砖砌体墙上有 1.2m 宽的门洞，门洞上设钢筋砖过梁，若梁上墙高为 1.5m 时，则计算过梁上墙重时，墙高应取(　　)。

A. 0.4m　　B. 0.5m　　C. 1.2m　　D. 0.6m

16-52　关于挑梁的说法正确的是(　　)。

①挑梁抗倾覆力矩中的抗倾覆荷载，应取挑梁尾端上部 45°扩散角范围内本层的砌体与楼面恒载标准值之和

②挑梁埋入砌体的长度与挑出长度之比宜大于 1.2，当挑梁上无砌体时，宜大于 2

③挑梁下砌体的局部抗压承载力验算时，挑梁下的支承压力取挑梁的倾覆荷载设计值

④挑梁本身应按钢筋混凝土受弯构件设计

A. ②③　　B. ①②③　　C. ①②④　　D. ①③

第十八节　砌体结构抗震设计要点

一、一般规定

(一)房屋总高度和层数的限制

砌体结构房屋的层数越多，高度越高，震害的程度和破坏的概率也越大，因此《抗震规范》规定砌体房屋的总高度和层数应符合表 16-41 的规定；对横墙较少的多层砌体房屋总高度，应比表 16-41 的规定降低 3m，层数应相减少一层；各层横墙很少的多层砌体房屋，还应再减少一层。

多层砌体承重房屋的层高，不应超过 3.6m；底部框架-抗震墙房屋的底部，层高不应超过 4.5m；底层采用约束砌体抗震墙时，底层的层高不应超过 4.2m。

(二)房屋的最大高宽比限值

为了保证房屋的整体抗弯承载力，多层砌体房屋总高度与总宽度的最大比值，应符合表 16-42 的要求。

(三)抗震横墙间距的限制

抗震横墙除承担横向地震作用之外，尚应保证楼盖的水平刚度。多层砌体房屋抗震横墙的间距，不应超过表 16-43 的要求。

(四)房屋局部尺寸的限制

在强烈地震作用下，首先在房屋薄弱部位产生震害。多层砌体房屋中砌体墙段的局部尺寸限值，宜符合表 16-51 的要求。

房屋的局部尺寸限值(单位:m) 表 16-51

部位 \ 抗震设防烈度	6度	7度	8度	9度
承重窗间墙最小宽度	1.0	1.0	1.2	1.5
承重外墙尽端至门窗洞边的最小距离	1.0	1.0	1.2	1.5
非承重外墙尽端至门窗洞边的最小距离	1.0	1.0	1.0	1.0
内墙阳角至门窗洞边的最小距离	1.0	1.0	1.5	2.0
无锚固女儿墙(非出入口处)的最大高度	0.5	0.5	0.5	0.0

注:1.局部尺寸不足时应采取局部加强措施弥补,且最小宽度不宜小于1/4层高和表列数据的80%。

2.出入口处的女儿墙应有锚固。

(五)结构体系选择

多层砌体房屋的建筑布置和结构体系,应符合下列要求:

(1)应优先采用横墙承重或纵横墙共同承重的结构体系。不应采用砌体墙和混凝土墙混合承重的结构体系。

(2)纵横向砌体抗震墙的布置应符合下列要求:

①宜均匀对称,沿平面内宜对齐,沿竖向应上下连续,且纵横向墙体的数量不宜相差过大。

②平面轮廓凹凸尺寸,不应超过典型尺寸的50%;当超过典型尺寸的25%时,房屋转角处应采取加强措施。

③楼板局部大洞口的尺寸不宜超过楼板宽度的30%,且不应在墙体两侧同时开洞。

④房屋错层的楼板高差超过500mm时,应按两层计算,错层部位的墙体应采取加强措施。

⑤同一轴线上的窗间墙宽度宜均匀;墙面洞口的面积,6、7度时不宜大于墙面总面积的55%,8、9度时不宜大于50%。

⑥在房屋宽度方向的中部应设置内纵墙,其累计长度不宜小于房屋总长度的60%(高宽比大于4的墙段不计入)。

(3)房屋有下列情况之一时宜设置防震缝,缝两侧均应设置墙体,缝宽应根据烈度和房屋高度确定,可采用70~100mm:

①房屋立面高差在6m以上;

②房屋有错层,且楼板高差大于层高的1/4;

③各部分结构刚度、质量截然不同。

(4)楼梯间不宜设置在房屋的尽端或转角处。

(5)不应在房屋转角处设置转角窗。

(6)横墙较少、跨度较大的房屋,宜采用现浇钢筋混凝土楼、屋盖。

二、构造要求

(一)多层砖砌体房屋构造措施

(1)各类多层砖砌体房屋,应按下列要求设置现浇钢筋混凝土构造柱(以下简称构造柱)。

①构造柱设置部位,一般情况下应符合表16-52的要求。

②外廊式和单面走廊式的多层房屋，应根据房屋增加一层的层数，按表 16-52 的要求设置构造柱，且单面走廊两侧的纵墙均应按外墙处理。

多层砖砌体房屋构造柱设置要求 表 16-52

<table>
<tr><th colspan="4">房屋层数</th><th colspan="2" rowspan="2">设置部位</th></tr>
<tr><th>6度</th><th>7度</th><th>8度</th><th>9度</th></tr>
<tr><td>四、五</td><td>三、四</td><td>二、三</td><td></td><td rowspan="3">楼、电梯间四角，楼梯斜梯段上下端对应的墙体处；
外墙四角和对应转角；
错层部位横墙与外纵墙交接处；
大房间内外墙交接处；
较大洞口两侧</td><td>隔 12m 或单元横墙与外纵墙交接处；
楼梯间对应的另一侧内横墙与外纵墙交接处</td></tr>
<tr><td>六</td><td>五</td><td>四</td><td>二</td><td>隔开间横墙（轴线）与外墙交接处；
山墙与内纵墙交接处</td></tr>
<tr><td>七</td><td>≥六</td><td>≥五</td><td>≥三</td><td>内墙（轴线）与外墙交接处；
内墙的局部较小墙垛处；
内纵墙与横墙（轴线）交接处</td></tr>
</table>

注：较大洞口，内墙指不小于 2.1m 的洞口；外墙在内外墙交接处已设置构造柱时应允许适当放宽，但洞侧墙体应加强。

③横墙较少的房屋，应根据房屋增加一层的层数，按表 16-52 的要求设置构造柱。当横墙较少的房屋为外廊式或单面走廊式时，应按上述②要求设置构造柱；但 6 度不超过四层、7 度不超过三层和 8 度不超过两层时，应按增加两层的层数对待。

④各层横墙很少的房屋，应按增加两层的层数设置构造柱。

⑤采用蒸压灰砂和蒸压粉煤灰砖的砌体房屋，当砌体的抗剪强度仅达到普通黏土砖砌体的 70%时，应根据增加一层的层数按上述①～④要求设置构造柱；但 6 度不超过四层、7 度不超过三层和 8 度不超过两层时，应按增加两层的层数对待。

(2)多层砖砌体房屋的构造柱设置应符合下列要求：

①构造柱最小截面可采用 180mm×240mm（墙厚 190mm 时为 180mm×190mm），纵向钢筋宜采用 4ϕ12，箍筋间距不宜大于 250mm，且在柱上下端应适当加密；抗震设防烈度为 6、7 度时超过六层、8 度时超过五层和 9 度时，构造柱纵向钢筋宜采用 4ϕ14，箍筋间距不应大于 200mm；房屋四角的构造柱可适当加大截面及配筋。

②构造柱与墙连接处应砌成马牙槎，沿墙高每隔 500mm 设 2ϕ6 水平钢筋和 ϕ4 分布短筋平面内点焊组成的拉结网片或 ϕ4 点焊钢筋网片，每边伸入墙内不宜小于 1m。6、7 度时底部 1/3 楼层，8 度时底部 1/2 楼层，9 度时全部楼层，上述拉结钢筋网片应沿墙体水平通长设置。

③构造柱与圈梁连接处，构造柱的纵筋应在圈梁纵筋内侧穿过，保证构造柱纵筋上下贯通。

④构造柱可不单独设置基础，但应伸入室外地面下 500mm，或与埋深小于 500mm 的基础圈梁相连。

⑤房屋高度和层数接近表 16-41 的限值时，纵、横墙内构造柱间距尚应符合下列要求：

a. 横墙内的构造柱间距不宜大于层高的 2 倍，下部 1/3 楼层的构造柱间距适当减小。

b. 当外纵墙开间大于 3.9m 时，应另采取加强措施；内纵墙的构造柱间距不宜大于 4.2m，伸入墙内不应小于 500mm；抗震设防烈度为 8 度和 9 度时，长度大于 5.1m 的后砌非承重砌体隔墙的墙顶，尚应与楼板或梁拉结。

(3)多层砖砌体房屋的现浇钢筋混凝土圈梁设置要求：

①装配式钢筋混凝土楼、屋盖或木屋盖的砖房，应按表16-53的要求设置圈梁，纵墙承重时，抗震横墙上的圈梁间距应比表内要求适当加密。

②现浇或装配整体式钢筋混凝土楼、屋盖与墙体有可靠连接的房屋，应允许不另设圈梁，但楼板沿抗震墙体周边应加强配筋并应与相应的构造柱钢筋可靠连接。

多层砖砌体房屋现浇钢筋混凝土圈梁设置要求 表16-53

墙类	抗震设防烈度		
	6、7	8	9
外墙和内纵墙	屋盖处及每层楼盖处	屋盖处及每层楼盖处	屋盖处及每层楼盖处
内横墙	屋盖处及每层楼盖处；屋盖处间距不应大于4.5m；楼盖处间距不应大于7.2m；构造柱对应部位	屋盖处及每层楼盖处；各层所有横墙且间距不应大于4.5m；构造柱对应部位	屋盖处及每层楼盖处；各层所有横墙

(4)多层砖砌体房屋的现浇钢筋混凝土圈梁构造要求：

①圈梁应闭合，遇有洞口圈梁应上下搭接，圈梁宜与预制板设在同一标高处或紧靠板底。

②圈梁在本节第二、(一)、(3)条要求的间距内无横墙时，应利用梁或板缝中配筋替代圈梁。

③圈梁的截面高度不应小于120mm，配筋应符合表16-54的要求；按《抗震规范》第3.3.4条第3款要求增设的基础圈梁，截面高度不应小于180mm，配筋不应小于4ϕ12。

多层砖砌体房屋圈梁配筋要求 表16-54

配筋	抗震设防烈度		
	6、7	8	9
最小纵筋	4ϕ10	4ϕ12	4ϕ14
最大箍筋间距(mm)	250	200	150

(5)多层砖砌体房屋的楼、屋盖应符合下列要求：

①现浇钢筋混凝土楼板或屋面板伸进纵、横墙内的长度，均不应小于120mm。

②装配式钢筋混凝土楼板或屋面板，当圈梁未设在板的同一标高时，板端伸进外墙的长度不应小于120mm，伸进内墙的长度不应小于100mm，在梁上不应小于80mm。

③当板的跨度大于4.8m并与外墙平行时，靠外墙的预制板侧边应与墙或圈梁拉结；

④房屋端部大房间的楼盖，抗震设防烈度为6度时房屋的屋盖和7～9度时房屋的楼、屋盖，当圈梁设在板底时，钢筋混凝土预制板应相互拉结，并应与梁、墙或圈梁拉结。

(6)楼、屋盖的钢筋混凝土梁或屋架应与墙、柱(包括构造柱)或圈梁可靠连接，不得采用独立砖柱。跨度不小于6m大梁的支承构件，应采用组合砌体等加强措施，并满足承载力要求。

(7)楼梯间应符合下列要求：

①顶层楼梯间墙体应沿墙高每隔500mm设2ϕ6通长钢筋和ϕ4分布短钢筋平面内点焊组成的拉结网片或ϕ4点焊网片；7～9度时，其他各层楼梯间墙体应在休息平台或楼层半高处设置60mm厚、纵向钢筋不应少于2ϕ10的钢筋混凝土带或配筋砖带，配筋砖带不少于3皮，每皮的配筋不少于2ϕ6，砂浆强度等级不应低于M7.5且不低于同层墙体的砂浆强度等级。

②楼梯间及门厅内墙阳角处的大梁支承长度不应小于500mm，并应与圈梁连接。

③装配式楼梯段应与平台板的梁可靠连接，8、9度时不应采用装配式楼梯段；不应采用墙中悬挑式踏步或踏步竖肋插入墙体的楼梯，不应采用无筋砖砌栏板。

④凸出屋顶的楼、电梯间，构造柱应伸到顶部，并与顶部圈梁连接，所有墙体应沿墙高每隔500mm设2ϕ6通长钢筋和ϕ4分布短筋平面内点焊组成的拉结网片或ϕ4点焊网片。

(8)坡屋顶房屋的屋架应与顶层圈梁可靠连接，檩条或屋面板应与墙、屋架可靠连接，房屋出入口处的檐口瓦应与屋面构件锚固；采用硬山搁檩时，顶层内纵墙顶宜增砌支承山墙的踏步式墙垛，并设置构造柱。

(9)门窗洞处不应采用砖过梁；过梁支承长度，抗震设防烈度为6～8度时不应小于240mm，9度时不应小于360mm。

(10)预制阳台，6、7度时应与圈梁和楼板的现浇板带可靠连接，8、9度时不应采用预制阳台。

(11)同一结构单元的基础(或桩承台)，宜采用同一类型的基础，底面宜埋置在同一标高上，否则应增设基础圈梁并应按1∶2的台阶逐步放坡。

(12)丙类的多层砖砌体房屋，当横墙较少且总高度和层数接近或达到表16-42的规定限值时，应采取下列加强措施：

①房屋的最大开间尺寸不宜大于6.6m。

②同一结构单元内横墙错位数量不宜超过横墙总数的1/3，且连续错位不宜多于两道；错位的墙体交接处均应增设构造柱，且楼、屋面板应采用现浇钢筋混凝土板。

③横墙和内纵墙上洞口的宽度不宜大于1.5m；外纵墙上洞口的宽度不宜大于2.1m或开间尺寸的一半；且内外墙上洞口位置不应影响内外纵墙与横墙的整体连接。

④所有纵横墙均应在楼、屋盖标高处设置加强的现浇钢筋混凝土圈梁。圈梁的截面高度不宜小于150mm，上下纵筋各不应少于3ϕ10，箍筋不小于ϕ6，间距不大于300mm。

⑤所有纵横墙交接处及横墙的中部，均应增设满足下列要求的构造柱：在纵、横墙内的柱距不宜大于3.0m，最小截面尺寸不宜小于240mm×240mm(墙厚190mm时，为240mm×190mm)，配筋宜符合表16-55的要求。

增设构造柱的纵筋和箍筋设置要求　　表16-55

<table>
<tr><th rowspan="2">位　置</th><th colspan="3">纵 向 钢 筋</th><th colspan="3">箍　筋</th></tr>
<tr><th>最大配筋率(%)</th><th>最小配筋率(%)</th><th>最小直径(mm)</th><th>加密区范围(mm)</th><th>加密区间距(mm)</th><th>最小直径(mm)</th></tr>
<tr><td>角柱</td><td rowspan="2">1.8</td><td rowspan="2">0.8</td><td>14</td><td>全高</td><td rowspan="3">100</td><td rowspan="3">6</td></tr>
<tr><td>边柱</td><td>14</td><td rowspan="2">上端700
下端500</td></tr>
<tr><td>中柱</td><td>1.4</td><td>0.6</td><td>12</td></tr>
</table>

⑥同一结构单元的楼、屋面板应设置在同一标高处。

⑦房屋底层和顶层的窗台标高处，宜设置沿纵横墙通长的水平现浇钢筋混凝土带；其截面高度不小于60mm，宽度不小于墙厚，纵向钢筋不少于2ϕ10，横向分布钢筋的直径不小于ϕ6且其间距不大于200mm。

(二)多层砌块房屋抗震构造措施

(1)多层小砌块房屋应按表16-56的要求设置钢筋混凝土芯柱。对外廊式和单面走廊式的多层房屋、横墙较少的房屋、各层横墙很少的房屋，尚应分别按“多层砖砌体房屋构造措施”中关于增加层数的对应要求，按表16-56的要求设置芯柱。

多层小砌块房屋芯柱设置要求 表 16-56

<table>
<tr><th colspan="4">房屋层数</th><th rowspan="2">设置部位</th><th rowspan="2">设置数量</th></tr>
<tr><th>6度</th><th>7度</th><th>8度</th><th>9度</th></tr>
<tr><td>四、五</td><td>三、四</td><td>二、三</td><td></td><td>外墙转角，楼、电梯间四角，楼梯斜梯段上下端对应的墙体处；
大房间部位外墙交接处；
错层部位横墙与外纵墙交接处；
隔 12m 或单元横墙与外纵墙交接处</td><td rowspan="2">外墙转角，灌实 3 个孔；
内外墙交接处，灌实 4 个孔；
楼梯斜段上下端对应的墙体处，灌实 2 个孔</td></tr>
<tr><td>六</td><td>五</td><td>四</td><td></td><td>同上；
隔开间横墙（轴线）与外纵墙交接处</td></tr>
<tr><td>七</td><td>六</td><td>五</td><td>二</td><td>同上；
各内墙（轴线）与外纵墙交接处；
内纵墙与横墙（轴线）交接处和洞口两侧</td><td>外墙转角，灌实 5 个孔；
内外墙交接处，灌实 4 个孔；
内墙交接处，灌实 4～5 个孔；
洞口两侧各灌实 1 个孔</td></tr>
<tr><td></td><td>七</td><td>≥六</td><td>≥三</td><td>同上；
横墙内芯柱间距不大于 2m</td><td>外墙转角，灌实 7 个孔；
内外墙交接处，灌实 5 个孔；
内墙交接处，灌实 4～5 个孔；
洞口两侧各灌实 1 个孔</td></tr>
</table>

注：外墙转角、内外墙交接处、楼电梯间四角等部位，应允许采用钢筋混凝土构造柱替代部分芯柱。

(2)多层小砌块房屋的芯柱，应符合下列构造要求：

①小砌块房屋芯柱截面尺寸不宜小于 120mm×120mm。

②芯柱混凝土强度等级，不应低于 Cb20。

③芯柱的竖向插筋应贯通墙身且与圈梁连接；插筋不应小于 1ϕ12，抗震设防烈度为 6、7 度时超过五层、8 度时超过四层和 9 度时，插筋不应小于 1ϕ14。

④芯柱应伸入室外地面下 500mm 或与埋深小于 500mm 的基础圈梁相连。

⑤为提高墙体抗震抗剪承载力而设置的芯柱，宜在墙体内均匀布置，最大净距不宜大于 2.0m。

(3)多层小砌块房屋中替代芯柱的钢筋混凝土构造柱，应符合下列构造要求：

①构造柱最小截面尺寸不宜小于 190mm×190mm，纵向钢筋宜采用 4ϕ12，箍筋间距不宜大于 250mm，且在柱上下端宜适当加密；抗震设防烈度为 6、7 度时超过五层、8 度时超过四层和 9 度时，构造柱纵向钢筋宜采用 4ϕ14，箍筋间距不应大于 200mm；外墙转角的构造柱可适当加大截面及配筋。

②构造柱与砌块墙连接处应砌成马牙槎，与构造柱相邻的砌块孔洞，6 度时宜填实，7 度时应填实，8、9 度时应填实并插筋。构造柱与砌块墙之间沿墙高每隔 600mm 设置 ϕ4 点焊拉结钢筋网片，并应沿墙体水平通长设置。6、7 度时底部 1/3 楼层，8 度时底部 1/2 楼层，9 度全部楼层，上述拉结钢筋网片沿墙高间距不大于 400mm。

③构造柱与圈梁连接处，构造柱的纵筋应在圈梁纵筋内侧穿过，保证构造柱纵筋上下贯通。

④构造柱可不单独设置基础，但应伸入室外地面下 500mm，或与埋深小于 500mm 的基础圈梁相连。

(4)多层小砌块房屋的现浇钢筋混凝土圈梁的设置位置应按本节第二、(一)、(3)条多层砖砌体房屋圈梁的要求执行，圈梁宽度不应小于 190mm，配筋不应少于 4ϕ12，箍筋间距不应大于 200mm。

(5)多层小砌块房屋的层数，6 度时超过五层、7 度时超过四层、8 度时超过三层和 9 度时，在底层和顶层的窗台标高处，沿纵横墙应设置通长的水平现浇钢筋混凝土带；其截面高度不少于 60mm，纵筋不少于 2ϕ10，并应有分布柱结钢筋；其混凝土强度等级不应低于 C20。

水平现浇混凝土带亦可采用槽形砌块替代模板，其纵筋和拉结钢筋不变。

(6)丙类的多层小砌块房屋，当横墙较少且总高度和层数接近或达到表 16-40 规定限值时，应符合本节第二、(一)、(12)条的相关要求。其中，墙体中部的构造柱可采用芯柱替代，芯柱的灌孔数量不应少于 2 孔，每孔插筋的直径不应小于 18mm。

(7)小砌块房屋的其他抗震构造措施，尚应符合本节第二、(一)、(5)～(11)条有关要求。其中，墙体的拉结钢筋网片间距应符合本节的相应规定，分别取 600mm 和 400mm。

习　题

16-53　关于构造柱的作用，正确的是(　　)。

①提高砌体房屋的抗剪强度

②构造柱对砌体起到约束作用，使其变形能力有较大提高

③提高了墙体高厚比限值

④大大提高了砌体承受竖向荷载的能力

A. ①②③　　B. ①③④　　C. ①②④　　D. ①③

16-54　在砌体结构抗震设计中，决定砌体房屋总高度和层数限制的因素是(　　)。

A. 砌体强度与高厚比

B. 砌体结构的静力计算方案

C. 房屋类别、最小墙厚度、地震设防烈度及横墙的数量

D. 房屋类别与高厚比及地震设防烈度

习题提示及参考答案

16-1　**提示：**有明显屈服点的钢筋，其强度标准值的取值依据为屈服强度；对于无明显屈服点的钢筋为极限抗拉强度。

答案：B

16-2　**提示：**混凝土其他强度指标均可用立方体抗压强度标准值(混凝土强度等级)表示。

答案：A

16-3　**提示：**混凝土一个方向受拉，一个方向受压时，其抗压和抗拉强度均比单轴抗压或抗拉强度低，这是由于异号应力加速变形的发展，使其较快达到极限应变值。

答案:C

16-4 提示:安全等级为二级的延性结构构件的可靠性指标为 3.2,脆性结构构件为 3.7。

答案:C

16-5 提示:我国规范采用以概率理论为基础的极限状态设计法,并采用多个分项系数(包括结构构件的重要性系数)表达的设计式进行设计。

答案:C

16-6 提示:一般工业与民用建筑的设计基准期为 50 年,在设计基准期内,被超越的总时间约为设计基准期一半的荷载值为该可变荷载的准永久值,见现行《建筑结构荷载规范》。

答案:D

16-7 提示:该题为永久荷载效应控制的组合,(1.35×15+1.4×0.75) 42/8=50.3kN·m。

答案:B

16-8 提示:结构的使用年限超过设计基准期后,并非立即丧失其使用功能,只是可靠度降低。

答案:B

16-9 提示:只有在适筋情况下,ρ 越大,M_u 越大,但并不是线性关系,$M_u=f_yA_s(h_0-x/2)$,$x=f_yA_s/(\alpha_1 f_c b)$。

答案:D

16-10 提示:相对界限受压区高度 $\xi_b=\dfrac{\beta_1}{1+f_y/(E_s\varepsilon_u)}=\dfrac{0.8}{1+300/(2.0\times10^5\times0.0033)}=0.55$,根据已知条件,$\xi=f_yA_s/(\alpha_1 f_0 bh_0)=300\times1256/(1.0\times9.6\times200\times465)=0.422<\xi_b$,故不会发生超筋破坏。配筋率 $\rho=A_s/(bh_0)=1256/(200\times465)=1.35\%>\rho_{min}=0.2\%$,也不会发生少筋破坏。

答案:C

16-11 提示:界限破坏时受压边缘混凝土的压应变 $\varepsilon_c=\varepsilon_u$,对于适筋梁 $\varepsilon_c\leqslant\varepsilon_u$。

答案:C

16-12 提示:此时有三个未知量,而方程只有两个,需补充一个条件,为了充分利用混凝土的抗压强度,取 $\xi=\xi_b$。

答案:A

16-13 提示:由公式 $V\leqslant\dfrac{1.75}{\lambda+1}f_tbh_0$,当 $\lambda<1.5$ 时,取 $\lambda=1.5$;当 $\lambda>3$ 时,取 $\lambda=3$。

答案:D

16-14 提示:受扭纵筋与受扭箍筋的强度比 $\zeta=0.6\sim1.7$ 时,可能出现纵筋达不到屈服,或箍筋达不到屈服的部分超筋情况,这两种情况都是允许的。

答案:B

16-15 提示:大偏心受压构件的破坏特征为受拉破坏,类似适筋的双筋梁。对于小偏心受压构件,远离轴向力一侧的钢筋无论是受拉还是受压一般均达不到屈服。

答案:A

16-16 提示:为了满足破坏时受压区钢筋等于其抗压强度设计值的假定,混凝土受压区

高度 x 应不小于 $2\alpha_s'$。

答案:A

16-17 提示:对称配筋时,$N_b = \alpha_1 f_c b h_0 \xi_b$,而 ξ_b 只与材料的力学性能有关。

答案:C

16-18 提示:$\xi_b = 0.55$,则 $N_b = \alpha_1 f_c b h_0 \xi_b = 1.0 \times 9.6 \times 400 \times 365 \times 0.55 = 770.88\text{kN}$,$N < N_b$,为大偏心受压。根据大偏心受压构件 M 与 N 的相关性,当 M 不变时,N越小越不利,剔除选项 C 和 D。接下来比较选项 A 和选项 B,$e_0 = M/N$ 越大,对大偏心受压构件越不利。

答案:B

16-19 提示:由公式 $V_u \leqslant \frac{1.75}{\lambda+1} f_t b h_0 + 0.07N$,当 $N > 0.3 f_c A$ 时,取 $N = 0.3 f_c A$。

答案:C

16-20 提示:增加受拉钢筋截面面积,不仅可以降低裂缝截面的钢筋应力,同时也可提高钢筋与混凝土之间的黏结力,这对减小裂缝宽度十分有效。

答案:C

16-21 提示:弯矩越大,截面的抗弯刚度越小,最大弯矩截面处的刚度,即为最小刚度。

答案:C

16-22 提示:先张法的工序:在台座上张拉钢筋—浇筑混凝土—混凝土达到设计强度后切断钢筋,预应力钢筋在回缩时挤压混凝土,使混凝土获得预压力。所以先张法预应力混凝土构件中,预应力是靠钢筋与混凝土之间的黏结力来传递。

后张法的工序:先浇筑混凝土构件,并在构件中预留孔道,混凝土达到设计强度后,将预应力钢筋穿入孔道,利用构件本身作为台座,在张拉预应力钢筋的同时,使混凝土受到预压。当预应力钢筋的张拉力达到设计值后,在张拉端用锚具将钢筋锚住,使构件保持预压状态。

答案:A

16-23 提示:完成第二批预应力损失后预应力钢筋的应力,先张法:$\sigma_{peII} = \sigma_{con} - \sigma_l - \alpha_E \sigma_{pcII}$,后张法:$\sigma_{peII} = \sigma_{con} - \sigma_l$。

答案:B

16-24 提示:对于后张法预应力混凝土构件,施工阶段采用净截面面积 A_n(预应力钢筋与混凝土之间无黏结),使用阶段则采用换算截面面积 A_0,有 $N_{pII} = (\sigma_{con} - \sigma_l) A_n$,$N_0 = (\sigma_{con} - \sigma_l) A_0$。

答案:B

16-25 提示:沉降缝必须从基础断开,并应满足最大缝宽的要求。

答案:A

16-26 提示:框架-剪力墙结构在水平荷载作用下,其侧向变形曲线既不同于框架的剪切形曲线,也不同于剪力墙的弯曲形曲线,而是两者的协调变形,其下部主要呈弯曲形,而上部主要呈剪切形。因此,按框架计算完毕后再加上一些剪力墙,对上部结构可能是不安全的。

答案:D

16-27 提示:在设计基准期内,“小震”(多遇地震)的超越概率为63.2%,“中震”(基本设防烈度)的超越概率为10%,“大震”(罕遇地震)的超越概率为2%~3%。

答案:B

16-28 提示:设计计算中,地震对结构作用的大小与地震的持续时间无关。

答案:C

16-29 提示:构造要求,见现行《抗震规范》第6.5.1条。

答案:D

16-30 提示:构造要求,见现行《抗震规范》第6.3.6条。

答案:C

16-31 提示:由于钢材具有良好的塑性,钢结构构件在常温、静力荷载作用下,一般不会发生突然断裂。

答案:A

16-32 提示:钢结构构件的变形不受荷载长期作用的影响。

答案:D

16-33 提示:轴心受拉构件的极限状态受强度控制,计算时应采用净截面面积,并且截面应力达到钢材的屈服强度。

答案:C

16-34 提示:轴心受压构件的整体稳定性系数 φ 是根据构件的长细比、钢材屈服强度和截面类别(a、b、c、d四类)确定的。

答案:C

16-35 提示:对于承受动力荷载作用的梁,宜不考虑截面的塑性发展,按弹性设计。

答案:D

16-36 提示:当 $h_0/t_w \leqslant 80\sqrt{235/f_y}$ 时,腹板不会发生剪切失稳,一般不配置加劲肋;当 $80 < h_0/t_w \leqslant 170\sqrt{235/f_y}$ 时,腹板会发生剪切失稳但不会发生弯曲失稳,应配置横向加劲肋;当 $h_0/t_w > 170\sqrt{235/f_y}$ 时,腹板会发生剪切失稳和弯曲失稳,应配置横向加劲肋,并在受压区配置纵向加劲肋。

答案:C

16-37 提示:侧面角焊缝的计算长度不宜大于 $60h_f$,当大于上述数值时其超出部分在计算中不考虑。

答案:D

16-38 提示:摩擦型高强度螺栓受剪连接是以摩擦力被克服作为承载能力极限状态,承压型高强度螺栓连接是以栓杆剪切或孔壁承压破坏作为受剪的极限状态。

答案:D

16-39 提示:在螺栓杆轴方向受拉的连接中,每个摩擦型高强度螺栓的承载力设计值为:$N_t^b = 0.8P$(P 为预拉力),而承压型高强度螺栓承载力设计值的计算公式与普通螺栓相同,即 $N_t^b = \frac{\pi d_e^2}{4} f_t^b$。两公式的计算结果相近,但并不完全相等。

答案:D

16-40 **提示**:砖的形状的规则程度显著影响砌体的强度。形状不规则,表面不平整,更可能引起较大的附加弯曲应力而使砖过早断裂。

答案:B

16-41 **提示**:计算公式中的 φ 是高厚比和偏心距对受压构件承载力的影响系数,同时 φ 与砂浆的强度等级有关。

答案:A

16-42 **提示**:抗压承载力与 e/h 成反比,其中 e 为偏心距,h 为偏心方向的截面尺寸,①、②、③、④的 e/h 分别为 0.17、0.3、0.2、0.24。

答案:D

16-43 **提示**:砌体局部抗压调整系数 $\gamma=1+0.35\sqrt{A_0/A_l-1}$,其中 A_l 为局部受压面积,A_0 为影响砌体局部抗压强度的计算面积。应注意不同情况下 γ 的最大取值,见现行《砌体规范》第 5.2.2 条。

答案:A

16-44 **提示**:计算规定,见现行《砌体规范》第 4.2.1 和 4.2.2 条。

答案:C

16-45 **提示**:见《砌体结构设计规范》(GB 50003—2011)第 4.2.1 条表 4.2.1,关于砌体房屋静力计算方案的划分。

答案:C

16-46 **提示**:构造要求,见现行《砌体规范》第 6.2.8 条。

答案:B

16-47 **提示**:由现行《砌体规范》第 6.1.1 条,块体的强度等级对墙体高厚比没有影响。

答案:C

16-48 **提示**:圈梁的作用不包括④。

答案:B

16-49 **提示**:构造要求,见现行《砌体规范》第 6.5.2 条。

答案:B

16-50 **提示**:构造要求,见现行《砌体规范》第 7.3.12 条。

答案:B

16-51 **提示**:根据现行《砌体规范》规定,对于砖砌体,当过梁上的墙体高度 $h_w<l_n/3$(l_n 为过梁净跨)时,应按墙体的均布自重采用;当墙体高度 $h_w\geqslant l_n/3$ 时,应按高度为 $l_n/3$ 墙体的均布自重采用。

答案:A

16-52 **提示**:见《砌体结构设计规范》(GB 50003—2011)第 7.4.3 及 7.4.6 条,可知 A、B 项正确。又挑梁的受力状态为受弯构件,知 D 项也正确。规范第 7.4.4 条要求:挑梁下的支承压力应取两倍的挑梁倾覆荷载设计值,故 C 项错误。

答案:C

16-53 **提示:**构造柱不会提高砌体承受竖向荷载的能力,可以间接提高砌体房屋的抗剪强度,第②、③项均为构造柱的作用。

答案:A

16-54 **提示:**见《建筑抗震设计规范》(GB 50011—2010)第 7.1.2 条第 1、2 款。

答案:C

第十七章　土力学与基础工程

复习指导

一、考试大纲

《土力学与基础工程》考试内容分属于注册岩土工程师基础考试的《岩石力学与土力学》和《岩体工程与基础工程》两科当中。考试题量虽不多，但大纲涵盖了本科的几乎所有内容，内容多、覆盖面宽。

(一)《土力学》部分的考试大纲

15.4　土的组成和物理性质

土的三相组成和三相指标　土的矿物组成和颗粒级配　土的结构　黏性土的界限含水率　塑性指数　液性指数　砂土的相对密实度　土的最佳含水率和最大干密度　土的工程分类

15.5　土中应力分布及计算

土的自重应力　基础底面压力　基底附加压力　土中附加应力

15.6　土的压缩性与地基沉降

压缩试验　压缩曲线　压缩系数　压缩指数　回弹指数　压缩模量　载荷试验　变形模量　高压固结试验　土的应力历史　先期固结压力　超固结比　正常固结土　超固结土　欠固结土　沉降计算的弹性理论法　分层总和法　有效应力原理　一维固结理论　固结系数　固结度

15.7　土的抗剪强度

土中一点的应力状态　库仑定律　土的极限平衡条件　内摩擦角　黏聚力　直剪试验及其适用条件　三轴试验　总应力法　有效应力法

15.8　特殊性土

软土　黄土　膨胀土　红黏土　盐渍土　冻土　填土　可液化土

15.9　土压力

静止土压力、主动土压力和被动土压力　朗金土压力理论　库仑土压力理论

15.10　边坡稳定分析

土坡滑动失稳的机理　均质土坡的稳定分析　土坡稳定分析的条分法

15.11　地基承载力

地基破坏的过程　地基破坏形式　临塑荷载和临界荷载　地基极限承载力　斯肯普顿公式　太沙基公式　汉森公式

(二)《基础工程》部分的考试大纲

17.3　浅基础

浅基础类型　刚性基础　独立基础　条形基础　筏板基础　箱形基础　基础埋置深度　基础平面尺寸确定　地基承载力确定　深宽修正　下卧层验算　地基沉降验算　减少不均匀沉降损害的措施　地基、基础与上部结构共同工作的概念　浅基础的结构设计

17.4　深基础

深基础类型　桩与桩基础的类型　单桩的荷载传递特性　单桩竖向承载力的确定方法　群桩效应　群桩基础的承载力　群桩的沉降计算　桩基础设计

17.5　地基处理

地基处理目的　地基处理方法分类　地基处理方案选择　各种地基处理方法的加固机理、设计计算、施工方法和质量检验

二、复习指导

应根据注册岩土工程师执业资格考试基础考试大纲的要求，着重对大纲涉及内容的基本概念、基本理论、基本计算方法、计算公式和步骤、相关的试验方法、基本知识的应用等内容有系统、有条理地重点掌握。明白其中的道理和关系，掌握分析问题的方法。在了解基本计算原理的基础上，应会使用为减小计算工作量或简化、方便计算所制的相关表格。就本章选择题类型，不允许有很长的答题时间，不必过分追求复杂的原始计算公式和过于繁杂、难度大的知识。从多年考试内容和本科要求重点分析，应要求掌握以下重点内容。

（一）土的组成和物理性质

(1)应熟练掌握土的三相组成及相关知识——三相比例指标及其换算，土的矿物成分、结构以及颗粒级配对土的工程性质的影响等有关问题。

(2)砂土的密实度及评价方法——砂土密实度指标为孔隙比、相对密度和标准贯入锤击数。

(3)黏性土不同状态的分界含水率及状态指标、可塑性指标——液限、塑限、液性指数，塑性指数及用途。

(4)土的压实问题——土的含水量与干重度的关系，最大干重度与最佳含水量的概念。

(5)土的工程分类方法与分类。

（二）土中应力分布及计算

(1)土的自重应力计算——掌握分层土、有地下水位、有隔水层条件下土的竖向自重应力计算。

(2)土中附加应力计算——基底总压力、基底附加压力计算、土中附加应力分布和计算(常用基础底面形状与荷载分布)，会查相应附加应力系数表格。

（三）土的压缩性与地基沉降

(1)土的压缩性指标——压缩系数、压缩模量、压缩指数、回弹指数、变形模量以及与其相关的压缩试验、压缩曲线(e-p 曲线、e-lg$p$ 曲线、再压缩曲线)、压缩试验、固结试验等。

(2)土的应力历史——超固结土、欠固结土、正常固结土、先期固结压力、超固结比概念，土的不同固结状态对土的压缩性影响。

(3)最终沉降计算方法——弹性理论法、分层总和法。

(4)有效应力原理——有效应力、孔隙水压力、总应力之间的关系，有效应力与土沉降变形之间的关系。

(5)土的一维固结理论——结合有效应力原理，理解饱和土单向排水有效应力，孔隙水压力的变化与时间、排水路径、固结沉降的关系以及固结系数、固结度的概念与计算。

（四）土的抗剪强度

土的抗剪强度指标为黏聚力与内摩擦角、直剪试验方法与库仑定律、土的三轴试验方法与土的极限平衡条件。土中一点应力状态的表示方法，用总应力、有效应力法分析土抗剪强度及

有效抗剪强度指标。

（五）特殊性土

了解软土、黄土、膨胀土、红黏土、盐渍土、冻土、填土、可液化土的一般不良工程性质及处理方法。

（六）土压力

静止土压力、主动土压力、被动土压力的概念与朗金、库仑土压力理论、适用条件与计算方法。

（七）边坡稳定分析

土坡失稳的机理和影响因素，均质土坡稳定分析原理与条分法。

（八）地基承载力

地基破坏的过程与模式、地基的临塑荷载、临界荷载、极限荷载的概念与计算，斯肯普敦公式、太沙基公式、汉森公式的适用条件与应用。掌握确定地基承载力特征值的方法（载荷试验、公式计算、工程经验等方法）。掌握按规范修正公式确定修正后的地基承载力特征值的方法。

（九）浅基础

(1)常见的浅基础结构类型——独立基础、条形基础、十字交叉基础、筏板基础、箱形基础。这些基础对地基的要求，由高到低；基础刚度、基底面积和所适应的荷载由小到大；对不均匀沉降的适应性由弱到强。

(2)地基承载力是同时满足强度和变形两个条件时，地基单位面积上所能承受的最大荷载，称为地基承载力。应掌握承载力大小的影响因素及确定地基承载力的常用方法。

(3)应熟练掌握浅基础设计方法、设计步骤及其之间的关系。浅基础设计前期，必须对场地的地质情况进行勘察调查，确定地基承载力及有关物理、力学性质指标。根据上部结构资料计算作用在基础上的荷载，确定基础埋深，并按地基承载力确定基础底面尺寸，然后进行必要的验算（包括地基承载力及变形验算），最后根据作用在基础底面上的地基反力和材料强度等级确定基础的构造尺寸。

(4)在软弱地基上建造建筑物时，可以在建筑、结构、设计和施工中采取相应的措施，以减轻不均匀沉降对建筑物的危害，措施得当可以达到减少甚至不必对地基进行处理的效果。对这些必要的措施应系统地加以了解。

掌握软弱下卧层验算的方法。

(5)掌握地基、基础与上部结构相互作用的基本概念将有助于了解各类基础的性能，正确选择地基基础方案，评价常规理论分析与相互作用之间的可能差异，认识与理解地基特征变形允许值的影响因素和帮助采取防止不均匀沉降损害的措施等。地基、基础与上部结构共同工作是指地基、基础和上部结构三者相互联系成整体来承担荷载而发生变形。这三部分都将按各自的刚度对整体变形产生制约作用，从而使整个体系的内力和变形发生变化。

（十）深基础

(1)常见的深基础结构类型有桩基础、大直径桩墩基础、沉井基础、地下连续墙、桩箱基础以及高层建筑深基坑护坡工程等，特别注意对应用面广、适用面宽的桩基础和其他常见类型深基础特点的了解。

(2)掌握桩与桩基础最基本的类型与分类方法，而不同的分类方法反映了不同桩基础的某些方面的特点。按受力情况，分为端承桩、摩擦桩；按所用材料，分为混凝土桩、钢筋混凝土桩、钢桩、木桩；按施工方法，分为预制桩与灌注桩；按承台位置的高低，分为高桩承台基础、低桩承台基础；按桩的使用功能，分为竖向抗压桩、竖向抗拔桩、水平受荷桩；按成桩方法，分为非挤土桩、部分挤土桩、挤土桩；按桩径大小，分为小桩、中等直径桩、大直径桩。应了解各类桩基础的特点、设计与施工方法。

(3)桩的承载力问题是桩基础设计的重要内容。目前我国确定桩的承载力的规范有《建筑地基基础设计规范》(GB 50007—2011)本章中简称《地基规范》和《建筑桩基技术规范》(JGJ 94—2008)。桩的承载力，包括单桩竖向承载力、群桩竖向承载力和桩的水平承载力。对于不同承载性状、不同使用功能、不同桩周土与桩端土质、不同桩的数量使桩承载力的设计变得较为复杂。特别是两个规范中桩的承载力有多种计算方法和公式，给这部分的复习带来了难度。本教材基于《地基规范》进行介绍。应注意将各种桩的承载力计算方法和公式加以分析、比较、归类与总结，搞清楚每个公式的适用条件，以达到灵活掌握与应用。对两规范中单桩轴向承载力计算公式应能熟练应用。

(4)了解群桩效应的概念，掌握群桩沉降验算的基本方法。

(5)桩基础设计包括确定桩的类型、确定桩的规格、尺寸与单桩竖向承载力，计算桩的数量并进行桩的平面布置、桩基础验算、桩承台设计。应掌握桩基础的设计步骤，重点掌握桩基础的受力验算。

(十一)地基处理

(1)地基处理的目的与地基处理方法分类。

(2)每一种地基处理的方法都有它的适用范围、局限性和优缺点。要了解各种地基处理方法的机理。针对工程的复杂情况、工程对地基的具体要求、工程费用等方面因素综合考虑确定适合的地基处理方法。

(3)常用的地基处理方法的设计、计算。

(4)各种地基处理方法的施工和质量检验。

第一节　土的物理性质和工程分类

一、土力学、地基和基础的概念

土力学是用力学知识和土工测试技术，研究土的物理、力学性质，研究土的变形及其强度规律的一门科学。

工程上所研究的土，可作为建筑环境(如地下工程周围的土介质)、建筑材料(如修筑路基和土坝的土料)和支承建筑物荷载的地基。

建筑物或构筑物可分为上部结构、下部结构两部分。下部结构即基础，其作用是支承上部结构荷载，并将其传给地基，见示意图 17-1。

二、土的生成和组成

(一)土的生成

土是岩石经风化(物理、化学、生物风化)作用后，再经其他各种外力地质作用(如搬运、沉积)的产物。是由固体颗粒、水和空气组成的三相体，这三种成分混合分布。为研究方便，将三

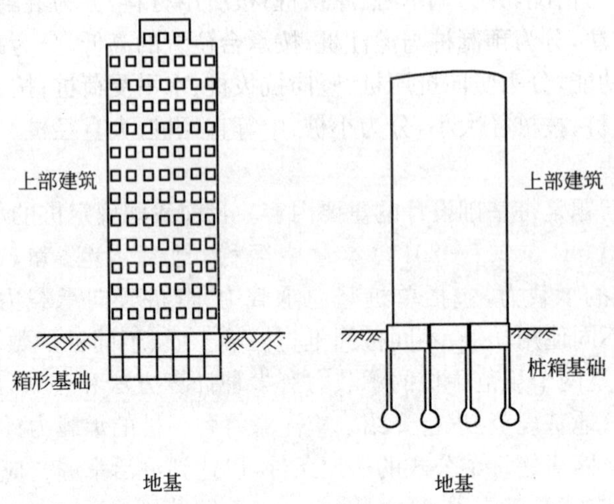

图 17-1　地基及基础示意图

相体中的固体颗粒(简称为土粒)、水和气体分别集中起来,用如图 17-2 所示的三相组成示意图来表示各部分之间的数量关系。图中符号的意义如下:

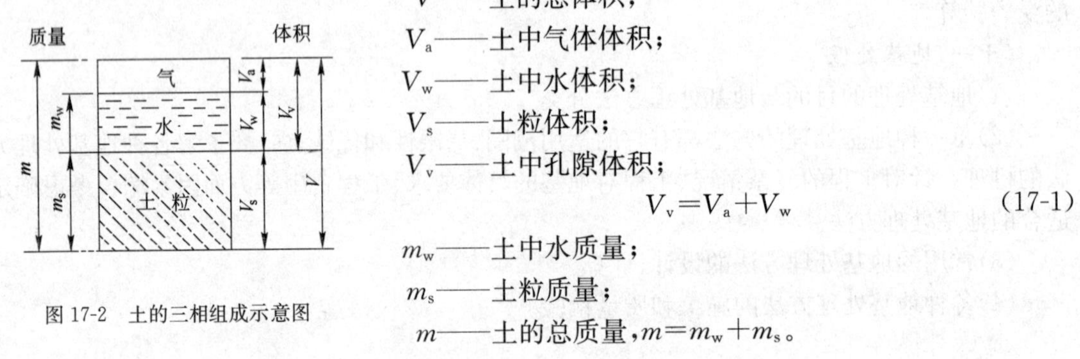

图 17-2　土的三相组成示意图

V——土的总体积;

V_a——土中气体体积;

V_w——土中水体积;

V_s——土粒体积;

V_v——土中孔隙体积;

$$V_v = V_a + V_w \tag{17-1}$$

m_w——土中水质量;

m_s——土粒质量;

m——土的总质量,$m = m_w + m_s$。

(二)土的组成及相关概念简述

1. 固相——即土的颗粒,它的矿物成分、颗粒大小、形状与级配影响土的物理力学性质。

(1)土的粒组,将土中颗粒按适当粒径范围分组,使各组内土粒大小、性质大体相近。划分粒组的分界尺寸,称为界限粒径。我国按界限粒径 200、20、2、0.05、和 0.005(单位为 mm)把土粒分为六组:漂石(块石)、卵石、圆砾、砂粒、粉粒和粘粒。

(2)土的级配,即土中各粒组的相对含量(各粒组质量占全部粒组质量的百分比),可通过颗粒分析试验测得,用级配累计曲线表示。如图 17-3 所示为三种土样的级配情况,利用级配曲线可求得不均匀系数 C_u、曲率系数 C_c 以判断土的级配情况。

不均匀系数

$$C_u = \frac{d_{60}}{d_{10}} \tag{17-2}$$

曲率系数

$$C_c = \frac{d_{30}^2}{d_{60} d_{10}} \tag{17-3}$$

式中:d_{10}、d_{30}、d_{60}——分别相当于累计百分比含量为 10%、30%和 60%的对应粒径,d_{10} 为有效粒径,d_{60} 为限制粒径。

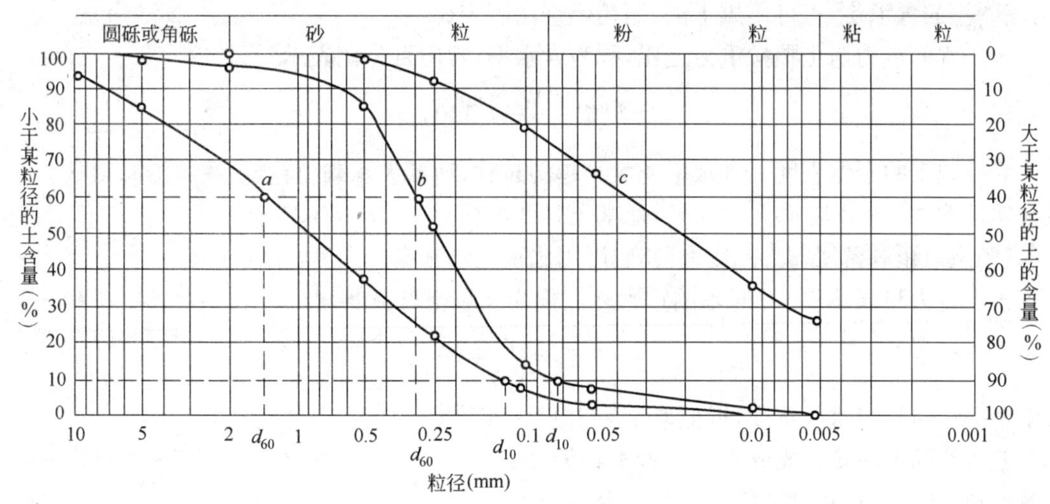

图 17-3 粒径级配曲线

曲线越缓，C_u 越大，表示土粒大小分布范围越大，$C_u>10$，称为级配良好的土，宜作为良好地基。反之，曲线越陡，土粒大小分布范围越小，$C_u<5$，称为均粒土，其级配不好，不宜做地基，可做反滤料。但实际上仅用单独一个指标 C_u 来确定土的级配情况是不够的，还必须同时考察累计曲线的整体形状，故需兼顾曲率系数 C_c 值。

当同时满足不均匀系数 $C_u>5$ 和曲率系数 $C_c=1\sim3$ 这两个条件时，土为级配良好的土；如不能同时满足，则土为级配不良的土。

(3)土的结构，指土粒及其集合体的大小、形状、相互排列与联结等综合特征。有三种：单粒结构(颗粒较大)如砂粒、碎石；蜂窝结构(颗粒较细)如粉粒；絮状结构(颗粒极细)如粘粒。

(4)土的构造，指物质成分和颗粒大小等相近的各部分土层之间的相互联系特点。主要有层理构造(分水平、交错两种)、裂隙构造和分散构造。

2. 液相——即土中水。可以呈固态(冰)、液态(水)、气态(水蒸气)存在于土中。从水膜理论的角度来看，水的分类如下：

(1)结合水
- 强结合水(吸着水)　可塑状态黏土仅含此水呈固态
- 弱结合水(薄膜水)　可塑状态黏土多含此水，特别对黏性土的性质影响大

(2)自由水
- 重力水　地下水位以下透水层中的水
- 毛细水　孔隙中的自由水，也能在地下水位以上存在

3. 气相——即土中气
- 通畅气　与大气相连，常存在于粗粒土中
- 封闭气　封闭于孔隙中，常存在于细粒土中

三、土的三相比例指标

(一)由试验直接测定的基本指标

(1)土的重度(重力密度)γ：可用环刀法、灌砂法测定。

天然状态下单位体积土的重力称为天然重度(kN/m³)，$W=mg$，而

$$\gamma=\frac{W}{V} \tag{17-4}$$

它与土的矿物成分、孔隙大小、含水多少等有关。一般 $\gamma=16\sim22\text{kN/m}^3$ 之间。

(2)土的含水率 w：可用烘干法、酒精燃烧法测定。

土中水的重力与土颗粒重力之比，称为含水率，常用百分比表示

$$w(\%)=\frac{W_w}{W_s}\times 100\% \tag{17-5}$$

它反映土的干湿程度。含水率越大土越湿越软，地基土承载力越低，我国沿海软黏土含水量常接近 50%，高者达 60%～70%，地基土容许承载力仅 50～80kPa。

(3)土粒相对密度(旧称"比重")d_s：可用比重瓶法测定。

土粒重力与同体积 4℃时水的重力之比称为土粒相对密度，即

$$d_s=\frac{W_s}{V_s\gamma_w} \tag{17-6}$$

式中：γ_w——4℃时水的重度，近似取 $\gamma_w=10\text{kN/m}^3$。

其大小随土粒矿物成分而异。砂土约为 2.65～2.69，黏土在 2.72～2.76 之间。土中含大量有机质时，土粒相对密度则显著减少。

(二)换算的物理性质指标(表 17-1)

1.土的饱和重度 γ_{sat}、浮重度 γ' 及干土重度 γ_d

(1)饱和重度 γ_{sat}。土的孔隙全部被水充满时的重度，称为饱和重度 γ_{sat}(kN/m³)，即

$$\gamma_{sat}=\frac{W_s+V_v\gamma_w}{V} \tag{17-7}$$

(2)浮重度(有效重度)γ'。一般从地下水位以下取出的土，其天然重度，可作为饱和重度。当土处于地下水位以下时，则受到水的浮力作用，单位土体积中颗粒的有效重力，由单位土体积中土颗粒的重力扣除浮力后的重度称为土的浮重度 γ'(kN/m³)，即

$$\gamma'=\frac{W_s-V_s\gamma_w}{V}=\gamma_{sat}-\gamma_w \quad (\gamma_w\approx 10\text{kN/m}^3) \tag{17-8}$$

土的三相比例指标换算公式 表 17-1

名　称	符号	三相比例表达式	常用换算公式	单　位	常见的数值范围
土粒相对密度	d_s	$d_s=\frac{m_s}{V_s\rho_w}$	$d_s=\frac{S_r e}{w}$	—	黏性土：2.72～2.76 粉土：2.70～2.71 砂土：2.65～2.69
含水率	w	$w=\frac{m_w}{m_s}\times 100\%$	$w=\frac{S_r e}{d_s}$ $w=\frac{\rho}{\rho_d}-1$	—	20%～60%
密度	ρ	$\rho=\frac{m}{V}$	$\rho=\rho_d(1+w)$ $\rho=\frac{d_s(1+w)}{1+e}\rho_w$	g/cm³	1.6～2.0
干密度	ρ_d	$\rho_d=\frac{m_s}{V}$	$\rho_d=\frac{\rho}{1+w}$ $\rho_d=\frac{d_s}{1+e}\rho_w$	g/cm³	1.3～1.8
饱和密度	ρ_{sat}	$\rho_{sat}=\frac{m_s+V_v\rho_w}{V}$	$\rho_{sat}=\frac{d_s+e}{1+e}\rho_w$	g/cm³	1.8～2.3
重度	γ	$\gamma=\frac{m}{V}\cdot g=\rho\cdot g$	$\gamma=\frac{d_s(1+w)}{1+e}\gamma_w$	kN/m³	16～20

续上表

名称	符号	三相比例表达式	常用换算公式	单位	常见的数值范围
干重度	γ_d	$\gamma_d=\frac{m_s}{V}\cdot g=\rho_d\cdot g$	$\gamma_d=\frac{d_s}{1+e}\gamma_w$	kN/m^3	13～18
饱和重度	γ_{sat}	$\gamma_{sat}=\frac{m_s+V_v\rho_w}{V}g$ $=\rho_{sat}\cdot g$	$\gamma_{sat}=\frac{d_s+e}{1+e}\gamma_w$	kN/m^3	18～23
有效重度	γ'	$\gamma'=\frac{m_s-V_s\rho_w}{V}g=\rho'\cdot g$	$\gamma'=\frac{d_s-1}{1+e}\gamma_w$	kN/m^3	8～13
孔隙比	e	$e=\frac{V_v}{V_s}$	$e=\frac{d_s\rho_w}{\rho_d}-1$ $e=\frac{d_s(1+w)\rho_w}{\rho}-1$	—	黏性土和粉土:0.40～1.20 砂土:0.30～0.90
孔隙率	n	$n=\frac{V_v}{V}\times100\%$	$n=\frac{e}{1+e}$ $n=1-\frac{\rho_d}{d_s\rho_w}$	—	黏性土和粉土:30%～60% 砂土:25%～45%
饱和度	S_r	$S_r=\frac{V_w}{V_v}\times100\%$	$S_r=\frac{wd_s}{e}$ $S_r=\frac{w\rho_d}{n\rho_w}$	—	0～100%

注:水的重度 $\gamma_w=\rho_w\cdot g=1\,000kg/m^3\times9.807N/kg\approx10kN/m^3$。

(3)干重度(干重力密度)

单位土体积中固体颗粒的重力称为土的干重度 $\gamma_d(kN/m^3)$,即

$$\gamma_d=\frac{W_s}{V} \tag{17-9}$$

干土重度反映土颗粒排列的紧密程度,工程上用 γ_d 作为人工填土压实质量的控制指标。一般 γ_d 达到 $16kN/m^3$ 以上时,土就比较密实。

2. 土的孔隙比 e

土中孔隙体积与土的颗粒体积之比,称为孔隙比,即

$$e=\frac{V_v}{V_s} \tag{17-10}$$

它表明土的密实程度,建筑物的沉降与土的孔隙比有着密切的关系。天然状态的黏性土,一般当 $e<0.6$ 时,土密实、压缩性低;当 $e>1.0$ 时,土是松软的。高压缩性的淤泥质土、淤泥的 e 值则高达 1.5 以上。地基土层中含有 $e>1.0$ 的黏性土时,建筑物的沉降量较大。

3. 土的饱和度 S_r

土中水的体积与孔隙体积之比称为饱和度 S_r,以百分数表示,即

$$S_r=\frac{V_w}{V_v}\times100\% \tag{17-11}$$

它表示土的潮湿程度,如 $S_r=100\%$,表明土孔隙中充满水,土是完全饱和的;$S_r=0$,土是完全干燥的。

砂土的含水饱和程度,对其工程性质影响较大,如饱和粉细砂土在动荷载作用下会发生液化。根据饱和度 S_r 的数值,砂土可分为稍湿($S_r\leqslant50\%$)、很湿($50\%<S_r\leqslant80\%$)和饱和($S_r>80\%$)的三种湿度状态。

各指标常见值列入表 17-1。

四、黏性土的物理状态指标

（一）黏性土的状态与界限含水率

1. 界限含水率

黏性土由某一状态转入另一状态时的分界含水率，称为土的界限含水率。

2. 液限和塑限

在国际上称为阿太堡界限(Atterberg Limit)，它们是黏性土的重要物理特性指标。

液限：土由流动状态变成可塑状态的界限含水率称为液限，以符号 w_L 表示。

塑限：土由可塑状态变化到半固体状态的界限含水率称为塑限，以符号 w_p 表示。

缩限：由半固体状态变化到固体状态的界限含水率称为缩限，以符号 w_s 表示，不常用。

（二）塑性指数 I_p

$$I_p = w_L - w_p \tag{17-12}$$

液限与塑限之差值（省去%）反映在可塑状态下的含水率范围。此值可作为黏性土分类的指标。

（三）液性指数 I_L

$$I_L = \frac{w - w_p}{I_p} = \frac{w - w_p}{w_L - w_p} \tag{17-13}$$

即天然含水率和塑限之差与塑性指数之比值。反映土在天然条件下所处的状态。

黏性土中水的含量对其性质、状态的影响见图 17-4。土中多含自由水时，处流动状态，土中多呈弱结合水时，处于可塑状态，弱结合水减少，水膜变薄，土向半固态转化，土中为强结合水时处于固态。

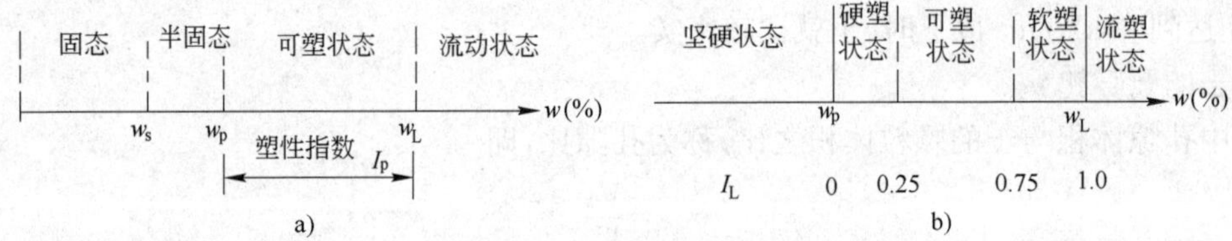

图 17-4 黏性土的物理状态与含水率关系

五、无黏性土的密实度

砂土的密实度对地基土的工程性质有很大影响。如密实的天然砂层是良好的天然地基。疏松的砂，尤其是饱和的粉细砂，在动力作用下结构常处于不稳定状态，对土建工程很不利。

（一）相对密实度

土的孔隙比一般可以用来描述土的密实程度，但砂土的密实程度并不单独取决于孔隙比，而在很大程度上取决于土的级配情况。粒径级配不同的砂土即使具有相同的孔隙比，但由于颗粒大小不同，排列不同，所处的密实状态也会不同。为了同时考虑孔隙比和级配的影响，引入砂土相对密实度的概念。

当砂土处于最密实状态时，其孔隙比称为最小孔隙比 e_{min}；而砂土处于最疏松状态时的孔隙比则称为最大孔隙比 e_{max}。试验标准规定了一定的方法测定砂土的最小孔隙比和最大孔隙比，然后可按下式计算砂土的相对密实度 D_r

$$D_r = \frac{e_{max} - e}{e_{max} - e_{min}} \tag{17-14}$$

从式(17-14)可以看出,当砂土的天然孔隙比接近于最小孔隙比时,相对密实度 D_r 接近于1,表明砂土接近于最密实的状态;而当天然孔隙比接近于最大孔隙比则表明砂土处于最松散的状态,其相对密实度接近于0。根据砂土的相对密实度可以按表17-2将砂土划分为密实、中密和松散三种密实度。

砂土密实度划分标准

表17-2

密实度	密实	中密	松散
相对密实度	1～0.67	0.67～0.33	0.33～0

(二)标准贯入试验

测定砂土密实度,目前常用标准贯入试验,它是将带有刃口的厚壁管状的标准贯入器,在规定的锤重(63.5kg)和落距(76cm)的条件下击入土中,测定贯入量为30cm所需要的锤击数 N,称为标准贯入锤击数。以此确定砂土层的密实度。见表17-3。

标准贯入试验判定砂土密实度

表17-3

密实度	松散	稍密	中密	密实
锤击数 N	$\leqslant 10$	$10 \leqslant N \leqslant 15$	$15 < N \leqslant 30$	>30

六、土的压实性

有时建筑物建筑在填土上,为了提高填土的强度,增加土的密实度,降低其透水性和压缩性,通常用分层压实的办法来处理地基。

实践经验表明,对过湿的土进行夯实或碾压时就会出现软弹现象(俗称"橡皮土"),此时土的密实度是不会增大的。对很干的土进行夯实或碾压,显然也不能把土充分压实。所以,要使土的压实效果最好,其含水率一定要适当。在一定的压实能量下使土最容易压实,并能达到最大密实度时的含水率,称为土的最优含水率(或称最佳含水率),用 w_{op} 表示。相对应的干重度叫做最大干重度,用 γ_{dmax} 表示。

土的最优含水率可在试验室内通过击实试验测得。试验时将同一种土,配制成若干份不同含水率的试样,用同样的压实能量分别对每一份试样进行击实[试验的仪器和方法见现行《土工试验方法标准》(GB/T 50123—1999)],然后测定各试样击实后的含水率 w 和干重度 γ_d 从而绘制含水率与干重度关系曲线(见图17-5),称为压实曲线。从图中可以知道,当含水率较低时,随着含水率的增大,土的干重度也逐渐增大,表明压实效果逐步提高;当含水率超过某一限值 w_{op} 时,干重度则随着含水率增大而减小,即压实效果下降。这说明土的压实效果随含水率的变化而变化,并在击实曲线上出现一个干重度峰值(即最大干重度 γ_{dmax}),相应于这个峰值的含水率就是最优含水率。

试验还证明,最优含水率与压实能量有关。对同一种土,用人力夯实时,因能量小,要求土粒之间有较多的水分使其更为润滑,因此,最优含水率较大而得到的最大干重度却较小,如图17-6所示的曲线3。当用机械夯实时,压实能量较大,得出的曲线如图17-6所示的曲线1和2。所以当填土压实程度不足时,可以改用大的压实能量补夯,以达到所要求的密实度。

在同类土中,土的颗粒级配对土的压实效果影响很大,颗粒级配不均匀的容易压实,均匀的则不易压实。

必须指出:室内击实试验与现场夯实或碾压的最优含水率是不一样的。所谓最优含水率,是针对某一种土,在一定的压实机械、压实能量和填土分层厚度等条件下测得的。如果这些条件改变,就会得出不同的最优含水率。因此,要指导现场施工,还应该进行现场试验。

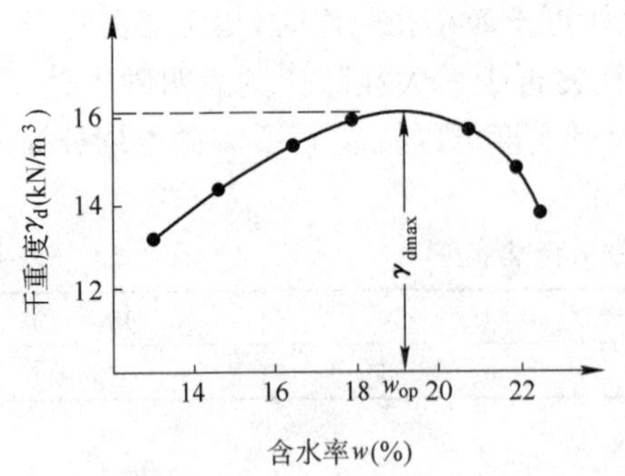

图 17-5 干重度与含水率的关系

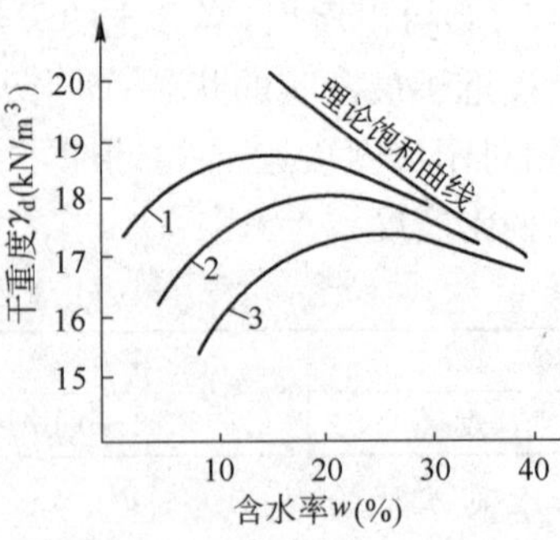

图 17-6 压实能量对压实效果的影响

在图 17-6 中还给出了理论饱和曲线，它表示土处在饱和状态下的干重度 γ_d 与含水率 w 的关系。实践中，土不可能被压实到完全饱和的程度。试验证明，黏性土在最优含水率时，压实到最大干重度 γ_{dmax}，其饱和度一般为 80%左右。此时，因为土孔隙中的气体越来越难于和大气相通，压实时不能将其完全排出去，因此压实曲线只能趋于理论饱和曲线的左下方，而不可能与它相交。

七、地基土的分类

地基土的工程分类目的是为判别土的工程特性和评价土作为建筑场地的可用程度。

作为建筑地基的这一部分土(包括岩石)分为六大类，即岩石、碎石土、砂土、粉土、黏性土和人工填土(不包括呈区域性特性的土，这部分内容以后另行介绍)，每个大类又细分为若干亚类。

(一)岩石

岩石应为颗粒间牢固联结，呈整体或具有节理裂隙的岩体。岩石的坚硬程度应根据岩块的饱和单轴抗压强度 f_{rk} 按规范分为坚硬岩、较硬岩、较软岩、软岩和极软岩。岩石的风化程度可分为未风化、微风化、中风化、强风化和全风化。岩体完整程度应根据完整性指数(为岩体纵波波速与岩块纵波波速之比的平方)划分为完整、较完整、较破碎、破碎和极破碎。

(二)碎石土

碎石土为粒径大于 2mm 的颗粒含量超过全重 50%的土。碎石土可根据颗粒形状和粒组含量按规范表分为漂石、块石、卵石、碎石、圆砾和角砾。

碎石土的密实度，可根据重型圆锥动力触探锤击数分为松散、稍密、中密和密实。

(三)砂土

砂土为粒径大于 2mm 的颗粒含量不超过全重 50%、粒径大于 0.075mm 的颗粒超过全重 50%的土。砂土可根据粒组含量按规范表分为砾砂、粗砂、中砂、细砂和粉砂。

砂土的密实度，可根据标准贯入试验锤击数按规范表分为松散、稍密、中密和密实。

(四)黏性土

黏性土为塑性指数 I_p 大于 10 的土，当 $I_p>17$ 时为黏土，当 $10<I_p\leqslant 17$ 时为粉质黏土。

黏性土的状态，可根据液性指数按规范表分为坚硬、硬塑、可塑、软塑和流塑。

(五)粉土

粉土为介于砂土与黏性土之间，塑性指数 $I_p\leqslant 10$ 且粒径大于 0.075mm 的颗粒含量不超过全重 50%的土。

(六)淤泥

淤泥为在静或缓慢的流水环境沉积,并经生物化学作用形成,其天然含水率大于液限、天然孔隙比大于或等于 1.5 的黏性土。当天然含水率大于液限而天然孔隙比小于 1.5 但大于或等于 1.0 的黏性土或粉土为淤泥质土。含有大量未分解的腐殖质,有机质含量大于 60%的土为泥炭,有机质含量大于等于 10%且小于等于 60%的土为泥炭质土。

(七)红黏土

红黏土为碳酸盐岩系的岩石经红土化作用形成的高塑性黏土。其液限一般大于 50%。红黏土经再搬运后仍保留其基本特征,其液限大于 45%的土为次生红黏土。

(八)人工填土

人工填土根据其组成和成因,可分为素填土、压实填土、杂填土、冲填土。素填土为由碎石土、砂土、粉土、黏性土等组成的填土。经过压实或夯实的素填土为压实填土。杂填土为含有建筑垃圾、工业废料、生活垃圾等杂物的填土。冲填土为由水力冲填泥砂形成的填土。

(九)膨胀土

膨胀土为土中粘粒成分主要由亲水性矿物组成,同时具有显著的吸水膨胀和失水收缩特性,其自由膨胀率大于或等于 40%的黏性土。

(十)湿陷性土

湿陷性土为在一定压力下浸水后产生附加沉降,其湿陷系数大于或等于 0.015 的土。

习　　题

17-1　影响黏性土性质的土中水主要是(　　)。

A. 强结合水　　B. 弱结合水　　C. 重力水　　D. 毛细水

17-2　有效粒径为一特定粒径,即小于该粒径的土粒质量累计为(　　)。

A. 10%　　B. 30%　　C. 60%　　D. 50%

17-3　工程上所谓的均粒土,其不均匀系数 C_u 为(　　)。

A. $C_u<5$　　B. $C_u\geqslant 5$　　C. $C_u>10$　　D. $5<C_u<10$

17-4　标准贯入试验时,最初打入土层不计锤击数的土层厚度为(　　)。

A. 15cm　　B. 30cm　　C. 63.5cm　　D. 50cm

17-5　已知某土样孔隙比 $e=1$,饱和度 $S_r=0$,则土样应符合以下哪两项条件(　　)。

①土粒、水、气三相体积相等　　②土粒、气两相体积相等

③土粒体积是气体体积的两倍　　④此土样为干土

A. ①②　　B. ①③　　C. ②③　　D. ②④

17-6　反映黏性土状态的指标是(　　)。

A. w　　B. I_L　　C. w_p　　D. S_r

17-7　计算土的不均匀系数的参数是下列中的哪几项(　　)。

①粒组平均粒径　　②有效粒径　　③限制粒径　　④界限粒径

A. ①②　　B. ②③　　C. ②④　　D. ③④

17-8　同一种土的压实效果和下列哪些因素有关(　　)。

①土的粒组数量　　②压实能量　　③土的含水率　　④堆积年代

A. ①②　　B. ②③　　C. ①③　　D. ③④

17-9　黏性土是(　　)。

A. $I_p>10$ 的土　　B. 黏土和粉土的统称

C. $I_p\leqslant 10$ 的土　　D. 红黏土中的一种

17-10　同一土样，其重度指标 γ_{sat}、γ_d、γ、γ' 大小存在的关系是(　　)。

A. $\gamma_{sat}>\gamma_d>\gamma>\gamma'$　　B. $\gamma_{sat}>\gamma>\gamma_d>\gamma'$

C. $\gamma_{sat}>\gamma>\gamma'>\gamma_d$　　D. $\gamma_{sat}>\gamma'>\gamma>\gamma_d$

17-11　已知土样的最大、最小孔隙比分别为 0.8、0.4，若天然孔隙比为 0.6，则土样的相对密实度 D_r 为(　　)。

A. 0.75　　B. 0.5　　C. 4.0　　D. 0.25

17-12　碎石土的结构一般为(　　)。

A. 蜂窝结构　　B. 絮凝结构　　C. 单粒结构　　D. 二级蜂窝结构

第二节　地基中的应力

计算基础沉降以及对地基进行强度与稳定性分析时，均须知道土(地基)中应力分布。土中应力可分为自重应力和附加应力，现分述如下。

一、土中自重应力

由于土体自身重力所引起的应力称为自重应力，它一般情况下不产生地基沉降。

假定地基是半无限空间体(即具有一个水平界面的无限空间体)，当土质均匀时，土的自重可视为分布面积为无限的荷载。地基内任一竖直面均是对称面，故不存在剪应力和横向变形，只产生竖向变形。地面下任意深度处，土的自重应力分布见图 17-7。计算式如下

$$\sigma_{cz}=\gamma_1 h_1+\gamma_2 h_2+\cdots+\gamma_n h_n=\sum_{i=1}^{n}\gamma_i h_i \tag{17-15}$$

式中：γ_i——第 i 层土的重度(kN/m³)，地下水位以下透水层中取浮重度 γ'；

h_i——第 i 层土的厚度(m)；

n——从地面到深度 z 处的土层层数。

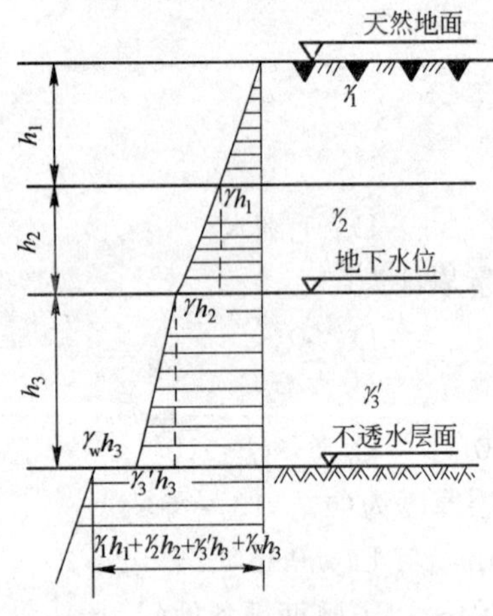

图 17-7　成层土中竖向自重应力分布

二、基底接触压力

(一)在中心荷载作用下，基底压力均匀分布

$$p_k=\frac{F_k+G_k}{A} \tag{17-16}$$

$$G_k=A\bar{d}\gamma_G \tag{17-17}$$

式中：p_k——相应于荷载效应标准组合时，基础底面的平均压力(kPa)；

F_k——相应于荷载效应标准组合时，上部结构传至基础顶面的竖向力值(kN)；

G_k——基础自重与基础上土的总重(kN)；

A——基础底面积(m²)；

$\bar{d}$——基础平均埋深；

γ_G——基础及上覆土平均重度，地下水位以上取 20kN/m³，地下水位以下取 10kN/m³。

如基础为条形(长度大于宽度的10倍),则沿长度方向取1m来计算。此时上式中的F_k、G_k代表每延米内的相应值,A代表条形基础宽度。

(二)偏心荷载作用下的基底压力

对于单向偏心荷载作用下的矩形基础,基础底面两侧的最大与最小边缘压力p_{kmax}、p_{kmin}按下式计算

$$p_{kmin}^{kmax}=\frac{F_k+G_k}{bl}\pm\frac{M_k}{W}=\frac{F_k+G_k}{bl}(1\pm\frac{6e}{l}) \tag{17-18}$$

式中:l——矩形基础的长边(m),此处l为偏心方向的基础边长(条形基础为b);

b——矩形基础的短边(m);

M_k——相应于荷载效应标准组合时,作用于(矩形底面)的力矩(kN·m);

W——基础底面的抵抗矩(m^3),$W=\frac{bl^2}{6}$;

e——偏心距,$e=\frac{M_k}{F_k+G_k}$,视其大小,基底压力分布可呈三角形、梯形、相对三角形。

为了减少因地基应力不均匀而引起过大的不均匀沉降,一般要求$p_{kmax}/p_{kmin}\leqslant 1.5\sim 3$。

当偏心距$e>l/6$时(见图17-8),p_{kmax}应按下式计算

$$p_{kmax}=\frac{2(F_k+G_k)}{3ba} \tag{17-19}$$

式中:b——垂直于力矩作用方向的基础底面边长;

a——合力作用点至基础底面最大压力边缘的距离,$a=\frac{l}{2}-e$。

对于条形基础,计算原则同上。

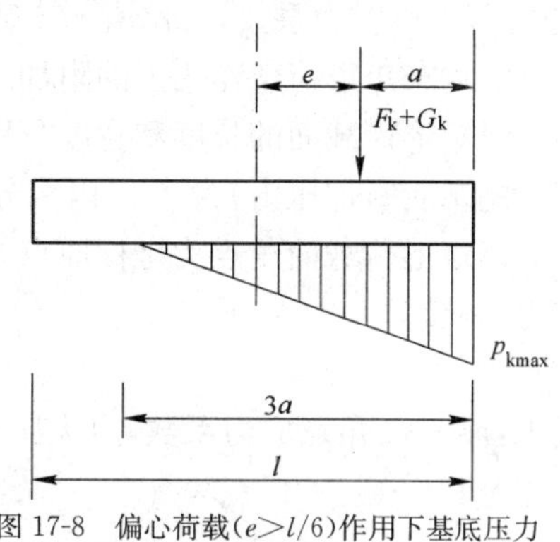

图17-8 偏心荷载($e>l/6$)作用下基底压力计算示意图
l-力矩作用方向基础底面边长

三、基底附加应力

由于修建建筑物在基底处所引起的应力增量,即接触压力与自重应力之差(见图17-9)为

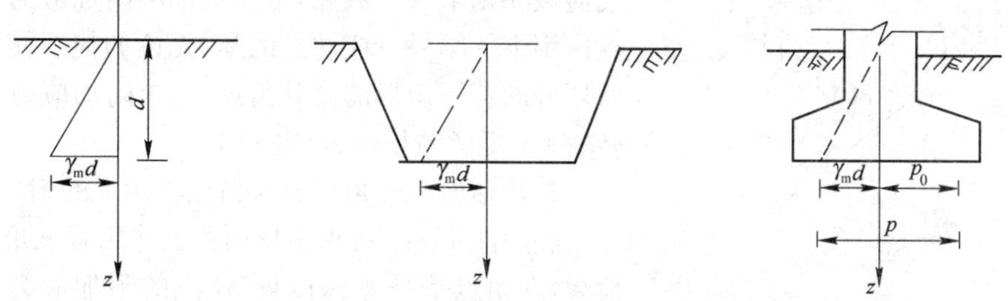

图17-9 基底附加压力

$$p_0=p_k-\sigma_c=p_k-\gamma_m d \tag{17-20}$$

式中:p_k——相应于荷载效应标准组合时基础底面的平均压力(kPa);

p_0——基底附加应力;

γ_m——埋深范围内土的加权平均重度,地下水位以下取浮重度(kN/m^3),$\gamma_m=\sum\gamma_i h_i/d$;

d——基础埋置深度(m)。

四、地基中的附加应力

由基底附加应力所引起的地基中的应力增量,即基底附加应力向地基中逐渐扩散并逐渐

减小的应力，可用通式表达为

$$\sigma_z = K \cdot p_0 \tag{17-21}$$

式中：σ_z——地基中任意点处竖向附加应力；

K——土中附加应力系数，$K<1$，且与基底处的受荷面积、荷载分布情况、所求点的平面位置、距基底面的深度有关，可分如下各种情况求解，但基本理论为弹性力学方法及等代荷载原则。

按荷载在地基各点引起的应力状况，又分为空间问题和平面问题两大类。

（一）空间问题

1. 竖向集中力作用下的附加应力——布辛奈斯克解

地面（或基底）作用竖向集中力 P 时，离此力作用点竖向距离（深度）为 z、径向距离为 r 处的竖向附加应力 σ_z 为

$$\sigma_z = K\frac{P}{z^2} \tag{17-22}$$

式中：K——应力系数，由比值 r/z 确定。

2. 均布矩形荷载作用下的附加应力

设矩形荷载面的长度和宽度分别为 l 和 b，作用于地基上的竖向均布荷载（如中心荷载作用下的基底附加压力）为 p_0。以积分法和角点法可求得矩形荷载作用下任意点的地基附加应力。以矩形荷载面角点为坐标原点 O（图 17-10），则在角点 O 下任意深度 z 的 M 点竖向附加应力

$$\sigma_z = K_c p_0 \tag{17-23}$$

式中：K_c——角点应力系数，由边比 $m=l/b$，及 $n=z/b$ 确定（b 为荷载面的短边）。

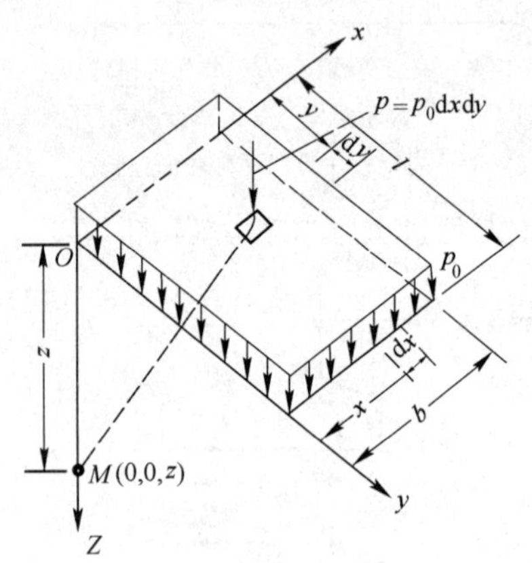

图 17-10　均布矩形荷载角点下的附加应力 σ_z

角点法可用来求矩形荷载面积下地基中任一点的附加应力。其实质有两点，首先以所求点的水平投影为控制点，将荷载平面（或其扩大面）分为若干矩形，求各矩形荷载（有可能为虚拟的）作用下的附加应力，再按等代荷载原则求其代数和，即使最终的附加应力为真实荷载作用下的结果。应注意的是，无论如何要使所求点在所划分的若干矩形的公共角点下，求附加应力系数时 l、b 为每个矩形的长边、短边尺寸。

3. 矩形面积三角形分布荷载作用下的附加应力

利用图 17-11 可求矩形面积上作用着三角形分布的荷载，在角点下任意深度处 M 点的附加应力。其系数的选取，应注意角点的位置，在荷载为零处与荷载最大处是不同值，分别用脚标 1、2 代表。p_0 为最大荷载。

$$\sigma_{z1} = K_{t1} \cdot p_0 \quad , \quad \sigma_{z2} = K_{t2} \cdot p_0 \tag{17-24}$$

K_{t1}、K_{t2} 按 l/b、z/b 查表确定。

4. 圆形面积均布荷载作用下地基附加应力

$$\sigma_z = K_r \cdot p_0 \tag{17-25}$$

利用图 17-12 可求圆心下任意点的附加应力，其系数 K_r 可根据 r/r_0、z/r_0 查相应表格，r_0 为圆的半径。

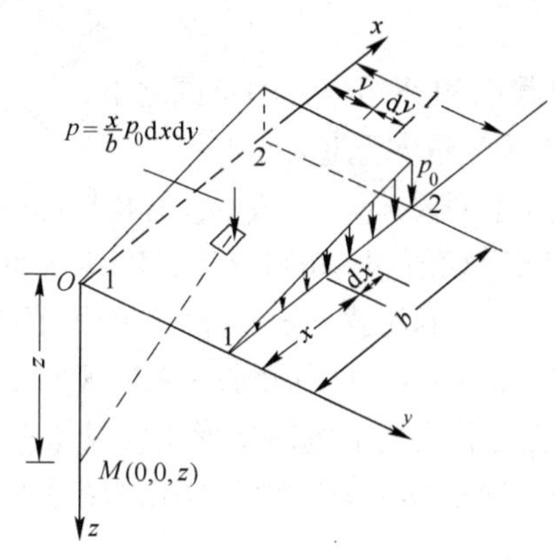

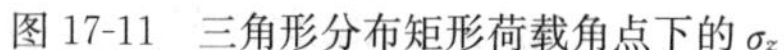

图 17-11 三角形分布矩形荷载角点下的 σ_z

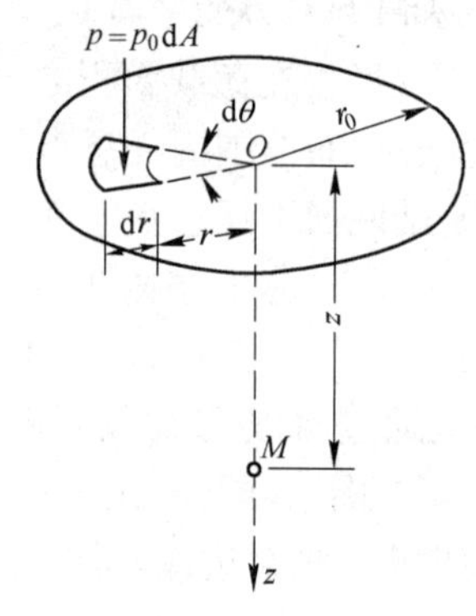

图 17-12 均布圆形荷载中点下的 σ_z

(二)平面问题

其特点是荷载沿 y 坐标轴均匀分布而无限延伸,因此与 y 轴垂直的任何平面上对应点的应力状态都完全相同。

1. 线荷载

线荷载是在半空间表面上一条无限长直线上作用的均布荷载。如图 17-13 所示,设一个竖向线荷载 $\overline{p}$(kN/m)作用在 y 坐标轴上,求得地基中任意点 M 处由 $\overline{p}$ 引起的竖向附加应力σ_z 为

$$\sigma_z=\frac{2\overline{p}x^2z}{\pi R_1^4}=\frac{2\overline{p}}{\pi R_1}\cos\beta\sin^2\beta \tag{17-26}$$

2. 均布的条形荷载

竖向条形荷载沿宽度方向(图 17-14 中 x 轴方向)均匀分布为 p_0,采用直角坐标表示。取条形荷载的中点为坐标原点,则 $M(x,z)$点的三个附加应力分量为

$$\left.\begin{aligned}\sigma_z&=K_{sz}p_0\\\sigma_x&=K_{sx}p_0\\\tau_{xz}=\tau_{zx}&=K_{sxz}p_0\end{aligned}\right\} \tag{17-27}$$

实用中只计算垂直附加应力 σ_z,其附加应力系数 K_{sz} 按 z/b、x/b 查相应表格。矩形面积均布荷载作用 $l/b\geqslant10$ 时,可视为条形均布荷载作用。

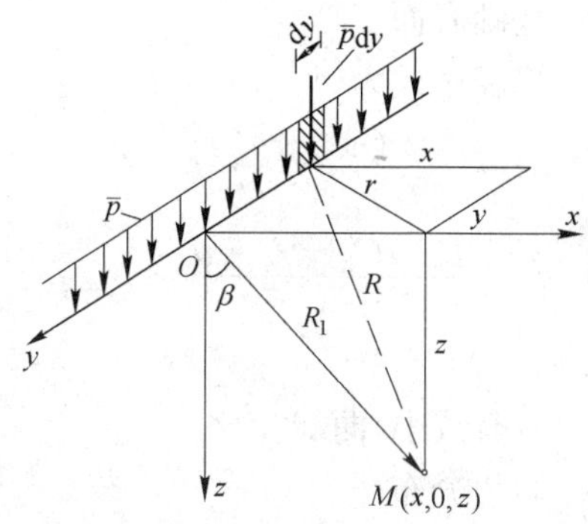

图 17-13 线荷载作用下

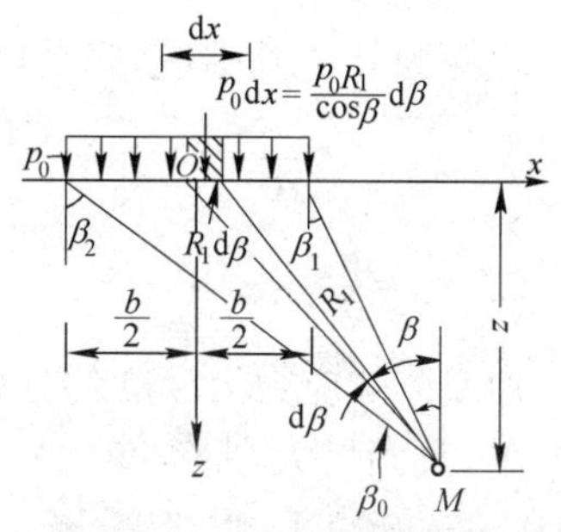

图 17-14 均布条形荷载作用下

(三)地基附加应力的分布规律讨论

(1)σ_z 不仅发生在荷载面积之下，而且分布在荷载面积外相当大的范围之下；

(2)在荷载分布范围内任意点沿垂线的 σ_z 值，随深度越向下越小；

(3)在基础底面下任意水平面上，以基底中心点下轴线处的 σ_z 为最大，离其越远越小。

图17-15a)、b)为地基附加应力等值线，由方形荷载所引起的σ_z，其影响深度要比条形荷载小得多。以 $\sigma_z=0.1p_0$ 的受力区影响范围为例，均布条形荷载下 $\sigma_z=0.1p_0$ 的等值线约在中心下 $z=6b$ 处通过，而方形荷载下相应深度 z 仅达 $2b$。图 17-15c)、d)分别为条形荷载下的 σ_x 和 τ_{xz} 的等值线图。图中可见 σ_x 的影响范围较浅，所以基底下地基土侧向变形主要发生在浅层；而 τ_{xz} 的最大值出现于荷载边缘，所以位于基础边缘下的土容易发生剪切滑动而出现塑性变形区。

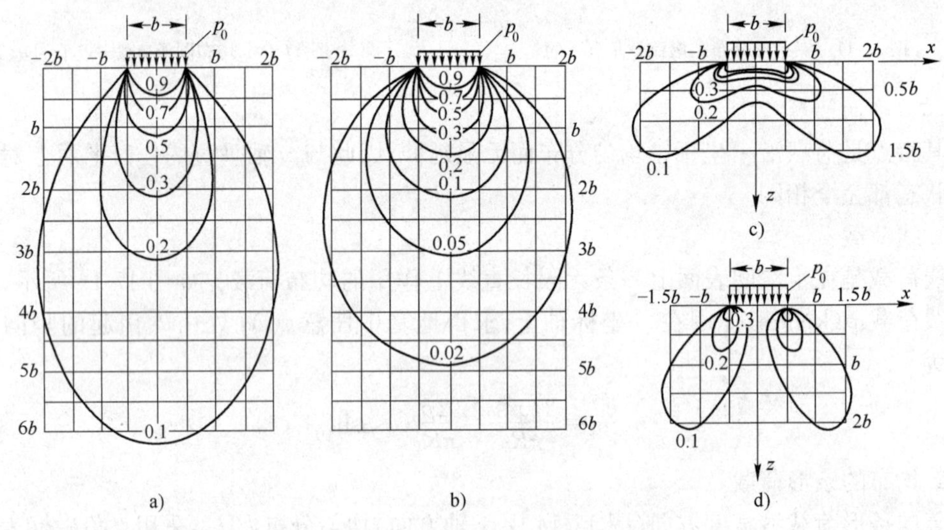

图 17-15　地基附加应力等值线

a)条形荷载等 σ_z 线；b)方形荷载等 σ_z 线；c)条形荷载等 σ_x 线；d)条形荷载等 τ_{xz} 线

习　题

17-13　土的自重应力起算点的位置为(　　)。

A. 室内设计地面　　B. 室外设计地面

C. 天然地面　　D. 基础底面

17-14　埋深为 d 的基础，基底平均附加压力 p_0 的表达式为(　　)。

A. $p_0=\dfrac{F_k+G_k}{A}$　　B. $p_0=\dfrac{F_k+G_k}{A}-\gamma_m\cdot d$

C. $p_0=\dfrac{F_k}{A}-\gamma_m\cdot d$　　D. $p_0=\dfrac{F_k+G_k-\gamma_m\cdot d}{A}$

17-15　地基附加应力沿深度的分布是(　　)。

A. 逐渐增大，曲线变化　　B. 逐渐减小，曲线变化

C. 逐渐减小，直线变化　　D. 均匀分布

17-16　矩形面积受均布荷载作用，某深度 z 处角点下的附加应力是$\dfrac{z}{2}$处中心点下附加应力的(　　)。

A. 2倍　　B. 4倍　　C. $\frac{1}{2}$　　D. $\frac{1}{4}$

17-17　成层土中竖向自重应力沿深度的分布为(　　)。

A. 折线增大　　B. 折线减小

C. 斜线增大　　D. 斜线减小

17-18　基础中心点下地基中竖向附加应力沿深度的分布为(　　)。

A. 折线增大　　B. 折线减小

C. 曲线增大　　D. 曲线减小

17-19　矩形面积上作用三角形分布荷载时,地基中附加应力系数是 l/b、z/b 的函数,b 指的是(　　)。

A. 矩形的短边　　B. 三角形分布荷载变化方向的边长

C. 矩形的长边　　D. 矩形的短边与长边的平均值

17-20　刚性基础在均布荷载作用时,基底反力的分布计算图形为(　　)。

A. 矩形　　B. 抛物线形　　C. 钟形　　D. 马鞍形

17-21　计算基底净反力时,不需要考虑的荷载为(　　)。

A. 建筑物自重　　B. 上部结构传来轴向力

C. 基础及上覆土自重　　D. 上部结构传来弯矩

第三节　土的压缩性与地基沉降

一、土的压缩试验与压缩曲线

地基土在压力作用下体积缩小的特性称为压缩性,主要由土中孔隙水和气体被排出,土粒重新排列造成。土压缩过程中颗粒体积保持不变,见图 17-16。

室内侧限压缩试验(亦称固结试验)是研究土压缩性的最基本方法。

图 17-17 为试验装置压缩仪的主要部分压缩容器简图,其中金属环刀用来切取土样,环刀内径通常有 6.18cm 和 8cm 两种,相应的截面积为 $30cm^2$ 和 $50cm^2$,高度为 2cm;切有土样的环刀置于刚性护环中,由于金属环刀及刚性护环的限制,使得土样在竖向压力作用下只能发生竖向变形,而无侧向变形;在土样上下放置的透水石是土样受压后排出孔隙水的两个界面;在水槽内注水,以使土样在试验过程中保持浸在水中,以上方法主要用于饱和土。如需做不饱和土的侧限压缩试验,就不能浸土样于水中,但需要用湿棉纱或湿海绵覆盖于容器上,以免土样内水分蒸发;竖向的压力通过刚性板施加给土样;土样产生的压缩量可通过百分表量测。

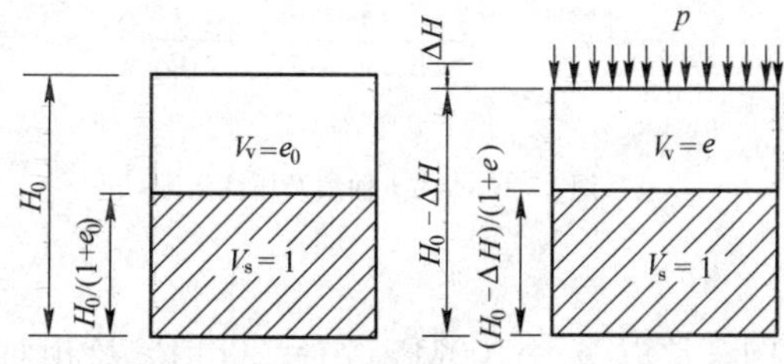

图 17-16　压缩试验中土样孔隙比的变化

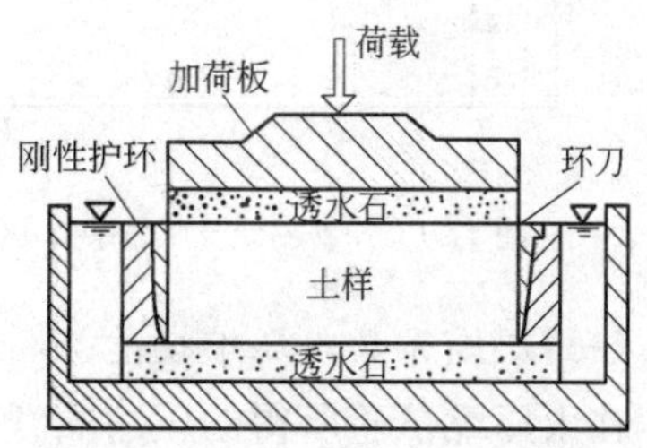

图 17-17　压缩仪的压缩容器简图

试验时用环刀切取钻探取得的保持天然结构的原状土样，由于地基沉降主要与土竖直方向的压缩性有关，且土是各向异性的，所以切土方向还应与土天然状态时的垂直方向一致。常规压缩试验的加荷等级 p 分别为 50kPa、100kPa、200kPa、400kPa。每一级荷载要求恒压 24h 或当在 1h 内的压缩量不超过 0.005mm 时，认为变形已经稳定，并测定稳定时的总压缩量 ΔH，这称为慢速压缩试验法。实际工程中，为减少室内试验的工作量，不要求达到变形稳定，每级荷载只恒压 1～2h，测定其压缩量，只是在最后一级荷载作用下才压缩到 24h，这称为快速压缩试验法，但试验结果需经校正才能用于沉降计算。其他特殊要求的压缩试验的加荷等级则较为复杂，此处不再赘述。

根据上述压缩试验得到的 ΔH-p 关系，可以用于求得土样相应的孔隙比与加荷等级之间的 e-p 关系。

如图 17-16 所示，设土样的初始高度为 H_0，在荷载 p 作用下土样稳定后的总压缩量为 ΔH，假设土粒体积 $V_s=1$（不变），根据土的孔隙比定义，则受压前后土孔隙体积 V_v 分别为 e_0 和 e，根据荷载作用下土样压缩稳定后总压缩量 ΔH 可求出相应的孔隙比 e 的计算公式（因为受压前后土粒体积不变，土样横截面积不变，所以试验前后试样中固体颗粒所占的高度不变）

$$\frac{1+e}{1+e_0}=\frac{H_0-\Delta H}{H_0} \tag{17-28}$$

于是得到

$$e=e_0-\frac{\Delta H}{H_0}(1+e_0) \tag{17-29}$$

其中

$$e_0=\frac{\rho_s(1+w_0)}{\rho_0}-1$$

式中：ρ_s、w_0、ρ_0——分别为土粒密度、土样的初始含水率及初始密度，可由室内试验测定。

这样，根据式（17-29）即可得到各级荷载 p 作用下对应的孔隙比 e，从而可绘制出土的 e-p 曲线及 e-lg$p$ 曲线等（见图 17-18、图 17-19）。

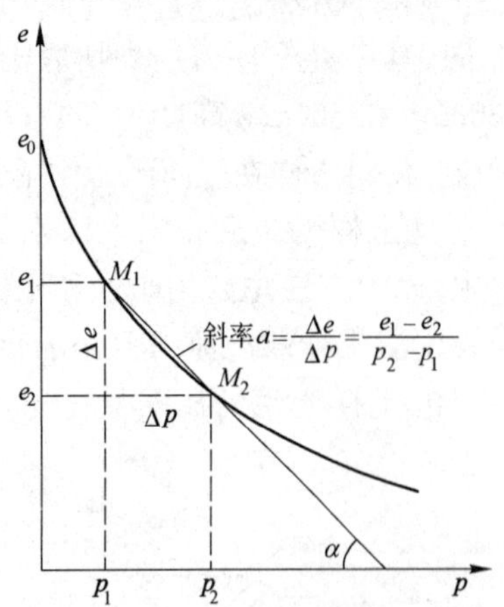

图 17-18　e-p 曲线及压缩系数 a

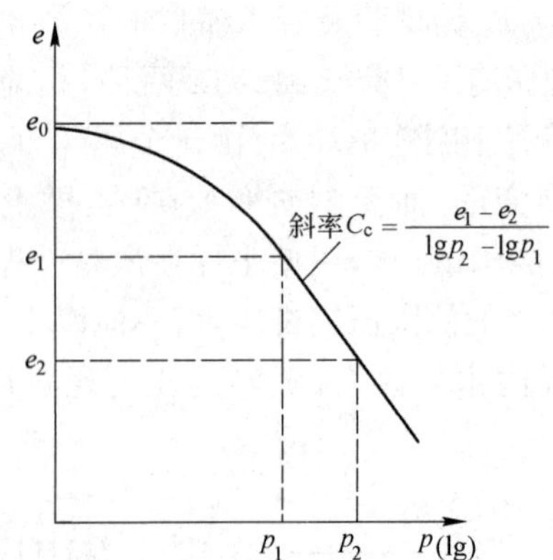

图 17-19　e-lg$p$ 曲线及压缩指数 C_c

（一）压缩系数与压缩模量

在由压缩试验所得的压缩曲线（e-p 曲线）上，常以 $p_1=100$kPa、$p_2=200$kPa 及相对应的孔隙比 e_1 和 e_2 计算土的压缩系数 $\alpha_{1\text{-}2}$。常用单位为 MPa^{-1}

$$a_{1\text{-}2}=\frac{e_1-e_2}{p_2-p_1}(\text{MPa}^{-1}) \tag{17-30}$$

依 $a_{1\text{-}2}$ 可评价土的压缩性高低：

$a_{1\text{-}2}<0.1\text{MPa}^{-1}$	为低压缩性土
$0.1\leqslant a_{1\text{-}2}<0.5\text{MPa}^{-1}$	为中压缩性土
$a_{1\text{-}2}\geqslant 0.5\text{MPa}^{-1}$	为高压缩性土

土的压缩模量 E_s 是表示土压缩性的又一指标，它与压缩系数 $a_{1\text{-}2}$ 的关系为

$$E_s=\frac{\Delta p}{\Delta H/H_1}=\frac{\Delta p}{\Delta e/1+e_1}=\frac{1+e_1}{a_{1\text{-}2}} \tag{17-31}$$

$E_s>15\text{MPa}$	为低压缩性土
$15\geqslant E_s>4\text{MPa}$	为中压缩性土
$E_s\leqslant 4\text{MPa}$	为高压缩性土

（二）压缩指数和回弹指数

上面的室内侧限压缩试验中连续递增加压，得到了常规的压缩曲线，现在如果加压到某一值 p_i[相应于图 17-20a)中曲线上的 b 点]后不再加压，而是逐级进行卸载直至零，并且测得各卸载等级下土样回弹稳定后的土样高度，进而换算得到相应的孔隙比，即可绘制出卸载阶段的关系曲线，如图所示 bc 曲线，即为回弹曲线（或膨胀曲线）。可以看到不同于一般的弹性材料的是，回弹曲线不与初始加载的曲线 ab 重合，卸载至零时，土样的孔隙比没有恢复到初始压力为零时的孔隙比 e_0。这就显示了土残留了一部分压缩变形，称之为残余变形，但也恢复了一部分压缩变形，称之为弹性变形。

若接着重新逐级加压，则可测得土样在各级荷载作用下再压缩稳定后的孔隙比，相应地可绘制出再压缩曲线，如图 17-20a)所示 cdf 曲线。可以发现其中 df 段像是 ab 段的延续，犹如其间没有经过卸载和再压缩的过程一样。

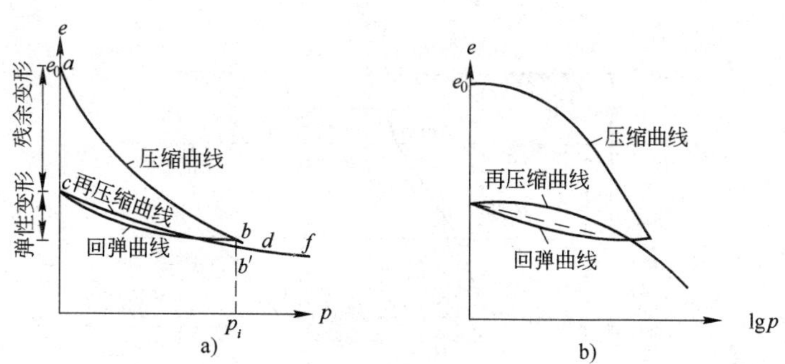

图 17-20　土的回弹-再压缩曲线

a)e-p 曲线；b)e-$\lg p$ 曲线

土在卸载再压缩过程中所表现的特性应在工程实践中引起足够的重视。

当采用半对数的直角坐标来绘制室内侧限压缩试验 e-p 关系时，就得到了 e-$\lg p$ 曲线，从图 17-20b)中可以看到，在压力较大部分，e-$\lg p$ 关系接近直线，这是这种表示方法区别于 e-p 曲线独特优点。它通常用来整理有特殊要求的试验，试验时以较小的压力开始，采用小增量多级加荷，并加到较大的荷载为止，一般为 12.5kPa、25kPa、50kPa、100kPa、200kPa、400kPa、800kPa、1600kPa、3200kPa。同样图 17-20a)中的回弹再压缩曲线也可绘制成 e-$\lg p$ 曲线[如图

17-20b)所示]。

将图 17-20b)中 e-lg$p$ 曲线直线段的斜率用 C_c 来表示，称为压缩指数，它是无量纲量

$$C_c=\frac{e_1-e_2}{\lg p_2-\lg p_1}=\frac{e_1-e_2}{\lg \frac{p_2}{p_1}} \tag{17-32}$$

压缩指数 C_c 与压缩系数 a 不同，a 值随压力变化而变化，而 C_c 值在压力较大时为常数，不随压力变化而变化。C_c 值越大，土的压缩性越高，低压缩性土的 C_c 一般小于 0.2，高压缩性土的 C_c 值一般大于 0.4。

卸载段和再压缩段的平均斜率(图 17-20)称为回弹指数或再压缩指数 C_e，$C_e \ll C_c$，一般黏性土的 $C_e \approx (0.1\sim0.2)C_c$。

(三)变形模量 E_0

它是由现场静载试验确定的。E_0 与 E_s 的关系为

$$E_0=\left(1-\frac{2\mu^2}{1-\mu}\right)E_s \tag{17-33}$$

这里 μ 为土的泊松比。粉土、砂石类土的 $\mu=0.15\sim0.25$，粉质黏土的 $\mu=0.25\sim0.35$，黏土的 $\mu=0.25\sim0.42$。

二、基础沉降

工程上需要计算两种沉降，地基的最终沉降量(即基础沉降量)及任意时刻的沉降量。地基的最终沉降量计算，假定土体为线弹性体。

(一)分层总和法计算最终沉降量

计算简图见图 17-21。

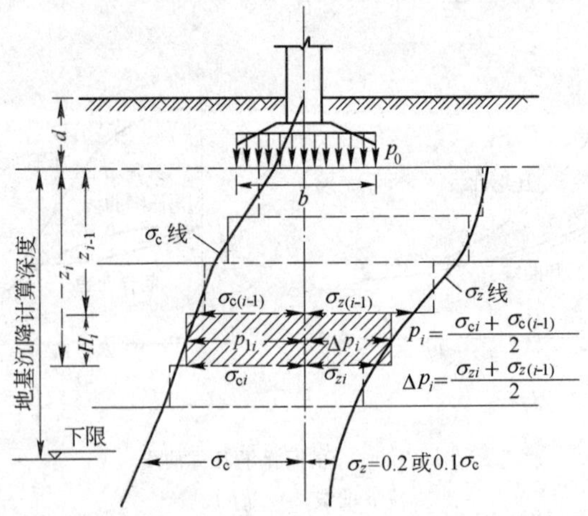

图 17-21 分层总和法计算沉降图

(1)分层，一般取 0.4b 或 1～2m，注意地下水位及土层界面应为分层界面。

(2)分别求每一薄层顶面和底面的 σ_{cz} 和 σ_z 及其平均值。

(3)确定压缩层厚度，用应力比法，即：

一般土层 $\sigma_z/\sigma_{cz}\leqslant 0.2$；

软土层　　$\sigma_z/\sigma_{cz}\leqslant 0.1$。

(4)在压缩层内计算各土层压缩量，各层压缩量为

$$\Delta s_i=\frac{e_{1i}-e_{2i}}{1+e_{1i}}H_i=\frac{a_i(p_{2i}-p_{1i})}{1+e_{1i}}H_i=\frac{\Delta p_i}{E_{si}}H_i \tag{17-34}$$

(5)求各层压缩量之和

$$s_i=\sum_{i=1}^{n}\Delta s_i$$

(二)“规范”法计算最终沉降量

实质是分层总和法的另一种形式。

(1)分层按自然土层划分，求各层沉降量

$$\Delta s_i'=\frac{p_0}{E_{si}}(z_i\bar{\alpha}_i-z_{i-1}\bar{\alpha}_{i-1}) \tag{17-35}$$

(2)确定计算深度，在无相邻基础影响时可按下式计算

$$z_n=b(2.5\sim 0.4\ln b) \tag{17-36}$$

式中：b——基底宽度，在 1～50m 之间；

$\ln b$——b 的自然对数。

(3)试算计算深度，若有相邻基础影响，可按下述步骤试算确定计算深度，先根据经验假定计算深度为 z_n，并求出其沉降量，再按基底宽度 b 选取计算厚度 Δz，并求其沉降量 $\Delta s_n'$，

使其满足

$$\Delta s_n'\leqslant 0.025\sum_{i=1}^{n}\Delta s_i' \tag{17-37}$$

(4)求总沉降量

$$\begin{aligned} s&=\psi_s\cdot s' \\ &=\psi_s\cdot\sum_{i=1}^{n}\frac{p_0}{E_{si}}(z_i\bar{\alpha}_i-z_{i-1}\bar{\alpha}_{i-1}) \end{aligned} \tag{17-38}$$

式中：s——地基最终变形量(mm)；

s'——按规范分层总和法计算出的地基变形量(mm)；

ψ_s——沉降计算经验系数，根据地区沉降观测资料及经验确定，也可查表；

n——地基变形计算深度范围内所划分的土层数；

p_0——对应于荷载效应准永久组合时的基础底面处的附加压力(kPa)；

E_{si}——基础底面下第 i 层土的压缩模量，按实际应力范围取值(MPa)；

z_i、z_{i-1}——分别为基础底面至第 i 层土、第 $i-1$ 层土底面的距离(m)；

$\bar{\alpha}_i$、$\bar{\alpha}_{i-1}$——分别为基础底面计算点至第 i 层土、第 $i-1$ 层土底面范围内平均附加应力系数，查相应表格。

(三)弹性理论方法计算最终沉降量

$$s=\frac{pb\omega(1-\mu^2)}{E_0} \tag{17-39}$$

式中：p——基础底面的平均压力；

b——矩形基础的宽度或圆形基础的直径；

μ、E_0——分别为土的泊松比和变形模量；

ω——沉降影响系数，与基础的刚度、形状和计算点位置等有关，可由表查得。

三、地基变形与时间的关系

地基在附加荷载作用下的变形须经历一段时间才能完成，不同土层条件此种变形的时间历程也不同。碎石土和砂土的压缩性小，其固结稳定所经历的时间很短。黏性土和粉土完全固结所需时间比较长。

地基变形与时间的关系可由土的固结理论确定。土的固结理论涉及饱和土的有效应力原理和渗透固结机理。工程上常采用太沙基一维理论作简化计算。不同于饱和土渗透固结过程的次固结现象被认为与土骨架蠕变有关，它是在孔隙水压力已消散、有效应力基本不变之后，仍随时间增长而缓慢增长的压缩过程。

(一)土的渗透性

地下水在土的连通孔隙中流通的难易程度，称为土的渗透性。在计算沉降与时间的关系和地下水的涌水量时都需要土的渗透性指标。

水的流动状态分为层流和紊流两种。水在孔隙中流动速度缓慢，属于层流。1856 年，法国学者达西(Darcy)进行了大量试验后发现，单位时间通过砂层渗流出的水量 q 与水头降低 (H_1-H_2) 成正比，与砂层厚度(即渗流途径)L 成反比。即

$$q=vA=kA\frac{H_1-H_2}{L}=kA\cdot i \tag{17-40}$$

称此为渗透定律(或达西定律)。它表明了水在土中的渗透速度与水头梯度成正比(图 17-22)，即 v、i 呈直线关系

$$v=ki \tag{17-41}$$

上述式中：v——水在土中的渗透速度(m/s)，即单位时间(s)内流过一单位土截面(m^2)的水量(m^3)；

i——水头梯度，$i=\frac{H_1-H_2}{L}$；

k——土的渗透系数(m/s)，是与土的渗透性质有关的常数；

A——发生渗流土的横截面积。

对黏性土，由于土粒表面存在结合水膜，阻塞了孔隙间的通道，故只有当水头梯度 $i>i_0$(起始梯度)时才开始发生渗流。这样黏性土中的达西定律应表示为

$$v=k(i-i_0) \tag{17-42}$$

(二)沉降的历时组成

可以认为地基最终沉降量通常是由三个部分组成的：瞬时沉降 s_d(不排水沉降)、固结沉降 s_c 和次固结沉降 s_s。即

$$s=s_d+s_c+s_s \tag{17-43}$$

瞬时沉降是紧随着加压之后即时发生的沉降，此时地基土在荷载作用下只发生剪切变形，其体积还来不及发生变化。固结沉降是由于荷载作用下随着土孔隙中水分的逐渐挤出，孔隙体积相应减少而发生的。次固结沉降则是指孔隙水压力消散后仍在继续缓慢进行的，由土骨架蠕变而引起的沉降。各种变形随时间的变化如图 17-23 所示。

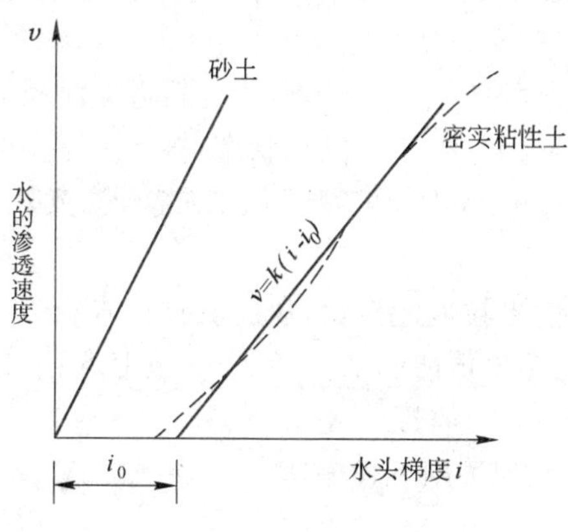

图 17-22 达西定律

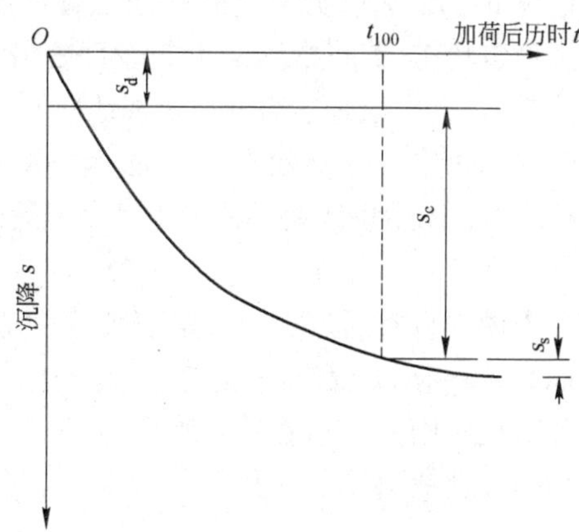

图 17-23 地基沉降的三个组成部分

几种沉降的相对大小和时间过程，随土的类型而异。干净砂土孔隙水挤出很快，且次固结现象不显著，所以沉降量几乎全在加荷后即时发生；而饱和软黏土则沉降时间很长，实测的瞬时沉降量往往占最终沉降量的 30%～40%。次固结沉降一般不重要，但对于很软的土，尤其是土中含有一些有机质(如胶态腐殖质等)，或是在深处的可压缩土层中，当附加应力与自重应力比较小时，次固结沉降必须引起注意。

(三)应力历史与黏性土的压缩性

天然土层在地质历史中，在不同压力作用下压缩的情况，称为应力历史。

在研究应力历史时应注意两个基本参数。

(1)任何土层在历史上所受过的最大有效压力称为前期固结压力 p_c。

(2)p_c 与现有的土的自重应力 p_l 之比称为"超固结比"($OCR=p_c/p_l$)，其值越大，超固结作用越大。

根据地基土层的应力历史，可将地基土层分为三种情况，见图 17-24。

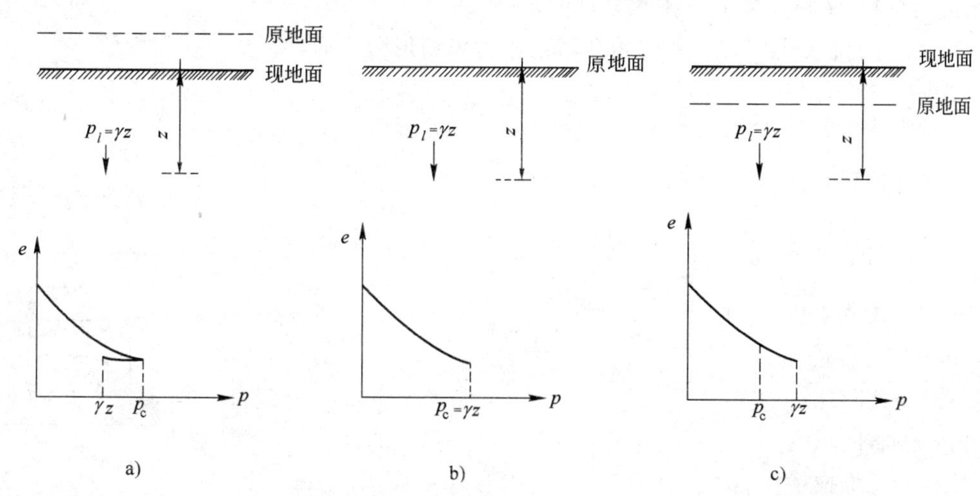

图 17-24 应力历史的三种情况

情况 a)，现地面以下某深度 z 处一点土的自重应力为 $\gamma z < p_c$，这种土就称为超固结土，处于超压密状态。压缩量最小，于工程有利。

情况 b)，$\gamma z = p_c$，此种土是一层层逐渐沉积覆盖至现地面，且在自重应力作用下土层已达到固结稳定状态，称正常固结土。设计中最常见。

情况 c)，土层也是逐渐沉积至现地面的，只是最后沉积的土年代较短，或为新近大面积的人工填土，在自重作用下并没有达到完全固结(变形稳定)，而是处于欠固结状态，自重压缩变形在继续发展中。图中虚线表示将来固结完毕后的地表。$\gamma z > p_c$，称为欠固结土。应特别注意。

(四)有效应力原理

在土体中只有通过土粒接触点传递的应力，才能使土粒彼此挤紧，从而引起土体变形。此应力称为粒间应力，又称有效应力，用 $\bar{\sigma}$ 表示。其中孔隙水传递的部分，称为静压力，在饱和土中受外荷载作用又以超静孔隙水压力(通称孔隙水压力)出现，以 u 表示。

如用 p 代表外荷载作用下的总应力，则有效应力原理可用下式表达

$$p = \bar{\sigma} + u \tag{17-44}$$

(五)渗透固结简介

饱和黏土中在外荷载作用下，土的压缩固结过程就是土中孔隙水逐渐被排出、孔隙体积逐渐缩小、土粒逐渐被挤密、也就是孔隙水压力逐渐消散、有效应力逐渐增长的过程，这就是渗透固结或称主固结。

为求饱和土在任意时刻的变形，需要用太沙基一维固结理论计算。其中重要的概念是固结度 U

$$U = \frac{s_{ct}}{s_c} \quad 或 \quad s_{ct} = U s_c \tag{17-45}$$

式中：s_{ct}——地基在某一时刻 t 的固结沉降；

s_c——地基最终的固结沉降。

为便于计算可利用有关图表求解。

在渗透固结中应掌握孔隙水压力 u 是随时间 t 和深度 z 两个参数而变化的，因此排水情况要引起注意。计算中出现的竖向固结时间因数 T_v 是与孔隙水最大渗径 H 的平方成反比，孔隙水最大渗径 H 视土层上下排水条件而定。

土层为单面排水(图 17-25)，起始孔隙水压力为矩形分布时，固结度表达式为

$$U_0 = 1 - \frac{8}{\pi^2} \cdot e^{-\frac{\pi^2}{4} T_v} \tag{17-46}$$

式中：T_v——时间因数，$T_v = \frac{C_v t}{H^2}$；

C_v——固结系数(m^2/s)，$C_v = \frac{k(1+e)}{a\gamma_w} = \frac{kE_s}{\gamma_w}$；

k——渗透系数；

a——压缩系数；

e——孔隙比；

γ_w——水的重度；

E_s——压缩模量；

t——时间；

H——孔隙水最大渗径，单面排水 H 为土层厚度，双面排水 H 为 1/2 土层厚度。

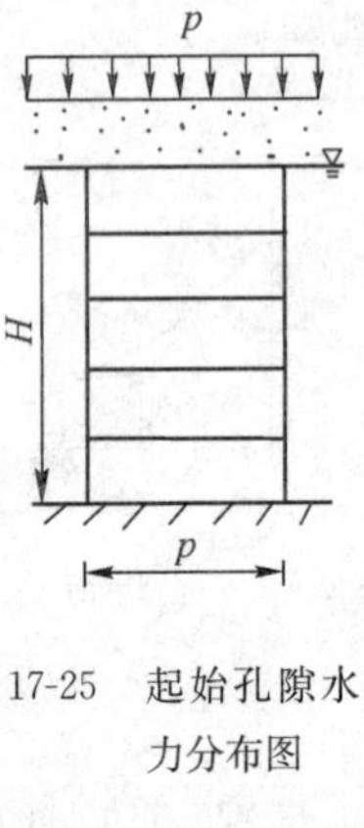

图 17-25　起始孔隙水压力分布图

必要时，需要分别预估建筑物在施工期间和使用期间的地基变形值，以便预留建筑物有关

部分之间的净空,考虑连接方法和施工顺序。此时,一般建筑物在施工期间完成的沉降量与最终沉降量的关系,对于砂土地基基本相当,对于低压缩黏性土地基已完成50%～80%,对于中压缩黏性土地基已完成20%～50%,对于高压缩黏性土已完成5%～20%。

习　题

17-22　用直角坐标系绘制压缩曲线可直接确定的压缩性指标是(　　)。

A. a　　B. E_s　　C. E_0　　D. C_c

17-23　用分层总和法计算一般土地基最终沉降量时,用附加应力与自重应力之比确定压缩层深度,一般其值应小于或等于(　　)。

A. 0.2　　B. 0.1　　C. 0.5　　D. 0.4

17-24　计算地基变形时,传至基础底面的荷载组合应是(　　)。

A. 荷载效应标准组合　　B. 荷载效应准永久组合

C. 荷载效应频遇组合　　D. 荷载效应永久组合

17-25　某地基土压缩模量为 $E_s=17\text{MPa}$,此土的压缩性(　　)。

A. 高　　B. 中等　　C. 低　　D. 一般

17-26　某单面排水、厚度5m的饱和黏土地基,$C_v=15\text{m}^2/$年,当固结度为90%时,时间因数 $T_v=0.85$,达到此固结度所需时间为(　　)。

A. 0.35年　　B. 1.4年　　C. 0.7年　　D. 2.8年

17-27　分层总和法计算地基最终沉降量的分层厚度一般为(　　)。

A. $0.4b$　　B. $0.4L$　　C. 0.4m　　D. 天然土层厚度

第四节　土的抗剪强度

土的强度通常是指土体抵抗剪切破坏的极限能力,称之为抗剪强度。

在荷载作用下,土体中产生法向应力和剪应力,当土中某点的剪应力达到其抵抗剪切破坏能力的极限值时,该点产生剪切破坏。地基土体中产生剪切破坏的区域随着荷载的增加而扩展,最终形成连续的滑动面,则地基土体因发生剪切破坏而丧失稳定性。

一、抗剪强度的测定方法

土的抗剪强度测定方法有多种,在实验室内常用的有直接剪切试验、三轴剪切试验和无侧限抗压强度试验,现场原位测试有十字板剪切试验等。

(一)直剪试验

法国C. A. 库仑(Coulomb)于1776年提出库仑定律或库仑公式,c、φ称为土的抗剪强度指标(或参数)。由剪切试验可得出如图17-26所示的抗剪强度。

土中任一平面上的抗剪强度,取决于土的性状和作用在该平面上的法向应力,可用一直线方程表示。对于无黏性土为

$$\tau_f=\sigma\tan\varphi \tag{17-47}$$

对于黏性土为

$$\tau_f=c+\sigma\tan\varphi \tag{17-48}$$

式中：τ_f——土的抗剪强度(kPa)；

σ——剪切面上的法向应力(kPa)；

c——土的黏聚力(kPa)；

φ——土的内摩擦角(°)。

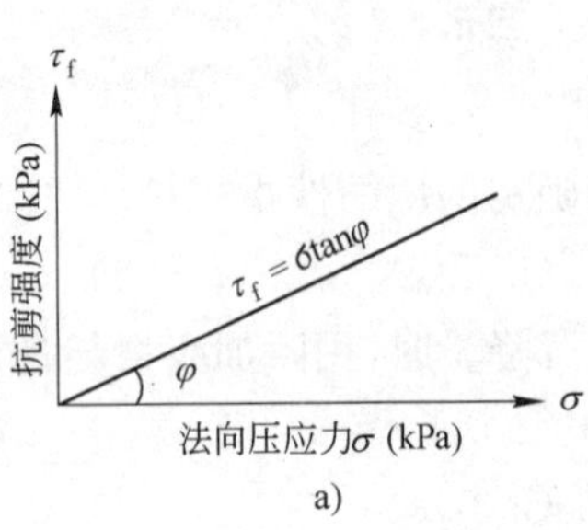

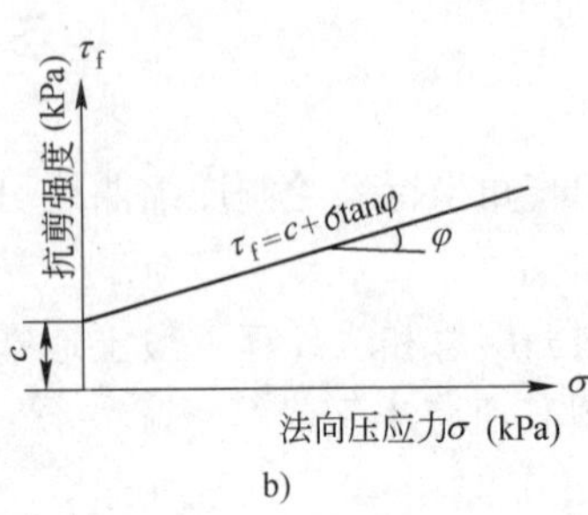

图 17-26　抗剪强度与法向压应力关系

a)无黏性土；b)黏性土

砂类土的抗剪强度与颗粒大小、形状、粗糙程度、土的密实程度和饱和度等有关。一般中、粗、砾砂的 $\varphi=32°\sim40°$，粉、细砂的 $\varphi=28°\sim36°$。对饱和的粉、细砂，因容易失稳，φ 值的取值须慎重，有时取 $\varphi=20°$左右。

黏性土的内摩擦角一般较无黏性土小，对于饱和软黏土有时取零。一般黏性土的抗剪强度除内摩擦力外，较大程度上是由黏聚力决定的。黏性土的 φ 及 c 还与试验方法有关。

为模拟土体的实际受力情况，直剪试验又分为快剪、固结快剪、慢剪三种排水条件下的试验。若施工速度快可采用快剪指标；反之，加荷速率慢、排水条件较好、地基土透水性较小，则可选用慢剪；若介于二者之间，则选用固结快剪。直剪试验可用于总应力分析。

(二)三轴剪切试验

对应于直剪试验，三轴试验又分为不固结不排水、固结不排水、固结排水试验。用于分析地基的长期稳定性可用三轴固结不排水的有效抗剪强度指标 c'、φ'，对分析短期稳定宜采用不固结不排水指标。三轴试验可用于有效应力分析，即可通过试验分别计算出孔隙水压力。

(三)无侧限抗压强度试验

该试验仅适用于测定饱和黏性土的不排水抗剪强度，其值为无侧限抗压强度值的一半。

(四)十字板剪切试验

该试验属原位测试，是按不排水剪切条件得到的试验数据，接近无侧限抗压强度试验方法，适用于饱和软黏土。

二、土的抗剪强度理论

理论分析和实验都证明，莫尔强度理论对土比较合适。由库仑公式($\tau=c+\sigma\tan\varphi$ 或 $\tau=\sigma\tan\varphi$)表示的莫尔包络线的理论，称之为莫尔-库伦强度理论，即土的抗剪强度理论。

(一)莫尔圆与包络线的三种关系(见图 17-27)

(1) 当土体中任意一点在某一平面上的剪应力达到土的抗剪强度时，就发生剪切破坏，该点即处于极限平衡状态。莫尔圆与包络线相切，见图 17-27(II)。由此图可求得用主应力表示的极限平衡条件。

(2)包络线与莫尔圆相离，见图 17-27(I)，表示该点任何平面上剪应力均小于抗剪强度，该点处于弹性平衡状态。

(3)包络线与莫尔圆相割，见图 17-27(III)，表示该点某些平面上剪应力已大于抗剪强度，该点已处于破坏状态。实际此情况不存在。

(二)极限平衡条件

在图 17-28 中延长包络线与 σ 轴交于 R 点，由直角三角形 ARD 得

$$\sin\varphi=\frac{\overline{AD}}{\overline{RD}}=\frac{(\sigma_1-\sigma_3)/2}{c\cdot\cot\varphi+(\sigma_1+\sigma_3)/2}$$

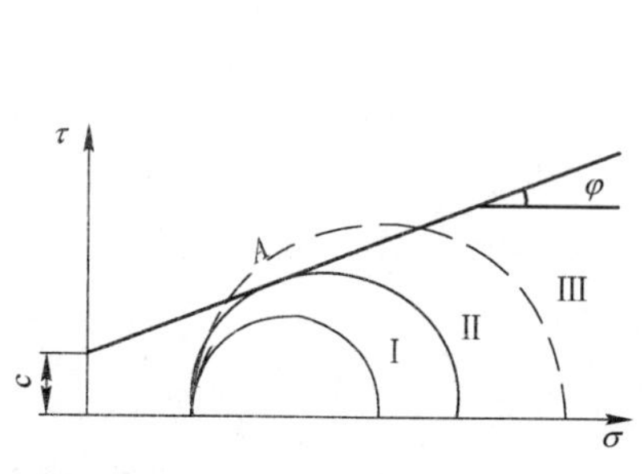

图 17-27 莫尔圆与抗剪强度之间的关系

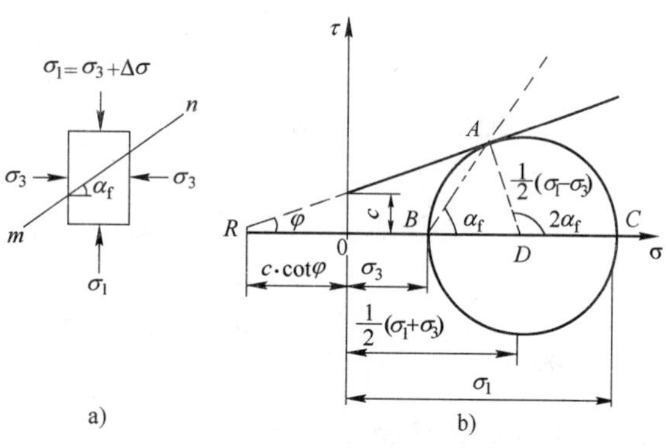

图 17-28 土体中一点达极限平衡状态时的莫尔圆

a)微单元体；b)极限平衡状态时的莫尔圆

利用三角函数关系可得黏性土的极限平衡条件，有

$$\sigma_1=\sigma_3\tan^2\left(45°+\frac{\varphi}{2}\right)+2c\tan\left(45°+\frac{\varphi}{2}\right) \tag{17-49}$$

或

$$\sigma_3=\sigma_1\tan^2\left(45°-\frac{\varphi}{2}\right)-2c\tan\left(45°-\frac{\varphi}{2}\right)$$

对于无黏性土，由于 $c=0$，极限平衡条件为

$$\sigma_1=\sigma_3\tan^2\left(45°+\frac{\varphi}{2}\right) \tag{17-50}$$

或

$$\sigma_3=\sigma_1\tan^2\left(45°-\frac{\varphi}{2}\right)$$

当土中某点处于极限平衡状态时，破裂面与大主应力作用面的夹角(破裂角 α_f)为 $45°+\frac{\varphi}{2}$。

习 题

17-28 在排水不良的软黏土地基上快速施工，在基础设计时，应选择的抗剪强度指标是( )。

A. 快剪指标　　B. 慢剪指标

C. 固结快剪指标　　D. 直剪指标

17-29 通过直剪试验得到的土体抗剪强度线与水平线的夹角为( )。

A. 内摩擦角　　B. 有效内摩擦角

C. 黏聚力　　　　　　　　　　D. 有效黏聚力

17-30　某砂土样的内摩擦角为30°，当土样处于极限平衡状态且最大主应力为300kPa时，其最小主应力为(　　)。

A. 934.6kPa　　　　　　　　B. 865.35kPa

C. 100kPa　　　　　　　　　D. 88.45kPa

17-31　某内摩擦角为20°的土样，发生剪切破坏时，破坏面与最小主应力面的夹角为(　　)。

A. 55°　　　B. 35°　　　C. 70°　　　D. 110°

17-32　三轴试验的抗剪强度线为(　　)。

A. 一个摩尔应力圆的切线　　　　B. 不同试验点所连斜线

C. 一组摩尔应力圆的公切线　　　D. 不同试验点所连折线

第五节　地基承载力

一、地基剪切破坏模式

(一)地基剪切破坏的三种模式

地基的剪切破坏模式主要有三种：整体剪切破坏、刺入剪切破坏和局部剪切破坏。

(1)整体剪切破坏。有轮廓分明的从地基到地面的连续剪切滑动面，邻近基础的土体有明显的隆起，可使上部结构随基础发生突然倾斜，造成灾难性破坏。

(2)刺入剪切破坏。地基不出现明显连续的剪切滑动面，以竖向下沉变形为主。随荷载的增加，地基土不断被压缩，基础竖向下沉，垂直刺入地基中，基础之外的土体无变形。基础除在竖向有突然的小移动之外，既没有明显的失稳，也没有大的倾斜。

(3)局部剪切破坏。随荷载的增加，紧靠基础的土层会出现轮廓分明的剪切滑动面，滑动面不露出地表，在地基内某一深度处终止。基础竖向下沉显著，基础周边地表有隆起现象。只有产生大于基础宽度之半的下沉量时，滑动面才会露于地表。任何情况下，建筑物均不会发生灾难性倾倒，基础总是下沉，深埋于地基之中。

(二)破坏模式 p-s 曲线的特点

三种破坏模式的 p-s 曲线虽然各有特点，但整体剪切破坏明显存在三个变形阶段，见图17-29。

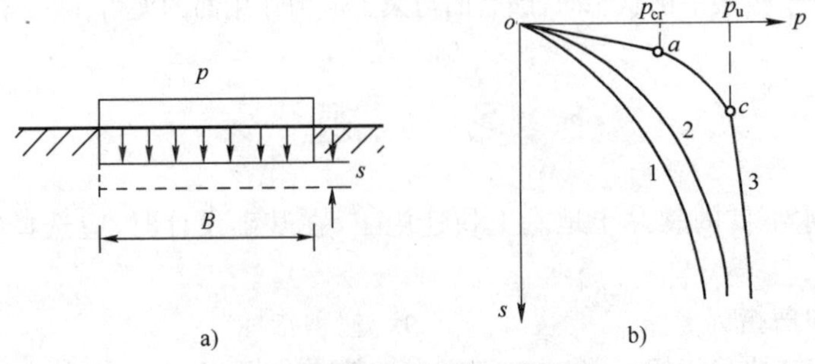

图17-29　浅基础的荷载-沉降曲线

1.线性变形阶段

荷载 p 较小时，出现 oa 直线段，土粒发生竖向位移，孔隙减小，产生地基的压密变形，土中各点均处于弹性应力平衡状态，地基中应力-应变关系可用弹性力学理论求解。

2.塑性变形阶段

如图中 ac 段，a 点的荷载为地基边缘将出现塑性区的临界值，故称 a 点的荷载为临塑荷载 p_{cr}。曲线 ac 段表明 p-s 不再是线性关系，变形速率不断加大，主要是塑性变形。随荷载的加大，塑性变形区从基础边缘逐渐开展并加大加深，荷载加大到 c 点时，塑性变形区扩展为连续滑动面，则地基濒临失稳破坏，故称 c 点对应的荷载为极限荷载 p_u。p-s 曲线上的峰值荷载(图中曲线1、2)或 p-s 曲线变化率变为恒值起始点的荷载(曲线3)均定为 p_u 值。ac 段上任意一点对应的荷载均称为塑性荷载。p_{cr}与 p_u 可视为塑性荷载中的特殊点。

3.完全破坏阶段

p-s 曲线 c 点以下的阶段，基础急剧下沉，荷载不能增加(图中曲线1、2)或荷载增加不多(曲线3)。

二、临塑荷载、界限荷载、极限荷载、破坏荷载

临塑荷载 p_{cr}是指地基中刚要出现塑性剪切区的临界荷载。

塑性荷载是指地基中发生任一大小塑性区时，其相应的荷载。如基底宽度为 b，塑性区开展深度为 $b/4$ 或 $b/3$ 时，相应的荷载为 $p_{\frac{1}{4}}$、$p_{\frac{1}{3}}$称为界限荷载。

极限荷载 p_u 指使地基发生失稳破坏前的那级荷载。

破坏荷载是指地基发生失稳破坏时的荷载。

三、地基承载力概念

地基承载力是指单位面积上地基所能承受的荷载。地基承受这一荷载时，在强度方面，相对于破坏状态的极限荷载有足够大的安全储备；而所产生的变形均在容许的范围内。

四、地基承载力的确定方法

按应《地基规范》规定确定地基承载力。

地基承载力特征值也可由载荷试验或其他原位测试公式计算，并结合工程实践经验等方法综合确定。

(一)按《地基规范》规定确定地基承载力

当基础宽度大于3m或埋置深度大于0.5m时，从荷载试验或其他原位测试、经验值等方法确定的地基承载力特征值，尚应按下式修正

$$f_a=f_{ak}+\eta_b\gamma(b-3)+\eta_d\gamma_m(d-0.5) \tag{17-51}$$

式中：f_a——修正后的地基承载力特征值(kPa)；

f_{ak}——地基承载力特征值(kPa)，按规范的原则确定；

η_b、η_d——分别为基础宽度和埋深的地基承载力修正系数，按基底下土的类别查规范表取值；

γ——基础底面以下土的重度(kN/m^3)，地下水位以下取浮重度；

b——基础底面宽度(m)，当基宽小于3m按3m取值，大于6m按6m取值；

γ_m——基础底面以上土的加权平均重度(kN/m^3)，地下水位以下取有效重度；

d——基础埋置深度(m)，一般自室外地面标高算起，在填方整平地区，可自填土地面标高处算起，但填土在上部结构施工后完成时，应从天然地面标高处算起，对于地下

室，如采用箱形基础或筏基时，基础埋置深度自室外地面标高处算起，当采用独立基础或条形基础时，应从室内地面标高处算起。

(二)按载荷试验确定地基承载力

载荷试验是地基承载力的原位测试方法。

1.浅层平板载荷试验

(1)地基土浅层平板载荷试验可适用于确定浅部地基土层的承压板下应力主要影响范围内的承载力。承压板面积不应小于0.25m²，对于软土不应小于0.5m²。

(2)试验基坑宽度不应小于承压板宽度或直径的3倍。应保持试验土层的原状结构和天然湿度。宜在拟试压表面用粗砂或中砂层找平，其厚度不超过20mm。

(3)加荷分级不应少于8级，最大加载量不应小于设计要求的两倍。

(4)每级加载后，按间隔10min、10min、10min、15min、15min，以后为每隔半小时测读一次沉降量，当在连续两小时内，每小时的沉降量小于0.1mm时，则认为已趋稳定，可加下一级荷载。

(5)当出现下列情况之一时，即可终止加载：

①承压板周围的土明显地侧向挤出；

②沉降量s急骤增大，荷载-沉降(p-s)曲线出现陡降段；

③在某一级荷载下，24h内沉降速率不能达到稳定；

④沉降量与承压板宽度或直径之比大于或等于0.06。

当满足前三种情况之一时，将其对应的前一级荷载定为极限荷载。

(6)承载力特征值的确定应符合下列规定：

①当p-s曲线上有比例界限时，取该比例界限所对应的荷载值；

②当极限荷载小于对应比例界限的荷载值的2倍时，取极限荷载值的一半；

③当不能按上述两款要求确定时，当压板面积为0.25～0.50m²，可取s/b=0.01～0.015所对应的荷载，但其值不应大于最大加载量的一半。

(7)同一土层参加统计的试验点不应少于3个，当试验实测值的极差不超过其平均值的30%时，取此平均值作为该土层的地基承载力特征值f_{ak}。

2.深层平板载荷试验要点

(1)深层平板载荷试验可适用于确定深部地基土层及大直径桩桩端土层在承压板下主要影响范围内的承载力。

(2)深层平板载荷试验的承压板采用直径为0.8m的刚性板，紧靠承压板周围外侧的土层高度应不少于80cm。

(3)加荷等级可按预估极限承载力的1/10～1/15分级施加。

(4)每级加荷后，第一个小时内按间隔10min、10min、10min、15min、15min，以后为每隔半小时测读一次沉降量。当在连续两小时内，每小时的沉降量小于0.1mm时，则认为已趋稳定，可加下一级荷载。

(5)当出现下列情况之一时，可终止加载：

①沉降量s急骤增大，荷载-沉降(p-s)曲线上有可判定极限承载力的陡降段，且沉降量超过0.04d(d为承压板直径)；

②在某级荷载下，24h内沉降速率不能达到稳定；

③本级沉降量大于前一级沉降量的5倍；

④当持力层土层坚硬，沉降量很小时，最大加载量不小于设计要求的2倍。

(6)承载力特征值的确定应符合下列规定：

①当 p-s 曲线上有比例界限时，取该比例界限所对应的荷载值；

②满足前三条终止加载条件之一时，其对应的前一级荷载定为极限荷载，当该值小于对应比例界限的荷载值的 2 倍时，取极限荷载值的一半；

③不能按上述两款要求确定时，可取 $s/d=0.01\sim0.015$ 所对应的荷载值，但其值不应大于最大加载量的一半。

(7)同一土层参加统计的试验点不应少于三点，当试验实测值的极差不超过平均值的 30%时，取此平均值作为该土层的地基承载力特征值 f_{ak}。

(三)按土的抗剪强度指标计算地基承载力(不常用)

当荷载偏心距 e 小于或等于 0.033 的基础地面宽度(即：$e\leqslant0.033l$，而 l 指的是弯矩作用方向的基础底面尺寸)时，根据由试验和统计得到的土的抗剪强度指标标准值，可按下式计算地基土承载力特征值

$$f_a=M_b\gamma b+M_d\gamma_m d+M_c c_k \tag{17-52}$$

式中：f_a——由土的抗剪强度指标确定的地基承载力特征值(kPa)；

M_b、M_d、M_c——承载力系数，可查相应表格；

b——基础底面宽度，$b>6$m 时按 6m 计，对于砂土 $b<3$m 时按 3m 计；

c_k——基底下一倍基宽深度范围内的黏聚力标准值(kPa)；

d、γ、γ_m——同前。

(四)按理论计算公式确定地基承载力

1.斯肯普顿地基极限承载力公式

斯肯普顿公式应用于饱和软黏土地基($\varphi=0$)。

$$p_u=(\pi+2)c+q=5.14c+q=5.14c+\gamma_m d \tag{17-53}$$

它是饱和软黏土地基在条形荷载作用下的极限承载力公式。是普朗特尔-雷斯诺极限荷载公式在 $\varphi=0$ 时的特例。

对于矩形基础，参考前人的研究成果，斯肯普顿(A. W. Skempton，1952)给出的地基极限承载力公式为

$$p_u=5c\left(1+\frac{b}{5l}\right)\left(1+\frac{d}{5b}\right)+\gamma_m d \tag{17-54}$$

式中：c——地基土黏聚力(kPa)取基底以下 $0.707b$ 深度范围内的平均值，考虑饱和黏性土和粉土在不排水条件下的短期承载力时，黏聚力应采用土的不排水抗剪强度 c_u；

b、l、d——分别为基础的宽度、长度和埋深(m)；

γ_m——基础埋置深度 d 范围内土的加权平均重度(kN/m^3)。

工程实际证明，用斯肯普顿公式计算的软土地基承载力与实际情况是比较接近的，安全系数 K 可取 1.1～1.3。

2.太沙基地基极限承载力公式

太沙基(K. Terzaghi，1943)提出了条形浅基础的极限荷载公式。太沙基从实用的角度考虑认为，当基础的长宽比 $l/b\geqslant5$ 及基础的埋置深度 $d\leqslant b$ 时，就可视为是条形浅基础。基底以上的土体看作是作用在基础两侧底面上的均布荷载 $q=\gamma_m d$，并假定基础底面是粗糙的。

太沙基的极限承载力公式

$$p_u=\frac{1}{2}\gamma bN_\gamma+qN_q+cN_c \tag{17-55}$$

式中：N_γ、N_q、N_c——为承载力系数，它们都是无量纲系数，仅与土的内摩擦角 φ 有关，可由表 17-4查得。

太沙基公式承载力系数表

表 17-4

φ	0	5°	10°	15°	20°	25°	30°	35°	40°	45°
N_γ	0	0.51	1.20	1.80	4.0	11.0	21.8	45.4	125	326
N_q	1.0	1.64	2.69	4.45	7.42	12.7	22.5	41.4	81.3	173.3
N_c	5.71	7.32	9.58	12.9	17.6	25.1	37.2	57.7	95.7	172.2

公式(17-55)只适用于条形基础，对于圆形或方形基础，太沙基提出了半经验的极限荷载公式。

圆形基础

$$p_u=0.6\gamma RN_\gamma+qN_q+1.2cN_c \tag{17-56}$$

式中：R——圆形基础的半径；

其余符号意义同前。

方形基础

$$p_u=0.4\gamma bN_\gamma+qN_q+1.2cN_c \tag{17-57}$$

式(17-55)～式(17-57)只适用于地基土是整体剪切破坏的情况，即地基土较密实，其 p-s 曲线有明显的转折点，破坏前沉降不大等。对于松软土质，地基破坏是局部剪切破坏，沉降较大，其极限荷载较小。太沙基建议在这种情况下采用较小的 $\bar{\varphi}$、$\bar{c}$ 值代入上述各式计算极限承载力。即令

$$\tan\bar{\varphi}=\frac{2}{3}\tan\varphi,\bar{c}=\frac{1}{3}c \tag{17-58}$$

根据 $\bar{\varphi}$ 值从表 17-4 中查承载力系数，并用 $\bar{c}$ 代入公式计算。

用太沙基极限承载力公式计算地基承载力时，其安全系数一般取为 3。

3.汉森地基承载力公式

汉森(B. Hanson，1961，1970)提出的在中心倾斜荷载作用下，不同基础形状及不同埋置深度时的极限承载力计算公式如下

$$p_u=\frac{1}{2}\gamma bN_\gamma i_\gamma s_\gamma d_\gamma+qN_q i_q s_q d_q+cN_c i_c s_c d_c \tag{17-59}$$

式中：N_γ、N_q、N_c——承载力系数；

i_γ、i_q、i_c——荷载倾斜系数；

s_γ、s_q、s_c——基础形状系数；

d_γ、d_q、d_c——深度系数。

其余符号意义同前。以上所有系数均可查有关表格。

(五)按当地建筑经验确定地基承载力

在拟建场地附近，调查邻近已有建筑物的形式、构造、荷载、地基土层情况与采用的承载力数值，具有一定的参考价值。对简单场地、中小工程，可通过综合分析，参用当地尤其是邻近场地的经验。对中等复杂场地或大中型工程，参用当地经验仍可能减少勘察工作量。

在应用建筑经验法时，首先要注意了解拟建场地有无新填土、软弱夹层、地下沟洞等不利情况。对于地基持力层，可通过现场开挖进行视觉鉴别，根据土的名称和所处状态估计地基承

载力。这些工作也可与基坑验槽相结合进行。

习　题

17-33　地基塑性区的最大开展深度 $z_{max}=\dfrac{b}{4}$时，地基承载力应选择(　　)。

A. P_{cr}　　B. $P_{\frac{1}{4}}$　　C. $P_{\frac{1}{3}}$　　D. P_u

17-34　地基承载力需进行深度、宽度修正的条件是(　　)。

①$d>0.5$m　②$b>3$m　③$d>1$m　④3m$<b\leqslant$6m

A. ①②　　B. ①④　　C. ②③　　D. ③④

17-35　若地基表面产生较大隆起，基础发生严重倾斜，则地基的破坏形式为(　　)。

A. 局部剪切破坏　　B. 整体剪切破坏

C. 刺入剪切破坏　　D. 冲剪破坏

17-36　在 $\varphi=15°$($N_r=1.8$，$N_q=4.45$，$N_c=12.9$)，$c=15$kPa，$\gamma=18$kN/m^3 的地表面有一个宽度为 3m 的条形均布荷载，对于整体剪切破坏的情况，按太沙基承载力公式计算的极限承载力为(　　)。

A. 80.7kPa　　B. 193.5kPa　　C. 242.1kPa　　D. 50.8kPa

第六节　土　压　力

一、土压力计算

设计挡土墙，首先应根据挡土墙场地的工程地质及水文地质条件选择挡土墙的材料、结构形式及填土材料，然后再确定作用在挡土墙墙背土压力的性质、大小、方向和分布。土压力的确定涉及填料、挡土墙以及地基三者之间的相互作用。目前计算土压力大多仍沿用朗金理论(也称极限应力法)和库仑理论(又称滑动楔体法)。

依据挡土墙的位移情况和墙后土体所处的应力状态，可将土压力分为静止土压力、主动土压力和被动土压力，如图 17-30 所示。

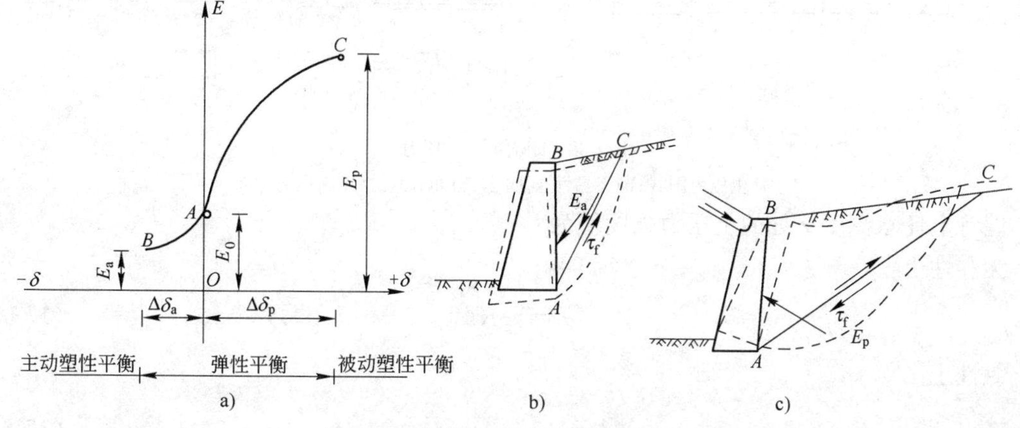

图 17-30　挡土墙土压力与墙体位移之关系

a)墙体位移与土压力变化曲线；b)主动极限平衡状态下产生的主动土压力；c)被动极限平衡状态下产生的被动土压力

静止土压力的计算：若工作条件使挡土墙不产生变动，填土对墙背的侧向压力即为静止土压力 E_0，如图 17-31 所示。

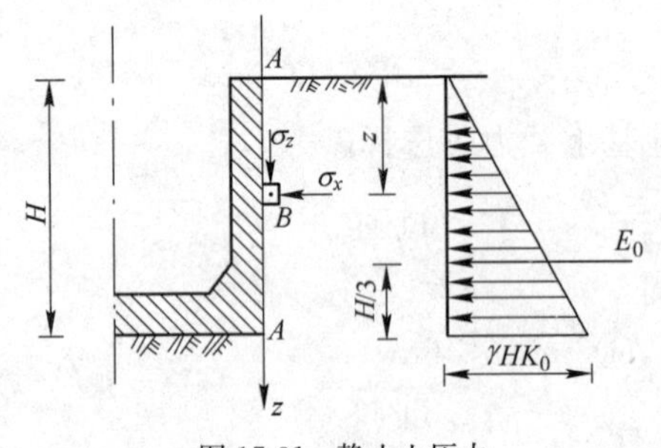

图 17-31　静止土压力

均质土层中计算点与填土面距离为 z 处的静止土压力 σ_0 为

$$\sigma_0 = \sigma_{cx} = K_0 \sigma_{cz} = K_0 \gamma z \tag{17-60}$$

式中，K_0 为静止土压力系数，与土的性质有关。一般黏性土可取 0.50～0.70，砂土可取 0.35～0.50。K_0 也可用近似式计算

$$K_0 = 1 - \sin\varphi' \tag{17-61}$$

这里 φ' 为土的有效内摩擦角。静止土压力沿墙高呈三角形分布，合力作用在距墙底 1/3 高度处。

二、朗金土压力理论

朗金土压理论的基本假定是已知地面水平的半无限土体中，任意的竖直面和水平面均是主应力面，假定该墙背竖直、光滑，填土面水平土体为均匀各向同性体。

（一）主动土压力

挡土墙在土压力作用下背离墙背方向移动或转动时，墙后土压力逐渐减小，当达到某一位移量时，作用在挡土墙上的土压力达最小值，此时作用在墙背的土压力称为主动土压力。为求土压力，必先求得强度分布图，此图之面积即为合力值，其形心位置即为合力作用点，见图 17-32。

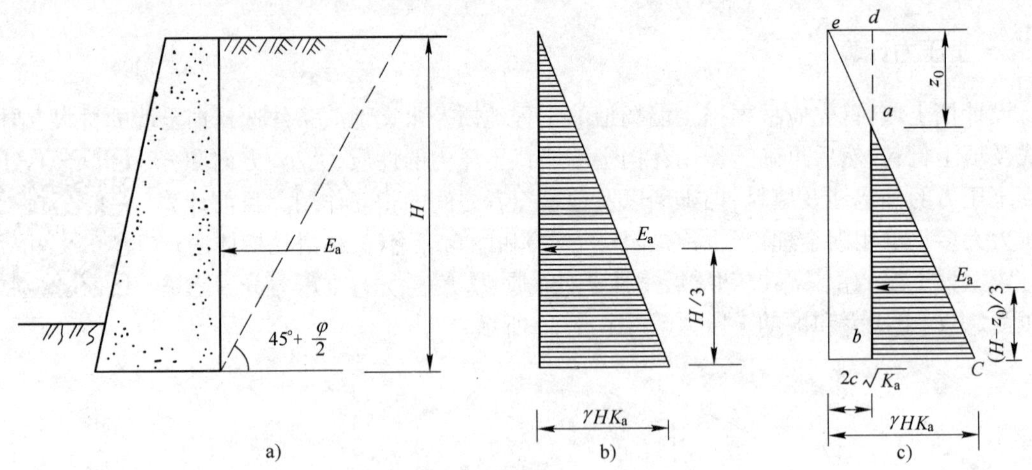

图 17-32　朗金主动土压力

a)主动土压力图式；b)无黏性土土压力分布；c)黏性土土压力分布

墙背上任意深度 z 处的土压力强度值为

无黏性土

$$\sigma_a = \gamma z K_a \tag{17-62}$$

黏性土

$$\sigma_a = \gamma z K_a - 2c\sqrt{K_a} \tag{17-63}$$

式中：c——填土的黏聚力；

K_a——主动土压力系数，它与填土的内摩擦角 φ 的关系为

$$K_a=\tan^2\left(45°-\frac{\varphi}{2}\right) \tag{17-64}$$

朗金主动土压力沿墙高呈线性分布，因而对无黏性土作用在高度为 H 的墙背上的主动土压力（合力）E_a 作用在离墙底 $H/3$ 处，其值为

$$E_a=\frac{1}{2}\gamma H^2 K_a \tag{17-65}$$

黏性土的土压力强度为土体自重引起的强度 $\gamma z K_a$ 扣除黏聚力效应 $2c\sqrt{K_a}$。由于填土不可能产生对墙背面的拉力，因此应略去临界深度 z_0 范围内的土拉力。确定 z_0 的条件是此处 $\sigma_a=0$，即

$$z_0=\frac{2c}{\gamma\sqrt{K_a}}$$

主动土压力 E_a 应为

$$E_a=\frac{1}{2}(H-z_0)(\gamma HK_a-2c\sqrt{K_a}) \tag{17-66}$$

且作用在离墙底 $(H-z_0)/3$ 处。

（二）被动土压力

挡土墙在外力作用下向墙背方向移动或转动时，墙挤压土体，墙后土压力逐渐增大，当达到某一位移量时，墙后土体开始上隆，作用在墙上的土压力达到最大值，此时作用在墙背上的土压力称为被动土压力。被动土压力计算图式见图 17-33，其强度计算公式如下：

无黏性土

$$\sigma_p=\gamma z K_p \tag{17-67}$$

黏性土

$$\sigma_p=\gamma z K_p+2c\sqrt{K_p} \tag{17-68}$$

被动土压力 E_p 为

无黏性土
$$E_p=\frac{1}{2}\gamma H^2 K_p \tag{17-69}$$

黏性土
$$E_p=\frac{1}{2}\gamma H^2 K_p+2cH\sqrt{K_p} \tag{17-70}$$

式中：K_p——被动土压力系数。

$$K_p=\tan^2\left(45°+\frac{\varphi}{2}\right) \tag{17-71}$$

合力作用于三角形（无黏性土）或梯形（黏性土）的形心处。

（三）关于土压力计算的几点说明

以上计算 σ_a 及 σ_p 时是按朗金土压力理论进行的，假定墙背竖直、光滑及填土面水平。实际情况往往较此条件复杂。

对于墙后填土上有超载的情况，一般可换算成墙后填土面上的等效土层。对于墙后填土面非平面，墙背形状复杂等情况，一般可用广义的库仑土压力理论计算，即按墙后滑楔平衡理论计算。《地基规范》考虑到所设计的挡土墙都具有一定的安全度，变位较小，黏性填土地表裂缝尚未形成，即不考虑地表裂缝出现，给出计算公式和四类填土的主动土压力系数曲线，可参考。

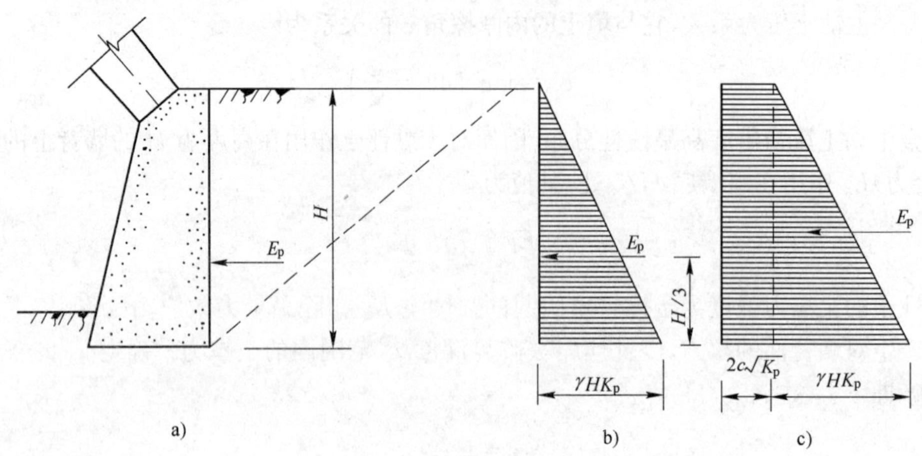

图 17-33　朗金被动土压力

a)被动土压力图式；b)无黏性土情况；c)黏性土情况

此外，有关墙后为分层填土，墙后填土中有地下水等复杂情况，详见由华南理工大学、东南大学、浙江大学、湖南大学合编的《地基及基础》(中国建筑工业出版社，1994)及其他相关教材。

当挡土墙后有较陡的稳定岩石坡面时，应按有限范围填土计算土压力，即取稳定岩石坡面为破裂面，并考虑稳定坡面与填土间的摩擦系数由滑动楔体平衡条件计算主动土压力。

三、库仑土压力理论

库仑土压力理论是根据墙后土体处于极限平衡状态并形成一滑动楔体时，由楔体的静力平衡条件得出的土压力计算理论。其基本假设是：①墙后的填土是理想的散粒体(黏聚力 $c=0$)；②滑动破坏面为一平面。

(一)主动土压力

一般挡土墙的设计均属于平面问题，故在下述讨论中均沿墙的长度方向取 1m 进行分析，如图 17-34 所示。当墙向前移动或转动而使墙后土体沿某一破坏面 BC 破坏时，土楔 ABC 向下滑动而处于主动极限平衡状态。此时，作用于土楔 ABC 上的力有：

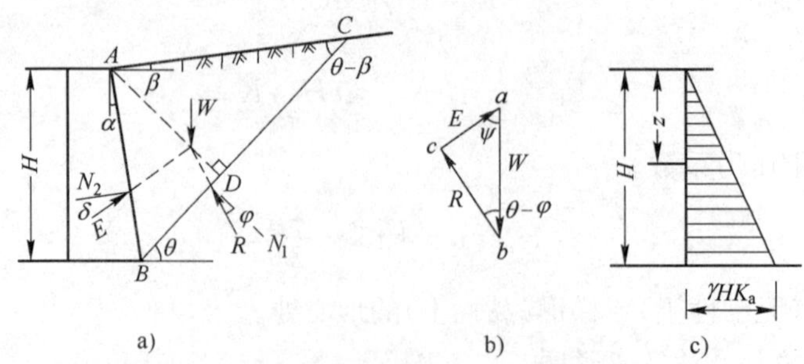

图 17-34　按库仑土压力理论求主动土压力

a)土楔 ABC 上的作用力；b)力矢三角形；c)主动土压力分布图

(1)土楔体的自重 W，其方向向下；

(2)破坏面 BC 上的反力 R 其大小是未知的，但其方向则是已知的；

(3)墙背对土楔体的反力 E，与它大小相等、方向相反的作用力就是墙背上的土压力。

土楔体在以上三力作用下处于静力平衡状态，因此必构成一闭合的力矢三角形。根据其相互关系,可推导出库仑主动土压力大小计算公式(17-72)。库仑土压力系数可查相应表格。

库仑主动土压力的一般表达式

$$E_a=\frac{1}{2}\gamma H^2\cdot\frac{\cos^2(\varphi-\alpha)}{\cos^2\alpha\cdot\cos(\alpha+\delta)\left[1+\sqrt{\frac{\sin(\varphi+\delta)\cdot\sin(\varphi-\beta)}{\cos(\alpha+\delta)\cdot\cos(\alpha-\beta)}}\right]^2} \tag{17-72}$$

令

$$K_a=\frac{\cos^2(\varphi-\alpha)}{\cos^2\alpha\cdot\cos(\alpha+\delta)\left[1+\sqrt{\frac{\sin(\varphi+\delta)\cdot\sin(\varphi-\beta)}{\cos(\alpha+\delta)\cdot\cos(\alpha-\beta)}}\right]^2} \tag{17-73a}$$

则

$$E_a=\frac{1}{2}\gamma H^2K_a \tag{17-73b}$$

式中:K_a——库仑主动土压力系数,按式(17-73a)确定;

H——挡土墙高度(m);

γ——墙后填土的重度(kN/m^3);

φ——墙后填土的内摩擦角(°);

α——墙背的倾斜角(°),俯斜时取正号,仰斜为负号;

β——墙后填土面的倾角(°);

δ——土对挡土墙背的摩擦角,查表确定。

主动土压力强度可按下式计算

$$\sigma_a=\frac{dE_a}{dz}=\frac{d}{dz}\left(\frac{1}{2}\gamma z^2K_a\right)=\gamma zK_a \tag{17-74}$$

主动土压力强度沿墙高的分布为三角形,合力作用点在距离墙底 $H/3$ 处。

(二)被动土压力

按照主动土压力公式的推导方法,可求得被动土压力的计算公式。

被动土压力的库仑公式为

$$E_p=\frac{1}{2}\gamma H^2\cdot\frac{\cos^2(\varphi+\alpha)}{\cos^2\alpha\cdot\cos(\alpha-\delta)\left[1+\sqrt{\frac{\sin(\varphi+\delta)\cdot\sin(\varphi+\beta)}{\cos(\alpha-\delta)\cdot\cos(\alpha-\beta)}}\right]^2} \tag{17-75}$$

或

$$E_p=\frac{1}{2}\gamma H^2K_p \tag{17-76}$$

式中:K_p——被动土压力系数,是式(17-75)的后面部分;

其余符号同前。

被动土压力强度可按下式计算

$$\sigma_p=\frac{dE_p}{dz}=\frac{d}{dz}\left(\frac{1}{2}\gamma z^2K_p\right)=\gamma zK_p \tag{17-77}$$

被动土压力强度沿墙高也呈三角形分布,土压力的作用点在距离墙底 $H/3$ 处。

如墙背直立($\alpha=0$)、光滑($\delta=0$),以及墙后填土水平($\beta=0$),则式(17-73)和式(17-76)变为

$$E_a=\frac{1}{2}\gamma H^2\tan^2(45°-\frac{\varphi}{2}),E_p=\frac{1}{2}\gamma H^2\tan^2\left(45°+\frac{\varphi}{2}\right)$$

可见,在上述条件下,库仑的被动土压力公式也与朗金公式相同。

习　题

17-37　设计地下室外墙时选用的土压力是(　　)。

A. 主动土压力　　B. 静止土压力

C. 被动土压力　　D. 平均土压力

17-38　若计算方法、填土指标相同,则作用在高度相同的挡土墙上的主动土压力数值最小的墙背形式是(　　)。

A. 仰斜　　B. 直立　　C. 俯斜　　D. 背斜

17-39　相同条件下,作用在挡土构筑物上的主动土压力、被动土压力、静止土压力的大小之间存在的关系是(　　)。

A. $E_p>E_a>E_0$　　B. $E_p>E_0>E_a$

C. $E_a>E_p>E_0$　　D. $E_0>E_p>E_a$

17-40　库仑土压力理论的适用条件为(　　)。

A. 墙背必须光滑、垂直　　B. 墙后填土为理想散粒体

C. 填土面必须水平　　D. 墙后填土为理想黏性体

17-41　某墙背直立的挡土墙,若墙背与土的摩擦角为10°,则主动土压力合力与水平面的夹角为(　　)。

A. 20°　　B. 30°　　C. 10°　　D. 0°

第七节　边坡稳定

土坡稳定分析是一个比较复杂的问题,目前理论分析只限于较简单的情况。采用理论分析与现场观测相结合的方法比较切实可行又比较可靠。本节主要介绍简单土坡的稳定分析。所谓简单土坡是指土坡的顶面和底面都是水平面,并伸至无穷远,土坡由均质土组成。

一、土坡失稳的主要原因

(1)土坡作用力发生变化,如人工开挖坡脚、坡顶增加荷载。或由于打桩、车辆行驶、爆破、地震等引起的振动改变了原来的平衡状态。

(2)土的抗剪强度降低,如土体中含水率或超静水压力的增加。

(3)静水力的作用,如土体中由剪切或张拉产生垂直的裂隙,雨水或地面水流入缝隙,土坡产生侧向推力而促使土坡的滑动。

(4)地下水的渗流作用,当土坡中有地下水渗流且动水压力与滑动方向相同时,也会促使土坡滑动。

二、无黏性土土坡稳定分析

设一坡角为β的无粘膜性土土坡,土坡及地基为均质的同一种土,且不考虑渗流的影响。

纯净的干砂类土坡,其稳定性条件可由如图17-35所示的力系来说明。

斜坡上的土颗粒M,其自重为W,砂土的内摩擦角为φ。W垂直于坡面和平行于坡面的分力分别为N和T,则

$$T=W\cdot\sin\beta \tag{17-78}$$

$$N=W\cdot\cos\beta \tag{17-79}$$

分力 T 将使土颗粒 M 向下滑动，为滑动力。阻止 M 下滑的抗滑力则是由垂直于坡面上的分力 N 引起的最大静摩擦力 T'

$$T'=N\tan\varphi=W\cdot\cos\beta\cdot\tan\varphi \quad (17\text{-}80)$$

抗滑力与滑动力的比值称为稳定安全系数，为

$$K=\frac{T'}{T}=\frac{W\cdot\cos\beta\cdot\tan\varphi}{W\cdot\sin\beta}=\frac{\tan\varphi}{\tan\beta} \quad (17\text{-}81)$$

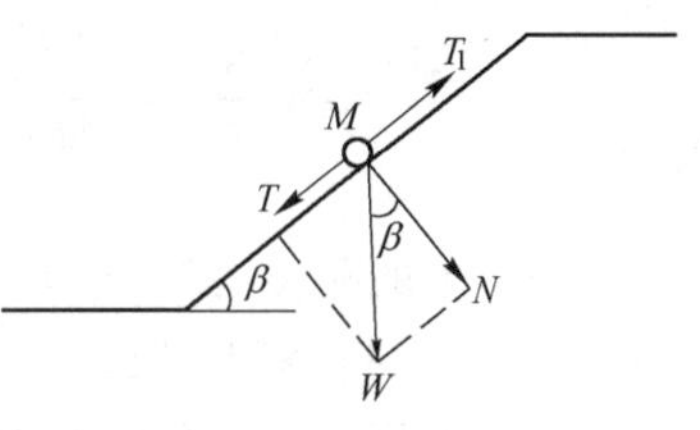

图 17-35　无黏性土坡稳定分析

由上式可知，无黏性土土坡稳定的极限坡角 β 等于其内摩擦角，即：当 $\beta=\varphi(K=1)$ 时，土坡处于极限平衡状态。由上述的平衡关系还可看出：无黏性土坡的稳定性与坡高无关，仅取决于坡角 β，只要 $\beta<\varphi(K>1)$，土坡就是稳定的。为了保证土坡有足够的安全储备，可取 $K=1.1\sim1.5$。

三、黏性土土坡稳定分析

黏性土土坡的滑动情况如图 17-36 所示。土坡失稳前一般在坡顶产生张拉裂缝。继而沿着某一曲面产生整体滑动，同时伴随着变形。在垂直于纸面方向，滑坡将延伸至一定范围，也是曲面。为了简化，在稳定分析中通常作为平面问题处理，而且假定滑动面为圆筒面。

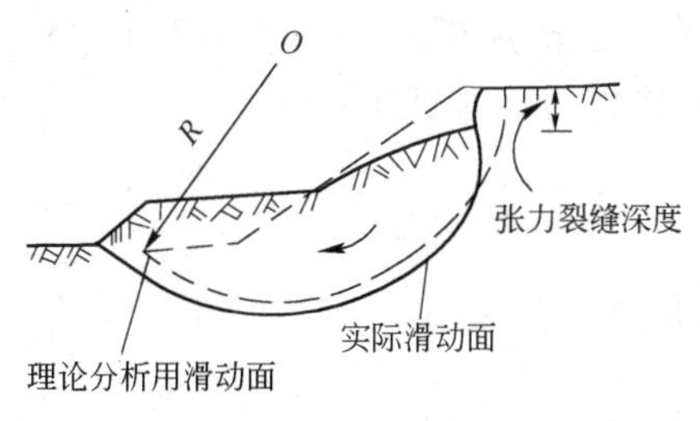

图 17-36　黏性土坡的滑动面

以下介绍黏性土土坡稳定分析的条分法和稳定数法。

(一)条分法

条分法首先为瑞典工程师 W·费兰纽斯(Fellenious,1922)所提出，这个方法具有较普遍的意义，它不仅可以分析简单土坡，还可以用来分析非简单土坡，例如土质不均匀的、坡上或坡顶作用有荷载的土坡。

条分法的基本原理是，滑动土体重连同顶面上的荷载 W 在滑动面上的分力为滑动力，而沿滑动面上由土的抗剪强度产生的力为抗滑力。滑动力与抗滑力对圆心取矩。若总抗滑力矩大于滑动力矩，则土坡稳定。因滑动面为曲面，为简化计算，分析时将滑动土体沿横向分成若干小土条，每条的滑动面近似取为平面。逐条计算滑动力矩和抗滑力矩，最后叠加，即得总的抗滑力矩和滑动力矩，两者之比称为安全系数 K。根据建筑等级、土的性质及地区经验等因素综合考虑，K 取 1.1～1.5。注意选择滑弧应在危险滑动面的区域内以减少工作量。按经验危险滑弧面的两端点距坡顶和坡角点各 $0.1nH$(n 为坡度、H 为坡高)，其滑弧中心在此两点连线的垂直平分线上，故可在此线上取若干点作为滑弧圆心，按上述方法分别计算相应的稳定安全系数，就可求得最小的安全系数了。

工程中要求最小安全系数 $K_{min}\geqslant1.1\sim1.5$，视工程重要性而定。

(二)稳定数法

黏性土土坡的稳定坡角 β 与土坡坡高 h 和土的 c、φ、γ 有关。泰勒(Taylor,1937)根据大量计算结果，绘制成如图 17-37 所示的图，应用此图可以很简便地分析简单土坡的稳定。图中的纵坐标 N_s，称为稳定数

$$N_s=\frac{\gamma h}{c}$$

$$K=\frac{N_s'}{N_s}=\frac{\frac{\gamma h'}{c}}{\frac{\gamma h}{c}}=\frac{h'}{h} \tag{17-82}$$

式中：γ——土的重度(kN/m^3)；

c——土的黏聚力(kPa)；

N_s'——由图 17-37 查得的土坡处于极限状态时的稳定数；

N_s——由实际土坡计算的稳定数；

h'——土坡处于极限状态时的临界高度；

h——土坡实际坡高。

当 $K>1$，即 $N_s'>N_s$ 时，表明土坡稳定。

对于饱和软黏土土坡，快剪条件下 $\varphi=0$，当坡角 $\beta>53°$ 时，同样可从图 17-37 查得稳定数 N_s'，进行稳定分析。

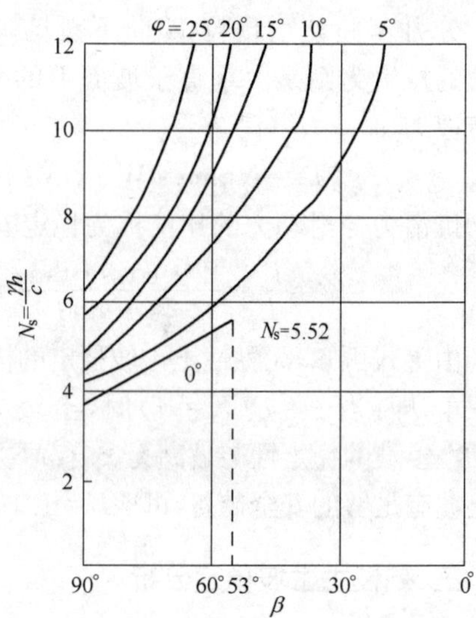

图 17-37 泰勒稳定数图表

当 $\varphi=0$，$\beta<53°$ 时，土坡的破坏形式不仅取决于坡角 β，还取决于坡下坚硬土层面离土坡坡顶的距离 h_d，与土坡高度 h 的比值 n_d（称为深度系数），其滑动面类型有三种：

(1)滑动面通过坡脚，称为坡脚圆；

(2)滑动面通过坡面并切于坚硬土层，称为坡面圆；

(3)滑动面通过坡脚以外，且滑弧圆心位于坡面中点垂直线上，称为中点圆(见图 17-38)。

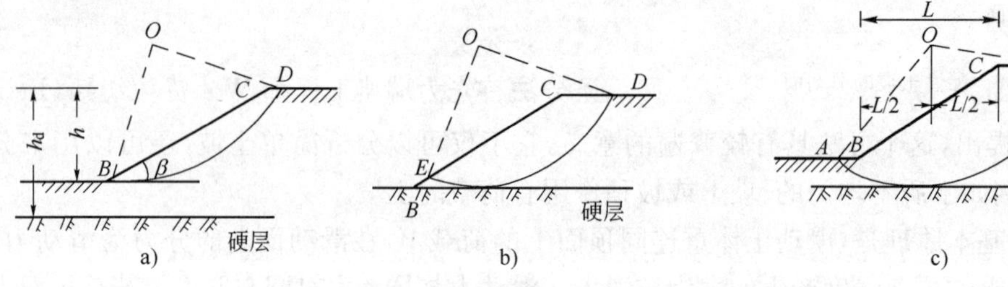

图 17-38 均质黏性土土坡的三种滑动面位置

a)坡脚圆；b)坡面圆；c)中点圆

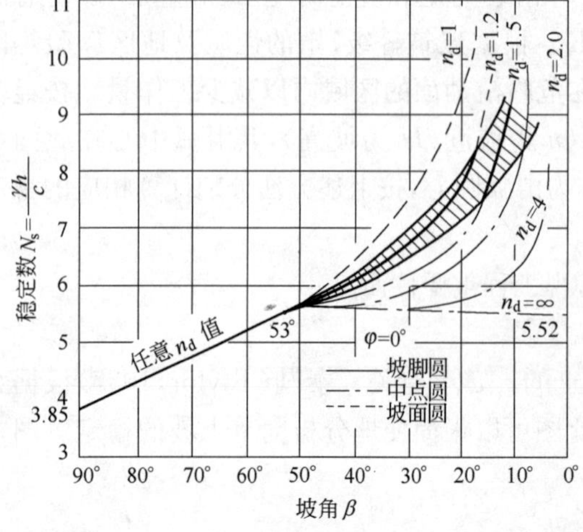

图 17-39 坡角与稳定数之间的关系

滑动面形式与 $n_d=h_d/h$ 有关，n_d 较大时，即硬土层较深时，滑动呈中点圆，随 n_d 减小，渐转为坡脚圆，n_d 再小时，则转为坡面圆(见图 17-38)。

$\varphi=0$，$\beta<53°$ 时的稳定数由图 17-39 查取。

如果软土层很厚，$n_d>4$，取 $n_d=\infty$，由图 17-39 可知，$N_s=5.52$，且与 β 无关，则土坡的临界高度为

$$h_c=\frac{cN_s}{\gamma}=\frac{5.52c_u}{\gamma} \tag{17-83}$$

式中：c_u——不排水抗剪强度(kPa)。

【例 17-1】 已知某工程基坑开挖深度

$h=5\text{m}$，地基土 $\gamma=19\text{kN/m}^3$，$\varphi=15°$，黏聚力 $c=12\text{kPa}$，求稳定坡角。若以 60°放坡，则最大开挖深度为多少？

解 由已知条件，得

$$N_s=\frac{\gamma h}{c}=\frac{19\times5}{12}=7.92$$

查图，$\varphi=15°$，得

$$\beta=64°$$

当 $\beta=60°$时，查得 $N_s=8.7$，则

$$h=\frac{N_s C}{\gamma}=\frac{8.7\times12}{19}=5.5\text{m}$$

习　题

17-42 若某砂土坡的稳定安全系数 $K=1.0$，则该土坡稳定应满足的条件为（　　）。

A. 坡角＝天然休止角　　B. 坡角＜1.5 天然休止角

C. 坡角＞1.5 天然休止角　　D. 1.5 坡角＜天然休止角

17-43 分析黏性土坡稳定时，假定滑动面为（　　）。

A. 斜平面　　B. 曲面　　C. 圆筒面　　D. 水平面

第八节　浅　基　础

一、地基基础方案及其选择

建筑物可分为上部结构（地上部分）、下部结构（地下部分）——基础两部分，而基础坐落在地基上。地基作为支承建筑物的地层，如为自然状态则为天然地基，若经过人工处理则为人工地基。

基础又分为浅基础与深基础两大类，通常按基础的埋置深度划分。一般埋深小于 5m 的为浅基础，大于 5m 的为深基础。也有建议按施工方法来划分的：用普通基坑开挖和敞坑排水方法修建的基础统称为浅基础，如高层建筑箱型基础（埋深可能大于 5m）也属此类，而用特殊施工方法将基础埋置于深层地基中的基础称为深基础，如桩基础、沉井、地下连续墙等。

设计建筑物的地基基础时，须将地基、基础视为一个整体，按照下述的组合关系（见表17-5），确定地基基础方案。其受上部结构类型、使用荷载大小、施工等多种因素制约，对每一个具体工程，应综合考虑，通过经济技术比较，确定最佳方案。一般应优先选择天然地基上的浅基础，条件不允许时，可比较天然地基上的深基础和人工地基上的浅基础两方案，选定其一，必要时才选用人工地基上的深基础。

地基与基础组合方案　　表 17-5

地基种类	选择组合顺序	基础类型
天然地基	1（天然地基→浅基础）；2（天然地基→深基础，人工地基→浅基础）；3（人工地基→深基础）	浅基础
人工地基		深基础

二、浅基础类型

浅基础有多种形式，是随上部结构类型的发展和荷载的增大、使用功能的要求、地基条件、建筑材料和施工方法的发展而演变的，形成了从独立的、条形的到交叉的、成片的乃至空间整体的基础系列。浅基础的类型划分按不同标准有不同形式。按表17-6分类，可大致看出基础形式发展演变过程、材料及受力特点。

(一)独立基础(含扩展式基础)

独立基础是柱基础的主要类型，所用材料依柱的材料和荷载大小而定。现浇柱下常采用钢筋混凝土，此时称为扩展式基础。基础截面可做成阶梯形或锥形，预制柱下一般采用杯形基础。砌体柱下可采用无筋扩展基础，材料一般为砖、混凝土等。

有时墙下也可采用独立基础。这时基础顶面应架设钢筋混凝土过梁(见图17-40a)或砌砖拱以传递竖向力(见图17-40b)。

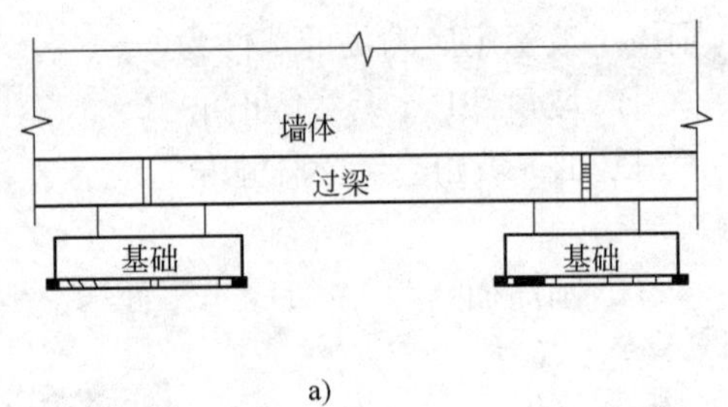

a)

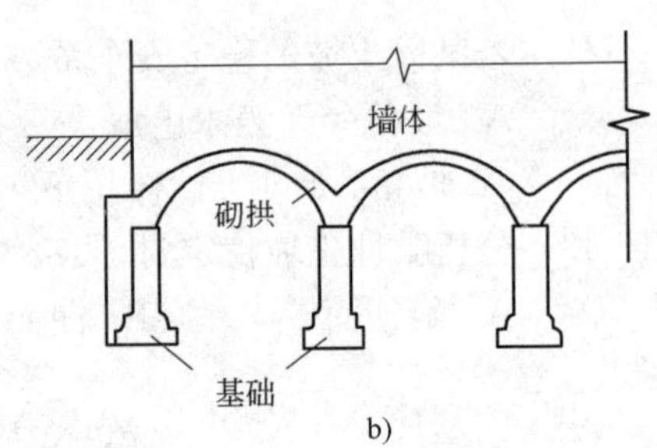

b)

图17-40　墙下单独基础

a)设钢筋混凝土过梁；b)砌砖拱

浅基础分类表　　表17-6

	按结构型式分类	使用的材料	受力特征
常用类型	单独基础{柱下、墙下}	砖、石、混凝土(无筋扩展基础) 钢筋混凝土(扩展式基础)	以受压为主 可受拉、受弯
	条形基础{柱列下、局部、墙下}	钢筋混凝土、钢筋混凝土、钢筋混凝土}(扩展式基础) 砖、石、混凝土(无筋扩展基础)	可受拉、受弯 主要受压
	交叉条形基础	钢筋混凝土	受拉、受弯
	片筏基础(俗称满堂基础) 浮筏式基础(墙下浅埋或不埋式)	钢筋混凝土 钢筋混凝土(墙下筏板基础)	双向受力板或受力肋板
	箱形基础	钢筋混凝土	空间受力结构
其他类型	壳体基础 折板基础	钢筋混凝土 混凝土(用量减少)	将受拉状态转为受压状态，充分发挥材料特性
	块体基础	钢筋混凝土(整体式)、砖石	在动力作用下呈刚性运动

(二)条形基础和联合基础

1.条形基础

墙下条形基础有刚性和钢筋混凝土(扩展式)两种。后者一般做成无肋板式,若为了增强基础的整体性和抗弯能力,则可采用带肋式。

当荷载较大且地基承载力较低时,柱列下也常采用条形基础。将同一排的柱基础相连成为钢筋混凝土柱下条形基础(见图 17-41),但若仅是相邻两柱基础相连又称联合基础或二柱联合基础。

2. 联合基础

根据建筑物的荷载、地基及限制条件,可能有下列形式。

(1)矩形联合基础(见图 17-42a)

适用于相邻荷载差异不大且地基较为均匀的条件。它整体性能好,可设计成变截面的形式。

(2)梯形联合基础(见图 17-42b)

边柱基础荷载较大或为偏心荷载,与内柱基础需要连接时,采用梯形形式可使基底压力接近于均匀分布。

(3)连梁式联合基础(见图 17-42c)

当基础间距较大,地基不均匀,可能产生较大的沉降差时,将联合基础做成连梁式,且设计成刚性梁,使不平衡剪力和弯矩得以传递和调整。

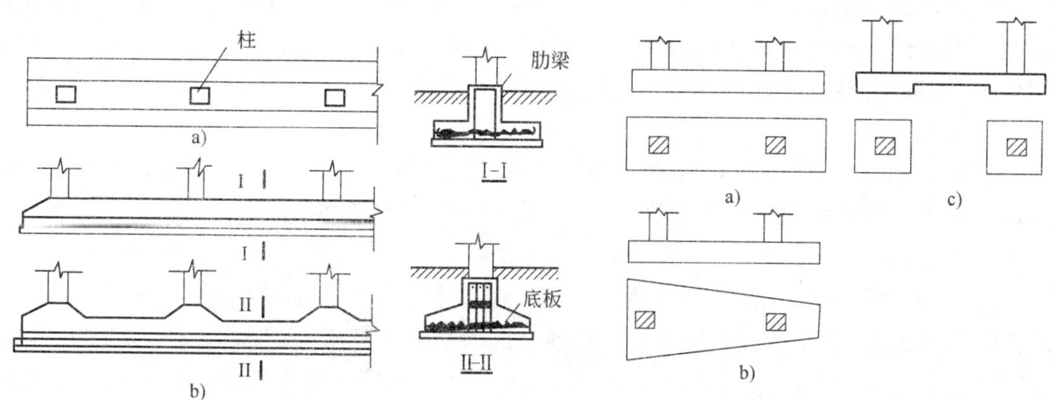

图 17-41 柱下条形基础

a)等截面;b)柱位处加腋

图 17-42 联合基础基本形式

(三)交梁基础

当荷载较大,采用柱下条形基础不能满足地基承载力要求时,可采用交梁基础(或称“十字交叉基础”)。这种基础在纵横两向均具有一定的刚度和调整不均匀沉降的能力。

(四)筏板基础

遇上部结构荷载大、地基软弱或地下防渗需要时,可采用筏板基础,俗称满堂基础。由于基底面积大,故可减小地基单位面积上的压力,并能有效地增强基础的整体性。

筏板基础像倒置的钢筋混凝土楼盖,可分为平板式和梁板式两种类型。它可用在柱网下,亦可用在砌体结构下。我国南方某些城市大量采用为多层住宅基础,并直接做在地表杂填土上,称无埋深筏基。但在北方应用时,必须考虑能否满足抗冻与采暖要求。

(五)箱形基础

由钢筋混凝土底板、顶板和纵横内外墙组成的整体空间结构,称为箱形基础。其具有很大的抗弯刚度,整体性好,只会产生大致均匀的沉降或整体倾斜而不致产生挠曲,从而基本上消除了因地基变形而使建筑物开裂的可能性。抗震性能较好，适用于软弱地基上高层、重型或对不均匀沉降有严格要求的建筑物。可满足高层建筑对建筑功能与结构受力等方面的要求。

箱基的用料多、工期长、造价高、施工技术比较复杂，尤其当须进行深基坑开挖时要考虑人工降低地下水位、坑壁支护和对邻近建筑物的影响问题。此外，还要对箱基地下室的防水、通风采取周密的措施。综上所述，箱基的采用与否，应该慎重地综合考虑各方面因素，通过方案比较后确定，才能收到技术和经济上的最大效益。

（六）壳体基础

当荷载较大时，柱下基础也可采用壳体基础。这种基础使径向内力由以弯矩为主，变为以压力为主，通常可节省混凝土30%～50%。壳体基础常用作筒形构筑物（如烟囱、水塔、料仓、中小型高炉等）的基础，也可用作一般工业与民用建筑柱基。壳体基础常用的结构形式为正圆锥壳、M形组合壳和内球外锥组合壳。

（七）动力机械基础

动力机械基础常采用大块式、墙式及框架式三种形式。大块式基础应用最广，通常做成刚度很大的钢筋混凝土块体。墙式基础则由承重的纵、横向墙组成。基础中均预留有安装和操作机器所必需的沟槽和孔洞。框架式基础一般用于平衡性较好的高频机器，其上部结构是由固定在一起连续底板或可靠基岩上的立柱以及与立柱上端刚性连接的纵、横梁组成的弹性体系，因而可按框架结构计算。

（八）基础选型示例

基础的选型，应根据地质条件、建筑体型、结构类型、荷载情况、有无地下室以及施工条件等，提出适用技术方案，进行经济效果对比。一般按以下原则选型：

1.砖混结构

包括多层房屋，应优先选用刚性基础。按就地取材和方便施工的原则，选择毛石基础、砖基础、灰土基础或三合土基础。地下水位较高时选用混凝土基础，或有混凝土垫层的砖基础，一般做成条形基础。基础宽度大于2.5m时，宜采用柔性钢筋混凝土基础。上部地基土软弱，基础深度大于3m时，宜用墩式基础。

2.框架结构

无地下室，地基较好，荷载较小，柱网分布比较均匀时，宜选用单独柱基，纵横方向应用拉梁拉结，拉梁位置以设置在柱根为宜。框架底层的砖墙和相邻砖混结构的墙体，宜结合拉梁设置地梁。柱基埋深较浅时直接做条形墙基，此时圈梁与拉梁结合布置。对于多层内框架结构，地基较差时，柱列宜选用柱下条形基础或条形刚性基础。

3.框架或剪力墙结构

（1）无地下室，地基较差，荷载较大时，为了增强整体性，减少不均匀沉降，可选用十字交叉条形基础。如不满足变形条件要求，可考虑采用桩基础，或对地基进行处理。仍不满足要求时，可选用钢筋混凝土筏板基础。

（2）有地下室，无特殊防水要求，柱网、荷载及墙间距比较均匀，地基较好时，可选用十字交叉刚性墙基础。

（3）有地下室，上部结构对不均匀沉降限制较严，防水要求较高时，可选用箱形基础。当高层建筑层数较多，重量较大，地基较软弱时，宜采用复合式箱形基础。

上述事例说明，进行基础工程设计必须洞悉上部结构及地基的特点，发挥上部结构—基础—地基的相互作用，才可能达到最佳效果。

三、浅基础工程设计的三项重要技术指标

（一）技术合理性

技术合理性是最重要的指标。合理的地基基础设计是由许多因素经综合分析才能取得，除了地基土本身以外，还包括建筑环境、工艺要求、建筑形式和水文气候等因素。

（二）施工可行性

基础设计的任务应根据地质条件及结构要求、现场条件、工期等选择可行的施工方案，因为在一定情况下，设计意图能否实现与施工可行性关系甚大。

（1）在城市建设中往往限制使用对环境有污染的施工方法。例如，强夯法处理不均匀杂填土时振动的噪声较大，又如预制沉桩的噪声超过规定标准，这些在大城市中已禁止使用。

（2）施工方法对施工质量的保证率。不同的基础形式有不同的施工方法、要求及需要注意的质量问题。

（三）经济性

当基础工程有多种方案可供选择时，则应比较造价，并注意各地劳动力价格及材料价格。应当说明，基础造价不完全取决于基础设计本身，还与建筑体形的复杂性、场地工程地质条件、结构布局及工艺要求有关。

四、浅基础设计的基本规定

（一）建筑物的安全等级

地基与基础计算的内容和要求与建筑物的安全等级有关。根据地基损坏造成建筑物的破坏后果（危及人的生命、造成经济损失、造成社会影响及修复的可能性）的严重性，将建筑物地基基础设计分为三个等级，见表 17-7。

地基基础设计等级 表 17-7

设 计 等 级	建筑和地基类型
甲级	重要的工业与民用建筑物 30 层以上的高层建筑 体型复杂，层数相差超过 10 层的高低层连成一体建筑物 大面积的多层地下建筑物（如地下车库、商场、运动场等） 对地基变形有特殊要求的建筑物 复杂地质条件下的坡上建筑物（包括高边坡） 对原有工程影响较大的新建建筑物 场地和地基条件复杂的一般建筑物 位于复杂地质条件及软土地区的二层及二层以上地下室的基坑工程 开挖深度大于 15m 的基坑工程 周边环境条件复杂、环境保护要求高的基坑工程
乙级	除甲级、丙级以外的工业与民用建筑物 除甲级、丙级以外的基坑工程
丙级	场地和地基条件简单、荷载分布均匀的七层及七层以下民用建筑及一般工业建筑物 非软土地区且场地地质条件简单、基坑周边环境条件简单、环境保护要求不高且开挖深度小于 5.0m 的基坑工程

（二）对地基与基础设计的要求

根据建筑物地基基础设计等级及长期荷载作用下地基变形对上部结构的影响程度，地基基础设计应符合下列规定：

(1)所有建筑物的地基计算均应满足承载力计算的有关规定。

(2)设计等级为甲级、乙级的建筑物，均应按地基变形设计。

(3)表 17-8 所列范围内设计等级为丙级的建筑物可不作变形验算，如有下列情况之一时，仍应作变形验算。

可不作地基变形验算的设计等级为丙级的建筑物范围　　表 17-8

地基主要受力层情况	地基承载力特征值 f_{ak} (kPa)			$80\leqslant f_{ak}<100$	$100\leqslant f_{ak}<130$	$130\leqslant f_{ak}<160$	$160\leqslant f_{ak}<200$	$200\leqslant f_{ak}<300$
	各土层坡度(%)			⩽5	⩽10	⩽10	⩽10	⩽10
建筑类型	砌体承重结构、框架结构(层数)			⩽5	⩽5	⩽6	⩽6	⩽7
	单层排架结构(6m柱距)	单跨	吊车额定起重量(t)	10～15	15～20	20～30	30～50	50～100
			厂房跨度(m)	⩽18	⩽24	⩽30	⩽30	⩽30
		多跨	吊车额定起重量(t)	5～10	10～15	15～20	20～30	30～75
			厂房跨度(m)	⩽18	⩽24	⩽30	⩽30	⩽30
	烟囱		高度(m)	⩽40	⩽50	⩽75		⩽100
	水塔		高度(m)	⩽20	⩽30	⩽30		⩽30
			容积(m^3)	50～100	100～200	200～300	300～500	500～1 000

注：1. 地基主要受力层是指条形基础底面下深度为 $3b$（b 为基础底面宽度），独立基础下为 $1.5b$，且厚度均不小于 5m 的范围(2 层以下一般的民用建筑除外)。

2. 地基主要受力层中如有承载力特征值小于 130kPa 的土层时，表中砌体承重结构的设计，应符合规范的有关要求。

3. 表中砌体承重结构和框架结构均指民用建筑，对于工业建筑可按厂房高度、荷载情况折合成与其相当的民用建筑层数。

4. 表中吊车额定起重量、烟囱高度和水塔容积的数值均是指最大值。

①地基承载力特征值小于 130kPa，且体形复杂的建筑；

②在基础上及其附近有地面堆载或相邻基础荷载差异较大，可能引起地基产生过大的不均匀沉降时；

③软弱地基上的建筑物存在偏心荷载时；

④相邻建筑距离过近，可能发生倾斜时；

⑤地基内有厚度较大或厚薄不均的填土，其自重固结未完成时。

(4)对经常受水平荷载作用的高层建筑、高耸结构和挡土墙等，以及建造在斜坡上或边坡附近的建筑物和构筑物，尚应验算其稳定性。

(5)基坑工程应进行稳定性验算。

(6)当地下水埋藏较浅，建筑地下室或地下构筑物存在上浮问题时，尚应进行抗浮验算。

（三）地基变形特征及允许值

沉降量、沉降差、倾斜和局部倾斜均称为地基变形特征，见图 17-43。

沉降量为基础中心点的沉降量，沉降差为相邻单独基础沉降量的差值，倾斜为单独基础在倾斜方向两端点的沉降差与其距离的比值，局部倾斜为砌体承重结构沿纵墙 6～10m 内基础两点的沉降差与其距离之比。

从变形特征上可以看出最基本的变形计算是沉降计算，建筑物的地基变形计算值不应大于地基变形允许值(见表 17-9)。不同结构类型、地质条件，其控制变形特征及容许值不同。

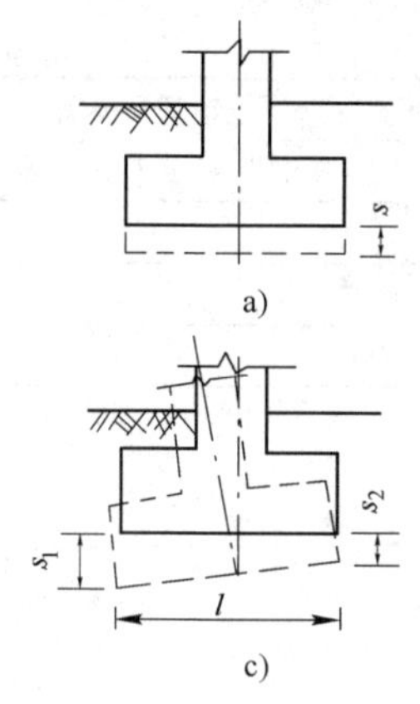

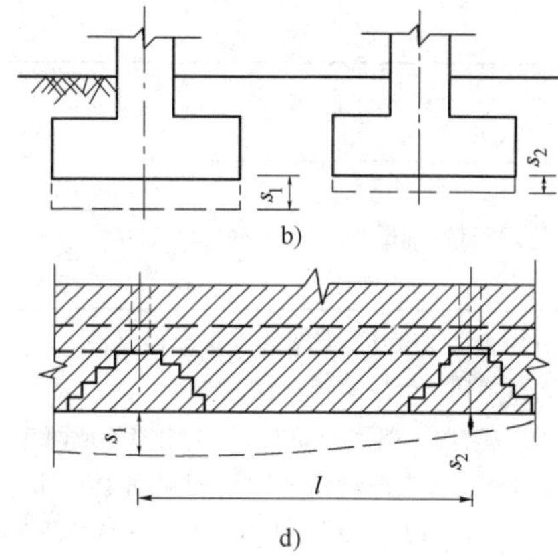

图 17-43　地基变形特征

a)沉降量 s；b)沉降差 s_1-s_2；c)倾斜$\frac{s_1-s_2}{l}$；d)局部倾斜$\frac{s_1-s_2}{l}$

在计算地基变形时，应符合下列规定：

(1)由于建筑地基不均匀、荷载差异很大、体型复杂等因素引起的地基变形，对于砌体承重结构应由局部倾斜值控制；对于框架结构和单层排加架结构应由相邻柱基的沉降差控制；对于多层或高层建筑和高耸结构应由倾斜值控制；必要时尚应控制平均沉降量。

(2)在必要情况下，需要分别预估建筑物在施工期间和使用期间的地基变形值，以例预留建筑物有关部分之间的净空，选择连接方法和施工顺序。

建筑物的地基变形允许值应按表 17-9 规定采用。对表中未包括的建筑物，其地基变形允许值应根据上部结构对地基变形的适应能力和使用上的要求确定。

建筑物的地基变形允许值　　表 17-9

变形特征		地基土类别	
		中、低压缩性土	高压缩性土
砌体承重结构基础的局部倾斜		0.002	0.003
工业与民用建筑相邻柱基的沉降差	框架结构	0.002l	0.003l
	砌体墙填充的边排柱	0.000 7l	0.001l
	当基础不均匀沉降时不产生附加应力的结构	0.005l	0.005l
单层排架结构(柱距为 6m)柱基的沉降量(mm)		(120)	200
桥式吊车轨面的倾斜(按不调整轨道考虑)	纵向	0.004	
	横向	0.003	
多层和高层建筑的整体倾斜	H_g≤24	0.004	
	24<H_g≤60	0.003	
	60<H_g≤100	0.002 5	
	H_g>100	0.002	
体形简单的高层建筑基础的平均沉降量(mm)		200	
高耸结构基础的倾斜	H_g≤20	0.008	
	20<H_g≤50	0.006	
	50<H_g≤100	0.005	
	100<H_g≤150	0.004	
	150<8H_g≤200	0.003	
	200<H_g≤250	0.002	

续上表

变形特征		地基土类别	
		中、低压缩性土	高压缩性土
高耸结构基础的沉降量(mm)	$H_g \leqslant 100$	400	
	$100 < H_g \leqslant 200$	300	
	$200 < H_g \leqslant 250$	200	

注:1. 本表数值为建筑物地基实际最终变形允许值。

2. 有括号者仅适用于中压缩性土。

3. l 为相邻柱基的中心距离(mm),H_g 为自室外地面起算的建筑物高度(m)。

4. 倾斜指基础倾斜方向两端点的沉降差与其距离的比值。

5. 局部倾斜指砌体承重结构沿纵向 6～10m 内基础两点的沉降差与其距离的比值。

(四)地基稳定性计算

(1)地基稳定性可采用圆弧滑动面法进行验算。最危险的滑动面上诸力对滑动中心所产生的抗滑力矩与滑动力矩应符合下式要求。

$$\frac{M_R}{M_S} \geqslant 1.2 \tag{17-84}$$

式中:M_S——滑动力矩(kN·m);

M_R——抗滑力矩(kN·m)。

(2)位于稳定土坡坡顶上的建筑,应符合下列规定。

①对于条形基础或矩形基础,当垂直于坡顶边缘线的基础底面边长小于或等于 3m 时,其基础底面外边缘线至坡顶的水平距离(图 17-44)应符合下式要求,且不得小于 2.5m。

条形基础

$$\alpha \geqslant 3.5b - \frac{d}{\tan\beta} \tag{17-85}$$

矩形基础

$$\alpha \geqslant 2.5b - \frac{d}{\tan\beta} \tag{17-86}$$

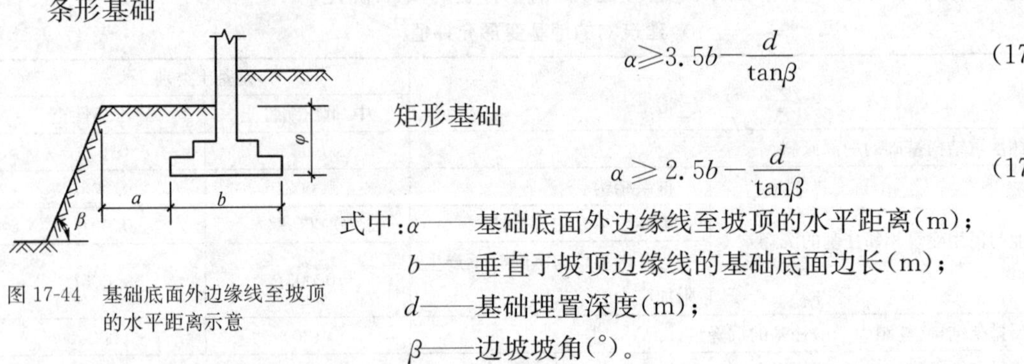

图 17-44 基础底面外边缘线至坡顶的水平距离示意

式中:α——基础底面外边缘线至坡顶的水平距离(m);

b——垂直于坡顶边缘线的基础底面边长(m);

d——基础埋置深度(m);

β——边坡坡角(°)。

②当基础底面外边缘线至坡顶的水平距离不满足式(17-85)、式(17-86)的要求时,可根据基底平均压力按公式(17-84)确定基础距坡顶边缘的距离和基础埋深。

③当边坡坡角大于 45°、坡高大于 8m 时,尚应按式(17-84)验算坡体稳定性。

(3)建筑物基础存在浮力作用时应进行抗浮稳定性验算,并应符合下列规定。

①对于简单的浮力作用情况,基础抗浮稳定性应符合下式要求

$$\frac{G_k}{N_{w,k}} \geqslant k_w \tag{17-87}$$

式中:G_k——建筑物自重及压重之和(kN);

$N_{w,k}$——浮力作用值(kN);

k_w——抗浮稳定安全系数,一般情况下可取 1.05。

②抗浮稳定性不满足设计要求时,可采用增加压重或设置抗浮构件等措施。在整体满足抗浮稳定性要求而局部不满足时,也可采用增加结构刚度的措施。

五、浅基础的设计步骤

(1)根据就地取材原则,考虑上部结构荷载和地基条件,确定基础形式和埋深。

(2)确定地基承载力特征值,并根据持力层承载力初步确定基础底面积,并确定其形状。

(3)剖面设计。

①若为刚性基础:

需根据容许宽高比设计剖面形状及尺寸,同时考虑构造要求。

验算基础顶面或两种材料接触面上的抗压强度。

②若为钢筋混凝土基础:

需根据构造要求确定剖面尺寸,求内力并进行配筋,验算剖面尺寸。

(4)如有软弱下卧层,尚需进行下卧层承载力验算;

(5)根据规定计算地基的变形量,并控制在允许范围内;

(6)绘制基础施工图。

下面将分别叙述有关内容。

(一)基础埋置深度的选择

基础埋置深度的大小,对工程造价、施工技术、工期以及保证建筑物的安全都有密切关系。

(1)基础的埋置深度,应按下列条件确定:

①建筑物的用途,有无地下室、设备基础和地下设施,基础的形式和构造;

②作用在地基上的荷载大小和性质;

③工程地质和水文地质条件;

④相邻建筑物的基础埋深;

⑤地基土冻胀和融陷的影响。

(2)在满足地基稳定和变形要求的前提下,当上层地基的承载力大于下层土时,宜利用上层土作持力层。除岩石基础埋深不宜小于 0.5m。

(3)高层建筑基础的埋置深度应满足地基承载力、变形和稳定性要求。位于岩石地基上的高层建筑,其基础埋深应满足抗滑稳定性要求。

(4)在抗震设防区,除岩石地基外,天然地基上的箱形和筏形基础其埋置深度不宜小于建筑物高度的 1/15;桩箱或桩筏基础的埋置深度(不计桩长)不宜小于建筑物高度的 1/18。

(5)基础宜埋置在地下水位以上,当必须埋在地下水位以下时,应采取地基土在施工时不受扰动的措施。当基础埋置在易风化的岩层上,施工时应在基坑开挖后立即铺筑垫层。

(6)当存在相邻建筑物时,新建建筑物的基础埋深不宜大于原有建筑基础。当埋深大于原有建筑基础时,两基础间应保持一定净距,其数值应根据建筑荷载大小、基础形式和土质情况确定。

(7)季节性冻土地区基础埋置深度宜大于场地冻结深度。对于深厚季节冻土地区,当建筑基础底面土层为不冻胀、弱冻胀、冻胀土时,基础埋置深度可以小于场地冻结深度,基底允许冻土层最大厚度应根据当地经验确定。没有地区经验时可按《地基基础设计(DGJ 08-11—2010)规范》附录 G 查取。此时,基础最小埋深 d_{min} 可按下式计算:

$$d_{min} = Z_d - h_{max} \tag{17-88}$$

式中:Z_d——场地冻结深度(m)

h_{max}——基础底面下允许冻土层的最大厚度(m)。

(二)根据持力层承载力计算基础底面尺寸

按地基承载力确定基底面积时，传至基础底面上的荷载应按荷载效应标准组合计算；计算基础自重和基础上的土重时，荷载分项系数采用1.0，即按实际的重度计算。

1. 中心荷载作用下的基础

其强度条件为

$$p_k \leqslant f_a \tag{17-89}$$

式中：p_k——相当于荷载效应标准组合时，基础底面的平均压力值。

(1)独立基础(见图17-45)

基础底面积A的计算公式

据 $p_k=\dfrac{F_k+G_k}{A}$ 得

$$A \geqslant \frac{F_k}{f_a-\gamma_G \bar{d}} \tag{17-90}$$

式中：F_k——相当于作用的标准组合时，上部结构传至基础顶面的竖向力值(kN)；

G_k——基础自重和基础上的土重(kN)；

A——基础底面面积(m^2)。

γ_G——基础及回填土的平均重度，地下水位以上可取$20kN/m^3$，地下水位以下取$10kN/m^3$；

f_a——修正后的地基承载力特征值(kPa)；

$\bar{d}$——基础平均埋深(m)。

求出基底面积后，按基底形状求其边长。

基底为方形，边长$b=\sqrt{A}$；基底为矩形，边长为l、b，取其比例$l/b\leqslant 2$，与柱的边长比相应为好，取整数，使$l\times b\geqslant A$即可。注意，上述计算中b与f_a均为未知，可先不作承载力的宽度修正，待求得b后再进行地基承载力修正，总之是试算过程。

(2)条形基础

计算公式同上，为计算方便，通常取$l=1m$，其中，F_k为线荷载(kN/m)，所求的A在数值上即为基底宽度b。

2. 偏心荷载作用下的基础(见图17-46)

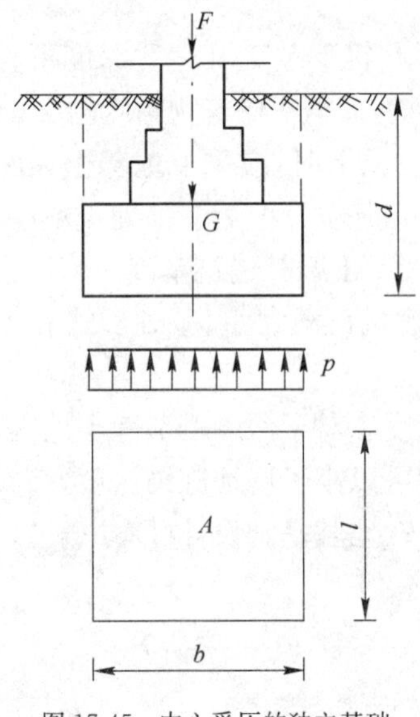

图17-45 中心受压的独立基础

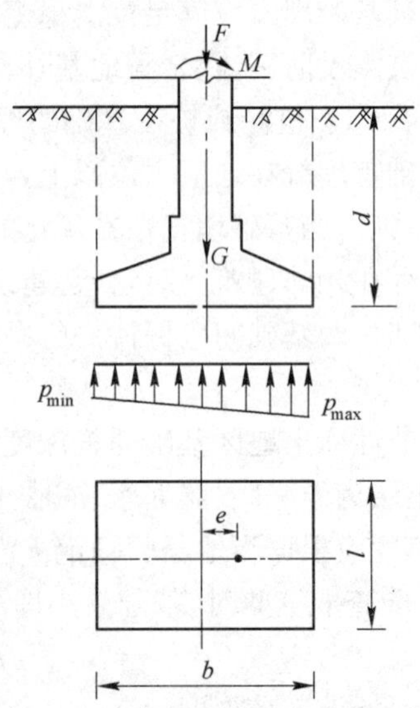

图17-46 单向偏心荷载作用下的基础

矩形基础偏心荷载作用时，除应符合公式(17-89)的要求外，基底最大压力尚应符合下式要求

$$p_{\text{kmax}}=\frac{F_{\text{k}}+G_{\text{k}}}{A}+\frac{M_{\text{k}}}{W}\leqslant 1.2f_{\text{a}} \tag{17-91}$$

当偏心距 $e\leqslant\frac{b}{6}$(l 为偏心一侧基础底面边长)时

$$p_{\text{kmax}}=\frac{F_{\text{k}}+G_{\text{k}}}{A}\left(1+\frac{6e}{l}\right)\leqslant 1.2f_{\text{a}} \tag{17-92}$$

当偏心距 $e>\frac{b}{6}$时(见图 17-47)

$$p_{\text{kmax}}=\frac{2(F_{\text{k}}+G_{\text{k}})}{3la} \tag{17-93}$$

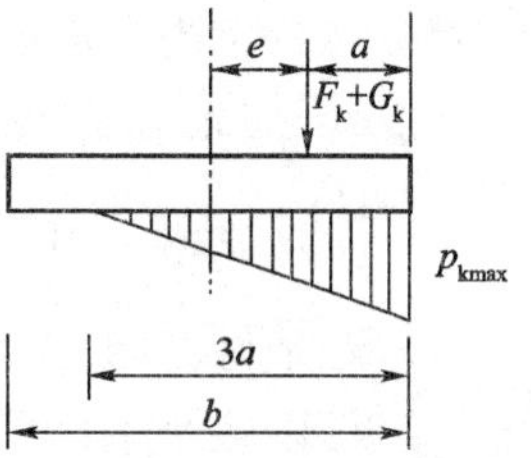

图 17-47　偏心荷载($e>b/6$)下基底压力计算示意图

式中：G_{k}——基础自重和基础上的土重之和；

M_{k}——相当于荷载效应标准组合时，作用于基础底面的力矩值；

W——基础底面的抵抗矩(m^3)，$W=\frac{l^2b}{6}$；

p_{kmax}——相当于荷载效应标准组合时，基底边缘最大压力值。

l——垂直于力矩作用方向的基础底面边长(m)；

a——合力作用点至基础底面最大压力边缘的距离(m)。

b——力矩作用方向基础底面边长。

用试算法确定基础尺寸，步骤如下：

(1)先按中心荷载作用计算基础底面积 A_{p}。

(2)考虑偏心影响，加大 A_{p}。一般可根据偏心距的大小增大 10%～40%，即

$$A=(1.1\sim1.4)A_{\text{p}} \tag{17-94}$$

对矩形基础可按 A 初步选择相应的基础底面长度 l 和宽度 b，一般取 $l/b=1.2\sim2.0$。

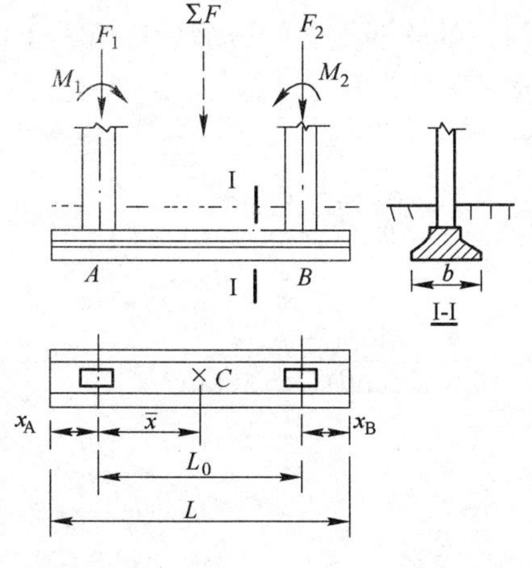

图 17-48　矩形联合基础计算简图

(3)将 l 和 b 代入公式(17-92)、公式(17-93)验算地基承载力。如满足，即可选定上述尺寸，如不满足则重新选择 A，据 A 定 l、b 再验算至满足要求为止。

(4)若验算式不仅能满足地基承载力要求且有较大富余时，则应缩小 A 值后再验算，否则造成浪费。

偏心荷载作用下的条形基础设计同上，只是 F_{k}、M_{k} 均为线荷载，直接可求得基础宽度 b。

3. 矩形联合基础

矩形联合基础可简化为若干集中荷载作用下的刚性板，计算简图见图 17-48。设计中应考虑基础具有较好的刚度，并尽可能使荷载合力作用于基础底面形心。设计步骤为：

(1)求荷载合力作用点位置 $\bar{x}$(可对某点取矩求得)。

(2)以合力作用点为底面形心，设计底面长度 L_0

$$L=2(x_{\text{A}}+\bar{x})=x_{\text{A}}+L_0+x_{\text{B}} \tag{17-95}$$

式中：x_{A}、x_{B}——分别为各边柱轴线至其外端基础边缘的距离(m)；

$\bar{x}$——荷载合力作用点距边柱 A 的距离(m)；

L_0——两边柱轴线间的距离(m)。

根据经验，x_A、x_B 可初步选定为 0.5～$l_{边}$/3，其中，$l_{边}$ 为边端柱距(m)，可从一端起算。如从 A 点起算，则初设 x_A 后，基础长度为 $L=2(x_A+\bar{x})$，$x_B=L-L_0-L_A$。

考虑构造要求，初设基础宽度 b，根据式(17-89)验算基底压力 p_k，方法同前。

若不满足，则应修改设计，或增大底宽 b，或增大长度 L，此时应从选定 x_A 开始重复上述各步骤，直至求得合适的尺寸。

还可根据地基承载力特征值值初估基底面积，因此时基底宽度未知，故 G_k 尚不能计入，则$A>\dfrac{\sum F_k}{f_a}$。选定 A 值后，可算得 b，然后验算，直至满足。

(3)若条件有限，形心与合力作用点难以重合，则可设计为偏心基础，但应注意，尽量使这两点接近，以减小偏心距。求得基础尺寸后，基底压力按前法验算。公式为

$$p_{\max}=\frac{\sum F_k+G_k}{A}+\frac{\sum F_k\cdot e_x}{I_x}\cdot\frac{L}{2}\leqslant 1.2f_a \tag{17-96}$$

式中：e_x——沿柱荷载分布方向的合力偏心距(m)；

I_x——基础惯性矩(m^4)，$I_x=\dfrac{bL^3}{12}$。

(三)软弱下卧层的验算

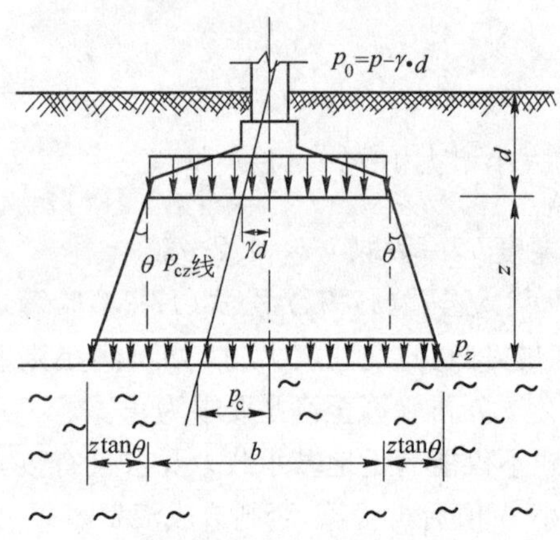

图 17-49 软弱下卧层验算简图

当地基受力层范围内有软弱下卧层时，还必须对软弱下卧层进行验算，要求作用在软弱下卧层顶面处的附加压力 p_z 与土的自重压力 p_{cz}之和不超过软弱下卧层顶面处经深度修正后地基承载力特征值 f_{az}，见图 17-49，即

$$p_z+p_{cz}\leqslant f_{az} \tag{17-97}$$

当上层土与下卧软弱土层的压缩量比值大于或等于 3 时，p_z 按下列公式简化计算：

条形基础

$$p_z=\frac{b(p_k-p_c)}{b+2z\tan\theta} \tag{17-98}$$

矩形基础

$$p_z=\frac{lb(p_k-p_c)}{(b+2z\tan\theta)(l+2z\tan\theta)} \tag{17-99}$$

式中：b——条形基础或矩形基础底面宽度(m)；

p_c——基底处土的自重应力值(kPa)；

z——基础底面至软弱下卧层顶面的距离(m)；

θ——地基压力扩散线与垂直线的夹角，可查规范表采用；

l——矩形基础底面长度(m)；

p_k——同前。

(四)无筋扩展基础剖面设计

无筋扩展基础使用的脆性材料可为砖、毛石、灰土、三合土、混凝土和毛石混凝土。无筋扩

展基础可用于多层的民用建筑和轻型厂房。无筋扩展基础的底面宽度 b 应符合下式要求(图17-50),即通常所说的刚性角要求。

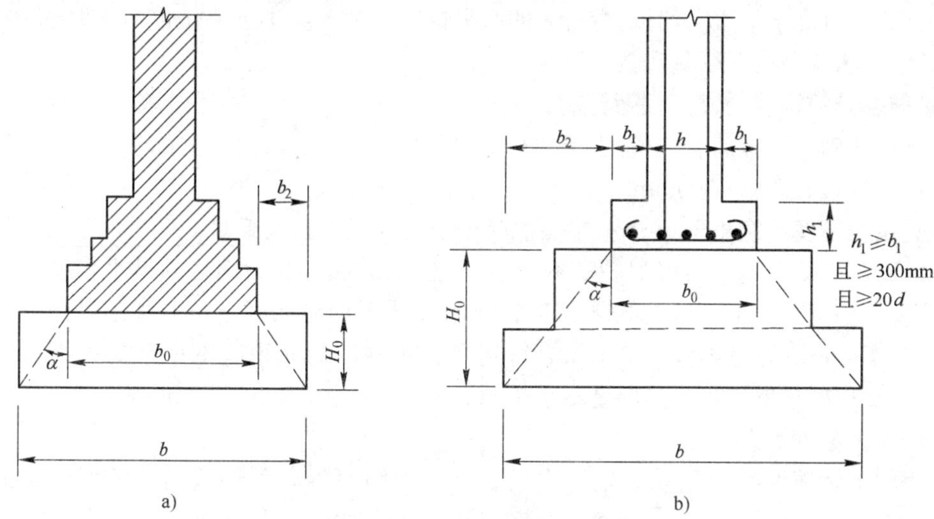

图 17-50　无筋扩展基础构造

a)墙下扩展基础;b)柱下扩展基础(d-柱中纵向钢筋直径)

$$b \leqslant b_0 + 2H_0 \tan\alpha \tag{17-100}$$

式中:b_0——基础顶面的砌体宽度;

H_0——基础高度;

$\tan\alpha$——基础台阶宽高比的允许值,一般可表示为 $b_i/H_i \leqslant \tan\alpha$。

当基础由不同材料叠合组成时,每种材料相应的基础段均应符合上式要求。此值与基础材料及其质量要求和基础底面处的平均压力有关,数值见表 17-10,α 称为刚性角。

阶梯形基础的每阶厚度应按不同材料满足相应构造要求。如灰土每步 15cm,最少两步最多三步,砖基础(含大放脚)符合二皮一收、二皮一皮兼收砌筑法,混凝土基础最小台阶厚度为 20cm 等。

无筋扩展基础台阶宽高比的允许值　　表 17-10

基础材料	质量要求	台阶宽高比的允许值		
		$p_k \leqslant 100$	$100 < p_k \leqslant 200$	$200 < p_k \leqslant 300$
混凝土基础	C15 混凝土	1∶1.00	1∶1.00	1∶1.25
毛石混凝土基础	C15 混凝土	1∶1.00	1∶1.25	1∶1.50
砖基础	砖不低于 MU10、砂浆不低于 M5	1∶1.50	1∶1.50	1∶1.50
毛石基础	砂浆不低于 M5	1∶1.25	1∶1.50	—
灰土基础	体积比为 3∶7 或 2∶8 的灰土,其最小干密度: 粉土 1.55t/m^3 粉质黏土 1.50t/m^3 黏土 1.45t/m^3	1∶1.25	1∶1.50	—
三合土基础	体积比 1∶2∶4～1∶3∶6(石灰∶砂∶骨料) 每层约虚铺 220mm,夯至 150mm	1∶1.50	1∶2.00	—

注:1. p_k 为荷载效应标准组合时基础底面处的平均压力值(kPa)。

2. 阶梯形毛石基础的每阶伸出宽度,不宜大于 200mm。

3. 当基础由不同材料叠合组成时,应对接触部分作抗压验算。

4. 基础底面处的平均压力值超过 300kPa 的混凝土基础,尚应进行抗剪验算。

采用无筋扩展基础的钢筋混凝土柱，其柱脚高度 h_1 不得小于 b_1，并不应小于 300mm 且不小于 20d（d 为柱中纵向受力钢筋的最大直径）。当柱纵向钢筋在柱脚内的竖向锚固长度不满足锚固要求时，可沿水平方向弯折，弯折后的水平锚固长度不应小于 10d 也不应大于 20d。

（五）扩展基础构造及配筋计算

1.扩展基础的构造，应符合下列要求：

（1）锥形基础的边缘高度，不宜小于 200mm，且两个方向的坡度不宜大于 1∶3；阶梯形基础的每阶高度，宜为 300～500mm。

（2）垫层的厚度不宜小于 70mm，垫层混凝土强度等级不宜低于 C10。

（3）扩展基础受力钢筋最小配筋率不应小于 0.15%，底板受力钢筋的最小直径不宜小于 10mm，间距不宜大于 200mm，也不宜小于 100mm。墙下钢筋混凝土条形基础纵向分布钢筋的直径不小于 8mm；间距不大于 300mm；每延米分布钢筋的面积应不小于受力钢筋面积的 15%。当有垫层时钢筋保护层的厚度不小于 40mm；无垫层时不小于 70mm。

（4）混凝土强度等级不应低于 C20。

（5）当柱下钢筋混凝土独立基础的边长和墙下钢筋混凝土条形基础的宽度大于或等于 2.5m 时，底板受力钢筋的长度可取边长或宽度的 0.9 倍，并宜交错布置。

（6）钢筋混凝土条形基础底板在 T 形及十字形交接处，底板横向受力钢筋仅沿一个主要受力方向通长布置，另一方向的横向受力钢筋可布置到主要受力方向底板宽度的 1/4 处。在拐角处底板横向受力钢筋应沿两个方向布置。

钢筋混凝土柱和剪力墙纵向受力钢筋在基础内的锚固长度 l_a 应根据钢筋在基础内的最小保护层厚度按现行《混凝土规范》的有关规定确定。

现浇柱的基础，其插筋的数量、直径以及钢筋种类应与柱内纵向受力钢筋相同。插筋的锚固长度应满足规范的要求，插筋与柱的纵向受力钢筋的连接方法，应符合现行《混凝土结构设计规范》(GB 50010—2011)的规定。

预制钢筋混凝土柱与杯口基础的连接要求见《地基规范》第 8.2.6 条。

预制钢筋混凝土柱（包括双肢柱）与高杯口基础的连接，应符合相应插入深度及其他相关规范规定。

2.扩展基础的计算

（1）扩展基础的基础底面积，应按前述方法确定。在条形基础相交处，不应重复计入基础面积。

（2）扩展基础的计算应符合下列规定：

①对柱下独立基础，当冲切破坏锥体落在基础底面以内时，应验算柱与基础交接处以及基础变阶处的受冲切承载力；

②对基础底面积边尺寸小于或等于柱宽加两倍基础有效高度的柱下独立基础，以及墙下条形基础，应验算柱（墙）与基交接处的基础受剪切承载力；

③基础底板的配筋，应按抗变计算确定；

④当基础的混凝土强度等级小于柱的混凝土强度等级时，尚应验算柱下基础顶面的局部受压承载力。

（3）对于扩展基础还有其他计算和构造要求内容：

①柱下独立基础的受冲切承载力验算。

②当基础底面短边尺寸小于或等于柱宽加两倍基础有效高度时，柱与基础交接处截面受

剪承载力验算。

③墙下条形基础底板，墙与基础底板交接处截面受剪承载力验算。

④在轴心荷载或单向偏心荷载作用下，当台阶的宽高比小于或等于 2.5 和偏心距小于或等于 1/6 基础宽度时，柱下矩形独立基础任意截面的底板弯矩简化计算。

⑤基础底板配筋计算、最小配筋率和构造要求。

⑥当柱下独立柱基底面长短边之比 ω 在大于或等于 2、小于或等于 3 的范围时，基础底板短向钢筋布置方法。

⑦墙下条形基础的受弯计算和配筋要求。

(六)柱下条形基础

(1)柱下条形基础的构造，除满足前述要求外，尚应符合下列规定：

①柱下条形基础梁的高度宜为柱距的 1/4～1/8，翼板厚度不应小于 200mm，当翼板厚度大于 250mm 时，宜采用变厚度翼板，其坡度宜小于或等于 1∶3。

②条形基础的端部宜向外伸出，其长度宜为第一跨距的 1/4。

③现浇柱与条形基础梁的交接处，其平面尺寸不应小于图 17-51 的规定。

④条形基础梁顶部和底部的纵向受力钢筋除满足计算要求外，顶部钢筋按计算配筋全部贯通，底部通长钢筋不应少于底部受力钢筋截面总面积的 1/3。

⑤柱下条形基础的混凝土强度等级不应低于 C20。

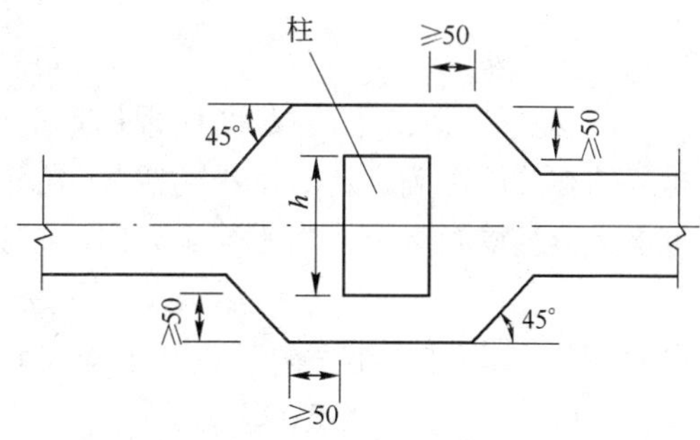

图 17-51　交接处平面尺寸(尺寸单位，mm)

(2)柱下条形基础的计算，除应符合《地基规范》相关要求外，尚应符合下列规定：

①在比较均匀的地基上，上部结构刚度较好，荷载分布较均匀，且条形基础梁的高度不小于 1/6 柱距时，地基反力可按直线分布，条形基础梁的内力可按连续梁计算，此时边跨跨中弯矩及第一内支座的弯矩值宜乘以 1.2 的系数。

②当不满足本条第一款的要求时，宜按弹性地基梁计算。

③对交叉条形基础，交点上的柱荷载，可按静力平衡条件及变形协调条件，进行分配。其内力可按本条上述规定，分别进行计算。

④应验算柱边缘处基础梁的受剪承载力。

⑤当存在扭矩时，尚应作抗扭计算。

⑥当条形基础的混凝土强度等级小于柱的混凝土强度等级时，应验算柱下条形基础梁顶面的局部受压承载力。

(七)筏形基础设计简介

筏形基础成片覆盖于建筑物地基上，有面积较大和完整的平面连续性，易于满足软弱地基承载力的要求，减少地基的附加应力和不均匀沉降，能跨越地下浅层小洞穴和局部软弱层，提供比较宽敞的使用空间，可作为水池、油库等的防渗地板，可增强建筑物的整体抗震性能，能适应位于其上的工艺连续作业和设备重新布置的要求等。有地下室或架空地板的筏基还具有一定的补偿性效应。但由于平面面积较大而厚度有限，故抗弯刚度有限，无力调整过大的沉降差异，尤其是对土岩组合地基等软硬明显不均匀的情况，须局部处理才能适应；由于它的连续性，在局部荷载作用下，既要有抵抗正弯矩的钢筋，也要有抵抗负弯矩的钢筋，还需有一定数量的构造钢筋，因此经济指标较高。

筏形基础可分为等厚度的平板式和梁板式筏形基础(图 17-52)，前者一般在荷载不太大、柱网较均匀且柱距较小的情况下采用。

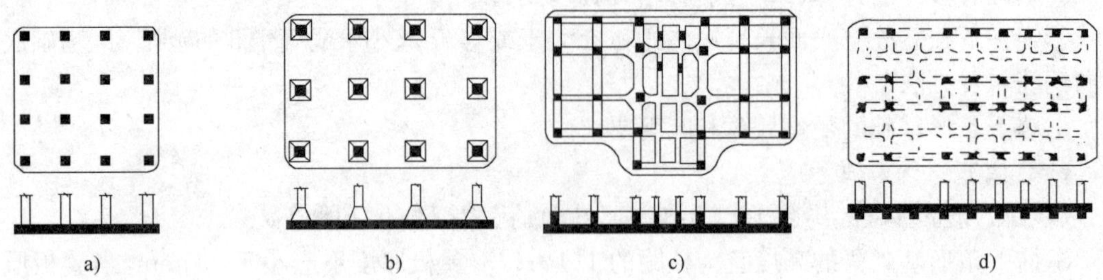

图 17-52　筏形基础

a)、b)平板式；c)、d)肋梁式

(1)筏形基础的平面尺寸，应根据地基土的承载力、上部结构的布置及荷载分布等因素按规范的有关规定确定。对单幢建筑物，在地基土比较均匀的情况下，基础底面形心宜与结构竖向永久荷载重心重合。当不能重合时，在荷载效应准永久组合下，偏心距 e 宜符合下式要求

$$e \leqslant 0.1W/A \tag{17-101}$$

式中：W——与偏心距方向一致的基础底面边缘抵抗矩；

A——基础底面积。

筏形基础的混凝土强度等级不应低于 C30。当有地下室时应采用防水混凝土，防水混凝土的抗渗等级应根据地下水的最大水头与防渗混凝土厚度的比值，按现行《地下工程防水技术规范》(GB 50108—2001)选用，但不应小于 0.6MPa。必要时宜设架空排水层。

采用筏形基础的地下室，地下室钢筋混凝土外墙厚度不应小于 250mm，内墙厚度不应小于 200mm。墙的截面设计除满足承载力要求外，尚应考虑变形、抗裂及防渗等要求。墙体内应设置双面钢筋，竖向和水平钢筋的直径不应小于 12mm，间距不应大于 300mm。

(2)梁板式筏基底板除计算正截面抗弯承载力外，其厚度尚应满足抗冲切承载力、抗剪切承载力的要求。对 12 层以上建筑的梁板式筏基，其底板厚度与最大双向板格的短边净跨之比不应小于 1/14，且板厚不应小于 400mm。

地下室底层柱、剪力墙与梁板式筏基的基础梁连接的构造应符合下列要求：

①柱、墙的边缘至基础梁边缘的距离不应小于 50mm；

②当交叉基础梁的宽度小于柱截面的边长时，交叉基础梁连接处应设置八字角，柱角与八字角之间的净距不宜小于 50mm；

③单向基础梁与柱的连接，基础梁与剪力墙的连接，可参见相关规范。

(3)平板式筏基的板厚应满足抗冲切承载力的要求。计算时应考虑作用在冲切临界面重心上的不平衡弯矩产生的附加剪力。

平板式筏基内筒下的板厚应满足抗冲切承载力的要求。

平板式筏板除满足抗冲切承载力外，尚应验算距内筒边缘或柱边缘处筏板的抗剪承载力。当筏板变厚度时，尚应验算变厚度处筏板的抗剪承载力。

当筏板的厚度大于 2000mm 时，宜在板厚中间部位设置直径不小于 12mm、间距不大于

300mm 的双向钢筋网。

(4)当地基土比较均匀、上部结构刚度较好、梁板式筏基梁的高跨比或平板式筏基板的厚跨比不小于 1/6，且相邻柱荷载及柱间距的变化不超过 20%时，筏形基础可仅考虑局部弯曲作用。筏形基础的内力，可按基底反力直线分布进行计算，计算时基底反力应扣除底板自重及其上填土的自重。当不满足上述要求时，筏基内力应按弹性地基梁板的方法进行分析计算。

有抗震设防要求时，对无地下室且抗震等级为一、二级的框架结构，基础梁除满足抗震构造要求外，计算时尚应将柱根组合的弯矩设计值分别乘以 1.5 和 1.25 的增大系数。

对于矩形筏板基础，基底反力可按下列偏心受压公式进行简化计算(图 17-53)

$$p_{\mathrm{kmax}}、p_{\mathrm{kmin}}、p_{\mathrm{k1}}、p_{\mathrm{k2}}=\frac{\sum F_{\mathrm{k}}+G_{\mathrm{k}}}{lb}\left(1\pm\frac{6e_x}{l}\pm\frac{6e_y}{b}\right) \tag{17-102}$$

式中：$p_{\mathrm{kmax}}、p_{\mathrm{kmin}}、p_{\mathrm{k1}}、p_{\mathrm{k2}}$——分别为按荷载效应标准组合时，基底四个角的压力值(kPa)，见图 17-54；

$\sum F_{\mathrm{k}}$——相当于荷载效应标准组合时，上部结构传至筏板上的总竖向力值(kN)；

G_{k}——基础自重和基底上的土重(kN)，$G_{\mathrm{k}}=\gamma_{\mathrm{G}}\bar{d}lb$(地下水位上 γ_{G} 取 $20\mathrm{kN/m^3}$，地下水位下 γ_{G} 取 $10\mathrm{kN/m^3}$)；

$l、b$——筏板基础底面长与宽(m)；

$\bar{d}$——筏板基础的平均埋置深度(m)；

$e_x、e_y$——分别为上部结构荷载在 $x、y$ 方向对基底形心的偏心距(x 轴、y 轴的原点通过基底形心)；

$$e_x=\frac{M_{\mathrm{ky}}}{\sum F_{\mathrm{k}}+G_{\mathrm{k}}},e_y=\frac{M_{\mathrm{kx}}}{\sum F_{\mathrm{k}}+G_{\mathrm{k}}} \tag{17-103}$$

$M_{\mathrm{kx}}、M_{\mathrm{ky}}$——分别为按荷载效应标准组合时，对 x 轴、y 轴的力矩值(kN·m)。

确定筏基底面积时同样要求满足 $p_{\mathrm{k}}=\frac{\sum F_{\mathrm{k}}+G_{\mathrm{k}}}{lb}\leqslant f_{\mathrm{a}}$ 与 $p_{\mathrm{kmax}}\leqslant 1.2f_{\mathrm{a}}$。

按基底反力直线分布计算的梁板式筏基，其基础梁的内力可按连续梁分析，边跨跨中弯矩以及第一内支座的弯矩值宜乘以 1.2 的系数。梁板式筏基的底板和基础梁的配筋除满足计算要求外，纵横方向的底部钢筋尚应有 1/2～1/3 贯通全跨，且其配筋率不应小于 0.15%，顶部钢筋按计算配筋全部连通。

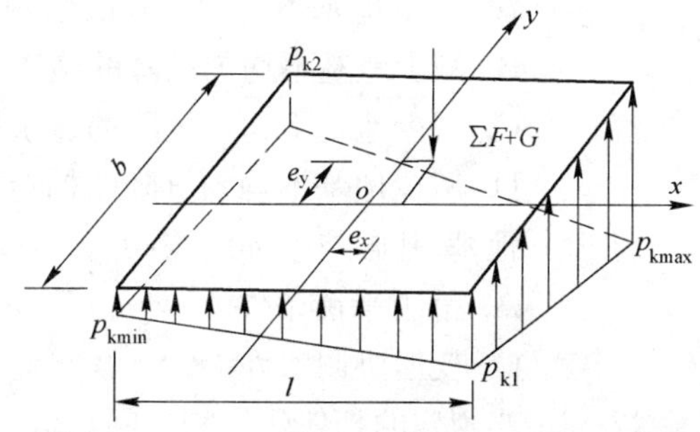

图 17-53　基底反力简化计算

按基底反力直线分布计算的平板式筏基，可按柱下板带和跨中板带分别进行内力分析。柱下板带中，柱宽及其两侧各 1/2 倍板厚且不大于 1/4 板跨的有效宽度范围内，其钢筋配置量不应小于柱下板带钢筋数量的一半，且应能承受部分不平衡弯矩 $\alpha_{\mathrm{m}}M_{\mathrm{unb}}$。$M_{\mathrm{unb}}$ 为作用在冲切临界截面重心上的不平衡弯矩，α_{m} 为分配系数。

梁板式筏基的基础梁除满足正截面抗弯及斜截面抗剪承载力外，尚应按现行《混凝土规范》的有关规定验算底层柱下基础梁顶面的局部抗压承载力。

筏板与地下室外墙的接缝、地下室外墙沿高度处的水平接缝应严格按施工缝的要求施工，必要时可设通长止水带。

高层建筑筏形基础与裙房基础之间的构造要求可参见《地基规范》。

习　题

17-44　框架结构地基变形的主要特征是（　　）。

A. 沉降量　　B. 沉降差　　C. 倾斜　　D. 局部倾斜

17-45　当基础需要浅埋，而基底面积又较大时应选用（　　）。

A. 混凝土基础　B. 毛石基础　C. 砖基础　D. 钢筋混凝土基础

17-46　设计有吊车的厂房柱基础时，为防止基础过分倾斜，偏心距 e 应控制在（　　）。（注：以下式中 b 为偏心方向边长）

A. $e<\frac{b}{2}$　　B. $e<\frac{b}{4}$　　C. $e<\frac{b}{6}$　　D. $e<\frac{b}{8}$

17-47　新建建筑物基础与原有相邻建筑物基础间的净距 L 与两基底标高差 ΔH 的关系是（　　）。

A. $L=(0.5\sim1)\Delta H$　　B. $L=(1\sim2)\Delta H$

C. $L\geqslant(1\sim2)\Delta H$　　D. $L\geqslant2\Delta H$

17-48　基础的最小埋深 $d_{\min}$，允许残留冻土层最大厚度 $h_{\max}$ 与设计冻深 z_{d} 的关系是（　　）。

A. $d_{\min}=z_{\mathrm{d}}$　　B. $d_{\min}=z_{\mathrm{d}}+h_{\max}$

C. $d_{\min}=z_{\mathrm{d}}-h_{\max}$　　D. $d_{\min}=h_{\max}-z_{\mathrm{d}}$

17-49　柱下条形基础底端部向外伸出的长度宜为第一跨距的（　　）。

A. $\frac{1}{3}$　　B. $\frac{1}{2}$　　C. $\frac{1}{4}$　　D. $\frac{1}{5}$

17-50　当建筑物长度较大时设置沉降缝，其作用是（　　）。

A. 减少地基不均匀沉降的结构措施

B. 减少地基不均匀沉降的施工措施

C. 减少地基不均匀沉降的建筑措施

D. 减少地基不均匀沉降的构造措施

17-51　地基、基础与上部结构共同工作是指三者之间应满足（　　）。

A. 静力平衡条件　　B. 动力平衡条件

C. 变形协调条件　　D. 静力平衡和变形协调条件

17-52　当拟建的相邻建筑物之间高低、埋深悬殊时，合理的施工顺序为（　　）。

A. 先高后低，先深后浅　　B. 先高后低，先浅后深

C. 先低后高，先深后浅　　D. 先低后高，先浅后深

17-53　柱下钢筋混凝土基础的高度一般是由下列哪一条件控制的（　　）。

A. 抗冲切条件　B. 抗弯条件　C. 抗压条件　D. 抗拉条件

17-54　柱下钢筋混凝土基础底板中的钢筋（　　）。

A. 双向均为分布筋　　B. 长向为受力筋，短向为分布筋

C. 双向均为受力筋　　D. 短向为受力筋，长向为分布筋

第九节　深　基　础

一、深基础类型

高层或重型建筑物荷载较大，浅层地基的强度及变形均不能满足设计要求，必须利用深层地基土作为持力层，此时应采用深基础。其中普遍采用的是桩基础将在以下详述，尚有其他几种类型，因使用范围有限仅作简介。

（一）桩箱（筏）复合基础

采用摩擦群桩与箱基（或筏基）共同承受建筑物荷载的基础，称之为箱桩（或筏桩）基础。它具备两种基础的功能，是复合式基础。

竖向荷载主要由桩承担，桩与箱基底板（或筏板）的嵌固，应符合桩与承台连接的要求。

箱桩（筏桩）基础的布桩方式可分为均匀布桩，在箱基的纵、横墙下布桩，根据基底压力图疏密不均布桩以及按复合地基的要求布桩等。

在地下室底板下设桩时，应根据不同土层特性，考虑复合基础的受力。

（二）沉井基础

在旧房改建加固工程中，由于周围建筑密集，不能采用大开挖，又无条件选用地下连续墙时，可采用开口沉井方案。开口沉井由井壁、凹槽和刃脚等部分组成，其构造如图 17-54 所示。

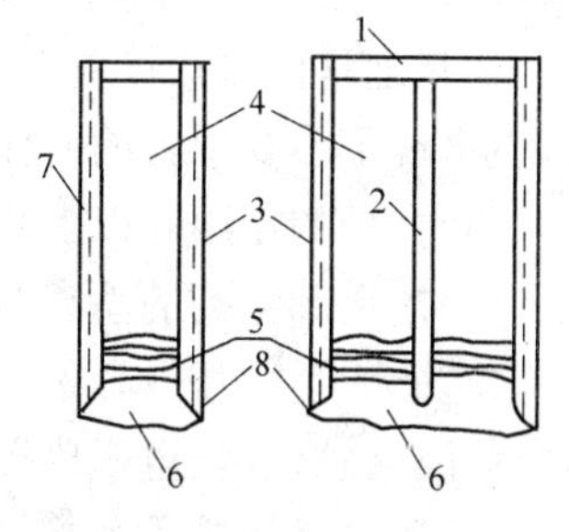

图 17-54　沉井构造

1-顶板；2-隔墙；3-井壁；4-井孔；5-凹槽；6-封底混凝土；7-射水管；8-刃脚

沉井的平面形状有圆形、椭圆形、方形等。还可分为单孔、双孔和多孔等类型。

沉井井壁可分为竖直的、台阶形的、斜坡形的等几种类型。

旱地沉井的施工过程是：制作第一节沉井，抽垫木，挖土下沉，接高沉井，达设计标高后封底并浇注钢筋混凝土底板，如图 17-55 所示。

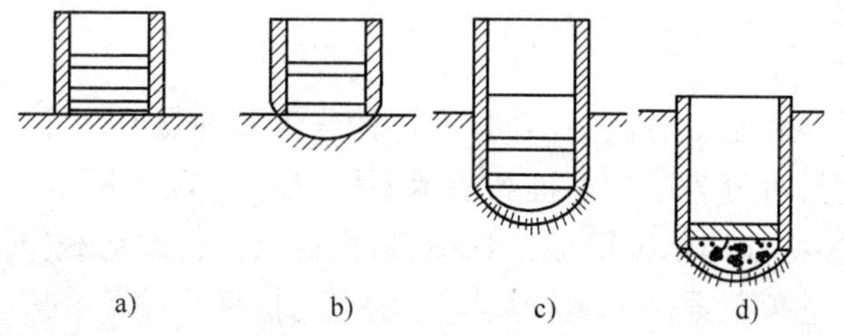

图 17-55　沉井下沉施工过程

a)制作底节沉井；b)抽垫木挖土下沉；c)接高沉井继续下沉；d)封底浇注底板

（三）地下连续墙

基坑开挖施工时，地下连续墙可作为支护结构，施工后也可作为承重结构，支承上部荷载。

地下连续墙适用于各种土质和各种场地，施工时无振动，无噪声，不必放坡，不必支撑；特别是在建筑物拥挤地区，能在确保相邻建筑安全的情况下进行施工，综合经济效果好。

地下连续墙厚度一般为 450～600mm，长度可根据工程需要而定，每段槽孔长 6～8m，深度可达 20～30m，为防止坍孔，施工时要向槽内灌注膨润土泥浆。

地下连续墙每槽段的连接可用接头管法、接头箱法、钢板接头法及隔板式接头法等方法。

(四)深基坑的支护工程

深基坑的开挖和支护是整个建筑工程的重要组成部分，其造价、工期在整个工程中占有很大比例。

作为支护结构，除了打入式钢板桩(或钢筋混凝土桩)之外，目前最常用的是挖(钻)孔灌注桩、深层搅拌桩、地下连续墙等。板桩或灌注桩再配合土锚杆及拉杆，可以有效地支护基坑边坡。此外还可与坑内外的降水技术与信息化施工的监测系统配合起来，这是一整套深基坑支护技术。从计算到监测均有待于进一步探讨以确保质量，降低造价。

二、桩与桩基础分类

(一)桩的作用

在房屋结构、道路桥梁以及码头护岸工程中广泛采用桩基础，随着高层建筑的大量修建，单桩承载力不断提高，大直径扩底桩墩基础方兴未艾。为了节约耕地，尽量利用各类软弱地基，桩基础也是一种主要手段。

桩基础是由多根设置在土中的桩和承接上部结构的承台组成，随着大直径桩墩基础的应用，也出现了不要承台的一柱一墩(桩)基础。

通常，桩的作用有以下几种：

(1)把上部结构的垂直荷载和水平荷载传到持力层，同时又是抗地震液化的重要措施。

(2)抵抗上拔力和倾覆力。例如，地下水位以下的筏基或箱基受上浮力的作用，各种塔架如输电线路转角铁塔、电视广播发射墙、雷达天线架等均承受倾覆力。

(3)通过桩体排土和打桩振动的共同作用，挤密松散的无黏性土。这种桩以后可以拔出。

(4)扩展式基础、箱基、筏基等基础的持力层土质不太好，或者下卧层有高压缩性土，采用桩基可以控制沉降。

(5)可以提高机器设备基础下的地基刚度，从而控制振动的振幅和系统的自振频率。

(6)如果桥墩有潜在冲刷的危险，采用桩基并深入冲刷线以下，可以提高安全度。

(二)桩基础分类及构造

1. 桩的分类

根据桩的受力、材料和施工方法的不同，可将其分为多种类型，见图 17-56。

根据桩的受力情况，可分为摩擦型桩和端承型桩，如图 17-57 所示。

摩擦型桩分为摩擦桩和端承摩擦桩，摩擦桩是指在竖向极限荷载作用下，桩顶荷载全部由桩周阻力承受的桩，而桩顶荷载主要由桩周阻力承受的桩称为端承摩擦桩。设置于深厚的软弱土层中，无较硬的土层作为桩端持力层或桩端持力层虽然较坚硬但桩的长径比$\frac{l}{d}$很大的桩，可视为摩擦桩。

端承型桩分为端承桩和摩擦端承桩。端承桩是指在竖向极限荷载作用下，桩顶荷载全部由桩端阻力承受的桩，而桩顶荷载主要由桩端阻力承受的桩称为摩擦端承桩。一般长径比$\frac{l}{d}<10$，桩身穿越软弱土层，桩端位于密实砂层、碎石类土层、中等风化及微风化岩层中的桩，均可视为端承桩。

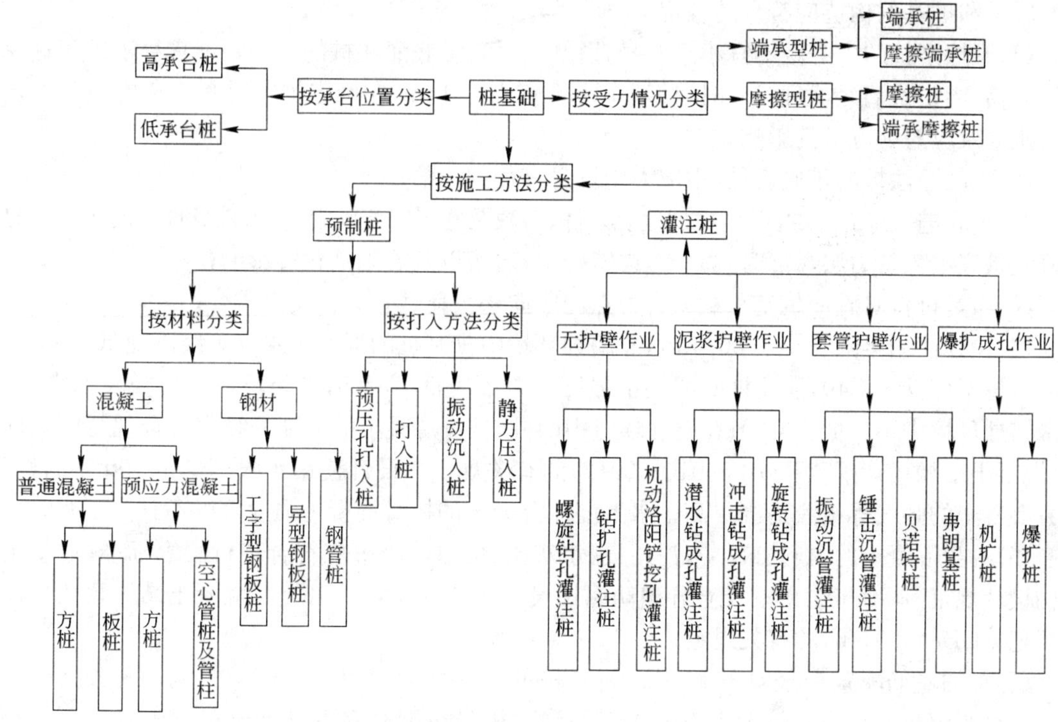

图 17-56　桩基础分类

2. 桩基设计应符合的规定

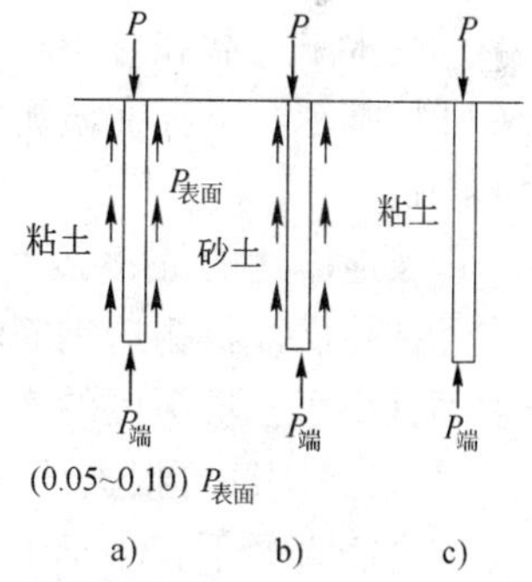

图 17-57　按桩的受力情况分类
a)摩擦桩；b)摩擦端承桩；c)端承桩

(1)所有桩基均应进行承载力和桩身强度计算。对预制桩，尚应进行运输、吊装和锤击等过程中的强度和抗裂验算；

(2)桩基础沉降验算应符合《地基规范》相关规定；

(3)桩基础的抗震承载力验算应符合现行国家标准《建筑抗震设计规范》(GB 50011)的有关规定；

(4)桩基宜选用中、低压缩性土层作桩端持力层；

(5)同一结构单元内的桩基，不宜选用压缩性差异较大的土层作桩端持力层，不宜采用部分摩擦桩和部分端承桩；

(6)由于欠固结软土、湿陷性土和场地填土的固结，场地大面积堆载、降低地下水位等原因，引起桩周的沉降大于桩的沉降时，应考虑桩侧负摩擦力对桩基承载力和沉降的影响；

(7)对位于坡地、岸边的桩基，应进行桩基的整体稳定验算。桩基应与边坡工程统一规划，同步设计；

(8)岩溶地区的桩基，当岩溶上覆土层的稳定性有保证，且桩端持力层承载力及厚度满足要求，可利用上履土层作为桩端持力层。当必须采用嵌岩桩时，应对岩溶进行施工勘察；

(9)应考虑桩基施工中挤土效应对桩基及周边环境的影响；在深厚饱和软土中不宜采用大片密集有挤土效应的桩基；

(10)应考虑深基坑开挖中，坑底土回弹隆起对桩身受力及桩承载力的影响；

(11)桩基设计时，应结合地区经验考虑桩、土、承台的共同工作；

(12)在承台及地下室周围的回填中，应满足填土密实度要求。

3.桩和桩基的构造应符合的规定

(1)摩擦型桩的中心距不宜小于桩身直径的3倍:扩底灌注桩的中心距不宜小于扩底直径的1.5倍,当扩底直径大于2m时,桩端净距不宜小于1m。在确定桩距时尚应考虑施工工艺中挤土等效应对邻近桩的影响;

(2)扩底灌注桩的扩底直径,不应大于桩身直径的3倍;

(3)桩底进入持力层的深度,根据地质条件、荷载及施工工艺确定,宜为桩身直径的1~3倍。在确定桩底进入持力层深度时,尚应考虑特殊土、岩溶以及震陷液化等影响;

(4)布置桩位对宜使桩基承载力合力点与竖向永久荷载合力作用点重合;

(5)设计使用年限不小于50年时,非腐蚀环境中预制桩的混凝土强度等级不应低于C30,预应力桩不应低于C40,灌注桩的混凝土强度等级不应低于C25;二类环境及三类及四类、五类微腐蚀环境中不应低于C30;在腐蚀环境中的桩,桩身混凝土的强度等级应符合现行国家标准《混凝土结构设计规范》(GB 50010—2012)的有关规定。设计使用年限不少于100年的桩,桩身混凝土的强度等级宜适当提高。水下灌注混凝土的桩身混凝土强度等级不宜高于C40;

(6)桩身混凝土的材料、最小水泥用量、水灰比、抗渗等级等应符合现行国家标准《混凝土结构设计规范》(GB 50010)、《工业建筑防腐蚀设计规范》(GB 50046)及《混凝土结构耐久性设计规范》(GB/T 50476)的有关规定;

(7)桩的主筋配置应经计算确定。预制桩的最小配筋率不宜小于0.8%(锤击沉桩)、0.6%(静压沉桩),预应力桩不宜小于0.5%;灌注桩最小配筋率不宜小于0.2%~0.65%(小直径桩取大值)。桩顶以下3~5倍桩身直径范围内,箍筋宜适当加强加密;

(8)桩身纵向钢筋配筋长度应符合下列规定:

①受水平荷载和弯矩较大的桩,配筋长度应通过计算确定;

②桩基承台下存在淤泥、淤泥质土或液化土层时,配筋长度应穿过淤泥、淤泥质土层或液化土层;

③坡地岸边的桩、8度及8度以上地震区的桩、抗拔桩、嵌岩端承桩应通过配筋;

④钻孔灌注桩构造钢筋的长度不宜小于桩长的2/3;桩施工在基坑开挖前完成时,其钢筋长度不宜小于基坑深度的1.5倍。

(9)桩身配筋可根据计算结果及施工工艺要求,可沿桩身纵向不均匀配筋。腐蚀环境中的灌注桩主筋直径不宜小于16mm,非腐蚀性环境中灌注桩主筋直径不应小于12mm;

(10)桩顶嵌入承台内的长度不应小于50mm。主筋伸入承台内的锚固长度不应小于钢筋直径(HPB235)的30倍和钢筋直径(HRT335和HRB400)的35倍。对于大直径灌注桩,当采用一柱一桩时,可设置承台或将桩和柱直接连接。桩和柱和连接可按《地基规范》(DGJ 08-11—2010)第8.2.5条高杯口基础的要求选择截面尺寸和配筋,桩纵筋插入桩身的长度应满足锚固长度的要求求;

(11)灌注桩主筋混凝土保护层厚度不应小于50mm;预制桩不应小于45mm,预应力管桩不应小于35mm;腐蚀环境中灌注桩不应小于55mm。

三、单桩轴向承载力的确定

(一)桩身结构的承载力

确定桩身结构的承载力应该考虑以下三个方面的问题:

(1)施工起吊和运输的强度设计,此为施工领域问题,预制桩多有标准设计;

(2)沉桩施工中的锤击动应力和瞬间动荷载作用下的结构强度温度；

(3)长期荷载作用下桩身材料强度的确定。

对于钢筋混凝土桩的单桩轴向承载力设计值 R,可按下式计算

$$R=\varphi(\psi_c f_c A_p + f'_y A_g) \tag{17-104}$$

式中：R——混凝土桩的单桩轴向承载力设计值(kN)；

f_c——混凝土轴心抗压强度设计值(kPa)；

A_p——桩的横截面面积(m^2)；

$f_y{}'$——纵向钢筋抗压强度设计值(kPa)；

A_g——纵向钢筋的横截面面积(m^2)；

φ——桩的稳定系数,计算桩身轴心抗压强度时,一般可不考虑弯曲的影响,即取 $\varphi=1.0$,若桩的自由长度较大或桩周有厚度较大的软弱土层,或桩周围有较厚的可液化土层,应考虑桩身弯曲的影响；

ψ_c——施工工艺系数,考虑到灌注桩的混凝土质量不像预制桩那样易于保证,设计时应将轴心抗压强度设计值和弯曲抗压强度设计值乘以系数 ψ_c,对挖孔灌注桩 $\psi_c=0.9$,其他各类灌注桩 $\psi_c=0.8$,对混凝土预制桩 $\psi_c=1.0$。

(二)土对桩的支承力

《地基规范》规定：初步设计时,单桩竖向承载力特征值可按下列公式估算

$$R_a=q_{pa}A_p+u_p\sum q_{sia}l_i \tag{17-105}$$

式中：R_a——单桩竖向承载力特征值(kN)；

q_{pa}——桩端端阻力特征值(kPa)；

A_p——桩底端横截面面积(m^2)；

u_p——桩身周边长度(m)；

q_{sia}——桩侧阻力特征值(kPa)；

l_i——按土层划分的各段桩长(m)。

当桩端嵌入完整及较完整的硬质岩中时,当桩长较短且入岩较浅时,可按下式估算单桩的竖向承载力特征值

$$R_a=q_{pa}A_p \tag{17-106}$$

式中：q_{pa}——桩端岩石承载力特征值。

(三)按静载荷试验确定单桩承载力

《地基规范》规定单桩竖向承载力特征值,应通过单桩竖向静载荷试验确定。同一条件下试桩数量,不宜少于总桩数的1%,并不应少于3根。

当桩端持力层为密实砂卵石或其他承载力类似的土层时,对单桩承载力很高的大直径端承型桩,可采用深层平板载荷试验确定桩端土承载力特征值,试验方法参见有关规范。地基基础设计等级为丙级的建筑物,可采用静力触探或标准贯入试验参数确定 R_a 值。

挤土桩宜在设置桩后隔一段时间开始静载荷试验,对预制桩,打入砂土中后7d,如为黏性土,应视土的强度恢复而定,一般不得少于15d,对于饱和黏性土不得少于25d。至于灌注桩,尚应待桩身混凝土达到设计强度后,才能进行试桩。

1.加载方式与稳定判断

试验的加荷方式应尽可能再现桩的实际工作情况。《地基规范》规定：每级加载量宜为预

估极限荷载的 1/8～1/10(且不小于 8 级)。每级荷载作用下,桩顶沉降量连续两次每 1h 不超过0.1mm,即视为已达到稳定,可加下一级荷载。当出现下列情况之一者,即终止加载:

(1)当荷载-沉降(Q-s)曲线上有可判定极限承载力的陡降段,且桩顶总沉降量超过 40mm;

(2)$\Delta s_{n+1}/\Delta s_n \geqslant 2$,且经 24h 尚未达到稳定;

(3)25m 以上的非嵌岩桩,Q-s 曲线呈缓变型时,桩顶总沉降量大于 60～80mm;

(4)在特殊条件下,可根据具体要求加载至桩顶,总沉降量大于 100mm。

注:①Δs_n——第 n 级荷载的沉降增量。

Δs_{n+1}——第 $n+1$ 级荷载的沉降增量。

②桩底支承在坚硬岩(土)层上,桩的沉降量很小时,最大加载量不应小于设计荷载的 2 倍。

卸载观测:每级卸载值为加载值的两倍。卸载后每隔 15min 测读一次,读两次后,隔半小时再读一次,即可卸下一级荷载。全部卸载后,隔 3h 再测读一次。

2.单桩极限承载力的确定

桩的承载力可通过试验曲线所反映的变形特征分析确定。

单桩竖向极限承载力应按下列方法确定:

(1)作荷载-沉降(Q-s)曲线和其他辅助分析所需的曲线。

(2)当陡降段明显时,取相应于陡降段起点的荷载值。

(3)当出现《地基规范》附录 Q.0.8 第 2 款的情况时,取前一级荷载值。

(4)Q-s 曲线呈缓变型时,取桩顶总沉降量 $s=40$mm 所对应的荷载值,当桩长大于 40m 时,宜考虑桩身的弹性压缩。

(5)按上述方法判断有困难时,可结合其他辅助分析方法综合判定。对桩基沉降有特殊要求者,应根据具体情况选取。

(6)参加统计的试桩,当满足其极差不超过平均值的 30%时,可取其平均值为单桩竖向极限承载力。极差超过平均值的 30%时,宜增加试桩数量并分析离散过大的原因,结合工程具体情况确定极限承载力。

注:对桩数为 3 根及 3 根以下的柱下桩基,取最小值。

(7)将单桩竖向极限承载力除以安全系数 2,为单桩竖向承载力特征值 R_a。

(四)根据原位测试参数确定单桩承载力

可采用静力触探及标准贯入试验参数确定。

(五)根据岩石饱和单轴抗压强度确定单桩承载力

嵌岩灌注桩按端承桩设计,要求桩底以下 3 倍桩径且不小于 5m 范围内无软弱夹层、断裂带、洞隙分布,在桩端应力扩散范围内无岩体临空面。其端承力按嵌岩深度及施工条件确定,可查规范表格。

(六)经验法确定单桩承载力

若较小工程,附近又有条件类似的成功桩基础,可借鉴其单桩承载力选用。

对具体工程应用以上各方法对照比较综合分析后确定单桩承载力。

四、群桩承载力

(1)对于端承桩基和桩数少于 3 根的非端承桩基,群桩的竖向承载力为各单桩承载力之和。

(2)对于桩的中心距小于 6 倍(摩擦桩)桩径,而桩数超过 3 根的桩基,可视作一假想的实体深基础进行地基验算,并计算桩基中单桩所承受的外力和校核单桩承载力。

地基验算包括桩端持力层承载力、软弱下卧层承载力、沉降等内容，方法同浅基础，此处从略。

(3)群桩中单桩承载力，应按下列公式验算：

轴心竖向力作用下

$$Q_k \leqslant R_a$$

$$Q_k = \frac{F_k + G_k}{n} \tag{17-107}$$

偏心竖向力作用下，除满足上式外，尚应满足下式要求

$$Q_{ikmax} \leqslant 1.2R_a$$

$$Q_{ikmax} = \frac{F_k + G_k}{n} + \frac{M_{xk} y_{imax}}{\sum y_i^2} + \frac{M_{yk} x_{imax}}{\sum x_i^2} \tag{17-108}$$

式中：Q_k——相应于荷载效应标准组合时，单桩桩顶竖向力；

R_a——单桩竖向承载力特征值；

F_k——相应于荷载效应标准组合时，作用于桩基承台顶面的竖向力；

G_k——桩基承台自重和承台上土自重标准值；

n——桩数；

M_{xk}、M_{yk}——分别为相应于荷载效应标准组合时，作用于承台底面通过桩群形心的 x 轴、y 轴的力矩；

x_i、y_i——分别为桩 i 至通过桩群形心的 y 轴、x 轴线的距离；

Q_{ikmax}——相应于荷载效应标准组合时，偏心竖向力作用下最大受力桩的竖向力；

x_{imax}、y_{imax}——分别为最大受力桩至群桩形心 y 轴、x 轴线的距离。

当外力作用面内的桩距较大时，桩基的水平承载力可视为各单桩的水平承载力总和；当承台侧面的土未经扰动或回填良好时，应考虑土抗力的作用；当水平推力较大时，宜设置斜桩。

五、桩身混凝土强度计算

按桩身混凝土强度计算桩的承载力时，应按桩的类型和成桩工艺的不同将混凝土的轴心抗压强度设计值乘以工作条件系数 φ_c，桩轴心受压时桩身强度应符合式(17-109)的规定。当桩顶以下 5 倍桩身直径范围内螺旋式箍筋间距不大于 100mm 且钢筋耐久性得到保证的灌注桩，可适当计入桩身纵向钢筋的抗压作用。

$$Q \leqslant A_p f_c \varphi_c \tag{17-109}$$

式中：f_c——混凝土轴心抗压强度设计值(kPa)，按现行国家标准《混凝土结构设计规范》(GB 50010)取值；

Q——相应于作用的基本组合时的单桩竖向力设计值(kN)；

A_p——桩身横截面积(m^2)；

φ_c——工作条件系数，非预应力预制桩取 0.75，预应力桩取 0.55～0.65，灌注桩取 0.6～0.8(水下灌注桩、长桩或混凝土强度等级高于 C35 时用低值)。

六、沉降验算

对以下建筑物的桩基应进行沉降计算：

(1)地基基础设计等级为甲级的建筑物桩基。

(2)体型复杂、荷载不均匀或桩端以下存在软弱土层的设计等级为乙级的建筑物桩基。

(3)摩擦型桩基。

嵌岩桩、设计等级为丙级的建筑物桩基、对沉降无特殊要求的条形基础下不超过两排桩的桩基、吊车工作级别 A5 及 A5 以下的单层工业厂房桩基(桩端下为密实土层),可不进行沉降验算。

当有可靠地区经验时,对地质条件不复杂、荷载均匀、对沉降无特殊要求的端承型桩基也可不进行沉降验算。

桩基础的沉降不得超过建筑物的沉降允许值,并应符合规范的有关规定。

当桩距小于 $6d$,可按实体深基础计算桩基础最终沉降量,主要依据《建筑桩基技术规范》(JGJ 94—2008)。

七、桩基础设计

(一)设计原则

(1)建筑桩基采用以概率理论为基础的极限状态设计法,以可靠指标度量桩基的可靠度,采用以分项系数表达的极限状态设计表达式进行计算。

(2)桩基极限状态分为下列两类:

①承载能力极限状态,对应于桩基达到最大承载能力或整体失稳或发生不适于继续承载的变形。

②正常使用极限状态,对应于桩基达到建筑物正常使用所规定的变形限值或达到耐久性要求的某项限值。

(3)根据建筑规模、功能特征、对差异变形的适应性、场地地基和建筑物体型的复杂性以及由于桩基问题可能造成建筑破坏或影响正常使用的程度,应将桩基设计分为表 17-11 所列的三个设计等级。桩基设计时,应根据表 17-11 确定设计等级。

建筑桩基设计等级 表 17-11

设计等级	建筑类型
甲级	(1)重要的建筑 (2)30 层以上或高度超过 100m 的高层建筑 (3)体型复杂且层数相差超过 10 层的高低层(含纯地下室)连体建筑 (4)20 层以上框架—核心筒结构及其他对差异沉降有特殊要求的建筑 (5)场地和地基条件复杂的 7 层以上的一般建筑及坡地、岸边建筑 (6)对相邻既有工程影响较大的建筑
乙级	除甲级、丙级以外的建筑
丙级	场地和地基条件简单、荷载分布均匀的 7 层及 7 层以下的一般建筑

①应根据桩基的使用功能和受力特征分别进行桩基的竖向承载力计算和水平承载力计算;

②就对桩身和承台结构承载力进行计算;对于桩侧土不排水抗剪强度小于 10kPa、且长径比大于 50 的桩应进行桩身压屈验算;对于混凝土预制桩应按吊装、运输和锤击作用进行桩身承载力验算;对于钢管桩应进行局部压屈验算;

③当桩端平面以下存在软弱下卧层时,应进行软弱下卧层承载力验算;

④对位于坡地、岸边的桩基应进行整体稳定性验算;

⑤对于抗浮、抗拔桩基，应进行基桩和群桩的抗拔承载力计算；

⑥对于抗震设防区的桩基应进行抗震承载力验算。

(4)下列建筑桩基应进行沉降计算：

①设计等级为甲级的非嵌岩桩和非深厚坚硬持力层的建筑桩基；

②设计等级为乙级的体型复杂、荷载分布显著不均匀或桩端平面以下存在软弱土层的建筑桩基；

③软土地基多层建筑减沉复合疏桩基础。

(二)设计步骤

1. 确定桩端持力层及桩长

一般应选择较硬土层作为桩端持力层。桩端全断面进入持力层的深度，对于黏性土、粉土不宜小于$2d$，砂土不宜小于$1.5d$，碎石类土不宜小于d。当存在软弱下卧层时，桩基以下硬持力层厚度不宜小于$3d$。

当硬持力层较厚且施工条件许可时，桩端全断面进入持力层的深度宜达到桩端阻力的临界深度。

同一基础相邻桩的桩底标高差，对于非嵌岩端承桩，不宜超过相邻桩的中心距；对于摩擦桩，在相同土层中不宜超过桩长的1/10。

2. 确定桩型及单桩承载力

根据结构类型、荷载性质、地质条件、施工条件并结合以上条件综合考虑，并经方案比较最后确定。应注意同一结构不宜采用不同桩型。

3. 选择布桩方式及桩距

桩的布置方式可为行列式或梅花式，桩的间距见表17-12。

桩的最小中心距应符合表17-12的规定。对于大面积桩群，尤其是挤土桩，桩的最小中心距宜按表列值适当加大。

桩的最小中心距　　表17-12

土类与成桩工艺		排数不少于3排且桩数不少于9根的摩擦型桩基	其他情况
非挤土灌注桩		$3.0d$	$3.0d$
部分挤土桩		$3.5d$	$3.0d$
挤土桩	非饱和土	$4.0d$	$3.5d$
	饱和黏性土	$4.5d$	$4.0d$
钻、挖孔扩底桩		$2D$或$D+2.0$(当$D>2$m)	$1.5D$或$D+1.5$(当$D>2$m)
沉管夯扩、钻孔挤扩桩	非饱和土	$2.2D$且$4.0d$	$2.0D$且$3.5d$
	饱和黏性土	$2.5D$且$4.5d$	$2.2D$且$4.0d$

注：1. d-圆桩直径或方桩边长。D-扩大端设计直径。

2. 当纵横向桩距不相等时，其最小中心距应满足“其他情况”一栏的规定。

3. 当为端承型桩时，非挤土灌注桩的“其他情况”一栏可减小至$2.5d$。

排列基桩时，宜使桩群承载力合力点与竖向永久荷载合力作用点重合，并使基桩受水平力和力矩较大方向有较大抗弯截面模量。对于桩箱基础、剪力墙结构桩筏（含平板和梁板式承台）基础，宜将桩布置于墙下。对于框架—核心筒结构桩筏基础应按荷载分布考虑相互影响，将桩相对集中布置于核心筒和柱下，外围框架柱宜采用复合桩基，桩长宜小于核心筒下基桩

(有合适桩端力层时)。

4.设计承台

桩基承台的构造,除满足抗冲切、抗剪切、抗弯承载力和上部结构的要求外,尚应符合下列要求:

(1)承台的宽度不应小于 500mm。边桩中心至承台边缘的距离不宜小于桩的直径或边长,且桩的外缘至承台边缘的距离不小于 150mm。对于条形承台梁,桩的外边缘至承台梁边缘的距离不小于 75mm;

(2)承台的最小厚度不应小于 300mm;

(3)承台的配筋,对于矩形承台其钢筋应按双向均匀通长布置(图 17-58a),钢筋直径不宜小于 10mm,间距不宜大于 200mm;对于三桩承台,钢筋应按三向板带均匀布置,且最里面的三根钢筋的三角形应在柱截面范围内(图 17-58b)。承台梁的主筋除满足计算要求外尚应符合现行国家标准《混凝土结构设计规范》(GB 50010)关于最小配筋率的规定,主筋直径不宜小于 12mm,架立筋不宜小于 10mm,箍筋直径不宜小于 6mm(17-58c);柱下独立桩基承台的最小配筋率不应小于 0.15%。钢筋锚固长度自边桩内侧(当为圆桩时,应将其直径乘以 0.886 等效为方桩)算起,锚固长度不应小于 35 倍钢筋直径,当不满足时应将钢筋向上弯折,此时钢筋水平段的长度不应小于 25 倍钢筋直径,弯折段的长度不应小于 10 倍钢筋直径;

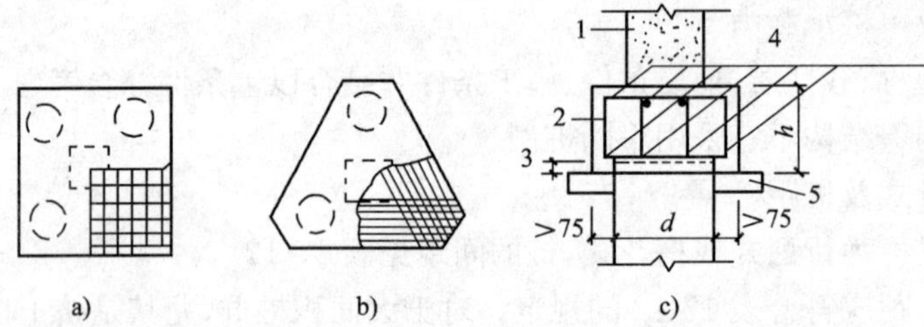

图 17-58 承台配筋

1-墙;2-箍筋直径≥6mm;3-桩顶入承台≥50mm;4-承台梁内主筋除须按计算配筋外尚应满足最小配筋率;5-垫层 100mm 厚 C10 混凝土

(4)承台混凝土强度等级不应低于 C20;纵向钢筋的混凝土保护层厚度不应小于 70mm。当有混凝土垫层时,不应小于 40mm;且不应小于桩头嵌入承台内的长度。

桩下桩基承台的弯矩可按以下简化计算方法确定:

①多桩矩形承台计算截面取在桩边和承台高度变化处(杯口外侧或台阶边缘)

$$M_x=\sum N_i y_i \tag{17-110}$$

$$M_y=\sum N_i x_i \tag{17-111}$$

式中:M_x、M_y——分别为垂直 y 轴和 x 轴方向计算截面处的弯矩设计值;

x_i、y_i——垂直 y 轴和 x 轴方向自桩轴线到相应计算截面的距离;

N_i——扣除承台和其上填土自重后相应于荷载效应基本组合时的第 i 桩竖向力设计值。

②三桩承台

等边三桩承台:

$$M=\frac{N_{\max}}{3}\left(s-\frac{\sqrt{3}}{4}c\right) \tag{17-112}$$

式中:M——由承台形心至承台边缘距离范围内板带的弯矩设计值;

N_{max}——扣除承台和其上填土自重后的三桩中相应于荷载效应基本组合时的最大单桩竖向力设计值；

s——桩距；

c——方柱边长，圆柱时 $c=0.866d$（d 为圆柱直径）。

等腰三桩承台：

$$M_1=\frac{N_{max}}{3}\left(s-\frac{0.75}{\sqrt{4-\alpha^2}}c_1\right) \tag{17-113}$$

$$M_2=\frac{N_{max}}{3}\left(\alpha s-\frac{0.75}{\sqrt{4-\alpha^2}}c_2\right) \tag{17-114}$$

式中：M_1、M_2——分别为由承台形心到承台两腰和底边的距离范围内板带的弯矩设计值；

s——长向桩距；

α——短向桩距与长向桩距之比，当 α 小于 0.5 时，应按变截面的两桩承台设计；

c_1、c_2——分别为垂直于、平行于承台底边的柱截面边长。

对于柱下桩基础独立承台还应进行抗冲切承载力的计算。当柱边外有多排桩形成多个剪切斜截面时，尚应对每个斜截面进行验算。当承台的混凝土强度等级低于柱或桩的混凝土强度等级时，尚应验算柱下或桩上承台的局部抗压承载力。

5.验算单桩承载力（方法如前）

6.必要时验算地基变形（内容如前）

八、桩的负摩阻力

当因某些原因导致桩侧土的沉降大于桩身沉降时，土对桩的摩擦力指向下方，这种力称为桩的负摩擦力。因为土的沉降自上而下逐渐减小，桩的沉降近似为常量，故在某深度处有一桩土沉降相同的点，称为中性点，该点桩的轴向压力最大。负摩阻力计算复杂，目前尚处于研究阶段。

（一）应该计算负摩阻力的场合

（1）土层自身将发生沉降。如桩穿过较松散填土、自重湿陷性黄土、欠固结土，进入相对较硬土层时。

（2）施工环境条件起变化。如桩周存在软弱土层，而邻近桩侧地面承受局部较大的长期荷载，或地表大面积堆载时；由于降低地下水位，使桩周土中有效应力增大，并产生显著沉降时。

（二）计算桩侧摩阻力

符合下列条件之一的桩基，当桩周土层产生的沉降超过基桩的沉降时，在计算基桩承载力时应计入桩侧负摩阻力：

（1）桩穿越较厚松散填土、自重湿陷性黄土、欠固结土、液化土层进入相对软硬土层时；

（2）桩周存在软弱土层，邻近桩侧地面承受局部较大的长期荷载，或地面大面积堆载（包括填土）时；

（3）由于降低地下水位，使桩周土有效应力增大，并产生显著压缩沉降时。

计算桩侧负摩阻力应根据工程具体情况考虑，最好依据实测资料确定。仅当无工程经验与实测资料时，按下述方法进行估算：

首先确定中性点位置。中性点深度 L_n 应按桩周土沉降与桩沉降相等的条件确定，也可参照表 17-13 确定，表中 L_0 为桩周沉降变形土层下限深度。如桩穿越自重湿陷性黄土层而持力层非基岩时，L_n 按表列数值增大10%。

中性点深度比 l_n 表17-13

持力层性质	黏性土、粉土	中密以上砂	砾石、卵石	基岩
中性点深度比(l_n/l_0)	0.5～0.6	0.7～0.8	0.9	1.0

注：1. l_n、l_0 分别为自桩顶算起的中性点深度和桩周软弱土层下限深度。

2. 桩穿过自重湿陷性黄土层时，l_n 可按表列值增大10%(持力层为基岩除外)。

3. 当桩周土层固结与桩基固结沉降同时完成时，取 $l_n=0$。

4. 当桩周土层计算沉降量小于20mm时，l_n 应按表列值乘以0.4～0.8折减。

其次区分不同传力类型的桩，按不同的原则计算：

(1)对一般摩擦桩，中性点以上的侧负摩阻力不计入桩的承载力。

(2)对端承桩除上条内容外，还应计入负摩阻力引起的下拉荷载影响，需要时可查相应资料，此处从略。

习　题

17-55　当桩周产生负摩阻力时，桩相对于地基土的位移是(　　)。

A. 向上　　B. 向下　　C. 为零　　D. 侧向

17-56　单向偏心受压群桩基础，单桩的几何尺寸均相同，对称行列式排列，每根桩桩顶所承受的竖向力可能是(　　)。

①都不相同　　②各行相同，各列不同

③各行不同，各列相同　　④对角线方向对称的桩相同

A. ①④　　B. ②③　　C. ②④　　D. ③④

17-57　端承型桩是指桩顶竖向荷载主要由(　　)。

A. 桩顶阻力分担　　B. 桩端阻力分担

C. 桩侧阻力分担　　D. 桩周阻力分担

17-58　偏心竖向力作用下，单桩竖向承载力应满足的条件是(　　)。

A. $Q_k \leqslant R_a$　　B. $Q_{ikmax} \leqslant 1.2R_a$

C. $Q_k \leqslant R_a$ 且 $Q_{ikmax} \leqslant 1.2R_a$　　D. $Q_{ikmin} \geqslant 0$

17-59　某直径为400mm、桩长为10m的钢筋混凝土预制摩擦型桩，桩端阻力特征值 q_{pa} = 3 000kPa，桩侧阻力特征值 q_{sia} = 100kPa，初步设计时，单桩竖向承载力特征值为(　　)。

A. 1 737kN　　B. 1 634kN　　C. 777kN　　D. 1 257kN

17-60　群桩承载力可以按其单桩承载力之和的是(　　)。

A. 桩数大于3根的端承桩　　B. 桩数大于3根的端承摩擦桩

C. 桩数大于3根的摩擦桩　　D. 桩数大于3根的摩擦端承桩

17-61　扩底灌注桩的扩底直径不应大于桩身直径的(　　)。

A. 4倍　　B. 3倍　　C. 5倍　　D. 2倍

17-62　摩擦型桩的中心距不宜小于桩身直径的(　　)。

A. 4倍　　B. 3倍　　C. 1倍　　D. 2倍

17-63　布置桩位时，宜使(　　)。

A. 桩基承载力合力点与永久荷载合力作用点重合

B. 桩基承载力合力点与可变荷载合力作用点重合

C. 桩基承载力合力点与所有荷载合力作用点重合

D. 桩基承载力合力点与准永久荷载合力作用点重合

17-64 桩数 4 根的桩基础,若作用于承台顶面的轴心竖向力 $F_k = 200\text{kN}$,承台及上覆土自重 $G_k = 200\text{kN}$,则作用于任一单桩的竖向力 Q_{ik} 为(　　)。

A. 200kN　　B. 50kN　　C. 150kN　　D. 100kN

17-65 单桩轴力分布规律为(　　)。

A. 由上而下直线增大　　B. 由上而下曲线增大

C. 由上而下直线减小　　D. 由上而下曲线减小

第十节　特殊性土

特殊土包括软弱土、湿陷性黄土、膨胀土、红黏土、季节性冻土以及山区土等。由于它们形成时的环境和历史条件不同,且具有一定的区域性,所以其组织和结构较一般土有其特殊性。

一、软弱土

软弱土地基包括软土、冲填土、杂填土以及其他高压缩性土构成的地基。

(一)软土的成因

软土是指在静水或缓慢流水环境中沉积的软塑到流塑状态的饱和黏性土。天然含水率大、压缩性高、承载力低是其主要特征。

我国沿海地区、内陆平原以及山区都广泛分布着各种软土。主要有三角洲相沉积、滨海相沉积、溺谷相沉积、湖相沉积和沼泽沉积。山区软土则分布在多雨地区的山间谷地、冲沟、河滩阶地和各种洼地。

(二)软土的特性

(1)含水率大、孔隙比大、天然含水率大于液限、孔隙比大于 1.0,一般属于淤泥或淤泥质土。山区软土的含水率有时高达 200%,孔隙比大于 6.0。

(2)压缩性高。软土的压缩性随液限的增加而增大,其压缩系数 $a_{1\text{-}2}$ 一般大于 0.5MPa^{-1},最大可达 2MPa^{-1}。

(3)抗剪强度低。这与加荷速度及排水条件有关。在不排水剪时,内摩擦角等于零,黏聚力值一般小于 20kPa,地基承载力常为 50~80kPa。

软土地基确定抗剪强度时,正确选择剪切试验方法很重要。应根据地基应力状态、加荷速率和排水条件等来选择。对排水条件较差,加荷速率较快的地基,宜采用不排水剪。当地基在荷载作用下有可能达到一定程度的固结时,可采用固结不排水剪。当有条件计算出地基中的孔隙水压力分布时,则可用有效应力法以确定有效抗剪强度指标。

(4)透水性小。多数软土层中夹有带状夹砂层,因此,水平方向的渗透系数较垂直方向大,垂直方向的渗透系数一般在 $10^{-6} \sim 10^{-8}\text{cm/s}$ 之间,因此,饱和软土的固结时间相当长,同时,在加荷初期,地基中常出现较高的孔隙水压力,影响地基的强度。

(5)具有触变性和流变性。当软土的结构未被破坏时,具有一定的结构强度,但一经扰动,土的结构强度便被破坏。软土的这种触变性常用灵敏度表示,灵敏度一般在 3~4 之间,个别情况可达 8~9。软土的流变性则反应在剪应力作用下,土体发生缓慢而长期的剪切变形,土体的长期强度小于瞬时强度。

二、膨胀土

（一）膨胀土的特征及其危害

膨胀土是指粘粒成分主要由强亲水性矿物组成，具有显著吸水膨胀和失水收缩特性，其自由膨胀率≥40%的黏性土。在北美、澳洲，我国的广西、云南、湖北、河南、安徽、四川、河北、山东、陕西、江苏、贵州和广东等地区有膨胀土的分布。膨胀土为高塑性黏土。粘粒成分主要由强亲水性矿物组成，具有明显的吸水膨胀和失水收缩性。一般强度高、压缩性低，常被误认为是良好的地基。实际上，由于它具有较强烈的膨胀和收缩特性，能使基础升降、建筑物和地坪开裂和变形，尤其对低层轻型房屋和构筑物带来的危害更大。

根据我国12个地区的资料统计，膨胀土多分布在二级及二级以上的河谷阶地、山前丘陵和盆地边缘，一般埋藏较浅，常见于地表。例如，在邯郸丘陵地带可在表层发现膨胀土。

膨胀土的自然坡度角很小，地形上无明显的天然陡坎。湖北郧县的实测剖面，其自然稳定边坡角在9°～11°。在沟谷头部、路堑边坡上有较多的滑塌和浅层滑坡。旱季时，地表出现地裂，雨季闭合，地裂两壁陡直、粗糙，宽度在地面处为上大下小，深度在3～8m之间，长度为10～80m，裂隙发育常有光滑面和擦痕，有的裂隙间充满着灰白、灰绿色黏土。房屋裂缝还随气候变化张开和闭合。

膨胀土的黏土的矿物成分中含有较多的蒙脱土、伊里土、多水高岭土，这类矿物具有较强的与水结合的能力及吸水膨胀性。特别是蒙脱土含量直接决定胀缩性能的大小。土中粘粒含量越多，则土的胀缩性越强。土的天然孔隙比越小，则膨胀越大，收缩越小；孔隙比越大，则收缩越大，土的结构强度越大，土体限制胀缩变形的能力也越大。

水是引起土胀缩的外界因素。土中水分增加使颗粒间隙增大，薄膜水层加厚而产生膨胀；土体失水使颗粒间隙缩小而引起土体收缩。地形较高处，土中水分蒸发较快，地基的膨胀变形较低地大；在炎热干旱地区，建筑物周围的阔叶树，由于吸水，对建筑物的膨胀变形也造成不利影响。房屋的向阳面开裂较多，背阳面开裂较少。此外，建筑物的渗水、高温建筑物都会因不均匀的胀缩变形而引起开裂。

由于膨胀土具有较大的吸水膨胀、失水收缩的变形特征，建造在膨胀土地基上的建筑物，常随着季节气候的变化而反复出现不均匀的升降，从而使房屋破坏。

（二）膨胀土的胀缩性指标和地基评价

膨胀土有吸水膨胀、失水收缩的性能，但又有一般黏性土具有的许多共性。怎样区分膨胀土与其他黏性土，这是在进行勘察设计时首先要解决的问题。我国采取了综合判别的方法，即：①首先以工程地质为主，进行现物勘察，调查了解场地土的野外特征，初步判定有无膨胀土。②当发现有膨胀土特征时，除采取土样进行一般的物理力学性质试验外，还应进行膨胀土的特征试验，如测定自由膨胀率、膨胀率、收缩系数、膨胀力等指标，用以评定膨胀土的胀缩性强弱、胀缩性等级，作为膨胀土地基设计和采取工程措施的依据。

1.胀缩性指标

(1)自由膨胀率。它是指将通过0.5mm筛的烘干土浸泡于水中，经过充分吸水膨胀后所增加的体积与原干土体积之比，以百分数表示。自由膨胀率用来测定黏性土颗粒在无结构力影响下的膨胀特性。

(2)膨胀率。它是指在一定压力作用下，处于侧限条件下的原状土样在浸水后，试样增加的高度与原高度之比，为单位体积的膨胀率。

(3)膨胀力。它是原状土样在体积不变时，由于浸水膨胀产生的最大内应力。

(4)线缩率和收缩系数。线缩率为土的垂直收缩变形与原始高度之比；收缩系数为土样在收缩过程中，含水量每减少1%时所对应线缩率的改变量。

2.膨胀土地基评价

(1)膨胀土的判别。凡是有上述膨胀土野外特征和建筑物开裂破坏特征，且自由膨胀率≥40%的黏性土，宜判别为膨胀土。在特殊情况下，尚可根据蒙脱土含量占全重的比例确定；当蒙脱土含量大于或等于全重的7%时，亦可判定为膨胀土。

(2)亲水性分级。根据自由膨胀率和蒙脱土含量，可将膨胀土的亲水性划分为强、中等和弱三级。

(3)地基分级变形量。地基分级变形量 s 等于地基土的膨胀变形量与收缩变形量之和。

(4)膨胀土地基承载力。膨胀土浸水后强度降低，膨胀量越多，强度降低也越多。在压力为零时膨胀量最大，承载力降低最多；而在较高压力时，膨胀量小，承载力降低也少。基础受土的膨胀量的影响与基础的大小、埋置深度、荷重大小以及土中含水量的变化等因素有关。基础埋深超过大气影响深度时，土中含水量变化较小，此时可直接采用天然含水量状态下的容许承载力；基础上受荷载较大时，如果基底压力超过土的膨胀力，也可换天然含水量状态时的容许承载力进行基础设计。

如果不符合上述两种情况，例如一些轻型浅埋基础房屋，就要采用在实际基底压力下浸水后的容许承载力。由于膨胀土裂隙较发育，室内剪切试验不能反应实际土的抗剪能力，因此往往需要进行现场载荷试验确定地基承载力。

膨胀土地区的基础设计，应充分利用地基土的容许承载力，并采用缩小基底面积、合理选择基底形式等措施，以便增大基底压力、减少地基膨胀变形量。膨胀土地基的容许承载力，可根据土的含水量按下列方法确定：

①当土的天然含水率 $w_0<0.8w_p$（w_p 为塑限含水率）时，可选用土的膨胀力作为容许承载力；

②当土的天然含水率 $w_0>1.2w_p$ 时，宜进行荷载试验确定。

膨胀土地基上的建筑物都要验算地基变形量。位于坡地场地上的建筑物的地基，尚应验算地基的稳定性。

三、红黏土

（一）红黏土的形成条件

红黏土是石灰岩、白云岩等碳酸盐类岩石，在亚热带高温潮湿气候条件下，经红土化作用形成的高塑性红色黏土。一般 $w_L>50\%$。经再次搬运后，仍保留红黏土的基本特征。对于 $w_L>45\%$ 的土，为次生红黏土。

红黏土在我国西南地区云南、贵州省和广西壮族自治区分布广泛；广东、海南、福建、江西、四川、湖北、湖南、安徽等省也有分布，一般以山区或丘陵地带居多。

岩溶地区的基岩上常覆盖红黏土。由于地表水和地下水的运动引起的冲蚀和潜蚀作用，造成红黏土中产生土洞。除了碳酸盐岩类出露区的红黏土以外，还有玄武岩出露区红黏土、花岗岩出露区红黏土。

（二）红黏土的特征

红黏土呈褐红、棕红、紫红及黄褐色。土层一般厚3～10m，个别地带厚达20～30m。因受基岩起伏影响，往往水平距离仅1m，而厚度突变却达4～5m，极不均匀。其沿深度上部硬，下部软。因胀缩交替变化，红黏土中网状裂隙发育，裂隙延伸至地下 3～4m，破坏了土体的完整性。位于斜坡、陡坎上的竖向裂隙，可能形成滑坡。

(三)红黏土的物理力学性质

天然含水率 w=20%～75%，液限在 50%以上，塑限在 30%以上，液性指数 I_L 较小仅为 0.1～0.4，大多数呈坚硬与硬塑状态。饱和度 S_r>85%，常处于饱和状态。天然孔隙比很大，e=1.1～1.7。粘粒含量高，小于 0.005mm 颗粒含量达 55%～70%。红黏土含水率虽高，但土体一般仍处于硬塑或坚硬状态，而且具有较高的强度和较低的压缩性。在孔隙比相同时，它的承载力约为软黏土的 2～3 倍。因此，从土的性质来说，红黏土是建筑物较好的地基，但也存在下列一些问题：

(1)有些地区的红黏土受水浸湿后体积膨胀，干燥失水后体积收缩而具有胀缩性。

(2)红黏土厚度分布不均，其厚度与下卧基岩面的状态和风化深度有关。常因石灰岩表面石芽、溶沟等的存在，而使上覆红黏土的厚度在短距离内相差悬殊(有的 1m 之间相差竟达 8m)，造成地基的不均匀性，应考虑地基不均匀沉降。

(3)红黏土沿深度自上而下含水量增加，土质有由硬至软的明显变化。应充分利用其上部作为天然浅基础的持力层。接近下卧基岩面处，土常呈软塑或流塑状态，其强度低、压缩性较大。

(4)红黏土地区的岩溶现象一般较为发育。由于地表水和地下水的运动引起的冲蚀和潜蚀作用，在隐伏岩溶上的红黏土层常有土洞存在，因而影响场地的稳定性。

四、黄土

黄土是我国地域分布最广的一种特殊性土类。它是第四纪的一种特殊堆积物。其主要特征为：颜色以黄为主，有灰黄、褐黄等；含有大量粉粒，一般在 55%以上；具有肉眼可见的大孔隙，孔隙比在 1.0 左右；富含碳酸盐类；无层理，垂直节理发育；具有湿陷性和易溶蚀、易冲刷性等。对工程建设有其特殊的危害性。

(一)黄土的成因特征及其分布

我国黄土广泛分布于北纬 34°～45°之间，面积达 60 万 km^2 的干旱和干旱区内。而以黄土高原的黄土分布最为集中，沉积最为典型。

黄土的成因特征主要是以风力搬运堆积为主。从西北黄土高原到华北山西、河南一带，黄土的厚度逐渐变薄，湿陷性逐渐降低。

黄土因沉积的地质年代不同在性质上有很大差别，晚更新世(Q_3)及其后的黄土又因成因不同而有明显差别。原生黄土具有风沉积的全部特征。黄土沉积后，经后期其他地质作用改造再沉积的类似黄土的沉积物，称为次生黄土。黄土形成年代越久，大孔结构退化，土质越趋密实，强度高而压缩性小，湿陷性减弱，甚至不具湿陷性。反之形成年代越近，黄土特性更明显。

(二)黄土的湿陷性及其评价

在覆盖土层的自重压力或与建筑物附加压力共同作用下受水浸湿，由于充填在土颗粒间的可溶盐类物质遇水溶解，土的结构迅速破坏，强度迅速降低，并发生显著附加下沉的黄土称为湿陷性黄土，它分为非自重湿陷性和自重湿陷性两种。

黄土湿陷的机理通常认为是由黄土的大孔隙结构特性和胶结物质的水理特性决定的。

黄土中胶结物的含量和成分以及颗粒的组成和分布，对于黄土的结构特点和湿陷性的强弱有着重要的影响。胶结物含量大、粘粒含量多、黄土的结构致密，则黄土的湿陷性降低。

(三)黄土地基的工程措施

湿陷性黄土地基的设计和施工，除了必须遵循一般地基的设计和施工原则外，在确定正常情况下湿陷性黄土地基承载力时，可不考虑地基浸水所引起的变化。但针对湿陷性，应采取地基处理、防水措施与结构措施：①处理地基，以消除产生湿陷性的内在原因；②防水和排水，防止产生引起湿陷的外界条件；③采取结构措施，改善建筑物对不均匀沉降的适应性和抵抗的能力。

结构措施是补充地基处理和防水措施不可缺少的辅助手段，可以增强建筑物适应或抵抗因湿陷引起的不均匀沉降的能力。主要有：

(1)加强建筑物的整体性和空间刚度。建筑体型力求简单，否则须用沉降缝分割成平面形状简单且具有足够刚度的独立单元。

(2)选择适宜的结构和基础形式。单层工业厂房宜用铰接排架；对多层厂房和民用建筑，不宜用内框架结构。

(3)加强砌体和构件的刚度。

(4)预留适应沉降的净空。

五、冻土

(一)冻土的特征及分布

凡温度等于或低于零摄氏度，且含有固态冰的土称为冻土。冻土按其冻结时间长短可分为三类：瞬时冻土，冻结时间小于1个月，一般为数天或几个小时(夜间冻结)；冻结深度从几毫米至几十毫米。季节冻土，冻结时间等于或大于1个月，冻结深度从几十毫米至1～2m；是每年冬季发生的周期性冻土。多年冻土，冻结时间连续3年或3年以上。多年冻土在我国主要分布在青藏高原和东北大、小兴安岭，在东部和西部地区一些高山顶部也有分布。多年冻土占我国总国土面积的20%以上，占世界多年冻土总面积的10%。

多年冻土上部受季节性融化与冻结作用影响的，称为季节性融化层；在多年冻土层上下限之间没有局部融区的，称为连续多年冻土；有局部融区存在的，称为不连续多年冻土。

(二)冻土的力学性质

土的冻胀作用常以冻胀量、冻胀强度、冻胀力和冻结力等指标来衡量。

1.冻胀量

天然地基的冻胀量有两种情况：无地下水源和有地下水源补给。对于无地下水源补给的，冻胀量等于在冻结深度 H 范围内自由水冻结时的体积。对于有地下水源补给的情况，冻胀量与冻结时间有关，应现场实测。

2.冻胀强度(冻胀率)

单位冻结深度的冻胀量称为冻胀强度或冻胀率。

3.冻胀力

土在冻结时由于体积膨胀对基础产生的作用力称为土的冻胀力。冻胀力按其作用方向可分为作用在基础底面的法向冻胀力和作用在侧面的切向冻胀力。冻胀力的大小除与土质、土温、水文地质条件和冻结速度有密切关系外，还和基础埋深、材料和侧面的粗糙程度有关。在无水源补给的封闭系统，冻胀力一般不大；对于有水源补给的敞开系统，冻胀力就可能成倍增加。法向冻胀力一般都很大，非建筑物自重所能克服的，所以一般要求基础埋置在冻结深度以下，或采取消除的措施。切向冻胀力可在建筑物使用条件下通过现场或室内试验求得。也可根据经验查有关表格确定。

4.冻结力

冻土与基础表面通过冰晶胶结在一起，这种胶结力称为冻结力。冻结力的作用方向总是与外荷的总作用方向相反。在冻土的融化层回冻期间，冻结力起抗冻胀的锚固作用；而当季节融化层融化时，位于多年冻土中的基础侧面相应产生方向向上的冻结力，它又起了抗下沉的承载作用。影响冻结力的因素很多，除了温度与含水量外，还与基础材料表面粗糙度有关。表面粗糙度高，冻结力也高。在多年冻土地基设计中应考虑冻结力的作用。

六、可液化土

（一）地基液化的机理

饱和松砂与粉土主要是单粒结构，处于不稳定状态。在强烈地震作用下，疏松不稳定的砂粒与粉粒移动到更稳定的位置；但地下水位以下土的孔隙已完全被水充满，在地震作用的短暂时间内，土中的孔隙水无法排出，致使孔隙水压力增高，当孔隙水压力大于或等于土的总应力时，此时土体的有效应力为零，土颗粒处于悬浮状态，地基丧失承载力，造成地基不均匀下沉，导致建筑物破坏。

（二）地基液化的条件

(1)土的相对密实度 $D_r<70\%$、平均粒径 $d_{50}=0.05\sim0.09$mm 的粉砂、细砂或粉土最容易液化。

(2)上覆土层厚度较小且处于地下水位以下，呈饱和状态。

(3)遭遇大、中地震。

有时砂土或粉土受振，虽有孔隙水压力上升和抗剪强度降低的现象，但仍有一定的承载力，此种现象称为砂土或粉土的部分液化。无论是完全液化还是部分液化，都可能危及地面建筑物，应进行防治。

饱和砂土与粉土是否会产生液化，取决于土本身的特性、原始静应力状态及振动特性。通过大量地震调查与研究证明：土粒粗、级配好、密度大、排水条件好、静载力、振动时间短、振动强度低等因素，有利于土体的抗液化性能。孔隙水压力大，可液化的粒径区间也大，9 度烈度，粗砂也可喷出地面。

七、盐渍土

（一）盐渍土的成因

土体中易溶盐含量超过 0.3%，这种土称为盐渍土。盐渍土的成因取决于三个方面：盐源、迁移和积聚。

盐渍土中的盐主要来源有三种：一是岩石在风化过程中分离出少量的盐；二是海水侵入、倒灌等渗入土中；三是工业废水或含盐废弃物，使土体中含盐量增高。

盐的迁移积聚主要靠风力或水流来完成的。

（二）盐渍土的分布

我国的盐渍土主要分布在西北干旱地区的新疆、青海、甘肃、宁夏、内蒙古等地势低洼的盆地和平原上。其次分布于华北平原、松辽平原等。另外在滨海地区的辽东湾、渤海湾、莱州湾、杭州湾以及包括台湾在内的诸岛屿沿岸，也有相当面积的存在。

有些盐渍土以含碳酸钠或碳酸氢钠为主，碱性较大，一般 pH 值为 8～10.5，这种土称为碱土或碱性盐渍土，农业上称为苏打土。这种土零星分布于我国东北的松辽平原，华北的黄、淮、海河平原。

（三）盐渍土的分类与评价

盐渍土按所含盐的类别、溶解度和含盐量进行分类。按含盐的成分分类分为氯盐、硫酸盐和碳酸盐。按含盐的溶解度分类分为：易溶盐渍土、中溶盐渍土和难溶盐渍土。

盐渍土的评价主要从地基的溶陷性、盐胀性和腐蚀性三方面考虑。

习　　题

17-66　淤泥是指(　　)。

A. $w>w_L, e\leqslant 1.5$　　B. $w>w_L, e<1.0$

C. $w>w_L, e\geqslant 1.5$　　D. $w>w_L, e>1.0$

17-67　《地基规范》规定，红黏土的液限一般大于(　　)。

A. 50%　　B. 45%　　C. 60%　　D. 55%

17-68　在软土地基开挖基坑时，为不扰动原状土结构，坑底保留的原状土层厚度一般为(　　)。

A. 100mm　　B. 300mm　　C. 400mm　　D. 200mm

第十一节　地基处理

为节约耕地而又要满足各类生产和生活设施建设用地需求，必须充分利用各类软弱地基。因此必须掌握其特性及处理方法。

一、软弱地基简介

软土地基、杂填土和冲填土地基均属软弱地基。

杂填土是人类活动而任意堆填的建筑垃圾、工业废料和生活垃圾。杂填土的主要特性是强度低、压缩性高和均匀性差。

冲填土是用挖泥船或泥浆泵将泥沙夹带大量水分吹送到江河两岸而形成的沉积土层。在冲填土地基上建造房屋，应考虑它的欠固结影响和不均匀性。

淤泥及淤泥质土统称软土。其含水量高，孔隙比大。

天然含水量大于液限，天然孔隙比大于或等于 1.5 的黏性土称为淤泥。天然孔隙比小于 1.5 而大于等于 1.0 时称为淤泥质土。

软土具有高压缩性，压缩系数通常为 $0.5\sim2.0\text{MPa}^{-1}$，个别可达 4.2MPa^{-1}，且其压缩性随液限的增大而增高。软土渗透性差，强度低，具有显著的结构性(一旦受扰动，其强度显著降低)，具有明显的流变性，可产生较大的次固结沉降。软土地基上的建筑物沉降量大，沉降稳定时间长。

二、常用地基处理方法简介

(一)换填法

换填法是将天然软弱土层挖去或部分挖去，分层回填强度较高、压缩性较低且无腐蚀性的材料，压或夯实后作为地基持力层，故也称为换土垫层法或开挖置换法。

换填法的主要作用是：提高基础底面以下地基浅层的承载力，减少沉降量，加速地基的排水固结，防止冻胀，消除地基的湿陷性和胀缩性。换填法适用于淤泥、淤泥质土、湿陷性黄土、膨胀土、素填土、杂填土、季节性冻土以及暗沟、暗塘等浅层地基的处理。

垫层设计除选定材料外(多用砂、砾石、碎石、矿渣、灰土，不宜用粉土或细砂)，主要是确定

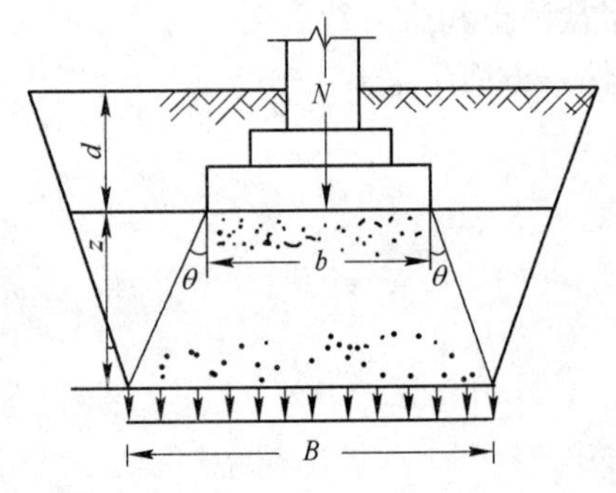

图 17-59　砂垫层计算简图

垫层厚度及宽度，此处仅介绍常用的计算方法。厚度由下卧土层的承载力决定，宽度应满足基础底面应力扩散要求和防止垫层向两侧挤动。计算简图见图 17-59。

砂垫层的承载力标准值可取为 130～300kPa，基础埋深与底宽必须要满足承载力要求。

1. 垫层厚度的确定

采用试算法，先按经验初拟厚度，一般为 1.0～1.5m，不宜大于 3m，小于 0.5m。再按下式验算软弱下卧层的强度

$$p_z + p_{cz} \leqslant f_z \tag{17-115}$$

式中：p_z——$(d+z)$深度处的附加应力（见图 17-59）；

p_{cz}——砂垫层底面处的自重应力。

为了简便，σ_z 值可按应力扩散法计算。

条形基础

$$p_z = \frac{b(p-\sigma_c)}{b+2z\tan\theta} \tag{17-116}$$

矩形基础

$$p_z = \frac{bl(p_k-\sigma_c)}{(l+2z\tan\theta)(b+2z\tan\theta)} \tag{17-117}$$

式中：σ_c——基底处土的自重应力；

p_k——相当于荷载效应标准组合时，基底平均压力；

f_z——$(d+z)$深度处，软弱土层层面处的地基承载力特征值（经 $d+z$ 修正）；

b、l——分别为基底宽度和长度；

θ——应力扩散角，可查规范表格，一般砂、碎石的 θ 在 20°～30°之间。

2. 垫层宽度的确定

如上式能满足，砂垫层底宽应不小于 $b+2z\tan\theta$。考虑侧向挤压时，应加宽构造尺寸，即每侧加宽不应小于 300mm。按常规的边坡设计即可得出垫层上部宽度。

（二）排水预压法

在建筑物建造以前对其场地进行预压，使地基在逐渐预压过程中排水固结，沉降基本完成，以提高地基土的强度。预压系统有加载预压和真空预压之分，排水系统有砂井、塑料排水带等。预压法适用于淤泥、淤泥质土、冲填土等饱和黏性土的地基处理。

（三）碾压、夯实法

碾压、夯实法历来是加固地基、修路、筑堤坝等工程常用的浅层压实地基处理方法，通过夯击及碾压达到减少孔隙体积，使土密实，提高抗剪强度，减小沉降量和提高承载力的目的。

可采用相应夯实、碾压和振动碾压等相应的设备对土进行压（夯）实，对于回填土可以采用分层压（夯）实的方法。施工现场压（夯）质量采用压实系数 λ_c 来控制。如前述采用室内击实试验来模拟工地压实是可行的，但施工参数（施工机械、填土厚度、压实遍数和填筑含水量）应由工地试验确定。压实系数 λ_c 为施工现场要求达到的干重度与室内试验得到的最大干重度的比值。

(四)强夯法(压实法之一)

强夯是将很重的锤(一般重10t～60t)从高处(6～40m)自由下落,给地基以冲击和振动。巨大的冲击能量在土中产生很强的冲击波和动应力,致使地基压缩和振密,从而提高地基土的强度并降低其压缩性。此外,强夯法尚可改善地基土抵抗振动液化的能力和消除黄土的湿陷性。

经强夯法处理的地基,其承载力可提高 2～5 倍,压缩性可降低 50%～90%,此法适用于碎石土、砂土、低饱和度的粉土和黏性土、湿陷性黄土、杂填土和素填土地基。它不仅能在陆上施工,还可在不深的水下夯实地基。但在饱和黏土中使用效果不易掌握,应慎重对待。

强夯法加固效果好、速度快、节省材料且用途广泛。其缺点是施工时的噪声和振动大,且影响邻近建筑物,在建筑物稠密地区不宜使用。

(五)深层挤密法

依挤密法填入材料的不同,可分为砂桩、石灰桩、土桩和碎石桩等。挤密法主要是靠桩管打入或振入地基时对软弱土产生横向挤密作用,从而使土的压缩性减小、抗剪强度提高。由于桩体有较高的承载力和变形模量,截面又较大,约占松软土加固面积的 20%,可与软弱土形成复合地基共同承受建筑物和构筑物的荷载。

在我国,技术上较为成熟的深层挤密法有:

(1)土和灰土挤密桩法——由土或灰土形成的挤密桩将地基挤密,与周围地基形成“复合地基”的方法;

(2)振动水冲法——利用振动器边振边冲,使松砂地基密实(振冲密实),或在黏性地基中成孔填入碎石后形成复合地基(振冲置换);

(3)砂石法——由桩间挤密土和锤击或振动密实的砂石桩体,组成砂石桩挤密的复合地基。

(六)化学加固法

凡将化学溶剂或胶结剂灌入土中,使土胶结合以提高地基强度,减少沉降量的方法统称化学加固法。目前常采用的化学浆液有以水泥灌浆(由强度等级高的硅酸盐水泥和速凝剂组成)、硅酸钠(水玻璃)、丙烯酸氨和以纸浆为主的浆液等。

施工方法有压力灌注法、旋喷搅拌法和电渗硅化法等。

(1)高压喷射注浆法——用钻机钻至所需深度后,用高压脉冲泵通过安装在钻杆下端的特殊喷射装置向四周土体喷射化学浆液,强力冲击破坏土体,使浆液与土搅拌混合,经过凝结固化,便在土中形成固结体。注浆形式有旋转喷射、定向喷射和摆动喷射。

(2)硅化法和电渗硅化法——将水玻璃溶液通过压力注入土中,由硅酸钠分解的凝胶把土胶结(硅化法)。对靠压力难以使水玻璃注入的土体,尚需用电渗的作用使溶液进入土中(电渗硅化法)。

(3)深层搅拌法——利用水泥作固结剂,通过特制的深层搅拌机械,在地基深部就地将软黏土和水泥或石灰强制搅拌,使软黏土硬结成具有整体性、水稳定性和足够强度的地基土。

按施工特点各种处理方法分类见表 17-14,可根据具体条件选用。

三、地基处理原则

(1)地基处理除应满足工程设计要求外,尚应做到因地制宜、就地取材、保护环境和节约资源等要求。

在选择地基处理方案前,应进行以下工作:

①收集详细的工程地质、水文地质及地基基础设计等资料;

按加固施工方法的特点分类　　表 17-14

施工特点	方法分类
换填	1. 挖填法 挤填法{2. 强制挤填法 　　　　3. 爆炸挤填法
压实	4. 重锤夯实法 5. 机器碾压法 6. 振动压实法 7. 强力夯实法
排水	A. 加压排水{8. 填土预压法 　　　　　9. 堆载砂井法 　　　　　10. 堆载砂袋法 　　　　　11. 纸板或塑料板排水法 B. 重力排水{12. 浅集水坑排水法 　　　　　13. 深井排水法 　　　　　14. 井点法 C. 负压排水-15. 抽真空排水法 D. 吸排水-16. 生石灰桩法 E. 电渗排水-17. 电渗排水法 F. 强制排水-18. 毛细管干燥法
表层加固	19. 土工合成纤维法 20. 竹筋土法 21. 金属板带法 22. 预应力法

施工特点	方法分类
固结	冻结固结法{23. 氯化钠冻结法 　　　　　24. 低温液态氮法 灌入固结法{25. 真空灌浆法 　　　　　26. 药物灌注法 　　　　　27. 水泥灌注法 　　　　　28. 沥青灌注法 　　　　　29. 合成树脂灌注法 30. 热加固法 31. 化学加固法（单液或双液法） 电渗加固法{32. 离子交换法 　　　　　33. 电渗硅化法
拌和	A. 表层拌和处理{34. 颗粒级配法 　　　　　　　35. 凝聚沉淀法 　　　　　　　36. 添加料搅拌和法 　　　　　　　37. 旋喷桩法（水泥、药液） B. 深层拌和处理-38. 深层搅拌法（水泥浆、生石灰、药液）
挤密	39. 振冲桩法 40. 挤密桩法（振动、冲击、旋转） 41. 碎石桩法
桩工	42. 板桩法 43. 帽桩法 44. 网桩法 45. 桩基法{灌注桩{无护壁作业 　　　　　　　　泥浆护壁作业 　　　　　　　　套管护壁作业 　　　　　　　　扩孔作业 　　　　　预制桩{材料：钢、混凝土 　　　　　　　　方法：打入、压入、振动

②根据工程的设计要求和采用天然地基存在的主要问题，确定地基处理的目的、处理范围和处理后要求达到的各项技术经济指标等；

③结合工程情况，了解地区的地基处理经验和施工条件，以及其他地区相似场地上同类工程的地基处理经验和使用情况等。

(2)在考虑地基处理方案时，应同时考虑上部结构、基础和地基的协同作用，决定选用的地基处理方案或选用加强上部结构和处理地基相结合的方案。

(3)地基处理方法的确定，可按下列步骤进行：

①根据结构类型、荷载大小及使用要求，结合地形地貌、地层结构、土质条件、地下水特征、环境情况和对邻近建筑物影响等因素，初步选定几种可供考虑的地基处理方法。

②对初步选定的各种地基处理方法，分别从加固原理、适用范围、预期效果、材料来源和消耗、机具条件、施工进度，以及对环境的影响等方面进行技术经济分析和对比，选择最佳的地基处理方法，也可选择几种方法组成的综合处理方法。

③对已选定的地基处理方法，必须按建筑物安全等级和场地的复杂程度，在具有代表性的

场地上进行相应的现场试验和试验性施工，并进行必要的测试，以检验设计参数和处理效果。如达不到设计要求时，应找出原因并修改设计或采取补救措施。

地基处理的施工，是实现地基处理的重要环节。技术人员应掌握地基处理的目的、加固原理、技术要求和质量标准等。施工中应有专人负责质量控制和监测，并做好施工记录。当出现异常情况时，必须及时会同有关部门妥善解决，施工结束后应按国家规定进行工程质量检验和验收。

经地基处理的建筑应在施工期间进行观测（包括水平位移、孔隙水压力观测）；对于重要的或对沉降有严格限制的建筑，尚应在使用期间进行沉降观测。

四、其他特殊地基简介

特殊土是指在特定的环境和历史条件下沉积形成的土类，具有明显的区域性，它除上一节所述的膨胀土、红黏土、湿陷性黄土、多年冻土组成的地基外，还包括山区地基、土岩组合地基、岩溶和土洞等，其特点主要表现为地基的不均匀性和场地的不稳定性。

（一）土岩组合地基

此类地基的主要特征是地基在水平方向和竖直方向存在不均匀性。

（1）下卧基岩表面坡度较大的地基。上覆土层厚薄不均匀时，可能引起建筑物倾斜或土层沿岩面滑动而丧失稳定。当建筑物处于稳定的单向倾斜岩层上，且下卧基岩表面坡度符合一定要求时，不均匀变形较小，可不作变形验算，也不需进行地基处理。否则应作变形验算，当变形值超过容许范围时，可调整基础宽度、埋深、采用褥垫或采用桩基等深基础。

（2）石芽密布并有出露的地基。这种地基多为岩溶的结果，它的表面凹凸不平，其间充填有黏性土。当石芽间距小于 2m，在一定条件下，可不作地基处理；否则可利用稳定可靠的石芽作支墩式基础。当石芽间土层较薄时，可挖去土层，夯填碎石、土夹石等压缩性较低的材料。个别石芽露出部位可凿去，并设置褥垫，褥垫材料可采用炉渣、中砂、粗砂、土夹石或黏性土等。

（3）大块孤石或个别石芽出露的地基。在处理时，应使局部的变形与周围土的变形条件相适应。

（二）岩溶及土洞

1. 岩溶（“喀斯特”）

岩溶是指可溶性岩层长期受到地下水或地表水的化学侵蚀及机械作用而形成的溶洞、溶沟、溶蚀裂隙、暗河以及漏斗、钟乳石等奇特的地表形态及地下形态的总称。在岩体自重或建筑物自重作用下，会发生地面变形、地基塌陷。

2. 土洞

岩溶地区上覆土层在地表水与地下水作用下形成的洞穴称为土洞。

岩溶及土洞可造成地面变形、地基陷落，影响结构物安全，在这类地基上建造建筑物，必须掌握场地地质情况对其进行处理，其具体措施可查相关资料。

五、基础托换

托换法是对原有建筑物的加固、增层或扩建，以及因受修建地下工程、新建工程或深基坑开挖影响对原有建筑物的地基处理和基础加固的技术总称。

在制订托换设计和施工方案前，应掌握：

（1）现场的工程地质和水文地质资料，必要时应作补充勘察；

(2)被托换建筑物的结构设计、施工、竣工、沉降观测和损坏原因分析等资料；

(3)场地内地下管线、邻近建筑物和自然环境等原有建筑物在托换施工时或竣工后可能产生影响的调查资料。

根据原有建筑物的地基基础等情况，可采用一种或多种托换法，进行综合加固处理。

(一)桩式托换法

桩式托换法是将基础及其上荷载转移到桩上的方法，适用于软弱黏性土、松散砂土、饱和黄土、湿陷性黄土、素填土和杂填土等地基。桩式托换可分为：

(1)坑式净压桩式托换。

(2)锚杆净压桩式托换。

(3)灌注桩式托换。

(4)树根桩式托换。

(二)灌浆桩式托换

灌浆桩式托换是用泵或压缩空气等机械把浆液注入地层中，浆液以填充和渗透等方式排出地层中的水和空气，凝固后形成强度大、防水防渗透性高和化学稳定性好的人工地基。此法包括：

(1)水泥灌浆法。

(2)硅化法。

(3)碱液法。

(三)基础加固法

基础加固法适用于对建筑物基础支承能力不足的既有建筑物的基础加固。

当基础由于机械损伤、不均匀沉降或冻胀等原因引起开裂或损坏时，可采用灌浆法加固基础。采用的浆液有水泥浆或环氧树脂等。

当既有建筑物的基础出现裂缝或基础底面积不足时，可用混凝土或钢筋混凝土套加大基础尺寸。

当既有建筑物需要增层或基础需要加固，而地基不能满足变形和强度要求时，可采用坑式托换法增大基础的埋置深度，使基础支承在较好的土层上。

当对地基或基础进行局部或单独加固不能满足要求时，可将原单独或条形基础连成整体式的片筏基础，或将原片筏基础改成具有较大刚度的箱形基础，也可设置结构连接体构成组合结构，以增加基础刚度，克服不均匀沉降。

习　题

17-69　砂井堆载预压加固饱和软黏土时，砂井的主要作用是(　　)。

A. 置换　　B. 挤密

C. 加速排水固结　　D. 改变地基土级配

17-70　换填法进行地基处理，垫层厚度一般主要由下列(　　)确定。

A. 持力层地基承载力　　B. 基底应力扩散要求

C. 换填深度下软土层地基承载力　　D. 地基变形要求

17-71　以砾石作填料时，分层夯实时其最大粒径不宜大于(　　)。

A. 200mm　　B. 300mm　　C. 100mm　　D. 400mm

17-72　不适合处理饱和黏性土地基的处理方法是(　　)。

A. 换土垫层　　B. 碾压夯实　　C. 深层搅拌　　D. 排水固结

17-73　为缩短排水固结处理地基的工期，最有效的措施是(　　)。

A. 用高能量机械压实　　B. 加大地面预压荷重

C. 减小地面预压荷重　　D. 设置水平向排水砂层

17-74　下列地基处理方法中，不宜在城市中采用的是(　　)。

A. 换土垫层　　B. 碾压夯实　　C. 挤密振冲　　D. 强夯法

习题提示及参考答案

17-1　**提示**：弱结合水受到土颗粒表面电场力的作用，但有一定自由度。

答案：B

17-2　**提示**：即 d_{10} 粒径。

答案：A

17-3　**提示**：即 $\frac{d_{60}}{d_{10}}<5$。

答案：A

17-4　**提示**：认为其下土不受扰动。

答案：A

17-5　**提示**：饱和度为零的土为干土，$V_w=0$，$V_v=V_a$。

答案：D

17-6　**提示**：反映黏性土状态的指标是液性指数，$I_L=\frac{w-w_p}{w_L-w_p}$。$I_L>1$，流动状态，$0<I_L\leqslant 1$，可塑状态；$I_L\leqslant 0$，固态，半固态。

答案：B

17-7　**提示**：$K_u=\frac{d_{60}}{d_{10}}$。

答案：B

17-8　**提示**：土的压实能量越大，土的最优含水率越小，最大干重度越大；最优含水率条件压实时，干重度最大。

答案：B

17-9　**提示**：根据规范对土的工程分类的规定。

答案：A

17-10　**提示**：根据含水的多少及有无浮力作用判断。

答案：B

17-11　**提示**：根据公式 $D_r=\frac{e_{max}-e}{e_{max}-e_{min}}$ 计算。

答案：D

17-12　**提示**：单粒结构是无黏性土的结构，碎石为无黏性土。

答案：C

17-13　**提示**：即计算原始自重应力的起算点。

答案：C

17-14 提示:根据 $p_0=p_k-\gamma_m d$。基底总压力减去埋深处土的自重应力。

答案:B

17-15 提示:有限面积基础(荷载)作用下即是。

答案:B

17-16 提示:可查表计算得出。

答案:D

17-17 提示:同种土中自重应力直线分布,不同种土中 γ 不同,直线斜率不同,在土层面出现拐点,因此成折线。

答案:A

17-18 提示:有限面积基础在地基中的附加应力沿深度分布为曲线减小。

答案:D

17-19 提示:计算表格规定。

答案:B

17-20 提示:基底反力简化近似计算。

答案:A

17-21 答案:C

17-22 提示:由 e-p 曲线确定压缩系数。

答案:A

17-23 提示:一般土取 0.2,软土可取 0.1。其值越小,意味着压缩层计算厚(深)度越厚(深)。

答案:A

17-24 答案:B

17-25 提示:$E_s>15$MPa 为低压缩性土。

答案:C

17-26 提示:根据固结度与时间关系公式计算得出。

答案:B

17-27 提示:此厚度已满足计算要求。

答案:A

17-28 提示:施工时间短,排水条件不良的地基应选择接近不排水的抗剪强度指标。快剪意味着不排水(少排水)。

答案:A

17-29 提示:抗剪强度线与水平线的夹角为土的内摩擦角 φ。

答案:A

17-30 提示:用大、小主应力关系表示的极限平衡条件计算得出。

答案:C

17-31 提示:破坏面与最小主应力面的夹角为 $45°-\varphi/2$。

答案:B

17-32 提示:三轴试验可得出若干个土样(同一种土)破坏时的摩尔应力圆数据。

答案:C

17-33 提示:称此为“塑性荷载”。

答案:B

17-34 提示:规范规定。增大基础宽度和基础埋深可提高地基承载力,但增大基础尺寸会增大基础沉降量。

答案:A

17-35 提示:是整体剪切破坏的特征。

答案:B

17-36 提示:将已知条件代入太沙基公式计算。

答案:C

17-37 提示:地下室外墙无相对位移。

答案:B

17-38 提示:土面上倾,墙背下倾。

答案:A

17-39 提示:被动土压力是土被墙压坏,土对墙的作用力;主动土压力是土失去墙的挡土作用造成的破坏,土对墙的作用力。

答案:B

17-40 提示:适用于墙后填土为非黏性土,黏聚力 c 为零的土。

答案:B

17-41 提示:因墙背不光滑,土压力合力与墙背不垂直作用。

答案:C

17-42 提示:干砂天然休止角即为土的 φ 值。

答案:A

17-43 提示:简化为圆筒面计算,实际破坏面为曲面。

答案:C

17-44 提示:框架结构整体刚度低。

答案:B

17-45 提示:混凝土基础刚度大,允许刚性角(台阶宽高比)大。

答案:D

17-46 提示:按偏心受压公式计算,$e<b/6$ 时基础底面不出现受拉区。

答案:C

17-47 提示:当“新建”(建筑物基础)较相邻“既有”(建筑物基础)埋置深度深时,为减少“新建”对“既有”的影响,要求“新建”离“既有”足够远。

答案:C

17-48 提示:考虑建筑有室内采暖的设施。

答案:C

17-49 答案:C

17-50 提示:由于建筑地基土分布不均匀,可造成建筑物沉降不均匀。

答案:C

17-51 答案:D

17-52 提示:主要是防止“高”、“深”建筑物在“低”、“浅”建筑物的地基中产生过大的附加应力,引起地基变形等。减小“高”、“深”建筑物对“低”、“浅”建筑物的影响。

答案:C

17-53 答案:A

17-54 提示:双向受力。

答案:C

17-55 提示:土对桩作用的摩阻力(负摩阻力)方向是向下的。

答案:A

17-56 提示:偏心方向各桩受力不同。

答案:B

17-57 提示:端承桩荷载由持力层承担。

答案:B

17-58 答案:C

17-59 答案:B

17-60 提示:即不考虑“群桩效应”的情况。

答案:A

17-61 答案:B

17-62 提示:否则“群桩效应”影响大。

答案:B

17-63 提示:减小永久荷载作用下的荷载偏心作用。

答案:A

17-64 提示:计算所得。

答案:D

17-65 提示:考虑摩擦力抵消作用。

答案:D

17-66 提示:流动状态,且孔隙比大。

答案:C

17-67 答案:A

17-68 答案:D

17-69 提示:砂土渗透性强。

答案:C

17-70 提示:砂垫层平面尺寸由基底应力扩散范围确定。

答案:C

17-71 答案:D

17-72 提示:碾压夯实对土含水率有要求,不适合饱和条件。

答案:B

17-73 提示:使排水渠道畅通。

答案:D

17-74 提示:强夯法振动太强烈。

答案:D

第十八章　工程地质

复习指导

一、考试大纲

16.1　岩石的成因和分类

主要造岩矿物　火成岩、沉积岩及变质岩的成因及其分类　常见岩石的成分、结构、构造及其他主要特征

16.2　地质构造和地史概念

褶皱形态和分类　断层形态和分类　地层的各种接触关系　大地构造概念　地史演变概况和地质年代表

16.3　地貌和第四纪地质

各种地貌形态的特征和成因　第四纪分期

16.4　岩体结构和稳定分析

岩体结构面和结构体的类型和特征　赤平极射投影等结构面的图示方法　根据结构面和临空面的关系进行稳定分析

16.5　动力地质

地震的震级、烈度、近震、远震及地震波的传播等基本概念　断裂活动与地震的关系　活动断裂的分类和识别及对工程的影响　岩石的风化　流水、海洋、湖泊、风的侵蚀、搬运和沉积作用　滑坡、崩塌、岩溶、土洞、塌陷、泥石流、活动沙丘等不良地质现象的成因、发育过程和规律及其对工程的影响

16.6　地下水

渗透定律　地下水的赋存、补给、径流、排泄规律　地下水埋藏分类　地下水对工程的各种作用和影响　地下水向集水构筑物运动的计算　地下水的化学成分和化学性质　地下水对建筑材料腐蚀性判别

16.7　岩土工程勘察与原位测试技术

勘察分级　各类岩土工程勘察基本要求　勘探　取样　土工参数的统计分析　地基土的岩土工程评价

原位测试技术：载荷试验　十字板剪切试验　静力触探试验　圆锥动力触探试验　标准贯入试验　旁压试验　扁产侧胀试验

二、复习指导

考生在复习“工程地质”这部分内容时，应熟悉《注册土木工程师（岩土）执业资格考试基础考试大纲》的基本要求，全面理解、重点掌握基本概念、基本地质现象、基本工程地质勘察要求

及试验方法。其具体要求如下：

第一节　重点掌握常见的主要造岩矿物及三大类岩石的特征及识别。

第二节　主要掌握各类地质构造的特征和分类;熟记地质年代顺序。

第三节　重点掌握各种地貌形态的特征及形成原因。

第四节　掌握岩体结构面的类型、特征;搞清赤平极射投影的原理、作图方法及在边坡稳定中的应用。

第五节　掌握地震基本概念、有关活断裂与地震的关系等。掌握风化作用的概念、暂时性流水、河流、海、湖水、风的概念及地质作用。掌握滑坡、崩塌、泥石流、岩溶、土洞、塌陷、沙丘的概念、成因及对工程建筑的影响。

第六节　掌握地下水埋藏分类,各种地下水对建筑物的影响。

第七节　掌握有关岩土工程勘察分级、各种勘探方法的基本特点。

第八节　掌握各种原位测试技术的基本试验原理、适用的范围和目的。

三、例题

【例 18-1】　下列各种岩石构造中哪项属于沉积岩类的构造：

A. 流纹构造　　B. 杏仁构造　　C. 片理构造　　D. 层理构造

分析　岩石的构造是指岩石中各种矿物在空间排列及充填方式形成的外部特征。

A. 流纹构造是岩石中不同颜色的条纹、拉长的气孔或长条形矿物,按一定方向排列形成的构造。它反映岩浆喷出地表后流动的痕迹。

B. 杏仁构造是某些喷出岩中的气孔构造被次生矿物如方解石、蛋白石等所充填形成的。

C. 片理构造是在定向压力长期作用下,岩石中含有大量的片状、板状、纤维状矿物互相平行排列形成的构造。

D. 层理构造是岩石在形成过程中,由于沉积环境的改变,引起沉积物质成分、颗粒大小、形状或颜色沿垂直方向发生变化而显示的成层现象。

答案:D

【例 18-2】　如图 18-1 所示,为四种结构面与边坡关系的赤平极射投影图,试分析其中下列哪个属于不稳定边坡？（*AMC* 为边坡的投影,1、2、3、4 为结构面投影）

A. *A*1*C*　　B. *A*2*C*　　C. *A*3*C*　　D. *A*4*C*

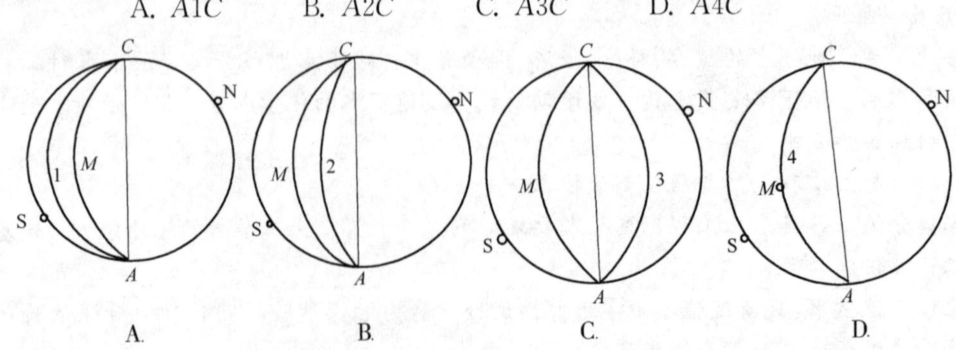

图　18-1

分析　从赤平极射投影图可知,四种结构面的走向与边坡走向一致,其中 *A*3*C* 结构面的倾向与边坡 *AMC* 倾向相反,属于最稳定的边坡。*A*2*C* 结构面的倾向与边坡 *AMC* 倾向相同,但结构面的投影弧位于边坡投影弧的内侧，说明结构面的倾角大于边坡坡角属于稳定边坡。*A4C* 与 *AMC* 的倾向和倾角大小都相同，说明边坡面就是结构面，属于稳定边坡，*A1C* 与 *AMC* 的倾向相同，其结构面投影弧在边坡投影弧的外侧说明结构面的倾角小于 *AMC* 边坡坡角，则结构面上的岩土体易沿结构面滑动，属于不稳定边坡。

答案：A

第一节　岩石的成因和分类

一、主要造岩矿物

矿物是存在于地壳中的具有一定化学成分和物理性质的自然元素和化合物。目前已发现的矿物约有 3 000 多种，而在岩石中经常见到、明显影响岩石性质、对鉴定和区分岩石种类起重要作用的矿物约有 30 多种，这些矿物被称为主要造岩矿物。它们是岩石的基本组成单元。

在常温常压下，绝大多数矿物均成固态，仅有少数成液态（如自然汞、水等）和气态（如甲烷等）。

（一）矿物的物理性质

1. 形态

形态是指矿物单体和矿物集合体的形态。它受内部结构及生成环境的控制。固体矿物按其组成元素（原子、分子或离子）质点排列有无规则，可分为结晶质矿物（如石盐）和非晶质矿物（如蛋白石）。结晶质矿物的内部质点在三维空间呈有规则的周期性的重复排列，形成空间格子构造，其外表常具有固定的几何形态。诸如柱状、针状、纤维状、放射状、片状、板状、粒状、球状。矿物集合体如晶簇等。非结晶矿物不具有固定的几何形态。

2. 颜色

颜色是指矿物新鲜面显示的颜色，如黄铁矿成铜黄色。

3. 矿物的条痕

条痕是指矿物粉末的颜色，如黄铁矿为黑色。

4. 光泽

光泽是指矿物表面反光的能力。按其强弱可分为金属光泽、半金属光泽和非金属光泽。造岩矿物绝大多数属于非金属光泽，如金刚光泽、玻璃光泽、丝绢光泽、珍珠光泽、油脂光泽、蜡状光泽、土状光泽等。

5. 硬度

硬度是指矿物抵抗外力刻划、压入或研磨等作用的能力。一般使用摩氏硬度表示，即采用 10 种矿物：滑石、石膏、方解石、萤石、磷灰石、长石、石英、黄玉、刚玉、金刚石，从软到硬分为 10 个等级作为标准来测定矿物的相对硬度。野外常用工具如指甲（2～2.5 度）、玻璃（5.5～6 度）、小刀（5～5.5 度）、钢刀（6～7 度）来大致测定矿物的相对硬度。

6. 解理

解理是指矿物在外力作用下，沿着一定方向破裂成光滑平面的性质。按解理产生难易程度分为极完全解理、完全解理、中等解理、不完全解理、无解理（只有断口）。

7. 断口

断口是指矿物在受外力作用后，产生的不规则断裂面。常见的断口形态有贝壳状、参差状、锯齿状、平坦状等。

另外，某些矿物还具有一些其他特性，如相对密度、磁性、弹性、扰性、压电性、检波性等。

（二）最常见的主要造岩矿物鉴定特征

最常见的主要造岩矿物鉴定特征如表18-1所示。

最常见的主要造岩矿物鉴定特征 表18-1

矿物名称及化学成分	形状	颜色	条痕	光泽	硬度	解理	相对密度	其他
石英 SiO_2	柱状块状晶簇	无色 乳白色	无	玻璃 油脂	7	贝壳状断口	2.6	
正长石 $KAlSi_3O_8$	柱状 板状	肉红 浅灰	白色	玻璃	6	两组近直交完全解理	2.5～2.6	
斜长石 $(Na,Ca)AlSi_3O_8$	柱状 板状	白色 灰白色	白色	玻璃	6	两组近直交完全解理	2.6～2.7	解理面有晶纹
角闪石 $Ca_2Na(Mg,Fe)_4(Al,Fe)[(Si,Al)_4O_{11}]_2[OH]_2$	长柱状	绿黑色	灰白	玻璃	6	两组解理交角56°	3.1～3.6	
辉石 $(Na,Ca)(Mg,Fe,Al)[(Si,Al)_2O_6]$	短柱状	黑绿色	白、褐色	玻璃	5～6	两组近直交解理	3.2～3.5	
橄榄石 $(Mg,Fe)_2[SiO_4]$	粒状	橄榄绿	无	玻璃	6.5～7	贝壳状断口	3.2～3.5	
黑云母 $K(Mg,Fe)_3(OH)\cdot AlSi_3O_{10}$	片状 鳞片状	黑色	无	珍珠 玻璃	2.5～3	一组极完全解理	2.7～3.1	薄片具有弹性
白云母 $KAl_2(OH)_2\cdot AlSi_3O_{10}$	片状 鳞片状	白色	无	珍珠 玻璃	2.5～3	一组极完全解理	2.7～3.1	薄片具有弹性
方解石 $CaCO_3$	菱面体 粒状 块状	白色 无色	白色	玻璃	3	三组完全解理	2.6～2.8	遇冷稀盐酸剧烈起泡
白云石 $(Mg,Ca)CO_3$	菱面体 粒状 块状	灰白色	白色	玻璃	3.5～4	三组完全解理	2.8～3.0	遇热稀盐酸剧烈起泡
石膏 $CaSO_4\cdot 2H_2O$	板状 纤维状	白色	白色	玻璃	2	一组完全解理	2.2～2.4	
高岭石 $Al_4[Si_4O_{10}][OH]_8$	土状	白、黄	白色	土状	1	参差状断口	2.5～2.6	吸水性、可塑性、滑感
滑石 $Mg_3[Si_4O_{10}][OH]_2$	片状 块状	白、黄	白色	油脂	1	一组完全解理	2.7～2.8	滑感
绿泥石 $(Mg,Fe)_5Al[AlSi_3O_{10}][OH]_8$	片状 鳞片状	深绿色	绿色	玻璃 珍珠	2～2.5	一组极完全解理	2.6～2.9	薄片有挠性
黄铁矿 FeS_2	立方体 块状 粒状	浅铜黄色	绿黑色	金属光泽	6～6.5	参差状断口	4.9～5.2	

二、火成岩、沉积岩及变质岩的成因及其分类

地壳中有各种各样的岩石，按成因可分为火成岩、沉积岩及变质岩三大类。

（一）火成岩的成因及其分类

1. 成因

火成岩又称岩浆岩，它是由岩浆冷凝固结后形成的岩石。岩浆是位于地幔和地壳深处，以硅酸盐为主和部分金属硫化物、氧化物、水蒸气及其他挥发性物质（CO_2、CO、SO_2、HCl、H_2S等）组成的高温、高压熔融体。当地壳发生变动时，岩浆通过地壳薄弱地带上升到一定的高度，温度、压力减低时，停留下来冷凝而形成岩石。

2. 火成岩的分类

自然界中的火成岩种类繁多，主要根据其化学成分、矿物组成、结构和构造、形成地质环境等因素进行分类（见表18-2）。

火成岩分类表 表18-2

颜色					浅←——→深				
岩浆岩类型					酸性	中性		基性	超基性
SiO_2含量（%）					>65	65～52		52～45	<45
成因类型		产状	构造	结构 / 主要矿物	石英 正长石 斜长石	正长石 斜长石	角闪石 斜长石	斜长石 辉石	橄榄石 辉石
				次要矿物	云母 角闪石	角闪石 黑云母 辉石 石英 <5%	辉石 黑云母 正长石 <5% 石英<5%	橄榄石 角闪石 黑云母	角闪石 斜长石 黑云母
喷出岩		岩钟 岩流	杏仁 气孔 流纹 块状	非晶质 （玻璃质）	火山玻璃：黑曜岩、浮岩等				少见
				隐晶质 斑状	流纹岩	粗面岩	安山岩	玄武岩	少见
侵入岩	浅成	岩床 岩墙	块状	斑状 全晶细粒	花岗斑岩	正长斑岩	闪长玢岩	辉绿岩	少见
	深成	岩株 岩基		结晶斑状 全晶中、粗粒	花岗岩	正长岩	闪长岩	辉长岩	橄榄岩 辉岩

（1）火成岩的化学成分及矿物组成

火成岩的化学成分很复杂，但对岩石矿物成分影响最大的是二氧化硅（SiO_2）。根据SiO_2的含量，可将火成岩分为酸性、中性、基性及超基性岩石四种类型。前两种类型富含Si、Al成分的矿物，后两种类型富含Fe、Mg成分的矿物。其岩石的颜色从酸性到超基性为由浅至深。例如，酸性岩类（SiO_2含量大于65%）的矿物成分以石英、正长石为主，并含有少量的黑云母、角闪石，其岩石的颜色为浅色。而基性及超基性岩石则以角闪石、黑云母、辉石、橄榄石为主，岩石的颜色为深色。

（2）火成岩的结构和构造

①结构：是指组成岩石的矿物颗粒大小、结晶程度、形状及它们的相互组合关系。火成岩

的结构特征是岩浆冷凝环境及岩浆成分的综合反映。结构反映了岩石内部连接情况，直接影响岩石的工程地质性质。

按结晶程度可分为以下几种。

a. 全晶质结构：岩石全部由结晶矿物所组成，多见于深成岩和浅成岩中，如花岗岩。

b. 半晶质结构：岩石由结晶矿物和玻璃质所组成，多见于浅成岩，如闪长玢岩。

c. 非晶质结构：又称玻璃质结构，多见于喷出岩。

按结晶颗粒的绝对大小可分为显晶质与隐晶质结构。

显晶质结构又分为粗粒结构（颗粒直径大于 5mm）、中粒结构（直径 1～5 mm）、细粒结构（直径小于 1 mm）、隐晶质结构（颗粒直径小于 0.1 mm）。

按结晶颗粒的相对大小可分为等粒结构、不等粒结构和斑状结构。

a. 等粒结构：岩石中的矿物颗粒大小大致相同。

b. 不等粒结构：岩石中的矿物颗粒大小不等，但粒径相差不很大。

c. 斑状结构：岩石中的两种矿物颗粒大小相差悬殊。大晶粒矿物分布在大量细小颗粒中，大晶粒矿物称为斑晶，小颗粒称为基质。具有斑状结构的岩石，一般抗风化能力较差。

②构造：是指岩石中的各种矿物在空间排列、充填方式、冷凝环境中所形成的外部特征。火成岩最常见的构造有：块状构造、流纹状构造、气孔状构造、杏仁状构造。

a. 块状构造：矿物在岩石中分布杂乱无章，呈致密块状，多见于深成岩和浅成岩，如花岗岩。

b. 流纹状构造：因熔岩流动，由一些不同颜色的物质形成的条纹及拉长的气泡定向排列形成的流动构造，见于喷出岩，如流纹岩。

c. 气孔状构造：岩浆凝固时挥发性的气体未能及时排除，在岩石中留下许多圆形、椭圆形或管状孔洞，见于喷出岩，如玄武岩。

d. 杏仁状构造：岩石中的气孔为后期矿物（如方解石、石英等）充填所形成的构造，见于喷出岩，如某些玄武岩。

（二）沉积岩的成因及分类

1. 沉积岩的成因

沉积岩是地壳表层岩石在常温常压条件下，经过风化剥蚀、搬运、沉积和硬结成岩等一系列地质作用而形成的岩石。

（1）沉积岩的物质组成

沉积岩主要由下面一些物质组成。

①碎屑物质，由先成岩石经物理风化作用产生的碎屑组成，如化学性质比较稳定的石英、长石、云母及岩石的碎屑、火山灰等。

②黏土矿物，主要是一些由含铝硅酸盐矿物的岩石，经化学风化作用形成的次生矿物所组成，如高岭石、水云母等。

③化学沉积矿物，如方解石、白云石、石盐、铁锰的氧化物或氢氧化物。

④有机质及生物残核，如贝壳、泥炭等。

（2）沉积岩的结构和构造

①沉积岩的结构。按组成物质、颗粒大小及形状等特点，沉积岩一般分为碎屑结构、泥质结构、化学结构及生物结构。其中碎屑结构是由碎屑物质被胶结物胶结而成，其胶结物成分主要有：硅质、铁质、泥质、钙质、石膏质。

②沉积岩的构造。沉积岩最主要的构造是层理构造。层理是由于季节气候的变化、沉积

环境的改变使沉积物在颗粒大小、形状、颜色和成分上发生变化，而显示成层的现象，称层理构造。常见的有水平层理、单斜层理、交错层理等。层面上常见结核体、波痕、泥裂、雨痕等。沉积岩中常含有生物化石（遗体或遗迹），如三叶虫、树叶等。沉积岩的层理构造、层面特征和含有生物化石的特点，是区别于火成岩和变质岩的最主要的标志。

2.沉积岩的分类

根据沉积岩的物质成分和结构构造，可将沉积岩分为碎屑岩、黏土岩、化学及生物化学岩等。如表18-3所示。

沉积岩分类　　表18-3

分类	结构特征		岩石名称及岩石亚类	
碎屑岩	碎屑结构	砾状结构 $d>2.0$mm	砾岩	砾岩
				角砾岩
		砂状结构 $d=2.0\sim0.05$mm	砂岩	石英砂岩
				长石砂岩
		粉砂状结构 $d=0.05\sim0.005$mm	粉砂岩	
黏土岩	泥状结构 $d<0.005$mm		泥岩	
			页岩	
化学及生物化学岩	化学结构或生物结构		碳酸盐岩	石灰岩
				泥灰岩
				白云岩
				灰质白云岩
			硅质岩	
			油页岩	
			硅藻岩	

（三）变质岩的成因及分类

1.变质岩的成因

地壳中原来的各种岩石，由于地壳运动和岩浆活动等作用，导致物理化学条件（温度、压力、化学成分）改变，在固体状态下矿物成分、岩石结构和构造发生变化，形成的新岩石称为变质岩。

（1）变质岩形成的变质作用

变质岩的形成是变质作用的结果，变质作用主要有接触变质作用、交代变质作用、动力变质作用和区域变质作用四种类型。

①接触变质作用主要由于高温使岩石变质，又称热力变质作用。通常是岩浆侵入，由于高温使围岩变质。

②交代变质作用是岩石与化学活泼性流体接触而产生交代作用，产生新矿物，取代原矿物，如花岗岩岩浆与石灰岩接触，由于汽化热液的接触交代作用，可以产生含Ca、Fe、Al的硅卡岩。

③动力变质作用是由于地质构造涌动产生巨大的定向压力，而温度不很高，使原岩的结构和构造发生变化，甚至产生片理构造。

④区域变质作用是在地壳地质构造和岩浆活动都很强烈的地区，由于高温、高压及化学活

泼性流体的共同作用，在大范围深埋地下的岩石受到变质作用，称为区域变质作用。其范围可达数千甚至数万平方公里，大部分变质岩属于此类。

(2)变质岩的矿物成分

变质岩的矿物成分除与火成岩或沉积岩所共有的石英、长石、云母、角闪石、方解石等之外，还具有许多新的变质矿物，如滑石、石榴子石、绿泥石、蛇纹石、硅灰石、蓝晶石、刚玉、绢云母、绿帘石、石墨等。

(3)变质岩的结构

①变晶结构：岩石在固体状态下发生重结晶形成的结构。这是变质岩中最为常见的结构。

②变余结构(残余结构)：在变质过程中原岩的部分结构被保留下来称为变余结构，如变余花岗结构，变余砾状结构等。

③压碎结构：主要是在动力变质作用下，岩石变形、破坏、变质而成的结构。原岩碎裂成块状称碎裂结构。若被碾成微粒状，并有一定的定向排列，则称糜棱结构。

(4)变质岩的构造

变质岩的典型构造是片理构造，可分为板状、千枚状、片状、片麻状、眼球状构造等，是区别于其他岩石的特有标志。

①板状构造：泥质岩和砂质岩在定向压力作用下，产生一组平坦的破碎面，岩石易沿此面裂成薄板，称板状构造。

②千枚状构造：岩石主要由重结晶矿物组成，片理清楚，片理面上有许多定向排列的绢云母，呈明显的丝绢光泽，是区域变质较浅的构造。

③片状构造：重结晶作用明显，片状、针状矿物沿片理面富集，平行排列。这是矿物变形、挠曲、转动及压熔结晶而成，是变质较深的构造。

④片麻状构造：为显晶质变晶结构，颗粒粗大，深色的片状矿物及柱状矿物数量少，呈不连续的条带状，中间被浅色粒状矿物隔开，是变质最深的构造。

⑤块状构造：岩石由粒状矿物组成，矿物均匀分布，无定向排列，如大理岩、石英岩都是块状构造。

⑥眼球状构造：是指定向排列的片、柱状矿物中，局部夹杂有刚性较大的凸镜或扁豆状的矿物团块的现象。

2.变质岩的分类

变质岩一般按变质作用类型和结构、构造特点进行分类。如表 18-4 所示。

变质岩分类表　　表 18-4

类　别	岩石名称	变质作用	结 构 构 造	主要矿物成分
片理状岩类	板岩	区域变质	板状构造	黏土矿物、石英、长石、绢云母、绿泥石等
	千枚岩		千枚状构造	绢云母、绿泥石等
	片岩		片状构造	石英、云母、绿泥石、角闪石等
	片麻岩		片麻状构造	石英、长石、云母、角闪石、辉石等
块状岩类	石英岩	区域变质	变晶结构	石英
	大理岩	接触变质	块状构造	方解石、白云石
	混合岩	区域变质	条带状、眼球状构造等	石英、长石
构造破碎岩类	碎裂岩	动力变质	碎裂结构、糜棱结构 角砾状、眼球状构造	长石、石英、绢云母、绿泥石
	糜棱岩			

三、常见火成岩、沉积岩、变质岩的成分、结构、构造及其他主要特征

(一)火成岩

(1)花岗岩。属酸性深成侵入岩,多呈肉红色,风化面呈黄色。主要矿物成分为石英、正长石,含有少量的黑云母、角闪石和其他矿物。全晶质中粗粒结构,块状构造。质地坚硬,性质均一,常作为建筑物地基和天然建筑石料。

(2)花岗斑岩。是酸性浅成侵入岩,其成分与花岗岩相似,具有斑状结构,斑晶为长石或石英,石基多由细小的长石、石英及其他矿物组成块状构造。

(3)流纹岩。是酸性喷出岩,多呈灰、灰白、浅红、浅黄褐等色。其成分与花岗岩相似,斑状结构,流纹构造及气孔和杏仁构造。性质坚硬,强度较高,可作为良好的建筑材料。

(4)闪长岩。是中性深成岩。浅灰至深灰色,也有黑灰色。主要矿物成分为斜长石、角闪石,其次有辉石、黑云母等。全晶质粒状结构,块状构造,岩石结构致密,强度高,韧性大,不易风化,可作为各种建筑物的地基和建筑材料。

(5)辉长岩。为基性深成岩体。多呈深绿色或灰黑色。主要矿物成分为斜长石、辉石,含有少量的角闪石及橄榄石。全晶质中粗粒结构,块状构造。岩石坚硬,强度高,抗风化能力强。

(6)辉绿岩。为基性浅成岩。岩石多为暗绿色、黑绿色。矿物成分与辉长岩相当,常含有方解石、绿泥石等次生矿物。具特殊的辉绿结构(辉石充填在斜长石晶体格架的空隙中),常具有杏仁状构造。

(7)玄武岩。为基性喷出岩。黑色、褐色或深灰色。主要矿物成分与辉长岩相同。多呈隐晶质细粒或斑状结构,斑晶为橄榄石、辉石或斜长石,基质为隐晶质或玻璃质,气孔构造、杏仁构造。岩石致密坚硬、性脆。具有抗磨损、耐酸性强的特点。

(二)沉积岩

(1)砾岩和角砾岩,由50%以上直径大于2mm的碎屑颗粒组成。碎屑磨圆度较好的称为砾岩,带棱角的为角砾岩。颗粒成分可由矿物组成,也可由岩石碎块组成。抗压强度可达200MPa以上,是良好的建筑物地基。

(2)砂岩,由50%以上的砂粒胶结而成,呈砂状结构。按颗粒大小可分为粗粒、中粒、细粒及粉粒砂岩。按颗粒矿物成分可分为石英砂岩、长石砂岩、杂砂岩等。

(3)粉砂岩,由50%以上的粉砂粒胶结而成,呈粉砂结构。成分以石英为主,常含有云母及黏土矿物,泥质含量高,常有水平层理。

(4)泥岩,成分以黏土矿物为主,呈泥状结构,常呈厚层状。常夹于坚硬岩层之间形成软弱夹层,浸水后极易泥化。

(5)页岩,以黏土矿物为主,泥状结构,大部分有明显的薄层理,呈页片状。与水作用易软化,透水性很小,常作为隔水层。

(6)石灰岩,矿物成分以方解石为主,含少量白云石和黏土矿物。灰色、灰白色。含杂质后可为灰黑至黑色。致密状、鲕状、竹叶状等结构。遇冷稀盐酸剧烈起泡,具有可溶性。常含有大量生物介壳、骨骼的碎片。

(7)白云岩,矿物成分以白云石为主,含少量方解石和黏土矿物,有时混有石膏等矿物。白云岩遇冷稀盐酸不易起泡。

(8)泥灰岩,石灰岩中黏土矿物含量达30%~50%时为泥灰岩。颜色有灰色、黄色、褐色、红色等,呈致密结构,易风化,滴盐酸起泡后留有泥质斑痕。

(三)变质岩

(1)板岩,页岩浅变质而成,多为深灰至黑灰色,也有绿色及紫色。板状构造,沿片理易裂开成薄板。

(2)千枚岩,为黏土岩变质而成。主要矿物成分为石英、绢云母、绿泥石等,千枚状构造,岩石因含较多的绢云母而呈丝绢光泽,易风化破碎、滑动破坏。

(3)片岩,主要矿物成分为云母、角闪石、绿泥石、石英等,变晶结构,片状构造。易风化,沿片理易裂开、滑动。片岩的颜色及定名均取决于其主要矿物成分,如云母片岩等。

(4)片麻岩,变质程度较深,主要矿物成分为长石、石英,含少量云母、角闪石、辉石等。有时有一些变质矿物。变晶结构,片麻状构造。

(5)石英岩,石英砂岩变质而成,矿物成分以石英为主,可含少量云母、长石、角闪石等,一般色浅,变晶结构,块状构造。岩石坚硬,抗风化能力强,但性脆,较易产生裂隙。

(6)大理岩,为石灰岩、白云岩等经热接触变质作用重结晶而成,主要矿物为方解石,呈等粒变晶结构和块状构造。硬度中等,具有可溶性,遇盐酸起泡,但白云质大理岩起泡微弱。

(7)糜棱岩,高动压力把原岩研磨成粉末状细屑,又在高压下重新结合成致密坚硬的岩石称糜棱岩,具有典型的糜棱结构,块状构造,矿物成分基本与围岩相同,有时含新生变质矿物绢云母、绿泥石、滑石等。该岩石也是断层错动带中的产物。

习　题

18-1　某种矿物常发育成六方柱状单晶或形成晶簇,或成致密块状、粒状集合体,无色或乳白色,玻璃光泽、无解理、贝壳状断口呈油脂光泽,硬度为7,此矿物为(　　)。

A. 石膏　　B. 方解石　　C. 滑石　　D. 石英

18-2　矿物受力后常沿一定方向裂开成光滑平面的特性称为(　　)。

A. 断口　　B. 节理　　C. 层理　　D. 解理

18-3　岩石按成因可分为(　　)三类。

A. 火成岩、沉积岩、变质岩　　B. 岩浆岩、变质岩、花岗岩

C. 沉积岩、酸性岩、黏土岩　　D. 变质岩、碎屑岩、岩浆岩

18-4　火成岩按其化学成分(主要是 SiO_2 的含量)可分为(　　)。

①酸性岩　②中性岩　③深成岩　④浅成岩　⑤基性岩　⑥超基性岩

A. ①②④⑤　　B. ②③④⑥　　C. ①②⑤⑥　　D. ①③④⑤

18-5　按组成沉积岩的物质成分,通常把沉积岩分为(　　)三类。

A. 黏土岩类、碎屑岩类、生物化学岩类

B. 碎屑岩类、黏土岩类、化学及生物化学岩类

C. 黏土岩类、化学岩类、生物化学岩类

D. 黏土岩类、生物岩类、化学及生物化学岩

18-6　下列各种结构中,(　　)属于变质岩的结构。

A. 变晶结构 、变余结构、碎裂结构　　B. 变余结构、隐晶质结构、碎裂结构

C. 变晶结构 、斑状结构、变余结构　　D. 碎裂结构、显晶结构、变晶结构

18-7　有关火成岩的构造类型下列哪种答案是正确的(　　)。

A. 气孔构造、层理构造、片理构造、块状构造

B. 气孔构造、块状构造、杏仁构造、流纹构造

C. 杏仁构造、流纹构造 、片状构造、块状构造

D. 条带状构造、眼球状构造、块状构造、气孔构造

18-8 下面(   )属于变质岩所特有的矿物。

A. 石墨、滑石、绿泥石、绢云母、蛇纹石

B. 石榴子石、蓝晶石、黄玉、滑石、石英

C. 绿帘石、绿泥石、绢云母、蛇纹石、白云母

D. 石墨、石榴子石、黑云母、方解石

18-9 变质岩的典型构造是(   )。

A. 杏仁构造　　B. 片理构造　　C. 层理构造　　D. 流纹构造

18-10 下列岩石中遇冷稀盐酸剧烈起泡的是(   )。

A. 石灰岩　　B. 花岗岩　　C. 片麻岩　　D. 砾岩

第二节 地质构造

主要由地球内力地质作用引起地壳变化,使岩层或岩体发生变形和变位的运动,称为地壳运动。地壳运动的结果,形成了各种不同的构造形迹,如褶皱、断裂等,称为地质构造。为确定这些地质构造形迹的空间位置,通常采用走向、倾向和倾角(称为岩层产状三要素)来表示,如图 18-2 所示。

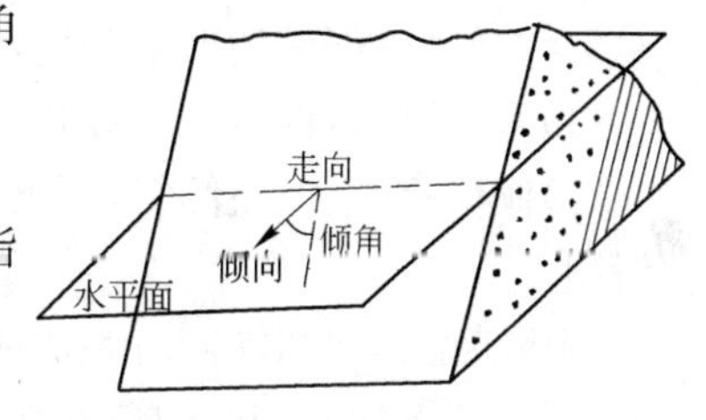

图 18-2 岩层的产状要素

走向,是指岩层面与水平面交线的延伸方向。

倾向,是指岩层面上最大倾斜线在水平面上的投影所指的方向。倾向与走向相垂直。

倾角,是指岩层面与水平面所夹的最大锐角。

产状要素的表示方法:常用的记录格式为倾向∠倾角,如 150°∠30°,150°表示倾向(即南东方向),30°表示倾角。

一、褶皱形态和分类

岩层受到构造运动作用后,在保持连续性的情况下产生的弯曲变形称为褶皱构造。褶皱构造中的每一个弯曲称褶曲。每一个褶曲由褶曲要素组成。主要包括核部(*ABC* 内部岩层)、翼(*AHB* 和 *CHB*)、轴面(*DEFH*)、轴(*DH*)、枢纽(*BH*)、转折端(*H* 处)等几部分,如图18-3所示。

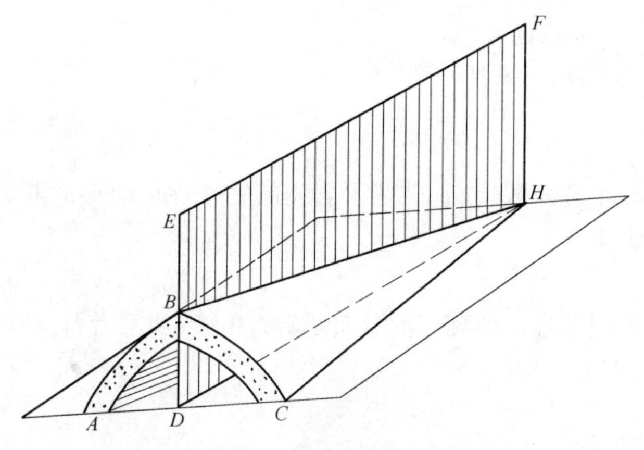

图 18-3 褶曲要素

(一)褶皱的基本形态

褶皱构造有背斜和向斜两种基本形态,如图 18-4 所示。背斜是岩层向上拱起弯曲,核部的岩层时代较老,两侧岩层时代依次对称变新。向斜是岩层向下凹陷弯曲,核部的岩层时代较新,两侧岩层依次对称变老。

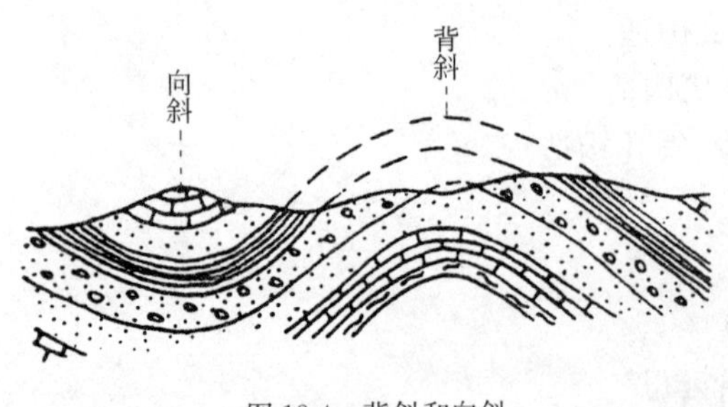

图 18-4 背斜和向斜

（二）褶皱分类

1. 按褶皱横剖面上轴面和两翼的产状分类

(1)直立褶皱：轴面直立，两翼岩层倾向相反，倾角大致相等，见图 18-5a)。

(2)倾斜褶皱：轴面倾斜，两翼岩层倾向相反，倾角不相等，见图 18-5b)。

(3)倒转褶皱：轴面倾斜，两翼岩层倾向相同，一翼岩层正常，另一翼岩层倒转，即新岩层位于老岩层之下，见图 18-5c)。

(4)平卧褶皱：轴面近于水平，两翼岩层产状近于水平，一翼岩层正常，另一翼岩层倒转，见图 18-5d)。

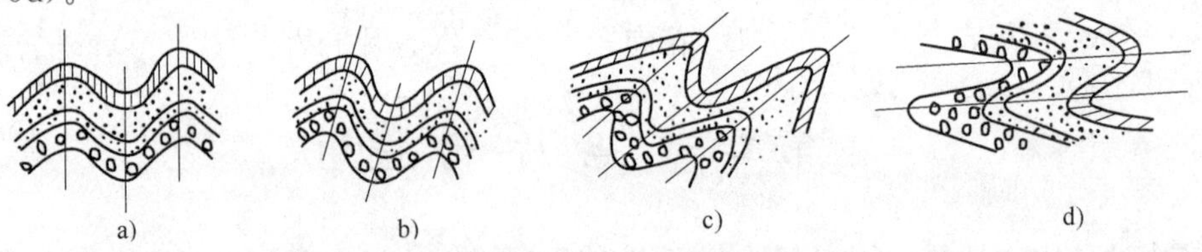

图 18-5 褶曲类型

a)直立褶皱；b)倾斜褶皱；c)倒转褶皱；d)平卧褶皱

2. 按褶皱纵剖面的形态分类，即按枢纽的产状分类

(1)水平褶皱：枢纽水平，两翼岩层的走向基本平行。

(2)倾伏褶皱：枢纽倾斜，两翼岩层的走向不平行，在倾伏端交汇成封闭的弯曲线，为一倾伏背斜。

若褶皱枢纽向两端同时倾伏或扬起，则岩层界线成环状封闭，其长宽之比小于 3∶1 的背斜叫穹隆，若为向斜则叫构造盆地。若长宽之比在 10∶1～3∶1 之间时称为短轴褶皱。当在褶皱的翼部发育有许多一级褶皱时，则分别称为复背斜或复向斜，如图 18-6 所示。

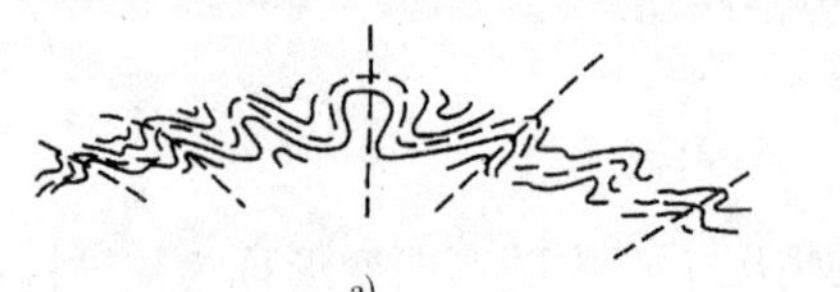

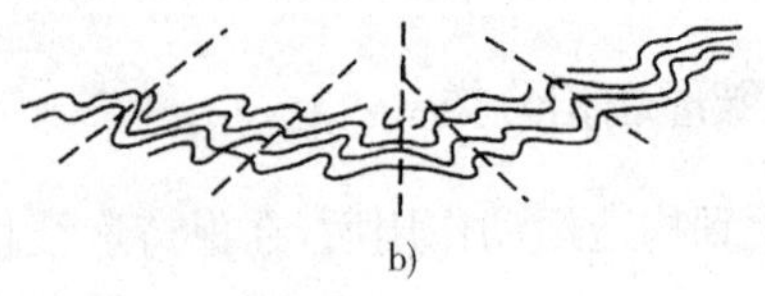

图 18-6 复背斜及复向斜

a)复背斜；b)复向斜

二、断层形态和分类

岩体受构造应力作用超过其强度时发生裂缝或错断，破坏了岩体的完整性从而形成断裂构造。断裂构造主要分为节理和断层两大类。

（一）节理

未发生位移或位移不明显的断裂构造叫节理。节理广泛分布于岩石中，它切割岩石，破坏岩石的完整性，是影响工程建筑物稳定的重要因素。

节理可按成因、受力性质进行分类。

1. 节理按成因分类

(1)风化节理：由风化作用造成，多分布在近地表处，向下延伸不深，无规律性。

(2)原生节理：是在成岩作用过程中形成的，如岩浆冷凝过程中形成的收缩节理、玄武岩中的柱状节理等。

(3)构造节理：是由地壳构造运动形成的，其特点是分布广，具有明显的方向性和规律性，常成组出现。

2. 节理按受力性质分类

(1)剪切节理。剪切节理是岩石受剪(扭)应力作用形成的破裂面，一般形成"X"形共轭节理，故又称X节理。主要特征是：节理产状稳定，沿走向和倾向延伸较远。节理面平滑密闭，常有剪切滑动留下的擦痕。剪节理常成组成对出现，一般发育较密，节理之间距离较小，特别是软弱薄层岩石中，常密集成带。

(2)张节理。张节理是岩层受张力作用而形成的破裂面，常形成锯齿状。主要特征是：节理产状不稳定，延伸不远即行消失。节理面弯曲且粗糙，多是张开的，并常被岩脉充填。一般发育较稀，节理间距较大，很少密集成带。

(二)断层

发生明显位移的断裂叫断层。

1. 断层要素

断层的基本组成部分叫断层要素，主要有断层面、断层线、断层带、断盘及断距等，如图18-7所示。

(1)断层面：岩层发生位移的破裂面，它可以是平面或曲面，断层面的产状可用走向、倾向及倾角来表示。

有时断层面并不是一个简单的破裂面，而是常形成一个较大的断层破碎带，其宽度可由几厘米、几米至几十米不等。

(2)断层线：断层面与地面的交线。它反映断层地表的延伸方向，可以是直线或曲线。

(3)断盘：断层面两侧相对位移的岩块称为断盘。在断层面上部的岩块称为上盘，下部的岩块称为下盘。若断层面直立则无上下盘之分。

(4)断距：断层两盘相对错开的距离。

2. 断层的分类

(1)按形态分类

按断层的两盘相对位移情况，可将断层分为正断层、逆断层和平移断层三种基本类型(见图18-7～图18-9)。

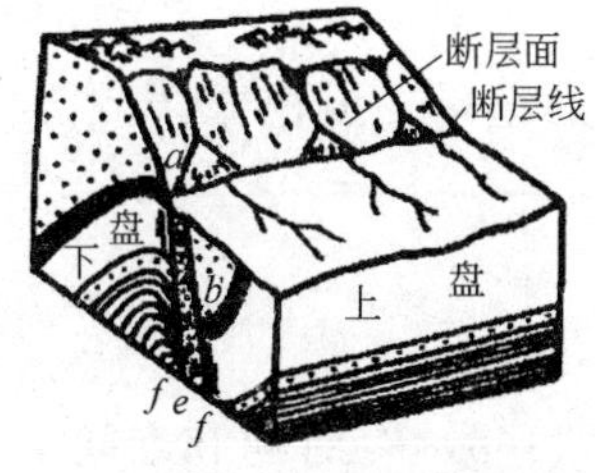

图18-7 断层要素、正断层

a、b-断距；e-断层破碎带；f-断层影响带

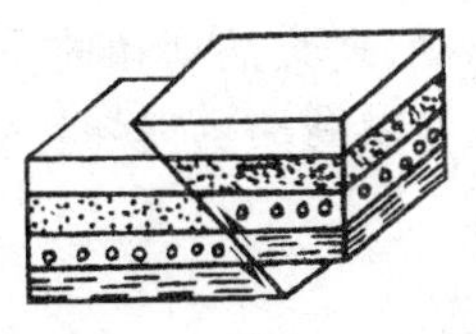

图18-8 逆断层

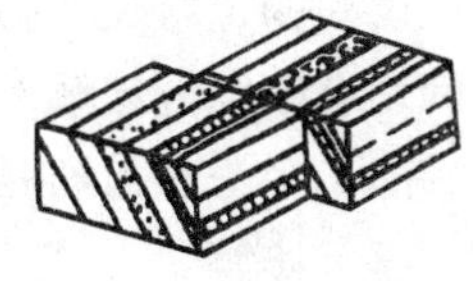

图18-9 平移断层

正断层是指上盘沿断层面相对下移，下盘相对上移的断层，如图18-7所示。正断层组合起来可形成阶梯式断层、地堑和地垒，如图18-10所示。

逆断层是指上盘沿断层面相对上移，下盘相对下移的断层，如图18-8所示。平移断层是指

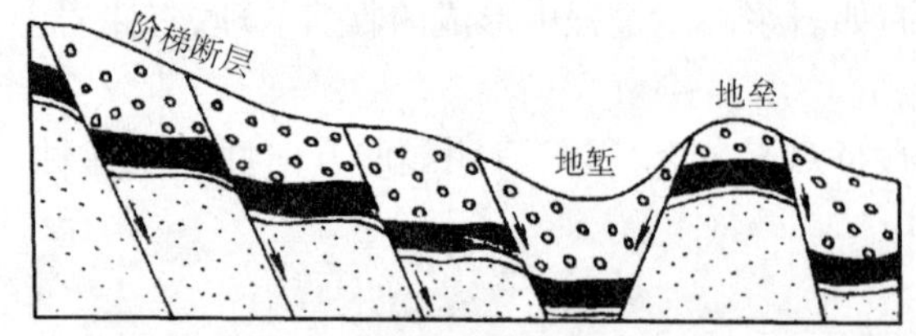

图 18-10　阶梯式断层地堑和地垒

断层两盘沿断层走向作相对平移运动的断层，如图 18-9 所示。若断层面倾角大于 45°时，称为冲断层；介于 25°～45°之间的称为逆掩断层，如图 18-11 所示；小于 25°的称为辗掩断层。逆掩断层和辗掩断层多为规模很大的区域性断层。逆断层可组合起来形成叠瓦式断层，如图 18-12 所示。

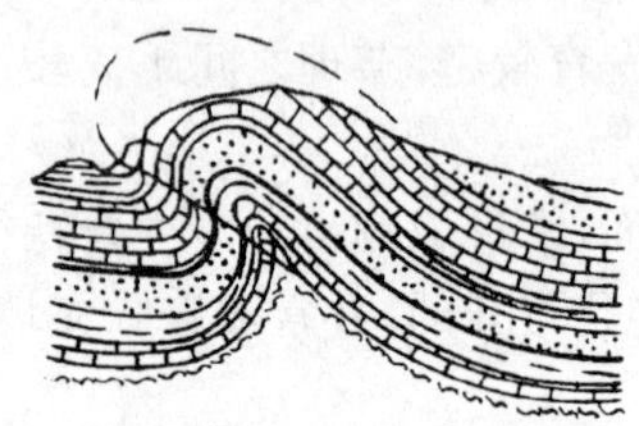
图 18-11　逆掩断层

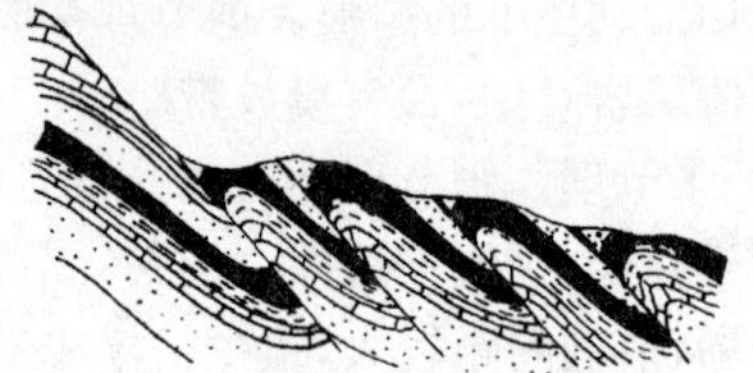
图 18-12　叠瓦式断层

(2)按力学成因分类

①压性断层：由压应力作用形成。压性断层的走向与压应力方向垂直，常成群出现构成挤压构造带。

②张性断层：由张(拉)应力作用形成。张性断层的走向垂直于张应力方向。

③扭性断层：由扭(剪)应力作用产生。扭性断层一般是两组共生，呈"X"形交叉分布，往往一组发育，另一组不发育。

④压扭性断层：具有压性断层兼扭性断层的力学特性，如平移逆断层。

⑤张扭性断层：具有张性断层兼扭性断层的力学特性，如平移正断层。

(3)按断层走向与岩层走向的关系分类可分为走向断层、倾向断层、斜交断层、顺层断层。

(4)按断层面走向与褶曲轴走向的关系分类

①纵断层：断层走向与褶曲轴走向平行的断层。

②横断层：断层走向与褶曲轴走向垂直的断层。

③斜断层：断层走向与褶曲轴走向斜交的断层。

当断层面切割褶曲轴时，在断层上下盘同一地层出露界线的宽窄发生变化，背斜上升盘核部地层变宽，向斜反之。

三、地层的各种接触关系

地层间的接触关系，是构造运动、岩浆活动和地质发展历史的记录。沉积岩、岩浆岩及其相互间均有不同的接触关系，据此可以判别地层间的新老关系。

(一)沉积岩层间的接触关系

1. 整合接触

整合接触指同一地区上下地层在沉积层序上是连续的，产状一致，在时间和空间上无间断，如图 18-13a)所示。

2. 假整合接触

假整合接触也称平行不整合，是指上下地层产状基本一致，但有明显的沉积间断，缺失某些地质时代的地层。这是地壳交替升降的结果，接触面起伏不平，有古风化壳和底砾岩，如图 18-13b)所示。

3. 角度不整合接触

角度不整合，是指上下地层间有明显的沉积间断，且上下地层产状不同，如图 18-13c)所示。

(二)火成岩与沉积岩层间的接触关系

1. 沉积接触

沉积接触是指侵入岩先形成，之后地壳上升受风化剥蚀，然后地壳又下降接受新的沉积。沉积岩没有蚀变现象，其底部有侵入岩成分的底砾岩，如图 18-13d)所示。

2. 侵入接触

侵入接触是指沉积岩层形成在先，后来火成岩侵入其中，围岩因受岩浆影响产生变质现象，如图 18-13e)所示。

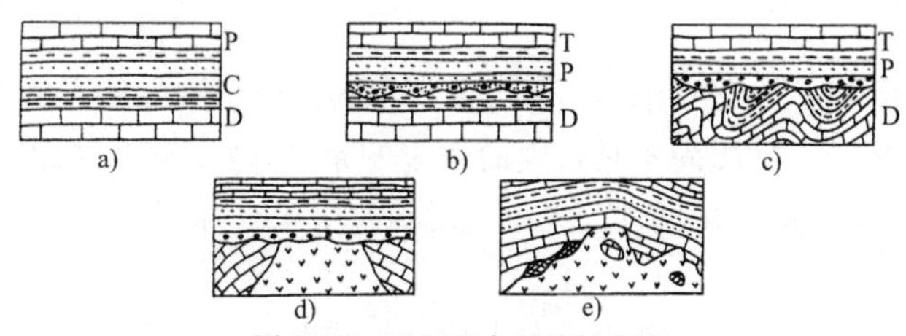

图 18-13　地层的各种接触关系

a)整合接触；b)假整合接触；c)不整合接触；d)沉积接触；e)侵入接触

四、大地构造概念

(一)地槽、地台理论

地槽、地台理论基本观点是地壳运动以垂直升降为主要运动方式，水平运动是由垂直运动派生的。槽台学说根据地质作用强烈程度和地壳构造特征，将大陆地壳划分为地槽和地台两大类一级构造单元。

1. 地槽

地槽是指地壳上的强烈活动地带，长可达数百至数千米。构造运动强烈，地震活动频繁，升降速度和幅度大，有大规模岩浆活动，变质作用强烈，形成复杂的断裂和褶皱。沉积岩层厚度可达数千米。地槽经过褶皱回返之后，逐渐转变为地台。

2. 地台

地台是地壳上地质作用比较微弱，地壳构造比较简单的相对稳定的地区，一般升降运动幅度小、速度慢、褶皱断裂比较微弱、岩浆活动少、无区域变质作用。它基本具有两层构造：褶皱基底和盖层构造。

地台形成之后，又重新活动，从而形成活动地带，这种现象称为地台“活化”。

(二)地质力学理论

地质力学理论是以地质力学观点研究地质构造，其理论认为：地壳的构造运动以水平运动为主，垂直运动是水平运动引起的。在水平运动的挤压、拉张作用下，形成各种地质构造形迹(压、张、扭结构面)，它们之间有着内在的生成联系。凡是大体上是同一时期经过一次运动或按同一方式断续经过几次构造运动产生的各种构造形迹，就可以看作一个整体称为构造体系。所以构造体系是许多不同形态、不同性质、不同级别和不同序次，但具有成生联系的各种结构面要素所组成的构造带，以及它们之间所夹的岩块或地块组合而成的总体。

地壳上常见的构造体系归纳为三大类：纬向构造体系、经向构造体系和扭动构造体系。

(三)板块理论

板块构造的含义是：刚性的岩石圈分裂成许多巨大块体，即板块。它们伏在软流圈上作大规模水平运动，致使相邻板块互相作用，板块的边缘便成为地壳活动性强烈的地带。洋脊扩张带、消减作用带以及转换断层都属于这种构造活动性强烈的地带，它们就是板块的边界。

根据以上标志，全球板块可划分为美洲板块、太平洋板块、欧亚板块、非洲板块、印度板块、南极板块等。

五、地史演变概况和地质年代表

(一)地壳演变

地壳的演化历史可大致分为三大阶段。第一阶段为前地质时期，第二阶段为隐生宙时期，第三阶段为显生宙时期。第二、三阶段又合称为地质时期。

1. 前地质时期

其时限大致距今约46～38亿年前。本阶段最基本的特征是原始地壳的形成。这时，地球表面的温度、大气和水体的组分与性质尚不具备生命发生的条件，也不存在风化、剥蚀和沉积等地质作用。陨星冲击地面产生强烈的火山活动。火山喷发的大量气体为地球上生命出现创造了条件。

2. 隐生宙时期

其时限距今约38～5.9亿年，包括了太古代和元古代。本阶段初期，地壳的表面几乎全被水体包围着。大量火山物质在海底堆积，最终构筑成岛屿，成为最早的陆地。这些最早的陆地在太古代晚期形成陆核。陆核进一步扩大，形成地盾。地盾是古大陆的前身。在元古代，形成了大型而稳定的大陆地块。

大约在35亿年前，地球上出现了最初的原始生命藻类，揭开了生物界全面繁荣的序幕。

3. 显生宙时期

其时限为5.9亿年前至今，包括了古、中和新生代。古生代，地壳运动的总体特征表现为各分散大陆相互靠拢，聚合形成统一的联合古陆。中、新生代，联合古陆又由合而分，重新破裂为分离的大陆地块，并逐渐演化为现今的海陆分布格局。

显生宙生物极其繁盛。早古生代为三叶虫、鹦鹉螺、笔石、珊瑚、苔藓虫等海生无脊椎动物昌盛的时代，还出现了脊椎动物中的原始鱼类。植物以低等的海藻类为主，陆地上尚未出现生物。由于早古生代末期大陆的汇聚运动，引起海水退落，导致一些海生无脊椎动物的栖息地消失，但却为晚古生代里陆生植物的发展和脊椎动物的登陆创造了有利的条件。泥盆纪时，陆地上出现了大量裸蕨，鱼类大量发展，故泥盆纪被称为鱼类时代。石炭、二叠纪被称为两栖动物时代，植物以孢子植物为主。二叠纪末形成统一的联合大陆，这是一次重要的生物绝灭期，海生无脊椎动物均相继消亡。中生代早期是爬行动物的大发展时期，恐龙统治了整个地球。爬行类除自身繁盛外，还向鸟类和哺乳动物演化。中生代大部分时期，裸子植物居统治地位。晚白垩世被子植物兴盛，中生代末期约有三分之一的物种遭绝灭。

新生代，南半球较完整的大陆逐渐分裂，北半球的古地中海逐渐消亡，形成高大的山系。气候干燥炎热，藻类和裸子植物大量灭亡，被子植物成为陆地上的主要植物群。哺乳动物成为新生代动物界的主宰。新第三纪，各种哺乳动物均已出现。第四纪，人类出现。

(二)地质年代表

在地壳发展的漫长历史过程中，地质环境和生物种类经历了多次变迁。根据地层形成顺序、岩性变化特征、生物演化阶段、构造运动性质及古地理环境等综合因素，把地质历史划分为隐生宙和显生宙两个大阶段。宙以下分为代，隐生宙分为太古代和元古代；显生宙分为古生代、中生代和新生代。代以下分纪，纪以下分世，依此类推。相应每个时代单位宙、代、纪、世，形成的地层单位为宇、界、系、统，如古生代形成的地层叫古生界。代（界）、纪（系）、世（统）是国际统一规定的时代名称和地层划分单位。在一些地层年代不确定、化石依据不足、不能定出正式地层单位的地区，可按照岩性特征和构造运动特点来划分地层单位，这些地层单位只适用于较小地区，称为地方性地层单位，按级别由大到小分为群、组、段。

按地质年代的新老顺序，地质时期的相对年代和绝对年代的划分见表18-5。

地 质 年 代 表　　　　表18-5

<table>
<tr><th colspan="6">相对年代</th><th rowspan="2">绝对年代（百万年）</th><th rowspan="2">主要构造运动</th><th colspan="4">生　物</th></tr>
<tr><th>宙</th><th colspan="2">代</th><th colspan="2">纪</th><th>世</th><th>植物</th><th colspan="3">动物</th></tr>
<tr><td rowspan="32">显生宙</td><td rowspan="7" colspan="2">新生代（Kz）</td><td rowspan="2" colspan="2">第四纪（Q）</td><td>全新世（Q_4）</td><td rowspan="2">2</td><td rowspan="7">喜马拉雅运动</td><td rowspan="9">被子植物繁盛</td><td rowspan="2">出现人类</td><td rowspan="14">哺乳动物与鸟类繁盛</td><td rowspan="32">海生无脊椎动物繁盛</td></tr>
<tr><td>更新世（Q_{1-3}）</td></tr>
<tr><td rowspan="5">第三纪（R）</td><td rowspan="2">晚第三纪（N）</td><td>上新世（N_2）</td><td rowspan="2">26</td><td rowspan="12">爬行类恐龙繁盛</td></tr>
<tr><td>中新世（N_1）</td></tr>
<tr><td rowspan="3">早第三纪（E）</td><td>渐新世（E_3）</td><td rowspan="3">65</td></tr>
<tr><td>始新世（E_2）</td></tr>
<tr><td>古新世（E_1）</td></tr>
<tr><td rowspan="8" colspan="2">中生代（Mz）</td><td rowspan="2" colspan="2">白垩纪（K）</td><td>晚白垩世（K_2）</td><td rowspan="2">137</td><td rowspan="5">燕山运动</td></tr>
<tr><td>早白垩世（K_1）</td></tr>
<tr><td rowspan="3" colspan="2">侏罗纪（J）</td><td>晚侏罗世（J_3）</td><td rowspan="3">195</td><td rowspan="7">裸子植物繁盛</td></tr>
<tr><td>中侏罗世（J_2）</td></tr>
<tr><td>早侏罗世（J_1）</td></tr>
<tr><td rowspan="3" colspan="2">三叠纪（T）</td><td>晚三叠世（T_3）</td><td rowspan="3">230</td><td rowspan="3">印支运动</td></tr>
<tr><td>中三叠世（T_2）</td></tr>
<tr><td>早三叠世（T_1）</td><td rowspan="5" colspan="2">两栖动物繁盛</td></tr>
<tr><td rowspan="17">古生代（Pz）</td><td rowspan="8">晚古生代 Pz_1</td><td rowspan="2" colspan="2">二叠纪（P）</td><td>晚二叠世（P_2）</td><td rowspan="2">285</td><td rowspan="8">海西运转</td></tr>
<tr><td>早二叠世（P_1）</td><td rowspan="6">蕨类及原始裸子植物繁盛</td></tr>
<tr><td rowspan="3" colspan="2">石炭纪 C</td><td>晚石炭世（C_3）</td><td rowspan="3">350</td></tr>
<tr><td>中石炭世（C_2）</td></tr>
<tr><td>早石炭世（C_1）</td><td rowspan="5" colspan="2">鱼类动物繁盛</td></tr>
<tr><td rowspan="3" colspan="2">泥盆纪（D）</td><td>晚泥盆世（D_3）</td><td rowspan="3">400</td></tr>
<tr><td>中泥盆世（D_2）</td></tr>
<tr><td>早泥盆世（D_1）</td><td rowspan="3">裸蕨植物繁盛</td></tr>
<tr><td rowspan="9">早古生代 Pz_2</td><td rowspan="3" colspan="2">志留纪（S）</td><td>晚志留世（S_3）</td><td rowspan="3">435</td><td rowspan="9">加里东运动</td></tr>
<tr><td>中志留世（S_2）</td><td rowspan="8" colspan="2"></td></tr>
<tr><td>早志留世（S_1）</td><td rowspan="4">藻类及菌类植物繁盛</td></tr>
<tr><td rowspan="3" colspan="2">奥陶纪（O）</td><td>晚奥陶世（O_3）</td><td rowspan="3">500</td></tr>
<tr><td>中奥陶世（O_2）</td></tr>
<tr><td>早奥陶世（O_1）</td></tr>
<tr><td rowspan="3" colspan="2">寒武纪（∈）</td><td>晚寒武世（$\in_3$）</td><td rowspan="3">570</td><td rowspan="3"></td></tr>
<tr><td>中寒武世（$\in_2$）</td></tr>
<tr><td>早寒武世（$\in_1$）</td></tr>
</table>

续上表

相对年代					绝对年代（百万年）	主要构造运动	生物	
宙	代		纪	世			植物	动物
隐生宙	元古代(Pt)	晚元古代(Pt_3)	震旦纪(Z)			晋宁运动		裸露无脊椎动物出现
					800			
		中元古代(Pt_2)			1 000	吕梁运动		
		早元古代(Pt_1)			1 900	五台运动 阜平运动	生命现象开始出现	
	太古代(Ar)				2 500	地球形成		
					4 600			

习　　题

18-11　褶皱构造的两种基本形态是(　　)。

①倾伏褶曲　②背斜　③向斜　④平卧褶曲

A. ①和②　　B. ②和③　　C. ①和④　　D. ③和④

18-12　褶曲按横剖面上轴面和两翼产状关系的分类，正确的是(　　)

A. 直立褶曲、倾斜褶曲、倒转褶曲、平卧褶曲

B. 直立褶曲、平卧褶曲、倾伏褶曲、倒转褶曲

C. 倾斜褶曲、水平褶曲、直立褶曲、倒转褶曲

D. 倾斜褶曲、倾伏褶曲、倒转褶曲、平卧褶曲

18-13　节理按成因可分为(　　)。

A. 构造节理、风化节理、剪节理　　B. 构造节理、原生节理、风化节理

C. 张节理、原生节理、风化节理　　D. 构造节理、剪节理、张节理

18-14　按断层的两盘相对位移情况，将断层分为(　　)。

A. 正断层、逆断层、平移断层　　B. 正断层 、逆断层、走向断层

C. 平移断层、逆断层、倾向断层　　D. 正断层、平移断层、横断层

18-15　如图所示，某地区出现的地层为奥陶纪、纪地层，其中奥陶纪和石碳纪地层间有明显的沉积间断，且上下地层产状相同，其地层接触关系是(　　)。

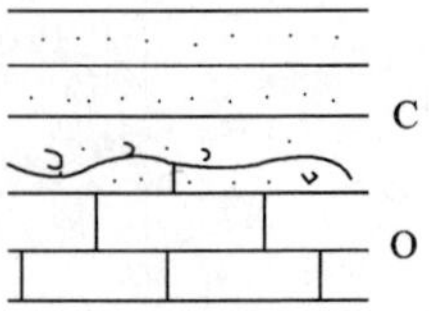

A. 整合接触　　B. 沉积接触

C. 假整合接触　　D. 角度不整合接触

C

O

题 18-15 图

18-16　如图所示，某一地区出现的地层为 O、P 和 T 时代的地层，P 和 T 地层相互平行，则 P 和 T 地层之间为(　　)。

A. 整合接触　　B. 沉积接触　　C. 假整合接触　　D. 角度不整合接触

18-17　若地质断面图上可看到沉积岩被火成岩穿插(见图)，则火成岩与沉积岩之间为(　　)。

A. 沉积接触　　B. 整合接触　　C. 侵入接触　　D. 角度不整合接触

18-18　沉积岩与火成岩接触面之间有火成岩风化碎块，但没有蚀变现象，如图所示，则火成岩与沉积岩之间为(　　)。

A. 沉积接触　　B. 整合接触　　C. 侵入接触　　D. 角度不整合接触

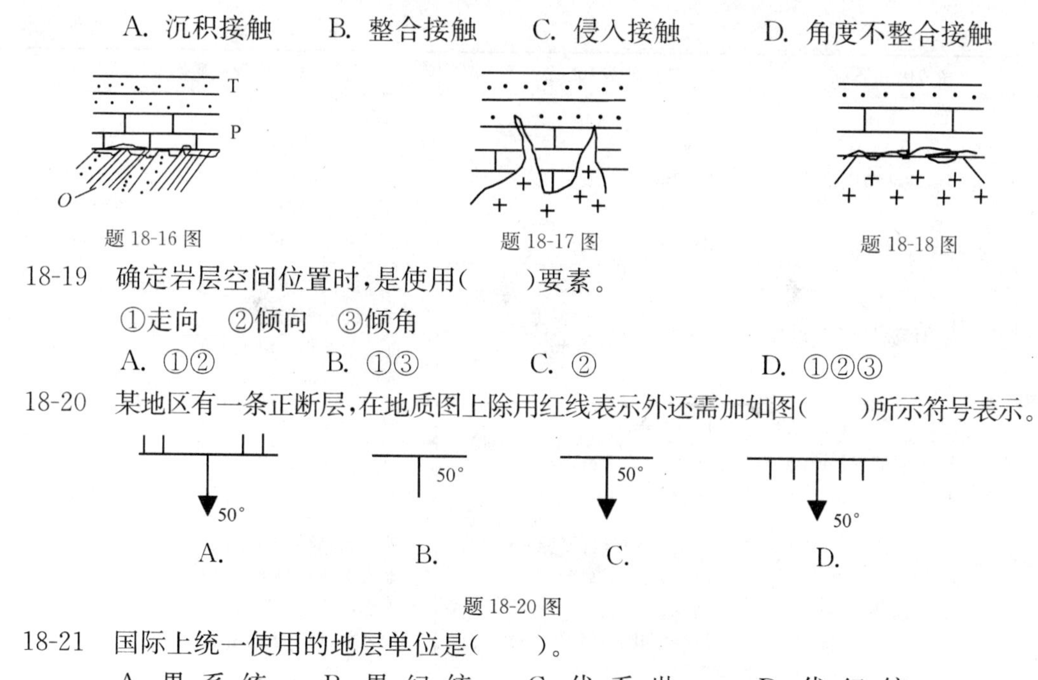

题 18-16 图　　题 18-17 图　　题 18-18 图

18-19　确定岩层空间位置时,是使用(　　)要素。

①走向　②倾向　③倾角

A. ①②　　B. ①③　　C. ②　　D. ①②③

18-20　某地区有一条正断层,在地质图上除用红线表示外还需加如图(　　)所示符号表示。

题 18-20 图

18-21　国际上统一使用的地层单位是(　　)。

A. 界、系、统　　B. 界、纪、统　　C. 代、系、世　　D. 代、纪、统

第三节　地貌和第四纪地质

地貌是指地球表面的形态。地表起伏不平,形态多种多样,规模大小不一,成因复杂,又处于不断发展变化之中。总的说来,各种地貌的形成和发展,都是由地球的内、外地质营力对地表不断改造综合作用的结果。而各类地质体的岩性及地质构造是其形成和发展的基础。

第四纪是地球发展的最新阶段,在地质历史上最晚、最短暂。它最突出的特点是:发生过多次大规模冰川活动,第四纪堆积物广泛覆盖地表,人类出现。

一、各种地貌形态的特征和成因

地貌形态种类繁多,在工程勘察中,可能遇到的地貌形态类型主要有构造、剥蚀地貌,山麓斜坡堆积地貌,河流地貌,岩溶地貌,黄土地貌,海岸地貌,湖泊、沼泽地貌,冰川地貌,风成地貌,冻土地貌,火山和熔岩地貌等。

(一)地貌单元分类

在工程勘察中,可能遇到的地貌形态主要有下列几种(见表 18-6)。

地貌单元分类表　　表 18-6

按成因分类	地貌单元		主导地质作用
构造、剥蚀地貌	山地	高山	构造作用为主,强烈的冰川刨蚀作用
		中山	构造作用为主,强烈的剥蚀切割和部分的冰川刨蚀作用
		低山	构造作用为主,长期强烈的剥蚀切割作用
	丘陵		中等强度的构造作用,长期剥蚀切割作用
	剥蚀残山		构造作用微弱,长期剥蚀切割作用
	剥蚀准平原		构造作用微弱,长期剥蚀和堆积作用
	构造平原		中等构造作用,长期堆积和侵蚀作用

按成因分类		地貌单元		主导地质作用
山麓斜坡堆积地貌		洪积扇		山谷洪流洪积作用
		坡积裙		山坡面流坡积作用
		倒石锥		重力堆积作用
		山前平原		山谷洪流洪积作用为主,夹有山坡面流坡积作用
		山间凹地		周围的山谷洪流洪积作用和山坡面流坡积作用
河流地貌	河流侵蚀堆积地貌	河谷	河床	河流的侵蚀切割作用或冲积作用
			河漫滩	河流的冲积作用
			牛轭湖	河流的冲积作用或转变为沼泽堆积作用
			阶地	河流的侵蚀切割作用或冲积作用
	河流堆积地貌	河间地块		河流的侵蚀作用
		冲积平原		河流的冲积作用
		河口三角洲		河流的冲积作用,间有滨海堆积或湖泊堆积
岩溶(喀斯特)地貌		岩溶盆地(溶蚀平原)		地表水、地下水强烈的溶蚀、堆积作用
		峰林、峰丛、孤峰地形		地表水强烈的溶蚀作用
		溶沟、石芽残丘		地表水的溶蚀作用
		溶蚀漏斗、盲谷溶洞、地下河、竖井等		地表水、地下水的溶蚀作用
黄土地貌		冲沟		冲蚀作用
		黄土塬、梁、峁、		中等构造作用,长期黄土堆积和侵蚀作用
		陷穴、黄土墚、柱		潜蚀作用
海岸地貌		海岸		海水冲蚀或堆积作用
		海岸阶地		海水冲蚀或堆积作用
		海岸平原		海水堆积作用
湖泊、沼泽地貌		湖泊平原		湖泊堆积作用
		沼泽地		沼泽堆积作用
冰川地貌		冰斗		冰川刨蚀作用
		幽谷、冰蚀凹地		冰川刨蚀作用
		冰碛丘陵、冰碛平原		冰川堆积作用
		终碛堤		冰川堆积作用
		冰前扇形地		冰水堆积作用
		冰水阶地		冰水侵蚀作用
		蛇堤、冰砾阜		冰川接触堆积作用
风成地貌		荒漠	岩漠	风的吹蚀作用、风化作用、重力作用、洪流作用
			砾漠	风的吹蚀作用
			沙漠	风的吹蚀和堆积作用
			泥漠	风的堆积作用和水的再次堆积作用
		风蚀盆地		风的吹蚀作用
		砂丘		风的堆积作用
冻土地貌		石海、石河、石冰川		寒冻、风化、冻融及重力作用
		石环、石圈、石带		冻融、重力作用
		冻胀丘、冰核丘		冻胀作用
		构造土、冻土阶地、		冰冻、风化和泥流作用
		热岩溶		气温变暖作用
火山和熔岩地貌		熔岩丘、熔岩垄岗和熔岩盖、熔岩堰塞湖、熔岩湖		火山作用

注:本表参考《工程地质手册》资料。

(二)各种地貌形态特征和成因

1.构造、剥蚀地貌

构造、剥蚀地貌是指受地质构造控制，并受到不同程度的破坏和改造所形成的地表形态，其基本特点仍被保留下来，在地形的形成中仍起主导作用。

(1)山地

①桌状山和方山：主要由倾角小于5°的水平岩层构成的地貌形态，并由坚硬的岩层构成平坦的山顶。

②单面山：是由单斜构造形成的地貌形态，沿岩层走向延伸，两坡不对称，顺层坡较缓，一般由较坚硬的岩石组成，剥蚀坡较陡。当岩层倾角较大时，顺层坡和剥蚀坡的坡度大致相等，山脊高凸，形似猪的脊背，故称猪背岭，山脊多为较坚硬岩石组成，走向平直。

③褶皱山：是指由褶皱岩层形成的地表形态。若是新构造运动形成的褶皱，背斜成山，向斜成谷。若褶皱形成的地质年代久远，长期遭受侵蚀破坏，则背斜多成谷地，向斜多成山。山地与沟谷的走向与褶皱轴向常相一致。

④断块山：是由断裂作用上升的山地，常见的有地垒式断块山，为中间升高的正地形，常形成如高原、山岳和丘陵。

断块山最初形成时，具有完整的断层面，断层面成为山前的陡崖，其规模最高可达百米，陡崖的走向各式各样，由断层性质决定。陡崖经侵蚀切割形成三角面。

若褶皱岩层在构造形态上被断裂作用分离，而形成褶皱断块山。

山地按其绝对标高还可分为：

极高山：海拔高度大于5 000m；

高山：3 500～5 000m；

中山：1 000～3 500m；

低山：500～1 000m。

(2)丘陵

是经过长期剥蚀切割，外貌成低矮而平缓的起伏地形，其绝对高度小于500m。丘陵地区基岩一般埋藏较浅，顶部常直接暴露，风化一般严重，有时表层为残积物掩盖，谷底堆积有较厚的洪积物、坡积物或冲积物，有时还有淤泥等。其地下水的分布较复杂。

(3)剥蚀残山

低山在长期的剥蚀过程中，极大部分的山地都被夷平成为准平原，但在个别地段形成了比较坚硬的残丘，称剥蚀残山。一般常成几个孤零屹立的小丘，有时残山与河谷交错分布。

(4)剥蚀准平原

是低山经过长期剥蚀和夷平，外貌显得更为低缓平坦，具有微弱起伏的地形。其分布面积一般不大。基岩裸露地表，有时低洼地段覆盖有不厚的残积物、坡积物、洪积物等。剥蚀平原的地下水一般埋藏较深。

(5)构造平原

构造上升作用大于剥蚀作用。通常是沉积的海底、湖底，由于地壳的缓慢上升，而浮出水面或由于冰体融解露出的冰积表面，形成的平原称构造平原。依照其所处的绝对标高又可分为以下三种。

①洼地：位于海面以下的平展的内陆低地。这种低地为荒漠或半荒漠地区的内陆盆地，表面切割微弱。

②平原:绝对标高在 200m 以下的平展地带。

③高原:绝对标高在 200m 以上的顶面平坦的高地。

(6)断裂谷及断陷盆地地貌形态

断裂谷是沿断层破碎带发育的沟谷,一般较深,两岸陡峭,常呈峡谷,一般走向较平直。有时,断裂谷呈宽窄相间的串珠状地形。我国郯庐断裂带分支之一的伊通—伊兰断裂,形成一条宽数公里至数十公里的裂谷地形。

断陷盆地是由断层所围陷的盆地,常呈菱形、楔形、长条形,主要是由地堑构成。断陷盆地和断块山常伴生,其组合地形叫做盆地-山脉地形。

2. 山麓斜坡堆积地貌

斜坡是地表分布最广泛的地貌基本形式,包括山坡和岸坡。按形状,可分为凸形坡、凹形坡、直线形坡和复合坡。按成因可分为侵蚀坡、剥蚀坡、堆积坡和人工坡。

(1)倒石堆:是由山体崩塌下来的岩土体在坡下平缓地带成锥形体状的地貌形态。倒石堆沉积无分选性,有巨大落石或巨砾与砸碎的角砾和岩粉混合堆积,岩块上有撞砸刻痕。崩塌发生后,在陡坡上形成圈椅状的剥蚀陡坎地貌,其形状大多呈半圆形或三角形。

(2)坡面泥流:泥流是斜坡上厚层风化的土石(如黄土、红土)被水浸润饱和后,在重力作用下向斜坡下部流动的现象。泥流在坡下形成泥流阶地,冻土分布区常见融冻泥流,常在斜坡上呈大片小型舌状泥流阶地群。

(3)坡积裙:它是由山坡上的面流将风化碎屑物质携带到坡地平缓处或山坡下,并围绕坡脚堆积,形成的裙状地貌。其物质成分取决于坡地的基岩成分。

(4)洪积扇:它是由山间洪流携带大量碎屑物质,在山沟沟口处,由于坡降突然变化而堆积下来,形成的扇形堆积体或锥状堆积体。其物质分选性差。

(5)山前平原:山前堆积的大量洪积物、坡积物汇合起来,形成了宽广平坦的山前平原。

(6)山间凹地:被环绕的山地所包围而形成的堆积盆地,称为山间凹地。山间凹地由周围的山前平原继续扩大所组成。

3. 河流地貌

(1)河谷

河谷是河流侵蚀切割塑造的线形洼地。它包括谷底、谷坡、谷缘三部分。谷底包括河床、河漫滩,谷坡常有阶地发育,谷坡与原始山坡地面交界处称为谷缘,如图 18-14 所示。

河谷发育阶段可分为少年期、壮年期和老年期。

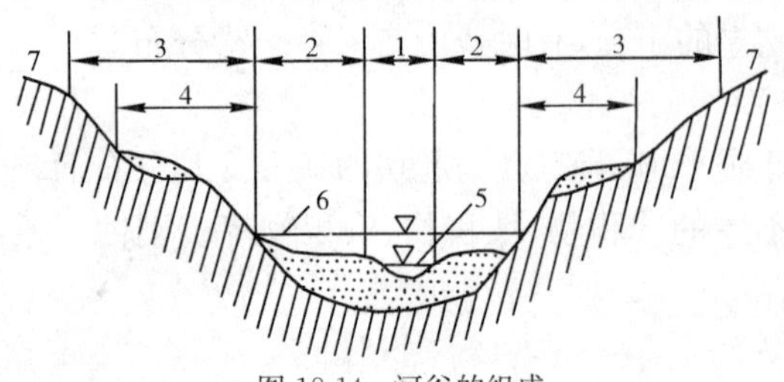

图 18-14 河谷的组成

1-河床;2-河漫滩;3-谷坡;4-阶地;5-平水位;6-洪水位;7-谷缘

①少年期河谷。河身直,河床坡度陡,急流险滩多,以下切侵蚀为主。河谷成"V"字形,出现陡崖深谷。"V"字形河谷在不同发育阶段具有不同特征。最初为隘谷、嶂谷,进一步发展成为峡谷。

②壮年期河谷。河谷纵剖面接近平衡剖面,河谷常呈不对称的"U"字形,以侧向侵蚀为主,河曲发育,晚期有蛇曲及牛轭湖生成,原始地形受到强烈破坏。

③老年期河谷。整个河流均达到平衡剖面,侵蚀作用几乎停止,而堆积作用特别显著。河谷特别宽阔,阶地完整,牛轭湖和蛇曲特别发育,巨大的河流缓流处则出现广阔的冲积平原。

河谷内地貌单元特征主要有河床、河漫滩、牛轭湖、阶地。

①河床。河床是水流占据的谷底部分。按形态可分为顺直河床、弯曲河床、汊河型河床、游荡型河床。其中汊河型河床河身有宽窄变化，窄处为单一河槽，宽段河槽中发育沙洲、心滩，水流被洲、滩分成两支或多支。汊河与沙洲的发展与消亡不断更替，洲岸时分时合。随主流线移动和冲刷，常伴生规模不等的岸崩，会危及河堤安全和造成重大灾害。

游荡型河床，河宽水浅，河道极不稳定。有时河床不断淤高而成地上悬河，平水期沙滩众多，水流离散。洪水期河床地貌易于变化，甚至发生溢洪导致水灾发生，而久旱则形成河床断流。其动态变化取决于上游来水、来沙及河床边界条件。

河床地貌包括侵蚀地貌和堆积地貌。主要有岩槛、壶穴、深槽、心滩、沙洲、边滩和河嘴等。

a. 岩槛。是横卧于河床上的坚硬岩石被侵蚀形成的陡坎，岩槛高度大于水深时会形成瀑布，如黄河壶口瀑布，岩槛被破坏后残余基岩略高于床底构成险滩，如长江三峡内共有大小险滩和碍航礁石约 104 处之多。高出洪水位的基岩则呈河中岛。

b. 壶穴。河底漩涡流携带着沙砾快速旋转磨蚀河床基岩，形成的圆坑称壶穴，或在瀑布岩槛的下面涡流的作用下也能形成。河流强冲刷地带壶穴成群出现。

c. 深槽。即河床中的槽形坑，有的可深达几十米，如长江西陵峡、河北黄石与武穴间等地都有冲槽，深度一般在海平面以下 40～50m。

d. 心滩与沙洲。心滩是河床中水流遇阻形成的水下不稳定沙质堆积体，平水期也不露出水面，洪水期可徐徐向下游移动。稳定下来并露出水面的心滩称为沙洲。

②河漫滩。经常受洪水淹没的浅滩称为河漫滩，是河流横向环流作用形成的。平原区河流河漫滩发育且宽广，常在河床两侧凸岸分布。山区河流比较狭窄，河漫滩的宽度较小。河漫滩的堆积物，下层是河床相冲积物粗砂和砾石，上部是河漫滩相细砂和黏土，构成了河漫滩的二元结构。

③牛轭湖。牛轭湖是当河流弯曲得十分厉害，一旦裁弯取直，由原来弯曲的河道淤塞而形成的。在枯水期或平水期，牛轭湖内长满了水草，渐渐淤积成沼泽。牛轭湖一般是泥炭、淤泥堆积的地区，如图 18-15 所示。

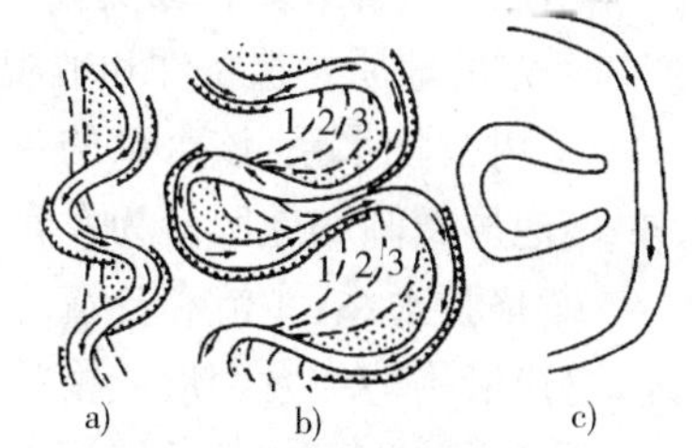

图 18-15　河谷的形成和发展

a)原始河道与雏形河道；b)蛇曲河道；c)裁弯取直后的河道及牛轭湖

④阶地。河流阶地是指位于洪水位以上，呈阶梯状分布在河流谷坡段地貌形态。它是间歇性地壳运动与河流下切形成的。其升降的次数和幅度不同，生成的台地级数和高度也各有不同。阶地级数从下往上依次排列，分别称为一级阶地、二级阶地等。阶地越高，形成的时代越老。

根据阶地的成因可分为侵蚀阶地、堆积阶地、基座阶地。

a. 侵蚀阶地。它是由基岩组成，阶地面上基本没有冲积物，主要发育在构造抬升的山区河谷中。

b. 基座阶地。它是由两层不同物质组成，上层为河流冲积物，下层为基岩。

c. 堆积阶地。堆积阶地是由冲积物组成，在河流下游最常见。根据阶地形成时河流下切深度的不同，又可分为上叠阶地、内叠阶地和埋藏阶地。上叠阶地是形成阶地时，河流下切深度较前一周期下切深度小，没有切穿沉积物，河谷底部仍保留一定厚度的早期冲积物。内叠阶地是在形成阶地时的下切侵蚀深度正好达到阶地前一周期的谷底。埋藏阶地是早期地壳上升形成的多级阶地，后因地壳下降发生堆积，把其全部埋没而成。

(2)冲积平原

冲积平原是在构造沉降区，由河流带来大量冲积物堆积而形成的平原。即在巨大河流的中下游，河谷非常开阔，堆积作用十分强烈。每当雨季，洪水溢出河床，流速降低，堆积大量碎屑物，在两岸逐渐形成了天然堤。当洪水继续向河床以外广大面积上淹没时，流速愈来愈小，堆积了更为细小的物质，形成一片广阔的冲积平原。或者，当河流的阶地达到非常大的面积时，这个具有平缓的微微切割的广大地区也称为冲积平原。

冲积平原上的堆积物常常很厚，基岩埋藏较深，如华北大平原自第三纪以来的沉积物，厚达5 000m以上，最浅也有1 500m左右。冲积平原上的河流，河道宽浅，两岸泛滥堆积带常高于河间地形成天然堤，天然堤溃流后，河流改道，低洼地常积水成湖或沼泽。冲积平原根据地貌部位和作用营力的不同可分为山前平原、中部平原和滨海平原。山前平原主要是较粗颗粒的洪积物和河流冲积物组成，中部平原以河流冲积物为主，滨海平原是由海相和河流相冲积物共同组成。

(3)河口三角洲

河流在入海或入湖的地方堆积了大量的碎屑物，构成了一个三角洲地区，称河口三角洲。由于入海处受到海浪或湖泊的顶托，流速很小，使淤泥等细小颗粒全部沉积下来，形成巨厚的淤泥层。三角洲地下水位一般很浅，地基土的承载力比较低，常为软土地基。

(4)河间地块

河谷相互之间所隔开的广阔地段，称为分水岭。在山区，分水岭通常是高峻的山脊；在平原地区，分水岭常表现为较平坦的地形，外表上不很明显，水仅从一个稍高的地段流向两条不同的河流，这种分水岭称为河间地块。

(5)水系地貌

水系是指具有同一归宿的水体所构成的水网系统。

河流的干流及其各级支流构成的网络系统称为水系或河系。水系的排列分布形式多样，它们与一定的地质构造条件和地貌条件有密切关系，通常按水系的排列形式分为以下几种。

①树枝状水系：该水系的主流和各级支流之间是以锐角相交，状似树枝。这类水系在岩性均一、地形微倾的地区最为发育。

②格状水系：主流和支流之间呈直角或近似直角相交。如在各组直交节理或断层构造地区，河流沿构造线发育形成格状水系。

③平行状水系：各条河流平行排列，在地貌上呈平行的岭谷，它们常受区域大构造或山岭控制，如滇西横断山区的河流。

④放射状水系：在穹隆构造或火山锥上，水流从一个中心顺坡向四周呈放射状流动，形成放射状水系。

⑤环状水系：穹隆构造山被侵蚀破坏后，一些沿被剥露出来的软岩层走向发育的河流形成环状水系。

⑥向心状水系：水流从四周向一个中心处汇流，多发育在盆地、湖泊或局部新构造沉降区。

⑦扇状水系：冲积扇、洪积扇或河口三角洲上，河流从山口或三角洲顶点向外散开形成扇状水系。

⑧倒钩状水系：在支流注入主流附近或支流的上游，呈多次90°的大转弯形成倒钩状水系。

⑨辫状水系：水系交错纽结成网，多发育在三角洲地区。

⑩羽状水系：干流强劲，支流短密，多发育在褶皱地区。

4.岩溶地貌

岩溶地貌是指地下水和地表水对可溶性岩石破坏和改造形成的地貌形态。其地貌形态主要有下列几种，如图 18-16 所示。

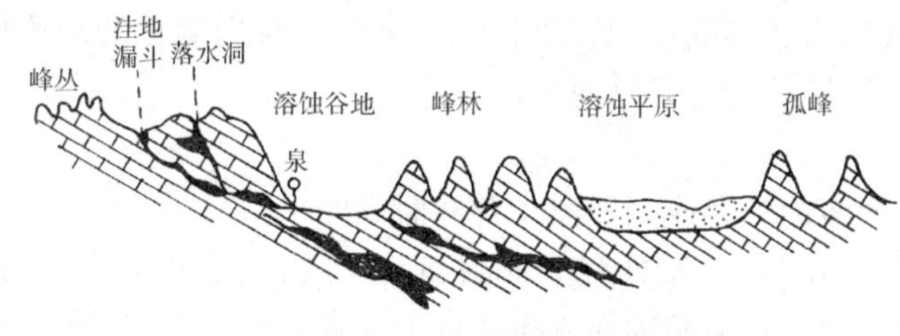

图 18-16　地表岩溶地貌形态

（1）溶沟和石芽

它们是地表水流沿着石灰岩坡面或者裂隙发育地带发生溶蚀形成的。溶蚀的凹槽称为溶沟，溶沟宽十几厘米至几百厘米。溶沟之间突出部分称为石芽。溶沟、石芽是石灰岩表面最初的溶蚀地貌形态。

溶沟、石芽的分布特征常和地形、地质条件有关。地形坡度较大的地面上，常形成彼此平行的溶沟和石芽，而在平缓的地面上溶沟和石芽常纵横交错，质纯的石灰岩地区溶沟石芽较密集，节理发育地区，溶沟石芽受其分布状态的控制。

石林是由石芽进一步发育而成，一般高达 20～30m，最为典型的如云南路南石林，因密布如林而得名，如图 18-17 所示。

图 18-17　云南路南石林

（2）峰丛、峰林和孤峰

峰丛是一种山峰基部相连，峰与峰之间形成“U”字形的马鞍地形。相对高差一般为 200～300m。峰丛之间常发育溶蚀洼地、漏斗及落水洞。主要分布在广西及云贵高原。

峰林是成群分布的山体基部分离的石灰岩峰群。峰林相对高差 100～200m，坡度很陡，一般均在 45°以上。峰丛与峰林的主要区别是峰丛山峰间基部相连的高度比例大于上部分开部分。

孤峰是岩溶区的孤立石灰岩峰，常常分布在岩溶平原上，相对高度由数十米至百余米。它是在地壳相对长期较稳定条件下，峰林不断溶蚀降低形成的。孤峰和岩溶平原是岩溶作用晚期阶段的产物。

落水洞和竖井，落水洞是连接地表水流和地下暗河的垂直通道，一般沿着裂隙发育，其形态受裂隙控制，是溶蚀并伴随塌陷形成的。在广西一带许多落水洞的洞口直径为 7～10m，深度为 10～30m，最深可达百米以上。竖井与一般井状落水洞的区别在于其井壁特别陡直，往往从竖井可以看到暗河的水面。

（3）坡立谷（又称岩溶盆地、岩溶平原）

是指岩溶地区一些宽广平坦的盆地或谷地。其宽度自数百米至数千米，长度可达几十千米。盆地边缘陡峭，底部平坦，常覆盖着溶蚀残留的棕黄色、红色黏土或河流冲积物，低洼部分还常有软土、淤泥存在。盆地中河流常从一端流出，到另一端经落水洞汇入地下河流。岩溶盆地的形状受地质构造和岩性所控制，如在断裂带的坡立谷多呈长条形，沿背斜和向斜轴部发育的坡立谷多呈椭圆形。岩溶盆地内常有溶蚀漏斗、落水洞和竖井分布。

（4）溶蚀漏斗

是岩溶化地面上的一种口大底小的圆形洼地。直径数米，深十几米至数十米。底部常有垂直裂隙或管道与地下暗河相通。若地下洞穴的顶部崩塌，形成漏斗状的洼地，称塌陷漏斗，特点是漏斗壁较陡，底部有较多的崩积岩块。漏斗多分布在岩溶化的高原面上。如果地面上有连续分布的成串漏斗，往往是地下暗河存在的标志。

(5)溶蚀洼地

是由溶蚀漏斗逐渐溶蚀扩大或相邻漏斗合并而成的小型封闭洼地。直径可超过100m，最大可达1～2km。底部较平坦，常发育有落水洞和漏斗，从洼地四壁流出的泉水，经小溪最后进入落水洞中。溶蚀洼地常在褶皱轴部或断裂带中发育。其底部如被红土或边缘坠落的岩块覆盖将形成岩溶湖。

(6)干谷和盲谷

干谷是岩溶地区的干河谷。它是由于地壳上升，岩溶水的水平循环带下降，地表水流沿落水洞和漏斗转入地下，因而河流变成了干河谷。

盲谷是在岩溶区，有的河流突然中止于石灰岩壁，有时又会从岩壁另一侧流出。前方没有出口的河流称作盲谷。

(7)溶洞

是地下水沿可溶性岩体的各种结构面特别是其相互交叉的地方溶蚀和侵蚀形成的洞穴。溶洞大小不一，形态多种多样。可分为水平的溶洞、管道状、阶梯状、袋状、多层状洞穴等。有时洞穴彼此相连。我国著名的七星岩洞最宽为70m，高15m。洞穴内常有石钟乳、石笋、石柱以及人类化石等。

(8)地下河

又称暗河，是具有河流主要特征的位于岩溶区地下水的汇集和排泄通道。若地下河局部扩大或溶洞中具有开阔的自由平静水面称为地下湖，如云南的方朗洞。

(9)岩溶泉

岩溶洞穴的出口处常形成泉。按成因可分为暂时性泉、周期性泉、涌泉等。在泉水出口地带常有泉水沉积的碳酸盐类物质称石灰华又称泉钙华。

5.黄土地貌

黄土是一种颜色、质地均一，具有疏松多孔隙，富含$CaCO_3$，垂直节理发育，透水性强，易沉陷等特征的土状堆积物。黄土在地质营力作用下形成一些特殊的地貌形态，按其分布位置可分为黄土沟谷地貌、黄土沟间地貌和黄土潜蚀地貌等几种类型。

(1)黄土沟谷地貌

由于黄土结构疏松，垂直节理发育，在失去植被保护的情况下，极易遭受水流的侵蚀、破坏，形成不同规模的冲沟。干旱季节，沟谷缺少水流形成干沟。冲沟的沟头和沟壁都较陡，规模也较大，长度可达数千米至数万米，深度达数十米至百米，冲沟沟头上方或沟床中常有一些很深的陷穴，促使沟头向源头增长，沟床加深。冲沟沟壁常发生崩塌，使沟槽不断加宽。沟底平坦并沉积了较厚的冲积物，成为坳沟。这时的沟谷已较稳定，常开垦有耕地。

(2)黄土沟间地貌

黄土沟间地貌可分为塬、墚、峁三种类型，它们是黄土高原上的黄土堆积的原始地面经流水切割侵蚀后的残留部分。

黄土塬是黄土堆积覆盖的高原面，地形平坦，四周为沟谷的沟头向源侵蚀，常呈花瓣状。有些黄土塬的面积可达2 000～3 000km^2。

黄土墚是长条形的高地。按其形态可分为平顶墚和斜墚两种。其长度大小不一，最长的达几十千米，宽几十米至几百米。黄土墚大多是黄土覆盖在梁状古地形上形成的，也有的是黄土塬被侵蚀后形成的。

黄土峁是一种圆形或椭圆形的黄土丘。峁坡呈凸形，坡度约 20°。峁与峁之间为地势稍下凹的鞍部。若干个峁连接起来形成比较起伏的墚峁，统称为黄土丘陵。

(3)黄土潜蚀地貌

地表水沿黄土中的裂隙或孔隙下渗进行溶蚀和侵蚀形成大的孔隙和空洞，引起黄土的陷落而形成黄土潜蚀地貌，主要有下列几种。

①黄土碟：黄土地面上的一种蝶形凹地，深数米，直径 10～20m。它是因地表水下渗浸湿黄土，在重力作用下发生压缩或沉陷使地面陷落形成的。

②黄土陷穴：在地表水容易汇集的沟间地或谷坡上部，由于地表水下渗潜蚀形成的。其形态有竖井状、漏斗状。深度可达 10～20m。有些陷穴成串珠状相连。这种陷穴多分布在坡面长或坡度大的墚峁斜坡上。

③黄土桥：两个陷穴间的通道不断扩大，在陷穴间残留在顶部的土体形成的。

④黄土柱：分布在沟边的柱状黄土体。它是由于流水沿黄土垂直节理冲刷潜蚀引起黄土局部崩塌残留的土体形成的。黄土柱可高达十几米。

6. 海岸地貌

海岸是具有一定宽度的陆地与海洋相互作用的地带，其上界是风暴浪作用的最高位置，下界为波浪作用开始扰动泥沙处。现代海岸带由陆地向海洋可划分为滨海陆地(后滨带)、海滩(前滨带)和水下岸坡(外滨带)三部分，如图 18-18 所示。

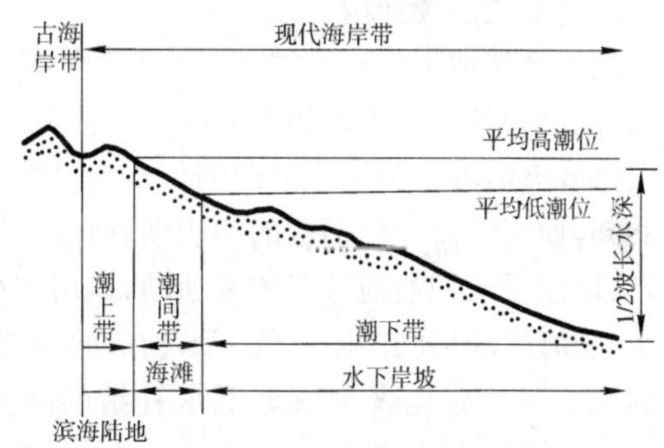

图 18-18　海岸带的划分

滨海陆地是高潮线以上至暴风浪所能作用的区域，在此范围内有海蚀崖、沿岸沙堤及潟湖等。它们大部分时间暴露在海水面以上，只在特大风暴时才被海水淹没，这一地带又称潮上带。

海滩是高潮位和低潮位之间的地带，主要是海滩和岩滩。

水下岸坡是低潮线以下，只受浅水波的作用又称潮下带。

波浪侵蚀和堆积过程中对海岸进行塑造，形成海岸侵蚀地貌和堆积地貌。

(1)海蚀崖

海蚀崖是由海浪长期对海岸冲刷，研磨和溶蚀形成的高出海面的基岩陡崖。

海蚀穴是海蚀崖下部，大致与海面高度相等处，在海浪的不断冲掏下形成的凹槽。凹槽的深度比宽度大的叫海蚀洞。冲入洞的海浪将洞顶击穿形成海蚀窗。

波切台是海蚀洞不断扩大，洞顶岩层逐渐塌落，使海蚀崖向陆地方向后退，在波浪与强有力的回流不断作用下，在大致海水面的高度上可形成一个海蚀平台，叫做波切台。

(2)海岸阶地

海岸阶地包括侵蚀阶地和堆积阶地。

①侵蚀阶地。它是由海岸的冲蚀作用和海岸上升所形成的。即海水下降使波切台及水下岸坡的一部分抬高到高潮线以上形成了海蚀阶地，常分布于多山地区的海岸。

②堆积阶地。它是由海水的堆积作用和海岸上升作用形成的，常见于平原地区的海岸，这

里常有软土、淤泥分布。

海岸阶地一般都是向大海倾斜的，阶地的外缘与海岸线大致平行。冲蚀阶地的宽度一般比较窄，堆积阶地一般比较宽阔。

③海滩。海滩是与陆地相连接的砂砾质堆积体，平行于海岸线伸展的平缓地形，微微的倾向大海。随着海岸的上升或下降，海滩范围就会加宽或缩小。

④砂坝和砂堤。底流携带泥沙流回大海时，遇到后浪，流速抵消，堆积成与海岸线平行的砂坝。砂坝继续堆积形成暗礁，当突出海面后成为砂堤。

⑤潟湖和海滨沼泽。沙堤和海岸之间与大海隔离的部分海面称为潟湖。当潟湖为水草填满时，便成为海滨沼泽。

⑥砂咀。它是一种一端连接陆地，另一端深入海中的泥沙堆积体。其成因是当岸流顺着海岸流动，在海岸拐角的地方，岸流一直流入大海中，海水变深，流速降低；或者由于两股岸流向同一拐角处流动，相遇后流速抵消，泥沙堆积并不断向前伸长，形成砂咀。

⑦海滨平原。海滨平原主要是由海成阶地组成。由一个或几个海蚀阶地连接起来组成的海滨平原叫海蚀平原。由一个或几个堆积阶地组成的海滨平原叫海积平原。海滨平原地形开阔，缓倾向大海。海滨平原上常有许多小沙丘，有时微呈波状起伏地形。若海滨沼泽进一步发展，也会形成海滨平原，外表常成蝶形洼地，洼地的底部有泥炭和淤泥堆积。

7. 湖泊及沼泽地貌

湖泊是陆地上的积水洼地，规模大小不一，分布广泛。按湖盆的成因可将湖泊分为构造湖、火山湖和各种外力作用形成的湖。构造湖主要有规模深度都很大的地堑湖(如云南滇池)；火山口或火山堆积物形成的凹陷积水形成的火山湖(如长白山天池及五大连池)，外力作用形成的湖，如有河流冲积形成的冲积湖、河流被堵形成的堰塞湖、溶蚀盆地或溶洞积水形成的岩溶湖、风蚀或风积盆地形成的风蚀湖、冰川和冰水侵蚀、堆积形成的凹陷积水所成的冰斗湖和冰水湖、海岸沙堤间凹陷中的滞水构成的潟湖。另外按滞水来源可分为由部分海水残留于陆地的残留湖及靠地表水或地下水补给的陆生湖。按湖水的含盐量，分为淡水湖(盐度小于0.30%)、微咸水湖(盐度0.03%～2.47%)和咸水湖(盐度大于2.47%)。湖泊的地貌类型主要有湖蚀阶地、堆积阶地及湖滨平原(地表水流将大量的风化碎屑物带到湖泊洼地，使湖岸堆积、湖边堆积和湖心堆积不断地扩大和发展，形成了大片向湖心倾斜的平原，称为湖滨平原)。其成因与海滨阶地及平原类似，不再赘述。

湖泊中的堆积物，从湖滨至湖心依次为沙砾石至粉细砂、亚砂土至黏土、淤泥等。

沼泽是地表长期处于湿润，喜湿性植物丛生，并有大量泥炭和有机质淤泥堆积的地段。其形成原因主要由水体沼泽化和陆地沼泽化引起的，水体沼泽化是湖泊发展到晚期阶段，湖水将要干涸，表层含水量高，喜湿性植物大量生长形成的，这种沼泽分布面积广。陆地沼泽化是平原和河谷地带由于土层黏性大，排水不畅，地表水体通过地下透水层往低洼地带排泄引起的，或地下水位升高接近地面，植物生长茂盛引起的；或暂时地面滞水形成沼泽等。我国东北地区、燕山南麓、江汉平原和长江中下游谷地都发育过大规模的沼泽。东北沼泽是形成黑土的母岩。

沼泽的堆积物由泥炭、有机质淤泥及泥沙组成。它们是在氧气不足，细菌分解微弱，甲烷、二氧化碳、硫化氢气体逸出，有机酸含量增加的环境中堆积而成。其中泥炭是沼泽堆积物中的主要成分。

8. 冰川地貌

在高山和高纬度地区，气候严寒，年平均温度在0℃以下，地表积雪逐年增厚，经过一系列物理过程，积雪逐渐变成冰川冰，冰川冰受自身重力或冰层压力作用，沿斜坡缓慢运动，形成冰川。

冰川地貌分为冰蚀地貌、冰碛地貌和冰水堆积地貌三种类型。

(1)冰蚀地貌

冰蚀地貌主要包括冰斗、刃脊和角峰、冰川谷、羊背石等。

①冰斗、刃脊和角峰。冰斗是山地冰川在雪线附近塑造的主要的冰蚀地貌之一。如图18-19所示。典型的冰斗是一个围椅状洼地，三面是陡峭的岩壁，底部是具有岩石磨光面的斗底，向下坡有一个开口，开口处常有一高起的岩槛。冰斗在冰川退缩后积水成为冰斗湖。随着冰斗的不断扩大，冰斗壁后退，相邻冰斗之间的山脊形成刀刃状，成为刃脊。几个冰斗后壁所交汇的尖锐山峰成为角峰。

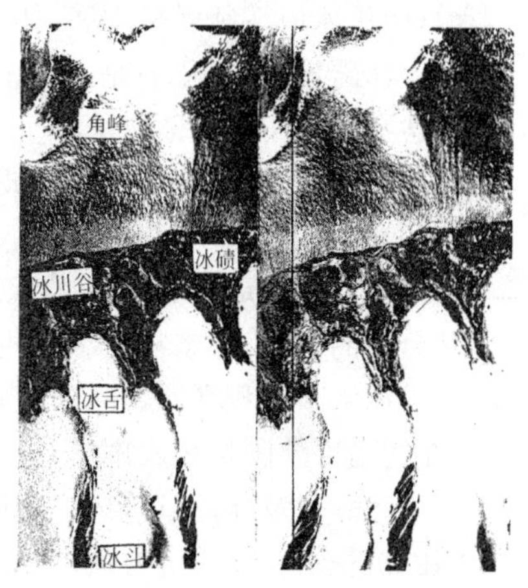

图18-19 冰川地貌(冰斗、角峰和冰川谷)，(航空相片立体相对)

②冰川谷(又称幽谷、槽谷)。冰川移动的山谷称为幽谷，这是冰川下蚀和侧蚀的结果。冰川的底蚀和侧蚀力量很强烈，因而幽谷两壁陡立，横剖面呈"U"字形，且具有明显的冰川擦痕及磨光面等特征。其槽谷的宽度有时很大，一条长仅5～6m的冰川谷，其宽度可达2～3km。其纵剖面由于冰川差异侵蚀，因岩槛和冰蚀盆地交替出现而构成阶梯状。冰川的厚度越大，下蚀力越强，有的槽谷可深达千米。由于主冰川和支冰川冰的厚度不同，在支冰川和主冰川交汇的地方，冰退后就形成明显的陡坎，使支冰川高悬呈悬谷。我国西部山地有许多悬谷高出主冰川百余米至数百米。

③羊背石。羊背石是冰川基床上的一种侵蚀地形，由基岩组成的小丘，平面为椭圆形，长轴方向和冰川方向一致，朝向冰川上游的一坡坡面较平缓，下游方一坡被冰川挖掘得高低不平，坡度也较陡。

(2)冰碛地貌

冰川侵蚀产生大量的松散岩屑及由山坡上崩落下来的碎屑，进入冰川体后，随冰川运动向下游搬运，这些被搬运的岩屑叫做冰碛物。据冰碛物在冰川体内的不同位置可分为不同类型，在冰川表面的叫做表碛，夹在冰内的叫内碛，位于底部的叫底碛，在冰川边缘的叫侧碛。两条冰川会合后，侧碛合并构成中碛，在冰川末端，围绕冰舌前端的冰碛物叫终碛。当冰川消融后，所携带的堆积物沉积下来，可形成基碛、侧碛和终碛。这些堆积物无分选性，大小岩块、沙砾混杂在一起，碎屑多具有棱角、冰碛石、冰漂砾表面常可见冰擦痕。

①基碛地貌。冰川消融后，原来的表碛、内碛和中碛都沉积到冰川谷底，和底碛一起统称为基碛。基碛地形主要有基碛丘陵和鼓丘。

基碛丘陵(冲碛丘陵)：冰碛物受冰川谷底地形起伏和受冰面和冰内冰碛物分布的影响在堆积后形成的波状起伏的丘陵，称为基碛丘陵。

基碛丘陵的规模有大有小。在冰川槽谷中的冲积丘陵高度只有几米到数十米。大陆冰川形成的冲碛丘陵高度可达数十至数百米。

鼓丘：是由一个基岩核心和冰砾泥所组成的椭圆形丘陵。其长轴和冰流方向一致，高度可达数十米，长度由几百米到一两千米。在大陆冰川终碛堤之内常呈群分布，而在山谷冰川内少见。鼓丘是冰川接近末端，底碛翻越凸起的基岩时，搬运能力减弱堆积而形成的。

②侧碛堤。侧碛堤是由侧碛和表碛在冰川退缩以后共同堆积而成。在冰川谷的方向两侧形成长堤状地形。向下游常和冰舌前端的终碛堤相连，向上游方向可一直延伸到雪线附近。

③终碛堤(尾碛堤)。当冰川的补给和消融处于相对平衡状态时,冰川的末端较长时间停留在某个位置,这时冰碛物将在冰川末端形成堆积,向下游弯曲的弧形长堤称为终碛堤。一般来说,山岳冰川终碛堤短而高,如我国玉龙山干海子终碛堤高达150m,长5～6km。

④冰碛丘陵、冰碛平原。当冰川退缩时,冰碛物全部堆积下来,成为底冰碛。底冰碛的厚度可达数十米。当冰碛物堆积于冰期以前的丘陵上时,就形成了冰碛丘陵。当冰碛物的分布面积很广,就形成了坡度缓和呈波浪起伏的冰碛平原。

(3)冰水地貌

冰雪消融后形成的水流称为冰水。在冰川外围由冰水搬运堆积形成的冰水堆积地貌,根据其分布的位置、形态特征和物质结构可分为下列几种。

①冰水扇冲积平原。冰川底部的冰水,常形成冰下河道,可携带大量沙砾从冰川末端排出,在终碛堤外围堆积成扇形地,叫冰水扇。几个冰水扇相连就形成冰水冲积平原。

②冰砾阜及冰砾阜阶地。冰砾阜是一些圆形或不规则的低矮小丘。它由冰面上的小湖或小河的沉积物在冰川消融后沉积落到底床堆积而成。组成冰砾阜的堆积物通常是一些带交错层理的砂和具有水平层理的细砂、粉砂和黏土。

在冰川两侧,由于岩壁和侧碛吸热较多,附近冰体融化比较快,使冰川两侧冰面较中部低,则冰融水汇集形成侧向流水,携带大量冰水物质,当冰川全部融化后,这些冰水物质堆积在冰川谷两侧,形成冰砾阜阶地。

③蛇行丘。蛇行丘是一种狭长而曲折的垄状地形,由于它蜿蜒伸展如蛇而称蛇行丘,其长度约为数公里至数十千米,高10～30m,有时可达70～80m,底宽几十米到至几百米。丘顶较狭窄,仅数十米,顶部平缓,两侧坡度约10°～20°。蛇行丘的延伸方向大致和冰川一致,它可以分布在低处,也可以爬上高地。蛇行丘的组成物质几乎全部是分选的成层砾石和砂,偶尔夹有冰碛物的透镜体,表面常覆盖一层冰碛物。它主要分布在大陆冰川区。

④锅穴。锅穴是指冰水平原上的一种圆形洼地,是埋在砂砾中的死冰块融化引起的塌陷坑,其直径一般十余米至数十米,深数米。

9. 风成地貌

风成地貌是指由风的侵蚀、搬运和堆积形成的各种侵蚀和堆积地貌。

(1)风蚀地貌

①石窝(风蚀壁龛)。陡峭的岩壁受风沙的吹蚀和磨蚀,其表面形成大小不等、形状各异的小凹坑,状似蜂窝,称为石窝。石窝的直径大多约20cm,深10～15cm,有群集和分散,一般口小坑大。

②风蚀蘑菇和风蚀柱。孤立凸起的岩石或裂隙比较发育不太坚硬的岩石,受风蚀作用后形成上部宽大,下部窄小的蘑菇状地形,称风蚀蘑菇。它是由于近地面的风沙流的含沙量较大,对岩石下部侵蚀较强而形成的。

垂直裂隙发育的岩石,在风的长期吹蚀下形成一些孤立的石柱称为风蚀柱。

③风蚀垄槽。在干旱地区的湖泊干涸后形成裂隙,风蚀后形成沟槽与垄岗相同的破碎地面称风蚀垄槽。此地形以新疆罗布泊附近的雅丹地区最为典型,又称雅丹地貌。沟槽深可达10m以上,长可达数十至数百米。

④风蚀洼地。由松散物质组成的地面被风吹蚀搬走而形成的洼地称为风蚀洼地。规模一般较小,直径约有几十米,深1m左右。其形状大多呈椭圆形成排分布,并沿主风向伸展。有时形成巨大的盆地,若盆地积水并含大量盐分时而成盐湖。

⑤风蚀谷和风城。干旱气候地区的洪水冲沟，经风蚀扩大形成风蚀谷。风蚀谷无一定形状和走向，宽窄不一，蜿蜒曲折。谷底高低不平，谷壁陡立，常发育有石窝。

经长期风蚀后，风蚀谷不断扩大，原始地面不断缩小，最后残留下来的小块原始地面成为风蚀小丘，其高度一般在10～30m不等。

在软弱的水平岩层分布地区，经风蚀塑造成一些顶平壁陡的残丘，好像断壁残垣的千载古城，称为风城。

(2)风积地貌

①砂丘。砂丘是具有一定形态的砂质堆积地形，如图18-20所示，主要有新月形沙丘及新月形沙丘链。

新月形沙丘形如新月而得名。其两侧各有一个顺风向延伸的翼角，纵剖面的两坡不对称，迎风坡微凸而平缓，约10°～20°，背风坡下凹，坡度较陡约28°～33°。其高度一般为15m左右。其形成原因是当风沙向前移动时，遇到灌木等障碍物时就堆积成沙堆，在沙堆顶部和两侧带来的沙粒在涡流不断作用下形成新月形沙丘。在两个方向相反风的交替作用下，新月形沙丘的翼角彼此相连而形成新月形沙丘链。

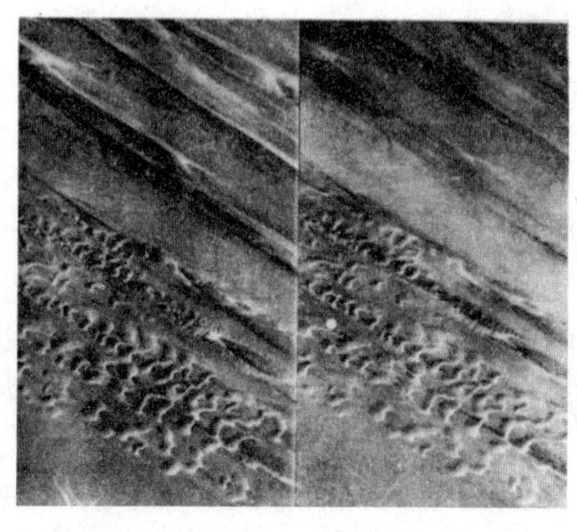

图18-20　新月形沙丘和沙垄(航空相片立体相对)

②沙垄。沿一个方向延伸的沙堆积物称为沙垄，可分为纵向沙垄和横向沙垄两种类型。

纵向沙垄是顺风向延伸的垄状堆积地貌，形体较为狭长平直。其前端有明显的迎风坡，中部垄脊平缓，两侧斜坡较对称，尾部两侧斜坡较平缓。高度一般10～30m，长多为百米至数千米。纵向沙垄常成排出现，如图18-20所示为我国西藏地区的垄状沙丘。

纵向沙垄的成因主要有：新月形沙丘发展而成、单风向和龙卷风共同作用、草丛沙堆发育而成或由地形影响而成等。

横向沙垄是一种巨型的复合新月形沙丘链，即新月形沙丘链上又发育小的新月形沙丘及新月形沙丘链。其长度可达10～20km，高50～100m，两相邻沙丘链之间的距离1.5～3.0km。

除上述风积地貌外，在沙漠地区还可见到抛物线形沙丘及多向风形成的格状沙丘、蜂窝状沙丘、金字塔形沙丘等。在海岸、湖畔或大河两岸也常分布一些形态各异的沙丘。

(3)荒漠地貌

气候十分干旱、地表裸露、植被稀少的地带称为荒漠。荒漠是干旱地区特有的地貌组合。根据荒漠地貌特征和地表物质组成可分为岩漠、砾漠、沙漠和泥漠四种类型。

①岩漠。岩漠是干旱区分布有各种风蚀地貌的基岩裸露区，多形成在荒漠区的山麓地带。我国西北和中亚等地都有岩漠分布。山麓剥蚀面是岩漠最为发育的一种地貌类型。它是由于风化作用、坡地重力作用和片流、洪流等共同作用下，使山坡不断后退，上覆薄层松散堆积物所形成的。在其形成过程中，残留于剥蚀面之上的坚硬岩石孤丘称为岛山，向盆地中心逐渐过渡为盐湖。

②砾漠。砾漠是指主要由砾石组成的荒漠，又称“戈壁”。它由强烈风力作用将细小颗粒吹走，留下粗大砾石形成的。砾石在风蚀作用下，常形成具有棱角的风棱石。我国西北玉门、柴达木盆地边缘都有砾漠分布。

③沙漠。沙漠是指地面覆盖着大量流沙并发育有各种风积地貌的荒漠。中国沙漠面积约为 63 万 km^2。主要分布于乌鞘岭和贺兰山以西地区。

④泥漠。泥漠是由黏土物质组成的荒漠。由水流搬运来的细粒黏土物质在低洼地带或封闭盆地中心淤积而成。泥漠经盐渍化形成盐沼泥漠，其盐分多为氯化物、硫酸盐或碳酸盐等。当盐沼泥漠干涸后形成龟裂地。有时在内陆盆地中心，一些湖泊因长期蒸发、含盐湖水不断浓缩成为盐湖，湖中盐水达到过饱和状态后，便沉淀成岩盐。我国柴达木盆地的一些盐湖，岩盐层厚度可达 20m，在盐湖表面的岩盐层上可通行汽车、火车，称为盐桥，格尔木-大柴旦的盐桥长约 40km。

10.冻土地貌

冻土是指在高山或高原地区，气温极低，降雨量很小，地面裸露，少或无雪，年平均气温长期处于负温的条件下，被冰胶结的地表土、石层。若每年冬季冻结，夏季全部融化的冻土称为季节性冻土；多年不融化的或在夏季仅表层融化的称多年(或永久)冻土。我国冻土主要分布在东北北部、西北高山及青藏高原地区，冻土面积占全国总面积的 22.3%。在冻土区，由于融冻作用导致土体或岩体破坏、扰动和移动，形成一些特殊的地表形态称为冻土地貌。

(1)石海，石河和石冰川

①石海。在寒冻风化作用下，岩石遭受崩解破坏，形成大片巨石角砾，就地堆积在平坦的地面上，形成石海(石海分布下限比雪线低 200～400m)。

②石河。在山坡上寒冻风化产生的大量碎屑物质滚落到沟谷里，堆积的厚度逐渐加大，在重力作用及堆积物孔隙中水的反复冻结和融化，使其体积膨胀和收缩而发生整体运动形成石河。石河中的岩块经长期运动，被搬运到山麓停积下来形成石流扇。石河停止运动一般在冻土的下界附近。

③石冰川。石冰川是由尖角岩屑组成的，平面形状很像冰川舌。当冰川退缩后，聚积石冰斗和 U 形谷中的冰碛物，在冻融作用下，顺谷地下移，形成石冰川。石冰川常呈上凸的弧形，长度一般可达 300～400m，宽 100m 左右。

(2)石环，石圈和石带

石环是由较细粒土和碎石为中心，周围由较大砾石为圆边形成的一种环状冻土地貌。石环直径一般为 0.5～2m。由于冻土区内饱含水分的颗粒大小混杂的砂砾层，经频繁的冻融交替，发生物质分异从而形成石环。斜坡上发育的石环，在重力作用下，常形成椭圆形，它的前端由大石块构成石堤，这种石环又叫做石圈。在较陡的山坡上，石圈前端常分开，经冻融分选的最大石块，集中在纵长延伸的空隙中形成石带。

(3)冻胀丘和冰核丘

由于冻土区内土的粒度和水分的分布不均匀，含水多的细粒土中结冰后形成局部隆起的丘状地形称冻胀丘。其高度几厘米到几米。若冻土中夹有未冻结层，其水分在地下慢慢凝结成冰体，使地面膨胀隆起，便形成冰核丘。冰核丘多呈圆形或椭圆形，顶部扁平或塌陷，周边较陡可达 40°～50°。其大小不一，我国最大的冰核丘位于青藏公路所经过的昆仑山哑口处。

(4)冻土阶地

冻土阶地是由于冰冻风化和泥流作用产生的。多发生在冻结的山丘和丘陵顶部或上部，具有一个陡坡和平缓的表面，陡坡高几米至数十米，表面宽可达数百米，并被崩积物和泥流所覆盖。

(5)热岩溶

热岩溶是因气温较暖，地下冰融化引起地面塌陷所形成的各种洼地。洼地内常积水成湖。多年冻土的高原或平原地区，大大小小的热岩溶湖星罗棋布，直到湖底地下冰全部融化后，湖泊才停止下沉和扩大。

(6)多边形构造土

它是冰楔或砂楔(古冰楔)在地面的表现形式。平面上呈多边形，断面呈楔形。据楔内充填物的不同，又分为冰楔和砂楔。冰楔是在多年冻土区，由地表水周期性注入裂隙中再冻结，使裂隙不断扩大并为冰体充填形成的。平面上呈网状，每一网眼呈多边形。其规模大小不一，深度不等，主要取决于气候寒冷程度。一般大的冰楔宽可达5～8m，最大深度可达40m以上。砂楔与冰楔的主要区别是其裂隙中充填物为沙土，其形态与冰楔相似，所以又把砂楔称为古冰楔。

11.火山和熔岩地貌

火山是由岩浆喷发堆积的一种地貌形态。

(1)火山地貌

火山锥是火山喷发时，有大量气体、熔融的岩流和固体碎屑，它们通过火山喉管从地球深部喷发出来，大量碎屑物质随气体喷到空中，再落下堆积成锥形的火山体称为火山锥。根据火山锥的内部构造和物质组成可分为碎屑锥、熔岩锥、混合锥和岩滴锥。

火山口是火山锥顶上的凹陷部分，平面近圆形，口大底小呈漏斗状，火山口的深度不等，视火山规模而定。大火山口的一侧常形成一个缺口，称破火山口。岩浆从地下喷出时的中央通道称为火山喉管，它被熔岩和火山碎屑充填凝结而呈圆柱状的岩体，若上部熔岩与火山碎屑被侵蚀剥去后，该岩体被暴露，称为火山颈或火山塞。

(2)火山熔岩地貌

火山喷出的高温熔岩在地表流动一段距离后，所含气体逐渐散失，温度不断降低，流动速度也逐渐减慢直到停止，在地表形成各种熔岩地貌。

①熔岩丘。它是由熔岩组成的圆形或椭圆形小丘。其高度从几米至几十米，长几十米。椭圆形小丘长轴方向多有一个熔岩流出形成的裂口。

②熔岩垄岗和熔岩盖。熔岩垄岗是岩浆沿地表流动冷凝形成的长条状地形。如大同火山群的熔岩垄岗长达几千米，宽几十米至几百米，横断面呈凸透镜体状，中间微微高起，向两侧缓倾。许多熔岩垄岗构成微微起伏的熔岩丘陵。在地形平坦地区，熔岩流从中心向四周流动，形成宽广的熔岩原野，叫熔岩盖。熔岩流经陡坎，就形成熔岩瀑布。

③熔岩隧道。熔岩隧道是在熔岩中形成的通道。熔岩表层冷却形成一层硬壳，其内部熔岩流仍不断流动，当无新熔岩流补充时，内部形成空洞称熔岩隧道。海口市有大规模的熔岩隧道，长2km左右，高3m，宽7～8m。

(3)熔岩堰塞湖及熔岩湖

当熔岩流到河谷内，阻塞河道，形成熔岩堤坝，使上游河谷积水成湖称熔岩堰塞湖。如我国东北牡丹江上游的镜泊湖，湖面约96km^2，长约40km，水最深处达60m，湖的北面有两个出口形成两个高20～25m的瀑布。

熔岩湖是在火山口洼地中，有液态的熔岩，下部和火山管道相连，四周为固态熔岩形成的堤坝阻挡其外流而形成熔岩湖。它多有基性玄武岩组成，湖面上常有固结的或半固结的熔岩块浮动，熔岩湖会在火山再次活动时消失。

二、第四纪分期

第四纪是指约 243 万年(简写为 2.43Ma BP,下同)以来地球发展的最新阶段。第四纪的特点是:在短暂的地质时期内发生过多次急剧的寒暖气候变化和大规模冰川活动;人类及其物质文明的形成发展,显著的地壳运动,广泛堆积陆相沉积物,上述特点成为第四纪的综合特征。

按照第四纪生物演变和气候变化,通常把第四纪分为 4 个时间尺度不等的时期:早更新世(Q_1)、中更新世(Q_2)、晚更新世(Q_3)和全新世(Q_4)。相应的地层分别称为下更新统(Q_1)、中更新统(Q_2)、上更新统(Q_3)和全新统(Q_4)。中国传统上把第四纪(系)二分,只分为更新世(统)(Q_p)和全新世(统)(Q_h),目前正在往四分变化,即上、中、下更新统和全新统,代号分别为 Q_p^1、Q_p^2、Q_p^3 和 Q_h。第四纪分期如表 18-7 所列。有关第四纪下限年龄有几种意见,这里采用距今 243 万年,与古地磁极性的松山/高斯两极性时的分界年龄相近。第四纪内部分期年龄也没有统一意见,这里采用大多数研究者的意见,把古地磁极性布容/松山两极性时的分界年龄0.73MaBP 作为中、早更新世分界年龄;晚更新世则以末次间冰期开始为界,其年龄约为 130ka BP(或 150ka BP)。全新世一般都以 11ka BP 或 12ka BP 为始期,中国目前用三分法:全新世早期(Q_4^1)(12~7.5ka BP)、全新世中期(Q_4^2)(7.5~2.5ka BP)和全新世晚期(Q_4^3)(2.5kaBP~现在)。国际上常有七分的布列特方案。第四纪分期研究有利于地层划分对比,对环境研究也很重要。

第四纪分期与分界年龄 表 18-7

<table>
<tr><th>地质年代</th><th>极性时</th><th>分期及分界年龄
(ka BP)</th></tr>
<tr><td rowspan="8">第四纪
(Q)</td><td rowspan="5">布容</td><td>全新世(Q_4)</td></tr>
<tr><td>11</td></tr>
<tr><td>晚更新世(Q_3)</td></tr>
<tr><td>130</td></tr>
<tr><td>中更新世(Q_2)</td></tr>
<tr><td rowspan="3">松山</td><td>730</td></tr>
<tr><td>早更新世(Q_1)</td></tr>
<tr><td>2400</td></tr>
<tr><td rowspan="2">第三纪</td><td>高斯</td><td>上新世(N_2)</td></tr>
<tr><td>吉尔伯特</td><td></td></tr>
</table>

中国第四纪地层区域特征:中国地域广阔,地貌复杂多样,气候有明显的地带性和新构造运动活跃,使中国第四纪地层具有下列特征。

(一)第四纪地层的分布、厚度、沉积类型和旋回性受新构造运动制约

第三纪末期以来,青藏高原的强烈隆升,形成我国从西一东的阶梯状大地形与 NE、EW 向平原和盆地沉积区,沉积厚度一般达几百米。在继承性沉降堆积区,第四纪沉积常继承新第三纪堆积作用,形成相似的沉积类型。在这一类盆地第四纪沉积的正旋回粒度韵律与新构造间歇性运动有关。

(二)第四纪地层的特点受气候控制

由于中国地貌和气候的纬向和径向变化特点,由此形成中国第四纪地层的区域性(或地带性)特征。西部强烈上升的气候干燥和干冷区主要以冰川、冰水、洪积、风积和盐湖沉积为主,

东部华北半干旱区黄土极为发育，华南则有亚热带红土和受亚热带气候湿热化的红土砾石随处可见，东北河湖沉积普遍，沿海地带不同程度地沉积了第四纪海相地层，有所谓东蓝（海洋）、西白（冰川）、南红（红土）、北黄（黄土）和东北黑（沼泽土）的区域沉积优势特征。

（三）第四纪沉积物成因类型复杂多样

中国第四纪沉积物有海相、陆相、海陆过渡相、构造成因、火山成因和人工堆积6个系列，其中以陆相沉积物分布最广泛，每个系列中又包含若干个沉积物成因类型。在不同的地质、地理环境中有不同的优势沉积物成因组合。平原（山间盆地或断陷谷）、沉降区河流、湖泊和沼泽成因堆积物最为常见；低山丘陵区风化、片流和重力堆积物占优势；上升的剥蚀山地冰川、冰水、洪流、泥石流和重力堆积物极为常见；沿海和陆架则有过渡相和海相沉积物。我国第四纪火山堆积主要见于东北、西南或断裂带，而东部人工堆积物很普遍。

习　　题

18-22　构造和剥蚀作用形成的山地地貌单元有（　　）。

A. 断块山、褶皱山、桌状山、单面山、褶皱断块山
B. 断块山、褶皱山、桌状山、单面山、高山
C. 方山、单面山、褶皱断块山、褶皱山、低山
D. 剥蚀残山、桌状山、单面山、断块山、中山

18-23　大海被沙堤和海岸隔离的部分海面称为（　　）。

A. 砂咀　　B. 潟湖　　C. 海滩　　D. 牛轭湖

18-24　洪积扇是由（　　）作用形成的。

A. 山坡漫流的堆积作用　　B. 山谷洪流堆积作用
C. 降雨淋滤作用　　D. 淋滤与漫流堆积作用

18-25　道路选线时，常采用沿河谷阶地方案，按结构和形态特征，一般将阶地分为（　　）三种类型。

A. 侵蚀阶地、基座阶地、堆积阶地　B. 侵蚀阶地、内叠阶地、基座阶地
C. 基座阶地、上叠阶地、埋藏阶地　D. 堆积阶地、内叠阶地、基座阶地

18-26　主要分布于河流两岸的冲积物，在平水期出露，洪水期能被淹没的是（　　）。

A. 河漫滩　　B. 冲积扇　　C. 阶地　　D. 河间地块

18-27　我国黄河壶口瀑布是（　　）地貌形态的表现。

A. 河漫滩　　B. 岩槛　　C. 心滩　　D. 深槽

18-28　戈壁滩主要是由（　　）物质组成的。

A. 细砂　　B. 砾石或光秃的岩石露头
C. 黏土夹砾石　　D. 各种大小颗粒的细砂

18-29　我国广西桂林象鼻山属于（　　）地貌形态。

A. 岩溶　　B. 黄土　　C. 冰川　　D. 熔岩

18-30　终碛堤是由（　　）的地质作用形成的。

A. 河流　　B. 冰川　　C. 湖泊　　D. 海洋

18-31　黄土沟间地貌主要包括（　　）。

A. 黄土墚、黄土塬、黄土陷穴　　B. 黄土塬、黄土碟、黄土峁
C. 黄土墚、黄土塬、黄土峁　　D. 黄土峁、黄土陷穴、黄土墚

18-32　岩溶是可溶性岩石在含有侵蚀性二氧化碳的流动水体作用下形成的地质现象。下面属于岩溶地貌形态的为(　　)。

A. 坡立谷、峰林、石芽　　B. 石河、溶洞、石窝

C. 盲谷、峰丛、石海　　D. 岩溶漏斗、地下河、石海

18-33　我国长白山天池是由(　　)地质作用形成的。

A. 河流　　B. 冰川　　C. 火山喷发　　D. 海洋

18-34　下列几种地貌形态中不属于冻土地貌的是(　　)。

A. 石海、石河、石冰川　　B. 石环、石圈、石带

C. 终碛堤、侧碛堤　　D. 冰核丘、热喀斯特洼地

18-35　第四纪是距今最近的地质年代,在其历史上发生的两大变化是(　　)。

A. 人类出现、新构造运动　　B. 火山活动、冰川作用

C. 人类出现、冰川作用　　D. 人类出现、构造作用

第四节　岩体结构和稳定分析

岩体是指由各种岩石块体所组成的自然地质体。它通常具有不连续性、非均匀性和各向异性的特点。一般将与工程有关的岩体叫工程岩体,其中组成岩体的岩块称为结构体,将岩体分割成岩块的不连续界面称为结构面,结构面和结构体的组合关系称为岩体结构,其组合类型称为岩体结构类型。

一、岩体结构面和结构体的类型和特征

(一)结构面的类型和特征

结构面是指各种不同成因、不同特性的地质界面,如层面、节理裂隙面、断层面、不整合接触面及软弱夹层等,使岩体成为一种不连续介质。结构面是控制岩体工程地质性能的重要因素。

1. 结构面的类型

按成因,结构面可分为原生结构面、构造结构面和次生结构面三大类。

(1)原生结构面

原生结构面是指在成岩阶段形成的结构面,可分为沉积、火成和变质结构面三种类型。

①沉积结构面:在沉积岩成岩过程中形成的各种地质界面,如层理面、沉积间断面(假整合、角度不整合)及原生软弱夹层等。

②火成结构面:岩浆侵入、喷溢、冷凝所形成的各种结构面,包括火成岩中的流层、流线、原生节理、侵入体与围岩的接触面及软弱接触面等。

③变质结构面:是指变质岩形成时产生的结构面,如片麻理、片理、板理等。

(2)构造结构面

在构造应力作用下在岩体中形成的破裂面或破碎带称为构造结构面,其中包括劈理、节理、断层和层间错动带等。

(3)次生结构面

次生结构面是地表浅层的岩体经风化、卸荷及地下水等作用下形成的结构面,如风化裂隙、卸荷裂隙和泥化夹层、爆破裂隙等。

2. 结构面的特征

结构面的特征包括结构面的规模、形态、结构面的间距、连通性、方位、张开度及胶结充填

情况等。

(1)结构面的规模

中国科学院地质研究所将结构面的规模分为五级，直接影响工程区域稳定性的区域断裂破碎带属于一级结构面，一般在规划选点时，应尽量避开。二级结构面是指延展性较好，贯穿整个工程地区或在一定范围内切断整个岩体的结构面，如断层、层间错动带、软弱夹层、沉积间断面、大型接触破碎带等的分布和组合，控制了山体及工程岩体的破坏方式及滑动边界。三级结构面控制着岩体的破坏和滑移机理，常常是工程岩体稳定的控制性因素及边界条件，如小断层、大型节理、风化夹层、卸荷裂隙等。四级结构面可以将岩体切割成各种形状和大小的结构体，如数米至数十米的节理、片理、劈理等，是岩体结构研究的重点问题之一。五级结构面是指延展性极差的微小裂隙，主要影响岩块的力学性质。

(2)结构面的形态

自然界中结构面的几何形状是非常复杂的，大体上可分为四种类型。

平直：包括大多数层面、片理和剪切破裂面等。

波状：如具波痕的层面、轻度揉曲的片理、呈舒缓波状的压性及压扭性结构面等。

锯齿状：如多数张性或张扭性结构面。

不规则状：结构面曲折不平，如沉积间断面、交错层理及沿原有裂隙发育的次生结构面等。

一般用起伏度和粗糙度表征结构面的形态特征。起伏度是衡量结构面总体起伏的程度。粗糙度是结构面表面的粗糙程度，大致可分为极粗糙、粗糙、一般、光滑和镜面五个等级。结构面的抗剪强度随粗糙度减小而降低。

(3)结构面的间距

结构面间距是指同一组结构面的平均间距。它反映了岩体的完整性，它决定了岩体变形和破坏的力学机制。在生产实践中，经常用结构面的间距表征岩体的完整程度。目前，国内外对结构面间距的分级很不一致。表18-8是我国水电部门推荐的节理间距分级情况。

节理间距分级 表18-8

分级	I	II	III	IV
间距(m)	>2	0.5～2	0.1～0.5	<0.1
描述	不发育	较发育	发育	极发育
完整性	完整	块状	碎裂	破碎

(4)结构面的连续性

结构面的连续性，或称贯通性和延展性，是指结构面在其走向和倾斜线上的长短程度。结构面在一定尺寸岩体中的贯通性有三种情况：非贯通的、半贯通的和贯通的。岩体中结构面的连续性不同时，其力学性质及破坏机制也不同。

(5)结构面的张开度及充填情况

结构面的张开度是指结构面两壁间的垂直距离。结构面的张开度可分为四级：

密闭的小于0.2mm；

微张的在0.2～1.0mm之间；

张开的在1.0～5.0mm之间；

宽张的大于5.0mm。

密闭结构面的力学性质，取决于岩石成分及结构面的粗糙程度。总体是张开的结构面，其两侧壁之间有时保持点接触，其抗剪强度较完全张开者要大。当结构面完全张开时，其抗剪强度取决于充填物及胶结情况。结构面内夹有软弱物质时，其强度显著降低。结构面间常见的充填物质成分有黏土质、砂质、角砾质、钙质及石膏质沉淀物和含水蚀变矿物(如叶蜡石、滑石)

等，其相对强度的次序为：钙质≥角砾质>砂质≥石膏质>含水蚀变矿物≥黏土。结构面经胶结后强度会提高，其中以铁或硅质胶结的强度最高，泥质、易溶盐类胶结的强度低，抗水性差。未胶结的充填物强度低，充填物厚度不同时，结构面的变形和强度也不同。

软弱夹层是指在坚硬的岩层中夹有强度低、泥质或炭质含量高、遇水易软化、延伸较长和厚度较薄的软弱岩层，以及断层破碎带、层间错动带或裂隙充填的泥质岩层等。

软弱夹层的特性：软弱夹层的物理力学性质与其物质组成、颗粒大小、含水量及起伏度等多种因素有关。有人将软弱夹层分为四类，即软岩夹层、碎块夹层、碎屑夹层、泥化夹层，其中软岩夹层常见的有黏土岩、松散的泥灰岩、石膏层、碳质条带、斑脱岩等。它们易风化、浸水崩解、膨胀或溶解，其强度及变形时间效应明显。

泥化夹层：黏土岩类岩石经一系列地质作用变成塑泥的过程称为泥化。泥化的标志是其天然含水量不小于塑限。因此，泥化夹层具有结构松散、粘粒含量高、含水量大、密度小、强度低(泥化带的摩擦系数通常只有0.2左右)、变形大等特点，是软弱夹层中性质最差的一类，对岩体的抗滑稳定常起控制作用。

3.结构面的力学性质

(1)结构面的变形特征

结构面的应力、应变关系复杂，根据其变形曲线，可归纳为脆性破坏变形和塑性破坏变形。

(2)结构面的强度特征

岩体结构面的强度总小于其侧岩强度。它的抗拉强度很低，特别是没有充填物的结构面，在一定范围内，可认为没有抗拉强度；有填充物的结构面，其抗拉强度与充填物性质有关。结构面的抗剪强度的大小取决于其上下盘的表面形态，且与结构面的附着物质有关。

张性结构面多粗糙、起伏，抗剪强度较高；扭性结构面多光滑、平直，抗剪强度很低。按粗糙度在结构面上的力学效应来看，镜面的抗剪强度最低，粗糙的抗剪强度较高，且与面上起伏不平的情况有关。

(二)结构体的类型和特征

由数组结构面切割而成的岩石块体，称为结构体。自然界中结构体的形状非常复杂，常见的形状有立方体、锥体、菱面体、板状、柱状及楔状等六种，如图18-21所示。有时由于岩体强烈变形和破坏，也可形成片状、碎块等形状。

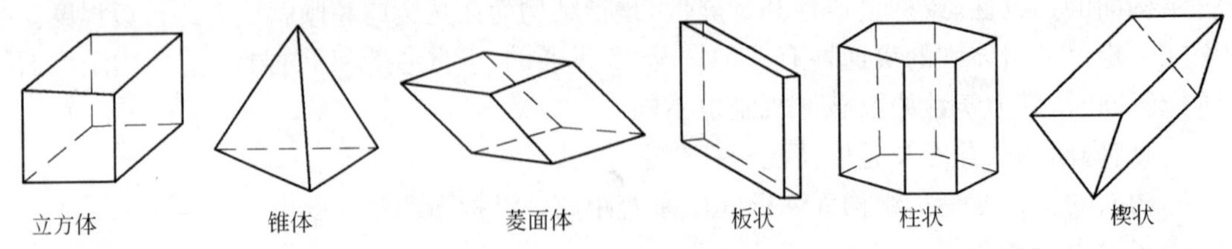

图18-21　结构体的形状

结构体大小由结构面组数及各组间距决定。巨大岩块组成的岩体不易变形，在地下结构中还能发挥有利的成拱和锁合作用；很小的岩块可能引起类似土的潜在破坏形式，可能产生流动破坏，由不连续岩体通常出现的平移或倾倒破坏变为圆弧旋转型破坏。

尽管结构体的形状大小相同，当其产状不同时，在同一工程部位有不同的稳定性；当产状相同而处于不同的工程部位时，稳定性也不同。如位于隧道拱顶的楔状结构体，当刃角朝下时，比刃角朝上更稳定；水平板状结构体在重力作用或垂直节理切割下，处于拱顶部位时不稳定，处于边墙部位稳定。在坝基下平卧的板状结构体，稳定性较差，但当竖直埋藏于坝基之下，稳定性则大为增加，甚至可以不必作为一个结构体的稳定性问题来研究。虽然竖直埋藏的平板状结构体，在坝基下是稳定的，但它在坝肩斜坡上并倾向河谷，稳定性就很差，此时平卧的板状结构体的稳定性则较高。

定量表示块体大小的指标有块度和体积节理数等。我国坝基岩体分类及地下室围岩分类，均按块度大小将岩体从完整到破碎分为4级。即完整（大于1.00m）、较完整（1.00～0.30m）、完整性差（0.30～0.01m）和破碎（小于0.01m）。根据体积节理数 J_v（裂隙数/m^3）对块体大小分为5类，即巨型块体（J_v＜1/m^3）、大块体（1～3/m^3）、中型块体（3～10/m^3）、小块体（10～30/m^3）、碎块体（＞30/m^3）。

二、赤平极射投影等结构面的图示方法

岩体结构的图解分析，在实践中多采用赤平极射投影来进行。下面着重介绍赤平极射投影的基本原理及作图方法，最后通过边坡岩体稳定分析示例来说明岩体稳定性的评价要点。

（一）赤平极射投影的原理

赤平极射投影，是利用一个球体作投影工具（见图18-22），通过球心作一平面 $ESWN$（叫赤平面）作为投影平面。极射就是从球体的一个端点 F 发出射线，如 FP，F 称为极点，P 为球体上的一个质点。由极点 F 向 P 发出的射线必然交于赤平面于 M 点，M 就是 P 点在赤平面的投影。实际上，赤平极射投影是把点、线、面的位置投影到球面上，然后再把它们投影到赤平面上，化立体为平面。目前，我国在工程地质实际应用中，习惯采用上半球作球面投影，从下半球球极（F）发出射线的方法，投影上半球的物体。

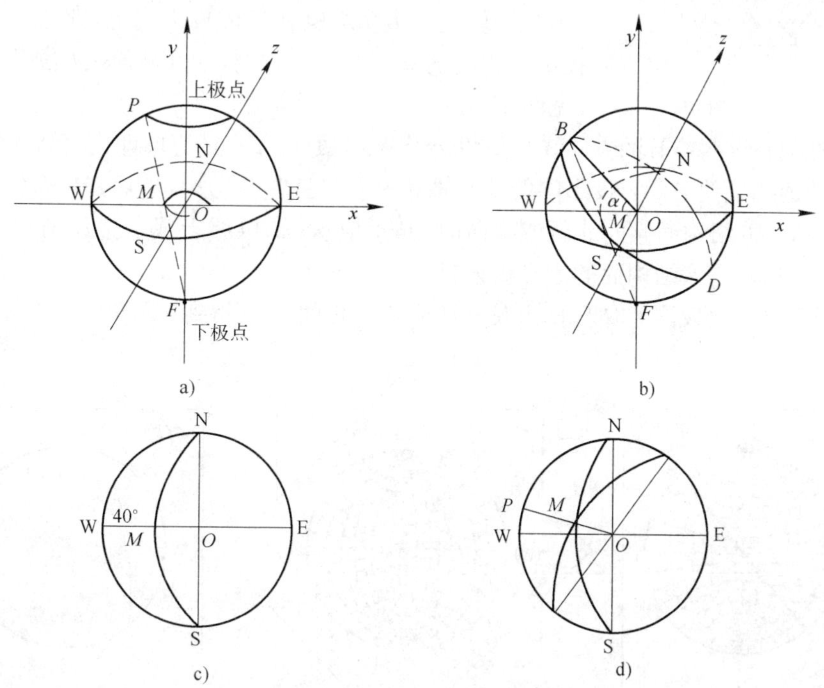

图18-22　点、线、面的赤平极射投影

1. 点的投影

如图18-22a）所示的 M 点即为 P 点在赤平面上的投影。P 点在球面上绕南北轴旋转一

周，它的投影点 M 也绕 O 点旋转一周。

2. 线的投影

如图 18-22b)所示 OB 为通过球心的直线，它与赤平面夹角为 α，OB 线在赤平面上的投影为 OM。从图中可以看出，MO 的方向与 OB 线的倾向一致。OM 线段的长度随夹角 α 的大小而变化，α 角越大，OM 线越短，反之，越长。当 $\alpha=90°$ 时，$OM=0$，即为 O 点。当 $\alpha=0°$ 时，$OM=OW$。因此，赤道大圆的半径可以表示空间线段的倾角。

3. 面的投影

如图 18-22b)所示 $NBSD$ 为一通过球心的倾斜平面，它与球面的交线为一个大圆。自 F 极点仰观上半球 NBS 面，其赤平投影为 NMS 圆弧。将赤平面从球体中取出来，即如图 18-22c)所示。从图可知：NS 的方向代表 NBSD 面的走向；MO 的方向代表该面的倾向；同线的投影一样，WM 线的长短反映面的倾角。倾角的刻度是自 W(或 E)至 O 点刻度为0°～90°。

图 18-21d)为两个相交的倾斜平面，MO 为两倾斜平面交线的投影。

（二）赤平极射投影的制图方法

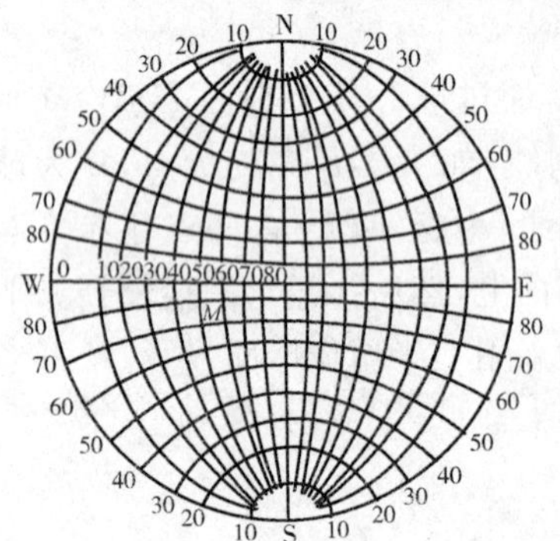

图 18-23　吴氏投影网

从上述可知，利用赤平极射投影，可以把空间线段或平面的产状化为平面来反映。并且，可以在投影图上简便地确定它们之间的夹角、交线和组合关系。如果已知结构面的产状，就可以用赤平极射投影的作图方法来表示。常用的投影网是预先制好的吴氏投影网，如图 18-23 所示。

如已知一结构面的走向为 N40°E，倾向 SE，倾角 40°，制图的步骤如下：

(1)首先将透明纸蒙在吴氏投影网上，在透明纸上作一与投影网相同的圆(称基圆)，并标出 EWSN 方位及方位角分度(见图 18-24a)。

(2)经过圆心绘 N40°E 的方向线与基圆交于 A、C 两点。AC 的方向即代表结构面的走向。

(3)转动透明纸使 AC 与投影网的南北轴相重合(见图 18-24b)，然后在(W)O 线上找到倾角为 40°的一点 B[结构面倾向北西或南西时，倾角应从(E)O 线上找]，描绘通过 B 点的经线得 ABC 圆弧，这就是该结构面的赤平极射投影。

(4)将透明纸从吴氏网上取下来，并旋转还原到 N 极朝上，就得到如图 18-24c)所示的投影图。

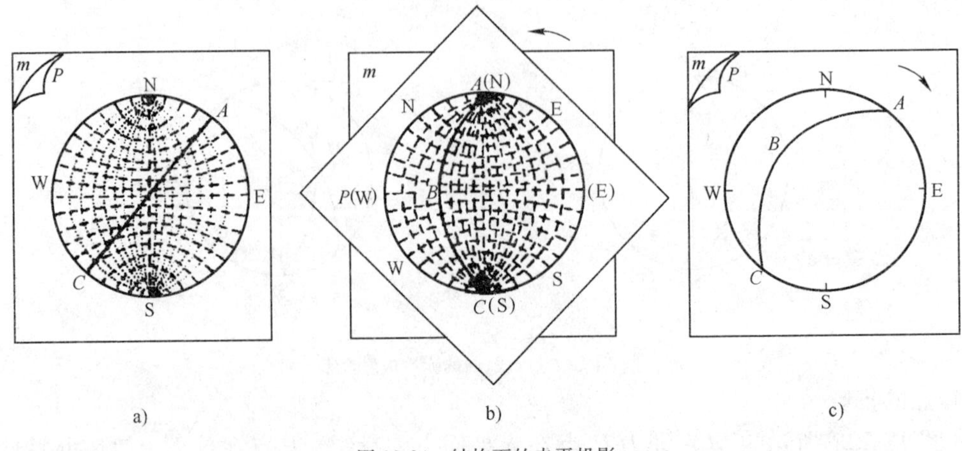

图 18-24　结构面的赤平投影

同理，如有一已知的结构面投影图，可以利用投影图判读其走向、倾向和倾角。

三、根据结构面和临空面的关系进行稳定分析

（一）一组结构面的分析

（1）当结构面的走向与边坡的走向一致，二者倾向相反时，如图 18-25a）所示，弧 AMC 为边坡的投影，J_1 为结构面，在赤平极射投影图上，边坡投影弧与 J_1 投影弧相对，属于稳定结构。

（2）结构面 J_2 与边坡面走向、倾向均相同，但其倾角小于坡角（见图 18-25b），结构面投影弧位于边坡投影弧之外，属于不稳定结构。

（3）J_3 与坡面 AC 倾向相同，倾角大于坡角（见图 18-25c），结构面投影弧位于边坡投影弧之内，属于基本稳定结构。

若软弱面与边坡面走向斜交时，当交角大于 40°时，可视为基本稳定结构。

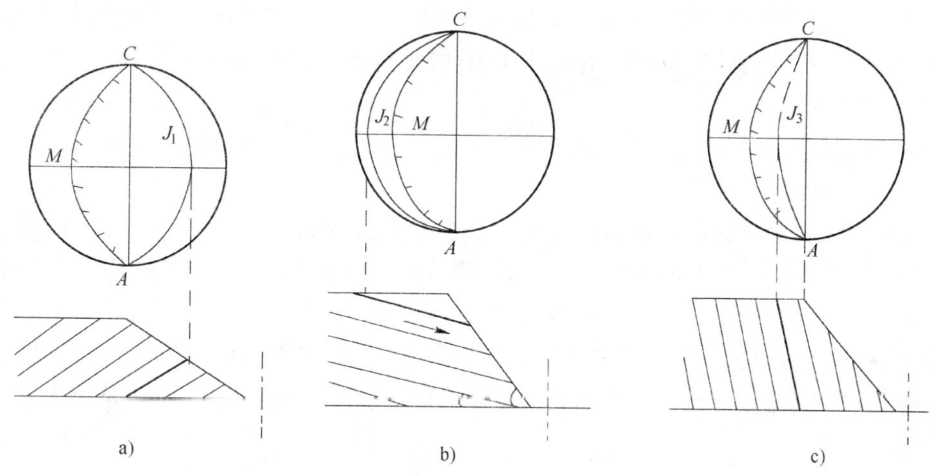

图 18-25　一组结构面的产状与边坡稳定分析图

（二）两组结构面的分析

由两组结构面控制的边坡稳定性，主要对结构面组合交线与边坡的关系进行分析，一般有五种情况，如图 18-26 所示。

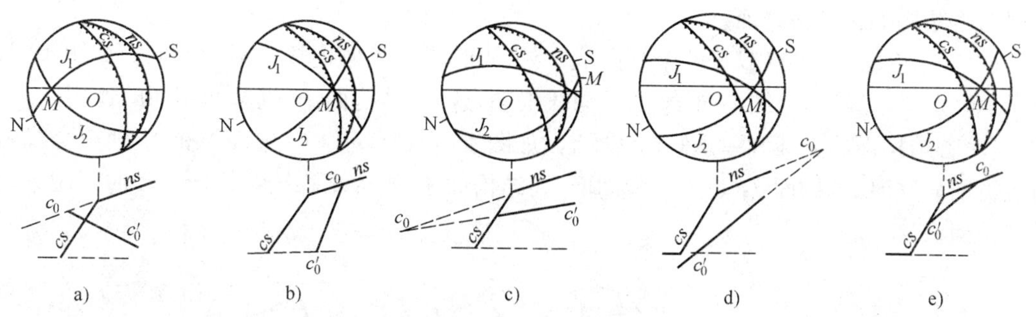

图 18-26　结构面组合交线与边坡稳定

1. 最稳定结构

在图 18-26a）中，两结构面 J_1、J_2 的交点 M 在赤平极射投影图上位于边坡面投影弧 cs（人工边坡）及 ns（天然边坡）的对侧，说明组合交线 MO 的倾向与边坡倾向相反（即倾向坡里），所

以没有发生顺层滑动的可能性，属最稳定结构。

2. 稳定结构

在图 18-26b)中，结构面的交点 M 与坡面在同一侧，但在开挖坡面投影弧 cs 的内侧，说明结构面组合交线的倾角大于坡角，故属稳定结构。

3. 较稳定结构

在图 18-26c)中，结构面交点 M 与坡面处于同侧，但位于天然边坡投影弧 ns 的外部，说明结构面交线倾向与坡面倾向一致，但倾角小于天然坡角，在坡顶无出露点，因而也比较稳定，应属较稳定结构。

4. 较不稳定结构

在图 18-26d)中，结构面交点 M 与坡面处于同侧，但位于边坡投影弧 cs 与 ns 之间，说明结构面交线的倾角小于开挖坡角而大于天然坡角，并在坡顶上有出露点 c_0，一般是不稳定的。但在特殊情况下，例如在坡顶的出露点 c_0 距开挖坡面较远，结构面交线在开挖边坡上没有出露，而插于坡脚以下，对结构体具有一定的支撑作用，属于较不稳定的边坡。

5. 不稳定结构

图 18-26e)是图 18-26d)的一般情况，结构面组合交线在两种坡面都有出露(c_0 及 c_0')，属不稳定结构。

由三组以上结构面组成的边坡，其分析的基本原理与两组结构面一样。但应选择其中最不利的交点来进行分析。如在判断稳定性时，要选择交线倾角最大，而又小于坡角的点来分析。并应在各组结构面的物质组成、延展性、张开程度、充填胶结情况、平整光滑程度等特征基本相同的情况下进行分析。如果它们各不相同，则应根据各组结构面的不同特征进行综合分析，先判断出对边坡稳定性有直接影响的两组结构面，然后以此两组结构面为依据来判断边坡稳定性。

(三)结构体滑移方向的分析

当边坡受两组结构面 J_1 和 J_2 切割，其稳定性受结构面控制时，先作结构面赤平极射投影图(见图 18-27)，标出它们的倾向线(AO 和 BO)及结构面组合交线(CO)，则滑动方向必为三者之一。

(1)若结构面的交线 CO 在两个倾向线之间(见图 18-27a)，则组合交线 CO 为滑动方向。这时两组结构面都是滑动面。

(2)若结构面的交线 CO 在两个倾向线之外，则其中一条倾向线为滑动方向。如图 18-27b)所示 AO 是滑动线，即沿结构面 J_1 的倾向线滑动，这时，结构面 J_2 仅起切割面的作用。

(3)若结构面的交线和一条倾向线重合，如图 18-27c)所示 CO 与 AO 重合，则重合线就是滑动方向。这时，结构面 J_1 是主要滑动面，而结构面 J_2 则为不稳定结构体滑动时摩阻力较小的依附面。

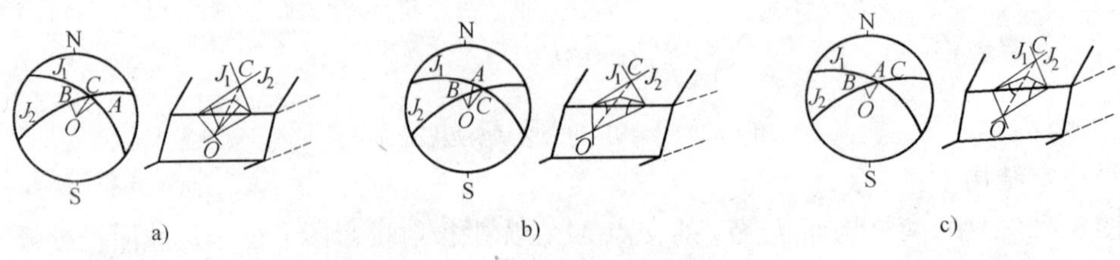

图 18-27 不稳定结构体的滑动方向

习　题

18-36　结构面按其成因可分为(　　)三种类型。

A. 原生结构面、构造结构面、次生结构面

B. 构造结构面、次生结构面、层间错动面

C. 次生结构面、沉积间断面、断层面

D. 原生结构面、构造结构面、假整合面

18-37　在赤平极射投影图上反映四种结构面的产状(见图),其中(　　)为水平结构面。

A. $A1A$　　B. $A2A$　　C. $A3A$　　D. $A4A$

18-38　如赤平极射投影图上 SMN 结构面(见图),其倾向是(　　)。

A. W　　B. E　　C. S　　D. N

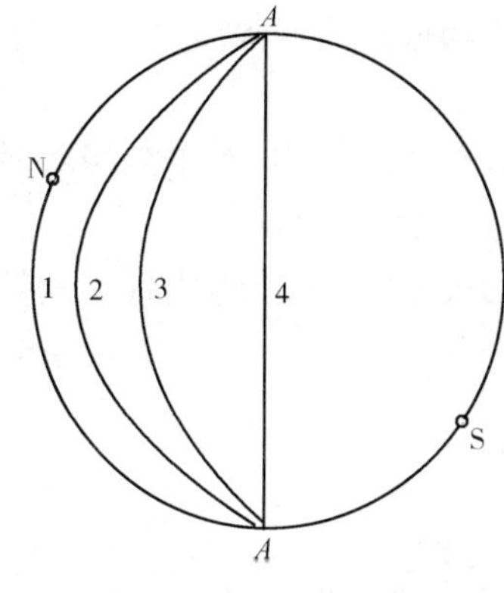

题 18-37 图

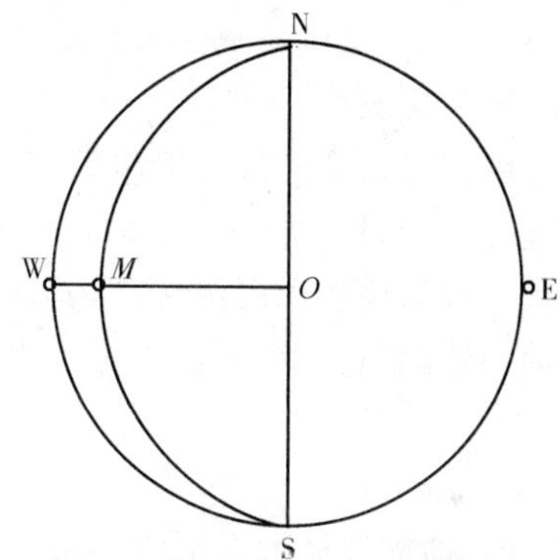

题 18-38 图

18-39　在赤平极射投影图上,可知结构面的走向与边坡走向一致,其中边坡最不稳定的情况是(　　)。

A. 结构面与边坡坡面倾向相反

B. 结构面与边坡坡面倾向相同,结构面倾角>边坡坡角

C. 结构面与边坡坡面倾向相同,结构面倾角<边坡坡角

D. 结构面与边坡坡面倾向相同,结构面倾角=边坡坡角

18-40　岩体的稳定性主要取决于(　　)。

A. 组成岩体的岩石化学性质

B. 组成岩体岩石的物质成分

C. 岩体内的各种结构面的性质及对岩体的切割程度

D. 岩体内被切割的各种岩块的力学性质

第五节　动力地质

一、地震

地震是由地球的内力作用而产生的一种地壳的振动现象。

(一)地震波的传播

地震从震源向四周传播的弹性波叫地震波。地震波包括体波和面波,地震时通过地壳岩

体在介质内部传播的纵波和横波，总称为体波；体波到达地面后激发的次生波，称为面波。它只限于沿着地球表面传播，如图 18-28 所示。

地震波的传播以纵波速度最快，横波次之，面波最慢，一般情况是当横波和面波到达时，地面发生猛烈震动，建筑物也通常都是在这两种波到达时开始破坏。主要原因是：地震发生时，由震源发出的地震波传至地表岩土体，迫使其振动，由于表层岩土体对不同周期的地震波有选择放大作用，并以某种周期的波选择放大的特别明显、突出，这种周期即为该岩土体的卓越周期。卓越周期的实质是波的共振，即当地震波的振动周期与地表岩土体的自振周期相同或相近时，由于共振作用而使地表振动加强。地震时地基岩土体及建筑物各自的振动周期相等或相近时，也将引起共振，使建筑物振动的振幅加大，并遭受破坏。

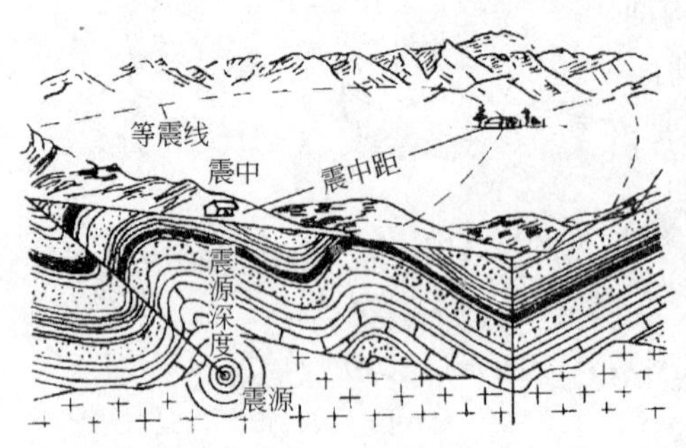

图 18-28　地震波的传播与运动形式示意图

(二)地震震级

地震震级是按震源释放能量的多少来划分的地震大小等级，放出能量越多，震级越大。一个 1 级地震的能量相当于 2×10^{6}J，震级每增加一级，能量增加 30 倍左右。

震级一般采用里氏震级标准，其计算方法是取距震中 100km 处标准地震仪所测到的地震波最大振幅值的对数，振幅值以 μm 计算，其表达式为

$$M=\lg A \tag{18-1}$$

式中：M——震级；

A——地震波最大振幅值(μm)。

如最大振幅为 10mm 即 10 000μm，它的对数值是 4，故震级定为 4 级。而实际上，震级一般是根据任意震中距、任意型号的地震仪的记录经修正后求得的。

(三)地震烈度

地震烈度是根据人感觉和地面建筑物遭受破坏的程度来划分地震大小的等级，它同震级大小、震源深度、震区地质条件及震中距离有关。同级地震，浅源地震较深源地震对地面的破坏性要大，烈度也更大。同是一次地震，离震中越近，破坏越大，反之则小。按地震烈度相同的地点连接起来的线叫等震线，震中点的烈度称为震中烈度。对于浅源地震，震级与震中烈度有如下关系

$$M_s=0.58I+1.5 \tag{18-2}$$

式中：M_s——震级；

I——震中烈度。

地震的基本烈度是指某一地区在今后的一定期限内(在我国一般考虑 100 年或 50 年左右)，可能遭遇的地震影响的最大烈度。它实质上是中长期地震预报在防震、抗震上的具体估量。目前抗震强度的验算和防震措施的采取都是以基本烈度为基础，并根据地质、地形条件及建筑物的重要性按抗震设计规范作适当的调整。经过调整后的烈度称为设计烈度。

(四)近震与远震

近震是距震中小于 1 000km 的地震。其震级用下列公式计算

$$M_L=\lg A_u+R(\Delta) \tag{18-3}$$

式中：M_L——震级；

A_u——记录到的水平地动位移(单振幅)(μm)；

$R(\Delta)$——起算函数，随震中距离和仪器性能而定。

远震是震中距大于 1 000km 的地震，其震级用下列公式计算

$$M_s = \lg\left(\frac{A_u}{T}\right)_{max} + \sigma(\Delta) \tag{18-4}$$

式中：M_s——根据面波求得的震级；

T——相应于 A_u 的振幅；

$\sigma(\Delta)$——面波震级的起算函数。

世界地震主要集中分布在环太平洋地震带、阿尔卑斯-喜马拉雅地震带、洋脊和裂谷地震带及转换断层地震带上。

(五)断裂活动与地震的关系

大量事实表明地下断层活动引起地震，而地震作用又可产生地表断层。绝大多数的浅源地震与活动断层密切相关。根据我国大陆地区地震地质研究，两者之间有以下关系：

(1)绝大多数的强震的震中坐落于活动的大断裂上或其附近。

(2)许多破坏性强震(一般大于 6.5 级或 7 级，如 2008 年 5 月 12 日汶川大地震高达 7.8 级)的形成都与当地主要断裂走向一致，甚至大体重合。

(3)曾经发生过多次强烈地震的大断裂，大都为切过震源破裂位置的深大断裂。

(4)我国绝大多数强烈地震的极震区和等震线的延长方向与当地大断裂的走向一致。

断层活动是否伴生地震，主要取决于断层的运动方式。当断层活动方式是一种蠕动，即相对稳定的滑动时，一般不伴有破坏性地震。当断层活动方式是一种粘滑，即断层两盘互相粘住时，使滑动受阻，当应力积累到等于或大于摩擦力时，断层两盘发生突然的相对错动时，便会发生地震。

(六)活动断裂的分类和识别及对工程的影响

活动断层是指现今仍在活动着的断层，或是近期曾有过活动，不久的将来可能活动的断层。后一种情况也可称为潜在活断层。在《岩土工程勘察规范》(GB 50021—2001)(以下简称《勘察规范》)中规定：在全新地质时期(一万年)内有过地震活动或近期正在活动的断层定为全新活动断裂；对其中近 500 年来发生过不小于 5 级地震的断裂，或在未来 100 年内可能发生不小于 5 级地震的断裂，称为发震断裂。

1. 活动断裂的分类

(1)根据断层面位移方向与水平面的关系，可将活断层划分为倾滑断层与走滑断层。倾滑断层又可分为逆断层和正断层，走滑断层即平移断层，又可分为左旋断层和右旋断层。

(2)按断层的主次关系，又可将活断层分为主断层、分支断层和次级断层。对于逆断层和正断层来说，次级断层主要产生在上盘，而平移断层很少有次级断层伴生。

(3)按活断层的活动方式基本分两种：一种是以地震方式产生间歇性地突然滑动，这种断层称地震断层或粘滑型断层(又称突发型活断层)；另一种是沿断层面两侧岩层连续缓慢地滑动，称蠕变断层或蠕滑型断层。

2. 活断层的识别标志

1)活断层的地质、地貌和水文地质识别标志

(1)错断晚更新世(Q_3)以来地层的即为活断层，如保留在最新沉积物中的地层错开，是鉴别活断层的最可靠依据。

(2)活断层的断层带(面)一般都由未胶结的松散的破碎物质所组成,是鉴别活断层的地质特征之一。

(3)伴随有强烈地震发生的活断层,强震过程中沿断裂带常出现地震断层陡坎和地裂缝,是鉴别活断层的重要依据之一。

(4)两种截然不同的地貌单元直线相接的部位,其一侧为断陷区,另一侧为隆起区,如高耸的山区突然转为平原、盆地,并有平直的新鲜的断层陡崖、断层三角面等,即为活断层的分布地段。

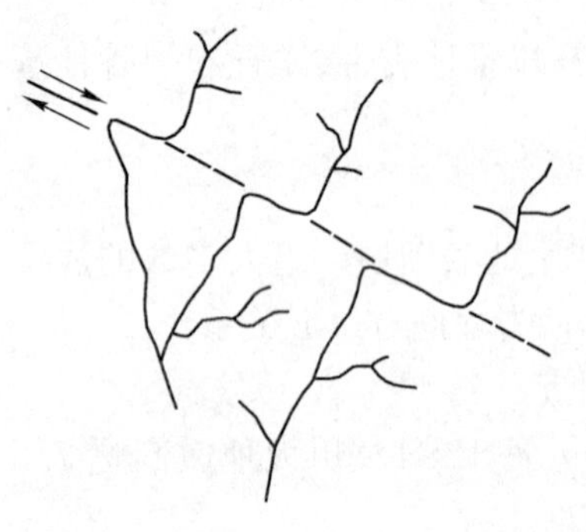

图 18-29　几条河流同步移错

(5)走滑型的活断层,常使一系列的河流、沟谷向一个方向同步移错(见图 18-29)时,即可作为确定活断层位置和错动性质的佐证;山脊、山谷、阶地和洪积扇等的错开,也是鉴别走滑型活断层的标志。

(6)活动断裂在地貌上若为深切的直线形河谷,晚更新世以来形成的阶地发生错位,同一级阶地的高程在断层两侧明显不同。

(7)在活动断裂带上滑坡、崩塌和泥石流等工程动力地质现象常呈线形密集分布。

(8)活动断裂带常有串珠状泉水、沼泽、湖泊、火山、残丘、洼地;呈定向断续线状分布的盐碱地、芦苇地、跌水、植被。但应与其他识别标志结合考虑。

(9)由于活断层一般比较深,地下水在循环交替过程中能携带深部的某些化学成分,主要表现为某些微量元素会显著增加,如氡、氦、硼、溴等。因此,也可根据地下水中这些微量元素的异常,探测活断层。

(10) 沿活断层带具有重力和磁力异常。

2)活断层的历史地震、历史地表错断识别标志

(1)历史上有关地震和地表错断的记录是识别活断层的证据。如历史上记录的中、强震震中位置的分布,晚更新世以来的古地震遗迹断裂长度及地表错断距离等。

(2)活断层错断古建筑物、古陵墓、古城堡等,如明代万里长城已查明在宁夏石嘴山红果子沟有两处错断。

3)活断层的微震测量和地形变识别标志

目前我国已使用密集的地震台网,测定微震震中位置来探测活断层的位置、断层两盘的相对活动性、震源参数等,实现微震监测。

采用重复精密水准测量和三角测量获取地形变证据,能判定无震的蠕滑断层或突发的地震断层的活动性。通过区域水准测量及台站流动短水准测量所反映的垂直形变,可以探求活断层不同地段的两旁相对升降活动的趋势和幅度。利用三角网复测所得水平变形资料,可探求活断层的走滑趋势和幅度、主压应力方向。

3. 活断层对工程的影响

活断层对工程建筑物的影响表现为两个方面:一方面是由于蠕变型活断层,当相对位移速率较大时,地面错动使地基产生不均匀下沉,直接损害跨越该断层修建的建筑物,有些活断层错动时附近有伴生的地面变形,也会影响到邻近的建筑物。另一方面是伴有强烈的地震发生的突发型活断层,错断距离一般较大,将使较大范围内的建筑物遭受破坏。

因此，在活断层分布地区进行工程建筑选址时，一般应避开全新活断层，如高坝、核电站这类重要的永久性建筑物，不能修建在活断层附近，避开距离应根据断裂等级而定。铁路、运河、桥梁等线性工程必须跨越活断层时，也应尽量使其大角度相交，并应避开主断层。所修建的建筑物应采用与之相适应的建筑形式和结构措施。

二、岩石的风化

由于温度、大气、水和生物等因素的影响，岩石发生物理和化学变化，在原地破碎分解，称为风化作用。

（一）风化作用的类型

风化作用按因素的不同，可分为物理风化、化学风化两大类型（有时还分出生物风化）。

1. 物理风化作用

引起岩石物理风化作用的主要因素是温度的变化、水的冻融和可溶盐结晶胀裂、岩石释重、植物根劈等。以物理风化为主的地区，风化深度一般不超过 10～30m，最厚 60m。

2. 化学风化作用

岩石在水溶液和大气以及生物的分泌物、遗体腐烂后分解的一些物质等的作用下，在原地发生化学变化，逐渐破坏并产生新矿物的过程叫化学风化作用。引起化学风化作用的主要因素是水和氧。化学风化作用主要有溶解作用、水化作用、水解作用、碳酸化作用、氧化作用等几种方式。

化学风化作用在温暖、潮湿的地区最为活跃。化学风化作用使岩石矿物破坏后形成两部分产物：一部分是能溶于水的可迁移物质，包括各种易溶盐类、K^{+}、Na^{+}的氢氧化物和少部分难溶的物质（如 Si^{4+}、Al^{3+}、Fe^{3+}等的氧化物），另一部分是堆积于原地的残积物，如石英颗粒和硅、铝、铁的化合物如高岭石、蛋白石、铝土矿和褐铁矿等。化学风化为主地区风化深度一般为 30～50m，最厚可达 100m。

（二）风化作用的影响因素

1. 岩石性质

岩石性质包括岩石的矿物成分、结构和构造，是风化作用的内在因素。岩石在风化带中的稳定性，主要是由其中所含矿物的抗风化能力决定的。矿物按抗风化能力强弱大致可分为稳定矿物（石英、白云母等）、较稳定矿物（正长石、酸性斜长石、角闪石、辉石、方解石等）和不稳定矿物（黑云母、橄榄石、基性斜长石、石膏、黄铁矿等）。

2. 气候

控制气候的主要因素是降雨量和气温。在寒冷的极地和高山及气候干燥地区，雨量小，植被稀少，以物理风化作用为主，岩石风化后多为棱角状的碎屑残积物；在湿热气候区，雨量充沛，气温高，植被繁茂，化学风化作用强烈，岩石风化分解彻底，往往发育较厚的土壤层。

3. 地质构造

在构造变动强烈地区、褶皱核部、断层破碎带及侵入岩接触带，裂隙较发育，为水、空气及生物等进入岩石内部提供良好的通道，能促使风化作用向岩石内部纵深发展，因而岩石风化强烈。球状风化就是经风化作用后，岩石表面变成球形或椭球形的现象。

4. 地形

地形的陡缓对岩石风化有一定的影响，地形起伏大、陡峭、切割深的地区，岩石易遭受风化，且以物理风化作用为主，风化产物不易保存且很薄。地形起伏较小的缓坡地带，则以化学风化作用为主，岩石遭受风化分解较彻底，风化产物易保留且厚度较大。

（三）岩石的风化程度

1. 岩石风化程度的判断

根据岩石的颜色、矿物成分、破碎程度、强度的变化来判断岩石的风化程度强弱。

2. 岩石风化程度分级

如表 18-9 所示，共分为 5 级。

岩石风化程度分级表　　表 18-9

风化程度分级	主要特征				
	颜色与光泽	结构与构造	矿物成分	破碎程度	强度
未经风化	所有矿物及其胶结物的颜色都是新鲜的	保持原有结构、构造	矿物成分未变	除构造裂隙外，肉眼见不到其他裂隙	岩石原有的强度
轻微风化	岩石颜色稍比新鲜岩石暗淡，仅裂隙面附近部分矿物变色	结构、构造未变	沿裂隙面稍有风化现象或有水锈	发生少数风化裂隙，但不易与新鲜岩石区别	比新鲜岩石略低，但不易区别
中等风化	表面和裂隙面大部分变色，但断口仍保持新鲜岩石特点	结构、构造大部分完好	沿裂隙面出现次生矿物	风化裂隙发育，完整性较差	抗压强度仅为新鲜岩石的 1/3～2/3
严重风化	岩石颜色改变，仅岩块断口中心仍保持原有颜色	结构、构造大部分破坏	易风化矿物均已风化变质，形成次生矿物	岩体呈干砌块石状，岩块上裂纹密布，疏松易碎，完整性很差	抗压强度仅为新鲜岩石的 1/3 左右
极严重风化	岩石完全变色，光泽消失，黑云母变为蛭石	结构、构造完全破坏，仅外观保持原岩的状态，矿物晶粒失去了胶结联系，石英松散成砂粒	除石英晶粒外，其余矿物大部分风化变质，形成次生矿物	用手可折断、捏碎	很低

3. 岩石风化程度分带

岩石的风化是由表及里，地表部分受风化作用的影响最显著，由地表往下风化作用的影响逐渐减弱以至消失，直至过渡到不受风化影响的新鲜岩石，因此从工程地质的角度，在风化剖面的不同深度上，一般把风化岩层自下而上相应于风化程度分级划分 5 个带：未经风化带、轻微风化带、中等风化带、严重风化带、极严重风化带。

4. 残积物（Q^{el}）

地表岩石经过风化作用残留于原地未经搬运的松散堆积物称为残积物，其物质组成主要为物理风化形成的碎屑物、化学风化形成的难溶物和生物风化形成的土壤。残积物的特点是：残积物中的碎屑物质大小不均，棱角明显，无分选、无层理；在成分上与基岩有密切联系，由表往里逐渐过渡到基岩，风化程度上部深下部浅，质地不均，空隙发育，结构疏松，强度和稳定性较差。

残积物不连续地覆盖在地壳基岩上形成的一层薄的外壳，称为风化壳。风化壳的结构在垂直方向上具有明显的分带性，但层与层之间是逐渐过渡的。一个发育完全的风化壳从上向下依次为土壤层、黏土矿物为主的残积层、角砾状碎屑残积物（半风化岩石）和基岩。

三、流水、海洋、湖泊、风的侵蚀、搬运和沉积作用

（一）流水的侵蚀、搬运和沉积作用

地表流水可分为暂时性流水和经常性流水（河流）两类。

1.暂时性流水的地质作用

（1）洗刷作用及坡积层（Q^{dl}）

大气降水或冰雪融化后，在倾斜的坡地上，形成面（片）状水流，沿整个山坡坡面漫流，把覆盖在坡面上的风化破碎物质冲洗到山坡下部，这个过程称洗刷作用。片流侵蚀及搬运的物质，一部分直接或间接流入江河，一部分在缓坡或坡脚处堆积下来，形成坡积物。它们围绕坡地边缘分布，形似衣裙的花边，故称坡积裙。

坡积裙的颗粒分选性及磨圆度差，一般无层理或层理不清楚，组成物质上部多为较粗的岩石碎屑，靠近坡角常为细粒粉质黏土和黏土组成，并夹有大小不等的岩块。坡积物最厚可达几十米。其组成物质结构松散，空隙率高，压缩性大，抗剪强度低，在水中易崩解。当坡积层下伏基岩倾角较陡，坡积物与基岩接触处为黏性土，而又有地下水沿基岩面渗流时，则易发生滑坡。在坡积物上修筑建筑物时，应注意地基的不均匀下沉问题，应查明其厚度及物理力学性质，正确评价建筑物的稳定问题。

（2）冲刷作用及冲积层（Q^{pl}）

地表流水逐渐向低洼沟槽中汇集，水量渐大，携带的泥沙石块也渐多，侵蚀能力加强，使沟槽向更深处下切，同时使沟槽不断变宽，这个过程称为冲刷作用。冲刷作用使地面进一步遭到破坏，形成很多冲沟。

集中暴雨或积雪骤然大量融化，都会在短时间内形成巨大的地表暂时流水，一般称为洪流。洪流流出沟口时，坡度减小，水流散开，动能很快降低，所携带的大量泥沙石块沉积下来，形成洪积层。从外貌看洪积层多呈扇形，称洪积扇。洪积扇多位于沟谷进入山前平原、山间盆地、流入河流处。

洪积层常发育在干旱、半干旱地区，并常与坡积层、冲积层交互沉积在一起，形成山麓的坡积-洪积裙和山前洪积-冲积倾斜平原。

2.河流的侵蚀、搬运和沉积作用

河流的侵蚀作用、搬运作用和沉积作用在整条河流上同时进行，相互影响。在河流的不同段落上，三种作用进行的强度并不相同，常以某一种作用为主。

（1）侵蚀作用

河流的侵蚀作用包括机械侵蚀和化学溶蚀两种，前者最为普遍，只有在可溶岩地区，河流溶蚀作用才比较明显。按其方向可分为下蚀和侧蚀，下蚀也称纵向侵蚀，向河源方向侵蚀，向下切割河床，使河谷变窄、变深，破坏河底；侧蚀也称横向侵蚀，向河岸方向侵蚀，使河流变宽、变弯，破坏原有河岸。下蚀和侧蚀是同时进行的，但河流上游以下蚀为主，下游以侧蚀为主。

①下蚀作用：河流的下蚀作用是指河水及其所携带的沙砾对河床岩石撞击、磨蚀或溶蚀，致使河床受侵蚀切割而逐渐破坏加深。下蚀的强弱取决于流速、流量的大小，河流含砂量的多

少及组成河床的岩石的软硬。流速、流量越大，下蚀作用越强；组成河床的物质越坚硬、裂隙越少，下蚀作用越弱。

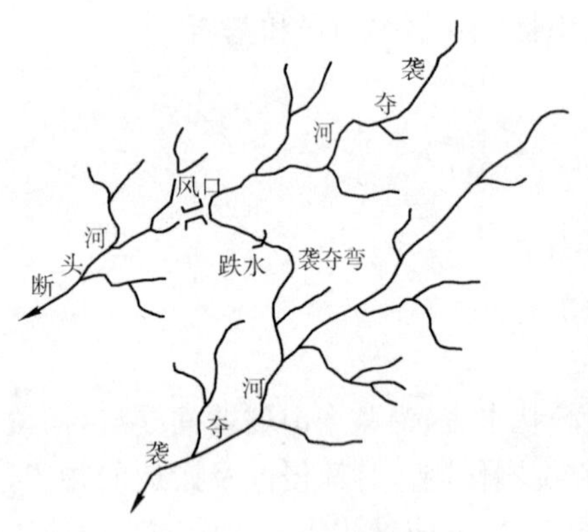

图 18-30　河流袭夺现象图

下蚀作用在河流的源头表现为河谷不断地向分水岭方向扩展延伸，使河流增长，这种现象称为向源侵蚀。当某一条河流向源侵蚀，切断另一条河流上游，使水汇入时称为河流袭夺现象。如图 18-30 所示。

②侧蚀作用：河流侧蚀是指河水对河岸的冲刷破坏，从而使河床变弯、变宽。河流产生侧蚀的原因，一是因为原始河床不可能完全笔直，一处微小的变曲都将使河水主流线（最大流速各点的连线）不再平行河岸，致使变曲程度愈来愈大；二是河流中的各种障碍物，如浅滩，也能使主流线改变方向。这样在河床弯曲范围内形成横向环流。环流的表面水流流向凹岸，使凹岸不断被冲刷掏空、垮落。侵蚀下来的物质又被环流底层的水流带向凸岸或下游，在适当的地方堆积起来。横向环流作用结果使凹岸不断遭受破坏、后退形成陡岸，而凸岸不断堆积，形成缓坡，结果使河谷越来越宽，越来越弯，形成河曲，这种凹岸侧蚀与凸岸堆积不断地向下游扩展，如图 18-31 所示，当河曲发展到一定程度，同侧上下游两个相邻弯曲之间的距离越来越小，洪水冲开狭窄地段，河水由新冲开的河道流动，称河流裁弯取直现象。

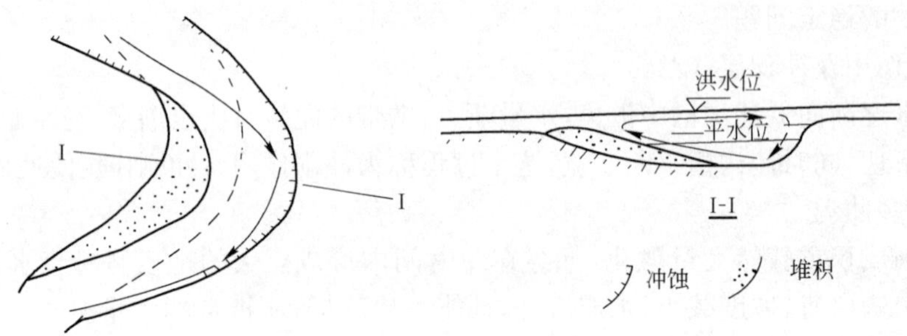

图 18-31　河流侧蚀和沉积

残余的河曲两端逐渐淤塞、断流，脱离河床而形成特殊形状的牛轭湖。当湖中水分逐渐蒸发，将发展成为沼泽，遗留的河床称为古河道。

（2）搬运作用

流水搬运的方式主要为物理搬运和化学搬运两种类型。物理搬运又可分为悬运、跃运和推运三种方式。悬运是较小的颗粒在流水中呈悬浮状态向下游搬运。悬运的物质数量最大，例如黄河每年的悬运量可达 6.72 亿 t。跃运是颗粒在水流冲击作用下，跳跃前进。推运是颗粒在水流冲击作用下，沿河床滚动或滑动。

化学搬运的距离最远，水中各种离子和胶体颗粒多被搬运到湖、海中，当条件适合时，在湖、海中产生沉积。

（3）沉积作用和冲积层（Q^{al}）

流速降低使河流携带的物质沉积下来称沉积作用，河流的沉积物称冲积层。由于河流在不同的地段流速降低的幅度不同，各处形成的沉积层就具有不同的特点。在山区，河流底坡陡、流速大，沉积作用较弱，河床中冲积层多为巨砾、卵石和粗砂。当河流由山区进入平原时，流速骤然降低，大量物质沉积下来，形成冲积扇。

（二）海洋的侵蚀、搬运和沉积作用

1. 海洋的侵蚀作用

海水侵蚀作用的动力包括三个方面：海水运动、化学作用和生物作用。海水运动起机械剥蚀作用，主要发生在海岸地区。

（1）海水运动作用

海水运动有四种形式：海浪、潮汐、洋流和浊流。

海浪对于滨岸的破坏作用，主要是水体的冲击和利用海水中卷动着的石块、泥沙以撞击、磨蚀等方式进行的。

潮流主要作用于外滨带海区。特别是大潮，其影响深度可以超过100m，搅起海底泥沙，甚至引起海水的浑浊。潮流速度一般约为1m/s，落潮时的底流速度还可超过这个数字。这时在水底的沙面上引起冲刷，常常蚀出许多深浅不同的沟。

洋流主要发生在大洋水体表层，向深部流速逐渐降低。它对洋底峡谷或凸起的地方只能进行微弱的冲刷。

浊流是一种特殊的局部性海水流动，它是一股被沙泥搅和的水团在清澈的海水中运动。暴风浪、潮流、地震及火山作用等都能引起浊流。目前普遍认为海底峡谷的成因，是浊流冲刷作用的结果。

（2）化学作用

海水对滨岸的溶蚀作用在碳酸盐岩石地区较为强烈。海浪的压力及生物的综合作用增加了溶蚀能力，结果在滨岸岩石上蚀出许多洞穴。

（3）生物作用

滨岸地区有许多生物能适应汹涌的波涛而生活，它们是一些钻孔生物，钻进石灰岩及泥质岩石中，对防波堤有很大的破坏力。由于海浪不断地削平这些孔道，生物便极力将它钻得更深，从而加速了滨岸的破坏。

2. 海水的搬运作用

海水对物质的搬运方式可以分为机械搬运及化学搬运（溶运）两种。

（1）海浪的搬运作用

海浪是海水搬运作用的主要动力。由大陆进入海洋的物质，首先由波浪进行淘洗，使细粒物质处于悬浮状态。随着底流及洋流源源不断地输向浅海或深海，较粗的物质则留在浅水地带，继续往复运动，在运动中互相撞磨而变细，产生新的悬浮物。其中发生了分选作用及磨细作用。

（2）潮流的搬运作用

潮流动力在开阔的大洋上作用不甚明显，涌潮浪引起的涡动可使大量碎屑处于悬浮状态，退潮时的急流把它们带向海中。

（3）洋流的搬运作用

洋流对于海洋来说应视为最重要的运动，但在地质意义上，较之波浪、潮流等却处于次要地位。洋流虽然具有远程搬运的特点，但是搬运力是十分弱小的，使深海区的沉积速度极为缓慢。

（4）浊流的搬运作用

浊流具有强大的搬运力，由于动力大、紊流强烈，在其搬运物中包含着砾石及岩块，可使大量沙级碎屑呈悬浮状态，搬运距离上千公里。但它在时间上和空间上都是局部发育的。其搬运量也因时因地而异。

3.海水的沉积作用

海洋盆地是地壳表面相对最低凹地区，陆地的风化剥蚀产物总的运动趋势是移向海洋。所以沉积作用是海水地质作用的主要方式。

(1)沉积物质来源

海洋沉积物主要来源于大陆，其次是火山物质、生物和宇宙物质。海岸带沉积物是复杂多样的，包括岩块、砾石、沙、泥质物、珊瑚、生物贝壳碎片等碳酸盐沉积物。其中以碎屑沉积物为主，并常夹杂着动物和植物残骸。在海岸带沉积物中还常见水平层理、斜层理和交错层理。

(2)滨岸带的沉积作用

滨岸带处于各处强度的波浪作用之中，是水动力最强烈的区域，潮汐作用使它反复淹没或露出海面，岩屑不断地被波浪驱使着滚来滚去。涨潮时带来的泥沙铺盖在大片海滩上，退潮时，残余的海水汇成网状细流冲刷出许多沟道，然后干涸。沉积物中常有浅海生物残壳和陆地生物活动的遗迹。

海岸带长期在海水的侵蚀、搬运和沉积作用下，逐渐形成了诸如海蚀崖、海蚀柱、海蚀穴、坡切台、海岸阶地、海滩、沙堤、沙坝、沙咀等多种地貌形态。

(三)湖水的地质作用

湖水与海水一样，处于不断运动之中。湖水动力也有波浪、潮流、湖流和浊流等机械动力和存在于湖水中的化学动力和生物动力。在机械动力方面，由于湖泊比海洋小得多，水也浅得多，所以湖水动力比海洋小得多。

1.机械侵蚀和沉积作用

在湖浪冲蚀之下，湖滨上开始出现湖蚀洞穴、湖蚀凹槽，随着湖浪冲蚀作用的继续，洞穴、凹槽扩大，湖蚀崖出现并扩大、后退，形成波切台和波筑台。这一过程在大湖滨看得很清楚，如在鄱阳湖滨多处可见。湖浪冲蚀湖滨的产物，以及入湖河流带来的物质，被退流、岸流、湖流、浊流带至湖滨外、湖湾、湖中心等地沉积。可见湖水的各种动力对湖盆的冲蚀作用及产物的搬运作用与海洋中相同，只是规模较小。

2.化学沉积作用

按气候的干湿，将湖水化学沉积作用分为两种：

(1)潮湿气候区湖水化学沉积作用

由于潮湿气候区雨量充沛，化学和生物化学风化作用剧烈，不仅易溶的如K、Na、Ca、Mg等组成的盐类，可呈离子状态被水搬至湖内，就是较难溶的如Fe、Mn、Al、Si、P等组成的盐类也能形成离子或胶体溶液被搬至湖中。前者由于溶解度大，难于在本区的湖中进行沉积而会继续被搬运，以至直达海洋；后者则成为湖水化学沉积的主要物质来源。

(2)干旱气候区湖水化学沉积作用

干旱气候区的湖水，很少向外流泄，主要消耗在蒸发上，因此，流水和地下水带来的盐分，年复一年地留在湖中，湖水盐度逐渐增加，以致淡水湖逐渐变成咸水湖甚至盐湖。

3.湖水生物沉积作用

湖水生物沉积作用，主要发生在潮湿气候区，湖水中，生长着极为丰富的生物。当大量低等生物尸体和湖泥一起堆积在湖底时，在缺氧和富含 H_2S 的环境中，有机质经过细菌分解，形成含C(40%～50%)、H_2(6%～7%)、O_2(34%～44%)及NO(<6%)的沥青质，它分散在湖泥

的细小颗粒间，形成各种不同颜色的胶冻状态的粘泥，称为腐泥。腐泥经干馏后可得到焦炭、煤气和石油以及有机酸和维生素等产物。

(四)风的侵蚀、搬运和沉积作用

风是大气运动的一种形式。它是由于地表热量分布不均，出现气压差和空气由高压区向低压区流动而产生的。风力是干旱气候环境(年降雨量 250mm 以下)的主要地质营力。

当风沿松散无植被地面运行时，紊动气流将地面物质吹起，并携带着前进，这种呈面状活动的挟砂气流称风沙流。风沙流中含有各种粒径的砂、粉尘和气溶胶，流动的砂是风蚀和风积作用的重要因素，粉砂是形成黄土的主要来源。各种气溶胶对环境产生重要的影响。

1. 风蚀作用

风蚀作用主要靠风压力及挟带的碎屑物沿地表摧毁、磨损地面岩石、松散沉积物等。

风蚀作用包括吹蚀和磨蚀两种方式。吹蚀作用(或吹扬)是指风本身在流动时，由于风的迎面冲击力和因紊流及滑流产生的上举力，使地面松散碎屑物或基岩风化产物吹起，或剥离原地的作用。吹蚀作用的主要对象是干燥的粉砂级和黏土级碎屑。磨蚀作用是被风吹扬起的碎屑物质，在沿地表运动时，对地面岩石碰撞和磨蚀。实验证明：高速跃移的沙粒可推动大于其直径 6 倍、重量 200 倍的沙粒。一般来说，距地面 0.5～1.5m 高度范围内，(沙暴即发生在此高度内)，尤其是 10cm 高度范围内风吹扬起的沙、砾石数量最多，磨蚀作用最强。

风蚀作用使各种不同岩石、泥沙块体发生崩解和破碎，形成各种风蚀地貌，如风棱石、蜂窝石、风石洞、石磨菇、风蚀残丘、风蚀洼地、风蚀谷和风城等。

2. 风的搬运作用

风的搬运作用表现为风沙流。风的搬运方式有悬移、跃移和蠕移三种形式。

(1)悬移。为细小的沙粒悬浮于空气中被搬运。悬移的颗粒称为悬移质，其大小一般在 0.25mm以下。悬移质可高达几千米。搬运距离可达 2 000km 以上。

(2)跃移。即沙粒以跳跃方式被搬运。其搬运高度很小，大多数跃移的沙粒在距地面 30cm 以下。

(3)蠕移。是指沙粒和细砾石沿地面徐徐移动或滚动。

风的搬运强度取决于风速的大小。风速小于 4m/s(起沙风速)时，风的搬运力不显著；当风速大于 4m/s 可搬运 0.25mm 以下粒径的沙粒；风速小于 5m/s 时，粉砂可被垂直抬升到三千多米的高空。一般来说，被风吹扬起的沙颗粒大小和风速成正比。随着风速增大，被搬运颗粒的直径也增大。十二级大风(风速大于 33.5m/s)时，可搬运巨大的砾石。

总的来说，风的搬运力不大，但因风沙流是面状运动，故搬运量是巨大的。如现代陆地上面积达几千万平方公里的沙漠和近 300 万平方公里的风成黄土，就是近 200 万年的风力搬运而来的。

风的搬运作用具有分选性，并且风运物在搬运途中，和地面及风运物彼此之间不断碰撞摩擦，颗粒被磨圆、磨细和磨光。

3. 风的沉积作用

随着风力的减小或前进中的风沙流在遇障碍物(植物、山体、凸起的地面或建筑物)时，就会因受阻而产生涡漩或减速，使其动能降低而发生堆积，形成堆积物及各种风积地貌。风积物主要有两类：风成沙和风成黄土。

另外，气候干旱、缺少植被、地面裸露地区，在风的地质作用下形成荒漠。按地面物质的组成，荒漠又分为岩漠、砾漠、沙漠和泥漠。

四、滑坡、崩塌、岩溶、泥石流、土洞和塌陷、活动沙丘等不良地质现象的成因、发育过程和规律及其对工程的影响

（一）滑坡

滑坡是指斜坡上的岩、土体在重力作用下，沿着斜坡内部一定的连续贯通的破裂面（称滑动面或滑动带），整体向下滑动的过程和现象。

1. 滑坡的组成要素

一个发育完全、比较典型的滑坡通常由以下几个要素组成（见图 18-32）。

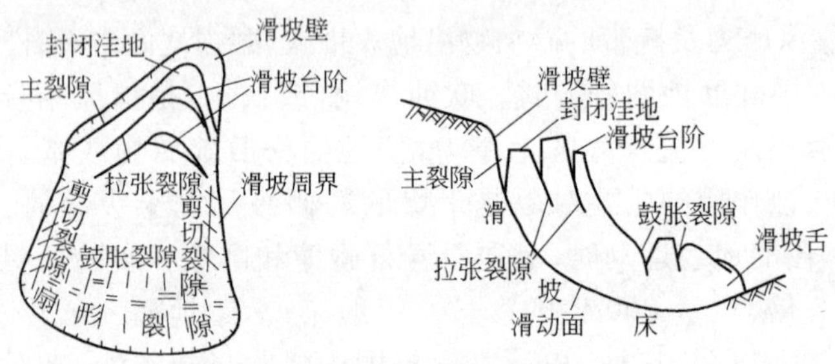

图 18-32　滑坡平面、剖面形态特征

（1）滑坡体。脱离斜坡体向下滑动的那部分岩、土体。

（2）滑坡周界。滑坡体和周围没有滑动部分的分界线。

（3）滑动面（带）。滑坡体向下滑动的界面，是滑坡体与其下部稳定不动的岩土体之间的分界面。有些滑坡没有明显的滑动面，而是形成软塑状的岩、土体，厚度数厘米至数米，叫滑动带。

（4）滑坡床。滑动面以下稳定不动的岩土体。

（5）滑坡壁。滑坡体后部与母体断开处形成的陡壁。常呈圈椅状地貌。

（6）滑坡台地。由于多次滑坡或各段滑坡体滑动速度的差异，滑坡体上形成阶梯状的台地。

（7）滑坡舌。滑坡体前缘形如舌状向前伸出的部分叫滑坡舌。滑坡舌的隆起部分叫滑坡鼓丘。

（8）滑坡裂隙。滑坡体各部分向下滑动速度不同，受力不均匀，形成一系列不同性质的裂隙。在滑坡前缘，因滑坡体下滑受阻土体隆起而形成的鼓张裂隙，其方向垂直于滑动方向。在滑坡体后缘受拉力作用形成平行于滑坡壁的弧形拉张裂隙。在滑坡体两侧，因滑坡体与滑坡床的相对位移而形成剪切裂隙，常伴生有羽毛状裂隙。在滑坡前缘，因滑坡体向两侧扩散形成放射状的裂隙，为扇形裂隙。

其中滑动面（带）是滑坡形成的关键要素。滑动面的埋藏深度在很大程度上决定了滑坡体的规模。滑动面一般有直线形、折线形、圈椅形、阶梯形等，其形状直接控制着滑坡体的稳定状态，是滑坡稳定性分析、灾害预测预报、工程处理的重要依据。

2. 滑坡的形成条件

（1）地形地貌

一般山地的缓坡地段，由于地表水流动缓慢，易于渗入地下，因而有利于滑坡的形成和发展。山区河流的凹岸易被流水冲刷和淘蚀，当黄土地区高阶地前缘坡脚被地表水侵蚀和地下水浸润，这些地段常易发生滑坡。

（2）地层岩性

地层岩性是滑坡产生的物质基础。软弱的地层岩性，在水和其他外营力作用下，因强度降低而易形成滑动带，从而具备了产生滑坡的基本条件。

(3)地质构造

滑坡沿断裂破碎带往往成群成带分布。各种软弱结构面(如断层面、岩层面、节理面、片理面及不整合面等)控制了滑动面的空间展布及滑坡的范围。

(4)水文地质条件

地下水进入滑坡体增加了滑体的重量，滑体在地下水的浸润下抗剪强度降低。地下水位上升产生的静水压力对上覆不透水岩层产生浮托力，降低了抗滑力，造成斜坡失稳。另外，地下水与周围岩体长期作用会改变岩土的性质和强度，容易引发滑坡。

(5)人类活动

人工开挖边坡或在斜坡上部加载，改变了斜坡的外形和应力状态，增大了滑体的下滑力，减小了斜坡的支撑力，从而引发滑坡。

3. 滑坡的发育过程及规律

滑坡的发育是一个缓慢的变化过程，通常将滑坡发育过程划分为三个阶段。

(1)蠕动变形阶段

由于各种因素的影响，斜坡岩土体强度逐渐降低或斜坡内部剪切应力不断增加，使斜坡的稳定状态受到破坏。斜坡内较软弱的岩土体首先因抗剪强度小于剪切应力而发生变形，当变形发展至坡面便形成断续的拉张裂缝。变形进一步发展，后缘裂缝加宽，并出现小的错断，滑体两侧的剪切裂缝也相继出现，坡脚附近的岩土体被挤出。此时滑动面基本形成，但未全部贯通。当变形继续发展，后缘裂缝进一步加宽，错距不断增大，两侧的剪切裂缝贯通，斜坡前缘的岩土体受推挤而鼓起，并出现大量鼓胀裂缝，滑坡出口附近渗水浑浊时，滑动面全部贯通，斜坡岩土体开始沿滑动面整体向下滑动。

(2)滑动破坏阶段

滑动面贯通后，滑坡开始整体作向下滑动。此时滑坡后缘迅速下陷，滑壁明显出露，有时形成滑坡阶地。滑体上的树林形成醉汉林，建筑物严重变形倒塌。随着滑体向前滑动，滑坡体向前伸出形成滑坡舌，并使前方道路、建筑物遭受破坏或被掩埋。发育在河谷岸坡的滑坡，或堵塞河流，或迫使河流弯曲转向。

(3)压密稳定阶段

滑坡体在滑面摩擦阻力的作用下，最终要停止下来。停止后，在重力作用下，滑坡体上的松散岩土体逐渐压密，地表裂缝被充填，滑动面附近的岩土体强度由于压密，固结程度提高。当滑坡坡面变缓，滑坡前缘无渗水，滑坡表面植被重新生长时，说明滑坡基本稳定。

(二)崩塌

陡坡上的岩体或土体在重力作用下，突然脱离母体向下崩落的现象称为崩塌。崩塌的过程表现为岩土体顺坡猛烈的翻滚、跳跃，相互撞击，最后堆积于坡角形成岩堆。崩塌的主要特征是脱离母岩塌落速度快、发生突然，下落过程中崩塌体的整体性遭到破坏，崩塌的垂直位移大于水平位移，具有崩塌前兆的不稳定岩土体称为危岩。

1. 崩塌运动的形式

崩塌的运动形式主要有两种：一种是脱离母岩的岩块或土体以自由落体的方式而坠落，另一种是脱离母岩的岩体顺坡滚动而崩落。

2. 崩塌的形成条件

(1)地形地貌条件

崩塌多发生于坡度大于55°、高度大于30m、坡面凹凸不平的陡峻斜坡上。

(2)岩性条件

块状、厚层状的坚硬脆性岩石常形成较陡峻的边坡，若构造节理或卸荷裂隙发育且存在临空面，则极易形成崩塌。由非均质的互层岩石组成的斜坡，岩体稳定性差，常发生崩塌。若软岩在下，硬岩在上、下部软岩风化剥蚀后，上部坚硬岩体常发生大规模的倾倒式崩塌；含有软弱结构面的厚层坚硬岩石组成的斜坡，若软弱结构面的倾向与坡向相同，极易发生大规模的崩塌。由单一均质岩石、页岩或泥岩组成的边坡极少发生崩塌。

(3)地质构造条件

在地质构造复杂、新构造运动强烈的地区，断层、节理、褶皱发育。这些结构面，将斜坡岩体切割成不连续的块体，岩体破碎，为崩塌的发生创造了有利条件。

(4)水文地质条件

充满裂隙的地下水及其流动对潜在的崩塌体产生静水压力和动水压力，也可以对潜在崩塌体产生浮托力。地下水降低了潜在崩塌体与稳定岩体之间的抗拉强度，也使裂隙充填物的抗剪强度在水的软化作用下大大降低。这些都使边坡上的潜在崩塌体更易于失稳。

(5)地震及振动

地震、人工爆破和列车运行时产生的振动可诱发崩塌。

(6)人类活动

修建铁路或公路、采石、露天开矿等大型工程开挖常使自然边坡的坡度变陡，从而诱发崩塌。如工程设计不合理或施工措施不当，更易产生崩塌。

3.滑坡崩塌的工程危害

滑坡、崩塌是最为严重的山区道路地质灾害。大型滑坡、崩塌能掩埋摧毁路基，中断行车，造成人员伤亡。滑坡、崩塌堆积物可使水库淤积加剧，缩短水库寿命，甚至威胁大坝安全。河流沿岸特别是峡谷地段，多为滑坡崩塌的密集发生地区，对航运影响很大。它们还能造成破坏农田、摧毁建筑物等灾害。

(三)岩溶

岩溶(喀斯特)是地下水和地表水对可溶性岩石以溶蚀作用为主，所形成的各种地质现象的总称。

1.岩溶的形成条件

(1)具有可溶性的岩石(碳酸盐类岩石、硫酸盐类岩石和氯化盐类岩石):这是岩溶发育的基本条件。

(2)可溶岩具有透水性:这是岩溶发育的必要条件，主要取决于可溶岩中的裂隙和孔隙，尤以裂隙为主。裂隙的存在为地表水的下渗提供了良好的通道，利于岩溶的发育。

(3)具有溶蚀能力的水:这是岩溶发育的外因。水对碳酸盐类岩石的溶解能力主要取决于水中侵蚀性CO_2的含量。其溶蚀过程为:$CaCO_3+H_2O+CO_2 \rightarrow Ca^{2+}+2HCO_3^-$。

(4)循环交替的水流:通过水的运动，可以不断地将溶解下来的物质带走，同时又能不断地提供新的有侵蚀性的水，使岩溶不断地进行。

2.岩溶的发育规律

(1)岩溶的发育具有垂直分带性

在厚度为百米、数百米质纯的可溶岩中，在受当地岩溶侵蚀基准面的控制下，岩溶发育随着深度的增加及地下水的动力特征，可划分为四个带：垂直岩溶发育带、水平和垂直岩溶交替发育带、水平岩溶发育带和深部岩溶发育带，如图18-33所示。

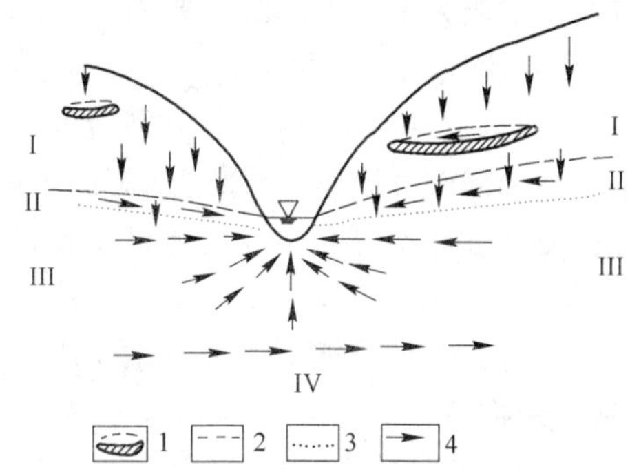

图18-33 岩溶垂直分带示意图

1-上层滞水；2-地下水最高水位线；3-地下水最低水位线；4-地下水流向

①垂直岩溶发育带(I)：位于地表以下，最高地下水位以上的包气带，大气降水通过各种裂隙深入岩层中后，主要做垂直运动，因此以近垂直岩溶形态发育为主要形式，如溶蚀漏斗、落水洞和竖井等。

②水平和垂直岩溶交替发育带(II)：位于地下水最高和最低水位之间的季节循环带，地下水位上升时期，地下水呈水平方向流动；而水位下降时期，地下水做垂直方向运动，因此这一带的岩溶形态有垂直的落水洞，也有近水平方向的溶洞。

③水平岩溶发育带(III)：位于地下水最低水位以下及地方性侵蚀基准面以上的水平循环带，该带地下水主要做水平方向运动，故岩溶发育主要有溶洞、暗河、地下湖泊等。此外，河谷底部水流以承压方式自下向上排泄于河床之中，在河床下部可有呈放射状的岩溶分布。

④深部岩溶发育带(IV)：在当地岩溶侵蚀基准面以下，地下水向更远更低的区域运动，同时其循环交替的强度变弱，岩溶的发育亦减弱，主要分布为溶隙和溶孔。

(2)岩溶发育受岩层组合的控制

岩层组合是指可溶岩层与非可溶岩层的比例和相互组合关系。在非可溶岩地区不会发育岩溶，在质纯的石灰岩中岩溶就很发育。在可溶岩与非可溶岩相间区岩溶呈带状分布。

(3)岩溶分布受地质构造控制

断层和裂隙是地下水在岩层中流动的良好通道，特别是区域性的断裂，对岩溶发育常起控制作用。然而，不同力学性质的断层，其岩溶发育的部位也不相同，如压性断层本身阻水，因而岩溶不发育，但其上盘往往岩体较破碎，故岩溶较发育；张拉断层，其断裂带裂隙多而呈张开状态，故张拉断层带岩溶十分发育。

另外，在褶皱的核部和转折部位，因多是张拉裂隙，常是岩溶最发育的地带；而褶皱的翼部岩溶发育相对较弱。

(4)岩溶发育的成层性

地壳常常处于间歇性的上升或下降阶段。由于地壳抬升，岩溶侵蚀基准面相对下降，地下水为适应基准面的下降而进行垂向溶蚀，从而产生垂直的管道，如漏斗、落水洞；当地壳上升到一定阶段并处于相对稳定时期时，地下水则向地表河谷方向运动，从而发育成近水平的廊道，如地下河；若地壳再次上升和进而相对稳定，就会相应地形成另一高程上的垂直和水平的岩溶洞穴。如此反复，就在可溶岩厚度大、裂隙发育、地下水径流量大的地区，形成多个不同高程的溶洞层，溶洞层上老下新，往往可与该区的河谷阶地或剥蚀面相对比。相反，由于地壳间歇性下降，也可形成各层分布的溶洞，但溶洞下老上新。

3.岩溶对工程的影响

(1)岩溶渗漏问题

渗漏问题是岩溶地区修建水库的主要工程地质问题。岩溶通道和洞穴，使透水性加大且不均一，常成为水库渗漏的主要通道。

(2)岩溶地基稳定性问题

①地基不均匀下沉：在覆盖型岩溶区，下伏石芽、溶沟、落水洞、漏斗等造成基岩面起伏较大，当其上部有性质不同、厚度不等的土层分布时，在建筑物附加荷载作用下，致使地基不均匀下沉，或因桩柱不可靠而导致建筑物倾斜、开裂、倾倒及破坏。

②地表塌陷：在地基主要受力层范围内，如有溶洞、暗河、土洞等，在自然条件下，或因建筑物的附加荷载、抽排地下水等因素作用，产生洞顶坍塌，引起地面沉陷、开裂，使地基突然下沉，导致建筑物破坏。

③地基滑动：在裸露型岩溶区，当基础砌置在溶沟、溶隙、落水洞、漏斗附近时，有可能使基础下岩体沿倾向临空的软弱结构面产生滑动，引起建筑物破坏。

④地基承载力不足：在覆盖型岩溶区，上覆松软土强度较低，或建筑荷载过大，引起地基发生剪切破坏，导致建筑物的变形和破坏。

(3)岩溶区地下工程中的洞室稳定和涌水问题

①岩溶对洞壁的影响：若洞底或附近有较大洞穴、暗河存在时，则可能引起塌陷或基础悬空、突水；若洞底为松散堆积物，则应注意洞底发生鼓凸现象。

②岩溶对洞顶的影响：由于裂隙的切割、地下水的活动，以及洞顶、侧壁上的灰化沉积物的存在，还有洞壁内溶隙、洞穴中的充填物，可引起落石、塌方或突水、涌砂的事故。

②涌水问题：当洞室在地下水循环带开挖时，若挖穿积水大溶洞或暗河通道，就会发生集中突水，并伴随涌泥、涌砂现象。

(四)泥石流

泥石流是含有大量泥沙石块等固体松散物质的有很大破坏力的洪流。

1. 泥石流的形成条件

泥石流形成必须具备丰富的松散固体物质、足够的突发性水源和陡峻的地形三个基本条件。

(1)松散固体物质

地质条件决定了松散固体物质的来源及其是否丰富。泥石流强烈发育的地区，都是地质构造复杂、岩石风化破碎严重、新构造运动活跃、地震频发、构造断裂发育、崩塌滑坡灾害多发的地段。这样的地段岩石破碎，为泥石流的形成提供了丰富的物质来源。此外，人为采石、采矿弃渣及滥伐山林造成山坡水土流失等，往往会产生大量碎屑物质，也为泥石流提供大量的物质来源。

(2)地形条件

泥石流总是发生在地势陡峻、纵坡降较大的山岳地区。

典型的泥石流流域可划分为形成区、流通区和堆积区三个区段。如图 18-34 所示。形成区地形多为三面环山一面出口的圈椅状，中心比较开阔，周围山高坡陡，岩石破碎，植被生长不良，有利于聚积周围山坡上的碎屑物和水；中游流通区多为狭窄而深切的峡谷或冲沟，谷壁陡峻而纵坡降大，为泥石流的排泻提供了强大的动能；下游为平坦开阔的山前平原或河谷阶地，便于碎屑物堆积。泥石流在此处堆积后形成扇形、锥形或带形的堆积体。典型的地貌形态为洪积扇。

(3)水源条件

水不仅是泥石流的组成部分，也是固体物质的搬运介质，泥石流的形成必须有强烈的地表径流，这是爆发泥石流的动力条件。地表径流主要来源于暴雨、冰雪融水、高山湖泊、水库溃决等。

2. 泥石流对工程的影响

灾害性泥石流具有爆发突然，来势凶猛，冲击力强，冲淤变幅大，主流摆动速度快、幅度大等特点，其危害方式主要有冲刷、冲击、磨蚀和淤埋。

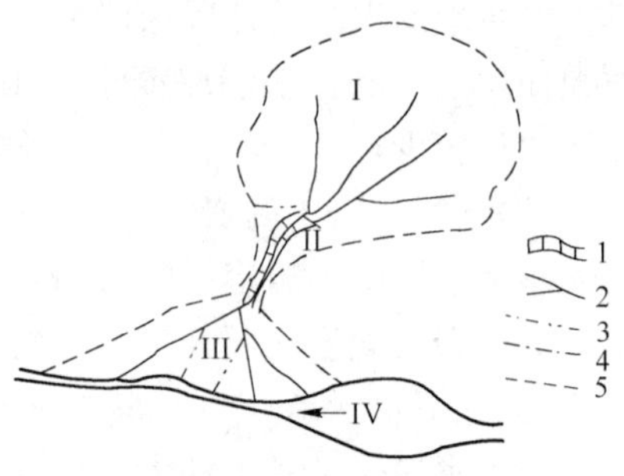

图 18-34　典型泥石流流域示意图

I-泥石流形成区；II-泥石流流通区；III-泥石流堆积区；IV-泥石流堵塞河流形成的湖泊；1-峡谷；2-有水沟床；3-无水沟床；4-分区界线；5-流域界线

（五）土洞和塌陷

土洞是因地下水或地表水流入地下土体内，将颗粒间可溶成分溶滤、带走细小颗粒，使土体被掏空成洞穴形成的。空洞的不断发展而导致地面塌陷。在覆盖形岩溶地区，由于水动力条件的变化，常在上覆土层内形成空洞。由于土洞较岩溶洞穴发育速度快，分布密度大，所以它往往较溶洞危害要大得多。

1. 成因机制

土洞和地面塌陷系地下水活动所致。其成因机制，以潜蚀机制最为普遍，此外尚有真空吸蚀和气爆等机制。

(1)潜蚀机制

所谓潜蚀是指地下水在渗流过程中，由于渗透压力(或称动水压力)的作用，使碳酸盐岩溶洞裂隙中的充填物被携走，在土层中产生土洞。随着土洞的不断扩大，其顶板不足以形成天然平衡拱而不断塌落，最终在地表形成碟形洼地或塌陷坑。

潜蚀机制一般产生在基岩岩溶水与上覆松散土体中的孔隙水有强水力联系的地段。

(2)真空吸蚀机制

相对密闭的岩溶水，由于抽水等原因地下水位大幅度下降，尤其在承压岩溶水条件下，当地下水位低于覆盖层底板时，地下水面以上的洞穴成为“真空腔”。此时真空腔内的水面如同吸盘一样，强有力地抽吸覆盖层底板的土体，使其逐渐被吸蚀掏空而形成土洞。随着地下水位下降，真空腔内外压差效应不断加剧，而使土洞不断扩展，最终可导致突发地面塌陷。真空吸蚀一般发生在覆盖层隔水性好且分布较均匀的地段。在碳酸盐岩残积黏土(红黏土)分布较厚的地区，地面塌陷多因真空吸蚀所致。

(3)气爆机制

气爆机制一般也是产生在密闭的岩溶水地段，但它与真空吸蚀机制的不同之处是岩溶水呈无压状态，岩溶洞穴中地下水面以上有相当大的空间。由于地下水位不断抬升，水面以上的空气受到压缩而呈“高压”状态。当大气压达到一定程度时，就冲破上覆土体而突发地面塌陷。

由以上三种形成机制分析可知，前者属于渗透压力的作用，后两者则是大气压差的作用。

2. 产生条件

土洞和地面塌陷的产生，与岩溶区特定的岩性、地质结构、水文地质和地形地貌条件有关。

(1)覆盖层岩性及其厚度

土洞和地面塌陷的分布，受第四系松散覆盖层的岩性和厚度控制。一般认为，含砂量较高的土体，尤其是砂类土因临界水力梯度较小，容易产生土洞和地面塌陷；亲水性强抗水性差的黏性土地段也可形成土洞。

产生地面塌陷的地段第四系覆盖层厚度较小。据对我国南方岩溶地面塌陷的统计，大多数地面塌陷区的覆盖层厚度小于10m。一般情况是：厚度小于10m者塌陷严重，10～30m者塌陷数量较少，而厚度大于30m者塌陷可能性则很小。

(2)碳酸盐岩中的岩溶发育

碳酸盐岩中的岩溶洞隙，是容纳覆盖层塌陷物质的空间，也是渗透水流运移塌陷物质的通道。因而碳酸盐岩浅部开口岩溶的发育，是地面塌陷产生的基础。

(3)地下水活动

地下水渗流及其水动力条件的变化，是土洞和地面塌陷形成的动力因素。在地下水径流集中而强烈的主径流带，一般是土洞和地面塌陷产生的敏感区。

(4)地形地貌条件

具备上述条件的河流低阶地或地形低洼处，是有利于地面塌陷的地形地貌条件。

岩溶地区河谷地带的低阶地处，一般岩溶十分发育，岩溶水与河水水力联系密切，受河水位频繁的涨落变化，地下水位也不断变化，地下水循环交替强烈。且覆盖层往往为较薄的松散砂土和粉土，易发生潜蚀，因此河床两侧易产生地面塌陷。

(六)活动沙丘

1.成因

由于地面凹凸不平，存在着许多障碍物，如地面草丛、建筑物等，于是在风力作用下，在障碍物前后形成不规则的沙堆。它们的规模视障碍物大小而定，可从高度不足一米到高达数米。

沙堆的出现改变了近地表气流的动力结构，尤其是沙堆的背风坡形成的涡流，经久不息地促使风积作用进行。风沙流在涡流之间发生堆积，并且不断地加高这些堆积物，形成沙丘。沙丘是不稳定的堆积体，在风力地质作用之下，推移质和跃移质顺风向运动，引起沙丘的移动。

2.沙丘移动的特点

沙丘移动是在风力作用下沙粒运动的总和。其运动过程主要表现为方向、方式和速度三个方面。

(1)移动方向

沙丘的移动方向取决于有一定延续时间的起沙风的合成风向。起沙风的合成风向，在大气环流影响下，随地区和季节而不同，所以沙丘移动方向也有很大变化，在通常情况下，风积地貌形态可反映一个主要风向。在不同风向相互作用下，沙丘形态和移动方向会发生复杂的变化。因此，在防风固沙林带的配置上应加以注意。

(2)移动方式

沙丘移动方式可分为一线前进式和来回摆动式。前者终年保持不断向前移动，后者则往复前进和后退。

(3)移动速度

沙丘移动的速度受风向频率、风速、水分、植被、沙丘形态、沙丘高度、排列密度和沙粒粒径等多种因素的影响。它们之间的主要关系如下：

①沙丘移动速度与风向频率及风速的平方成正比，与其本身高度成反比。

②沙丘移动速度与沙丘间距成正比。

③含水量小的与裸露的沙丘移动较快。

④地面平坦地区，沙丘移动较快。

3.沙丘对工程的危害

以对道路工程的危害为例，如表 18-10 所示。

风沙对道路工程的危害 表 18-10

<table>
<tr><th>名称</th><th colspan="3">基 本 特 征</th><th>对行车的危害</th></tr>
<tr><td rowspan="3">沙埋</td><td rowspan="3">风沙流所携带的大量沙粒遇到路基障碍时，停积下来，埋没路基和轨道，影响车辆正常运行，称为沙埋现象。其形式一般呈沙堆状态</td><td>舌状沙埋</td><td>沙丘或风沙流呈舌状向前延伸，掩埋路基不长，约数米至数十米，高出路面数十厘米至 2～3m，多发生在风口地带或防护措施局部破坏地方</td><td>形成迅速，对车辆运行危害大</td></tr>
<tr><td>片状沙埋</td><td>掩埋路基地段较长，约数百米至数公里</td><td>对行车安全影响不大，一般仅灌满道床或掩埋螺栓及轨道，但消除沙害较困难</td></tr>
<tr><td>综合沙埋</td><td>主要由流动沙体和沙丘向线路上移动而形成，又称堆状沙埋</td><td>因为能对它预测和及时防御，故对行车安全危害较小</td></tr>
<tr><td>风蚀</td><td colspan="3">在风沙的直接冲击下，构成路基的沙粒或土体颗粒被风吹走，路基出现风蚀削低、掏空和坍塌现象，从而引起路基宽度和高度不足，甚至枕木外露、轨节悬空。风蚀程度与风力、风向、路基形式、填料组成及防护措施有关。如粉砂结构较紧密，细砂本身不具黏结力等，故细砂受风的吹蚀程度较粉砂严重</td><td>应采取相应防护措施，否则仍将影响行车</td></tr>
<tr><td>磨蚀</td><td colspan="3">气流中沙粒在运动中具有较大的能量，对机车车辆、通信设备等进行撞击和磨耗，产生一些不良影响</td><td>使信号模糊不清，影响通信线路的强度，同时还产生风沙电</td></tr>
</table>

习　　题

18-41　地震烈度与震级的关系，正确的说法是(　　)。

A. 震级与烈度的大小无关

B. 震级越低，烈度越大

C. 震级越高，烈度越大

D. 烈度的大小与震级、震源深浅、地质构造及震中距离有关

18-42　地震与地质构造关系密切，一般强震易发生在(　　)。

A. 背斜轴部

B. 节理发育地区

C. 活断裂的端点、交汇点等应力集中部位

D. 向斜盆地内

18-43　按断层活动方式可将活动断层分为(　　)两类。

A. 地震断层、蠕变断层　　B. 黏滑断层、逆断层

C. 正断层、蠕滑断层　　D. 地震断层、黏滑断层

18-44　下面几种识别活断层的标志中，其中(　　)不能单独作为活断层的识别标志。

A. 伴有强烈地震发生的断层

B. 山区突然转为平原，并直线相接的地方

C. 两山之间的沟谷

D. 第四纪中、晚期的沉积物被错断

18-45 经大气降水淋滤作用，一部分风化产物被流水带走，而另一部分破碎物质未经搬运，仍堆积在原处则称此为(   )。

A. 洪积物 B. 冲积物 C. 残积物 D. 坡积物

18-46 片流作用将山坡上的松散物质冲洗至缓坡处或山坡坡脚处形成的堆积物是(   )。

A. 冲积物 B. 坡积物 C. 洪积物 D. 残积物

18-47 在海洋的侵蚀作用中，对滨岸带破坏作用最强烈的是海水运动四种形式中的(   )。

A. 海浪 B. 潮汐 C. 洋流 D. 浊流

18-48 风蚀作用包括吹蚀和磨蚀两种方式。其中吹蚀作用的主要对象是(   )。

A. 干燥的粉砂级和黏土级碎屑 B. 砾石层

C. 粗砂层 D. 软弱基岩面

18-49 斜坡上的岩土体在重力作用下沿一定面整体向下滑动的过程和现象是(   )。

A. 崩塌 B. 泥石流 C. 滑坡 D. 岩堆

18-50 从地形、岩性、地质构造条件分析，(   )的斜坡，不易形成崩塌。

A. 地形陡峭，裂隙发育的块状、厚层状坚硬脆性岩石

B. 由非均质的互层岩石组成的坡度在55°以上高度在30m以上的山坡

C. 软弱结构面的倾向与坡向相同，并受节理切割，有临空面的高陡岩层

D. 单一均质岩石，节理不发育

18-51 在可溶岩中，若在当地岩溶侵蚀基准面的控制下，岩溶的发育与深度的关系是(   )。

A. 随深度增加而增强 B. 随深度增加而减弱

C. 与深度无关 D. 随具体情况而定

18-52 促使泥石流发生的决定性因素为(   )。

A. 地势陡峻、纵坡降较大的山区

B. 地质构造复杂岩石破碎

C. 短时间内有大量水的来源

D. 崩塌滑坡灾害多

18-53 土洞按其产生的条件，有多种成因机制，其中以(   )最为普遍。

A. 潜蚀机制 B. 溶蚀机制 C. 真空吸蚀机制 D. 气爆机制

18-54 土洞和塌陷发育最有利的地质环境是(   )。

①含碎石的亚沙土层 ②地下水径流集中而强烈的主径流带 ③覆盖型岩溶发育强烈地区 ④岩溶面上为坚实的黏土层

A. ①④ B. ①②③ C. ②③ D. ①②④

18-55 沙丘移动速度受风向频率、风速、水分、植被、沙丘高度和沙粒粒径等多种因素的影响。下面几种看法中(   )是不正确的。

A. 沙丘移动速度与风速的平方成正比

B. 沙丘移动速度与其本身高度成反比

C. 地面平坦地区的沙丘移动速度较快

D. 含水量小的和裸露的沙丘移动较慢

第六节　地　下　水

地下水是埋藏在地表以下岩、土体空隙中各种状态的水，它是地球上水体的重要组成部分。地下水与大气降水、地表水之间的不断相互转化，构成自然界的水循环。

地下水是重要的天然资源，也是地质环境组成部分之一。地下水对工程建筑物会产生许多危害，例如，降低地基土的承载力，引起地面塌陷、岩溶、滑坡等不良地质病害。因此对地下水的研究非常重要。

一、渗透定律

地下水在岩土空隙中的流动称为渗流（渗透）。由于地下水在岩土的空隙中的运动极其复杂，在工程实践中需要对地下水流加以简化，用假想的模型代替真实的水流，即不考虑渗流途径的迂回曲折，只考虑主流流向；不考虑岩层的颗粒骨架，假想水流充满空隙和颗粒骨架占有的全部空间。为了使这种假想的水流能正确反映真实水流情况，必须符合：对同一过水断面，假想水流的流量等于通过该断面的真实水流的流量；作用于任意面积上的假想水流的压力等于真实水流的压力；假想水流在任意体积内所受的阻力和真实水流所受的阻力相同。

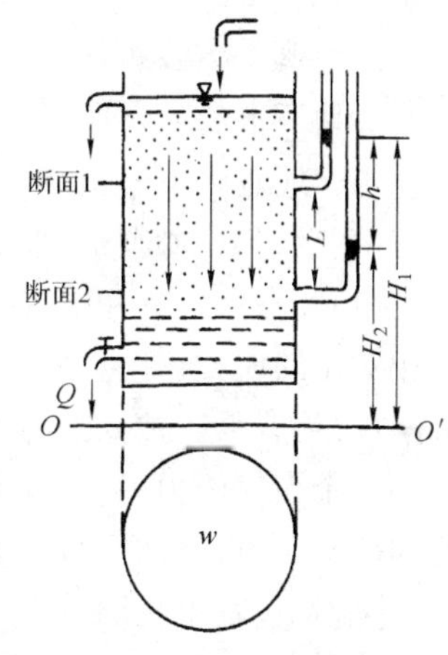

图 18-35　达西试验示意图

地下水在岩土空隙中渗流时，水的质点作有序、互不混杂的流动，称层流运动。水的质点作无序、互相混杂的流动，称紊流运动。水在渗流场内运动，各个运动要素（水位、流速、流向等）不随时间改变时称为稳定流，运动要素随时间改变时称为非稳定流。

（一）线性渗透定律（达西定律）

1856 年，法国水利学家达西通过大量的试验，取得线性渗透定律。试验是在装有砂的圆筒中进行的（见图 18-35）。水由筒的上端加入，流经砂柱，由下端流出。上游用溢水设备控制水位，使试验过程中的水头始终保持不变。在圆筒的上下端各设一根侧压管，分别测定上下两个过水断面的水头，下端出口处设管嘴以测定流量。根据试验结果得到下列关系式

$$Q = K\omega I \tag{18-5}$$

式中及图中：Q——渗流量（出口处流量，即单位时间内通过砂柱各过水断面的渗流量）（m^3/d 或 cm^3/s）；

ω——过水断面面积（相当于砂柱横断面面积）（m^2 或 cm^2）；

h——水头损失（$h=H_1-H_2$，即上下游过水断面的水头差）（m 或 cm）；

L——渗流距离（上下游过水断面的距离）（m 或 cm）；

K——渗透系数（m/d 或 cm/s）；

I——水力坡度（相当于 h/L，即水头差除以渗流距离），表示水头的变化特征。

由水力学知，通过某一断面的流量 Q 等于流速 v 与过水断面 ω 的乘积，即

$$Q = \omega v \tag{18-6}$$

式中：v——渗流速度（m/d）。

据此，达西定律可表示如下

$$v = K \cdot I \tag{18-7}$$

式(18-7)表明，渗流速度与水力坡度的一次方成正比，故达西定律又称为线性渗透定律。在天然条件下，地下水的实际流速很小，绝大多数情况下，地下水运动符合线性渗透定律，因此达西定律的适用范围很广。它不仅是水文地质定量计算的基础，还是定性分析各种水文地质过程的重要依据。但在岩石的洞穴及大裂隙中的地下水运动多属于非层流运动。

(二)非线性渗透定律(哲才定律)

当地下水在宽大的空隙中以相当快的速度运动时，呈现紊流运动。此时，渗透服从哲才定律

$$v = K \cdot I^{1/2} \tag{18-8}$$

式中：K——紊流时的含水层渗透系数。

式(18-8)表明渗透速度与水力坡度的1/2次方成正比。

二、地下水的赋存、补给、径流、排泄规律

(一)地下水的赋存

1. 地下水的赋存形式

水在地表以下岩土空隙中以各种不同的形式存在着。按其物理力学性质的不同，可分为气态水、吸着水、薄膜水、毛细管水、重力水、固态水等。

(1)气态水。它和空气一起充填在非饱和的岩土孔隙中。它可由湿度相对大的地方向湿度相对小的地方移动。岩土温度降低到露点时，气态水便凝结成液态水。

(2)吸着水。被分子力吸附在岩土颗粒周围形成极薄的水膜称为吸着水。其吸附力可超过一万个大气压力，故又称为强结合水。该水的密度比普通水大一倍左右，可以抗剪切，但不传递静水压力，−78℃时仍不结冰。在外界土压力作用下，吸着水不能移动，但当超过105℃时，才能将吸着水排除。黏性土仅含吸着水时呈现为固体状态。砂土也可含有极微量的吸着水。

(3)薄膜水。受分子力的作用包围在吸着水外面的一薄层水称为薄膜水，也称为弱结合水。其厚度大于吸着水的厚度。薄膜水在外界土压力下可以变形，可以由膜相对厚处向薄处移动，其抗剪强度较小，因蒸发薄膜水可由土中逸出地表。

黏性土和黏土质岩石的一系列物理力学性质都与薄膜水有关。

(4)毛细管水(非结合水)。由于毛细管力支持充填在岩土毛细孔隙和毛细裂隙中的水称为毛细管水。它同时受毛细管力和重力的作用，当毛细管力大于水的重力时，毛细管水就上升。因此，地下水面以上普遍形成一层毛细管水带。毛细管水能垂直上下运动，能传递静水压力。

(5)重力水。在重力作用下，能在岩土孔隙中运动的水称为重力水，即常称的地下水。它不受分子力的影响，可以传递静水压力。重力水又称为自由水。

(6)固态水。指常压下当岩土体温度低于零度时，岩土孔隙中的液态水(甚至气态水)凝结成的冰(冰夹层、冰锥、冰晶体等)，称为固态水。固态水在土中起到胶结作用，形成冻土，提高了土的强度。但解冻后土的强度往往低于冻结前的强度。因为岩土孔隙中的液态水转变为固态水时其体积膨胀，使土的孔隙增大，结构变得松散，故解冻后的土压缩性增大，其强度降低。

2. 岩土的水理性质

岩土的水理性质是指与地下水的赋存和运移有关的岩土性质。主要包括含水性、给水性和透水性。

(1)表示含水性的方法是采用容水度和持水度。

容水度是指岩土空隙完全被水充满时的含水量,即岩土空隙中所能容纳的最大的水的体积与岩土体积之比,以小数或百分数表示。

持水度是指在重力作用下,岩土体空隙中所保持的水的体积与岩土体积之比。

(2)给水性是指饱和岩土体在重力作用下,能自由排出一定水量的性能,用排水度(排出水的体积与岩土体积之比)表示。

(3)透水性是指岩土体允许水透过的性能,用渗透系数表示。

(二)地下水的补给、径流、排泄规律

1.地下水的补给

地下水的补给是指含水层自外界获得水量的作用过程。其补给来源主要有大气降水、地表水、含水层之间补给及人工补给等。

(1)大气降水补给。大气降水补给是地下水的主要补给来源。但大气降水补给地下水的数量与降水性质、植物覆盖、地形、地质构造、包气带厚度及岩石的透水性等密切相关。一般来说,时间短的暴雨对补给地下水不利,而连绵细雨能大量补给地下水。

(2)地表水的补给。当地表水的水位高于地下水位时,地表水补给地下水。

(3)含水层之间补给。深部与浅层含水层之间的隔水层若受断裂构造的影响,使地下含水层发生水力联系时,或隔水层为弱透水层时,地下水便会由水位高的含水层流向低水位的含水层。

(4)人工补给。如灌溉水、工业及生活废水排入地下,专门人工方法增加地下水量的补给等。

2.地下水的径流

地下水由补给区流向排泄区的过程叫径流。地下水的径流包括径流方向、径流速度、径流量。其中径流方向和径流速度取决于补给区与排泄区的相对位置与高差。含水层的补给条件越好、透水性越强,则径流条件越好。一般山区地势陡峻,地下水的水力坡度比平原大,所以地下水的径流条件优于平原。径流条件好的含水层的水质较好。地下水的埋藏条件决定地下水的径流类型,潜水属于无压流动,承压水属于有压流动。

3.地下水的排泄

地下水的排泄方式有蒸发、以泉的形式溢出或直接排入地表水、含水层之间排泄及人工排泄等。

蒸发排泄与地下水的埋深、气候条件、岩性有关。在干旱、半干旱地区地下水蒸发强烈,常是地下水排泄的主要形式。泉是地下水的天然露头,又是地下水排泄的主要方式之一。按照补给含水层的性质可将泉水分为上升泉和下降泉两类。上升泉排泄承压水,下降泉排泄潜水。

当地下水位高于河水位时,地下水可泄入河流。当两个含水层之间发生水力联系时,地下水可从一个含水层排泄到另一个含水层。抽取地下水作生活供水、基坑排水等为人工排泄地下水。

三、地下水埋藏分类

地下水按埋藏条件可分为包气带水、潜水和承压水三种类型,按含水层的空隙性质又可分为孔隙水、裂隙水、岩溶水,如表18-11所示。

地下水分类表　表 18-11

地下水的基本类型	亚类			水头的性质	补给区与分布区的关系	动态特征	成因
	孔隙水	裂隙水	岩溶水				
包气带水	土壤水、局部隔水层上的上层滞水、多年冻土带水、沼泽水	基岩风化壳（黏土裂隙）中季节性存在的水	垂直渗入带中季节性及经常性存在的水	无压水	补给区与分布区一致	受季节变化影响，一般为暂时性水	基本上是渗入形成，局部凝结形成
潜水	坡积、洪积、冲积、湖积、冰碛和冰水沉积物中的水；当经常出露或接近地表时，成为沼泽水、沙漠和海滨沙丘水	基岩上部裂隙、破碎带中的水	裸露岩溶化岩层中的水	常常为无压水	补给区与分布区一致	受气象因素变化影响明显，一般水位升降决定地表水的渗入和蒸发	是渗入形成
承压水	松散沉积物构成的向斜和盆地——自流盆地中的水、松散沉积物构成的单斜和山前平原——自流斜地中的水	构造盆地、向斜、单斜岩层中层状裂隙水、构造断裂带及不规则裂隙中的深部水	构造盆地或向斜、单斜岩溶化岩层中的水	承压水	补给区与分布区不一致	受气候影响不明显、稳定，水位的升降决定于水压的传递	渗入和构造形成

(一)包气带水

包气带水处于地表面以下、潜水位以上的包气带岩土层中，主要靠大气降水和地表水的补给，与大气圈关系密切，易蒸发或逐渐下渗到潜水中进行排泄。包气带水的主要特征是受气候控制，季节性明显，变化大，雨季水量多，旱季水量少，甚至干涸。包气带水对工程建筑有一定影响。

(二)潜水

潜水是埋藏在地表以下第一个连续稳定的隔水层以上，具有自由水面的重力水。如图 18-36 所示。一般存在于第四系松散堆积物的孔隙中，形成孔隙水，也可以充填于基岩的裂隙和溶洞中，形成裂隙潜水和岩溶潜水。

潜水的补给来源主要是大气降水、地表水、深层地下水及凝结水。大气降水和地表水可直接渗入补给，成为潜水的主要补给来源。在大多数情况下潜水的补给区和分布区是一致的，因而某些水文要素的变化能很快影响潜水的变化，潜水的水质也易受到污染。

潜水的自由水面称潜水面。潜水面上的任一高程称该点的潜水位。一般情况下，潜水面是一个倾斜面，在重力作用下，总是由水位高处向水位低处流动，形成潜水的径流。其流速取决于潜水面的坡度和岩土空隙的大小。潜水面的形状主要受地形控制，基本与地形一致，但比地形平缓。另外，潜水面的形状也与含水层的透水性及隔水层底板的形状有关。在潜水流动的方向上，含水层的透水性增强或含水层厚度增大的地方，潜水面就变得平缓。隔水层底板隆起处，潜水厚度减小。

潜水面常以潜水等水位线图来表示，如图 18-37 所示。潜水等水位线图是绘制在地形图上的，表示潜水面上标高相等各点的连线图。利用潜水等水位线图可以确定潜水的流向、潜水的埋藏深度、潜水与地表水的关系、计算潜水的水力坡度、确定泉和沼泽的位置、推断含水层的透水性好坏、含水层厚度变化，并可确定给水和排水工程的位置等。

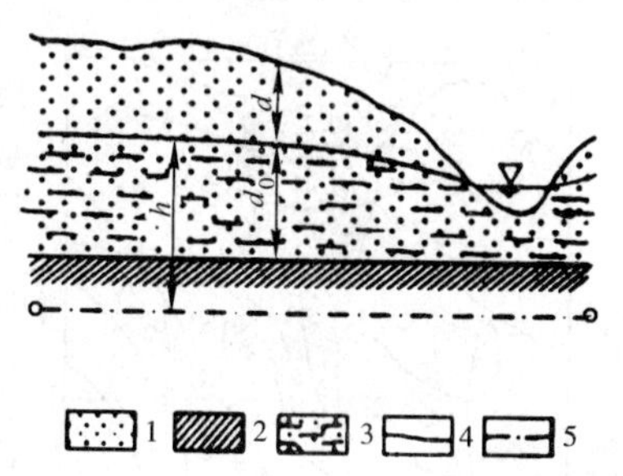

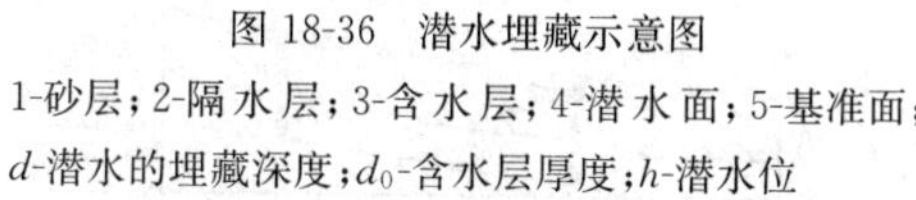

图 18-36 潜水埋藏示意图

1-砂层；2-隔水层；3-含水层；4-潜水面；5-基准面；d-潜水的埋藏深度；d_0-含水层厚度；h-潜水位

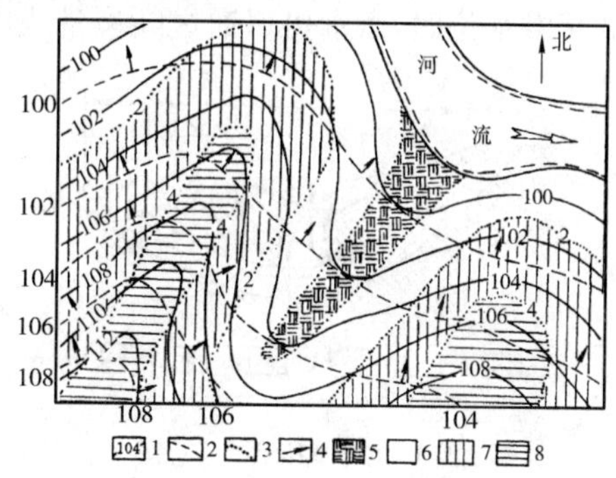

图 18-37 潜水等水位线图及埋藏深度图

1-地形等高线；2-等水位线；3-等埋深线；4-潜水流向；5-沼泽区；6-埋深 0～2m 区；7-埋深为 2～4m 区；8-埋深大于 4m 区

潜水流向——垂直于等水位线，由高等水位线指向低等水位线的方向。

潜水的水力坡度——在流动方向上，取任意两点的水位高差，除以该两点间在平面上的实际距离，即为此两点间的平均水力坡度。

潜水的埋藏深度——某一点的地形标高与该点潜水位之差。根据各点的埋藏深度值，可绘制潜水埋藏等深线图(见图 18-37)。

潜水的排泄有三种方式：以泉的形式出露地表、直接排入地表水和通过蒸发逸入大气。此外，在一定条件下，还可通过透水通道或弱透水层向邻近的承压含水层排泄。

潜水的补给、径流和排泄的无限往复组成了潜水的循环。

(三)承压水

地表以下充满两个稳定隔水层之间具有承压性质的重力水称为承压水。其上的隔水层称承压顶板，下面的隔水层称为承压底板。由于隔水层顶板的存在，一般能明显地分出补给区、承压区和排泄区。补给区大多是含水层出露地表部分，位置比承压区和排泄区高。承压区是隔水层顶板以下被水充满的含水层部分，排泄区为承压水流出地表或流向潜水的部分。当打穿顶板时，所见水位称初见水位，若地下水位上升到含水层顶板以上某一高度稳定不变时的水位称承压水位，若承压水位高出地表，水便溢出或喷出，称其为自流水。承压水位与隔水顶板之间的距离称为水头。由于承压水的补给区和排泄区不一致，故承压水的水位、水质、水量及水温等受水文气象因素的影响较小。

基岩地区的承压水的形成主要决定于地质构造条件，即在适宜的条件下，孔隙水、裂隙水和岩溶水均可形成承压水。最适宜形成承压水的构造是向斜盆地(见图 18-38)和单斜构造(见图 18-39)。

向斜储水构造又称承压盆地，它有明显的补给区、径流区和排泄区。单斜储水构造又称承压斜地，其形成是含水层岩性发生相变或尖灭，或含水层被断层所切。

承压水位面是一个势面，承受一定的静水压力。这个面可以与地面极不吻合。承压水面在平面图上用承压水等水压线图表示。该图是承压水面上高程相等各点的连线图，如图 18-40 所示。图上应附有地形等高线和顶板等高线。从该图上可判断承压水的流向、承压水位埋藏深度、承压水头的大小等。

承压水的主要补给取决于埋藏条件。若承压含水层的补给区出露在地表时，补给来源多为大气降水的入渗；若补给区位于河床或湖沼地带时，则主要补给来源是地表水体；如果承压水位低于潜水位时，潜水可以通过断裂带或弱透水层的“天窗”等通道补给承压水。

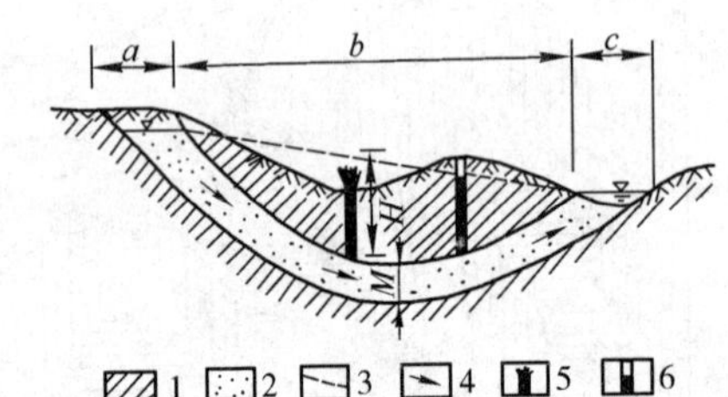

图 18-38 承压盆地示意图

1-隔水层；2-含水层；3-承压水位线；4-流向；5-自流井；6-井；a-补给区；b-径流区；c-排泄区

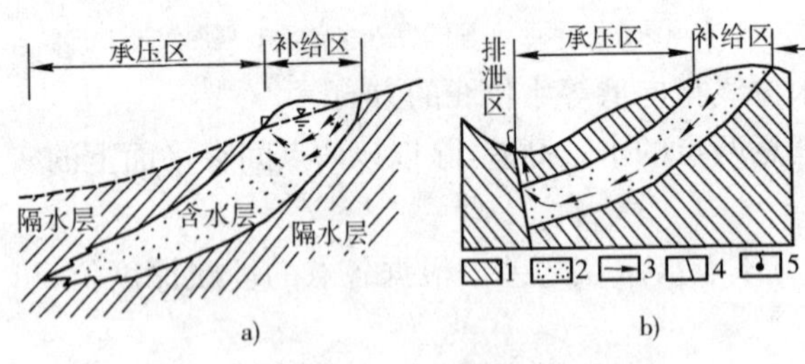

图 18-39 承压自流斜地

1-隔水层；2-含水层；3-流向；4-断层；5-泉

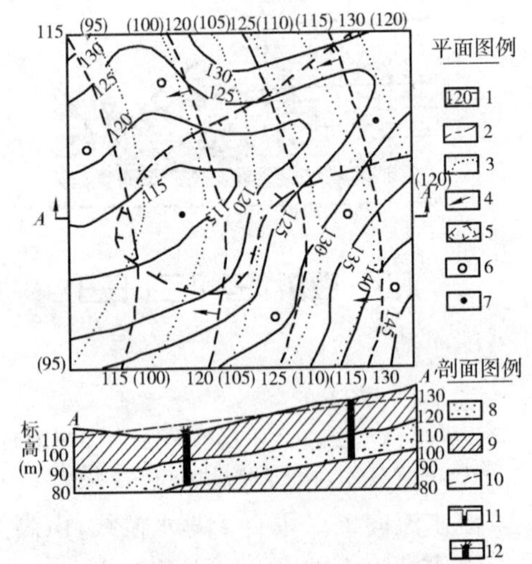

图 18-40 承压水等水压线图

上为平面图 下为剖面图

1-地形等高线(m)；2-等侧压水位线(m)；3-含水层顶板等高线(m)；4-地下水流向；5-承压水自溢区；6-钻孔；7-自喷孔；8-含水层；9-隔水层；10-侧压水位线；11-钻孔；12-自喷孔

承压水的径流条件主要取决于补给区和排泄区的高差、两者的距离及含水层的透水性，特别是构造的开启程度。含水层的透水性越强，补给区和排泄区的距离越近，水位高差越大，构造挠曲程度越小时，承压水的径流条件就越通畅，水交替也越强烈。反之，径流就缓慢，水交替就微弱。承压水径流条件的好坏，水交替的强弱，决定了水的矿化度高低和水质的好坏。

承压水的排泄有几种形式：在排泄区有潜水时，可直接排入潜水；当水文网切入含水层时，承压水就以泉(或泉群)的形式进行排泄，这种泉叫上升泉。承压水还可通过导水断层排泄于地表。

四、地下水对工程的影响

地下水对建筑工程的不良影响主要有：①地下水位降低时，使软土地基产生固结沉降；②不合理的地下水流动会诱发某些土层出现流沙现象和机械潜蚀；③地下水对位于水位以下的岩石、土层和建筑物基础产生浮托作用；④某些地下水对钢筋混凝土基础产生腐蚀。

(一)地下水下降引起软土地基沉降

在沿海软土地层中进行深基础施工时，往往需要人工降低地下水位。若降水措施不当，会使周围地基土层产生固结沉降，轻者造成邻近建筑物或地下管线的不均匀沉降；重者使建筑物基础下的土体颗粒流失，甚至掏空，地面塌陷，导致建筑物开裂、陷落，危及安全使用。

(二)动水压力产生流砂和潜蚀

流沙是指松散细颗粒土被地下水饱和后，在动水压力作用下的悬浮流动现象。流沙可使基础发生滑移、不均匀下沉、基坑坍塌、基础悬浮等破坏，一般是突然发生的，对岩土工程危害很大。

如果地下水渗流产生的动水压力小于土颗粒的有效重度 γ'，即渗流水力坡度小于临界水力坡度，虽然不会发生流沙现象，但是土中细小颗粒仍有可能穿过粗颗粒之间的孔隙被渗流带走。时间长了，在土层中将形成管状空洞，使土体结构破坏，强度降低，压缩性增加。这种现象称为机械潜蚀，将影响建筑工程的稳定。

（三）地下水的浮托作用

当建筑物基础底面位于地下水位以下时，地下水对基础底面产生静水压力，即产生浮托力。如果基础位于粉土、砂土、碎石土和节理裂隙发育的岩石地基上，则按地下水位100%计算浮托力；如果基础位于节理裂隙不发育的岩石地基上，则按地下水位50%计算浮托力；如果基础位于黏性土地基上，其浮托力较难确切地确定，应结合地区的实际经验考虑。

（四）承压水对基坑的作用

当深基坑下部有承压含水层时，必须分析承压水头是否会冲毁基坑底部的不透水层，形成基坑突涌，通常用压力平衡概念进行验算，如图18-41所示。检算公式为

$$\gamma_w H=\gamma M \tag{18-9}$$

式中：M——基坑开挖后不透水层厚度(m)；

H——承压水头高于含水层顶板的厚度(m)；

γ——土的重度(kN/m^3)；

γ_w——水的重度(kN/m^3)。

当 $M<\gamma_w H/\gamma$ 时，基坑可能发生突涌。因此需要保证土层有必要的厚度，应满足 $M>HK\gamma_w/\gamma$，防止基坑突涌。K 为安全系数。图18-41b)为抽水降低承压水头情况。

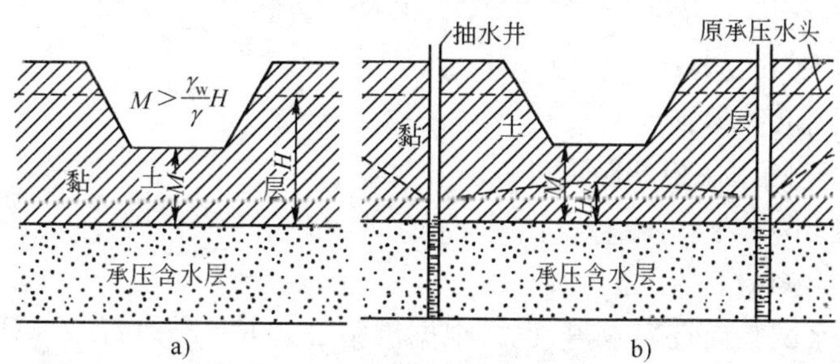

图18-41　基坑底部最小不透水层厚度

a)基坑底黏土层厚度；b)抽水降低承压水头

此外，还需考虑地下水对钢筋混凝土的腐蚀。

五、地下水向集水构筑物运动的计算

井是垂向取水构筑物，按揭露地下水的类型分为潜水井和承压水井。按揭露含水层的完整程度和进水条件可分为完整井与非完整井。还可组合成潜水完整井、承压水完整井及潜水非完整井、承压水非完整井四种形式，如图18-42～图18-45所示。

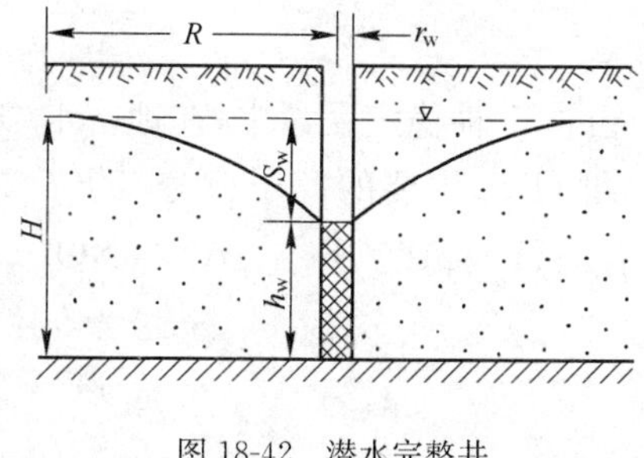

图18-42　潜水完整井

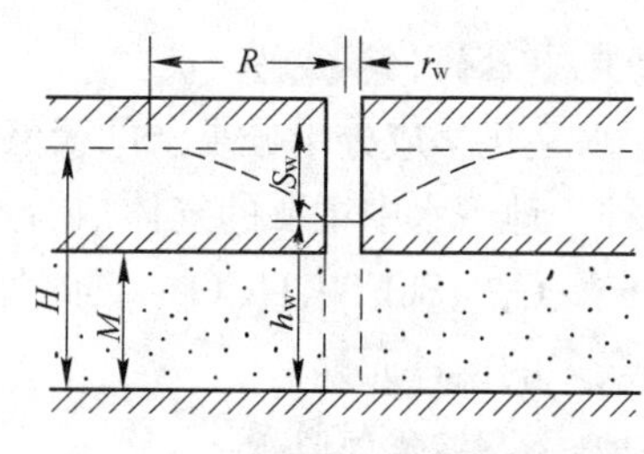

图18-43　承压水完整井

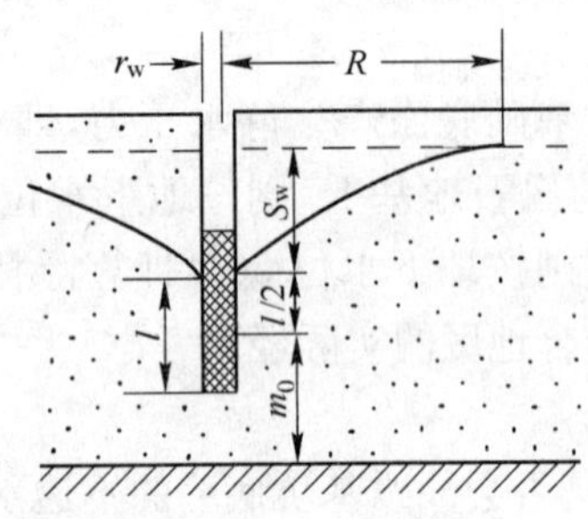

图 18-44 潜水非完整井

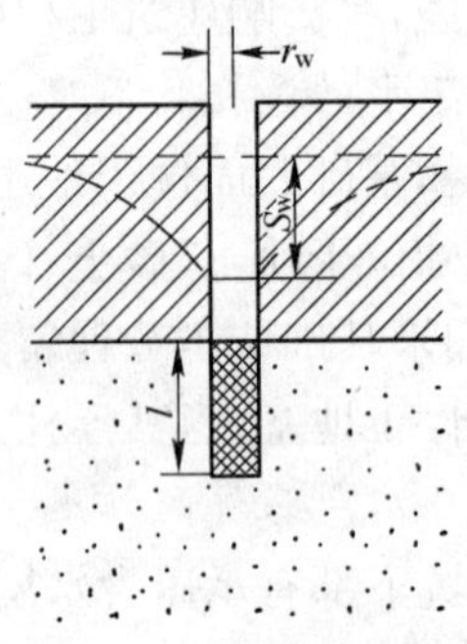

图 18-45 承压水非完整井

现仅以地下水向完整井的稳定流动为例作一介绍。

(1)潜水井的涌水量计算

法国水利学家裘布依,首先应用达西定律研究了含水层在均质、等厚、广泛分布、隔水底板水平、地下水处于稳定流的条件下,呈层流运动地缓慢流向完整井的运动规律,并通过试验取得了潜水井的涌水量计算公式为

$$Q=1.366k\,\frac{H^2-h_w{}^2}{\lg R-\lg r_w} \tag{18-10}$$

式中:Q——井涌水量(m^3/d);

H——潜水层厚度(m);

h_w——动水位至隔水底板的距离(m);

r_w——井半径(m);

R——影响半径(m)。

R 值可根据抽水试验或查表求得,也可根据试验公式 $R=2S_w(Hk)^{1/2}$ 算出。

(2)承压水井的涌水量计算

$$Q=2.73k\,\frac{MS_w}{\lg R-\lg r_w} \tag{18-11}$$

式中:M——承压含水层厚度(m);

S_w——井内水位降深。

R 值可根据抽水试验或查表求得,也可按经验公式 $R=10S_wK^{1/2}$ 算出,其他符号同前。

承压水井抽水时产生的降落漏斗不在含水层中,而是在隔水顶板范围内,如图 18-42 所示。

六、地下水的化学成分和化学性质

(一)地下水的化学成分

地下水是化学成分十分复杂的天然溶液。组成地壳的 87 种稳定元素中,在地下水中已发现 70 余种。地下水中主要的气体成分有 O_2、N_2、CO_2 和 H_2S,主要的离子成分有 K^+、Na^+、Ca^{2+}、Mg^{2+}、Cl^-、$SO_4{}^{2-}$、$HCO_3{}^-$。此外,地下水中还有 NH_4^+、Fe^{2+}、Fe^{3+}、Al^{3+}、NO_2^-、NO_3^- 等,以及众多的微量元素。

(二)地下水的化学性质

1. 酸碱度(pH 值)

地下水的酸碱度常以 pH 值表示。pH 值是水的氢离子浓度以 10 为底的负对数值，即 pH＝－lg(H^+)。当[H^+]为 10^{-7}时，pH＝7，说明水为中性；pH＜7，为酸性；pH＞7，为碱性。地下水多呈弱酸性、中性和弱碱性，pH 值一般在 6.5～8.5 之间。

据 pH 值，地下水可分为 5 类(见表 18-12)。

地下水按 pH 值分类 表 18-12

分类	强酸性水	弱酸性水	中性水	弱碱性水	强碱性水
pH 值	＜5.0	5.0～6.4	6.5～8.0	8.1～10.0	＞10.0

2. 矿化度(M)

存在于地下水中的离子、分子与化合物的总含量称矿化度，以 g/L 或 mg/L 为单位。矿化度通常以在 105～110℃下将水蒸干后所得的干涸残余物之重量表示，也可利用阴阳离子和其他化合物含量之总和概略表示矿化度，但其中重碳酸根离子含量只取一半计算。据国家《生活饮用水卫生标准》，要求矿化度小于 1g/L。

据矿化度把地下水分为 5 类(见表 18-13)。

地下水按矿化度分类 表 18-13

分类	淡水	微咸水	咸水	盐水	卤水
矿化度(g/L)	＜1	1～3	3～10	10～50	＞50

3. 硬度

地下水的硬度是指水中所含钙、镁离子的数量。硬度可分为总硬度、暂时硬度和永久硬度。

总硬度是水中 Ca^{2+}、Mg^{2+} 的总量，暂时硬度指水加热沸腾后所损失的 Ca^{2+}、Mg^{2+} 含量。此时仍保持在水中的 Ca^{2+}、Mg^{2+} 含量称永久硬度。因此，总硬度等于暂时硬度与永久硬度之和。

硬度表示的方法常见的有两种，即 mmol/L 和德国度。1mmol/L 等于 2.8 德国度，1 德国度相当于 7.1mg/L Ca^{2+} 或 4.3mg/L Mg^{2+}。生活饮用水水质标准规定水的硬度以 $CaCO_3$ 的 mg/L 表示，要求小于 450mg/L。

根据总硬度将地下水分为五类(见表 18-14)。

地下水按总硬度分类 表 18-14

分 类		极软水	软水	微硬水	硬水	极硬水
总硬度	mmol/L	＜1.5	1.5～3.0	3.0～6.0	6.0～9.0	＞9.0
	德国度	＜4.2	4.2～8.4	8.4～16.8	16.8～25.2	＞25.2

七、地下水对建筑材料腐蚀性判别

(一)腐蚀类型

硅酸盐水泥遇水硬化，并且形成 $Ca(OH)_2$、水化硅酸钙 $CaOSiO_2 \cdot 12H_2O$、水化铝酸钙 $CaOAl_2O_3 \cdot 6H_2O$ 等，这些物质往往会受到地下水的腐蚀。根据各种化学腐蚀所引起的破坏作用，将腐蚀类型分为以下三种。

1. 结晶类腐蚀

如果地下水中的 SO_4^{2-} 离子的含量超过规定值，SO_4^{2-} 离子将与混凝土中的 $Ca(OH)_2$ 起反应，生成二水石膏结晶体 $CaSO_4 \cdot 2H_2O$，它再与水化铝酸钙发生化学反应，生成水化硫铝酸钙（又称水泥杆菌）。由于水泥杆菌结合了许多结晶水，而其体积比化合前增大很多，约为原体积的 221.86%，这样在混凝土中产生很大的内应力，而使其结构遭到破坏。

2. 分解类腐蚀

地下水中含有 CO_2 和 HCO_3^-，CO_2 与混凝土中的 $Ca(OH)_2$ 作用，生成碳酸钙沉淀

$$Ca(OH)_2 + CO_2 = CaCO_3 \downarrow + H_2O$$

由于 $CaCO_3$ 不溶于水，它可填充混凝土的孔隙，在混凝土周围形成一层保护膜，能防止 $Ca(OH)_2$ 的分解，但是当地下水中的 CO_2 的含量超过一定数值，而 HCO_3^- 离子的含量过低时，则超量的 CO_2 再与 $CaCO_3$ 反应，生成重碳酸钙 $Ca(HCO_3)$，并溶于水，即

$$Ca(OH)_2 + CO_2 = Ca^{2+} + 2HCO_3^-$$

上述这种反应是可逆的，当 CO_2 含量增加时，平衡被破坏，反应向右进行，固体 $CaCO_3$ 继续分解；当 CO_2 含量变少时，反应向左移动，固体 $CaCO_3$ 即沉淀析出。如果 CO_2 和 HCO_3^- 的浓度平衡时，反应就停止。所以，当地下水中 CO_2 的含量超过平衡时所需的数量时，混凝土中的 $CaCO_3$ 就被溶解而受腐蚀，这就是分解类腐蚀。超过平衡浓度的 CO_2 叫侵蚀性 CO_2。地下水中侵蚀性的 CO_2 越多，对混凝土的腐蚀越强。地下水流量、流速都很大时，CO_2 易补充，平衡难建立，因而腐蚀加快。另一方面，HCO_3^- 离子含量越高，对混凝土腐蚀性越弱。

如果地下水的酸度过大，即 pH 值小于某一数值，那么混凝土中的 $Ca(OH)_2$ 也会分解，特别是当反应生成物为易溶于水的氯化物时，对混凝土的分解腐蚀更强烈。

3. 结晶分解复合类腐蚀

当地下水中 Mg^{2+}、NH_4^+、Cl^-、SO_4^{2-}、NO_3^- 离子含量超过一定含量时，与混凝土中的 $Ca(OH)_2$ 发生一系列反应，例如

$$MgSO_4 + Ca(OH)_2 = Mg(OH)_2 + CaSO_4$$

$$MgCl_2 + Ca(OH)_2 = Mg(OH)_2 + CaCl_2$$

$Ca(OH)_2$ 与镁盐作用的生成物中，除 $Mg(OH)_2$ 不易溶解外，$CaCl_2$ 则易溶解于水，并随之流失；硬石膏 $CaSO_4$ 一方面与混凝土中的水化铝酸钙反应

$$3CaO \cdot Al_2O_3 \cdot 6H_2O + 3CaSO_4 + 25H_2O = 3CaO \cdot Al_2O_3 \cdot 31H_2O$$

另一方面硬石膏遇水生成二水石膏

$$CaSO_4 + H_2O = CaSO_4 \cdot 2H_2O$$

二水石膏结晶时，体积膨胀，破坏混凝土结构。

（二）腐蚀性评价标准

根据各种化学腐蚀所引起的破坏作用，将 SO_4^{2-} 离子的含量归纳为结晶类腐蚀性的评价指标；将侵蚀性 CO_2、HCO_3^- 离子和 pH 值归纳为分解类腐蚀性的评价指标；而将 Mg^{2+}、NH_4^+、Cl^-、SO_4^{2-}、NO_3^- 离子的含量作为结晶分解类腐蚀性的评价指标。同时，在评价地下水对建筑结构材料的腐蚀性时，必须结合建筑场地所属的环境类别。建筑场地根据气候区、土层透水性、干湿交替和冻融交替情况区分为三类环境，见表 18-15。

混凝土腐蚀的场地环境类别 表 18-15

<table>
<tr><th>环境类别</th><th>气候区</th><th>土层特性</th><th colspan="2">干湿交替</th><th>冰冻区(段)</th></tr>
<tr><td>I</td><td>高寒区
干旱区
半干旱区</td><td>直接临水,强透水土层中之地下水,或湿润的强透水土层</td><td>有</td><td rowspan="3">混凝土不论在地面或地下,无干湿交替作用时,其腐蚀强度比有干湿交替作用时相对降低</td><td rowspan="3">混凝土不论在地面或地面下,当受潮或浸水时;并处于严重冰冻区(段)、冰冻区(段)、或微冰冻区(段)</td></tr>
<tr><td rowspan="2">II</td><td>高寒区
干旱区
半干旱区</td><td>弱透水土层中的地下水,或湿润的强透水土层</td><td>有</td></tr>
<tr><td>湿润区
半湿润区</td><td>直接临水,强透水土层中的地下水,或湿润的强透水土层</td><td>有</td></tr>
<tr><td>III</td><td>各气候区</td><td>弱透水土层</td><td colspan="2">无</td><td>不冻区(段)</td></tr>
<tr><td>备注</td><td colspan="5">当竖井、隧洞、水坝等工程的混凝土结构一面与水(地下水或地表水)接触,另一面又暴露在大气中时,其场地环境分类应划分为I类</td></tr>
</table>

根据各种化学腐蚀所引起的破坏作用,将评价标准分为以下三类,见表 18-16～表 18-18。

结晶类腐蚀评价标准 表 18-16

腐蚀等级	SO_4^{2-}在水中含量(mg/L)		
	I类环境	II类环境	III类环境
无腐蚀性	<250	<500	<1 500
弱腐蚀性	250～500	500～1 500	1 500～3 000
中腐蚀性	500～1 500	1 500～3 000	3 000～6 000
强腐蚀性	>1 500	>3 000	>6 000

分解类腐蚀评价标准 表 18-17

<table>
<tr><th rowspan="2">腐蚀等级</th><th colspan="2">pH 值</th><th colspan="2">侵蚀性 CO_2(mg/L)</th><th>HCO_3^-(mmol/L)</th></tr>
<tr><th>A</th><th>B</th><th>A</th><th>B</th><th>A</th></tr>
<tr><td>无腐蚀性</td><td>>6.5</td><td>>5.0</td><td><15</td><td><30</td><td>>1.0</td></tr>
<tr><td>弱腐蚀性</td><td>6.5～5.0</td><td>5.0～4.0</td><td>15～30</td><td>30～60</td><td>1.0～0.5</td></tr>
<tr><td>中腐蚀性</td><td>5.0～4.0</td><td>4.0～3.5</td><td>30～60</td><td>60～100</td><td><0.5</td></tr>
<tr><td>强腐蚀性</td><td><4.0</td><td><3.5</td><td>>60</td><td>>100</td><td></td></tr>
<tr><td>10</td><td colspan="5">A——直接临水、或强透水土层中的地下水、或湿润的强透水土层
B——弱透水层的地下水或湿润的弱透水土层</td></tr>
</table>

结晶分解复合类腐蚀评价标准(单位:mg/L) 表 18-18

腐蚀等级	I类环境		II类环境		III类环境	
	Mg^{2+}、NH_4^+	Cl^-、SO_4^{2-}、NO_3^-	Mg^{2+}、NH_4^+	Cl^-、SO_4^{2-}、NO_3^-	Mg^{2+}、NH_4^+	Cl^-、SO_4^{2-}、NO_3^-
无腐蚀性	<1 000	<3 000	<2 000	<5 000	<3 000	<10 000
弱腐蚀性	1 000～2 000	3 000～5 000	2 000～3 000	5 000～8 000	3 000～4 000	10 000～20 000
中腐蚀性	2 000～3 000	5 000～8 000	3 000～4 000	8 000～10 000	4 000～5 000	20 000～30 000
强腐蚀性	>3 000	>8 000	>4 000	>10 000	>5 000	>30 000

习　题

18-56　依据达西(Darcy)定律计算地下水的流量时，其渗流速度与水力坡度的(　　)成正比。

A. 二次方　　B. 一次方　　C. 1/2 次方　　D. 2/3 次方

18-57　按埋藏条件可将地下水分为(　　)三大类。

A. 潜水、孔隙水、裂隙水　　B. 包气带水、潜水和承压水

C. 承压水、岩溶水、孔隙水　　D. 裂隙水、包气带水、岩溶水

18-58　开挖基坑时，土层出现流沙现象一般是由(　　)引起的。

A. 承压水对基坑的作用　　B. 地下水产生的动水压力

C. 地下水产生的静水压力　　D. 开挖基坑坡度过陡

18-59　根据各种化学腐蚀所引起的破坏作用，将(　　)离子的含量归纳为结晶类腐蚀性的评价指标。

A. HCO_3^-　　B. SO_4^{2-}　　C. Cl^-　　D. NO_3^-

18-60　在正常水力梯度下，饱水、透水并能给出一定数量重力水的岩层或土层，称为(　　)。

A. 给水层　　B. 含水层　　C. 透水层　　D. 隔水层

18-61　在潜水等水位线图上(见图)M 点的地下水埋藏深度是(　　)。

A. 5m　　B. 10m　　C. 15m　　D. 20m

18-62　井是取水、排水构筑物，看图分析(　　)为潜水完整井。

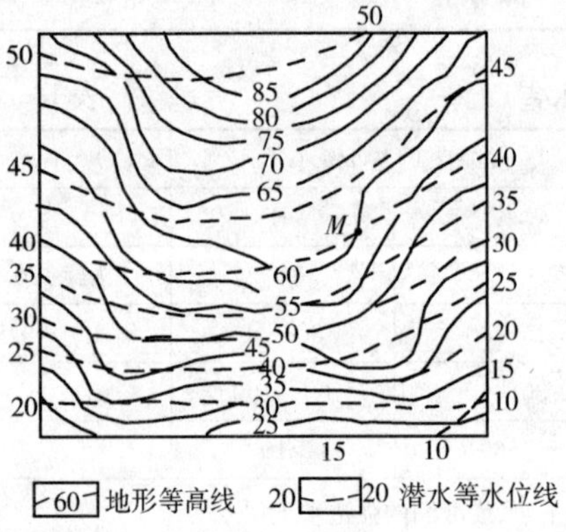

60 地形等高线　20 潜水等水位线

题 18-61 图

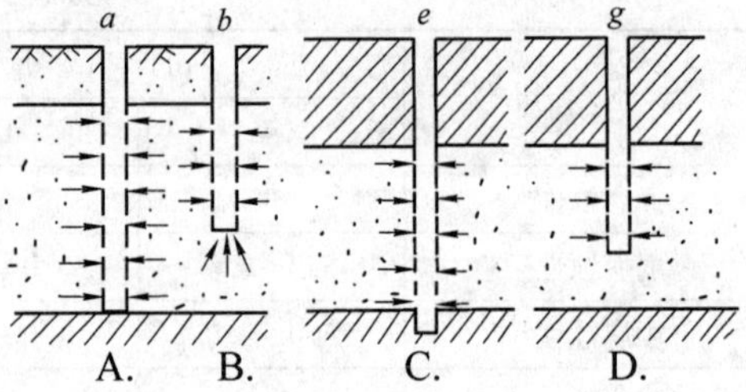

题 18-62 图

18-63　当地下水在岩土的空隙中运动时，其渗透速度随时间而变化，且水质点呈相互干扰的运动属于(　　)。

A. 层流运动的稳定流　　B. 层流运动的非稳定流

C. 紊流运动的非稳定流　　D. 紊流运动的稳定流

第七节　岩土工程勘察

岩土工程勘察是工程建设的前期工作。它是运用地质、工程地质及有关学科的理论知识和各种技术方法，在建设场地及其附近进行研究，查明建筑场地的工程地质条件，分析存在的

问题，作出岩土工程评价，为工程建筑的规划、设计、施工及运行提供可靠的依据。以保证建筑物的安全稳定、经济合理和正常使用。

一、勘察分级

按《勘察规范》规定，岩土工程勘察的等级，是由工程重要性等级、场地复杂程度等级和地基复杂程度等级三项因素决定的。首先应分别对三项因素进行分级，在此基础上进行综合分析，以确定岩土工程勘察的等级划分。

（一）工程重要性等级

根据工程规模和特征，以及由于岩土工程问题造成工程破坏或影响正常使用的后果，将工程重要性等级划分为三级（见表 18-19）。

工程重要性等级　　表 18-19

等　级	破坏后果	工程类型	等　级	破坏后果	工程类型
一级	很严重	重要工程	三级	不严重	次要工程
二级	严重	一般工程			

（二）场地复杂程度等级

场地复杂程度是由建筑抗震稳定性、不良地质现象发育情况、地质环境破坏程度、地形地貌条件和地下水五个条件衡量，也划分为三个等级（见表 18-20）。

场地复杂程度等级　　表 18-20

场地条件＼等级	一　级	二　级	三　级
建筑抗震稳定性	危险	不利	有利（或地震设防烈度≤6 度）
不良地质现象发育情况	强烈发育	一般发育	不发育
地质环境破坏程度	已经或可能强烈破坏	已经或可能受到一般破坏	基本未受破坏
地形地貌条件	复杂	较复杂	简单
地下水	有影响工程的多层地下水、岩溶裂隙水或其他地质条件复杂需专门研究	基础位于地下水位以下	对工程无影响

注：一、二级场地各条件中只要符合其中任一条件者即可。

（三）地基复杂程度等级

地基复杂程度也划分为三个等级：

1. 一级地基

符合下列条件之一者为一级地基（复杂地基）：

（1）岩土种类多，很不均匀，性质变化大，需特殊处理；

（2）严重湿陷、膨胀、盐渍、污染的，以及其他情况复杂，需作特殊处理的岩土（多年冻土属勘察经验不足应列为一级地基）。

2. 二级地基

符合下列条件之一者为二级地基（中等复杂地基）：

（1）岩土种类多，性质变化较大，地下水对工程有不利影响；

（2）除上述规定以外的特殊性岩土。

3. 三级地基

符合下列条件者为三级地基（简单地基）：

(1)岩土种类单一、均匀、性质变化不大;

(2)无特殊性岩土。

(四)岩土工程勘察等级

综合上述三项因素的分级,即可划分岩土工程勘察的等级:

甲级　在工程重要性、场地复杂程度和地基复杂程度等级中,有一项或多项为一级;

乙级　除勘察等级为甲级和丙级以外的勘察项目;

丙级　工程重要性、场地复杂程度和地基复杂程度等级均为三级。

注:建筑在岩质地基上的一级工程,当场地复杂程度等级和地基复杂程度等级均为三级时,岩土工程勘察等级可定为乙级。

二、各类岩土工程勘察基本要求

岩土工程勘察的基本任务,是为工程的设计施工,以及岩土体治理加固等,提供地质资料和必要的技术参数,对有关的岩土工程问题作出评价,以保证设计工作的完成和顺利施工。

岩土工程勘察阶段与设计阶段划分一致,一般有可行性研究勘察、初步勘察和详细勘察三个阶段。对于场地条件复杂或有特殊要求的工程,宜进行施工勘察。在某些情况下,也可合并勘察阶段,或直接进行详细勘察。下面介绍对各类岩土工程勘察的基本要求。

(一)房屋建筑和构筑物

房屋建筑和构筑物的岩土工程勘察,应在搜集建筑物上部荷载、功能特点、结构类型、基础形式、埋置深度和变形限制等方面资料的基础上进行。其主要工作内容应符合下列规定:

(1)查明场地和地基的稳定性、地层结构、持力层和下卧层的工程特性、土的应力历史和地下水条件以及不良地质作用等;

(2)提供满足设计施工所需的岩土参数,确定地基承载力,预测地基变形性状;

(3)提出地基基础、基坑支护、工程降水和地基处理设计与施工方案的建议;

(4)提出对建筑物有影响的不良地质作用的防治方案建议;

(5)对于抗震设防烈度等于或大于 6 度的场地,进行场地与地基的地震效应评价。

(二)岸边工程

本节适用于港口工程、造船和修船水工建筑物以及取水构筑物等的岩土工程勘察。应着重查明下列内容:

(1)地貌特征和地貌单元交界处的复杂地层;

(2)高灵敏软土、层状构造土、混合土等特殊土和基本质量等级为Ⅴ级岩体的分布和工程特性;

(3)岸边滑坡、崩塌、冲刷、淤积、潜蚀、沙丘等不良地质作用。

(三)边坡工程

边坡工程勘察应查明下列内容:

(1)地貌形态,当存在滑坡、危岩和崩塌、泥石流等不良地质作用时,应符合《勘察规范》的要求;

(2)岩土的类型、成因、工程特性,覆盖层厚度,基岩面的形态和坡度;

(3)岩体主要结构面的类型、产状、延展情况、闭合程度、充填物、充水状况、力学属性和组合关系,主要结构面与临空面关系,是否存在外倾结构面;

(4)地下水的类型、水位、水压、水量、补给和动态变化,岩土的透水性、地下水的出露情况;

(5)地区气象条件(特别是雨期、暴雨强度),汇水面积、坡面植被,地表水对坡面、坡脚的冲刷情况；

(6)岩土的物理力学性质和软弱结构面的抗剪强度。

(四)基坑工程

本节主要适用于土质基坑的勘察。

(1)需进行基坑设计的工程，勘察时应包括基坑工程勘察的内容。在初步勘察阶段，应根据岩土工程条件，初步判定开挖可能发生的问题和需要采取的支护措施；在详细勘察阶段，应针对基坑工程设计的要求进行勘察；在施工阶段，必要时尚应进行补充勘察。

(2)基坑工程勘察的范围和深度，应根据场地条件和设计要求确定。勘察深度宜为开挖深度的2～3倍，在此深度内遇到坚硬黏性土、碎石土和岩层，可根据岩土类别和支护设计要求减少深度。勘察的平面范围宜超出开挖边界外开挖深度的2～3倍。在深厚软土区，勘察深度和范围应适当扩大。

(3)当场地水文地质条件复杂，在基坑开挖过程中需要对地下水进行治理(降水或隔渗)时，应进行专门水文地质勘察。

(4)当基坑开挖可能产生流沙、流土、管涌等渗透性破坏时，应有针对性地进行勘察，分析评价其产生的可能性及对工程的影响。当基坑开挖过程中有渗流时，地下水的渗流作用宜通过渗流计算确定。

(五)桩基础

桩基岩土工程勘察应包括下列内容：

(1)查明场地各层岩土的类型、深度、分布、工程特性和变化规律；

(2)当采用基岩作为桩的持力层时，应探明基岩的岩性、构造、岩面变化、风化程度，确定其坚硬程度、完整程度和基本质量等级，判定有无洞穴、临空面、破碎岩体或软弱岩层；

(3)查明水文地质条件，评价地下水对桩基设计和施工的影响，判定水质对建筑材料的腐蚀性；

(4)查明不良地质作用，可液化土层和特殊性岩土的分布及其对桩基的危害程度，并提出防治措施的建议；

(5)评价成桩可能性，论证桩的施工条件及其对环境的影响。

(六)地基处理

地基处理的岩土工程勘察应满足下列要求：

(1)针对可能采用的地基处理方案，提供地基处理设计和施工所需的岩土特性参数；

(2)预测所选地基处理方法对环境和邻近建筑物的影响；

(3)提出地基处理方案的建议；

(4)当场地条件复杂且缺乏成功经验时应在施工现场对拟选方案进行试验或对比试验，检验方案的设计参数和处理效果；

(5)在地基处理施工期间，应进行施工质量和施工对周围环境和邻近工程设施影响的监测。

三、勘探

岩土工程勘探常用的方法主要有坑探、钻探及地球物理勘探三种类型。其主要任务是确切查明地表以下地质情况，为深部取样、现场试验、长期地质观测提供条件。

(一)坑探

坑探是由地表向深部挖掘坑槽或坑洞，供勘查人员直接观察地质现象或进行试验。常用的坑探工程有探槽、试坑、浅井、竖井(斜井)、平硐和石门(平巷)。其中前三种为轻型坑探工程,后三种为重型坑探工程。不同坑探工程的特点和适用条件,列于表18-21中。

各种坑探工程的特点和适用条件　　表18-21

名　称	特　点	适用条件
探槽	在地表深度小于3～5m的长条形槽子	剥除地表覆土,揭露基岩,划分地层岩性,研究断层破碎带;探查残坡积层的厚度和物质、结构
试坑	从地表向下,铅直的、深度小于3～5m的圆形或方形小坑	局部剥除覆土,揭露基岩;做载荷试验、渗水试验,取原状土样
浅井	从地表向下,铅直的、深度5～15m的圆形或方形井	确定覆盖层及风化层的岩性及厚度,做载荷试验,取原状土样
竖井(斜井)	形状与浅井相同,但深度大于15m,有时需支护	了解覆盖层的厚度和性质,风化壳分带、软弱夹层分布、断层破碎带及岩溶发育情况、滑坡体结构及滑动面等,布置在地形较平缓、岩层又较缓倾的地段
平硐	在地面有出口的水平坑道,深度较大,有时需支护	调查斜坡地质结构,查明河谷地段的地层岩性、软弱夹层、破碎带、风化岩层等;做原位岩体力学试验及地应力量测,取样;布置在地形较陡的山坡地段
石门(平巷)	不出露地面与竖井相连的水平坑道,石门垂直岩层走向,平巷平行岩层走向	了解河底地质结构,做试验等

(二)钻探

在岩土工程勘察中,钻探是最常用的一种勘探手段。

1. 岩土工程钻探要求

(1)土层是岩土工程钻探的主要对象,应可靠地鉴定土层名称,准确判定分层深度,正确鉴别土层天然的结构、密度和湿度状态。

(2)岩芯采取率要求较高。一般岩石不应低于80%,破碎岩石不应低于65%。对工程建筑至关重要需重点查明的软弱夹层、断层破碎带、滑坡的滑动带等地质体和地质现象,为保证获得较高的岩芯采取率,应采用相应的钻进方法。

(3)钻孔水文地质观测和水文地质试验是岩土工程钻探的重要内容,借以了解岩土的含水性,发现含水层并确定其水位(水头)和涌水量大小,掌握各含水层之间的水力联系,测定岩土的渗透系数等。

(4)在钻进过程中,为了研究岩土的工程性质,经常需要采取岩土样。

2. 常用钻探方法

目前我国岩土工程钻探常用的钻探方法有冲击钻探、回转钻探、振动钻探等。

冲击钻探包括人力和机械两种类型。人力冲击钻探主要适用于黏性土、黄土、沙、砂卵石层及不太坚硬的岩层,而机械冲击钻探还可用于坚硬的岩层。

回转钻探也包括人力和机械(硬合金、钢粒、金刚石)钻探两种类型。其中硬合金钻探,岩芯采取率较高,孔壁整齐,钻孔弯曲小,孔深大,能钻任何角度的钻孔,便于工程地质试验岩芯、取样,但在坚硬岩层中钻进钻头磨损大,效率低。钢粒钻探,广泛应用于可钻性等级高的岩层,可取岩芯、取样,便于做工程地质试验,钻孔易弯曲,孔壁不太平整,钻孔角度不应小于75%,

岩芯采取率较低。金刚石钻探，钻进效率高，钻孔质量好，弯曲度小，岩芯采取率高，能钻进最坚硬的地层，机具设备较轻，消耗功率小，钻具磨损较少，钻进程序较简单，但它在较软和破碎裂隙发育地层中不适用，孔径较小，不便于做工程地质试验。

冲击回转钻探适用于各种岩土层，钻进适应性强，但孔深较浅。

振动钻探适用于黏性土、砂土、大块碎石土、卵、砾石层及风化基层，效率高，成本低，但孔深较浅。

冲击、回转、振动三者结合钻探，以各类土层为主，钻进适应性强，效率高，轻便，成本低，孔深较浅，结构较复杂。

目前，国内岩土工程钻探正逐渐朝着全液压驱动、仪表控制和钻探与测试相结合的方向发展。

（三）地球物理勘探

地球物理勘探简称物探，它是用专门的仪器来探测各种地质体物理场的分布情况，对获取的数据及绘制的曲线进行分析解释，用于划分地层、判定地质构造、水文地质条件及各种不良地质现象的一种勘探方法。应用于岩土工程勘察中的物探，称为"工程物探"。物探是一种先进的勘探方法，其优点是效率高、成本低、装备轻便，能从较大范围勘探地质构造及测定地层各种物理参数等。但其成果有时具有多解性，需要利用其他方法或适当配合钻探工作，因此物探方法具有一定的局限性。

物探方法的种类较多，主要有直流电法、交流电法、地震勘探、磁法勘探、重力勘探、声波测量、放射性勘探、测井等，但在岩土工程勘察中运用最普遍的是电阻率法和地震勘探法等。

四、取样

（一）土样的质量等级

土样质量实质上是土样的扰动问题。按照取样方法和目的，《勘察规范》对试样扰动程度划分为四个等级，见表 18-22。

土试样质量等级 表 18-22

级 别	扰动程度	试验内容
I	不扰动	土类定名、含水率、密度、强度试验、固结试验
II	轻微扰动	土类定名、含水率、密度
III	显著扰动	土类定名、含水率
IV	完全扰动	土类定名

注：所谓不扰动，是指原位应力状态虽已改变，但土的结构、密度和含水率变化很小，能满足试验各项要求。

由于目前在实际工程中不大可能对所取土样的扰动程度作详细的研究和定量的评价，只能对采取某一级别的土样所必须使用的器具和操作方法作出规定。另外，还需考虑土层特点、操作水平和地区经验来进行判断所取土样是否达到质量要求。

（二）钻孔取土器及其适用条件

1. 贯入式取土器

贯入式取土器取样时，采用击入或压入的方法将取土器贯入土中。这类取土器又可分为敞口取土器和活塞取土器两类。敞口取土器按取样管壁厚度分为厚壁、薄壁和束节式三种，活塞取土器又有固定活塞、水压固定活塞、自由活塞等几种。

贯入式取土器一般适用于采取相对较软的均匀细粒土。

2.回转式取土器

回转式取土器的基本结构与岩芯钻探的双层岩芯管相同，分为单动和双动两类。回转式取土器可采取较坚硬、密实的土类以至软岩的样品。单动型取土器适用于软塑～坚硬状态的黏性土和粉土、粉细砂土，土样质量1～2级 。双动型取土器适用于硬塑～坚硬状态的黏性土、中砂、粗砂、砾砂、碎石土及软岩，土样质量亦为1～2级。

目前我国主要使用贯入式取土器。

（三）取样要求

（1）到达预计取样位置后，要仔细清除孔底浮土。孔底允许残留浮土厚度不能大于取土器废土段长度。清除浮土时，需注意不致扰动待取样的土层。

（2）下放取土器必须平稳，避免侧刮孔壁。取土器进入孔底时应轻放，以避免撞击孔底而扰动土层。

（3）贯入取土器力求快速连续，最好采用静压方式。如采用锤击法，应做到重锤少击，且应有导向装置，以避免锤击时摇晃。饱和粉、细砂土和软黏土，必须采用静压法取样。

（4）土样贯满取土器后，在提升取土器前应旋转2～3圈，也可静置约10min，以使土样根部与母体顺利分离，减少逃土的可能性。提升时要平稳，切忌陡然升降或碰撞孔壁，以免失落土样。

以上是贯入式取土器取样的基本要求。回转式取土器的操作要求与之有很大不同，在此不再叙述。

五、土工参数的统计分析

由于岩土体的非均质性和各向异性以及参数测定方法、条件与工程原型之间的差异等种种原因，岩土参数是随机变量，且变异性较大。故在进行岩土工程设计时，应在划分工程地质单元的基础上对有关参数作统计分析，了解各项指标的概率系数，确定其标准值和设计值。

由于土的不均匀性，对同一工程地质单元（土层）取的土样，用相同方法测定的数据通常是离散的，并以一定的规律分布，可以用频率分布直方图和分布密度函数来表示。为了简化上述表示，应采用统计特征值。常用的特征值可分两大类：一类是反映数据分布的集中情况或中心趋势的，它们被作为某批数据的典型代表；另一类是反映数据分布的离散程度的。

六、地基土的岩土工程评价

（一）地基变形及沉降预测

地基承受建筑物荷载之后，通常都要发生变形。根据建筑物结构特性和使用要求，地基变形量大小或不均匀变形应限制在一定范围之内。这个范围的界限叫地基变形允许值，它是保证建筑物安全和正常使用的最大变形值。

（二）地基强度及承载力确定

地基强度是指地基在建筑物荷重作用下抵抗破坏的能力。地基在同时满足变形和强度两个条件下，单位面积所能承受的最大荷载，称为地基承载力。地基承载力可分为地基承载力基本值（f_0）、地基承载力标准值（f_k）和地基承载力设计值（f）。

地基变形及承载力的确定方法详见第十七章第三、五节。

(三)特殊性土的评价

1. 湿陷性黄土

(1)湿陷性的判定

黄土的湿陷性，主要是利用现场采集的不扰动土试样，通过室内浸水压缩试验求得的湿陷系数，据以判定是否有湿陷性和自重湿陷性。

在一定压力下的室内压缩试验测定的湿陷系数 δ_s 应按下式计算

$$\delta_s=\frac{h_p-h_p'}{h_0} \tag{18-12}$$

式中：h_p——保持天然湿度和结构的土试样，加压至一定压力时下沉稳定后的高度；

$h_p{}'$——上述加压稳定后的土试样，在浸水作用下，下沉稳定后的高度；

h_0——土试样的原始高度。

当 $\delta_s<0.015$ 时，应定为非湿陷性黄土；

当 $\delta_s\geqslant0.015$ 时，应定为湿陷性黄土。

当基底压力大于 300kPa 时，宜按实际压力测定的湿陷系数值判定黄土湿陷性。

(2)场地湿陷类型和地基湿陷等级的划分

场地的湿陷类型，应按实测自重湿陷量或计算自重湿陷量判定。

当自重湿陷量≤7cm 时，应定为非自重湿陷性黄土场地；

当自重湿陷量>7cm 时，应定为自重湿陷性黄土场地。

地基湿陷程度，可根据基底下各土层累计的总湿陷量和计算自重湿陷量的大小等因素按表 18-23 判定。

湿陷性黄土地基的湿陷等级 表 18-23

湿陷类型		非自重湿陷性场地	自重湿陷性场地	
计算自重湿陷量(cm)		$\Delta z_s\leqslant7$	$7<\Delta z_s\leqslant35$	$\Delta z_s>35$
总湿陷量 Δs (cm)	$\Delta s\leqslant30$	I(轻微)	II(中等)	—
	$30<\Delta s\leqslant60$	II(中等)	II 或 III	III(严重)
	$\Delta s>60$	—	III(严重)	IV(很严重)

注：当总湿陷量 $\Delta s\geqslant60$cm，计算自重湿陷量 $\Delta z_s\geqslant30$cm，可判为 III 级；当总湿陷量 $30\text{cm}<\Delta s<50\text{cm}$，计算自重湿陷量 $7\text{cm}<\Delta z_s<30\text{cm}$ 时，可判为 II 级。

(3)黄土地基的承载力

含水量对湿陷性黄土的承载力有着强烈的影响，当含水量增大，土的抗剪强度迅速降低，承载力也会大幅度降低。

(4)黄土地基的变形

①黄土地基的变形性质。黄土地基存在湿陷和压缩两种不同性质的变形。对于湿陷性黄土，主要计算地基受水浸湿后的湿陷变形。新近堆积黄土既存在湿陷变形，也存在较大的压缩变形。但新近堆积黄土的厚度不大，对一般建筑物，都需要进行部分或全部厚度的地基处理，故问题易于解决。对于饱和黄土和其他非湿陷性黄土，则主要应考虑地基的压缩变形。

②黄土地基变形的计算方法。有三种计算方法，即地基规范建议的分层总和法，地基固结沉降计算法和采用变形模量 E_0 计算法。

2. 湿陷性土

湿陷性土指的是除湿陷性黄土外，在我国分布很广的湿陷性碎石土、湿陷性砂土等。当对这种湿陷性土不能取试样进行室内湿陷性试验时，应采用现场载荷试验确定其湿陷性。在200kPa压力下浸水载荷试验的附加湿陷量，与承压板宽度之比，等于或大于0.023的土，应判定为湿陷性土。

有关湿陷性岩土地基的湿陷性等级及处理措施可参阅《勘察规范》。

3. **红黏土**

颜色为棕红或褐黄，覆盖于碳酸盐岩系之上，其液限大于或等于50%的高塑性黏土，应判定为原生红黏土。原生红黏土经搬运、沉积仍保留其基本特征，且其液限大于45%的黏土，可判定为次生红黏土。

4. **软土**

天然孔隙比大于或等于1.0，且天然含水率大于液限的细颗粒土，应判定为软土，包括淤泥、淤泥质土、泥炭、泥炭质土等。

5. **混合土**

由细粒土和粗粒土混杂，且缺乏中间粒径的土，应定名为混合土。

当碎石土中粒径小于0.075mm的细粒土质量，超过总质量的25%时，应定名为粗粒混合土；当粉土或黏性土中粒径大于2mm的粗粒土质量，超过总质量的25%时，应定名为细粒混合土。

6. **填土**

填土根据物质组成和堆填方式，可分为下列四类。

(1)素填土：由碎石土、砂土、粉土和黏性土等一种或几种材料组成，不含杂物或含杂物很少；

(2)杂填土：含有大量建筑垃圾、工业废料或生活垃圾等杂物；

(3)冲填土：由水力冲填泥沙形成；

(4)压实填土：按一定标准控制材料成分、密度、含水量，分层压实或夯实而成。

7. **多年冻土**

含有固态水，且冻结状态持续2年或2年以上的土，应判定为多年冻土。

8. **膨胀岩土**

含有大量亲水矿物(蒙脱石、伊利石)，湿度变化时有较大体积变化，变形受约束时，产生较大内应力的岩土，应判定为膨胀岩土。

9. **盐渍岩土**

岩土中易溶盐含量大于0.3%，并且有溶陷、盐胀、腐蚀等工程特性时，应判定为盐渍岩土。

10. **风化岩和残积土**

岩石在风化作用下，其结构、成分和性质，已产生不同程度的变异，应定名为风化岩。已完全风化成土而未经搬运的，应定名为残积土。

11. **污染土**

由于致污物质侵入改变了物理力学性状的土，应判定为污染土。

习　题

18-64　某桥梁工程的地基土为砂黏土，工程重要性等级为三级，场地的地形、地貌与地质构造简单，则其岩土工程勘察等级应定为(　　)。

A. 一级　　B. 二级　　C. 三级　　D. 可不定级

18-65　岩土工程勘察一般应包括哪几个阶段？(　　)

A. 可行性研究勘察、初步勘察和详细勘察阶段

B. 初步勘察和详细勘察阶段

C. 可行性研究勘察、详细勘察阶段

D. 初步勘察阶段要求

18-66　对于抗震设防烈度等于或大于(　　)的建筑物，应进行场地与地基的地震效应评价。

A. 5 度　　B. 6 度　　C. 7 度　　D. 8 度

18-67　岩土工程勘探方法主要包括(　　)。

A. 坑探、钻探、地球物理勘探　　B. 钻探、地球物理勘探、触探

C. 地球物理勘探、坑探、触探　　D. 地震勘探、钻探、坑探

18-68　若需对土样进行各种物理力学性质试验及定名，则土样的扰动程度应控制到(　　)。

A. 不扰动土　　B. 轻微扰动土　　C. 显著扰动土　　D. 完全扰动土

第八节　原位测试技术

原位测试是指在勘察现场，在地基土层原来所处的位置基本保持其天然结构、天然含水量及天然应力状态下，对地层进行测试，以取得地层的工程力学性质指标的勘察技术。工程地质原位测试方法有多种，这里主要介绍载荷试验、十字板剪切试验、静力触探试验、圆锥动力触探试验、标准贯入试验、旁压试验、扁铲侧胀试验等。

一、载荷试验

(一)基本原理

载荷试验是在准备修建的建筑物地基上，放置一定规格的承压板，在其上逐渐增加荷载，测定每级荷载作用下地基的变形特性，从而评定地基的承载力，计算地基的变形模量，并预测实体基础的沉降量。

载荷试验包括平板载荷试验和螺旋板载荷试验。平板载荷试验是在岩土体原位，用一定尺寸的承压板施加竖向荷载，同时观测承压板沉降，测定岩土体承载力与变形特性。该方法又分为浅层平板载荷试验和深层平板载荷试验。浅层平板载荷试验适用于浅层上，深层平板载荷试验适用于埋深等于或大于 3m 和地下水位以上的地基土。螺旋板载荷试验是将螺旋板旋入地下预定深度，通过传力杆向螺旋板施加竖向荷载，同时测量螺旋板的沉降量，测定岩土体承载力与变形指标。螺旋板载荷试验适用于深层地基土或地下水位以下的地基土。

(二)试验装置

载荷试验的装置由承压板、加荷装置及沉降观测装置等部分组成。其中承压板一般为方形或圆形板；加荷装置包括压力源、载荷台架或反力架。加荷方式可采用重物加荷和油压千斤顶加荷两种方式。沉降观测装置有百分表、沉降传感器和水准仪等。

(三)载荷试验的基本技术要求

载荷试验的承压板，一般用刚性的方形或圆形板，其面积应为 2 500cm^2 或 5 000cm^2，目前工程上常用的是 70.7cm×70.7cm 和 50cm×50cm。对于均质密实的土如 Q_3 老黏性土也可

用1 000cm^2的承压板。但对于饱和软土层，考虑到在承压板边缘的塑性变形影响，承压板的面积不应小于5 000cm^2。

载荷试验过程中出现下列现象之一时，即可认为土体已达到极限状态，应终止试验：

(1)承压板周围的土体有明显的侧向挤出或发生裂纹；

(2)在24h内，沉降随时间趋于等速增加；

(3)荷载p增量很小，但沉降量s却急剧增大，p-s曲线出现陡降阶段，或相对沉降$s/b \geqslant 0.06 \sim 0.08$。

(四)载荷试验资料的应用

载荷试验的主要成果为在一定压力下的s-t关系曲线以及p-s曲线。这些资料可以应用于确定地基土的临塑荷载p_0、极限荷载p_L，为评定地基土的承载力提供依据；估算地基土的变形模量E_0和基床反力系数K_s。

显然，当建筑物基底附加压力小于或等于p_0时，地基土的强度是完全保证的，且沉降也较小。而当基底附加压力大于p_0小于p_L时，地基土体不会发生整体破坏，但建筑物的沉降量较大。

二、十字板剪切试验

(一)试验的原理

十字板剪切试验是用插入软黏土中的十字板头，以一定的速率旋转，在土层中形成圆柱形破坏面，测出土的抵抗力矩，然后换算成土的抗剪强度。此法对较硬的黏性土和含有砾石、杂物的土不宜采用，否则会损坏十字板头。

这种方法测得的抗剪强度值，相当于试验深度处天然土层的不排水抗剪强度，在理论上它相当于三轴不排水抗剪的总强度，或无侧限抗压强度的一半($\varphi=0$)。由于十字板剪切试验不需采取土样，特别对于难以取样的灵敏性高的黏性土，它可以在现场基本保持天然应力状态下进行扭剪。长期以来，十字板剪切试验被认为是一种较为有效的、可靠的现场测试方法，与钻探取样室内试验相比，土体的扰动较小，而且试验简便。

但在有些情况下已发现十字板剪切试验所测得的抗剪强度在地基不排水稳定分析中偏于不安全，对于不均匀土层，特别是夹有薄层粉细砂或粉土的软黏性土，十字板剪切试验会有较大的误差。因此将十字板抗剪强度直接用于工程实践时，要考虑到一些影响因素。

十字板剪切试验包括钻孔十字板剪切试验和贯入电测十字板剪切试验，其基本原理都是：施加一定的扭转力矩，将土体剪坏，测定土体对抵抗扭剪的最大力矩，通过换算得到土体抗剪强度值(假定$\varphi=0$)。假设土体是各向同性介质，即水平面的不排水抗剪强度$(C_u)_h$与垂直面上的不排水抗剪强度$(C_u)_v$相同：$(C_u)_v=(C_u)_h$。旋转十字板头时，在土体中形成一个直径为D，高为H的圆柱剪切破坏面。由于假设土体是各向同性的，因此，该圆柱剪切面的侧表面及顶底面上各点的抗剪强度相等，则旋转过程中，土体产生的最大抵抗扭矩M由圆柱侧表面的抵抗扭矩M_1和圆柱顶底面的抵抗扭矩M_2组成

$$M=M_1+M_2 \tag{18-13}$$

(二)试验的仪器设备

野外十字板剪切试验的仪器为十字板剪切仪，目前国内有三种：开口钢环式、轻便式和电测式。方法分为钻孔式和压入式两种。

电测式十字板剪切仪轻便灵活，容易操作，试验成果也较稳定，目前已得到广泛应用。

（三）试验的适用范围和目的

十字板剪切试验适用于测定饱和软黏性土（$\varphi=0$）的不排水抗剪强度和灵敏度。其目的有：

（1）测定原位应力条件下软黏土的不排水抗剪强度 C_u；

（2）估算软黏性土的灵敏度 S_t。

（四）试验成果的应用

1. 估算地基允许承载力

对于内摩擦角等于零的饱和软黏土，C_u 值可用来估算地基允许承载力[R]。

2. 预估桩的极限端阻力和极限侧摩擦阻力

欧美国家习惯用 C_u 预估黏性土，特别是饱和软黏土中单桩的极限端阻力 q_p 和极限侧摩擦阻力 q_t。

三、静力触探试验

（一）工作原理

静力触探是用静力将一定规格和形状的金属探头以一定的速率压入土层中，利用探头内的力传感器，通过电子量测仪表将探头的贯入阻力记录下来。由于贯入阻力的大小与土层的性质有关，因此通过贯入阻力的变化情况，可以达到了解土层的工程性质的目的。

静力触探的主要优点是连续、快速、精确；可以在现场直接测得各土层的贯入阻力指标；掌握各土层原始状态（相对于土层被扰动和应力状态改变而言）下有关的物理力学性质。这对于地基土层在竖向变化比较复杂，而用其他常规勘探手段不可能大密度取土或测试来查明土层变化；对于饱和砂土、砂质粉土以及高灵敏度软黏土层中钻探取样往往不易达到技术要求，或者无法取样的情况；用静力触探连续压入测试，则显出其独特的优越性。但是，静力触探也有不足之处：不能对土层进行直接的观察、鉴别；由于稳固的反力问题没有解决，测试深度不能超过 80m；对于含碎石、砾石的土层和很密实的砂层一般不适合应用等。

（二）静力触探实验装置及主要技术要求

静力触探仪主要是由三部分组成：贯入装置（包括反力装置），其基本功能是可控制等速压贯入；另一部分是传动系统，目前国内外使用的传动系统有液压和机械的两种；第三部分是量测系统，包括探头、电缆和电阻应变仪（或电位差计自动记录仪）等。

（三）适用条件和成果应用

静力触探试验适用于黏性土、粉土和砂土，尤其是对地下水位以下及不易取样的松散土、淤泥质土体实用价值更大，可测定比贯入阻力、桩尖阻力、侧壁摩阻力和贯入时的空隙水压力。一般不适用于砾质土。

静力触探试验可以用于：

（1）根据贯入阻力曲线的形态特征或数值变化的幅度划分土层；

（2）估算地基土层的物理力学参数；

（3）评定地基土的承载力；

（4）选择桩基持力层、估算单桩极限承载力，判定沉桩可能性；

（5）判定场地地震液化势。

静力触探试验的主要成果有比贯入阻力-深度（p_s-h）关系曲线，锥尖阻力-深度（q_c-h）关系曲线，侧壁摩阻力-深度（f_s-h）关系曲线和摩阻比-深度（R_f-h）关系曲线。

四、圆锥动力触探试验

(一)工作原理和类型

动力触探试验是利用一定的锤击动能,将一定规格的探头打入土中,根据每打入一定深度的锤击数(或以能量表示)来判定土的性质,并对土进行粗略的力学分层,对地基土作出工程地质评价等的一种原位测试方法。通常以打入土中一定距离所需的锤击数来表示土的阻力。

动力触探装置有轻型、重型和超重型三种,由不同规格的落锤,探杆和圆锥形探头所组成。

圆锥动力触探的优点是设备简单、操作方便、工效较高、适应性广,并具有连续贯入的特性。对难以取样的砂土、粉土、碎石类土等,对静力触探难以贯入的土层,动力触探是十分有效的勘探测试手段。圆锥动力触探的缺点是不能采样对土进行直接鉴别描述,试验误差较大,再现性差。

(二)适用范围和目的

动力触探试验适用于强风化、全风化的硬质岩石、各种软质岩石及各类土。其目的如下。

(1)定性评价:评定场地土层的均匀性,查明土洞、滑动面和软硬土层界面,确定软弱土层或坚硬土层的分布,检验评估地基土加固与改良的效果。

(2)定量评价:确定砂土的孔隙比、相对密实度、粉土和黏性土的状态、土的强度和变形参数,评定天然地基土承载力或单桩承载力。

(三)成果及应用

动力触探试验的主要成果是锤击数和随深度变化的关系曲线,并据此对地基土特性进行评价。

(1)确定砂土及碎石土的密实度:北京市勘察院的研究结果表明,N_{10}(10kg 的锤击数)与砂土密实度有一定的对应关系。

(2)确定地基土的承载力和变形模量:可用 N_{10} 确定地基土的承载力标准值 f_k。

(3)确定单桩承载力标准值 R_k:重型动力触探试验对桩基持力层的锤击数 $N_{63.5}$ 与打桩机最后若干锤的平均每锤贯入度之间有一定的相关关系,根据这种关系就可以确定打入桩的单桩承载力标准值 R_k。

五、标准贯入试验

(一)原理和特点

标准贯入试验是利用规定重量的穿心锤从恒定的高度上自由下落,将一定规格的探头打入土中,根据贯入的难易程度判别土的性质。它仍属于动力触探类型,所不同的是其触探头不是圆锥形探头,而是标准规格的圆筒形探头(由两个半圆管合成的取土器),称为贯入器。贯入阻力用贯入土层中 30cm 的锤击数 $N_{63.5}$ 表示,也称标贯击数。标准贯入试验采用的落锤重量 63.5kg,落距 760mm,钻杆直径 42mm。

(二)试验的范围和目的

标准贯入试验可用于砂土、粉土和一般黏性土,最适用于 $N=2\sim50$ 击的土层。其目的有:

(1)采取扰动土样,鉴别和描述土类,按颗粒分析结果定名;

(2)根据标准贯入击数 $N_{63.5}$,利用地区经验,为砂土的密实度和粉土、黏性土的状态,土的强度参数,变形模量,地基承载力等作出评价;

(3)估算单桩极限承载力和判定沉桩可能性;

(4)判定饱和粉砂、砂质粉土的地震液化可能性及液化等级。

六、旁压试验

(一)原理

旁压试验是通过旁压器在竖直的孔内加压,使旁压膜膨胀,并由旁压膜(或护套)将压力传给周围土体(或软岩),使其产生变形直至破坏,并通过量测装置测出施加的压力和土变形之间的关系,然后绘制应力-应变(或钻孔体积增量、或径向位移)关系曲线。根据这种关系对孔周所测土体(或软岩)的承载力、变形性质等进行评价。

根据将旁压器设置于土中的方法,旁压仪分为预钻式、自钻式和压入式三种。预钻式旁压仪一般需有竖向钻孔,自钻式旁压仪利用自转的方式钻到预定位置后进行试验,压入式旁压仪以静压方式压到预定试验位置后进行旁压试验。

(二)适用范围和目的

旁压试验适用于测定黏性土、粉土、砂土、碎石土、软质岩石和风化岩、软质岩石的承载力、旁压模量和应力应变关系等。

七、扁铲侧胀试验

(一)基本原理

扁铲侧胀试验(简称扁胀试验)是用静力(有时也用锤击动力)把一扁铲形探头贯入土中,达试验深度后,利用气压使扁铲侧面的圆形钢膜向外扩张进行试验。

(二)扁胀试验设备

扁铲形探头的尺寸为长230～240mm、宽94～96mm、厚14～16mm。铲前缘刃角为12°～16°,在扁铲的一侧面为一直径60mm的钢膜。探头可与静力触探的探杆或钻杆连接,对探杆的要求与静力触探相同。

和静载荷试验相对比,旁压试验有精度高、设备轻便、测试时间短等特点,但其精度受成孔质量的影响较大。扁胀试验适用于一般黏性土、粉土、中密以下砂土、黄土等,不适用于含碎石的土、风化岩等。扁胀试验成果可用于划分土类,求算静止侧压力系数、不排水抗剪强度、土的变形参数、水平固结系数、评定土的超固结比和用于侧向受荷桩的设计等方面。

习　　题

18-69　原位测试技术通常在岩土工程勘察(　　)阶段采用。

A. 施工勘察　　B. 初步勘察　　C. 详细勘察　　D. 选址勘察

18-70　下列试验方法中(　　)不属于原位测试。

A. 十字板剪力试验、载荷试验　　B. 动力触探试验、旁压试验

B. 静力触探试验、扁铲侧胀试验　　D. 固结试验、重度试验

18-71　标准贯入试验可用于(　　)地层。

A. 节理发育的岩石类　　B. 砂土、粉土和一般黏性土

C. 碎石类土　　D. 软土

习题提示及参考答案

18-1 **提示:**从矿物的形态、解理、硬度这几方面来考虑。

答案:D

18-2 **提示:**从矿物的物理性质及受力后的情况考虑。

答案:D

18-3 **提示:**花岗岩、酸性岩属于岩浆岩,黏土岩、碎屑岩属于沉积岩。

答案:A

18-4 **提示:**深成岩和浅成岩是按照火成岩在地壳中生成的深浅位置确定的类型。

答案:C

18-5 **提示:**沉积岩的物质成分,主要有碎屑矿物、黏土矿物、化学沉积矿物、有机质及生物残骸。

答案:B

18-6 **提示:**隐晶结构、显晶结构及斑状结构均为火成岩。

答案:A

18-7 **提示:**层理构造是沉积岩构造;片理构造、片状构造、条带状构造和眼球状构造是变质岩构造。

答案:B

18-8 **提示:**石英、白云母、黑云母、方解石属于各岩类共有矿物。

答案:A

18-9 **提示:**流纹构造和杏仁构造属于岩浆岩的构造,层理构造是沉积岩的构造。

答案:B

18-10 **提示:**主要与沉积岩的化学成分密切相关。

答案:A

18-11 **提示:**平卧褶曲是按轴面所处状态的分类,倾伏褶曲是属于枢纽倾斜状态的分类。

答案:B

18-12 **提示:**水平与倾伏褶曲是褶曲按枢纽产状进行的分类。

答案:A

18-13 **提示:**剪节理、张节理属于按力学性质划分的节理类型。

答案:B

18-14 **提示:**走向断层、倾向断层和横断层是按断层走向与岩层走向之间关系的分类。

答案:A

18-15 **提示:**地层沉积顺序在正常情况下,自下向上应为奥陶系 O、志留系 S、泥盆系 D、石炭系 C 等,从图可知 O 与 C 地层之间有一风化壳,地层产状一致并缺失 S、D 地层。

答案:C

18-16 **提示:**根据上下地层在沉积层序及形成的年代上是否连续,产状是否一致来考虑。

答案:A

18-17 **提示:**沉积岩被岩浆岩穿插,由此判断沉积岩形成早于岩浆岩。

答案:C

18-18 **提示:**根据岩浆岩与沉积岩层形成的先后顺序分析。

答案:A

18-19 **提示:**岩层空间位置是通过岩层产状三要素确定的。

答案:D

18-20 **提示:**在断层符号中,长线表示走向,箭头线表示断层面倾向,短齿线表示上盘移动方向,50°表示断层面的倾角。

答案:D

18-21 **提示:**国际上通用的地质年代单位是代、纪、世。

答案:A

18-22 **提示:**高山、中山、低山是依据海拔高度划分的,剥蚀残山是低山剥蚀的残山。

答案:A

18-23 **提示:**沙嘴和海滩为堆积地貌,牛轭湖是河流裁弯取直形成的。

答案:B

18-24 **提示:**弄清漫流、洪流、淋滤作用的概念及扇形地的形成特点。

答案:B

18-25 **提示:**基座阶地是堆积阶地和侵蚀阶地的中间形态,上叠阶地、内叠阶地均属堆积阶地。

答案:A

18-26 **提示:**洪积扇主要分布于山谷沟口处,河间地块是两条河流之间的高地,阶地为洪水期也不会被淹没的地方。

答案:A

18-27 **提示:**瀑布是河水由高陡斜坡突然跌落下来形成的。

答案:B

18-28 **提示:**戈壁滩也称砾漠。

答案:B

18-29 **提示:**桂林地区主要分布石灰岩地层。

答案:A

18-30 **提示:**应考虑终碛堤的概念。

答案:B

18-31 **提示:**应找出哪几种属于侵蚀地貌。

答案:C

18-32 **提示:**石窝、石海为冻土地貌。

答案:A

18-33 **提示:**白头山天池是一个火山口。

答案:C

18-34 **提示:**根据成因分析,终碛堤、侧碛堤为冰川地质作用的沉积地貌。

答案:C

18-35 **提示:**火山活动、构造运动在第四纪之前的地质时期也存。

答案:C

18-36 **提示:**弄清原生结构面、构造结构面、次生结构面各包括几种结构面。

答案:A

18-37 提示:在赤平投影图上,根据结构面圆弧与边坡圆弧的相对位置来考虑。

答案:A

18-38 提示:应根据 AMB 弧向圆心方向所指的方位进行判断。

答案:B

18-39 提示:在赤平投影图上,根据结构面的圆弧与边坡圆弧的相互位置来考虑。

答案:C

18-40 提示:岩体的化学性质、物质成分及力学性质只反映岩体本身的性质,但岩体内的各种结构面的性质及结构面对岩体的切割程度是主要决定岩体稳定性的因素。

答案:C

18-41 提示:同震级的地震,浅源地震较深源地震对地面产生的破坏性要大,烈度也就大。同一次地震,离震中越近,破坏性越大,反之则越小。

答案:D

18-42 提示:活断层的端点、交汇点是应力集中部位,故为强震易发生地带。

答案:C

18-43 提示:按断层活动方式可将活断层基本分为两类:地震断层或粘滑型断层(又称突发型活断层)和蠕变断层或称蠕滑型断层。

答案:A

18-44 提示:伴随有强烈地震发生的活断层是鉴别活断层的重要依据之一;山区突然转为平原,并直线相接的地方,可作为确定活断层位置和错动性质的佐证;第四纪中、晚期沉积物中的地层错开,是鉴别活断层的最可靠依据。

答案:C

18-45 提示:主要根据形成的破碎物质是否经过搬运来考虑。

答案:C

18-46 提示:冲积物为河流作用形成的,洪积物为山洪爆发时形成的,残积物主要为大气降水对山体上的松散物质经淋滤作用将可溶物质带走,大部分固体物质仍存留在山体上,这些物质称为残积物。

答案:B

18-47 提示:潮汐主要作用于外滨带海区,洋流主要发生在大洋水体表层,浊流是一种特殊的局部性海水流动。

答案:A

18-48 提示:吹蚀作用使地面松散破碎屑物或基岩风产物吹起或剥离原地。

答案:A

18-49 提示:崩塌为斜坡上的岩土体在重力作用下突然塌落,并在山坡下部形成岩堆;泥石流是山区发生的含大量松散固体物质的洪流。

答案:C

18-50 提示:块状、厚层状的坚硬脆性岩石常形成较陡峻的边坡,若构造节理或卸荷隙发育且存在临空面,则极易形成崩塌。由非均质的互层岩石组成的斜坡,由于差异风化,易发生崩塌。若软弱结构面的倾向与坡向相同,极易发生大规模的崩塌。

答案:D

18-51 **提示**:与岩溶地区地下水的动力特征随深度增加而变化有关。

答案:B

18-52 **提示**:泥石流的形成必须有强烈的地表径流,这是爆发泥石流的动力条件。

答案:C

18-53 **提示**:根据土洞最易发生在覆盖型岩溶地区来分析。

答案:A

18-54 **提示**:应考虑土层性质和条件、地下水活动及覆盖层下岩石裂隙发育情况。

答案:B

18-55 **提示**:含水量越大,植被越发育,沙丘越不易移动。

答案:D

18-56 **提示**:达西定律为线性渗透定律。

答案:B

18-57 **提示**:岩溶水、裂隙水和孔隙水属于按含水层的空隙性质划分的类型。

答案:B

18-58 **提示**:流沙是松散细颗粒土被地下水饱和后,由于地下水流动而发生的。

答案:B

18-59 **提示**:结晶类腐蚀主要是能生成水化硫铝酸钙,体积大,在混凝土中产生很大内应力,使结构遭受破坏。

答案:B

18-60 **提示**:给水层是在重力作用下能排出一定水量的岩土层,透水层是能透过水的岩土层,隔水层是不透水的岩层。

答案:B

18-61 **提示**:某点的潜水埋藏深度是以该点地形标高减去潜水面标高。

答案:D

18-62 **提示**:按揭露地下水的类型,可分为潜水井和承压水井;按揭露含水层的完整程度,可分为完整井和非完整井。

答案:A

18-63 **提示**:先据水质点平行运动和相互干扰运动区分层流与紊流运动,再据渗透速度随时间不变化和变化区分稳定流与非稳定流。

答案:C

18-64 **答案**:C

18-65 **提示**:岩土工程勘察阶段与设计阶段基本一致,但对于场地条件复杂或有特殊要求的工程,宜进行施工勘察。在某些情况下,也可合并勘察阶段或直接进行详细勘察。

答案:A

18-66 **提示**:5 度属于次强震,6 度属于强震,7 度属于损毁震,8 度属于破坏震。

答案:B

18-67 **答案**:A

18-68 **答案**:A

18-69 **答案**:C

18-70 **答案**:D

18-71 **提示**:标准贯入试验采用圆筒形探头,遇坚硬碎石易损毁,对软土易将其水分挤出,故仅适用于B类土壤。

答案:B

第十九章　岩体力学与岩体工程

复习指导

一、考试大纲

(一)“岩体力学”考试大纲

15.1　岩石的基本物理、力学性能及其试验方法

岩石的物理力学性能等指标及其试验方法　岩石的强度特性、变形特性、强度理论

15.2　工程岩体分级

工程岩体分级的目的和原则　工程岩体分级标准(GB 50218—94)简介

15.3　岩体的初始应力状态

初始应力的基本概念、量测方法简介、主要分布规律

(二)“岩体工程”考试大纲

17.1　岩体力学在边坡工程中的应用

边坡的应力分布、变形和破坏特征　影响边坡稳定性的主要因素　边坡稳定性评价的平面问题　边坡治理的工程措施

17.2　岩体力学在岩基工程中的应用

岩基的基本概念　岩基的破坏模式　基础下岩体的应力和应变　岩基浅基础、岩基深基础的承载力计算

考试大纲中第十五章为岩体力学与土力学，第十七章为岩体工程与基础工程，考虑到岩体力学与岩体工程关系密切，与土力学有较大区别，所以编写本教材时将岩体力学与岩体工程合并在一起，作为第十九章。为了便于考生自学本教材，下面结合考试大纲要求对考试内容和复习要点进行简单说明。

二、复习指导

复习本章时，首先要通读基本要求的全部内容，在此基础上重点掌握其中的基本概念、基本原理、基本理论及方法、基本试验方法、基本结论、基本知识的应用、传统认识和做法等，并能熟练运用基础考试手册中的表格和公式。作为基础考试部分，考题类型均为选择题(岩体力学为 4 道题，岩体工程为 5 道题)，由于每题所允许答题时间有限，所以复习时一定注意不要偏重难度大及过于繁杂的知识，尤其是复杂的计算公式不必死记硬背，但要了解每个公式的推导过程及用途。要注重“基本”知识的记忆和理解，对于难度大及过于繁杂的知识，重点应掌握其中的基本概念、基本假设、基本思想、主要结论及如何应用即可，而其中所含的繁杂过程不必细究。

(一)岩体力学部分

1. 岩石的基本物理、力学性质及其试验方法

岩石作为一种特殊的工程材料，有着十分特殊的性质。它不同于任何传统的工程材料，如金属材料、混凝土材料、塑料等，与土也有着本质的区别。因此，岩石的物理、力学性质是岩体力学的最基本内容之一，应该进行认真复习。

(1)岩石的物理性质指标及其试验方法

本部分主要注意复习常见的物理性能指标的定义和测试方法，尤其是那些工程中常用的物理指标更应认真对待，比如密度、重度、相对密度、含水率和吸水率、软化系数、孔隙比、渗透系数、膨胀系数。注意掌握每个物理指标的确切定义及所反映的物理意义，了解岩石的物理性能指标的大概取值范围。另外，还应该注意区别岩石和岩体在渗透系数方面的区别。

(2)岩石力学性能指标及其试验方法

本部分是岩体力学最基本的内容，也是研究最为深入的部分，任何岩石工程都需要有关此方面的资料，因此，此部分内容为最重要的部分，应该加以重视。复习时着重以下几个方面：

①对常规岩石力学性质试验的内容和基本要求有一定的了解。例如，标准试件的尺寸和加工精度、加载速度等方面的具体要求。

②必须掌握岩石单轴抗压强度、弹性模量(或变形模量)、三轴抗压强度、抗拉强度等的确定方法和意义。

③了解岩石变形破坏过程中几个阶段的划分，每个阶段内岩石的变形破坏程度与物理机制。

④了解岩石全应力-应变关系曲线所反映的物理意义，特别是对峰后区岩石的力学性质应有清楚的认识。同时了解为什么采用普通试验机无法获得岩石的全应力-应变关系曲线的原因所在，以及解决此问题的有效方法。

⑤了解岩石应力-应变关系曲线峰前段的类型。

⑥掌握岩石在三向压应力作用下的变形与破坏规律，注意围压的作用。

⑦了解其他室内力学性质试验方法及强度的确定方法。

⑧了解岩石力学性质的影响因素及影响规律。

(3)岩石的强度准则

岩石的强度是评价岩石工程稳定性的重要指标，根据岩石的强度试验结果建立的强度准则是评价各种应力条件下岩石强度的重要公式，所以，必须掌握几种常用的岩石强度准则。包括每种强度准则的基本假设、强度指标的确定方法、适用范围等。

2.岩体工程分类

岩体工程分类的主要目的是为了解决实际工程问题，因此在岩体工程中应用广泛，是从事岩土工程的科技人员必须掌握和了解的内容之一。本部分内容比较实用，所以应重点掌握国标的具体分类方法，比如分类指标及其确定方法、基本岩石质量指标的计算公式、岩体工程级别的划分参数范围、如何对基本质量指标进行修正等。同时对国际上的流行做法有一定的了解。

3.初始地应力

初始地应力是引起所有岩石工程发生变形与破坏的基本荷载，任何岩石工程的设计与施工都必须首先掌握初始地应力的分布规律和作用方向。由于初始地应力场的复杂性，人们对它的了解还十分肤浅，但是至少应该了解初始地应力场的基本构成、影响因素、分布规律以及常用的现场实测方法的基本原理。

(二)岩体工程部分

1.岩体力学在边坡工程中的应用

岩质边坡不同于普通的土质边坡，岩体中的结构构造是影响边坡稳定的最主要因素，因此，岩坡的破坏形式也与土坡有明显的不同。在复习本节内容时，应重点掌握岩质边坡的特点、稳定性影响因素、破坏形式、平面滑动和圆弧滑动的极限平衡分析方法及计算公式、滑动条件、边坡的加固与整治方法，对边坡的变形特点、多平面滑动和楔形滑动的稳定分析原理、基本假定等应有所了解。另外，尽管缺乏实测资料的验证，边坡的应力分布规律也是考试大纲中的要求内容之一，所以，复习时也应加以留意。

2.岩体力学在岩基工程中的应用

岩基稳定也是岩体工程的重要课题，本部分内容主要包括岩基内的应力分布规律、岩基的沉降计算方法、岩基的破坏规律、岩基承载力的确定方法、坝基稳定性分析方法以及岩基的加固整治方法。其中应重点掌握岩基的沉降计算公式和有关参数的取值，岩基承载力的几种确定方法及相关要求，岩基加固与整治原理及常用方法。

第一节　岩石的基本物理、力学性质及试验方法

一、岩石力学、岩石和岩体的概念

岩体力学是研究岩体的力学性态的理论和应用的科学，具体而言，是研究岩石或岩体在外力作用下的应力状态、变形状态和破坏条件等力学性质的学科，它是解决所有岩石工程（即与岩石有关的工程）技术问题的理论基础。岩体力学的原名是岩石力学，随着人们对岩体认识水平的提高，岩石与岩体已有严格的区分，因而将岩石力学改为岩体力学更切合实际。但是，岩石力学的名词沿用已久，且使用普遍，因此，目前在实际使用中，岩石力学与岩体力学没有明确的区别。

美国科学院岩石力学委员会 1966 年给岩石力学下的定义是："岩石力学是研究岩石力学性能的理论和应用的科学，是探讨岩石对其周围物理环境中力场的反映的力学分支"。这个定义的含义相当广泛，"对其周围物理环境中力场的反映"的措辞说明了这一点。岩石属于固体，岩石力学应属于固体力学的范畴。

岩石是经过地质作用而天然形成的（一种或多种）矿物集合体，地壳的绝大部分都是由岩石构成。岩石通常按照其成因可分为三类：岩浆岩、沉积岩和变质岩。不同成因类型的岩石的物理力学性质是不同的。

岩浆岩是岩浆冷凝而形成的岩石。绝大多数的岩浆岩是由结晶矿物所组成，由非结晶矿物组成的岩石是很少的。由于组成岩浆岩的各种矿物的化学成分和物理性质较为稳定，它们之间的联结是牢靠的，因此岩浆岩通常具有较高的力学强度和均质性。

沉积岩是由母岩（岩浆岩、变质岩和早已形成的沉积岩）在地表经风化剥蚀而产生的物质，通过搬运、沉积和硬结成岩作用而形成的岩石。组成沉积岩的主要物质成分为颗粒和胶结物，颗粒包括各种不同形状及大小的岩屑及某些矿物，胶结物常见的成分为钙质、硅质、铁质以及泥质等。沉积岩的物理力学特性不仅与矿物和岩屑的成分有关，而且与胶结物的性质有很大的关系。例如，硅质、钙质胶结的沉积岩胶结强度较大，而泥质胶结的沉积岩和一些黏土岩强度就较小。另外，由于沉积环境的影响，沉积岩具有层理构造，这就使得沉积岩沿不同方向表现出不同的力学性能。

变质岩是由岩浆岩、沉积岩、甚至变质岩在地壳中受到高温、高压及化学活动性流体的影响下发生变质而形成的岩石。它在矿物成分、结构构造上具有变质过程中所产生的特征，也常

常残留有原岩的某些特点。因此,它的物理力学性质不仅与原岩的性质有关,而且与变质作用的性质及变质程度有关。

岩体是指一定范围内的天然岩石。岩体经受过各种不同构造运动的改造和风化次生作用的演化,所以在岩体中存在着各种不同的地质界面,这种地质界面称为结构面,这些结构面在力学上表现出一定的不连续性,因此在岩石力学中将其称为不连续面,例如,层理面、节理面、裂隙和断层等。由这些结构面所切割和包围的岩块体称为结构体或岩石。因此岩体就是由结构面(不连续面)和结构体(岩石)两种单元所组成的地质体。国内工程地质界称之为岩体结构,它是一个复杂的地质体。

由于岩体不但有微观的裂隙,而且还有层理、片理、节理以至于断层等宏观不连续面,因此岩体为不连续介质。除此之外,岩体还往往表现为各向异性或非均质。若岩石中含有水,它又表现为二相体,从这些方面来看,岩石力学又是固体力学与地质科学的边缘科学。

应该注意的是,岩石材料全部赋存于地质环境中,这些材料的自然特征决定了其形成的方式和后来作用于其上的地质作用。遭受多次应力变动的岩体,其性能取决于完整岩石材料的力学性质以及岩体中地质构造的不连续面的数量和性质。在这两类控制岩石力学性质的因素中,每类因素的相对重要程度主要取决于工程的规模与不连续面数量的关系和两者之间的相对方位关系。在一些情况下,岩体不连续面的影响是非常显著的,在某些情况下,岩体的性能就较多地取决于岩石本身的性质,这些都是岩石力学的特点。

二、岩石的基本构成和地质分类

岩石是自然界中各种矿物的集合体,是天然地质作用的产物,一般而言,大部分新鲜岩石质地均较坚硬致密,孔隙小而少,抗水性强,透水性弱,力学强度高。

岩石是构成岩体的基本组成单元。相对于岩体而言,岩石可看作是连续的、均质的、各向同性的介质。但实际上只要稍微深入研究,就不难发现岩石中也存在一些如矿物解理、微裂隙、粒间孔隙、晶格缺陷、晶格边界等内部缺陷,统称为结构面。因此,从微观上看,自然界中的岩石也是一种非均质、非连续的材料。

(一)岩石的基本构成

岩石的基本构成是由组成岩石的物质成分和结构两大方面来决定的。

1. 岩石的主要物质成分

岩石中主要的造岩矿物有正长石、斜长石、石英、黑云母、白云母、角闪石、辉石、橄榄石、方解石、白云石、高岭石、赤铁矿等。它们的含量因不同成因的岩石而异。岩石中矿物成分会影响岩石的抗风化能力、物理性质和强度特性。

矿物成分的相对稳定性对岩石的抗风化能力有显著的影响,各矿物的相对稳定性主要与其化学成分、结晶特征及形成条件有关。基性和超基性岩石主要是由易于风化的橄榄石、辉石及基性斜长石组成,所以非常容易风化。酸性岩石主要由较难风化的石英、钾长石、酸性斜长石及少量暗色矿物(多为黑云母)组成,故其抗风化能力比起同样结构的基性岩要高。中性岩则居两者之间,变质岩的风化性状与岩浆岩类似。沉积岩主要由风化产物组成,大多数为原来岩石中较难风化的碎屑物或是在风化和沉积过程中新生成的化学沉积物,因此,它们在风化作用中的稳定性一般都较高。但是,矿物成分并不是决定岩石风化性状的唯一因素。因为岩石的形状还取决于岩石的结构和构造特征,所以不能将矿物抗风化的稳定性与岩石的抗风化性等同起来。

通常将造岩矿物的抗风化能力分为非常稳定、稳定、较稳定和不稳定四类，按其稳定性顺序列于表19-1。

主要造岩矿物抗风化相对稳定性 表19-1

抗风化稳定性	非常稳定的			稳定的		较稳定的				不稳定的			
矿物名称	石英	锆长石	白云母	正长石	钠长石	酸性斜长石	角闪石	辉石	黑云母	基性斜长石	霞石	橄榄石	黄铁矿

新鲜岩石的力学性质主要取决于岩石的矿物成分和颗粒之间的连接。对于具有结晶连接的岩石，其矿物成分的影响要大一些。另外，岩石中矿物的坚硬程度和岩石的强度是两个既有联系而又有差异的概念。例如，即使组成岩石的矿物都是坚硬的，岩石的强度也不一定高，因为矿物之间的连接可能较弱。岩石中某些易溶物、黏土矿物、特殊矿物的存在，常使岩石物理力学性质复杂化。例如，石膏、芒硝、岩盐、钾盐等在水的作用下易被溶蚀，从而使岩石的孔隙度增大，结构变松，强度降低。黏土岩石中的蒙脱石遇水膨胀且强度降低。

2.常见的岩石结构类型

岩石的结构是指岩石中矿物(及岩屑)颗粒相互之间的关系，包括颗粒的大小、形状、排列、结构连接特点及岩石中的微结构面。其中，以结构连接和岩石中的微结构面对岩石工程性质影响最大。

岩石中结构连接类型主要有两种，分别为结晶连接和胶结连接。

(1)结晶连接

岩石中矿物颗粒通过结晶相互嵌合在一起，这种连接使晶体颗粒之间紧密接触，故岩石强度一般较大，但随结构的不同而有一定的差异，如在岩浆岩和变质岩中，等粒结晶结构一般比非等粒结晶结构的强度大，抗风化能力强。在等粒结构中，细粒结晶结构比粗粒的强度高。在斑状结构中，细粒基质比玻璃基质的强度高。总而言之，晶粒越细，越均匀，玻璃质越少，则强度越高。

(2)胶结连接

胶结连接指颗粒与颗粒之间通过胶结物在一起的连接，如沉积碎屑岩，部分黏土岩。这种连接的岩石，其强度主要取决于胶结物及胶结类型。从胶结物来看，硅质、铁质胶结的岩石强度较高，钙质次之，而泥质胶结强度最低。

(3)岩石中的微结构面

岩石中的微结构面是指存在于矿物颗粒内部或矿物颗粒集合体之间微小的弱面及孔隙，它包括矿物的解理、晶格缺陷、晶粒边界、晶粒孔隙、微裂隙等。岩石中的微结构面通常很小，但是，它们对岩石工程性质的影响却是很大。首先，微结构面的存在将大大降低岩石的强度，这是由于这些缺陷的存在，易造成裂隙末端的应力集中，从而导致裂隙沿末端继续扩展，使岩石的强度降低；其次，缺陷能增大岩石的变形，但仅限于围压较低时，当围压较高时，微裂隙等缺陷将受压闭合，其影响相对减弱。

(二)岩石的地质成因分类

按照地质成因通常把岩石分为岩浆岩、沉积岩和变质岩三大类。不同成因的岩石具有不同的力学特性，因此，了解每种岩石的基本特征，对于分析岩石的工程性质十分有用。

1.岩浆岩

岩浆岩是由岩浆冷凝后形成的岩石，按照冷凝时地质环境的不同，又可分为深成岩、浅成岩和喷出岩，每一类中又根据成分的不同进行具体的分类。它们在结构上有较大的差异，这种差异往往通过岩石的力学性质反映出来。

深成岩岩性比较均一，变化较小，岩体结构呈典型的块状结构，结构体多为六面体和八面体。颗粒均匀，多为粗-中粒结构，致密坚硬，孔隙较少，力学强度高，透水性较弱，抗水性较强，所以工程地质性质一般比较好。但深成岩的不足是易风化，风化层厚度较大。

浅成岩的成分一般与相应的深成岩相似，但其产状和结构都不相同，多为岩床、岩墙、岩脉等小侵入体，岩体均一性差，岩体结构常呈镶嵌式结构，而岩石多呈斑状结构和均粒-中细粒结构。细粒岩石强度比深成岩高，抗风化能力强，斑状结构岩石则差一些。与其他类型的岩体相比，浅成岩一般还是较好的，在岩石工程中应尽量加以利用。

喷出岩由于喷发时的条件和方式不同，使其组织结构和成分有较大的差异，岩性岩相变化十分复杂。总的来说，喷出岩是火山喷出的熔岩流冷凝而成，由于火山喷发的多期性，火山熔岩和火山碎屑往往相间，使喷出岩具类似层状的构造。另外，岩石中含有较多的玻璃及气孔、杏仁构造，岩石颗粒很细，多呈致密结构。总之，喷出岩的结构比较复杂，岩性不均一，各向异性显著，岩体的连续性较差，透水性较强，软弱夹层的软弱结构面比较发育，成为控制岩体稳定性的主要因素。

2. 沉积岩

沉积岩是由风化剥蚀作用和活火山作用形成的物质，在原地或被外力搬运，在适当条件下沉积下来，经胶结和成岩作用而形成的。其矿物成分主要是黏土矿物、碳酸盐和残余的石英长石等，具层理构造，岩性一般具有明显的各向异性。按形成条件及结构特点，又可分为火山碎屑岩、沉积碎屑岩、黏土岩、化学岩和生物化学岩等。

3. 变质岩

变质岩是在已有岩石的基础上，经过变质混合作用后形成的岩石。由于温度、压力的不同，则有高温变质、中温变质及低温变质，再加上作用力的不同，又有更多组合的变质混合条件。变质岩的性质与变质作用的特点及原岩的性质有关。其岩石力学性质差别很大，不能一概而论。但大多数常见的变质岩是经过重结晶作用，具有一定的结晶连接，结构较紧密，抗水性较强，孔隙较小，透水性弱，强度较高。但也有相反的情况，如变质岩中的片理及片麻理，往往使岩石的连接减弱，力学性质呈现各向异性，强度降低。

三、岩石的基本物理性能指标及其试验方法

岩石力学中研究的岩体，是由各种地质作用综合而成的地质体，它具有特殊的结构和不同于一般固体介质的力学性质。为了正确地掌握在外力作用下岩体的变形和破坏规律，对岩体的稳定性做出合乎实际的分析和评价，首先需要对岩石和岩体的物理力学性质、岩体结构特征有清楚的认识。

岩石的基本物理力学性质是岩体最基本、最重要的性质之一，也是整个岩体力学中研究最早、最完善的部分。用某种数值来描述岩石的某种物理性能，这些数值就是岩石的物理性能指标。在工程上常用到的物理性能指标主要有重度、相对密度、孔隙率、渗透系数等。

为了测定这些指标，一般都采用钻探的方法获得岩芯，在室内做试验，或者直接在天然和人工露头（探井、探洞）处采取岩样进行试验。选用岩样时应当考虑到它们对所研究地质单元的代表性，并尽可能保持其天然结构。最好使用同一岩样逐次测定岩石的各种物理性能指标。下面分述岩石的几种主要的物理性质指标。

（一）岩石的质量指标

由于各种岩石所组成的矿物成分、结构构造和成岩条件的不同，岩石的物理性能差别很大。

1. 岩石的密度

岩石的密度是指岩石试件的质量与试件的体积之比，即单位体积内岩石的质量。岩石一般由固相（由矿物、岩屑等组成）、液相（由充填于岩石孔隙中的液体组成）和气相（由孔隙中未被液体充满的剩余体积中的气体组成）所组成。很显然，这三项物质在岩石中所含的比例不同，矿物岩屑的成分不同，将会使密度发生变化。

（1）天然密度 ρ

天然密度是指岩石在自然条件下，单位体积的质量。

$$\rho = \frac{m}{V}(\mathrm{g/cm^3}) \tag{19-1}$$

式中：m——岩石试件的总质量；

V——该试件的总体积。

（2）饱和密度 ρ_{sat}

饱和密度是指岩石中的孔隙都被水充填时单位体积的质量。

$$\rho_{sat} = \frac{m_s + V_v\rho_w}{V}(\mathrm{g/cm^3}) \tag{19-2}$$

式中：m_s——岩石中固体的质量；

V_v——孔隙的体积；

ρ_w——水的密度。

（3）干密度 ρ_d

干密度是指岩石孔隙中的液体全部被蒸发，试件中仅有固体和气体的状态下，其单位体积的质量。

$$\rho_d = \frac{m_s}{V}(\mathrm{g/cm^3}) \tag{19-3}$$

以上是三种不同条件下的最常用的密度参数。密度试验通常用称重法，即先测量标准试件的尺寸，然后放在感量精度为 0.01g 的天平上称重，并计算密度参数。饱和密度可采用 48h 浸水法或抽真空法使岩石试件饱和。而干密度的测试方法为先把试件放入 108℃烘箱中，将岩石烘至恒重（一般约为 24h），再进行称重试验。

密度参数是工程中应用最广泛的参数之一，通常应用密度参数计算岩体的自重应力。而计算岩体的自重应力时，往往将密度转化为重力密度（简称重度）。两者的区别在于后者与重力加速度有关，一般用 γ 表示，其采用的单位为 $\mathrm{kN/m^3}$。

2. 岩石的重度 γ

岩石单位体积（包括岩石孔隙体积在内）的重量，称为岩石的重度。它和土的重度相类似，也可以分为干重度、湿重度和饱和重度等，但是这三者在数值上一般差别不大。

岩石的重度可表示为

$$\gamma = \frac{W}{V}(\mathrm{kN/m^3}) \tag{19-4}$$

式中：W——岩石的重量；

V——岩石的体积。

岩石的重度取决于组成岩石的矿物成分、孔隙及含水的多少。当其他条件相同时，岩石的重度在一定程度上与它的埋藏深度有关。一般而言，靠近地表的岩石重度往往较小，而深层的岩石具有较大的重度。表19-5列出了某些岩石的重度值，以资参考。

岩石重度的大小，在一定程度上反映出岩石的力学性质的优劣。通常岩石重度越大，其力学性能越好，反之越差。

岩石力学计算中常需用到重度这一指标，通常以γ表示天然重度，以γ_d和γ_{sat}表示干重度和饱和重度。

3.岩石的相对密度d_s

岩石的干重量除以岩石的实体积(不包括孔隙体积)得到的单位干重度，与4℃时水的重度γ_w之比，即为岩石的相对密度。

$$d_s = \frac{W_s}{V_s \cdot \gamma_w} \tag{19-5}$$

式中：d_s——岩石的相对密度；

W_s——绝对干燥时体积为V的岩石重量；

V_s——岩石的实体体积(不包括孔隙体积)；

γ_w——水的重度，在4℃时等于10kN/m^3。

岩石的相对密度可采用比重瓶法求得。首先，将岩石粉碎，并使岩粉通过直径为0.16mm的筛网筛选，然后，将其烘干至恒重，称出一定量的岩粉，将岩粉倒入已注入一定量煤油(或纯水)的比重瓶内，摇晃比重瓶将岩粉中的空气排出，静止4h后，由于加入岩粉使液面升高，读出其刻度，即加入岩粉后体积的增量；最后，必须测量液体的温度，修正由于液体温度的不同而造成的误差，按要求计算出岩石的相对密度。

岩石的相对密度取决于组成岩石的矿物的相对密度。显然，矿物的相对密度越大，则岩石的相对密度也越大，反之越小。例如，含有矿物相对密度较大的基性和超基性岩石，一般具有较大的相对密度，而含有矿物相对密度较小的酸性岩石，一般具有较小的相对密度。某些岩石的相对密度和密度见表19-2。

各种岩石的重度、相对密度、孔隙率 表19-2

岩　石	重度(kN/m^3)	相对密度	孔隙率(%)	岩　石	重度(kN/m^3)	相对密度	孔隙率(%)
花岗岩	26～27	2.5～2.84	0.5～1.5	页　岩	20～24	2.57～2.77	5～20
粗玄岩	30～30.5		0.1～0.5	石灰岩	22～26	2.48～2.85	1～5
流纹岩	24～26		4～6	白云岩	25～26	2.2～2.9	0.5～1.5
安山岩	22～23	2.4～2.8	10～15	片麻岩	29～30	2.63～3.07	0.5～2
辉长岩	30～31	2.70～3.20	0.1～1.0	大理岩	26～27	2.60～2.80	0.1～0.5
玄武岩	28～29	2.60～3.30	5～25	石英岩	26.5	2.53～2.84	0.1～0.5
砂　岩	20～26	2.60～2.75	10～20	板　岩	26～27	2.68～2.76	0.1～0.5

(二)岩石的孔隙性

岩石的孔隙性是反映岩石中孔隙发育程度的指标。

1.岩石的孔隙比e

孔隙比是指孔隙的体积 V_v 与固体的体积 V_s 之比。其公式为

$$e = \frac{V_v}{V_s} \tag{19-6}$$

2. 岩石的孔隙率 n

孔隙率是指孔隙的体积与试件总体积的比值。其公式为

$$n = \frac{V_v}{V} \times 100\% \tag{19-7}$$

孔隙率分为开口孔隙率和封闭孔隙率，两者之和总称为孔隙率。由于岩石的孔隙主要是由岩石内的粒间孔隙和细微裂隙所构成，所以孔隙率是反映岩石致密程度和岩石质量的重要参数。一般来说，随着岩石孔隙率的增大，一方面削弱了岩石的整体性，使得岩石的容重和强度降低，透水性增大；另一方面由于孔隙的存在，又为各种风化营力打开了方便之门，加快风化速度，从而进一步增大透水性和降低岩石强度。图 19-1 表示几种碳酸盐类岩石的孔隙率与极限抗压强度的相关关系。可见，孔隙率愈大表示孔隙和细微裂隙愈多，岩石的抗压强度随之降低。

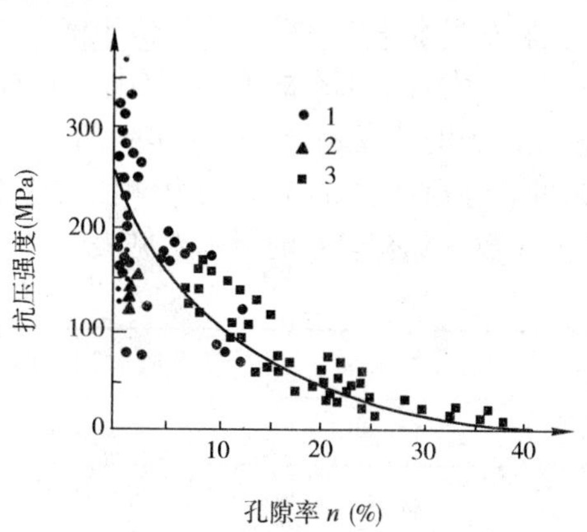

图 19-1 碳酸盐类岩石的抗压强度与孔隙率的关系

1-大理岩；2-大理岩化石灰岩；3-石灰岩与白云岩

根据试件中三相体的相互关系，孔隙比与孔隙率存在着如下关系

$$e = \frac{n}{1-n} \tag{19-8}$$

孔隙性参数可利用特定的仪器使孔隙中充满水银而求得，但是，在一般情况下，可通过有关的参数推算而得。如

$$n = \frac{1-\gamma_d}{d_s \cdot \gamma_w} \tag{19-9}$$

由于岩石的孔隙主要是由岩石内的粒间孔隙和细微裂隙所构成，所以孔隙率也是判定岩石质量的重要物理性质指标。孔隙率越大，孔隙和细微裂隙也就越多，岩石的力学性质就越差；反之越好。某些岩石的孔隙率见表 19-5。

（三）岩石的水理性质

1. 岩石的含水率 w

岩石的含水率是指岩石孔隙中含水的质量与固体质量之比的百分数。

$$w = \frac{m_w}{m_s}(\%) \tag{19-10}$$

根据试件含水率的不同，可分成岩石在天然状态下的含水率和饱和状态下的含水率。其试验方法类似于密度试验的方法，其区别在于必须求出所含水的质量。

岩石的含水率对于软岩来说是一个比较重要的参数。组成软岩的矿物成分中往往含有较多的黏土矿物，而这些黏土矿物遇水软化的特性，将对岩石的变形、强度有很大的影响。对于中等坚硬以上的岩石而言，其影响就显得并不重要。

2. 岩石的吸水率 w_a

岩石在一定条件下吸收水分的性能称为岩石的吸水性。它取决于岩石中孔隙的数量、大小、开闭程度和分布情况。表征岩石吸水性的指标为吸水率。

岩石的吸水率是指岩石在常温常压条件下吸入水的质量与试件固体的质量之比。

$$w_a = \frac{m_{sat} - m_s}{m_s}(\%) \tag{19-11}$$

式中：m_{sat}——烘干岩样浸水 48h 后的总质量。

岩石吸水率的试验方法类似于饱和密度的试验方法，可通过饱和密度的试验，得到岩石的吸水率。岩石吸水率的大小，取决于岩石所含孔隙、裂隙的数量、大小、开闭程度及其分布情况，是一个间接反映岩石孔隙多少的指标，岩石的吸水率越大，表明岩石中的孔隙越大，数量越多，并且连通性越好，岩石的力学性质越差。与岩石的含水量一样，对于软岩它是一个比较重要的参数。部分岩石的吸水率见表 19-3。

部分岩石的吸水率 表 19-3

岩石名称	吸水率(%)	岩石名称	吸水率(%)
花岗岩	0.1～4.0	砾岩	0.3～2.4
闪长岩	0.3～5.0	砂岩	0.2～9.0
辉长岩	0.5～4.0	泥岩	0.7～3.0
玢岩	0.4～1.7	页岩	0.5～3.2
辉绿岩	0.8～5.0	石灰岩	0.1～4.5
安山岩	0.3～4.5	泥灰岩	0.5～3.0
玄武岩	0.3～2.8	白云岩	0.1～3.0
火山集块岩	0.5～1.7	片麻岩	0.1～0.7
火山角砾岩	0.2～5.0	花冈片麻岩	0.1～0.85
凝灰岩	0.5～7.5	千枚岩	0.5～1.8
板岩	0.1～0.3	大理岩	0.1～1.0

3. 岩石的渗透性

岩石的渗透性是指岩石在一定的水压力作用下，水穿透岩石的能力。它反映了岩石中孔隙的大小、方向及其相互连通的程度。长期以来有关渗流的研究基本上集中在孔隙介质中的渗流，对于裂隙介质中的渗流研究，则很不成熟。为了近似地分析裂隙岩体的渗流问题，假定它服从达西(Darcy)定律。按照这个定律，渗流流量与水力坡降成正比，即

$$q_x = K\frac{dh}{dx}A(m^3/s) \tag{19-12}$$

式中：q_x——沿 x 方向水的流量；

h——水头的高度；

A——垂直于 x 方向的截面面积；

K——岩石的渗透系数。

渗透系数的物理意义是介质对某种特定流体的渗透能力。因此，对于水在岩石中渗流来

说，渗透系数的大小就取决于岩石的物理特性和结构特征。

就一般工程而言，所关心的是渗透系数 K 的大小。岩石的渗透系数可在现场和实验室内通过试验确定。室内试验的仪器和方法与土的渗透仪相类似，不过做试验时采用的压力差比做土的试验大得多。图 19-2 表示岩石室内渗透仪的结构和试验原理。试验时采用下式计算渗透系数

$$K=\frac{QL\gamma_{w}}{pA} \tag{19-13}$$

式中：Q——单位时间内通过试样的水量(m^3)；

L——试件长度(m)；

γ_w——水的重度(kN/m^3)；

p——试件两端的压力差(kPa)；

A——试件的断面面积(m^2)。

径向渗透试验也是一种在室内测量岩石渗透系数的方法，它是将具有一定壁厚的圆筒状岩样置于压力水中(见图 19-3a)，则水经试样外壁径向渗入试样内孔，此时岩样处于受压状态，测定渗入内孔的流量 Q；相反，如将压力水注入内孔，使水由内向外渗出(见图 19-3b)，此时岩样则处于受拉状态，同样需要测定注入内孔的补给压力水流量 Q。以上这两种径向试验的渗透系数 K 值均可按下式计算。

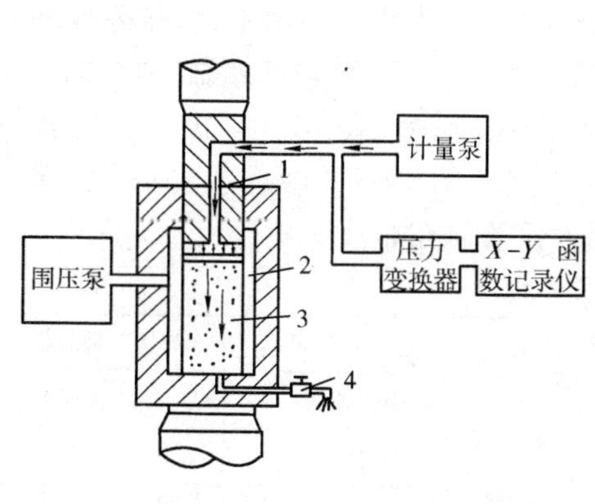

图 19-2 岩石渗透仪

1-注水管路；2-围压室；3-岩样；4-放水阀

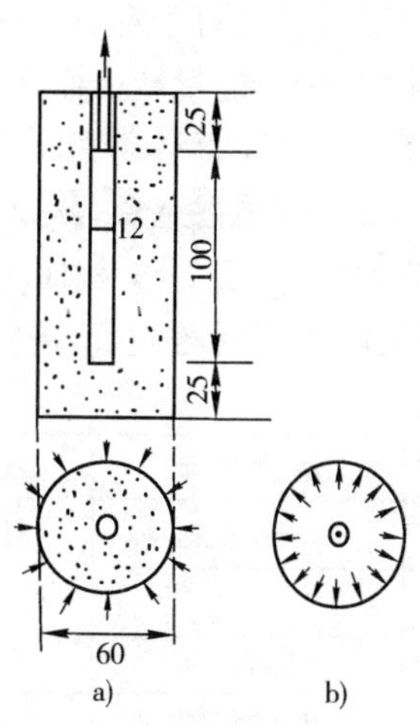

图 19-3 径向渗透试验示意图(尺寸单位：mm)

$$K=\frac{Q\gamma_{w}}{2\pi Lp}\ln\frac{R_{2}}{R_{1}} \tag{19-14}$$

式中：Q——内孔渗出或注入的流量(m^3/s)；

p——渗透水压强度(kPa)；

L——内孔长度(m)；

γ_w——水的重度(kN/m^3)；

R_1、R_2——分别为试样内外半径(m)。

由于试样受压状态和受拉状态所得的渗流量 Q 并不相同，因此由式(19-14)计算得出的这两种不同应力状态的渗透系数 K 显然也是不同的。这个差别对于研究岩体渗流状态时是不容忽视的，也就是说，岩体的渗透系数不仅受渗透水压强度 p 的影响，而且受应力状态所左

右。部分岩石的渗透系数范围值示于表 19-4，以供参考。

某些岩石的渗透系数值 表 19-4

岩石名称	孔隙情况	渗透系数(cm/s)	岩石名称	孔隙情况	渗透系数(cm/s)
花岗岩	较致密、微裂隙	$1.1\times10^{-12}\sim9.5\times10^{-11}$	辉绿岩、玄武岩	致密	$<10^{-13}$
	含微裂隙	$1.1\times10^{-11}\sim2.5\times10^{-11}$			
	微裂隙及部分粗裂隙	$2.8\times10^{-9}\sim7\times10^{-8}$			
石灰岩	致密	$3\times10^{-12}\sim6\times10^{-10}$	砂岩	较致密	$10^{-13}\sim2.5\times10^{-12}$
	微裂隙、孔隙	$2\times10^{-9}\sim3\times10^{-6}$		孔隙较发育	5.5×10^{-6}
	空间较发育	$9\times10^{-5}\sim3\times10^{-4}$			
片麻岩	致密	$<10^{-13}$	页岩	微裂隙发育	$2\times10^{-10}\sim8\times10^{-9}$
	微裂隙	$9\times10^{-8}\sim4\times10^{-7}$	片岩	微裂隙发育	$10^{-9}\sim5\times10^{-8}$
	微裂隙发育	$2\times10^{-6}\sim3\times10^{-5}$	石英岩	微裂隙	$(1.2\sim1.8)\times10^{-10}$

就一般工程而言，所关心的是渗透系数 K 的大小。通常，渗透系数是利用径向渗透试验所得到。所谓径向渗透试验，是采用钻有一同轴孔的岩芯，使这空心圆柱体试件能够产生径向流动。当液体表面作用着恒定的压力时，使液体沿着岩石内的裂隙网流动，测得各系数，进而求得岩石的渗透系数。

岩石的渗透系数对于解决一些实际问题具有直接的意义。例如，将水、油或者气体泵入多孔隙的岩体中；为了能量转换而在地下洞室中储存液体，评价水库的不透水性，排除深埋洞室的渗水等等。但是，就渗透性而言，岩体的渗透系数远远大于岩石的渗透系数，岩体的渗透性也远远比岩石的渗透性重要，其原因是岩体中存在着的不连续面。表 19-5 列出了某些岩体的渗透系数范围值，与表 19-7 相比可以看出，岩体的渗透系数比岩石的渗透系数要小得多。所以，就解决实际工程问题而言，进行现场岩体的渗透性试验研究非常重要。

某些岩体的渗透系数值 表 19-5

岩石名称	地质特征	渗透系数(cm/s)	岩石名称	地质特征	渗透系数(cm/s)
花岗岩	新鲜完整	$5\sim6\times10^{-2}$	石灰岩	小裂隙的	$1.4\times10^{-7}\sim2.4\times10^{-4}$
玄武岩		$1.0\sim1.9\times10^{-3}$		中裂隙的	3.6×10^{-3}
安山质玄武岩	小裂隙的	1.16×10^{-3}		大裂隙的	5.3×10^{-2}
	中等裂隙的	1.16×10^{-2}		大管道的	$4.0\sim8.5$
	大裂隙的	1.16×10^{-1}	泥质页岩	新鲜、微裂隙	3.0×10^{-4}
结晶片岩	新鲜的	$1.2\sim1.9\times10^{-2}$		风化、中等裂隙	$4\sim5\times10^{-4}$
	风化的	1.4×10^{-5}	砂岩	新鲜	$4.4\times10^{-5}\sim3\times10^{-4}$
凝灰质角砾岩		$1.5\sim2.3\times10^{-4}$		新鲜、中等裂隙	8.6×10^{-3}
凝灰岩		$6.4\times10^{-4}\sim4.4\times10^{-3}$		具有大裂隙	$(0.5\sim1.3)\times10^{-2}$

(四)岩石的抗风化指标

岩石开挖后，由于片状剥落、水化、崩解、溶解、氯化、磨蚀和其他过程对岩石性质的影响，通常用以下三个指标来表征岩石的抗风化特性。

1. 软化系数 η

岩石浸水后强度降低的性能为软化性。当岩石的大开型孔隙较多时，水易于进入，如岩石中含有较多的亲水性和可溶性矿物，就会使岩石颗粒间的连接被削弱引起强度降低，造成岩石软化。

通常用软化系数 η 作为表征岩石软化性的指标。软化系数是指岩石饱和单轴抗压强度

σ_{csat}与干燥状态下的单轴抗压强度σ_{cd}的比值。

$$\eta=\frac{\sigma_{csat}}{\sigma_{cd}} \tag{19-15}$$

软化系数是一个不大于1的系数，该值越小，则表示岩石受水的影响越大。一般来说，软化系数$\eta>0.75$的认为是软化性弱、抗水抗风化性和抗冻性强的岩石；而$\eta<0.75$的则被认为是工程地质性质较差的岩石。部分岩石的软化系数见表19-6。

某些岩石的软化系数 表19-6

岩石名称	软化系数	岩石名称	软化系数
花岗岩	0.80～0.98	砂岩	0.60～0.97
闪长岩	0.70～0.90	泥岩	0.10～0.50
辉长岩	0.65～0.92	页岩	0.55～0.70
辉绿岩	0.92	片麻岩	0.70～0.96
玄武岩	0.70～0.95	片岩	0.50～0.95
凝灰岩	0.65～0.88	石英岩	0.80～0.98
石灰岩	0.68～0.94	千枚岩	0.70～0.95

岩石的软化系数较易测定，生产实践中特别是在水工建筑勘察中应用较广，还可利用它来间接评价岩石的抗风化性和抗冻性。

2. 岩石耐崩解性指数I_d

耐崩解性指数是通过对岩石试件进行烘干，浸水循环试验所得的指数。它直接反映了岩石在浸水和温度变化的环境下抵抗风化作用的能力。耐崩解性指数的试验是将经过烘干的试块(质量约为500g，且分成10块左右)，放入一个带有筛孔的圆筒内，使该圆筒在水槽中以20rad/min的速度，连续旋转10min，然后将留在圆筒内的岩块取出再次烘干称重。如此反复进行量测后，按下式求得耐崩解性指数

$$I_{d2}=\frac{m_r}{m_s}\quad(\%) \tag{19-16}$$

式中：I_{d2}——经两次循环试验而求得的耐崩解性指数，该指数在0～100%内变化；

m_s——试验前试块的烘干质量；

m_r——残留在圆筒内试块的烘干质量。

甘布尔(Gamble)认为，耐崩解性指数与岩石成岩的地质年代无明显的关系，而与岩石的密度成正比，与岩石的含水率成反比。

3. 岩石的膨胀性

含有黏土矿物的岩石，遇水后会发生膨胀现象。这是因为黏土矿物遇水促使其颗粒间的水膜增厚所致。因此，对于含有黏土矿物的岩石，掌握经开挖后遇水膨胀的特性是十分必要的。岩石的膨胀特性通常以岩石的自由膨胀率、岩石的侧向约束膨胀率、膨胀压力等来表述。

(1)岩石的自由膨胀率

岩石的自由膨胀率是指岩石试件在无任何约束的条件下浸水后所产生膨胀变形与试件原尺寸的比值。常用的有岩石的径向自由膨胀率V_D和轴向自由膨胀率V_H。这一参数适用于不易崩解的岩石。

$$V_H=\frac{\Delta H}{H};V_D=\frac{\Delta D}{D} \tag{19-17}$$

式中：ΔH、ΔD——分别为浸水后岩石试件轴向、径向膨胀变形量；

H、D——分别为岩石试件试验前的高度、直径。

自由膨胀率的试验通常是将加工完成的试件进入水中，按一定的时间间隔测量其变形量，最终按式(19-17)计算而得。

(2)岩石的侧向约束膨胀率 V_{HP}

与岩石自由膨胀率不同，岩石侧向约束膨胀率是将具有侧向约束的试件浸入水中，是岩石试件仅产生轴向膨胀变形而求得的膨胀率。其计算式如下

$$V_{HP}=\frac{\Delta H_1}{H}(\%) \tag{19-18}$$

式中：ΔH_1——有侧向约束条件下所测得的轴向膨胀变形量。

(3)膨胀压力

膨胀压力是指岩石试件浸水后，使试件保持原有体积所施加的最大压力。其试验方法类似于膨胀率试验，只是要求限制试件不出现变形而测量其相应的最大压力。

上述三个参数从不同的角度反映了岩石遇水膨胀的特性，进而可利用这些参数评价建造于含有黏土矿物岩体中的洞室的稳定性，并为这些工程的设计提供必要的参数。

以上所叙述的是岩石常用的指标。除此之外，有关影响岩石可钻性的岩石硬度、影响洞室冷、热流体的储存和地热回收的热传导性、热容量以及热膨胀系数等特性，由于这些指标对于建筑工程而言，并不十分重要，因此不在此作深入具体的介绍。

四、岩石的力学性质及其试验方法

岩石力学性质的含义包括两个方面：岩石的变形规律和强度特征。岩石的变形规律是指岩石在各种荷载作用下的变形规律，其中包括岩石的弹性变形、塑性变形、黏性流动和破坏规律，它反映了岩石的力学属性。岩石的强度是指岩石试件在荷载作用下开始破坏时的最大应力(强度极限)以及应力与破坏之间的关系，它反映了岩石抵抗破坏的能力和破坏规律。上述两方面的性质正是岩土工程师在岩石工程的设计和施工中最为关心的，因为它关系到岩石工程的稳定和变形。

研究岩石力学变形性质的目的就是确定岩石的本构关系或物理方程，并确定相应的力学参数。研究岩石强度性质的目的，是建立适应岩石特点的强度准则并确定有关参数。此外，岩石力学性质是岩体分类的重要数据之一，是进行岩石工程设计必不可少的基础资料之一。由此可见，岩石力学性质的研究，是整个岩石力学研究的最重要的基础。

同其他材料一样，研究岩石力学性质的最好方法就是进行岩石力学性质试验。

岩石的力学性质取决于组成成分、结构特点、致密程度、新鲜程度、岩石种类等因素。相同名称的岩石可能因地理位置不同而出现很大差异，甚至同一个地点的岩石，其性质也可能相差很大，这是由于岩石组构的差异所造成的。

(一)岩石常规室内力学性质试验的内容及基本要求

1.试验内容

虽然岩石的力学性质试验包括变形试验与强度试验两部分内容，但在大部分情况下，这两种试验往往密不可分，通常可以同时进行。例如，在单轴抗压试验时，从开始加载，到试件完全破坏，失去承载能力，整个试验过程中不仅能测量试件的变形，而且也能同时获得试件的单轴抗压强度。

实际岩石的受力状态十分复杂，因此为了解岩石在各种应力状态下的力学特性，必须通过各种室内试验研究岩石的力学性质。下面介绍目前常规室内力学性质试验的内容：

(1)弹性波传播速度测试。通过测量弹性波(包括纵波或P波、横波或S波)在岩石中的传播速度，计算岩石的动弹性变形参数(动弹性模量、动泊松比)。

(2)单轴抗压试验。测量岩石的应力与应变关系曲线和单轴抗压强度及残余强度，了解岩石的变形特性和强度大小，确定岩石的弹性变形参数(包括弹性模量、泊松比)。

(3)三轴抗压试验。测量岩石在三向压应力作用下的应力与应变关系曲线和三轴抗压强度及残余强度，确定岩石的强度参数(如峰值黏聚力和内摩擦角、残余黏聚力和内摩擦角)。

(4)单轴拉伸试验。测量岩石的单轴抗拉强度。

(5)劈裂试验(或称巴西试验)。通过间接方法测量岩石的抗拉强度。

(6)剪切试验。确定岩石的剪切强度。

2. 基本要求

(1)要求在同样的试验标准下，采用标准试件进行试验，以利于交流和比较。

这是因为岩石的性质不仅与试件的形状有关，而且也与试件的大小有关，即岩石材料存在着尺寸效应，例如，尺寸越大，岩石的强度会越小。为此，国际岩石力学与工程学会建议使用以下规格的标准试件。

压缩试验(包括单轴抗压试验和常规三轴抗压试验)采用圆柱形试件，试件直径为50mm，高度为直径的2.0～2.5倍，试件两端面的不平整度不得大于0.5mm，在试件的高度上直径或边长的误差不得大于0.3mm，两端面垂直于试件轴线，最大偏差不得大于0.25°。

劈裂试验采用薄圆盘形试件，试件直径为50mm，厚度为直径的1/2。

斜面剪切试验采用圆柱形试件，试件直径为50mm，高度与直径相等。

(2)试验时应保证试件内部的应力状态均匀分布，并属于简单应力状态。

(3)加载速度应非常缓慢，而且应尽可能采用等速度加载。

(二)岩石的单轴压缩试验

试验过程中试件内部的应力状态始终保持均匀的单向压应力状态，这是最简单的应力状态，所以此试验是最基本的力学性质试验，也是最常见的室内力学试验。

1. 试验设备与仪器

一般采用普通压力机或万能材料试验机，为了获得岩石的全应力与应变关系曲线，最好采用刚性试验机或电液伺服控制的刚性试验机。在加载过程中，为了连续测量试件所受的荷载和试件所产生的变形大小，通常还必须配备荷载传感器和位移计(如LVDT式位移计)以及必要的二次仪表和记录仪器(如应变仪、函数记录仪等)。

2. 测试内容

试验时主要测量试件所受的轴向荷载 P 和试件所产生的轴向变形 ΔH 及径向变形 ΔD。试件的轴向应力 σ_y 和轴向应变 ε_y 以及径向应变 ε_x 可用以下公式计算

$$\sigma_y = \frac{4P}{\pi D^2} = \frac{P}{A} \tag{19-19}$$

$$\varepsilon_x = \frac{\Delta D}{D} \tag{19-20}$$

$$\varepsilon_y = \frac{\Delta H}{H} \tag{19-21}$$

式中：σ_y——试件的轴向应力；

ε_y——试件的轴向应变；

ε_x——试件的径向应变；

P——试件的轴向荷载；

D、H——分别为试件的直径和高度。

也可以用电阻应变片直接测量试件的轴向应变 ε_y 和径向应变 ε_x。

由于 $\varepsilon_y=\varepsilon_1$，$\varepsilon_x=\varepsilon_2$（岩体力学中规定：压应力和压缩应变为正，拉应力和拉应变为负），所以体积 ε_v 应变为

$$\varepsilon_v = \varepsilon_y - 2\varepsilon_x \tag{19-22}$$

由此可以获得岩石的轴向应力—轴向应变关系曲线、轴向应力-径向应变关系曲线、轴向应变—径向应变关系曲线以及轴向应力—体积应变的关系曲线。

所谓岩石的单轴抗压强度是指岩石试件在无侧限条件下，受轴向压应力作用破坏时单位面积上所承受的荷载，即

$$\sigma_c = \frac{4P_{max}}{\pi D^2} \tag{19-23}$$

式中：σ_c——岩石的单轴抗压强度，有时也称作无侧限抗压强度；

P_{max}——在无侧限条件下，试件破坏时的最大轴向荷载。

3. 岩石的变形与破坏

长期以来，岩石的变形与强度性质主要依靠普通材料试验机进行研究。但在实践中发现，进行岩石单轴抗压试验时，在应力达到岩石峰值抗压强度的瞬间，往往产生试件“爆裂”现象，以致很难测得接近及达到峰值时的应力-应变关系，更无法获得峰值后的任何信息。所以，人们以为岩石的应力-应变关系曲线只有峰前段。实际上，如图 19-4 所示，岩石不仅具有峰前段曲线。而且还具有峰后段曲线。当应力超过了岩石的极限强度以后，岩石并没有完全失去承载能力，仍然具有一定的强度，并随着塑性变形的增大，强度逐渐减小，最终达到岩石的残余强度（σ_r）。实际上岩石从开始破坏到完全失去其承载能力的过程，是一个渐进的过程，而不是突如其来的过程。以峰值强度对应的变形为界，整个曲线可划分为前后两个区域，分别称为峰前区和峰后区。通常把如图 19-4所示的曲线称为岩石的全应力与应变关系曲线。

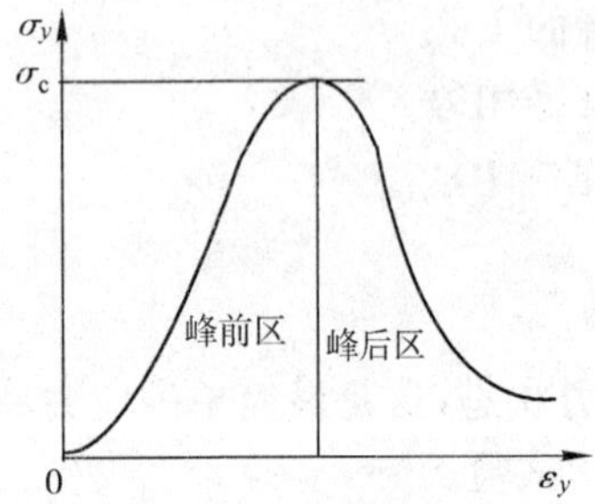

图 19-4 岩石的全应力与应变关系曲线

岩石具有峰后强度，这是岩石的一个重要特性。它表示岩石破坏以后，并不是完全失去承载能力，而是仍然具有一定的强度。在隧道洞壁上经常可以发现有的岩石已经非常破碎，但是隧道仍然稳定，不需要任何支护。因此，在岩石工程设计时，应充分利用岩石的这一特性，让岩石处于峰后区工作，这样既可以节省支护费用，降低工程造价，也不会影响岩石的稳定性。

造成岩石试件爆裂的原因主要是试验机的刚度比岩石试件的刚度相对较小所引起的。即试验机的刚度小于岩石试件峰后曲线的斜率，这可以从峰后变形过程中能量平衡的角度进行考察。

刚度 K 的定义如下

$$K = \frac{P}{\Delta H} \tag{19-24}$$

式中：ΔH——沿力 P 方向的位移。

可见刚度即是引起单位位移所需之力。对于单一部件，由虎克定律及应力-应变的定义，式(19-24)可改写为

$$K=\frac{EA}{H} \tag{19-25}$$

式中：E——部件材料弹性模量；

A、H——分别为部件的截面面积和高度。

试验机的刚度 K_m 主要取决于机器受力部件的刚度、部件间的配合情况、油液的压缩性能等因素，可写成 $K_m=E_mA_m/H_m$(E_m、A_m、H_m 都为机器的折算等效值)，通常只有 0.15～0.2MN/mm。而岩石试件的刚度 $K_r=E_rA_r/H_r$，一般达到 0.5MN/mm 以上。即一般情况下有 $K_r>K_m$。

下面通过试验过程中机器和岩石试件的压力位移关系及应变能的变化，来分析试件爆裂与不爆裂的条件。

加载时(见图 19-5)，机器和试件都积蓄应变能。

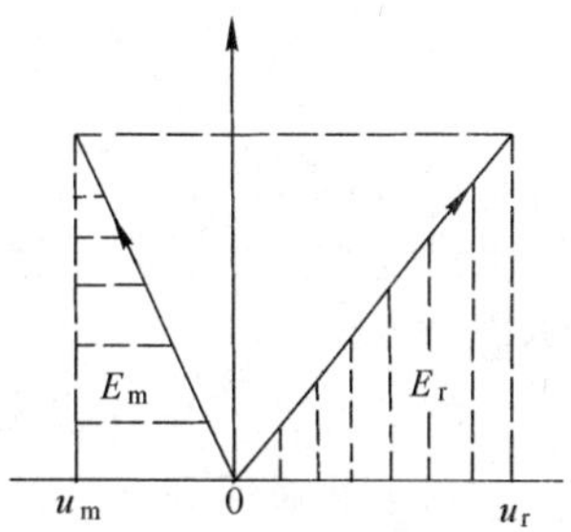

图 19-5 加载时岩石和机器的压力位移曲线与应变能

机器的应变能

$$E_m=\frac{1}{2}Pu_m=\frac{1}{2}P\frac{P}{K_m}=\frac{1}{2}\frac{P^2}{K_m} \tag{19-26}$$

岩石试件的应变能

$$E_r=\frac{P^2}{2K_r} \tag{19-27}$$

试件破裂的瞬间，E_r 大部分转化为裂缝扩展、声响、震动、热能等而消耗掉，E_m 也按一定方式释放。

图 19-6 为试件破裂后继续变形，机器释放能量，以及试件与机器两者刚度之间的关系。峰后区岩石的刚度(斜率)为负值，即 $dP/du=\tan(180°-\alpha_1)=-\tan\alpha_1$，而机器的刚度不变，为 $K_m=\tan(180°-\alpha_2)=-\tan\alpha_2$。

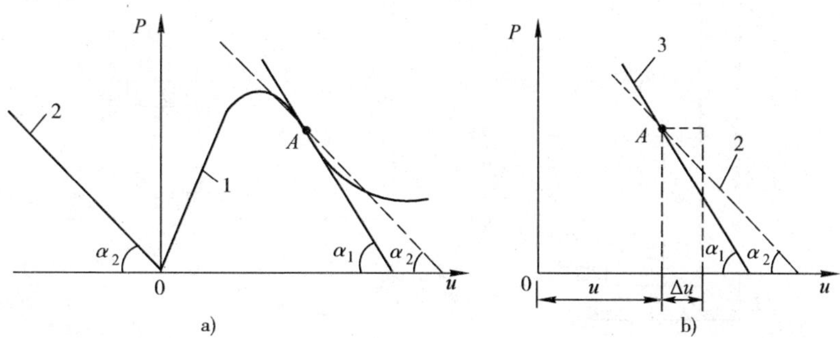

图 19-6 峰后区岩石与试验机的刚度分析比较

1-岩石压力-位移曲线；2-试验机压力-位移曲线；3-岩石曲线在 A 点的切线

若在 A 点有一位移增量 Δu，则机器释放能量为

$$\begin{aligned}\Delta E_m&=P\cdot\Delta u-\frac{1}{2}\Delta u\cdot\tan\alpha_2\cdot\Delta u\\&=P\cdot\Delta u-\frac{1}{2}\Delta u^2\mid K_m\mid\end{aligned} \tag{19-28}$$

使岩石试件继续平静地(不破裂)位移所需的能量为

$$\Delta E_r = P \cdot \Delta u - \frac{1}{2}\Delta u \cdot \tan\alpha_1 \cdot \Delta u$$
$$= P \cdot \Delta u - \frac{1}{2}\Delta u^2 \left|\frac{dP}{du}\right| \tag{19-29}$$

显然，如果 $\Delta E_m < \Delta E_r$，则岩石试件除了吸收机器释放的能量以外，尚需添加其他能量才能继续位移，故试件不可能爆裂。此时，$\tan\alpha_2 > \tan\alpha_1$，$\alpha_2 > \alpha_1$，或得

$$|K_m| > \left|\frac{dP}{du}\right| \tag{19-30}$$

反之，如果 $\Delta E_m > \Delta E_r$，则试件必爆裂。此时，$\tan\alpha_2 < \tan\alpha_1$，$\alpha_2 < \alpha_1$。可见，当峰后区机器刚度的绝对值小于岩石试件压力位移曲线斜率的绝对值，岩石试件即产生爆裂现象；反之，则不会产生。

据鲁梅尔(F. Rummel)研究，试验机刚度并不影响峰值大小，只影响峰后区试件是否破裂。

从上面对爆裂条件的分析，可以发现克服爆裂现象的途径主要有提高试验机刚度，改变峰值前后的加载方式，通过伺服控制方式控制试件位移等。因此，为了获得岩石的全应力与应变关系曲线，人们开发研制了各种刚性试验机、复式加载试验机以及电液伺服控制的刚性试验机等，目前较为常用的主要是电液伺服控制的刚性试验机。

伺服控制试验机是试验全过程和数据采集都用电脑控制的现代化岩石力学试验机，性能先进，功能强大，但结构复杂，价格昂贵。图 19-7 为这种试验机闭环控制的简单系统图。液压系统的活塞按一定的指令推进，向试件施加压力。在加荷过程中，试件产生应变，它所承受的压力值和产生的位移值通过传感器并放大后形成反馈信号，与指令信号同时送入伺服控制器。两者的差值即为控制信号，用来调整伺服阀，加大或减少加载装置的油液供给量，使试件位移速度始终控制在适当范围内，从而保证试件不爆裂，实现系统的闭环控制。

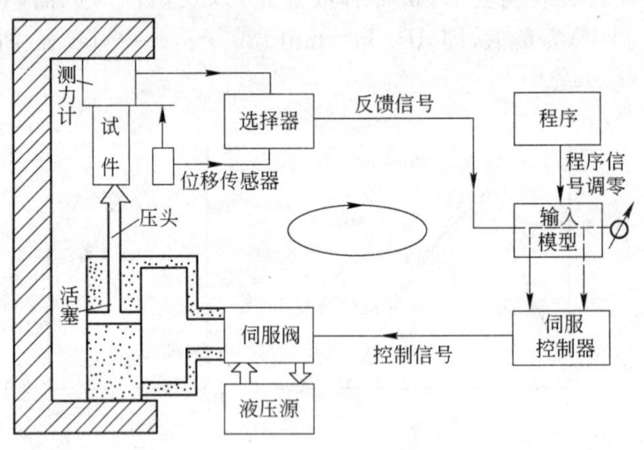

图 19-7 电液伺服试验机原理示意图

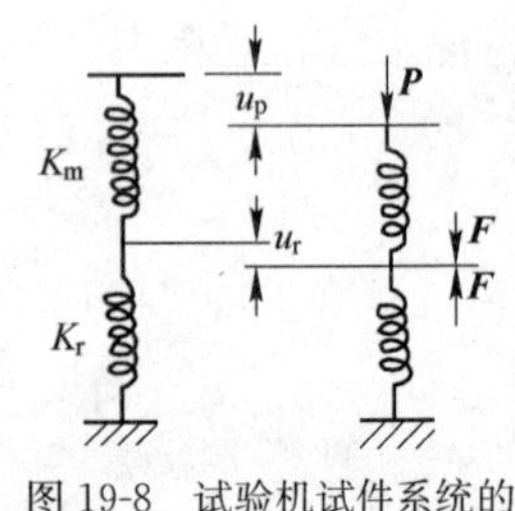

图 19-8 试验机试件系统的力学模型图

图 19-8 是伺服控制系统的基本原理图。设试验机活塞的行程为 u_p，岩石试件变形为 u_r，机器弹性变形为 u_m，则

$$u_p = u_r + u_m \tag{19-31}$$

取对时间的导数，得

$$\frac{du_p}{dt} = \frac{du_r}{dt} + \frac{du_m}{dt} \tag{19-32}$$

岩石试件的压力-位移曲线为 $P=f(u_r)$，试验机的位移为 $u_m=\dfrac{f(u_r)}{K_m}$，代入式(19-32)得

$$\frac{du_p}{dt}=\frac{du_r}{dt}+\frac{1}{K_m}\frac{df(u_r)}{du_r}\cdot\frac{du_r}{dt} \tag{19-33}$$

整理得

$$\frac{du_r}{dt}=\frac{K_m}{K_m+f'(u_r)}\cdot\frac{du_p}{dt} \tag{19-34}$$

式中：$f'(u_r)$——岩石的刚度。

在峰后区 $f'(u_r)$ 为负值。在加载过程中，如机器刚度偏小，会有 $K_m+f'(u_r)\ll K_m$，为了控制 du_r/dt 不过大(不爆裂)，就必须使 du_p/dt 足够小，即和 $K_m+f'(u_r)$ 相适应。这个动力平衡过程就是伺服机的控制原理和过程。

目前，对峰前区曲线的分类及其变形特征研究较多，资料也比较多。而对峰后区的变形特征则研究不够。下面将分别进行简要的讨论。

(1)峰前区岩石的变形特征

根据米勒(Miller，1965)对 28 种岩石的试验成果，可将峰值前应力与应变曲线划分为 6 类(见图 19-9)。

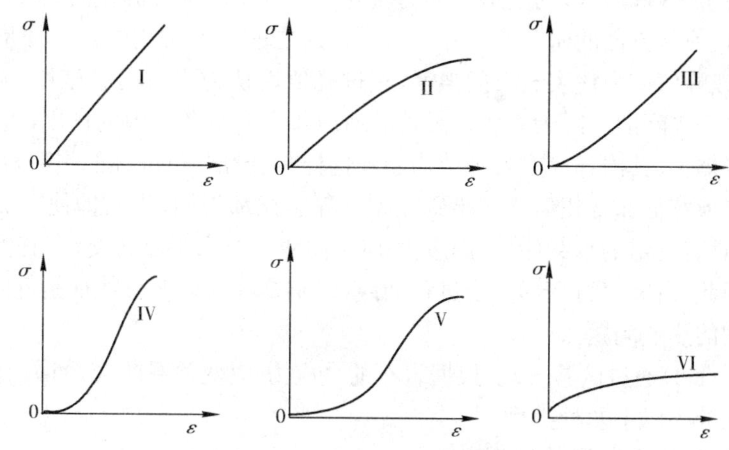

图 19-9　峰前区岩石的典型变形曲线类型(据 Miller，1964)

类型 I(弹脆性)：表现为近似于直线关系的变形特征，直到发生突发性破坏、且以弹性变形为主，是玄武岩、石英岩、辉绿岩等坚硬、极坚硬岩类岩石的特征曲线。

类型 II(弹塑性)：开始为直线，至末端则出现非线性屈服段。较坚硬而少裂隙的岩石，如石灰岩、砂砾岩和凝灰岩等常呈这种变形曲线。

类型 III(塑弹性)：开始为上凹型曲线，随后变为直线，直到破坏，没有明显的屈服段。坚硬而有裂隙发育的岩石如花岗岩、砂岩及平行片理加荷的片岩等常具这种曲线。

类型 IV(塑弹塑性)：为中部很陡的 S 形曲线，是某些坚硬变质岩(如大理岩和片麻岩)常见的变形曲线。

类型 V(塑弹塑性)：是中部较缓的 S 形曲线，是某些压缩性较高的岩石如垂直片理加荷的片岩常见的曲线类型。

类型 VI(弹粘塑性)：开始为一很小的直线段，随后就出现不断增长的塑性变形和蠕变变形，是盐岩等蒸发岩、极软岩等的特征曲线。

以上曲线中类型III、IV、V具有某些共性。如开始部分由于孔隙压密均为一上凹形曲线，当岩块微裂隙、片理、微层理等压密闭合后，即出现一直线段；当试件临近破坏时，则逐渐呈现出不同程度的屈服段。

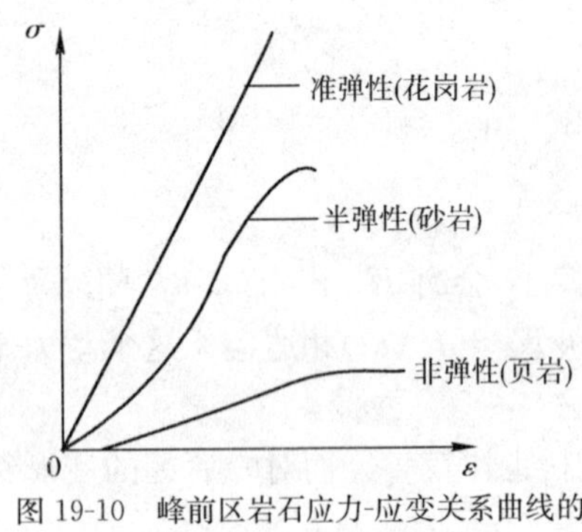

图 19-10　峰前区岩石应力-应变关系曲线的三种类型(Farmer，1968)

法默(Farmer，1968)根据岩块峰值前的应力-应变曲线，把岩石划分为准弹性、半弹性与非弹性的三类(见图 19-10)。准弹性岩石多为细粒致密块状岩石，如元气孔构造的喷出岩、浅成岩浆岩和变质岩等。这些岩石的应力-应变近似呈线性关系，具有弹脆性性质。半弹性岩石多为孔隙率低且具有较大内聚力的粗粒岩浆岩和细粒致密的沉积岩。这些岩石的变形曲线斜率随应力增大而减小。非弹性岩石多为黏聚力低、孔隙率大的软弱岩石、如泥岩、页岩、千枚岩等。其应力-应变曲线为缓“S”形。

此外，还有人将岩石的应力-应变关系曲线划分为“S”形、直线形和下凹形三类。

(2)峰值后岩石的变形与破坏特征

岩石峰值后阶段(峰后区)的变形特征的研究是随着刚性压力机和伺服机的研制成功才逐渐开展起来的，目前这方面的研究成果并不多。在这之前人们常用峰前区变形特征来表征岩石的变形性质，以峰值应力代表岩石的强度，超过峰值就认为岩石已经破坏，无承载能力。现在看来这是不符合实际的。因为岩体在漫长的地质年代中受各种力的作用，遭受过多次破坏，已不是完整的岩体了，其内部存在各种结构面。这样一种经受过破坏的裂隙岩体，其变形特性与岩石峰后区变形特征非常相似。试验研究和工程实践都表明，岩石即使在破裂且变形很大的情况下，也还具有一定的承载能力，即应力-应变曲线不与水平轴相交，在有侧向压力的情况下更是如此。因此，研究岩石变形的全过程曲线，特别是峰后区变形特征是近四十多年来岩石力学界十分关注的热点问题。

Wawersik(1968)通过试验发现，根据岩石的全应力-应变关系曲线，如图 19-11 所示，可以把岩石的破坏划分为以下两种类型：

①第I类岩石(稳定断裂传播型)——峰后所储存的应变能不能使破裂继续发展，只有再增加外功才能使试件进一步破损，而且其承载能力相应降低，峰后岩石仍保持部分强度，因此，岩石的破坏可以控制，属于稳定型破坏。这类岩石峰后段曲线的斜率为负值。

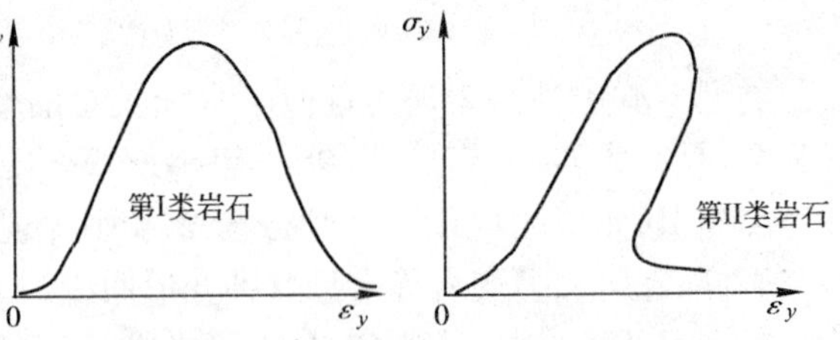

图 19-11　岩石全应力-应变关系曲线的两种类型

②第 II 类岩石(非稳定断裂传播型)——在峰后段，即使外力不对试件做功，试件中所储存的能量也能使断裂继续发展，并最终导致整个试件的破坏。因此，岩石的破坏无法控制，属于非稳定型破坏。这类岩石峰后段曲线的斜率为正值，其脆性较大。

图 19-12 是大久保诚介等得出的几种岩石的全应力-应变关系曲线。

葛修润等人(1994)对此提出了不同的看法，他们根据在自己研制的电液伺服控制岩石试验机上进行的试验资料(见图 19-13)，认为所谓的 II 形曲线只不过是人为控制造成的，实际上并不存在。据此提出了如图 19-14 所示的全应力-应变曲线模型，即在保持轴向应变率不变(即轴向应变控制)的情况下，绝大部分岩石的峰后区曲线位于过峰值点 P 的垂直线右侧。只不过随岩石脆性程度不同，曲线的陡度不同而已。越是脆性的岩石(如新鲜花岗岩、玄武岩、辉绿岩、石英岩等)，其后区曲线越陡，即越靠近 P 点垂直线且曲线上有明显的台阶状。越是塑性大的岩石(如页岩、泥岩、泥灰岩、红砂岩等)，峰后区曲线越缓(见图 19-14)。

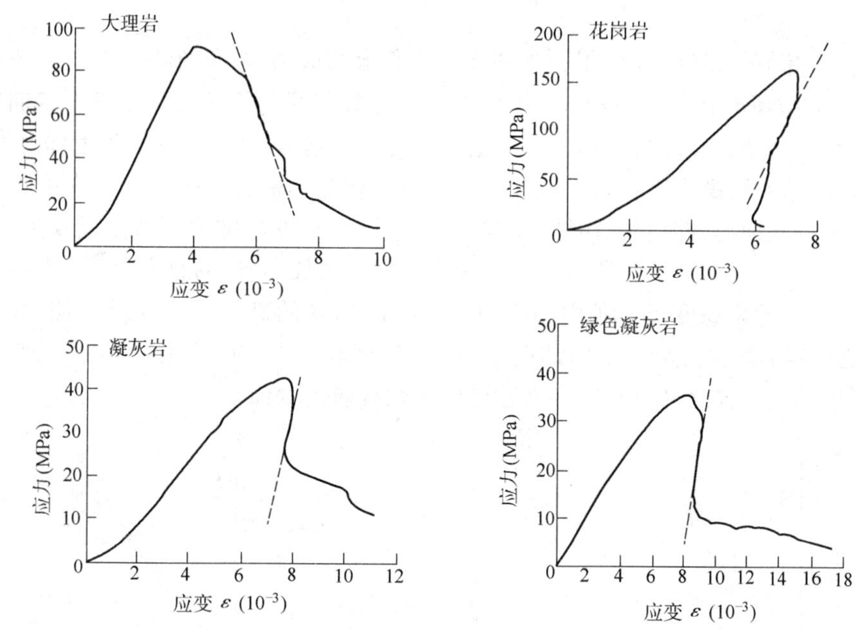

图 19-12　几种岩石的全应力-应变关系曲线(据大久保诚介等)

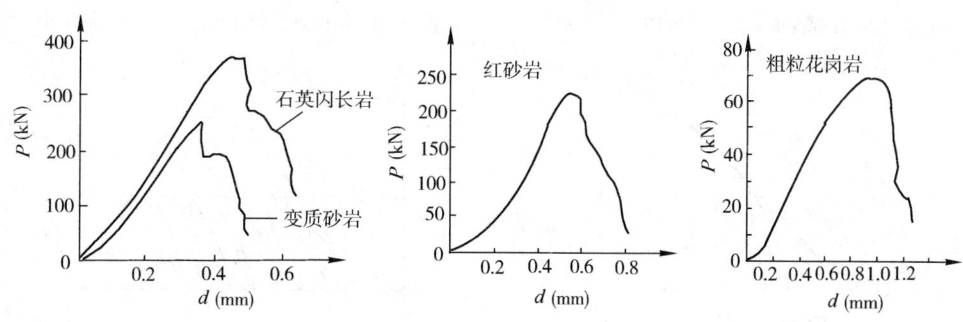

图 19-13　几种岩石的全应力-应变关系曲线(据葛修润等)

(3)循环荷载作用条件下岩石的变形特征

岩石在循环荷载作用下的应力-应变关系，随加、卸荷方法及卸荷应力大小的不同而异。当在同一荷载下对岩石加、卸荷载时，如果卸荷点(P)的应力低于岩石的弹性极限(A)，则卸荷曲线将基本上沿加荷曲线回到原点，表现为弹性恢复(见图 19-15)。但应当注意，多数岩石的大部分弹性变形在卸荷后能很快恢复，而小部分(10%～20%)须经一段时间才能恢复。这种现象称为弹性后效。

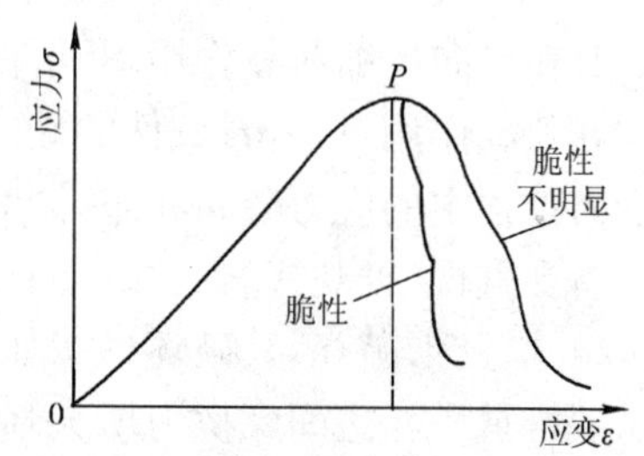

图 19-14　岩石全应力-应变关系曲线的新模型(据葛修润等，1994)

如果卸荷点(P)的应力高于弹性极限(A),则卸荷曲线偏离原加荷曲线,也不再回到原点,变形除弹性变形(ε_e)外,还出现了塑性变形(ε_p)(见图 19-16)。这时岩石的弹性模量 E_e 和变形模量 E 及可用下式确定

$$E_e = \frac{\sigma}{\varepsilon_e} \tag{19-35}$$

$$E = \frac{\sigma}{\varepsilon_e + \varepsilon_p} = \frac{\sigma}{\varepsilon} \tag{19-36}$$

在反复加、卸荷的条件下,可得到如图 19-17 所示的应力-应变曲线。由图可得到如下认识:①逐级一次循环加载条件下,其应力-应变曲线的外包线与连续加载条件下的曲线基本一致(见图 19-17a),说明加、卸荷过程并未改变岩石变形的基本习性,这种现象也称为岩石记忆。②每次加荷、卸荷曲线都不重合,且围成一环形面积,称为回滞环。③当应力在弹性极限以上某一较高位下反复加荷、卸荷时,由图 19-17b)可见,卸荷后的再加荷曲线随反复加、卸荷次数的增加而逐渐变陡,回滞环的面积变小。残余变形逐次增加,岩块的总变形等于各次循环产生的残余变形之和,即累积变形。④由图 19-17b)可知,岩块的破坏产生在反复加、卸荷曲线与应力-应变全过程曲线交点处。这时的循环加、卸荷-试验所给定的应力,称为疲劳强度。它是一个比岩石单轴抗压强度低且与循环持续时间等因素有关的值。

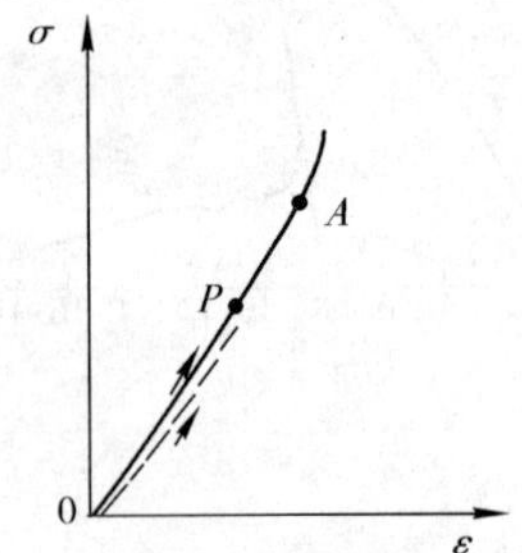

图 19-15　卸荷点在弹性极限点以下的应力-应变曲线

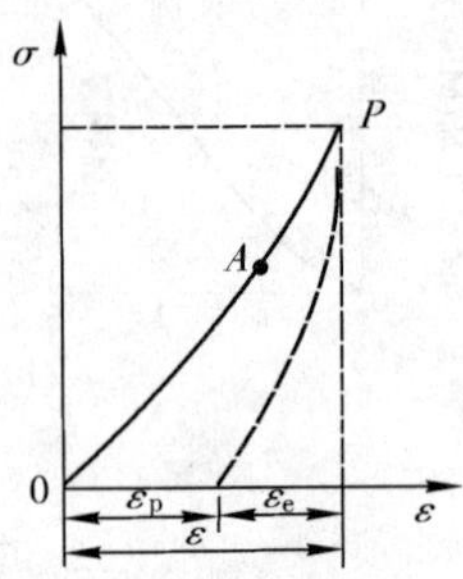

图 19-16　卸荷点在弹性极限点以上的应力-应变曲线

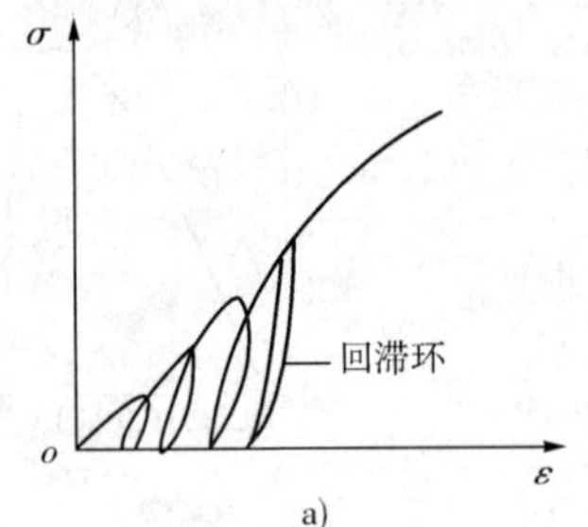

a)

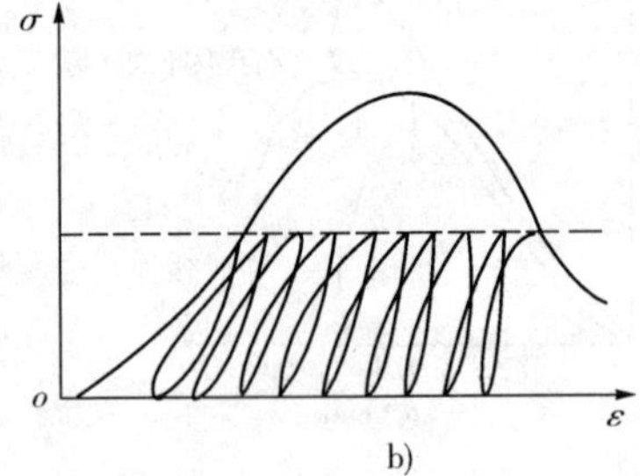

b)

图 19-17　反复加荷、卸荷时的应力-应变曲线

4. 在单向压缩荷载作用下试件的破坏形态

在荷载作用下,岩石试件的破坏形态是表现岩石破坏机理的重要特征。它不仅表现了岩石受力过程中的应力分布状态,同时还反映了不同试验条件对强度的影响。因此,岩石的破坏形态备受重视,据观察岩石在单向压缩应力作用下的主要破坏形态有以下两种情况。

(1)圆锥形破坏,其破坏形态如图 19-18a)所示。据分析这种破坏形态是由于试件两端面与试验机承压板之间摩擦力增大造成的。在试验加压过程中,试件的应力分布如图 19-19 所示。与承压板接触的两个三角形区域内为压应力,而其他区域内的表现为拉应力。由于试件端面与承压板之间的摩擦力,使试件端面部分形成了一个箍的作用,而这一作用随远离承压板

而减弱，使其表现为拉应力。在无侧限的条件下，由于侧向的部分岩石可自由地向外变形、剥离，最终形成圆锥形破坏的形态。

(2)柱状劈裂破坏，其破坏形态如图19-18b)所示。若采用有效方法消除岩石试件两端面的摩擦力，则试件的破坏形态成为柱状劈裂破坏。试件在破坏时，主要出现平行于试件轴线的垂直裂缝，使试件丧失了抵抗外力的能力。由于在试验过程中消除了试验机所给予的影响而形成了柱状劈裂破坏。因此，可以说柱状劈裂破坏试验是在单轴压缩应力作用下自身所固有的破坏特性的表现。

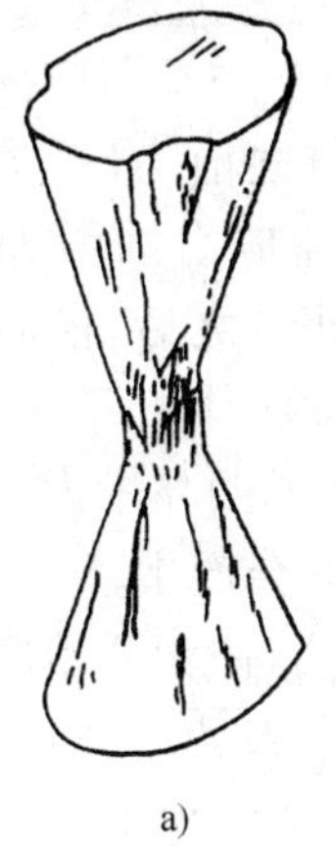

a)

b)

图19-18　单轴压缩时的破坏形态

a)圆锥形破坏；b)柱状劈裂破坏

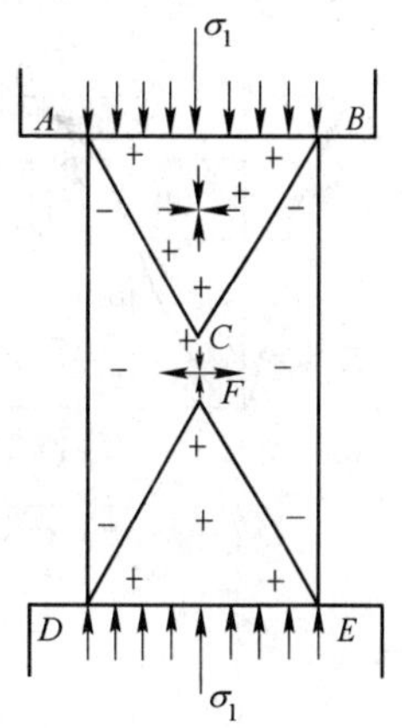

图19-19　圆柱体试件内部的应力分布

5. 岩石的破坏过程

下面结合岩石的全应力-应变关系曲线分析在单向压应力作用下，岩石从开始变形，逐渐破坏，到最终失去承载能力的整个过程。根据岩石的变形，把全应力-应变关系曲线分成6个阶段(见图19-20)。各个阶段的特征和所反映的物理意义如下：

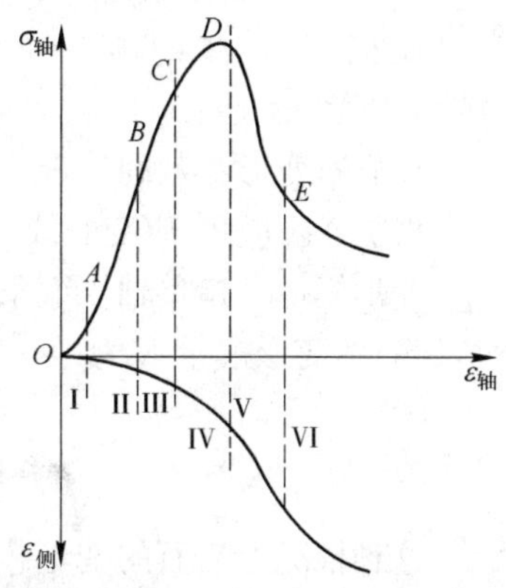

图19-20　岩石应力-应变关系曲线的各个阶段

I——OA段，应力缓慢增大，曲线朝上凹，这反映岩石试件内部原有裂隙逐渐被压缩闭合而产生非线性变形，不过，当荷载卸至零时，这部分变形仍会全部恢复，所以这一阶段仍属于弹性变形阶段。

II——AB段，曲线基本上接近于直线，应力与应变呈线性关系，试件结构无明显变化，属于线弹性变形阶段。

III——BC段，曲线开始从直线偏离，出现较小的非线性变形。除去荷载时，这部分变形不能完全恢复，即试件开始出现不可逆变形(或塑性变形)。试验证明，从B点开始，试件内开始出现一些孤立的平行于最大主应力方向的微裂隙，随着应力的增大，微裂纹的数量逐渐增多，这说明岩石的破坏已经开始。这正是岩石产生不可逆非线性变形的原因所在。

IV——CD段，非线性变形继续增大，表明岩石内部裂纹形成速度加快，而且密度加大，在D点应力出现峰值，达到岩石的最大承载能力。

Ⅴ——DE段，随着变形的继续增大，岩石的承载能力开始降低，表现出应变软化的特征。在此阶段，岩石内部的微裂纹逐渐贯通，形成宏观裂纹，使岩石的强度逐渐降低。

Ⅵ——到达此阶段后，岩石沿宏观破裂面开始滑动，因此强度不再降低，但变形不断增大。此时岩石的强度为残余强度。

6. 岩石破坏过程中的体积变形

金属材料在压应力作用下，体积不会发生任何变化，只会发生形状的变化，所以泊松比等于0.5。那么岩石材料在压应力作用下，体积是否也不会发生变化呢？如前所述，试件的体积应变可以通过式(19-22)计算。图19-21是岩石在压应力作用下的应力应变关系曲线对应图，其中图19-21b)为体积应变与轴向应变的关系曲线。可以发现，在B点之前，岩石基本上处于弹性变形阶段，体积随应力的增大逐渐收缩，在B点体积减至最小。之后，横向应变速度开始大于轴向应变速度，体积开始增大，并随着塑性变形的发展，体积明显增大。由此可见，岩石在压应力作用下会产生体积变形，表现为先缩后胀。研究表明，体积开始增大的应力水平大约与图19-20中B点一致，即岩石开始出现塑性变形时将出现体积增大。这是因为岩石中开始出现大量新产生的微裂纹所致，随着裂纹数量的增加和裂纹的张开与贯通，岩石体积会越来越大。岩石体积增大(或膨胀)的现象称为扩容或剪胀，一般都认为这是裂隙开始出现或迅速扩展的标志，它是岩石材料的特有属性。

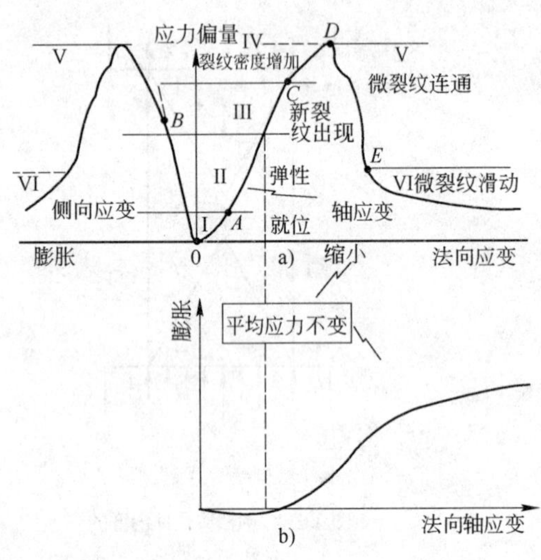

图19-21　岩石的应力-应变关系曲线对应关系

a)轴向应力与轴向应变和横向应变的关系；b)体积应变与轴向应变的关系

7. 岩石变形参数的确定

根据各类应力-应变曲线，可以确定岩块的变形模量和泊松比等变形参数。

变形模量是指单轴压缩条件下，轴向应力与轴向应变之比。当岩石应力-应变为直线关系时，岩石的变形模量E为

$$E=\frac{\sigma_y}{\varepsilon_y}=\frac{P/A}{\Delta H/H}=\frac{PH}{A\Delta H} \tag{19-37}$$

这种情况下岩石的变形模量为一常量，数值上等于岩石应力-应变曲线峰前段直线的斜率，由于其变形多为弹性变形，所以又称为弹性模量。

如前所述，实际上岩石并非理想弹性材料，即使在峰前区，应力与应变关系曲线也并非直线，因此，不能采用上述方法确定弹性变形参数。为了便于在国际范围内进行比较与交流，国际岩石力学与工程学会(ISRM)建议用下列三种定义中的任一种，作为非线性弹性岩石的模量(见图19-22)。

(1)切线模量

如图19-22a)所示，把应力水平等于1/2抗压强度时的切线斜率作为岩石的弹性模量。即

$$E=\left(\frac{d\sigma_y}{d\varepsilon_y}\right)_{\sigma_y=\frac{1}{2}\sigma_c} \tag{19-38}$$

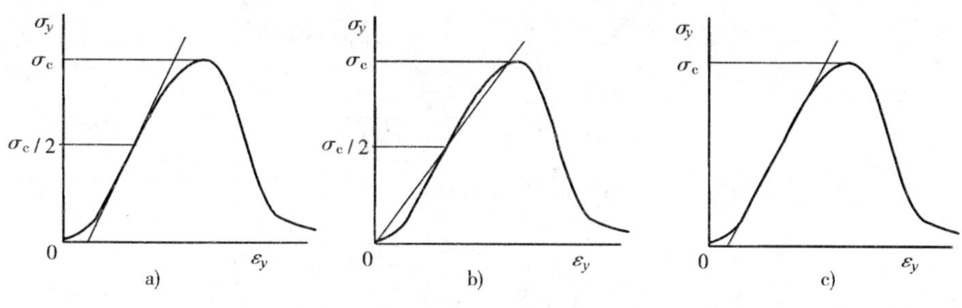

图 19-22 岩石变形模量的各种确定方法

a)切线模量;b)割线模量;c)平均模量

(2)割线模量

如图 19-22b)所示,把应力水平等于 1/2 抗压强度时的割线斜率作为岩石的弹性模量。即

$$E = \left(\frac{\sigma_y}{\varepsilon_y}\right)_{\sigma_y=\frac{1}{2}\sigma_c} \tag{19-39}$$

(3)平均模量

如图 19-22c)所示,把应力-应变关系曲线峰前段近似于直线段的平均斜率作为岩石的弹性模量。

另外,有时也采用初始模量来表示岩石弹性模量,即用应力-应变关系曲线原点处的曲线斜率表示岩石的弹性模量。总之,采用上述众多方式中的任何一种都可以,应该结合行业习惯和工程的特殊要求确定采用哪一种表示方式,但是不管采用何种方式,都应该加以说明,以免引起误会。

岩石的泊松比也可以采用类似的方法由径向应变-轴向应变曲线确定,考虑到在弹性变形范围内径向应变-轴向应变曲线的非线性特征更为明显,一般近似地用该曲线直线段的平均斜率作为岩石的泊松比。

岩石的弹性模量值一般为 20～50GPa,约为软钢弹性模量(206GPa)的 10%～24%。表 19-7 列出了一些代表性岩石的变形参数。

常见岩石的变形参数 表 19-7

岩石名称	变形模量(GPa)	泊松比	岩石名称	变形模量(GPa)	泊松比
花岗岩	5～10	0.2～0.3	片麻岩	1～10	0.22～0.35
流纹岩	5～10	0.1～0.25	千枚岩,片岩	1～8	0.2～0.4
闪长岩	7～15	0.1～0.3	板岩	2～8	0.2～0.3
安山岩	5～12	0.2～0.3	页岩	2～8	0.2～0.4
辉长岩	7～15	0.12～0.2	砂岩	1～10	0.2～0.3
辉绿岩	8～15	0.1～0.3	石灰岩	5～10	0.2～0.35
玄武岩	6～12	0.1～0.35	白云岩	4～8	0.2～0.35
石英岩	6～20	0.1～0.25	大理岩	1～9	0.2～0.35

试验研究表明,岩石的变形模量与泊松比常具有各向异性。当垂直于层理、片理等微结构面方向加荷时,变形模量最小,而平行微结构面加荷时,其变形模量最大。两者的比值,沉积岩一般为 1.08～2.055,变质岩为 2.0 左右。

除变形模量和泊松比两个最基本的参数外,还有一些从不同角度反映岩石变形性质的参数。如剪切模量(G)、弹性抗力系数(K)、拉梅常数(λ)及体积模量(K_v)等。根据弹性力学,这些参数与变形模量及泊松比之间有如下关系

$$G=\frac{E}{2(1+\mu)} \tag{19-40}$$

$$\lambda=\frac{E\mu}{(1+\mu)(1-2\mu)} \tag{19-41}$$

$$K_v=\frac{E}{3(1-2\mu)} \tag{19-42}$$

$$K=\frac{E}{3(1+\mu)R_0} \tag{19-43}$$

式中：R_0——地下洞室半径。

（三）岩石的三向压缩试验

地层中的岩石绝大多数都处在三向压应力的作用下，从某种意义上来说，岩石在三向压应力作用下的变形与强度特性是岩石本性的反映，因此显得更为重要。

三向压缩试验根据围压状态的不同，可分成真三轴试验（$\sigma_1>\sigma_2>\sigma_3$）（见图 19-23a）和在常围压下的压缩试验（$\sigma_1>\sigma_2=\sigma_3$）或称常规三轴抗压试验（见图 19-23b），此两者的区别在于围压。前者两个水平方向施加的围压相等，而后者不等。由于真三轴试验对试验机的特殊要求，使这种试验要花费很大的人力、物力和财力，并且技术上也不成熟。而常规三轴试验要比真三轴试验容易得多，因此成为岩石力学中最常用的试验方法之一。

1. 常围压下的岩石三轴压缩试验

为了模拟三向受压状态，采用如图 19-24 所示的装置（三轴室）对试件施加三向压应力，加载方式如图 19-23b）所示，试件内的应力状态满足 $\sigma_1>\sigma_2=\sigma_3$。即采用试验机对圆柱形试件施加轴向荷载，通过液体对试件施加围压。试验时，首先把经过加工的圆柱形岩石试件用乳胶或橡胶制成的隔离薄膜包裹起来，并将其置于高压容器中（三轴室），然后用液压施加按一定要求设定的各向均匀的液压（围压），围压达到设定值以后保持恒定不变，再通过试验机的千斤顶施加轴向荷载。随着轴向压力的逐渐增大，同时量测试件的轴向和横向变形，直至试件完全破坏。由于试件的两个方向应力相同，即 $\sigma_2=\sigma_3$，所以这种试验并不是真正的三向压缩试验，因此称为常规三轴抗压试验或假三轴试验。

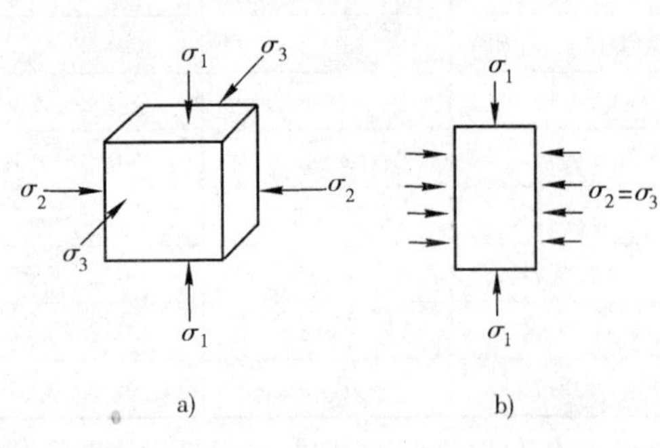

图 19-23　三轴试验加载示意图

a）真三轴试验；b）常规三轴试验

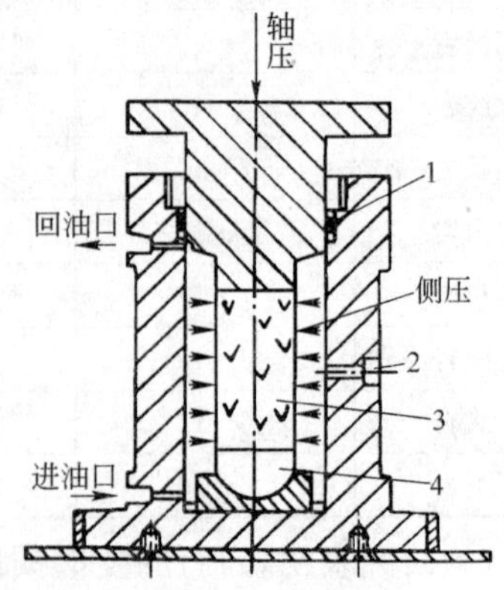

图 19-24　三轴试验压力室

1-密封圈；2-量测孔；3-岩石试件；4-球座

2. 三向受压时岩石的变形

根据三轴压缩试验的实测变形数据就可以绘出应力-应变的关系曲线，并可分析岩石的变形特性。图 19-25 为大理岩和花岗岩在三向压缩条件下的应力-应变关系曲线，纵坐标是主应力差($\sigma_1-\sigma_3$)，横坐标是轴向应变，围压的数据标在每条曲线旁。

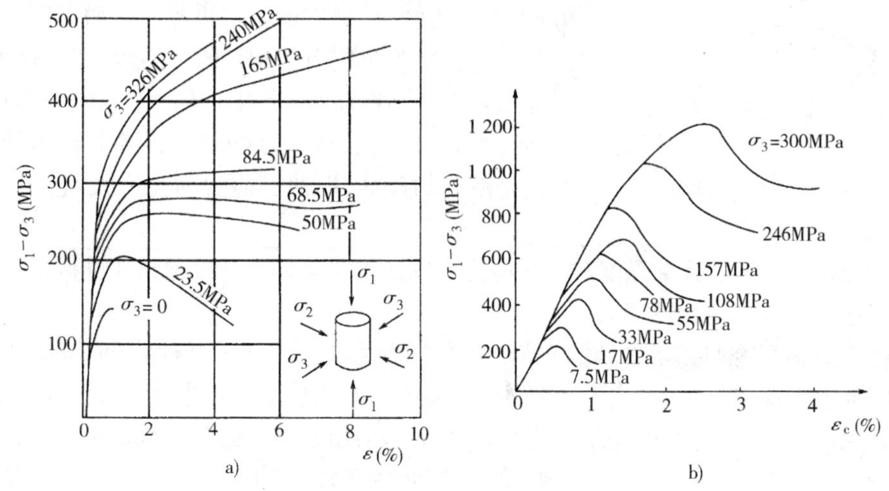

图 19-25　三向压应力作用下的应力与应变关系曲线

a)大理岩；b)花岗岩

由图可见：

(1)在单向应力状态下，试件在变形不大的情况下就产生破坏，这种破坏称为脆性破坏，表现出通常所见到的岩石脆性特征。

(2)随着围压的增大，岩石在破坏以前的总应变量也随之增大，而且主要是塑性变形的变形量增大。当围压增大到一定范围以后，岩石变形就成为典型的塑性流动。这说明了岩石的变形和破坏的性质会随着应力状态的变化而变化。

(3)不论围压等于零，或是大于零，在岩石的应力与应变关系曲线的初始阶段都表现为近似直线关系，说明了当主应力差的数值在一定范围内，岩石的变形特征还是符合弹性阶段特征，而当主应力差超出了某一范围时，岩石变形才合乎塑性变形的特征。

(4)当围压较小时，岩石的体积变形与单向压缩条件下的变形规律相似，即在弹性变形阶段，随压应力的增大，体积逐渐减小，在塑性变形开始出现以后，试件的体积开始朝增大的方向发展，并逐渐增大，表现为剪胀。在三向压缩情况下，剪胀现象将随着围压的增大而逐渐减弱，当围压超过了某个值以后，剪胀现象将会消失。这是由于围压限制了试件的横向膨胀。

(5)随着围压的提高，岩石将由脆性材料逐渐变为延性材料，并像金属材料一样，表现出明显的塑性流动特征。因此，不能简单地说岩石属于脆性材料。

3. 三轴抗压强度

岩石在三向压缩荷载作用下，达到破坏时所能承受的最大应力称为岩石的三轴抗压强度。与单轴压缩试验相比，试件除受轴向压力外，还受侧向压力作用。侧向压力限制试件的横向变型，因而三轴试验是限制性抗压强度试验。

由三轴试验结果(见图 19-25)可以发现，岩石的三轴抗压强度会随着围压的提高而明显增大，当围压增大到一定程度以后，在应力-应变关系曲线上已没有明显的峰值，如果继续增大围压，那么岩石的强度会接近无限大，这就是地球深部岩石为什么不会发生破坏的原因所在。这是岩石材料的一个显著特点。通常三轴压缩试验的一个主要目的是为了确定岩石的强度准则(本章后面将会介绍)，因此，需要对同种岩石进行不同围压下的压缩试验，测量每一个试件

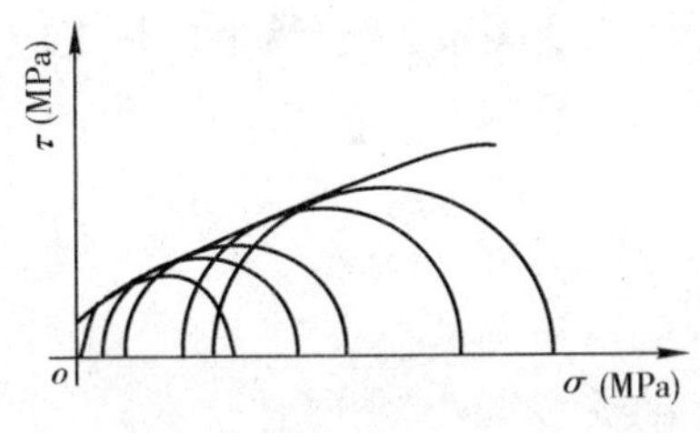

图 19-26　极限莫尔应力圆和包络线

的三轴抗压强度，然后把所有这些试验得出的试件破坏时的莫尔应力圆绘制在同一个图中，如图 19-26所示。由此可见，正应力越大，岩石的强度也越大。如图所示，如果绘出与所有极限莫尔应力圆相切的包络线，那么这条包络线就表示岩石的强度曲线，当岩石中的莫尔应力圆正好与此包络线相切时，表示此应力将使岩石发生破坏，包络线的左侧是敞开的，说明即使正应力为无穷大，包络线也不会与横轴相交。

三向压缩时，岩石的残余强度和屈服应力与围压的关系类似于峰值抗压强度。

4. 三向压缩时岩石的破坏形式

岩块在三轴压缩条件下的破坏形式大致可分为脆性劈裂、剪切及塑性流动三类，见表 19-8。但具体岩块的破坏方式，除了受岩石本身性质影响外，在很大程度上受围压的控制。由表 19-8 可知，随着围压的增大，岩块从脆性劈裂破坏逐渐向塑性流动过渡，破坏前的应变也逐渐增大。

三轴压缩时岩体破坏形式　　表 19-8

达到破坏时的应变(%)	<1	1~5	2~8	5~10	>10
破坏形式	脆性破坏	脆性破坏	过渡型破坏	延性破坏	延性破坏
试件破坏的情况	σ_1 σ_3				
应力-应变曲线的基本类型	破裂				
破坏机制	张拉破裂	以张拉为主的破裂	剪切破裂	剪切流动破裂	塑性流动

5. 真三轴压缩试验

这种试验是在三个方向上分别对试件施加不同大小的压应力，使试件内的应力状态为真正的任意三维压应力状态，且满足 $\sigma_1>\sigma_2>\sigma_3>0$，以模拟实际岩石的受压状态，因此，称为真三轴试验，加载方式如图 19-23a)所示。真三轴试验设备复杂，试验难度较大，目前还没有定型的试验设备。国内外先后研制过一些真三轴仪，例如，日本东京大学地震研究所的茂木清夫曾经研制了一台真三轴仪，并用此设备进行了大量试验，获得了许多非常有价值的成果，其中最主要的成果是揭示了中间主应力对岩石强度的影响。我国葛洲坝工程局设计院也曾经研制过一台三轴压力试验机。

(四)其他强度试验与测试

实际岩石的应力状态非常复杂，要确定岩石在各种应力状态下的极限强度，唯一的解决办法就是试验。前面介绍的单轴压缩和三轴压缩试验是研究岩石强度的两种最简单的试验方法。除此之外，还可以采用其他方法研究岩石的强度，比如单轴拉伸试验、劈裂试验、斜面剪切试验、直剪试验等，下面分别加以介绍。

1. 岩石抗拉强度的测试

岩石能够抵抗拉应力的最大能力叫抗拉强度。与单轴抗压强度相对应的是单轴抗拉强度，即岩石在单向拉应力作用下的极限强度。单轴抗拉强度必须通过单轴抗拉试验获得。然而，由于岩石为脆性材料，不能直接在试验机上进行拉伸，所以，试验时一般用黏结剂在试件端部分别黏结一个与试件直径相等的金属垫块(见图 19-27)后再进行拉伸。岩石的单轴抗拉强度为

$$\sigma_t = \frac{P_{max}}{A} \tag{19-44}$$

式中：σ_t——岩石的单轴抗拉强度；

P_{max}——试件被拉断时的荷载；

A——试件的截面面积。

上述试验中试件的制作十分复杂，所以人们往往通过间接方法获得岩石的抗拉强度。劈裂试验(或称巴西试验)是最常用的试验，这是一种沿着圆饼状试件径向加载，使之劈裂，以求得抗拉强度的方法。因其简单易行，在国内外被广泛采用。加载方式如图 19-28 所示，在压力作用下，试件将沿着加载方向发生劈裂，岩石的抗拉强度可通过下式计算

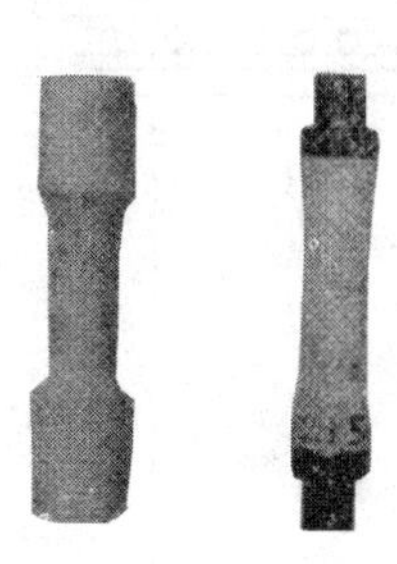

图 19-27 单轴拉伸试验的岩石试件

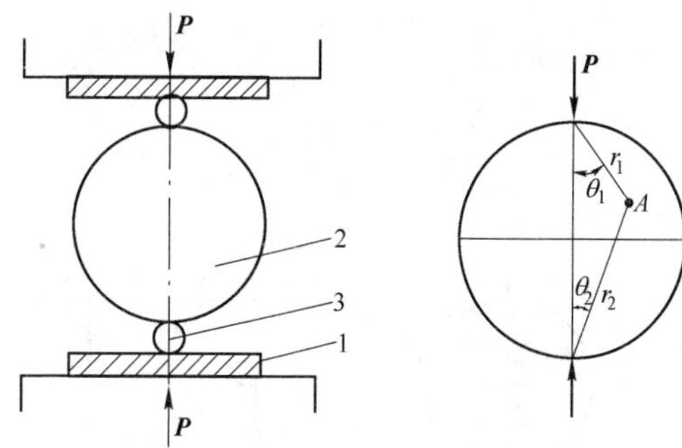

图 19-28 劈裂试验加载方式

1-承压板；2-试件；3-钢丝

$$\sigma_t = \frac{2P_{max}}{\pi D l} \tag{19-45}$$

式中：D、l——分别为试件的直径和厚度；

P_{max}——劈裂时的最大荷载。

这里应该引起注意的是，劈裂试验获得的抗拉强度并不是岩石的单轴抗拉强度，这是因为在劈裂试验时，试件内部的应力状态并非单向拉应力状态。由弹性力学原理可以推出劈裂试验时试件内部的应力状态为

$$\sigma_x = -\frac{2P}{\pi l}\left(\frac{\sin^2\theta_1\cos\theta_1}{r_1} + \frac{\sin^2\theta_2\cos\theta_2}{r_2}\right) + \frac{2P}{\pi D l} \tag{19-46}$$

$$\sigma_y = -\frac{2P}{\pi l}\left(\frac{\cos^3\theta_1}{r_1} + \frac{\cos^3\theta_2}{r_2}\right) + \frac{2P}{\pi D l} \tag{19-47}$$

$$\tau_{xy} = -\frac{2P}{\pi l}\left(\frac{\cos^2\theta_1\sin\theta_1}{r_1} + \frac{\cos^2\theta_2\sin\theta_2}{r_2}\right) \tag{19-48}$$

其中，r_1、r_2、θ_1、θ_2 的含义如图 19-28 所示，σ_x、σ_y、τ_{xy} 表示试件内任意点的应力分量。当 $\theta_1 = \theta_2 = 0$，$r_1 + r_2 = D$ 时，在荷载作用线上(除荷载作用点附近外)

$$\sigma_x = \frac{2P}{\pi D l} \tag{19-49}$$

$$\sigma_y = -\frac{8P}{\pi D l} + \frac{2P}{\pi D l} = -\frac{6P}{\pi D l} \tag{19-50}$$

$$\tau_{xy} = 0 \tag{19-51}$$

可见，破裂面上的应力状态属于拉-压应力（见图 19-29），由于岩石的抗拉强度远小于它的抗压强度，所以，在被压坏之前，试件首先被拉坏。即试件的破坏是在压应力作用下的拉裂破坏。

2. 剪切试验

这种类型的试验是为了确定岩石的剪切强度。岩石的剪切强度是指岩石在一定的应力条件下（主要指压应力）所能抵抗的最大剪应力。目前常用的主要包括斜面剪切试验、直剪试验等。斜面剪切试验如图 19-30 所示，把试件置于楔形剪切仪中，并放在压力机上进行加压试验，则作用于剪切平面上的法向压力 N 和切向力 Q 可按下式计算

$$\left.\begin{aligned}N &= P(\cos\alpha + f\sin\alpha)\\ Q &= P(\sin\alpha - f\cos\alpha)\end{aligned}\right\} \tag{19-52}$$

式中：P——压力机施加的总压力；

α——试件倾角；

f——圆柱形滚子与上下盘压板的摩擦系数。

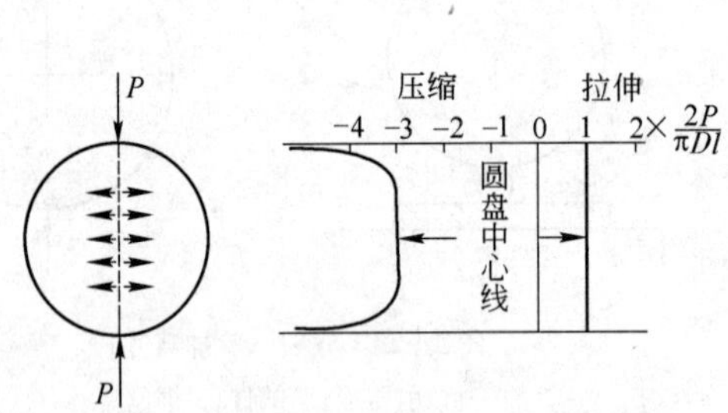

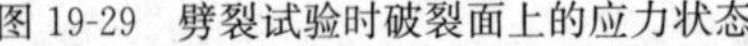

图 19-29　劈裂试验时破裂面上的应力状态

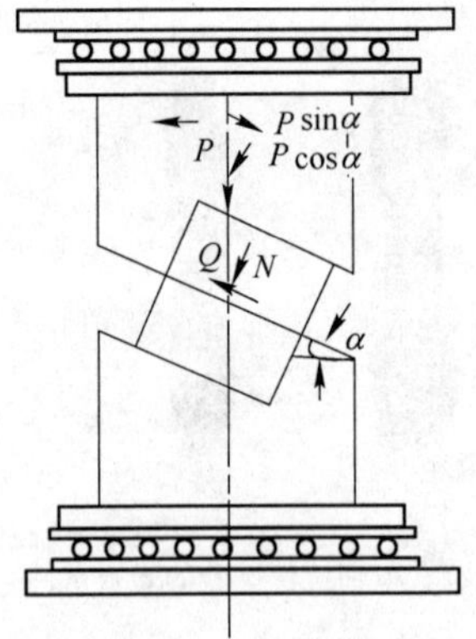

图 19-30　岩石的抗剪断试验

以试件剪切面积 F 除以上式，即可得到受剪切面上的法向应力 σ 和剪应力 τ（试件受剪切破坏时，即为岩石的抗剪断强度）

$$\left.\begin{aligned}\sigma &= N/F = P(\cos\alpha + f\sin\alpha)/F\\ \tau &= Q/F = P(\sin\alpha - f\cos\alpha)/F\end{aligned}\right\} \tag{19-53}$$

以不同的 α 值的夹具进行试验，一般采用 α 角度为 30°～70°（以采用较大的角度为好），分别按上式求出相应的 σ 及 τ 值，就可以在 σ-τ 坐标纸上作出它们的关系曲线，如图 19-31a）所示。岩石的抗剪断强度关系曲线是一条弧形曲线，一般把它简化为直线形式（见图 19-31b）。这样，岩石的抗剪断强度 τ 与压应力 σ 之间就建立了如下关系式

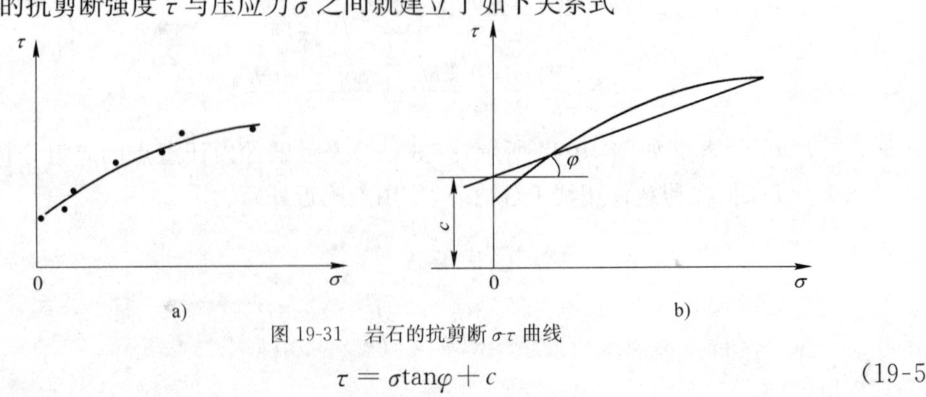

图 19-31　岩石的抗剪断 σ-τ 曲线

$$\tau = \sigma\tan\varphi + c \tag{19-54}$$

式中：$\tan\varphi$——岩石的抗剪断摩擦系数；

c——岩石的黏聚力。

由于斜面座的角度调整范围有限，所以这种试验有很大的局限性。直剪试验是确定岩石剪切强度的最简单方法，但也有明显的缺点，主要是破坏面上的应力不均匀，岩石的破坏机理不十分清楚。

3. 点荷载试验

点荷载试验是在20世纪70年代发展起来的一种简便的现场试验方法。该试验方法最大的特点是可利用现场取得的任何形状的岩块，可以是直径为5cm的钻孔岩芯，也可以是开挖后掉落下的不规则岩块，不做任何岩样加工直接进行试验。该试验设备是一个极为小巧的设备，其加载原理类似于劈裂试验，不同的是劈裂试验所施加的是线荷载，而点荷载试验是施加的点荷载。该装置由一个手动油泵和一个液压千斤顶以及一对圆锥形加压头组成。这种小型点荷载仪为便携式，可带到现场试验，这正是点荷载试验被广泛采用的原因所在。其试验所得的强度指标值可作为岩石分级的一个指标，有时可代替单轴抗压强度。点荷载试验所获得的强度指标用 I_s 表示，其值等于

$$I_s = P/D^2 (\mathrm{MPa}) \tag{19-55}$$

式中：P——试件破坏的极限荷载；

D——荷载与施加点之间的距离。

国际岩石力学学会(ISRM)将直径为5cm的圆柱体试件径向加载点荷载试验的强度指标值 $I_{s(50)}$ 确定为标准试验值，其他尺寸试件的试验结果须根据以下公式进行修正

$$I_{s(50)} = kI_s \tag{19-56}$$

$$k = 0.271\,7 + 0.014\,54D \quad (\text{当 } D \leqslant 55\text{mm 时}) \tag{19-57}$$

$$k = 0.754\,0 + 0.005\,8D \quad (\text{当 } D > 55\text{mm 时}) \tag{19-58}$$

式中：$I_{s(50)}$——直径为50mm的标准试件的点荷载强度指标值(MPa)；

I_s——其他非标准试件的点荷载强度指标值(MPa)；

k——修正系数；

D——试件直径(mm)。

通过对大量试验数据的统计分析，提出了表征一个点荷载强度指标与岩石抗拉强度之间的关系如下

$$\sigma_t = 0.96P/D^2 \tag{19-59}$$

另外，岩石的单轴抗压强度与 $I_{s(50)}$ 的统计关系式已经有多个，下面是其中的一个。

$$\sigma_c = 22.82I_{s(50)}^{0.75} \tag{19-60}$$

由于点荷载试验的结果离散性较大，因此要求每组试验必须达到一定的数量，通常进行15个试件的试验，最终按其平均值求得其强度指数并推算出岩石的抗拉强度。最近，由于许多岩体工程分类中都把点荷载强度指数作为一个定量的指标，因此，有人建议采用直径为5cm的钻孔岩芯作为标准试样进行试验，使点荷载试验的结果更趋合理，且具有较强的可比性。

4. 弹性波传播速度测试

试验目的是测量弹性波在岩石中的传播速度，速度越快，说明岩石的致密程度和完整性越好。弹性波包括纵波和横波(或剪切波)，波速分别用 v_p 和 v_s 表示，一般纵波大于横波。在室内测定岩石试件的弹性波速度一般采用超声波仪进行，其基本原理是利用两个探头，分别放置在圆柱形试件两端，一个为反射探头发射超声波，另一个为接收探头接收经试件传播过来的超

声波，根据声波在试件中的传播时间和试件的长度，即可求出试件的平均波速。根据弹性波波速，可用下列公式计算岩石的动弹性模量和动泊松比

$$\mu_d = \frac{\left[\left(\frac{v_p}{v_s}\right)^2 - 2\right]}{2\left[\left(\frac{v_p}{v_s}\right)^2 - 1\right]} \tag{19-61}$$

$$E_d = \frac{v_p^2 \gamma_0 (1+\mu_d)(1-2\mu_d)}{10g(1-\mu_d)} \tag{19-62}$$

（五）岩石的流变性

岩石的流变性是指岩石变形随时间的延长而表现出来的类似黏滞流体流动方面的特性。流体在流动过程中会显示出一种抗流动的特性，称为黏性。黏性的大小用黏性系数来表示。岩石并不是流体，但在变形随时间发展过程中也表现出相仿的黏性。由于各类岩石的黏性大小不同，其变形（或应力）随时间发展而变化的速度也不一样，从而构成了不同的流变特性。

岩石的流变性可以通过试验的方法测定出来。常用的方法是蠕变试验和应力松弛试验两种。

在恒定应力或恒定应力差的作用下，变形随时间而增长的现象称为蠕变。蠕变试验就是在岩石试件上加一恒定荷载，观测其变形随时间的发展情况。根据试验数据绘制的应变-时间关系曲线，称为蠕变试验曲线，见图 19-32。

当应变保持恒定时，应力随着时间的延长而降低的现象称为应力松弛。松弛试验的条件就是使试件的变形保持一恒定值，借此来观察荷载 p 随时间 t 的变化。试验所得的荷载-时间曲线称为松弛试验曲线，见图 19-33。

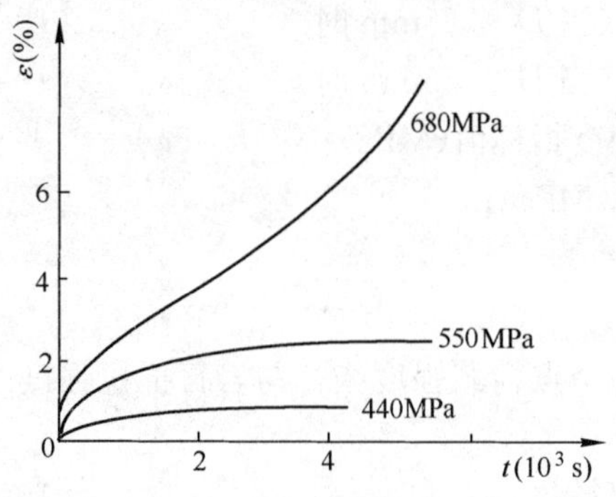

图 19-32　石灰岩蠕变试验曲线

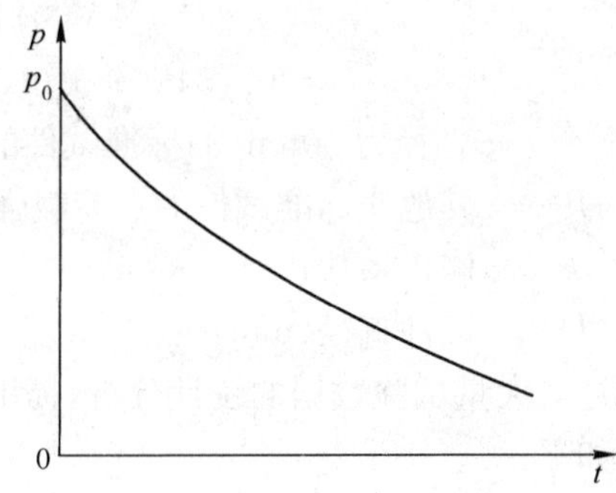

图 19-33　松弛试验曲线（p_0-初始荷载）

加载或卸载时，弹性变形滞后于应力的现象称为弹性后效，这也属于岩石流变性的一种表现。在蠕变试验过程的卸载阶段可以观察到这种现象。

岩石的蠕变分为稳定蠕变与不稳定蠕变两类。

1. 稳定蠕变

当作用在岩石上的恒定荷载较小时，初始阶段的蠕变速度极快，但随着时间的延长，岩石的变形趋近一稳定的极限值而不再增长，这就是稳定蠕变。

2. 不稳定蠕变

当荷载超过某一临界值时，蠕变的发展将导致岩石的变形不断增长，直到破坏，这就是不稳定蠕变。它的发展过程可分为三个阶段，见图 19-34。

（1）Ⅰ——过渡蠕变阶段。在加载的瞬间有一个弹性变形 ε_0，继而变形以较快的速度增长；

随后蠕变速度逐渐降低，并过渡到等速蠕变阶段。如果在该阶段内卸载，则会出现瞬间的弹性恢复变形（PQ段），以及通过一段时间才能恢复的变形（QR段）。

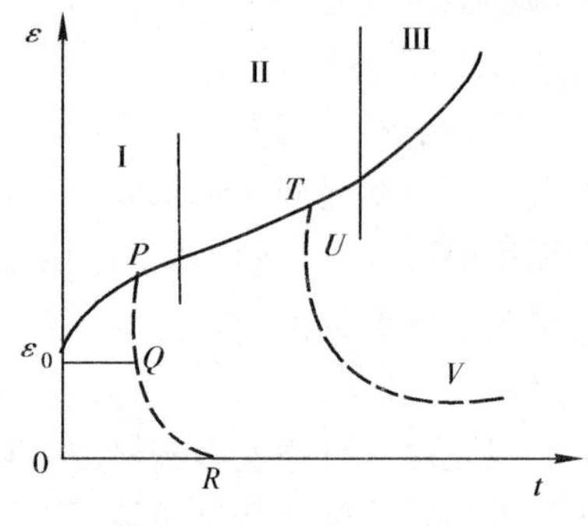

图 19-34　蠕变的三个阶段

（2）II——等速蠕变阶段。变形速度保持恒定，如果在该阶段内卸载，则不仅出现瞬间的弹性恢复变形（TU段）和弹性后效（UV段），还会有不可恢复的永久变形残留下来。

（3）III——加速蠕变阶段。变形速度急剧加快，此时岩石内裂隙迅速发展，促使变形加剧直至破坏。

岩石蠕变发展的阶段性为监测和预报围岩破坏现象提供了一个可靠的判据。如果发现岩体某部分的位移速度开始由等速转入加速发展时，则表明破坏将要发生。如智利某矿的边坡在等速蠕变阶段内的岩体移动速度为 0.025mm/d。到发生滑坡的 24h 前，位移速度增至7.0cm/d。临近滑坡时的位移速度达到 15.0cm/d。

由于过载引起的蠕变发展会导致破坏，因此在处理岩石工程问题时要特别注重时间性，尽可能地加快工程进度。

（六）影响岩石力学性质的主要因素

大量试验证明，影响岩石的抗压强度和变形特性的因素很多，这些因素可分为两方面：一方面是岩石本身方面的因素，如矿物成分、结晶程度、颗粒大小、颗粒联结及胶结情况、密度、层理和裂隙的特性和方向、风化程度和含水量情况等；另一方面是试验方法上的因素，如试件大小、尺寸相对比例、形状、试件加工情况、加载速率和温度等。下面对一些主要因素作一简短的说明。

1. 矿物成分

不同矿物组成的岩石，具有不同的抗压强度，这是由于矿物本身的特点，不同的矿物有着不同的强度所致。即使相同矿物组成的岩石，也受到颗粒大小、连接胶结情况、生成条件的影响，它们的抗压强度也可相差很大。例如，石英是已知造岩矿物中强度较大的矿物，如果石英的颗粒在岩石中互相连接成骨架，则随着石英的含量的增加，岩石的强度也会增加。石英岩中石英颗粒成结晶状，所以石英岩的强度很大（可达 300MPa）。而在花岗岩中如果石英颗粒是分散的，未组成骨架，则即使石英含量的增加，对花岗岩强度的影响也相对地要小。而且，花岗岩中含有云母类的片状矿物以及在两个方向上有很发育的解理面的长石，使花岗岩具有隐蔽的软弱面，从而使强度降低。所以，花岗岩中这类矿物含量较多且颗粒较大时，对花岗岩的强度的影响就比较显著，成为决定花岗岩强度的主要因素。

2. 结晶程度和颗粒大小

一般而言，结晶岩石比非结晶岩石的强度高，细粒结晶的岩石比粗粒结晶的岩石强度高。如细晶花岗岩的强度能达到 250MPa，而粗晶花岗岩的强度只达到 120MPa；以粗晶方解石组成的大理岩强度为 80～120MPa，而晶粒为千分之几毫米组成的致密石灰岩的强度能达到 250MPa。

3. 胶结情况

对沉积岩来说，胶结情况和胶结物对强度的影响很大。硅质胶结的岩石具有很高的强度，例如，致密的砂岩和胶结物为硅质的砂岩，其强度都很高，有时可达 170MPa。石灰质胶结的岩石强度较低，如石灰质胶结的砂岩，其强度在 20～100MPa 之间。泥质胶结的岩石强度最低，软弱岩石往往属于这类。

4. 生成条件

在岩浆岩结构中，若其形成具有非结晶物质，则要大大降低岩石的强度。例如，细粒橄榄玄武岩的强度达到300MPa以上，而玄武质熔岩的强度却降低到30～150MPa。生成条件影响强度的另一方面就是埋藏深度。例如，埋藏在深部的岩石强度比接近地表的岩石强度要高。这是由于埋藏越深，岩石受压越大，孔隙率越小，因而使岩石强度增加。

5. 风化作用

风化对岩石强度影响极大，例如，未风化的花岗岩的抗压强度一般超过100MPa，而强风化的花岗岩的抗压强度可降至4MPa。这是由于风化作用破坏了岩石的粒间联结和晶粒本身，从而使其强度降低。

6. 密度

岩石密度也常作为反映强度的因素，一般情况下，岩石的密度越大，其强度也越大。

7. 水的作用

水对岩石的抗压强度有显著的影响。当水侵入岩石时，水就顺着裂隙孔隙进入润湿岩石全部自由面上的每个矿物质颗粒。由于水分子的侵入从而削弱了粒间联系，使强度降低。其降低程度取决于孔隙和裂隙的状况、组成岩石的矿物成分的亲水性和含水量、水的物理化学性质等。因此，岩石受水饱和状态试件的抗压强度（湿抗压强度）和干燥状态试件的抗压强度是不同的，它们的比值称为软化系数，部分岩石的软化系数见表19-9。

某些岩石的干湿抗压强度及软化系数 表19-9

岩石名称	抗压强度（MPa）		软化系数
	干抗压强度	饱和抗压强度	
花岗岩	40～220	25～205	0.75～0.97
闪长岩	97.7～232	68.8～159.7	0.60～0.74
辉绿岩	118.1～272.5	58～245.8	0.44～0.90
玄武岩	102.7～290.5	102～192.4	0.71～0.92
石灰岩	13.4～206.7	7.8～189.2	0.58～0.94
砂岩	17.5～250.8	5.7～245.5	0.44～0.97
页岩	57～136	13.7～75.1	0.24～0.55
黏土岩	20.7～59	2.4～31.8	0.08～0.87
凝灰岩	61.7～178.5	32.5～153.7	0.52～0.86
石英岩	145.1～200	50～176.8	0.96
片岩	59.6～218.9	29.5～174.1	0.49～0.80
千枚岩	30.1～49.4	28.1～33.3	0.69～0.96
板岩	123.9～199.6	72～149.6	0.52～0.82

8. 试件形状和尺寸

一般而言，圆柱形试件的强度高于棱柱形试件的强度，这是因为后者应力集中的缘故。而在棱柱形试件中，截面为六角形试件的强度要高于四角形，而四角形的又高于三角形，这种影响称为形态效应；岩石试件的尺寸越大，则强度越低，反之越高，这一现象称为尺寸效应。这是由于试件内分布着从微观到宏观的细微裂隙，它们是岩石破坏的基础。试件尺寸越大，细微裂隙越多，破坏的概率也增大，因而强度降低。根据霍克(Hoek)的研究发现，如图19-35所示，强度随着试件横断面增大而减小的规律性可用下式表示

$$\sigma_c = \sigma_{c50}\left(\frac{50}{d}\right)^{0.18} \tag{19-63}$$

式中：σ_{c50}——直径50mm试件的单轴抗压强度；

d——实际试件的直径(mm)。

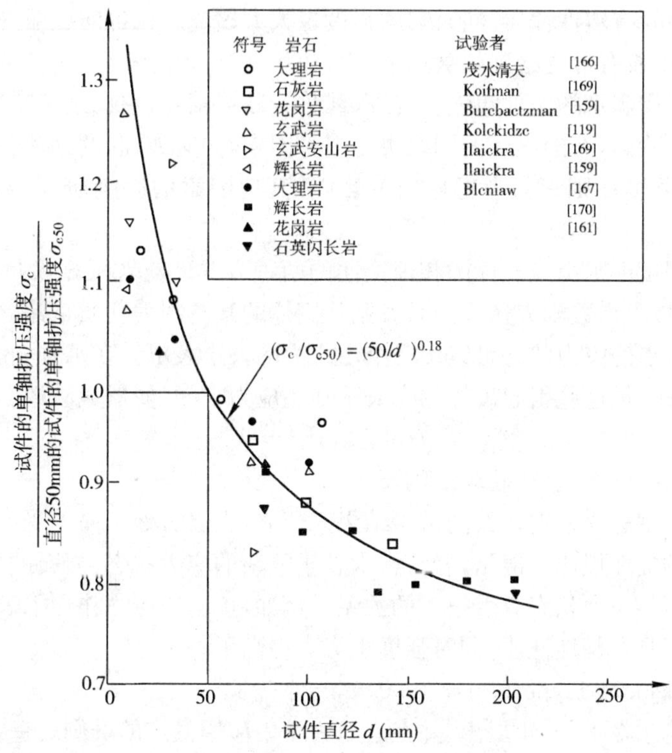

图19-35 试件尺寸对完整岩石单轴抗压强度的影响(Hoek)

9. 加载速率

加载速率越快，岩石的强度和弹性模量就越大；加载速率越慢，岩石的强度和弹性模量越小。这是因为快速加载具有动力的特性之故。国际岩石力学学会建议的加载速率为0.5～1MPa/s，一般从开始试验直至试件破坏的时间为5～10min。

10. 温度

从工程建筑角度看，除了一些特殊项目，一般不需要研究温度对岩石力学性能的影响。因为按一般地温的深度变化规律看，深度每增加100m，地温才会升高3℃，这么小的温度变化幅度不会对岩石力学性能产生大的影响。一般来说，随着温度的增高，岩石的延性加大，屈服点降低，强度也相应降低。但是在常温至100℃的范围内，这种变化并不十分明显。只有当温度很高时，上述影响才会显现出来。

(七)岩石的强度准则

岩石的基本问题之一是关于岩石的强度理论或破坏准则。在岩石工程设计或岩石工程中常常需要确定岩石的强度，或对其强度进行校核。目前，在有了电子计算机后，大量的岩土工

程分析，常常将问题归结为岩体强度，最后用以分析岩体的稳定。因此，建立岩石的强度准则是岩石力学中最重要的研究内容之一。

在材料力学中知道，当物体处于简单的受力情况时，材料的危险点处于简单应力状态（如杆件的拉伸和压缩处于简单应力状态，剪切处于纯剪状态等），则材料的强度可以由简单的试验来决定（单向抗拉强度试验，单向抗压强度试验，纯剪试验等）。这时，强度条件的建立可以说没什么困难。但是岩石在外荷作用下常常处于复杂的应力状态。岩石的强度及其在荷载作用下的性状与岩石的应力状态有着很大的关系。在单向应力状态下表现为脆性的岩石，在三向应力状态下可以具有塑性性质，同时它的强度也大大提高。在各向压缩的情况下，岩石能够承受很大的荷载，而没有可觉察到的破坏。

岩石破坏时所需满足的条件叫强度准则，或称为破坏条件，它也是判断岩石的应力与应变状态是否安全的准则。岩石的强度准则取决于多种因素，如应力、温度、应变率、试件大小、应力梯度等，目前岩石强度准则多只考虑应力的影响，其他因素的影响研究得很不够，故多未予考虑。

研究岩石的强度准则由经验性的和理论性的两种方法。前者根据大量试验结果，进行分析整理寻求规律，以求得数学表达式。后者系从固体的基本物理性质来建立岩石的强度准则。

试件中任何一点的应力状态可以用三个主应力的大小表示。在某种 σ_1、σ_2 和 σ_3 的组合情况下材料发生破坏。把这些引起破坏的点表示在主应力空间，便形成破坏面，有

$$f(\sigma_1, \sigma_2, \sigma_3) = 0 \tag{19-64}$$

上述的关系式即为强度准则（或破坏准则）。

经验性强度准则必须根据岩石的试验结果来建立，当岩石处于简单受力情况时，可通过简单试验分析岩石的破坏规律。但是，岩石常常处于复杂的应力状态，岩石的强度及其在荷载作用下的性状与岩石的应力状态有着很大的关系。例如，单向压应力作用下表现为脆性的岩石，在三向应力状态下具有延性性质，同时强度也大大提高了。

1. 莫尔准则（Mohr's Hypothesis，1900）

莫尔准则是莫尔在1900年提出、并在岩石力学中应用最广的准则之一。该准则是建立在试验数据的统计分析基础之上的。该准则假设：岩石不是在简单的应力状态下发生破坏，而是在不同的正应力和剪应力组合作用下，才使其丧失承载能力。或者说，当岩石某个特定的面上作用着的正应力、剪应力达到一定的数值时，随即发生破坏。莫尔同时对其破坏特征作了一些近似的假设。他认为：材料内某一点的破坏主要决定于它的最大主应力和最小主应力，与中间主应力无关。这样就可研究平面应力状态，根据用不同的大、小主应力比例求得的材料强度试验资料，在剪应力 τ-法向应力 σ 平面上，绘制一系列的莫尔应力圆（见图19-36）。每一莫尔应力圆都反映一种达到破坏极限的应力状态。这种应力圆称为极限应力圆。然后作出这一系列极限应力圆的包络线，叫作莫尔包络线。这条包络线代表材料的破坏条件或强度准则。在包络线上的所有点都反映材料破坏时的剪应力（即抗剪强度）与正应力的关系，即

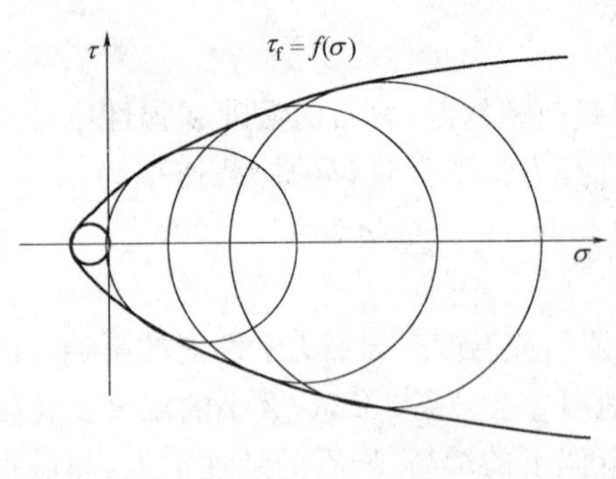

图19-36 莫尔包络线

$$\tau_f = f(\sigma) \tag{19-65}$$

这就是莫尔强度准则的普遍形式。由图 19-36 可知，莫尔强度包络线的主要特征为：在正应力较小的范围内，其曲线斜率较陡；而在较大的正应力作用下，其斜率将趋缓。

莫尔准则认为材料破坏形态和破坏面上剪应力的大小都取决于该面上的法向应力，是法向应力的函数。材料的破坏属于压剪破坏，在受拉区，为拉剪破坏。

包络线的形状与岩石的种类有关，需根据试验结果加以确定。在确定包络线的形状时，应满足下列要求：

(1)选择的曲线应该是单调曲线。

(2)曲线应对称于 σ 轴，这表示岩石在各种应力的极限强度情况下在共轭方向上的破坏状况。

(3)在 σ 从 $0\sim\infty$ 的全部变化范围内，应满足 $d|\tau|/d\sigma\geqslant 0$，而且，根据试验结果，该导数还应随着 σ 的增加而减小。

根据试验结果发现，包络线基本上可分为两种类型：

开放型——如砂岩、石灰岩和花岗岩等构造致密的岩石。

收缩型——多出现在孔隙率较高、比较疏松、压缩性较大的岩石中，如煤、黏土质页岩等。

通常为简单起见，多假设为直线、抛物线或双曲线等。一般而言，对于软弱岩石，可认为是抛物线，对于坚硬岩石，可认为是双曲线或摆线。当采用直线近似时，公式形式与下面介绍的库仑准则相同，但两者对破坏机理的解释并不同。

莫尔准则说明中间主应力不影响破坏强度，剪切破坏面方向与最大主应力成 α 角。如果掌握了某种岩石的强度包络线，即可对该类岩石的破坏状态进行评价。根据强度包络线的含意，只要作用在某种岩石上某个特定的作用面上的应力与包络线上的应力之相等时，该岩石即沿着特定的作用面产生宏观的断裂面而破坏。若用极限应力圆来表示的话，则极限应力圆上的某一点与强度包络线相切，即表示在该应力状态下，岩石发生破坏。

2. 库仑准则(Coulomb Criterion，1773)

该准则认为岩石的破坏属于压剪破坏，发生在某一称为破坏面上的平面上，剪切破坏力的一部分用来克服与正应力无关的黏聚力，使材料颗粒间脱离关系，另一部分用来克服与正应力成正比的摩擦力，使面间发生错动而最终破坏。库仑准则可表示为

$$|\tau| = c + \sigma\tan\varphi \tag{19-66}$$

其中，c 是正应力等于 0 时的剪切强度，代表材料单位面积上的阻抗，称为黏聚力；φ 是岩石的内摩擦角，取决于剪切面的粗糙程度，而岩石的粗糙程度主要与颗粒组成有关。库仑准则中参数的几何意义见图 19-37。

1883 年 Navier 对库仑公式(19-66)进行了补充，把公式中的剪应力和正应力分别用主应力表示。由如图 19-38 所示的三角关系可以得出

$$\sin\varphi = \frac{\dfrac{\sigma_1-\sigma_3}{2}}{\dfrac{\sigma_1+\sigma_3}{2}+c\cot\varphi} \tag{19-67}$$

整理后用主应力表示的库仑准则

$$\sigma_1 = \frac{2c\cos\varphi}{1-\sin\varphi} + \sigma_3\frac{1+\sin\varphi}{1-\sin\varphi} \tag{19-68}$$

破裂面与主平面之间的夹角为

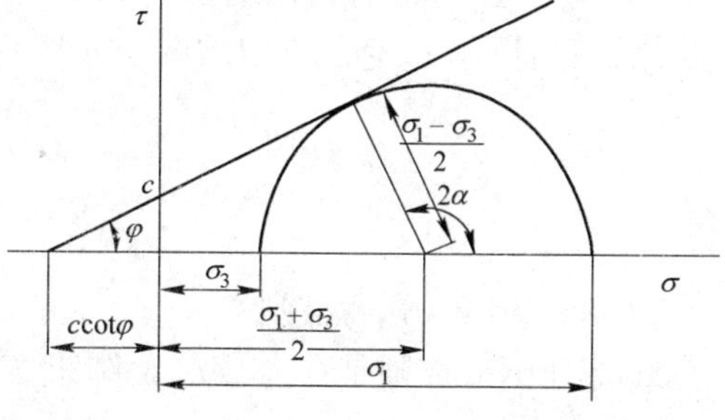

图 19-37　库仑准则及其参数的几何意义

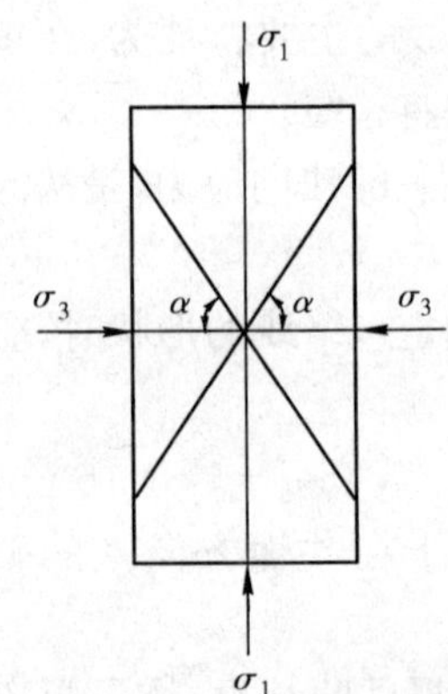

图 19-38　共轭破裂面（X状节理的产生）

$$2\alpha = 90° + \varphi$$
$$\alpha = 45° + \frac{\varphi}{2} \tag{19-69}$$

破裂面一般为共轭面，如图 19-38 所示，可见，破裂面与最大主应力 σ_1 之间的夹角为 $90°-\alpha=45°-\frac{\varphi}{2}$。

上式中，由 $\sigma_3=0$，得

$$\sigma_1 = \frac{2c\cos\varphi}{1-\sin\varphi} = \sigma_c \tag{19-70}$$

此为单轴抗压强度与黏聚力的关系。

由 $\sigma_1=0$，得 $\sigma_3=-\frac{2c\cos\varphi}{1+\sin\varphi}=\sigma_t$，此为单轴抗拉强度与黏聚力的关系，试验结果表明，此式给出的抗拉强度远远大于岩石的实际强度，因此用此式计算出的岩石抗拉强度没有任何意义。这也同时说明，库仑准则不适用于岩石受拉的场合。

库仑准则的缺点和局限：

(1)当围压较大时，与试验结果出入较大；

(2)黏结力概念的物理意义不明确；

(3)没有考虑中间主应力的影响；

(4)实际岩石的破坏并非明显的剪切破坏；

(5)岩石受拉时不能用。

当采用直线型的包络线时，莫尔准则与库仑准则完全相同，所以也把直线型的莫尔准则称为莫尔—库仑准则，这是目前岩石力学中使用最广泛的准则。

下面介绍如何根据试验结果确定岩石的 c、φ 值。

首先把破坏准则式(19-68)改写成

$$\sigma_1 = b\sigma_3 + a$$

其中

$$a = \frac{2c\cos\varphi}{1-\sin\varphi} \tag{19-71}$$

$$b = \frac{1+\sin\varphi}{1-\sin\varphi} \tag{19-72}$$

由此可见，上式为一个最大主应力与最小主应力的线性关系式。如果把各种强度试验结果投影到 $\sigma_1-\sigma_3$ 平面上，再用线性最小二乘法进行回归，可以得出 a 和 b，那么就可以根据下列公式计算出莫尔-库仑准则中的两个力学参数

$$\varphi = \arcsin\frac{b-1}{b+1} \tag{19-73}$$

$$c = a\,\frac{1-\sin\varphi}{2\cos\varphi} \tag{19-74}$$

3. Hoek-Brown 强度准则

Hoek-Brown 准则是在大量试验结果统计分析的基础上提出的经验型强度准则，可表述为

$$\sigma_1 = \sigma_3 + (m_i\sigma_c\sigma_3 + \sigma_c^2)^{\frac{1}{2}} \tag{19-75}$$

式中：σ_c——岩石的单轴抗压强度；

m_i——材料常数，可根据三轴试验结果通过回归分析后获得，当缺乏试验数据时，也可由 Hoek 给出的表 19-10 中查找近似值。

如图 19-39 所示，与莫尔-库仑准则不同，Hoek-Brown 准则不仅属于非线性强度准则，而且还能同时考虑岩石的剪切破坏和拉裂破坏，可用于任何应力条件下的强度计算。

当 $\sigma_1=0$ 时，由式(19-75)可得

$$\sigma_3=\frac{\sigma_c}{2}(m_i-\sqrt{m_i^2+4})=\sigma_t \tag{19-76}$$

当 $\sigma_3=0$ 时，由式(19-75)可得 $\sigma_1=\sigma_c$。

所以，可以看出，该准则能够准确地给出岩石的单轴抗拉强度和抗压强度，与试验结果的吻合程度较高，是目前最符合岩石强度特性的准则之一。

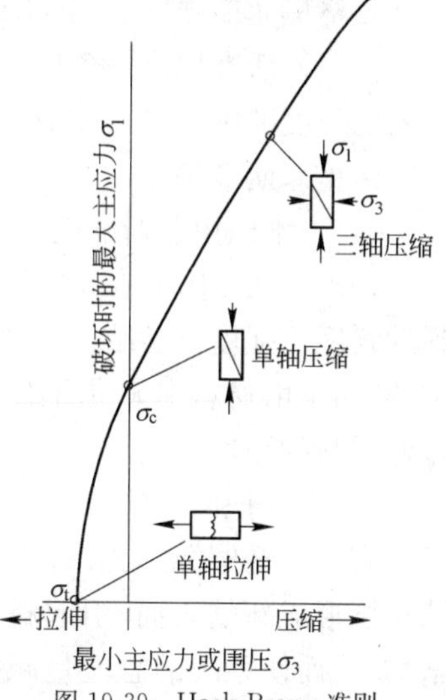

图 19-39 Hoek-Brown 准则

完整岩块的 m_i 值(括号内数字为估计值) 表 19-10

岩石类型	类	组	岩石组织 粗粒	中粒	细粒	微粒
沉积岩	碎屑状		砾岩 (22)	砂岩 19	粉砂岩 9	黏土岩 4
			←硬砂岩→ (18)			
	非碎屑状	有机的	←白垩→ 7 ←煤→ (8-21)			
		碳酸盐	角砾岩 (20)	灰岩 (10)	灰岩 8	
		化学的		石膏石 16	硬石膏 13	
变质岩	非层状的		大理岩 9	角页岩 (19)	石英岩 24	
			混合岩 (30)	闪岩 31	糜棱岩 (6)	
	层状的		片麻岩 33	片岩 (10)	千枚岩 (10)	板岩 9
火成岩	浅色的		花岗岩 33		流纹岩 (16)	黑曜岩 (19)
			花岗闪长岩 (30)		英安岩 (17)	
			闪长岩 (28)		安山岩 19	
	暗色的		辉长岩 27	粗玄岩 (19)	玄武岩 (17)	
			苏长岩 22			
	喷出火成碎屑物		集块岩 (20)	角砾岩 (18)	凝灰岩 (15)	

4. 格里菲斯强度准则(Griffith, 1921)

格里菲斯准则是一个典型的理论性强度准则,它是根据试验观察到的物理现象建立并推导出的强度准则。格里菲斯准则的发展经过了几个阶段,因篇幅有限,下面只简单介绍一维和二维格里菲斯准则。

(1)一维格里菲斯准则

1921 年 Griffith 在研究脆性材料的破坏时发现,根据分子键之间的强度进行理论计算,得到的强度比强度试验结果高几个数量级。因此,他认为脆性材料的抗拉强度不是由分子键决定的,而是由材料中大量看不见的微小裂隙所控制。为此,他从单个裂隙的开裂条件开始研究脆性材料的强度准则。

Griffith 把问题抽象成如图 19-40 所示的形式,在无限板中有一个椭圆孔,无限远处作用有拉应力。他认为当微裂隙扩展形成新的表面,引起材料破坏时,系统中的表面能将增加,从而使系统的总能量减少,根据此条件推导出一维条件下的强度准则如下

$$\sigma=\sqrt{\frac{2E\gamma_s}{\pi a}} \tag{19-77}$$

式中:γ_s——材料的表面比能;

E——材料的弹性模量。

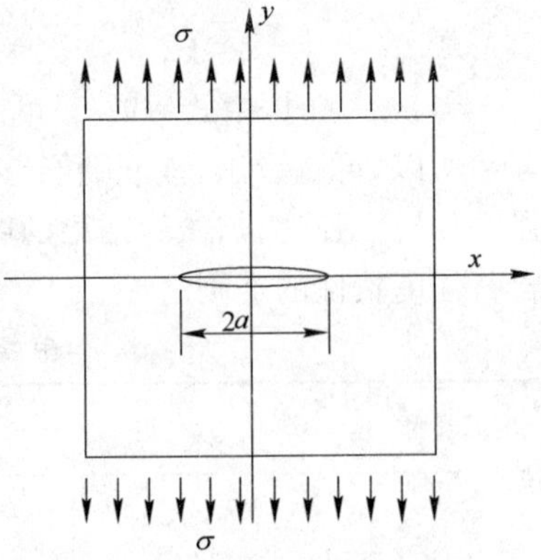

图 19-40 一维格里菲斯模型

上述准则适用于一维加载的理想脆性材料(不考虑尖端部分的塑性变形),它用扁椭圆代表裂隙,假设岩石是一个可逆的热力学过程,除了创造新的裂隙表面外没有其他的能量耗散,不考虑实际存在的尺寸效应,因此只能预计应力集中引起裂缝开展的点,而不能涉及其发展的传播轨迹,裂缝的开裂方向垂直于最大主应力方向。

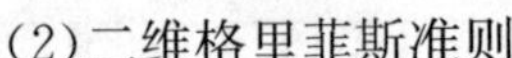

(2)二维格里菲斯准则

如图 19-41 所示,将问题简化成二维空间的弹性体内的一个扁椭圆形的微裂隙,设微裂隙的短轴与最大主应力方向成β角。外力作用的结果使裂隙表面上每点的拉应力数值均不同。当裂隙方位变动时,最大拉应力值也随之变化,若此时最大拉应力的极值达到分子键的强度,则裂隙继续破裂,据此得出平面状态下的强度准则

$$\left.\begin{array}{ll}\sigma_1+3\sigma_3\geqslant 0\text{ 时} & (\sigma_1-\sigma_3)^2=8\sigma_t(\sigma_1+\sigma_3)\\ \sigma_1+3\sigma_3<0\text{ 时} & \sigma_3=-\sigma_t\end{array}\right\} \tag{19-78}$$

根据上述准则可知,在压应力作用下,最大拉应力并不发生在椭圆孔的端部,而是发生在与x轴成δ角的方位上,而且δ为

$$\delta=2\beta-\frac{\pi}{2} \tag{19-79}$$

微裂隙扩展的方向与孔壁最大主应力方向垂直,这与一维时不同。

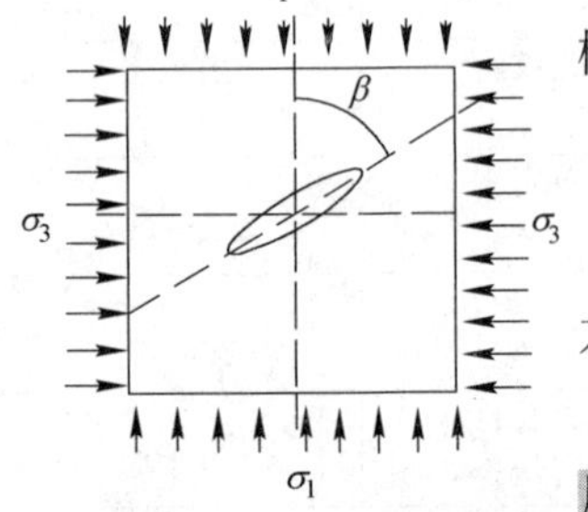

图 19-41 二维格里菲斯模型

由二维准则可知,在单轴压缩时,$\sigma_3=0$,σ_1 的极限值为单轴抗压强度,所以得 $\sigma_c=8\sigma_t$,可见,格里菲斯准则给出的脆性度比实际岩石小。

格里菲斯准则认为,不论何种应力状态,材料都是因裂纹尖端附近达到极限拉应力而断裂,即材料的破坏机理与应力状态无关,都是拉伸破坏。

格里菲斯准则的不足与问题有以下几方面：

①没有考虑众多微裂隙的相互作用，只能作为单个二维裂隙开裂的条件，不能作为岩石的强度准则。

②在垂直压应力作用下，二维裂隙可能会闭合，裂隙面上可能会出现剪切力和法向力，即会出现摩擦，格里菲斯没有考虑这种情况。

③给出的 σ_c/σ_t 比实际小。

④只给出了裂隙开裂的方向，没有给出后续的扩展方向。

习　题

19-1　岩石与岩体的关系是(　　)。

A. 岩石就是岩体　　B. 岩体是由岩石和结构面组成的

C. 岩体代表的范围大于岩石　　D. 岩石是岩体的主要组成部分

19-2　大部分岩体属于(　　)。

A. 均质连续材料　　B. 非均质材料

C. 非连续材料　　D. 非均质、非连续、各向异性材料

19-3　岩石的弹性模量一般指(　　)。

A. 弹性变形曲线的斜率　　B. 割线模量

C. 切线模量　　D. 割线模量、切线模量及平均模量中的任一种

19-4　岩石的割线模量和切线模量计算时的应力水平为(　　)。

A. $\sigma_c/3$　　B. $\sigma_c/2$　　C. $3\sigma_c/5$　　D. σ_c

19-5　由于岩石的抗压强度远大于它的抗拉强度，所以一般情况下，岩石属于(　　)。

A. 脆性材料　　B. 延性材料

C. 坚硬材料　　D. 脆性材料，但围压较大时，会呈现延性特征

19-6　岩体的强度小于岩石的强度主要是由于(　　)。

A. 岩体中含有大量的不连续面　　B. 岩体中含有水

C. 岩体为非均质材料　　D. 岩石的弹性模量比岩体的大

19-7　岩体的尺寸效应指(　　)。

A. 岩体的力学参数与试件的尺寸关系不大

B. 岩体的力学参数随试件的增大而增大的现象

C. 岩体的力学参数随试件的增大而减小的现象

D. 岩体的强度比岩石的小

19-8　剪胀(或扩容)表示(　　)。

A. 岩石体积不断减小的现象　　B. 裂隙逐渐闭合的一种现象

C. 裂隙逐渐张开的一种现象　　D. 岩石的体积随压应力的增大逐渐增大的现象

19-9　剪胀(或扩容)发生的原因是由于(　　)。

A. 岩石内部裂隙闭合引起的　　B. 压应力过大引起的

C. 岩石的强度太小引起的　　D. 岩石内部裂隙逐渐张开和贯通引起的

19-10　岩石的抗压强度随着围压的增大(　　)。

A. 而增大　　B. 而减小　　C. 保持不变　　D. 会发生突变

19-11　劈裂试验得出的岩石强度表示岩石的(　　)。

A. 抗压强度　　B. 抗拉强度

C. 单轴抗拉强度　　D. 剪切强度

19-12　格里菲斯准则认为岩石的破坏是由于(　　)。

A. 拉应力引起的拉裂破坏　　B. 压应力引起的剪切破坏

C. 压应力引起的拉裂破坏　　D. 剪应力引起的剪切破坏

19-13　格里菲斯强度准则不能作为岩石的宏观破坏准则的原因是(　　)。

A. 它不是针对岩石材料的破坏准则

B. 它认为材料的破坏是由于拉应力所致

C. 它没有考虑岩石的非均质特征

D. 它没有考虑岩石中的大量微裂隙及其相互作用

19-14　岩石的吸水率是指(　　)。

A. 岩石试件吸入水的质量和岩石天然质量之比

B. 岩石试件吸入水的质量和岩石干质量之比

C. 岩石试件吸入水的质量和岩石饱和质量之比

D. 岩石试件天然质量和岩石饱和质量之比

19-15　已知某岩石饱水状态与干燥状态的抗压强度之比为0.72,则该岩石(　　)。

A. 软化性强,工程地质性质不良

B. 软化性强,工程地质性质较好

C. 软化性弱,工程地质性质较好

D. 软化性弱,工程地质性质不良

19-16　当岩石处于三向应力状态,且σ_3比较大的时候,一般应将岩石考虑为(　　)。

A. 弹性体　　B. 塑性体　　C. 黏性体　　D. 完全弹性体

19-17　在岩石抗压强度试验中,若加载速率增大,则岩石的抗压强度(　　)。

A. 增大　　B. 减小　　C. 不变　　D. 无法判断

19-18　按照库仑强度理论,岩石破坏时破裂面与最大主应力作用方向的夹角为(　　)。

A. $45°$　　B. $45°+\varphi/2$　　C. $45°-\varphi/2$　　D. $60°$

19-19　在岩石的含水率试验中,试件烘干时应将温度控制在(　　)。

A. 90～105℃　　B. 100～105℃　　C. 100～110℃　　D. 105～110℃

19-20　按照格理菲斯强度理论,脆性岩体破坏的主要原因是(　　)。

A. 受拉破坏　　B. 受压破坏　　C. 弯曲破坏　　D. 剪切破坏

19-21　在缺乏试验资料时,一般取岩石抗拉强度为抗压强度的(　　)。

A. 1/2～1/5　　B. 1/10～1/20　　C. 2～5倍　　D. 10～50倍

19-22　用格里菲斯理论评定岩坡中岩石的脆性破坏时,若靠近坡面作用于岩层的分布力为P,岩石单轴抗拉强度为R_t,则下列哪种情况下发生脆性破坏?(　　)

A. $P>3R_t$　　B. $P>8R_t$　　C. $P>16R_t$　　D. $P>24R_t$

19-23　在单向压应力作用下,坚硬岩石的破坏通常属于(　　)。

A. 劈裂破坏　　B. 弯曲破坏　　C. 塑性破坏　　D. 脆性破坏

19-24　某岩石的实测应力-应变关系曲线(峰前段)开始为上凹形曲线,随后变为直线,直到破坏,没有明显的屈服段,则该岩石为(　　)。

A. 弹性硬岩　B. 塑性软岩　C. 弹塑性岩石　D. 塑弹性岩石

19-25　在岩石单向抗压试验中，试件高度与直径的比值 h/d 和试件端面与承压板之间的摩擦力在下列哪种组合下，最容易使试件呈现锥形破裂（　）。

A. h/d 较大，摩擦力很小　B. h/d 较小，摩擦力很大

C. h/d 的值和摩擦力的值都很大　D. h/d 的值和摩擦力的值都很小

19-26　岩石在破裂并产生很大变形的情况下（　）。

A. 不具有任何强度　B. 仍具有一定的强度

C. 只有一定的残余强度　D. 只具有很小的强度

19-27　岩石的吸水率是指（　）。

A. 岩石吸入水的质量与岩石试件体积之比

B. 岩石吸入水的质量与岩石试件的总质量之比

C. 岩石吸入水的体积与岩石试件的体积之比

D. 岩石吸入水的质量与岩石试件的固体质量之比

19-28　岩石的含水率表示（　）。

A. 岩石孔隙中含有水的体积与岩石试件的总体积之比

B. 岩石孔隙中含有水的质量与岩石试件固体质量之比

C. 岩石孔隙中含有水的体积与岩石试件的总质量之比

D. 岩石孔隙中含有水的质量与岩石试件的总体积之比

19-29　岩石的软化系数表示（　）。

A. 干燥状态下的单轴抗压强度与饱和单轴抗压强度之比

B. 干燥状态下的剪切强度与饱和单轴抗压强度之比

C. 饱和单轴抗压强度与干燥状态下的抗压强度之比

D. 饱和单轴抗压强度与干燥状态下的单轴抗压强度之比

第二节　岩体工程分类

一、工程岩体分类的目的与原则

由于影响岩体质量和其稳定性的因素很多，即使是同一个岩体，由于工程规模大小以及工程类型不同，对其也会有不同的要求及评价。因此，长期以来，国内外不少专家学者为探索从定性和定量两个方面来评价岩体的工程性质，并根据工程类型及使用目的来对岩体进行分类。这也是岩体力学中最基本的研究课题之一。

（一）岩体工程分类的目的

目前国内外在地下工程的设计与计算，主要还处于工程类比阶段，多数计算还处在根据各自的工程经验，提出经验公式，其中包括围岩压力的计算公式。这些经验公式大致可分为以下三类：

（1）通过大量的塌方调查，寻求各种不同地质条件与塌方高度的关系，换算为围岩压力，以经验公式的形式表达出来。

（2）通过大量支护结构物上的压力测量，寻求各种不同地质条件与支护上压力的关系，并以经验公式的形式表达出来。

(3)通过当前工程试验段量测其支护上的压力作为本工程设计之用。

经验的工程类比首先要求对围岩的工程地质状况加以区分，然后才能给出相应的经验公式或经验数据。因此首先要对围岩进行工程分类。

如果设计师设计过许多工程，而且也设计过其岩石条件与目前所考虑工程相类似的地下工程，并管理过这一工程的施工过程，那么进行设计决策就较有把握。相反，若无现成的实际经验，那么究竟按什么标准来检查自己所作决策是否合理？如何判断开挖跨度是否太大，已确定采用的锚杆究竟是太多还是过少呢？

答案存在于某种形式的岩体分类系统之中，这种系统能把已遇到的工程情况与别人遇到过的工程情况联系起来进行类比。这样的分类系统实际上起着一种桥梁作用，使设计师能够把从别的工程得来的一些实际经验，诸如开挖工程的岩石条件及支护方法等方面的经验与自己将要遇到的条件联系起来。

岩体工程分类就是按照岩体的物理力学性质、水理性质、完整性和初始应力状态以及岩石工程结构特点，根据大量实际工程经验的统计分析结果，对岩体质量进行分类或分级，以便工程技术人员能够根据不同质量的岩石，进行合理的工程布置或采取相应的处理加固措施，从而使工程做到既经济又安全。

岩体工程分类方法的基本目的主要包括：①将岩体分成形态类似的组；②对了解岩体特性提供可靠的依据；③对解决实际工程问题，提供必要的定量数据，以便进行岩石工程的规划和设计；④为所有关心岩石力学问题的科技人员，在学术交流上提供有效的共同基础。

根据用途不同，工程岩体分类有通用的分类和专门的分类两种。通用的分类是较少针对性、原则和大致分类，是供各学科领域及国民经济各部门笼统使用的分类。例如，水利水电工程须着重考虑水的影响，而对于修建在地下的大型工程来讲，须考虑地应力对岩体稳定性的影响。

总之，工程岩体分类是为一定的具体工程服务的，是为某种目的编制的，它的分类内容和分类要求是为分类目的而服务的。

(二)工程岩体分类的原则

为实现以上目的，所采用的分类法必须满足以下几个基本要求：

(1)确定分级的目的和使用对象。考虑适用于某一类工程、某种工业部门或生产领域，是通用的，还是为专门目的而编制的分类。

(2)分类应该是定量的，以便于用在技术计算和制定定额上。

(3)分类的级数应合适，不宜太多或太少，一般都分为五级，从工程实用来看，这是恰当的。

(4)工程岩体分类方法及步骤应简单明了，数字便于记忆，便于应用。

(5)以实测参数为基础，这些参数可在现场又快又省地测定。

(6)由于目的对象不同，考虑的因素也不同，各个因素应有各自的物理意义，并且还应该是独立的影响因素。一般来说，为各种工程服务的工程岩体分类必须考虑岩体的性质，尤其是结构面和岩块的工程质量，风化程度、水的影响，岩体的各种物理力学参数，地应力以及工程规模和施工条件等。在定量分类中，其指标量值的变化，都用几何级数来反映。

目前，在国际上，工程岩体分类的一个明显趋势是利用根据技术手段获取的“综合特征值”来反映岩体的工程特性，用它来作为工程岩体分类的基本定量指标，并力求与工程地质勘察和岩体测试工作相结合，用一些简洁的方法，迅速判断岩体工程性质的好坏，根据分类要求，判定类别，以便采取相应的工程措施。

（三）工程岩体分类的独立因素分析

进行工程岩体分类首先要确定影响岩体工程性质的主要因素，尤其是独立的影响因素。从工程观点来看，影响岩体工程性质的因素，起主导及控制作用的有如下几个方面。

1. 岩石材料的质量

岩石材料的质量，是反映岩石物理力学性质的依据，也是工程岩体分类的基础。从工程实践来看，主要表现在岩石的强度和变形性质方面。根据室内岩块试验，可以获得岩石的抗压、抗拉、抗剪和弹性参数及其他指标。应用上述参数来评价和衡量岩石质量的好坏，至今尚没有统一的标准，从国内外岩体分类的情况来看，目前都沿用室内单轴抗压强度指标来反映。除此之外，为便于现场获取资料，更为简便而准确的是在现场进行点荷载试验，它们的换算关系为$\sigma_c = 24I_s$（I_s 为点荷载强度指数）。

2. 岩体的完整性

岩体工程性质的好坏，基本上不取决于或很少取决于组成岩体的岩块的力学性质，而是取决于受到各种地质因素和各种地质条件影响形成的各种软弱结构面（简称节理）和其间的充填物质，即它们本身的空间分布状态，包括结构面的组数、间距及单位体积岩体中的节理数。他们直接削弱了岩体的工程性质。所以岩体完整性的定量指标是表征岩体工程性质的重要参数。

目前，在岩体分类中能定量地反映结构面影响因素的方法有二：一为结构面特征的统计结果，包括节理组数、节理间距、体积裂隙率以及结构面的粗糙程度及其充填物的状况，都是工程岩体分类应用的重要参数；二为岩体的弹性波（主要为纵波）的速度。纵波速度能综合反映岩体的完整性，所以弹性波速度也往往是工程岩体分类的一个重要参数。

风化作用，实质上是一种对结构面的影响。当工程处于地表，如边坡稳定、坝基、土木工程等，则必须考虑由于风化作用对岩体的影响；对地下工程，则可较少考虑。目前，在工程岩体分类中，往往只是定性地考虑风化作用的影响，缺乏有效的定量评价方法。

3. 水的影响

水对岩体质量的影响，主要表现为两个方面：一是使岩石及结构面充填物的物理力学性质恶化；二是沿岩体结构面形成渗透，影响岩体的稳定性。

就水对工程岩体分类的影响而言，尚缺乏有效的定量评价方法，一般使用定性与定量相结合的方法。

4. 地应力

对工程岩体分类来说，地应力是一个独立因素。但它难于测量，它对工程的影响程度也难于确定。在我国西南、西北高地应力地区，会出现有高地应力而产生的特殊问题。但在一般的工程岩体分类中，此因素考虑得较少。目前，对地应力因素往往只能在综合因素中反映，如纵波波速、位移量等。

5. 某些综合因素

在工程岩体分类中，一是用隧洞的自稳时间或塌落量来反映工程的稳定性；二是应用巷道顶面的下沉位移量来反映工程的稳定性。这些因素只是岩石质量、结构面、水、地应力等因素的综合反映。在有的岩体分类中，把它作为岩体分类以后的岩体稳定性评价来考虑。

综上所述，目前在工程岩体分类中，作为评价的独立因素只有岩石质量、岩体结构面和水的影响三项，地应力影响只能在综合因素中反映。

二、工程岩体代表性分类系统介绍

(一)按岩石质量指标 RQD(Rock Quality Designation)分类

岩石质量指标 RQD 由 Deere 于 1963 年提出,后来由他自己和其他人逐步完善。RQD 是以修正的岩芯采集率来确定的,岩芯采集率就是采取岩芯总长度与钻孔长度之比。而 RQD,即修正的岩芯采集率是选用完整的、其长度不小于 10cm 的岩芯总长度与钻孔长度之比,并用百分数表示,即

$$\text{RQD}=\frac{\sum l}{L}\times 100\% \tag{19-80}$$

式中:l——长度大于 10cm 的岩芯单节长度;

L——同一岩层中的钻孔长度。

工程实践说明,RQD 是一种比岩芯采集率更好的指标,它反映了岩体完整性的好坏,目前已被广泛应用于岩土工程,它具有简单、实用的特点。根据它与岩体质量之间的关系,可按 RQD 值的大小来描述岩体的质量,岩体分级标准如表 19-11 所示。

按RQD大小的岩体工程分级 表 19-11

等 级	RQD(%)	工程分级	等 级	RQD(%)	工程分级
I	90~100	极好的	IV	25~50	差的
II	75~90	好的	V	0~25	极差的
III	50~75	中等的			

(二)以弹性波(纵波)速度分类

弹性波在岩体中的传播,显然与在均质、各向同性及完整的岩石中不同,岩体中结构面的存在一方面使波速明显下降,而且会使其传播能量有不同程度的消耗,所以,弹性波的变化能反映岩体的结构特征和完整性。

日本池田和彦经过近 10 年的时间,对日本的大约 70 座铁路隧道进行了地质、施工以及声波测试结果的调查,于 1969 年提出了日本铁路隧道围岩强度分类。首先它将岩质分成 A、B、C、D、E、F 共 6 类,再根据弹性波在岩体中的速度,将围岩强度分为 7 类(见表 19-12)。

日本铁路隧道围岩分类 表 19-12

围岩强度分类	岩质						良好程度	备 注
	A	B	C	D	E	F		
1	>5.0		>4.8	>4.2			好	1. 开挖面有涌水时,分类要降一级 2. 膨胀型岩石(蛇纹岩、变质安山岩、石墨片岩、凝灰岩、温泉余土)的弹性波速度值,要特别考虑这种情况其速度值小于 4.0km/s,泊松比大于 0.3 3. 对风化岩层泊松比小于 0.3 时,分类要提高一级到两级 4. 单位:km/s
2	5.0~4.4		4.8~4.2	4.2~3.6				
3	4.6~4.0	4.8~4.2	4.4~3.8	3.8~2.8	>2.6		中等	
4	4.2~3.0	4.4~3.8	4.0~3.4	3.4~2.8	2.6~2.0			
5	3.8~3.2	4.0~3.4	3.6~3.0	3.0~2.4	2.2~1.6	1.8~1.2	差	
6	<3.4	<3.6	<3.2	<2.6	<1.8	1.4~0.8		
7					<1.4	<1.0		

(三)节理岩体的 RMR 分类方法

该法是由南非科学和工业研究委员会(CSIR)的 Bieniawski 在 1976 年提出后经过多次修改,逐渐趋于完善的一种综合分类方法。当原来的 RMR 分类在实际应用中取得一些经验

以后，Bieniawski 对自己的分类进行了修改，修改后的分类系统考虑以下 5 个基本分类参数（见表 19-13）：

1. 完整岩石材料的强度

2. 岩石质量指标（RQD）

3. 节理间距

节理一词指的是所有不连续的结构面，它可能是节理、断层、层理面以及其他软弱面。

4. 节理状况

这个参数考虑了节理宽度或开口宽度、连续性、表面粗糙度、节理面的状况（软或硬）以及所含的充填物等因素。

5. 地下水状况

根据观察到的隧道涌水量、裂隙水压力与岩体主应力之比，或用对地下水条件的某个一般性的定性观测结果，来考虑地下水流对开挖体稳定性的影响。

RMR 分类系统采用对各个参数评分的方法，即对每一参数均按照表 19-13 所示规定逐一给出评分值，然后将各个参数的评分值相加，就得到岩体的总评分值。总评分值确定后，还必须按节理方位的不同作出适当修正（见表 19-14）。表 19-15 列出了各种不同总评分值的岩体类别、岩性描述及地下开挖体不加支护而能保持稳定的时间和岩体强度参数。表 19-14 的解释见表 19-16。另外，Bieniawski 还给出了隧洞未支护跨度的稳定时间与 RMR 分类指标的关系（见图 19-42），据此，只要确定了岩体的评分值，就可以估计在要求期限内岩体能够保证稳定的最大跨度值，或是给定跨度情况下，不支护时岩体能够稳定的时间。

节理岩体的 RMR 分类

表 19-13

1	完整岩石的强度（MPa）	点荷载强度	＞10	4～10	2～4	1～2	此低值区最好采用单轴抗压强度		
		单轴抗压强度	＞250	100～250	50～100	25～50	5～25	1～5	＜1
	评分		15	12	7	4	2	1	0
2	RQD 值（%）		90～100	75～90	50～75	25～50	＜25		
	评分		20	17	13	8	3		
3	节理间距（cm）		＞200	60～200	20～60	6～20	＜6		
	评分		20	15	10	8	5		
4	节理状态		裂开面很粗糙，节理不连通，未张开，两壁岩石未风化	裂开面稍粗糙裂开宽度小于 1mm，两壁轻度风化	裂开面稍粗糙裂开宽度小于 1mm，两壁高度风化	裂开面夹泥厚度小于 5mm 或裂开宽度 1～5mm，节理连通	裂开面夹泥厚度大于 5mm 或裂开宽度大于 5mm，节理连通		
	评分		30	25	20	10	0		
5	地下水状况	隧洞中每 10m 长段涌水量（L/min）	0	＜10	10～25	25～125	＞125		
		$\frac{\text{节理水压力}}{\text{大主应力}}$	0	0.0～0.1	0.1～0.2	0.2～0.5	＞0.5		
		隧洞干燥程度	干燥	稍潮湿	潮湿	滴水	涌水		
	评分		15	10	7	4	0		

按节理产状修正评分值 表 19-14

节理走向和倾向		非常有利	有利	一般	不利	非常不利
评分修正值	隧道	0	−2	−5	−10	−12
	地基	0	−2	−7	−15	−25
	边坡	0	−5	−25	−50	−60

RMR 岩体分类级别的含义 表 19-15

分类级别	I	II	III	IV	V
质量描述	非常好的岩体	好岩体	一般岩体	差岩体	非常差的岩体
评分值	100～81	80～61	60～41	40～21	<20
平均稳定时间	5m 跨度 10 年	4m 跨度 6 个月	3m 跨度 1 星期	1.5m 跨度 5h	0.5m 跨度 10min
岩体黏聚力(kPa)	>300	200～300	150～200	100～150	<100
岩体内摩擦角(°)	>45	40～45	35～40	30～35	<30

节理走向和倾角对隧道开挖的影响 表 19-16

<table>
<tr><td colspan="4">走向垂直于隧道轴线</td><td colspan="2" rowspan="2">走向平行于隧道轴线</td><td rowspan="3">倾角 0°～20°无论什么走向</td></tr>
<tr><td colspan="2">沿倾向掘进</td><td colspan="2">反倾向掘进</td></tr>
<tr><td>倾角
45°～90°</td><td>倾角
20°～45°</td><td>倾角
45°～90°</td><td>倾角
20°～45°</td><td>倾角
45°～90°</td><td>倾角
20°～45°</td></tr>
<tr><td>非常有利</td><td>有利</td><td>一般</td><td>不利</td><td>非常有利</td><td>一般</td><td>不利</td></tr>
</table>

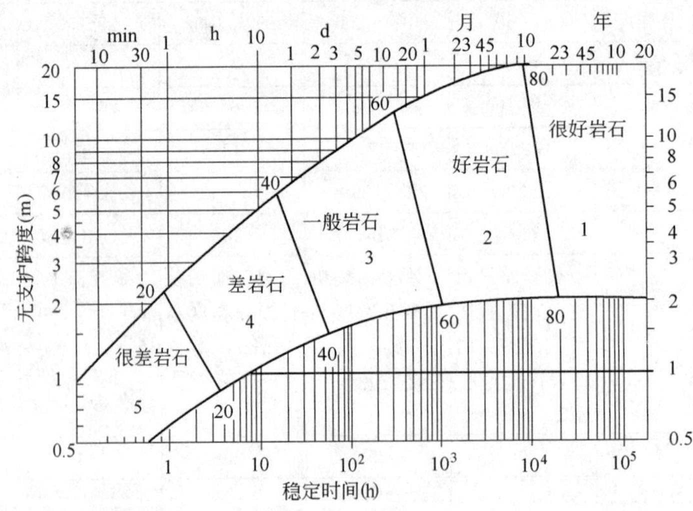

图 19-42 地下开挖体未支护跨度的稳定时间与 RMR 指标的关系

RMR 岩体分类方法十分重视岩体中结构面的影响，因此对岩体质量的评价比较符合工程实际情况。但是在地应力比较高的地区，最大主应力作用在节理表面上的角度对围岩稳定性的影响程度，往往比节理数量更重要，这时应力控制着岩体的变形与破坏，而 Bieniawski 在进行岩体评分时却未予以考虑，这就使 RMR 分类法的适用范围受到一定的限制。

（四）隧道质量指标 Q

挪威岩土工程研究所（Norwegian Geotechnical Institute）的 Barton、Lien 和 Lunde 等人，根据过去的地下开挖工程稳定性的大量实例，提出了确定岩体隧道开挖质量指标的方法，此指标 Q 的数值按下式计算

$$Q=\left(\frac{\mathrm{RQD}}{J_n}\right)\times\left(\frac{J_r}{J_a}\right)\times\left(\frac{J_w}{\mathrm{SRF}}\right) \tag{19-81}$$

式中：RQD——Deere 的岩石质量指标；

J_n——节理组数；

J_r——节理粗糙度系数；

J_a——节理蚀变影响系数；

J_w——节理水折减系数；

SRF——应力折减系数。

第一项比值（RQD/J_n）代表岩体结构的影响，可作为块度或粒度的粗略量度，其两个极值（100/0.5 和 10/20）相差 400 倍。

第二项比值（J_r/J_a）表示节理壁或节理充填物的粗糙度和摩擦特性。这个比值对于直接接触的未蚀变粗糙节理是比较有利的。可以预计，这类节理面的强度将接近于峰值强度，一旦发生剪切错动，这个节理势必发生急剧的扩容，因而对隧道稳定性特别有利。

当岩石节理带有黏土质矿物覆盖层和含有充填薄层时，其强度显著降低。然而，如果出现了微小的剪切位移后，节理壁彼此接触到一起，则这种接触可能成为防止隧道最终破坏的重要因素。

第三项比值（J_w/SRF）由两个应力参数组成：

(1)SRF 为下列荷载的量度：

①开挖体通过断层带和含黏土岩层时所受的松散荷载；

②坚固岩石中的应力；

③不坚固的塑性岩石中的挤压荷载。

这样，可把 SRF 看成一个综合应力参数。

(2)J_w 为水压的一个量度。由于水压力使有效正应力降低，故水压对节理的抗剪强度起不利的作用。此外，在节理含黏土充填物的情况下，地下水可能起软化和冲刷作用。由于不能将这两个应力参数合并，所以用块间的有效法向应力表示，这是因为一般在高法向应力时抗剪强度较高。但是，有时候有效法向应力较高时，有时反而可能意味着岩体的稳定性较差。故此，比值（J_w/SRF）代表一个复杂的经验因数，称为主动应力。

这样，隧道质量指标 Q 可看成是只有三个参数的函数，这些参数是下列几个因素的粗略量度：

1. 岩块尺寸（RQD/J_n）
2. 岩块间的剪切强度（J_r/J_a）
3. 主动应力（J_w/SRF）

为了把隧道质量指标与开挖体的形态和支护要求联系起来，又规定了一个附加参数，称为开挖体的当量尺寸（D_e），这个参数是将开挖体的跨度、直径或侧帮高度除以所谓的开挖体的支护比（ESR）而得来的，即

$$D_e=\frac{\text{开挖体的跨度、直径或高度}}{\text{开挖体的支护比}} \tag{19-82}$$

开挖体支护比与开挖体的用途和它所允许的不稳定程度这两者有关。Barton 建议 ESR

采用表 19-17 中数据。

开挖体支护比表 表 19-17

类 别	开 挖 工 程	ESR
A	临时性矿山巷道	3～5
B	永久性矿山巷道、水电站引水涵洞(不包括高水头涵洞)、大型开挖体的导洞、平巷和风巷	1.6
C	地下储存室、地下污水处理工厂、次要公路及铁路隧道、调压室、隧道联络道	1.3
D	地下电站、主要公路及铁路隧道、民防设施、隧道入口及交叉点	1.0
E	地下核电站、地铁车站、地下运动场、公共设施以及地下厂房	0.8

隧道质量指标 Q 与开挖体不支护而能保持稳定的当量尺寸 D_e 之间的关系如图 19-43 所示。根据 Q 值的大小把岩体分成 9 类,分别描述为异常差、极差、很差、差、一般、好、很好、极好、异常好。各个参数的详细分类标准示于表 19-18。

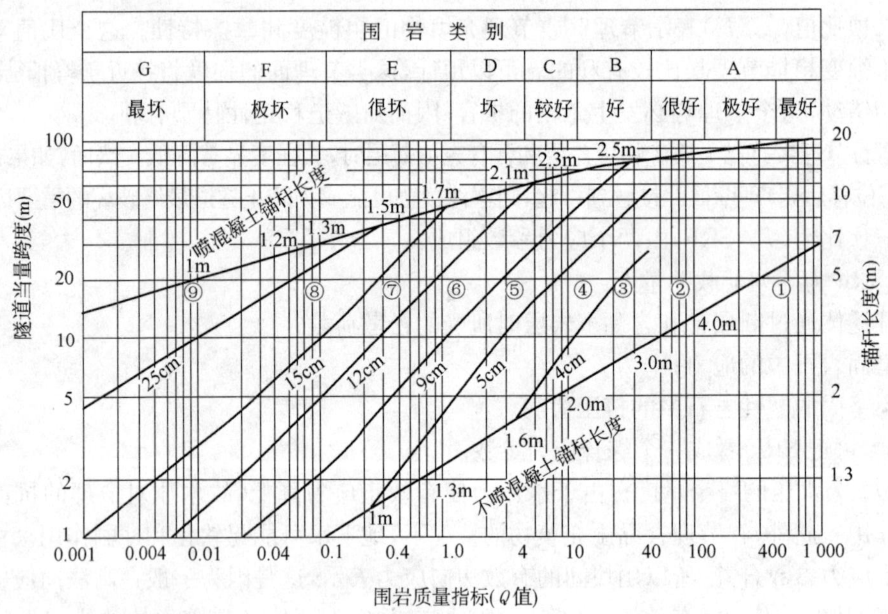

图 19-43 不支护的地下开挖体最大当量尺寸与 Q 值之间的关系

支护类型:①不支护;②喷混凝土;③锚杆;④锚杆及喷混凝土;⑤、⑥、⑦锚杆及钢纤维喷混凝土;⑧钢拱及锚杆;⑨模筑混凝土

隧道质量指标Q详细分类标准 表 19-18

项目及详细分类	数 值	备 注
1.岩石质量指标	RQD(%)	1.在实测或报告中,若 RQD≪(包括 0)时,则 Q 名义上取 10 2.RQD 隔 5 选取就足够精确,如取 100、95、90、…
(1)很差	0～25	
(2)差	25～50	
(3)一般	50～75	
(4)好	75～90	
(5)很好	90～100	

续上表

项目及详细分类	数　值	备　注
2. 节理组数	J_n	
(1)整体性岩体，含少量节理或不含节理	0.5～1.0	
(2)一组节理	2	
(3)一组节理，再加些紊乱的节理	3	
(4)两组节理	4	1. 对于巷道交叉口，取($3J_n$) 2. 对于巷道入口处，取($2J_n$)
(5)两组节理，再加些紊乱的节理	6	
(6)三组节理	9	
(7)三组节理，再加些紊乱的节理	12	
(8)四组或四组以上的节理，随机分布特别发育的节理，岩体被分成“方糖”块等	15	
(9)粉碎状岩石，泥状物	20	
3. 节理粗糙度	J_r	
(1)节理壁完全接触		
(2)节理面在剪切错动 10cm 以前是接触的		
①不连续的节理	4	
②粗糙或不规则的波状节理	3	1. 若有关的节理组平均间距大于 3m，J_r 按左行数值再加1.0 2. 对于具有线理且带擦痕的平面状节理，若线理指向最小强度方向，则可取 $J_r=0.5$
③光滑的波状节理	2	
④带擦痕面的波状节理	1.5	
⑤粗糙或不规则的平面状节理	1.5	
⑥光滑的平面状节理	1.0	
⑦带擦痕面的平面状节理	0.5	
(3)剪切错动时岩壁不接触		
①节理中含有足够厚的黏土矿物，足以阻止节理壁接触	1.0	
②节理含砂、砾石或岩粉夹层，其厚度足以阻止节理壁接触	1.0	
4. 节理蚀变影响系数	J_a	
(1)节理完全闭合		
①节理壁紧密接触，坚硬、无软化、充填物不透水	0.75	
②节理壁无蚀变、表面只有污染物	1.0	
③节理壁轻微蚀变、不含软矿物覆盖层、砂砾和无黏土的解体岩石等	2.0	
④含有粉砂质或砂质黏土覆盖层和少量黏土细粒(非软化的)	3.0	
⑤含有软化或摩擦力低的黏土矿物覆盖层，如高岭土和云母。它可以是绿泥石、滑石和石墨等，以及少量的膨胀性黏土(不连续的覆盖层，厚度≤1～2mm)	4.0	
(2)节理壁在剪切错动 10cm 前是接触的		如果存在蚀变产物，则残余摩擦角可作为蚀变产物的矿物学性质的一种近似标准
①含砂砾和无黏土的解体岩石等	4.0	
②含有高度固结的，非软化的黏土矿物充填物(连续的厚度小于5mm)	6.0	
③含有中等(或轻度)固结的软化的黏土矿物充填物(连续的厚度小于 5mm)	8.0	
④含膨胀型黏土充填物，如蒙脱石(连续的厚度小于 5mm)，J_a 值取决于膨胀型黏土颗粒所占的百分数及含水率	8.0～12.0	
(3)剪切错动时节理壁不接触		
①含有解体岩石或岩粉及黏土的夹层[见关于黏土条件的第(2)②、(2)③和(2)④款]	6.0	

续上表

项目及详细分类	数　值			备　注
②含有解体岩石或岩粉及黏土的夹层[见关于黏土条件的第(2)②、(2)③和(2)④款]	8.0			如果存在蚀变产物，则残余摩擦角可作为蚀变产物的矿物学性质的一种近似标准
③含有解体岩石或岩粉及黏土的夹层[见关于黏土条件的第(2)②、(2)③和(2)④款]	8.0～12.0			
④由粉砂质或砂质黏土和少量黏土微粒(非软化的)构成的夹层	5.0			
⑤含有厚而连续的黏土夹层[见关于黏土条件的第(2)②、(2)③和(2)①款]	10.0～13.0			
⑥含有厚而连续的黏土夹层[见关于黏土条件的第(2)②、(2)③和(2)①款]	13.0～20.0			
⑦含有厚而连续的黏土夹层[见关于黏土条件的第(2)②、(2)③和(2)①款]				
5.节理水折减系数	J_w	水压力的近似值(kg/cm^2)		1.(3)～(6)款的数值均为粗略值，如采取疏干措施，J_w 可取大些 2.由结冰引起的特殊问题表中没有考虑
(1)隧道干燥或只有极少量的渗水，即局部地区渗流量小于5L/min	1.0	<1.0		
(2)中等流量或中等压力，偶尔发生节理充填物被冲刷现象	0.66	1.0～2.5		
(3)节理无充填物，岩石坚固，流量大或水压高	0.5	2.5～10.0		
(4)流量大或水压高，大量充填物均被冲出	0.33	2.5～10.0		
(5)爆破时，流量特大或压力特高，但随时间增长而减弱	0.2～0.1	>10		
(6)持续不衰减的特大流量，或特高水压	0.1～0.05	>10		
6.应力折减系数	SRF			1.如果有关的剪切带仅影响到开挖体，而不与之交叉，则SRF值减少25%～50% 2.对于各向应力差别较大的原岩应力场(若已测出的话)，当 $5 \ll \sigma_1/\sigma_3 \ll 10$ 时，σ_c 减为 $0.8\sigma_c$，σ_t 减为 $0.8\sigma_t$，当 $\sigma_1/\sigma_3 > 10$ 时，σ_c 减为 $0.6\sigma_c$，σ_t 减为 $0.6\sigma_t$。这里 σ_c、σ_t 分别表示单轴抗压强度和抗拉强度(点荷载试验)，σ_1、σ_3 分别为最大和最小主应力 3.洞室埋深小于其跨度的情况很少，建议将SRF从2.5增至5[见(2)①款]
(1)软弱区穿切开挖体，当隧道掘进时SRF开挖体可能引起岩体松动				
①含黏土或化学分解的岩石的软弱区多处出现，围岩十分松软(深浅不限)	10.0			
②含黏土或化学分解的岩石的单一软弱区(开挖深度小于50m)	5.0			
③含黏土或化学分解的岩石的单一软弱区(隧道深度大于50m)	2.5			
④岩石坚固，不含黏土，但多处出现剪切带，围岩松散(深度不限)	7.5			
⑤不含黏土的坚固岩石中单一的剪切带(开挖深度小于50m)	5.0			
⑥不含黏土的坚固岩石中单一的剪切带(开挖深度大于50m)	2.5			
⑦含松软的张开节理，节理很发育或像"方糖"块(深度不限)	5.0			
(2)坚固岩石，岩石应力问题	σ_c/σ_3	σ_t/σ_3	SRF	
①低应力，接近地表	>200	>13	2.5	
②中等应力	200～10	13～0.66	1.0	
③高应力，岩体结构非常紧密(一般有利于稳定，但对侧帮的稳定可能不利)	10～5	0.66～0.33	0.5～2	
④轻微岩爆(整体岩石)	5～2.5	0.33～0.16	5～10	
⑤严重岩爆(整体岩石)	<2.5	<0.16	10～20	
(3)挤压性岩石，在很高的应力影响下不坚固岩石的塑性流动	SRF			
①挤压性轻微的岩石压力	5～10			
②挤压性很大的岩石压力				
(4)膨胀性岩石，化学膨胀活性取决于水的存在与否	10～20			
①膨胀性轻微的岩石压力	5～10			
②膨胀性很大的岩石压力	10～20			

使用本表的补充说明

在估算岩体质量(Q)的过程中,除遵照表内备注栏的说明以外,尚须遵守下列原则

①如果无法得到钻孔岩芯,则RQD值可由单位体积的节理数来估算,在单位体积中,对每组节理按每米长度计算其节理数,然后相加。对于不含黏土的岩体,可用简单的关系式将节理数换算成RQD值,如下

$$RQD=115-3.3J_v\text{(近似值)}$$

式中:J_v——每立方米的节理总数

②代表节理组数的参数 J_n 常常受页理、片理、板岩劈理或层理等的影响。如果这类平行的"节理"很发育,显然可视之为一个节理组,但如果明显可见的"节理"很稀疏,或者岩芯中由于这些"节理"偶尔出现个别断裂,则在计算 J_n 值时,视它们为"紊乱的节理"(或"随机节理")似乎更为合适

③代表抗剪强度的参数 J_r 和 J_n 应与给定区域中最软弱的主要节理组或黏土充填的不连续面联系起来。但是,如果这些 J_r/J_n 值最小的节理组或不连续面的方位对稳定是有利的,这时,方位比较不利的第二组节理或不连续面有时可能更为重要,在这种情况下,计算Q值时要用后者较大的 J_r/J_n 值。事实上,J_r/J_n 值应当与最可能首先破坏的岩面有关

④当岩体含黏土时,必须计算出适用于松散荷载的因数SRF。这时,完整岩石的强度并不重要。但是,如果节理很少,又完全不含黏土,则完整岩石的强度可能变成最弱的环节,稳定性完全取决于(岩体应力/岩体强度)之比。各向应力差别极大的应力场对于稳定性是不利的因素,这种应力场已在表中第2点关于应力折减因素的备注栏中作了粗略考虑

⑤如果现实的或将来的现场条件均使岩体处于水饱和状态,则完整岩石的抗压和抗拉强度应在饱和状态下进行测定。若岩体受潮或在饱和后即行变坏,则估计这类岩体的强度时应当更加保守一些

RMR岩体分类方法和隧道质量指标(Q)分类方法都考虑了足够的信息,足以对影响地下工程围稳定性的各种因素做出切实的综合评价,而且使用都很简便,可用于大多数岩石工程。前者较为重视岩体结构面的方位和倾角,但未考虑到岩体的应力。后者虽然不包括节理方位,但在评价节理粗糙度和蚀变影响因素时,却考虑了最不利节理组的特性,粗糙度和蚀变影响均代表了岩体的抗剪强度。两者都认为结构面方位和倾角的影响都远比通常预想的要小。RMR和Q之间的关系可近似地表示为

$$RMR = 9\ln Q + 44 \tag{19-83}$$

由于RMR分类原是为解决坚硬节理岩体中浅埋隧道工程而发展起来的,所以在处理那些造成挤压、膨胀和涌水等极其软弱的岩体问题时,效果不好,应改用Q指标法。

三、我国工程岩体分级标准和分级的基本方法(GB 50218—2014)

(一)确定岩体基本质量

按定性、定量相协调的要求,最终定量确定岩体的坚硬程度与岩体完整性指数(K_v)。

岩体坚硬程度采用饱和岩石单轴抗压强度 R_c 表示。当无条件取得 R_c 时,亦可实测岩石的点荷载强度指数 $I_{s(50)}$ 来进行换算($I_{s(50)}$ 指直径50mm圆柱形试件径向加压时的点荷载强度),R_c 与 $I_{s(50)}$ 的换算关系如下

$$R_c = 22.82 I_{s(50)}^{0.75} \tag{19-84}$$

R_c 与定性划分的岩石坚硬程度的对应关系,见表19-19。

R_c 与定性划分的岩石坚硬程度的对应关系 表19-19

R_c(MPa)	>60	60~30	30~15	15~5	≤5
坚硬程度	硬质岩		软质岩		
	坚硬岩	较坚硬岩	较软岩	软岩	极软岩

岩体完整性指数 K_v 可根据弹性波速度测试方法确定

$$K_v = \left(\frac{V_{pm}}{V_{pr}}\right)^2 \quad (19\text{-}85)$$

式中：V_{pm}——岩体的弹性波纵波速度(km/s)；

V_{pr}——岩石的弹性波纵波速度(km/s)。

当现场缺乏弹性波测试条件时，可选择有代表性的露头或开挖面，对不同的工程地质岩组进行节理裂隙统计，根据统计结果计算岩体体积节理数 J_v(条/m^3)。

$$J_v = S_1 + S_2 + \cdots + S_n + S_k \quad (19\text{-}86)$$

式中：S_n——第 n 组节理每米长测线上的条数；

S_k——每立方米岩体非成组节理条数。

J_v 与 K_v 的对照关系见表 19-20，K_v 与岩体完整性程度定性划分的对应关系，见表 19-21。

J_v 与 K_v 对照表 表 19-20

J_v(条/m^3)	<3	3～10	10～20	20～35	≥35
K_v	>0.75	0.75～0.55	0.55～0.35	0.35～0.15	≤0.15

K_v 与定性划分的岩体完整程度的对应关系 表 19-21

K_v	>0.75	0.75～0.55	0.55～0.35	0.35～0.15	≤0.15
完整程度	完整	较完整	较破碎	破碎	极破碎

(二)岩体基本质量分级

1. 岩体基本质量指标 BQ 按下式计算

$$BQ = 100 + 3R_c + 250K_v \quad (19\text{-}87)$$

式中：BQ——岩体基本质量指标；

R_c——岩石单轴饱和抗压强度(MPa)。

注意，使用本式时应遵守下列限制条件：

当 $R_c > 90K_v + 30$ 时，应以 $R_c = 90K_v + 30$ 和 K_v 代入计算 BQ 值；

当 $K_v > 0.04R_c + 0.4$ 时，应以 $K_v = 0.04R_c + 0.4$ 和 R_c 代入计算 BQ 值。

2. 按计算所得的 BQ 值，与表 19-22 进行岩体基本质量分级。

岩体基本质量分级 表 19-22

岩体基本质量级别	岩体基本质量的定性特征	岩体基本质量指标(BQ)
I	坚硬岩，岩体完整	>550
II	坚硬岩，岩体较完整 较坚硬岩，岩体完整	550～451
III	坚硬岩，岩体较破碎 较坚硬岩，岩体较完整 较软岩，岩体完整	450～351
IV	坚硬岩，岩体破碎 较坚硬岩，岩体较破碎～破碎 较软岩，岩体较完整～较破碎 软岩，岩体完整～较完整	350～251
V	较软岩，岩体破碎 软岩，岩体较破碎～破碎 全部极软岩及全部极破碎岩	≤250

（三）地下工程岩体级别的确定

当有地下水，岩体稳定性受结构面影响，且有一组起控制作用，或工程岩体存在由强度应力比所表征的初始应力状态，地下工程岩体详细定级时，应对岩体基本质量指标 BQ 进行修正，并以修正后获得的工程岩体质量指标值，依据表 19-22 确定岩体级别。

地下工程岩体质量指标[BQ]，可按下式计算，其修正系数值，可分别按表 19-23、表 19-24 和表 19-25 确定。

$$[BQ] = BQ - 100(K_1 + K_2 + K_3) \tag{19-88}$$

式中：[BQ]——地下工程岩体质量指标；

K_1——地下工程地下水影响修正系数；

K_2——地下工程主要结构面产状影响修正系数；

K_3——初始应力状态影响修正系数。

地下工程地下水影响修正系数 K_1 表 19-23

地下水出水状态	BQ				
	>550	550～451	450～351	350～251	≤251
潮湿或点滴状出水，$p \leqslant 0.1$ 或 $Q \leqslant 25$	0	0	0～0.1	0.2～0.3	0.4～0.6
淋雨状或线流状出水，$0.1 < p \leqslant 0.5$ 或 $25 < Q \leqslant 125$	0～0.1	0.1～0.2	0.2～0.3	0.4～0.6	0.7～0.9
涌流状出水，$p > 0.5$ 或 $Q > 125$	0.1～0.2	0.2～0.3	0.4～0.6	0.7～0.9	1.0

注：1p 为地下工程围岩裂隙水压(MPa)。

2Q 为每 10m 洞长出水量(L/min·10m)。

地下工程主要结构面产状影响修正系数 K_2 表 19-24

结构面产状及其与洞轴线的组合关系	结构面走向与洞轴线夹角<30° 结构面倾角 30°～75°	结构面走向与洞轴线夹角>60° 结构面倾角>75°	其他组合
K_2	0.4～0.6	0～0.2	0.2～0.4

初始应力状态影响修正系数 K_3 表 19-25

围岩强度应力比 $\left(\frac{R_C}{\sigma_{max}}\right)$	BQ				
	>550	550～451	450～351	350～251	≤250
<4	1.0	1.0	1.0～1.5	1.0～1.5	1.0
4～7	0.5	0.5	0.5	0.5～1.0	0.5～1.0

对跨度不大于 20m 的地下工程，岩体自稳能力可按表 19-26 确定。当其实际的自稳能力与表 19-26 中相应级别的自稳能力不相符时，应对岩体级别作相应调整。对于跨度大于 20m 或特殊的地下工程岩体，除应按上述标准确定基本质量级别外，详细定级时，尚可采用其他有关标准中的方法，进行对比分析，综合确定岩体级别。

地下工程岩体自稳能力 19-26

岩体级别	自稳能力
Ⅰ	跨度≤20m,可长期稳定,偶有掉块,无塌方
Ⅱ	跨度<10m,可长期稳定,偶有掉块; 跨度 10～20m,可基本稳定,局部可发生掉块或小塌方
Ⅲ	跨度<5m,可基本稳定; 跨度 5～10m,可稳定数月,可发生局部块体位移及小、中塌方; 跨度 10～20m,可稳定数日至 1 个月,可发生小、中塌方
Ⅳ	跨度≤5m,可稳定数日至一个月; 跨度>5m,一般无自稳能力,数日至数月内可发生松动变形、小塌方、进而发展为中、大塌方。埋深小时,以拱部松动破坏为主;埋深大时,有明显塑性流动变形和挤压破坏
Ⅴ	无自稳能力

注:1. 小塌方:塌方高度小于 3m,或塌方体积小于 $30m^3$。

2. 中塌方:塌方高度 3～6m,或塌方体积 30～$100m^3$。

3. 大塌方:塌方高度大于 6m,或塌方体积大于 $100m^3$。

(四)边坡工程岩体级别的确定

岩石边坡工程详细定级时,应根据控制边坡稳定性的主要结构面类型与延展性、边坡内地下水发育程度,以及结构面产状与坡面间关系等影响因素,对岩体基本质量指标 BQ 进行修正,并将获得的工程岩体质量指标值按表 19-22 确定岩体级别。

边坡工程岩体质量指标[BQ],可按下列公式计算,其修正系数 λ、K_4 和 K_5 值,可分别按表 19-27～表 19-29 确定。

$$[BQ] = BQ - 100(K_4 + \lambda K_5) \tag{19-89}$$

$$K_5 = F_1 \times F_2 \times F_3 \tag{19-90}$$

式中:λ——边坡工程主要结构面类型与延伸性修正系数;

K_4——边坡工程地下水影响修正系数;

K_5——边坡工程主要结构面产状影响修正系数;

F_1——反映主要结构面倾向与边坡倾向间关系影响的系数;

F_2——反映主要结构面倾角影响的系数;

F_3——反映边坡倾角与主要结构面倾角间关系影响的系数。

边坡工程主要结构面类型与延伸性修正系数 λ 表 19-27

结构面类型与延伸性	修正系数 λ
断层、夹泥层	1.0
层面、贯通性较好的节理和裂隙	0.9～0.8
断续节理和裂隙	0.7～0.6

边坡工程地下水影响修正系数 K_4 19-28

边坡地下水发育程度	BQ				
	>550	550～451	450～351	350～251	≤250
潮湿或点滴状出水,$P_w<0.2H$	0	0	0～0.1	0.2～0.3	0.4～0.6

续上表

边坡地下水发育程度	BQ				
	>550	550~451	450~351	350~251	≤250
线流状出水，$0.2H<P_w\leqslant 0.5H$	0~0.1	0.1~0.2	0.2~0.3	0.4~0.6	0.7~0.9
涌流状出水，$P_w>0.5H$	0.1~0.2	0.2~0.3	0.4~0.6	0.7~0.9	1.0

注：1. P_w 为边坡内潜水或承压水头(m)。

2. H 为边坡高度(m)。

边坡工程主要结构面产状影响修正 表 19-29

序号	条件与修正系数	影响程度划分				
		轻微	较小	中等	显著	很显著
1	结构面倾向与边坡坡面倾向间的夹角(°)	>30	30~20	20~10	10~5	≤5
	F_1	0.15	0.40	0.70	0.85	1.0
2	结构面倾角(°)	<20	20~30	30~35	35~45	≤45
	F_2	0.15	0.40	0.70	0.85	1.0
3	结构面倾角与边坡坡面倾角之差(°)	>10	10~0	0	0~−10	≤−10
	F_3	0	0.2	0.8	2.0	2.5

注：表中负值表示结构面倾角小于坡面倾角，在坡面出露。

对高度不大于60m的边坡工程岩体，可根据已确定的级别，按表19-30确定其自稳能力。对高度小于60m或特殊边坡工程岩体，除按上述方法确定[BQ]值外，尚应根据坡高影响，结合工程进行专门论证，综合确定岩体级别。

边坡工程岩体自稳能力 表 19-30

岩体级别	自稳能力
Ⅰ	高度≤ 60m，可长期稳定，偶有掉块
Ⅱ	高度<30m，可长期稳定，偶有掉块； 高度 30~60m，可基本稳定，局部可发生楔形体破坏
Ⅲ	高度<15m，可基本稳定，局部可发生楔形体破坏； 高度 15~30m，可稳定数月，可发生由结构面及局部岩体组成的平面或楔形体破坏，或由反倾结构面引起的倾倒破坏
Ⅳ	高度<8m，可稳定数月，局部可发生楔形体破坏； 高度 8~15m，可稳定数日至1个月，可发生由不连续面及岩体组成的平面或楔形体破坏，或由反倾结构面引起的倾倒破坏
Ⅴ	不稳定

注：表中边坡指坡角大于70°的陡倾岩质边坡。

（五）地基工程岩体级别的确定

地基工程岩体应按表 19-22 规定的岩体基本质量级别定级。地基工程各级别岩体基岩承载力基本值 f_0 可按表 19-31 确定。

基岩承载力基本值 f_0 表 19-31

岩体级别	Ⅰ	Ⅱ	Ⅲ	Ⅳ	Ⅴ
f_0(MPa)	＞7.0	7.0～4.0	4.0～2.0	2.0～0.5	≤0.5

四、我国建筑边坡岩体分类标准（GB 50330—2013）

《建筑边坡工程技术规范》（GB 50330—2013）中对边坡岩体的分类方法见表 19-32，主要根据边坡岩体的完整程度、结构面的结合程度与产状，将边坡工程岩体分为四类，并给出了各类岩体直立边坡的自稳能力。

岩质边坡的岩体分类 表 19-32

边坡岩体类型	判定条件			
	岩体完整程度	结构面结合程度	结构面产状	直立边坡自稳能力
Ⅰ	完整	结构面结合良好或一般	外倾结构面或外倾不同结构面的组合线倾角＞75°或＜27°	30m 高的边坡长期稳定，偶有掉块
Ⅱ	完整	结构面结合良好或一般	外倾结构面或外倾不同结构面的组合线倾角 27°～75°	15m 高的边坡稳定，15～30m 高的边坡欠稳定
	完整	结构面结合差	外倾结构面或外倾不同结构面的组合线倾角＞75°或＜27°	15m 高的边坡稳定，15～30m 高的边坡欠稳定
	较完整	结构面结合良好或一般	外倾结构面或外倾不同结构面的组合线倾角＞75°或＜27°	边坡出现局部落块
Ⅲ	完整	结构面结合差	外倾结构面或外倾不同结构面的组合线倾角 27°～75°	8m 高的边坡稳定，15m 高的边坡欠稳定
	较完整	结构面结合良好或一般	外倾结构面或外倾不同结构面的组合线倾角 27°～75°	8m 高的边坡稳定，15m 高的边坡欠稳定
	较完整	结构面结合差	外倾结构面或外倾不同结构面的组合线倾角＞75°或＜27°	8m 高的边坡稳定，15m 高的边坡欠稳定
	较破碎	结构面结合良好或一般	外倾结构面或外倾不同结构面的组合线倾角＞75°或＜27°	8m 高的边坡稳定，15m 高的边坡欠稳定
	较破碎（碎裂镶嵌）	结构面结合良好或一般	结构面无明显规律	8m 高的边坡稳定，15m 高的边坡欠稳定

续上表

边坡岩体类型	判定条件			
	岩体完整程度	结构面结合程度	结构面产状	直立边坡自稳能力
Ⅳ	较完整	结构面结合差或很差	外倾结构面以层面为主，倾角多为 27°～75°	8m 高的边坡不稳定
	较破碎	结构面结合一般或差	外倾结构面或外倾不同结构面的组合线倾角 27°～75°	8m 高的边坡不稳定
	破碎或极破碎	碎块间结合很差	结构面无明显规律	8m 高的边坡不稳定

注：1. 结构面指原生结构面和构造结构面，不包括风化裂隙。

2. 外倾结构面系指倾向与坡面的夹角小于 30°的结构面。

3. 不包含全风化基岩，全风化基岩可视为土体。

4. Ⅰ类岩体为软岩，应降为Ⅱ类岩体；Ⅰ类岩体为较软岩且边坡高度大于 15m 时，可降为Ⅱ类。

5. 当地下水发育时，Ⅱ、Ⅲ类岩体可根据具体情况降低一档。

6. 强风化岩应划为Ⅳ类，完整的极软岩可划为Ⅲ类或Ⅳ类。

7. 当边坡岩体较完整、结构面结合差或很差、外倾结构面或外倾不同结构面的组合线倾角 27°～75°，结构面贯通性差时，可划为Ⅲ类。

8. 当有贯通性较好的外倾结构面时，应验算沿该结构面破坏的稳定性。

当无外倾结构面及外倾不同结构面组合时，完整、较完整的坚硬岩、较硬岩宜划为Ⅰ类，较破碎的坚硬岩、较硬岩宜划为Ⅱ类，完整、较完整的较软岩、软岩宜划为Ⅱ类，较破碎的较软岩、软岩可划为Ⅲ类。

确定岩质边坡的岩体类型时，由坚硬程度不同的岩石互层组成且每层厚度小于或等于 5m 的岩质边坡，宜视为由相对软弱岩石组成的边坡。当边坡岩体由两层以上、单层厚度大于 5m 的岩体组成时，可分段确定边坡岩体类型。

习　题

19-30　影响岩体质量的主要因素为（　　）。

A. 岩石类型、埋深

B. 岩石类型、含水率、温度

C. 岩体的完整性和岩石的强度

D. 岩体的完整性、岩石强度、裂隙密度、埋深

19-31　我国工程岩体分级标准中岩石的坚硬程度确定是按照（　　）。

A. 岩石的饱和单轴抗压强度　　B. 岩石的抗拉强度

C. 岩石的变形模量　　D. 岩石的黏结力

19-32　在我国工程岩体分级标准中，软岩表示岩石的饱和单轴抗压强度为（　　）。

A. 15～30MPa　　B. ＜5MPa　　C. 5～15MPa　　D. ＜2MPa

19-33　我国工程岩体分级标准中岩体完整性确定是依据（　　）。

A. RQD　　B. 节理间距

C. 节理密度　　D. 岩体完整性指数或岩体体积节理数

19-34 在我国工程岩体分级标准中，表示较完整岩体的完整性指数为（　　）。

A. 0.35～0.55　B. 0.15～0.35　C. >0.55　D. 0.55～0.75

19-35 在我国工程岩体分级标准中，岩体基本质量指标是由哪两个指标确定的？（　　）

A. RQD和节理密度

B. 岩石单轴饱和抗压强度和岩体的完整性指数

C. 地下水和RQD

D. 节理密度和地下水

19-36 我国工程岩体分级标准中，地下工程岩体详细分级时，是根据（　　）对岩石基本质量进行修正的。

①地应力大小　②地下水　③结构面方位　④结构面粗糙度

A. ①④　B. ①②　C. ③　D. ①②③

19-37 在工程实践中，洞室围岩稳定性主要取决于（　　）。

A. 岩石强度　B. 岩体强度

C. 结构体强度　D. 结构面强度

19-38 某岩石的实测单轴饱和抗压强度 $R_c=55\text{MPa}$，完整性指数 $K_v=0.8$，野外鉴别为厚层状结构，结构面结合良好，锤击清脆有轻微回弹，按工程岩体分级标准确定该岩石的基本质量等级为（　　）。

A. I级　B. II级　C. III级　D. IV级

19-39 按照我国岩体工程质量分级标准，III级岩体地下工程岩体自稳能力为（　　）。

A. 跨度10～20m，可基本稳定，局部可发生掉块或小塌方

B. 跨度小于10m，可长期稳定，偶有掉块

C. 跨度小于20m，可长期稳定，偶有掉块，无塌方

D. 跨度小于5m，可基本稳定

19-40 《工程岩体分级标准》中，地下工程岩体详细定级时，什么情况下需要对岩体基本质量指标BQ进行修正？（　　）

A. 埋深较大，岩体较破碎

B. 地下洞室跨度较大，围岩稳定性差

C. 岩体中结构面较发育，埋深大

D. 有地下水，岩体稳定性受结构面影响，且有一组起控制作用，或工程岩体存在由强度应力比所表征的初始应力状态

19-41 《工程岩体分级标准》中，边坡工程岩体级别确定时，需要考虑的修正因素包括（　　）。

A. 结构面的结合程度

B. 由强度应力比所表征的初始应力状态

C. 主要结构面类型与延伸性

D. 结构面的组数

19-42 《工程岩体分级标准》中，地基工程岩体级别按照以下何种方式定级？（　　）

A. 采用与地下工程岩体详细定级相同的方式定级

B. 按照岩体基本质量级别定级

C. 采用与边坡工程岩体详细定级相同的方式定级

D. 采用专门的方式定级

第三节　岩体的初始地应力状态

一、概述

地层本身存在着应力场，岩体在天然状态下所存在的内在应力称为岩体的初始应力。它是未受到工程扰动的原岩体应力，亦称原岩应力。原岩应力是地下工程围岩变形、破坏的根本原因，相当于结构工程上的外荷载，但又不同于结构工程中的外荷载，它是从开挖前到最终结束一直对围岩起着作用，是所有地下工程的最原始资料。

受岩石工程开挖等的影响，开挖区附近岩体中的应力将增大或减小，发生应力集中。如图 19-44 所示，在影响范围以内的原岩应力平衡状态被破坏后的岩体地应力状态称为次生应力，也叫诱发应力。

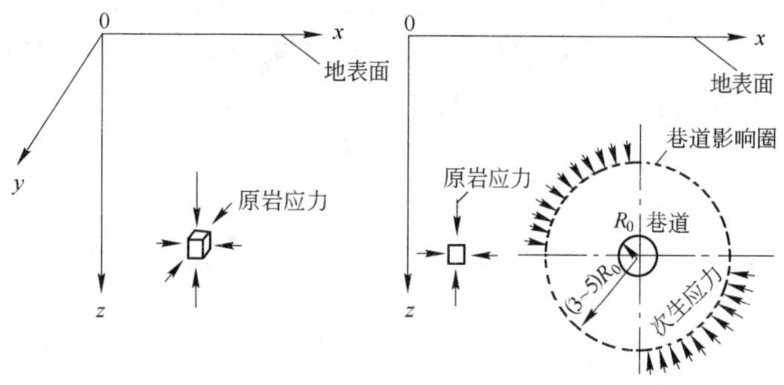

图 19-44　初始地应力与次生应力

产生地应力的原因是复杂的，至今尚不能十分清楚地分析。人们认识地应力是最近一百年的事情。瑞士地质学者海姆(Heim)通过观察大型越岭隧洞围岩的工作状态，首先提出地应力的概念。1905～1912 年海姆假定岩体中有一个垂直应力和水平应力，并且认为垂直应力与上覆岩层重量有关系，水平应力与垂直应力相等。后来，金尼克在 1925～1926 年，根据弹性理论的分析，提出垂直应力等于 γH，水平应力等于 $\gamma H\mu/(1-\mu)$ 的理论，γ、μ、H 分别代表岩体重度、泊松比和深度。

1915 年瑞典人哈斯特(Hast. N)首先在斯堪的那维亚半岛开创了岩体中地应力的测量工作，接着许多国家也先后开展了这项工作。经过实测证明，地层和岩体存在地应力是毫无疑问的；但垂直应力和水平应力的数值，至少应在 3 000m 范围以内，海姆和金尼克的假说并不是地应力状态的普遍规律。而且人们对地应力规律的认识，至今还很肤浅，还不能通过计算获取，只能通过实测获得。因此，任意引用地应力会给理论分析带来错误的结论。

根据近三十年实测与理论分析证明，地应力是一个具有相对稳定的非稳定应力场，即岩体的原始应力状态是空间与时间的函数。但对于人类工程活动所涉及的那一部分地壳的岩体，以及工程活动期间内，除少数构造活动带外，时间上的变化可以不予考虑。

目前一般认为岩体的初始地应力主要是由岩体自重和地质构造运动所引起的，分别称为自重应力场和构造应力场，这两类应力场的基本规律有明显差异。地心与岩体之间有引力，由地心引力引起的应力习惯上都称为自重应力，或重力应力。地层中由于过去地质构造运动产生的和现在正在活动与变化的应力，统称为构造应力。这种应力往往呈现某种特殊分布规律，它决定着构造体系的形成和发展。

地层经历过地质史上的地质构造运动作用，所以地层具有断裂、褶曲、层间错动等构造现象，因此地层内部存在着构造上的残余应力，称为古构造应力，或构造残余应力。

某些地层又经受过或正在受着新构造运动的作用，在新构造运动中，引起地层升降、褶曲和断裂等应力，称为新构造应力。一般来说，新构造应力是引起当今构造地震应力的应力源。

此外，岩石在生成、风化和构造运动之后，由于构造和热力原因，在非均匀变形作用下，被封闭在岩体组织结构内的应力称为封闭应力。例如，岩浆岩在成岩过程中由于各种矿物颗粒的膨胀系数不同而在冷却中引起的应力，或当岩体所受外力作用去掉后，但由它而引起的并未恢复的应力等。

古构造应力、新构造应力和封闭应力统称为构造应力。

二、自重应力

地心对岩体的引力，使原岩体处于受力状态。由此原因而引起的岩体应力称为自重应力，它可以通过计算获得。计算的理论是建立在岩体是均匀连续介质的假定基础之上的。

如图 19-45 所示，在地表以下任一点的深度 H 处，岩体的垂直应力 σ_z 为（见图 19-45a）

$$\sigma_z = \gamma H \tag{19-91}$$

式中：γ——岩体重度。

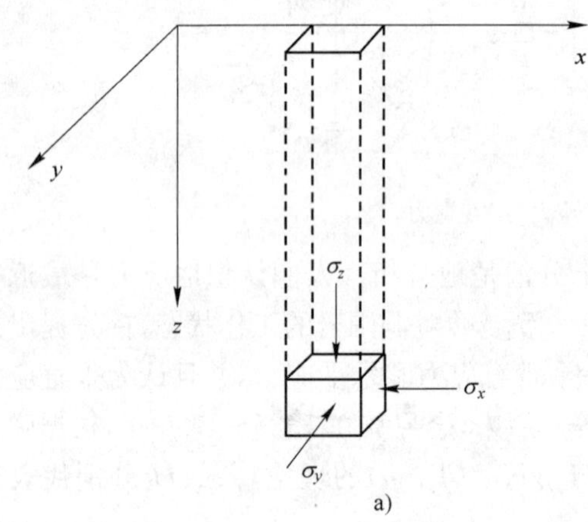

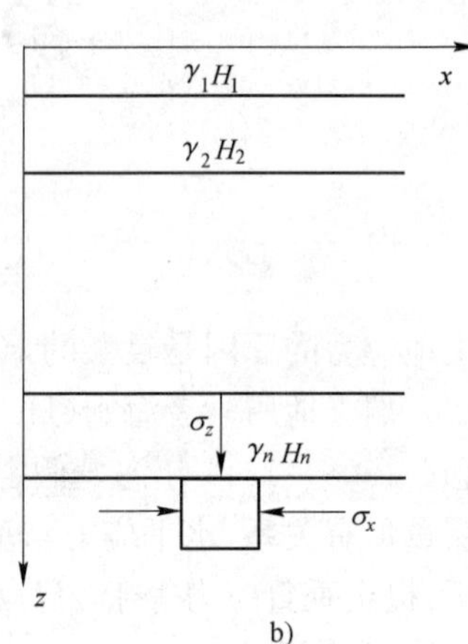

图 19-45　垂直应力计算方法

a)单一地层；b)多层地层

当埋深较小，且上覆岩层为多层不同岩石时，σ_z 为（见图 19-45b）

$$\sigma_z=\sum_{i=1}^{n}\gamma_i H_i \tag{19-92}$$

式中：γ_i——上覆各层岩体重度；

H_i——上覆各层岩体厚度。

岩体的水平应力为

$$\sigma_x = \sigma_y = \lambda\sigma_z \tag{19-93}$$

式中：λ——侧压系数。

在半无限体情况下，单元体上的法向应力 σ_z、σ_x、σ_y 也就是主应力 σ_1、σ_2、σ_3。由于半无限体没有侧向变形的可能，所以沿任一水平方向，x 方向和 y 方向引起的变形总和都等于零。于是得

$$\varepsilon_x = \frac{1}{E}[\sigma_x - \mu(\sigma_y + \sigma_z)] = 0$$

$$\varepsilon_y = \frac{1}{E}[\sigma_y - \mu(\sigma_x + \sigma_z)] = 0$$

联立求解，得

$$\sigma_x = \sigma_y = \frac{\mu}{1-\mu}\sigma_z = \frac{\mu}{1-\mu}\gamma H \tag{19-94}$$

将式(19-94)与式(19-93)比较，则得侧压系数λ为

$$\lambda = \frac{\mu}{1-\mu} \tag{19-95}$$

这就是金尼克的结论。

岩石的泊松比μ通常在0.10～0.35之间，对坚硬岩石其值较小，对松软岩石其值较大。因此在自重应力场中侧压系数在0.10～0.54之间，而主要在0.25～0.43之间。但实测地应力证明，按式(19-95)来确定的侧压系数值，通常不符合实际情况。因此有人认为，只有在埋深较浅，并且未遭到较大构造变动的沉积地层，才比较符合实际情况。

当$\mu=0.5$时，得到$\lambda=1$，所以海姆观点是金尼克公式的一个特例。但这一观点也不能得到实践的证实。有人认为，在塑性岩体中以及极大深度地层，海姆观点比较接近实际。

三、构造应力

构造应力分为古构造应力、新构造应力和封闭应力三种。由于构造应力的存在，使地应力分布在空间上呈现不均匀性，在时间上也不是常数，并造成地层中垂直应力和水平应力之间无明确的比例关系。这种关系只能通过实测获得，但实测本身也不能区分上述三种不同应力，还要通过地质构造的分析，加以判断。

(一)古构造应力

古构造应力是地质史上由于构造运动残留于岩体内部的应力，也称为构造残余应力。关于这个应力，目前还存在着极大分歧，因为有人根据应力松弛的观点，认为它已全部松弛不存在了。但是从应力松弛的观点解释这个问题，是明确的：如果岩石的松弛期大于从应力形成到现在的时间，可以认为应力的存在是必然的；反之，如果岩石的松弛期或者岩体中某种岩石的松弛期小于从应力形成到现在的时间，则可以认为，应力已被松弛掉。

(二)新构造运动应力

新构造运动应力是现今正在形成某种构造体系和构造型式的应力，也是导致当今地震和最新地壳变形的应力。

地震本身是新构造运动的一种表现。我国绝大多数地震是由新构造断裂运动引起来的。地震应力的特点是变化大，具有明显的时间性和突发性。在地震应力场中，常常具有较大的水平应力，地应力主轴方向亦不均匀，并能使地下工程围岩和衬砌发生相当大的剪应力和拉应力。拉应力会减小岩块间的摩擦力，这就是在地震中围岩产生纵向裂隙和破坏增多的原因。

随着地下工程埋深的增加和远离地震震源，地震作用对工程的影响将逐渐减小。这是由于岩体自重应力很大，地震应力相对较低，故使地下工程衬砌的强迫振动和自由振动都很小。根据计算，九级地震产生的地震围岩应力值，比震前应力值仅增加15%～20%。这个数值没有超过围岩应力计算值的误差范围。

(三)封闭应力

封闭应力是在各种地质因素长期作用下残存于结构内部的应力。但是对它的存在与解释

还不一致。陈宗基教授认为:岩体中的各种颗粒,其刚度和温度系数各不相同,它们通过边界层连接,在历次构造运动中和温度应力场作用下,不断遭到复杂的加载和卸载过程。因此,岩体中存在着极不均匀的应力场。特别是在裂隙和裂纹的端部有更大的应力集中。在卸载过程中,由于各种颗粒的力学特性不同,其卸载特性各异。即使外力全部卸除,内部仍然出现非均匀的应力场,原来的强应变区,仍会继续变形。火成岩、变质岩的冷却过程,也会引起大的温度梯度,产生不均匀的内应力场。此外,在各种温度下,岩浆的物理化学变化过程也可能引起内部应力。由此可见,即使外力全部卸除后,从局部结构来看,岩体结构里仍然存在着内能,这个能量在介质里是连续被封闭的,叫做被封闭的能量;存在可以自我平衡的应力,叫封闭应力。如果从地壳内取出一块岩样,它虽然不再受外力影响,但内部被封闭的应力还未释放,仍然继续保留在岩样内,这种应力一般来说还不能通过现有的方法进行现场实际测定。

封闭应力也包括这类应力,当岩体结构受到外力作用后,其基体结构已产生塑性变形,而其内含物颗粒仍处于弹性状态的应力。

四、研究原岩应力的意义

在岩体内或在岩基上修造建筑物时,由于施工开挖,改变了岩体的边界条件,从而引起岩体应力的重分布,形成新的应力状态,这会产生岩体的变形或破坏。在岩体应力重分布的新情况下,再加上建筑物的各种荷载(如自重、水压力等),岩体内各质点的应力必然会随之而发生变化,这会导致新的破坏因素的出现。因此践中,进行岩体工程稳定性分析时,原岩应力是必需的基本资料。

原岩应力是客观存在的,问题在于工程设计中如何正确地认识它、适应它、甚至利用它,从而使工程达到既安全又经济的效果。

(一)原岩应力与地下洞室的关系

原岩应力与地下洞室的关系最为密切。地下洞室的开挖过程,实际上就是该处原岩应力的释放过程。由于岩体内的能量得到释放,形成新的应力状态,引起围岩的变形。洞室周边的应力与围岩较深部的应力相比,前者常处于不利的受力状态。如果这种应力状态超过岩体的强度条件,就可能发生破坏,甚至引起围岩的失稳。

在选择洞室轴线和断面形状时,就应该适应原岩应力的状况,使围岩处于一个比较有利的应力分布状态(如洞壁切向应力分布比较均匀,其数值又较小)。目前一般的作法是让洞室的轴线与最大水平主应力的方向一致。

在地下洞室断面选择时,如何应用天然应力的实测资料,这是一个尚待解决的重要课题。有人认为,在选择设计方案时,掌握水平应力与垂直应力的比值,比了解主应力的实际大小更为重要。例如,水平应力较大时,以采用高度小而宽度大的近似椭圆形的断面为宜;而垂直应力较大时,则宜采用高度大而宽度小的椭圆形断面。

对于圆形承压隧道,人们总是希望尽可能使隧洞横断面上的垂直初始应力与侧向水平初始应力大致相等。从理论上讲,此时围岩中的重分布应力比较均匀,围岩的稳定性最好。并且初始应力值达到一定数值时,岩体强度又较高。那么围岩将具有较大的承载能力可利用。在承压水工隧洞设计中是一个有利因素,可使岩体可以分担更多的内水压力,而衬砌可以减薄。

坚硬完整的岩体,如果天然应力很高,聚集着大量的能量。在地下洞室开挖过程中,围岩应力较大的部位被挤压到超过岩石的弹性限度,积聚的能量会突然释放出来,先是撕裂声,随即就是爆炸声,石片飞散,体积大者就地坠落,体积小者,则弹射出来,这就是岩爆现象。它不仅危及施工人员与设备的安全,并且给生产造成巨大损失。岩爆现象也可能不在洞室开挖以后当即出现,有时会延迟几个星期,甚至几个月才出现。这种现象虽然会随时间而减弱,但会长时间地延续,甚至几年不断。

强大的原岩应力是构成岩爆现象的决定性因素,因此,埋深较大的地下洞室,在设计和施工中应慎重对待,并采取一些防治措施。例如,注意导坑和洞室的断面形状,以避免强烈的应力集中区;衬砌以采用混凝土为宜,而不用砌石圬工和装配式结构;加强临时支护和危石的清理,认真观察围岩动态,如发现撕裂声,应立即撤离人员与机具,目前已有一些工程采用声发射仪进行探测。岩爆地段在开挖完成后,应立即进行衬砌浇筑,围岩不宜暴露时间过长,并尽可能采用早强混凝土和适当延迟拆模。

(二)原岩应力对地面工程的影响

在岩基上修筑大坝,由于基坑开挖的减荷作用,将会引起坑底岩体发生回弹隆起或坑壁岩层移动。这种岩体变形,在水平主应力较大,岩体中存在着接近于水平产状的软弱面时特别显著。这不仅使岩体的工程性质恶化,而且还会影响未来建筑物的受力状态和稳定。

五、地应力的影响因素

地壳浅部岩体地应力分布如此复杂,其基本原因在于它受到多种因素的影响,归纳起来大致有如下几个方面。

(一)地质构造对地应力的影响

地质构造对地应力的影响,主要表现在影响应力的分布和传递方面:

在静应力场中,断裂构造对地应力大小和方向的影响是局部的。

在同一构造单元体内,被断层或其他大结构面切割的各个大块体中的地应力大小和方向均较一致,而靠近断裂或其他分离面附近,特别是拐弯处、交叉处及两端,应力的大小和方向才有较大变化。

在活动断层附近和地震地区,地应力大小和方向都有较大变化。例如,唐山 7.8 级地震震发构造断层带总体走向为北东走向。其地震应力积累过程中的主导方向是近东西向的,一旦地震发生,断层带移动,近东西向的最大主应力(压应力)迅速释放。应力释放的大小,越靠近断裂带越大,越远则越小。因此主应力方向也显示出随时间而变化的现象,即靠近断裂带,偏离东西向的程度最大,距离越远,偏离度越小。但只要震源应力场不变,这种偏离状况不会持久,最终会恢复到近东西向的应力积累方向。

地质构造面与地应力方向关系,当现代应力场是继承地质史上的应力场时,一般在水平面内,最大主应力的方向常垂直于构造线。

(二)地形地貌和剥蚀作用对地应力的影响

地形地貌对地应力的影响是复杂的。首先,地形的起伏影响岩体内的自重应力,但这种地形的影响只是在地表下一定深度范围内较明显。如图 19-46 所示,山谷谷底的应力由于凹口的应力集中而很大。在均质岩层中(见图 19-46a),凹口的应力集中现象还比较规则,而在非均质岩层中,岩体中的应力变化会随岩性的变化而变得更复杂(见图 19-46b)。从理论上看,孤山的垂直应力应符合 γH 的规律,但从有限元计算中又发现在某一水平面上的地应力分布状态与地表形状不相适应的情况,如图 19-47a)所示,较陡的山体中间的 σ_v 小于其两侧的例子。此外如图 19-47b)所示,靠近山顶的截面,在山坡附近反而有较大的水平应力出现,并且在不同的高度上,其水平应力的分布亦有不相同的现象。

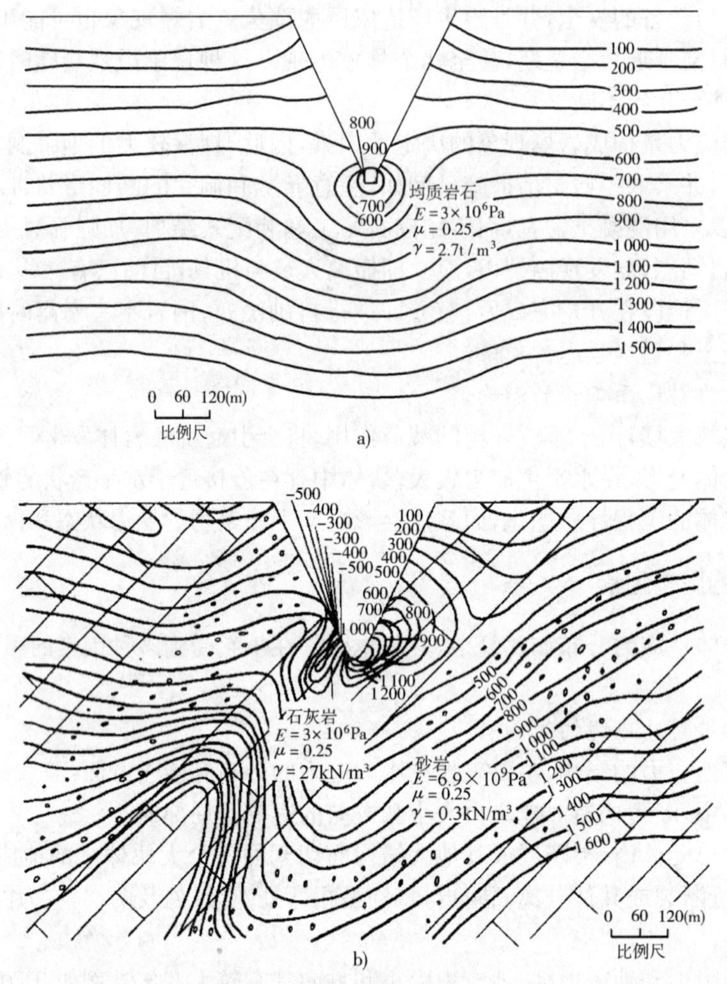

图 19-46 山谷的剪应力等值线

a)均质岩层；b)非均质岩层

图 19-48 显示了地形对岩体初始应力影响的另一特征。即在水平地表附近的地应力，其主应力几乎与地表平行，第一主应力为沿地面方向，与第二、第三主应力有较大差异；在深处，则呈静水压力状态(见图 19-48a)。斜坡的垂直方向上应力几乎为零。在斜坡上的局部上凸部位，其应力急剧减小，而在斜坡下凹地方则应力增大，在山谷的尖槽底下，现场应力会很大(见图 19-48b)。

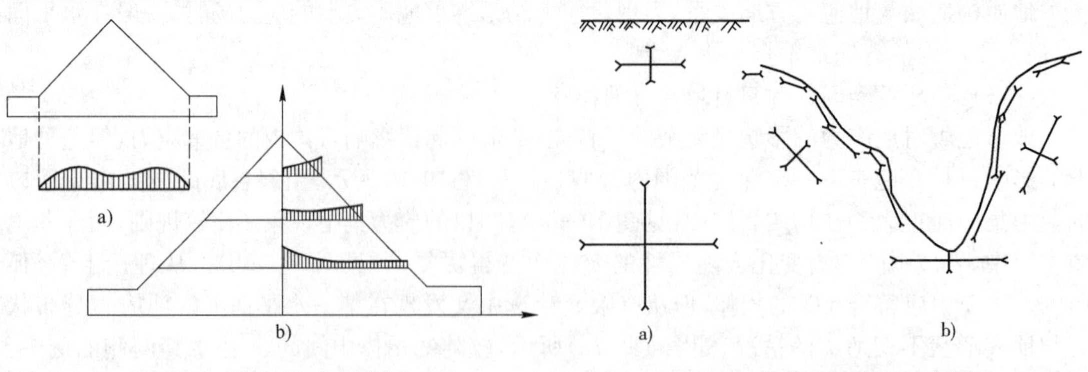

图 19-47 地貌对地应力的影响

图 19-48 地形对初始地应力的影响

a)水平地表；b)山谷地表

剥蚀作用对地应力有显著的控制作用。剥蚀前，地壳里存在一定水平应力；剥蚀后，由于岩体内的颗粒结构的变化和应力松弛赶不上这种变化，导致岩体内仍然存在着比现有地层厚度所引起的自重应力还要大得多的应力数值。所以剥蚀可以造成巨大的水平应力。为此，不能把实测得到的较大水平应力不加分析地一律归咎于构造应力。由构造作用与由剥蚀作用产生的水平应力的主要区别在于，由构造作用产生的水平应力具有明显的方向性；而由剥蚀产生的水平应力，按海姆假设条件，不具方向性。

（三）岩石力学性质对地应力的影响

岩体地应力是能量积累与释放的结果。从能量的积累观点来看，岩体应力的上限必然要受到岩体强度的限制。因此，岩石力学性质对地应力的影响是十分明显的。杰格尔（Jaeger JC）曾提出地应力与岩石抗压强度成正比的概念。但是，如果以弹性模量 E 为主要因素来探索二者的关系，则更具有重要意义。从实测资料来看两者的关系，例如，当 $E=50$GPa 以上的岩体，最大应力一般为 10～30MPa，而 $E=10$GPa 以下的岩体应力很少超过 10MPa。

这样，弹性模量较大的岩体有利于地应力积累，所以地震和岩爆容易发生在这些部位，而塑性岩体也易产生变形，不利于应力积累。在软硬相交和互层情况下，就会因变形不均匀而产生附加应力。

此外，软硬不同的岩石和重度不同的岩体，会使重力应力分布不均匀和出现塑性状态深度不等的现象。

（四）地质条件对自重应力的影响

地质构造对自重应力也有影响。如图 19-49 所示为背斜褶曲的影响，在褶曲两翼显示出应力增大，而在褶曲中部则应力降低。也可以推测，在向斜的两翼会出现应力降低，而在向斜核部显示出应力增大的现象。

如图 19-50 所示为断层对自重应力的影响。由于断层两侧的岩块形成了应力传递，使上大下小的楔体 A 产生了卸荷作用，致使地应力降低；而下大上小的楔体 B 产生了加荷作用，致使地应力升高。同时也产生了山峰处地应力低、沟谷处地应力高的现象。

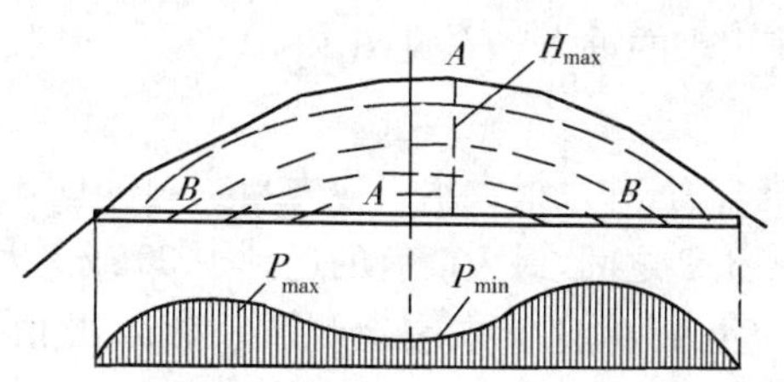

图 19-49　背斜褶曲对初始地应力的影响

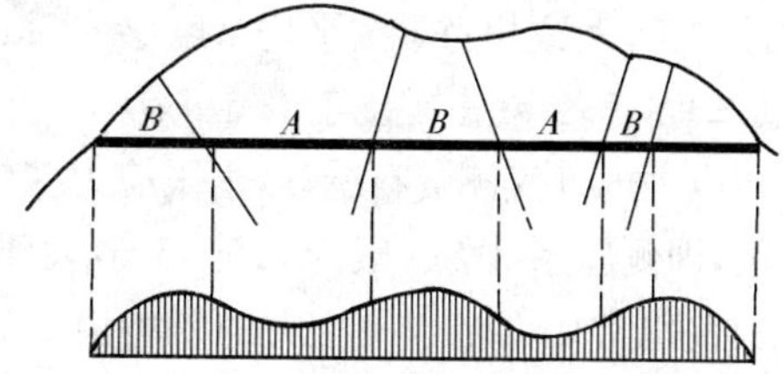

图 19-50　断层对初始地应力的影响

（五）温度对地应力的影响

岩体温度对地应力的影响表现在两个方面：地温梯度和岩体局部受温度的影响。

地温梯度的影响：各地区地温梯度不相同，但一般为 3℃/100m，岩体的体膨胀系数约为 $\beta=10^{-5}$，而岩体的弹性模量一般为 10GPa，因而岩体的温度应力约为

$$\sigma^{\mathrm{T}} = 0.01H\alpha\beta E = 0.003H(\mathrm{MPa}) \tag{19-96}$$

可见，岩体温度应力为压应力，并随深度 H 的增加而增加。在相同深度情况下，温度应力仅为重力垂直应力的 1/9 左右，从这个意义来讲，有人认为岩体温度应力场可以忽略不计，但实际在许多情况下，温度应力是应当考虑的。

岩体温度应力场一般是静水压力场，即

$$\sigma_x^T = \sigma_y^T = \sigma_z^T = \sigma^T \tag{19-97}$$

它的三个主轴是互相垂直的任意三轴，因此，温度应力场也可以与重力应力场互相代数叠加。

岩体局部受温的影响：岩体局部寒热不均，会产生收缩和膨胀，导致岩体内部产生应力。例如，大块侵入体、岩流或小型岩脉、岩浆熔流都会使周围岩石受热而膨胀，冷却时又产生收缩。这样，就在岩体内造成一些成岩裂隙(如玄武岩的柱状节理等)。并且在岩体本身及其周围，保留部分残余热应力。

六、地壳浅部地应力的变化规律

由于地应力的非均匀性，以及地质、地形、构造和岩石物理力学性质等方面的影响，使得我们在概括原岩应力状态及其变化规律方面，遇到很大困难。不过从目前现有实测资料来看，3 000m以内地壳浅层地应力的变化规律，大致可归纳如下几点(但是也应当指出，随着实测资料的不断增加，人们对地应力的认识，将会不断的得到深化)。

(一)地应力是个非稳定应力场

岩体中原始应力绝大部分是以水平应力为主的三向不等压的空间应力场。三个主应力的大小和方向是随着空间和时间而变化的，它是个非稳定应力场。

地应力的空间变化程度：就小范围而言，一个矿山或水利枢纽，都可以发现地方应力的大小和方向从一个地段到另一个地段是变化的。一般它的偏差系数可以达到25%～50%。但就某地区整体而言，地应力的变化相差不大。

地应力的大小和方向在时间上的变化，就人类工程活动所延续的时间而言是缓慢的，可以不予考虑。但在地震活动区，它的变化仍相当大，应该引起注意。

(二)实测垂直应力 σ_z 基本等于上覆岩层重力 γH

Brown 和 Hoek(1978 年)汇集了世界各地原岩应力的实测结果，经整理统计分析出原岩应力的一些重要规律，集中体现于图 19-51 中。有关垂直应力资料表明，在深度为 2 700m 范围内，σ_z 呈线性增长，大致相当于按平均重度 $\gamma=27\text{kN/m}^3$ 计算出来的重力 γH，见图 19-51。

(三)水平应力普遍大于垂直应力

根据国内外实测资料统计，水平应力多数大于垂直应力，并且最大水平应力与实测垂直应力的比值，即侧压系数 λ 一般为 0.5～5.5，大部分在 0.8～1.2 之间，最大值有的达到了 30 或更大。

目前也常用两个水平应力的平均值 $\sigma_{h,av}$ 与垂直应力 σ_v 的比值来表示侧压系数 λ，此值一般为 0.5～5.0，大多数为 0.8～1.5。我国实测资料表明，该值在 0.8～3.0 之间，而大部分在 0.8～1.2 之间。

$\sigma_{h,av}/\sigma_v$ 的比值 λ 也是衡量地区地应力场特征的指标。该值是随着深度增加而增加，但不同地区存在差异。从图 19-51b)中可以发现，侧压系数 λ 的变化范围大致如下

上限

$$\lambda = \frac{1\,500}{z} + 0.5 \tag{19-98}$$

下限

$$\lambda = \frac{100}{z} + 0.3 \tag{19-99}$$

当 $H=500\text{m}$ 时，$\lambda=0.5\sim3.5$；当 $H=2\,000\text{m}$ 时，$\lambda=0.35\sim1.25$。

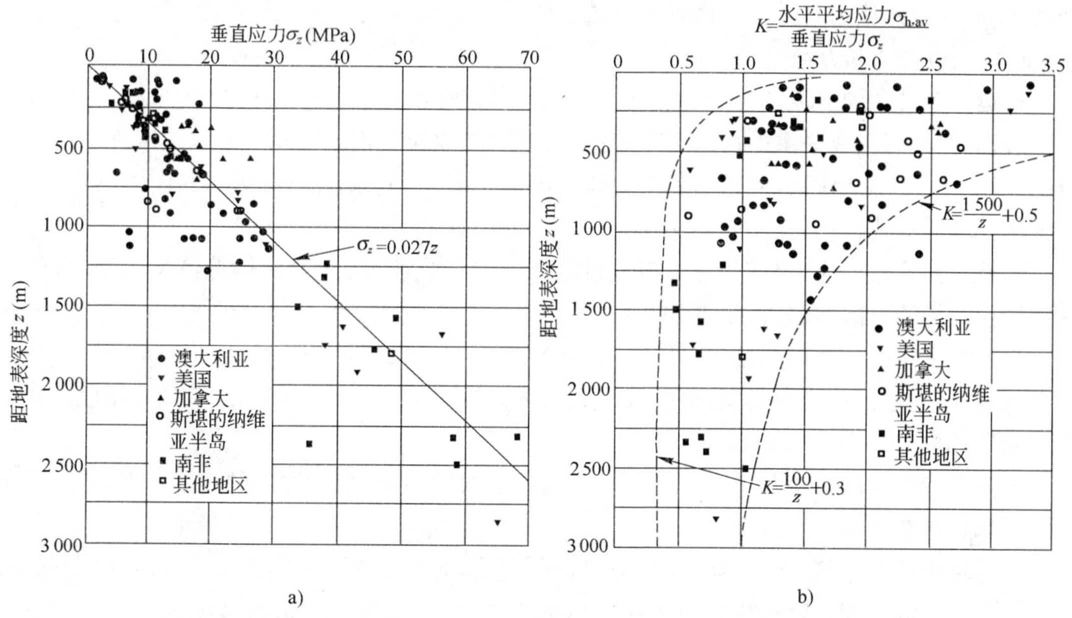

图 19-51　实测原岩应力随埋深的分布规律

a)垂直应力与埋深的关系；b)侧压系数与埋深的关系

从已有的资料来看也是这样，在深度不大的情况下（如小于 1 000m），λ 值很分散，并且数值较大；随着深度的增加，λ 值的分散性变小，并且向趋于 1 的附近集中，这就是相应于前述海姆静水应力状态。

（四）原岩应力场为三向不等的压应力场

（1）原岩应力一般是三轴压应力状态，且受地表地形地貌、山川河流和构造影响，其分布往往十分复杂。

（2）三个主应力的大小一般互不相等，其中两个（近）水平主应力也不同，且最大水平主应力的方向与区域性构造行迹密切相关，往往是构造应力影响的结果。

（3）三个主应力的方向一般偏离铅垂或水平方向不大；引起偏离的主要原因是构造、岩层倾角或局部不均质影响。

七、原岩应力的分析方法

原岩应力是围岩变形、破坏的根本作用力，因此在围岩稳定理论分析中，不能随便地对原岩应力进行假设，而应当对工程所在地区原岩应力场进行充分研究。研究原岩应力场的主要方法有下列几种。

（一）结构面的力学分析法

一切结构行迹（褶皱、断层、节理等）都是在一定原岩应力作用下发生的，它们有其各自的力学特征。因此，如果能够根据它们的某些特征确切鉴别它们各自生成时所受应力的性质，就可以通过它们来了解该处岩体中应力的活动方式和方向。

地质力学着中鉴别各项构造行迹的力学性质。把结构面按其生成的力学机理划分为压性、张性、扭（剪）性、压性并扭性以及张性并扭性 5 类。通过对结构面力学特征及其组合形式的分析，就可确定岩体受力状态。国外亦有类似方法，通过测量节理面的方向来查明构造应力场的主轴方向，并认为这是一种良好的方法。

（二）构造应力场分析法

构造体系是在同一地区、同一动力作用方式下形成的许多不同形态、不同性质、不同次序、不同级别、但具有生成联系的构造要素组成的构造带，以及它们之间所夹的岩块或地块组合而成的总体。一个构造体系，可以当作一幅应变图像来看待，它反映一定形式的应力场，是一定方式的区域性构造运动的产物。

分析工程地段的应力状态，首先应进行区域性的调查研究，从分析构造体系入手，查明区域构造应力场的方向，其分析步骤如下：

找出地质体的压性构造行迹，即查明区域构造线——区域性挤压应力所形成的构造行迹的走向线，研究它们的变形类型、方位及展布特征。根据构造线就能找到区域最大压应力作用方向及区域构造应力场特征。

鉴定构造行迹的次序和等级。在寻找区域构造线时，应以第一次序的构造为准，方能准确分析区域构造应力场。

按各项构造行迹的力学性质、排列方式进行配套，把具有生成联系的构造行迹组合起来，确定构造体系的类型。这里应注意主次应力场的关系，应将次级构造行迹纳入相应的主应力场，概括为一次构造线所代表的构造体系。

由于地壳运动的多期性，每次构造运动的地应力的作用方式不同，一个地域各种构造行迹之间存在着复杂的相互关系。因此，需要对构造体系的复合或联合关系进行细致的分析。这里应注意根据复合关系确定最新构造体系，从而判断晚近期的构造应力场及活动的构造体系。

构造体系的研究，除了野外工作外，还需通过数学、力学工具对气力学本构关系进行研究。在进行区域构造应力场分析时，还要针对地下工程地段所处的构造部位进行具体分析，查明局部应力场的形态，判断其对岩体稳定性的影响。在局部应力场分析时，决不可脱离区域构造应力场的分析，否则可能得出错误的结论。

对构造体系进行鉴定以后，就可通过力学分析图对应力场进行力学分析，找出构造应力场。

（三）地应力实测与地质力学综合分析法

应用地质力学分析法分析构造应力场只是定性的方法。要取得地壳中现在原岩应力的大小和方向的定量资料，还必须进行实地测量。测试地点应在构造应力场分析的基础之上来布置。

对地应力实测资料应以统计的观点进行分析，少数几个测点还不能说明实际情况。有关地应力的实测方法将在本章后面介绍。

（四）地质构造和岩石强度理论估算分析法

这种方法是由安德森提出。它认为垂直应力是自重应力，并且是主应力之一，然后根据断层判断最大主应力方向。对于正断层，垂直应力为最大主应力（见图 19-52a）；对于逆断层，垂直应力为最小主应力（见图 19-52b）；对于平移断层，垂直应力是中间主应力，而最大主应力和最小主应力都是水平的，最大主应力与断层面交角小于 45°（见图 19-52c）。进而用岩石强度理论的莫尔包络线，估算水平应力大小。这种方法关键在于对水平应力值的估计问题。

（五）高应力区的定性观察法

通过岩芯取样发现，在高度受力的坚硬岩体中，岩芯往往破碎成薄圆片。这定性地说明岩体处于高应力带位置，因此若发现岩芯呈薄片状时，就可初步断定此处原岩应力较大。

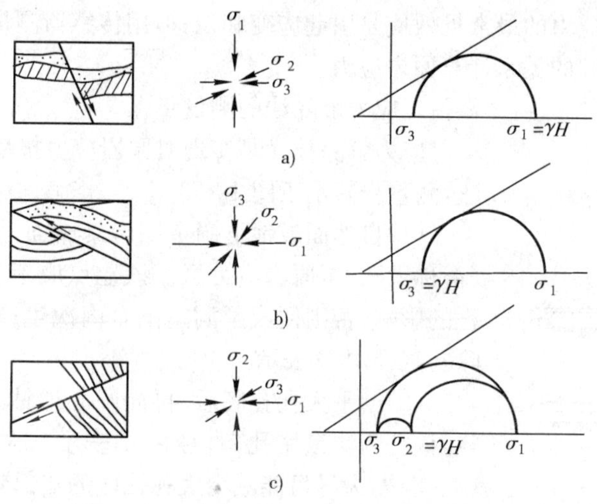

图 19-52　地应力估计分析法

a)正断层 σ_1 垂直；b)逆断层 σ_3 垂直；c)平移断层 σ_2 垂直

八、原岩应力的现场实测方法

(一)岩体应力现场量测方法概述

岩体应力现场量测的目的是在于了解岩体中存在的应力大小和方向，从而为分析岩体工程的受力状态以及为支护及岩体加固提供依据，岩体应力量测还可以是预报岩体失稳破坏以及预报岩爆的有力工具。岩体应力量测可以分为岩体初始应力量测和地下工程应力分布量测，前者是为了测定岩体初始地应力场，后者则为测定岩体开挖后引起的应力重分布状况。从岩体应力现场量测的技术来讲，这两者并无原则区别。

岩体应力量测可以在钻孔中、露头上和地下洞室的岩壁上进行，也可以在地下工程中根据两点间的位移来进行反算而求得。通常应用较多的三种方法是应力解除法、应力恢复法和水压致裂法。每种方法都有不同的优点和缺点，可以相互取长补短。因为岩体应力存在于岩体中，是一种岩体内部的受力，并在受力过程中产生变形，这种变形大部分是可恢复的弹性变形，但也有部分是不可恢复的变形。所以，每一种应力量测技术都要扰动岩石，以便产生能够进行现场量测的“量”(大部分是测量位移值或应变值)，然后根据一定的理论模式进行分析计算。为了量测岩体中某个位置的应力，就必须使用钻具钻孔或开挖，以便到达该测量点，这必然会扰动岩体。因此，对某个测点进行位移量测并根据某种理论模式进行计算以后，还必须根据开挖或钻进的方法和尺度，进行修正。如果某种应力量测方法的精确度误差能控制在 0.4MPa 以内，其结果通常被认为是令人满意的。

(二)应力解除法

应力解除法是目前岩体应力测量中最成熟、应用最广泛的方法。它既可量测洞室周围较浅部分的岩体应力(次生应力)，又可量测岩体深部的应力(原岩应力)。它的基本原理是：当需要测定岩体中某点的应力状态时，人为地将该处的岩体单元与周围岩体分离。此时岩体单元上所受的应力将被解除，同时该单元体的几何尺寸也将产生弹性恢复。应用一定的仪器，测定这种弹性恢复的应变值或变形值，并且认为岩体是连续的、均质的、各向同性的弹性体，于是就可借助于弹性理论的解答来计算岩体单元原来所受的应力状态。也就是通过扰动打破原有的应力平衡状态，使应力达到新的平衡状态，间接测量此过程中力或者应力的效应，达到应力测量的目的。力或者应力的最常见效应是引起应变和位移，用传感器测量应变和位移，再根据应力和应变或位移之间的关系计算原岩应力。

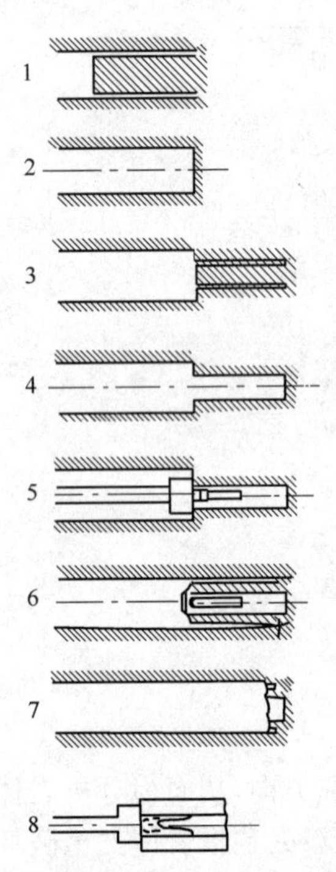

图 19-53 应力解除法测量地应力的步骤和原理示意图

1-套钻大孔；2-取岩芯并将孔底磨平；3-套钻小孔；4-取小孔岩芯；5-粘贴元件测初读数；6-应力解除；7-取岩芯；8-测终读数

1.应力解除法的测量步骤

应力解除技术是实现对原岩应力扰动、开展实测的最普遍方法，测量步骤示于图 19-53。

(1)自地面或地下洞室围岩暴露面，用钻机钻进应力解除孔(俗称大孔)至原岩应力区。该地点应不受到除钻孔以外其他工程的影响(否则便成了洞室围岩内次生应力场的应力测量)。解除孔直径用 D 表示。

(2)磨平大孔孔底后，再同圆心地钻进小直径钻孔穿过待测点，该孔为测量用孔，直径用 d 表示。大、小孔应满足关系 $D=(3\sim5)d$。为尽可能减少大孔孔底的端部效应影响，测量断面与大孔孔底的距离不小于$(2\sim3)D$。

(3)在测量孔内安装测量应变或位移的传感元件。

(4)用大直径(D)钻具对测量孔作取芯钻进，至超过测量孔孔底以后即可截断岩芯，实现应力解除。这一过程中岩芯在原岩应力作用下，经过钻进测量孔受到一次扰动并很快达到新的平衡状态。传感元件感受到的则是取芯钻进，直至卡断岩芯，即第二次扰动时应力场的效应。最终读数即为该次实测的原始数据。

应力解除法根据传感元件的类型和测量部位的不同可分为孔径变形法、孔壁应变法、孔底应变法(又可进一步划分为平面孔底法、锥形孔底法及球型孔底法)等。

2.孔径变形法

孔径变形法是通过测量应力解除前后钻孔孔径的变化来测定岩体应力的，这种方法所使用的测量元件，称为钻孔变形计。由美国矿业局(USBM)首创和应用。中国科学院武汉岩土力学研究所研制的 36-2 型钻孔变形计与其属于同一类型，该变形计的直径为 32mm，适应的测量孔直径为 36mm。

这种方法要求在能取得完整岩芯的岩体中进行，一般至少要能取出达到大孔直径 2 倍长度的岩芯。因此在破碎和节理比较发育的岩体中、或在极高的原岩应力区岩芯发生“饼状”断裂的情况下不宜使用。

此方法要求取出足够长的完整岩芯，一方面是保障直径变化测量的可靠性，确保岩芯处于弹性状态，弹性理论才能使用；另一方面要用它测定岩石的弹性模量。

设应力解除时，用孔径变形计测出测量孔直径的变化量为 Δd，该变化量直接与圆孔截面上孔壁的径向位移有关。按弹性力学平面应变问题的解，圆孔孔径的变化量为

$$\Delta d=\frac{(1-\mu^2)}{E}d[(\sigma_x+\sigma_y)+2(\sigma_x-\sigma_y)\cos2\theta+4\tau_{xy}\sin2\theta] \tag{19-100}$$

式中：σ_x、σ_y、τ_{xy}——待确定的与钻孔垂直截面上的原岩应力分量。

由式(19-100)可知，至少要有三个不同方向上孔径变化的测量值，才能解出三个未知数的值。36-2 型变形计配置有 4 个不同方向的孔径变化测头。较多的测值可用于互检和取得最优解及作测量误差估计之用。

如果我们不能知道岩体中三个主应力中任意一个主应力的方向，那么钻孔轴的方向只能为任意方向。在这种情况下，为了测定一点的空间应力状态，就至少要在三个钻孔中进行孔径变形测量，且三个钻孔要尽可能交汇于一点(可以证明:不论在一个钻孔，或两个钻孔中，无论在多少个方向进行应力解除的孔径变形观测，都不能解出一点六个独立的应力分量)。所以采用孔径变形法测量原岩应力时，要获得一点的空间应力状态，必须在三个不同方向的钻孔中进行应力解除，这种方法也叫三孔交汇法，但工作量大是其一大缺点。

3. 孔壁应变法

孔壁应变测量法的优点是只需在一个钻孔中通过对孔壁应变的测量，即可完全确定岩体的六个空间应力分量，因此量测工作十分简便。

现假定在弹性岩体中钻一半径为 r_0 的圆形钻孔，如图 19-54 所示。钻孔前岩体中的原岩应力分量是:σ_x、σ_y、σ_z、τ_{xy}、τ_{yz}、τ_{zx}。钻孔后由于钻孔附近的应力发生变化，钻孔附近的应力不再保持岩体中原有的均匀应力场。

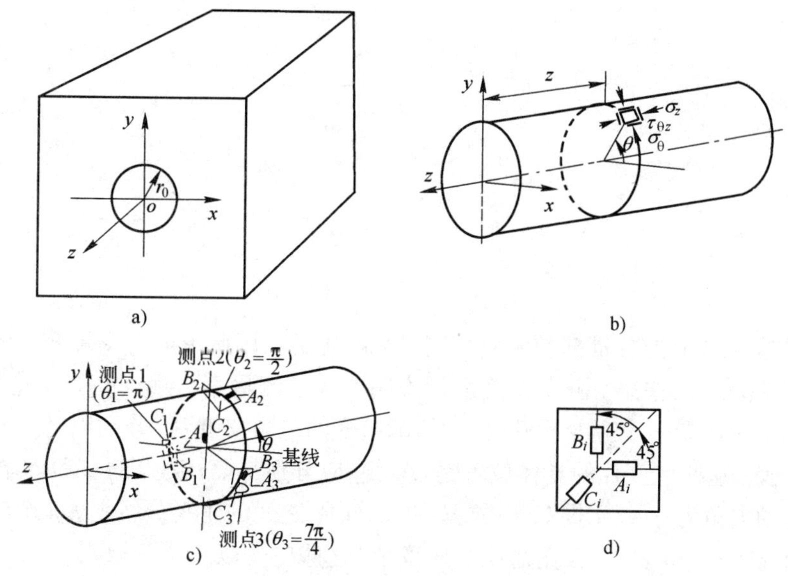

图 19-54　孔壁应变法原理示意图

为了方便起见，我们采用圆柱坐标系 r-θ-z 来表示钻孔孔壁各点的应力分量，如图 19-54b)所示。孔壁上坐标为 r_0、θ、z 的任意一点，其应力分量是 σ_z、σ_θ、$\tau_{\theta z}$，根据弹性力学可知，孔壁上的这些应力可以通过钻孔前岩体中的六个应力分量表示如下

$$\sigma_z = -\mu[2(\sigma_x - \sigma_y)\cos 2\theta + 4\tau_{xy}\sin 2\theta] + \sigma_z \tag{19-101}$$

$$\sigma_\theta = \sigma_x + \sigma_y - 2(\sigma_x - \sigma_y)\cos 2\theta - 4\tau_{xy}\sin 2\theta \tag{19-102}$$

$$\tau_{\theta z} = 2\tau_{yz}\cos\theta - 2\tau_{zx}\sin\theta \tag{19-103}$$

上式中的 3 个孔壁应力分量可在孔壁上直接测出，因此是已知量。上式右侧的 6 个原岩应力分量是所要求的未知应力。要确定这 6 个应力分量必须建立 6 个关系式。由式(19-101)、式(19-102)和式(19-103)可以看出，每测定孔壁上一个点的应力，只能获得 3 个关系式。因此我们在孔壁上任选 3 个测点进行应力测量，这样就可建立 9 个关系式，然后再在其中

挑选 6 个关系式，由此即可确定所求的 6 个未知应力。

上述 3 个测点位置是任选的，为方便起见，这 3 个测点，可选在同一圆周上，它们的角度分别是 $\theta_1=\pi$，$\theta_2=\pi/2$，$\theta_3=7\pi/4$，如图 19-54c)所示。这样，各个测点的应力分别为

第一测点（$\theta_1=\pi$）

$$\sigma_{z_1}=-2\mu(\sigma_x-\sigma_y)+\sigma_z \tag{19-104}$$

$$\sigma_{\theta_1}=-\sigma_x+3\sigma_y \tag{19-105}$$

$$\tau_{z\theta_1}=-2\tau_{yz} \tag{19-106}$$

第二测点（$\theta_2=\pi/2$）

$$\sigma_{z_2}=2\mu(\sigma_x-\sigma_y)+\sigma_z \tag{19-107}$$

$$\sigma_{\theta_2}=3\sigma_x-\sigma_y \tag{19-108}$$

$$\tau_{z\theta_2}=-2\tau_{zx} \tag{19-109}$$

第三测点（$\theta_3=7\pi/4$）

$$\sigma_{z_3}=4\mu\tau_{xy}+\sigma_z \tag{19-110}$$

$$\sigma_{\theta_3}=\sigma_x+\sigma_y+4\tau_{xy} \tag{19-111}$$

$$\tau_{z\theta_3}=\sqrt{2}(\tau_{yz}+\tau_{zx}) \tag{19-112}$$

以上各式左侧的应力分量都是由应力测量来确定的。因此下面介绍各测点的应力量测原理和方法。现在就以其中第 i 测点为例进行说明。为了测量第 i 测点的 3 个应力分量，我们必须在第 i 测点上布置 3 个应变元件（比如量测应变的电阻应变片）分别以 A_i、B_i、C_i 表示，如图 19-54d)所示。这些应变片的具体位置是：A_i、B_i 应分别与第 i 测点的 z 和 θ 方向平行，而且 A_i 与 B_i 之间的夹角为 $\pi/2$；元件 C_i 应放置在 A_i 与 B_i 之间的角平分线上。3 个应变片所测的应变值分别用 ε_{Ai}、ε_{Bi}、ε_{Ci} 表示，根据这 3 个应变值（这些应变以压为负，以拉为正）可直接由下式计算出测点的 3 个应力分量

$$\sigma_{z_i}=\frac{E}{2}\left(\frac{\varepsilon_{A_i}+\varepsilon_{B_i}}{1-\mu}+\frac{\varepsilon_{A_i}-\varepsilon_{B_i}}{1+\mu}\right) \tag{19-113}$$

$$\sigma_{\theta_i}=\frac{E}{2}\left(\frac{\varepsilon_{A_i}+\varepsilon_{B_i}}{1-\mu}+\frac{\varepsilon_{B_i}-\varepsilon_{A_i}}{1+\mu}\right) \tag{19-114}$$

$$\sigma_{z\theta_i}=\frac{E}{2}\left[\frac{2\varepsilon_{C_i}-(\varepsilon_{A_i}+\varepsilon_{B_i})}{1+\mu}\right] \tag{19-115}$$

通过应力测量按照上述 3 个公式可确定孔壁上所选定的 3 个测点的 9 个应力分量。再通过式(19-104)～式(19-112)的联立求解，就可以获得原岩应力的 6 个应力分量，或者从 9 个公式中挑出 6 个方程，比如，由其中的 6 个方程整理求解如下

$$\sigma_x=\frac{1}{8}(3\sigma_{\theta_2}+\sigma_{\theta_1}) \tag{19-116}$$

$$\sigma_y = \frac{1}{8}(3\sigma_{\theta_1} + \sigma_{\theta_2}) \tag{19-117}$$

$$\sigma_z = \sigma_{z_1} + \frac{\mu}{2}(\sigma_{\theta_2} - \sigma_{\theta_1}) \tag{19-118}$$

$$\tau_{xy} = -\frac{1}{8}(\sigma_{\theta_1} + \sigma_{\theta_2} - 3\sigma_{\theta_3}) \tag{19-119}$$

$$\tau_{yz} = -\frac{1}{2}\tau_{z\theta_1} \tag{19-120}$$

$$\tau_{zx} = -\frac{1}{2}\tau_{z\theta_2} \tag{19-121}$$

孔壁应变法只用一个钻孔测三维应力，成本低，工作量小，速度快，精度高，但是对应变片的粘贴技术要求较高，且有防潮要求，要求岩体完整性好，并认为岩体为弹性体。为了减轻应变片的粘贴难度，目前已开发出一些称之为三轴应变计的专用传感元件。它由南非科学与工业研究委员会首先研制应用，国际岩石力学与工程学会制定的地应力测量建议方法中定名为CSIR型应变计。它是以E. R. Leeman为首于1966年开发成功并公之于世的第一种只需单孔并且一次就可测量三维应力的技术。其特点是依靠在测量孔壁上直接粘贴3组应变花，每组应变花有3个应变片，共计9个应变片来实现应变测量的。后来在此基础上，澳大利亚科学与工业研究院又首先开发出了空心包体式三轴应变计。它是在预制的环氧树脂外圆柱面上粘贴类似于CSIR元件上布置的应变花而成的。使用时由安装仪定向地将应变计推进至测量孔内，达到预定位置后，靠推力挤出储罐内的环氧树脂胶液，充满应变计外圆柱面与岩石孔壁之间的间隙，待胶液经数小时至数十小时完全固化后，便牢固地将应变计与岩石黏结在一起。应力解除时，岩芯的弹性恢复牵制着使应变计变形，为其上所有的应变片感受而取得原始测量数据。

空心包体应变计的好处是现场安装简便可靠、防水、防潮、成功率高、环氧树脂材料线弹性好，弹性模量低、变形量大，可将岩石的变形放大很多倍，能提高测量灵敏度和精确度。

（三）应力恢复法

应力恢复法一般在平硐壁面（也可在地表露头面）上进行。在岩面上切槽，岩体应力被解除，应变也随之恢复；然后在槽中再埋入液压枕，对岩体施加压力，使岩体应变恢复至应力解除前的状态；此时，液压枕施加的压力即为应力解除前岩体受到的应力，这一应力值实际上是平洞开挖后壁面处的环向应力。这是应用较早的一种应力测量方法。

测量时应在岩体表面沿不同方向布置三个应变计，以便能够测量出岩体沿这三个不同方向的伸缩变形。先读出应变计的初始读数，然后，沿着与所测应力相垂直的方向开挖一窄长槽，如图19-55所示。挖槽后，槽壁上的岩体应力即被解除，此时岩体表面上的三个应变计的读数显然与挖槽前不同。其次将液压枕装于槽中，并逐渐增加液压枕的油压，使液压枕对槽壁逐渐施加压力，直到岩体表面上的三个应变计读数恢复到挖槽之前的数值，此时液压枕施加于槽壁上的单位压力也就是槽壁上原有的法向应力（近似值）。

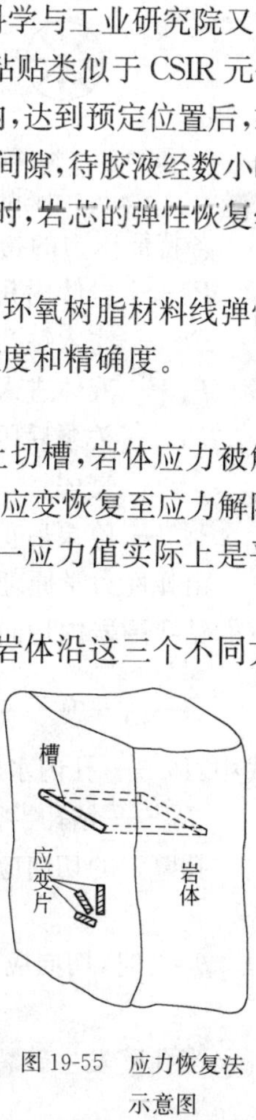

图19-55 应力恢复法示意图

采用这种方法测定岩体应力可以不用岩体中的应力应变关系而直接得出岩体应力。但应当指出，如果槽壁不是岩体的主应力作用面，而在挖槽前的槽壁上存在剪应力，显然这种剪应力的作用在应力的恢复过程中并没有考虑进去，这就必然引起一定的误差。其次，如果应力恢复时岩体的应力与应变关系与应力解除前并不完全相同，这也必然影响测量的精度。

(四)水压致裂法

水压致裂法是近年来发展较快的能够测量地壳深部应力的唯一方法。它是利用可膨胀的橡胶封隔器在已知深度处封隔一段钻孔(见图 19-56)，然后通过泵入流体对这段钻孔增压，同时记录压力随时间的变化曲线(见图 19-57)。根据孔壁岩石被压裂时的流体压力和使裂缝重新张开时的流体压力等参数，换算该试验段的水平地应力。

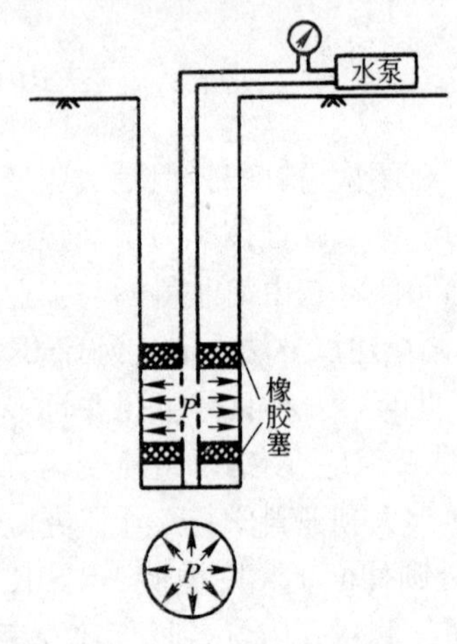

图 19-56 水压致裂法测量系统示意图

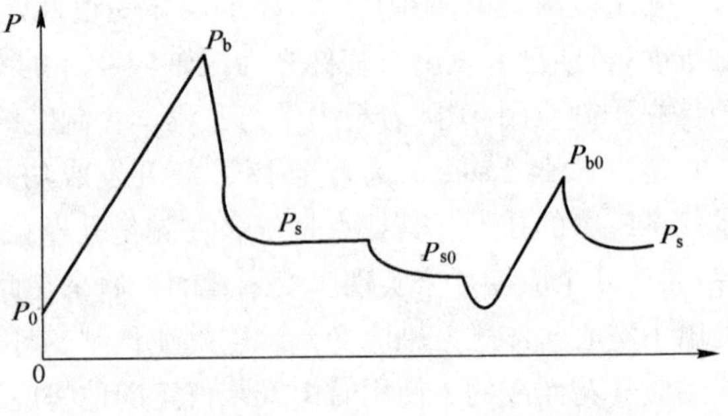

图 19-57 压裂过程中泵压变化及特征压力

各特征压力的物理意义如下：

P_0——岩体内孔隙水压或地下水压力；

P_b——注入钻孔内液压将孔壁压裂时的初始压裂压力；

P_s——液体进入岩体内连续地将岩体劈裂的液压，称为稳定开裂压力；

P_{s0}——关泵后压力表上保持的压力，称为关闭压力。如果围岩渗透性大，该压力将逐渐衰弱；

P_{b0}——停泵后重新开泵将裂缝压开的压力，称为开启压力。

由弹性力学原理可知，无限岩体内圆孔受原岩应力 σ_1、σ_3 和孔内的静水压力 P_b 作用情况下的钻孔围岩内切向应力可由下式计算

$$\sigma_\theta = \frac{1}{2}(\sigma_1 + \sigma_3)\left(1 + \frac{R_0^2}{r^2}\right) - P_b\frac{R_0^2}{r^2} - \frac{1}{2}(\sigma_1 - \sigma_3)\left(1 + \frac{3R_0^4}{r^4}\right)\cos 2\theta \qquad (19\text{-}122)$$

式中：P_b——孔内水压；

R_0——钻孔半径。

孔壁上的切向应力为($r=R_0$)

$$\sigma_\theta = (\sigma_1 + \sigma_3) - P_b - 2(\sigma_1 - \sigma_3)\cos 2\theta \qquad (19\text{-}123)$$

$\theta=0$ 时，切向应力最小，即

$$\sigma_\theta = 3\sigma_3 - \sigma_1 - P_b \qquad (19\text{-}124)$$

当孔壁发生破裂时，则有下述关系

$$\sigma_\theta = -\sigma_t \qquad (19\text{-}125)$$

此时成立的破裂条件为

$$3\sigma_3 - \sigma_1 - P_b = -\sigma_t$$

或

$$\sigma_1 = 3\sigma_3 - P_b + \sigma_t \tag{19-126}$$

当孔隙内有孔隙水压力 P_0 时,上式可写为

$$\sigma_1 = 3\sigma_3 - P_0 - P_b + \sigma_t \tag{19-127}$$

同时,孔壁开裂处在 $\theta=0$ 处,即在与 σ_3 垂直的面上。

若岩体在水压下已经开裂,岩体裂缝的扩展使水压由 P_b 下降至 P_s,P_s 称为稳定开裂压力。停泵后水压继续下降至 P_{s0},表示裂缝已经闭合,成为关闭压力。水泵重新加压使裂缝重新开裂的压力 P_{b0} 称为开启压力。则式(19-126)变为

$$\sigma_1 = 3\sigma_3 - P_{b0} - P_0 \tag{19-128}$$

由式(19-127)、式(19-128)可得

$$\sigma_t = P_b - P_{b0} \tag{19-129}$$

另外,在关闭压力 P_{s0} 这一特征点上,此时,孔壁已开裂,即 $\sigma_t=0$,所以,此时 P_{s0} 等于与裂隙面垂直的压力,亦即

$$\sigma_3 = P_{s0} \tag{19-130}$$

至此,我们已经通过图 19-54 上的各个特征点压力及理论分析求得主应力及岩体抗拉强度值

$$\begin{cases} \sigma_3 = P_{s0} \\ \sigma_t = P_b - P_{b0} \\ \sigma_1 = 3\sigma_3 - P_b + \sigma_t \end{cases} \tag{19-131}$$

水压致裂沿最小阻力路径发展,即在垂直与最小主应力方向的平面内发展。大量试验结果表明,无论垂直主应力的大小如何,钻孔壁上完整岩石的初始水压裂缝总是垂直的,而且垂直于最小水平主应力方向。

由此可见,水压致裂法不能确定岩体中一点的初始地应力的三个主应力,因此,通常假设 $\sigma_z=\gamma H$ 为初始地应力的一个主应力,方向为铅垂方向。然后与测量出的 σ_1 和 σ_3 进行比较,以确定三个主应力的顺序。

水压致裂法较理想的使用条件是:测量钻孔是铅垂的;铅锤自重应力不是最小主应力;岩体中的原生裂隙不发育,渗透性弱。当岩体中含水量大、渗透性强,有较大孔隙水压时,不能忽略它们的影响。

水压致裂法的特点主要有:

(1)测量深度不受限制、代表性好。目前,世界上实测最大深度已达 5 100m。

(2)操作方便。只通过液压泵向钻孔内注液压裂岩体,观测压裂过程中泵压、液量即可。

(3)测值直观。它可根据压裂时泵压(初始开裂泵压、稳定开裂泵压、关闭压力、开启压力)计算出地应力值,不需要复杂的换算及辅助测试,同时还可以求得岩体的抗拉强度。

(4)适应性强。这一方法不需要电磁测量元件,不怕潮湿,可在干孔及孔中有水条件下做试验,不怕电磁干扰,不怕振动。

另外,这种方法只能得出钻孔横截面方向的水平应力,但无法给出一点的空间应力状态。主应力方向难于准确确定也是一个主要缺点。

习　题

19-43　初始地应力主要包括（　　）。

A. 自重应力　　B. 构造应力

C. 自重应力和构造应力　　D. 残余应力

19-44　初始地应力指（　　）。

A. 未受开挖影响的原始地应力　　B. 未支护时的围岩应力

C. 开挖后岩体中的应力　　D. 支护完成后围岩中的应力

19-45　构造应力的作用方向为（　　）。

A. 铅垂方向　　B. 近水平方向

C. 断层的走向方向　　D. 倾斜方向

19-46　下列关于初始地应力的描述中，哪个是正确的？（　　）

A. 垂直应力一定大于水平应力

B. 构造应力以水平应力为主

C. 自重应力以压应力为主，亦可能有拉压力

D. 自重应力和构造应力分布范围基本一致

19-47　如果无条件测量而想估计岩体的初始地应力状态，则一般假设侧压力系数为下列哪一个值比较好？（　　）

A. 0.5　　B. 1.0　　C. <1　　D. >1

19-48　测定岩体中的初始地应力时，最常采用的方法是（　　）。

A. 应力恢复法　　B. 应力解除法

C. 弹性波法　　D. 模拟试验

第四节　岩体力学在边坡工程中的应用

一、概述

倾斜的地面称为坡或斜坡，露天矿开挖形成的斜坡构成了采矿区的边界，因此称为边坡；在铁路、公路建筑施工中所形成的路堤斜坡称为路堤边坡，开挖路堑所形成的斜坡称为路堑边坡。在水利、水电工程中开挖所形成的斜坡也称为边坡。因此，边坡在国民经济建设中具有重要的意义。

典型的边坡(斜坡)如图 19-58 所示，边坡与坡顶面相交的部位称为坡肩，与坡底面相交的部位称为坡趾或坡脚，坡面与水平面的夹角称为坡面角或边坡角，坡肩与坡脚间的高差为坡高。

边坡按成因可分为两类：自然边坡和人工边坡。

天然的山坡和谷坡是自然边坡，此类边坡是在地壳隆起或下陷过程中逐渐形成的。这类运动直至今天可能还在继续。然而，只要边坡位于侵蚀基准面以上，不论成因如何，它们都处于受剥蚀和被夷平的环境之中，开始风化、解体以至滑塌的过程，较大规模的破坏就是自然滑坡。

人工边坡就是人工使然的，这类边坡的几何参数可以人为控制。

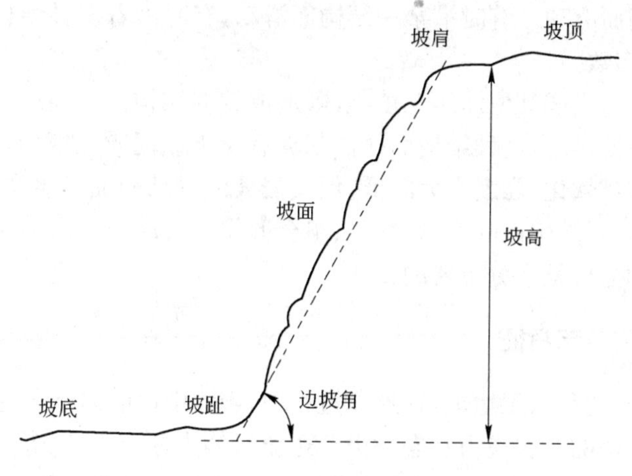

图 19-58 典型边坡示意图

边坡经常会遇到坡体的稳定问题。例如，在大坝施工过程中，坝肩开挖破坏了自然坡脚，使得岩体内部应力重新分布，常常发生岩坡的不稳定现象。又如在引水隧洞的进出口部位的边坡、溢洪道开挖的边坡、渠道的边坡以及公路、铁路、采矿工程等等都会遇到岩坡稳定的问题。如果岩坡应力过大或强度过低，则它可能处于不稳定的状态，一部分岩体向下或向外坍滑，这种现象称为滑坡。滑坡造成危害很大，为此在施工前，必须做好稳定分析工作。

由于边坡的破坏给人类和工程建设带来的危害在国内外不乏其例。在我国，由于特殊的自然地理和地质条件所制约，边坡地质灾害分布广泛、活动强烈、危害严重。可见，边坡变形破坏对人类工程、经济活动和生命财产的危害较大，所以它是工程地质学的主要课题之一，也是环境地质学和灾害地质学研究的重要内容。因此，正确认识各种边坡危岩体的成因、形成条件及运动规律等，对于采取切合实际的相应措施，以便避免或减轻其危害性，是工程中亟待解决的重要课题。

二、岩质边坡的特点

岩坡不同于一般土质边坡，这是由于土体和岩体有着完全不同的结构，它们的工程地质及水文地质以及力学性质差异显著。岩质边坡的特点是岩体结构复杂、断层、节理、裂隙互相切割，块体极不规则，因此岩坡稳定有其独特的性质。它同岩体的结构、容重和强度、边坡坡度、高度、岩坡表面和顶部所受荷载、边坡的渗水性能、地下水位的高低等有关。

岩坡内的结构面，尤其是软弱结构面的存在，常常是岩坡不稳定的主要因素。大部分岩坡在丧失稳定性时的滑动面可能有三种。一种是沿着岩体软弱岩层滑动；另一种是沿着岩体中的结构面滑动；最后，当这两种软弱面不存在时，也可能在岩体中滑动，但前面两种情况较多。在进行岩坡分析时，应当特别注意结构面和软弱夹层的影响。

软弱岩层，主要是黏土页岩、凝灰岩、泥灰岩、云母片岩、滑石片岩以及含有岩盐或石膏成分的岩层。这类岩层遇水浸泡后易软化，强度大大降低，形成软弱层。在坚硬的岩层中（如石英岩、砂岩等等）应当查明有无这类软弱夹层存在。

结构面，其中包括沉积作用的层面、假整合面、不整合面，火成岩侵入结构面以及冷缩结构面，变质作用的片理、构造作用的断裂结构面等等。岩质边坡稳定分析时，应当研究岩体中应力场和各种结构面的组合关系。岩坡的滑动就是在应力作用下岩体破坏了平衡而沿着某种面（很可能是结构面）产生的。岩体的应力是由岩体重量、渗透压力、地质构造应力以及外界因素，如地震惯性力、风力、温度应力等所形成的边坡剪应力，这种剪应力超过结构面的抗剪强度就促使岩体沿着结构面滑动。有时沿某一结构面滑动,有时沿着多种结构面所组合的滑动面滑动,通常以后者为多数。

结构面中如夹有黏土或其他泥质充填物,则形成软弱结构面。地质构造作用形成的断裂和节理在地壳表层是最多的,这种结构面往往都夹有黏土或泥质充填物,遇水浸泡后,结构面中的软弱充填物就容易软化,强度大大降低,促使岩坡沿着结构面发生滑动。因此,岩坡分析中,对结构面特别是软弱结构面的类型、性质、组合形式、分布特征以及由各种软弱面切割后的块体形状等进行仔细分析是十分重要的。

三、岩质边坡应力分布特征

无论是天然斜坡,还是人工边坡,在形成过程中,岩体中地应力将发生重新分布,即相对于边坡形成之前出现所谓的二次应力状态。由于边坡岩体中原有的应力平衡状态被打破,岩体为适应这种新的应力状态,将发生一定的变形与破坏,以至酿成坡体失稳而引起多种危害。

通常采用现场地应力量测、光弹实验及数值分析等方法研究边坡岩体中的地应力特征。由有限元分析出来的边坡岩体中弹性应力的分布如图 19-59 所示。假设岩体为连续介质材料,属于各向同性均质体,并且不考虑边坡形成的时间效应,即边坡形成的时间短暂。据此,可以归纳出边坡岩体中地应力分布的特征如下。

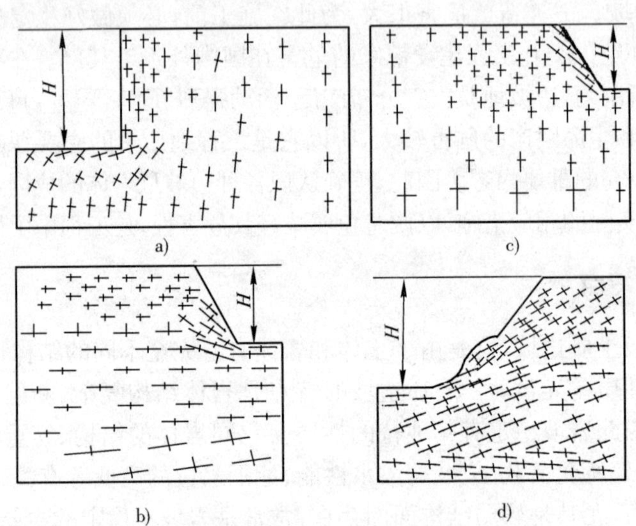

图 19-59　边坡主应力矢量图(据有限元计算结果绘制)

a)重力场下情况;b)重力场下情况;c)侧压力系数等于 3 情况;d)残余应力等于 $2\gamma H$ 情况

(1)在边坡形成过程中,主应力迹线发生了明显偏转,表现为接近于临空面,其最大主应力方向趋于平行临空面,而最小主应力方向则与临空面垂直相交,如图 19-59 所示。

(2)在临空面附近(尤其是在坡脚处)出现应力集中现象。平行于临空面的最大主应力显著升高,在边坡表面达到最大值,向岩体内部逐渐降低。垂直于临空面的最小主应力明显降低,在边坡面附近降到最小,以至于变为零或转化为拉伸应力,向岩体内部逐渐升高,如图19-59所示。由此可见,临空面附近岩体中应力差最大,很容易发生剪切破坏。而主应力转为拉伸应力部分是出现拉裂破坏处。

(3)由于主应力迹线发生偏转,最大剪应力迹线也随之变为凹向临空面的弧形分布。

(4)在临空面附近,岩体近似处于单轴应力状态,向内部逐渐过渡为三轴应力状态。

(5)由图 19-60 可知，在坡顶和坡面岩体中的主应力部分为拉应力，其分布受变形模量 E 和泊松比 μ 强烈控制，尤以 μ 的影响最为显著。μ 越大，坡面和坡顶处的拉应力区也越大，而坡底则与之相反，如图 19-61 所示。如果这种拉应力值达到或超过岩体的抗拉强度时，则将发生拉裂破坏，而所形成的张拉裂隙端部将出现较大的应力集中，促使张拉裂隙进一步扩展，最终可能形成连续贯通破裂面，从而造成边坡岩体失稳。

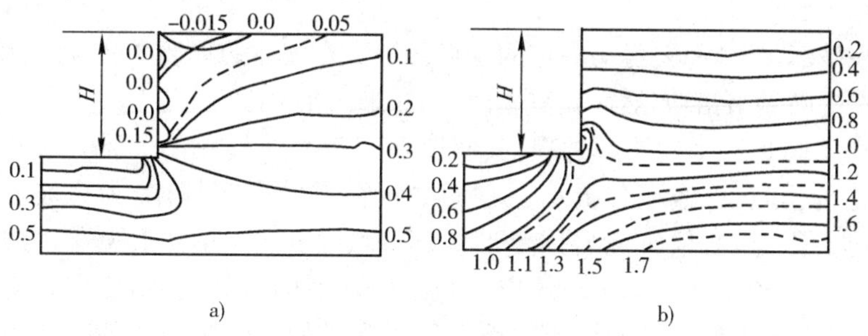

图 19-60　边坡主应力等值线图(据有限元计算结果绘制)

a)垂直于临空面主应力 $\sigma_3/(\gamma H)$ 等直线；b)为平行于临空面主应力 $\sigma_3/(\gamma H)$ 等直线

(6)对比图 19-59a)与图 19-59d)可以看出，岩体中初始地应力状态，尤其是水平应力大小，对于边坡岩体中应力分布有很大的制约作用，主应力迹线的分布特征及主应力值的大小均因初始水平应力不同而有明显改变，其中坡脚应力集中区及拉应力区受的影响更大。

(7)图 19-62 表明，边坡边缘岩体中拉应力区的分布与水平残余应力及坡脚关系也较为密切，而受前者的影响最大。随着残余水平应力的逐渐增大，边缘拉应力区的范围也随之扩展，甚至从坡脚一直扩展到坡顶面。

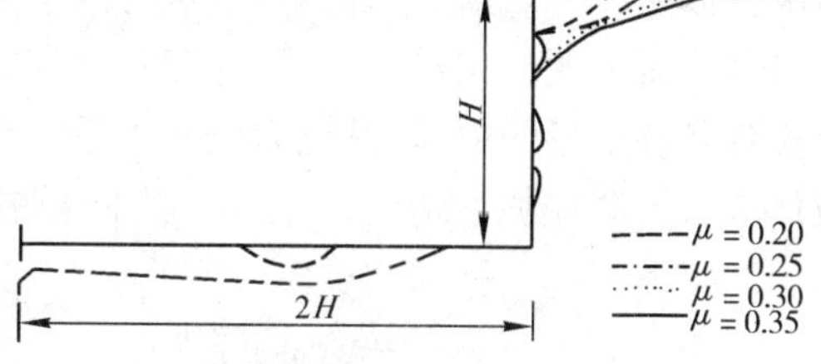

图 19-61　泊松比对边坡拉应力区分布的影响

$\alpha=30°$　$\alpha=30°$

$\alpha=45°$　$\alpha=45°$

$\alpha=60°$　$\alpha=60°$

$\alpha=75°$　$\alpha=75°$

$\sigma_h=0$　$\sigma_h=3\gamma H$

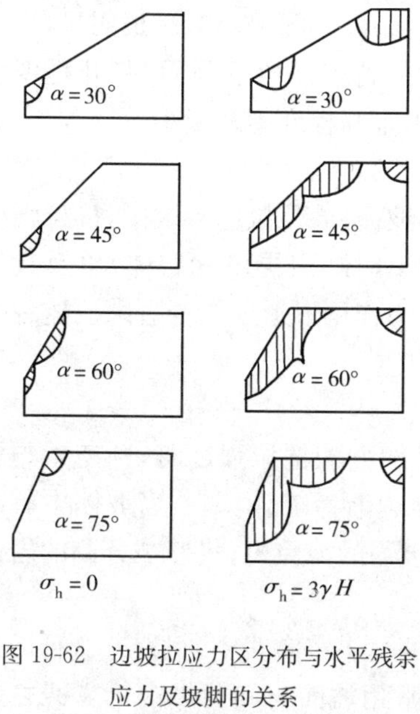

图 19-62　边坡拉应力区分布与水平残余应力及坡脚的关系

四、边坡岩体的变形与破坏

边坡形成后，由于坡体的主应力分布，使岩体原始平衡状态遭到破坏。在这种新的应力条件下，坡体将发生局部或整体性的变形和破坏，以达到新的平衡。

从边坡形成时起，边坡即处在不断的变化过程中，通过变形发展为破坏。其中稳定是相对的、暂时的，仅是在一定的条件下(地质环境中)存在着。

边坡变形破坏的发展历史可以是漫长的(如自然边坡和发展演化过程)，或是短暂的(如人工边坡的形成)，其发生条件和影响因素却常常相当复杂。尽管如此，边坡变形与破坏却始终决定于坡体本身所具有的应力特征和坡体抵抗变形破坏的能力，这两方面的相互关系和发展变化，是边坡发展演变的内在矛盾。而坡体中由于应力分布差异所出现的应力集中带，又有抵抗变形能力较弱的软弱面，当其在空间构成不利于稳定的组合时，则是以上矛盾发展变化的焦点。此处常常发展成为坡体中变形与破坏的控制面，它是研究工作中的重点部位。

岩质边坡的变形与破坏可分作变形和破坏两种形式。前者属于变形的范围，以坡体中未出现贯通性的破坏面为特点；而后者在坡体中已形成贯通性的破坏面，且以一定加速度发展位移为特征。

（一）边坡岩体的变形

边坡岩体在破坏之前，总要经历一定的变形作用。在坡体的局部区域，特别在坡面附近可能出现一定程度的破裂与错动，然而就整体而言，并未产生滑动破坏。

变形与破坏之间是一个发展的过程，其间存在着量与质转化的关系。近年来岩体破坏机制及蠕变理论的研究，已经充分揭示了它们之间存在的客观规律，为边坡岩体稳定研究奠定了理论基础。因此，必须研究岩体变形破坏的整个过程，并且重视这一演变过程中变形形式的研究。这对于定性地揭示坡体应力与结构强度的矛盾关系，鉴定现有条件下坡体的稳定情况，预测边坡岩体破坏的可能性是有重要意义的。边坡岩体的变形可以划分为松弛张裂和蠕动。

1. 松弛张裂

在边坡形成的初始阶段，往往在坡体中出现一系列与坡面近于平行的陡倾张开裂隙，使边坡岩体向临空方向张开。这种过程和现象称为松弛张裂（也称松动）。存在于坡体的这种张拉裂隙可以是应力重新分布产生的，也可以是沿原有的陡倾裂隙发育而成。外形略呈弧形弯曲，仅有张开而无明显相对滑移，张开度及分布密度由坡面向深处逐渐减弱。理论实践证明。仅有松弛张裂变形的坡体，其应力应变关系处于稳定破裂阶段或者减速蠕变阶段。由此，在保证坡体应力不会增加且结构强度不下降的条件下，其变形不会继续发展，坡体稳定性不会发生变化。松弛张裂主要有下列几种情况。

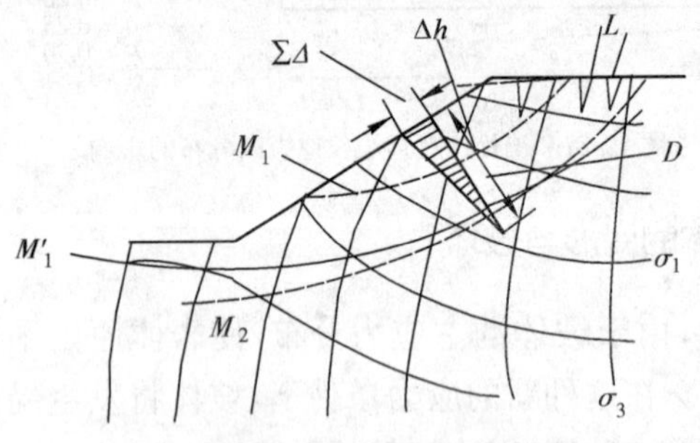

图 19-63 斜坡应力分布与剪变带

σ_1、σ_3-主应力迹线；M'_1-可能滑动面；M_1、M_2-最大剪应力迹线；$\Sigma\Delta$-坡面变形量；Δh-坡顶沉降量；D-剪变带；L-张裂隙

（1）回弹裂隙

在边坡形成后，由于侧向应力削弱，岩体向临空方向回弹，这种现象犹如木桶因松箍而掀缝一样，使原来被压紧的裂缝张开（见图 19-63）。很明显，因这种原因张开的裂隙的特点是愈近顶面，张开程度愈大，向深处或向坡里张开程度逐渐减小。

（2）坡面、坡顶张力带裂隙

在较陡边坡的坡面、坡顶拉应力区中，抗拉强度弱的岩体（如半岩质块体，表层风化岩体）以及具有与边坡走向近于平行的陡立软弱面的坡体，在坡面、坡顶拉应力作用下形成张开裂隙。这种裂隙主要分布在陡坡的前缘，不会深入到坡体内部。

（3）坡脚应力集中带的张裂隙

在坡脚应力集中带应力超过此处岩体或与坡面平行的软弱面的抗拉强度时，则产生与坡面近于平行的张拉裂隙。其分布从坡面向坡体内和向下方向逐渐稀疏、削弱。当坡体中有缓倾角软弱面时，在平行于坡面的最大主应力作用下产生平行坡面的剪应力，将使被分割的岩体沿软弱面向外滑移，而张裂隙向上逐渐尖灭或分支。

上述分析表明，卸荷裂隙的形成机制有可能是多种多样的。生产实践中，把发育这种岸边裂隙的坡体称之为边坡卸荷带（可称之为松动带），其深度通常用坡面与卸荷带内侧界线之水平间距来表示。

边坡的松弛张裂,一方面使岩体强度降低,另一方面使各种外营力更易深入坡体,增加了坡体内各种营力的活跃程度,它是边坡变形破坏的初始阶段。所以在边坡稳定性分析中划分卸荷带、确定卸荷带的范围和卸荷带中的坡体特征,对于评价边坡岩体的稳定性具有重要意义。

2. 蠕动

经松动后,边坡岩体在重力作用下向临空方向较长期的缓慢变形称之为边坡岩体的蠕动。研究表明,蠕动的形成机制为岩石的粒间滑动(塑性变形)或岩石裂纹微错,或由一系列裂隙扩展所致。它是在应力长期作用下,岩石内部的一种缓慢的调整性变形,实际上是岩石趋于破坏的一个演变过程。坡体中由自重应力引起的剪应力与岩体长期抗剪强度相比很低时,它只能使坡体减速蠕动;只有坡体应力值接近或超过岩体的长期抗剪强度时,坡体才可能进入加速蠕动。因此可以认为,坡体导致最终破坏总要经过一定过程,或非常短暂,或经过一个相当长的时间。按照岩体蠕动的特征,它大致可以分为两种基本类型:表层蠕动和深层蠕动。

(1)表层蠕动

边坡上部的岩体在重力的长期作用下,发生向临空方向的缓慢变形,构成一个剪变带,其位移由坡面向内逐渐降低直至消失,这便是表层蠕动。松散岩体及土质边坡中,这类蠕动十分明显,表现为当坡体剪应力足够产生滑动面之前,在剪变带内会缓慢发生塑性变形,见图 19-63。

岩质边坡中的表层蠕动,常称为岩层末端挠曲现象,系指陡立层状结构面较发育的边坡岩体(页岩、片岩、灰岩等层状岩石或陡倾节理发育的花岗岩),在重力长期作用下,沿软弱面错动和局部破裂而成的挠曲现象,多发生于上述岩石和岩体所组成的边坡上。当软弱面愈密集,倾角愈陡且走向近于平行于坡面时发育尤甚。坡体表面蠕动使松动裂隙张开向纵深发展,由于挠曲使坡角应力集中加大,有时影响深度竟达数十米。

在重力作用下,由坡面蠕动所产生的挠曲与构造挠曲的区别在于:前者常沿软弱面两侧拉开,并出现张裂,层面两侧相对滑动方向为边坡上侧向下,而下侧向上滑动,其挠曲分布局限一定深度;而构造挠曲不具备以上性质。正确区分这两种不同成因挠曲的重要意义在于:经过重力长期作用形成的蠕动坡体仅具有较低的稳定性,常常要采取开挖或昂贵的工程处理措施,因此应引起重视。

(2)深层蠕动

深层蠕动主要发育在边坡下部或坡体内部。按照其形成机制的特点可分为软弱基座蠕动和坡体蠕动两类。

①软弱基座蠕动

坡体基座产状较缓并且具有一定的相对软弱岩层,在坡体上覆岩层重力作用下,致使基座部分向临空方向蠕动,并引起上覆坡体变形与解体,这是软弱基座蠕动的特征。当软弱基座塑性较大时,坡脚主要表现为向临空方向的蠕动和挤出,见图 19-64;而当软弱基座具有一定脆性时,则可能通过密集的张拉破裂使软弱层错位变形,见图 19-65。这两种变形方式都是由坡面逐渐向深处发展的。

由于软弱基座的蠕动变形,将引起上覆坡体发生变形或解体。当上覆岩体具有一定柔性时,软弱层会出现"揉曲",脆性层中会出现张拉裂隙;当上覆岩体整体呈脆性时,则可因软弱基座蠕动而产生不均匀沉陷,使上覆岩体破裂解体。

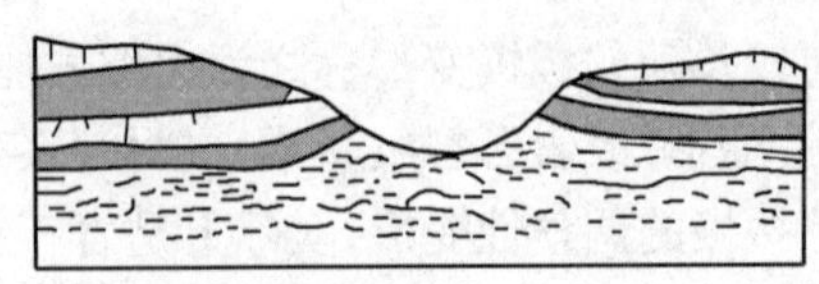

图 19-64　软弱基座的挤出

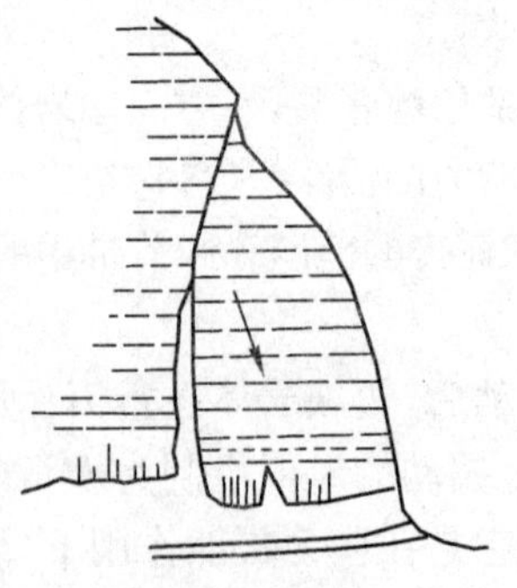

图 19-65　软弱基座蠕动引起上部脆性岩层的张裂

②坡体蠕动

坡体沿缓倾角的软弱结构面，向临空方向缓慢移动的现象，称为坡体蠕动。这种现象在卸荷裂隙较发育的具有缓倾角软弱面的坡体中比较普遍，通常是在蠕滑型裂隙基础上发育而成，见图 19-66。

形成坡体蠕动的基本条件是坡体具有缓倾角软弱结构面并发育有其他陡倾裂隙。缓倾角软弱面（如夹泥）抗滑性能差，易在坡体重力作用下产生缓慢的移动变形，坡体易发生微量转动，使应力集中的转折处首先遭到破坏。图 19-66 充分反映了在蠕动转折处的破坏过程，首先出现的张拉羽裂将转折端切断（切角滑移阶段）；然后继续遭到破坏，形成次一级剪切面，并伴随有架空现象（次一级剪切面开始形成阶段）；再进一步发展，则形成连续滑面（滑面形成阶段），一旦滑面上的下滑力超过抗滑力，即导致坡体坍塌破坏。

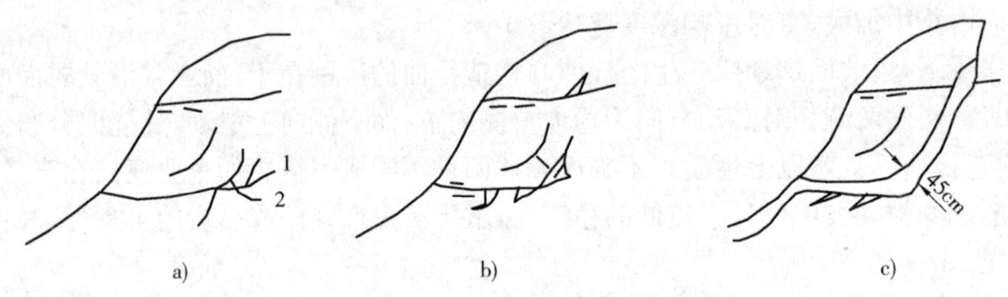

图 19-66　坡体蠕动

a）切角滑移；b）次级切面开始形成；c）滑面形成

1-层面；2-羽裂

（二）边坡岩体的破坏

边坡岩体中出现了与外界贯通的破坏面，使被分割的岩体以一定的加速度脱离母体，称为边坡岩体的破坏。

自然边坡的形成过程往往比较缓慢，在坡体中应力的改变是渐变的，所以在发生破坏之前总要经过松动、蠕动等变形阶段，而人工边坡的破坏由于坡体应力的变化和附加荷载（如坝肩推力等）的出现可以较为迅速发生，因此可能出现两种情况。当迅速形成坡体应力超过边坡体极限强度，并足以构成贯通性破坏面时，边坡破坏便迅速发生，蠕动时间极短暂；反之，若应力小于坡体极限强度，而大于长期强度，在发生破坏之前总要经过一段较长时间的蠕动过程。此外，自然营力对坡体破坏的影响也很大。当某些营力突然加剧（如地震、孔隙水压力），可使一些原来并无明显蠕动迹象的边坡突然遭到破坏。

边坡的破坏形式很多,现将分别简述崩塌和滑坡。

1. 崩塌

崩塌是岩质边坡破坏的一种形式。边坡前缘的部分岩体被陡倾角的破裂面分割,以突然的方式脱离母体,翻滚而下,岩块相互撞击破碎,最后堆积于坡脚而形成岩堆,称为崩塌(见图 19-67)。其规模相差悬殊,可从大规模的山崩直至小型块石坠落。从形成机理分析,崩塌的形成在于坡体沿陡倾软弱结构面张裂的同时,坡脚岩体发生变形(如基座蠕动),使上部割裂岩体失去支持而发生翻倒。崩塌主要发生在 55°以上陡坡的前缘边坡上。高而陡的边坡通常由陡倾角裂隙发展而成,或基座蠕动造成的沉陷解体形成。这些裂隙在表层蠕动的作用下进一步加深加宽,并促使坡脚主应力增高,使坡体蠕滑进一步加剧,下部支持力减弱,引起崩塌。故崩塌在高陡边坡上具有良好的发育条件。

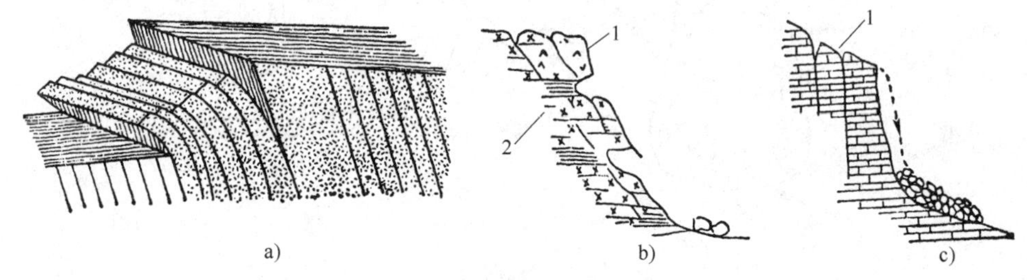

图 19-67 崩塌示意图

a)倾倒破坏;b)软硬互层坡体的局部崩塌和坠落;c)三峡月亮洞崩塌

1-砂岩;2-页岩

由于崩塌形成的岩堆给后侧坡脚以侧向压力,再次发生崩塌的突破处将上移,所以崩塌具有在边坡上逐次后退,规模逐渐变小等发展趋势。

剥落是组成边坡的岩石具有薄层状或页片状结构面,如页岩、片岩、强烈风化的片麻岩和劈理发育的粉砂岩等。由于这些岩石性质软弱、结构面密集,经受长期不断的风化作用,岩体呈片状破裂,当受雨水冲刷和其他外营力作用之下,边坡表部岩体呈片层状沿边坡表面剥落,堆积于坡脚。剥落现象一般规模小,速度缓慢,如果这种现象是单一的,没有其他因素的特殊影响,则不致造成严重的灾害。但对渠道或溢洪道的边坡应给予注意,因为剥落的碎屑物质堆积在坡脚会堵塞水流,可能引起其他不良现象。

2. 滑坡

滑坡是边坡上的岩土体在自然或人为因素的影响下失去稳定,沿一定的破坏面整体下滑的现象,是一种常见的边坡失稳而产生的地质灾害。要及时地识别滑坡,以确定边坡是否会发生滑坡,以及滑坡的存在,应首先了解滑坡的构造形态。

(1)滑坡的构造形态

通常一个比较典型的滑坡由滑坡体、滑动面、滑坡壁、滑坡裂隙、滑舌、滑坡鼓丘等几部分构造形态要素组成,见图 19-68。

①滑坡体。指边坡上沿滑动面向下滑动的岩土体,或者说是滑坡的整个滑动体。这部分岩土体虽然经受了滑动,但其内部还保持原有的层位关系,以及结构、构造、裂隙节理的特点。滑坡体的表面起伏不平,裂隙纵横;原有树木倾斜或倒伏,形成马刀树、醉汉林;封闭洼地积水或成沼泽,常长有喜水植物。滑坡体与周围不动岩土体的分界线,称为滑坡周界。

②滑动带(面)。滑坡体与其周围未滑动岩土体之间的分界面称为滑动面。滑坡体底部产

生剪切、揉皱的，厚数厘米至数米的地带称为滑动带。滑动面以下稳定的岩土体称为滑坡床（滑床）。滑动面的形状随着边坡岩土体的成分和结构的不同而异，在均质黏性土和软岩中，滑动面接近于圆弧形；滑坡体如沿岩层层面或构造面滑移时，呈直线或折线形。滑坡面一般是由直线和圆弧复合而成，其后部经常呈弧形，前部呈近似于水平的直线。滑动面大多数是由黏土夹层或其他软弱岩层所组成，如页岩、泥岩、千枚岩、片岩等，或者是由岩层面、裂隙节理面等组成。由于滑动时的摩擦，滑动面常是光滑的，有时可见滑动擦痕；滑动带中岩土十分破碎，而且通常是潮湿的，有的甚至达饱和状态，并在坡脚处常有泉水涌出。

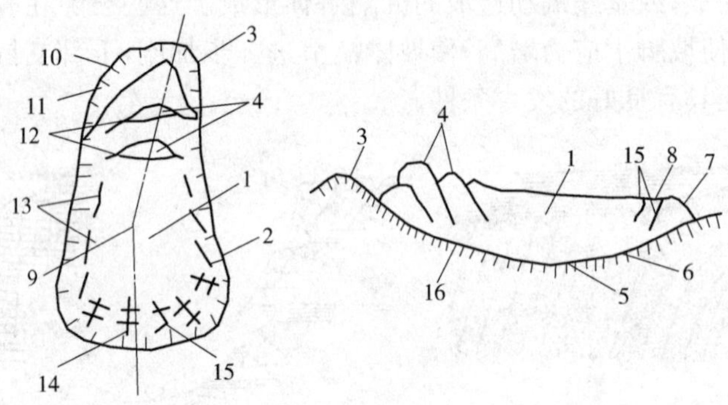

图 19-68　滑坡形态要素

1-滑坡体；2-滑坡周界；3-滑坡壁；4-滑坡台阶；5-滑动面；6-滑动带；7-滑坡舌；8-滑坡鼓丘；9-滑坡主轴；10-封闭洼地；11-剪切裂隙；12-张拉裂隙；13-羽状裂隙；14-扇状裂隙；15-鼓胀裂隙；16-滑坡床

③滑坡壁（滑坡后壁）。滑坡体滑落后，滑床上方未滑动部分岩土体所形成的弧形陡壁。实际上是滑动面在坡上出露的界面，有时在较新的滑坡后壁上可见到滑动擦痕。滑坡后壁左右呈弧形向前伸展呈“圈椅”状，平面上多呈椅状。

④滑坡台阶。滑坡体上由于各滑体滑落速度差异而形成的阶梯状台坎称滑坡台阶。一般呈反坡状。

⑤滑坡裂缝。滑坡体在滑动过程中，由于各部位的移动速度不均匀，在滑体内部或表面所产生的裂缝称为滑坡裂缝。按受力状况不同可分为滑体上的拉张裂缝、两侧的剪切裂缝、下部的鼓胀裂缝、扇形张裂缝等。

⑥滑坡舌。又称滑坡头，系指滑坡体最前部冲出滑床的部分。

⑦滑坡鼓丘。滑坡体在下滑的过程中，如果受到阻碍，便会形成隆起的小丘，即称滑坡鼓丘。

⑧主滑线（滑坡主轴）。滑坡体滑移速度最快部分的连线称之为主轴线。它代表了滑坡滑动的方向，可以是直线，亦可是折线。

应该指出，滑坡的典型构造形态只有新产生的滑坡或形成不久的滑坡才具备。发生时间较久的滑坡，由于水流冲刷、风化以及人为活动等因素的影响，使滑坡的地表形态遭受破坏，以致不易识别出来，但只要仔细调查，分析对比周围的地形地物，也可正确识别。

（2）滑坡的分类

对于岩质边坡的滑动破坏类型，不同的研究者根据各自的观点对滑动类型进行了划分。由于自然条件千变万化，滑坡的成因、形态、滑动的过程亦各有特点，了解滑坡分类，有助于滑坡的识别和治理。表 19-33 是根据滑坡岩土体的组成、滑动幅度、力学特性、滑体形态、滑体规模、滑体厚度、发展阶段等进行的分类。

滑坡的分类 表19-33

划分依据	名称类型	特征说明
按滑坡面通过的岩层情况分	同类土滑坡	发生在层理不明显的均质黏性土或黄土中，滑动面均匀光滑
	顺层滑坡	沿岩层面或裂隙面滑动，或沿坡积体与岩基交界面及岩基间不整合面等滑动，大部分在顺倾向的山坡上
	切层滑坡	滑动面与岩层面相切，常沿顺向山外的一组断裂面发生，滑坡床多呈折线状，多分布在逆倾向岩层的山坡上
按滑坡体厚度分	浅层滑坡	滑坡体厚度在6m以内
	中层滑坡	滑坡体厚度6～20m
	深层滑坡	滑坡体厚度超过20m
按引起滑动的力学性质分	推移式滑坡	上部岩层滑动挤压下部产生变形，滑动速度较快，多具楔形环谷外貌，滑体表面波状起伏，多见于有堆积物分布的倾斜地段
	牵引式滑坡	下部先滑石上部失去支撑而变形滑动，一般速度较慢，多具上小下大的塔式外貌，横向张开裂隙发育，滑体表面多呈阶梯状或陡坎状，常形成沼泽地
按形成原因分	工程滑坡	由于施工开挖引起的滑坡。它包括：1. 工程新滑坡，由于山体开挖形成的滑坡；2. 工程复活古滑坡，久已存在的滑坡，由于山体开挖引起重新活动
	自然滑坡	由于自然地质作用形成的滑坡。它包括：1. 老滑坡，坡体上有高大的树木，残留部分环谷、断壁擦痕；2. 新滑坡，外貌清晰，断壁新鲜
按发生后的活动性质分	活滑坡	发生后仍在活动的滑坡。后壁及两侧有新鲜擦痕，体内有开裂、鼓起或前缘有挤出等变形迹象，其上偶有旧房遗址，幼小树木歪斜生长等
	死滑坡	发生滑动后已稳定，并已停止发展，一般情况下不可能重新活动，坡体上植被较茂盛，常有居民点
按滑坡体体积分	小型滑坡	$<5\,000m^3$
	中型滑坡	$5\,000\sim50\,000m^3$
	大型滑坡	$50\,000\sim100\,000m^3$
	巨型滑坡	$>100\,000m^3$

霍克(Hoek，1974)把岩体边坡破坏的主要类型分为圆弧破坏、平面破坏、楔体破坏和倾倒破坏4类。库特(Kuncr，1974)则将其分为非线性破坏、平面破坏及多线性破坏三类。这两种分类方法虽然不同，但都把滑动面的形态特征作为主要分类依据。从岩体力学的观点来看，岩体边坡的破坏不外乎剪切(即滑动破坏)和拉断两种形式。大量的野外调查资料及理论研究表明，除少数情况外，绝大部分岩体边坡的破坏均为滑动破坏。由于研究滑动破坏问题的关键在于研究滑动面的形态、性质及其受力平衡关系。同时，滑动面的形态及其组合特征不同，决定着要采用的具体分析方法的不同。因此、岩体边被破坏类型的划分，应当以滑动面的形态、数目、组合特征及边坡破坏的力学机理为依据。根据这些特征并参照霍克的分类方法，也可将岩体边坡破坏划分为平面滑动、楔形状滑动、圆弧形滑动及倾倒破坏四类，其中平面滑动又根据

滑动面的数目划分出单平面滑动、双平面滑动与多平面滑动等几类，各类边坡破坏的主要特征如表 19-34 所示。前三类以剪切破坏为主，常表现为滑坡形式；第四类为拉断破坏，常以崩塌形式出现。

岩质边坡的破坏类型 表 19-34

<table>
<tr><th>类 型</th><th>亚 类</th><th>示意图</th><th colspan="2">主 要 特 征</th></tr>
<tr><td rowspan="4">平面滑动</td><td rowspan="2">单平面滑动</td><td></td><td rowspan="4">滑动面倾向与边坡面基本一致，并存在走向与边坡垂直或接近垂直的切割面，滑动面的倾角小于边坡角且大于其摩擦角</td><td>一个滑动面，常见于倾斜层状岩体边坡中</td></tr>
<tr><td></td><td>一个滑动面和一个接近铅直的张裂缝，常见于倾斜层状岩体边坡中</td></tr>
<tr><td>同向双平面滑动</td><td></td><td>两个倾向相同的滑动面，下面一个为主滑动</td></tr>
<tr><td>多平面滑动</td><td></td><td>三个或三个以上滑动面，常可分为两组，其中一组为主滑动面</td></tr>
<tr><td>楔形状滑动</td><td></td><td></td><td colspan="2">两个倾向相反的滑动面，其交线倾向与坡向相同，倾角小于坡角且大于滑动面的摩擦角，常见于坚硬块状岩体边坡中</td></tr>
<tr><td>圆弧形滑动</td><td></td><td></td><td colspan="2">滑动面近似圆弧形，常见于强烈破碎、剧风化岩体或软弱岩体边坡中</td></tr>
<tr><td>倾倒破坏</td><td></td><td></td><td colspan="2">岩体被结构面切割成一系列倾向与坡向相反的陡立柱状或板状体，当为软岩时，岩柱向坡面产生弯曲；为硬岩时，岩柱被横向结构面切割成岩块，并向坡面翻倒</td></tr>
</table>

平面滑动是一部分岩体在重力作用下沿着某一软弱面（层面、断层、裂隙）的滑动，见图 19-69a），滑动面的倾角必大于该平面的内摩擦角。滑体平面滑动时不仅克服了底部的阻力，而且也克服了两侧的阻力。在软岩中（例如页岩），如果底部倾角远大于内摩擦角，则岩石本身的破坏即可解除侧边约束，从而产生平面滑动。而在硬岩中，如果不连续面横切坡顶，边坡上岩石两侧分离，则也能发生平面滑动。楔形滑动是岩体沿两组（或两组以上）软弱面滑动的现象，见图 19-69b）。在挖方工程中，如果两个不连续面的交线出露，则楔形岩体失去下部支撑作用而产生滑动。法国马尔帕塞坝的崩溃（1959 年）就是岩基楔形滑动的结果。圆弧滑动的滑动面通常呈弧形状，见图 19-69c），这种滑动一般产生于非成层的均质岩体中。按照滑动面形状对滑坡进行分类便于采用极限平衡方法对边坡进行稳定性分析。

岩坡的滑动过程有长有短，有快有慢，一般可分为三个阶段。初期是蠕动变形阶段，这一阶段中坡面和坡顶出现拉张裂缝并逐渐加长和加宽，滑坡前缘有时出现挤出现象，地下水位发生变化，有时会发出响声。第二阶段是滑动破坏阶段，此时滑坡后缘迅速下陷，岩体以极大的速度向下滑动，此一阶段往往造成极大的危害。最后是逐渐稳定阶段，这一阶段中，疏松的滑体逐渐压密，滑体上的草木逐渐生长，地下水渗出由浑变清等。

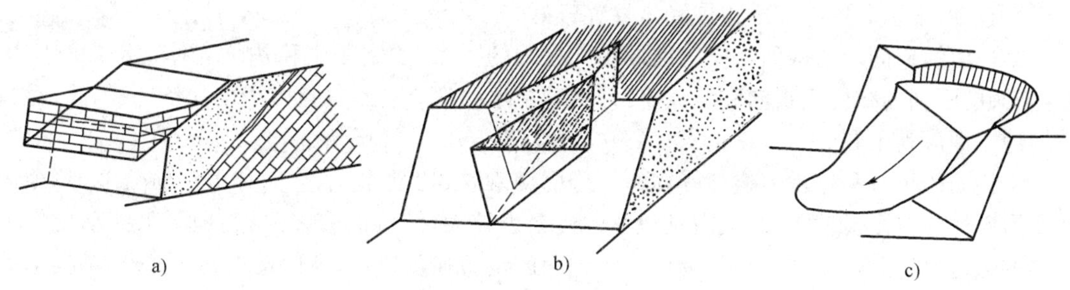

图 19-69　岩石边坡滑坡类型示意图

a)平面滑动；b)楔形滑动；c)圆弧滑动

五、影响边坡稳定性的工程地质因素

边坡变形的发生发展是极其错综复杂的，影响因素也很多。概括起来可以分为两个方面：

内在因素。包括地貌条件、岩石性质，岩体结构与地质构造等。这些因素的变化是十分缓慢的，它们决定边坡变形的形式和规模，对边坡的稳定性起着控制作用，是边坡变形的先决条件。

外在因素。包括水文地质条件，风化作用，水的作用、地震及人为因素等。这些因素的变化是很快的，但它只有通过内在因素，才能对边坡稳定性起着破坏作用，或者促进边坡变形的发生和发展。

边坡变形，实质上是内在和外在的各种因素综合作用的结果。因此，在分析边坡稳定时，应在研究各种单一因素的基础上，找出它们彼此间的内在联系，才能对边坡的稳定性做出比较正确的评价。

（一）地貌条件

地貌是由于地球内、外营力作用而形成的地表起伏形态。地貌条件决定了边坡形态，对边坡稳定性有直接影响。边坡的形态系指边坡的高度、坡角、剖面形态、平面形态以及边坡的临空条件等。对于均质岩坡，其坡度越陡，坡高越大则稳定性越差。对边坡的临空条件来讲，工程地质条件相类似的情况下，平面呈凹形的边坡较呈凸形的边坡稳定。此外，在边坡倾向与缓倾角结构面倾向一致的同向结构类型地段，边坡稳定性与边坡坡度关系不甚密切，而主要取决于边坡高度。

（二）岩石的性质

岩石性质的差异是影响边坡稳定的基本因素，就边坡的变形破坏特征而论，不同的地层岩组有其常见的变形破坏形式。例如，有些地层岩组中滑坡特别发育，这是与该地层岩石的矿物成分、亲水特性及抗风化能力等有关，如第三系红色页岩、泥岩、裂隙黏土；二叠系煤系岩组，以及古老的泥质变质岩系（千枚岩、片岩等）都是易滑地层岩组。其次，岩组特征对边坡的变形破坏有着直接影响，坚硬完整的块状或厚层状岩组，易形成高达数百米的陡立边坡，而在软弱地层的岩石中形成的边坡在坡高一定时，其坡度较缓。由某些岩石组成的边坡在干燥或天然状态下是稳定的，但一经水浸，岩石强度将大为减小，边坡出现失稳等，充分说明岩石对边坡的变形破坏有直接影响。

(三)岩体结构与地质构造

岩体结构类型、结构面性状及其与坡面的关系是岩质边坡稳定的控制因素。

结构面的倾角和倾向。同向缓倾边坡的稳定性较反向坡要差;同向缓倾坡中的倾角越陡,稳定性越好;水平岩层组成的边坡稳定性亦较好。

结构面的走向。结构面走向与坡面走向之间的关系,决定了失稳边坡岩体运动的临空程度,当倾向不利的结构面走向和坡面平行时,整个坡面都具有临空自由滑动的条件,因此,对边坡的稳定性最为不利。

结构面的组数和数量。边坡受多组结构面切割时,切割面、临空面和滑动面较多,整个边坡变形破坏的自由度就大,组成滑动块体的机会也较大;结构面较多时,为地下水活动提供了较多的通道,显然地下水的出现,降低了结构面的抗剪强度,对边坡稳定不利。另外,结构面的数量影响到被切割岩块的大小和岩体的破碎程度,它不仅影响边坡的稳定性,而且影响到边坡的变形破坏的形式。

对边坡稳定性有影响的岩体结构还包括结构面的连续性、粗糙程度及结构面胶结情况、充填物性质和厚度等方面。

地质构造是影响岩质边坡稳定性影响的重要因素,它包括区域构造特点、边坡地段的褶皱形态、岩层产状、断层与节理裂隙的发育程度及分布规律、区域新构造运动等。在区域构造较复杂、褶皱较强烈、新构造运动较活跃区域,边坡的稳定性较差。边坡地段的褶皱形态、岩层产状、断层及节理等本身就是软弱结构面,经常构成滑动面或滑坡周界,直接控制边坡变形破坏的形式和规模。对地质构造进行分析研究,是定性和定量分析评价边坡稳定性的基础。

(四)风化作用

风化作用,是各类岩石长期暴露地表,受到水文、气象变化的影响,发生的物理和化学作用。风化作用出现各种不良现象,如产生次生矿物,节理张开或裂隙扩大,并出现新的风化裂隙,岩体结构破坏,物理力学性质降低等。显然,风化作用边坡的稳定性大大降低,并对边坡变形的发生和发展起着促进作用。实际资料说明,岩石风化越深,边坡的稳定性越差,稳定坡角越小。

岩石的风化速度、深度和厚度应取决于一系列的因素,如岩石的性质,断裂的发育程度,水文地质动态,水文、气象,地形地貌及现代物理地质作用等。在同一地区由于岩石性质不同,风化程度也不同。如黏土质页岩比硬砂岩易风化,风化较深,风化层的厚度也较大,边坡角较小,根据某些地区自然边坡实际调查资料,黏土质岩组成的边坡坡角均缓于36°,而砂岩边坡则较陡。

断裂发育的破碎岩石带比裂隙少的岩石风化较深,风化厚度也较大,在几组断裂面交会处常形成袋状深化风化带,有些断裂面成为边坡变形的控制面。

具有周期性干湿变化地区(如水库水位变动区,地下水位季节变动带)的岩石易于风化,风化速度较快,边坡稳定性较差,而无干湿变化影响地区的岩石,风化速度较慢,边坡稳定性高,位于冲沟、河谷的岸坡,由于剥蚀冲刷作用强烈,风化层较薄,边坡坡角较陡,有的可达45°~50°以上边坡仍然稳定,而越接近山顶,风化层的厚度越大,边坡坡度也较缓,常见为15°~20°之间。以上说明风化作用对边坡稳定是不利的。

在这里必须指出,由于岩石性质、组织结构和完整性不一,以及各处风化因素的不同,风化带的厚度和分布状况都有极大的差别。同时,风化作用的强度随着岩石的埋深增大逐渐减弱的。所以,每一带之间并不见明显的分界线,而是具有过渡性的渐变特征。

此外,自然界的风化作用,总是在不停止地进行着,岩石性质和边坡的稳定性也在不断恶化,在研究风化作用对边坡稳定性的影响时,必须考虑这些特点和它们的发展趋势。

（五）水的作用

水对边坡稳定性有显著影响。它的影响是多方面的，包括软化作用、冲刷作用、静水压力和动水压力作用，还有浮托力作用等。

1. 水的软化作用

水的软化作用系指由于水的活动使岩土体强度降低的作用。对岩质边坡来说，当岩体或其中的软弱夹层亲水性较强，有易溶于水的矿物存在时，浸水后岩石和岩体结构遭到破坏，发生崩解泥化现象，使抗剪强度降低，影响边坡的稳定。对于土质边坡来说，遇水后软化现象更加明显，尤其是黏性土和黄土边坡。

2. 水的冲刷作用

河谷岸坡因水流冲刷而使边坡变高、变陡，不利于边坡的稳定。冲刷还可使坡脚和滑动面临空，易导致滑动。水流冲刷也常是岸坡崩塌的原因。此外，大坝下游在高速水流冲刷下形成冲刷坑，其发展的结果会使冲坑边坡不断崩落，以致危及大坝的安全。

3. 静水压力

作用于边坡上的静水压力主要有三种不同的情况：其一是当边坡被水淹没时作用在坡面上的静水压力；其二是岩质边坡张拉裂隙充水时的静水压力；其三是作用于滑体底部滑动面（或软弱结构面）上的静水压力。

当边坡被水淹没，而边坡的表部相对不透水时，坡面上就承受一定的静水压力。由于该静水压力指向坡面且与其正交，所以对边坡稳定有利。在水库蓄水的条件下对库岸稳定性计算时应计入此静水压力。

岩质边坡中的张拉裂隙（或陡倾节理），如果因降雨或地下水活动使裂隙充水，则裂隙将承受静水压力的作用（见图 19-70）。该裂隙静水压力为（取单位宽度坡体）

$$P_w = \frac{1}{2}H \cdot L \cdot \rho_w \cdot g \tag{19-132}$$

式中：H——裂隙水的水头高；

L——充水裂隙的长度；

ρ_w——水的密度；

g——重力加速度。

这一静水压力对边坡稳定是不利的，由于它的作用使边坡受到一个向着临空面的侧向推力，易发生失稳，雨季时一些边坡产生崩塌或滑坡，往往与裂隙静水压力的作用有关。

如果边坡上部为相对不透水的岩土体，则当河面水位上涨或水库蓄水时，地下水位上升，边坡内不透水岩土底面将受到静水压力作用，削减该结构面上的有效应力，从而降低了抗滑力，不利于边坡的稳定（见图 19-71）。显然，地下水位越高，则对边坡稳定越不利。当河水位或水库水位迅速消落时，由于地下水的滞后效应，结构面上存在较大的静水压力，易造成岸坡破坏。

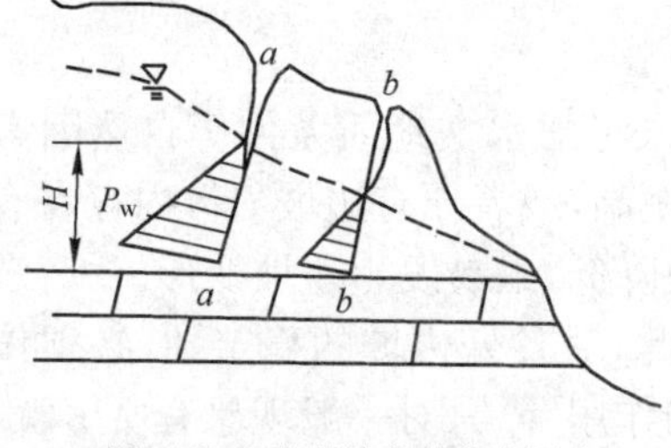

图 19-70 张裂隙中的静水压力

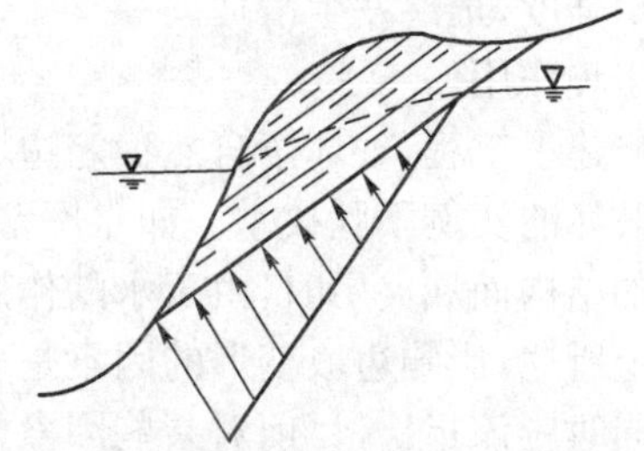
图 19-71 静水压力削减结构面上的有效应力

4. 动水压力

如果边坡岩土体是透水的，地下水在其中渗流时由于水力梯度作用，就会对边坡产生动水压力。其方向与渗流方向一致，指向临空面，因而对边坡稳定是不利的。在河谷地带当洪水过后河水位迅速下降时，岸坡内可产生较大的动水压力，往往使之失稳。同样，当水库水位急剧下降时，库岸也会由于很大的动水压力而致失稳。

此外，地下水的潜蚀作用，会削弱甚至破坏土体的结构联结，对边坡稳定性也是有影响的。

5. 浮托力

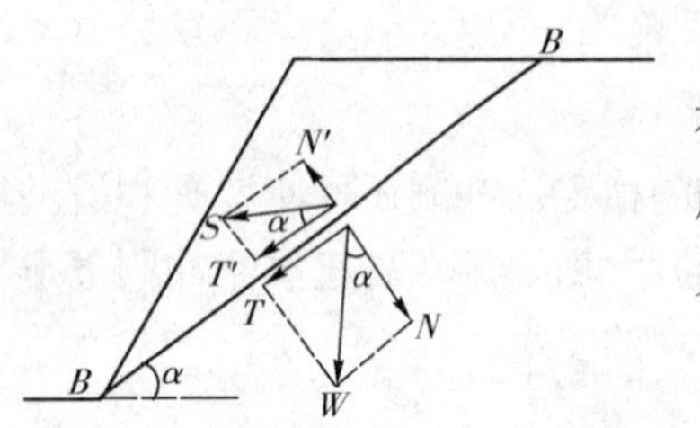

图 19-72　水平地震力 S 对边坡稳定性的影响

处于水下的透水边坡，将承受浮托力的作用，使坡体的有效重量减轻，对边坡稳定不利。一些由松散堆积物组成库岸的水库，当蓄水时岸坡发生变形破坏，原因之一就是浮托力的作用。

（六）地震

地震对边坡稳定性的影响较大。强烈地震时由于水平力的作用，常引起山崩、滑坡等边坡破坏现象，国内外都有此大量实例。地震对边坡稳定性的影响，是因为水平地震力使法向压力削减和下滑力增强，促使边坡易于滑动（见图 19-72）。此外，强烈的振动，使地震带附近岩土体结构松动，也给边坡稳定带来潜在威胁。

（七）人为因素

岩质边坡变形，除各种自然地质因素外，人为因素的影响也是比较显著的。

1. 爆破作用

爆破作用对岩质边坡稳定的影响与地震作用相类似，只是影响深度较小，范围不大。如果工程开挖，均采用洞室爆破（装药量为 500～1 400kg），爆破后，即在边坡上产生许多弧形裂缝，宽度约 1～50mm，并不断发展扩大，在爆破后 30min 左右，先后发生多处崩塌和滑坡。如福建某工程开挖明渠一次装药量为 4 500kg，爆破后发生了滑坡，这些实例均说明爆破对边坡稳定起着直接破坏作用。

2. 人工削坡

岩质边坡变形，多数是由于开挖没有考虑岩体结构的特点，或者切断了控制边坡稳定的主要结构面，形成滑动临空面，使边坡岩体失去支撑而发生变形的，多见于基坑、厂房隧洞进出口、路堑及渠道边坡的开挖。

3. 施工方法

在生产中，常常由于施工程序安排不当，排水不良，或者开挖没有考虑岩体结构特点等不适当的施工方法引起边坡破坏，如福建某工程由于施工方法不当，即在坡顶开挖进度慢，坡脚开挖进度快，形成倒坡；又在坡顶采用了所谓“水力冲挖”法，结果水流沿裂隙下渗，降低了夹泥层的抗剪强度，最终发生滑坡。

4. 工程作用

因修建了工程，破坏了自然稳定边坡的平衡状态或未考虑水文地质条件等自然因素而引起边坡破坏的实例不胜枚举。如水库蓄水后，地下水位壅高，或者原有边坡岩体内存在有不利于稳定的结构面和夹层时，由于水的作用，抗滑力将很快降低，最易发生边坡变形。

综上所述，影响边坡变形的因素是多种多样的。因此，对各处边坡的稳定性，必须作具体分析。同时应该指出，目前对某些因素如震动作用、水的作用等，只对一般现象有所了解，至于对边坡的危害程度、变化规律及其发展趋势等，尚难作出定量评价，还有待今后在生产实践中有所研究提高和论证。

六、边坡稳定性评价方法

在进行岩坡稳定性分析时，首先应当查明岩坡可能发生的滑动类型，然后对不同类型采用相应的分析方法。严格地说，岩坡滑动大多属空间滑动问题，但对只有一个平面构成的滑裂面或者滑裂面由多个平面组成而这些面的走向又大致平行者，且沿走向长度大于坡高时，则也可按平面滑动进行分析，其结果偏于安全方面。在平面分析中，常常把滑动面简化为圆弧、平面和折面，把岩体看作为刚体，按莫尔-库伦强度准则，对指定的滑动面进行稳定验算。

边坡稳定性分析是确定边坡是否处于稳定状态，是否需要进行加固与治理，防止其发生破坏的重要决策依据。

岩质边坡发生破坏是一种复杂的地质灾害过程，由于边坡内部结构的复杂性和组成岩石物质成分的不同，造成边坡破坏具有不同破坏模式。对于不同的破坏模式就存在不同的滑动面，因此应采用不同的分析方法和计算公式来分析其稳定状态。目前用于岩质边坡稳定性分析的方法大体上可分为定性分析方法和定量分析方法两大类。定性分析方法包括工程类比法和图解法(赤平极射投影法、实体比例投影法、摩擦圆法等)，定量分析方法主要有极限平衡法、极限分析法(有限元法、离散元法等)及可靠度分析方法(蒙特卡洛法和随机有限元法等)，其中极限平衡法是最简单、实用且应用最普遍的方法。

极限平衡法是只考虑滑动面上的极限平衡状态，而不考虑岩体的变形，即视岩体为刚体，根据滑体或滑体分块的力学平衡原理(即静力平衡原理)分析边坡各种破坏模式下的受力状态，以及用边坡滑体上的抗滑力和下滑力之间的关系来评价边坡的稳定性。极限平衡法又可细分成很多方法，目前常用的主要有：Fellenius 法(1936)、Bishop 法(1955)、Janbu 法(1954，1973)、Sarma 法(1979)、楔形体法、平面破坏计算法、传递系数法等。实际应用时，主要根据边坡的破坏类型选择相应的方法。

所有的极限平衡方法都有以下两个前提。

(1)滑动面上岩体的抗剪强度符合库仑准则，即

$$\tau = c + \sigma\tan\varphi \tag{19-133}$$

或

$$\tau = c' + (\sigma - u)\tan\varphi' \tag{19-134}$$

式中：c、c'——分别为滑动面的黏结力和有效黏结力；

φ、φ'——滑动面上的摩擦角和有效摩擦角；

σ、τ——作用于滑动面上的法向应力和剪应力；

u——滑动面孔隙水压。

(2)安全系数(或稳定系数)F_s 的定义为沿最危险滑动面作用的最大抗滑力(或力矩)与下滑力(或力矩)的比值。即

$$F_s = \frac{\text{抗滑力(或抗滑力矩)}}{\text{下滑力(或滑动力矩)}} \tag{19-135}$$

如果 $F_s>1$，则沿着这个计算滑动面是稳定的；如果 $F_s<1$，则是不稳定的；如果 $F_s=1$，则说明这个计算滑动面处于极限平衡状态。

极限平衡法表面上看来是一种严格的定量评价方法，但是由于做了一些简化和假设，边界条件的确定和计算参数的取得还存在不少问题，因此，在实际工作中，常根据边坡的重要性及

具体情况，用一个大于1的安全系数来保证计算的安全度。一般规定 $F_s=1.1\sim1.5$，即要求计算所得斜坡或边坡的稳定安全系数大于这个数字才是安全稳定的，否则边坡将是不安全的。

岩质边坡的稳定性，一般取决于软弱结构面的特点及其组合关系。进行稳定性分析是应先确定可能的滑动面，即岩体中存在的软弱结构面。结构面越多，稳定性分析时就越困难。下面分别介绍几种分析方法。

(一)圆弧法岩坡稳定分析

对于均质的以及没有断裂面的岩坡，在一定的条件下可看作平面问题，用圆弧法进行稳定分析。圆弧法是最简单的分析方法之一。

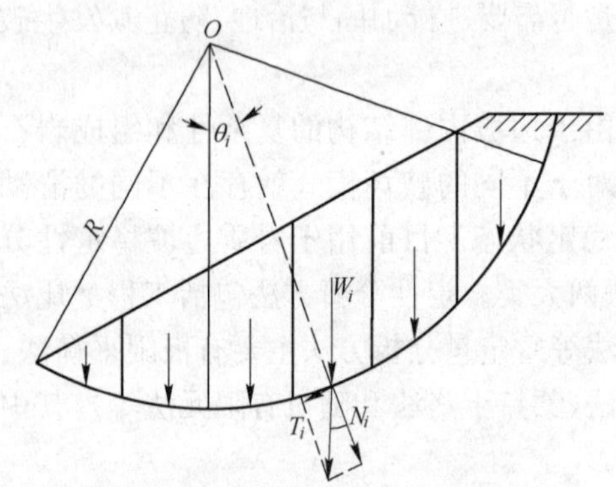

图 19-73　圆弧法岩坡稳定分析

在用圆弧法进行分析时，首先假定滑动面为一圆弧(见图 19-73)，把滑动岩体看作为刚体，求滑动面上的滑动力及抗滑力，再求这两个力对滑动圆心的力矩。滑动力矩 M_S 和抗滑力矩 M_R 之比，即为该岩坡的稳定安全系数 F_s。

由于假定计算滑动面上的各点覆盖岩石重量各不相同，因此，由岩石重量引起在滑动面上各点的法向压力也不同。抗滑力中的摩擦力与法向应力的大小有关，所以应当计算出假定滑动面上各点的法向应力。为此可以把滑弧内的岩石均分为条形，用所谓条分法进行分析。

如图 19-73 所示，把滑体分为 n 条，其中第 i 条传给滑动面上的重量为 W_i，它可以分解为两个力：一是垂直于圆弧的法向力 N_i，另一个是平行于圆弧的切向力 T_i，即为下滑力。由图可知

$$N_i=W_i\cos\theta_i;T_i=W_i\sin\theta_i \tag{19-136}$$

N_i 通过圆心，其本身对岩坡滑动不起作用。但是它可使岩条滑动面上产生摩擦力 $N_i\tan\varphi_i$(φ_i 为该弧所在的岩体的内摩擦角)，其作用方向与岩体滑动方向相反，故对岩坡起着抗滑作用。

此外，滑动面上的黏聚力 c 也是其抗滑作用的，所以，第 i 条岩条滑弧上的抗滑力为

$$R_{\mathrm{i}}=c_il_i+N_i\tan\varphi_i$$

因此，第 i 条产生的抗滑力矩为

$$(M_R)_i=(c_il_i+N_i\tan\varphi_i)R \tag{19-137}$$

式中：c_i——第 i 条滑弧所在岩层的黏聚力；

φ_i——第 i 条滑弧所在岩层的内摩擦角；

l_i——第 i 条岩条的滑弧长度。

同样，对每一条岩条进行类似分析，可以得到总的抗滑力矩为

$$M_R=\left(\sum_{i=1}^{n}c_il_i+\sum_{i=1}^{n}N_i\tan\varphi_i\right)R \tag{19-138}$$

而滑动面上总的下滑力矩为

$$M_S=\sum_{i=1}^{n}T_iR \tag{19-139}$$

将式(19-138)及式(19-139)代入安全系数式(19-135)，得到假定滑动面上的安全系数为

$$F_s=\frac{\sum_{i=1}^{n}c_il_i+\sum_{i=1}^{n}N_i\tan\varphi_i}{\sum_{i=1}^{n}T_i} \tag{19-140}$$

由于圆心和滑动面是任意假定的，因此要假定多个圆心和相应的滑动面作类似的分析、试算，从中找到最小的安全系数，即为真正的安全系数，其对应的圆心和滑动面即为最危险的圆心和滑动面。

根据圆弧法的大量计算结果，有人已经绘制了如图 19-74 所示的曲线，该曲线表示当一定的任何物理力学性质时坡高与坡脚的关系。在图上，横轴表示坡角 α，纵轴表示坡高系数 H'，H_{90} 表示均质垂直岩坡的极限高度，以及坡顶最大张拉裂隙的最大深度，用下式计算

$$H_{90}=\frac{2c}{\gamma}\tan\left(45^\circ+\frac{\varphi}{2}\right) \tag{19-141}$$

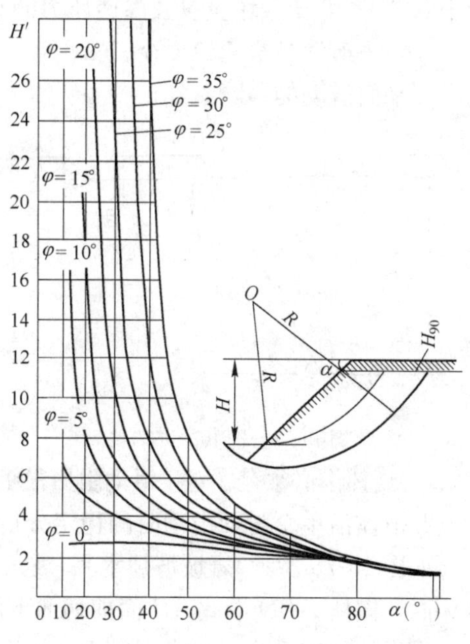

图 19-74　对于各种不同计算指标值的均质岩坡高度与坡角的关系曲线

利用这些曲线可以很快地决定坡高与坡脚，其计算步骤如下：

(1)根据岩体的性质指标(c,φ,γ)按式(19-141)确定 H_{90}。

(2)如果已知坡角，需要求坡高，则在横轴上找到已知坡角值的那点，自该点向上作一垂直线，相交于对应已知内摩擦角的曲线，得一交点，然后从这点作一水平线交于纵轴，求得 H'，将 H' 乘以 H_{90}，即得所要求的坡高 H

$$H=H'\cdot H_{90} \tag{19-142}$$

(3)如果已知坡高 H 需要确定坡角，则首先用下式确定 H'

$$H'=\frac{H}{H_{90}} \tag{19-143}$$

根据这个 H'，从纵轴上找到相应点，通过该点作一水平线相交于对应已知 φ 的曲线，得一交点，然后从该点作向下的垂直线交于横轴，求得坡角。

应该指出，在边坡上部经常出现张拉裂隙，滑体只能从坡角算到张拉裂隙处为止。

渗透压力对边坡的影响很重要，通过水文地质勘察，确定边坡内地下水位和流网(见图 19-75)，根据地下水位和流网的等势位线，就能确定静水压力 u 和动水压力 D，根据 u 就可确定有效压力 N'_i，这时 $N'_i=N_i-ul_i$，所以式(19-140)应改写为

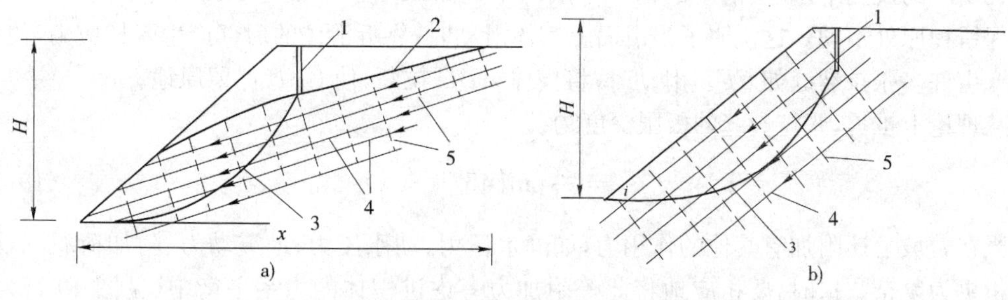

图 19-75　圆弧破坏的边坡内地下水流网图

1-张拉断裂；2-潜水面；3-滑面；4-假定流线；5-假定等势位线

$$F_s=\frac{\sum_{i=1}^{n}c_i l_i+\sum_{i=1}^{n}N'_i\tan\varphi_i}{\sum_{i=1}^{n}T'_i} \tag{19-144}$$

式中：T'_i——第 i 条块重量及渗透压力的平行滑面的分量之和。

(二)平面滑动岩坡稳定分析

1. 平面滑动的一般条件

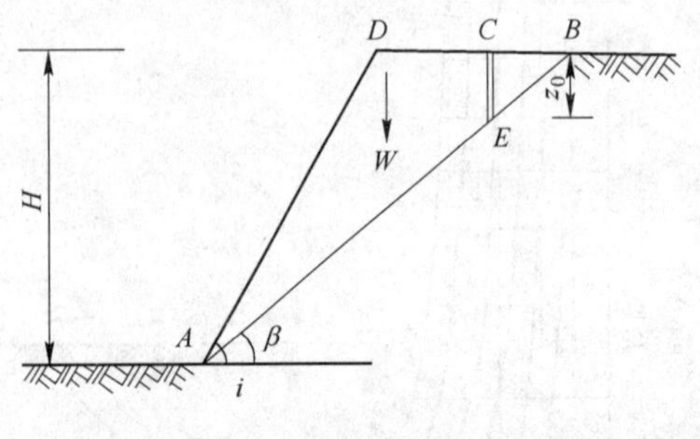

图 19-76　平面破坏的岩坡

岩坡沿着单一的平面发生滑动，一般必须满足下列 4 个几何条件(见图 19-76)。

(1)滑动面的走向必须与坡面平行或接近平行(约在±20°的范围内)；

(2)滑动面必须在边坡面露出，即滑动面的倾角 β 必须小于坡面的倾角 i，即 $\beta<i$；

(3)滑动面的倾角 β 必须大于该面的摩擦角 φ，即 $\beta>\varphi$；

(4)岩体中必须存在对于滑动阻力很小的分离面，以定出滑动的侧面边界。

2. 滑体沿单个滑面滑动时的稳定分析

如图 19-76 所示，岩坡坡顶水平，坡角为 i，坡内具有倾角为 β 的软弱面 AB，它造成岩坡的破坏面。楔体 ABD 沿此 AB 面剪切而下滑。

设岩体的容重为 γ，则楔体 ABD 的重力 W 为

$$W=\frac{\gamma H^2}{2}\cdot\frac{\sin(i-\beta)}{\sin i\sin\beta} \tag{19-145}$$

当滑面 AB 上具有黏结力 c 和内摩擦角 φ 时，沿 AB 方向的楔体 ABD 极限平衡为

$$\frac{cH}{\sin\beta}+W\cos\beta\tan\varphi-W\sin\beta=0$$

将式(19-145)代入上式，得边坡高度为

$$H=\frac{2c}{\gamma}\cdot\frac{\sin i\cos\varphi}{\sin(i-\beta)\sin(\beta-\varphi)} \tag{19-146}$$

该边坡的安全系数 F_s 为总抗滑力与总下滑力之比

$$F_s=\frac{\frac{cH}{\sin\beta}+W\cos\beta\tan\varphi}{W\sin\beta} \tag{19-147}$$

在实际的观测中，顺层滑动的滑体一般都不是 ABD 楔体，而是 $AECD$ 楔体。EBC 楔体则仍保留在原处不动。这说明了当滑面上楔体滑动时，靠近滑体的后部产生张拉应力，使滑体后缘产生许多张拉裂缝如 CE。滑动时，将楔体 ABD 拉断，使 CEB 保留原地。

从理论上推得，张拉裂缝的极限深度为

$$z_0=\frac{2c}{\gamma}\tan\left(45^\circ+\frac{\varphi}{2}\right) \tag{19-148}$$

当在岩坡上还附加有其他的作用力，如静水压力、动水压力、地震动力、附加荷载等，则岩坡分析更为复杂。这时，要相应地将此等附加力考虑进楔体的力系平衡中(见图 19-77)。在这种力学平衡计算之前，先作如下假设：

(1)滑动面及张拉裂缝的走向平行于坡面走向。

(2)张拉裂缝垂直，其中充水深度为 z_w。

(3)水沿张拉裂缝底进入滑动面渗漏，特别是在大气压力下进行渗透。这里，滑面在边坡内显示出水压力，张拉裂缝底与坡趾间的长度内水压力按线性变化至零(三角形分布)，如图 19-77 所示。

(4)滑动块体重力 W、滑动面上水压力 U 和张拉裂缝中水压力 V 三个均通过滑体的重心，换言之，假定没有使岩块转动的力矩，破坏只是由于滑动。一般而言，忽视力矩造成的误差可以忽略不计，但对于具有陡倾斜不连续面的陡边坡要考虑可能产生倾倒破坏。

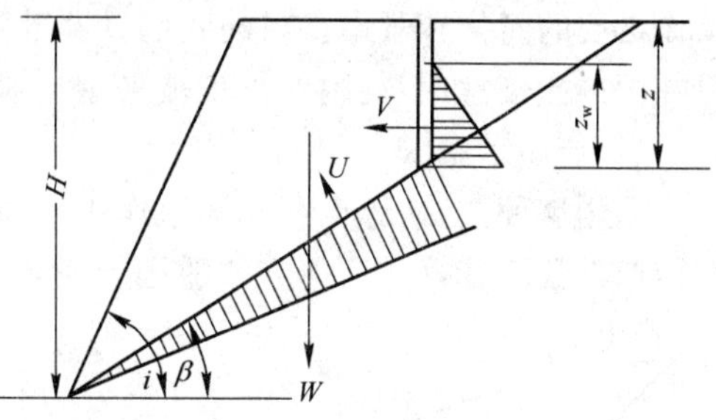

图 19-77 边坡上部具有张拉断裂的边坡计算图

(5)滑动面的抗剪强度符合库仑准则。

潜在滑动面上的安全系数，可按极限平衡条件求得。这时，安全系数等于总抗滑力与总下滑力之比，即

$$F_s = \frac{cA + (W\cos\beta - U - V\sin\beta)\tan\varphi}{W\sin\beta + V\cos\beta} \tag{19-149}$$

其中

$$A = (H - z)\csc\beta$$

$$U = \frac{1}{2}\gamma_w z_w (H - z)\csc\beta$$

$$V = \frac{1}{2}\gamma_w z_w^2$$

对于上部边坡表面中的张拉断裂，有

$$W = \frac{1}{2}\gamma H^2 \left\{\left[1 - \left(\frac{z}{H}\right)^2\right]\cot\beta - \cot i\right\} \tag{19-150}$$

当边坡的几何形状和张拉断裂中的水深为已知时，安全系数的计算是一简单的事情。可是，有时需要把一系列边坡几何形状、水的深度和不同抗剪强度的影响加以考虑，则上式的解法可能变得十分复杂。为了简化计算，方程式可以重新整理成下列无因次的形式

$$F_s = \frac{\left(\frac{2c}{\gamma H}\right)P + [Q\cot\beta - R(P + S)]\tan\beta}{Q + RS\cot\beta} \tag{19-151}$$

其中

$$P = \left(1 - \frac{z}{H}\right)\csc\beta$$

$$Q = \left\{\left[1 - \left(\frac{z}{H}\right)^2\right]\cot\beta - \cot i\right\}\sin\beta$$

$$R = \frac{\gamma_w}{\gamma}\frac{z_w}{z}\frac{z}{H}$$

$$S = \frac{z_w}{z}\frac{z}{H}\sin\beta$$

P、Q、R 和 S 皆是无因次的量，这意味着它们取决于几何形状，而不取决于边坡的大小。因此，在黏聚力 $c=0$ 的情况下，安全系数 F_s 不取决于边坡的大小。

3. 滑体沿多个滑面滑动时的稳定分析

当滑动面由多个结构面组成时，滑动面则成为不规则曲面。采用极限平衡原理，对于这种含有自然界最为普遍的滑动面的岩质边坡进行稳定性分析是一件十分困难的事情。因此，必

须作必要的简化和假设。目前我国铁路部门与工民建等部门习惯采用传递系数法，这种方法只在国内比较常用，在国外很少被采用。国外则采用萨尔玛法。

(1)传递系数法

采用这种方法，计算前应知道作用于预应力锚索桩上的土压力或滑坡推力，滑坡推力一般按传递系数法计算。这种方法适用于任意形状的滑面。

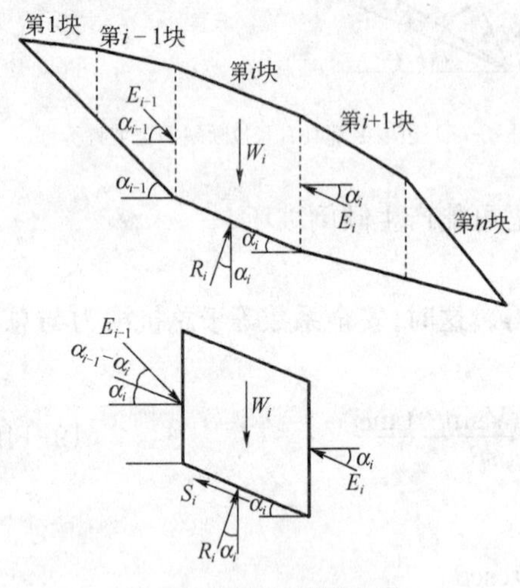

图 19-78　传递系数法图示

传递系数法假定：

①滑坡体不可压缩并作整体下滑，不考虑条块之间的挤压变形；

②条块之间只传递推力不传递拉力，不出现条块之间的拉裂；

③块间作用力(即推力)以集中力表示，它的作用线平行于前一块的滑面方向，作用在分界面的中点；

④顺滑坡主轴取单位长度(一般为 1.0m)宽的岩土体作计算的基本断面，不考虑条块两侧的摩擦力。

由图 19-78 可知，取第 i 条块为分离体，将各力分解在该条块滑面的方向上，可得下列方程

$$E_i - W_i\sin\alpha_i - E_{i-1}\cos(\alpha_{i-1}-\alpha_i) + [W_i\cos\alpha_i + E_{i-1}\sin(\alpha_{i-1}-\alpha_i)]\tan\varphi_i + c_i l_i = 0$$

由上式可得第 i 条块的剩余下滑力(即该部分的滑坡推力)E_i，即

$$E_i = W_i\sin\alpha_i - W_i\cos\alpha_i\tan\varphi_i - c_i l_i + \psi_i E_{i-1} \tag{19-152}$$

图 19-78 和式(19-152)中：

E_i——第 i 块滑体剩余下滑力；

E_{i-1}——第 $i-1$ 块滑体剩余下滑力；

W_i——第 i 块滑体的重力；

R_i——第 i 块滑体滑床反力；

ψ_i——传递系数，$\psi_i=\cos(\alpha_{i-1}-\alpha_i)-\sin(\alpha_{i-1}-\alpha_i)\tan\varphi_i$；

c_i——第 i 块滑体滑面上岩土体的黏聚力；

l_i——第 i 块滑体的滑面长度；

φ_i——第 i 块滑体滑面上岩土的内摩擦角；

α_i——第 i 块滑体滑面的倾角；

α_{i-1}——第 $i-1$ 块滑体滑面的倾角。

计算时从上往下逐块进行。按式(19-152)计算得到的推力可以用来判断滑坡体的稳定性。如果最后一块的 E_n 为正值，说明滑坡体是不稳定的；如果计算过程中某一块的 E_i 为负值或为零，则说明本块以上岩土体已能稳定，并且下一条块计算时按无上一条块推力考虑。

实际工程中，计算滑坡体的稳定性还要考虑一定的安全储备，选用的安全系数 F 应大于 1.0。在推力计算中如何考虑安全系数目前认识还不一致，一般采用加大自重下滑力，即 $FW_i\sin\alpha_i$ 来计算推力，从而式(19-152)变成

$$E_i = FW_i\sin\alpha_i - W_i\cos\alpha_i\tan\varphi_i - c_i l_i + \psi_i E_{i-1} \tag{19-153}$$

式中，安全系数 F 一般取为 1.05～1.25，计算方法同前。如果最后一块的 E_n 为正值，说

明滑坡体在要求的安全系数下是不稳定的；如果 E_n 为负值或为零，说明滑坡体稳定，满足设计要求。另外，如果计算断面中的逆坡，倾角 α_i 为负值，则 $W_i\sin\alpha_i$ 也是负值，因而 $W_i\sin\alpha_i$ 变成了抗滑力。在计算滑坡推力时，$W_i\sin\alpha_i$ 项就不应再乘以安全系数。

(2)Sarma 法

Sarma 法是 Sarma 于 1979 年在《边坡和堤坝稳定性分析》一文中提出的。其基本原理是：边坡破坏的滑体除非是沿一个理想的平面或弧面滑动，才可能作一个完整的刚体运动，否则，滑体必须先破裂成多个可相对滑动的块体，才可能发生滑动。即在滑体内部要发生剪切情况下才可能滑动。Sarma 法具有以下三个特点：

①可根据滑体的地质特征、结构面构造，对滑体进行按节理构造的斜分条及不等距分条，使各分条尽量接近实际风化岩体。

②可以较详尽地模拟侧面节理、断层造成的滑体强度特点。

③滑体滑动时，不仅滑动面上的各种力达到了极限平衡，而且侧面上的各种力也达到了极限平衡。

Sarma 法也是采用分条的方式进行分析，图 19-79 是第 i 条的受力情况及几何模型。

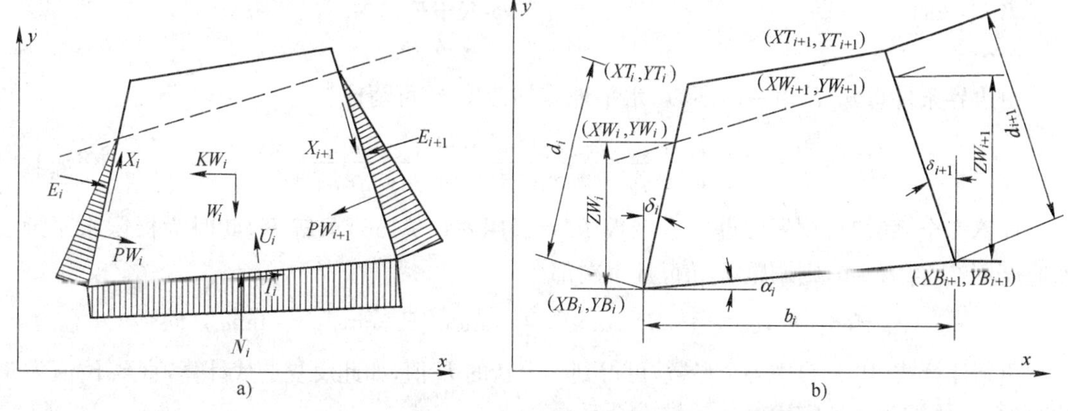

图 19-79　Sarma 法计算模型

a)第 i 条块上的荷载；b)条块的几何模型与参数

由图 19-79 可知，每个分条上的作用力有：

①W_i：块体重力；

②KW_i：由于地震水平加速度所产生的在滑块中心的水平力；

③PW_i、PW_{i+1}：作用在滑块两个侧面上的水压力；

④E_i、E_{i+1}：作用在滑块两个侧面上的法向力；

⑤X_i、X_{i+1}：作用在滑块两个侧面上的剪切力；

⑥N_i：作用于滑块底面上的法向力；

⑦T_i：作用于滑块底面上的剪切力；

⑧d_i：条块 i 的侧面长度；

⑨b_i：条块 i 底面在水平面上的投影宽度；

⑩α_i：第 i 条块底面于水平面的夹角；

⑪δ_i、δ_{i+1}：分别为第 i 条块两侧面与垂直面的夹角。

块体的坐标及几何尺寸符号均标在图中，在此不再说明。

由图所示并根据各块体的平衡条件可推导整理得到

$$E_{i+1} = a_i - p_i K + E_i e_i \tag{19-154}$$

其中

$$a_i = Q_i [R_i \cos\varphi_{bi} + W_i \sin(\varphi_{bi} - \alpha_i) + S_{i+1} \sin(\varphi_{bi} - \delta_{i+1} - \alpha_i) - S_i \sin(\varphi_{bi} - \alpha_i - \delta_i)]$$

$$p_i = Q_i W_i \cos(\varphi_{bi} - \alpha_i)$$

$$e_i = Q_i [\cos(\varphi_{bi} - \alpha_i + \varphi_{si} - \delta_i) \sec\varphi_{si}]$$

$$Q_i = \sec(\varphi_{bi} - \alpha_i + \varphi_{si} - \delta_{i+1}) \cos\varphi_{s(i+1)}$$

$$R_i = (c_{bi} b_i \sec\alpha_i - U \tan\varphi_{bi}) / F_s$$

$$S_i = (c_{si} d_i - PW_i \tan\varphi_{si}) / F_s$$

$$S_{i+1} = [c_{s(i+1)} d_{i+1} - PW_{i+1} \tan\varphi_{s(i+1)}] / F_s$$

式中：　　c_{bi}、φ_{bi}——分别为第 i 条块底面上的抗剪强度指标；

c_{si}、φ_{si}、$c_{s(i+1)}$、$\varphi_{s(i+1)}$——分别为第 i 条块两个侧面上的抗剪强度指标。

$$E_i = a_{i-1} - p_{i-1} K + E_{i-1} e_{i-1} \tag{19-155}$$

由此可得

当 $i=1$ 时　　$E_2 = a_1 - p_1 K$

当 $i=2$ 时　　$E_3 = a_2 - p_2 K + E_2 e_2$

……

由边界条件可知：$E_{n+1}=0$，所以，水平地震加速度 K 可写成

$$K = \frac{a_n + a_{n-1} e_n + a_{n-1} e_{n-1} e_{n-2} + \cdots + a_1 e_{n-1} e_{n-2} + \cdots + e_2}{p_n + p_{n-1} e_n + p_{n-2} e_{n-1} r_{n-2} + \cdots + p_1 e_{n-1} e_{n-2} + \cdots + e_2} \tag{19-156}$$

计算安全系数时，首先假设安全系数 $F_s=1$，用式(19-156)求解 K，此时为极限水平地震加速度 K_c。若 $K \neq 0$，则调整 F_s 值，且每次都令

$$c_{bi} = c_{bi}/F_s, c_{si} = c_{si}/F_s, \tan\varphi'_{bi} = \tan\varphi_{bi}/F_s, \tan\varphi'_{si} = \tan\varphi_{si}/F_s$$

重新计算式(19-156)中各个参数，可得到一个新的 K 值，如此反复迭代计算，直至 K 值为 0，此时的 F_s 值即为无地震力时的边坡安全系数。

Sarma 法的特点是用极限加速度来描述边坡的稳定程度，它可以用于评价各种破坏模式下边坡的稳定性，如平面破坏、楔形体破坏、圆弧形破坏和非圆弧性破坏，而且它的条块分条是任意划分的，无需条块与边界垂直，从而可以对各种特殊的边坡破坏模式进行稳定性分析。但此法计算为迭代方式，因此计算比较复杂。

(三)楔形滑动岩坡稳定分析

前面所讨论的岩坡稳定分析方法，都是适用于走向平行或接近平行坡面的滑动破坏。前已说明，只要滑动破坏面的走向是在坡面走向的±20°范围以内，则用这些分析方法就是有效的。本节讨论另一种滑动破坏，这时沿着发生滑动的结构软弱面的走向都交切于坡顶线，而分离的楔形体沿着两个这样的平面的交线发生错动，即楔形滑动，见图 19-80a)。

设滑动面 1 和滑动面 2 的内摩擦角分别为 φ_1 和 φ_2，黏聚力分别为 c_1 和 c_2，其倾角分别为 β_1 和 β_2，走向分别为 ψ_1 和 ψ_2，两滑动面的交线的倾角为 β_s，走向为 ψ_s，交线的法线 $\boldsymbol{n}$ 和滑动面之间的夹角分别为 ω_1 和 ω_2，楔形体重力为 W，W 作用在滑动面上的法向力分别为 N_1 和 N_2。楔形体对滑动的安全系数为

$$F_s = \frac{N_1 \tan\varphi_1 + N_2 \tan\varphi_2 + c_1 A + c_2 A}{W \sin\beta_s} \tag{19-157}$$

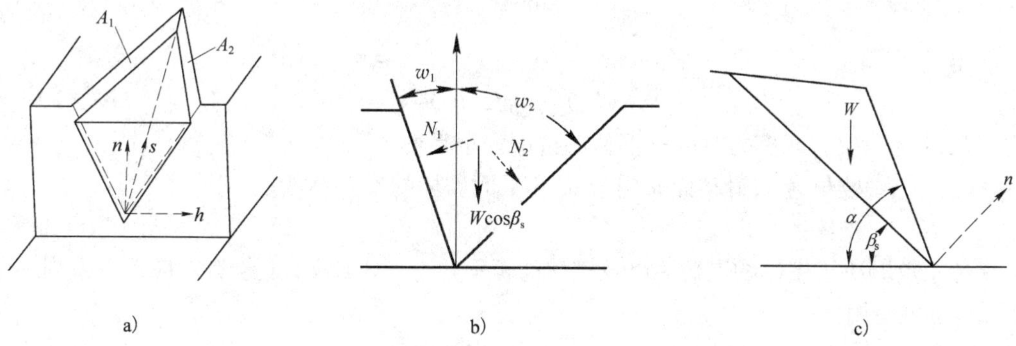

图 19-80 楔形滑动图形

a)立体视图；b)沿交线视图；c)正交交线视图

其中 N_1 和 N_2 可根据平衡条件求得

$$N_1\sin\omega_1+N_2\sin\omega_2=W\cos\beta_s \tag{19-158}$$

$$N_1\cos\omega_1=N_2\cos\omega_2 \tag{19-159}$$

从而可解得

$$N_1=\frac{W\cos\beta_s\cos\omega_2}{\sin\omega_1\cos\omega_2+\cos\omega_1\sin\omega_2} \tag{19-160}$$

$$N_2=\frac{W\cos\beta_s\cos\omega_1}{\sin\omega_1\cos\omega_2+\cos\omega_1\sin\omega_2} \tag{19-161}$$

其中

$$\sin\omega_i=\sin\beta_i\sin\beta_s\sin(\psi_s-\psi_i)+\cos\beta_i\cos\beta_s \qquad (i=1,2)$$

如果忽略滑动面上的黏结力 c_1 和 c_2，并设两个面上的内摩擦角相同，都为 φ_j，则安全系数 F_s 为

$$F_s=\frac{(N_1+N_2)\tan\varphi_j}{W\sin\beta_s} \tag{19-162}$$

根据式(19-160)和式(19-161)，并经过简化得

$$N_1+N_2=\frac{W\cos\beta_s\cos\dfrac{\omega_2-\omega_1}{2}}{\sin\dfrac{\omega_1+\omega_2}{2}} \tag{19-163}$$

因而

$$F_s=\frac{\cos\dfrac{\omega_2-\omega_1}{2}\tan\varphi_j}{\sin\dfrac{\omega_1+\omega_2}{2}\tan\beta_s}=\frac{\sin\left(90^\circ-\dfrac{\omega_2}{2}+\dfrac{\omega_1}{2}\right)}{\sin\dfrac{\omega_1+\omega_2}{2}}\frac{\tan\varphi_j}{\tan\beta_s} \tag{19-164}$$

不难证明，$\omega_1+\omega_2=\xi$ 是两个滑动面间的夹角，而 $90^\circ-\omega_2/2+\omega_1/2=\theta$ 是滑动面底部水平面与这夹角的交线之间的角度(自底部水平面逆时针转向算起)，因而得

$$F_s = \frac{\sin\theta}{\sin\frac{\xi}{2}}\left(\frac{\tan\varphi_j}{\tan\beta_s}\right) \tag{19-165}$$

或得

$$(F_s)_{楔} = K(F_s)_{平} \tag{19-166}$$

式中：$(F_s)_{楔}$——仅有摩擦力时的楔形体的抗滑安全系数；

$(F_s)_{平}$——坡角为 α、滑动面倾角为 β_s 的平面破坏的安全系数；

K——楔体系数。

楔体系数取决于楔体的夹角 ξ 以及楔体的歪斜角 θ。图 19-81 上绘有对应于一系列 ξ 和 θ 的 K 值，可供使用。

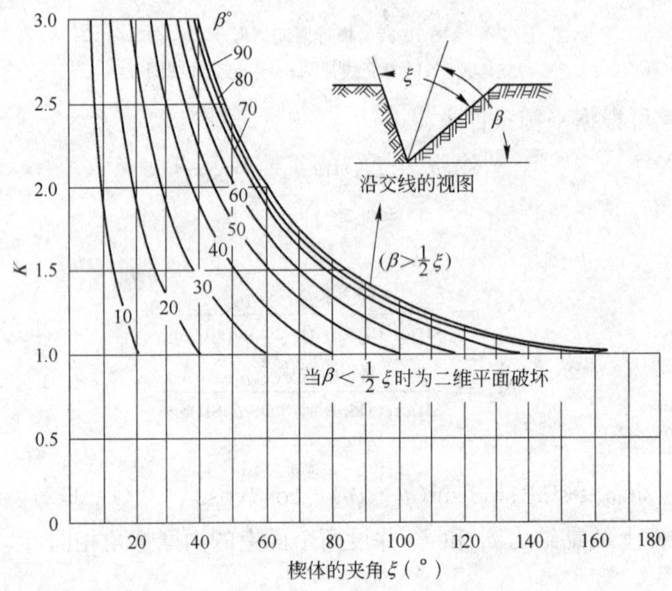

图 19-81　楔体系数 K 的曲线

七、岩质边坡的加固与治理

（一）整治原则

岩质边坡之所以失稳，一般认为是由于岩体下滑力增加，或是由于岩体抗滑力降低。因而岩质边坡的加固措施要针对这两方面的实际情形来改善边坡的安全系数。

整治滑坡大体原则上分两种情况：一是针对病因采取的措施，以制止滑动或控制滑坡发展为主；一是针对危害采取的措施，要经受住滑坡的作用或避开危害。两者均须对滑坡变形产生的基本条件、主要原因和变形过程了解清楚，然后才能针对病因采取整治措施。

滑坡整治总的原则是以预防为主，治理为辅，力求做到防患于未然。

（二）整治措施

针对不同情况，边坡变形破坏的防治措施大致可分为以下几类。

1. 支挡工程

支挡工程是改善边坡力学平衡条件。提高边坡抗滑力最常用的措施，主要有挡墙、抗滑桩、锚杆（索）和支撑工程等。

挡墙也叫挡土墙，是目前较普遍使用的一种抗滑工程。它位于滑体的前缘，借助于自身的重量以支挡滑体的下滑力，且与排水措施联合使用。按建筑材料和结构形式不同，有抗滑片石垛、抗滑片石竹笼、浆砌石抗滑挡墙、混凝土或钢筋混凝土抗滑挡墙等。挡墙的特点是结构比较简单，可以就地取材，而且能够较快地起到稳定滑坡的作用。但一定要把挡墙的基础设置于最低滑动面之下的稳固层中，墙体中应预留泄水孔，并与墙后的盲沟连续起来。

抗滑桩是用以支挡滑体的下滑力，使之固定于滑床的桩柱。它的优点是施工安全、方便、省时、省工、省料。且对坡体的扰动少，所以也是国内外广为应用的一种支挡工程。它的材料有木、钢、混凝土及钢筋混凝土等。施工时可灌注，也可锤击贯入。抗滑桩一般集中设置在滑坡的前缘部位，且将桩身全长的 1/4～1/3 埋置于滑坡面以下的稳固层中(见图 19-82)。

锚杆(索)是一种防治岩质边坡滑坡和崩塌的有效措施。利用锚杆(索)上所施加的预应力，以提高滑动面上的法向应力，进而提高该面的抗滑力，改善剪应力的分布状况(见图 19-83)。支撑主要用来防治陡峭边坡顶部的危岩体，防止其崩落。

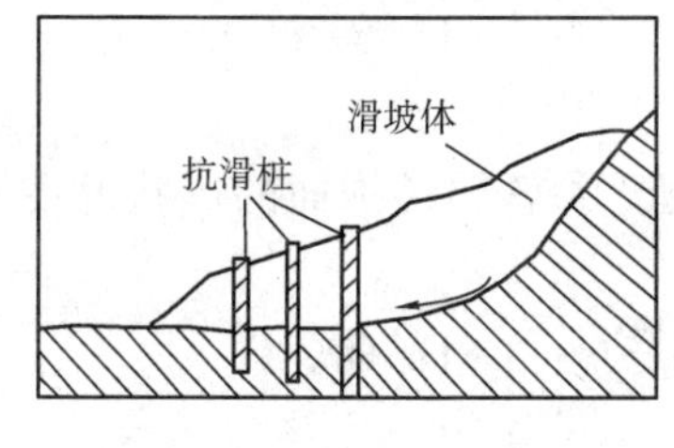

图 19-82　抗滑桩的布置

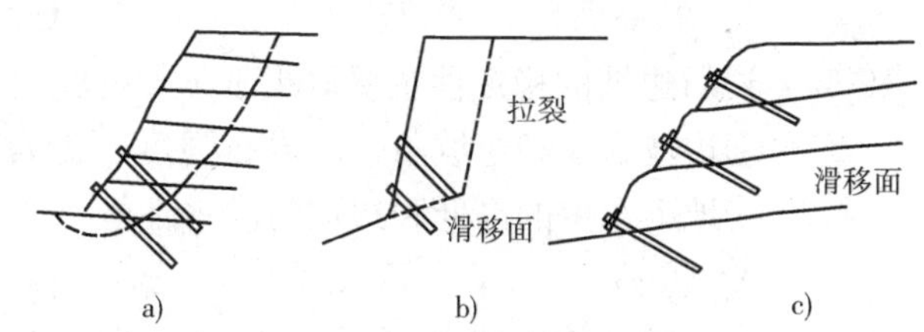

图 19-83　锚杆(索)的布置

2. 排水

边坡变形破坏常与水的作用有密切关系，因此要采取措施排除边坡地段的地表水和地下水，以消除或减轻水对边坡的危害作用。

首先要拦截流入被保护边坡区或滑坡地段的地表水流。应在边坡保护区或滑坡区外设置环形截水沟，将水流旁引。该截水沟的迎水面沟壁上应设置泄水孔，以排除部分地下水。在被保护的边坡区或滑坡体内，也应充分利用地形和自然沟谷，布置树枝状排水系统，以阻止地表水冲刷坡面和渗入地下。排水沟应用片石或混凝土铺砌。

排除地下水可使坡体的含水量及其中的孔隙水压力降低，以增强抗滑力和减小下滑力。排水的措施较多，有截水沟、盲沟、水平钻孔、盲洞、集水井等。

排水措施一般是与其他措施配合使用的。

3. 减荷反压

这一方法在滑坡防治中应用较广。减荷的目的在于降低坡体的下滑力，其主要的方法是将滑坡体后缘的岩土体削去一部分或将较陡的边坡减缓。但是单纯的减荷往往不能起到阻滑的作用。最好与反压措施结合起来，即将减荷削下的土石堆于边坡或滑体前缘的阻滑部位，使之既起到降低下滑力，又增加抗滑力的良好效果，这种措施对防治推动式滑坡效果较好。

4. 其他措施

其他措施指护坡、改善岩土性质、防御绕避等措施。

护坡是为了防止水流对边坡的冲刷或冲蚀；也可以防止坡面的风化。为了防止河水冲刷或海、湖、水库水的波浪冲蚀，一般修筑挡水防护工程(如挡水墙、防波堤、砌石及抛石护坡等)和导水工程(如导流堤、丁坝、导水边墙等)。为了防止易风化岩石所组成的边坡表面的风化剥落，可采用喷浆、灰浆抹面和浆砌片石等护坡措施。

改善岩土性质的目的，是为了提高岩土体的抗滑能力，也是防止边坡变形破坏的一种有效措施。常用的有化学灌浆法、电渗排水法等。它们主要用于岩土体性质的改善，也可用于岩体中软弱夹层的加固处理。

习　题

19-49　岩质边坡的破坏式式可分为（　　）。

A. 岩崩和岩滑　　B. 平面滑动和圆弧滑动

C. 圆弧滑动和倾倒破坏　　D. 倾倒破坏和楔形滑动

19-50　平面滑动时滑动面的倾角 β 与坡面倾角 α 的关系是（　　）。

A. $\beta=\alpha$　　B. $\beta>\alpha$　　C. $\beta<\alpha$　　D. $\beta\geqslant\alpha$

19-51　平面滑动时滑动面的倾角 β 与滑动面的摩擦角 φ 的关系为（　　）。

A. $\beta>\varphi$　　B. $\beta<\varphi$　　C. $\beta\geqslant\varphi$　　D. $\beta=\varphi$

19-52　岩石边坡的稳定性主要取决于（　　）。

①边坡高度和边坡角　②岩石强度　③岩石类型　④软弱结构面的产状及性质　⑤地下水位的高低和边坡的渗水性能

A. ①④　　B. ②③　　C. ①②④⑤　　D. ①④⑤

19-53　均匀的岩质边坡中，应力分布的特征为（　　）。

A. 应力均匀分布　　B. 应力向临空面附近集中

C. 应力向坡顶面集中　　D. 应力分布无明显规律

19-54　岩质边坡的圆弧滑动破坏，一般发生在（　　）。

A. 不均匀岩体　　B. 薄层脆性岩体

C. 厚层泥质岩体　　D. 多层异性岩体

19-55　岩坡发生岩石崩塌破坏的坡度，一般认为是（　　）。

A. $>45°$时　　B. $>55°$时　　C. $>75°$时　　D. $90°$时

19-56　单一平面滑动破坏的岩坡，滑动体后部可能出现的张拉裂缝的深度为（　　）（岩石重度 γ，滑面黏聚力 c，内摩擦角 φ）。

A. $\frac{2c}{\gamma}\tan\left(45°+\frac{\varphi}{2}\right)$　　B. $\frac{2c}{\gamma}\tan\left(45°-\frac{\varphi}{2}\right)$

C. $\frac{c}{\gamma}\tan\left(45°+\frac{\varphi}{2}\right)$　　D. $\frac{c}{\gamma}\tan\left(45°-\frac{\varphi}{2}\right)$

19-57　按照滑坡的形成原因可将滑坡划分为（　　）。

A. 工程滑坡与自然滑坡

B. 牵引式滑坡与推移式滑坡

C. 降雨引起的滑坡与人工开挖引起的滑坡

D. 爆破震动引起的滑坡与地震引起的滑坡

19-58　使用抗滑桩加固岩质边坡时，一般可以设置在（　　）。

A. 滑动体前缘　　B. 滑动体中部

C. 滑动体后部　　D. 任何部位

19-59　已知岩质边坡的各项指标如下：$\gamma=25\text{kN/m}^3$，坡角 60°，若滑面为单一平面，且与水平面呈 45°，滑面上 $c=20\text{kPa}$，$\varphi=30°$，当滑动体处于极限平衡时的边坡极限高度为（　　）。

A. 8.41m　　B. 17.9m　　C. 13.72m　　D. 22.73m

19-60　岩质边坡发生倾倒破坏的最主要的影响因素是（　　）。

A. 裂隙水压力　　B. 边坡坡度

C. 结构面的倾角　　D. 节理间距

19-61　下列关于均匀岩质边坡应力分布的描述中，哪一个是错误的？（　　）

A. 斜坡在形成中发生了应力重分布现象

B. 斜坡在形成中发生了应力集中现象

C. 斜坡形成中，最小主应力迹线偏转，表现为平行于临空面

D. 斜坡形成中，临空面附近岩体近乎处于单向应力状态

19-62　防治滑坡的处理措施中，下列哪项所述不正确？（　　）

A. 设置排水沟以防止地面水浸入滑坡地段

B. 采用重力式抗滑挡墙，墙的基础底面埋置于滑动面以下的稳定土（岩）层中

C. 对滑体采用深层搅拌法处理

D. 在滑体主动区卸载或在滑体阻滑区段增加竖向荷载

19-63　无论矩形柔性基础，还是圆形柔性基础，当受竖向均布荷载时，其中心沉降量比其他部位的沉降量（　　）。

A. 大　　B. 相等　　C. 小　　D. 小于或等于

19-64　从理论上确定岩基极限承载力时需要哪些条件？（　　）

①平衡条件　②屈服条件　③岩石的本构方程　④几何方程

A. ①　　B. ③④　　C. ①②　　D. ①④

第五节　岩体力学在岩基工程中的应用

一、岩基的基本概念

近年来，许多高层或大型建（构）筑物，其基础直接与岩基接触，即将岩层作为支撑建（构）筑物的地基。一般来说，岩基支撑一般的建（构）筑物是足够坚固的，但是对一些大型的和特殊的建（构）筑物来说，则远非所有情况下都能保证其稳固，因而提出了岩基稳定性的问题，必须对岩基的强度、变形和稳定性进行综合的考虑和研究。

岩石按其强度可一般划分为硬质岩石和软质岩石两大类（见表 19-19）。

硬质岩石主要有花岗岩、花岗片麻岩、闪长岩、玄武岩、石灰岩、石英砂岩、石英岩、大理岩、硅质砾岩等。这些岩石，其颗粒间内部的连接是以刚性连接（结合）的，主要通过结晶连接，连接得非常牢固。这些岩石在外部荷载作用下，其性状有如坚硬的弹性。岩石的饱和单轴极限抗压强度不小于 30MPa。

软质岩石主要有页岩、黏土岩、千枚岩、绿泥石片岩、云母片岩等。这些岩石，其颗粒间内部的连接主要为结晶连接，也有部分为胶体连接或水胶连接的。其连接的牢固程度要比硬质岩石要差。这些岩石在外部荷载作用下其变形比硬质岩石要大得多，岩石的饱和单轴极限抗压强度小于 30MPa。

在选择岩基时，一般应满足下列要求：

(1)岩基的承载力必须大于建（构）筑物的荷载要求度的要求和安全。

(2)岩基的最大沉降和差异沉降都必须比建(构)筑物要求的要小,以保证建(构)筑物不致因基础位移而损坏。

(3)岩基中的不良地质现象应该对建(构)筑物影响小,并且易于处理,以保证建(构)筑物的稳定和正常使用。

(4)必须评价建(构)筑物在施工过程中产生的不良工程地质现象对邻近建(构)筑物的影响,并要有措施来处理的可能。

(5)对建(构)筑物有潜在威胁或直接危害的不良地质现象地段,一般不允许选作建筑场地。当因特殊需要必须使用这类场地时,应采取可靠的整治措施。

总之,岩基工程的总体规划,应根据使用要求,地形地质条件合理布置。主体建筑的设置应保证在较好的地基上,尽量使地基条件与上部结构的要求相适应。

研究岩基工程一般从以下几个方面进行,即岩基岩体的应力和应变、岩基的破坏模式以及岩基的承载能力。

二、岩基内应力分布

研究岩基问题,首先要研究在外力作用下岩基中的应力分布。目前对岩基中的应力分布一般都基于弹性理论,将岩基视为半无限平面弹性体。这也是岩石力学发展的最基本的地基理论。

(一)集中荷载、线荷载作用下的岩基内应力

布辛涅斯克早在 1885 年就用弹性理论推导出了半无限体垂直边界面上在集中力作用下(见图 19-84)的方程

$$\sigma_x = \frac{P}{2\pi x^2}\left[3\sin^4\theta\cos\theta - (1-2\mu)(1-\cos\theta)\right] \tag{19-167}$$

或

$$\sigma_x = \frac{P}{2\pi}\left[\frac{3x^2 z}{r^5} - (1-2\mu)\frac{1}{r(r+z)}\right] \tag{19-168}$$

$$\sigma_z = \frac{3P}{2\pi z^2}\cos^5\theta = \frac{P}{2\pi}\cdot\frac{3z^3}{r^5} \tag{19-169}$$

$$\tau_{xz} = \frac{3Px}{2\pi z^3}\cos^5\theta = \frac{P}{2\pi}\cdot\frac{3xz^2}{r^5} \tag{19-170}$$

$$\sigma_{\mathrm{r}} = \frac{3P}{2\pi z^3}\cos^3\theta \tag{19-171}$$

$$\sigma_\theta = \frac{P}{2\pi z^2}(1-2\mu)(1-\cos\theta) - \sin^2\theta\cos\theta \tag{19-172}$$

式中:P——垂直于边界面沿 Oz 轴作用的力;

z——从半无限体界面算起的深度;

x——所研究点到 Oz 轴的距离;

r——所研究点到原点的距离;

σ_x——在深度 z 处被 θ 所确定的点的水平径向应力;

σ_z——在深度 z 处被 θ 所确定的点的垂直应力;

τ_{xz}——在垂直平面和水平面上的剪应力;

σ_θ——中间主应力(在矢径方向上);

σ_{r}——最小主应力(在通过矢径的垂直面上)。

当荷载为线荷载和在二维的情况下(见图 19-85),岩基内一点的应力为

$$\sigma_x = \frac{2p}{\pi z}\sin^2\theta\cos^2\theta \tag{19-173}$$

$$\sigma_z = \frac{2p}{\pi z}\cos^4\theta \tag{19-174}$$

$$\tau_{xz} = \frac{2p}{\pi z}\sin\theta\cos^3\theta \tag{19-175}$$

$$\sigma_r = \frac{2p}{\pi z}\cos^2\theta \tag{19-176}$$

$$\sigma_t = 0 \tag{19-177}$$

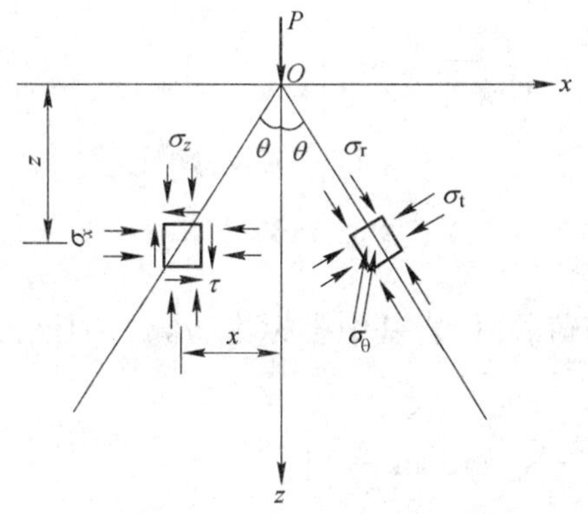

图 19-84 集中力作用下的岩基

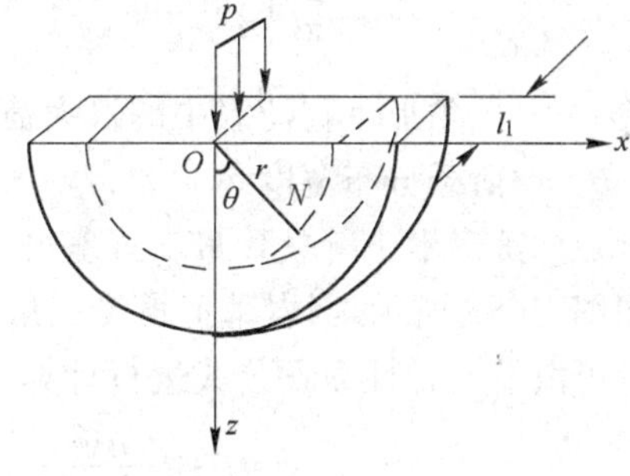

图 19-85 线荷载作用下的岩基

(二)圆形均布荷载作用下岩基内的应力分布

在圆形均布荷载 p 作用下,岩基表面以下 M 点深度 z 处的垂直压力 σ_z(见图 19-86)可按布辛涅斯克的解经过积分求得如下

$$\sigma_z = p\left\{1-\frac{1}{\left[1+\left(\frac{a}{z}\right)^2\right]^{3/2}}\right\} \tag{19-178}$$

式中:a——圆形荷载面的半径。

当 $\sigma_z/p=1$ 时,$a/z=\infty$;当 $\sigma_z/p=0.9$ 时,$a/z=1.92$。由此可见,在均布压力为 p 的表面荷载作用下,附加应力 σ_z 是承载面积宽度与所求应力处深度之比的函数。例如,承载面积的半径 a 等于计算应力处的深度 z 的 1.92 倍时,在承载面积中心下深度为 z 处的垂直附加应力等于 $0.9p$。

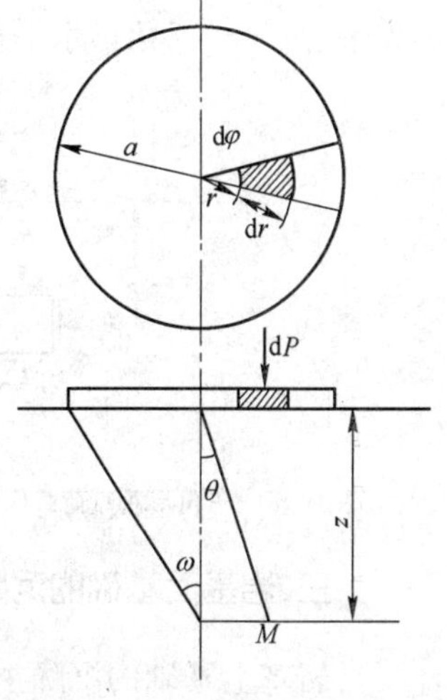

图 19-86 圆形均布荷载作用下的岩基

如果令 z 为任意值,例如,令 $z=1\text{cm}$ 时,那么,可以画出两个半径分别为 1.92cm 和 1.38cm 的圆面积。它们相应代表两种应力情况,即在承载面积中心下 1cm 处附加应力为 $0.9p$ 和 $0.8p$ 这两种情况下所需的承载面积。如果在 $a=1.92z$ 和 $a=1.38z$ 的这个半径之间的圆环内承载,那么,在圆心下垂直的附加应力为

$$\sigma_z = 0.9p-0.8p=0.1p \tag{19-179}$$

如果这个圆环中只有 1/10 的面积承载,那么,垂直附加应力等于 $0.01p$。

（三）三角形垂直分布荷载作用下岩基内的应力分布

如图 19-87 所示，当岩基上承受三角形垂直分布荷载（以后简称为三角形垂直荷载）时，岩基中坐标为(x,y)的任一点应力可由弹性力学中的公式给出

$$\sigma_y=\frac{p_v}{\pi b}\left[(x-b)\arctan\frac{x-b}{y}-(x-b)\arctan\frac{x}{y}+\frac{bxy}{x^2+y^2}\right] \tag{19-180}$$

$$\sigma_x=\frac{p_v}{\pi b}\left\{(x-b)\arctan\frac{x-b}{y}-y\ln[(x-b)^2+y^2]-(x-b)\arctan\frac{x}{y}+y\ln\left[(x^2+y^2)-\frac{bxy}{x^2+y^2}\right]\right\} \tag{19-181}$$

$$\tau_{xy}=\frac{p_v}{\pi b}\left(y\arctan\frac{x}{y}-y\arctan\frac{x-b}{y}-\frac{by^2}{x^2+y^2}\right) \tag{19-182}$$

式中：p_v——三角形垂直荷载中的最大荷载强度；

b——荷载分布宽度。

（四）三角形水平荷载作用下岩基内的应力分布

如图 19-88 所示，当岩基上承受三角形水平分布荷载时，岩基中坐标为(x,y)的任一点应力分量可由下列弹性力学公式进行计算

$$\sigma_y=\frac{p_h}{\pi b}\left[\frac{by^2}{x^2+y^2}+y\left(\arctan\frac{x-b}{y}-\arctan\frac{x}{y}\right)\right] \tag{19-183}$$

$$\sigma_x=\frac{p_h}{\pi b}\left[3y\left(\arctan\frac{x}{y}-\arctan\frac{x-b}{y}\right)\right]-(x-b)\ln\left[\frac{(x-b)^2+y^2}{x^2+y^2}-\frac{by^2}{x^2+y^2}-2b\right] \tag{19-184}$$

$$\tau_{xy}=-\frac{p_h}{\pi b}\left[(x-b)\left(\arctan\frac{x-b}{y}-\arctan\frac{x}{y}\right)+y\ln\frac{x^2+y^2}{(x-b)^2+y^2}-\frac{bxy}{x^2+y^2}\right] \tag{19-185}$$

式中：p_h——三角形水平荷载的最大荷载强度。

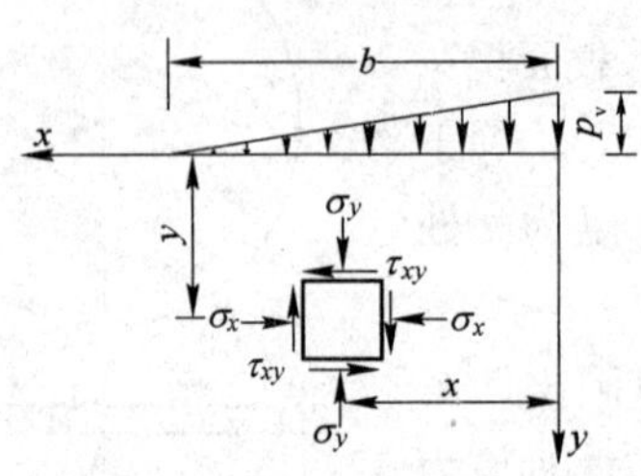

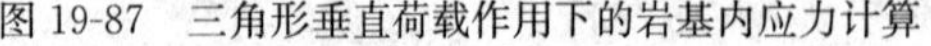

图 19-87 三角形垂直荷载作用下的岩基内应力计算

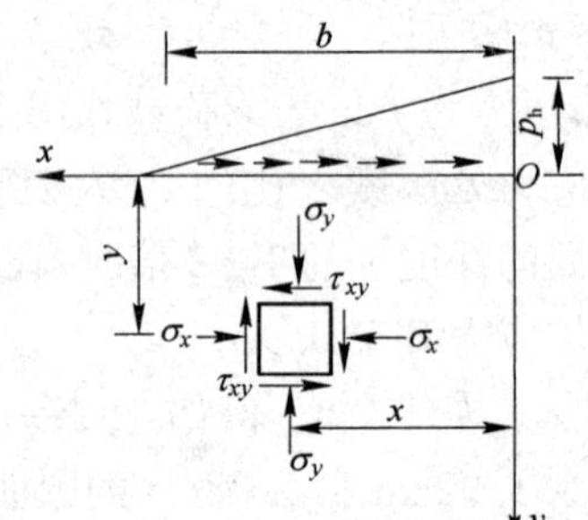

图 19-88 三角形水平荷载作用下岩基的应力计算

三、岩基上基础的沉降

岩基上基础的沉降主要是由于岩基内岩层承载后出现的变形引起的。对于一般的中小型工程来说，由于岩体的变形模量较大，所以引起的沉降变形较小。但是，对于重型结构或巨大结构来说，则产生变形较大。在对这类建（构）筑物来说，岩基变形有两个方面的影响：一个是

在绝对位移或下沉量直接使基础沉降，改变了原设计水准的要求；另一个是因岩基变形各点不一，造成结构上各点间的相对位移。

计算基础的沉降可用弹性理论解法。对于几何形状、材料性质和荷载分布都是不均匀的基础，则用有限元法能比较准确地分析其沉降。

按弹性理论求解各种基础的沉降，仍采用布辛涅斯克的解来求之。当半无限体表面上被作用有一垂直的集中力 P 时，则在半无限体表面处($z=0$)的沉降量 s 为

$$s=\frac{P(1-\mu^2)}{\pi Er} \tag{19-186}$$

式中：r——计算点至集中荷载 P 处之间的距离；

E、μ——分别为岩基的变形模量和泊松比。

如果半无限体表面上有分布荷载作用时，则可按积分法求出表面上任一点处的沉降量。

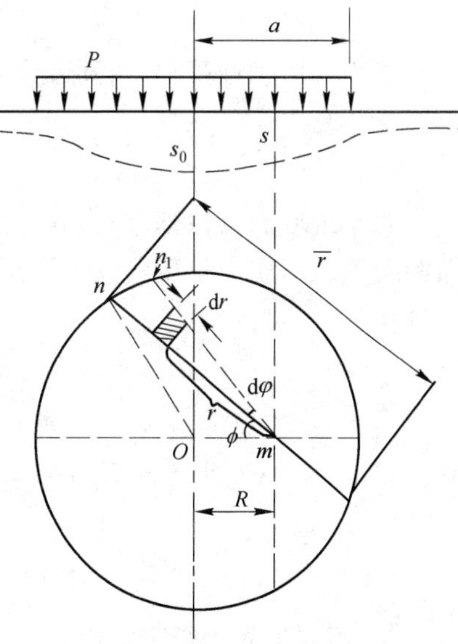

图 19-89　圆形基础沉降计算图

(一)圆形基础的沉降

当圆形基础为柔性时(见图 19-89)，如果其上作用有均布荷载 p 和在基底接触面上没有任何摩擦力时，则基底反力也将是均匀分布的，并等于 p，这时，总荷载引起 m 点处表面的总沉降量为

$$s=4p\,\frac{1-\mu^2}{\pi E}\int_0^{\frac{\pi}{2}}\sqrt{a^2-R^2\sin\varphi}\,\mathrm{d}\varphi \tag{19-187}$$

在圆形基础地面中心($R=0$)的沉降量 s_0 为

$$s_0=\frac{2(1-\mu^2)}{E}pa=\frac{2(1-\mu^2)}{\pi Ea}P \tag{19-188}$$

当 $R=a$ 时，在圆形基础底面边缘的沉降量 s_a 为

$$s_a=\frac{4(1-\mu^2)}{\pi E}pa \tag{19-189}$$

于是

$$\frac{s_0}{s_a}=\frac{\pi}{2}=1.57$$

由此可见，圆形柔性基础当其承受均布荷载时，其中心沉降量为其边缘沉降量的 1.57 倍。

对于圆形刚性基础(见图 19-90)，当作用有荷载 P 时，基底的沉降将是一个常量，但基底接触压力不是常量。也就是说，基础中心下岩基变形大于边缘处，形成一个下降漏斗，造成了荷载集中在基础边缘处的岩层上。

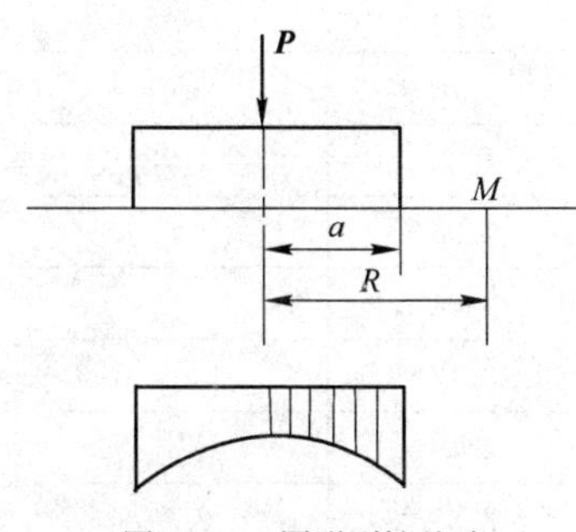

图 19-90　圆形刚性基础

圆形刚性基础的沉降量可按下式计算

$$s_0=\frac{p(1-\mu^2)}{2aE} \tag{19-190}$$

在受荷面以外各点的垂直位移可用下式计算

$$s_R=\frac{p(1-\mu^2)}{\pi aE}\arcsin\frac{a}{R} \tag{19-191}$$

(二)矩形基础的沉降

对于矩形的绝对刚性基础，当其承受中心荷载 P 时，基础底

面上的各点皆有相同的沉降量，但是沿着地基的压力是不等的。设 p 为均匀分布的外荷载，当基础的底面宽度为 b，长度为 a 时，沉降量为

$$s = bp\,\frac{(1-\mu^2)}{E}K_{\mathrm{const}} \tag{19-192}$$

K_{const} 为用于计算绝对刚性基础承受中心荷载时沉降值的系数，$K_{\mathrm{const}} = f(a/b)$，可见表19-35。

如果边长为 a 的方形刚性基础，则其沉降值为

$$s = 0.88ap\,\frac{(1-\mu^2)}{E} \tag{19-193}$$

如果条形刚性基础，当其边宽度为 a 时，其沉降量为

$$s = 2.72ap\,\frac{(1-\mu^2)}{E} \tag{19-194}$$

对于矩形的柔性基础，当其承受中心均布荷载 p 时，基础底面上各点的沉降量皆不相同，但沿着基底的压力是相等的。当基础的底面宽度为 b、长度为 a 时，基底中心的沉降量可按下式计算

$$s_0 = bp\,\frac{(1-\mu^2)}{E}K_0 \tag{19-195}$$

式中：K_0——a，b 的函数，其计算公式为

$$K_0 = \frac{1}{\pi}\left(\frac{a}{b}\ln\frac{\sqrt{a^2+b^2}+b}{\sqrt{a^2+b^2}-b} + \ln\frac{\sqrt{a^2+b^2}+a}{\sqrt{a^2+b^2}-a}\right) \tag{19-196}$$

K_0 值列于表 19-35。

当矩形柔性基础承受均布荷载时，其基底角点的沉降量为

$$s_c = bp\,\frac{(1-\mu^2)}{E}K_c \tag{19-197}$$

式中，K_c 值列于表 19-35 中。

各种基础的沉降系数 K 值表 表 19-35

受荷面形状	长宽比(a/b)	K_0	K_c	K_m	K_{const}
圆形		1.00	0.64	0.58	0.79
正方形	1.0	1.12	0.56	0.95	0.88
矩形	1.5	1.36	0.68	1.15	1.08
	2.0	1.53	0.74	1.30	1.22
	3.0	1.78	0.89	1.53	1.44
	4.0	1.96	0.98	1.70	1.61
	5.0	2.10	1.05	1.83	1.72
	6.0	2.23	1.12	1.96	
	7.0	2.33	1.17	2.04	
	8.0	2.42	1.21	2.12	
	9.0	2.49	1.25	2.19	
	10.0	2.53	1.27	2.25	2.72

对于边长为 a 的正方形柔性基础，其中心处的沉降量为

$$s_0 = ap\frac{(1-\mu^2)}{E}K_0 = 1.12ap\frac{(1-\mu^2)}{E} \tag{19-198}$$

角点处的沉降量为

$$s_c = ap\frac{(1-\mu^2)}{E}K_c = 0.56ap\frac{(1-\mu^2)}{E} \tag{19-199}$$

从上式可见，方形柔性基础底面中心的沉降量为边角沉降量的2倍。

对于柔性基础承受中心荷载时的平均沉降量为

$$s_m = bp\frac{(1-\mu^2)}{E}K_m \tag{19-200}$$

式中：K_m——基础平均沉降系数，见表19-33。

四、岩基的破坏模式

岩体主要由岩块与节理裂隙及其充填物组成，并受到一定的地应力作用。在自然界中，岩体的成分和结构构造以及应力条件千变万化。在荷载作用下，它的破坏方式也是各种各样的。即使在同一种岩体中，荷载的大小也会产生不同的破坏形式。勒单尼曾研究过脆性无孔隙岩石地基在荷载作用下岩基发生破坏的模式(见图19-91)。

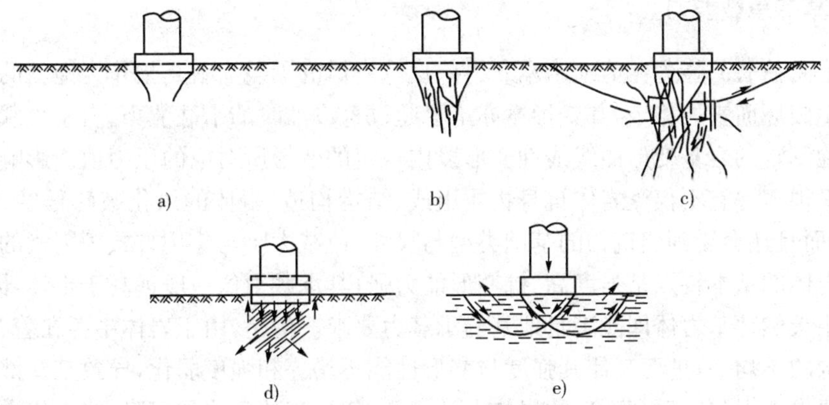

图19-91　基脚岩体的破坏模式

a)开裂；b)压碎；c)劈裂；d)冲切；e)剪切

图19-91是基脚下岩体发生破坏的一种模式。当基础底面荷载作用在地基岩体上时，基础会发生垂直变形即沉降，当沉降达到岩基的弹性极限时，岩基从基脚处开始产生裂缝。此时，岩基开裂，裂缝向深部发展(见图19-91a)。当基础底面荷载继续作用，岩基就进入岩体压碎破坏阶段(见图19-91b)，压碎范围随着基底深部距离加大而减少，据试验观测，压碎范围近似倒三角形。在三角形压碎区内岩石开裂的裂缝大体上向深部延伸。当基础底面荷载继续增大，则基底下岩体的竖向裂缝加密且出现斜裂缝，并向更深部延伸，这时，进入劈裂破坏阶段(见图19-91c)。由于裂缝开裂使压碎岩体产生向两侧扩容的现象，导致基脚附近的岩体发生剪切滑移，滑体的位移将使基脚附近地面变形而破坏。

图19-91d)是岩基中冲压破坏的模式。这种破坏模式多发生于多孔洞或多孔隙的脆性岩石中，如钙质或石膏质胶结的脆性砂岩、熔结胶结的火山岩、溶蚀严重或溶孔密布的可溶岩类等。这些岩体在外荷载作用下会遭受孔隙骨架破坏而引起不可恢复的沉降。这种破坏模式称其为冲压破坏。有时在一些易风化的岩石(如石灰岩、玄武岩、砂岩等)岩层中有风化页岩夹层，使岩体

内存在着较为发育的纵横密布的张开节理，进而使岩基沿着竖向节理产生冲切破坏(见图 19-92)。

图 19-91e)是岩基发生剪切破坏的模式，这种破坏多发生于低压缩性的具有塑性特点的岩体中，如页岩地基、黏土岩地基等。这种破坏常常在基础底面下的岩体处出现有压实楔体，而在其两侧岩体有弧线或直线的滑面，使滑体能向地面方向位移。直线滑面可以在风化岩体内产生(见图 19-93)，这时，剪切面切断风化岩块。当岩基内有两组等于或大于直角的节理相交，则剪切面追踪此两组节理，形成基础下滑体的滑动面，而使岩基破坏(见图 19-93)。这也是较常见的剪切破坏模式。

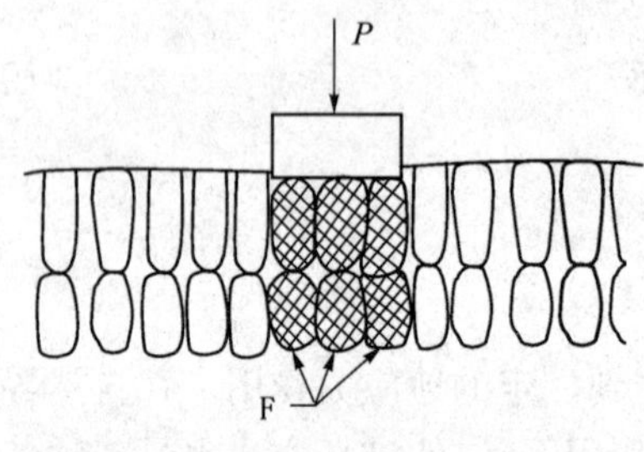

图 19-92　张开竖节理的风化沉积岩的冲切破坏
P-荷载；F-断裂位移岩块

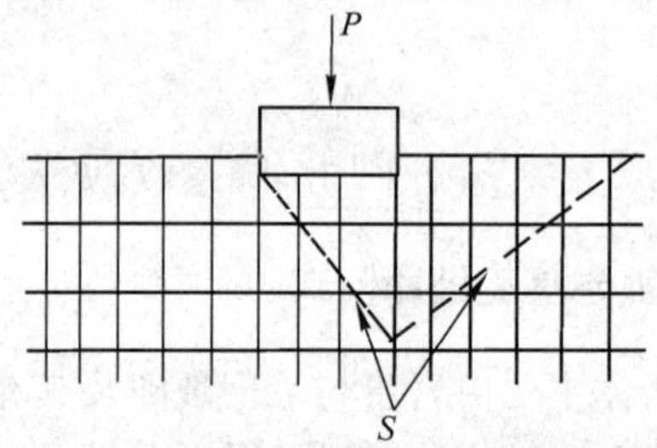

图 19-93　闭合竖节理的风化岩的剪切破坏
P-荷载；S-剪切面

五、岩基的承载能力

地基承受荷载的能力称为地基承载力。地基岩体的承载力就是指作为地基的岩体受荷后不会因产生破坏而丧失稳定，其变形量亦不会超过容许值时的承载能力。岩基承载力特征值是指静载试验测定的岩基变形曲线线性变形段内规定的变形所对应的压力值。影响地基岩体承载力的因素很多。它不仅受岩体自身物质组成、结构构造、岩体的风化破碎程度、物理力学性质的影响，而且还会受到建筑物的基础类型与尺寸、荷载大小与作用方式等因素的影响。

地基岩体的基本特点是强度高、抗变形能力强，其承载力值一般远高于土体，因而，在通常情况下采用天然地基岩体即能满足地基的承载力要求。但是，由于岩体中存在着各种结构面，导致其结构的不均一，进而又使其强度与变形性能不均一和强度弱化，导致某些部位的承载力不能满足要求而引起一系列不良的岩体力学问题，如岩基的不均匀沉降、应力集中引起的局部破坏、沿某些软弱结构面或夹层的剪切滑移等，在实际工作中一定要引起注意。

《建筑地基基础设计规范》(GB 50007—2011)规定，确定岩基承载力特征值的方法为岩基载荷试验方法或根据室内岩石饱和单轴抗压强度计算的方法。另外，根据岩基破坏模式，也可通过理论计算确定，不过，这种方法具有很大的误差，只能用于初步设计阶段。比较准确的岩基承载力应通过试验确定。

(一)按现场荷载试验确定岩基承载力

《建筑地基基础设计规范》(GB 50007—2011)规定，岩石地基承载力特征值可以按岩基载荷试验方法确定。

载荷板采用圆柱形承压板，直径为 300mm。当岩石埋藏深度较大时，可采用钢筋混凝土桩，但桩周需采取措施以消除桩身与土之间的摩擦力。加载方式采用单循环加载，荷载逐级递增直到破坏，然后分级卸载。荷载分级为：第一级加载值为预估设计荷载的 1/5，以后每级为 1/10。加载后立即测读沉降量，以后每 10min 读数一次。当连续三次读数之差均不大于 0.01mm时，可视为达到稳定标准，可加下一级荷载。

当出现下述现象之一时，即可终止加载：①沉降量读数不断变化，在24h内，沉降速率有增大的趋势；②压力加不上或勉强加上而不能保持稳定。

卸载时，每级卸载为加载时的2倍，如为奇数，第一级可为3倍。每级卸载后，隔10min测读一次，测读三次后可卸下一级荷载。全部卸载后，当测读到半小时回弹量小于0.01min时，即认为达到稳定。

岩基承载力特征值 f_a 按以下步骤确定：

(1)对应于 p-s 曲线上起始直线段的终点为比例界限。符合终止加载条件的前一级荷载为极限荷载。将极限荷载除以安全系数3，所得值与对应于比例界限的荷载相比较，取小值。

(2)每个场地载荷试验的数量不应少于3个，取最小值作为岩基承载力特征值。

(3)岩基承载力特征值不需要进行基础埋深和宽度的修正。

荷载分级施加，同时量测沉降值，荷载应增加到不少于设计要求的2倍。由试验结果绘制的荷载与沉降关系曲线确定比例界限和极限荷载，曲线上起始直线段的终点为比例极限，符合终止加载条件的前一级荷载即为极限荷载。

对于破碎、极破碎的岩基承载力特征值，可根据地区经验取值，无地区经验时，可根据适合土层的平板载荷试验确定。

(二)按室内单轴抗压强度确定地基承载力

《建筑地基基础设计规范》(GB 50007—2011)规定，对于完整、较完整和较破碎的岩石地基承载力特征值，可根据室内饱和单轴抗压强度按下式计算。

$$f_a = \psi_r f_{rk} \tag{19-201}$$

式中：f_a——岩基承载力特征值；

f_{rk}——岩石饱和单轴抗压强度标准值；

ψ_r——折减系数，根据岩体完整程度以及结构面的间距、宽度、产状和组合，由地区经验确定，无经验时，对完整岩体可取0.5，对较完整岩体可取0.2～0.5，对较破碎岩体可取0.1～0.2。

上述折减系数值未考虑施工因素及建筑物使用后风化作用的继续。对于黏土质岩，在确保施工期及使用期不致遭水浸泡时，也可采用天然湿度的试件，不进行饱和处理。

岩石饱和单轴抗压强度标准值 f_{rk} 计算中，岩样数量不应少于6个，并进行饱和处理，f_{rk} 由以下公式统计确定

$$f_{rk} = \psi f_{rm} \tag{19-202}$$

$$\psi = 1 - \left(\frac{1.704}{\sqrt{n}} + \frac{4.678}{n^2}\right)\delta$$

式中：f_{rm}——岩石饱和单轴抗压强度平均值(kPa)；

f_{rk}——岩石饱和单轴抗压强度标准值(kPa)；

ψ——统计修正系数；

n——试样个数；

δ——变异系数。

(三)根据岩体分级确定岩基承载力

《工程岩体分级标准》中给出了各级岩体的承载力基本值，可根据岩体级别确定岩基承载力。

(四)岩基承载力的理论计算方法

地基岩体承载力的确定要考虑岩体在荷载作用下的变形破坏机理。岩基的变形不仅由岩体的

弹性变形和塑性变形引起，而且还会沿某些结构面发生剪切破坏而引起较大的基础沉陷或基础滑移。因此，岩基在荷载作用下其变形量的大小或破坏的方式受岩体自身结构条件、力学性质及受力情况等多方面因素制约。所以，针对不同的情况确定地基岩体承载力的方法也有所不同。由于岩体结构的复杂性，岩石地基承载力的理论研究进展缓慢，目前还没有取得令人满意的成果可用于实际岩石工程。下面介绍的几种计算方法都是比较近似的方法，因此计算结果只能作为参考。

1. 由岩体强度确定岩基极限承载力

古德曼(R. E. Goodman)曾对图 19-94 中各种基脚岩体破坏模式的岩基承载力的确定给出了计算原则。他认为图 19-91a)发展至图 19-91c)的破坏模式，在条形基脚下破碎岩石区(见图 19-94b) 内的侧向膨胀引起其任一侧的岩体内发生辐射状裂缝。基脚岩体已遭到破坏后的破碎岩石强度如图 19-94a)中的破坏包络线 1 所示。而破坏较少的邻近区图 19-94b)中的 B 区，其岩体强度包络线 2 的强度高于破碎岩体强度包络线 1。在 A 区，由于岩体破裂和侧向扩容，给相邻岩体(B 区)施压。这时，可以认为支承基脚岩体的最大水平应力是 p_h，它可由相邻岩体(B 区)的无侧限抗压强度来确定。这个应力给出了与基脚下破碎岩石的强度包络线相切的莫尔应力图的下限。由图 19-94a)可知，根据 B 区的强度包络线可确定 p_h 的大小。进而，根据破碎岩体的强度包络线，也就能求得承载力 q_f 的大小。从图 19-94 的破坏模式可认为，均质不连续岩体的承载力不会小于基脚周围岩体的无侧限抗压强度。而且可以把无侧限抗压强度取为承载力的下限。若已知岩体的内摩擦角和无侧限抗压强度，则承载力 q_f 可按下式确定

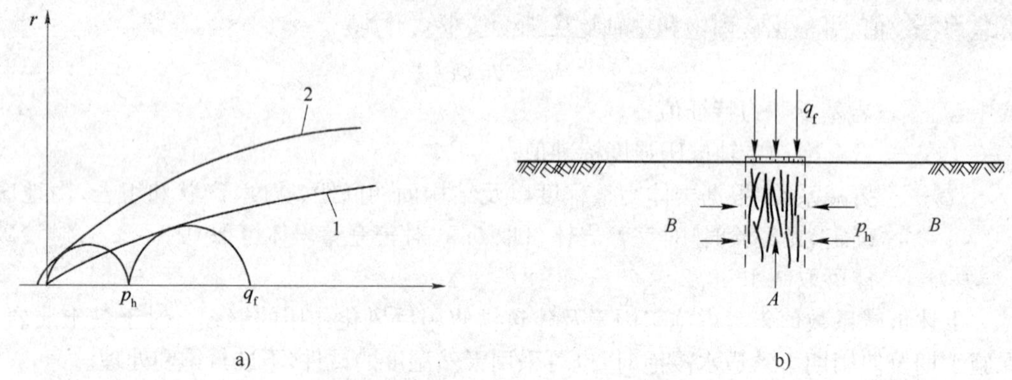

图 19-94　基脚压碎岩体的承载力分析图

a)岩体强度包络线图；b)基脚岩体破坏模式图

1-压碎后的岩体强度(A 区)；2-岩体强度(B 区)

A-压碎区；B-非压碎区

$$q_f = \sigma_c(N_p + 1) \tag{19-203}$$

其中

$$N_p = \tan^2\left(45° + \frac{\varphi}{2}\right) \tag{19-204}$$

2. 由极限平衡理论确定岩基的极限承载力

如前所述，基脚下的岩体存在剪切破坏面，使岩基出现楔形滑体。剪切面可为弧面和平直面，而在岩体中，大多数为近平直面形。因而在计算极限承载力时，皆采用平直剪切面的楔体进行稳定分析。

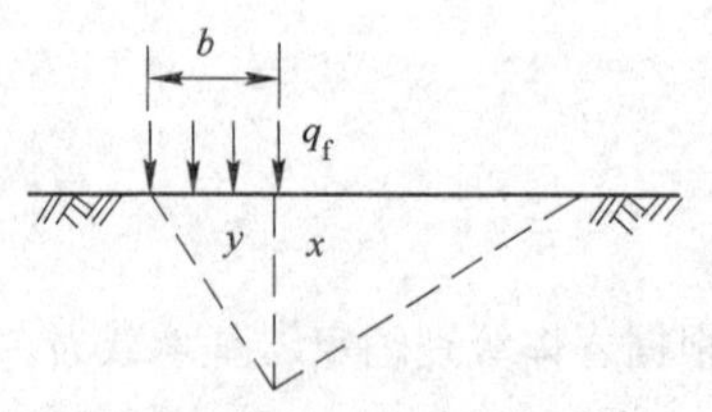

图 19-95　极限承载能力计算图

设在半无限体上作用着宽度为 b 的条形均布荷载 q_f(见图 19-95)，为了便于计算，作如下假设：破坏面由两个互相直交

的平面组成；荷载 q_f 的作用范围很长，以致可以忽略平行于纸面的端部阻力；在承载平面上不存在剪力；对于每个楔体，可以采用平均的体积力。如果在承载压力 q_f 附近的表面上还作用有一个附加压力 q，那么岩基的极限承载力可写为

$$q_f = 0.5\gamma b\tan^5\left(45^\circ + \frac{\varphi}{2}\right) + c\frac{\left[\tan^4\left(45^\circ + \frac{\varphi}{2}\right) - 1\right]}{\tan\varphi + q\tan^4\left(45^\circ + \frac{\varphi}{2}\right)} \tag{19-205}$$

或写成

$$q_f = 0.5\gamma b N_r + cN_c + qN_q \tag{19-206}$$

式中：N_r、N_c、N_q——承载能力系数，它们都是 φ 的函数。

由于破坏面是弯曲的，在 x 和 y 这两个楔体之间的边界以及承载面上存在剪应力，因而实际承载能力系数比式(19-205)中表示的要大，一般可按下列 3 个方程来确定承载能力系数

$$N_r = \tan^6\left(45^\circ + \frac{\varphi}{2}\right) - 1 \tag{19-207}$$

$$N_c = 5\tan^4\left(45^\circ + \frac{\varphi}{2}\right) \tag{19-208}$$

$$N_q = \tan^6\left(45^\circ + \frac{\varphi}{2}\right) \tag{19-209}$$

在 $\varphi=0^\circ \sim 45^\circ$ 的范围内，这三个方程算出的系数值较为接近于精确解。对于方形或圆形的承载面来说，承载力系数有显著的变化，这时可得

$$N_c = \tan^4\left(45^\circ + \frac{\varphi}{2}\right) \tag{19-210}$$

六、坝基岩体的抗滑稳定计算

实践表明，坚硬岩基滑动破坏的形式不同于松软地基。前者的破坏往往受到岩体中的节理、裂隙、断层破碎带以及软弱结构面的空间方位及其相互间的组合形态所控制。由于岩基中天然岩体的强度，主要取决于岩体中各软弱结构面的分布情况及其组合形式，而不决定于个别岩石块体的极限强度。因此，在探讨岩基的强度与稳定性时，首先应当查明岩基中的各种结构面与软弱夹层位置、方向、性质以及搞清它们在滑移过程中所起的作用。

岩体经常被各种类型的地质结构面切割成不同形状与大小的块体(结构体)。为了正确判断岩基中这些结构体的稳定性，必须考虑结构体周围滑动面与结构面的产状、面积以及结构体体积和各个边界面上的受力情况。

根据过去经验以及室内模型试验的情况来看，大坝失稳形式主要有两种情况：第一种情况是岩基中的岩体强度远远大于坝体混凝土强度，同时岩体坚固完整且无显著的软弱结构面，这时大坝的失稳多半是沿坝体与岩基接触处产生，这种破坏形式称为表层滑动破坏，如图 19-96 所示；第二种情况是在岩基内部存在着节理、裂隙和软弱夹层，或者存在着其他不利于稳定的结构面，在此情况下岩基容易产生如图 19-97 所示的深层滑动。除了上述两种破坏形式之外，有时还会产生所谓混合滑动的破坏形式，即大坝失稳时一部分沿着混凝土与岩基接触面滑动，另一部分则沿岩体中某一滑动面产生滑动，因此，混合滑动的破坏形式实际上是介于上述两种破坏形式之间的情况。为此，研究此岩基抗滑稳定就成为防止岩基破坏的重要课题之一。

目前评价岩基抗滑稳定，一般仍采用安全系数方法。

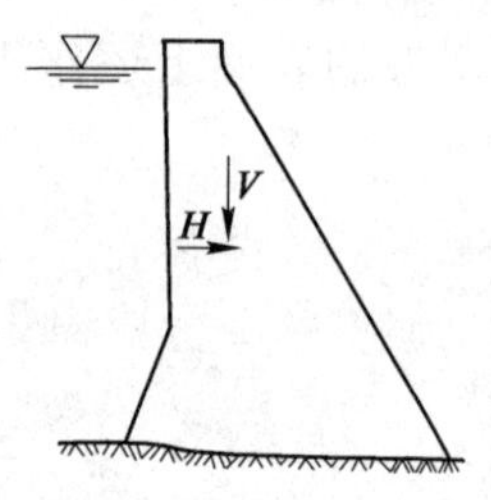

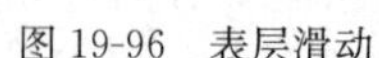

图 19-96　表层滑动

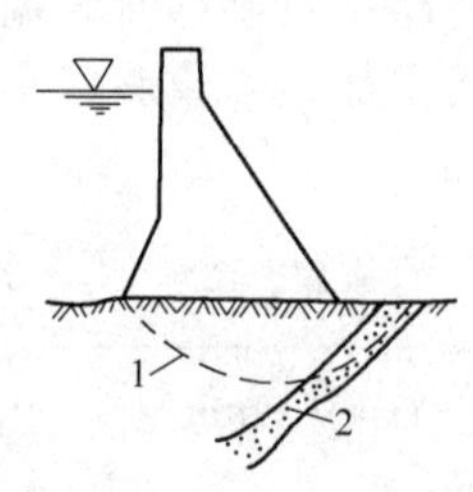

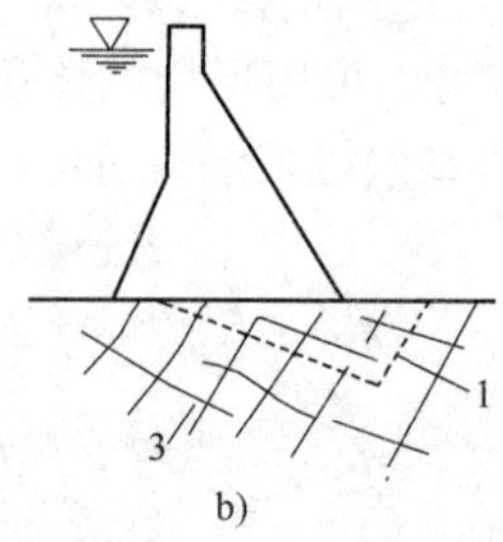

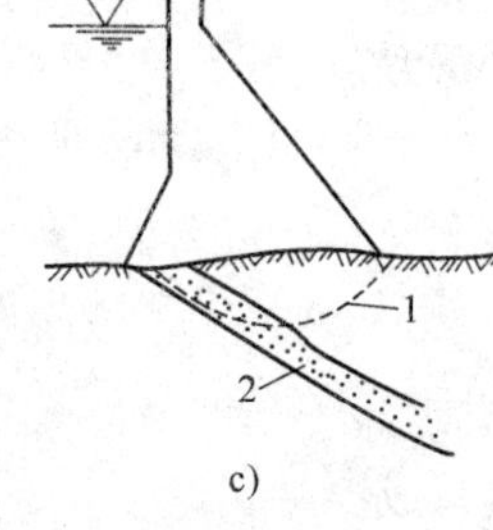

图 19-97　深层滑动

1-可能滑动面；2-软弱夹泥层；3-缓倾角裂隙

（一）表层滑动稳定性计算

演算表层滑动的抗滑安全系数时，可按坝体受力情况，分别求出坝体沿岩基表层的抗滑力与滑动力，然后计算两者之比即为安全系数，得

$$F_s = \frac{f_0 V}{H} \tag{19-211}$$

式中：V——垂直作用力之和，包括坝基水压力（上扬压力）；

H——水平力之和；

f_0——摩擦系数。

在水工上，摩擦系数是将潮湿岩体的平面置于斜面上而求得的，一般为 0.6～0.8。

上式没有考虑坝基与岩面间的黏聚力。而且往往基础与岩面的接触面砌成台阶状，并用砂浆与基础黏结，因此基础面上的抗剪强度可采用库仑方程，这样式（19-211）将改写为

$$F_s = \frac{c_0 A + f_0 V}{H} \tag{19-212}$$

式中：c_0——接触面上的黏聚力或混凝土与岩石间的黏聚力；

A——底面积。

c_0、f_0 一般采用现场试验确定。

上述的安全系数分析方法只是一个粗略的分析，一直采用安全系数时往往取较大的值。近年来，考虑到坝基剪应力的变化幅度较大，因而将上式改写为

$$F_s = \frac{c_0 \gamma A + f_0 V}{H} \tag{19-213}$$

式中，$\gamma = \tau_m / \tau_{max}$ 即平均剪应力与下游坝址最大剪应力之比，一般采用 0.5。

（二）深层滑动稳定性计算

1. 单斜滑移面倾向下游时（见图 19-98a）

$$F_s = \frac{f_0 (V\cos\alpha - U - H\sin\alpha) + cL}{H\cos\alpha + V\sin\alpha} \tag{19-214}$$

2. 单斜滑移面倾向上游时（见图 19-98b）

$$F_s = \frac{f_0 (V\cos\alpha - U + H\sin\alpha) + cL}{H\cos\alpha - V\sin\alpha} \tag{19-215}$$

3. 双斜滑移面时（见图 19-98c）

在这种情况下，计算抗滑稳定时将双斜滑移面所构成的楔体△ABC 划分为两个楔体，即分别为△ABD 和△BCD，其中，△ABD 是属于单斜滑移面向下滑移的模型。为了抵抗其下滑，可用抗力 R 将其支撑（见图 19-98d）。△BCD 则属于滑移面倾向上游的模型，它受到△ABD 楔体

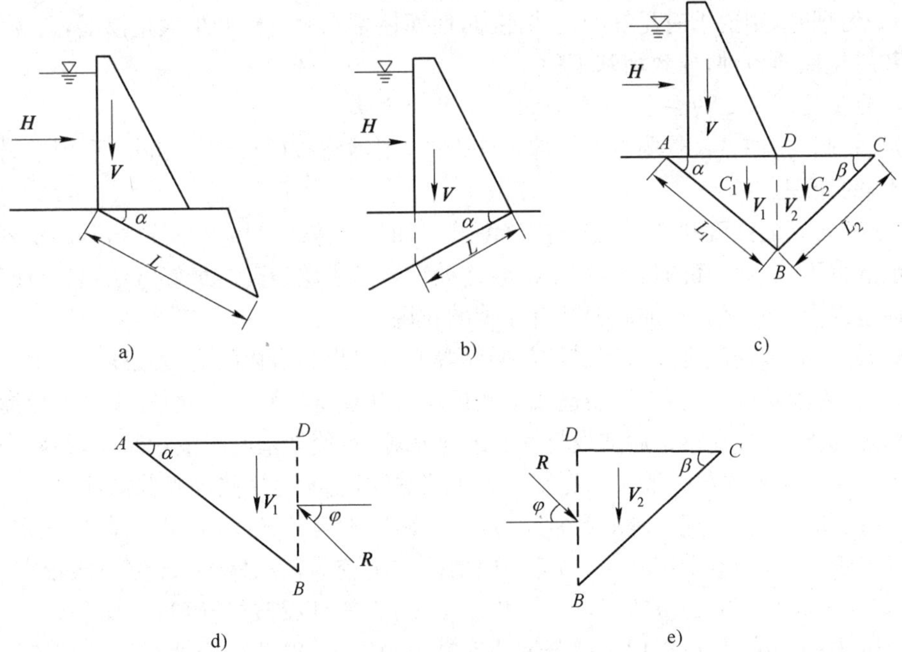

图 19-98　各种滑移面分布形式的抗滑稳定计算图

向下滑移的推力 R(见图 19-98e)。按照力的平衡原理可以计算出双滑移面时的抗滑安全系数为

$$F_s=\frac{f_2[R\sin(\varphi+\beta)+V_2\cos\beta]}{R\cos(\alpha+\beta)-V_2\sin\beta} \tag{19-216}$$

$$R=\frac{H(\cos\alpha+f_1\sin\alpha)+(V_1+V_2)(\sin\alpha+f_1\cos\alpha)}{\cos(\varphi-\alpha)-f_1\sin(\varphi-\alpha)} \tag{19-217}$$

式中:f_1、f_2——AB 和 BC 滑面上的摩擦系数;

φ——岩石的内摩擦角。

七、岩基的加固措施

建筑物的地基长期埋藏于地下,在整个地质历史中,它遭受了地壳运动的影响,使岩体存在着褶皱、破裂和折断等现象,直接影响到建筑物地基的选用。对于等级要求高的建筑物来说,首先在选址时就应该尽量避开构造破碎带、断层、软弱夹层、节理裂隙密集带、溶洞发育等地段,将建筑物选在最良好的岩基上。但实际上,任何地区都难以找到十分完美的地质条件,都存在着或多或少的缺陷。因此,一般的岩基都需要有一定的人工处理,方能确保建筑物的安全。

(一)处理过的岩基应该达到如下的要求

(1)地基的岩体应具有均一的弹性模量和足够的抗压强度。

尽量减少建筑物修建后的绝对沉降量,要注意减少地基各部位出现的拉应力和应力集中现象,使建筑物不致遭受倾覆、滑动和断裂等威胁。

(2)建筑物的基础与地基之间要保证结合紧密,有足够的抗剪强度。

使建筑物不致因承受水压力、土压力、地震作用或其他推力,沿着某些抗剪强度低的软弱结构面滑动。

(3)如为坝基,则要求有足够的抗渗能力,使库体蓄水后不致产生大量渗漏,避免增高坝基扬压力和恶化地质条件,导致坝基不稳。

(二)为了达到上述的要求,一般采用如下处理方法

(1)当岩基内有断层、软弱带或局部破碎带时,则需将破碎或软弱部分,采用挖、掏、填(回填混凝土)的处理。

(2)改善岩基的强度和变形,进行固结灌浆以加强岩体的整体性,提高岩基的承载能力,达到防止或减少不均匀沉降的目的,固结灌浆是处理岩基表层裂隙的最好方法,它可使基岩的整体弹性模量提高 1~2 倍,对加固岩基有显著的作用。

(3)增加基础开挖深度或采用锚杆与插筋等方法以提高岩体的力学强度。

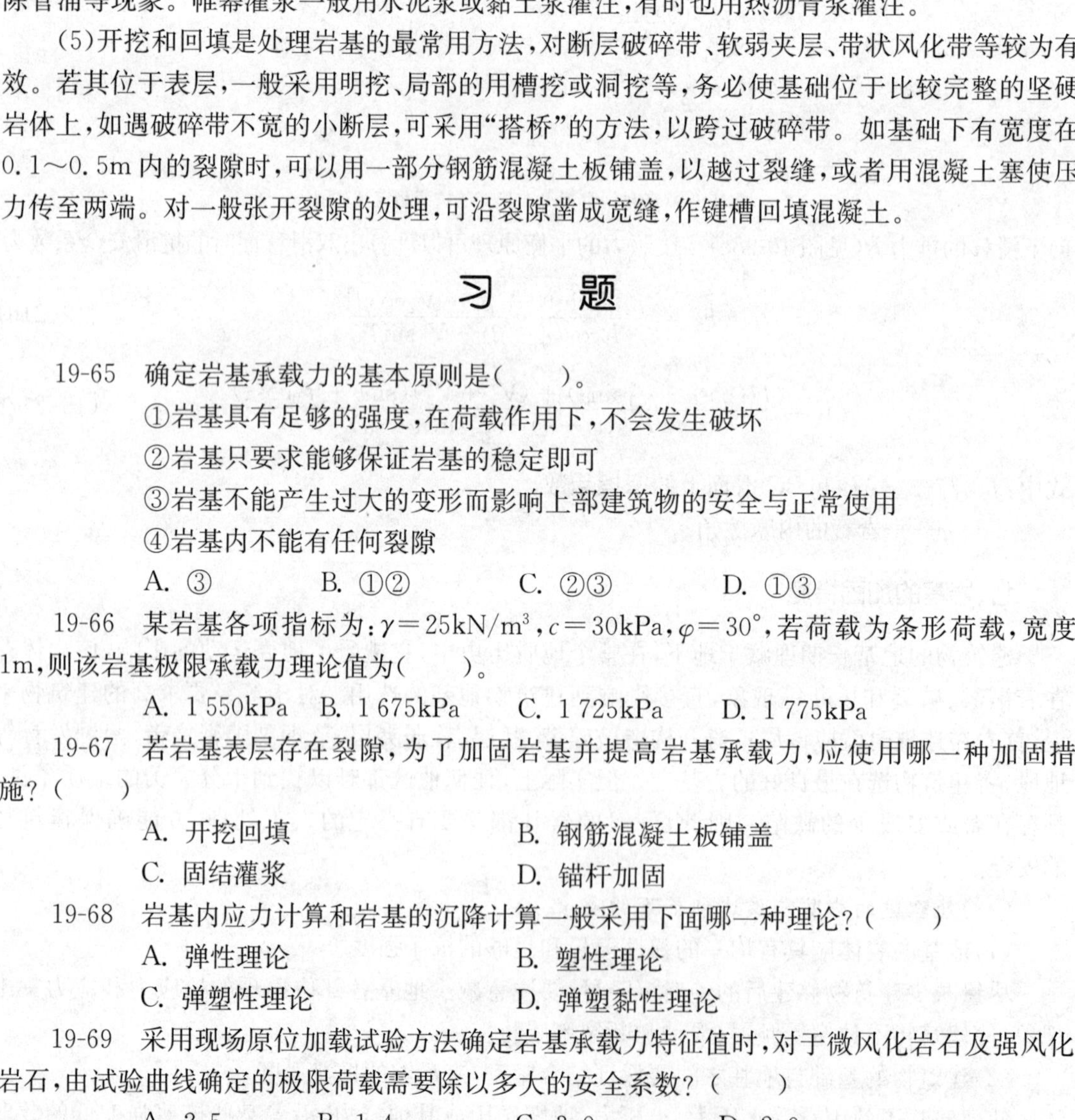

(4)如若为坝基,由于蓄水后会造成坝底扬压力和坝基渗漏。为此,在坝基上游灌浆,做一道密实的防渗帷幕,并在帷幕后加设排水孔或排水廊道,使坝基的渗漏量减少,扬压力降低,排除管涌等现象。帷幕灌浆一般用水泥浆或黏土浆灌注,有时也用热沥青浆灌注。

(5)开挖和回填是处理岩基的最常用方法,对断层破碎带、软弱夹层、带状风化带等较为有效。若其位于表层,一般采用明挖、局部的用槽挖或洞挖等,务必使基础位于比较完整的坚硬岩体上,如遇破碎带不宽的小断层,可采用"搭桥"的方法,以跨过破碎带。如基础下有宽度在 0.1~0.5m 内的裂隙时,可以用一部分钢筋混凝土板铺盖,以越过裂缝,或者用混凝土塞使压力传至两端。对一般张开裂隙的处理,可沿裂隙凿成宽缝,作键槽回填混凝土。

习 题

19-65 确定岩基承载力的基本原则是(   )。

①岩基具有足够的强度,在荷载作用下,不会发生破坏

②岩基只要求能够保证岩基的稳定即可

③岩基不能产生过大的变形而影响上部建筑物的安全与正常使用

④岩基内不能有任何裂隙

A. ③　B. ①②　C. ②③　D. ①③

19-66 某岩基各项指标为:$\gamma=25\text{kN/m}^3$,$c=30\text{kPa}$,$\varphi=30°$,若荷载为条形荷载,宽度 1m,则该岩基极限承载力理论值为(   )。

A. 1 550kPa　B. 1 675kPa　C. 1 725kPa　D. 1 775kPa

19-67 若岩基表层存在裂隙,为了加固岩基并提高岩基承载力,应使用哪一种加固措施?(   )

A. 开挖回填　B. 钢筋混凝土板铺盖

C. 固结灌浆　D. 锚杆加固

19-68 岩基内应力计算和岩基的沉降计算一般采用下面哪一种理论?(   )

A. 弹性理论　B. 塑性理论

C. 弹塑性理论　D. 弹塑黏性理论

19-69 采用现场原位加载试验方法确定岩基承载力特征值时,对于微风化岩石及强风化岩石,由试验曲线确定的极限荷载需要除以多大的安全系数?(   )

A. 2.5　B. 1.4　C. 3.0　D. 2.0

19-70 岩基表层存在断层破碎带时,采用下列何种加固措施比较好?(   )

A. 灌浆加固　　B. 锚杆加固
C. 水泥砂浆覆盖　　D. 开挖回填

19-71　若基础为方形柔性基础，在荷载作用下，岩基弹性变形量在基础中心处的值约为边角处的(　　)。

A. 0.5 倍　　B. 相同　　C. 1.5 倍　　D. 2.0 倍

19-72　计算岩基极限承载力的公式中，承载力系数 N_γ, N_c, N_q，主要取决于下列哪一个指标？(　　)

A. γ　　B. C　　C. φ　　D. E

19-73　岩基上作用的荷载如果由条形荷载变化成方形荷载，会对极限承载力计算公式中的承载力系数取值产生什么影响？(　　)

A. N_r 显著变化　　B. N_c 显著变化
C. N_q 显著变化　　D. 三者均显著变化

19-74　用极限平衡理论计算岩基承载力时，条形荷载下均质岩基的破坏面形式一般假定为(　　)。

A. 单一平面　　B. 双直交平面
C. 圆弧曲面　　D. 螺旋曲面

19-75　计算圆形刚性基础下的岩基沉降，沉降系数一般取为(　　)。

A. 0.79　　B. 0.88　　C. 1.08　　D. 2.72

19-76　在验算岩基抗滑稳定性时，下列哪一种滑移面不在假定范围之内(　　)。

A. 圆弧滑面　B. 水平滑面　　C. 单斜滑面　　D. 双斜滑面

习题提示及参考答案

19-1　**提示：**岩体是由岩块(岩石)和结构面组成的，这是基本常识。

答案：B

19-2　**提示：**不连续、非均质、各向异性、非弹性是岩体材料的主要特点，也是区别于其他人工材料的主要特征，应结合这些特征选择正确答案。

答案：D

19-3　**提示：**由于岩石并非完全的线弹性材料，弹性变形阶段岩石的应力与应变关系曲线并非线性，所以弹性模量不能采用传统方法进行计算，国际岩石力学学会建议采用割线模量，切线模量以及平均模量中任何一种来表示。

答案：D

19-4　**提示：**计算割线模量或切线模量时，根据国际岩石力学学会的建议，应力水平应统一为岩石单轴抗压强度的 1/2 大小。

答案：B

19-5　**提示：**岩石一般被认为是脆性材料，然而岩石在三向压应力下的变形破坏特征表明，当围压较大时，岩石在破坏前会产生很大的塑性变形，表现出类似于延性材料的变形特性。

答案：D

19-6 **提示**:岩石与岩体的主要区别在于岩石中含有各种结构面,岩石是连续材料,岩体属于不连续材料,这些不连续面的存在是导致岩体强度降低的主要原因。

答案:A

19-7 **提示**:岩体的强度或弹性模量等力学参数随试件尺寸的增大而减小,这是岩体特有的特性,尺寸效应指的就是这种现象。

答案:C

19-8 **提示**:岩石在受压时,体积随压应力的增大而逐渐增大的现象叫剪胀。

答案:D

19-9 **提示**:岩石在受压过程中,随着压应力的不断增大,内部会产生大量新裂纹,这些微裂纹随着应力的增大会逐渐张开、滑移与贯通,从而会导致体积增大。

答案:D

19-10 **提示**:在三向压应力作用下,岩石的强度明显大于单向压应力条件下的强度,这是岩石的一个主要特点。

答案:A

19-11 **提示**:由于劈裂试验时,破裂面上的应力状态为拉压应力状态,所以由此得出的强度不能称作单轴抗拉强度,一般称为抗拉强度。

答案:B

19-12 **提示**:格利菲斯准则认为,不论岩石的应力状态如何,岩石的破坏都是由于微裂纹附近的拉应力超过了岩石的抗拉强度所至。

答案:A

19-13 **提示**:岩石内部含有大量微裂纹、微孔隙,单个裂纹的开裂难于导致岩石的整体宏观破坏,格里菲斯准则只考虑单个的微裂纹,不考虑众多微裂纹之间的相互作用。

答案:D

19-14 **提示**:此题考的是岩石吸水率的定义,即岩石饱和前后的质量比。

答案:B

19-15 **提示**:根据岩石软化系数的大小可以区分岩石的软化性强弱,通常以 0.75 为界,大于 0.75 为弱,否则为强。

答案:A

19-16 **提示**:根据岩石三轴压缩试验结果的分析可以发现,岩石的变形特性会随着围压的提高而逐渐发生改变,围压越大,岩石的塑性流动特征越明显,即随着围压的增大,岩石会由脆性逐渐变为延性材料。

答案:B

19-17 **提示**:研究表明,岩石的强度会随着加载速率的增大而增大。

答案:A

19-18 **提示**:库仑强度理论假设岩石的破坏为压应力作用下的剪切破坏,且剪切破坏面与最大主应力之间的夹角为 $45°-\varphi/2$。

答案:C

19-19 **提示**:测量岩石的密度、重度以及含水率时,一般都要求把试件放在 108℃恒温的烘箱中至少烘干 24h。

答案:D

19-20 **提示：**格理菲斯认为，不论外界是什么应力状态，材料的破坏都是由于拉应力引起的拉裂破坏。

答案：A

19-21 **提示：**通常岩石的抗压强度是抗拉强度的10～20倍。

答案：B

19-22 **提示：**由格理菲斯强度准则可以推出岩石抗压强度是抗拉强度8倍的结论，格理菲斯准则认为岩石的破坏属于脆性破坏。

答案：B

19-23 **提示：**岩石为脆性材料，在单轴抗压试验中，硬岩的破坏形式一般为脆性破坏，不会发生其他形式的破坏。

答案：D

19-24 **提示：**此题要求考生对岩石变形特性有全面的了解，并对岩石应力-应变曲线的特征有一定的认识。一般弹性硬岩的应力-应变曲线为近似直线，而塑性软岩的应力-应变曲线比较平缓，本题中的曲线明显分为两部分，前部平缓，呈现塑性岩石特征，后部近似直线，呈现弹性硬岩特征。

答案：D

19-25 **提示：**试件 h/d 值越小，即试件越短，试件内部应力分布越不均匀。端面的摩擦力越大，对试件侧向膨胀的约束也越大。试件内部应力分布越不均匀，限制端面侧向膨胀的约束力越大，试件越容易发生锥形破裂。

答案：B

19-26 **提示：**从岩石的全应力与应变关系曲线可以看出，当应力超过了岩石的峰值强度以后，岩石虽然已经发生破坏，但仍具有一定的承载能力，而且随着塑性变形的增大，承载能力逐渐降低。这是岩石材料的基本力学特性。

答案：B

19-27 **提示：**回答此问题必须清楚吸水率的定义，吸水率是指吸入水的质量与岩石固体质量之比。

答案：D

19-28 **提示：**岩石的含水率应为孔隙中水的质量与岩石固体质量之比，并不是体积比。

答案：B

19-29 **提示：**软化系数表示岩石遇水后强度降低的程度，因此应该是饱和单轴抗压强度与干燥条件下的单轴抗压强度之比。

答案：D

19-30 **提示：**岩体质量主要取决于岩石的坚硬程度和岩体的完整性，这也是工程岩体分级标准中确定岩体基本质量的基本依据。

答案：C

19-31 **提示：**由岩石工程分级方法可以查出，岩石的坚硬程度是采用饱和单轴抗压强度进行评价的。

答案：A

19-32 **提示：**我国工程岩体分级标准中关于岩石坚硬程度的划分是根据岩石的饱和单轴抗压强度大小将岩石划分为坚硬岩、较坚硬岩、较软岩、软岩及极软岩，其划分标准界限分别为 60MPa、30MPa、15MPa、5MPa。

答案:C

19-33 **提示:**岩体的完整性主要取决于岩体中结构面的发育程度和数量多少,虽然节理间距和节理密度都可以反映岩体中的节理数量,但岩体完整性指数或单位体积岩体中含有的节理数更能全面反映岩体的完整性,因此,国标中采用了这两个指标。

答案:D

19-34 **提示:**国标中将岩体完整性划分成完整、较完整、较破碎、破碎及极破碎五个档次,划分界限分别为 0.75、0.55、0.35、0.15。

答案:D

19-35 **提示:**岩体质量主要取决于岩石的坚硬程度和岩体的完整性,分别采用岩石饱合单轴抗压强度和岩体完整性指数定量评价。

答案:B

19-36 **提示:**我国岩石工程分级标准中,根据地应力大小、结构面方位和地下水三个因素对岩石基本质量指标进行修正,没有考虑结构面的粗糙度。

答案:D

19-37 **提示:**洞室围岩稳定性取决于多种因素,但最主要的还是岩体的强度,选项 B 以外的几个选项都比较片面。

答案:B

19-38 **提示:**此题需要考生对工程岩体分级标准的具体公式和各级岩体的指标范围有比较清楚的了解。岩石基本质量指标的计算公式为 $BQ=100+3R_c+250K_v=465$。根据岩体分级标准查表可知,属Ⅱ级。

答案:B

19-39 **提示:**我国岩体工程分级标准中,对三级岩体的描述为:跨度 10~20m,可稳定数日至一个月,可发生小至中塌方;跨度 5~10m,可稳定数月,可发生局部块体位移及小至中塌方;跨度小于 5m,可基本稳定。

答案:D

19-40 **提示:**《工程岩体分级标准》(GB/T 50218—2014)第 5.2.1 条规定,地下工程岩体详细定级时,遇到 D 所列三种情况之一,需要对岩体基本质量指标 BQ 进行修正。

答案:D

19-41 **提示:**修订后的《工程岩体分级标准》(GB/T 50218—2014)中,将地下工程、边坡工程以及地基工程岩体的级别确定分开考虑,分别依据不同的修正因素进行修正,其中边坡工程岩体详细定级时,应根据控制边坡稳定性的主要结构面类型与延伸性、边坡内地下水发育程度以及结构面产状与坡面间关系等影响因素,对岩体基本质量指标 BQ 进行修正。

答案:C

19-42 **提示:**《工程岩体分级标准》(GB/T 50218—2014)第 5.4.1 条规定,地基工程岩体级别应按照岩体基本质量级别定级。

答案:B

19-43 **提示**:初始地应力首先应包括自重应力场,其次,构造应力也是初始地应力的重要组成部分。

答案:C

19-44 **提示**:岩石工程开挖之前的原始应力状态为初始地应力。

答案:A

19-45 **提示**:地质构造引起的构造应力与地球的板块运动方向有关,因此,一般情况下为近水平方向。

答案:B

19-46 **提示**:因为构造应力一般为近水平方向,上述四个答案中只有一个是正确的,所以很显然应选择 B。

答案:B

19-47 **提示**:初始地应力的分布规律往往非常复杂,当缺乏实测资料时,人们只能假设初始地应力为自重应力,这样侧压系数一般不会超过 0.5。

答案:A

19-48 **提示**:目前应力解除法是地应力量测方法中最可靠、应用最广泛的方法。

答案:B

19-49 **提示**:岩质边坡的破坏类型很多,划分方式多样,圆滑滑动、平面滑动、楔形滑动是根据破坏面形状的分类。所以除了选项 A 以外,其他三个选项都不对。

答案:A

19-50 **提示**:只有当滑动面的倾角小于边坡倾角时,滑动面才可能与坡面相交发生滑动,这是平面滑动破坏的一个基本条件。

答案:C

19-51 **提示**:只有当滑动面的倾角大于滑动面的摩擦角时,才可能克服滑面上的摩擦力。

答案:A

19-52 **提示**:岩坡的稳定主要取决于边坡的几何形状、岩石的强度、结构面的产状及性质、地下水的分布等因素,与岩石的类型关系不大。

答案:C

19-53 **提示**:均质边坡中,临空面附近的应力变化较大,并非只限于坡顶。

答案:B

19-54 **提示**:圆弧破坏一般发生在非成层的均质岩体中,或者极破碎、强风化的软弱岩体中,上述答案中与发生条件最接近的应为 C。这是因为泥质岩体比较软弱,层厚较大时,也可近似地看成均质岩体。

答案:C

19-55 **提示**:崩塌破坏的基本条件是边坡较陡,一般认为边坡倾角大于 60° 才可能发生崩塌破坏。

答案:B

19-56 **提示**:回答此题需要记住张裂缝极限深度的计算公式,正确公式应为 A。

答案:A

19-57 **提示**:滑坡的分类方式很多,本题问的是根据滑坡发生原因进行分类,选项 B 为根据受力机制的划分,选项 C 和 D 都不全面。

答案:A

19-58 提示:抗滑桩是防止边坡滑动的支挡结构,放在滑坡体的中上部及后部时,其支挡作用会大打折扣,一般情况下,尽可能放在前缘。

答案:A

19-59 提示:平面滑动破坏边坡的极限高度可由以下公式计算,将有关参数代入后,根据所得结果判断正确答案。

$$H=\frac{2C}{\gamma}\frac{\sin i\cos\varphi}{\sin(i-\beta)\sin(\beta-\varphi)}=\frac{2\times 20}{25}\times\frac{\sin 60^\circ\cos 30^\circ}{\sin(60^\circ-45^\circ)\sin(45^\circ-30^\circ)}=17.91\text{m}$$

答案:B

19-60 提示:倾倒破坏主要是由于反倾岩层的倾角过大所致。

答案:C

19-61 提示:岩质边坡形成过程中,由于应力重新分布,主应力发生偏转,在坡面和坡顶附近,最大主应力作用方向近似平行于临空面,同时坡脚处应力集中最为严重,临空面近乎处于单向应力状态。根据这些特点即可判断正确答案。

答案:C

19-62 提示:上述的四个答案中,第三个答案明显有问题。对滑体采用深层搅拌法处理,虽然可以增加滑体的整体性,但并没有改变滑动面的受力状况,起不到防止滑坡的作用,因此不正确。

答案:C

19-63 提示:柔性基础受到竖向的均布荷载作用时,由于基础的刚度较小,所以不同部位的沉降是不同的,很显然,中心部位的沉降应大于边缘的沉降。

答案:A

19-64 提示:采用理论方法计算岩基承载力时,一般假定岩体处于极限平衡状态,这样就需要岩体的屈服条件。同时,基础岩体也必须处于平衡状态,理应满足平衡方程。几何方程和本构关系则主要用于变形计算。

答案:C

19-65 提示:岩基作为建筑物的基础,首先应能承受上部的所有荷载,同时还应保证不会因为本身的变形而影响上部建筑物的正常使用。

答案:D

19-66 提示:此题需要记住地基承载力的理论计算公式,$q_f=0.5\gamma bN_\gamma+C\cdot N_c$,其中的承载力系数分别为:$N_\gamma=\tan^6\left(45^\circ+\frac{\varphi}{2}\right)-1$,$N_c=5\tan^4\frac{\varphi}{2}$,将相关参数代入后,根据所得数值选择正确答案。

答案:B

19-67 提示:上述几种方法均可用于岩基加固,但使用条件有所区别。一般对于表层破碎带可采用常用的挖填法,或用锚杆增加结构强度,对于表层裂隙,固结灌浆方法对提高岩基承载力效果明显。

答案:C

19-68 提示:目前岩基的应力和变形计算仍然采用传统的弹性理论。

答案:A

19-69 **提示**:对于本题所描述的情况,规范规定安全系数取3.0。

答案:C

19-70 **提示**:对于这种情况,可供选择的加固措施较多,但考虑到基础的稳定非常重要,所以最好的办法应该是比较彻底的治理办法,开挖回填显然满足此原则。

答案:D

19-71 **提示**:方形柔性基础中心处和角点处的沉降计算公式分别为

$$s_0=1.12\alpha P\frac{(1-\mu^2)}{E},s_c=0.56\alpha P\frac{(1-\mu^2)}{E}$$

对比后可以得出,基础中心处的值约为边角处的2倍。

答案:D

19-72 **提示**:岩基承载力的理论计算公式中的三个承载力系数计算公式都与内摩擦角有关。

答案:C

19-73 **提示**:对于方形或圆形的承载面,岩基承载力的理论计算公式中的三个承载力系数中,只有 N_c 有显著变化,其他系数没有变化。

答案:B

19-74 **提示**:基脚下的岩体存在剪切破坏面,使岩基出现楔形滑体。剪切面可为弧面和直平面,而在岩体中,大多数为近平直面形。因而在计算极限承载力时,皆采用平直剪切面的楔体进行稳定分析。

答案:B

19-75 **提示**:对于圆形刚性基础,计算沉降时,沉降系数可查表选取,应为0.79。

答案:A

19-76 **提示**:岩基抗滑稳定演算时,一般分浅层滑动和深层滑动,滑动面都假设为平面,所以,圆弧滑面不在假设范围之内。

答案:A

模 拟 试 题

上午段考试：单选，120 道题，每题 1 分，共 120 分。考试时间：4 小时。

（注：上午段试题为 2011 年真题。）

1. 设直线方程为 $x=y-1=z$，平面方程为 $x-2y+z=0$，则直线与平面：

A. 重合　B. 平行不重合　C. 垂直相交　D. 相交不垂直

2. 在三维空间中，方程 $y^2-z^2=1$ 所代表的图形是：

A. 母线平行 x 轴的双曲柱面　B. 母线平行 y 轴的双曲柱面

C. 母线平行 z 轴的双曲柱面　D. 双曲线

3. 当 $x\to 0$ 时，3^x-1 是 x 的：

A. 高阶无穷小　B. 低阶无穷小

C. 等价无穷小　D. 同阶但非等价无穷小

4. 函数 $f(x)=\dfrac{x-x^2}{\sin\pi x}$ 的可去间断点的个数为：

A. 1 个　B. 2 个　C. 3 个　D. 无穷多个

5. 如果 $f(x)$ 在 x_0 点可导，$g(x)$ 在 x_0 点不可导，则 $f(x)g(x)$ 在 x_0 点：

A. 可能可导也可能不可导　B. 不可导

C. 可导　D. 连续

6. 当 $x>0$ 时，下列不等式中正确的是：

A. $e^x<1+x$　B. $\ln(1+x)>x$　C. $e^x<ex$　D. $x>\sin x$

7. 若函数 $f(x,y)$ 在闭区域 D 上连续，下列关于极值点的陈述中正确的是：

A. $f(x,y)$ 的极值点一定是 $f(x,y)$ 的驻点

B. 如果 P_0 是 $f(x,y)$ 的极值点，则 P_0 点处 $B^2-AC<0$ $\left(\text{其中，}A=\dfrac{\partial^2 f}{\partial x^2},B=\dfrac{\partial^2 f}{\partial x\partial y},C=\dfrac{\partial^2 f}{\partial y^2}\right)$

C. 如果 P_0 是可微函数 $f(x,y)$ 的极值点，则在 P_0 点处 $\mathrm{d}f=0$

D. $f(x,y)$ 的最大值点一定是 $f(x,y)$ 的极大值点

8. $\displaystyle\int\frac{\mathrm{d}x}{\sqrt{x}\,(1+x)}=$

A. $\arctan\sqrt{x}+C$　B. $2\arctan\sqrt{x}+C$

C. $\tan(1+x)$　D. $\dfrac{1}{2}\arctan x+C$

9. 设 $f(x)$ 是连续函数，且 $f(x)=x^2+2\displaystyle\int_0^2 f(t)\mathrm{d}t$，则 $f(x)=$

A. x^2　B. x^2-2　C. $2x$　D. $x^2-\dfrac{16}{9}$

10. $\displaystyle\int_{-2}^{2}\sqrt{4-x^2}\,\mathrm{d}x=$

A. π　B. 2π　C. 3π　D. $\dfrac{\pi}{2}$

11. 设 L 为连接(0,2)和(1,0)的直线段,则对弧长的曲线积分$\int_L (x^2+y^2)\mathrm{d}S=$

A. $\frac{\sqrt{5}}{2}$　　B. 2　　C. $\frac{3\sqrt{5}}{2}$　　D. $\frac{5\sqrt{5}}{3}$

12. 曲线 $y=e^{-x}(x\geqslant 0)$ 与直线 $x=0,y=0$ 所围图形,绕 ox 轴旋转所得旋转体的体积为:

A. $\frac{\pi}{2}$　　B. π　　C. $\frac{\pi}{3}$　　D. $\frac{\pi}{4}$

13. 若级数 $\sum\limits_{n=1}^{\infty}u_n$ 收敛,则下列级数中不收敛的是:

A. $\sum\limits_{n=1}^{\infty}ku_n(k\neq 0)$　　B. $\sum\limits_{n=1}^{\infty}u_{n+100}$　　C. $\sum\limits_{n=1}^{\infty}\left(u_{2n}+\frac{1}{2^n}\right)$　　D. $\sum\limits_{n=1}^{\infty}\frac{50}{u_n}$

14. 设幂级数 $\sum\limits_{n=0}^{\infty}a_nx^n$ 的收敛半径为 2,则幂级数 $\sum\limits_{n=1}^{\infty}na_n(x-2)^{n+1}$ 的收敛区间是:

A. $(-2,2)$　　B. $(-2,4)$　　C. $(0,4)$　　D. $(-4,0)$

15. 微分方程 $xy\mathrm{d}x=\sqrt{2-x^2}\,\mathrm{d}y$ 的通解是:

A. $y=e^{-C\sqrt{2-x^2}}$　　B. $y=e^{-\sqrt{2-x^2}}+C$

C. $y=Ce^{-\sqrt{2-x^2}}$　　D. $y=C-\sqrt{2-x^2}$

16. 微分方程$\frac{\mathrm{d}y}{\mathrm{d}x}-\frac{y}{x}=\tan\frac{y}{x}$的通解是:

A. $\sin\frac{y}{x}=Cx$　　B. $\cos\frac{y}{x}=Cx$　　C. $\sin\frac{y}{x}=x+C$　　D. $Cx\sin\frac{y}{x}=1$

17. 设 $\boldsymbol{A}=\begin{bmatrix}1&0&1\\0&1&2\\-2&0&-3\end{bmatrix}$,则 $\boldsymbol{A}^{-1}=$

A. $\begin{bmatrix}3&0&1\\4&1&2\\2&0&1\end{bmatrix}$　　B. $\begin{bmatrix}3&0&1\\4&1&2\\-2&0&-1\end{bmatrix}$

C. $\begin{bmatrix}-3&0&-1\\4&1&2\\-2&0&-1\end{bmatrix}$　　D. $\begin{bmatrix}3&0&1\\-4&-1&-2\\2&0&1\end{bmatrix}$

18. 设 3 阶矩阵 $\boldsymbol{A}=\begin{bmatrix}1&1&a\\1&a&1\\a&1&1\end{bmatrix}$,已知 $\boldsymbol{A}$ 的伴随矩阵的秩为 1,则 $a=$

A. -2　　B. -1　　C. 1　　D. 2

19. 设 $\boldsymbol{A}$ 是 3 阶矩阵,$\boldsymbol{P}=(\alpha_1,\alpha_2,\alpha_3)$是 3 阶可逆矩阵,且 $\boldsymbol{P}^{-1}\boldsymbol{AP}=\begin{bmatrix}1&0&0\\0&2&0\\0&0&0\end{bmatrix}$。若矩阵 $\boldsymbol{Q}=(\alpha_2,\alpha_1,\alpha_3)$,则 $\boldsymbol{Q}^{-1}\boldsymbol{AQ}=$

A. $\begin{bmatrix}1&0&0\\0&2&0\\0&0&0\end{bmatrix}$　　B. $\begin{bmatrix}2&0&0\\0&1&0\\0&0&0\end{bmatrix}$　　C. $\begin{bmatrix}0&1&0\\2&0&0\\0&0&0\end{bmatrix}$　　D. $\begin{bmatrix}0&2&0\\1&0&0\\0&0&0\end{bmatrix}$

20. 齐次线性方程组$\begin{cases}x_1-x_2+x_4=0\\x_1-x_3+x_4=0\end{cases}$的基础解系为：

A. $\alpha_1=(1,1,1,0)^T,\alpha_2=(-1,-1,1,0)^T$

B. $\alpha_1=(2,1,0,1)^T,\alpha_2=(-1,-1,1,0)^T$

C. $\alpha_1=(1,1,1,0)^T,\alpha_2=(-1,0,0,1)^T$

D. $\alpha_1=(2,1,0,1)^T,\alpha_2=(-2,-1,0,1)^T$

21. 设A,B是两个事件，$P(A)=0.3$，$P(B)=0.8$，则当$P(A\cup B)$为最小值时，$P(AB)=$

A. 0.1　　B. 0.2　　C. 0.3　　D. 0.4

22. 三个人独立地破译一份密码，每人能独立译出这份密码的概率分别为$\frac{1}{5}$、$\frac{1}{3}$、$\frac{1}{4}$，则这份密码被译出的概率为：

A. $\frac{1}{3}$　　B. $\frac{1}{2}$　　C. $\frac{2}{5}$　　D. $\frac{3}{5}$

23. 设随机变量X的概率密度为$f(x)=\begin{cases}2x & 0<x<1\\0 & \text{其他}\end{cases}$，则$Y$表示对$X$的3次独立重复观察中事件$\{X\leqslant\frac{1}{2}\}$出现的次数，则$P\{Y=2\}$等于：

A. $\frac{3}{64}$　　B. $\frac{9}{64}$　　C. $\frac{3}{16}$　　D. $\frac{9}{16}$

24. 设随机变量X和Y都服从$N(0,1)$分布，则下列叙述中正确的是：

A. $X+Y\sim$正态分布　　B. $X^2+Y^2\sim\chi^2$分布

C. X^2和Y^2都$\sim\chi^2$分布　　D. $\frac{X^2}{Y^2}\sim F$分布

25. 一瓶氦气和一瓶氮气，它们每个分子的平均平动动能相同，而且都处于平衡态，则它们：

A. 温度相同，氦分子和氮分子的平均动能相同

B. 温度相同，氦分子和氮分子的平均动能不同

C. 温度不同，氦分子和氮分子的平均动能相同

D. 温度不同，氦分子和氮分子的平均动能不同

26. 最概然速率v_p的物理意义是：

A. v_p是速率分布中的最大速率

B. v_p是大多数分子的速率

C. 在一定的温度下，速率与v_p相近的气体分子所占的百分率最大

D. v_p是所有分子速率的平均值

27. 1mol理想气体从平衡态$2p_1$、V_1沿直线变化到另一平衡态p_1、$2V_1$，则此过程中系统的功和内能的变化是：

A. $W>0,\Delta E>0$　　B. $W<0,\Delta E<0$

C. $W>0,\Delta E=0$　　D. $W<0,\Delta E>0$

28. 在保持高温热源温度T_1和低温热源温度T_2不变的情况下，使卡诺热机的循环曲线所包围的面积增大，则会：

A. 净功增大，效率提高　　B. 净功增大，效率降低

C. 净功和功率都不变　　D. 净功增大，效率不变

29. 一平面简谐波的波动方程为 $y=0.01\cos 10\pi(25t-x)$(SI)，则在 $t=0.1$s 时刻，$x=2$m 处质元的振动位移是：

A. 0.01cm　　B. 0.01m　　C. −0.01m　　D. 0.01mm

30. 对于机械横波而言，下面说法正确的是：

A. 质元处于平衡位置时，其动能最大，势能为零

B. 质元处于平衡位置时，其动能为零，势能最大

C. 质元处于波谷处时，动能为零，势能最大

D. 质元处于波峰处时，动能与势能均为零

31. 在波的传播方向上，有相距为 3m 的两质元，两者的相位差为 $\frac{\pi}{6}$，若波的周期为 4s，则此波的波长和波速分别为：

A. 36m 和 6m/s　　B. 36m 和 9m/s　　C. 12m 和 6m/s　　D. 12m 和 9m/s

32. 在双缝干涉实验中，入射光的波长为 λ，用透明玻璃纸遮住双缝中的一条缝(靠近屏一侧)，若玻璃纸中光程比相同厚度的空气的光程大 2.5λ，则屏上原来的明纹处：

A. 仍为明条纹　　B. 变为暗条纹

C. 既非明纹也非暗纹　　D. 无法确定是明纹还是暗纹

33. 在真空中，可见光的波长范围为：

A. 400～760nm　　B. 400～760mm　　C. 400～760cm　　D. 400～760m

34. 有一玻璃劈尖，置于空气中，劈尖角为 θ，用波长为 λ 的单色光垂直照射时，测得相邻明纹间距为 l，若玻璃的折射率为 n，则 θ、λ、l 与 n 之间的关系为：

A. $\theta=\frac{\lambda n}{2l}$　　B. $\theta=\frac{l}{2n\lambda}$　　C. $\theta=\frac{l\lambda}{2n}$　　D. $\theta=\frac{\lambda}{2nl}$

35. 一束自然光垂直穿过两个偏振片，两个偏振片的偏振化方向成 45°角。已知通过此两偏振片后的光强为 I，则入射至第二个偏振片的线偏振光强度为：

A. I　　B. $2I$　　C. $3I$　　D. $\frac{I}{2}$

36. 一单缝宽度 $a=1\times10^{-4}$m，透镜焦距 $f=0.5$m，若用 $\lambda=400$nm 的单色平行光垂直入射，中央明纹的宽度为：

A. 2×10^{-3}m　　B. 2×10^{-4}m　　C. 4×10^{-4}m　　D. 4×10^{-3}m

37. 29 号元素的核外电子分布式为：

A. $1s^2 2s^2 2p^6 3s^2 3p^6 3d^9 4s^2$　　B. $1s^2 2s^2 2p^6 3s^2 3p^6 3d^{10} 4s^1$

C. $1s^2 2s^2 2p^6 3s^2 3p^6 4s^1 3d^{10}$　　D. $1s^2 2s^2 2p^6 3s^2 3p^6 4s^2 3d^9$

38. 下列各组元素的原子半径从小到大排序错误的是：

A. Li＜Na＜K　　B. Al＜Mg＜Na　　C. C＜Si＜Al　　D. P＜As＜Se

39. 下列溶液混合，属于缓冲溶液的是：

A. 50mL、0.2mol·L^{-1} CH_3COOH 与 50mL、0.1mol·L^{-1} NaOH

B. 50mL、0.1mol·L^{-1} CH_3COOH 与 50mL、0.1mol·L^{-1} NaOH

C. 50mL、0.1mol·L^{-1} CH_3COOH 与 50mL、0.2mol·L^{-1} NaOH

D. 50mL、0.2mol·L^{-1} HCl 与 50mL、0.1mol·L^{-1} NH_3H_2O

40. 在一容器中，反应 $2NO_2(g)\rightleftharpoons 2NO(g)+O_2(g)$，恒温条件下达到平衡后，加一定量 Ar 气体保持总压力不变，平衡将会：

A. 向正方向移动　　　　B. 向逆方向移动

C. 没有变化　　　　D. 不能判断

41. 某第 4 周期的元素，当该元素原子失去一个电子成为正 1 价离子时，该离子的价层电子排布式为 $3d^{10}$，则该元素的原子序数是：

A. 19　　B. 24　　C. 29　　D. 36

42. 对于一个化学反应，下列各组中关系正确的是：

A. $\Delta_r G_m^\ominus > 0, K^\ominus < 1$　　　　B. $\Delta_r G_m^\ominus > 0, K^\ominus > 1$

C. $\Delta_r G_m^\ominus < 0, K^\ominus = 1$　　　　D. $\Delta_r G_m^\ominus < 0, K^\ominus < 1$

43. 价层电子构型为 $4d^{10}5s^1$ 的元素在周期表中属于：

A. 第四周期ⅦB 族　　　　B. 第五周期ⅠB 族

C. 第六周期ⅦB 族　　　　D. 镧系元素

44. 下列物质中，属于酚类的是：

A. C_3H_7OH　　　　B. $C_6H_5CH_2OH$

C. C_6H_5OH　　　　D. $CH_2(OH)—CH(OH)—CH_2(OH)$

45. 有机化合物 $H_3C—CH(CH_3)—CH(CH_3)—CH_2—CH_3$ 的名称是：

A. 2-甲基-3-乙基丁烷　　　　B. 3,4-二甲基戊烷

C. 2-乙基-3-甲基丁烷　　　　D. 2,3-二甲基戊烷

46. 下列物质中，两个氢原子的化学性质不同的是：

A. 乙炔　　　　B. 甲酸

C. 甲醛　　　　D. 乙二酸

47. 两直角刚杆 AC、CB 支承如图所示，在铰 C 处受力 F 作用，则 A、B 两处约束力的作用线与 x 轴正向所成的夹角分别为：

A. 0°;90°　　　　B. 90°;0°

C. 45°;60°　　　　D. 45°;135°

题 47 图

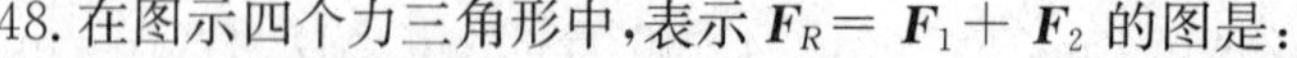

48. 在图示四个力三角形中，表示 $\boldsymbol{F}_R = \boldsymbol{F}_1 + \boldsymbol{F}_2$ 的图是：

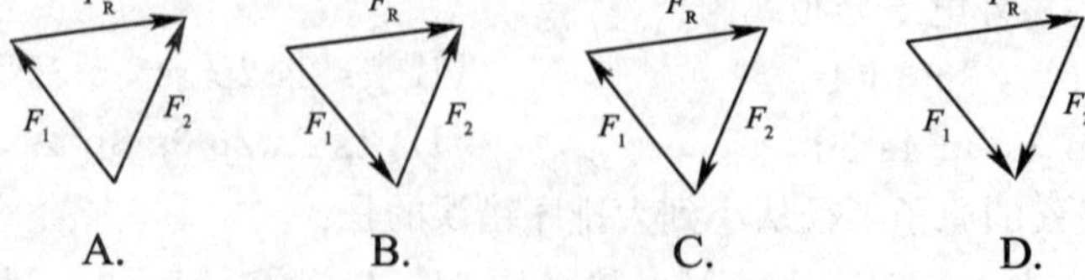

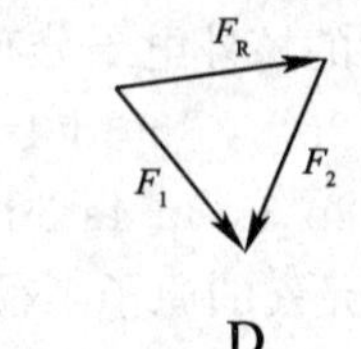

49. 均质杆 AB 长为 l，重为 $\boldsymbol{W}$，受到如图所示的约束，绳索 ED 处于铅垂位置，A、B 两处为光滑接触，杆的倾角为 α，又 $CD = l/4$。则 A、B 两处对杆作用的约束力大小关系为：

A. $F_{NA} = F_{NB} = 0$　　　　B. $F_{NA} = F_{NB} \neq 0$

C. $F_{NA} \leqslant F_{NB}$　　　　D. $F_{NA} \geqslant F_{NB}$

50. 一重力大小为 W=60kN 的物块自由放置在倾角为 α=30°的斜面上，若物块与斜面间的静摩擦系数为 f=0.4，则该物块的状态为：

A. 静止状态　　　　B. 临界平衡状态

C. 滑动状态　　　　D. 条件不足，不能确定

51. 当点运动时，若位置矢大小保持不变，方向可变，则其运动轨迹为：

A. 直线　　B. 圆周　　C. 任意曲线　　D. 不能确定

52. 刚体做平动时，某瞬时体内各点的速度和加速度为：

A. 体内各点速度不相同，加速度相同

B. 体内各点速度相同，加速度不相同

C. 体内各点速度相同，加速度也相同

D. 体内各点速度不相同，加速度也不相同

53. 在图示机构中，杆 $O_1A=O_2B$，$O_1A\parallel O_2B$，杆 $O_2C=$ 杆 O_3D，$O_2C\parallel O_3D$，且 $O_1A=20\text{cm}$，$O_2C=40\text{cm}$，若杆 O_1A 以角速度 $\omega=3\text{rad/s}$ 匀速转动，则杆 CD 上任意点 M 速度及加速度的大小分别为：

A. 60cm/s；180cm/s^2　　B. 120cm/s；360cm/s^2

C. 90cm/s；270cm/s^2　　D. 120cm/s；150cm/s^2

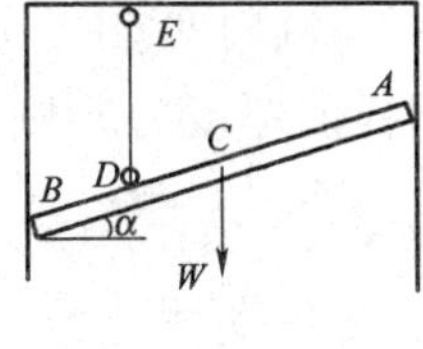

题 49 图

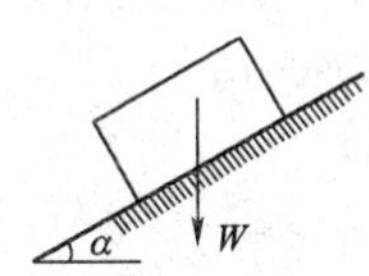

题 50 图

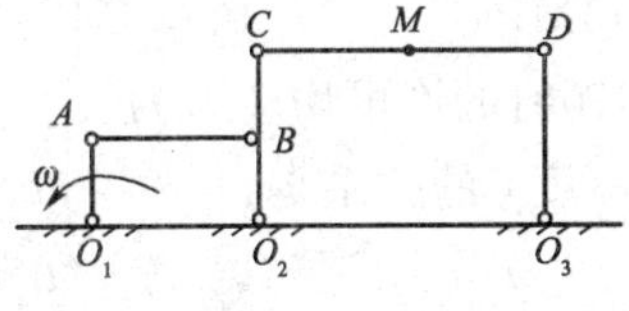

题 53 图

54. 图示均质圆轮，质量为 m，半径为 r，在铅垂图面内绕通过圆轮中心 O 的水平轴以匀角速度 ω 转动。则系统动量、对中心 O 的动量矩、动能的大小分别为：

A. 0；$\frac{1}{2}mr^2\omega$；$\frac{1}{4}mr^2\omega^2$　　B. $mr\omega$；$\frac{1}{2}mr^2\omega$；$\frac{1}{4}mr^2\omega^2$

C. 0；$\frac{1}{2}mr^2\omega$；$\frac{1}{2}mr^2\omega^2$　　D. 0；$\frac{1}{4}mr^2\omega$；$\frac{1}{4}mr^2\omega^2$

55. 如图所示，两重物 M_1 和 M_2 的质量分别为 m_1 和 m_2，两重物系在不计质量的软绳上，绳绕过均质定滑轮，滑轮半径 r，质量为 m，则此滑轮系统的动量为：

A. $(m_1-m_2+\frac{1}{2}m)v\downarrow$　　B. $(m_1-m_2)v\downarrow$

C. $(m_1+m_2+\frac{1}{2}m)v\uparrow$　　D. $(m_1-m_2)v\uparrow$

56. 均质细杆 AB 重力为 $\boldsymbol{P}$、长 $2L$，A 端铰支，B 端用绳系住，处于水平位置，如图所示，当 B 端绳突然剪断瞬时，AB 杆的角加速度大小为：

A. 0　　B. $\frac{3g}{4L}$　　C. $\frac{3g}{2L}$　　D. $\frac{6g}{L}$

57. 质量为 m，半径为 R 的均质圆盘，绕垂直于图面的水平轴 O 转动，其角速度为 ω。在图示瞬间，角加速度为 0，盘心 C 在其最低位置，此时将圆盘的惯性力系向 O 点简化，其惯性力主矢和惯性力主矩的大小分别为：

A. $m\frac{R}{2}\omega^2$；0　　B. $mR\omega^2$；0　　C. 0；0　　D. 0；$\frac{1}{2}m\frac{R}{2}\omega^2$

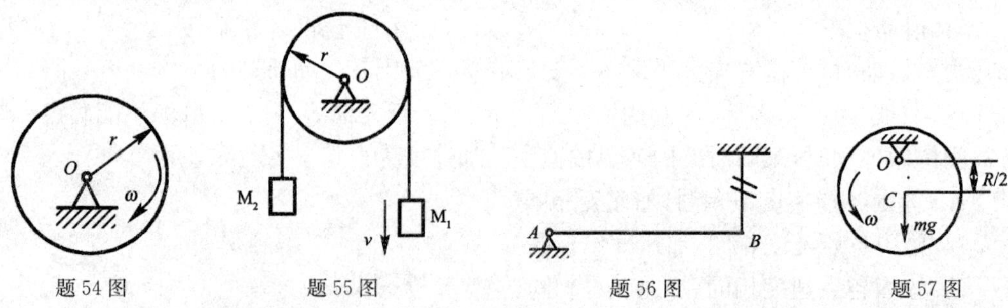

题 54 图　　题 55 图　　题 56 图　　题 57 图

58. 图示装置中，已知质量 $m=200\text{kg}$，弹簧刚度 $k=100\text{N/cm}$，则图中各装置的振动周期为：

A. 图 a)装置振动周期最大

B. 图 b)装置振动周期最大

C. 图 c)装置振动周期最大

D. 三种装置振动周期相等

59. 圆截面杆 ABC 轴向受力如图，已知 BC 杆的直径 $d=100\text{mm}$，AB 杆的直径为 $2d$。杆的最大的拉应力为：

A. 40MPa　　B. 30MPa　　C. 80MPa　　D. 120MPa

60. 已知铆钉的许可切应力为$[\tau]$，许可挤压应力为$[\sigma_{bs}]$，钢板的厚度为 t，则图示铆钉直径 d 与钢板厚度 t 的关系是：

A. $d=\dfrac{8t[\sigma_{bs}]}{\pi[\tau]}$　　B. $d=\dfrac{4t[\sigma_{bs}]}{\pi[\tau]}$　　C. $d=\dfrac{\pi[\tau]}{8t[\sigma_{bs}]}$　　D. 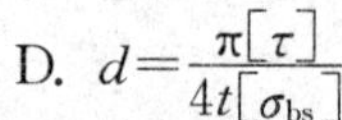 $d=\dfrac{\pi[\tau]}{4t[\sigma_{bs}]}$

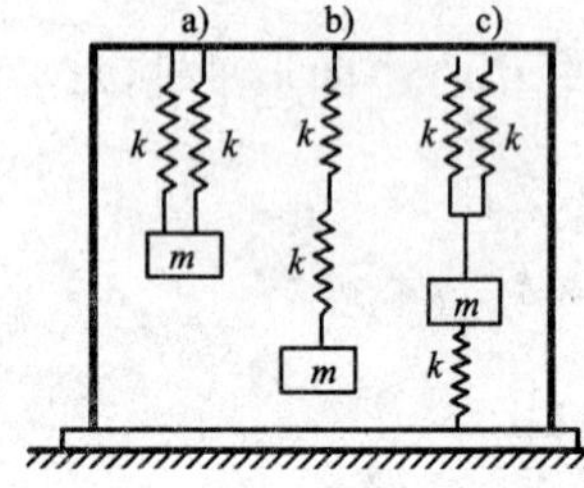

题 58 图

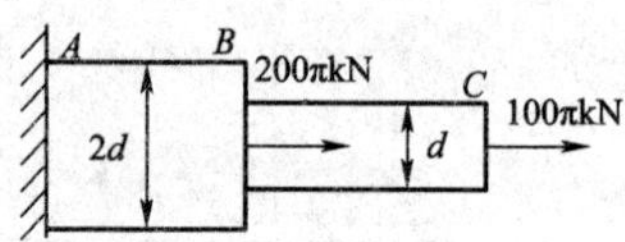

题 59 图

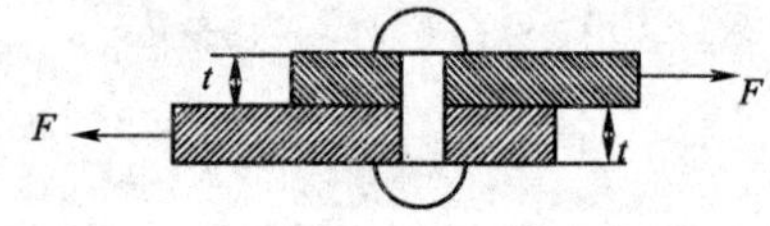

题 60 图

61. 图示受扭空心圆轴横截面上的切应力分布图中，正确的是：

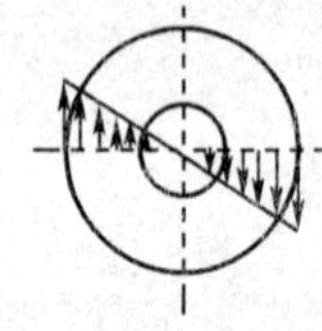

A.

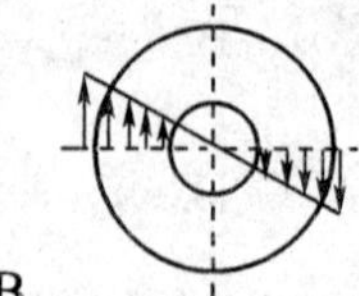

B.

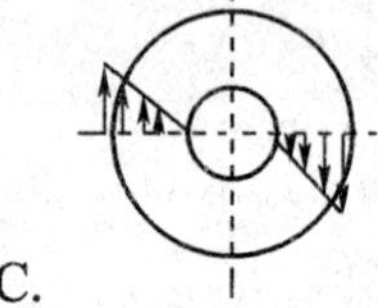

C.

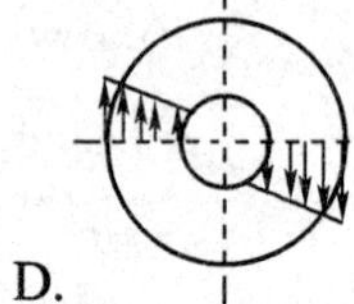

D.

62. 图示截面的抗弯截面模量 W_z 为：

A. $W_z=\dfrac{\pi d^3}{32}-\dfrac{a^3}{6}$　　B. $W_z=\dfrac{\pi d^3}{32}-\dfrac{a^4}{6d}$

C. $W_z=\dfrac{\pi d^3}{32}-\dfrac{a^3}{6d}$　　D. $W_z=\dfrac{\pi d^4}{64}-\dfrac{a^4}{12}$

63. 梁的弯矩图如图所示，最大值在 B 截面。在梁的 A、B、C、D 四个截面中，剪力为 0 的截面是：

A. A 截面　　B. B 截面　　C. C 截面　　D. D 截面

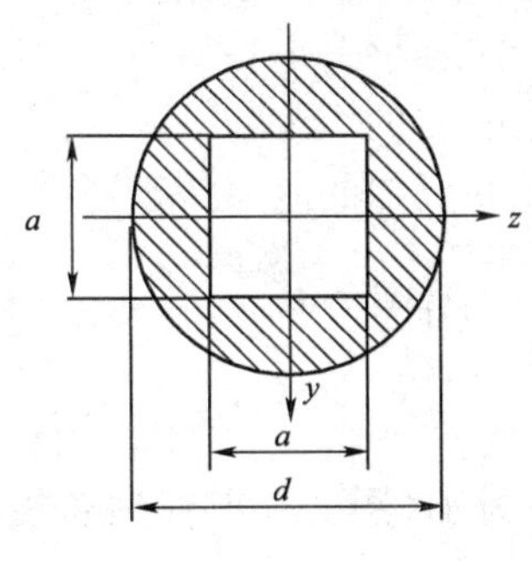

题 62 图

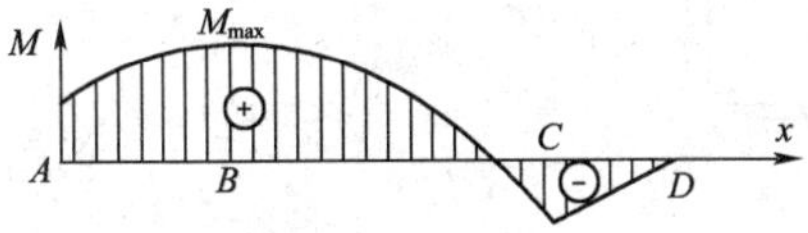

题 63 图

64. 悬臂梁 AB 由三根相同的矩形截面直杆胶合而成，材料的许可应力为$[\sigma]$。若胶合面开裂，假设开裂后三根杆的挠曲线相同，接触面之间无摩擦力，则开裂后的梁承载能力是原来的：

A. 1/9　　B. 1/3　　C. 两者相同　　D. 3 倍

65. 梁的横截面是由狭长矩形构成的工字形截面，如图所示，z 轴为中性轴，截面上的剪力竖直向下，该截面上的最大切应力在：

A. 腹板中性轴处　　B. 腹板上下缘延长线与两侧翼缘相交处

C. 截面上下缘　　D. 腹板上下缘

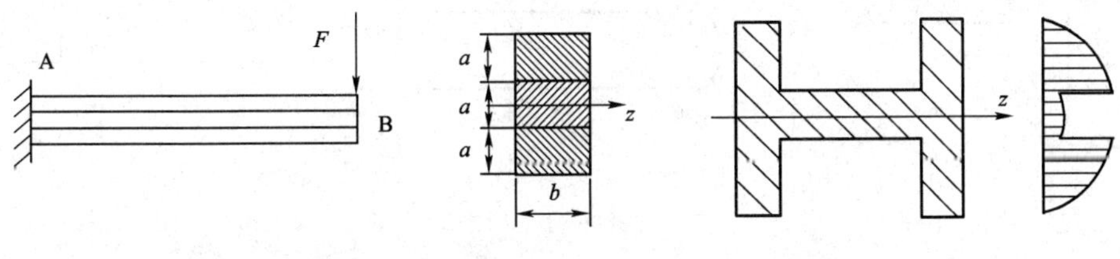

题 64 图　　题 65 图

66. 矩形截面简支梁中点承受集中力 F。若 $h=2b$，分别采用图 a)、图 b)两种方式放置，图 a)梁的最大挠度是图 b)梁的：

A. 1/2　　B. 2 倍　　C. 4 倍　　D. 8 倍

67. 在图示 xy 坐标系下，单元体的最大主应力 σ_1 大致指向：

A. 第一象限，靠近 x 轴　　B. 第一象限，靠近 y 轴

C. 第二象限，靠近 x 轴　　D. 第二象限，靠近 y 轴

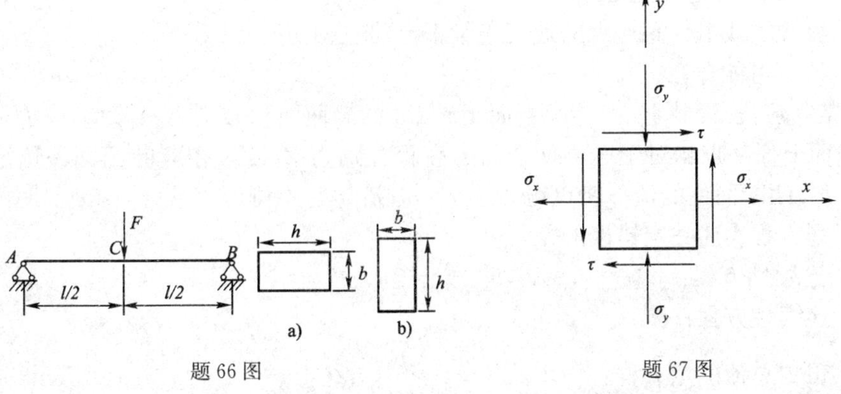

题 66 图　　题 67 图

68. 图示变截面短杆，AB 段的压应力 σ_{AB} 与 BC 段压应力 σ_{BC} 的关系是：

A. σ_{AB} 比 σ_{BC} 大 1/4　　B. σ_{AB} 比 σ_{BC} 小 1/4

C. σ_{AB} 是 σ_{BC} 的 2 倍　　D. σ_{AB} 是 σ_{BC} 的 1/2

69. 图示圆轴，固定端外圆上 $y=0$ 点(图中 A 点)的单元体的应力状态是：

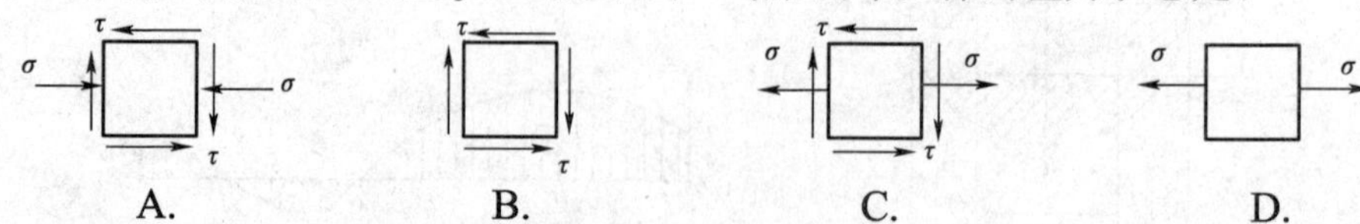

70. 一端固定一端自由的细长(大柔度)压杆，长为 L(图 a)，当杆的长度减小一半时(图 b)，其临界荷载 F_{cr} 比原来增加：

A. 4 倍　　B. 3 倍　　C. 2 倍　　D. 1 倍

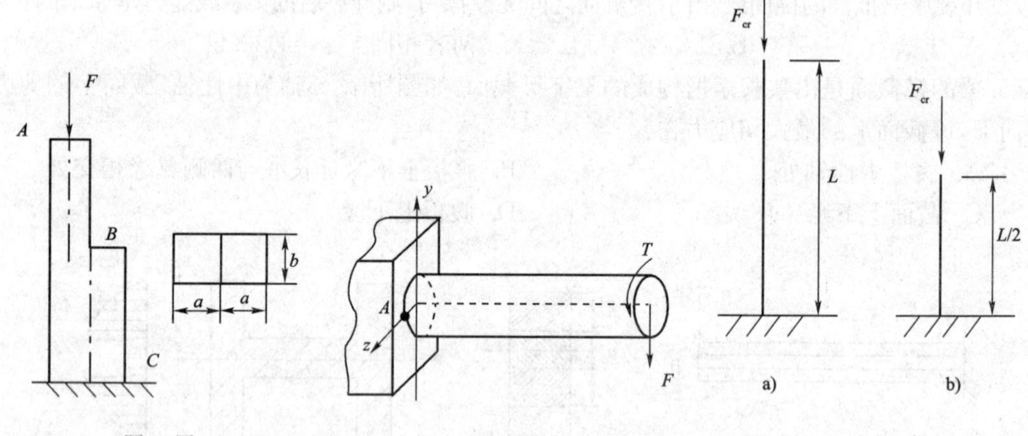

题 68 图　　题 69 图　　题 70 图

71. 空气的黏滞系数与水的黏滞系数 μ 分别随温度的降低而：

A. 降低，升高　　B. 降低，降低　　C. 升高，降低　　D. 升高，升高

72. 重力和黏滞力分别属于：

A. 表面力、质量力　　B. 表面力、表面力

C. 质量力、表面力　　D. 质量力、质量力

73. 对某一非恒定流，以下对于流线和迹线的正确说法是：

A. 流线和迹线重合

B. 流线越密集，流速越小

C. 流线曲线上任意一点的速度矢量都与曲线相切

D. 流线可能存在折弯

74. 对某一流段，设其上、下游两断面 1-1、2-2 的断面面积分别为 A_1、A_2，断面流速分别为 v_1、v_2，两断面上任一点相对于选定基准面的高程分别为 Z_1、Z_2，相应断面同一选定点的压强分别为 p_1、p_2，两断面处的流体密度分别为 ρ_1、ρ_2，流体为不可压缩流体，两断面间的水头损失为 $h_{l1\text{-}2}$。下列方程表述一定错误的是：

A. 连续性方程：$v_1A_1=v_2A_2$

B. 连续性方程：$\rho_1v_1A_1=\rho_2v_2A_2$

C. 恒定总流能量方程：$\dfrac{p_1}{\rho_1g}+Z_1+\dfrac{v_1^2}{2g}=\dfrac{p_2}{\rho_2g}+Z_2+\dfrac{v_2^2}{2g}$

D. 恒定总流能量方程：$\frac{p_1}{\rho_1 g}+Z_1+\frac{v_1^2}{2g}=\frac{p_2}{\rho_2 g}+Z_2+\frac{v_2^2}{2g}+h_{l1-2}$

75. 水流经过变直径圆管，管中流量不变，已知前段直径 $d_1=30$mm，雷诺数为 5 000，后段直径变为 $d_2=60$mm，则后段圆管中的雷诺数为：

A. 5 000　　B. 4 000　　C. 2 500　　D. 1 250

76. 两孔口形状、尺寸相同，一个是自由出流，出流流量为 Q_1；另一个是淹没出流，出流流量为 Q_2。若自由出流和淹没出流的作用水头相等，则 Q_1 与 Q_2 的关系是：

A. $Q_1>Q_2$　　B. $Q_1=Q_2$　　C. $Q_1<Q_2$　　D. 不确定

77. 水力最优断面是指当渠道的过流断面面积 A、粗糙系数 n 和渠道底坡 i 一定时，其：

A. 水力半径最小的断面形状　　B. 过流能力最大的断面形状

C. 湿周最大的断面形状　　D. 造价最低的断面形状

78. 溢水堰模型试验，实际流量为 $Q_n=537\text{m}^3/\text{s}$，若在模型上测得流量 $Q_n=300\text{L/s}$，则该模型长度比尺为：

A. 4.5　　B. 6　　C. 10　　D. 20

79. 点电荷 $+q$ 和点电荷 $-q$ 相距 30cm，那么，在由它们构成的静电场中：

A. 电场强度处处相等

B. 在两个点电荷连线的中点位置，电场力为 0

C. 电场方向总是从 $+q$ 指向 $-q$

D. 位于两个点电荷连线的中点位置上，带负电的可移动体将向 $-q$ 处移动

80. 设流经电感元件的电流 $i=2\sin 1\,000t$ A，若 $L=1$mH，则电感电压：

A. $u_L=2\sin 1\,000t$V　　B. $u_L=-2\cos 1\,000t$V

C. u_L 的有效值 $U_L=2$V　　D. u_L 的有效值 $U_L=1.414$V

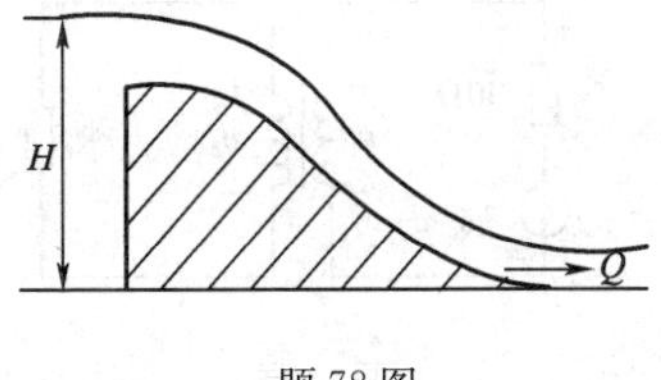

题 78 图

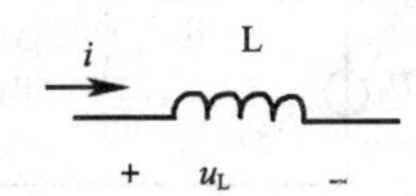

题 80 图

81. 图示两电路相互等效，由图 b)可知，流经 10Ω 电阻的电流 $I_R=1$A，由此可求得流经图 a)电路中 10Ω 电阻的电流 I 等于：

A. 1A　　B. −1A　　C. −3A　　D. 3A

82. RLC 串联电路如图所示，在工频电压 $u(t)$的激励下，电路的阻抗等于：

A. $R+314L+314C$

B. $R+314L+1/314C$

C. $\sqrt{R^2+(314L-1/314C)^2}$

D. $\sqrt{R^2+(314L+1/314C)^2}$

83. 图示电路中，$u=10\sin(1\,000t+30°)$V，如果使用相量法求解图示电路中的电流 i，那么，如下步骤中存在错误的是：

步骤 1：$\dot{I}_1=\frac{10}{R+j1\,000L}$；

步骤 2：$\dot{I}_2=10\cdot j1\ 000C$；

步骤 3：$\dot{I}=\dot{I}_1+\dot{I}_2=I\angle\psi_i$；

步骤 4：$\dot{I}=I\sqrt{2}\sin\psi_i$。

A. 仅步骤 1 和步骤 2 错

B. 仅步骤 2 错

C. 步骤 1、步骤 2 和步骤 4 错

D. 仅步骤 4 错

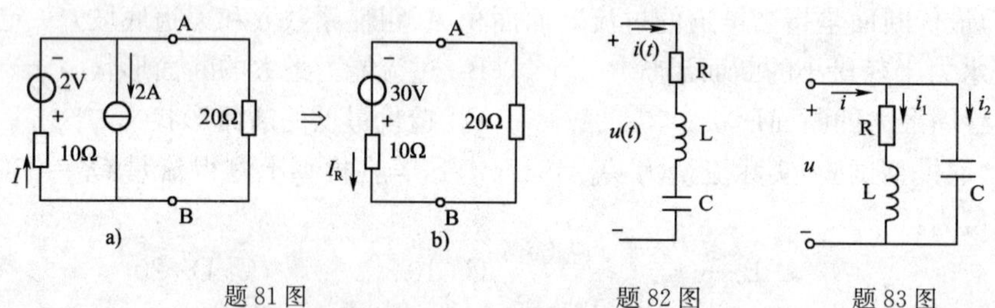

题 81 图　　题 82 图　　题 83 图

84. 图示电路中，开关 k 在 $t=0$ 时刻打开，此后，电流 i 的初始值和稳态值分别为：

A. $\dfrac{U_s}{R_2}$和 0

B. $\dfrac{U_s}{R_1+R_2}$和 0

C. $\dfrac{U_s}{R_1}$和$\dfrac{U_s}{R_1+R_2}$

D. $\dfrac{U_s}{R_1+R_2}$和$\dfrac{U_s}{R_1+R_2}$

85. 在信号源(u_S,R_S)和电阻 R_L 之间接入一个理想变压器，如图所示，若 $u_S=80\sin\omega t$V，$R_L=10\Omega$，且此时信号源输出功率最大，那么，变压器的输出电压 u_2 等于：

A. $40\sin\omega t$V　　B. $20\sin\omega t$V　　C. $80\sin\omega t$V　　D. 20V

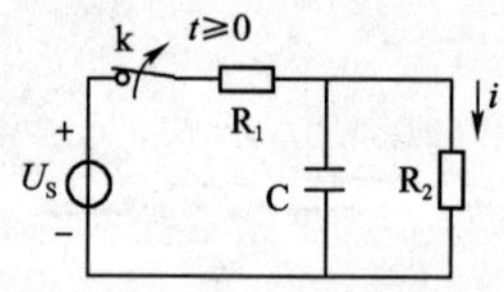

题 84 图 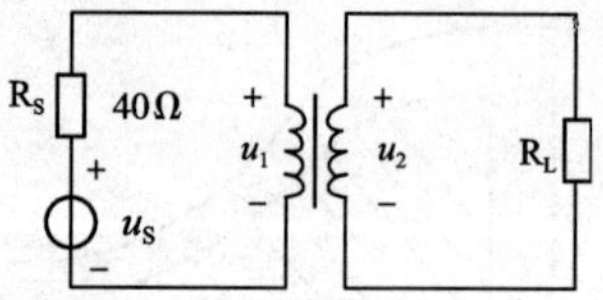　　题 85 图

86. 接触器的控制线圈如图 a)所示，动合触点如图 b)所示，动断触点如图 c)所示，当有额定电压接入线圈后：

A. 触点 KM1 和 KM2 因未接入电路均处于断开状态

B. KM1 闭合，KM2 不变

C. KM1 闭合，KM2 断开

D. KM1 不变，KM2 断开

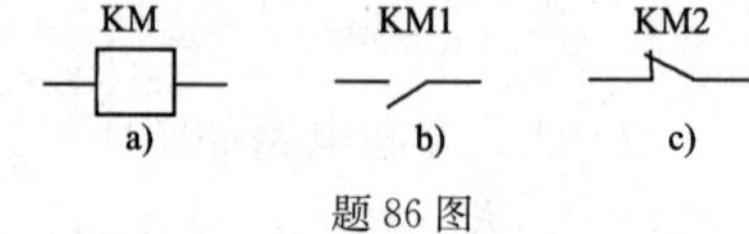

题 86 图

87. 某空调器的温度设置为 25℃，当室温超过 25℃后，它便开始制冷，此时红色指示灯亮，并在显示屏上显示“正在制冷”字样，那么：

A. “红色指示灯亮”和“正在制冷”均是信息

B. “红色指示灯亮”和“正在制冷”均是信号

C. “红色指示灯亮”是信号，“正在制冷”是信息

D. “红色指示灯亮”是信息，“正在制冷”是信号

88. 如果一个 16 进制数和一个 8 进制数的数字信号相同，那么：

A. 这个 16 进制数和 8 进制数实际反映的数量相等

B. 这个 16 进制数 2 倍于 8 进制数

C. 这个 16 进制数比 8 进制数少 8

D. 这个 16 进制数与 8 进制数的大小关系不定

89. 在以下关于信号的说法中，正确的是：

A. 代码信号是一串电压信号，故代码信号是一种模拟信号

B. 采样信号是时间上离散、数值上连续的信号

C. 采样保持信号是时间上连续、数值上离散的信号

D. 数字信号是直接反映数值大小的信号

90. 设周期信号 $u(t)=\sqrt{2}U_1\sin(\omega t+\psi_1)+\sqrt{2}U_3\sin(3\omega t+\psi_3)+\cdots$

$$u_1(t)=\sqrt{2}U_1\sin(\omega t+\psi_1)+\sqrt{2}U_3\sin(3\omega t+\psi_3)$$

$$u_2(t)=\sqrt{2}U_1\sin(\omega t+\psi_1)+\sqrt{2}U_5\sin(5\omega t+\psi_5)$$

则：

A. $u_1(t)$较 $u_2(t)$更接近 $u(t)$

B. $u_2(t)$较 $u_1(t)$更接近 $u(t)$

C. $u_1(t)$与 $u_2(t)$接近 $u(t)$的程度相同

D. 无法做出三个电压之间的比较

91. 某模拟信号放大器输入与输出之间的关系如图所示，那么，能够经该放大器得到 5 倍放大的输入信号 $u_i(t)$最大值一定：

A. 小于 2V

B. 小于 10V 或大于－10V

C. 等于 2V 或等于－2V

D. 小于等于 2V 且大于等于－2V

92. 逻辑函数 $F=\overline{\overline{AB}+\overline{BC}}$的化简结果是：

A. F＝AB＋BC　　B. $F=\overline{A}+\overline{B}+\overline{C}$　　C. F＝A＋B＋C　　D. F＝ABC

93. 图示电路中，$u_i=10\sin\omega t$，二极管 D_2 因损坏而断开，这时输出电压的波形和输出电压的平均值为：

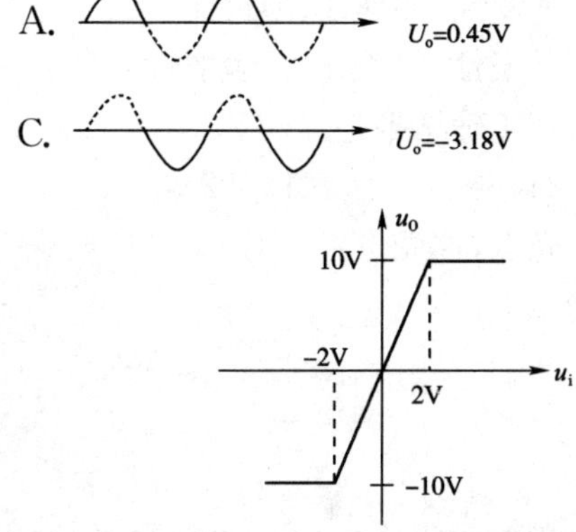

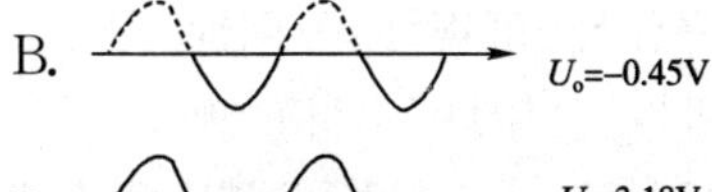

题 91 图

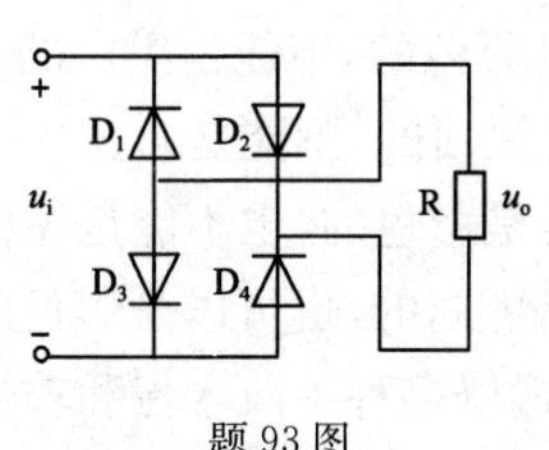

题 93 图

94. 图 a)所示运算放大器的输出与输入之间的关系如图 b)所示，若 $u_i = 2\sin\omega t$ mV，则 u_o 为：

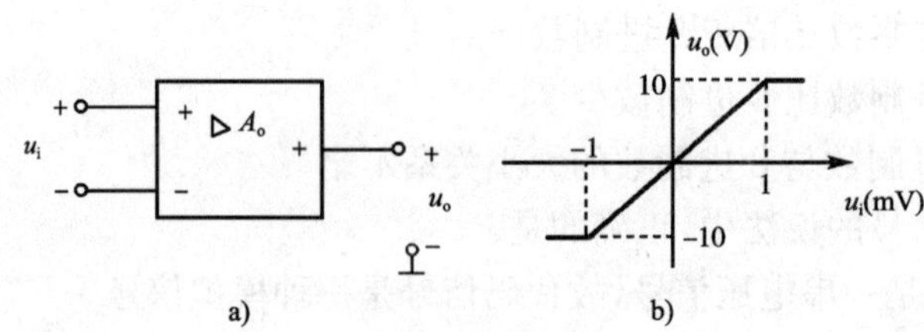

题 94 图

A. 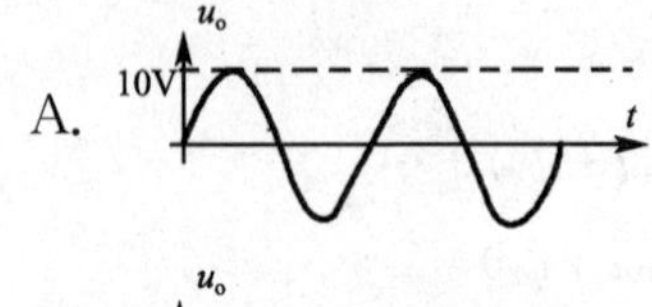

B. 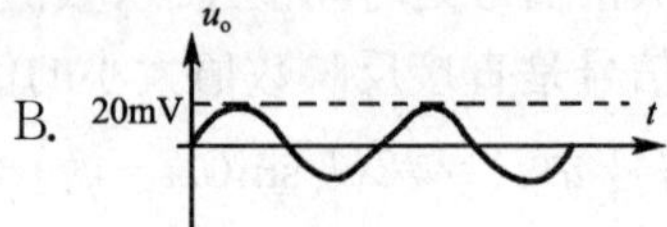

C. 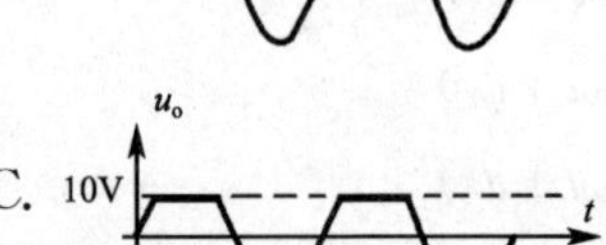

D. 

95. 基本门如图 a)所示，其中，数字信号 A 由图 b)给出，那么，输出 F 为：

A. 1

B. 0

C.

D.

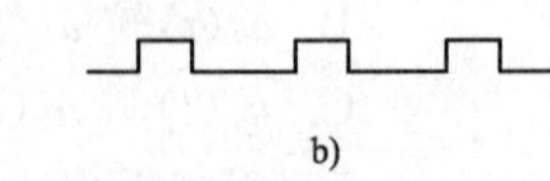

题 95 图

96. JK 触发器及其输入信号波形如图所示，那么，在 $t=t_0$ 和 $t=t_1$ 时刻，输出 Q 分别为：

A. $Q(t_0)=1, Q(t_1)=0$

B. $Q(t_0)=0, Q(t_1)=1$

C. $Q(t_0)=0, Q(t_1)=0$

D. $Q(t_0)=1, Q(t_1)=1$

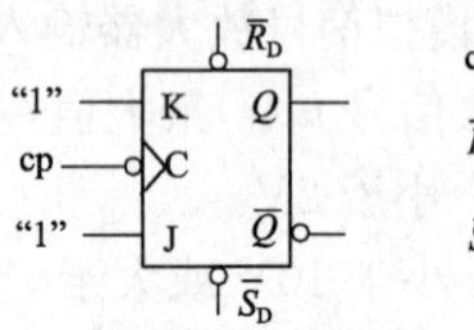
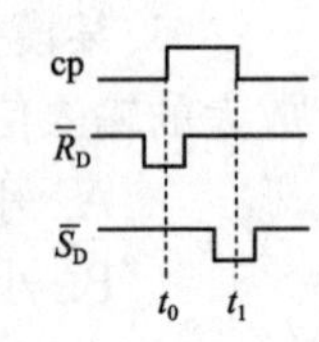

题 96 图

97. 计算机存储器中的每一个存储单元都配置一个唯一的编号，这个编号就是：

A. 一种寄存标志　　B. 寄存器地址

C. 存储器的地址　　D. 输入/输出地址

98. 操作系统作为一种系统软件，存在着与其他软件明显不同的三个特征是：

A. 可操作性、可视性、公用性　　B. 并发性、共享性、随机性

C. 随机性、公用性、不可预测性　　D. 并发性、可操作性、脆弱性

99. 将二进制数 11001 转换成相应的十进制数，其正确结果是：

A. 25　　B. 32　　C. 24　　D. 22

100. 图像中的像素实际上就是图像中的一个个光点，这光点：

A. 只能是彩色的，不能是黑白的

B. 只能是黑白的，不能是彩色的

C. 既不能是彩色的，也不能是黑白的

D. 可以是黑白的，也可以是彩色的

101. 计算机病毒以多种手段入侵和攻击计算机信息系统，下面有一种不被使用的手段是：

A. 分布式攻击、恶意代码攻击

B. 恶意代码攻击、消息收集攻击

C. 删除操作系统文件、关闭计算机系统

D. 代码漏洞攻击、欺骗和会话劫持攻击

102. 计算机系统中，存储器系统包括：

A. 寄存器组、外存储器和主存储器

B. 寄存器组、高速缓冲存储器(Cache)和外存储器

C. 主存储器、高速缓冲存储器(Cache)和外存储器

D. 主存储器、寄存器组和光盘存储器

103. 在计算机系统中，设备管理是指对：

A. 除 CPU 和内存储器以外的所有输入/输出设备的管理

B. 包括 CPU 和内存储器及所有输入/输出设备的管理

C. 除 CPU 外，包括内存储器及所有输入/输出设备的管理

D. 除内存储器外，包括 CPU 及所有输入/输出设备的管理

104. Windows 提供了两种十分有效的文件管理工具，它们是：

A. 集合和记录　　　　B. 批处理文件和目标文件

C. 我的电脑和资源管理器　　　　D. 我的文档、文件夹

105. 一个典型的计算机网络主要由两大部分组成，即：

A. 网络硬件系统和网络软件系统　　　　B. 资源子网和网络硬件系统

C. 网络协议和网络软件系统　　　　D. 网络硬件系统和通信子网

106. 局域网是指将各种计算机网络设备互联在一起的通信网络，但其覆盖的地理范围有限，通常在：

A. 几十米之内　　　　B. 几百公里之内

C. 几公里之内　　　　D. 几十公里之内

107. 某企业年初投资 5000 万元，拟 10 年内等额回收本利，若基准收益率为 8%，则每年年末应回收的资金是：

A. 540.00 万元　　　　B. 1079.46 万元

C. 745.15 万元　　　　D. 345.15 万元

108. 建设项目评价中的总投资包括：

A. 建设投资和流动资金

B. 建设投资和建设期利息

C. 建设投资、建设期利息和流动资金

D. 固定资产投资和流动资产投资

109. 新设法人融资方式，建设项目所需资金来源于：

A. 资本金和权益资金　　　　B. 资本金和注册资本

C. 资本金和债务资金　　　　D. 建设资金和债务资金

110. 财务生存能力分析中，财务生存的必要条件是：

A. 拥有足够的经营净现金流量

B. 各年累计盈余资金不出现负值

C. 适度的资产负债率

D. 项目资本金净利润率高于同行业的净利润率参考值

111. 交通运输部门拟修建一条公路，预计建设期为一年，建设期初投资为 100 万元，建成后即投入使用，预计使用寿命为 10 年，每年将产生的效益为 20 万元，每年需投入保养费 8000 元。若社会折现率为 10%，则该项目的效益费用比为：

A. 1.07　　B. 1.17　　C. 1.85　　D. 1.92

112. 建设项目经济评价有一整套指标体系，敏感性分析可选定其中一个或几个主要指标进行分析，最基本的分析指标是：

A. 财务净现值　　B. 内部收益率

C. 投资回收期　　D. 偿债备付率

113. 在项目无资金约束、寿命不同、产出不同的条件下，方案经济比选只能采用：

A. 净现值比较法　　B. 差额投资内部收益率法

C. 净年值法　　D. 费用年值法

114. 在对象选择中，通过对每个部件与其他各部件的功能重要程度进行逐一对比打分，相对重要的得 1 分，不重要的得 0 分，此方法称为：

A. 经验分析法　　B. 百分比法

C. ABC 分析法　　D. 强制确定法

115. 按照《中华人民共和国建筑法》的规定，下列叙述中正确的是：

A. 设计文件选用的建筑材料、建筑构配件和设备，不得注明其规格、型号

B. 设计文件选用的建筑材料、建筑构配件和设备，不得指定生产厂、供应商

C. 设计单位应按照建设单位提出的质量要求进行设计

D. 设计单位对施工过程中发现的质量问题应当按照监理单位的要求进行改正

116. 根据《中华人民共和国招标投标法》的规定，招标人对已发出的招标文件进行必要的澄清或修改的，应该以书面形式通知所有招标文件收受人，通知的时间应当在招标文件要求提交投标文件截止时间至少：

A. 20 日前　　B. 15 日前　　C. 7 日前　　D. 5 日前

117. 按照《中华人民共和国合同法》的规定，下列情形中，要约不失效的是：

A. 拒绝要约的通知到达要约人

B. 要约人依法撤销要约

C. 承诺期限届满，受要约人未作出承诺

D. 受要约人对要约的内容作出非实质性变更

118. 根据《中华人民共和国节约能源法》的规定，国家实施的能源发展战略是：

A. 限制发展高耗能、高污染行业，发展节能环保型产业

B. 节约与开发并举，把节约放在首位

C. 合理调整产业结构、企业结构、产品结构和能源消费结构

D. 开发和利用新能源、可再生能源

119. 根据《中华人民共和国环境保护法》的规定，下列关于企业事业单位排放污染物的规定中，正确的是：

A. 排放污染物的企业事业单位，必须申报登记

B. 排放污染物超过标准的企业事业单位，或者缴纳超标准排污费，或者负责治理

C. 征收的超标准排污费必须用于该单位污染的治理，不得挪作他用

D. 对造成环境严重污染的企业事业单位，限期关闭

注：该法 2014 年进行了修订，此题已过时。

120. 根据《建设工程勘察设计管理条例》的规定，建设工程勘察、设计方案的评标一般不考虑：

A. 投标人资质　　B. 勘察、设计方案的优劣

C. 设计人员的能力　　D. 投标人的业绩

下午段考试：单选，60 道题，每题 2 分，共 120 分。考试时间：4 小时。

1. 为测定材料密度，量测材料绝对密实状态下体积的方法是：

A. 磨成细粉烘干，用李氏瓶测定其体积

B. 度量尺寸，计算其体积

C. 破碎后放在广口瓶中浸水饱和，测定其体积

D. 破碎后放在已知容积的容器中，测定其体积

2. 石灰不适用下列哪一种情况？

A. 用于基础垫层　　B. 用于砌筑砂浆

C. 用于硅酸盐水泥的原料　　D. 用于屋面防水隔热层

3. 水泥的凝结与硬化与下列哪个因素无关？

A. 水泥的体积和重量　　B. 拌和水量

C. 水泥的细度　　D. 硬化时间

4. 混凝土配合比计算中试配强度（配制强度）高于混凝土的设计强度，其提高幅度取决于下列中哪几个因素？

I. 混凝土强度保证率要求　　II. 施工和易性要求

III. 耐久性要求　　IV. 施工控制水平

V. 水灰比　　VI. 集料品种

A. I、II　　B. I、III　　C. V、VI　　D. I、IV

5. 我国热轧钢筋分为四级，其分级依据是下列的哪几项？

I. 脱氧程度　II. 屈服极限　III. 抗拉强度　IV. 冷弯性能　V. 冲击韧性　VI. 伸长率

A. I、III、IV、V、VI　　B. II、III、IV、V　　C. II、III、IV、VI　　D. II、III、V、VI

6. 评价粘稠石油沥青主要性能的三大指标是：

I. 延度　II. 针入度　III. 抗压强度　IV. 柔度　V. 软化点　VI. 坍落度

A. I、II、IV　　B. I、V、VI　　C. I、II、V　　D. III、V、VI

7. 以下关于花岗岩与大理石的叙述中，哪一项不正确？

A. 在一般情况下，花岗岩的耐磨性优于大理石

B. 在一般情况下，花岗岩的耐蚀性优于大理石

C. 在一般情况下，花岗岩的耐火性优于大理石

D. 在一般情况下，花岗岩的耐久性优于大理石

8. 某点到大地水准面的铅垂距离对该点应称为：

A. 相对高程　　B. 高差　　C. 标高　　D. 绝对高程

9. 平整场地时，水准仪读得后视读数后，在一个方格的四个角 M、N、O 和 P 点上读得前视读数分别为 1.254m、0.493m、2.021m 和 0.213m，则方格上最高点和最低点分别是：

A. P、O　　B. O、P　　C. M、N　　D. N、M

10. 经纬仪观测中，取盘左、盘右平均值不能消除水准管轴不垂直竖轴的误差影响，而是为了消除下列中哪项的误差影响？

A. 视准轴不垂直横轴　　B. 横轴不垂直竖轴

C. 度盘偏心　　D. A、B 和 C

11. 某电磁波测距仪的标称精度为±(3+3ppm)mm，用该仪器测得 500m 距离，如不顾及其他因素影响，则产生的测距中误差为多少？

A. ±18mm　　B. ±3mm　　C. ±4.5mm　　D. ±6mm

12. 已知直线 AB 的方位角 $\alpha_{AB}=87°$，$\beta_{右}=\angle ABC=290°$，则直线 BC 的方位角 α_{BC} 为：

A. 23°　　B. 157°　　C. 337°　　D. −23°

13. 1995 年 9 月国务院颁布的《中华人民共和国注册建筑师条例》中规定，符合下列哪些条件之一者可申请参加一级注册建筑师考试？

I. 取得建筑学学士学位或相近专业工学博士学位，并从事建筑设计或相关业务 2 年以上的

II. 取得建筑学学士学位或相近专业工学硕士学位，并从事建筑设计或相关业务 3 年以上的

III. 具有建筑设计技术专业或相近专业大专毕业以上学历，并从事建筑设计或相关业务 7 年以上的

IV. 取得高级工程师技术职称并从事建筑设计或相关业务 5 年以上的

A. I、II　　B. I、II、IV　　C. I、II、IV　　D. I、III、IV

14.《中华人民共和国合同法》规定，当事人一方可向对方给付定金，给付定金的一方不履行合同的，无权请求返回定金，接受定金的一方不履行合同的应当返还定金的多少？

A. 2 倍　　B. 5 倍　　C. 8 倍　　D. 10 倍

15. 建设单位应在竣工验收合格后多长时间内，向工程所在地的县级以上地方人民政府行政主管部门备案报送有关竣工资料？

A. 1 个月内　　B. 3 个月内　　C. 15 天内　　D. 1 年内

16. 关于建筑工程监理，下列几种描述中哪个是正确的？

A. 所有国内的工程都应监理

B. 由业主决定是否要监理

C. 国务院可以规定实行强制监理的工程范围

D. 监理是一种服务，所以不能强迫业主接受监理服务

17. 能综合完成全部土方施工工序（挖土、运土、卸土和平土），并常用于大面积场地平整的土地施工机械是：

A. 铲运机　　B. 推土机　　C. 正铲挖土机　　D. 反铲挖土机

18. 钢筋冷拉一般是常温还是低于常温下对钢筋进行强力拉伸，其冷拉控制应力应超过还是小于钢筋的屈服强度？

A. 低温，超过钢筋的屈服强度　　B. 常温，超过钢筋的屈服强度

C. 低温，小于钢筋的屈服强度　　D. 常温，小于钢筋的屈服强度

19. 采用单机吊装柱子，用旋转法起吊时，柱子绑扎点、柱脚中心和杯口中心三者的关系应

该是：

A. 柱子绑扎点、柱脚中心和杯口中心三点共圆

B. 柱子绑扎点、柱顶中心和杯口中心三点共圆

C. 柱子绑扎点和杯口中心二点共圆

D. 柱子绑扎点和柱脚中心二点共圆

20. 单位工程施工组织设计的核心内容是：

A. 确定施工进度计划　　B. 选择施工方案

C. 设计施工现场平面布置图　　D. 确定施工准备工作计划

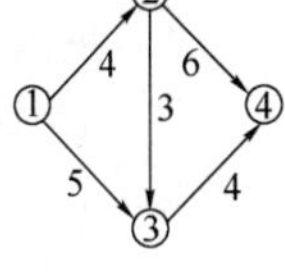

题 21 图

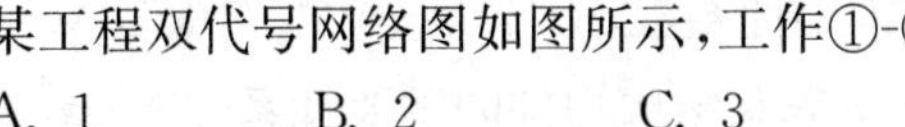
21. 某工程双代号网络图如图所示，工作①-③的局部时差为几天？

A. 1　　B. 2　　C. 3　　D. 4

22. 图示体系的几何构造性质是：

A. 几何不变，无多余约束

B. 几何不变，有多余约束

C. 几何常变

D. 瞬变

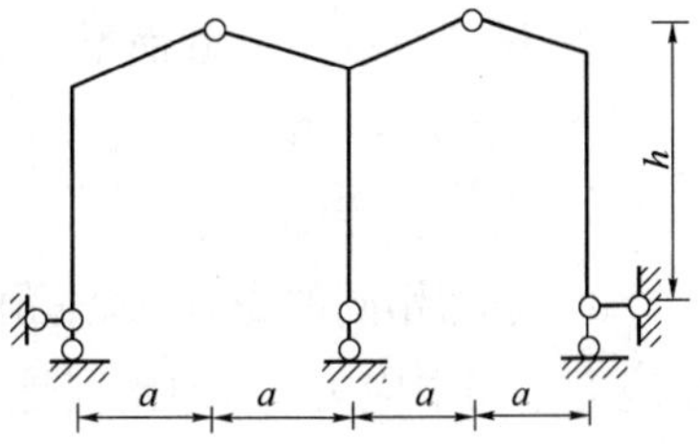

题 22 图

23. 图示桁架，杆①的轴力为：

A. 拉力　　B. 压力

C. 零　　D. 不能确定

24. 图示结构，截面 K 的弯矩 M_K 的值（单位为 kN · m）是：

A. 36　　B. 48　　C. 60　　D. 72

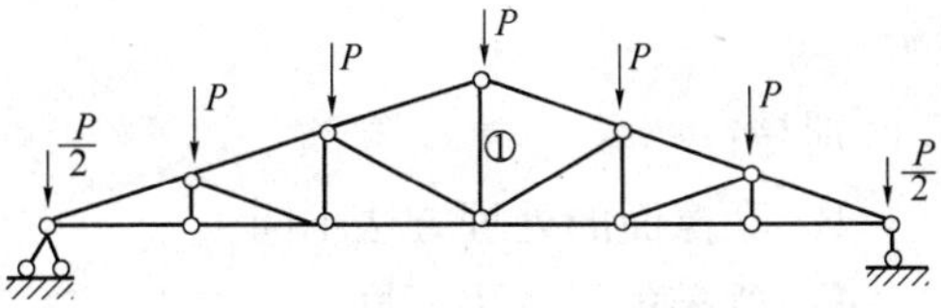

题 23 图

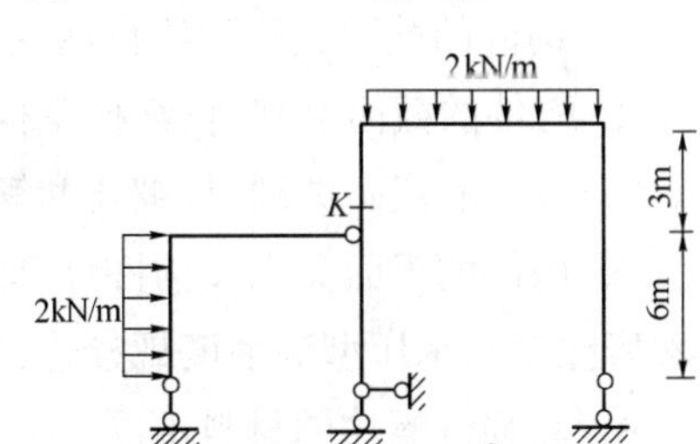

题 24 图

25. 图示结构，截面 A、B 间的相对转角为：

A. $\frac{1}{24}\frac{ql^3}{EI}$　　B. $\frac{1}{18}\frac{ql^3}{EI}$　　C. $\frac{1}{12}\frac{ql^3}{EI}$　　D. $\frac{1}{8}\frac{ql^3}{EI}$

26. 图示连续梁，中间支座截面的弯矩 M_B（以下侧受拉为正）等于：

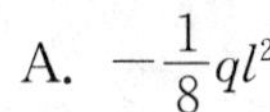
A. $-\frac{1}{8}ql^2$　　B. $\frac{1}{8}ql^2$　　C. $\frac{1}{16}ql^2$　　D. $\frac{1}{32}ql^2$

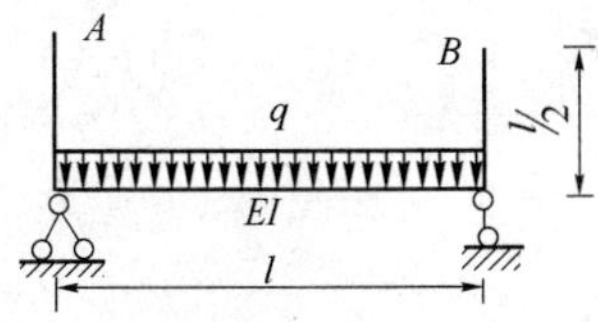

题 25 图

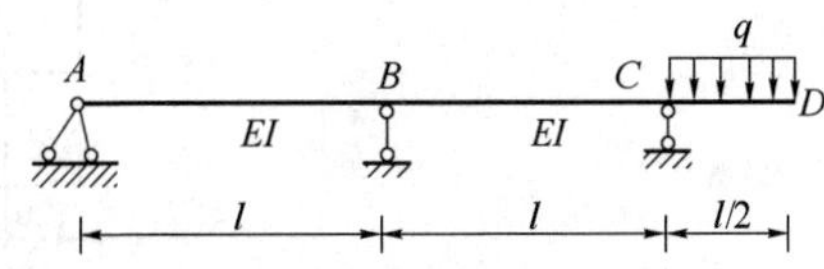

题 26 图

27. 图示结构，在动荷载 $\boldsymbol{P}(t)=\boldsymbol{P}\sin\sqrt{\frac{12EI}{ml^3}}t$ 作用下所产生的振幅表示为 $\alpha\frac{Pl^3}{EI}$，其中 α 值应为：

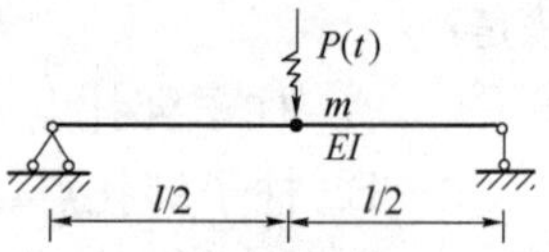

题 27 图

A. $\frac{1}{48}$　　B. $\frac{1}{36}$　　C. $\frac{1}{24}$　　D. $\frac{1}{12}$

28. 我国规范度量结构构件可靠度的方法是：

A. 用可靠性指标 β，不计失效概率 P_f

B. 用荷载、材料的分项系数及结构的重要性系数，不计 P_f

C. 用 β 表示 P_f，并在形式上采用分项系数和结构构件的重要性系数

D. 用荷载及材料的分项系数，不计 P_f

29. 设计双筋矩形截面梁，当 A_s 和 A_s' 均未知时，使用钢量接近最少的方法是：

A. 取 $\xi=\xi_b$　　B. 取 $A_s=A_s'$

C. 使 $x=2a_s'$　　D. 取 ρ 为 0.8%～1.5%

30. 条件相同的先、后张法预应力混凝土轴心受拉构件，如果 σ_{con} 及 σ_l 相同时，先、后张法预应力钢筋中应力 σ_{peII} 的比较是：

A. 两者相等　　B. 后张法大于先张法

C. 后张法小于先张法　　D. 谁大谁小不能确定

31. 钢结构轴心受压构件的整体稳定性系数 φ 与下列哪个因素有关？

A. 构件的截面类别和构件两端的支承情况

B. 构件的截面类别、长细比及构件两个方向的长度

C. 构件的截面类别、长细比和钢材的牌号

D. 构件的截面类别和构件计算长度系数

32. 摩擦型与承压型高强度螺栓连接的主要区别是：

A. 高强度螺栓的材料不同　　B. 摩擦面的处理方法不同

C. 施加的预加拉力不同　　D. 受剪的承载力不同

33. 某带壁柱砖墙及轴向压力的作用位置如图，设计时轴向压力的偏心距 e 不应小于：

A. 161mm　　B. 193mm　　C. 225mm　　D. 321mm

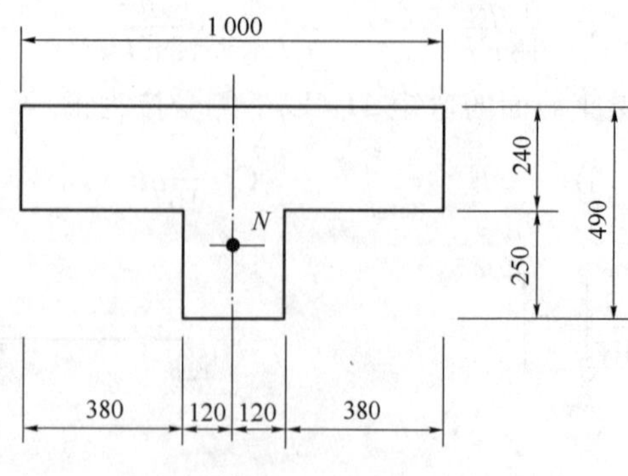

题 33 图(尺寸单位：mm)

34. 黏性土根据下列哪个指标进行工程分类？

A. 塑性指数　　B. 液性指数　　C. 液限　　D. 塑限

35. 格里菲斯准则认为岩石的破坏是由于：

A. 拉应力引起的拉裂破坏　　B. 压应力引起的剪切破坏

C. 压应力引起的拉裂破坏　　D. 剪应力引起的剪切破坏

36. 在我国工程岩体分级标准中，岩体基本质量指标是由哪两个指标确定的？

A. RQD 和节理密度

B. 岩石单轴饱和抗压强度和岩体的完整性指数

C. 地下水和 RQD

D. 节理密度和地下水

37. 已知某岩石饱水状态与干燥状态的抗压强度之比为 0.72，则该岩石的性质为：

A. 软化性强，工程地质性质不良

B. 软化性强，工程地质性质较好

C. 软化性弱，工程地质性质较好

D. 软化性弱，工程地质性质不良

38. 岩石按成因可分为：

A. 沉积岩、火成岩、变质岩　　B. 火成岩、熔岩、变质岩

C. 沉积岩、喷出岩、变质岩　　D. 变质岩、火成岩、岩浆岩

39. 道路选线时，常采用沿河谷阶地方案，按结构和形态特征，可将阶地分为以下哪三种类型？

A. 侵蚀阶地、基座阶地、堆积阶地

B. 侵蚀阶地、内叠阶地、基座阶地

C. 基座阶地、上叠阶地、埋藏阶地

D. 堆积阶地、内叠阶地、基座阶地

40. 由赤平极射投影图得知，地质结构面与边坡坡面平行，若二者倾向相反，则该边坡属于以下哪种边坡？

A. 最稳定　　B. 不稳定　　C. 基本稳定　　D. 不易判断

41. 下列几种地质、地貌特征，其中可作为活断层的判断标志的是：

I. 第四纪最新地层被错断

II. 伴有强烈地震发生的断层

III. 山区突然转入平原或盆地，并以直线相接

IV. 一系列河谷向一个方向同步移错

A. I　　B. I、II　　C. I、II、III　　D. I、II、III、IV

42. 斜坡上的岩土体，在重力作用下，沿某个结构面向下滑动的过程和现象称为：

A. 崩塌　　B. 岩堆　　C. 泥石流　　D. 滑坡

43. 集中暴雨和积雪大量融化形成的洪流，将大量泥沙、石块搬运到沟谷进入山前平原、山间盆地或流入河流处堆积下来，这些堆积物称为：

A. 坡积物　　B. 残积物　　C. 洪积物　　D. 冲积物

44. 埋藏在地表以下第一个稳定隔水层以上，具有自由水面的重力水称为：

A. 毛细水　　B. 潜水　　C. 承压水　　D. 岩溶水

45. 厚层质纯的可溶岩分布区，在当地岩溶侵蚀基准面控制下，岩溶发育随深度的增加及地下水的动力特征可划分为：

A. 垂直岩溶发育带、水平和垂直岩溶交替发育带、水平岩溶发育带、深部岩溶发育带

B. 垂直岩溶发育带、水平岩溶发育带、深部岩溶发育带

C. 水平岩溶发育带、垂直岩溶发育带、水平和垂直岩溶交替发育带

D. 垂直岩溶发育带、水平和垂直岩溶发育带、水平岩溶发育带

46. 岩土工程勘探的主要任务是确切查明地基岩土体的工程地质条件，常用的方法有下列中的哪几种？

A. 坑探、钻探、地球物理勘探　　B. 钻探、坑探、电法勘探

C. 地震勘探、触探、坑探　　D. 冲击钻探、坑探、磁法勘探

47. 下列原位测试方法中，适用于测定饱和软黏性土的抗剪强度及其灵敏度的是：

A. 载荷试验　　B. 十字板剪切试验

C. 圆锥动力触探试验　　D. 标准贯入试验

48. 下列地基处理方法中，不宜在城市中采用的是：

A. 换土垫层　　B. 碾压夯实　　C. 强夯法　　D. 挤密振冲

49. 轴心竖向力作用下，单桩竖向承载力应满足的条件是：

A. $Q_k \leqslant R_a$　　B. $Q_{ikmax} \leqslant 1.2R_a$

C. $Q_k \leqslant R_a$ 且 $Q_{ikmax} \leqslant 1.2R_a$　　D. $Q_{ikmax} \geqslant 0$

50. 需按地基变形进行设计的建筑范围是地基基础设计等级为下列哪几类的建筑？

A. 甲级、乙级建筑　　B. 甲级、部分乙级建筑

C. 所有建筑　　D. 甲级、乙级、部分丙级建筑

51. 当摩尔应力圆与抗剪强度线相离时，土体处于下列哪种状态？

A. 破坏状态　　B. 极限平衡状态

C. 安全状态　　D. 主动极限平衡状态

52. 所谓临界荷载，就是指：

A. 地基土将出现塑性区时的荷载

B. 地基土中出现连续滑动面时的荷载

C. 地基土中出现某一允许大小塑性区时的荷载

D. 地基土中即将发生整体剪切破坏时的荷载

53. 计算软土地基沉降量采用分层总和法时，压缩层下限是根据下列哪个指标确定的？

A. $\sigma_{cz}/\sigma_z \leqslant 0.2$　　B. $\sigma_z/\sigma_{cz} \leqslant 0.2$

C. $\sigma_z/\sigma_{cz} \leqslant 0.1$　　D. $\sigma_{cz}/\sigma_z \leqslant 0.1$

54. 柱下钢筋混凝土基础的高度一般是由下述哪个条件控制的？

A. 抗冲切条件　　B. 抗弯条件

C. 抗压条件　　D. 抗拉条件

55. 嵌入完整硬岩的直径为 400mm 的钢筋混凝土预制桩，桩端阻力特征值 $q_{pa}=3\,000$kPa，初步设计时，单桩竖向承载力特征值 R_a 应为：

A. 377kN　　B. 480kN　　C. 754kN　　D. 1 508kN

56. 某岩石的实测单轴饱和抗压强度 $R_c=55$MPa，完整性指数 $K_v=0.8$，野外鉴别为厚层状结构，结构面结合良好，锤击清脆有轻微回弹，按工程岩体分级标准确定该岩石的基本质量

等级为：

A. I级　　B. II级　　C. III级　　D. IV级

57. 平面滑动时，滑动面的倾角 β 与坡面倾角 α 的关系是：

A. $\beta=\alpha$　　B. $\beta>\alpha$　　C. $\beta<\alpha$　　D. $\beta\geqslant\alpha$

58. 若岩基表层存在裂隙，为了加固岩基并提高岩基承载力，应使用哪一种加固措施？

A. 开挖回填　　B. 钢筋混凝土板铺盖

C. 固结灌浆　　D. 锚杆加固

59. 岩质边坡的圆弧滑动破坏，一般发生于下述哪种岩体？

A. 不均匀岩体　　B. 薄层脆性岩体

C. 厚层泥质岩体　　D. 多层异性岩体

60. 岩坡发生岩石崩塌破坏的坡度，一般认为是：

A. $>45°$　　B. $>60°$　　C. $>75°$　　D. $90°$

答案

上午段考试：

1. B	2. A	3. D	4. B	5. A
6. D	7. C	8. B	9. D	10. B
11. D	12. A	13. D	14. C	15. C
16. A	17. B	18. A	19. B	20. C
21. C	22. D	23. B	24. C	25. B
26. C	27. C	28. D	29. C	30. D
31. B	32. B	33. A	34. D	35. B
36. D	37. B	38. D	39. A	40. A
41. C	42. A	43. B	44. C	45. D
46. B	47. D	48. B	49. B	50. C
51. B	52. C	53. B	54. A	55. B
56. B	57. A	58. B	59. A	60. B
61. B	62. B	63. B	64. B	65. B
66. C	67. A	68. B	69. B	70. A
71. A	72. C	73. C	74. C	75. C
76. B	77. B	78. D	79. B	80. D
81. A	82. C	83. C	84. B	85. B
86. C	87. C	88. A	89. B	90. A
91. D	92. D	93. C	94. C	95. D
96. B	97. C	98. B	99. A	100. D
101. C	102. C	103. A	104. C	105. A
106. C	107. C	108. C	109. C	110. B
111. B	112. B	113. C	114. D	115. B
116. B	117. D	118. B	119. A	120. A

下午段考试：

1. A	2. D	3. A	4. D	5. C
6. C	7. C	8. D	9. A	10. D
11. C	12. C	13. C	14. A	15. C
16. C	17. A	18. B	19. A	20. B
21. B	22. D	23. A	24. D	25. C
26. D	27. B	28. C	29. A	30. B
31. C	32. D	33. B	34. A	35. A
36. B	37. A	38. A	39. A	40. A
41. D	42. D	43. C	44. B	45. A
46. A	47. B	48. C	49. A	50. A
51. C	52. C	53. C	54. A	55. A
56. B	57. C	58. C	59. C	60. B

附录一

勘察设计注册工程师资格考试
公共基础考试大纲(上午段)

Ⅰ. 工程科学基础

一、数学

1.1　空间解析几何

向量的线性运算;向量的数量积、向量积及混合积;两向量垂直、平行的条件;直线方程;平面方程;平面与平面、直线与直线、平面与直线之间的位置关系;点到平面、直线的距离;球面、母线平行于坐标轴的柱面、旋转轴为坐标轴的旋转曲面的方程;常用的二次曲面方程;空间曲线在坐标面上的投影曲线方程。

1.2　微分学

函数的有界性、单调性、周期性和奇偶性;数列极限与函数极限的定义及其性质;无穷小和无穷大的概念及其关系;无穷小的性质及无穷小的比较极限的四则运算;函数连续的概念;函数间断点及其类型;导数与微分的概念;导数的几何意义和物理意义;平面曲线的切线和法线;导数和微分的四则运算;高阶导数;微分中值定理;洛必达法则;函数的切线及法平面和切平面及法线;函数单调性的判别;函数的极值;函数曲线的凹凸性、拐点;偏导数与全微分的概念;二阶偏导数;多元函数的极值和条件极值;多元函数的最大、最小值极其简单应用。

1.3　积分学

原函数与不定积分的概念;不定积分的基本性质;基本积分公式;定积分的基本概念和性质(包括定积分中值定理);积分上限的函数及其导数;牛顿-莱布尼兹公式;不定积分和定积分的换元积分法与分部积分法;有理函数、三角函数的有理式和简单无理函数的积分;广义积分;二重积分与三重积分的概念、性质、计算和应用;两类曲线积分的概念、性质和计算;求平面图形的面积、平面曲线的弧长和旋转体的体积。

1.4　无穷级数

数项级数的敛散性概念;收敛级数的和;级数的基本性质与级数收敛的必要条件;几何级数与 p 级数及其收敛性;正项级数敛散性的判别法;任意项级数的绝对收敛与条件收敛;幂级数及其收敛半径、收敛区间和收敛域;幂级数的和函数;函数的泰勒级数展开;函数的傅里叶系数与傅里叶级数。

1.5　常微分方程

常微分方程的基本概念;变量可分离的微分方程;齐次微分方程;一阶线性微分方程;全微分方程;可降阶的高阶微分方程;线性微分方程解的性质及解的结构定理;

二阶常系数齐次线性微分方程。

1.6 线性代数

行列式的性质及计算；行列式按行展开定理的应用；矩阵的运算；逆矩阵的概念、性质及求法；矩阵的初等变换和初等矩阵；矩阵的秩；等价矩阵的概念和性质；向量的线性表示；向量组的线性相关和线性无关；线性方程组有解的判定；线性方程组求解；矩阵的特征值和特征向量的概念与性质；相似矩阵的概念和性质；矩阵的相似对角化；二次型及其矩阵表示；合同矩阵的概念和性质；二次型的秩；惯性定理；二次型及其矩阵的正定性。

1.7 概率与数理统计

随机事件与样本空间；事件的关系与运算；概率的基本性质；古典型概率；条件概率；概率的基本公式；事件的独立性；独立重复试验；随机变量；随机变量的分布函数；离散型随机变量的概率分布；连续型随机变量的概率密度；常见随机变量的分布；随机变量的数学期望、方差、标准差及其性质；随机变量函数的数学期望；矩、协方差、相关系数及其性质；总体；个体；简单随机样本；统计量；样本均值；样本方差和样本矩；χ^2 分布；t 分布；F 分布；点估计的概念；估计量与估计值；矩估计法；最大似然估计法；估计量的评选标准；区间估计的概念；单个正态总体的均值和方差的区间估计；两个正态总体的均值差和方差比的区间估计；显著性检验；单个正态总体的均值和方差的假设检验。

二、物理学

2.1 热学

气体状态参量；平衡态；理想气体状态方程；理想气体的压强和温度的统计解释；自由度；能量按自由度均分原理；理想气体内能；平均碰撞频率和平均自由程；麦克斯韦速率分布律；方均根速率；平均速率；最概然速率；功；热量；内能；热力学第一定律及其对理想气体等值过程的应用；绝热过程；气体的摩尔热容量；循环过程；卡诺循环；热机效率；净功；制冷系数；热力学第二定律及其统计意义；可逆过程和不可逆过程。

2.2 波动学

机械波的产生和传播；一维简谐波表达式；描述波的特征量；波面，波前，波线；波的能量、能流、能流密度；波的衍射；波的干涉；驻波；自由端反射与固定端反射；声波；声强级；多普勒效应。

2.3 光学

相干光的获得；杨氏双缝干涉；光程和光程差；薄膜干涉；光疏介质；光密介质；迈克尔逊干涉仪；惠更斯-菲涅尔原理；单缝衍射；光学仪器分辨本领；衍射光栅与光谱分析；X 射线衍射；布拉格公式；自然光和偏振光；布儒斯特定律；马吕斯定律；双折射现象。

三、化学

3.1 物质的结构和物质状态

原子结构的近代概念；原子轨道和电子云；原子核外电子分布；原子和离子的电子结

构;原子结构和元素周期律;元素周期表;周期族;元素性质及氧化物及其酸碱性。离子键的特征;共价键的特征和类型;杂化轨道与分子空间构型;分子结构式;键的极性和分子的极性;分子间力与氢键;晶体与非晶体;晶体类型与物质性质。

3.2 溶液

溶液的浓度;非电解质稀溶液通性;渗透压;弱电解质溶液的解离平衡;分压定律;解离常数;同离子效应;缓冲溶液;水的离子积及溶液的 pH 值;盐类的水解及溶液的酸碱性;溶度积常数;溶度积规则。

3.3 化学反应速率及化学平衡

反应热与热化学方程式;化学反应速率;温度和反应物浓度对反应速率的影响;活化能的物理意义;催化剂;化学反应方向的判断;化学平衡的特征;化学平衡移动原理。

3.4 氧化还原反应与电化学

氧化还原的概念;氧化剂与还原剂;氧化还原电对;氧化还原反应方程式的配平;原电池的组成和符号;电极反应与电池反应;标准电极电势;电极电势的影响因素及应用;金属腐蚀与防护。

3.5 有机化学

有机物特点、分类及命名;官能团及分子构造式;同分异构;有机物的重要反应:加成、取代、消除、氧化、催化加氢、聚合反应、加聚与缩聚;基本有机物的结构、基本性质及用途:烷烃、烯烃、炔烃、芳烃、卤代烃、醇、苯酚、醛和酮、羧酸、酯;合成材料:高分子化合物、塑料、合成橡胶、合成纤维、工程塑料。

四、理论力学

4.1 静力学

平衡;刚体;力;约束及约束力;受力图;力矩;力偶及力偶矩;力系的等效和简化;力的平移定理;平面力系的简化;主矢;主矩;平面力系的平衡条件和平衡方程式;物体系统(含平面静定桁架)的平衡;摩擦力;摩擦定律;摩擦角;摩擦自锁。

4.2 运动学

点的运动方程;轨迹;速度;加速度;切向加速度和法向加速度;平动和绕定轴转动;角速度;角加速度;刚体内任一点的速度和加速度。

4.3 动力学

牛顿定律;质点的直线振动;自由振动微分方程;固有频率;周期;振幅;衰减振动;阻尼对自由振动振幅的影响——振幅衰减曲线;受迫振动;受迫振动频率;幅频特性;共振;动力学普遍定理;动量;质心;动量定理及质心运动定理;动量及质心运动守恒;动量矩;动量矩定理;动量矩守恒;刚体定轴转动微分方程;转动惯量;回转半径;平行轴定理;功;动能;势能;动能定理及机械能守恒;达朗贝尔原理;惯性力;刚体作平动和绕定轴转动(转轴垂直于刚体的对称面)时惯性力系的简化;动静法。

五、材料力学

5.1 材料在拉伸、压缩时的力学性能

低碳钢、铸铁拉伸、压缩试验的应力-应变曲线;力学性能指标。

5.2　拉伸和压缩

轴力和轴力图；杆件横截面和斜截面上的应力；强度条件；虎克定律；变形计算。

5.3　剪切和挤压

剪切和挤压的实用计算；剪切面；挤压面；剪切强度；挤压强度。

5.4　扭转

扭矩和扭矩图；圆轴扭转切应力；切应力互等定理；剪切虎克定律；圆轴扭转的强度条件；扭转角计算及刚度条件。

5.5　截面几何性质

静矩和形心；惯性矩和惯性积；平行轴公式；形心主轴及形心主惯性矩概念。

5.6　弯曲

梁的内力方程；剪力图和弯矩图；分布荷载、剪力、弯矩之间的微分关系；正应力强度条件；切应力强度条件；梁的合理截面；弯曲中心概念；求梁变形的积分法、叠加法。

5.7　应力状态

平面应力状态分析的解析法和应力圆法；主应力和最大切应力；广义虎克定律；四个常用的强度理论。

5.8　组合变形

拉/压-弯组合、弯-扭组合情况下杆件的强度校核；斜弯曲。

5.9　压杆稳定

压杆的临界荷载；欧拉公式；柔度；临界应力总图；压杆的稳定校核。

六、流体力学

6.1　流体的主要物性与流体静力学

流体的压缩性与膨胀性；流体的黏性与牛顿内摩擦定律；流体静压强及其特性；重力作用下静水压强的分布规律；作用于平面的液体总压力的计算。

6.2　流体动力学基础

以流场为对象描述流动的概念；流体运动的总流分析；恒定总流连续性方程、能量方程和动量方程的运用。

6.3　流动阻力和能量损失

沿程阻力损失和局部阻力损失；实际流体的两种流态——层流和紊流；圆管中层流运动；紊流运动的特征；减小阻力的措施。

6.4　孔口管嘴管道流动

孔口自由出流、孔口淹没出流；管嘴出流；有压管道恒定流；管道的串联和并联。

6.5　明渠恒定流

明渠均匀水流特性；产生均匀流的条件；明渠恒定非均匀流的流动状态；明渠恒定均匀流的水力计算。

6.6　渗流、井和集水廊道

土壤的渗流特性；达西定律；井和集水廊道。

6.7　相似原理和量纲分析

力学相似原理；相似准数；量纲分析法。

II. 现代技术基础

七、电气与信息

7.1　电磁学概念

电荷与电场；库仑定律；高斯定理；电流与磁场；安培环路定律；电磁感应定律；洛仑兹力。

7.2　电路知识

电路组成；电路的基本物理过程；理想电路元件及其约束关系；电路模型；欧姆定律；基尔霍夫定律；支路电流法；等效电源定理；叠加原理；正弦交流电的时间函数描述；阻抗；正弦交流电的相量描述；复数阻抗；交流电路稳态分析的相量法；交流电路功率；功率因数；三相配电电路及用电安全；电路暂态；R-C、R-L 电路暂态特性；电路频率特性；R-C、R-L 电路频率特性。

7.3　电动机与变压器

理想变压器；变压器的电压变换、电流变换和阻抗变换原理；三相异步电动机接线、启动、反转及调速方法；三相异步电动机运行特性；简单继电-接触控制电路。

7.4　信号与信息

信号；信息；信号的分类；模拟信号与信息；模拟信号描述方法；模拟信号的频谱；模拟信号增强；模拟信号滤波；模拟信号变换；数字信号与信息；数字信号的逻辑编码与逻辑演算；数字信号的数值编码与数值运算。

7.5　模拟电子技术

晶体二极管；极型晶体三极管；共射极放大电路；输入阻抗与输出阻抗；射极跟随器与阻抗变换；运算放大器；反相运算放大电路；同相运算放大电路；基于运算放大器的比较器电路；二极管单相半波整流电路；二极管单相桥式整流电路。

7.6　数字电子技术

与、或、非门的逻辑功能；简单组合逻辑电路；D 触发器；JK 触发器数字寄存器；脉冲计数器。

7.7　计算机系统

计算机系统组成；计算机的发展；计算机的分类；计算机系统特点；计算机硬件系统组成；CPU；存储器；输入/输出设备及控制系统；总线；数模/模数转换；计算机软件系统组成；系统软件；操作系统；操作系统定义；操作系统特征；操作系统功能；操作系统分类；支撑软件；应用软件；计算机程序设计语言。

7.8　信息表示

信息在计算机内的表示；二进制编码；数据单位；计算机内数值数据的表示；计算机内非数值数据的表示；信息及其主要特征。

7.9　常用操作系统

Windows 发展；进程和处理器管理；存储管理；文件管理；输入/输出管理；设备管理；网络服务。

7.10 计算机网络

计算机与计算机网络；网络概念；网络功能；网络组成；网络分类；局域网；广域网；因特网；网络管理；网络安全；Windows 系统中的网络应用；信息安全；信息保密。

III. 工程管理基础

八、法律法规

8.1 中华人民共和国建筑法

总则；建筑许可；建筑工程发包与承包；建筑工程监理；建筑安全生产管理；建筑工程质量管理；法律责任。

8.2 中华人民共和国安全生产法

总则；生产经营单位的安全生产保障；从业人员的权利和义务；安全生产的监督管理；生产安全事故的应急救援与调查处理。

8.3 中华人民共和国招标投标法

总则；招标；投标；开标；评标和中标；法律责任。

8.4 中华人民共和国合同法

一般规定；合同的订立；合同的效力；合同的履行；合同的变更和转让；合同的权利义务终止；违约责任；其他规定。

8.5 中华人民共和国行政许可法

总则；行政许可的设定；行政许可的实施机关；行政许可的实施程序；行政许可的费用。

8.6 中华人民共和国节约能源法

总则；节能管理；合理使用与节约能源；节能技术进步；激励措施；法律责任。

8.7 中华人民共和国环境保护法

总则；环境监督管理；保护和改善环境；防治环境污染和其他公害；法律责任。

8.8 建设工程勘察设计管理条例

总则；资质资格管理；建设工程勘察设计发包与承包；建设工程勘察设计文件的编制与实施；监督管理。

8.9 建设工程质量管理条例

总则；建设单位的质量责任和义务；勘察设计单位的质量责任和义务；施工单位的质量责任和义务；工程监理单位的质量责任和义务；建设工程质量保修。

8.10 建设工程安全生产管理条例

总则；建设单位的安全责任；勘察设计工程监理及其他有关单位的安全责任；施工单位的安全责任；监督管理；生产安全事故的应急救援和调查处理。

九、工程经济

9.1 资金的时间价值

资金时间价值的概念；利息及计算；实际利率和名义利率；现金流量及现金流量图；资金等值计算的常用公式及应用；复利系数表的应用。

9.2 财务效益与费用估算

项目的分类；项目计算期；财务效益与费用；营业收入；补贴收入；建设投资；建设期利息；流动资金；总成本费用；经营成本；项目评价涉及的税费；总投资形成的资产。

9.3 资金来源与融资方案

资金筹措的主要方式；资金成本；债务偿还的主要方式。

9.4 财务分析

财务评价的内容；盈利能力分析（财务净现值、财务内部收益率、项目投资回收期、总投资收益率、项目资本金净利润率）；偿债能力分析（利息备付率、偿债备付率、资产负债率）；财务生存能力分析；财务分析报表（项目投资现金流量表、项目资本金现金流量表、利润与利润分配表、财务计划现金流量表）；基准收益率。

9.5 经济费用效益分析

经济费用和效益；社会折现率；影子价格；影子汇率；影子工资；经济净现值；经济内部收益率；经济效益费用比。

9.6 不确定性分析

盈亏平衡分析（盈亏平衡点、盈亏平衡分析图）；敏感性分析（敏感度系数、临界点、敏感性分析图）。

9.7 方案经济比选

方案比选的类型；方案经济比选的方法（效益比选法、费用比选法、最低价格法）；计算期不同的互斥方案的比选。

9.8 改扩建项目经济评价特点

改扩建项目经济评价特点。

9.9 价值工程

价值工程原理；实施步骤。

附录二

注册土木工程师（岩土）执业资格考试
专业基础考试大纲（下午段）

十、土木工程材料

10.1　材料科学与物质结构基础知识

材料的组成：化学组成　矿物组成及其对材料性质的影响

材料的微观结构及其对材料性质的影响：原子结构　离子键金属键　共价键和范德华力　晶体与无定形体（玻璃体）

材料的宏观结构及其对材料性质的影响

建筑材料的基本性质：密度　表观密度与堆积密度　孔隙与孔隙率

特征：亲水性与憎水性　吸水性与吸湿性　耐水性　抗渗性　抗冻性　导热性强度与变形性能　脆性与韧性

10.2　材料的性能和应用

无机胶凝材料：气硬性胶凝材料　石膏和石灰技术性质与应用

水硬性胶凝材料：水泥的组成　水化与凝结硬化机理　性能与应用

混凝土：原材料技术要求　拌和物的和易性及影响因素　强度性能与变形性能

耐久性-抗渗性、抗冻性、碱-骨料反应　混凝土外加剂与配合比设计

沥青及改性沥青：组成、性质和应用

建筑钢材：组成、组织与性能的关系　加工处理及其对钢材性能的影响　建筑钢材和种类与选用

木材：组成、性能与应用

石材和黏土：组成、性能与应用

十一、工程测量

11.1　测量基本概念

地球的形状和大小　地面点位的确定　测量工作基本概念

11.2　水准测量

水准测量原理　水准仪的构造、使用和检验校正　水准测量方法及成果整理

11.3　角度测量

经纬仪的构造、使用和检验校正　水平角观测　垂直角观测

11.4　距离测量

卷尺量距　视距测量　光电测距

11.5　测量误差基本知识

测量误差分类与特性　评定精度的标准　观测值的精度评定　误差传播定律

11.6　控制测量

平面控制网的定位与定向　导线测量　交会定点　高程控制测量

11.7　地形图测绘

地形图基本知识　地物平面图测绘　等高线地形图测绘

11.8　地形图应用

地形图应用的基本知识　建筑设计中的地形图应用　城市规划中的地形图应用

11.9　建筑工程测量

建筑工程控制测量　施工放样测量　建筑安装测量　建筑工程　变形观测

十二、职业法规

12.1　我国有关基本建设、建筑、房地产、城市规划、环保等方面的法律法规

12.2　工程设计人员的职业道德与行为准则

十三、土木工程施工与管理

13.1　土石方工程　桩基础工程

土方工程的准备与辅助工作　机械化施工　爆破工程　预制桩、灌注桩施工　地基加固处理技术

13.2　钢筋混凝土工程与预应力混凝土工程

钢筋工程　模板工程　混凝土工程　钢筋混凝土预制构件制作　混凝土冬、雨季施工　预应力混凝土施工

13.3　结构吊装工程与砌体工程

起重安装机械与液压提升工艺　单层与多层房屋结构吊装　砌体工程与砌块墙的施工

13.4　施工组织设计

施工组织设计分类　施工方案　进度计划　平面图　措施

13.5　流水施工原则

节奏专业流水　非节奏专业流水　一般的搭接施工

13.6　网络计划技术

双代号网络图　单代号网络图　网络计划优化

13.7　施工管理

现场施工管理的内容及组织形式　进度、技术、全面质量管理　竣工验收

十四、结构力学与结构设计

14.1　结构力学

14.1.1　平面体系的几何组成

几何不变体系的组成规律及其应用

14.1.2　静定结构受力分析与特性

静定结构受力分析方法　反力　内力的计算与内力图的绘制　静定结构特性及其应用

14.1.3　静定结构位移

广义力与广义位移　虚功原理　单位荷载法　荷载下静定结构的位移计算　图乘法　支座位移和温度变化引起的位移　互等定理及其应用

14.1.4 超静定结构受力分析及特性

超静定次数　力法基本体系　力法方程及其意义　等截面直杆刚度方法　位移法基本未知量　基本体系基本方程及其意义　等截面直杆的转动刚度　力矩分配系数与传递系数　单结点的力矩分配　对称性利用　超静定结构位移　超静定结构特性

14.1.5 结构动力特性与动力反应

单自由度体系　自振周期　频率　振幅与最大动内力　阻尼对振动的影响

14.2 结构设计

14.2.1 钢筋混凝土结构

材料性能:钢筋　混凝土

基本设计原则:结构功能　极限状态及其设计表达式　可靠度

承载能力极限状态计算:受弯构件　受扭构件　受压构件　受拉构件　冲切　局压　疲劳

正常使用极限状态验算:抗裂　裂缝　挠度

预应力混凝土:轴拉构件　受弯构件

单层厂房:组成与布置　柱　基础

多层及高层房屋:结构体系及布置　剪力墙结构　框-剪结构　框-剪结构设计要点

抗震设计要点;一般规定　构造要求

14.2.2 钢结构

钢材性能:基本性能　结构钢种类

构件:轴心受力构件　受弯构件　拉弯和压弯构件的计算和构造

连接:焊缝连接普通螺栓和高强螺栓连接　构件间的连接

14.2.3 砌体结构

材料性能:块材　砂浆　砌体

基本设计原则:设计表达式

承载力:抗压　局压

混合结构房屋设计:结构布置　静力计算　构造

房屋部件:圈梁　过梁　墙梁　挑梁

抗震设计要点:一般规定　构造要求

十五、岩体力学与土力学

15.1 岩石的基本物理、力学性能及其试验方法

岩石的物理力学性能等指标及其试验方法

岩石的强度特性、变形特性、强度理论

15.2 工程岩体分级

工程岩体分级的目的和原则

工程岩体分级标准(GB 50218—94)简介

15.3 岩体的初始应力状态

初始应力的基本概念　量测方法简介　主要分布规律

15.4　土的组成和物理性质

土的三相组成和三相指标　土的矿物组成和颗粒级配　土的结构

黏性土的界限含水率　塑性指数　液性指数

砂土的相对密实度　土的最佳含水率和最大干密度

土的工程分类

15.5　土中应力分布及计算

土的自重应力　基础底面压力　基底附加压力　土中附加应力

15.6　土的压缩性与地基沉降

压缩试验　压缩曲线　压缩系数　压缩指数　回弹指数　压缩模量　载荷试验

变形模量　高压固结试验　土的应力历史　先期固结压力　超固结比

正常固结土　超固结土　欠固结土

沉降计算的弹性理论法　分层总和法　有效应力原理　一维固结构论　固结系数

固结度

15.7　土的抗剪强度

土中一点的应力状态　库仑定律　土的极限平衡条件　内摩擦角　黏聚力

直剪试验及其适用条件　三轴试验　总应力法　有效应力法

15.8　特殊性土

软土　黄土　膨胀土　红黏土　盐渍土　冻土　填土　可液化土

15.9　土压力

静止土压力、主动土压力和被动土压力

朗肯土压力理论　库仑土压力理论

15.10　边坡稳定分析

土坡滑动失稳的机理　均质土坡的稳定分析　土坡稳定分析的条分法

15.11　地基承载力

地基破坏的过程　地基破坏形式

临塑荷载和临界荷载　地基极限承载力　斯肯普顿公式　太沙基公式　汉森公式

十六、工程地质

16.1　岩石的成因和分类

主要造岩矿物　火成岩、沉积岩及变质岩的成因及其分类

常见岩石的成分、结构、构造及其他主要特征

16.2　地质构造和地史概念

褶皱形态和分类　断层形态和分类　地层的各种接触关系

大地构造概念　地史演变概况和地质年代表

16.3　地貌和第四纪地质

各种地貌形态的特征和成因　第四纪分期

16.4　岩体结构和稳定分析

岩体结构面和结构体的类型和特征

赤平极射投影等结构面的图示方法

根据结构面和临空面的关系进行稳定分析

16.5　动力地质

地震的震级、烈度、近震、远震及地震波的传播等基本概念　断裂活动和地震的关系　活动断裂的分类和识别及对工程的影响

岩石的风化

流水、海洋、湖泊、风的侵蚀、搬运和沉积作用

滑坡、崩塌、岩溶、土洞、塌陷、泥石流、活动沙丘等不良地质现象的成因、发育过程和规律及其对工程的影响

16.6　地下水

渗透定律　地下水的赋存、补给、径流、排泄规律

地下水埋藏分类

地下水对工程的各种作用和影响　地下水向集水构筑物运动的计算　地下水的化学成分和化学性质

水对建筑材料腐蚀性的判别

16.7　岩土工程勘察与原位测试技术

勘察分级　各类岩土工程勘察基本要求　勘探　取样　土工参数的统计分析

地基土的岩土工程评价

原位测试技术：载荷试验　十字板剪切试验　静力触探试验

圆锥动力触探试验　标准贯入试验　旁压试验　扁铲侧胀试验

十七、岩体工程与基础工程

17.1　岩体力学在边坡工程中的应用

边坡的应力分布、变形和破坏特征

影响边坡稳定性的主要因素　边坡稳定性评价的平面问题　边坡治理的工程措施

17.2　岩体力学在岩基工程中的应用

岩基的基本概念　岩基的破坏模式

基础下岩体的应力和应变

岩基浅基础、岩基深基础的承载力计算

17.3　浅基础

浅基础类型　刚性基础　独立基础　条形基础　筏板基础　箱形基础

基础埋置深度　基础平面尺寸确定　地基承载力确定　深宽修正　下卧层验算

地基沉降验算　减少不均匀沉降损害的措施

地基、基础与上部结构共同工作的概念

浅基础的结构设计

17.4　深基础

深基础类型　桩与桩基础的类型

单桩的荷载传递特性　单桩竖向承载力的确定方法

群桩效应　群桩基础的承载力　群桩的沉降计算

桩基础设计

17.5　地基处理

地基处理目的　地基处理方法分类　地基处理方案选择

各种地基处理方法的加固机理、设计计算、施工方法和质量检验

附录三

勘察设计注册工程师资格考试
公共基础试题(上午段)配置说明

I. 工程科学基础(共78题)

数学基础	24题	理论力学基础	12题
物理基础	12题	材料力学基础	12题
化学基础	10题	流体力学基础	8题

II. 现代技术基础(共28题)

电气技术基础	12题	计算机基础	10题
信号与信息基础	6题		

III. 工程管理基础(共14题)

工程经济基础	8题	法律法规	6题

注:试卷题目数量合计120题,每题1分,满分为120分。考试时间为4小时。

附录四

注册土木工程师（岩土）执业资格考试专业基础考试（下午段）配置说明

土木工程材料	7题
工程测量	5题
职业法规	4题
土木工程施工与管理	5题
结构力学与结构设计	12题
岩体力学与土力学	7题
工程地质	10题
岩体工程与基础工程	10题

合计60题，每题2分。考试时间为4小时。

上、下午总计180题，满分为240分。考试时间总计为8小时。

附录五

注册土木工程师(岩土)基础考试
参考书目

一、高等数学

1. 同济大学. 高等数学:上册、下册. 3 版. 北京:高等教育出版社,1988.
2. 同济大学数学教研室. 线性代数. 2 版. 北京:高等教育出版社,1991.
3. 谢树芝. 工程数学 ——矢量分析与场论. 2 版. 北京:高等教育出版社.
4. 陈家鼎,刘婉如,汪仁室. 概率统计讲义. 2 版. 北京:高等教育出版社.

二、普通物理

程守洙,江之永. 普通物理学. 3 版. 北京:高等教育出版社,1979.

三、普通化学

1. 浙江大学. 普通化学. 3 版. 北京:高等教育出版社,1988.
2. 同济大学. 普通化学. 上海:同济大学出版社,1993.
3. 刘国璞. 大学化学. 北京:清华大学出版社,1994.
4. 余纯海,齐昌瑶. 工程化学. 哈尔滨:东北林大出版社,1996.

四、理论力学

1. 同济大学理论力学教研室. 理论力学. 上海:同济大学出版社,1990.
2. 谭广泉,罗龙开,谢广达,范第峰. 理论力学. 2 版. 广州:华南理工大学出版社,1995.
3. 华东水利学院. 理论力学. 北京:人民教育出版社,1978.

五、材料力学

1. 孙训方,胡增强,金心全. 材料力学. 3 版. 北京:高等教育出版社,1994.
2. 刘鸿文. 材料力学. 3 版. 北京:高等教育出版社,1994.

六、流体力学

1. 西南交通大学力学教研室. 水力学电工学. 北京:高等教育出版社,1991.
2. 郝中堂,周均长. 应用流体力学. 杭州:浙江大学出版社,1991.

七、计算机应用基础

1. 徐惠民,等. 计算机基础与因特网应用教程. 北京:机械工业出版社,2001.
2. 谭浩强,田淑清. FORTRAN 77 结构化程序设计. 北京:高等教育出版社,1985.

八、电工电子技术

1. 秦曾煌. 电工学:上、下册. 4 版. 北京:高等教育出版社,1990.
2. 罗守信. 电工学:I、II. 3 版. 北京:高等教育出版社,1993.
3. 程守洙,江之水. 普通物理学:下册. 3 版. 北京:高等教育出版社,1979.

九、工程经济

1. 傅家骥,仝允桓. 工业技术经济学. 3 版. 北京:清华大学出版社.
2. 吴添祖. 技术经济学概论. 北京:高等教育出版社.

十、土木工程材料

1. 湖南大学,天津大学,同济大学,南京工学院. 建筑材料. 第 3 版. 北京:中国建筑工业出版社,1989.
2. 符芳. 建筑材料. 南京:东南大学出版社,1995.
3. 吴科如,张雄. 建筑材料. 上海:同济大学出版社,1999.

十一、工程测量

1. 顾孝烈. 测量学. 上海:同济大学出版社,1990.
2. 美荣林. 测量学. 杭州:浙江大学出版社,1989.
3. 顾孝烈,鲍峰. 测量学. 上海:同济大学出版社,1996.

十二、职业法规

全国勘察设计注册工程管理委员会. 全国勘察设计注册土木工程师(岩土)执业资格考试复习手册,2002.

十三、土木工程施工与管理

1. 赵志缙,等. 建筑施工. 上海:同济大学出版社,1993.
2. 越志缙,徐伟. 施工组织设计快速编制手册. 北京:中国建筑工业出版社,1996.
3. 中国施工企业管理协会. 施工经营管理手册:上册. 北京:中国建筑工业出版社,1988.

十四、结构力学与结构设计

1. 龙驭球,包世华. 结构力学:上、下册. 2 版. 北京:高等教育出版社,1994.
2. 杨天祥. 结构力学. 北京:高等教育出版社,1996.
3. 杨康,李家宝. 结构力学:上、下册. 3 版. 北京:高等教育出版社,1983.
4. 金宝桢,李家宝. 结构力学:上、下册. 3 版. 北京:高等教育出版社,1983.
5. 金宝桢,杨式德,朱宝华. 结构力学:一、二、三册增订本. 第 3 版. 北京:高等教育出版社,1986.

十五、岩体力学与土力学

1. 沈明荣. 岩体力学. 上海:同济大学出版社,1998.
2. GB/T 50266—1999 工程岩体试验方法标准.

3. 高大钊. 土力学与基础工程. 北京:中国建筑工业出版社,1998.
4. 袁聚云,李镜培,楼晓明. 基础工程设计原理. 上海:同济大学出版社,2001.
5. 蔡伟铭,胡中雄. 土力学与基础工程. 北京:中国建筑工业出版社,1991.
6. 顾晓鲁,钱鸿晋,刘惠珊,汪明敏. 地基与基础. 第2版. 北京:中国建筑工业出版社.

十六、工程地质

1. 孔宪立,胡展飞,石振明. 工程地质学. 2版. 北京:建筑工业出版社,2002.
2. 本书编委会. 工程地质手册. 3版. 北京:中国建筑工业出版社,1992.
3. 李智毅,等. 工程地质学基础. 北京:中国地质大学出版社,1990.

十七、岩体工程与基础工程

1. 沈明荣. 岩体力学. 上海:同济大学出版社,1998.
2. GB/T 50266—1999 工程岩体试验方法标准.
3. 华南理工大学,东南大学,浙江大学,湖南大学. 地基及基础. 北京:中国建筑工业出版社,1998.
4. 高大钊. 土力学与基础工程. 北京:中国建筑工业出版社,1998.
5. 袁聚云,李镜培,楼晓明. 基础工程设计原理. 上海:同济大学出版社,2001.
6. 叶观宝. 地基加固新技术. 第2版. 北京:机械工业出版社,2002.